中共上海市委党史研究室
上海市档案局（馆）
编

上海救援

1976.7.28

唐山大地震

档案史料卷 上

金大陆　主编

上海文化出版社

图书在版编目（CIP）数据

上海救援唐山大地震. 档案史料卷/中共上海市委党史研究室，上海市档案局（馆）编；金大陆主编. —上海：上海文化出版社，2024.12

ISBN 978-7-5535-0597-8

Ⅰ.①上… Ⅱ.①中… ②上… ③金… ② Ⅲ.①大地震—地震灾害—史料—唐山市—1976②抗震—救灾—史料—上海市—1976 Ⅳ.①P316.222.3

中国版本图书馆 CIP 数据核字（2016）第 165770 号

出 版 人：姜逸青
责任编辑：张　彦　王建敏
封面设计：王　伟
版式设计：华　婵

书　　名：上海救援唐山大地震·档案史料卷
编　　者：中共上海市委党史研究室 上海市档案局（馆）
主　　编：金大陆
出　　版：上海世纪出版集团　上海文化出版社
地　　址：上海市闵行区号景路 159 弄 A 座 3 楼 201101
发　　行：上海文艺出版社发行中心
　　　　　上海市闵行区号景路 159 弄 A 座 2 楼 201101　www.ewen.co
印　　刷：苏州市越洋印刷有限公司
开　　本：787×1092　1/16
印　　张：62
版　　次：2025 年 2 月第一版　2025 年 2 月第一次印刷
书　　号：ISBN 978-7-5535-0597-8/K.098
定　　价：150.00 元（全套）
告 读 者：如发现本书有质量问题请与印刷厂质量科联系（T：0512-68180628）

《上海救援唐山大地震·档案史料卷》编纂委员会

序一

1976年，是新中国历史上多灾多难的一年。7月28日凌晨，唐山发生7.8级强烈地震，24万多鲜活的生命葬身瓦砾，16万多人遭受重伤，百年工业城市瞬间被夷为平地。大地震虽然摧毁了一个城市，但没有摧毁唐山人民和全国军民的坚强意志。危难之际，在党中央的统一领导下，整个中国，地不分东西南北，人无论省份民族，人力、物力、财力、智力源源不绝汇聚灾区，形成全民族风雨同舟、众志成城的强大合力。作为拥有丰厚医疗资源和高超医疗水平的城市，向灾区派出医务人员开展医疗救援，上海义不容辞。地震当天，上海首批医疗队紧急组建完成，带着全市人民的殷殷嘱托，纵贯千里奔赴唐山，拉开了地震救援的序幕。

天灾无情人有情。“唐山需要什么，我们就给什么”，“唐山的灾难就是我们的灾难”，成为上海广大党员干部群众的共同心声。在前线，白衣战士们发扬“一不怕苦，二不怕死”和连续作战的精神，冒着余震的危险，从死神手里夺回生命。紧接着，第二批、第三批医疗队整装待发，星夜驰援。在伤员较为集中而又急缺医疗条件的丰润、遵化等县，上海组织力量筹建的抗震医院拔地而起，为饱受病痛困扰的灾区群众带来曙光。为恢复唐山工业雄风，在医疗救治仍在紧张进行之时，上海工业部门派出支唐队伍承担唐山钢铁和开滦煤矿的修复任务。震后一个月内，开滦产出的第一车煤，唐钢炼出的第一炉钢，无不凝结着上海支唐队员们的心血。百废待兴之际，上海城建部门派出工作组赴唐，历时三个月编制而成的城市总体规划，为浴火重生、凤凰涅槃的新唐山的诞生擘画崭新蓝图。在后方，上海各部门各单位闻令而动，紧急动员加班加点生产的大批救灾物资，通过铁路、飞机连续不断运往唐山。为妥善安置唐山来沪人员，上海制定了一系列保障措施，给他们的生活以无微不至的关怀，让遭逢重大变故的灾区群众深切感受到“家”的温暖……回望社会主义革命和建设时期，上海坚决贯彻党中央战略部署，牢固树立“全国一盘棋”思想，充分发挥自身优势，全力支援国家重点建设项目和各地经济社会事业，为新中国的发展作出了特殊贡献。上海支援唐山抗震的历史，就是上海支援全国的直观体现和典型缩影。

习近平总书记在唐山大地震40周年祭之际赴唐山视察时，从唐山人民在党中央坚强领导和全国广大军民支持下投入抗震救灾和灾后恢复重建的英雄壮歌中总结提炼出“公而忘私、患难与共、百折不挠、勇往直前”的抗震精神。上海支援唐山抗震的历史，也是抗震救灾精神的生动诠释。大灾当前，上海社会处处涌动的爱心大奉献、共克时艰的团结大协作，面向灾区披荆斩棘的千里大驰援、分秒必争的生命大营救，特别是党的各级组织和广大党员吃苦在前，冲锋在前，让党旗在前线后方高高飘扬，无不浸润着沪唐守望相助的双城情谊以及党和人民同呼吸、共命运、心连心的“鱼水之情”。抗震救灾精神不仅是当年救死扶伤、重建家园的力量源泉，也是中国共产党人精神谱系的重要组成部分。

为了更好地还原上海支援唐山抗震的历史，大力弘扬抗震救灾精神，中共上海市委党史研究室委托上海社会科学院历史研究所金大陆研究员，组织率领市区两级党史和史志部门的青年力量开展“上海救援唐山大地震”课题的编纂工作。2016年7月，唐山大地震40周年祭，作为课题阶段性成果的“口述卷”顺利出版，在社会各界收获热烈反响。得益于上海市档案局（馆）的大力支持，并经课题团队的辛勤耕耘，竟数年之功，本课题的“档案卷”也终于问世了。该卷全面收集整理了救援过程中的医疗救治、交通运输、物资供给、财政支援、震后城市重建的规划设计、建筑施工、工业恢复等方面的档案史料，涉及部门多，时间跨度长，涵盖内容丰富，与“口述卷”互为佐证，相得益彰，全方位、多角度、立体化地重现了当年那场惊心动魄的大救援。

习近平总书记曾指出：“中华民族历史上经历过很多磨难，但从来没有被压垮过，而是愈挫愈勇，不断在磨难中成长、从磨难中奋起。”这是历史的启示，是现实的回答，也是未来的召唤。我们殷切期望该书的问世，可以为上海地方党史、灾难救援史、社会动员史研究添砖加瓦，发挥其不可替代的学术价值，更希望人们从卷帙浩繁的档案史料中读懂中国共产党人赓续奋斗的精神密码，从党和人民的伟大抗灾实践中汲取精神养分，传承弘扬抗震救灾精神，激发新时代新征程上踔厉奋发、勇毅前行的澎湃动力，为以中国式现代化全面推进强国建设、民族复兴伟业作出应有贡献。

中共上海市委党史研究室主任　严爱云

序二

1976 年 7 月 28 日凌晨，一场里氏 7.8 级的大地震猝然降临河北唐山，瞬息之间，家园破碎，生灵涂炭，整座城市夷为平地。一方有难，八方支援。唐山大地震发生后，党中央迅速作出部署，急电全国火速救援。包括上海在内，来自全国四面八方的无数支医疗队、救援队舍生忘死，排险救人，争分夺秒，和时间赛跑、同死神抗争。这场规模空前的生命大营救，历经险阻的千里大驰援，向世人充分彰显了公而忘私的奉献精神、患难与共的互助精神、百折不挠的奋斗精神和勇往直前的进取精神。

2016 年 7 月 28 日，习近平总书记在唐山考察时强调："40 年前的大地震虽然摧毁了一个城市，但没有摧毁唐山人民和全国军民的坚强意志。在党中央坚强领导和全国广大军民支持帮助下，唐山人民以顽强拼搏的精神投入抗震救灾和灾后恢复重建，在中华民族奋斗史上谱写了一部可歌可泣的壮丽诗篇。在同地震灾害斗争的过程中，唐山人民铸就了公而忘私、患难与共、百折不挠、勇往直前的抗震精神。这是中华民族精神的重要体现。我们今天要继续弘扬抗震精神，为实现全面建成小康社会奋斗目标、实现中华民族伟大复兴的中国梦注入强大精神动力。"

档案工作存史资政育人，是一项利国利民、惠及千秋万代的崇高事业。上海市档案馆的馆藏资源浩如烟海，较为全面地记录了党领导人民进行革命、建设、改革和新时代伟大变革的奋斗历程。其中，有关上海支援唐山抗震救灾的档案史料比较完整，弥足珍贵。为了回溯那段惊心动魄却又感天动地的历史，还原上海人民在党中央坚强领导下，与唐山人民和各地驰援力量勠力同心、临危不惧、勇往直前，夺取抗震救灾胜利的真实场景，大力弘扬伟大抗震救灾精神，上海市档案馆与中共上海市委党史研究室合作，利用馆藏档案，编纂了这部史料汇编。

如今，在每一个中国人眼里，唐山已不仅仅是地理坐标，更是精神坐标。翻开书页，展现在我们面前的虽是一段段普普通通的档案记载，但透过这些文字，我们仍然可以强烈地感受到46年前中华民族在灾难面前表现出的永不屈服的那股精气神！感受到中华民族和衷共济、自强不息、敢于胜利的民族品格！艰难困苦，玉汝于成。一个民族的精神，往往在经历过一次重大灾难后，如沉过水的木、淬过火的钢，得到进一步升华。在抗震救灾斗争中形成的伟大抗震精神，是中国共产党人精神谱系的重要组成部分，也是中华民族精神的一座巍峨丰碑。正是用生命和鲜血铸就的伟大抗震救灾精神激励着我们集数年之功、汇众人之力，终于完成了这部档案汇编的编纂工作，将其奉献给广大读者。这本书也是我们对在那场灾难中逝去的同胞以及在抗震救灾中恪尽职守、勇于担当乃至以身殉职的英雄们的最好纪念。

天行健，君子以自强不息。历史和现实一再证明，只要紧紧依靠中国共产党的坚强领导、充分发挥我国社会主义制度的优势，我们就可以披荆斩棘，战胜一切艰难险阻，不断把中国特色社会主义伟大事业推向前进。前不久党的二十大胜利召开，描绘了全面建设社会主义现代化国家的宏伟蓝图。在新时代新征程上，我们档案工作者将深入学习宣传贯彻党的二十大精神和习近平总书记关于做好新时代档案工作的重要指示批示精神，把蕴含党的初心使命的红色档案保管好、利用好，把新时代党领导人民推进实现中华民族伟大复兴的奋斗历史记录好、留存好，更好地服务党和国家工作大局、服务人民群众，踔厉奋发、勇毅前行，为全面建设社会主义现代化国家、全面推进中华民族伟大复兴贡献档案人的智慧和力量，用创造更加美好生活的实绩来告慰唐山大地震的逝者，激励后来人。

是为序。

上海市档案局局长
上海市档案馆馆长　徐未晚

编辑说明

1. 《上海救援唐山大地震 · 档案史料卷》正文共三章，后有附录，各部分内容均以时间先后为序编排，如原档案时间不详，则排在所属节之末。

2. 所选编的档案，本着尊重历史和有利于使用的原则，尽可能保持原貌，对部分内容作了必要的删节，删节处用省略号（……）表示。

3. 部分原档案中没有标题的档案，为了便于读者查阅，编者根据内容拟了标题，个别会议记录中涉及其他事项从略。

4. 部分档案为会议记录，虽表意不够连贯，为保存档案的原始面貌，不加编辑。

5. 档案中部分医学、器械等专有名词，译法或书写方式与现在有异，或同一个名词以多种形式呈现，均保持原样，不予改动。

6. 原档案中的繁体字、异体字、俗体字，在排版时均转化为规范的简体字。

7. 个别地方有明显漏字的情况，为便于读者理解，补字放在六角括号（〔 〕）内；原档案中无法辨认的字，以方框（□）表示；有明显错字、别字、多字、颠倒字的，直接改正。原档案中有个别语句不符合语法规范，为保存档案的原始面貌，不加编辑。

8. 凡档案中需隐去人名的，或直接省略，或改为“市领导”等表述。

9. 标点符号一般按原档案排印，明显有误的，则给予改正。

10. 关于数字：档案中阿拉伯数字和汉字数字常混用，现统一为阿拉伯数字。

11. 关于时刻：会议记录类格式档案中，表头及落款处的时刻均统一为 00:00 格式，正文中描述性文字中出现时刻的，格式不作强行统一。

目　录

第一章　档案

第二章　报 摘

第三章　书 摘

附 录

第一章

档案

第一节 上海市革命委员会工交组

抗震救灾促生产的情况汇报

工交组7月30日上午召开工业各局党委分管生产负责人会议之后，大家对抗震救灾促生产抓得是紧的，纷纷联系各自行业实际，作了些部署。物资局党委向有关公司作了传达研究，局党委决定由王宏兴、朱士俊同志负责，并抽调三名干部组成专门班子，还要求各公司、仓库加强值班，确保24小时畅通。轻工、纺织、手工业局陆续开了各公司紧急动员会议。化工、仪表、一机局着重抓了药品、医疗器械、通信设备、电机、电器等有关行业的生产安排。华东电业局也开了供电局和各发电厂负责人会议，分别进行确保重点用电和安全发电的准备工作。冶金局党委也分析了当前钢铁生产情况，研究如何进一步促上去。

从初步情况来看，工交系统各级领导对抗震救灾促生产是重视的。许多单位主动组织广大职工学习党中央关于抗震慰问电，出现了不少积极主动争挑重担，以实际行动支援抗震救灾战斗的生动事例。

益民食品四厂于29日晚上接到突击增产压缩饼干，支援抗震救灾任务以后，职工们连夜检修生产设备，并动手油印食用压缩饼干的说明书，到30日上午已拿出第一批10吨产品。同时发动50多个职工突击清查饼干仓库，整理出各种饼干32吨，加上益民食品三厂突击赶制的10.8吨饼干，首批共有50多吨饼干，已于30日中午空运灾区。广大食品工人决心继续突击生产一周，拿下压缩饼干300吨，其他饼干200吨。他们还主动提供生产西瓜汁、酱菜罐头可支援灾区伤员的建议。

手工业局广大职工学习中央慰问电之后，纷纷前来主动请战，大家说："灾区要什么，我们支援什么。"轻工部要求上海增产15万只铁锅，支援抗震救灾的任务下达之后，手工业局与商业部门联系，决定这批铁锅先从市土产公司库存中调拨解决。当上海铁锅厂得知这个任务之后，30日上午立即召开紧急会议，除了正常生产的10台压机努力开好之外，决定对还有6台大修压机抓紧解决一些电子阀等协作件，力争马上投产发挥作用。在劳动力比较紧张的情况下，干部带头开出了义务劳动班，青年们开出了突击班，全厂上下发出了“每只螺丝拧拧紧，抽出人来多增产”的口号，使六台压机尽快开出来，除迅速补上15万只铁锅的库存量外再增产，库存备足，做到灾区什么时候要，我们就及时送到。黄浦塑料厂职工得知抗震救灾急需塑料袋的任务，立即投入战斗，于31日上午赶制出2000只塑料袋送往灾区。10点钟之后，又接到利群医院支援灾区的医疗队要加工22公斤的塑料帐篷，工人们了解到赶制这些帐篷是医疗队当露天手术室用的，中午连饭也顾不上吃，突击加工及时完成。

医疗器械公司党委听了中央向灾区人民慰问电的广播后，一面向有关厂打招呼，一面主动到医疗采购站要任务，各厂也纷纷打电话到公司请战。大家说：“地震就像战争，只要前方需要，我们就要大干、快干、突击干、争着干，为抗灾斗争多作贡献。”30日，公司又召开了11个有关重点厂负责人会议，把急需突击增产的36.2万件常规医用器械及1450台件医疗设备的任务安排了下去。各厂都在发动群众积极行动。如生产体温计的医用仪表厂，29日中午全厂紧急动员，广大职工以中央慰问电为动力，当天就突击生产了体温计6万支，比平时日产量猛增了一倍多。还有生产针头的注射器一厂职工，听到灾区急需五种规格20多万只针头的任务之后，这与当前正在生产的规格不对路，大家立即动手改变规格安排生产，各组室20多个干部也同工人一起大干，工人同志干劲冲天，有的“大进突击”，有的早班连中班，两天已完成了三种规格，预计8月1日可全部完成。

当前生产突出矛盾是燃料供应紧张。特别是工业用无烟煤全市库存只够用三天左右。地震以后三天来煤炭矿发量只有二万多吨，还不到一天的计划量。现除了向国家计委经常汇报联系，同时派出人员分别争取支援外，工业各局也正在安排保重点生产用煤的准备。

工交组生产组整理

1976年7月31日

冶金行业抗震救灾的情况汇报

连日来，广大冶金工人，对唐山等地区强烈地震极为关切，大家认真学习党中央慰问电和《人民日报》社论，怀着深厚的无产阶级感情、积极投入抗震救灾的战斗，出现了不少动人情景。

上海异型钢管厂的广大职工，学习了毛主席和党中央给灾区人民的慰问电后，立即把京、津、唐地区有关单位所订的合同单整理出来，做到“灾区什么时候来提货，我们就什么时候发货”。厂领导看到群众积极性很高，于是因势利导，把抗震救灾作为深入发动群众的强大政治动力，号召全厂职工发扬灾区人民英勇奋战，“人定胜天”的革命精神，促进大干，多作贡献。经过大家讨论，全厂决定提前一季度完成全年新产品的试制任务，提前一个月完成全年的国家计划，决心腾出力量为抗震救灾接受新任务，夺取新胜利。

冶金第二机修厂、上钢三厂二转炉广大工人同志，得知唐山等地受灾之后，一致表示挑选最好的人马，组织最好的开炉、抢修、设备的班子，随时准备赴“唐钢”，投入恢复生产的战斗。上钢五厂的民兵战士，一听到唐山地区受灾，怀着深情厚谊，把平时战备训练用的四顶帐篷立即送往机场，支援灾区人民急用。

当唐山地区强烈地震消息传到耐火材料厂以后，大家考虑到上海电炉炉盖上用的高铝砖都是唐山地区供应我们的，表示电炉炉盖的耐火材料应当自力更生干出来。目前，正在解决三台破碎机设备，之后，就可以自己生产了。

冶金局也于8月3日组织有关厂干部、工人代表，访问医疗器械公司所属二厂，学习他们为抗震救灾赶制医疗设备的革命精神，同时了解需要什么钢种，以便及时增产供应。全局还准备组织炼钢、机修、安装、备品备件等各种突击队，待命奔赴“唐钢”；对灾区必需的各种钢管，努力安排增产。

局党委对工交组7月30日开的抗震救灾的紧急会议，也提出了一些考虑。全局正常用电26万千瓦。如因燃料紧张确需减少发电，初步计划拉5万千瓦，表示从需要来看，全局排摸不正常线产品，但从顾全大局出发，分别轻重缓急，已订出拉电4.5万千瓦的计划。准备轧钢拉1.5万千瓦，炼钢和其他生产拉3万千瓦，重点只保铁合金、碳素等基础原料的正常生产。

当前，广大冶金工人抗震救灾的积极性很高，下半年的钢铁生产任务也很重。如按完成380万吨的全年计划，8月1日起钢的平均日产水平要达到11700吨，如果按全年增产计划390万吨，8月份起钢的平均日产更是高达12450吨，但从7月28日以来，钢的日产量都未达到万吨水平。8月2日，一、二、五厂的钢产量都有下降，其中一厂下降幅度最大，1日生产3570吨，2日只有2607吨。实际上，冶金工人抗震救灾的热情很高，如果局党委能把群众积极性引向“唐钢损失了，我们怎么办？”“开滦受灾，我们怎么办？”不断发现、推广以灾区群众“人定胜天”为榜样，用节约求增产的先进典型，是完全有可能把当前钢铁生产多快好省促上去的。

工交组生产组整理

1976年8月3日

沪革工交（77）第187号

上海市革命委员会工交组
关于上海市垫拨抗震救灾用金属材料情况的报告

国家计委、国家建委：

去年河北唐山地区遭受强烈地震后，在党中央、国务院统一部署下，上海承担了抗震救灾医疗器械、深井泵、矿灯等产品的增产任务，为确保唐山灾区紧急需要的物资，及时作了调度和安排。此外，上海还承担了开滦煤矿的发电、机修两个厂包建任务。去年9月18日，接中央抗震救灾指挥部电话通知：包建省市借垫的物资，由国家计委组织生产归还。当时钢材没有现货，我们将1977年计划内材料提前安排生产，借垫使用，计钢材5200余吨、有色金属156吨。根据今年国家下达给上海的生产任务，材料缺口较大。故请求国家计委按中央抗震救灾指挥部电话通知精神，将上述材料予以核拨。特此报告，妥否，请批示。

上海市革委会工交组

1977年3月18日

抄报：国家物资总局、一机部、煤炭部、卫生部

抄送：上海市物资局，上海市金属公司革委会

上海市革委会工交组秘书组1977年3月21日印（共印13份）

附：上海市革委会工交组材料缺口清单

（单位：吨）

钢　材	合　计	包建开滦煤矿二个厂	卫生部突击增产安排器材	计委布置增产深井泵170台	煤炭部下达矿灯400台
轻　轨					
大　型	100	100			
中　型	1308	1265		43	
小　型	1638.9	1544.5	40	52.6	1.8
带　钢	2.75		2.75		

（续表）

钢　材	合　计	包建开滦煤矿二个厂	卫生部突击增产安排器材	计委布置增产深井泵 170 台	煤炭部下达矿灯 400 台
线　材	465. 5	460. 5			5
中　板	184	155		29	
薄　板	367. 8		187	95. 6	85. 2
硅钢片	299		20	279	
优　钢	139. 5		120	19. 5	
无缝管	695. 775		0. 025	695. 75	92
接缝管					
物　品					
	5201. 225	3525	369. 775	1214. 45	92

有色金属	合计	卫生部突击增产安排器材	计委布置深井泵 170 台	一机、煤炭部下达抗震任务补缺	100 台地震仪
铜　材	49. 7	30		15. 82	3. 88
铅　材	13. 46	13. 46			
铝　材	14. 21	2. 21		6	6
铜	32. 2	29	3. 2		
铅	1. 68	0. 98	0. 7		
铝	24. 1	9. 1	10		5
锌	16. 5	16. 5			
锡	3. 48	1. 6	0. 7		
镍	0. 64	0. 64		1. 18	
	155. 97	103. 49	14. 6	23	14. 88

第二节　上海市革命委员会财贸组

财贸组关于支援地震灾区物品原则通知的记录

各值班同志注意：

关于支援地震灾区的物品原则：

首先应抱着深厚的无产阶级感情，认真接听每一个电话，应以全力以赴的精神，更有效地支援灾区。对目前多头来要求支援的情形拟掌握如下：

1. 河北、天津、北京等局/公司直接来电的先予接待，不得借任何原因而推托，随即再电告该省、市财办询问情况，听取他们的态度，确属要者，又属一般性物品，可以边发，同时备案报中央抗震救灾指挥部。如属量大面广重大物资，虽省市级财办同意，但要报国务院救灾指挥部定。上述两种情况均要报市委办公室集中。

2. 上、下往来电话，要详细做好电话记录，及时报办领导阅审，及时加强请示汇报。

1976 年 7 月 30 日

财贸组值班记录（1）

来电时间：1976 年 7 月 30 日 15:00

值班人员：□□、启华

内容：

到 3 时止发出压缩饼干 10 吨（2 万斤）。到 7 时又可发饼干 11 万斤，装三个车皮。

财贸组值班记录（2）

来电时间：1976 年 8 月 1 日 21:15

值班人员：国务院抗震救灾办公室姚成海

内容：

经请示任副部长同意，要上海从 3 至 6 日再生产、加工压缩饼干 60 万斤。

3 日开始发 40 万斤给河北玉田县唐山抗震救灾指挥部物资接收小组。

6 日发 20 万斤给河北省丰润县唐山抗震救灾指挥部物资接收小组。

已报告康平路值班室王锡林同志。

22 时 50 分已告工交组、生产组徐同志。（8 月 2 日又告殷文炳）

记录人：杨有根

财贸组关于塑料袋生产及发运情况的记录

20 点 45 分，工交组应文斌同志来电：刚才皮塑公司接轻工业部来电，要做 20 万只塑料袋。

凌晨 3 时 40 分，5 万套劳防服装，立即发；另 5 万衣服，早上发，12 时左右。

向康办值班室小沈汇报了。

到 8 月 2 日 2 时整，发至机场总数约 78. 8 吨（33664 只），其中：已发运 60. 3 吨，在机场 18. 5 吨。

生产厂：皮革塑料厂 300 只袋，金山化工厂 3840 只袋，〔均〕已在装运，约 9 吨。

经有根同志向康办汇报，同意发运。

与机场联系，现准备装运。（具体数量另报）

记录人：有根

1976 年 8 月 2 日上午 9 时

外贸局关于北京化工总公司向上海化工分公司要求实物记货单的电话

来电时间：1976 年 8 月 5 日 14:55

来电单位：外贸局

姓名：沈敬亮

内容摘要：

北京化工总公司向上海化工分公司要求实物记货单，按 5000 万码药纱布，25 万打橡皮膏，700 瓶庆大霉素（10 亿单位）、红霉素 2 吨、阿斯匹林 50 吨、 SG 10 吨，以上 6 个品种上报库存。

外贸局查了库存：

1. 药纱布 5000 万码可以，库存有 1.1 亿码
2. 橡皮膏上只有 7 万打
3. 庆大霉素医药站已拿 448 瓶，还有 300 多瓶库存
4. 红霉素 2 吨可以，库存 4 吨
5. 阿司匹林有 46.5 吨
6. SG 10 吨可以（属大连主营）

要不要上报请示财贸组？

接电话人：王启华

领导意见：

一、 外贸不能发，由分公司电告总公司管员，请他们报中央抗震救灾办公室统一调动。

二、 这些药物外贸控制一下，统一由市抗震救灾指挥部调度。

三、 这情况和我们意见报康办。

1976 年 8 月 5 日

纱布：

外贸报的 1.1 亿是库存数，其中有□□□出口的。

据外贸局吴启华同志讲，不□出去，可以用的纱布有 200 万码，要时可以马上动用，不会影响出口的。请给。

还有坯布 20 万公尺。

锡阳

1976 年 8 月 6 日上午

〇五单位请求支援的来电

来电时间：1976 年 8 月 6 日下午 5:30

来电单位：〇五单位

姓名：秦长春

内容摘要：

刚才接总后卫生部来电，因抗震救灾需要 10％和 5％葡萄糖（塑料袋装，500 毫升）各 96 袋，请支援一下。行与不行，请回电告知我们，电话 372013 × 42，晚上 6 点以后，电话接值班室。因为我们要向总后卫生部汇报。

6 时 30 分去电问一局，第一件 80 第二件是否一回事。第二件事总后什么医院，何处救灾望告。□□

6 时 45 分又打电话给 05 单位，秦长春何在。

8 月 7 日上午 8:26 同 05 单位高□山 × 15□联系，秦去劳动了。找不到人。

接电话人：杨经军

领导意见：

（8 月 7 日）5 时 15 分唐山来电：要求空运发解放军总医院。

5 时 30 分请示康办，殷俊同志复，按正常情况由〇五单位直接发运。已告一局陶仁良同志。

财贸组关于救灾物资供应的几点意见

自8月5日开始，接收灾区伤员的皖、鲁、苏、鄂、豫、晋、陕、辽、吉九省所属地、县商业部门，来沪联系要求供应救灾物资的很多。面广量大，有计划外的，也有计划内的。看来所有救灾物资的供应，不论数量大小，计划内和计划外，都要市里定，不能适应形势的需要。我们同第一、第二商业局同志作了研究，提出如下几点改进意见：

一、受灾地区和接收灾区伤员的省商业部门，要求上海调拨计划合同额度内的救灾物资，根据需要与可能，可由市第一、第二商业局酌情发运。

二、受灾地区和接收灾区伤员的省商业部门，要求上海供应计划合同额度以外的救灾物资。建议统由省（市）财贸组（办）或省抗震救灾指挥部，统一向上海商业部门联系，经市财贸组报请市委决定，并报中央抗震救灾指挥部请示、备案。数量小资源有可能的，可由市财贸组决定。数量大或重要品种（如人体白蛋白等），应请示市委或中央抗震救灾指挥部。

三、原由上海直接供应的江、浙毗邻的昆山、太仓、常熟、启东、海门、嵊泗六个县，因接收灾区伤员任务，要求供应救灾物资的，数量少的一般品种，可由市第一、第二商业局酌情发运，并报市财贸组备案。数量大或重要品种，经市财贸组报市委定。

四、非灾区和没有接收灾区伤员的省商业部门，要求上海供应属于救灾物资的，不论计划合同额度内外，都要从紧掌握，留足必要的库存，由市商业一、二局酌情供应。数量大的报市财贸组请示市委。

五、国务院各部委、军委各总部需要的救灾物资，建议统由中央抗震救灾指挥部下达任务。

除上述情况外，日常商品供应，仍按原定计划合同执行。

以上意见妥否，请批示。

上海市革命委员会财贸组
1976年8月7日21时

市财务局群测群防点

一局

一、 天马山养鹿场—松江天马镇 223223 ×

二、 铁路储运部（有鱼塘、养猪场）

曹杨路 1450 号 548497， 548493 ×

二局

三、 金桥养鸡场（川沙县金桥镇）877815 × 27

九、 禽蛋五厂—黄渡

十、 龙华饲养场

水产

四、 水产研究所淡水养殖场（金龙）

军工路 334 号 431090 × 413835

五、 海洋渔业公司生产指挥室（黄春涛）

共青路 486 号 431140 × 431566

粮食

六、 上粮二库（云岑西路 200 号）577085 577086

七、 酿造一厂（何家湾路 1 号）618263 618074

外贸

八、 新龙华发运站（食品进出口公司）393089 王宝君 王庆恩

记录人：张胜鑫

1976 年 8 月 10 日

外贸局转天津化工进出口公司
给上海化工进出口公司的电报

来电时间：1976年8月12日15:30

来电单位：外贸局

姓名：胡瑞林

内容摘要：

天津化工进出口公司来电报给上海化工进出口公司调拨给他们160吨甘油，属总公司调拨。其中两张提单8吨，是地震前的，作生产原料。但我们托运，排不上队，向他们反映后，今天又来电报说：作抗震救灾，向铁道部申请三只车皮。铁道部已下命令给三只车皮。上海运输部门要作抗震救灾之用的证明后，才能运。周宝良同志向工交组反映，工交组同意运。我们汇报一下，同意发运。上海有库存60吨。（8月6日天津油墨厂来信，说8吨油墨希发运，为恢复生产之用。）

接电话人：韩

领导意见：

按正常关系发运，15时。

可向国务院“抗救指”及天津“抗救指”讲一下，已按正常调拨关系发运，是否救灾物资，表示怀疑。

□□

1976年8月12日

财贸组等部门关于净水龙问题的电话往来

王启华、张胜鑫、郑剑清找一局沈惠民医药公司惠文康同志研究，90吨净水龙粉要不要继续生产的问题。

（1）惠文康：净水龙片本身药效低，质量不稳定，有效期短，保质期只半年，即使原粉不压片，其中氯的含量遇湿度后也要挥发，产品比较陈旧。天津市有69－1型饮水消毒片，存放有效期两年，消毒速度净水龙30分钟，69－1型饮水消毒片只五分钟，所以已压片的三亿完成后，还有90吨净水龙粉最好不要再生产，把中间体放起来。如果一定要生产，我们考虑包两只塑料袋，外装铁桶，以防潮，但也不要绝对密封。

（2）经郑剑清与生产净水龙粉的制药六厂了解，原料是糖精下□对位酸，通氯这两个工序已安排下去，预计星期五可以完成，再改已来不及，保存条件要求高压密封、避光、低温，有效期可保存两年。

（3）惠文康：存原料比存污剂好，时间可长一些，最好存中间体，但已来不及了。

存原料时间长，再通氯，但工厂设备不可能保存下来，到时再说，氯挥发后只有增加剂量。

讨论意见、建议：

向“中指部”杨万顺汇报建议：

1. 运用四吨原料继续压片，请“中指部”安排调拨去向，及时用上，对饮水消毒有利。

2. 保存原料，建议存放在比较干燥和凉快一些的北方地区，效果也好一些。

3. 存放在上海由市医药公司收起来。

向“中指部”杨万顺同志汇报：

杨万顺：唐山饮水（河水、井水）消毒问题，当时很急，提出要氯胺50吨，没有地方能做，石化部建议上海以1与5之比例，生产旧部哈拉腙，我们要求上海先压片3亿片（耗料3吨），还有9吨原料，我们立即与唐山商量，看还要不要，是继续压片，还是调出原料。原来我们不知道保质期这么短（包括原料）。这个问题要研究，即使压片还有4亿片，要不要在上海生产，也会影响上海其他片剂的生产任务。

1976年8月18日21时

一局方伊川汇报情况：

1. 到8月22日止，已发出5485箱21940万片。8月24日结束，还可发2895箱11580万片，超额3520万片。（这点同意一局意见，全部发唐山。）

2. 两吨原粉发天津化工原料公司，是否请工业直接发。

3. 给两吨唐山的原粉，要配37吨医用氯化钠，目前生产有困难。

* * *

1. 向医药工业公司计划组、供销组了解，过去他们的医用氯化钠是由江苏南通勤奋化工厂提供的。

2. 这次突击生产，向江西东风药厂借调 26 吨，其余由生产试剂的厂临时安排生产。

以上情况，上海无法配套 37 吨医用氯化钠，已向“中救指”金锦元同志汇报，待复。

1976 年 8 月 23 日 11 时

工交组关于压缩饼干生产的来电

来电时间：1976 年 8 月 21 日 8:35

来电单位：工交组

姓名：叶为伦

电话： ×70

房佐亭昨晚来电，意见，请食品四厂生产 100 吨压缩饼干，盐分要重一点，水分要少一点，以便保管。

请二局同轻工业局徐广绍同志联系（二局：孙更华）。

保管期限：简装纸箱保管 2—3 月；用塑料袋保管 3 个月；真空装（内有塑袋抽氧保管 1—2 年）

张胜鑫

9 时 50 分殷俊回电：

生产 100 吨，包装用塑料袋，小包装要有说明书。

财贸组关于地震预报向群众传达后的市场情况和意见

市委、市革委会：

市委关于江苏临震预报的情况向群众传达后，在市场供应方面出现了一些新动向。主要是某些集团单位大量购买电池、电筒、桅灯、矿烛、草包、草席、饼干等商品。如崇明县堡镇、南门两个批发部向市百货公司要电池各400箱，计19.2万节。嘉定县要电池300箱，计7.2万节。大丰农场要电池100箱，计2.4万节。市劳改局来要塑料薄膜20吨，还要两万人吃的干粮，九四二四厂要芦苇席5万只，消防总队和市儿童医院各要草席100条，等等。另外，有一部分群众听了传达后，购买电池、电筒和饼干的情况也比较多，如市百一店今天下午3点钟，饼干柜发生排队现象，一些顾客一买就是三五斤，营业员连包扎都来不及。市食品一店昨天供应压缩饼干200斤，今天销量达560斤。徐汇区永红食品店今天晚上一下子就卖掉40多听罐头饼干。上述情况，预计明天还要发展。

为了防止冲击市场，保证防台、防汛、防震的需要，我们和商业一局、商业二局及有关公司商量，提出如下意见：

一、 加强宣传教育，防止人为紧张，稳定市场供应。建议市革委会各组办及时地抓一下这项工作，要教育各单位干部和群众正确对待，既不能麻痹大意，放松警惕；也不能惊慌失措，人为紧张，冲击市场。

二、 商业部门要做好供应工作，对当前资源较紧的商品，拟采取如下办法：

（一） 大号电池：现有库存百货站400万节，市百货公司74万节（其中50万节是战备库存）。百货站部分，拟根据合同，发100万节给急需的省、市，调100万节给本市百货公司，保持200万节库存。市百货公司把现有74万节库存供应各单位用于防台、防汛、防震的值班巡逻，把调入的100万节，主要作为库存，拿出一部分供应居民。

（二） 桅灯：现有资源较紧，市公司库存5千只，拟优先供应沿江沿海的工厂、农村等单位。

（三） 矿烛：存货充沛，销售还正常，照旧供应。

（四） 草包、草席：现有库存草包40万只，资源相当紧。在地震预报阶段，原则上不供应，以备地震发生后的急需。至于草席，对集团单位购买较多的，要严加控制。

（五） 饼干：当前工厂每月生产230万斤，各零售店保持库存200万斤。市烟糖公司没有库存，对群众购买二三斤的，应予供应，对购买较多的，要进行宣传。为了使市公司保持一些必要库存，拟生产压缩饼干50吨。

三、 密切注意阶级斗争动向，严防阶级敌人造谣破坏。商业部门要加强值班，为保证商品及时调度，在24小时内都要配备足够的力量。

以上汇报当否，请批示。

市革委会财贸组

1976年8月21日

附：

向群众传达有关地震的内容

昨天（19日）早晨，江苏发布了地震的临震预报，认为在8月22日前后各三天之内，在江苏的扬州、海安以及黄海一带，可能发生五至六级地震，如果震中心在黄海，震级可能较大一点。南京、常州、无锡、苏州等地可能会受到影响。

上海地震办公室根据江苏地震临震预报，同时分析了我们上海的情况，到目前为止，认为如果江苏的扬州、海安以及黄海一带发生五至六级或较大一点地震，上海会有地震感觉，崇明农场、海丰农场、大丰农场和宝山沿江一带可能有些影响。我们不要麻痹，宁可千日无震，不可一日无防。各级党委要以阶级斗争为纲，认真学习，发扬人定胜天的精神，加强群测群防工作，及时掌握地震的前潮和动向，并及时汇报。

市地震办公室要加强对资料的综合分析研究，并及时提出分析意见。

根据江苏的地震临震预报，如果一旦发生地震，我们要在各级党委统一领导下，坚守岗位，坚持抓革命，促生产，促工作，促战备，保卫工厂企业，防火防盗，保卫人民生命财产，保卫重要海堤，警惕阶级敌人造谣惑众，严厉打击阶级敌人的破坏活动。

我们的防震、抗震工作，一定要依靠广大工农兵和劳动人民。各级领导要加强值班，要发扬解放军、民警、民兵的作用，加强值班巡逻，要在维护革命秩序中发挥重要作用。

1976年8月20日晨

（陈佩玲同志传达）

传达：

这次江苏发出临震预报，可能在8月22日前后三天发生五至六级地震。国家地震局认为，江苏地区地电上升，动物异态，这是值得注意的。但是，这种现象与前一时期唐山地区大地震可能有关。

上海地震局进行了综合分析，认为对上海影响不大。因为上海地区地壳不厚（30 公里），而且断裂较多，这样就造成两个特点：一是地震频繁，前几年在长江口就发生过几次；二是震级不大，地壳厚的震级就比较大，现在肯定上海本身没有发现有地震的迹象，即使江苏发生预报的地震，上海也不可能发生坍屋等严重问题。唐山地区地壳厚（45 公里），裂缝少，因此发生地震迸发的能量大，震级高。

我们要同各级讲清楚，不要人为紧张，人心慌慌。同时，我们要抓紧做好工作，加强值班，对一些重点单位如石油库、危险品库、粮库等，特别要加强。还要提高革命警惕，严防阶级敌人造谣破坏。

外贸局朱耀章　财政局王□□

干校孙□树　工商局□□□

海关杜圣余　水产局□□□

1976 年 8 月 21 日 17 时开会传达

关于群测群防地震的一些反映

8 月 20 日，我们接到两处来电反映，简要汇报如下：

一、 青浦县朱家角吴天民反映，盛家大队发现几件事：

1. 狗咬猪死四只，狗咬狗死六只；

2. 井水反常，有一只井，一点水也没有。有二只井，原来二公尺水位，现在只有一尺。六队二只井一点水没有。回忆 1974 年宜兴发生地震，朱家角盛家大队井里也发生类似情况。

吴天民同志还反映，周荡大队也发现了反常现象。四个社员去捕鱼，一个晚上捉到甲鱼 30 只，大的 4 斤重，小的只有几两重，不少甲鱼都趴在河滩边。到现在，有 24 个社员捉到 100 多只甲鱼，过去没有这种现象。

二、 市食品进出口公司新龙华发运站支部书记王保君反映几件事：

1. 发现老鼠搬家，大老鼠带了小老鼠搬家，捉住一只小老鼠；

2. 这个单位所养的黄鳝跳水；

3. 井水上升一公尺。

福贵同志：

这份报告，□□批示已“同意”。

送上一份请阅看，并请协助掌握。

财贸组关于增产救灾医疗器械需要解决的几个问题

唐山、丰南一带发生强烈地震后，本市医疗器械工商部门……主动协作，密切配合，大力增产支援灾区需要的医疗器械。一个月来，商业一局和医药站根据灾区和接收伤员治疗地区的需要，结合卫生部布置的增产要求，先后三批向工业部门提出增产用于诊断、注射、穿刺护理、防疫的常用器械；用于手术、消毒、化验、透视的设备；用于导尿、输血的抢救器械以及骨折外伤专科手术器材共 85 种。医疗器械工业公司党委曾先后几次召开所属厂会议，做了紧急部署。截至目前，工业公司已如数接受并落实到厂的有 58 个，品种同意数量上部分接受的 12 个，没有接受的 3 个，商业未提要求工业主动安排的 4 个，工业安排大于商业的 6 个，今年安排不了，先动用商业库存，在明年计划中体现增产的 1 个。

一个月来，各医疗器械厂深感肩负的责任重大，灾区需要的各种医疗器械品种多、数量大、时间急、质量高。他们豪迈地表示：灾情就是命令，时间就是生命，“宁可自己多流汗，不让灾区人民多流一滴血”，坚持天大热，人大干，以抓革命、促生产的实际行动，支援灾区人民的抗震斗争。

当前总的生产形势很好，在组织增产中也存在一些问题，需要及时加以解决。

1. 商业一局医药站提出建议增产的品种，医疗器械工业公司绝大多数安排增产，但要求工交组下达增加生产的通知，并相应增拨所需的原材料。据工业公司反映，原来计划内的任务，原料还有一些缺口，这次安排增产的品种，如果不相应增拨原料，就无法实现增产。建议工交组通知仪表局和物资局执行。

2. 部分产品尚缺一些劳动力和设备。如体温计卫生部下达增产 50 万支，尚缺 50 个劳动力。增产人用注射器、玻璃拉管要求玻璃行业协作支持一座三吨池炉，劳动力 50 人，增产人用注射器针头，需要解决抛眼机三台、烤头机一台、劳动力 50 人。建议工交组支持解决。

3. 部分大型设备性器械增产后，医药站存在仓位不足，不能及时进仓，一定程度上影响工业增产的积极性。据反映，有高压消毒柜、综合手术台、卧式高压消毒器、X光机、大型麻醉机等数百台，还未落实仓位。考虑到老震区尚在继续余震，新震预报不断传来，在目前情况下必须积聚一些资源，以备随时应急的需要，暂时库存有所增加，也是正常现象。建议商业一局统筹解决必需的仓位，并向工业部门做好宣传解释工作，积极支持和促进工业增加生产。

市革委会财贸组秘书组

1976年8月30日

财贸组对各局通知

对各局通知：

1. 据领导通知：从今天起，逐步恢复正常。

2. 对这次抗震救灾情况，用七天～十天时间写一个小结，报财贸组。

一局、二局、粮食局办公室许、水产局办公室朱金华、外贸局保工组刘。财政局。

1976年9月5日15时

外贸局请示漂粉精用途的来电

来电时间：1976年9月7日8:10

来电单位：外贸局

姓名：沈瑞高

内容摘要：

化工进出口公司漂粉精有50—60吨库存，原打算作援灾物资备用。现北京总公司来电说要这批漂粉精，打算出口到阿尔巴尼亚，目前正在谈判。问是否可动用？

我们意见：灾区用水已用净水龙片消毒，拟同意总公司动用，援阿。当否，请中一同志阅示。

接电话人：张胜鑫　范金福　郑剑清

领导意见：

市领导同意，已告一局沈瑞高同志。

财贸组关于增产抗震救灾药品的落实情况及需要解决的几个问题

一、 基本情况

唐山、丰南一带发生强烈地震后，本市医药系统工商部门，急灾区人民所急，深感肩负的责任重大，坚持阶级斗争为纲……认真贯彻中央抗震救灾指挥部和市委“关于大力增产药品的紧急通知”精神，紧急行动起来。工商齐心一起干，千方百计多增产药品，以实际行动为抗震救灾多作贡献。一个多月以来，医药站先后分三批向医药工业公司提出治疗灾区伤病员急需的抗菌素，解热止痛、强心、利尿、止血、外伤、磺胺、激素、维生素等药品 115 个品种规格，其中针剂 10205 万支，片剂 93200 万片，金额 4208 万元。化工局和医药工业公司党委都分批及时向所属制药厂做了紧急安排。截至目前，已经初步衔接在 1976 年商业收购计划基础上，可以增产的 77 个品种规格，其中针剂 8210 万支，比 1976 年计划 12 亿 1 千万支，增加 6.7%，片剂 41000 万片，比 1976 年计划 263 亿片，增加 1.5%，总金额 2230 万元，比 1976 年计划 44220 万元，增加 5.1%，还有 38 个品种规格由于原料、设备、质量等问题，暂时没有条件增产。

最近，中央抗震救灾指挥部又来电对当前抗震救灾急需、而供应又断档的 41 个药品，要求上海尽可能增产。其中有 15 个工商部门已在前三批增产计划中做了衔接，在医药工业公司努力下，又安排了 12 个可以增产，还有 14 个品种未衔接上，其中 5 个本市过去曾生产过，因积压而停产。现在只是小批量生产，尚未形成生产能力，6 个只能维持正常生产，还有 3 个是外地生产的。

在这次增产抗震救灾药品过程中，市委领导同志和市工交、综合、财贸组的负责同志都分别到一些药厂等单位检查工作，参加劳动和慰问战斗在第一线的工人和干部，给了广大制药工人很大的鼓舞。化工局在辽原化工厂召开了……现场会议，要求基本化工原料要满足制药的需要。市劳动局、供电局、物资局、轻工业局、煤炭、金属、化轻供应公司、烟糖公司都主动到化工局和医药工业公司了解需要，协助解决问题。医药站在供应和发运救灾药品任务十分繁重的情况下，还派出干部80多名到药厂参加劳动，并配合工业去外地催调原料，支持药品增产。

二、 存在的问题

当前，药品生产的形势很好，据医药工业公司反映，有些药品虽然工商衔接了增产计划，但还有一些原材料、中间体和包装材料还不能落实。8月份本市医药工业公司计划安排原料药生产574吨，由于原料不足，实际完成505吨。成品药的生产由于推迟了原料药的外调，推迟了外贸的交货，因此，比7月份生产增长18.4%，内销收购达到了今年最高水平。但是如果原料药生产不上去，全年的药品增产计划还有可能落空。9月份原料药生产计划安排651吨，据化工局和轻化公司平衡衔接，在61种原料中，还有33个存在缺口，其中主要是吴淞化工厂生产的乙醛。由于生产工艺改革还不成熟，今年5月份以来一直停产，影响冰醋酸等七个化工原料和抗菌素、解热药、磺胺、维生素等一批药品的生产；吴淞化工厂的氯磺酸，由于硫铁矿到货不足，生产上不去，影响一批磺胺类药品的生产；染化九厂生产的间氯苯胺由于生产能力问题，供应不正常，影响氯丙嗪、氯喹、喹哌等一批药品生产，要求工交组、化工局尽快采取措施抓上去。

部分由石化部统一分配的化工原料、中间体、原料药等，原来计划内分配已有差额，现在安排增产后缺口也相应扩大，如部管的化工原料纯碱、硼砂、溴素等；部管的中间体异丙醇；由石化部负责分配在本市生产的原料药如四环素、合霉素、氯霉素、安乃近、维生素C、维生素B_1等；由石化部统一分配的复方配套药如阿司匹林、咖啡因、安基比林、安茶碱等，对这些问题建议由化工局报告石化部，按中央抗震救灾指挥部8月19日电话通知精神，即八九月份增产的原料药，凡不需要其他原料药配套生产的，均就地加工针、片剂；需要相互配套生产复方制剂解热类药品，由石化部安排解决。

对一部分原来由天津等受灾地区供应的原料药，目前履约暂时有困难，如氯化苯、甲酸、溴素等，请石化部调整分配地区。

业务一组

市革会财贸组秘书组　　　　1976年9月8日印（共11份）

外贸局转土产畜产进出口总公司调运天然樟脑的电话

来电时间：1976 年 9 月 10 日 18:00

来电单位：外贸局

姓名：孙善高

内容摘要：

土产畜产进出口总公司向上海土产进出口分公司调运 15 吨天然樟脑，据说是根据中央抗震救灾指挥部通知调往辽宁生产救灾药品的。

如何处理？特来请示。

该原料（天然樟脑）库存 40 吨，对外履约 15 吨，现土产总公司共调出 17 吨（辽宁 15 吨，吉林 2 吨）。

经向中央抗震救灾指挥部（金振□）了解，是有此事，请上海支持发运。

接电话人：郑

领导意见：

拟同意发运，并报告市领导。

有根

1976 年 9 月 10 日

领导意见：

同意，但要统计上报。

1976 年 9 月 11 日

已告外贸局许更生同志。

财贸组关于上海财贸战线抗震救灾的情况汇报

7 月 28 日凌晨，唐山、丰南一带发生强烈地震，并波及天津、北京地区，伟大领袖毛主席、党中央对灾区人民极为关怀，在极其短促的时间里采取一系列重大措施。上海市委于28日上午立即召开了紧急会议，部署全力支持救灾事宜。全市财贸战线广大干部和职工，在伟大领袖毛主席对灾区人民的亲切关怀和中央慰问电巨大鼓舞下，在市委直接领导下，坚持阶级斗争为纲，……学习灾区人民奋勇抗灾的大无畏精神，发扬不怕疲劳连续作战的作风，在工业、交通、民航等部门大力支持下，夜以继日地为灾区人民调集、赶制、抢运急需的救灾物资。从地震第二天凌晨开出第一架药品专机到9月20日止，共开出专机40架，火车车皮□节，给灾区人民发运了药物、食品、医疗器械、照明灯具、服装、塑料薄膜、电讯器材、建筑材料、化学试剂和生活用品等救灾物资5526吨（具体品种和发运地区另附表一、二），有力地支持了唐山、天津、北京、四川松潘、平武地区的救灾工作，并为担负抢救唐山伤员的山东、安徽、陕西、辽宁等十个省提供了所需的药品和器械。8月19日，江苏扬州、海安地区，发出了临震预报后，我们又及时支援了抗震和防汛的物资。

在50多天抗震救灾斗争中，财贸战线广大群众和干部坚持毛主席的革命路线，振奋无产阶级革命精神，发扬共产主义风格，涌现了大量的动人事迹和好人好事，使我们受到了一次深刻的思想政治路线教育，经受了一次战备锻炼，学到了许多社会主义革命和社会主义建设极为有用的东西。回顾前阶段，我们主要做了以下几件工作。

（一）加强党的领导，认真学习，做好抗震救灾工作。

在市委统一部署下，财贸各单位坚持联系抗震救灾斗争实际，成为做好抗震救灾工作的强大动力。各单位认真学习党中央给灾区人民的慰问电，回顾新旧社会遭灾，两种不同的遭遇、两种不同的结果，一些去灾区押运救灾物资的职工，从灾区亲眼目睹的事实，列举了大批受难的阶级兄弟及时得到了抢救，伤员得到妥善治疗，受灾群众的吃、穿、用、住得到了安排，使广大干部和职工进一步认识到只有“社会主义才能救中国”的真理，从而极大地振奋革命精神。

……

学习毛主席关于“群众是真正的英雄”的教育，联系广大职工在抗震救灾中的英雄事迹，……广大职工表示“灾区人民的困难，就是我们的困难。支援灾区人民抗震救灾，恢复生产，重建家园，是我们义不容辞的责任”。我们就是要发扬主人翁精神，充分发挥上海老工业基地的有利条件，天大热人大干，全力以赴，做好抗震救灾工作，广大干部一致表示，要坚持无产阶级政治挂帅，全心全意，依靠群众，做好这项工作。

……

（二）学习灾区人民艰苦奋战、英勇抗震的大无畏精神，提高广大干部、群众执行毛主席革命路线的自觉性。

唐山、丰南地区发生地震的消息传来以后，上海财贸系统的广大干部和职工把灾区人民的困难当作自己的困难，一致表示：伟大领袖毛主席、党中央对灾区人民极为关怀，我们要急毛主席、党中央所急，想灾区人民所想，充分发挥上海工业基地的作用，全力以赴支援灾区人民……许多同志发扬了“一不怕苦，二不怕死”的革命精神，出现了三天三夜不睡觉、七天七夜不离开战斗岗位、十几个昼夜不回家的动人事迹。据统计，7月28日以来，财贸各单位共派出押运员二百多人次。唐山地震的当天，医药站接到市委关于支援灾区第一批药品的紧急通知，两位押运员当晚加班参加发运，次日凌晨又随机押运救灾药品抵达唐山。当时唐山救灾指挥部刚建立，一时无人接收和发放药品，强烈的责任感使他们忘记了三餐未进食的饥饿，主动帮助河北省抗震救灾指挥部医药组分发药品，受到河北省有关领导的表扬。商业二局参加发往唐山压缩饼干的七位押运员，平均年龄只有二十岁，大部分同志没有出过远门，在十天的往返押运途中，他们白天经受烈日烤晒，晚上忍熬蚊子叮咬，胜利地完成了押运任务。在返回北京中转途中，他们在搭乘运送伤员的火车上，主动协助医护人员，一起护理伤病员，热情地帮助伤病员服药、喝水、翻身、大小便。7月31日晚上，中央抗震救灾指挥部下达支援天津十万件服装任务，全市服装行业职工，在短短十小时内，就完成紧急调集和打包发运任务。医药站有个驾驶员在为唐山发送药品到机场的驾车途中，突然呕吐，随车的支部书记劝他休息，要打电话另换驾驶员来顶替，这个驾驶员说：“抢救阶级弟兄不能耽误一分一秒。”忍着病痛坚持完成了任务。

在抗震救灾斗争中，财贸各单位组织了一支随时拉得出的突击发运和抢救的队伍，很多年老体弱的老职工、有小孩的女职工都主动请战，各单位值班人数每晚一度多达5000余人。……

（三）发扬共产主义协作精神，工业、交通运输、商业部门紧密协作，共同做好抗震救灾工作。

这次灾区要求提供的救灾物资的特点是，品种面广，数量大，发货点多，时间急，有的库存薄弱须组织增产，如药品医疗器械，有的上海已经停产多年，要重新恢复生产，如生水消毒灭菌的净水龙、压缩饼干；也有的从未生产过，需要组织各行各业大会战突击生产，如军用帐篷、大型塑料袋。要组织上述物资的生产就必然涉及原有产品生产任务的让路，要增产原料、辅料、包装材料的落实，工厂生产班次和协作厂任务相应增加等一系列问题。在正常情况下，不是打一个电话、开一次会议所能解决的。这次在市委统一领导下，工交、财贸组本着一个共同目标，中央抗震救灾指挥部下达的通知就是命令，各行各业都要为抗震救灾作贡献。遇到问题，随时通气，共同商量，很快取得一致意见。涉及面广的问题，召开工商有关部门一条龙会议，发扬共产主义精神，团结协作，争挑重担，逐个环节落实生产。

为了保证救灾物资的优先发运，我们会同工交组专门召开了本市交通运输部门会议，统一思想，统一调度，明确专机发运由市委统一调度；发唐山的火车由中央抗震救灾指挥部通知铁道部下达调令；发其他地区的火车和市内运输由市工交、财贸两个组分头直接安排。

在生产安排上，工交、财贸部门也紧密配合，共同作战。7月30日下午，中央抗震救灾指挥部紧急布置立即生产20万只大型塑料袋，要求第二天开始分批空运唐山。当晚，我们就同工交组同志一起深入到有关工厂，与工人研究落实生产。当了解到350吨高压聚乙烯树脂原料不落实，我们及时作出由外贸包装材料库存中先垫用的决定，及时落实了原料。在接受突击生产的工厂中，有的原来是做塑料皮夹的小厂，他们克服了一系列困难，很快生产了1.2米宽、2.5米长的大型塑料袋，第二天中午就有一批塑料袋成品空运唐山。对生水消毒杀菌用的净水龙片，上海第六制药厂已经停产了好几年。当任务下达后，他们很快拉掉了正在生产的其他产品，改装了设备，为灾区提供了3亿片成品、四吨原粉。8月中旬，中央抗震救灾指挥部下达上海制造4千顶军用帐篷的任务，加工质量要求高，时间急，从织布、印染、防雨、防霉原料到零配件以及帐篷加工缝制工艺，完全不同于原来生产的民用规格，我们会同工交组组织了纺织、冶金、化工、轻工、手工等行业30多家工厂开展大会战，召开了工商一条龙大协作会议，很快把任务落实了下去。上海制药、医疗器械、橡胶工业部门，不计产值，不计利润，紧急动员全行业突击增产。橡胶制品五厂是个只有200多人的弄堂小厂，生产救灾急需的导尿管、橡皮气垫、输氧管和一系列医疗器械的橡胶配件。为了抢救灾区的阶级兄弟，厂领导和工人同志一起克服厂房设备简陋、劳动力不足的困难，一班顶两班、两班顶三班地努力奋战，8月份共生产了导尿管23.2万根，比7月份猛增两倍，一个半月生产橡皮气垫5900只，比上半年产量增加一倍以上，真是小厂挑重担，为抗震救灾作出了出色的贡献。据统计，下半年初步可增产的药品有104个规格，金额达2300万元；医疗器械58个品种规格，金额达1100万元。

本市交通运输部门的广大职工忘我地投入救灾工作，坚持做到随叫随到，随到随装，随装随运，争分夺秒地为抗震救灾出大力、流大汗。为了抢时间争速度，交通运输和商业部门环环扣紧加强了协作。7月31日上午9时天津市商业部门来电要求支援26种抢救药品、医疗器械，由于数量大、要货急，经请示中央抗震救灾指挥部，据答复要研究后再定，直到晚上还无回复。经请示市委决定立即发运，时间已下午7时，铁路局党委根据医药站的事先通知，决定当晚9时半从福州开往北京的客车运走，并告诉正在杭州行驶的这次列车行李车腾出车厢装载救灾药械。由于铁路局和医药站做好了充分准备，在接到正式发运决定的一个多小时内，从五个仓库里紧急调集了470箱药械，及时赶上了这列客车，为抢救阶级兄弟的生命赢得了时间。

一方有任务，各方齐支援。在这次抗震救灾斗争中，人民解放军、学校、街道党委、向阳院、退休老工人等，都闻风而动，主动请战，争为灾区人民贡献一份力量。7 月 31 晚，市农资公司接到突击发运塑料薄膜的任务。毛主席亲自视察过的英雄战舰长江号指战员闻讯后，主动参加了抢运，以最快的速度把一百吨救灾物资搬运到车站。这种共产主义风格大发扬，充分体现……工商交运部门之间的新型生产关系。

（四） 及时掌握震情，做好救灾物资供应工作。

根据中央抗震救灾指挥部和市委的指示精神，在抗震救灾物资供应数量的多少上，要掌握震情发展趋势，区别震区不同损害程度，救灾物资库存状况和增产的可能条件。由中央抗震救灾指挥部和市委逐笔审批，并根据需要缓急程度，确定安排空运或陆运，体现了集中统一，机动灵活，瞻前顾后，统筹兼顾。从当时情况看，这样做是十分必要的。7 月 28 日唐山、丰南发生 7.8 级地震，波及天津、北京地区，而且余震不断。9 月上旬，首都北京也发布了地震预报，接着四川松潘、平武地区发生 7.2 级地震，余震也连续不断，8 月 19 日江苏扬州、海安地区又发出地震预报，可能波及苏南，上海会有感觉，有的省也发了预报。同时，唐山的大地震波及我国第二工业城市——天津，生产上受到一定损失，相应增加了上海的供应压力。因此我们认为，在当时情况下，对救灾物资供应采取集中统一、统筹兼顾的办法，可以保证重点，将有限的救灾物资用到最急需的地方。

7 月 20 日，当市委关于江苏临震预报的情况向群众传达后，不少单位纷纷要求供应大量的救灾物资，特别是靠近江苏的崇明、嘉定、宝山等县以及海丰、大丰和一部分江苏、安徽小三线市属企业，如崇明一个县就要 84 个品种。其中：瓷碗 100 万只，铁锅 10 万只，电池 19.2 万节。也有的是为了防台、防汛、防震值班巡逻，需要一些照明器材。是不加区别一律供应，还是根据不同情况，区别对待？我们的做法是：首先保证防台、防汛、防震值班巡逻的需要，对尚未地震而需储蓄的物资，不论市区、郊县、小三线，原则上不供应，以保持物资的相对集中，以备一旦发生地震后保证重点急需。实践证明，这样做虽然不能每笔要货如数满足，在审批环节上增加了一些层次和审批时间，但却是必要的。

（五） 加强宣传教育，依靠群众做好群测群防。

8 月 19 日晨，江苏省发出临震预报后，市委根据上海地震办公室的分析，及时下达了向全市群众传达的宣传提纲。我们按照市委传达的统一口径，不多一字，也不少一字，原文向广大干部、群众做了传达。这样既使广大群众提高了警惕，做好防震的思想准备，又可避免惊慌失措，人为紧张。传达后，我们抓了三项工作：

（1） 加强了各单位的值班，增加了值班车辆，以应急需，随时可以调动一支五六千人、200 多辆卡车的抗震救灾突击队。（2）注意市场动向，做好宣传教育工作。最初几天，市场出现抢购电池、电筒、矿烛、饼干、糕点等商品，也有个别群众从银行里提取大量存款。我们及时向市委做了汇报。……市委领导作了重要指示，各级党组织做了大量的政治思想教育工作，很快煞住了抢购风，市场供应恢复正常，银行储蓄存款又有回升。（3）建立群测群防点，根据财贸单位的特点，设立了十个防震动物观察点，选定专人负责。这十个点是：松江天马山养鹿场、商业储运公司铁路储运部、金桥养鸡场、禽蛋五厂、食品公司龙华饲养场、水产研究所淡水养殖场、海洋渔业公司生产指挥室、上粮二库、酿造一厂、食品进出口公司新龙华发运站。在市科技组和市地震办公室指导下，开了两次群测群防会议，使大家初步了解有关地震和防震方面的知识，明确今后的战斗任务。在做好防震工作的同时，各级领导结合防汛、防台，亲自带队，分头深入到重点、要害单位，检查情况，落实应急措施。

在中央和市委的正确领导下，我们虽然为抗震救灾做了一点工作，为灾区人民作了一定贡献，但和唐山灾区人民的革命精神相比还有很大差距，如坐机关打电话指挥多，下基层同群众一起参加抗震救灾少；加强同各方联系、主动听取意见还不够，有时工作不够过细，产生了一些差错；对财政系统的群测群防工作关心过问得也很少，等等，这些问题有待于在今后工作中努力加以克服和改进。

目前，抗震救灾工作已告一段落，我们认为对抗震防震工作，不可麻痹大意，还需要继续抓好以下三项工作。（1）随时注意震情动态，抓好群测群防。财贸十个动物观察点要经常关心过问，树立“宁可千日无震，不可一日无防”的思想，在斗争中摸索总结经验；（2）抓好药品、医疗器械等救灾物资和紧缺商品的增产，做好衔接工作，充实库存，增加适当的后备力量，以应急需；（3）加强调查研究，对救灾急需商品的储存和分布情况进行系统的调查研究，合理布局，适当调整，做到心中有数。

上海市财贸组抗震救灾办公室

1976 年 9 月 27 日

第三节　上海市革命委员会文教组

铁医学习班全体同志的决心书

文教组领导同志:

当我们听到唐山及京津地区地震的消息后，心情十分焦急。中央号召全国人民支援，积极投入抗震救灾的斗争。我们是一批医务工作者，在这种党和人民迫切需要的时刻，我们是义不容辞的，应该到最需要、最艰苦的地方去。现在我们全体同志急切地要求领导支持我们、批准我们立即到灾区去，和当地人民共同战斗，战胜困难。我们也一定认真学习毛主席的一系列重要指示，以阶级斗争为纲，以做好各项工作支援灾区。恳切希望文教组领导支持我们的要求。我们等待回音。

此致

革命敬礼!

铁医学习班全体

文教“五七”干校党委转呈市文教组:

在唐山、丰南一带发生强烈地震，并波及天津、北京地区后，受灾地区在伟大领袖毛主席、党中央的亲切关怀下，正在团结战斗、英勇抗震。中共中央已发出号召，要求全国人民热情支援。我们铁医全体同志怀着对灾区人民深厚的阶级感情，把灾区人民的困难当作自己的困难。我们清楚地认识到，这是党和人民最需要的时刻，我们医务工作者义不容辞的义务，因而我们坚决请战，要求到最需要、最艰苦的地方去。目前我们全部同志已经整装待命，只要组织一声令下，我们立即奔赴灾区，决心在党的领导下，和灾区人民共同战斗，抢救阶级兄弟，去夺取抗震救灾的新胜利。

我们也决心在干校党委的领导下，认真学习毛主席系列重要指示，并做好各项工作来支援灾区人民。

由于时间紧迫，我们的请战，请组织上尽速批准，以尽快投入战斗。

此致

敬礼！

铁医学习班全体同志上

1976 年 8 月 2 日

附：

铁医学习班人员简况（50 人）

姓　名	性　别	年　龄	政治面貌	专　业
程双炳	男	43	党员	外科（病理）
李明治	男	44	群众	外科
钱炳寰	男	48	群众	内科
潘裕明	男	46	群众	外科
封　椿	男	45	群众	外科
艾裕和	男	50	群众	内科（公共卫生）
夏宗立	男	37	群众	外科
吴国栋	男	44	群众	医疗体育
孙鸿祺	男	41	群众	中医小儿科
姚　玥	女	45	党员	内科
黄竹梅	女	42	党员	小儿科
戴克明	女	53	群众	化验
郑瑞荣	女	42	群众	内科
□□真	女	42	群众	妇产科
张传义	男	39	群众	外科
刘丁年	男	51	群众	医用物理
钱士征	男	48	群众	中成药
穆　斌	男	41	群众	内科（病理）
□伯荣	男	39	群众	五官科（病理）
孙立正	男	39	群众	小儿科

（续表）

姓　名	性　别	年　龄	政治面貌	专　业
黄修院	男	48	群众	药剂
孙以康	男	37	群众	外科
雷学熹	男	55	群众	内科（病理）
孙铁勇	男	51	群众	医用物理
林征孟	男	51	群众	五官科
李治茂	男	43	群众	内科
秦振声	男	43	群众	内科（公共卫生）
甘树军	女	37	群众	医疗体育
方之钊	女	38	群众	外科
曹斐云	女	48	群众	药剂
周君怡	女	41	群众	中成药
黄鄂真	女	40	群众	妇产科
迟淑云	女	37	党员	内科
乐伟娇	女	35	群众	放射科
朱婉如	女	42	党员	中医内科
□佩玲	女	37	群众	妇产科
宋宝蕾	女	36	党员	小儿科
顾丽英	女	36	群众	内科
李玉珊	女	37	群众	内科
程树高	男	44	群众	妇产科
叶□福	男	36	群众	外科
卞大用	男	36	群众	外科
屈江宁	男	36	群众	外科
张瑞钧	男	42	群众	内科
林障明	男	45	群众	外科
刘栋才	男	42	党员	内科
金林根	男	45	群众	司炉
俞金春	男	49	党员	炊事员
顾秀娣	女	42	党员	财务

小结:

内儿科共 17 名; 外妇科共 12 名; 五官科共 2 名; 中医中成药共 4 名; 药剂共 3 名; 其他共 10 名; 化验共 1 名; 放射科共 1 名; 共计 50 名。

1976 年 8 月 2 日

铁医学习班来信摘报

来信人	铁医学习班全部	单位	铁道医学院	收信机关	文教组	1976 年 8 月 3 日 编号 086
内容: 要求文教组批准去唐山抗灾 贺阅，请瑞章同志、王音同志阅。 …… 支内是国家长期任务，抗灾已派了好几批了。是否动员他们? 支内更是光荣任务。 已把领导的意见转告文教干校。王世荣同意。 吴佩如 1976 年 8 月 3 日						

文教组

1976 年 8 月 3 日

瑞章同志意见: 告诉这些同志，他们要求参加抗灾活动是好的，但可以他们的实际行动来支持抗灾斗争。

文教组接中央抗震救灾指挥部通知

唐山、丰南一带发生强烈地震后，全国各族人民十分关心灾区广大群众。据反映: 一、不少群众要求向灾区人民捐钱、捐粮票、捐物，并要求去灾区参加抗震救灾工作;

二、各地在地震灾区有亲属的，要求回去探亲。希望各级党组织对这些同志做好政治思想工作，向他们说明：伟大领袖毛主席、党中央对灾区人民极为关怀，已组织各方面的力量进行抗震救灾。灾区人民一定能够战胜灾害，重建家园。个人不要捐献财物，也不要到灾区去。目前重灾区食宿存在不少困难，交通运输紧张。如果大批人员到灾区探亲，会增加新的困难。因此，暂时不要回去探亲。要坚守工作岗位，……，抓革命、促生产、促工作、促战备，以实际行动支援灾区人民的抗灾斗争。

文教组

1976 年 8 月 5 日

文教组王成龙信件

同志：

送上何秋澄同志准备在卫生部召开的座谈会上的一份材料。我们已原则同意。请你审阅。

因会议通知得晚，材料准备打印较局促，如没有什么原则差错的话，我们就请他去发言了。当否？请指示。

敬礼！

文教组王成龙

1976 年 10 月 9 日

（会议 10 月 11 日开）

附：

上海赴唐山抗震救灾医疗队汇报提纲

各位领导、同志们：

（一）

……

7 月 30 日晚上，我们上海医疗队到达唐山机场，31 日清晨，我们在大队部召开队长会议，同志们看到了中央慰问团的帐篷早就搭好了，陈永贵同志已在进行工作。我们每个同志此时此刻热血沸腾，无比激动，大家都深有感触地说：中央首长就在我们身边指挥我们战斗，我们还有什么困难不能克服呢？这充分说明中央首长永远和人民心连心。

……

河北省委书记刘子厚亲临第一线指挥战斗，28 日当天就组织了 1400 多辆汽车，从石家庄出发，昼夜赶运了 4000 多吨物资。辽宁省在地震发生的当天，就立即派出一批医疗队。他们到得最早，人数最多，有 3000 多人，作出很大成绩，为我们树立了榜样。上海市委把唐山的困难看成是上海的困难，立即派出 2000 多人的医疗队，并从各方面支援唐山的抗震救灾。当初，我们在机场看到，各地运来的物资汇集如山。每天有 300 架次飞机满载毛主席、党中央的关怀带给灾区人民，党中央、毛主席关怀灾区人民，灾区人民一心向着毛主席。要说这方面的案例真是数不胜数。

向大家介绍一下大家所熟悉的李玉林同志的动人事迹。我们不少队员都荣幸地听了李玉林同志的报告。李玉林同志今年四十岁，参加过抗美援朝，……现在是开滦煤矿唐山矿的工会副主任。强烈地震后，李玉林第一个跑到矿山救护队。当时他父母兄弟等二十几口人就住在他家附近两三百米的地方，他没有顾得上去看一看。真如李玉林同志说："在紧要的关头，一个真正的共产党员，要先顾革命的大家，哪能去考虑个人的小家。"李玉林同志到了矿党委，见没人，又见到离矿不远的市委、地委房子也受震倒塌，所以李玉林就感到这次地震的严重性，怎么办？他首先想到党和毛主席，要把灾情尽快报告党中央、毛主席，有党和毛主席的领导，天大的困难也没什么了不起，再大的灾害也能战胜。正在这时武装部干部曹国成同志来了，他面对严重灾情，就哭了起来。李玉林同志说，现在需要的不是眼泪，哭是不能解决问题的，我们要尽快把消息报告毛主席、党中央。正谈着：刚执行任务归来的救护队汽车司机崔志良也赶到了，李玉林也找他谈了想法。三双铁手紧握在一起，三颗红心紧紧地贴在一起。车轮飞转，一路上正在抗震救灾的群众，得知他们是去北京汇报消息……

（二）

……

在强烈地震刚过去不久，唐山街头刷出了"它来一次地震，咱来一场革命"，"你震你的，我干我的"，"地大震，人大干"等醒目的大幅标语。他们还响亮地提出："别看我们受了灾，大庆红花照样开"，"争取早日恢复生产，把地震的损失夺回来"。他们这样说，也是这样干。自行车厂在震后第七天首先恢复生产；接着英雄的开滦马家沟矿广大职工，争分夺秒，奋发图强，在强烈地震后第五天，开始了恢复生产的大会战。工人们说：这不仅是一场经济仗，更是一场政治仗、志气仗。成千上万的职工家属，压抑住失去亲人的悲痛，忍着伤痛，纷纷报告要求第一个下井。8月7日，也是地震后的第十一天创造奇迹，部分恢复生产。接着，铁路通车了，电厂开始供电，水的供应逐渐改善，邮电、通讯恢复了。到目前为止，已有20个厂恢复了生产，商业网已恢复营业；《唐山劳动日报》复刊了，有线广播恢复了，学生开始进入抗震学校，向阳院活动恢复了，医院开始接收病人。踏进唐山市区，可以看到马路两旁和一些空旷的场地上搭起了准备过冬的简易住房，上班的人骑着自行车，坐着公共汽车，紧张地来来往往，一派生气勃勃、重建家园繁忙战斗的景象。……

（三）

……

根据河北省抗震救灾指挥部的统一领导和安排，我们整个医疗队分布在唐山市内路南、路北两个区，以及丰南、丰润、遵化、玉田、迁西等县的城镇和部分公社内，开展抢救、治疗、转运伤员以及卫生防疫、培训赤脚医生、恢复合作医疗的工作。在刚开始组织医疗队时，许多医务人员克服了家庭中的种种困难，踊跃报名，坚决要求到抗震救灾第一线去，为灾区人民服务。有的把自己的小孩寄放在邻居或亲戚家里；有的爱人刚从外地回来探亲，但坚决不要组织上照顾；有不少医务人员刚从手术台上下来，连手术衣也没脱，就立即加入了医疗队的行列。有夫妻俩在抗震救灾火线相逢的；有父子两人共赴灾区的，有姐妹一起并肩战斗的。这种公而忘私的革命精神，大家无不为之感动。

当我们医疗队到达天津杨村车站时，医疗队大队部就召开了战前动员会议，详细介绍了地震对唐山、丰南一带造成的严重破坏，以及暂时出现的断水、断电、断粮、断交通等严重情况。那时，地震还在继续，随时都有可能发生各种意外。但全体医疗队员们却明知征途有艰险，越是艰险越向前，纷纷向大队部请战，要求分配他们到最艰苦、最危险的地方去。不少共产党员说：自己在入党时早就宣誓要为共产主义事业奋斗终身，现在正是考验我们每个共产党员的关键时刻；不少团员、青年也纷纷向各队指导员递交了入党申请书，要求党组织在火线上考验自己，争取早日成为一名无产阶级的先锋战士。大家一进入灾区以后，就立即奋不顾身地投入了抢救伤员的紧张战斗，许多人连续作战，常常通宵达旦，眼睛都红肿了。第二人民医院有位外科医生陈国柱，今年50岁了，为了抢救更多的伤员，他连续干了三天，很少合一下眼睛。许多队员不顾自己的病痛，坚持战斗在抗震救灾的第一线。海员医院的外科医生金闳同志，从上海出发时就有低热，以后在抢救伤员的过程中，由于过度的劳累，加速了病情的发展，但金闳同志始终没有吭过一声，仍然以饱满的战斗热情，为抢救阶级兄弟而工作。直到8月20日，抢救工作基本结束，他本人的体温也高达39℃以上，才被同志们发现，经检查是患了胸膜炎，已经出现了胸腔积液。最后金闳同志在队长和队员同志们的再三动员下，才由其他同志护送回上海治疗。像这样不顾个人安危、千方百计抢救伤员、全心全意为灾区人民服务的事例，在医疗队内还有许多，大家都只有一个共同的信念，就是"把毛主席、党中央对灾区人民的亲切关怀送到唐山""把上海一千万人民的阶级深情送到唐山"！正是这一共同的信念，激励着我们每个医疗队员战胜艰险，努力作战。

严重的自然灾害，给我们的抢救工作带来了很大的困难。邮电医院小分队全队15个人，一下飞机，帐篷还没有来得及搭，载着伤员的车一下拥过来，把医疗队团团围住。队员们顾不上吃饭喝水，一天时间就连续抢救了80多名重伤病人。进驻在唐山市路南区（这是灾情最严重的一个区）的建工医院小分队，从凌晨4点多钟就为伤员治病，直忙到晚上十一二点钟，15个人一天门诊1500多号。这样一来，准备供一个星期用的药品、敷料，在短短的两个小时内就用完了。大量的病人在源源而来，而有些还是需要立即抢救的重危病人。截瘫病人排不了小便就有尿中毒危险；骨折病人没有夹板不能固定，没有止血药给抢救造成很大困难。怎么办？凭着一颗红心、一双手，大家开动脑筋，千方百计就地取材，办法也就来了，把塑料电线中的铜丝抽掉，剪成一段段来代替导尿管，队员们称它为"抗震"牌导尿管。用布条、木板、树枝、铅丝自己动手加工成夹板、固定圈、牵引架，使很大一部分伤员得到了紧急处理所急需的物品。第二医学院的医疗队员，还用灾区人民献出的不锈钢片，用锯子、锉刀，一下一下锉成骨折固定需用的骨钉，为不少伤员作了股骨骨折的复位。缺少药品，大家就用一根针、一把草、一双手进行治疗。有位伤员腰部受了外伤，引起肾脏出血，病情比较危险，大家顶着炎热的太阳，往返十多里路，到市郊采集血见愁、蒲公英等止血、消炎的草药，为这位伤员进行治疗，在很短的时间内就控制了病情。中医学院、虹口区中心医院等医疗队的同志，不仅用中西两法积极治疗伤病员，还组织灾区的群众采集草药，煎成预防汤，预防和治疗肠道传染病，收到了很好的效果。大家说：困难逼我们，逼出了一条路。我们战备医疗队就要从实战出发，因地制宜，就地取材，解决困难。这些看起来好像是小事，但意义重大，体现了医学发展的方向、道路问题。

在上海医院里，做一般外科手术是极为平常的事，但在那样的帐篷里，不要说是动手术，就是接生也是极为困难。产妇在帐篷里，睡在地上，接生就得跪在地上。碰到初产、难产，医生在地上一跪几个钟点。帐篷里又闷又热，接一个生汗流浃背，羊水、血水溅得浑身都是，接生后，一次又一次蹲进帐篷作产后检查，照顾婴孩。在这方面，医疗队里的妇产科医生就特别辛苦。碰到做较大的手术，困难就更大。8月7日，闸北区中心医院医疗队那里送来了一位上消化道出血的老年病人，经过检查需要作胃切除术，但是，病人年龄大，还伴有高血压、肾脏病，由于失血过多，已处于休克状态，病情危急，这对医疗队是一个考验，动手术就要担很大风险，转出去，那病人很可能在半路上发生危险。医疗队的指挥员立即召开会议，坚定地说：“抢救阶级兄弟的生命，是我们的责任，没有条件，也要创造条件上。”要求全队动员起来做好准备。兄弟队听说要给病人动手术也都前来支援，手术器械、心电图、汽灯等纷纷送进帐篷。经过紧张的战斗，用针麻成功地进行了手术。由于病人的体质太弱，手术后的第二天，病情出现了变化，小分队又立即召开了紧急会议进行研究，一致认为病人需要输血。这个消息一传开，小分队里血型相符的同志个个都争先报名。共产党员、内科医生赵秋曼同志说：我是一个党员，在党和人民需要我的时候，献出一点血算得了什么！最后党小组召开会议进行讨论，决定由赵秋曼同志和另一位为病人手术的主刀医生叶铸人两人给病人献血。四百毫升的血流进了阶级兄弟的血管里，病人顿时增添了活力。这献血和通常情况下不一样，是在生活条件非常艰苦、连续作战带来的极度疲劳和本身体质下降的情况下进行的，也是在没有任何营养补充、没有任何报酬的情况下进行的，每一滴鲜血都表达了医务人员对灾区人民深厚的阶级情谊。这样全心全意为病人的崇高思想不仅出现在闸北区中心医院小分队，静安区中心医院、静安医院、浦东中心医院、二结总院等医院小分队的五位同志也分别为各类伤员献出了献血。

在抢救过程中，我们医疗队中的工宣队老师傅也以他们的模范行动为医疗队员树立了榜样。市传染病总院总支书记、工宣队员侯龙生和全队一起战斗，在唐山市区生活条件最艰苦、伤员比较集中的路南区小三街道。他处处吃苦在先，除了抓好全队的政治思想工作外，还承担了全队和伤员们的大量后勤工作，每天往返好几次到几里路外的地方去挑水，背运伤员。

一次他发高烧到 39.6℃，持续了三天，开始时同志们要给他用药，他无论如何不肯，一定要把药留给伤员们使用。以后，队员们看到他烧得实在不行了，强迫他吊了两瓶葡萄糖盐水，可是侯师傅高热还未退尽，又投入了新的战斗。这次侯龙生同志被评为抗震救灾的先进个人，和其他兄弟单位的九名代表一起即将光荣地出席中央召开的抗震救灾先进个人、先进集体代表大会。第一医学院武保组工宣队师傅曹树林同志，经常挤出时间照顾伤员，为伤员进行扎针治疗。当他发现有些病员便秘时，就用手把伤员的大便一点点挖出来，为伤员减轻了痛苦，其他工宣队师傅也都是如此，哪里有抢救任务，就带头往哪里冲，充分发挥了政治作用，事实证明了工人阶级不但能够领导一切，而且一定能够领导好一切。

地震所造成的严重破坏，给我们医疗队在生活上也带来了不少的困难，有些困难对于我们长期生活在城市的同志说来，是很难想象的。我们到达唐山时，正是最炎热的夏季，白天最高温度达36℃左右，顶着烈日，连续抢救伤员，大量地流汗，大家多么需要水，由于水管破坏，市区找不到一滴自来水，队员们水壶中带去的水舍不得喝，都给了伤员，许多队员的口唇都干裂出一条条的口子。平时吃着很香的压缩饼干，没有水实在很难下咽，看了就不想吃。于是大家从几里路外的游泳池里，从工厂的蓄水池里，从实验室排出的废水池里打来一点点水，除了喝以外，留下一小盆，供十几个人洗脸，然后留着洗手，洗过手后沉淀一下用来洗脚，实在不能用了，就加上敌敌畏灭蝇，直到解放军派水车送来水以后，才逐步有所改善。一次，建工医院小分队收到解放军从北京送来的一些水果罐头，长时间干渴下，一看到这些糖水橘子，大家心里都很高兴，心里想今天可以改善一下生活了。当天晚上，结束了一天紧张战斗之后，大家围坐在帐篷内，中间放着一罐打开了的水果，一阵阵香味沁人心肺。可是当大家动手要吃的时候，都想起了睡在隔壁帐篷里的伤员们，大家想这些阶级兄弟负了伤，流着血，他们比我们更痛苦，比我们更需要营养和水分，这些罐头都是从北京毛主席的身边运来的，罐头中的一点一滴都凝集着毛主席、党中央对灾区人民的深切关怀，我们一定要把这一关怀点点滴滴都送到灾区人民的心中。想到这一些，大家再也吃不下去了，毅然捧起这罐水果，把它送到了伤员们中间，亲手喂伤员一个个吃了下去。上海市委知道我们医疗队在灾区缺水情况下，坚持战斗的情况后，市委领导同志非常关心我们，专门派飞机在运送救灾物资的时候，为我们医疗队送来了一吨苹果。我们把这些苹果中间的大部分都转交了灾区人民，留下一些每个队员分了一两个。当我们拿到这些苹果时，想到市委和全市一千万人民对我们这样关心，激动的心情都久久不能平息；想到我们有这样强大的后盾，都充满了战胜困难的必胜信心。队员们说：苦不苦，想想红军二万五；累不累，想想革命老前辈，为了解放全人类，再苦再累也心甘。龙华医院住的帐篷一天晚上被暴雨的积水压塌了，大家半夜里起来抢修，搞到一点多钟，浑身淋得没有一点干的地方，可是大家以革命的乐观主义精神，围坐在帐篷里，开起了雨夜赛诗会，你一首，我一首，表达了我们医疗队员誓与灾区人民团结战斗，战胜地震灾害的决心和信心。……

在开展抢救工作的同时，我们不少医疗队还热情支持社会主义新生事物，积极为灾区培训赤脚医生，恢复合作医疗，留下一支不走的医疗队。驻在丰南县的第一医学院和长宁区医疗小分队，看到当地医务力量在地震后损失很重，就积极创造条件，因陋就简地开设了赤脚医生培训班，和赤脚医生一起深入到各个街道、公社巡回医疗，在很短时间内，就协助不少地方恢复了合作医疗制度。据不完全统计，共培训了赤脚医生170人，协助当地恢复了合作医疗站88所。

23天的时间是短暂的，但23天内唐山人民地大震、人大干的大无畏英勇气概和有力量、有信心、有能力战胜一切困难，重建一个繁荣兴旺的社会主义的现代化的新唐山的坚强信念，使我们每个医疗队员受到了深刻的思想路线教育，受到了极大的鼓舞。在这次抗震救灾斗争中，我们虽然没有做什么工作，可是临行前，河北省委书记刘子厚同志及省委其他领导，亲自接见了我们医疗队各队的负责人，对我们的工作作了表彰和鼓励，还给我们颁发了锦旗。省委负责同志和唐山市的人民群众……还赶到车站来送行。回来以后，市委和驻沪三军的领导同志又亲自到车站来迎接，还让即将出国访问的上海艺术团为我们做了专场慰问演出。所有这些，将激励着我们，在继续革命的道路上永远前进。……

第四节　上海市革命委员会科技组

科技组与各部门电话往来记录

来电时间：1976 年 7 月 28 日 5:55

<table>
<tr><td>来电单位</td><td>天文台</td><td>姓名</td><td>叶国鑫</td><td>电话</td><td></td></tr>
<tr><td colspan="6">来电内容：
7 月 28 日凌晨 3 点 42 分，在我国首都北京东面 50 公里三河，北纬 41°，东经 117°，发生强烈大地震，震级 7.1。</td></tr>
<tr><td colspan="6">领导意见：</td></tr>
<tr><td colspan="6">处理情况：
接电话后已立即向康办作了汇报。7 时半康办朱同志来电要询问具体造成〔的〕破坏情况，即同天文台联系，称目前还不掌握，我要她能否主动同北京国家地震局联系，了解情况后及时告科技组，并报康办。</td></tr>
</table>

接电话人：张关林

来电时间：1976 年 7 月 28 日 8:20

来电单位：天文台地震办公室

姓名：叶家鑫

来电内容：地震情况

7月28日早晨7时16分在我国北京北纬41°东经117°发生6.5级强烈地震和28日凌晨3时42分强烈地震同个地方。

领导意见：办领导已知。

处理情况：已报告康办王锡林。

亚根

接电话人：张恒富

来电时间：1976年7月28日8:30

来电单位：天文台

姓名：颜进才

来电内容：

经与国家地震局联系，该地震之震中在唐山。唐山的房子基本倒塌，北京至唐山之间电话断了。北京至唐山之间电话断了。北京市有轻微损失。北京通县、香河两县有伤亡，具体不太清楚。关于上海是否要派人去，各外省市是否派人去没有定，北京已派出小分队去现场。该地震内部有个情况，但没有向各有关方面报过。

处理情况：已报康办。

亚根

接电话人：陈云琴

来电时间：1976年7月28日22:00

来电单位：天文台

姓名：乔传富

来电内容：

天文台向北京地震局了解：这次唐山地区地震：震中在丰南、宁河、唐山北面，北纬39.6°，东经118.1°，震级7.4级，时间28日3时42分，影响方面：北至哈尔滨，南至河南黄河以北，西至山西省全省，东至渤海、天津，河北通化县、廊坊、承德、唐山，北京、昌平、密云都有伤亡。北京附近通县、三河都有些伤亡，密云水库有些塌落。

上海天文台测到：28 日 18 时 45 分 23 秒在原来地方发生 7.1 级，北纬 40.2°，东经 110.9°，震中心有些南移。

从早上 3 时到 18 时，已连续发生四次，最高 7.1，最小 4.8。

上海情况：摸了三个点，看起来水有变化，有升有降，地温有变化，有升高，土地电也有反应。这些情况是 23 日起开始有反映，正在继续注意分析。

接电话人：边云卿

来电时间：1976 年 7 月 29 日 9:20

来电单位：康办二组

姓名：俞德方

来电内容：

请科技组收集一下有关唐山地区发生强烈地震的情况反映给天文台等单位。争取上午能电话告知。

处理情况：通知天文台王子阳，叫他收集一下，已于昨日下午把天文台情况告康办。

接电话人：吴益民

来电时间：1976 年 7 月 29 日 9:30

来电单位：天文台

姓名：乔传富

来电内容：

北京地震局台网中心值班室电告；29 日凌晨 1 时 32 分在原来地点发生地震。28 日 23 时 38 分 5.5 级，现在地震趋势向北、东北移动，目前震中在离唐山 50 公里迁安县，5 ~ 6 级地震比较频繁，现在天文 3 台亦收到记录，来不及定出震中。

领导意见：已报告康办。

接电话人：吴益民

来电时间：1976年7月29日23:00

来电单位：康办

姓名：仉

来电内容：公安部通知多省市自治区公安局

7月28日河北省唐山、丰南一带，发生强烈地震，并波及天津、北京，人民生命财产遭受很大损失。在伟大领袖毛主席和党中央关怀下，震地军民们……发扬人定胜天的大无畏革命精神，争取抗灾斗争的胜利。

地震发生后，有的地方阶级敌人乘机造谣破坏，趁火打劫，妄意制造混乱。望通知所涉公安机关，提高革命警惕，密切注视阶级敌人动向，在党委领导下发动群众，防范和打击阶级敌人的破坏活动，教育群众不信谣不传谣。发现谣言及时报告并予以批驳。对谣言制造者要坚决追查，严肃处理。对反革命、对打砸抢者要坚决镇压。工作中要注意政策，严格区分两类不同性质的矛盾。在地震灾区还要维护好社会治安，加强防火工作，管理好易燃易爆物品。对水源、电源，采取必要的安全措施。

以上情况请报告党委。

公安部

1976年7月29日

领导意见：市公安局已根据公安部通知和市委指示开各区公安局会议传达布置，并电话通知各县。

来电时间：1976年7月30日

来电单位：药物所

姓名：夏阳

来电内容：

悉河北省地震灾情严重，所党委要求接受救灾任务，请领导考虑。

领导意见：由市委统一考虑，药物做好准备。

接电话人：余志刚

来电时间：1976 年 7 月 31 日 9:35

来电单位：市地震办公室

姓名：颜进才

来电内容：

今晨 4 时 8 分在唐山发生 4 级地震一次。

今晨 5 时 25 分在同一地区发生 5 级地震一次。

领导意见：办领导已阅。

处理情况：已向康办值班室汇报。

接电话人：张若溪

来电时间：1976 年 7 月 31 日 12:40

来电单位：康办

姓名：王学东

来电内容：

今日 15 时在康办小礼堂，请科技组杨西光同志及分管抓地震工作的领导同志和天文台领导及具体抓地震工作的同志 1—2 人。

1）详细讲一讲这次地震情况。

2）上海历史上发生地震的情况。

要熟悉情况同志去参加，具体名单定后立即告康办。

领导意见：经向西光同志汇报，并与天文台联系，参加康办会议的有：西光、许言、高文学、吴俊荣（天文台总支副书记）、乔传富（天文台总支委员）、颜进才（科研人员）、严大华（老科研人员）。

接电话人：张若林

来电时间：1976 年 8 月 1 日 10:30

来电单位：天文台

姓名：颜进才同志

来电内容：

佘山地震台收到唐山地区三个小地震，震级在 4 级以下（还有最小的不计），时间在 7 月 31 日 23 点 22 分，8 月 1 日 2 点 4 分、6 点 28 分。

领导意见：即向康办汇报，接电仉志康。

接电话人：王文祚

来电时间：1976 年 8 月 1 日 12:42

来电单位：康办

姓名：王锡林同志

来电内容：

传达市领导指示：地震工作会议决定明天召开，时间、地点请办里定。上次会议区县没有参加，这次由哪几个区县参加请办里提出来，通知由康办发。

领导意见：即电与杨西光同志。

处理情况：根据杨西光同志意见，定于 8 月 2 日 14 时 30 分在 224 会议室召开各区县负责人会议，地区由地区组通知，各县由部区组通知。天文台原来通知明上午 8 时半公开，已叫他们更正。

（5、6号会议室因都已出借，无空）。

边云卿

8月1日19时

接电话人：王文祚

来电时间：1976年8月1日20:10

来电单位：上海天文台地震办公室

姓名：林命周

来电内容：

根据与北京地震监测中心联系中得悉：今日0时至20时在河北唐山、丰南一带原地震区连续发生30次地震，其中MS（面波震级） 5级以上3次， 4级至4.9级27次，震源无转移现象。

上海情况，佘山地震台在进行监视中，未发现异常情况。

（已向康办值班室王锡林和西光同志电话汇报。）

值班人：边云卿、徐仲钦

来电时间：1976年8月2日12:35

来电单位：天文台地震室

姓名：林命周

来电内容：

今日上午我们打电话给北京地球所和国家地震局，据地球所台网中心值班室称：目前未发出任何正式预报。今天上午0点19分在北京郊区宝坻地区发生一次4.4级地震，现正在严密监视中。

另，国家地震局来电称：也未发出过正式预报意见。讲地震迁移，下边单位发出预报是可能有的。

接电话人：高文学

来电时间：1976 年 8 月 2 日 15:40

来电单位：植生所

姓名：王明扬

来电内容：

所科研人员刘吉泽，其家属、亲属全部在唐山市。他得知地震消息后，每天去火车站打听唐山受灾情况，以及现在如何去唐山等。并向所领导提出要回唐山去一次，希望组织上写一封家住唐山的证明信，沿途使用。现在，刘干粮等已准备好，向领导再三请求，就是家属全死了，也要去看一看，就是到了天津没车，走也要走回去。领导反复做工作，他说明天上午一定要走。特此请示准否?

领导意见：西光同志意见，□党务室，尽可能做劝说工作，序昭同志已阅知。

处理情况：已电话告王明扬。

接电话人：□□□

经办人：□□□

来电时间：1976 年 8 月 2 日 20:10

来电单位：康办

姓名：殷俊

来电内容：通知

各组办：

河北省唐山、丰南一带发生了强烈地震后，中共中央向灾区人民发出了慰问电，《红旗》杂志和《人民日报》先后发表了短评《人定胜天》和社评《英雄的人民不可战胜》。

市委领导同志意见，请转告各基层单位，要注意学习。我们要以认真学习……努力抓革命，促生产，促工作，促战备的实际行动，支持灾区人民向严重的自然灾害作斗争。

中共上海市委办公室
1976 年 8 月 2 日

处理情况：请电话通知各单位。

金中
8 月 3 日
接电话人：林祥根

来电时间：1976 年 8 月 2 日 20:30
来电单位：上海地震办公室
姓名：林命周
来电内容：

唐山震区，今天零点到现在为止，所发生地震数目都比昨天少，今天所发生最大地震震级 5.3，大于 5 级地震 6 次，4 ~ 4.9 级是 23 次。这是唐山、天津、北京地震活动情况。

上海观察站对上海周围地区没有发现特殊异状。

处理情况：已向康办小许报。

接电话人：林祥根

来电时间：1976 年 8 月 3 日 21:00
来电单位：地震办公室
姓名：安宝谊
来电内容：

一、 今日下午 7 时 50 分与国家地震局联系，唐山地区余震趋势减小，从早上 6 时至 15 时，共震了 97 次（其中 5 ~ 5.9 级为 3 次，4 ~ 4.9 级为 7 次，3 ~ 3.9 级为 87 次）。

二、 西郊公园河马从7月19日至今仍有异常，不愿吃东西，不愿进屋，不愿出屋。大象异常情况有变化，人赶了后，会进屋了。明天收集测点情况后，综合分析后再报告。

处理情况：当即向康办汪洋同志汇报。向西光、唐昭、许言同志作了汇报。

接电话人：顾文兴

来电时间：1976年8月3日22:00

来电单位：天文台

姓名：潘维海

来电内容：

接佘山四室地震支部电：国家地震局李同志来电：中央领导同志指名天文台潘宗佩明日即去北京参加全国地震情况会商会。此情况向办里汇报。

我即回答他两点：1. 关于指名去北京问题，下次请与市里联系。2. 既然现在指名潘宗佩，总支要拿出一个意见来，他答应明日向总支汇报。

领导意见：西光同志来电，说王光伟打电话，也讲了上述事，市委同意他去。告诉天文台，请他作好出发的准备。

处理情况：23:15电告天文台潘维海同志。23:30，西光来电，要汇报康办房祖庭，如领导回来没有什么意见的话，请康办安排随班机赴京。当即向房祖庭同志作了汇报，他说可以的，等电话通知，院告诉他做好出发的准备。 24:00康办汪洋电告，领导已同意。飞机票请科技组部代买，当即报告西光，西光说电话订票。

接电话人：吴益民

经办人：顾文兴

来电时间：1976年8月4日1:00

来电单位：康办

姓名：汪洋

来电内容：

1. 天文台沈富佩（编者注：原文如此。前文提到是潘宗佩。）、赵享等，已联系好，4日上午7:40已登机。6:50去机场调度室找韩维德凭科技组介绍信取票。

2. 望电告国家地震局，沈于15点多抵京。凭科技组介绍信前往报到。

处理情况：当即告诉天文台沈维海，要他立即派车去接沈富佩（编者注：原文如此。前文提到是潘宗佩。），并要他6:50去机场门口等候找周拙其，当即请周拙其去接陈复冠到机关开介绍信。

接电话人：顾文兴

经办人：顾文兴

来电时间：1976年8月4日17:00

来电单位：地震办公室

姓名：颜进才

来电内容：昨天15:57、17:05、18:08、22:42在唐山地区发生4.5级左右地震4次。

接电话人：高文学

来电时间：1976年8月5日10:30

来电单位：地震办公室

姓名：颜进才

来电内容：

今天上午5:30、9:30二次与国家地震局联系，震情汇报如下：

8月4日早5:00~12:15，原震区发生5~5.9级地震1次，4~4.9级地震10次，3~3.9级68次，共79次。

没什么新的预报意见，主要是《震情》增刊第13期意见。但众说不一。其中大港油田工人工程师张铁真同志（曾在河北地震队搞过地震预报，磁偏角二倍法就是向他学来的），用红绿灯法预报8月12至14日（或10至17日）在北京可能发生7级以上地震。供领导参考。

处理情况： 已向康办值班室殷俊同志汇报。

接电话人：高文学

来电时间：1976年8月6日19:10

来电单位：天文台

姓名：陈汉明

来电内容：

1. 国家地震局电话通知：

今天（8月6日）0点到18点45分

3级以上地震39次；4级以上地震14次；5级以上地震1次。这些地震都在老震区。

北京今天机关工作，商店开门。

2. 佘山台情况：

8月5号：测到4次：21点44分；21点46分；23点33分；0点14分。震级和地点测不出。

8月6号：3点13分5级地震1次老震区。

处理情况：向康办孙齐章同志汇报。

接电话人：左宏瑶

来电时间：1976年8月7日9:30

来电单位：地震办公室

姓名：陈翰明

来电内容：

今天上午6时打电话给国家地震局，现将了解的震情汇报如下：

4 时至 5:04 在唐山地区原震区发生 3 级以上地震 16 次；4 级以上的 2 次；5 级地震 1 次，共计 19 次。

北京正组织地震趋势会商，今天准备开一天会。

接电话人：高文学

来电时间：1976 年 8 月 7 日 17:30

来电单位：市地震办公室

姓名：高文学

来电内容：

今天 16 时 40 分，市长途电话局党委委员吴德信同志来电告知：他接到天津长话局通知，今夜里 22 时 30 分之前，在天津地区有强烈地震，请上海注意通讯方面的问题。上海台网直接打电话给天津地震队，问是否有地震。回答是:5 级左右，是 22:30，唐山长轴方向，呈北东向，南边到宁河。

8 月 5 日，在天津南部有两个有感地震，宏观、微观有异常。经过会商会研究，有 5 级地震。

以上情况，已报国家地震局，中央很重视，目前在天津地区已开始做防御工作。

处理情况：已向康办值班室（汪洋）汇报。西光、唐昭、许言已告知。

领导接此汇报后批示：请地震办公室密切注意情况，如有问题，及时报告。（已告地办林）

接电话人：陈复冠

来电时间：1976 年 8 月 7 日 20:05

来电单位：天文台

姓名：林

来电内容：

1. 唐山震情：据北京台网报：8 时—20 时共发生 34 次

其中： MI5 级 1 次，4～4.9 级 6 次，3～3.9 级 27 次

2. 北京 7 点开的趋势会商会还没结束，情况现不明，明日再报。

3. 最近发现苏州有异常情况。

a. 木渎饭店两口井中一口水位最近增加 2.5 m。

b. 汽车运输场一口水井水变混浊。

处理情况：接电之后已报康办值班室（汪洋）同志。

经办人：顾南山

来电时间：1976 年 8 月 7 日 23:20

来电单位：天文台

姓名：林命周

来电内容：

上海地震测量中心至今未测到原天津预报的 22 点半将发生 5 级的地震。

便打电话去天津询问，天津讲：

（1） 原预报地点至今未发生 5 级的地震。

（2） 今早 4:41 在天津宁河、汉沽附近发生了 4.9 级的地震，但不是发生在原预报的地点，而是发生在原预报地点的偏东北。（在预报地点时有小震发生）

现在在继续分析，从目前分析的材料来看，一部分如分析材料可作 4.9 级的地震依据解释，另一部分分析材料则只能作唐山余震来看，现正在继续监测。

处理情况：22 点半左右康办来电问天津原预报 5 级地震是否发生，便问天文台，天文台回答上海未测到，天津也未来电。23 点左右康办来电要天文台去电天津问一问，天文台就去电天津，天津就回答了以上情况。我们接天文台的电话后即向康办汇报。

接电话人：顾南山

来电时间：1976年8月7日23:30

来电单位：天文台

姓名：林命周

来电内容：

北京地震会商会议情况：

一、 唐山老震区，总的意见，有起伏衰减，在衰减过程中发生6～6.5级地震可能性还存在，地震在中旬可能性最大。

二、 北京地区，有二种意见，一种，认为近期发生6级地震可能性不大；另一种，认为在怀来、延庆一带有发生中等（5～6级）地震的可能性。

处理情况：已向康办汇报。

接电话人：姬志朴

来电时间：1976年8月8日20:35

来电单位：上海天文台地震办公室

姓名：颜进才

来电内容：

8月8日19时14分，老震区发生6级地震。北纬39.5°，东经118°，根据上海长话局来电报告："接天津长话局电告，天津房子有摇动，房子有裂缝。锦州有感。"

我们与北京地震局联系获悉：北京房子有摇动。

8月8日0点—17点30分唐山余震情况：3～3.9级有52次；4～4.9级有7次；5级以上没有。

领导意见：上海地区除昨天报告以外，未发现新的异常。

处理情况：上述情况向康办王学东同志作了报告。

接电话人：王小芳

来电时间：1976年8月8日21:40
来电单位：上海天文台地震办公室
姓名：颜进才
来电内容：

沈宗丕北京来电，广州电磁有异常用磁偏角二倍法预报：在华北有6级地震或在台湾有7级，时间在□时（±一天），也可能推后一天。

处理情况：上述情况已向康办王学东同志电告。

接电话人：王小芳

来电时间：1976年8月9日9:05
来电单位：地震办公室
姓名：颜进才
来电内容：

经佘山地震台记录到，并打电话问国家地震局得知：

今天早上6:43在唐山老震区（北纬39°47′，东经118°46′）发生一次6.2级地震。北京、天津房子有摇动。

领导意见：西光、序昭、许言同志已阅
处理情况：已向康办（值班室王学东）汇报。

接电话人：高文学

来电时间：1976年8月9日18:40
来电单位：沪地震办公室
姓名：陈翰明
来电内容：

一、据北京地震局来电告，在唐山老震区，本月9日从0点到16点止，共测到69次地震，震级如下：

3～3.9 级　　47 次

4～4.9 级　　17 次

5～5.9 级　　4 次

6.2 级　　1 次

二、近上海北纬 31.8°，东经 120.9°，在南通市南面 15 公里长江里发生了一次地震，震级 1 级，时间 9 时 53 分 43 秒。

领导意见：□□已阅　杨

处理情况：郝洪贵同志已阅，19 点 25 分已告康办值班室汪洋同志。

接电话人：丁云乔

来电时间：1976 年 8 月 10 日 20:45

来电单位：地震办公室

姓名：林命周

来电内容：

上海地震办公室 8 月 10 日与北京中科院地球物理所台网测定中心长途电话联系：

8 月 9 日 18 时—10 日 15 时唐山老震区发生 4.0～4.9 级地震 16 次，5.0～5.9 级地震 3 次。

处理情况：8 月 10 日 21 时已将上述情况向市委办公室值班人员王学林同志汇报。

接电话人：梁文华

来电时间：1976 年 8 月 11 日 23:50

来电单位：地震办公室

姓名：颜进才

来电内容：

唐山地区余震情况：

8月9日：4级以上余震共30次，其中5～5.9级5次，6～6.9级1次。

8月10日：4级以上共18次，其中5～5.9级3次，6级以上没有。

8月11日（至19:00） 4级以上共10次，其中5级以上1次，6级以上没有。

自7月28日至8月11日19时止，共余震：7级以上2次，6～6.9级12次，5～5.9级118次，4～4.9级623次。

处理情况：上述情况已向康办殷俊同志作了汇报。

接电话人：陆关虎

来电时间：1976年8月12日9:00

来电单位：地震办公室

姓名：颜进才

来电内容：

据今日早上国家地震局来电得知：中央有个通知，从现在起至8月15日以前北京市人不准进屋，包括商店不准在店内卖东西，机关办公都要在室外。主要根据是张铁铮同志预报：在这个时间内可能有6～7级地震（地点老震区，包括北京西北部延庆、怀来）。另外，最近北京郊县相对前些日子小震活动很少，一般小震由多到少，以至于平静之后，可能会有大震。

处理情况：已向康办值班室殷俊同志汇报。

接电话人：高文学

来电时间：1976年8月14日10:30

来电单位：地震办公室

姓名：陈翰明

来电内容：

1. 8月13日6:00—14日3:00

老震区发生4～4.9级10次

2. 北京地球所意见：北京近期内不会发生6.5级以上地震。

3. 国家地震局今日开会会商震情，准备开一天。

领导意见：送办领导阅，送一组阅。

接电话人：边云卿

来电时间：1976年8月15日9:00

来电单位：市地震办

姓名：施柱中

来电内容：

唐山、丰南一带老震区余震情况：

8月14日00:00—15日00:02

有4级以上余震11次

（其中4.4～4.9级8次，5.0～5.5级3次）

以上震情是与北京国家地震局、地震台网联系后取得的。

处理情况：已向康办值班室汪洋同志汇报。

小葛

1976年8月15日

接电话人：田秉兴

来电时间：1976年8月16日10:15

来电单位：地震办公室

姓名：颜进才

来电内容：

1. 关于康办要求及时了解唐山等地震〔震〕情问题，经与北京国家地震局联系，他们说："中央领导同志有指示，对于震情和灾情等情况，不宜电话和外地通。"由于以上原因，故掌握的情况就不多了。

2. 从8月15日上午5时—16日上午6时止，唐山老震区震数情况：

4～4.9级发生6次

5～5.9级发生7次，趋向升高。

领导意见：送办领导阅。

亚根

处理情况：已向康办（值班室汪洋）汇报。8月16日

接电话人：朱宝国

来电时间：1976年8月17日20:50

来电单位：地震办公室

姓名：颜进才

来电内容：

据地震办公室去北京的顾一鸣、崔桂兰、孙红星、史永根来电：北京地区在最近期内（8月底前）不会发生大于5级地震，天津不会发生大于6级，唐山地区不会大于6.5级，北京比较好的房子三楼以下的可搬进去，四楼以上或比较差的还不能搬进去。

向国家地震局了解余震情况：8月16日6点—17日16点20分：共发生4级以上19次，其中5～5.9级5次，地点在老地区。

佘山收到二次地震：一次在四川7.3级已报，一次在菲律宾8.1级，也已报，另又收到菲律宾的二次余震，一次6.2级，一次6.8级。

处理情况：已向康办汇报。

接电话人：边云卿

来电时间：1976年8月31日14:50

来电单位：市地震办公室

姓名：陈翰明

来电内容：

今天上午 11 时 26 分 56 秒和 11 时 45 分 14 秒，在唐山老震区连续发生两次地震，震级为 5.7 级。

领导意见：西光、杨、柴阅

接电话人：陈复冠

来电时间：1976 年 9 月 1 日 10:50

来电单位：地震办公室

姓名：陈翰明

来电内容：地震情况

8 月 31 日：21 点 06 分　地点唐山发生 4 级左右地震。

8 月 31 日：21 点 34 分　地点国外发生小地震一次。

9 月 1 日：6 点 57 分　地点可能是唐山，发生小地震一次。

领导意见：西光、柴阅。

接电话人：朱宝国

地震趋势汇报

根据上海天文台地震研究室沈宗丕 8 月 6 日晚来信，8 月 9 日上午来电话称：

8 月 7 日由国家地震局召开华北地区地震工作人员，共 200 多人的地震趋势会商会。会议共开了一天。会商结束有两种意见。

第一，认为大震没有了，只有 5 级左右的余震。这是大多数人们意见。

第二，少数人认为还有大震，震级 6 ~ 7 级。这是搞地磁法的同志们意见。多数人认为搞地磁的同志调子太高了。具体预报意见如下：

1. 磁法预报8月12日前后三天，着重在前三天，有6～7级地震，震中位置在老震区或在怀来、张家口一带。

2. 磁偏角二倍法预报有6级以上地震。主要根据广州地磁有异常，预报在华北地区有6级地震。如不在华北，在台湾可能达7级。时间8月10日前后一天，也可能延后一天。

3. 用磁暴二倍法预报有6～7级地震，时间8月12—14日，扩大些是8月10—17日，地点老震区，也可能在怀来。

会商会上预报意见没有强求统一。

以上情况，据地震办公室讲已报科技组。

高文学

8月10日

京津唐张地区地震趋势汇报

8月7日国家地震局召开的震情会商会，提出唐山老震区在10—15日或25—28日可能发生6～6.5级强余震，少数同志提出北京地区近期内有发生中强地震的危险。之后，8月14日，国家地震局再次召开趋势会商会，会商结果已向国务院汇报。我们虽经几次联系，但截至今天16时30分，尚未能得到正式意见，据口头了解大致精神如下：

1. 在唐山老震区目前不会发生大于6.5级地震，一般情况下，还可能发生6～6.5级地震，晚期余震可能达7级；

2. 北京地区的趋势意见，根据规定，不能在电话中转告，北京已在地震系统中进行传达，我们估计北京可能有情况。

我们将继续保持和北京的联系，并密切监视震情的发展，随时向领导报告。

上海市地震局

1976年8月15日

第五节　上海市革命委员会基建组

沪革基建（77）第32号

基建组关于成立“上海市援建开滦煤矿机修厂、电厂工作组”的通知

有关各局革委会、设计院、机电设备供应公司、机械设备成套公司、建设银行革委会：

遵照华主席关于加快恢复开滦煤矿生产的重要指示，我们对援建工作进行了认真研究。为了加强对援建现场工作的领导，确定成立“上海市援建开滦煤矿机修厂、电厂工作组”。这个组由王少萍、张国田、蒋惠金、江启龙、施少康、沈永良、桂诗琪、曹宏甫、邵金瑞、朱广荣等十位同志组成。王少萍同志任组长，张国田、蒋惠金、江启龙三位同志任副组长。

援建工作组在上海市委、唐山市委和开滦煤矿党委领导下，要高举毛泽东思想伟大红旗。认真贯彻执行华主席抓纲治国的战略决策，深揭猛批“四人帮”，深入开展工业学大庆运动，学习唐山人民坚持以阶级斗争为纲战天斗地的大无畏精神，抓革命促生产，积极做好援建机修厂、电厂的各项工作。为加快恢复开滦煤矿生产作出贡献！

上海市革委会基建组

1977年4月22日

抄报：市委、市革委会、国家计委、国家建委、煤炭工业部

抄送：市委组织组，市革委会工交组、综合计划组、财贸组、文教组，河北省建委、唐山市委、唐山抗震救灾指挥部、开滦煤矿党委、开滦煤矿机械制修厂党委、开滦煤矿电厂党委

沪革基建（77）第79号

基建组关于修改开滦机修厂办公楼、开滦电厂职工休息室设计的通知

民用建筑设计院、华东电力设计院革委会：

根据国家地震局（77）震发科字第81号文和河北省建委冀革基（1977）22号文，唐山地区地震烈度划为八度。对开滦机修厂办公楼、开滦电厂职工休息室的设计问题，我们会同开滦煤矿机修厂、电厂、市建一公司、市建七公司有关领导同志和你们两院的有关设计人员进行了研究，同意按国家地震局规定地震烈度八度标准对原设计进行修改。

希你们高举毛泽东思想伟大红旗，坚持党的基本路线，深揭猛批“四人帮”，密切依靠群众，抓紧设计，及时出图，为支援开滦煤矿建设作出贡献！

市革委会基建组

1977年6月3日

市革委会基建组秘书组　　　　1977年6月7日印（共印4份）

上海成套公司基建组致市革委会基建组函

市革委会基建组：

唐山开滦煤矿机修厂、电厂一期工程，在英明领袖华主席抓纲治国战略决策推动下，在全国工业学大庆会议精神的鼓舞下，建设进度很快，二期工程亦将迅速上马。

最近，唐山同志提出要求本市支援解决的二、三类机电产品共4037台（件），到目前为止，已经有关供应单位帮助解决了1015台（件）。留下来的3022台（件）中，需要继续在市场采购以及本市不生产也无资源可供，请唐山另行设法解决的共有2386台（件）以外，有629台（件）的机电产品需要尽快安排生产解决。主要：低压开关板164面，暖风机107台，风机23台以及仪器仪表等。

这批急需安排的设备涉及第一机电、仪表、轻工、手工业等4个工业局、28个工厂。为了尽快赶上唐山这个工程的需要，现将有关安排任务的清单一式四份附上，拟请下达有

关部门立即布置生产。

当否请示。

上海成套公司基建组

1977 年 6 月 8 日

基建组郑明兴致董柯同志函

董柯同志:

有关 77 年基建 17 个重点之一，唐山工程（开滦机修厂、电厂）所需地方支持的二、三类机电产品问题；自 5 月 11 日以来，经与成套公司等有关同志商量，并由成套公司和唐山同志的共同努力，在有关部门的支持下，已解决了 1015 台件，尚有 629 台件未解决，为此成套公司报来要求安排生产的意见，拟同意，当否，请报请领导批转市综合计划院计组，工交组审示。

下达任务通知稿，成套公司意见，排产清册附后。

郑明兴

1977 年 6 月 9 日

先请国雄、国瑞同志查一下，已解决 1015 台的材料如何解决的，新安排 629 台需用多少材料，是不是清查中还能解决一些，机电供应公司一定要打开仓库。

方

6 月 12 日

请通知基建组□□□或郑明兴同志:

1. 数量要修改一下（已解决了一部分）;

2. □□要多少材料，先大概数框一下，以便告物资局心中有数。

查后请告我。

方

1977 年 6 月 17 日

1. 拟稿后，从清仓利库等中解决了 21 台件（即 629－21＝608）；

2. 需材料约 20 吨左右。

1977 年 6 月 20 日

方祖荫致李挺同志函

李挺同志：

唐山工程所需二、三类机电设备可否改由物资局、机电设备公司负责解决，有库存的从库存中清出，必需布置生产的，由机电设备公司提出布置生产。所需材料，是否可向国家提出，请告知。以上意见，请酌定。

方祖荫

1977 年 6 月 21 日

据我所了解，我们包建唐山工程的材料，第一期工程需要国家计委来明确，我们垫拨了，现国家已明确拨唐山三万吨，拨开滦矿三万吨，根据各地对唐山的包建用料，上海包建二期工程项目所需材料，已如数划转指标拨给上海，甚至代加工钢筋石棉瓦用料也指出，但对一期工程垫拨未认账。至于包建工程所需的设备，应按国家计委现已明确的界限，应由唐山在国家总拨料中支出，如安排生产，系来料加工性质，请成套公司与唐山协商研究。如系唐山地区在建设中向上海求援这些设备，那是另个问题，当然应尽力支援。

请领导酌定。

（地方任务已经还原平衡。5.5万吨已有3万多吨，即专题上报请定夺。至于这些设备所需材料，为数甚微，无足轻重）

王西利

1977年6月27日

请机电设备公司同志阅，所需机电设备请先拨给，有账以后再□了。

方

6月28日

方祖荫、周韵琴致张成功同志函

张成功同志：

唐山工程二、三类机电设备若干，请机电设备公司支持，不以成套项目方案布置生产，若实在没有，请你们提出另行布置生产。

方祖荫

1977年6月28日

张成功同志：

唐山工程所需机电产品，请你根据清单先去机配、电工站、□务部核对一下库存，库存无现货，需要排产部分，请转生资组统一安排。

周韵琴

1977年6月29日

经核对，可供二项：

1. 总开关，1+S11，1000/29　　3万

2. 电器开关，0Z5/10，1A　　1万

其他无现货。

王占方

电工站

1977年6月29日

蒋惠金致少萍、永兴等同志的函

少萍、永兴同志并报纪华、李挺同志：

您们好！目前援建工程进展较快，预计到9月上半月开滦机修厂的土建工程基本上都可完成了。当前安装已进入高潮，但二、三类机电产品供应跟不上，一方面请机电设备公司千方百计挖掘库存予以大力支持，同时对一些没有现货的设备，还得请综合计划组、工交组研究予以排产。因为遵照华主席指示，开滦煤矿年底的生产能力要求恢复到震前水平。这是一个十分艰巨而光荣的任务，全矿职工和援建单位的同志们都在为这个目标而日夜奋战。同时华主席又指示开滦煤矿在恢复震前生产水平的基础上，尽快向年产3500万吨、5000万吨努力奋斗！开滦机修厂是开滦煤矿系统唯一的机械制修厂，该厂当前和今后非标准设备的制造和煤矿设备的维修任务也很重。该厂现派供应科科长孙凤吉同志前来进一步联系落实二、三类机电产品问题，请予接洽和支持。

此致

敬礼！

蒋惠金谨上

1977年7月13日

开滦机、电二厂驻沪人员致上海各级领导函

上海各级领导：

自6月8日由基建组、成套公司上报排产629台件计划后，历时40天在市清仓办公

室、机电公司大力协助下，及机、电二厂为减轻上海负担修复使用部分产品后，现已剩 394 台（件）。

其中：

低压板动力箱：　　164 面

暖风机：　　122 台

小口径阀门：　　28 个

其他机电产品仪表：　　83 台

上述产品系上海援建唐山工程急需设备，而开滦机、电二厂确实无力解决，为加速开滦恢复工程，敬请各级领导大速批办，安排生产为盼。

敬礼！

机电二厂驻沪人员

马春光　陈连瑞

1977 年 7 月 16 日

方祖荫致李挺同志函

李挺同志：

唐山二次工程所需二、三类设备，经过一个月反复核对，已解决 235 台，尚缺 394 台（件）。现将文稿作了修改，请核发。

方祖荫

1977 年 7 月 18 日

上海市机电设备供应公司、机械设备成套公司革命委员会生产资料组

机电产品零星安排生产报批单

需要单位：唐山工程开滦机厂、电厂

地址：衡山宾馆

电话：377050 × 15

联系人：陈连瑞

情况说明：

唐山工程需要的一批二、三类机电产品经核对库存后，尚有一批东西还需排产解决。为此，请市综合计划组、一交组、机电一局支持解决。

报批负责人：程□

施华

1977 年 7 月 18 日

沪革综计（77）第 264 号

沪革工交（77）第 513 号

沪革基建（77）第 140 号

综合计划统计组、工交组、基建组
关于下达支援唐山工程二、三类机电设备制造任务的通知

市机电一局、仪表局革委会：

在以华主席为首的党中央领导关怀下，在全国工业学大庆会议精神鼓舞下，唐山工人阶级高举毛主席伟大旗帜，深揭猛批“四人帮”的滔天罪行，同时为重建家园，复建工程进展很快，形势一派大好。

援建唐山开滦煤矿机修厂、电厂是党中央交给我们上海工人阶级的一项光荣任务，国家要求开滦煤矿在地震一周年时恢复震前水平，今年年底恢复到震前生产能力。现在工程进展很快，所需的二、三类机电产品，除由唐山自行解决大部分外，最近，我市有关部门

的支持下又解决了一部分，尚有394台（件）要求你局安排生产，具体品种、数量见附表，所需材料请市物资局核拨。希望你们以大庆为榜样，发动群众，大鼓干劲，想唐山所想，急唐山所急，迅速安排落实，为早日复建唐山作出贡献。

市革委会综合计划统计组

市革委会工交组

市革委会基建组

1977年7月21日

抄送：市物资局、金属材料公司、机电设备供应公司、电讯仪表供应站革委会

市革委会基建组秘书组　　　　1977年7月27印（共印65份）

附：

唐山开滦电厂、机厂排产清册（1977年7月15日）

序号	设备名称	型号规格	计量单位	需要数量	金额（万元）	生产厂	备注
1	截止阀	J47J－6 Dg＝50	只	10		上阀五厂	
2	截止阀	J47CJ－6 Dg＝40	只	5		上阀五厂	
3	截止阀	J47CJ－6 Dg＝30	只	5		上阀五厂	
4	闸阀	Z41H－16 Dg＝150	只	3		良工阀门厂	
5	减压阀	Y43H－16Q Dg＝20	只	1		第四阀门厂	
6	减压阀	Y43H－16Q Dg＝50	只	2		第四阀门厂	
7	减压阀	Y43H－16Q Dg＝100	只	2		第四阀门厂	电厂
8	离心风机	4－72 3＃ H＝92 L＝2720 右90°	台	1		通惠机器厂	
9	离心风机	4－72 7＃C H＝191 L＝12100 右90°	台	1		通惠机器厂	
10	离心风机	4－72－11 4＃A H＝200 L＝12100 右90°	台	3		通惠机器厂	J02－42－2 D2/7
11	离心风机	4－72－11 80＃ H＝89 H＝12000 N＝960 右90°	台	1		通惠机器厂	J02－51－6 5.5
12	离心风机	4－72－11 4.5＃ H＝176 L＝12000 N＝960 左90°	台	1		通惠机器厂	J02－51－6 5

（续表）

序号	设备名称	型号规格	计量单位	需要数量	金额（万元）	生产厂	备注
13	离心风机	472－11 8＃C H＝74 L＝19000 N＝1000 右90°	台	2		通惠机器厂	J03－140547
14	蒸气加热器	GLⅢ2－1S－42	台	4		通惠机器厂	
15	通风机	4－79 S85/51 4560/8860〈011〉	台	1		通惠机器厂	
16	通风机	4－79 8＃ H＝91－66 N＝1450 L＝10730～7358 右90°	台	2		通惠机器厂	J03－112L4 5.5
17	暖风机	35L2	台	96		通惠机器厂	
18	暖风机	99L2	台	5		通惠机器厂	
19	暖风机	7Q	台	2		通惠机器厂	
20	暖风机	8Q	台	4		通惠机器厂	
21	齿轮油泵	2cy－11/14.5－1	台	3		上海液压泵厂	
22	齿轮油泵	2cy－18/3.6－1	台	2		上海液压泵厂	电厂
23	自动空气开关	DW10 1000/3 400A	只	3		人民电器厂	
24	自动空气开关	DW10 1000/3 800A	只	1		人民电器厂	
25	乙炔发生器	0.5 m^3	台	3		上海焊接厂	
26	乙炔发生器	3 m^3	台	2		上海焊接厂	
27	恩氏粘度计	GD－266－64	只	1		第四石油机械厂	
28	恩氏粘度计	3608型	盒	1		第四石油机械厂	电厂
29	自动空气开关	DZ4 50/200	只	5		上海开关厂	
30	自动空气开关	DZ4 50/300	只	4		上海开关厂	
31	自动空气开关	DZ4 50/330	只	2		上海开关厂	
32	自动空气开关	DZ10 100/300	只	3		上海开关厂	
33	动力配电箱	XL－21－021	只	7		上海开关厂	
34	动力配电箱	XL－21－014	只	1		上海开关厂	
35	低压开关板	BSL－10－01B	面	1		电器成套厂	
36	低压开关板	BSL－10－03B	面	5		电器成套厂	

（续表）

序号	设备名称	型号规格	计量单位	需要数量	金额（万元）	生产厂	备注
37	低压开关板	BSL－10－08A	面	1		电器成套厂	
38	低压开关板	BSL－10－12A	面	4		电器成套厂	
39	低压开关板	BSL－10－18A	面	1		电器成套厂	
40	低压开关板	BSL－10－09A	面	1		电器成套厂	
41	低压开关板	BSL－10－02	面	1		电器成套厂	
42	低压开关板	BSL－10－05	面	2		电器成套厂	
43	低压开关板	BSL－10－16	面	1		电器成套厂	
44	动力配电箱	XL－2－12	只	1		成套电器厂	
45	动力配电箱	XL－3－1	只	14		电器成套厂	
46	动力配电箱	XL－3－2	只	19		电器成套厂	
47	动力配电箱	XL－10－4/5	只	8		电器成套厂	
48	动力配电箱	XL－15－0420	只	12		电器成套厂	
49	动力配电箱	XL－15－0530	只	3		电器成套厂	
50	动力配电箱	XL－15－0600	只	14		电器成套厂	
51	动力配电箱	XL－15－0800	只	14		电器成套厂	
52	动力配电箱	XL－15－2200/10	只	1		电器成套厂	
53	动力配电箱	XL－12－100	只	5		电器成套厂	
54	动力配电箱	XL－12－200	只	4		电器成套厂	
55	动力配电箱	XL（F）15－2200/11	只	4		电器成套厂	
56	动力配电箱	XL（F）15－2220/11	只	5		电器成套厂	
57	动力配电箱	XL（F）15－2020/11	只	1		电器成套厂	
58	动力配电箱	XL（F）15－4220/11	只	3		电器成套厂	
59	动力配电箱	XL（F）－15－6200/11	只	2		电器成套厂	
60	动力配电箱	XL（F）－15－3500/11	只	1		电器成套厂	
61	动力配电箱	XL（F）－15－6000/11	只	5		电器成套厂	
62	动力配电箱	XL（F）－15－8000/11	只	6		电器成套厂	
63	动力配电箱	XL（F）－15－5300/11	只	3		电器成套厂	
64	动力配电箱	XL（F）－15－6220/11	只	1		电器成套厂	

（续表）

序号	设备名称	型号规格	计量单位	需要数量	金额（万元）	生产厂	备注
65	照明配电箱	XM-7-6/1	台	1		电器成套厂	
66	照明配电箱	XM-7-6/10	台	1		电器成套厂	
67	照明配电箱	XM-7-9/10	台	1		电器成套厂	
68	照明配电箱	XM-7-9/1	台	1		电器成套厂	
69	照明配电箱	XM-7-12/0	台	8		电器成套厂	
70	电动计量加油器	71-1 型 1.1KW	台	2		上海石油设备厂	
71	巡回报警器	BX-12 型配 BA	台	4		自仪六厂	
72	膜盒微压计	MWY-101 型 0~300 m/mH_2O	只	4		自仪四厂	
73	膜盒微压计	MWX-1 型 0~1250 m/mH_2O	只	8		自仪四厂	
74	离子交换纯水器	70 型 4081/时	台	1		上海医疗器械三厂	
75	仪表用可逆电动机	ND-D1/39	台	10		上海微电机厂	
76	仪表用同步电动机	457 ZY5A12	台	20		上海微电机厂	
77	电子管三值电压表	MZ11 型	只	1		遵义电表厂	
78	示波照相机	DFABF/858	台	1		上海第三照相机厂	
79	碳硫联合测定仪	1968	台	1		上海玻璃仪器一厂	
80	光学分度头	0~3600±30	只	1		上海第三光学仪器厂	

沪革基建（77）收

来文单位：援建开滦煤矿机修厂工作组

来文日期：1977 年 8 月 29 日

题目：关于开滦煤矿电厂冷却塔石棉水泥淋水板事故的报告

一切新材料必须先试验，后鉴定，在成熟的基础上加以推广，设计、施工都要吸取教训。

转李挺同志阅。后存放存档处。

请退施工组。

颐民

1977 年 9 月 22 日

附：

上海市援建开滦煤矿机修厂、电厂工作组关于开滦煤矿电厂冷却塔石棉水泥淋水板事故的报告

市革委会基建组：

开滦煤矿电厂冷却塔的淋水板原是木板条，地震后修复设计是根据该厂 1974 年委托水电部科研所大塔组进行提高冷却效果的试验，采用弧形石棉水泥淋水板条，设计强度为 9 公斤。当时，对样品曾做过一些简单的荷载试验，即确定由山海关石棉水泥厂安排生产。两座淋水塔共需淋水板条 12 万块，到 6 月 20 日生产了 6 万多块，6 月 25 日试安装了四仓半（一座塔 60 仓），6 月 27 日上午 9 时，工人同志在塔顶清理垃圾时，有一块小石子（距淋水板 1.1 米）掉下，冲击了石棉水泥淋水板条，产生断裂下坠，又冲击了第二块淋水板条，这样连续冲击断裂形成全仓断裂塌落。不久，由于落大雨，第二、第三仓也全部断裂塌落。

事故发生后，我们多次召开现场“三结合”会议，进行分析研究。主要原因是，弧形石棉水泥淋水板条是国内首次采用，设计前对材料性能、使用情况等资料掌握不够，对材料的强度没有进行充分的试验。原设计强度 9 公斤（1.98 米长），是在干燥状态下按板条自重的三倍计算的，但没有考虑到板条饱和吸水后，自重增加 17%，材料强度却相反下降。再加上产品加工过程中由于手工成型厚薄不匀，石棉质量低，养护管理不善等原因，长板条的强度均达不到设计要求。

为了尽量减少损失又确保“七二八”恢复发电，确定了两条措施：①对比较短的（1300 毫米以下）弧形石棉水泥淋水板条，经过两次试验，受压强度大部分在 12 公斤以上，决定全部利用。但为了防止顶部跌落重物冲击板条，故在顶部二层改用木头淋水板条保护。②对比较长的（1300 毫米以上）淋水板条，全部改用木板条。其底部四层仍利用弧形石棉水泥淋水板条，因为这部分板条如损坏仍不影响整个冷却塔的使用。这样共利用了弧形石

棉水泥淋水板条3万多块，其余均改为木板条，经济上受了一定损失，但由于广大职工的日夜奋战和唐山地区领导对木材加工的大力支持，夺回了损失的时间，两座冷却塔终于7月25日安装完毕，7月28日投产使用情况良好。

从这事故中，我们一定要很好总结这个教训。弧形石棉水泥淋水板条，过去国内电厂均未采用过，虽然1974年水电部科研所初步试验冷却效果较好，但在材料性能和强度方面尚未取得足够的科学数据和成熟经验的基础上就应用在基本建设上，特别是用在地震地区恢复建设上，这是不应该的，也是违反基本建设原则的。我们一定从中吸取教训，进一步加强对设计工作的领导，确保工程质量，善始善终搞好援建工作。

上海市援建开滦煤矿机修厂、电厂工作组

1977年7月29日

抄报：开滦煤矿党委

抄送：开滦煤矿电厂党委、华东电力设计院

第六节　上海市卫生局革命委员会

沪卫革（76）第66号

市卫生局革命委员会关于第一批抗震救灾医疗队急需调拨物资、人员的请示报告

市委、市革委会：

我局革委会常委桑隆成、科研组干部朱福良同志，于7月31日早晨6时50分随运送医疗队物资的专机赴唐山市，已于当天下午6时返沪，现将医疗队大队部反映和了解的情况报告如下：

据了解：唐山地区灾情极其严重，房屋全部倒塌，伤亡严重，据反映占城市人口总数的百分之七八十。中央已派北京军区、省军区六个军赶赴唐山地区清理现场，主要是挖房救人。目前，唐山地区已成立抗震救灾现场指挥部，下设医疗药品器械组，我市医疗队在这个组领导下开展工作。分配给医疗队的任务：（1）唐山市路南区，360人；（2）丰南县111人；（3）丰润县113人；（4）机场伤病员收容转运总站。除路南区因交通阻塞尚未进点外，医疗队已进入其他各点开展工作。

当前，整个灾区缺乏水和食品的矛盾最为突出，许多伤病员在露天下曝晒，暂时得不到妥善安置。运去的物资因缺乏后勤人员，堆积在机场无法分配下去。根据医疗队开展抢救工作的需要，急需解决下列物资和人员：

一、药品：

葡萄糖生理盐水塑料袋装	5000人份
碳酸氢钠注射液5%	1000人份
漂白粉精、片（小包装）	1吨

二、器械：

小型发电机	30台

手术电灼器（手术止血）	60 台
手电式高压消毒锅	50 只
汽灯	20 只
敷料（棉花）	200 公斤
敷料（纱布）	300 公斤
橡皮膏	120 大筒

三、 用品、食品:

塑料水桶	400 只
塑料面盆	400 只
草帽	600 顶
棉毯	1000 条
水壶	300 只
自行车	5 辆
轻便两用车	5 辆
大头菜	1000 斤
面包	10 吨

四、 增派 60 名后勤人员，拟从卫生局、医学院系统抽调，要求 8 月 1 日出发。

五、 上述物资拟请有关单位尽快调拨，并请民航局解决运输问题。

以上报告，是否有当，请批示。

上海市卫生局革命委员会

1976 年 7 月 31 日

抄报：市革委会文教组、工交组、财贸组

抄送：民航局

上海市卫生局革委会办公室　　　　1976 年 7 月 31 日印发（共印 45 份）

上海赴外省抗震救灾医疗队

1976 年 7 月

派出单位	姓　名	性别	年龄	政治情况	原单位职务	医疗队职务	去向	备注
市一	王道民	男	44	党	革委会主任 党委副书记	队长		
市一	许生亮	男	33	党	工宣队员、支委	政指		
市一	曹明君	男	38	党	外科医生	队员		
市一	李晋奎	男	43	群	内科医生	副队长		
市一	庄柏瑞	男	41	群	内科医生	队员		
市一	赫惠芬	女	38	党	妇产科医生	队员		
市一	庄心良	男	42		麻醉医生	队员		
市一	朱雨秀	女	21		手术护士	队员		
市一	董华雯	女	35		五官科医生	队员		
市一	周厚熹	男	26		检验士	队员		
市一	金　萱	女	24	团	药剂士	队员		
市一	葛惠芳	女	23	团	内科护士	队员		
市一	李　萍	女	23	团	内科护士	队员		
市一	张守玲	女	42	群	外科护士	队员		
市一	丁广汉	男	36	群	外科医生	队员		
市一	金友文	男	38	党	工宣队员	政指		
市一	周美玲	女	30	党	内科医生	队长		
市一	华棣海	男	48		妇科医生	副队长		
市一	王国良	男	40		内科医生	队员		
市一	王慰年	男	41	党	骨科医生	队员		
市一	黄锦秋	男	36		普外科医生	队员		
市一	姚沁薇	女	35		眼科医生	队员		
市一	李鹏海	男	26		麻醉护士	队员		
市一	吴剑云	女	24	团	洗手护士	队员		
市一	庄文燕	女	22	团	内科护士	队员		

（续表）

派出单位	姓　名	性别	年龄	政治情况	原单位职务	医疗队职务	去向	备注
市一	王　勤	女	23	团	化验士	队员		
市一	王根英	女	21		药剂士	队员		
市一	王凤英	女	36		护士（小儿）	队员		
市一	刘惠珠	女	45		妇科护士	队员		
市一	何霞芬	女	24	团	药剂士	队员		
市六	陈高义	男	46	党	党委副书记	政指		
市六	陶家华	男	37		外科医生	队长		
市六	睦述平	男	31	党	骨科医生	副政指		
市六	孙慧英	女	23	党	内科医生	副队长		
市六	黄雪珍	女	25	党	五官科医生	副队长		
市六	陆文英	女	43		儿科医生	队员		
市六	刘　琳	女	22	团	内科护士	队员		
市六	邱秀珍	女	35		骨科医生	队员		
市六	宋武兵	女	20	团	手术室护士	队员		
市六	施妙善	女	33		外科护士	队员		
市六	陈顺宝	女	25	团	妇产科护士	队员		
市六	钱薇薇	女	25	团	化验士	队员		
市六	黄　琦	女	22		药士	队员		
市六	何德华	男	20		放射科医士	队员		
市六	杨正朝	男	25	党	麻醉医士	队员		
市六	沈萤珠	女	50	党	儿科主任	政指		
市六	华加坛	女	52	党	妇产科主任	队长		
市六	唐仁忠	男	40		骨科医生	副队长		
市六	陶范英	女	42		内科医生	副队长		
市六	周荫梅	女	21		内科护士	队员		
市六	蒋秀英	女	29	团	外科医生	队员		
市六	金三宝	男	32		泌尿科医生	队员		
市六	王妙娣	女	22	团	手术室护士	队员		
市六	毛惜玲	女	25	团	手术室护士	队员		

（续表）

派出单位	姓　名	性别	年龄	政治情况	原单位职务	医疗队职务	去向	备注
市六	冯家梅	女	23		外科护士	队员		
市六	孙　荫	女	40	党	检验师	队员		
市六	沈云珍	女	24	团	五官科护士	队员		
市六	沈金德	男	24	团	化验士	队员		
市六	徐柏兰	女	22	团	药士	队员		
市六	郑铭钰	男	40	党	理疗科医生	队员		
华东	何秀鹤	男	32	党	内科党支书	政指		
华东	李连生	男	40	党	外科医师	队长		
华东	王国民	男	34		儿科医师	副队长		
华东	张国胜	男	24	团	外科医师	队员		
华东	高　杰	男	43		伤骨科医士	队员		
华东	俞素英	女	21	团	麻醉护士	队员		
华东	陆国荣	男	21	团	化验士	队员		
华东	卞晓森	男	21	团	药剂士	队员		
华东	唐臆萍	女	21	团	妇产科护士	队员		
华东	宋美英	女	24	党	护士	队员		
华东	刘花荣	女	21	团	护士	队员		
华东	邹伟□	女	21	团	护士	队员		
华东	冯秀卿	女	21	团	护士	队员		
华东	曹秀英	女	23	党	内科医师	队员		
华东	曹克陛	男	47		内科主治医师	队员		
一结总	朱惠民	男	24	党	总支副书记	政指		
一结总	曹旋生	男	47	党	胸科负责人	队长		
一结总	蔡月娥	女	39	党	肺内科医生	副队长		
一结总	谢庭槐	男	45		胸外科医生	队员		
一结总	朱大伟	男	35	党	胸外科医生	队员		
一结总	许荣华	女	42		肺内科医生	队员		
一结总	陈达夫	男	43		麻醉护士	队员		
一结总	廖桂东	男	24	团	化验员	队员		

（续表）

派出单位	姓　名	性别	年龄	政治情况	原单位职务	医疗队职务	去向	备注
一结总	刘明忠	男	24	团	药剂士	队员		
一结总	包勤毅	女	30		提高班医生	队员		
一结总	赵菊妹	女	32		内科护士	队员		
一结总	渠丽云	女	23	团	外科护士	队员		
一结总	李晨辉	男	25	团	放射技术员	队员		
一结总	陆道清	男	23	团	护士	队员		
一结总	筛家玲	女	24	团	内科护士	队员		
虹桥	杨家锟	男	53	党	党支部委员 革委会副主任	政指		
虹桥	刘立曾	女	45		主治医生			
虹桥	汪祖泉	男	23	团	化验员			
虹桥	黄桂秀	女	21	团	护士			
虹桥	陈玉英	女	35		护士			
国际妇保	薛葵宝	男	40	党	党总支委员	队长		
国际妇保	刘兴国	男	39	党	党总支委员 革委会副主任	副队长		
国际妇保	张娅芬	女	22		助产士	队员		
国际妇保	张代时	男	44		妇产科医生	队员		
国际妇保	裘乾金	男	40	党	妇产科医生	队员		
国际妇保	施永□	男	22	团	麻醉护士	队员		
国际妇保	梁善玲	女	32		助产士	队员		
国际妇保	沈云昭	女	33		麻醉护士	队员		
国际妇保	陈逸敏	女	22		助产士	队员		
国际妇保	王兆梅	女	21	团	手术室护士	队员		
胸科	沈晓军	女	26	党	党总支委员	政指		
胸科	杨新法	男	40	党	肺内科医生	队长		
胸科	周允中	男	40		胸外科医生	副队长		
胸科	陈文虎	男	30		胸外科医生	队员		
胸科	陈　群	女	33		胸外科医生	队员		
胸科	金耀诨	男	24	团	麻醉科	队员		

（续表）

派出单位	姓　名	性别	年龄	政治情况	原单位职务	医疗队职务	去向	备注
胸科	顾伟勇	男	21	团	麻醉科	队员		
胸科	邹思琦	女	24	党	手术室护士	队员		
胸科	李文娟	女	30		心脏内科医士	队员		
胸科	钱建芬	女	20	团	肺内科医士	队员		
胸科	黄冠英	女	22	团	内科护士	队员		
胸科	朱龙宝	男	24	团	行政人员	队员		
胸科	朱玉龙	男	24	团	检验士	队员		
胸科	王培清	女	22	团	放射科	队员		
胸科	毕菊英	女	39		药剂士	队员		
儿童	杨智麟	男	45	党	党总支副书记	政指		
儿童	葛承廉	女	48	党	儿保组组长	队长		
儿童	陆霞群	女	28	党	组织组干部	副政指		
儿童	张学准	男	45		工宣队	副队长		
儿童	何诚逊	男	41		内科负责人	队员		
儿童	钱晋卿	男	43		内科医师	队员		
儿童	郑曼娜	女	36		内科医师	队员		
儿童	徐世明	女	53	党	外科负责人	队员		
儿童	朱葆伦	男	45		外科负责人	队员		
儿童	徐展远	男	20		外科医士	队员		
儿童	郑琼枝	女	33		手术室护士	队员		
儿童	陶六凤	女	25	党	院革委会委员	队员		
儿童	徐向华	女	21	团	儿保组护士	队员		
儿童	童朱壬	男	24	党	药库管理	队员		
儿童	宋啉华	女	41		化验员	队员		
二结总	任存宽	男	46	党	工宣队	政指		
二结总	张　伟	男	51	党	外科主任	队长		
二结总	黄照华	男	36		脚内科医生	副队长		
二结总	李永祥	男	26	团	外科医士	队员		
二结总	沈晓东	男	27	党	外科医师	队员		

（续表）

派出单位	姓　名	性别	年龄	政治情况	原单位职务	医疗队职务	去向	备注
二结总	周智文	男	26	团	内科护士	队员		
二结总	朱德馨	男	41	党	麻醉医生	队员		
二结总	邵明露	女	23	党	药剂	队员		
二结总	沈荣明	女	23	团	化验	队员		
二结总	李素贞	女	26	党	麻醉护士	队员		
二结总	王云尤	男	25	团	外科护士	队员		
二结总	张洪燕	女	25	团	内科护士	队员		
二结总	郑月娥	女	23	团	内科医师	队员		
二结总	曹金宝	女	26	团	外科护士	队员		
二结总	茅益辉	男	28	团	行政	队员		
肿瘤	翁国镗	男		党	总支副书记	政指		
肿瘤	刘守如	男		党	医生	队长		
肿瘤	蒋云龙	男			工宣队	队员		
肿瘤	郑尧兆	男			医生	队员		
肿瘤	于荣如	男			医生	队员		
肿瘤	曹云开	男		团	麻醉士	队员		
肿瘤	竺琴妹	女			护士	队员		
肿瘤	瞿立华	男			医生	队员		
肿瘤	陈美芳	女		党	医生	队员		
肿瘤	于圣忠	男			医生	队员		
肿瘤	周学优	男		团	研究所	队员		
肿瘤	陈乃君	女		团	财务科	队员		
肿瘤	林修英	女			药剂师	队员		
肿瘤	彭惠婷	女			针灸科	队员		
肿瘤	姜惠伦	女		团	化验	队员		
职防院	黄惠林	男	44	党	党总支书记	政指		
职防院	林月琴	女	35	党	医生	副队长		
职防院	王秀贞	女	43		医生			
职防院	沈昌华	男	44		药剂士			

（续表）

派出单位	姓　名	性别	年龄	政治情况	原单位职务	医疗队职务	去向	备注
职防院	谢祖年	男	41		检验士			
职防院	陈海清	女	22	团	护士			
职防院	顾大全	男	23	党	技士			
职防院	王根法	男	32	团	技士			
职防院	董玉香	女	23	团	技士			
职防院	罗莲君	女	37		技士			
市站	蔡继红	女	25	党	总支委员	队长		
市站	宦彭成	男	39	党	科室负责人			
市站	张书琴	男	37		革委会委员			
市站	黄雨舜	男	38		医师			
市站	朱铁成	男	58		卫生医士			
传总	侯龙生	男	49	党	党总支书记	政指		
传总	孟宪益	男	39	党	医生	队长		
传总	吴瑞庭	男	42	党	化验	副队长		
传总	骆成榆	男	37		医生			
传总	刘美云	女	44		护士长			
传总	沈惠珠	女	23	团	药剂			
传总	王　勤	女	25	团	护士			
妇一	叶锦云	女	44	党	党支部委员			
妇一	黄家佩	女	31		医生			
妇一	陈玮英	女	26		医士			
妇一	施燕萍	女	24	团	医生			
妇一	蔡雪琴	女	41		手术室护士			
妇一	陈翠琴	女	23	团	麻醉护士			
妇一	亦军政	女	24	团	护士			
妇一	张静君	女	24	团	助产士			
二医	刘远高	男	44	党	党委常委			
二医	孙克武	男	37		革委会常委			
二医	付秀根	男	43		业务组			

（续表）

派出单位	姓　名	性别	年龄	政治情况	原单位职务	医疗队职务	去向	备注
二医	钱孝才	男	51	党	后勤膳食组组长			
二医	徐建忠	男	24	党	新医学教研组教师			
二医	余前春	男	25	党	病理教师			
二医	金凯成	男	27	团	卫生学教师			
第九人民医院	祝　平	男	47	党	总支副书记			
第九人民医院	丁玉珠	男	25	党				
第九人民医院	徐永盛	男	23	团	药剂			
第九人民医院	林国础	男	38		口腔医生			
第九人民医院	倪　峰	男	27	党	外科医生			
第九人民医院	付中义	男	55		外科医生			
第九人民医院	杨顺年	男	40		内科医生	队长		
第九人民医院	陈巧云	女	37		内科护士			
第九人民医院	顾洪亮	男	27		儿科医生			
第九人民医院	陈志兴	男	27	党	医学生	副队长		
第九人民医院	高寿林	男	26	党	医学生			
第九人民医院	盛　和	男	28	团	医学生			
第九人民医院	步兵红	女	28	党	医学生			
第九人民医院	鲍中洁	女	23	团	护士			

（续表）

派出单位	姓　名	性别	年龄	政治情况	原单位职务	医疗队职务	去向	备注
第九人民医院	李　莉	女	30	团	护士			
第九人民医院	邱春华	男		党	工宣队	指导员		
第九人民医院	张秀芳	女	26	团	化验			
第九人民医院	朱宝鼎	男	22		药房			
第九人民医院	俞守祥	男	40		眼科医生			
第九人民医院	邱伟云	男	40		口腔医生	队长		
第九人民医院	蔡云彪	男	28	党	麻醉医生			
第九人民医院	张祖悦	男			洗手护士			
第九人民医院	简光泽	男	26	党	内科医生			
第九人民医院	潘佩华	女	37		内科护士			
第九人民医院	张庆华	男	37		儿科医生			
第九人民医院	王华新	男	26	党	医学生	副队长		
第九人民医院	刘家桦	男	26	党	医学生			
第九人民医院	郑如华	男	28	党	医学生			
第九人民医院	陈敏芳	女		党				
第九人民医院	程伟民	男	31		外科医生			
瑞金医院	唐步云	男	48	党	外科医生	指导员		

（续表）

派出单位	姓　名	性别	年龄	政治情况	原单位职务	医疗队职务	去向	备注
瑞金医院	胡仁明	男	27	党	内科医生	队长		
瑞金医院	杨庆铭	男	37		骨科医生	副队长		
瑞金医院	陆培新	男	35		妇产科医生	队员		
瑞金医院	金凤英	女	44	团	麻醉护士	队员		
瑞金医院	江志英	女	46	团	护士	队员		
瑞金医院	沈翠兰	女	36	党	手术室护士	队员		
瑞金医院	赵培丽	女	24	团	护士	队员		
瑞金医院	俞东英	男	26	党	药房	队员		
瑞金医院	王月华	女	24	党	工农兵学员	队员		
瑞金医院	郤小君	女	23	团	工农兵学员	队员		
瑞金医院	肖永诚	男	24	团	工农兵学员	队员		
瑞金医院	俞振华	男	27		工农兵学员	队员		
瑞金医院	吴华成	男	23	党	工农兵学员			
瑞金医院	支立民	男	1952	团	化验			
瑞金医院	季　云	男	1938	党	工宣队			
瑞金医院	董永勤	男	1951	党	化验			
瑞金医院	蔡凤娣	女	1946		麻醉科护士			
瑞金医院	沈才伟	男	1941		骨科医生			
瑞金医院	华祖德	男	1934		妇产科医生			
瑞金医院	蔡同年	男	1939		外科医生			
瑞金医院	王孝铭	男	1929	党	高血压医生			
瑞金医院	付立仪	女	1953	团	护士			
瑞金医院	沈雅云	女	1951	团	手术护士			
瑞金医院	倪惠丽	女	1951	团	护士			
瑞金医院	陈惠芳	女	1951	团	药剂			
瑞金医院	陶国治	男	26	党	工农兵学员			
瑞金医院	张　茵	女	23	党	工农兵学员			
瑞金医院	应秀娣	女	25	党	工农兵学员			
瑞金医院	届荣根	男	27	党	工农兵学员			

（续表）

派出单位	姓　名	性别	年龄	政治情况	原单位职务	医疗队职务	去向	备注
新华医院	吴起茂	男		党支书	工宣队	指导员		
新华医院	俞贤如	男		党支书	内科医生			
新华医院	单根发	男		党	外科医生			
新华医院	顾龙君	男			儿科医生			
新华医院	苏国礼	男			骨科医生			
新华医院	金熊元	男		党	麻醉医生			
新华医院	俞金发	男		党支书	药剂士			
新华医院	郑梅芳	女		党	化验员			
新华医院	周伟娣	女		团支书	外科医生			
新华医院	苏兆伉	男			儿外科医生			
新华医院	陈林海	男		党支书	76 届同学			
新华医院	施渭彬	男		团	76 届同学			
新华医院	陈小芬	女		团	76 届同学			
新华医院	刘运章	男			五官科医生			
新华医院	鲍惠娟	女		团	外科医生			
新华医院	王志明	男		党	儿外医生	指导员		（业务组长）
新华医院	黄荣魁	男		党	儿内医生	队长		（支部书记）
新华医院	杨镜明	男		党	内科医生			
新华医院	吴伟烈	男			外科医生			
新华医院	汪启筹	男		党	儿外医生			（支部书记）
新华医院	王中泰	男		党	妇产医生			
新华医院	罗兆英	女		团	麻醉护士			
新华医院	姚领华	男		团	药剂士			（团支书记）
新华医院	李　铭	女		团	化验士			
新华医院	苏美莲	女		党	外科护士			
新华医院	张定国	男		党	皮肤医生			

（续表）

派出单位	姓　名	性别	年龄	政治情况	原单位职务	医疗队职务	去向	备注
新华医院	凌文梅	女			儿外护士			
新华医院	石瑞金	男		党	76 届同学			
新华医院	徐志伟	男		党	76 届同学			
新华医院	曹兰芳	女		党	76 届同学			
第三人民医院	竺志华	女	26	党	团委副书记	政指		
第三人民医院	薛忠礼	男	34	党	外科医生	队长		
第三人民医院	郑　义	男	45		内科医生	副队长		
第三人民医院	张中权	男	40		骨科医生			
第三人民医院	徐　涛	男	32	党	脑外科医生			
第三人民医院	范世淘	男	29	团	外科医生			
第三人民医院	兰亭云	女	45	党	麻醉护士			
第三人民医院	孔引妹	女	25	团	药剂员			
第三人民医院	荣盘根	男	52	党	化验			
第三人民医院	李芳芳	女	25	党	手术护士			
第三人民医院	梅秀华	女	25	团	76 届同学			
第三人民医院	袁宝生	男	25	党	76 届同学			
第三人民医院	吴素芬	女	25	团	76 届同学			
第三人民医院	全志伟	男	25	党	76 届同学			
第三人民医院	沈伟琴	女	23	团	内科护士			

（续表）

派出单位	姓　名	性别	年龄	政治情况	原单位职务	医疗队职务	去向	备注
第三人民医院	陈柏初	男	45	党	工宣队	指导员		
第三人民医院	郑德浮	男	40	党	学生指导员	队长		
第三人民医院	管定九	男	45		内科医生	副队长		
第三人民医院	戴胜国	男	34	党	骨科医生			
第三人民医院	周浩刚	男	37		外科医生			
第三人民医院	张文玉	女	27	党	组室支部副书记			
第三人民医院	莫剑忠	男	35		内科医生			
第三人民医院	范关荣	男	30	党	麻醉医生			
第三人民医院	夏根明	男	25		药剂员			
第三人民医院	陈小龙	男	25	团	化验员			
第三人民医院	刘惠意	女	25	团	手术护士			
第三人民医院	杨玉娥	女	25	党	76 届同学			
第三人民医院	袁训初	男	25	党	76 届同学			
第三人民医院	陈华义	男	25	团	76 届同学			
第三人民医院	奇　玲	女	25	党	76 届同学			
电业职工医院	毛惠琴	女	32	党	二委会委员 工宣队连长	指导员 临时党小组长		

（续表）

派出单位	姓　名	性别	年龄	政治情况	原单位职务	医疗队职务	去向	备注
电业职工医院	张春生	男	32	党	门诊主任 五官科医生	队长		
电业职工医院	黄士勤	男	56	群众	外科主任 外科医生	队长		
电业职工医院	陈　英	女	26	团	团支部副书记 五官科医生			
电业职工医院	程福祥	男	38	群众	小儿内科医生			
电业职工医院	周君全	男	36	群众	内科医生			
电业职工医院	由大鹿	男	34	群众	外科医生			
电业职工医院	朱锡文	男	34	党	骨科医生			
电业职工医院	左其琴	女	34	群众	麻醉护士			
电业职工医院	缪丽玲	女	20	团	外科护士			
电业职工医院	张金环	女	26	团	妇产科医生			
电业职工医院	朱　治	男	47	党	药房负责人			
电业职工医院	陆卫平	男	23	团	驾驶员			
电业职工医院	金大鸣	男	52	群众	化验员			
电业职工医院	金磷生	男	50	党	工会副主任			
建工医院	孙立中	男	34	党	总支书记	指导员		
建工医院	密修英	女	37	党	总支委员	队长		
建工医院	陈天祥	男	30	团	团支部书记　肺科医生	副队长		
建工医院	余志祥	男	42	党	外科医生	队员		
建工医院	徐　迪	男	28		外科医生	队员		

（续表）

派出单位	姓　名	性别	年龄	政治情况	原单位职务	医疗队职务	去向	备注
建工医院	石其昌	男	45		外科医生	队员		
建工医院	张秀玉	女	38	党	内科医生	队员		
建工医院	吴志韦	男	43		内科医生	队员		
建工医院	蔡文海	男	29		药房司药	队员		
建工医院	丛　华	女	42	党	麻醉师	队员		
建工医院	金敏华	女	22		手术护士	队员		
建工医院	宋艳鸣	女	23	团	内科医士	队员		
建工医院	汪雪舫	女	22	团	护士	队员		
建工医院	王祥加	男	48		推拿伤科	队员		
上海邮电医院	朱锡良	男	36	党	党总支副书记	指导员		
上海邮电医院	周冠虹	男	43	党	业务组负责人	队长		总支委员
上海邮电医院	周梦鳞	男	46		外科医生	副队长		
上海邮电医院	牛现珠	女	40		药剂师	队员		党小组长
上海邮电医院	李维喧	男	30		外科医生	队员		复员军人
上海邮电医院	朱长贵	男	34		外科医生	队员		复员军人
上海邮电医院	朱慧瑜	女	36	党	内科医生	队员		党支部委员
上海邮电医院	陈觉民	男	24	团	内科医生	队员		团支部副书记
上海邮电医院	庄芝芬	女	43		外科护士	队员		
上海邮电医院	张小燕	女	23	团	麻醉护士	队员		团支部副书记
上海邮电医院	袁德蒨	女	36		手术护士	队员		

（续表）

派出单位	姓　名	性别	年龄	政治情况	原单位职务	医疗队职务	去向	备注
上海邮电医院	张丽芳	女	21	团	内科护士	队员		团支部委员
上海邮电医院	陶佩芳	女	36		内科护士	队员		
上海邮电医院	瞿家骥	男	43		检验士	队员		
上海邮电医院	张明钧	男	22	团	应届医士毕业	队员		团总支委员
铁路中心医院	黄枫超	男		党	工宣队副教导员	指导员		
铁路中心医院	姜德智	男		党	外妇支部书记兼医生	队长		
铁路中心医院	袁国铘	男		群众	外科主治医师	队员		
铁路中心医院	冉永欣	男		群众	外科医师	队员		
铁路中心医院	梁慧芬	女		群众	麻醉医生	队员		
铁路中心医院	王月美	女		团	手术护士	队员		
铁路中心医院	刘瑞风	女		群众	内科医师	队员		
铁路中心医院	杨伟利	男		群众	内科医师	队员		
铁路中心医院	钱品芳	女		团	内科护士	队员		
铁路中心医院	陆培华	女		团	内科护士	队员		
铁路中心医院	张林仙	女		党	内科护士	队员		
铁路中心医院	周娟华	女		群众	妇产科主治医师	队员		
铁路中心医院	石厚昌	男		群众	儿科医生	队员		

（续表）

派出单位	姓　名	性别	年龄	政治情况	原单位职务	医疗队职务	去向	备注
铁路中心医院	华云海	男		群众	五官科医生	队员		
铁路中心医院	厉　钢	男		团	药剂士	队员		
铁路中心医院	董瑞群	女		党	检验士	队员		
公用事业职工医院	王贞口	男	33	党	党支部委员	指导员		
公用事业职工医院	秦素凡	男	38		外科医生	队长		
公用事业职工医院	谈承法	男	33		内科医生	副队长		
公用事业职工医院	朱　勤	女	33	党	党支部委员 外科医生	党小组长		
公用事业职工医院	陈宁如	女	41	党	麻醉护士	队员		
公用事业职工医院	丁秀娟	女	37		麻醉医生	队员		
公用事业职工医院	叶文影	女	42	党	副护士长	队员		
公用事业职工医院	孙金芳	女	33		护士	队员		
公用事业职工医院	钱燕来	女	31		护士	队员		
公用事业职工医院	周月莉	女	22	团	护士	团小组长		
公用事业职工医院	曹　林	女	21	团	护士	队员		
公用事业职工医院	邹荣华	男	43		骨科医生	队员		
公用事业职工医院	黄慧芬	女	38		内科医生	队员		
公用事业职工医院	苏秀实	女	35		化验员	队员		

（续表）

派出单位	姓　名	性别	年龄	政治情况	原单位职务	医疗队职务	去向	备注
公用事业职工医院	管兴久	男	41	党	药剂师	队员		
海员医院	刘德仁	男	33		院党委副书记 工宣队长	指导员		
海员医院	陆桐君	女	40		业务组负责人	队长		
海员医院	沈宝义	男	32		门诊副书记	副队长		
海员医院	周文驸	男	41	党	外科医生	队员		
海员医院	徐　栋	女	44		外科医生	队员		
海员医院	黄月华	女	24	团				
海员医院	李　俊	男	42		内科医生	队员		
海员医院	金子纯	男	34		眼科医生	队员		
海员医院	丁洪娟	女	25	团	药房人员	队员		
海员医院	乐振明	男		党	业务组人员	队员		
海员医院	金　宏	男	40		外科医生	队员		
海员医院	妨秀莲	女	40	党	外科护士长	队员		
海员医院	甘朝胜	男	36		内科医生	队员		
海员医院	陈宝英	女	24	团	内科护士	队员		
海员医院	毛德山	男	43	党	化验员	队员		
纺一	林祥瑞	男	40	党	党总支委员 革委会副主任 外科医生	指导员		
纺一	许善棣	男	45	党	第二党支部副书记 工宣队	副指导员		
纺一	李海昌		44		外科医生	队长		
纺一	王豫廉	男	49		内科医生	副队长		
纺一	丁曼丽	女	42	党	内科护士	队员		
纺一	俞思勤	男	37		外科医生	队员		
纺一	贺彩娣	女	34	党	内科医生	队员		
纺一	陆桂芳	女	36		五官科医生	队员		
纺一	苏澄柏	男	44		妇产科医生	队员		

（续表）

派出单位	姓　名	性别	年龄	政治情况	原单位职务	医疗队职务	去向	备注
纺一	武瑞珍	女	45		外科护士	队员		
纺一	晏健康	女	25	团	手术室护士	队员		
纺一	于　慧	女	22	党	药剂人员	队员		
纺一	邵明渠	男	55		化验人员	队员		
纺一	盖寿南	男	32	党	麻醉人员	队员		
纺一	何　淑	女	33		儿科医生	队员		
纺织工业局第二医院	范广新	男	1929		外科医生	队长		
纺织工业局第二医院	谷德祥	男	1943	党	内科医生	指导员		
纺织工业局第二医院	姜秀文	女	1954	党	手术护士	副队长		
纺织工业局第二医院	韩淑华	女	1941	党	内科医生	副指导		
纺织工业局第二医院	张雪明	男	1936		外科医生			
纺织工业局第二医院	孙金杰	男	1940		外科医生			
纺织工业局第二医院	戴思维	女	1938		外麻			
纺织工业局第二医院	周惠鸣	女	1955	团	药剂			
纺织工业局第二医院	刘雅琴	女	1941		外麻			
纺织工业局第二医院	张月华	女	1952	团	化验			
纺织工业局第二医院	杭毅君	女	1942		护士			
纺织工业局第二医院	金琴芳	女	1952	团	护士			
纺织工业局第二医院	张惠芳	女	1942		妇产医生			

（续表）

派出单位	姓　名	性别	年龄	政治情况	原单位职务	医疗队职务	去向	备注
纺织工业局第二医院	任慧英	女	1952	团	护士			
纺织工业局第二医院	李玲珍	女	1942		护士			
纺三	鞠福顺	男		党	工宣队连长	指导员		
纺三	杨兴春	男		党	支部副书记　骨科医师	队长		
纺三	赵关林	男		党	支部委员　内科负责人	副队长		
纺三	屈炳权	男		群众	外科医师	队员		
纺三	洪秀翔	男		群众	外科医师	队员		
纺三	章苏文	女		党	麻醉医师	队员		
纺三	肖　蓓	女		党	外科护理部负责人	队员		
纺三	古文兰	女		团	外科护士	队员		
纺三	蒋根南	男		党	工人医生	队员		
纺三	钟　平	男		团	实习医生	队员		
纺三	徐美春	女		群众	内科医师	队员		
纺三	伍曾巧	女		群众	内科护士	队员		
纺三	黄七妹	女		党	护士　团支部副书记	队员		
纺三	倪　莉	女		群众	化验士	队员		
纺三	顾加瑜	女		群众	药剂士	队员		
纺三	管锦鸿	男		团	医训班学员　工人	队员		
纺三	王丹清	女		群众	妇产科医师	队员		
普陀区中心医院	张阿法	男	55	党	区中心医院工宣队连长	指导员		
普陀区中心医院	张仲康	男	34	群众	外科医生	队长		
普陀区中心医院	尚孝堂	男	31	团	内科医生	副队长		
普陀区中心医院	许玉珍	女	34	党	五官科医生	副队长		
普陀区中心医院	朱泳才	男	41	群众	外科医生	队员		

（续表）

派出单位	姓　名	性别	年龄	政治情况	原单位职务	医疗队职务	去向	备注
普陀区中心医院	张金福	男	38	群众	伤骨科医生	队员		
普陀区中心医院	吴妙麟	男	21	团	内科医生	队员		
普陀区中心医院	徐惠芳	女	24	团	麻醉护士	队员		
普陀区中心医院	邵玉龙	男	23	团	手术护士	队员		
普陀区中心医院	殷月明	男	23	团	药剂士	队员		
普陀区中心医院	李建林	男	24	群众	化验	队员		
普陀区中心医院	吴才娟	女	24	团	护士	队员		
普陀区中心医院	郁月明	女	25	党	护士	队员		
普陀区中心医院	郑素琴	女	22	团	护士	队员		
普陀区中心医院	葛家静	女	24	团	护士	队员		
闸北区								
	沈永福	男	44	党	党总支副书记	指导员		
	赵关林	男	32		革委会负责人	队长		
	陆仁达	男	31	党	外科医生	副队长		
	李希舜	男	47		内科医生	副队长		
	张永康	男	41		外（骨科）医生			
	叶铸人	男	42		外科医生			
	赵秋曼	女	22	党	内科医生			
	钱金风	女	22	团	外科护士			
	李培龙	男	23	党	外科麻醉			
	陆琴娣	女	24	党	检验科化验			

（续表）

派出单位	姓　名	性别	年龄	政治情况	原单位职务	医疗队职务	去向	备注
	忻雅菊	女	21	团	药剂			
	刘亦德	男	37		放射医生			
	姚惠娟	女	37	党	妇产医生			
	刘文龙	男	24	党	伤科医生			
	顾方贞	男	25	党	五官医生			
黄浦区								
区卫生组	潘哲信	男	42	党	区卫生组干部	总领队		
黄浦中心	徐志坚	男	47	党	总支副书记	政指		
黄浦中心	任时俊	男	57	党	外科副主任	队长		
黄浦中心	刘明秋	男	49	党	药房负责人	副队长		
黄浦中心	胡祖宝	男	47	党	外骨科医生	队员		
黄浦中心	黄伟民	男	27	党	外科医生	队员		
黄浦中心	马长才	男	24		麻醉	队员		
黄浦中心	赵文琦	女	32		护士	队员		
黄浦中心	焦万芳	男	36		内科医生	队员		
黄浦中心	颜为雄	男	45		内儿科医生	队员		
黄浦中心	康慧琴	女	42	党	妇产科医生	队员		
黄浦中心	邬性伟	男	37		五官科医生	队员		
黄浦中心	党明娟	女	21	团	护士	队员		
黄浦中心	周培芳	男	23	团	化验	队员		
黄浦中心	张秀龙	女	21	团	中针科	队员		
黄浦中心	陈雪芳	女	22	团	内科护士	队员		
浦东中心	汪德均	男	47	党	业务组	政指		
浦东中心	倪银凤	女	39	党	妇产科医生	队长		
浦东中心	徐伟达	男	45		外骨科医生	副队长		
浦东中心	徐犀民	男	46		内科医生	队员		
浦东中心	陈贤真	男	38	党	内科医生	队员		

（续表）

派出单位	姓　名	性别	年龄	政治情况	原单位职务	医疗队职务	去向	备注
浦东中心	汪瑞云	女	24	团	五官科医生	队员		
浦东中心	赵德明	男			伤科推拿	队员		
浦东中心	周碧云	女	46		药房负责人	队员		
浦东中心	王荷苓	女	43		麻醉	队员		
浦东中心	仇家洲	男	23	团	外科	队员		
浦东中心	张爱苓	女	22	团	护士	队员		
浦东中心	徐明娟	女	43		放射科医生	队员		
浦东中心	刘肥柳	女	43		护士长	队员		
浦东中心	卢　华	男	33	团	X光	队员		
浦东中心	华士洲	男	40		化验	队员		
杨浦区								
吴淞医院	刘志仲	男	36	党	总支副书记	政指		
吴淞医院	邵友明	男	39		内科副主任	队长		
吴淞医院	蒋守保	男	40	党	外科负责人	副队长		
吴淞医院	王国良	男	36		外科医生	队员		
吴淞医院	过守建	男	52		外科医生	队员		
吴淞医院	吴金英	女	35		麻醉护士	队员		
吴淞医院	薛奇缘	女	24	团	手术护士	队员		
吴淞医院	季关鑫	男	24	党	化验士	队员		
吴淞医院	忻玲娣	女	22	团	药剂士	队员		
吴淞医院	吴扣珍	女	21		医士	队员		
吴淞医院	丁祖兴	男	40		五官医院	队员		
吴淞医院	吴全之	女	21	团	眼科医士	队员		
吴淞医院	沈逢英	女	22	团	针灸中医士	队员		
吴淞医院	单凤英	女	23	党	妇科医士	队员		
吴淞医院	许淑云	女	33		护理负责人	队员		
吴淞医院	郝　恩	男	53	党	教工组副组长			
杨浦中心	唐银凤	女	32	党	党总支委员	政指		

（续表）

派出单位	姓　名	性别	年龄	政治情况	原单位职务	医疗队职务	去向	备注
杨浦中心	邱士桢	男	55	党	内科副主任	副政指		
杨浦中心	吴传恩	男	54	党	外科主任	队长		
杨浦中心	黄观耀	男	37		内科医生	副队长		
杨浦中心	吴萍仙	女	38	党	妇科医生	队员		
杨浦中心	季荣良	男	42		儿科医生	队员		
杨浦中心	吴寿生	男	39		外科医生	队员		
杨浦中心	朱桂忠	女	26	团	五官科医生	队员		
杨浦中心	沈剑德	男	23		医士	队员		
杨浦中心	陆传凯	男	40		检验士	队员		
杨浦中心	胡海萍	女	36		医生	队员		
杨浦中心	黄明哲	男	23	团	药剂士	队员		
杨浦中心	韩志英	女	36		麻醉士	队员		
杨浦中心	陆玉香	女	37	党	护士长	队员		
杨浦中心	王向华	女	25	团	护士	队员		
虹口区								
市四医院	梁小平	男	27	党	院总支委员	政指		
市四医院	夏祥霆	男	48		外科医生	队长		
市四医院	陈静芳	女	42		内科医生	副队长		
市四医院	齐玉珍	女	44	党	公卫医生	副队长		
市四医院	仇养杏	男	25	团	外科医生	队员		
市四医院	杨文达	男	36		外科医生	队员		
市四医院	朱新康	女	21	团	内科医生	队员		
市四医院	陈寿年	女	36	党	手术室护士	队员		
市四医院	陈亦兰	女	21	团	麻醉护士	队员		
市四医院	李达庆	男	21	团	五官科医士	队员		
市四医院	周燕英	女	22	团	眼科	队员		
市四医院	钱秀英	女	40		儿科医生	队员		
市四医院	冯藏贤	女	46	党	药剂	队员		

（续表）

派出单位	姓　名	性别	年龄	政治情况	原单位职务	医疗队职务	去向	备注
市四医院	李根琦	男	35		化验	队员		
市四医院	花　蕊	女	23	团	中医	队员		
虹口中心	杨永年	男	32	党		政指		
虹口中心	韩士章	男	35	党	外科医生	队长		
虹口中心	范薇薇	女	25	党	儿科医生	副队长		
虹口中心	黄兰芬	女	38	党	公卫医生	副队长		
虹口中心	商岭梅	女	57	党	妇产科医生	队员		
虹口中心	沈建人	男	21	团	外科医生	队员		
虹口中心	应慧芳	女	24	党	外科医生	队员		
虹口中心	孙梅英	女	25	团	眼科医生	队员		
虹口中心	张秀珠	女	25	团	五官科医生	队员		
虹口中心	何汉文	男	39		内科医生	队员		
虹口中心	秦家榕	男	21	团	内科医生	队员		
虹口中心	刘际美	女	45		麻醉护士	队员		
虹口中心	李萍娟	女	25	团	手术室护士	队员		
虹口中心	孙小俭	男	21	团	药剂士	队员		
虹口中心	杨宏达	男	21	团	化验员	队员		
南市区								
区卫生组	贺志焕	男		党				
沪南医院	蔡莲芬	女	41	党		政指		
沪南医院	蔡亚美	女	46		外科医师	队长		
浦江医院	葛龙珍	女	24	党	药剂士	副队长		
浦江医院	郁俊德	男	23	团	外科医士	队员		
浦江医院	李彩风	女	20	团	外科护士	队员		
沪南医院	范美贤	女	35		内科医士	队员		
沪南医院	童慧珍	女	40		麻醉	队员		
沪南医院	吕巧娣	女	22		外科护士	队员		

（续表）

派出单位	姓　名	性别	年龄	政治情况	原单位职务	医疗队职务	去向	备注
沪南医院	狄　莲	女	21		护士	队员		
沪南医院	胡含芳	女	40		化验	队员		
卫生防疫站	吴秀珠	女	36		护士	队员		
卫生防疫站	吴建华	女	22	团	护士	队员		
东新医院	王延璋	男	35		内科医师	队员		
东新医院	姚汉祥	男	40		外科医师	队员		
东新医院	李雅君	女	22	团	五官护士	队员		
区卫生组	孙茂庭	男		党		政指		
市二医院	孙明德	男	35	党		队长		
市二医院	郁汝新	女	38	党	内科医师	副队长		
市二医院	陈国柱	男	48		外科医师	队员		
市二医院	刘根妹	女	24	党	外科医士	队员		
市二医院	余丽华	女	42		五官科医师	队员		
市二医院	赵小蓉	女	22	团	手术护士	队员		
市二医院	凌美新	女	25	团	外科麻醉	队员		
市二医院	崔醒章	男	43		内科医师	队员		
市二医院	何玉柳	女	32		妇产科医生	队员		
市二医院	蔡永泉	男	36	党	检验士	队员		
市二医院	黄安铭	男	37		药剂师	队员		
精防站	周慧英	女		团	护士	队员		
精防站	许惠玲	女			护士	队员		
精防站	红丽英	女		团	护士	队员		
精防站	金立芬	女			护士	队员		
静安区								
静安中心	冯其林	男	33	党	革委会委员	政指		
康定地段医院	周忠介	男	38	党	革委会委员 中外科医生	副政指		
静安中心	姚光弼	男	45		内科负责人	队长		

（续表）

派出单位	姓　名	性别	年龄	政治情况	原单位职务	医疗队职务	去向	备注
静安中心	董君佩	男	42		外科负责人	副队长		
静安中心	朱宝康	男	24	党	外科医生	队员		
静安中心	沈龙英	女	24	党	护士	队员		
静安中心	王梅仙	女	43	党	麻醉医生	队员		
静安中心	周明华	女	31		药剂士	队员		
静安中心	谢　淑	女	49		检验员	队员		
静安中心	丁　宪	男	22	团	护士	队员		
静安中心	任惠萍	男	21	团	眼科医士	队员		
静安中心	蔡同章	男	41		儿科医生	队员		
静安中心	邵秀娥	女	23	团	护士	队员		
万航地段医院	章国良	男	36		肺科医生	队员		
南西地段医院	金静君	女	23	团	内科医士	队员		
威海地段医院	佟佩云	女	45		伤科医生	队员		
静安中心	杨龙妹	女	26	党	党总支委员	政指		
静安中心	屠兆丰	男	42		工宣队队长	副政指		
静安医院	费庆铨	男	45		外科负责人	队长		
威海地段医院	江上昭	男	39		内科医生	副队长		
静安中心	殷祖泽	男	35		外科医生	队员		
静安中心	赵龙海	男	36		骨科医生	队员		
静安医院	卓　锋	男	25	党	麻醉	队员		
医化所	薛德义	男	43		化验员	队员		
静安医院	俞崇庭	男	42		内科医生	队员		
静安医院	应莉萍	女	23		内科医士	队员		
静安医院	杨建蓉	女	23	团	护理	队员		
静安中心	陆佳宏	男	21		伤科医士	队员		

（续表）

派出单位	姓　名	性别	年龄	政治情况	原单位职务	医疗队职务	去向	备注
静安医院	翁玉妹	女	23		药剂	队员		
静安中心	沈小英	女	22	党	护士	队员		
静安中心	陈位征	女	41		手术护士	队员		
区革会卫生组	季信全	男	45	党	卫生组干部	总领队		
徐汇区								
区卫生组	张登荣	男	52	党	组核心	总带队		
徐汇中心	倪金和	男	46	党	总支副书记	政指		
徐汇中心	俞文群	女	26	党	总支委员	副政指		
徐汇中心	董岩谋	男	42	党	骨科医生	队长		
徐汇中心	张守祁	男	42		内科医生	副队长		
徐汇中心	沈玉芬	女	42	党	内科医生	队员		
徐汇中心	周莲蓉	女	50	党	五官科医生	副队长		
徐汇中心	朱　斐	男	32		外科医生	队员		
徐汇中心	彭龙午	男	48		外科医生	队员		
徐汇中心	张世球	女	35		麻醉	队员		
徐汇中心	陈小萍	女	26		手术室护士	队员		
徐汇中心	张曙华	女	24	团	药剂	队员		
徐汇中心	盛慧芬	女	24	团	化验	队员		
徐汇中心	戴季昭	女	38		眼科医生	队员		
徐汇中心	金佩萍	女	26	党	护士	队员		
徐汇中心	虞杏娟	女	34		护士	队员		
工农医院	徐良董	男	45	党	革委会委员	政指		
工农医院	陈　敏	女	24	党	内科医生	副政指		
工农医院	谢文星	男	49		外科医生	队长		
工农医院	高重耀	男	42		内科医生	副队长		
工农医院	翟明智	男	41		骨科医生	队员		
工农医院	姜海萤	男	22	团	外科医生	队员		
工农医院	林佩华	女	40		小儿科	队员		

（续表）

派出单位	姓　名	性别	年龄	政治情况	原单位职务	医疗队职务	去向	备注
工农医院	郑光培	女	22	团	五官科	队员		
工农医院	胡启明	女	35	党	麻醉	队员		
工农医院	邹正东	男	22		化验	队员		
工农医院	俞　萍	女	23	党	药房	队员		
工农医院	吴根娣	女	22	团	手术室护士	队员		
工农医院	季启群	女	21	团	护士	队员		
工农医院	何佩芬	女	21	团	护士	队员		
工农医院	冯美娟	女	21		护士	队员		
卢湾区								
区卫生局	俞昌斐	女	44	党	业务组组长	政指		
区医院	张龙飞	男	41	党	外科医师	队长		
卢湾中心	何鲁生	男	40	党	内科医师	副队长		
卢湾中心	张志伟	男	25	党	外科医师	队员		
卢湾中心	崔仲梁	男	42		伤科医师	队员		
卢湾中心	俞爱娣	女	43	党	五官科医师	队员		
卢湾中心	戴国芳	女	22		手术护士	队员		
卢湾中心	周方膺	男	43		药剂士	队员		
区医院	王采贞	女	26	党	内科医师	队员		
区医院	吴　艳	女	22	党	护士	队员		
区医院	倪明芳	女	25	团	麻醉	队员		
产院	陈美风	女	45	党	业务组组长	队员		
产院	朱风娟	女	25	党	助产士	队员		
区医化所	孙锡根	男	37		化验士	队员		
区精防站	胡力平	男	22	团	医士	队员		
卢湾中心	李瑞芬	女	44		内科护士	队员		
区产院	胡凯军	男	48	党	支部书记　工宣队	队员		
长宁区								
长宁中心	宋文进	男	27	党	总支副书记	政指		

（续表）

派出单位	姓　名	性别	年龄	政治情况	原单位职务	医疗队职务	去向	备注
长宁中心	范阿成	男	35	党	外科医士	副政指		
长宁中心	傅子应	男	43		外科医师	队长		
长宁中心	卢业炳	男	41		内科医师	副队长		
长宁中心	张梦祥	男	38		外科医师	队员		
长宁中心	林　建	女	23		内科医师	队员		
长宁中心	陈忠英	女	24		护士	队员		
长宁中心	顾亚劳	女	22		护士	队员		
长宁中心	孙启凤	女	26	党	护士	队员		
长宁中心	黎伯平	男	52		五官科医师	队员		
长宁中心	蒋建平	男	23	团	五官科医师	队员		
长宁中心	尤凤英	女	22	团	护士	队员		
长宁中心	裴孙琳	女	34	党	药剂	队员		
长宁中心	陈志煊	男	32		化验	队员		
长宁中心	郭天顺	男	46	党	总务	队员		
区卫生组	董忠林	男		党				
光华医院	盛爱娟	女	44	党	党支部委员	政指		
光华医院	徐永生	男	47		外科医生	副队长		
光华医院	蒋　敏	女	45		内科医生	队员		
光华医院	席温德	女	49		麻醉	队员		
光华医院	李惠琴	女	45		药剂	队员		
光华医院	王培珍	女	45		护士长	队员		
光华医院	陆凤珠	女	40		护士	队员		
东风医院	秦世杰	男	29	党	外科医生	队长		
东风医院	马左军	男	36		外科医生	队员		
东风医院	陆兴华	男	49	党	内科医生	队员		
东风医院	朱仲民	男	23		五官科医生	队员		
东风医院	林　薇	女	22	团	护士	队员		
东风医院	陈小燕	女	22	团	手术护士	队员		
东风医院	蒋春生	男	47		化验	队员		

（续表）

派出单位	姓　名	性别	年龄	政治情况	原单位职务	医疗队职务	去向	备注
东风医院	陈蔚燕	女	23		护士	队员		
光华医院	浦炳元	男	30		总务	队员		
中医学院	祁仲华	男	49	党	医科组副组长	总带队		
曙光医院	牟忠芝	女	38	党	武保组组长	政指		
曙光医院	李常雯	男	48		内科组长	队长		
曙光医院	严明新	男	51		外科组长	副队长		
曙光医院	李传祺	男	47		外骨科医生	队员		
曙光医院	郭　汾	男	45		伤骨科组长	队员		
曙光医院	杜振邦	男	52		内科医生	队员		
曙光医院	丁帼铮	女	43	党	麻醉医生	队员		
曙光医院	曹春云	男	43		内科医生	队员		
曙光医院	石娟娟	女	22	团	检验员	队员		
曙光医院	朱稼雄	男	26	党	西药负责人	队员		
曙光医院	藿佩兰	女	43		手术护士	队员		
曙光医院	张亚娣	女	25	团	眼科护士	队员		
曙光医院	李　琪	女	30	团	五官科医生	队员		
曙光医院	金为群	男	28	团	工农兵学员	队员		
曙光医院	金志刚	男	27	团	工农兵学员	队员		
龙华医院	张富源	男	40	党	二支部副书记	政指		
华东医院	杨志良	男	47	党	伤科负责人	队长		
华东医院	洪嘉禾	男	38	党	内科负责人	副队长		
华东医院	朱培庭	男	37		外科医生	队员		
华东医院	刘明昇	男	40		外科医生	队员		
华东医院	马贵同	男	39		内门负责人	队员		
华东医院	蒋令琴	女	27	党	手术室负责人	队员		
华东医院	龚林发	男	24	团	药剂员	队员		
华东医院	樊金桂	女	26	团	化验室负责人	队员		

（续表）

派出单位	姓　名	性别	年龄	政治情况	原单位职务	医疗队职务	去向	备注
华东医院	吕素萍	女	23		手术室护士	队员		
华东医院	范炳奎	男	25		五官科技术员	队员		
华东医院	盛淑瑾	女	23		护士	队员		
华东医院	华惠玲	女	40		护士	队员		
华东医院	钟范英	女	25	团	护士	队员		
华东医院	梁新民	女	26		护士	队员		
岳阳医院	俞士芳	男	48	党	办公室负责人	政指		
岳阳医院	施忠传	男	44	党	伤科医生	队长		
岳阳医院	侯筱魁	男	39		骨科医生	副队长		
岳阳医院	李兆基	男	23		外科医生	队员		
岳阳医院	潘立强	男	23		外科医生	队员		
岳阳医院	潘秀清	女	22		化验	队员		
岳阳医院	朱锡坤	男	39		内科医生	队员		
岳阳医院	王　群	女	23	团	内科医生	队员		
岳阳医院	周　蓉	女	23	团	中外科医生	队员		
岳阳医院	应宝珠	女	23	团	麻醉	队员		
岳阳医院	吴　斌	女	23	团	西药	队员		
岳阳医院	洪才裕	男	45		医生	队员		
岳阳医院	程小平	女	23		护士	队员		
岳阳医院	张银风	女	20		护士	队员		
岳阳医院	张风珍	女	20		护士	队员		
第一医学院（大队部）一医	徐存山	男	45	党	党委副书记	总领队		
一医	高德明	男	48	党	医科组负责人			
一医	孔本瞿	男	41	党	政宣组副组长			
一医	夏妙仁	男		党	工宣队			
一医	曹树林	男		党	工宣队			

（续表）

派出单位	姓　名	性别	年龄	政治情况	原单位职务	医疗队职务	去向	备注
中山医院	方梦日	男	48	党	党委副书记	政指		
中山医院	钱肃凡	男	39	党	外科	队长		
中山医院	刘成章	男	38		外科	队员		
中山医院	马慎谨	男	44	党	骨科	队员		
中山医院	卜慧珍	女	43		麻醉	队员		
中山医院	顾赛花	女	26	团	外科护士	队员		
中山医院	张维贤	女	42		手术护士	队员		
中山医院	蒋波满	女	23	团	血库	队员		
中山医院	洪月英	女	26	党	化验	队员		
中山医院	吴绍庭	男	49		药房	队员		
中山医院	林志品	男	25	党	其他	队员		
中山医院	王金花	女	23	团	其他	队员		
中山医院	李涵瑞	女	37	党	内科医生	副队长		
中山医院	徐筱萍	女	26	团	内科护士	队员		
中山医院	严佩华	女	37		内科护士	队员		
中山医院	潘全福	男	39	党	机关支部书记	政指		
中山医院	缪中良	男	46		泌尿科医生	队员		
中山医院	陈福贞	男	37	党	普外科医生	队员		
中山医院	林增禄	男	38		骨科医生	队员		
中山医院	黄雅芳	女	25	团	麻醉科技术员	队员		
中山医院	蒋丽华	女	39		手术室护士	队员		
中山医院	聂竹梅	女	33	党	外科护士长	副队长		
中山医院	李建敏	女	23	团	血库技术员	队员		
中山医院	孙路德	女	35		化验技术员	队员		
中山医院	周红洲	男	22		药房药剂员	队员		
中山医院	何连齐	男	27	团	学员	队员		
中山医院	吴瑞勤	女	25	党	学员	队员		

（续表）

派出单位	姓　名	性别	年龄	政治情况	原单位职务	医疗队职务	去向	备注
中山医院	陈世波	男	38	党	内科医生	队长		
中山医院	戎卫海	男	38		内科医生	队员		
中山医院	沈渭涓	女	26	团	内科护士	队员		
中山医院	范安国	男	35	党	工宣队	政指		
中山医院	任长裕	男	51		胸外科医生	队员		
中山医院	徐维刚	男	37		外科医生	队员		
中山医院	王文华		51	党	骨科医生	队长		
中山医院	张月娥	女	33		麻醉	队员		
中山医院	陆秀芳	女	25	团	手术室护士	队员		
中山医院	潘丽萍	女	33		外科护士	队员		
中山医院	徐立言	男	23	团	血库	队员		
中山医院	严国昌	男	27	团	化验	队员		
中山医院	唐根龙	男	27	党	药房	副队长		
中山医院	许祖德	男	23	党	学员	队员		
中山医院	金粉根	男	27	团	学员	队员		
中山医院	陈其芬	女	45		内科护士	队员		
中山医院	徐月英	女	43		内科护士	队员		
中山医院	何礼贤	男	38		内科	队员		
华山医院总负责人:								
	朱锡琪	男	47		华山医院党委委员			
	童志芳	男			华山医院工宣队连长			
华山医院	吴树强	男	42		外科医生	队长		
华山医院	陈剑华	男	24	党	药剂	队员		
华山医院	徐梨花	女	30	党	内科医生	政指		
华山医院	贾淑芳	女	38		骨科医生	队员		
华山医院	郑忆柳	女	43		骨科医生	队员		
华山医院	方　勇	男	21	团	检验	队员		

（续表）

派出单位	姓　名	性别	年龄	政治情况	原单位职务	医疗队职务	去向	备注
华山医院	周雅芳	女	40		麻醉	队员		
华山医院	葛建之	女	22	团	手术护士	队员		
华山医院	刘福英	女	30		内科	队员		
华山医院	董彩云	女	23	团	护士	队员		
华山医院	徐非麟	男	22	团	放射	队员		
华山医院	李明华	男	26	党	76 届学生	队员		
华山医院	袁梅芳	女	27	党	76 届学生	队员		
华山医院	王锦棕	男	28	团	76 届学生	队员		
华山医院	杨涵铭	男	37		神外科医生	副队长		
华山医院	欧时余	男			妇产科医生	队员		
华山医院	贺佩佩	女	40		内科医生	副队长		
华山医院	李树荣	男	43	党	皮肤医生	政指		
华山医院	王贞瑜	男	39		外科医生	队员		
华山医院	沈江洲	男	42		药剂士	队员		
华山医院	王林根	女	24		化验	队员		
华山医院	严惠昌	男	21	团	针麻	队员		
华山医院	张　适	女	22	团	手术护士	队员		
华山医院	桂学恩	女	22	团	护士	队员		
华山医院	童志芳	男		党	工宣队连长	队员		
华山医院	安淑芳	女	25	党	76 届学生	队员		
华山医院	郭观观	男	23	团	76 届学生	队员		
华山医院	姚　伟	男	25	党	76 届学生	队员		
华山医院	黄瑞熙	男	45	党	外科医生	队长		
华山医院	徐林根				耳科	队员		
华山医院	张志玉	男	38		骨科医生	队长		
华山医院	俞丽云	女	38	党	神内科	政指		
华山医院	沈天真	女	37	党	放射科	副队长		

（续表）

派出单位	姓　名	性别	年龄	政治情况	原单位职务	医疗队职务	去向	备注
华山医院	黄佳温	男	37	党	外科	队员		
华山医院	糜振珏	男	43		内科	队员		
华山医院	陈惠良	男	36		药科	队员		
华山医院	陈宏基	男	47		化验	队员		
华山医院	许志英	女	42		麻醉	队员		
华山医院	陈玉辉	女	34		手术护士	队员		
华山医院	朱锡琪	男	47	党	外科	队员		
华山医院	康巧真	女	25	党	76 届学生	队员		
华山医院	杨　丹	女	21	党	76 届学生	队员		
华山医院	项富海	男	24	团	76 届学生	队员		
华山医院	王生满	男	24	党	76 届学生	队员		
华山医院	张善通	男	31	党	儿外科医生	队员		

沪卫革（76）第 67 号

市卫生局革命委员会关于接受灾区伤病员有关问题的请示报告

市抗震救灾指挥部:

8 月 1 日晚，本市接收了第一批从唐山转来的 28 名伤病员，其中一院收治 18 名，瑞金医院收治 10 名。预计近期内将陆续有灾区病人转来，市区医院已腾出 2000 多张病床，准备接收病员。为了热情地做好病员的治疗、接待工作，根据收治后的情况，现将灾区伤病员需要解决的一些问题，请示如下:

一、 医药费

伤病员医药费用一律免费。

二、 伙食费

鉴于病员伤势较重，急需营养，暂定每人每天伙食费八角。

三、 生活用品

每人一次供给：汗衫、短裤二套，外衣一套，毛巾两条，牙刷一支，牙膏一支，面盆一只，手帕两块，木梳一只，茶杯一只，肥皂一块，香皂一块，肥皂盒一只，草纸一刀，凉鞋一双，袜子两双，手提包一只。女病员另供给卫生带两条、卫生草纸一刀。

四、 伤病员每月发给零用钱五元。请商业部门安排接收医院伤病员需要的香烟供应计划。

五、 以上各项费用建议由抗震救灾的专款中开支。

以上报告如无不当，请批转给商业、财政部门办理。

上海市卫生局革命委员会

1976年8月2日

抄送：市革委会文教组、财贸组、工交组、地区组

上海市卫生局革委会办公室　　1976年8月2日印发（共印45份）

首批抗震救灾医疗队工作汇报

首批抗震救灾医疗队 880 人，于 7 月 29 日上午出发。30 日上午 9 时半到达天津杨村车站，下午 1 时开始分批上飞机，晚上□点半陆续到达唐山机场。全体医疗队同志带着市委和上海一千万人民的委托，决心把毛主席、党中央对灾区人民的亲切关怀，送到广大灾区人民的心坎里。他们发扬“一不怕苦、二不怕死”和连续作战的革命精神。邮电医院医疗队在下午 3 时半到达机场后就立即收治伤员。经河北省抗震救灾指挥部的安排，南市区的 2 个队 31 人立即进入陡河水库发电站，凌晨 3 点多第二医学院的 7 个队，112 人进入丰润县。市四、市六、市传染病院、妇婴保健院、徐汇区、建工、邮电、铁路中心医院共 10 个队 151 人及纺织一、二、三医院、黄浦、卢湾、闸北区、华东医院、第二结核病院、公用事业职工医院共 11 个队 167 人，也于 31 日上午分别进入唐山市的路南区三个街道和路北区抢救收治伤员；第一医学院的 5 个队、长宁区的 2 个队共 111 人，分别进入丰南县城和丰南县的老铺地□；杨浦、普陀区、第一结核病院和市一、新华、胸科、肿瘤、邮电医院共 9 个队 136 人，加上中医学院、静安区、中山、海员医院共 6 个队 93 人，分别负责机场附近的灯光球场和八大处的伤员抢救治疗、转运（飞机转运）工作。8 月 2 日，我们听说迁西县有唐山市区和陡河水库转去的 1400 多名伤员，其中重伤员 400 多，服务力量严重不足，即调了中山、肿瘤 2 个队前去支援。

医疗队进点后，亲眼看到灾区人民在毛主席为首的党中央亲切关怀下，在中国人民解放军的大力支持下，以天崩地裂何所惧、泰山压顶不弯腰的大无畏气概，发扬自力更生、艰苦奋斗精神，团结一致，充满信心与自然灾害斗争的动人场面，无不深受教育，纷纷表示：一定要以实际行动向解放军学习，向灾区人民学习，和灾区人民共甘苦、同战斗，克服困难，战胜地震灾害。他们向广大灾区人民和伤员大力宣传了伟大领袖毛主席和党中央对灾区人民的慰问电。很多队员一进现场背包来不及放下，就立即紧张地抢救治疗伤员。市二医院外科医生陈凤珍，50 多岁了，连续三天夜以继日进行手术，抢救了许多病员。第一妇婴保健院护士陈玮英，在烈日高温下连续抢救病人，自己中暑发烧，仍带病坚持巡回医疗。市传染病药剂员沈慧珠，白血球很低，刚病休上班不久，这次坚决报名参加抗震救灾，并坚持在唐山市内条件最艰苦的路南区为伤员服务。该区由于破坏严重，交通阻塞，粮、水供应困难，一院护士张守玲同志心脏病发作，发烧，心跳〔每分钟〕120 次，也在坚持工作。为防止她们病情加重，发生危险，我们已决定将她们调回上海治疗。许多医疗队员将自己水壶的水全部让给伤员喝，自己忍着饥渴，继续工作，从不叫苦。不少队员由于缺水，已经三至四天没有大便，还是坚决把市委慰劳医疗队的苹果全部让给伤员，各医疗队大多数同志都不吃或少吃市委送来的苹果，转送了重伤员。南市区医疗队收到北京运来的两只西瓜，领队的南市区卫生组负责人孙茂庭同志召开队员会议，讨论“这两只西瓜怎么处理”，队员们说：西瓜是毛主席、党中央对灾区人民的关怀，我们一定要给灾区人民吃，大家一致决定把两只西瓜送给伤员。伤员非常感动，高呼毛主席万岁！

许多医疗队员，特别是在唐山市区和机场的队员，几天来都没有揩身、洗澡，喝的是冷水，吃的是压缩饼干，因来时匆匆，多数人未带被子，晚上没有盖的，不少人泻肚子、发烧，但没有叫苦，还是带病坚持工作。党、团员和领导干部在这场战斗中起了先锋模范作用。在抢救中，由于伤员多，药品、医疗器械少，许多医疗队员打破分工界限，千方百计就地取材，因医就简，进行抢救。建工局职工医院伤骨科医生余志祥，组织灾区小朋友一起到市郊采集血见愁、蒲公英等止血消炎的中草药，积极为病人治疗。有位腰部外伤、肾出血伤势较重的病人，连续服用两天草药后，收到明显效果。一医医疗队换药镊子不够，就自制竹夹代替。没有夹板就借工具，利用旧木料自己做。二医医疗队利用树木和木柱等对骨折病人作牵引、固定，也收到很好的效果。新华医院、普陀区中心医院和第一妇婴保健院的医疗队在极其困难的条件下，为两位受伤的产妇顺利地接了生，并把自己的住棚腾出来让产妇休息，产妇非常感动。一位唐山电子厂工人，姓苏的产妇把她的孩子取名为“抗震”。许多队还宣传、发动灾区群众积极改善环境卫生，喷洒消毒药水，开展预防工作。

目前，医疗队收治的伤员主要是：多发性骨折，高、低位截瘫，各种外伤和挤压伤。这些病员在地震受伤后，又被日晒雨淋，伤口严重感染，有些伤员送到医疗点时，伤口已经腐烂生蛆，引起中毒性休克，加之供水不足，出现电解质紊乱和脱水现象，加速了病情恶化。现在，二医的 7 个队已在丰南建立了九个帐篷病房，一个手术室，收治了 438 名伤员；丰南的一个医疗队也已收治了一部分伤员，开展了手术工作，三天来共治疗 6000 多人次，抢救重危伤员 16 人。迁西县的六五〇工程部队医院在该部队政治部主任领导下，动员解放军及家属 1000 人，为伤员烧饭、洗衣，照顾伤病员，建立了一个 400 多张床的野战医院。中山、肿瘤两个队进入该院后，充实了医务力量，顺利地开展了重伤员抢救治疗工作。8 月 3 日，省指挥部医疗药品组向我们转达河北省抗震救灾指挥部意见，要求上海在丰润、遵化、迁西及玉田四个县建立野战医院，就地收治抢救伤员。据了解，四县现有伤员遵化县 7000 名，迁西县 2700 名，丰润县 3000 名，玉田县三四千名（据上海医疗队大队部 8 月 5 日凌晨来电话称：玉田、丰润县的病人已大部分转走，是否另转来伤员不清楚），首批医疗队大队部原计划请示市委在四县各设一个临时医院的总院，其下，按收治 500 名伤员的规模，组织医学院附属医院，市、区中心医院等医疗力量较强的队与其他医疗力量相结合，分别组织30多个分院，收治伤员。现在，市委已再次动员了3000名医务人员前往四个县，加上首批医疗队完成唐山市区和机场任务后的力量，担负四个县伤员的收治任务，我们是很有信心的。当前存在的问题是：

一、唐山市区及玉田、丰润县的环境卫生、卫生防疫工作必须大力加强，否则传染病极易发生和流行。我们已向省指挥部提出建议，并派出上海卫生防疫人员与省防疫站一起开展工作。

二、收治大批伤员急需补充药品、敷料和必需器材，第二批医疗队已带去一批，矛盾初步缓和。

三、由于唐山市各县之间路程较远，最远的达120公里，大队部急需解决吉普车两辆，以便联系工作。

市委、市革委会及时运来大批帐篷、蚊帐、医药用品及生活用品，前天又派出慰问团并送来两吨苹果慰问医疗队，我们全体同志衷心感谢市委。市革委会领导对我们的关怀，大家表示，请市委领导放心，我们一定不辜负市委和全市人民对我们的委托和期望，决心继续发扬“一不怕苦、二不怕死”的精神，与灾区人民共甘苦、同患难，在河北省抗震救灾指挥部的领导下，和灾区人民、解放军一起，团结战斗，战胜地震灾害，胜利完成市委和上海人民交给我们的任务，把毛主席、党中央对灾区人民的关怀送到灾区人民的心坎里，尽最大努力更好地抢救治疗大批伤员——我们的阶级兄弟姐妹……

上海市抗震救灾医疗队大队部

1976年8月3日

抄报：市委、市革委会、市革委会文教组、地区组、工交组、财贸组

抄送：市卫生局党委

市献（76）第 14 号

上海市献血小组关于抗震救灾用血的紧急请示报告

中共上海市卫生局委员会并报呈中共上海市委、市革命委员会:

昨天我们听了市革会负责同志关于支援唐山等地灾区人民抗震救灾的指示以后，又再次学习了伟大领袖毛主席、党中央向灾区人民发出的慰问电和《红旗》杂志《人定胜天》等有关社论，使我们受到了极大的鼓舞和教育。市委指示上海在玉田、丰润、迁西、遵化等县开设四个临时医院，收容 1.2 万名灾区伤病员，我们考虑灾区人民已承受了很大困难，临床抢救用血如需上海解决，现应积极作好准备工作。但目前，正值高温季节，血源比较紧张，根据市委批转的 1976 年组织全市群众性献血计划， 7、8 两个月需动员 2.1 万人，实际 7 月份只完成 6849 人，每天库存数量保持 1200 余袋（每袋 200 毫升）左右，血液供应临床抢救用血已较为困难。为了保证灾区四个临时医院抢救用血的需要。我们除原承担高温血源任务必须完成外，拟第一步，先增加动员 6000 人献血，要求在 8 月 16 日前，体检验血结束，以备一旦需要，立即献血。增加 6000 人献血任务计划安排如下:

机电一局增加 3000，加原高温计划 3000，共 6000 人。

轻工业局增加 1000，加原高温计划 420，共 1420 人。

纺织局增加 1000，加原高温计划 600，共 1600 人。

商业一局增加 100，加原高温计划 60，共 160 人。

商业二局增加 100，加原高温计划 60，共 160 人。

交运局增加 40，加原高温计划 80，共 120 人。

邮电局原计划 11 月份献血，拟提前动员 760，加原计划 40，共 800 人。

以上报告，如若可行，请批转有关组、局。

上海市献血小组

1976 年 8 月 4 日

抄报：市革委会工交组、财贸组、综合计划组、文教组

抄送：市卫生局业务组、抗震办公室

上海市第一、二批抗震救灾医疗队情况分析

第一批抗震救灾医疗队总数

派出单位	负责人	人数	性别		政治情况		医生数			工宣队	备注
			男	女	党员	团员	内科	外科	其他科		
局机关大队部	马景和	12	10	2	9	3				2	
各区医院		266	133	133	90	69	28	57	36	2	
医学院		267	166	101	111	65	24	48	28	12	
企业医院		136	67	69	41	28	19	27	17	5	
局属医院		195	92	103	54	62	20	23	24	8	
合　计		876	468	408	305	227	91	155	105	29	

医学院　第一批抗震救灾医疗队情况分析表

单位	负责人	人数	性别		政治情况		工宣队	医生数			备注
			男	女	党员	团员		内科	外科	其他科	
一　医	徐存山	5	5		5		3				
中山（一）	方梦日　钱啸凡	15	6	9	6	4		1	3		
中山（二）	潘全福　陈世波	15	8	7	5	4		2	3		
中山（三）	范安国　王文华	15	10	5	4	4	1	1	3		
华山（一）	徐梨花　吴树强	15	8	7	4	5		2	4	1	
华山（二）	李树荣　黄瑞照	14	8	6	5	4	1	1	2	2	
华山（三）	俞丽云　张志玉	15	9	6	8	1		2	4	1	
小　计		94	54	40	37	22	5	9	19	4	
二　医	刘远高　孙克武	7	7		4	1	1			3	
瑞金（一）	唐步云　胡仁明	15	9	6	6	6		1	2	1	
瑞金（二）	季　云　董永勤	15	8	7	7	4	1	1	2	1	
新华（一）	吴起茂　俞贤如	15	11	4	7	4	1	1	4	4	
新华（二）	王志明　黄荣魁	15	10	5	10	3		1	1	5	
市三（一）	竺志华　薛忠礼	15	8	7	8	5		1	4		
市三（二）	陈柏初　郑德浮	15	11	4	8	3	1	2	2	1	
市九（一）	祝　平　杨顺年	15	11	4	6	4		1	2	2	
市九（二）	邱春华　邱蔚云	15	12	3	7	1	1	1	1	4	

（续表）

单位	负责人	人数	性别		政治情况		工宣队	医生数			备注
			男	女	党员	团员		内科	外科	其他科	
小　计		127	87	40	63	31	5	9	18	21	
中　医	祁仲华	1	1		1						
曙　光	牟忠芝　李常雯	15	9	6	4	5	1	2	3	2	
龙　华	张富源　杨志良	15	8	7	4	3	1	2	3		
岳　阳	俞志芳　施忠传	15	7	8	2	4		2	5	1	
小　计		46	25	21	11	12	2	6	11	3	
合　计		267	166	101	111	65	12	24	48	28	

局属单位　第一批抗震救灾医疗队情况分析表

单位	负责人	人数	性别		政治情况		工宣队	医生			备注
			男	女	党员	团员		内科	外科	其他	
市一（一）	王道明　许生亮	15	8	7	4	3	1	2	3	3	
市一（二）	金友文　周美玲	15	6	9	3	4	1	2	2	2	
市六（一）	陈高义　陶家华	15	5	10	5	4		1	3	2	
市六（二）	沈萤珠　华家坛	15	4	11	4	5		1	2	5	
华　东	何秀鹤　李连生	15	8	7	4	8		3	2	1	
一结总	朱惠民　曹施生	15	9	6	3	6		2	2		
虹　桥	杨家琨	5	2	3	1	2		1			
国　际	薛葵宝	10	5	5	3	2				2	
胸　科	沈晓军　杨新法	15	7	8	3	7		1	3		
儿　童	杨智麟　葛承廉	15	7	8	6	1	1	2	2		
二结总	任存宽　张　伟	15	9	6	6	8	1	2	2	1	
肿　瘤	翁国镗　刘守如	15	9	6	3	4	2		2	5	
职　防	黄惠林	10	5	5	3	2	1	1			
市　站	蔡继红	5	4	1	2					1	
传　总	侯龙生	7	4	3	3	2	1	2			
妇　一	叶锦云	8		8	1	4				2	
局机关	马景和	12	10	2	9	3	2				
合　计		207	102	105	63	65	10	20	23	24	

企业医院系统　第一批抗震救灾医疗队情况分析表

单位	负责人	人数	性别		政治情况		医生数			工宣队	备注
			男	女	党员	团员	内科	外科	其他科		
电业职工医院	毛惠琴、张春生、黄士勤	15	10	5	5	4	2	4	3	1	
建工医院	孙立中、密修英	14	8	6	4	3	3	3	1		
邮电医院	朱锡良、周冠虹	15	8	7	3	4	2	3	1		
铁路中心	黄枫超、姜德智	16	8	8	4	4	2	2	2	1	
公用事业医院	王贞发、秦素凡	15	5	10	5	2	2	3	2		
海员医院	刘德仁、陆桐君	15	9	6	4	3	2	3	1	1	
纺一	林祥瑞、李海昌	14	7	7	6	1	2	3	3	1	
纺二	谷德祥、范广新	15	4	11	3	4	2	3	1		
纺三	鞠福顺、杨兴春	17	8	9	7	3	2	3	3	1	
合　计		136	67	69	41	28	19	27	17	5	

区属系统　第一批抗震救灾医疗队情况分析表

单位	负责人	人数	性别		政治情况		医生数			工宣队	备注
			男	女	党员	团员	内科	外科	其他科		
黄浦区	总领队：潘哲信	1	1		1						
黄浦中心	徐志坚、任时俊	15	10	5	7	5	2	3	2		
浦东中心	汪德鋆、倪银凤	15	8	7	4	4	3	3	2		
长宁区	总领队：王忠林	1	1		1						
长宁中心	宋文进、付子应	15	9	6	4	4	2	3	3		
光华、东风	盛受娟、秦世杰	15	6	9	3	2	2	3	1		
闸北中心	洪永福、赵关林	15	9	6	8	2	2	3	3		
普陀中心	张阿发、张仲康	15	9	6	3	7	2	3	2	1	
杨浦区	总领队：郝恩	1	1		1						
吴淞医院	刘志仲、邵友明	15	7	8	4	4	2	4	2		
杨浦中心	唐银风、吴传恩	15	8	7	5	3	2	4	4		
虹口区	总领队：金勇	1	1		1						
虹口中心	杨永年　韩士章	15	7	8	6	7	2	4	4		

（续表）

单位	负责人	人数	性别		政治情况		医生数			工宣队	备注
			男	女	党员	团员	内科	外科	其他科		
市四	梁小平　夏祥霆	15	6	9	4	6	2	3	3		
南市区	总领队：贺志焕 孙茂庭	2	2		2						
南市区	蔡莲芬、蔡里美	15	3	12	2	6	2	5			
南市区	孙德明、郁汝新	15	5	10	4	4	2	3	2		
卢湾区	俞昌斐、张龙飞	17	8	9	10	2	3	3	1		
静安区	总领队：季星全	1	1		1						
静安区	冯其林、姚光弼	16	9	7	5	4	3	3	3		
	杨龙妹、费庆铨	15	10	5	3	2	3	4		1	
徐汇区	总领队：张登荣	1	1		1						
中心医院	倪金和、董宏谋	15	5	10	6	2	2	3	2		
工农医院	徐良茬、谢文星	15	6	9	4	5	2	3	2		
		267	134	133	90	69	28	57	36	2	

赴唐山抗震救灾名单（1976年8月1日从上海出发，5日上午抵唐山机场）

姓名	性别	年龄	党团员	职务	是否工宣队
杨如才	男	39岁	中共党员	党支部副书记	工宣队负责人
钟厚德	男	29岁	中共党员	革委会委员	
宋旸生	男	48岁	中共党员	车间副主任	
张福贤	男	48岁	群　众	汽车修理工驾驶员	
黄伯元	男	32岁	群　众	汽车驾驶员	
盛秀国	男	32岁	群　众	汽车驾驶员	
王宝康	男	33岁	群　众	汽车驾驶员	
强国宝	男	25岁	团　员	汽车驾驶员	
吴焕兴	男	37岁	群　众	汽车驾驶员	
李宝兴	男	56岁	群　众	汽车驾驶员	

注：随带救护车五辆（其中跃进牌三辆，西北牌二辆）

上海市医疗救护大队

1976年8月7日

机关留下人员

何秋澄	马景和	张新法	胡艳珍
李春郊	邱孝□	王佩华	王毅捷
姚□	李启华	陈国强	沈岳荣
孙礼基	李明珠	周鉴□	

上海市第一、二批抗震救灾医疗队人员分类统计表

1976 年 8 月 9 日

单位		人数	性别		医务人员						行政勤杂人员	其中					备注
			男	女	合计	医生				医技人员		院级领导干部	科组室领导干部	党员	团员	工宣队	
						小计	内科	外科	其他								
一医		100	60	40	70	33	7	16	10	39	30	3	5	39	22	5	备注 1
二医		130	90	40	86	50	9	18	23	36	44	1	11	50	25	4	备注 2
中医	第一批	48	28	20	40	20	6	8	6	20	8		10	11	17		
	第二批	105	67	38	48	23	9	8	6	25	57	2	3	33	22	1	
□□康	第一批	210	107	103	169	67	20	23	24	102	41	2	2	66	67	10	
	第二批	452	285	167	268	112	47	32	33	156	184	11	20	118	134	18	
□区	第一批	267	134	133	238	121	28	57	36	117	29	1	20	90	69	2	
	第二批	286	160	126	203	78	30	27	21	125	83	13	14	67	73	10	
企业	第一批	136	67	69	119	63	19	27	17	56	17	2	2	41	28	5	
	第二批	75	34	41	55	28	13	9	6	27	20	1	4	20	32	2	
二军大		124	81	43	61	31	10	11	10	30	63	2	4	87	18		
警备区		110	62	48	72	27	6	7	14	45	38	4	9	83	26		
总　计		2043	1175	868	1429	653	204	243	206	776	614	42	102	703	533	57	

备注1：另外出发卫生列车 40 人。

2：另外出发卫生列车 40 人。

上海工农医院抗震救灾小分队先进事例小结

7月28日唐山丰南地区遭受严重地震自然灾害，我们一组15人，多数顾不上向家人通知，满怀着一颗争取早一分钟到达灾区，为灾民服务的赤胆红心，于29日清晨5:30开赴唐山地区进行救灾工作，31日到达受灾严重、生活条件困难的路南区，8月1日立即投入战斗，带去了毛主席、党中央的亲切关怀和上海一千万人民的深情厚意转达给灾区人民，看到了灾区人民战天斗地的革命乐观主义精神，给我们的教育是深刻的。进一步体会到社会主义制度的优越性和毛主席革命路线的正确，收获很大，为我们今后世界观的改造创造了有利条件，一个星期来我们队内出现了不少好人好事，兹择其一二于下：

翟明智同志是骨科医生，他长期来患有失眠，夜间需要绝对安静，才能有短短几小时的休息，可是这次他怀着抗震救灾的革命热情，毫不考虑个人得失，急人所急，忧人所忧，愉快地来到灾区。到此后，过的是集体生活。翟明智在夜间不能按正常习惯入睡，经常一夜只能入睡1—2小时，白天却依然精力充沛。下地段巡回之外，尽拣重活干，挑水、搭篷、修炉灶、挖水沟，为集体开动脑筋，创造各种有利条件，做到了先公后私、先人后己。“什么叫工作，工作就是斗争，那些地方有困难、有问题，需要我们去解决……”翟明智同志就是按照毛主席的教导，在战斗着。

季启群同志来此后，亲眼看到了人民子弟兵优良传统，他们爱憎分明。在灾区，最重的活他们干，最脏的活也是他们干，为了帮助灾区人民自力更生、重建家园，做出了极大的贡献，解放军同志的一举一动，她看在眼里，记在心里，这次她在解决我们分队生活用柴在废墟堆里寻找时，偶然发现了一个捏皱了的信封，掂着有点分量，打开一看，内装有152.30元现钞，这时，她想到了解放军的三大纪律、八项注意，立即交给队指导员，此款已在8月6日由失主报清情况后如数归还，失主感激万分，久久说不出话来。

“思想上、政治上的路线正确与否，是决定一切的。”“政治是统帅，是灵魂……”我们队内青年占很大比例，绝大多数是第一次出远门，参加抗震救灾，在生活条件、工作条件都十分艰苦的情况下，能不能坚持到底，胜利地完成救灾任务，对每一个青年来说是一次严峻的考验。在队党支部的关怀指导下，广大青年认识到，能不能经受这场考验，关键取决于政治思想是否过硬，在党支部的具体帮助下，团支部始终把抓青年的政治思想教育放在首位。认真地学习了毛主席关于社教运动的重要指示，联系抗震救灾工作的实践……现在我队的青年同志基本上每天晚上坚持一小时左右的政治学习，每人都记红色日记，队里呈现出一片互相关心、互相爱护、互相帮助，吃苦在前、享受在后的团结战斗景象。

上海工农医院医疗小分队
1976年8月9日

上海市徐汇区中心医院医疗队抗震救灾医疗工作汇报

7月28日，河北省唐山、丰南一带发生强烈地震后，我医疗队15位同志怀着对灾区人民深厚的无产阶级感情，坚决响应毛主席、党中央号召，带着上海一千万人民的委托，同各兄弟医疗队于7月29日清晨，从上海出发，7月31日到达了抗震救灾第一线。

在当地党组织的领导下，在中国人民解放军的大力支持和关怀下，我们同工农医院、上电医院、上海铁路中心医院一起进驻唐山市路南区文化街道，包干九个里委，27000余人的抢救治疗和预防接种等工作，从8月1日我们正式投入战斗，到8月8日止，我们采用了以送医送药上门为主和设点为辅的方法，共诊治各种伤员3079人次，其中转院的重伤员51人，腹泻病员618人次，近两天来又为1782人进行了四联和乙脑的预防接种工作。

受到了一次深刻的教育

在抗震救灾抢救伤员的艰苦斗争中，……大家亲眼看到在毛主席革命路线指引下，全国上下团结一致，一方受灾，八方支援，大量的医药、食品、衣物、建筑材料和其他物资，源源不断，通过各种渠道运往灾区，绘出一幅团结战斗的壮丽图画，这充分显示了我国社会主义制度的无比优越。许多灾民含着激动的热泪对我们说："如果没有毛主席党中央的正确领导，没有优越的社会主义制度，我们没有被地震压死，也要被饿死，更谈不上你们上海医生千里之外来救我们了。"……

在抗震救灾的斗争中，使我们进一步认识到工农兵是社会的主人，是历史的创造者，……是抗震救灾的英雄，是我们医务人员的学习榜样和服务的对象。我们在巡回抢救治疗伤员的过程中，到处可以看到唐山工人阶级大无畏的革命英雄主义气概，他们在工厂的门口和许多街道张贴着"天塌地陷何所惧，泰山压顶不弯腰""地大震，人大干""自力更生，重建家园"等豪言壮语，充分显示了工人阶级藐视困难，夺取胜利的坚强信心。我们还看到许多工人、居民带着重伤，饿着肚子，在炎热的阳光下，为了加速恢复生产，重建家园，进行着忘我的劳动。特别使人感动的是人民解放军那种不怕苦不怕死的彻底革命精神，他们不分白天黑夜，不怕大雨倾盆，不怕烈日曝晒，还为灾民送水、送粮、送衣，抢救伤员，安葬罹难群众，指挥交通，运输物资，真是英雄人物处处皆是。……我们就越要相信工农兵，依靠工农兵。虚心诚恳地向工农兵学习，全心全意地为工农兵服务，为灾区人民贡献自己应有的力量。

伤员的需要就是我们的需要

在抗震救灾，抢救伤员的斗争中，我队的许多同志都发扬了奋不顾身，连续作战的革命精神，有病不下战场，他们说"我们应该急灾民所急，想伤员所想"，在英勇抗震抢救伤员中做模范当先锋。如共产党员骨科医生董宏谋同志，他的爱人在去年参加了为期二年的赴藏医疗队，家中有二个不满十岁的孩子，上海又无亲、无友，无人照顾，这次他听说医院组织抗震救灾医疗队，坚决要求参加，领导为了照顾他家庭困难，劝他不要参加，可他态度十分坚决地说："家庭困难是小事，抗震救灾是大事，共产党员要为人民着想，决不能为自己家庭担忧。"他来到灾区后，处处以身作则带头干，不分白天晚上，连续干，重活、危病抢着干，他说"伤员的需要就是我的需要"，抢救伤员减少病员的痛苦，是我的职责。几天来他在巡回医疗过程〔中〕先为病人做了髋关节复位、颈椎复位、骨折固定等许多病例，使伤员能及时恢复健康，重返工作岗位，得到队内队外和广大伤员的好评。又如周莲荣等同志，在巡回中发现有的人家伤亡很大，只剩下二个老人，有的只留下一个孤儿，激起他们对灾民深厚的无产阶级感情，流下了热泪，当他们为这些孤儿老妈送去了上海人民带来的苹果时，许多伤员都举手呼喊"毛主席万岁""共产党万岁""感谢上海人民，感谢上海医生"。

既是医疗队又是宣传队和工作队

我们在深入灾民巡回医疗的过程中，不仅及时地抢救伤员，开展防病治病工作，而且特别注意协助当地党组织和解放军向灾民伤员进行了宣传动员工作，并把抢救伤员、治疗疾病与宣传动员工作紧密地结合起来，进行了边治疗，边宣传，开始时我们就向灾民宣传中央的慰问电，转达毛主席、党中央和上海人民对灾区人民的亲切关怀，当街道党组织动员灾民集中组织的时候，我们就向灾民宣传组织起来的好处，当灾民有条件不吃生水的时候，我们就向灾民宣传防病知识，吃生水的坏处，吃开水的好处，当我们发现有些灾民随地大小便时，我们就向他们宣传动员搞公共厕所，预防传染病的流行等等。目前已在街道党组织的领导下组织起来了，明确了防病知识，做到不吃生水，公共厕所也在逐步建设，环境卫生得到了改善，灾民生活也在逐步安定。

关怀和支持是我们巨大的鼓舞和力量

我们医疗队所以能开展工作，并做出了一点成绩，受到灾民的好评，一个十分重要的问题就是党为我们指明了方向，给了我们力量，就是解放军对我们在政治上、物质上和生活上的大力支持和关怀的结果，首先中央慰问团、中央卫生部慰问团和上海市慰问组对我们鼓舞和关怀，为我们增添抗震救灾的信心和力量，解放军不仅每天为我们送来报纸、红旗和学习材料，使我们不断增添思想武器和精神力量，而且每天为我们送水送粮、送菜，在生活上无微不至地关怀，上海医疗大队指挥部为我们送棉毯、蚊帐、干粮、水果、药品和其他必需的物质用品等等，所有这一切都是对我们精神上巨大的鼓舞，物质上的大力支持，同志们说："这是阶级的情谊，我们一定要把这种深厚的阶级情谊带给灾民和伤员。""党和解放军这样关怀我们，我们就越要集中精力，全心全意为灾民为伤员服务，使伤员早日恢复健康，积极投入生产，重建家园。"

在党的领导下和各方面的支持下，我们虽然做了一些工作，但是离党和灾民的要求，差距还是很大的，我们全队同志决心一切服从党安排，誓把抗震救灾斗争进行到底！

上海市徐汇区中心医院医疗队

1976 年 8 月 9 日

上海抗震救灾医疗队简讯（九）
暴雨何所惧，战士志更坚
——记与暴风雨作斗争的夜晚

抗震救灾的前沿阵地上，为了抢救阶级兄弟，上海医疗队邮电医院小分队的同志们，日夜忙碌在抗震救灾第一线，他们密切配合，连续作战，救治了不少重伤员，把在……斗争中焕发出来的革命精神落实在实际行动上，及时把毛主席党中央的亲切关怀送到灾区人民的心坎上，为灾区人民服务贡献自己的力量。 8 月 7 日的夜晚，大家为了抢救伤病员，奋战了一天。身体虽然疲劳，但是精神非常愉快。有的同志在准备明日战斗的药品，有的同志在自己的日记本上记录下战斗生活的片断，有的在读报学习，写心得体会。战斗的日日夜夜多么令人难忘，就在这一天的深夜 11 时左右，突然大雨如注，倾盆而下，他们宿营的周围顿时一片汪洋，指导员朱锡良同志密切注视着水情，小瞿同志巡视着帐篷周围的情况，但是雨越下越大，北面的帐篷中被雨水侵袭，物资药品随时有被雨水淹没的可能。在指导员号召下，全体同志紧急动员，与暴雨作坚决的斗争，同志们个个争先奋不顾身跃入水中，积水已有一尺多深，小陈、小朱、小李、小张等，不顾浑身湿透，开沟掘土引水，有的挑灯，有的填土，不管男女，个个奋勇，发挥了集体的力量。队长在这天上午足底被碎碗割破了，鲜血直流，正在休息，看到这种情况，再也不考虑自己的伤痛，同志们劝他不能下水以免感染，他毅然站起来，一面说："这点小伤怕什么，抢救国家财产要紧，决不能让抢救阶级兄弟的药品受丝毫损伤。"一面跃入水中，与暴雨作斗争。他这种奋不顾身，轻伤不下火线的革命精神，大大地激励了全队同志，个个一马当先，在暴雨积水的黑夜中，抢救物资，排成长队，迅速转移到另一个帐篷内。经过大家的努力，器材物资没有受到丝毫损伤，大家松了一口气。但是，大雨还是下个不停，他们唯一的立足之地的帐篷内不断受到风雨的侵袭，帐篷四周再次围土加堤，但是无情的暴风雨还是倾盆而下，水位越来越高，随时有决堤的危险，怎么办？同志们一致赞同采取紧急措施，一面加固围堤，一面准备立即转移至高地。15 位同志，又一次冒着暴雨掘土围堤，顾不得坑坑洼洼的草地，也顾不得陷身水潭的危险，保全营地，就是胜利。大家全力以赴，汗水雨水交织在一起，寒冷、饥饿威胁着我们，他们密切注视着营地四角的水位情况，暴雨实足下了 5 个小时，大家就是以革命乐观主义精神，与天斗、与地斗、与暴风雨作坚决的斗争，直至清晨 4 时许雨渐渐停下来，遥望东方黎明的曙光，他们欢乐，他们跳跃，大家经受了暴风雨的考验，保全了国家财产，内心的喜悦，无法形容，更坚定了我们"人定胜天"的坚强信心。

回看他们的宿营地好像是壁垒森严的孤岛，四周是一片汪洋积水地，但战斗并没有结束，凌晨迎着朝阳，又将所有的物资和器械连同帐篷，全部转移到安全的高地。真是：另起炉灶扎营房，干粮充饥情绪高，为了人民救灾忙，欲与天公试比高。他们就是以革命气概，发扬了连续作战的精神，与暴风雨奋战了整整的一个夜晚，没有一个同志有怨言，而都感到又是一次难得的锻炼机会，是向灾区人民和解放军学习的行动。这是毛主席党中央英明领导……的结果。在抗震救灾的斗争中，人们的精神面貌发生了深刻的变化，团结友爱，互相鼓励，更加坚定了大家的信心，进一步焕发了大干社会主义的冲天干劲，战胜暴风雨的考验，锻炼了思想，锻炼了人，为了迎接今后严峻的考验，迎着困难继续前进！

上海抗震救灾医疗大队部

1976 年 8 月 10 日

我们是如何营救小明明的

8月3日夜晚，各队正忙于转移，大批伤病员聚集在我队帐篷，同志们紧张地工作着，此时突然来了一辆部队吉普车，要求上海医疗队协助他们抢救一个闷在房屋砖瓦下147小时的10岁男孩。这是北京52866部队的同志，他们发扬了一不怕苦，二不怕死的革命精神，将这个孩子挖出来。而且在现场已经进行了十二小时的抢救。刚挖出来时，孩子已经干瘪了，眼球下凹，皮肤皱褶，心率160次/分以上，血压零，经抢救已经使血压回升，小便出现，心率120次/分左右，脱水情况也得到好转。但第一，病情到底是否稳定，还有没有危险？第二，需要的抢救药得不到解决；第三，化验没法做；第四，器具消毒问题无法解决；第五，下一步到底如何办？采取什么措施？团卫生队同志感到有困难，而北京部队首长看过孩子，要求一定要把这个孩子抢救过来。凭着同志们的阶级感情，大家动脑筋，想办法，感到只有向上海医疗队求助。当我们听到这个消息时，市委、市革会领导同志的讲话，立即出现在脑海中。上海一千万人民的期望就浮现在我们眼前，我们感到，“一定要把党和毛主席的温暖送给灾区人民，要把上海一千万人民对灾区人民的无限深情送到灾区人民的心坎上”。我们队虽然只是56个上海医疗小分队中的一个，但我们的行动实质上就代表了整个上海医疗队。因此，全队立即动员起来，准备物资，由五个同志（内科医生何汉文、外科医生韩士章，化验员杨宏达、药剂员孙小俭和麻醉兼手术护士李萍娟）组成了一支小分队。队长韦恩庆，在几分钟内将可能用到的器械、药品、化验等物都准备好，立即随同解放军卫生队长老徐，奔赴现场，投入战斗。

出发前，我区卫生组负责人老金（金勇同志，工宣队老师傅）、我队指导员杨永年同志，态度十分坚决，要求大家哪怕七天七夜守在病人身旁，也一定要将这个孩子抢救过来，队里的工作请你们放心，今天晚上有大批伤病员也请你们放心，我们哪怕几昼夜不睡觉，也要给处理好。当时我们队的压力是重的，同志们个个表示：天塌下来，我们顶，任务再重，我们一定要完成，这正是党考验我们的时候。

小分队赶到现场，部队领导及医生立即向我们介绍了抢救情况，我们听后非常感动，很快、很详细地询问病情，作了体格检查，发现虽然经过6天6夜的缺氧和缺水，缺能量补充，但孩子一般情况尚可，精神较呆板，神志尚清楚，生命体征尚稳定，右肺呼吸音较粗糙，脱水状况和酸碱平衡，电解质的平衡需要注意，感染的预防和控制要加强，同时必须给予支持疗法，同意喝一点稀饭，一方面补充了能量，另一方面也进一步补充了液体。立即在手电筒的光线下做了小便化验，血常规、血型检查。发现小便里红血球十只，蛋白（+）；白血球15200，中性88%，杆核1%，提示了两个问题：第一，肾脏受到一定的损害；第二，有感染现象。这样，最后我们进行了归纳：目前孩子虽然一般情况尚可，但尚须注意以下几个问题：第一，补液问题，可以适当再补一部分，但不宜过多，可以适量口服一些稀粥，及其他流质类饮食；第二，给一些胶体溶液。如血浆和人体白蛋白，可以支持身体抵抗力，并维持体内液体，使之不补而复失；第三，给注射丙种球蛋白，增加抗体，以增加机体抵抗力；第四，同意所用抗菌素，但为了保护肾脏，链霉素从 1.0 克改为 0.75 克；第五，注意保护肾脏，避免应用肾毒药物；第六，临床上虽然看不出明显的重要器官缺氧状况，但组织缺氧，尤其是心、肝、脑、肾的组织缺氧，以及由于此种组织缺氧带来的无氧代谢产物堆积体内和缺氧本身，都可以对机体带来损害，可能出现代谢性的中毒，必须充分供氧及应用 ATP、辅酶 A、细胞色素 C 等能量物质。

以上是对病情的估计。药物器械方面， ATP、细胞色素 C、碳酸氢钠、地塞米松、抗菌素、消毒静脉输液皮条、消毒锅、人体白蛋白、血浆、丙种球蛋白等等，他们都没有，我们将带去的所有药品（这些药品也正是我们队里仅有的一部分）全数支援一个卫生队，而且坚决表示，为了抢救阶级兄弟的孩子，我们上海医疗队保证做到：要人有人，要物有物。只要抢救需要，我们可以将我们有的药品器械全部支援，我们没有的，也很快向大队部汇报，争取买来。化验，我们保证做到，什么时候需要就什么时候来做。同时，我们要求留下来看护孩子。后来因为部队同志坚决要我们回队工作，随时来叫，才回队来工作，离开时已经深夜 12 点多钟，同志们个个精神振奋，要求第二天再去看望孩子。

第二天一清早，队长和卫生组老金师〔傅〕一道骑自行车到飞机场，给大队部汇报了前一晚的抢救情况，大队部知道后非常重视，认为我们做得对，要求我们一定要千方百计和部队同志一道将孩子抢救回来，这是一个政治任务。这一件事可以充分证明党、毛主席对灾区人民的亲切关怀……。大队部小李同志亲自陪同我们到救灾指挥部，及其他省市指挥部去搞急需的药品，一个上午，就将需要的药品器材买齐了。就纯丙球，小李托飞机上医生及服务员到上海去搞来了。副大队长老周知道后，带了几个同志亲自去访问了部队和孩子，以及孩子的家长，带去了上海人民的亲切慰问，表示只要需要，我们尽一切努力支援。孩子的家长（唐山煤矿医学院内科大夫）白大夫感动到热泪滴在胸襟上，他说：千言万语，说不尽对党和毛主席、对人民解放军、对上海医疗队、上海人民的无限感激！

我们队在整个配合部队抢救孩子的过程中，子弟兵肩顶水泥板，教导员同志亲自不顾自身生命危险将孩子抱出来的英勇事迹，深深感动着我们每个白衣战士的心。我们的心和解放军卫生队同志的心、和上海人民的心、和灾区人民的心紧紧地联系在一起，白天黑夜都想着孩子。那天我们老金、指导员杨永年、小儿科范薇薇医生等同志都去看望了孩子。有时一天 2—3 次去看望。第二天下午，何医生、范医生、化验杨宏达刚去看过，晚上 10 点左右，当我们队里陪同解放日报社同志一道去看孩子时，发现右肺呼吸较低时，连夜又派何医生等三位同志去检查，提出措施。有时，我们为了减少汽车的压力，步行到煤矿医学院去看望。昨天，又将上海寄来的丙球从机场领回，送到部队，直到用在孩子身上，才放心回来。我们每去一次，孩子的爸爸就对孩子说，这是毛主席派大夫看你来了；每送一次药，他爸爸说，这是从上海带来的药；送一次苹果就说，还给你带苹果来了；有一次，煤研究〔所〕同志送给我们二个西瓜，我们也送给了孩子。他爸对孩子说，这是从上海带的西瓜，你吃了一定会甜到心里，千万不要忘记党和毛主席、上海医疗队、解放军同志的每一次关怀啊！

抢救孩子，我们队做了一点点工作，但离党和毛主席对我们的要求，离受灾人民的要求，比起解放军和受灾人民，我们还有很大差距，要坚决赶上去！

虹口医疗队

1976年8月10日

上海市南市区赴唐山陡河电站医疗队情况简报（二）

在伟大领袖毛主席对灾区人民的亲切关怀和党中央慰问电的巨大鼓舞下，在当地党组织和医疗大队部的直接领导支持下，我们南市区32位医务人员怀着深厚的无产阶级感情，来到了灾情极其严重的唐山陡河发电站。近十天来我们同灾区人民一起，以旺盛的革命斗志，积极地投入了抗震救灾的战斗，在简陋的门诊室诊治了各种重危伤员4464人次，巡回治疗伤员472人次，产前检查10多人次，安全接产了二位产妇，在临时住宿的简屋里开设了病房，收治了36位重危抢救伤员，在简易的手术台上抢救了10多位危重手术病员，深受当地广大干部、群众的欢迎和赞扬。

想灾区人民所想，急灾区人民所急

唐山陡河电站是全国22个重点建设项目之一，75万千瓦发电机组即将全部建成投产，电站工地有来自首都、陕西、湖南等四个地区的1.3万余职工，这次地震造成的损失比较严重，但是这里灾区的广大干部和职工临危不惧，奋不顾身，全力投入抢救，一心想着早日恢复生产，他们提出："地大震，人大干，自力更生，重建家园"的豪言壮语。灾区人民的崇高革命精神，使我们全体医务人员受到了极其深刻的教育。许多同志夜以继日地战斗。24小时连续门诊，每天诊治近达500人次，哪里有伤员，哪里就有我们医疗队员在战斗。

在一次巡回医疗中，发现电厂职工陶明进、何桂珍夫妇俩，心情十分沉痛、焦急，原来他们三个孩子，二个大的已遇难死亡，只留下一个6岁的小儿子陶玉峰，头顶部外伤骨裂，由于伤口化脓，引起高热、昏迷，出现中毒性休克，病情十分危急，我们医疗队指导员孙明德同志怀着深厚的无产阶级感情，不顾余震的危险，立即将病孩带回收治简易病房，组织医务人员积极投入抢救，经抗感染、抗休克等各种综合措施，全力抢救后，病情逐渐有所好转，后来又经扩创、补液、输血等积极治疗，精心护理，终于转危为安，夺回了阶级兄弟后代的生命，孩子的父母看到了此情景，流着热泪激动地说："感谢你们上海医疗队同志，是毛主席共产党给了我孩子第二次生命，我一定要在恢复生产的战斗中作出新贡献，以实际行动报答党和毛主席。"现在孩子的父亲已安心而积极地投入了重建家园的战斗。

南市区医疗队需要给许多骨折病人及时作复位、固定、上石膏牵引等处理，但灾区没有这些治疗骨折病人的器材，医疗队副队长、外科医师陈国柱同志□□□□□□□□□□□□，这些伤势严重的伤员，如果往外转，途中颠簸，势必造成病情恶化，增加病人痛苦。于是他坚定地提出："我们要想方设法为无条件治疗的伤员积极地创造条件，及时地抢救。"陈国柱医生他立即动员医疗队同志自己动手设计、依靠当地工人老师傅，迅速试制了史氏钉、牵引弓、勃朗氏架、石膏锯刀，就地取材，利用旧铁线削成了外展架，用纸板药箱的硬纸板作为夹板的衬垫，克服了脱脂棉花不足的困难，就这样，仅在二天内，及时地为贫农社员郑玉章等十多位骨折病人作了□骨绕节牵引等处理，解除了伤员的痛苦，减轻了转院的压力。药剂师黄安铭，一心想着如何更好为抢救伤员多作贡献，他经常细心观察药物使用供应情况，发现由于伤员过多，药品远远供应不上，就主动夜以继日自制各种试剂。如：雷佛尔、洁尔灭、生理盐水等约60000 cc，并自制了凡士林、纱布和儿科其他各科特殊急需的试剂药物，保证了抢救的药物需要。千方百计解除病人痛苦，想方设法积极抢救伤员，正在逐渐成为每个医疗队员的自觉行动。

服从灾区人民需要，树立长期作战思想

由于接受任务的时间紧迫，准备仓促，所以许多同志家都未回〔家〕，生活用品未带，就赶来灾区投入战斗。原来认为只要一二个星期就可以完成任务，现在大家亲眼看到了严重的灾情，艰巨的抢救任务，决非短期可以完成，所以许多同志都把个人和家庭的困难置之度外，纷纷表示：坚决服从灾区人民的需要，树立长期作战思想。指导员蔡莲芬同志爱人在山东工作，婆婆在北京养病，二个孩子暂寄在其他亲戚家里，暑假后孩子上学读书，无人照顾，确有许多具体困难，而她却坚定地说："家里困难再大，比不上灾区人民的困难大，现在灾区人民需要我在这里战斗，我毫无理由考虑个人的私事，我决心在这里长期作战。"共产党员化验士蔡永泉同志，刚从安庆巡回医疗回来，爱人在外地工作，老岳母病重，二个孩子无人照顾，而他一听到有救灾任务，坚决要求参加战斗，来到灾区后不管分内分外，什么工作争着干，领导上关心他家里的困难，而他坚定乐观地说：“我是一个共产党员，从入党的〔那〕一天起就应该一切听从党安排，现在毛主席、党中央向全党发出抗震救灾的号召，我应该在这里长期作战，家里的困难相信上海领导上会关心帮助解决的。”药剂师黄安铭，今年已38岁了，原定今年国庆结婚，严重的灾情和艰巨的抢救任务使他深切地体会到，结婚固然也是一生中的一件大事，但救灾比结婚更重要，所以他毅然地决定再次推迟婚期，坚决做到光荣而来，胜利而归。

上海市南市区赴唐山陡河电站救灾医疗队

1976年8月10日

上海赴唐山医疗队目前工作中碰到的几个问题

上海赴唐山参加抗震救灾工作的医疗队员，目前近2000人。他们在上海市委和全市人民的关怀下，学习灾区人民“泰山压顶不弯腰”的革命精神，在战斗在抗震救灾第一线的人民解放军的大力支持下，为支援唐山、丰南人民尽快恢复生产、重建家园做了不少工作，普遍受到了好评。我们几次路遇唐山受灾的群众，当他们知道我们是上海来的时，都连声称赞“上海医疗队好！”也有解放军同志说：“上海医生能够吃苦，服务态度好。”

怎样使这支医疗队为支援唐山、丰南人民抗震救灾、恢复生产作出更多的贡献？从我们目前所见所闻的情况来看，感到有以下几方面的问题需要妥善解决：

一、 定点与配备力量、安排去留的问题

河北省抗震救灾指挥部最近给上海的任务是在玉田县、丰润县、东矿区及市中心缸窑地区等地建立四个临时医院（一共建立六个临时医院，另外两个由北京市和总后负责），每院300张床位。但卫生部科研局副局长朱朝等同志6日来上海医疗队指挥部时，却透露中央考虑上海只负责筹建两个临时医院，不是四个。7日下午，分布在路南区的徐汇区中心医院等单位的医疗队接到挂钩联系的解放军同志的通知，说省指挥部有四条指示：（一）凡是一月内不能治愈的伤员，一律外转；（二）各地的医疗队抓紧做好工作，争取一月内撤出；（三）各地区要由解放军、医疗队和当地组织“三结合”，做好伤员转移外运的思想动员工作；（四）各医疗队要总结经验，搜集好人好事的材料。但上海的指挥部至今还没有得到这样的通知。8日早上，一位工作人员在向省指挥部有关部门汇报工作时，侧面问及四条意见和有关撤走医疗队的事，指挥部后勤组负责人、原河北省革委会副主任老王说：“是有这么回事。但临时医院还是建四个，（医疗队）不撤，要准备过冬。”

由于省和中央的说法不一，而且省指挥部还没正式通知上海的指挥部，这就给上海的具体安排带来了一定的困难，究竟是以建四个医院的计划部署人力、物力呢，还是做建两个的打算？上海指挥部领导根据以往计划多变的情况，决定在没接到正式通知前，做好两套打算，以防被动。

各个点上的医疗队也都很关心这个问题，凡看到指挥部的人到点上去，都要打听一番，问他们的去留情况如何，这在一定程度上影响了医疗队员的情绪。

二、 关于医务人员个人生活和家庭安排的困难问题

由于任务紧急，走得仓促，绝大多数人带的生活用品很少，尤其是衣服穿得单薄，好多人都没带长袖衬衣，个别的还只穿了件汗衫。唐山早晚与中午温差很大，好多人冷得缩着身子。缺少御寒衣服是个问题。

另外，一部分家有小孩又无老人照顾、爱人又在外地工作的女同志，看到天气渐冷，心里着急，说是孩子的毛衣拆洗了还没结好，或是孩子暂托在邻居亲友家，但孩子的衣服却锁在箱子里，别人拿不到。徐汇区中心医院等单位动员时说是做“去一个星期”的准备，现在十天过去了，去留还不明确，少数人思想有波动。

三、 关于缺少预防药物的问题

最近三五天来，预防传染病流行的问题越来越突出。由于埋在深处，一时无法挖出的大量尸体腐烂，加上大小便到处都是，市区臭气很浓，苍蝇猛增，灾民的窝棚内和医疗队居住、工作的地方，都是苍蝇成群。我们乘坐的车子在路南区上海建工局医院所在的点停了一会儿，车内顶壁就停满了苍蝇。

据许多医疗点反映，最近一段时间，门诊与巡回诊治的伤病员，至少有三分之一是肠胃的毛病，好几处发现了菌痢，个别点上还发现了乙型脑炎的病例。医疗队员中每个点上都有人拉过肚子，好几处拉过肚子的人占三分之一。

根据这一情况，医疗队普遍把防疫工作提上了议事日程，集中了力量，采取了具体措施，如同解放军及地区组织一起，把灾民组织起来，向他们宣传卫生常识，一定搞好环境卫生；分发消毒药物，让灾民进行饮水消毒；打预防针、吃预防药等。

但是，多数医疗点反映缺少预防药物，防疫工作受到影响，有的很担心疫病蔓延。个别医疗点通过当地组织和解放军，弄到了一些从倒坍的医药仓库中挖出的预防药品；有的依靠当地群众，到郊区寻来草药煎水分给灾民喝，以预防肠道传染病，收到一定效果。最近，解放军也在用飞机喷洒药粉和药水杀灭苍蝇。各个医疗点都希望多得到一些预防药物。设点在市区原商业中心地带的上海建工局医院的医疗队，前面正好是原来的唐山市招待所和第一人民医院，至今还有几百具尸体没有挖出；后面是住户密集、这次死亡量大的路南区街道，也有大量尸体一时无法挖出，这一带臭气最重。这个医疗队这次表现比较突出，工作量大，注意发动和依靠灾区群众做好卫生防疫工作，取得了一定的成绩，但也急切要求上面发一些预防药物给他们，包括发动灾民打扫卫生的扫把，目前他们联系的一个地块只有三把。他们急切地说："听说唐山现在到处缺扫把，无法搞卫生，上面要尽快想办法解决才行。"

（本报记者）

《文汇报》党委办公室编

1976 年 8 月 12 日

全力以赴，抗震救灾
——公用医院党支部

7 月 28 日，唐山、丰南地区发生强烈地震。消息传来，全院上下齐行动。当天下午，党支部根据市委关于立即组织医疗救护队奔赴灾区抗震救灾的指示，召开了全院职工紧急会议，进行动员。全院职工斗志昂扬，争相报名。共产党员、共青团员带头冲在第一线。党支部委员、外科医生朱勤同志准备去海门探亲。已经买好船票，离开船时间只有二小时。听了动员后，立即退掉船票，积极报名。她说，"震情就是命令，共产党员要想党所想，急人民所急"，坚决要求第一批奔赴灾区。共产党员、外科护士陈宁如同志虽然身体瘦弱，但不等会议结束，马上报名上前线。共青团员周月莉、曹林、金依恒、黄梅君、曹炜等同志抑制不住参战的激情，冲进了正在召开紧急支委会的房间，向党表示决心："共青团员决心在火线上经受锻炼，请党考验我们吧！"骨科医生邹荣华正在外科进修，当天有病，休息在家，而且他的爱人在胸科医院准备 8 月 3 日到"五七"干校学习，他不顾身患疾病和家庭困难，坚决参加抗灾医疗队。就这样，请战书一张又一张地送到了支部办公室，工宣队、医务组、后勤组以及中心供应室、药房、化验室、护理部、库房的同志们积极准备医疗用品，添置物资装备。马财昌、曹曼雯、顾红娣、陈尧臣、张梦南、唐增贵、杨富强、杨佩丽等同志整整忙了一夜，做好出发前的准备，司机同志通宵达旦待命用车。木工同志半夜留院、配合装箱。食堂同志积极准备夜餐、早餐。兄弟场也大力支援，及时供应车辆和各种急需用品。深夜，局党委领导同志到医院慰问并检查准备工作。清晨，又到车站送行，更鼓舞了同志们的斗志。坚决把党的温暖和上海人民的阶级深情送到灾区，成了大家共同的心愿和力量的源泉。

7月29日清晨，我院第一批医疗救护队的十五名同志踏上征途，奔赴灾区。在唐山机场，他们见到了毛主席派来的中央慰问团副团长陈永贵和杨富珍同志，心情十分激动。他们向二位首长送上决心书，表示决不辜负伟大领袖毛主席的亲切关怀和期望，和灾区人民并肩作战，下定决心，不怕牺牲，排除万难，去争取胜利，不完成任务决不回上海。从他们洋溢着革命热情的来信中谈到，唐山地区虽然受到的损失极其严重，但唐山人民在党中央、毛主席和中央慰问团的巨大关怀下，以“天崩地塌无所惧，人定胜天排万难”的英勇气概，地震再大，震不掉我们捍卫毛主席革命路线的决心；灾情再重，阻挡不了我们迈开社会主义的坚定步伐，与灾情展开了顽强的战斗。开滦煤矿唐山矿革委会常委李玉林，从倒塌的房屋中跑出来，立即想到把灾情向毛主席、党中央汇报，当时通信系统受到严重破坏，他来不及回家看一眼，就和其他二位同志开了救护车飞速驶向北京。当他返回唐山时，父母亲和儿子都已牺牲，但他把这一切都置之度外，坚持战斗在抢险第一线。还有一对师徒驾驶着车辆抢救伤员，他们一个双脚被压伤，一个双手被震坏，就密切配合，脚受伤的同志用手挡方向盘，手受伤的同志用脚踏油门管刹车，一路上忍受了伤口的巨大疼痛，以顽强的革命毅力为抢救阶级兄弟的生命而贡献力量，还有许多同志冒着房屋随时倒塌的危险，不分昼夜抢挖机器设备，积极做好维修工作，为早日恢复生产创造条件。一个个顶天立地的英雄，一件件可歌可泣的事迹层出不穷。抗灾医疗队的同志亲眼目睹在震后的第六天，就恢复了电力的输送，水的供应也逐渐得到好转。8月5日《唐山劳动日报》重新出版，8月4日唐山制药厂生产出第一批药品。我们医疗队的朱勤同志在访问、抢救人民群众时，一位老妈妈对她说：“我们在最困难的时候，你们热情地来支持。等到我们重建家园后，一定还要请你们来做客。”这坚强的意志，深情的话语，充分表达出唐山人民高度的革命乐观主义和大无畏的革命精神，使医疗队同志受到了极为深刻的教育。

在唐山人民革命精神鼓舞下，医疗队的同志力量倍增，争分夺秒，积极投入抢险战斗。大家只有一个心愿，时间就是生命，多争取一分钟，多抢救一个阶级兄弟，就是为社会主义建设多贡献一份力量。许多同志不辞辛苦，连续作战，通宵守护在病床前，观察伤员的病情，为病人掏大便，端尿盆。一次发生余震，人就好像在大海浪涛中的小船一样站立不稳。但大家毫不畏惧，坚持工作。这次地震后，骨科病人很多，而灾区的骨科医生较少，因此我们医疗队的骨科医生邹荣华同志就分外忙碌，在医疗器材少的情况下，医疗队的同志找了一些木料，动手制造小夹板，对骨折病人的固定、包扎起了很好的作用，真是自力更生力量强，小夹板派到了大用场。

严重的自然灾害给医疗队员的生活和工作带来许多不便，尽管比较艰苦，但没有一个同志叫苦叫累，人人以老一辈风餐露宿的艰苦生活来激励自己，以发扬战争年代那么一股劲来要求自己。医疗队住在一个研究机关的果园里，大家背包当枕头，雨衣当被头，住的是帐篷，睡的是泥地，但大家都很愉快，有人开玩笑地说："我们住的是花园洋房，睡的是天然沙发床。"巡回医疗一般都要徒步赶路，一天工作下来还要自己烧饭，同志们风趣地把护士钱燕来同志做的面条叫做"燕来面"。由于地震，气候变化较大，时而烈日当头，时而暴雨侵袭；中午热得直冒汗，夜里冷得打哆嗦，组织上关心医疗队同志的健康，送来了苹果、桃子、西红柿等物品，大家在工作上你争我抢，但这时却你推我让，最后谁也不吃，全部转送给灾区人民。他们说得好，"为了抗震救灾，我们愿贡献自己的一切，就是牺牲生命也在所不惜"。大家就是这样相互勉励为灾区人民作贡献，整个医疗队成了一个坚强的战斗集体。

……在第一批医疗队出发后，仍然有许多同志坚决请战，要求参加第二批医疗队，外科副主任刘克武医生已打好背包，作好一切准备、待命出发。在第二批没有批准前，很多同志讲："我们虽然暂时还没有到第一线抗震救灾，但我们可以在后方接待灾区伤病员，做好亲人的治疗护理工作，使他们早日恢复健康，重建家园。"顾红娣等同志并且主动向局领导请战，当上级领导向我院下达了准备接待二十名伤病员的战斗任务后，团员青年开展了突击大扫除，腾出病房，其他同志都积极做好准备工作。8 月 8 日，团员、青年又响应团市委的号召，利用星期天到南站抢运抗震救灾物资，还有些老年同志也主动参加青年的战斗行列，沉重的水泥袋压在肩上，火辣辣的痛，但一想到这是灾区人民的需要，浑身就有使不完的劲。

在抗震救灾的日子里，我院在开门办院、下基层巡回医疗、举办工人医训班的基础上，掀起了一个全心全意为伤病员服务、努力提高医疗质量的群众运动。职工同志表示：二人工作一人挑，留下工作我们顶，大家发扬"龙江风格"，互相协作、支援。医疗队出发后，内科病房值班医生少了，怎么办？黄湘渊、董丽娟两位医生抢挑重担，24 小时轮番值班。其他几位身体较差的医生主动处理好日常工作，减轻值班生的负担，护士加强了巡回护理制度，主动巡视，减少铃声，发现问题，及时处理。为了防止天热药物变质，护理人员清晨提早一小时上班，将原来夜班灌冲补液的任务放到早班来做。外科医护人员参加医疗队的人数多，怎么办？外科同志共同研究，统筹安排，做到病房、门诊、"七二一"医训班教课几不误。近几日，急诊开刀任务重，留下的同志抢挑重担，连续作战，外科同志还热情发扬新生事物，认真总结经验，积极开展针麻手术。在治疗一位截瘫九年的重病员中，经过各方面的努力配合，外科同志成功地施行了治疗手术，使这位病员初步能够丢开拐杖走路。药房同志为了配合病房抢救一位患有尿毒症青年病员的治疗，不顾天气炎热，赶制特需制剂。

目前全院广大革命职工正在积极行动起来，大家表示，要进一步以阶级斗争为纲，……向灾区人民、解放军和赴灾医疗队学习，认真贯彻毛主席的革命医卫路线，……坚决完成夏季高温防病治病的任务，以实际行动投入抗震救灾。

1976 年 8 月 19 日

沪卫委（76）第 40 号

中共上海市卫生局委员会关于欢迎赴唐山抗震救灾医疗队胜利归来的几点意见

市革委会文教组：

本市赴唐山抗震救灾医疗队在河北省委和当地各级党委的领导下，已胜利完成抢救伤员的任务，除 400 多人继续留在灾区为伤病员服务外，其余 1600 人将在 8 月 22 日从唐山乘两列专列返沪，于 8 月 23 日下午 1 时、3 时分别到达上海。我们要……积极做好欢迎赴唐山抗震救灾医疗队的工作。特提出以下几点意见：

一、 医疗队返沪时，组织派出单位领导和群众代表到火车站热烈欢迎抗震救灾医疗队胜利归来。

二、 以医学院、市卫生局、区和企业职工医院为单位，召开欢迎大会，总结交流经验，表扬先进思想、先进事迹。建议在此基础上，于 8 月底前后，由文教组出面，在万体馆或文化广场举行一次报告会，以抗震救灾的先进事迹，……进行共产主义大目标的教育，……进一步推动卫生革命。

三、 拟请报社、电台、文化和出版部门配合宣传。

以上报告是否有当，请指示。

中共上海市卫生局委员会

1976 年 8 月 20 日

上海市卫生局党委办公室　　　　1976年8月20日印发（共印10份）

上海市卫生局革命委员会信件

局党委定于8月27日（星期五）下午2时，在市革委会礼堂举行局属系统赴唐山抗震救灾医疗队报告会，主要对象是局属单位的干部、群众，同时也邀请了医学院、区和派出医疗队单位的有关同志及新闻、出版部门和上海艺术团的同志参加，现将有关同志整理的汇报提纲送上，请审批。

因为时间匆促，材料较粗糙，故拟先在局属单位试讲，听取意见后再作修改。特别是送审稿中，根据唐山李玉林同志在北京军区报告会上的讲话作了一些介绍，其中涉及中央领导同志接见李玉林同志的情况，华国锋同志在唐山慰问时谈的三点指示精神，以及李玉林受到国家地震局同志的争论，都是重大问题，能否在会上介绍，请指示。

上海市卫生局革委会

1976年8月26日

医疗队好人好事登记表

<table>
<tr><td>姓名</td><td>姚光弼</td><td>性别</td><td>男</td><td>年龄</td><td>37</td><td>政治面貌</td><td></td></tr>
<tr><td>队别
工作地区</td><td>静安区医疗一队
八大处</td><td colspan="2">医疗队任职</td><td colspan="2"></td><td>原工作单位
职务</td><td>静中
内科负责人</td></tr>
</table>

＊只第一处用表格形式，其余不用。

先进事迹：1. 充满着对灾区人民的深情厚谊，出诊巡回不怕脏、不怕苦，深入灾民集中的居住区，耐心细致地为病人检查治疗。

2. 积极贯彻执行预防为主的方针，带头搞好环境卫生，带领大家挖厕所、埋粪便等，主动肯干。

3. 放下知识分子架子，……缩小三大差别，和全队同志一起完成各项工作。

填报单位	静安区医疗队	党组织负责人签字	
日期	1976 年 8 月 9 日	备注	

佟佩云，女，45，静安区医疗一队、八大处，静安区威海地段医院

先进事迹：1. 怀着对灾区人民深厚的无产阶级感情，发扬祖国医药遗产，用针灸推拿，热情为受灾的群众治疗解决药源不足的困难，受到病员的好评。

2. 充满了革命乐观主义精神，关心同志比关心自己为重，抢挑重担，受到全队同志的好评。

3. 丰富队内生活，认真负责教授太极拳，提高队员的健康水平。

静安区医疗队

1976 年 8 月 9 日

章国良，男，37，静安区医疗一队、八大处，生活干事，上海静安区万航地段医院

先进事迹：1. 到驻地扎营以后，病员大量涌来，药品消耗较大，由于外伤病员较多，而外伤内服、外用药物缺货，章国良同志急病员所急，想病员所想，积极与指挥部取得联系，组织药源，满足治疗上的需要，使许多受灾群众得到及时合理的治疗。

2. 8 月 6 日，一位临产的产妇来我队，经过大家的努力，小生命出世了，章国良同志为了使产妇和婴儿补充营养，使她们在重灾的情况下，同样享受到社会主义制度的优越性，不顾自己的疲劳，不声不响地到指挥部领来了奶粉、绒毯、猪肉听头，表达了他对受灾群众的一片深情厚谊。

3. 同志们从上海来到唐山，生活上起了巨大的变化，条件非常艰苦，小章同志为了使全队同志有充沛的精力投入战斗，积极创造条件，想方设法改善全队的生活。在我们医疗队断菜源 4—5 天的情况下，组织了多种蔬菜，使同志们有更加充沛的精力投入抗震救灾的斗争。

静安区医疗队

1976 年 8 月 9 日

朱锡坤，男，45，群众，岳阳医疗队，唐山机场八大处，岳阳医院，内科医生

先进事迹：朱锡坤同志自参加抗震救灾医疗队来，始终能想广大灾民所想，急灾民所急，无论何时何地或疲劳不堪，都能随叫随到。如有一位年龄44岁的病人，因左下肢软组织严重挫伤，步履不便，而结便四天，想便而不能自行排出，此时朱医生毫不犹豫地用手掏出了干结的大便，解除了病人的痛苦。

朱锡坤原系内科医生，但从不因此而绝然分家，对伤外科的病人他总是乐意地接受，尽最大的努力治疗或请他人会诊，不论重活、脏活，护理工作、伙房工作他总是主动争着干，在伙房工作中他总是设法使五十几位同志吃得好一点，更好地让他们战斗在第一线，为……抗震救灾工作，起了模范的作用。

岳阳医院

党组织负责人：俞士芳

1976年8月10日

华蕙玲，女，40，龙华医院，内科医师，急诊室班组长

先进事迹：一、工作积极主动，把每日用下的注射器主动清洗、消毒备用，整理医疗点的卫生清洁工作。

二、敢于承担任务。一次半夜，有一个产妇要临产了来喊门，华蕙玲同志主动接受任务，和同志们一起克服困难，接生了一个女孩子。取名海唐，表示在毛主席革命路线指引下，上海、唐山人民的战斗团结与革命友谊。产后热情关心产妇和婴儿，为婴儿做了婴儿帽，为婴儿洗澡治病。

三、一天暴雨，帐篷内浸了水，华蕙玲同志惊醒后，首先想到的是集体的药品器材。她冒雨和其他同志一起，将药品等搬运到高处。

上海龙华医院医疗队

党组织负责人：张福源　洪素□

1976年8月15日

张根兴，男，中共党员，上海曙光医院医疗队、八大处

先进事迹：老张是工宣队师傅，中医系统第一批医疗队后勤负责人。工作勤恳诚实，任劳任怨，认真负责地做好后勤供应工作。医疗队吃饭问题最大，他就主动把工作担负起

来，一天三顿，从早到晚手脚不停地忙这忙那，饭烧好后，他最后一个吃，有时不够吃，他就少吃或不吃，有时饭烧多了，吃不光，下一顿他就吃上顿剩下的饭。因为大家都不是炊事员，这种情况不少，他从不计较。老张这种一心为大家的思想和作风受到大家的好评，平时他关心同志，问寒问暖，组织后勤同志政治学习，分内分外全抢着干，到机场搬运物资、拾柴火等，炊事工作中碰到困难因陋就简自己克服，以身作则，埋头苦干，努力干好后勤工作。

上海曙光医院医疗队

党组负责人：牟忠芝

1976年8月15日

韩志英，女，38，群众，杨浦区中心医院，灯光球场东片，护士

先进事迹：是三个孩子的妈妈，当抢救任务下达后，她就在电话上安排了家务，毅然参加抗震救灾医疗队。

在抢救伤员时，她积极认真负责，不仅做好手术室筹建工作，而且在做好手术室工作的时候，只要她一有空暇，就主动去换药室帮助门急诊医生换药。

助人为乐，主动关心队内生活和工作，任劳任怨。

党组织负责人：唐银凤

1976年8月18日

上海市长宁区第二医疗队好人好事

一、 指导员戴爱娟，队员林薇连续三天发烧39℃、腹泻，但是坚持与全队同志一起，冒着烈日，每天为贫下中农医治疾病，换洗伤口，达1000多人次，不叫苦不叫累。她们说，看到贫下中农受灾后，未能及时治疗，伤口溃烂这样厉害，我们这些小病算得了什么，早日解除贫下中农的疾苦，比什么都重要。

二、 医疗队同志5日刚从老铺公社转到黑沿子公社，虽然没吃午饭，并且已是下午5点了，但是，一到目的地，为了及时了解驻地灾情，保证第二天组织转送重伤员，医疗队外科医生发扬连续作战，不怕疲劳的作风，冒雨奔赴离驻地30里的一个点检查伤员，一直战斗到深夜11点。第二天一早他们又运送伤员到唐山机场，往返达8小时，回驻地已是6点多钟，但一到驻地又根据公社指示，连饭都顾不上吃，又赶了30多里路到毕家瞿部检查

治疗病人，晚上回来已是12点左右，他们饭都还没吃，但同志们充满着乐观主义的精神，大家讲：“只要灾区人民需要，我们再苦一些再累一些也心甘情愿。”

三、 我们医疗队同志到达灾区后，立即召开了全公社赤脚医生会，传达党中央毛主席的慰问，并帮助赤脚医生健全合作医疗制度，发给他们药品、敷料，热情支持新生事物，让赤脚医生活动在各大队进行防病治病工作。我们还派了一些同志到各大队进行巡回医疗，和赤脚医生一起战斗，发现问题、解决问题。同志们说：“就是地再大震，也绝不能让赤脚医生、合作医疗这一新生事物给震垮，我们支持他们，帮助健全巩固合作医疗……”

上海医疗队长宁区第二医疗队

长宁区中心医院医疗队

（1） 千条万条政治思想第一条。全队同志通过讨论，一个星期二次学习，利用晚上时间，学习中央慰问电及社论，加深理解社会主义优越性。一方有困难，八方来支援，学习解放军、工人、贫下中农及当地医务人员在这次抗震救灾斗争中可歌可泣的英雄事迹，然后使全体队员树立全心全意为灾区人民服务的思想。本地区，流传着几天内还要大地震，以及可能有海啸等，我们通过学习，稳定思想，克服临时观点。

（2） 四个西瓜的故事。我们来到灾区后受到灾区人民的热烈欢迎热情关怀，给我们送来了西瓜。当时我们一时难以推辞，接受心意。当地驻军有个解放军因在这次地震中遭受残废，病情严重，由于条件困难，给予转院。我们驻地到唐山机场近百里地，近来天气炎热，灾区喝水紧张，我队全体同志想到解放军在这次抗震救灾斗争中的丰功伟绩，为了表达我们向解放军学习的心意，把四只西瓜转送给解放军伤病员，在转送路途中吃。

（3） 一场争论。市委为了关心赴灾区的医疗队，由市抗震救灾指挥部转来了一筐苹果。这对我们来讲是多么的需要啊，但有的同志建议把这筐苹果转送给灾区人民的重伤员吃，队里即时展开了一场议论。有的讲分一半给伤病员，一半自己吃；有的讲，人家不会要〔，等〕等。面对这些议论，指导员多方面征求了意见，统一了思想，我们这次来是为灾区人民服务来的，学习来的，共同抗震救灾来的，尤其我们是毛主席、党中央派来的，受上海一千万军民的委托，我们要把党中央、毛主席的温暖带给灾区人民，虽然我们只有一筐苹果，但代表了我们的心意。全体队员马上统一了思想，决定转送给灾区人民的重伤员。当由当地南堡医院党支部把我们转送的苹果转送给伤病员时，他们热泪盈眶，高呼毛主席万岁、共产党万岁声响彻临时病房。

（4） 做好预防工作是抗震救灾的一个重要部分。伟大领袖毛主席关于卫生工作的四大方针之一，“预防为主”，灾区要抗震，要救灾，要重建家园，那就要有人，而且是要有健康的人。地震使灾区人民遭受了很大生命财产的损失，对我们医疗队来讲，除了投身于抗震救灾的工作外，更重要的是抢救病人生命和做好预防工作。我们来到丰南南堡盐场后，经过调查，这里已经发现乙脑、疟疾等传染病，这对今后重建家园是个极大的威胁，我们马上与当地抗震救灾指挥部、医院党支部反映，宣传毛主席关于预防工作的重大意义，统一起了稿，进行广播宣传，并制订了消灭蚊蝇的有效措施。近来大搞卫生的群众运动正在开展起来。

（5）场部有个干部的家属产后三天高热不退，处于病危，我队闻知后即组织力量进行抢救。由指导员、队长带队亲临现场指挥，经过仔细检查，做了化验，最后诊断为疟疾引起的，已转入大脑，病情确处于危急。当晚与本地区医院的医务人员一起抢救，经过几天的抢救，使病人转危为安，〔队员们〕受到了贫下中农的称赞，当地广播站的表扬。

胸科：沈晓军（杨新法反映）

这次去唐山她是指导员，在带队中表现较好。在刚出发时，由于时间急，思想上没有很好武装，她在火车上向大家补上了这一课，先后召开了四次会议（党小组会议，团小组会议，党、团一起表态度会议，大家一起表态度、表决心，一次业务辅导会），发现个别同志不表态，及时找个别谈心，并再三要求大家作好思想准备，经受三停的考验（停电、停水、停粮）。

能主动想办法抓工作，积极运送伤病员到机场。如：火车通车后，工作少了，她就提出巡回医疗措施，主动组织了四个小组进行巡回，另外还配合队长积极开展卫生宣传工作，宣传如何防止肠道病、瘟疫病等，向大暴雨引起的洪水作斗争，回来前要求每个同志写思想小结。这工作大队部是没有布置的，总的工作开展还不错。

不够方面：胆还不够大，对不良思想没有及时指出。有一次到唐山市去参观，没有带队员去，就是指导员与队长，大家意见较大，但第二天一早就作了自我批评。另有一次炒西瓜子吃，大家也有点看法。

肿瘤医院：刘守如同志，科长（翁反映）

这次去唐山表现较好，出发前态度很坚决。原来身体不好，半休，但是听到唐山发生灾害后，坚决要求去唐山，去了后他担任队长，处处以身作则，干劲很足。有一次晚上正在为产妇待产，自己尿结石病发作，坚持不下战场，后来打了一针杜冷丁，一直坚持到天亮，产妇孩子养好后才休息，在报纸上也登过。

徐展远：外科医生，团员

当一 69 岁老大娘九天九夜被压在瓦砾堆里救出，这个老大娘体重 160 斤，不能翻身，只能合扑，后经针灸与打“杜冷丁”后，才与她家人一起将她翻过身来，在腹股沟部位有五寸伤裂口，那时天已晚，拟打算第二天再缝合，考虑到已打杜冷丁，药性未过，应立即缝合，所以就毫不犹豫地到店里取针当日缝合，老大娘在解除痛苦后，含着热泪“感谢毛主席派来的医疗队”。

他在唐山发热都未讲，怕让他中途回上海，坚持战斗。

葛承廉医生介绍杨智麟同志：

处处以身作则，有些思想苗子能及时抓，拣难、重、艰苦、艰巨工作做。他身体不太好，有关节炎、湿疹，正在服药，却将本身置之度外，在赴征途中他在火车上坐了一夜，第二天夜里在机场坐了一夜，为队员做好保卫工作，进入市区后阶级敌人乘机捣乱，老杨连续巡视了好几夜，保卫国家财产。

在机场听介绍灾情，死亡人员近 50%，市内断水、粮、交通、电等四断，可能还要发生 7 级地震，同志们有恐惧心理，老杨再次做战前动员，我们要以忘我精神进行抗震救灾。进入市区后，一面安排医疗队奔赴现场，一面在炎热的阳光照耀下搭起了帐篷。

在医疗队如何开展工作，设点还是巡回医疗，队员中有二种思想，而老杨意识到……设点方便了医疗队员，病员上门求医不便，只能轻伤员上点，重伤员无法来点，巡回医疗送医送药上门，医务人员虽辛苦，但方便了伤员，结果在干部中先统一思想，坚持巡回医疗。那时药源缺乏，老杨在当地同志配合下找到了二个药库，一个西药，一个中药库，就解决了药源问题。老杨不辞辛劳地一次又一次地去拿药，中药库中有许多虎骨酒及蛤蟆酒等，老杨同志就订了一条纪律，这些高级补品不允许动用，只能用在伤员身上，革命干部身上，所剩下来的上缴大队部，老杨同志有关节炎也没有吃一点。

夜出诊规定要三个人出去，老杨同志不是医护人员，他都跟着出去，在平时也尽量跟着大家去灾区访问，在访问过程中宣传毛泽东思想。

医疗队开始只有 15 人，以后扩大为 22 人，成为不仅是医疗队，还是茶水供应站、脚踏车寄放站，还有搭伙的食堂。

对茶水供应方面也有斗争，在路过人讨茶水时，有人就讲“我们成了星火日夜商店”，实际上就有点反感，老杨同志就因势利导，我们就是要向“星火”学习，全心全意为人民服务，以后就专门有负责烧茶水的供应过路同志。

医疗队内呈现出一派团结战斗的气氛。同时对妇一、传总队有困难搭帐篷，药源缺乏都尽力支援，团结关系也搞得很好。

邮电医院小分队，主动向唐山邮电工人学习

地震后不久，唐山的邮电工作很快恢复了。这不是一个奇迹吗？为了向英雄的唐山邮电工人学习，上海邮电医院医疗队在完成了机场的抢救任务后，主动去寻找他们。

有一天，他们在路上看见一辆摩托车飞驰而来，上面坐着两位穿绿制服的邮电工人，他们马上前去叫住了这两位工人，向他们说明了自己的愿望。工人们表示回去和领导上联系。回到机场，他们又遇到一位邮电老工人，在老工人的帮助下，终于在帐篷里找到了邮电局的领导。

第二天，他们带着医药箱和上海邮电工人的心意，去邮电局和邮电职工家属的四个居民点慰问和巡回医疗。他们看到：

在一顶帐篷里响着发报的哒哒声，话务员紧张地工作着。在一间简陋的席棚里成立了报刊发行投递组，邮件转运科的牌子也挂上了，一捆捆报纸送上汽车，把党中央的声音送到工厂农村。

他们又看到：

一位女干部锁骨骨折，但是她仅仅用绷带包了一下，坚持指挥工作。一位女职工产后只有四十天，就坚持要上班，一位工人广泛性挫伤，还是日夜战斗。

这一切使邮电医院小分队的同志们深受教育，他们要把唐山邮电职工的革命精神带回上海去，向唐山人民学习，促进医院的卫生革命。

一次不平凡的手术

“您们真是毛主席派来的好学生。”刚施行后期缝合手术后的大娘紧紧拉着队员小徐同志的手，热泪盈眶，激动万分。

原来，69 岁的大娘在地震中受了较严重的挤压伤，左腹股沟还有 8 公分长的裂伤。由于病情折磨，伤口疼痛，大娘已九天九夜没翻过身，挪过位了。小徐看在眼里，痛在心

里。当天中午，他冒着酷暑，背上药箱，踏着破砖碎瓦，行走二三里地，再次赶到大娘家，为她注射止痛针剂，并花了九牛二虎之力，把160多斤重的大娘翻过身。大娘痛减了，身翻了，可伤口还是咧着大嘴巴。怎么办？马上缝合，没带手术器械，回队取吧，已热得汗流浃背，累得眼冒金星。

“我们这个队伍是完全、彻底为人民服务的。”毛主席的伟大教导响在耳边。顿时，小徐信心百倍，勇气骤增。他坚定地站起来，往返五六里，第三次来到大娘家，担着毕业不久、经验不足，大娘体胖、需较大剂量麻醉药的风险，沉着地拿起了手术器械……

十分钟过去了，伤口闭合了，手术结束了。大娘的脸上露出了笑容，小徐挥掉脸上的汗珠，也欣慰地笑了。这真是：

三次往返大娘家，阶级情谊深似海。

完全彻底为人民，小小手术暖人心。

上海市儿童医院

一盏矿灯一颗心

午夜12点，传来了青年矿工急促的叫唤声。“医生，给点药吧，我妹妹病了。”队长葛医生，指导员老杨和小陶如同接到战斗命令，迅速揭开被窝，一骨碌爬起来。

由于这矿工家里只留下兄妹两人，妹妹突然又得病了，哥哥心情非常焦急。

“有我们在，就有伤病员在，有我们在，就尽量不让灾区人民再受损失”，战斗的口号激励着三名共产党员。“走，看看去”，他们顾不得病家的阻拦，忘记了一天的劳累，迈开双脚，摸着漆黑，一步一滑，一走一跌地向着住棚走去。

……一个多小时过去了，经过细心治疗，病症减轻了。正当老杨等即将离开病家时，住棚门口闪出几名青年矿工的身影，他们手提闪闪发亮的矿灯，激动地说：“谢谢你们，我们的贴心人。这盏盏矿灯是咱灾区人民的一片心意，带回去吧！愿你们……进一步搞好卫生革命。”

……

上海市儿童医院

活跃在抗震救灾第一线的突击队
——上海第二医学院31位工农兵学员

震灾何所惧，烈火炼真金。在这次艰巨而又紧张的抗震救灾战斗中，只要一提起朝气蓬勃的工农兵学员，医疗队的同志都会称赞说：“工农兵学员是我们医疗队里有志气、质量高、拉得上、打得响的突击队。”哪里有艰险，他们就在哪里出现，哪里有困难，他们就在哪里顽强战斗。他们不愧是社会主义新型大学的新一代。

7月31日那一天，余震来袭，灾情紧急。工农兵学员一下车就争分夺秒地投入了战斗。换药的绷带不够了，他们就毅然拿出自己结背包、扎药品的带子先用上。骨折固定的夹板用完了，工农兵学员刘家桦找来了许多竹片、木条代替。病人需要喝水，就先把自己从飞机场带来的水倒给病人……

困难时刻锻炼人。工农兵学员应秀娣，为使病员早日恢复健康，尽早投入重建家园的战斗，每天早晨她用自己的毛巾，跪在芦席上伏在伤员病人的身边，给她们洗伤口、擦身子，从头到脚，几十个病员她一个又一个轮下来，看到有的病员无人照顾，不能自理生活，她就每天给她们送水、暖饭。工农兵学员刘淑香为支援灾区人民，把自己的十几元钱悄悄地送给一位带着三个小孩的女病员。小应和小刘这种贴心的感情、惊人的毅力给予病员极大的鼓舞和支持。

来抗震与地斗，下暴雨与天斗。8月7日晚上，一连5个多小时的暴风雨把同志们睡的帐篷围得严严实实，可是工农兵学员想的是住在芦席棚里的伤病员，想到的是上海带来的药品、器械。工农兵学员王月华、刘淑香等同志，主动把自己睡地铺垫在底下的塑料布抽出来给病人挡雨。雨后一清早，郑如华、梁兵红等同志把刚刚烧开的热水一碗一碗地送到病员的嘴边，把上海带来自己备用的压缩饼干一块一块送到病员手里。唐山钢铁公司一位50多岁的老工人激动得含着热泪说：“谢谢工农兵大学生，要感谢毛主席、党中央的关怀，我们好后还要参加重建新唐山的战斗”。

“工农送我上大学，我上大学为人民。”工农兵学员盛意和、高寿林等同志千方百计想办法要为病员解决排便的困难，从用药到□□，从用肥皂头塞，到用自己的手去掏。只要能为灾区多作贡献，我们什么困难都可以克服。

既是医疗队又是宣传队。为鼓舞病员重建家园的斗志，战胜伤痛的信心，工农兵学员王华新等同志经常到病员中去宣读中央的慰问电，和病员一起学习有关的重要文章和评论。最近他们还编写了好几个快板、□□诗，创作了好几首鼓舞斗志的歌曲，还组织了小分队到附近的工厂农村去慰问、去劳动。

在抢救中经受考验，为人民贡献青春。连日来，参加抗震救灾的31位工农兵学员，冒着频繁的余震和暴雨，发扬了二不怕和连续作战的作风，全力以赴，奋战不息。他们说得好：时间就是生命，时间就是胜利。让伤员少流一点血，就是对革命的一份贡献。工农兵学员这种急人民所急，帮人民所痛的学□思想，工农兵学员这种□□□强、无私无畏的战斗精神……

工农兵学员们在来到灾区后召开的一次……大会上说得好："……看一看这铁一般的事实，……听一听我们工农兵学员的豪言壮语：心红似火，斗志如钢。我们工农兵学员战斗在抗震救灾的第一线，我们将继续……不□□胜决不收兵。"

上海市抗震救灾医疗队简讯（一）
政文组抗震救灾汇报

7月29日早上，本市医疗队从上海分两批出发后，直到30日深夜12时才全部到达唐山机场。一下飞机，医护人员不顾两天两夜没有休息带来的疲劳，立即要求奔赴灾区投入战斗。在河北省抗震救灾指挥部的统一指挥下，本市医疗队在31日，分别奔赴唐山市的路南区、路北区和丰南县陡河电站工地，迁西县、丰润县及机场附近的野战医院等十几个急救医疗点。五天来，他们与灾区人民同甘共苦，在极其艰难困苦的条件下夜以继日地坚持战斗，抢救了大量伤员，建工局职工医院医疗队的15个同志在三天时间内就先后抢救了近3000人次的阶级兄弟，为抗震救灾工作作出了可贵的努力，得到了灾区人民的好评。

在五天的战斗中，许多医疗队员发扬了不怕牺牲、不怕疲劳和连续作战的战斗作风，以大无畏的革命精神，克服一切艰难险阻，全心全意地为灾区人民服务。上海邮电医院医疗队的同志一下飞机，就在机场抢救了80多名重伤员，使其中的30多名阶级兄弟脱离了危险。许多医疗队员一到救护点稍清理一下现场，把尸体搬开，就投入了战斗。唐山市路南区红星街道是全市被地震破坏最严重的地区之一，许多地方都已开裂或拱起，可市六人民医院医疗队的同志一到现场，为了及时抢救伤员，不顾随时可能发生地震的危险，毅然在拱起的空地上搭起帐篷，设立临时急救站，就在8月2日清晨4时50分发生6.1级地震时，他们仍然没有停止救护工作。奔赴路南和丰南县路北区的华山医院、第一妇婴保健院、市传染病防治总院和儿童医院的医疗队员一到现场，就在瓦砾堆上搭帐篷，设立了临时救护站，一直战斗到第二天凌晨。至此时，许多医护人员已经三天三夜没有好好休息了。由于饮水供应极其紧张，战斗在唐山市区的许多医疗队员接连二天喝不上一口水，咽不下压缩饼干；尸体腐烂发出的恶臭使许多同志恶心呕吐，但他们毫无怨言，仍然斗志昂扬地战斗在抢救伤员的第一线。当医疗队大队部的领导同志带着生活用品去探望他们时，他们却说："我们缺的不是生活用品，目前最需要的是药品，请领导上不要考虑我们的生活问题。我们要与灾区人民同甘共苦，在艰苦的环境中磨炼自己。"在艰难困苦和十分危险的条件下，医疗队队员不顾个人安危，首先想的是伤员的安全。8月2日清晨，肿瘤医院医疗队员在为一位产妇接生，婴儿胎头刚娩出，突然又发生了6.1级强烈地震，帐篷里汽灯剧烈摇晃，医疗队员陈朝玉立即用手抱住汽灯，唯恐汽灯掉下来砸到产妇和婴儿。许多医疗队员还在自己负责的区域内坚持巡回医疗，方便灾区群众。

许多医疗队员由于过度疲劳，再加喝的是生水，饮食又不正常，都患腹泻等疾病，但他们都始终不肯休息。上海第二医学院附属医院医疗队有4个同志在旅途中中暑晕倒，可一到救护点上，他们顾不上休息就开始工作。上海第一妇婴保健院的陈玮英同志中暑后，心跳达120多跳〔每分钟〕，可一下飞机，她立即抢着拿最重的药品器械，奔赴救护第一线。上海肿瘤医院医疗队长外科医生刘守业同志患有尿管结石，8月1日深夜值班时突然发生肾疼痛，剧烈的疼痛使他冷汗淋漓，恶心呕吐。这时，正好送来了几个重伤员，一听到这个消息，他叫其他同志帮他注射一支杜冷丁以后，又投入了战斗，先后抢救了三个伤员，一直工作到8月2日上午10时，正当他准备吃完早饭休息时，又接到了转移到迁西县抢救伤员的命令，他毫不犹豫地打起背包，带领医疗队员奔赴新的战斗岗位。

在抗震救灾工作中，广大医疗队员还坚持因陋就简，千方百计地就地取材，制作一些医疗器械。建工局职工医院医疗队员、共产党员余志祥同志发现随身带的药品不够，就在当地有关组织的支持下，发动一部分青少年到郊区去采来了止血、消炎、治伤的草药。战斗在丰润县的第二医学院附属瑞金、第九、第三等医院的医疗队员在治疗泌尿系统损伤的伤员时，用塑料盐水袋上的输液管制成导尿管。南市区第二人民医院的医疗队员陈国柱同志在电站工地上用废铅丝弯成固定圈，为一个手指压伤骨折的伤员进行固定。许多伤员感动得流下了热泪，说了"医疗队为我们费了多少心，我们要感谢党和毛主席"。战斗在唐山市区的许多医疗队员在紧急抢救伤员的过程中，就在瓦砾堆上拣起废木板制成各种夹板，为伤员的骨折肢体作固定。

在抗震救灾的战斗中，本市医疗队的广大共产党员和共青团员充分发挥了先锋模范作用，始终战斗在最艰苦、最困难的岗位上。各医疗队一到救护点，就立即根据情况成立了临时党（团）支部或党（团）小组，并开始过组织生活。上海建工局职工医院医疗队党小组在短短的四天时间里，就已过两次组织生活。南市区医疗队的党员同志坚持人人做政治思想工作，随时了解群众的思想情况，协助医疗队党小组及时抓住倾向性问题进行有的放矢的思想工作。广大共产党员一致表示，我们一定要充分发挥共产党员的先锋模范作用，和广大医疗队员并肩战斗，全心全意为灾区人民服务，夺取抗震救灾斗争的胜利。广大共青团员也纷纷向党组织表示，要在抗震救灾的火线上经受考验，争取早日加入伟大、光荣、正确的中国共产党。

（政文组）

上海市抗震救灾医疗队简讯（十一）
工农兵学员在抗震救灾斗争中锻炼成长

第一医学院部分工农兵学员参加了抗震救灾，医疗队来到重灾区丰南积极参加战斗，表现突出。……

……当组织抗震救灾医疗队的消息传到第一医学院的时候，广大工农兵学员纷纷向党委报名请战，要求到灾区参加战斗。工农兵学员安淑芬家住北京，这一次地震波及了北京，她的父母又都年老多病，但她首先想到的不是自己的家，而是唐山市百万受灾人民。在她的强烈要求下，上级批准她参加了第一批医疗队，于31日到达了丰南。在丰南，工农兵学员和广大医务人员一起，哪里灾情重就往哪里冲，抢救伤员、护理伤员、护送伤员，挨家挨户地巡回医疗，决心把党和毛主席的关怀和上海一千万人民的心意送到灾区人民的心坎上。工农兵学员小袁不分昼夜为受灾群众送医送药，只要病人需要，随叫随到。刚进丰南时，吃饭、喝水都有困难，上级给医疗队发来了饼干、水果，小袁自己不吃，一一送到了伤员手中。当地群众激动地说："现在的工农兵大学生就是好，咱们一千个欢迎，一万个喜爱！"

抗震救灾斗争对工农兵学员是一次深刻的教育。他们耳闻目睹了唐山、丰南人民的英雄事迹，深受感动。8月7日，他们和丰南县农机厂的工人师傅们召开了座谈会，向工人师傅们学习。会后，工农兵学员深有感触地说："我从他们身上，对什么是无产阶级感情，共产主义风格有了新的体会，对共产党员这四个字又有了新的掂量。"在抗震救灾中，工农兵学员和赤脚医生并肩战斗，开展中西医结合医疗，亲眼看到了卫生战线的新生事物在斗争中发挥的威力，体会到卫生革命的伟大意义，增强了执行毛主席革命卫生路线的自觉性。

工农兵学员通过救灾，和广大人民群众的心贴得更近了，工农兵学员李明华同志在抗震斗争中向党写了决心书，提出毕业后坚决要求分配到灾区工作，为建设更美好的新唐山、新丰南贡献出毕生精力。

拾金不昧

上海第二结核病院医疗队的同志们驻在开滦煤炭研究所附近，搭起帐篷捡木柴，立灶烧饭，队员小周在一幢倒塌的大楼旁的砖瓦堆里，看到一本厚厚的精装书，上面印着五个闪闪发光的金字——毛泽东选集。毛主席著作不可丢……！小周小心翼翼地把书拾起来，擦干净，带回营地。指导员工宣队任师傅正要打开学习，任师傅翻阅了一会突然发现在这部毛选内有厚厚的一叠东西，拿出来一看却是十元一张的人民币，共有九十元。任师傅和同志们想到这是灾区人民的财产，应该物归原主，立即把书和钱送到煤炭研究所抗震救灾指挥部去，受到群众的高度赞扬。

六院优秀队员代表

丁宗贤同志介绍：

我院第一批医疗队 16 个人一队，有 48 人，打过入党报告 18 人，团员 13 人，科主任 3 人（华加坛、周永昌、孙莹珠这三人 50 岁以上，其余大多都是 20 多岁的青年），领队陈高义同志，医疗队分布在唐山路南街道；总体出去后大家精神面貌较好，不少同志表了决心，党员同志普遍起到先锋模范作用，群众一般也表现不错，除个别陶范□等有些个人利益表现外，大多表现较好（主要表现协作精神不够）。

表现突出的：华加坛（妇产科支委），妇产科主任、队长，在那里样样干，头三天较艰苦，她主动带领同志搞好食堂后勤工作，负责后勤外还负责医疗工作，有的同志感到她像自己的母亲或大姐一样关心人，平时能积极做好思想工作，分到苹果给病人吃，她是年龄最大的一个，但干劲很足。

孙莹珠（妇产科支委）：踏实能干，任劳任怨，她一个队接近中心点较近，挑选困难多的地方，周围是尸体、废墟，一天巡回二次，走的是砖瓦堆的高高低低地方，她年老坚持巡回工作，不管刮风下雨，在她带领下，青年表现都较好。

睦述平（外科支委）：70 届大学生，31 岁，共产党员，骨科医生，处处以身作则，工作有魄力，样样干，协助做好思想工作，反映较好，讲“共产党员考验时候到了，为了抗震救灾，哪怕牺牲生命，也在所不惜”。在那里患菌痢，回沪仍不休息，一直在外作报告。

黄雪珍（学校支委）：25 岁，五官科医生，现医大班读书，至唐山表现较好，工作踏踏实实，处处以党员的模范行动干，冒着危险去取水，在余震下，从裂缝中取水（主动提出去取水）。

杨正朝：25 岁，麻醉医士，队内最苦最累的活就见到他在干，他是队内最矮小的一个，在火车上自己表决心，组织上入了党，更要从思想上入党。在唐山，坚持巡回，出门作移动治疗，使不少截瘫病人得到了恢复。

当时菜品紧张情况下，听到附近有个菜库，小杨与金三宝二人主动提出到菜库去挖，他二人想办法挖个洞，钻进去，冒了生命危险去铲菜，解决了队内菜品问题。

其他一些党员表现也不错，如孙荫和□□钰二人都是长期脱离临床的医生，开始给予当炊事班，他们不因工种问题，都愉快地完成任务。

陈高义：主动提出到灾情重的地方去，平时能出点子，想办法，对大家较关心，政治上也抓得紧。军民关系搞得好，后阶段有些后勤解放军支援，医护人员可以有多余力量更好为病人服务，工作埋头苦干，样样跑在前。

缺点：平时与大队部联系不够，请示汇报不够，单独作战。

唐仁忠：是 32 个同志中表现最好一个，一路上处处关心同志，到灾区后，搭帐篷等样样干，主动配合队长搞好工作。骨折病人多，小夹板不够，他主动找木材；没刀用破砖瓦削；没棉球，用草纸代；没冰箱，挖土坑作土冰箱，保存疫苗；对病人感情深，等病人吃好饭再吃，有时饭吃光了，他就饿着肚子干。

领导在和不在一个样，群众在与不在一个样，自觉为灾区人民服务。

陶家华（外科医生）：第一天就表决心，在斗争中接受考验，争取火线入党。冒着危险去抬水，抬尸体等样样抢着干，在队内起到骨干作用。到唐山后又向党表决心，打报告的有四人，刘林、陶家华、施妙善、宗武兵，和精分一个队有五人，党员三人。

蒋佩珠：骨科医生， 70 届大学生，工作负责，细心，敢挑重担。医疗点调后，筹建二院，作外勤，愉快接受，身体不好坚持干，坚持培养赤脚医生。临走前积极安排好孩子，放弃探亲假去唐山。

杨正浩：是队长，党员，坚持巡回医疗。每一次要跑六七十里地，有五六小时之长。

骨科病人听说附近有台X光机，他积极提出挖出来，挖出后安装好，为病人服务。有次晚上5点接到任务，正当下大雨，他们仍坚持出诊，直至半夜12点后才回来。

陈明：手术室护士，身体不好，坚持工作，每天用业余时间为一个截瘫病人针灸推拿，使病人健康恢复。平时抢着干活。

与遵义一个队：10人，党员

这个队先到遵化，到目的地……，参观了王国藩西甫队，及沙石峪，受到教育很大，看到灾区人民不畏灾情、顽强斗争的场面深受教育。三个同志一个政委，每天1—2次巡回医疗，没路走屋顶，他们坚持干。

周永昌：表现最好，克服年老体弱，50多岁，有冠心病，叫他不出诊，但样样干，做煤球、做煤球炉、挑水扫地、打扫厕所。部队搞立功受奖大会，队内一致推选周永昌。后来回沪了。

下周二晚上开党员大会，上党课。……

党员同志主动做好思想工作，要求入党的同志主动找谈心，汇报思想工作。

食堂黄金成：原来是泥水匠，在沪工作模范担当，到唐山后，积极把工作做好，表现较好。

医大班同志感到这次对自己是最大的一次毕业考试。大家一致反映，这批大学生是受工农兵欢迎的，对病人热情积极，有深厚的感情，党委研究贯彻情况：

1. 组织报告团：黄雪珍、睦述平、陶家华、钱薇薇、金三宝、冯宗梅。

2. 组织表现好的党员谈体会：……进行共产主义大目标教育，准备下周二，党员教育。

3. 好的积极分子，争取纳新。政审工作抓紧。

陈高义同志介绍：去唐山25天。

我们开始30人，后来增加2人，党员9人，团员13人。总的表现都较好。

第一批组织时较急，接到任务就当天准备药品、物资，也来不及要想个人的东西，那时全力准备各科自己的东西，临走时每人背三四十斤都是药品器械，基本上没有自己的东西……

表现好的有：睦述平、华加坛、孙莹珠、陶家华、黄雪珍等。

29日在车上中午吃工作饭，晚上也是工作饭、豇豆，后来车厢里水也没有了，天多闷热，在路上就开会，作政治动员，带着上海一千万人民的深情厚义去为灾区人民服务。要求共产党员要以模范行动要求自己，车上过了组织生活，大家表示要接受考验。群众表示要在火线上争取入党。车上我们的队：政治空气浓浓的，一路上不断学习□□，大家团结友爱，争着挑最艰苦的铺睡，到□□准备时车子停了，我们宣布全体不准下车洗脸，因怕掉队，或挤伤，队员们都能遵守。车子到杨村，天很热，气温达 40℃，没草帽、没饭吃，大家等待着，但表现都很好，有的队员（刘林）面孔、皮肤都晒得肿了，但还是争着去看守行李（如黄雪珍、杨正朝、陶家华等同志争着看守）。一路上由于天气热、出汗厉害，一个队发到一斤盐也不用，不少同志上了飞机就恶心、呕吐，昏过去了。下飞机后，稍休息一下，就又跟着大家行军了。30 日到唐山，在机场宿营，在路边一个一人高草地的地方停留下来，天当被，地当床，大家提出首先要保护药品、器械，并要保护女同志，因此男同志晚上外巡，这晚就睡在露天，盖的被套也湿了，那天就学习中央慰问电，同志们情绪都很高涨。

31 日那天就吃小河里的水，中午由解放军车送到市区，到路南区的地方，那时有□□的医疗队，他们讲那里一点水也没有，不能进去了。但我们坚持去到红星街道，进去找不到搭帐篷的地方，后来找到开滦煤矿的排水沟，另选点开了队委会，选择安全的路径还是到居民集中危险的地方去，大家表示要坚持在居民集中的地方，就是牺牲个人生命也在所不惜。马上清理现场，把 20 多个尸体运走，抢救病人；睦述平、杨正朝、陶家华、唐仁忠、金三宝、沈全德等都冒着太阳，不断地搬建。地上脏的就用手扒泥填上，找一条芦席，就开展工作了。

杨正朝个子小，只有 80 多斤，但坚持干，陶家华也一直坚持干。

当时水是个大问题，伤口没有水，无法消毒，立即有几个同志去找水，离开马路一里地有个下水道，管子裂开了，可以盛点水，当时还有余震 6. 2 级，有几个同志冒着生命危险去弄水，当天晚上由华加坛同志带领几个青年站岗。

黄雪珍、杨正朝、睦述平、金三宝、唐仁忠、陶家华、钱薇薇等同志都到药厂去挖药，危险的场合，都有他们出现。唐仁忠，看病像医生，换药像护士，造房像泥水木匠，没夹板自己做，没刀用石头削，再在水泥上磨口。

一天可看一千号病人，在党校的地方找了个点，设立野战医院，做诊疗，还组织巡回医疗。有的巡回工作 36 小时。

孙莹珠：任劳任怨，吃苦在前，享受在后，鞋底跑穿了，还坚持干，群众称她是无名英雄。

冯家梅：脚被洋钉刺破了，不报告，继续干，后来被人发现了送机场打 T. A. T.

后来我们的点因部队调换，离开了红星区。菌痢病人增多，大粪无法处理，我们就挖坑，集中倒在一起消毒。

有个解放军同志大便拉得一身都是，护士冯家梅给他脱下来，结果被另一个解放军抢去洗了。

市委送来的苹果，把好的都送给病人，坏的削好，用水浸着，再留给辛苦的同志吃。解放军送来了西瓜，留给发高烧的同志吃。大家提出口号，要与灾区人民同甘苦共命运，我们的生活不能超过灾区人民。

把死的危险留给自己，生的希望让给别人，共产主义的风格到处可见，对大家教育很大。

虹桥医院优秀队员代表

黄桂秀：杨家琨医生在唐山表现较好，身为主任没有架子，一有空就打扫厕所，打扫卫生。一天他腹泻很厉害，仍坚持上夜班，经常日班连夜班，不计时间地工作，对大家教育很大。平时能关心群众……与灾民划等号。平时对医疗加强纪律性教育。我们的队地处机场旁边，供应紧张，有的医疗队离解放军近，物资上给予不少供应。我们有时出诊到解放军那里，部队同志问我们有油吃吗？我们明明天天无油，菜用开水煮了吃的，但总是讲有的，有时人家送来了也不接受。杨医生经常讲，我们要服从命令听指挥，不要随便自己去挂钩拉关系。当时我们见到一院等其他队自己与部队挂上关系后，伙食上得到了很大改善，一度也责怪杨医生。现在想想，我们能遵守大队部规定的纪律，不随便去拉关系，这是我们能遵守纪律的表现，为此也感到自豪。

有一次机场同志送来了一杯花生米，尽管我们几天没油吃了，大家都想吃一粒，但是最后我们没有吃，大家开会讨论，最后就转送给灾民吃了。杨医生一直向我们指出，要我们与灾区人民划等号，灾民吃什么，我们也吃什么。杨医生年老，身体不好，脚骨折过，但他主动带领大家坚持出诊，巡回医疗。

陈玉英：这次我们虽去了，但是总感到太晚了，没有像辽宁那样及早去，否则可抢救更多的病人，因此心里总有点过意不去。这也是一条深刻教训，今后不能等，地震就是命令，再等什么呢？今后也希望局里总结这方面的经验。

杨家琨：我们医院去唐山的有 5 名，大家的精神状态都很饱满，到了唐山，不分彼此、不分昼夜工作，积极性都很高。有的同志发高烧，吊好盐水就又工作了。护士陈玉英同志黑龙江医疗队刚回来，家里一个小孩（自己没有生孩子，是领养的）患出血性紫癜，一听到唐山要医疗队，她坚决报名，到了唐山后表现也较好。这个同志打过入党报告。

我们对医疗队同志提出口号：要与灾区人民划等号。所以不少同志拿到了苹果，自己也舍不得吃，让给病人吃。大家都能克服困难，一有工作，大家抢着干。有一天暴雨下得我们帐篷倒塌了，棉被都湿透了，但同志们发扬了与天斗与地斗的精神，起来抢修、挖井、排水。虽然一夜没睡，但大家精神很饱满，情绪仍很高。回来后，我们向医院作了小结汇报。目前邀请我们出去演讲的很多，怎么办？局里有否统一布置，否则影响医院工作开展。局里对这次唐山医疗队如何推动卫生革命有什么打算，希望局抓一抓。

社会主义的胜利凯歌——上海赴唐山抗震救灾医疗队的汇报

唐山、丰南一带发生强烈地震后，在伟大领袖毛主席、党中央的亲切关怀下，在党中央慰问电的鼓舞下，灾区的党政军民，团结一致，坚定沉着，以大无畏的英雄气概和顽强的革命精神，投入了抗震救灾斗争。全国各地和人民解放军迅速给予大力支援，灾区伤员及时得到抢救治疗，人民生活迅速得到安排，生产逐步恢复，出现了一个又一个奇迹，这使我们深刻地认识到，用马列主义、毛泽东思想武装起来的……我们的各级党组织是坚强的战斗堡垒，我们的人民是有高度社会主义觉悟的，是经得起考验，能够战胜任何困难的。斗争的实际生动地说明了我们伟大领袖毛主席、党中央和人民是心连心的，充分说明我们的社会主义制度是有极大的优越性的。这一次抗震救灾伟大斗争也可以说是一次大的战争演习，是无产阶级革命力量的大检阅……我们上海医疗队在唐山战斗了20多天，对我们每个队员来讲，经受了一场严峻的考验，参加了一次难忘的战斗，受到了一次极其深刻的思想和政治路线方面的教育，下面分两大部分汇报。

第一部分先汇报一下，唐山军民在抗震救灾中的英雄事迹。

一、 党的关怀暖人心　毛主席和人民心连心

7月28日3时42分，唐山、丰南一带发生强烈地震后，伟大领袖毛主席、党中央极为关怀，在当天就发出了慰问电，鼓励灾区党政军民发扬艰苦奋斗的革命精神，以坚韧不拔的毅力，投入抗震救灾斗争，奋发图强，自力更生，发展生产，重建家园。接着又组成了以华国锋总理为总团长的中央慰问团。在抗震救灾的重要时刻，华国锋总理亲自来到唐山，深入厂矿察看灾情，了解职工生活情况，同干部和工人亲切交谈，详细询问井下工人

安全脱险的情况，并且同大家一起研究了迅速恢复生产的问题。党中央对灾区人民的慰问电和中央慰问团的到来，给了灾区人民以巨大的鼓舞，激发出战胜灾害，重建家园的巨大力量。中央慰问团副团长陈永贵副总理，30 日就已到唐山了，比我们医疗队到得还要早，我们到达唐山机场时，看到中央慰问团的帐篷已经搭好，陈永贵副总理已在进行工作。我们大队部的帐篷紧靠着中央慰问团住地。上海医疗队到达唐山机场时，陈副总理和中山医院医疗队同志亲切地谈了话，并接见了我们大队部的领导干部，问了上海医疗队来的人数，要大队部向全体医疗队员转达中央慰问团的问候，希望医疗队全体同志以深厚的无产阶级感情努力抢救治疗伤员。同志们听了之后心情非常激动，大家说，中央慰问团就在我们身边，陈副总理这样关心我们，我们一定要克服一切困难，千方百计抢救治疗每一个伤员，把毛主席、党中央亲切的关怀送到灾区人民的心坎里。在党中央、毛主席的领导下，中央和各有关省、市很快都成立了抗震救灾指挥部，全国各地和人民解放军对灾区进行了大力支援，空军部队派出飞机散发中央慰问电；《红旗》杂志社还专程给灾区人民送来 7 万多册第八期《红旗》杂志，提供了战胜灾害的思想武器。各省、市、自治区都把灾区人民的困难当作自己的困难。河北省委书记刘子厚亲临第一线指挥战斗，28 日当天就组织了 1400 多辆汽车，从石家庄出发，昼夜赶运了 4000 多吨物资。我们在机场看到，各地运来的饼干、罐头、药物、帐篷、棉衣等物资堆积如山。唐山机场担负着空运物资和抢救人员的任务，飞机平均每两分钟起飞一次，紧张时每 26 秒钟就起飞一次。7 月 28 日至 8 月 1 日五天内，飞机总架次 1044 次，最多一天有 300 架次。这在世界航空史上也是罕见的。解放军派出了十几万指战员来到唐山抢险救灾，其中包括有 20 多个野战医院。北京军区、沈阳军区一些部队急行军几天几夜赶到唐山。全国有十多个省、市、自治区都派去了医疗队，共有医疗队员 2 万多人。辽宁省在地震发生的当天，就由锦州市委书记、市文教组长、卫生局长带领一批医疗队，直接坐卡车到唐山。他们到得最早，人数最多，一共有 3000 多人，及时抢救了大批伤员，作出很大成绩，为我们树立了榜样。上海市委对灾区人民全力支持，市委书记说：唐山的灾情就是我们的灾情，唐山的困难就是我们的困难。震后第二天就组织医疗队北上，还派出专机空运大批医药物资支援唐山抗震救灾。

二、 抗震救灾的坚强战斗堡垒

“中国共产党是全中国人民的领导核心，没有这样一个核心，社会主义事业就不能胜利。”在抗震救灾斗争中，唐山各级党组织是坚强的战斗堡垒，许许多多的党组织领导成员从瓦砾中站起来，不顾自己家人的安危，不顾自己身上的伤痛，挺身而出，迎着困难上，以大无畏的英雄气概宣传群众、组织群众，带领群众顽强战斗。唐山地委副书记张一平同志从乡下回来，见他爱人及两个孩子都已牺牲，他没有去处理亲人的遗体，就立即废寝忘食地组织全区的抗震救灾工作。唐山市委第一书记许家信同志，被压在倒塌的房子里，当他脱险后，首先想到的是全市人民的安危，直奔市中心，找到几个常委同志立即在马路上建立起唐山市抗震救灾指挥部，在一辆公共汽车里举行了震后第一次常委会（唐山市抗震救灾指挥部，现在仍在几辆公共汽车里办公）。矿工出身的新干部车振明房屋倒塌时受了伤。他 16 岁的儿子、13 岁的女儿被压在瓦砾下，连声呼唤："爸爸，快来救我！快来救我！"隔壁路北区区委书记邱广玉一家也在呼救。这时，大地还在摇动，时间就是生命！怎么办？车振明毅然对他爱人说："我先去救老邱。"等邱广玉一家安全脱险后，不是先去救他的儿子、女儿，而立即去救区委书记。他两个孩子都已失去了生命，他为什么不先救自己的孩子，而去救区委书记呢？因为他认为先救出区委书记就可以组织全区的抢救工作，这充分体现了共产主义大公无私的崇高思想境界。

在丰南县，县委书记彭砚章同志，被别人抢救出来后，顾不得去救自己的亲属，忍着伤痛立即召集县委领导成员开会，研究和布置了抗震救灾措施。稻地工委书记李云汉同志多处负伤，也拄着棍子、跷着腿，从这村走到那村，战斗在抗震救灾的第一线。

地、市、区委的领导是这样，很多基层党组织也是这样，都是能够带领人民群众与阶级敌人斗、与地震灾害斗的坚强的战斗堡垒。唐山自行车厂党总支书记张彭周，地震那天深夜，他在厂里和工人谈完心，刚上床不久听到轰隆隆的声音，感到情况反常，就马上把一部分工人叫了出去，避免了许多人的伤亡。地震后，厂房塌了，里面还有工人，老张当机立断组织抢救。全厂工人救出后，又去工人宿舍抢救。当他走过自己家门时，房子已倒塌，他一个 22 岁的儿子压在下面。听到爸爸说话的声音，儿子就说："爸爸，我还活着，你设法来救救我。"但是，张彭周同志想，救工人要紧，加快脚步向工人宿舍跑去。结果许多工人得救了，但他的儿子却牺牲了。在场的工人群众流下了眼泪说："如果老张有半点私心的话，他的儿子是不会死的。"老张家里留下了一个老母亲和受伤的小儿子，他也顾不得去照顾，日夜在厂里组织群众抗震救灾。抓革命，恢复生产。当时，有的同志看到灾情严重，有悲观情绪。他立即召开总支会，研究总支如何发挥战斗堡垒作用，决定把工厂的招牌挂起来，把团结战斗、人定胜天的大幅标语刷出来，在废墟上竖起了一面火红的战旗。人们看到这面红旗，就像看到了党的领导，听到了党的召唤，浑身充满了力量。在张彭周同志的带领下，全厂工人群众充分发动起来，艰苦奋斗，在地震七天后，就生产出 30 辆抗震牌自行车。类似这样的带头人在唐山各级党组织中真是举不胜举。许多共产党员为了抢救阶级兄弟，几过家门而不入；不少共产党员把生的希望让给别人，把死的威胁留给自己，奋不顾身，舍己救人，表现出共产党人坚强不屈、百折不回的高贵革命品质，谱写了一曲又一曲的共产主义凯歌……

三、 英雄的唐山人民不可战胜

英雄的唐山人民在严重困难面前顶天立地，坚韧不拔。在强烈地震来临的时候，许多工人同志为了保卫国家的财产，临危不惧，坚守岗位，甚至献出了自己的生命。唐山市发电厂市内电站运行丙班工人，在地震中英勇机智，保护了机器。在地摇楼晃时，他们高喊："危急关头，不怕牺牲，排除万难，保住机器。"工人们不顾砖瓦、玻璃纷纷打来，在各自的岗位上尽力保护机器，先把汽轮机停下来，切断电源。这时管道破裂，蒸气以130公斤的压力从断裂的管道中喷出来，如果遇上氢气中油就会爆炸。在这千钧一发之际，工人们在一个班长的带领下，迅速关闭了所有阀门，避免了爆炸。而这些同志都被砸得头破血流，也就在这时，开滦煤矿的林西矿发电厂青年女工张凤兰正在锅炉房紧张地工作，当大地颤动，厂房摇晃的一刹那，张凤兰没有往门外安全区跑，而是奔到锅炉的阀门那里。她想如果锅炉房一旦倒塌，锅炉爆炸，设备、人员就会遭到更大损失，她决心用自己的鲜血和生命保卫人民的生命财产。但这时乱木碎砖砸得张凤兰晕头转向，跌倒在地。她顽强地站起来，扑到阀门前，使尽全身力气，把一个个阀门关上，当关到最后一个阀门时，锅炉房倒塌了。同志们闻讯赶来，扒开碎石，张凤兰已经昏过去了，但是她沾满鲜血的手还紧紧抓住阀门柄，就是这个青年女工奋不顾身的革命行动避免了锅炉爆炸，挽救了工厂机器设备。就在这个矿区，五号井绞车主司机、共产党员吴昱东，地震时正在操作台上值班，当时他离开脱险的门口只有几步远。但是他一步也没有后退，仍然坚守工作岗位，双手紧紧按住闸把，不让绞车下滑。轰隆一声，绞车房倒塌，吴昱东英勇牺牲，人们找到他遗体时，他的双手还紧紧抓住闸把。

在丰润县宋各庄大队的饲养棚里，老贫农饲养员刘荣贵，大震来临时首先扑向槽头抢救队里的牲畜，他一根又一根解开缰绳，当解到第九根，也是最后一根时，饲养棚倒塌了，他牺牲在里边。英勇的唐山工人、贫下中农，在严峻的时刻首先想到的是社会主义事业，是大多数人民的生命财产，是坚守自己的战斗岗位。唐山市服务公司一个60多岁的老年职工，地震中抢救邻居负了伤，当医疗队员给他治疗时，他恳切地说："我年纪大了，恐怕不行了，你们带来的药不多，还是留给别人吧。"市郊有个拖拉机手抢运病人中，脚骨折了。但是他忍住痛苦，请旁边同志踏煞车，继续开车。很多人刚从瓦砾堆里爬出来，有的满身伤痛，有的家人还被压着，但他们想到的不是自己，不是自己的家，而是急着抢救别人，抢救工厂。

丰南县南孙庄公社刘胡庄大队赤脚医生吴玉茹，自己脱险后，家里五个亲人都被压着，但他想到一个外出办事的干部家里有老有少，马上把他们从倒塌的房子里救出来，接着又救出了两个贫农的女儿。这时有人告诉吴玉茹，你母亲负伤了，快回去救，就在同时，另一个社员发出了呼救声。在这紧急关头，他没有往家里跑，而是到了呼救的贫农家。最后他母亲没有得救，但小吴并不后悔，并不悲伤，仍然背着药箱一心一意抢救伤员。他心中装的是全体贫下中农，赤脚医生真是贫下中农的贴心人。

在开滦唐家庄矿还传颂着共产党员、女工刘士芳公而忘私的动人事迹。刘一家七口，爱人正外出，她和五个孩子被压，她脱险以后，不到家里，马上到矿上请求任务，领导上问她家里情况怎么样，她说："家里损失是小事，救矿山、保矿山是大事，在这样的紧要时刻，一个共产党员决不能离开矿山！"她一直战斗在矿上。隔了两天多，解放军扒出她五个孩子时，全都已失去了生命。她抑制住悲痛的心情，对同志们说："只要矿山还在我就高兴，有矿就有家，有党就有亲人。"

前段时间，报上刊登了开滦煤矿赵各庄矿井陈树海等五位矿工埋在井里整整战斗了十四天半，安全脱险。这里我们再介绍王树斌，他是以怎样惊人的毅力与死亡作斗争的。

8月4日下午4时50分，解放军某部九连一排的同志们，在辽河油田两台吊车的密切配合下，从倒塌严重的开滦医院扒出一名埋压了八天七夜（181小时08分）的青年工人王树斌。王树斌是唐山铝矾土矿的工人，7月27日夜12时许，因患急性痢疾而入开滦医院，四小时后，发生强烈地震被埋。据王树斌讲，震后，与他同病房的十多个人，大部分被压死，有四人因未压到致命处仍活着，其他三人不能动，只有他还能活动。他们四人在一起，互相鼓励。有一工程师几次对王树斌说："你没有伤，又年轻，你一定要活下去，要争取出去，将来好参加建设新唐山的战斗。"在同志们的鼓励下，王树斌决心要活着出去。他利用自己能活动的有利条件，稍有气力，就在高仅一米的房间空隙中爬动寻找食物。一天，他摸来摸去，从地上摸到四个桃子，这是他妈妈送他入院时带来的，便分给活着的同志一人一个。三天后，其他三个同志因伤势过重先后死去。随着时间的推移，王树斌又饥又渴，但是他并不气馁，以顽强的毅力，在废墟中爬动，寻找食物。一天，他又从床下摸到一个瓶子，里面装的是什么，他不知道，就先用牙把瓶盖咬开，然后用舌头舔了舔，感到是甜的（葡萄糖水），就喝了下去，这样又坚持了一段时间，不久，他就经常听到搬砖撬石的声音，以后又听到了宣传车广播中央慰问电的声音。"下定决心，不怕牺牲，排除万难，去争取胜利。"毛主席的话，极大地鼓舞着王树斌。他想：一定是毛主席派解放军来救我们了。我一定要活下去，一定要活着出去建设新唐山！在中央慰问电的鼓舞下，他鼓足全身气力，再次爬动，寻找能吃的东西。他把手伸到床上，一把摸到一个枕头。他想：枕芯里不是谷糠就是稻壳，也有一些养分，便撕开一个口子，抓了一点放在嘴里，使劲一嚼，又扎嘴又干燥，实在难以咽下去。但是，为了活着出去，他硬是嚼啊嚼，几天内吃了枕芯中的充填物大约四分之一。

在被埋压的日子里，地下黑洞洞的，王树斌根本分不出白天黑夜，就靠听声音判断。一听到上面有汽车跑，喇叭叫，他便知道是白天，一听上面安静了，他便知道是夜间。根据这种判断，一到白天，他就寻找机会向外面呼喊。开始，虽然上面有砸、抬水泥预制板的声响，也有说话声，但由于积压物太厚（三四十米），他呼喊过许多次，都未能被外面的人听到。8 月 4 日 9 时左右，一排的战士，正在开滦医院病房楼上扒挖药库，战士李振虎突然听到下面有人呼喊。在代理排长的带领下，经过七个多小时的艰苦奋战，从五楼一直挖到一楼，终于扒出了王树斌。扒的过程中，他听到一个战士要钻进洞里看他所处的位置，就喊："有危险，解放军不要进来！"在他的密切配合下，解放军终于把王树斌救了出来。在八天七夜的顽强斗争中，王树斌信心满怀，表现了惊人的毅力，这是资产阶级根本无法想象的，也是人类生命史上的奇迹。

英勇的唐山工人、贫下中农，发扬一不怕苦、二不怕死的革命精神，冒着余震的危险，积极投入恢复生产的斗争。在强烈地震刚过去不久，就刷出了"天崩地裂何所惧，泰山压顶不弯腰"，"地大震，人大干，你震你的，我干我的"，"你来一次地震，咱来一场革命"等气壮山河的醒目的大幅标语。他们还响亮地提出："别看我们受了灾，大庆红花照样开"，"争取早日恢复生产，把地震的损失夺回来"。他们这样说，也是这样干的。英雄的开滦马家沟矿广大职工争分夺秒、奋发图强，在强烈地震后第五天，展开了恢复生产的大会战。工人们说：这不仅是一场经济仗，更是一场政治仗、志气仗。成千上万的职工家属压抑住失去亲人的悲痛，忍着伤痛，纷纷报名要求下井，8 月 7 日也是地震后的第十一天，他们就部分地恢复了生产，创造了奇迹。接着，天津到唐山的铁路也通车了，电厂开始供电，水的供应逐渐改善，邮电、通讯和有线广播已经恢复，特别令人振奋的是唐钢已炼出了抗震救灾的"争气钢"。到目前为止，已有 20 多个厂恢复了生产，商业网已恢复营业；《唐山劳动日报》在 8 月 4 日就复刊了，学生开始进抗震学校学习，向阳院恢复了活动；医院开始收治病人。现在你踏进唐山市区，就可以看到在马路两旁和一些空旷的场地上已搭起了一座座准备过冬的简易住房，上班的人骑着自行车，坐着公共汽车来来往往，抗震救灾，抓革命，促生产，重建家园建设新唐山，一派生气勃勃，繁忙战斗的景象。这是……用马列主义、毛泽东思想武装起来的英雄唐山人民，在毛主席、党中央及河北省、唐山地区党委领导下，同中国人民解放军一起英勇奋战所创造的人间奇迹。……

四、 亲人解放军是抗震救灾的主力军

在唐山，哪里最艰险，哪里就有解放军；哪里最困难，哪里就有解放军。解放军在抗震救灾中建立了不可磨灭的丰功伟绩，在人民群众中传颂着多少可歌可泣的英雄事迹。

当毛主席、党中央发出抗震救灾的号令后，"灾区就是战场，时间就是生命"，十几万人民子弟兵向灾区飞奔而来，有的乘车，有的跑步。在通往唐山的公路上，浩浩荡荡的车辆和队伍如铁流奔涌，日夜兼程到达唐山。有的甩下背包连帐篷也来不及搭，立即投入抢救阶级兄弟的战斗，哪里最危险就往哪里冲。为了救出被埋的亲人，工具不够，用手扒；吊车未到，用肩扛；手指扒破了，膝盖磨肿了，脚底戳穿了，为了多抢救几个阶级兄弟姐妹，他们几天几夜不睡觉，一不怕苦，二不怕死，英勇顽强，连续战斗。有个解放军战士为了抢救阶级兄弟，三天三夜没有喝一口水，睡一会觉，一个人就抢救了 23 名阶级兄弟，扒得两手鲜血直流，指甲都掉了。由于过度疲劳，加上缺水，昏倒在地，他醒后第一句话就问："伤员怎么样？"当同志们把水壶放到他嘴唇时，他推开水壶说："水那么紧张，伤员更需要它，我心里不渴。"短短一句话，表达了人民子弟兵对人民的多少深情厚谊！他心中装的是广大人民群众，什么困难都能克服，什么疲劳、口渴都能战胜。

战士们把生存的希望让给群众，把死亡的危险留给自己。在倒塌了的建筑物上艰难地攀登，细心地寻找着遇险的阶级兄弟姐妹。一座倒塌的楼房里，一根断碎的短柱子支撑着一块钢筋水泥预制件楼板，楼板下面夹着阶级兄弟。战士们勇敢地冲上去，奋不顾身地抢救。为了减少震动，不使四周的碎石打落在阶级兄弟身上，他们把工具扔在一边，宁肯用双手扒。许多战士的手指磨破了，仍然一个小时接一个小时坚持战斗。突然，强烈的余震发生了，只听"咔嚓"一声，残柱断裂了，眼看那块水泥楼板就要压下来，在这千钧一发之际，青年战士吴险峰挺身而出，伸出右腿，用膝盖撑住楼板，战友们抓紧时机奋力抢救，时间一秒一秒过去，小吴头上渗出一颗颗豆大的汗珠，牙齿咬得咯嘣响，他纹丝不动，像巨人般巍然屹立，直至抢救任务胜利完成。在另一座楼房里，战友们正在抢救阶级兄弟的时候，一块石板坍落下来，情况万分紧急。共产党员、战士宋绍夯一个箭步冲了上去，用肩膀顶住石板，以惊人的毅力，坚持了十多分钟，直到战友们救出遇险的群众。周围的人民群众被这位英雄的行为感动得热泪盈眶，说他是"革命的千斤顶"。在抗震抢险的战斗中，有许许多多这样的"千斤顶"。他们顶住、撑起的不是一两块石板、水泥预制件，而是钢梁铁柱所撑不起的千斤重担。这支英雄的军队不愧是无产阶级专政的坚强柱石，抢险救灾的主力军。

哪里有子弟兵，共产主义的思想就在哪里大放光芒。参加抗震救灾的部队，有不少人的家就在震区，炮五师 1500 人中有 200 人家住唐山，他们都顾不得回家，有的多次走过家门而不入。某部新闻干事张洪亮家住丰南县，领导几次想开车送他去丰南看看，他却不去。有一次运送伤员路过丰南，驾驶员把车停下来，要他回家看看。他说："我家里只有两口人，车上几十个伤员急需抢救，我们要想这个多数，快开车，我不能离开自己的战斗岗位。"伤员听了十分感动，说："真是毛主席的战士，人民的子弟兵，心高没法量啊！"

人民子弟兵爱人民爱得深，想人民想得细。群众没有大米，他们给；没有水，他们送；没有帐篷，他们让；要搭简易房子，他们来帮助；生了孩子缺什么，他们会给你送来……他们为群众做的事太多，没法说得清。在唐山市里，解放军还为群众搭建爱民理发店，军民食堂，建造过冬房屋等。他们对群众是无微不至的关怀，但他们对自己又是严格要求，一丝不苟。就在我们大队部所在地，唐山机场，堆满了全国各地支援灾区的食品和日用品，担负运这些物资的战士们，经常忙得吃不上饭、喝不上水，但却没有人动过一块饼干，一只水果。

有一次，某部汽车班长因为连续运输，十几小时顾不上吃饭。他运的正是饼干，但他宁愿喝口水填肚子，而不愿吃一块饼干。他说这是送灾区人民的食品、物资，我们不能随便拿来吃。他们每天用水车从很远的地方送水给唐山市人民，但是他们自己的水壶却往往是空的。他们每天送粮送菜给群众，但常常自己却饿着肚子。同志们都看过《列宁在一九一八》这部电影，华西里从察里津把整整一列车面包运到彼得堡，自己却饿得昏了过去。在抗震救灾的战场上也有这样的动人事迹，解放军对我们医疗队也是关怀备至。我们好多个医疗点上吃的水、大米、蔬菜，都是解放军供应的，天气冷了还借衣服给我们穿，我们医疗队开展工作，得到了解放军的大力支持和帮助。

还有一个令人赞叹的故事。某部汽车团班长徐连生一到灾区就得了痢疾，一天要拉二十几次。按理，医疗队就在路边，把车停下，吃点药，打几针就会好的。但是这个战士想到救灾和救火，要抓紧分分秒秒抢运物资和伤病员，就一声不吭，白天黑夜连着开车。最后病情加重，连掌握方向盘的力气都没了，同志们发现后，赶忙把他送往医疗队来。但是时间已经晚了，这个年轻的战士还没到医疗队，心脏就停止了跳动。他用自己年轻的生命谱写了舍己为人公而忘私的共产主义凯歌。……

现在汇报一下上海医疗队奔赴唐山，在灾区广大工人、贫下中农的教育下，在人民解放军先进事迹的鼓舞下，全心全意为人民服务情况……

一、 斗志昂扬上战场……

唐山、丰南一带发生强烈地震后，在上海市委和各级党组织领导下，当天就组成了一支 880 人参加的抗震救灾医疗队，分成 56 个小队，肩负着上海一千万人民的委托，于 7 月 29 日清晨，分乘两列火车直奔唐山方向。30 日上午 9 时半，列车到达天津杨村车站，下午和晚上，又先后转乘飞机进入唐山机场。31 日清晨，大部分医疗队已进入唐山市路南区、路北区和丰南县一带抢救、治疗伤员。8 月 5 日，市委又增派 1100 多名医疗队员，分别到遵化县、迁西县的城镇和部分社队开展巡回医疗工作。两批医疗队员中，大多数都是……

卫生战线的新兵，团员青年占总人数的一半以上，年龄最小的只有19岁，有的参加工作还不到一个月。

……在赴唐山的列车上，医疗队员认真学习了中共中央给灾区人民的慰问电，党、团员都过了组织生活，大家群情激昂，争先恐后地向党表决心。许多医疗队员到大队部交了请战书，要求到灾情最严重、条件最艰苦的地方去战斗，为了抢救阶级兄弟姐妹，哪怕牺牲自己生命，也心甘情愿。不少团员青年表示：我们是……革命新一代……一些团员还向临时党支部递交了入党申请书，决心用共产党员的标准要求自己，在抗震救灾的战场上做冲锋陷阵的无畏战士。

到了唐山，我们看到地震给人民生命财产造成严重损失，心情都很沉重。但是我们看到灾区人民与天斗，与地斗，与阶级敌人斗，立誓建设新唐山的英勇气概和坚定信念，受到极大的鼓舞。……抗震救灾的现场……是广大医疗队员接受再教育的课堂。……

战斗的日日夜夜，医疗队员恨不得一天有48小时来抢救伤员。工作千头万绪，……每个医疗队都坚持过党、团组织生活，坚持学习制度，学习革命导师的著作和有关文章，……提高执行毛主席革命路线的自觉性。由于交通不便，医疗队驻地又分散，学习材料一时很缺。华东医院小分队的学习组长、共青团员小刘，为了紧密结合形势，把学习搞得生动活泼，动了不少脑筋。有一次，她在巡诊时看到开滦煤矿研究所的报栏上贴着《红旗》杂志《人定胜天》这篇短评，她一口气把文章读完了，感到心里很亮堂，增添了战胜困难的力量。小刘想，如果大家都学习一下这篇文章，那该多好啊！于是她利用休息时间，顶着火辣辣的太阳，掏出笔和纸，站在报栏前抄起来。由于暴雨刚过，报纸被雨打湿，字迹模糊难认，但她还是一字一句，抄啊，抄啊……终于把这篇文章带回医疗队，把党中央的声音及时传到每个队员的心坎里。地震后的唐山，供电一时不能恢复正常，可这又怎能阻挡得了我们医疗队员认真学习……的劲头！第一人民医院小分队的同志们，在结束一天紧张战斗后，每天深夜都靠手电筒和蜡烛的光亮，认真阅读着各种学习文件，热烈进行讨论。……

……在医疗队驻地盛传着工宣队侯师傅选“点”的故事。市传染病总院和第一妇婴医院的医疗队进入唐山后，医疗点设在哪里？有人主张设在靠近马路的地方，这样交通方便，后勤工作好做。侯师傅坚决主张把医疗队的帐篷搭在灾情最严重、伤员最集中、交通最偏僻的地方。他说：“我们离公路远了，而离灾区人民更近了，离毛主席的革命卫生路线更近了。”于是，他说服大家背着行李，挑着药箱，踏着断砖碎瓦，走了好长一段路，把点设在路南区小三街道。灾区人民含着热泪欢迎毛主席派来的好医生。大家都夸侯师傅这个点选得好！在抗震救灾中，广大医疗队员还……打破分工界限，内科、外科、妇科、儿科什么都看，从治疗到打针发药，从动手术到为伤员喂饭、洗衣理发，样样都干，大家怀着一个心愿，全心全意地为灾区人民服务。

……

二、 救死扶伤情谊长，排除万难志如钢

由于地震造成的破坏是在一瞬间形成的，大批的伤员一下子就集中到我们医疗队的周围。有些参加过解放战争的老同志说，像这样短时间内就有大批伤员集中的情况，连以前三大战役时也没有过。有些医疗队每天从清晨4点多钟起一直干到晚上十一二点钟才结束。建工医院一个15人的医疗队一天就要看1500多个伤病员。据不完全统计，在到达唐山后的短短两个星期内，我们上海医疗队共抢救和治疗了15.7万多人次的伤病员。广大医疗队员以白求恩同志为榜样，用深厚的无产阶级感情为灾区人民服务，大家响亮地提出："只要病人还有百分之一的希望，我们就要用百分之百的努力去抢救。"有一天，解放军给我们医疗队送来了一个从倒塌的房屋里抢救出来的开滦煤矿老工人，这个伤员埋在瓦砾堆里五天六夜，到医疗队时已经奄奄一息了。根据情况，我们决定马上给他吊盐水急救。但是，伤员的静脉已经萎缩干瘪，医疗队的团员青年跪在地上足足忙了三个多小时，针头还是打不进去，怎么办？时间不等人。有人提出作静脉切开手术。但是，立即遭到了否定。因为，病人体质虚弱，加上医疗条件差，做这个手术可能引起细菌感染，病人即使不死也会成为残疾。医疗队员感到，我们今天抗震救灾是阶级的委托，人民的期望，人民的医生要为灾区人民的生命负责。于是，大家不辞辛苦地用热水毛巾一次又一次为伤员擦洗，使静脉更明显。经过大家的努力，针头终于扎了进去。盐水、葡萄糖缓缓地流进了那位老工人的血管，生命得救了。

在路南区还传颂着青年医疗队员"一天三访现场救大娘"的故事。一天，共产党员小陆和共青团员小徐，在巡回医疗时，发现在倒塌的房屋顶上趴着一位老大娘，地震时，她被倒塌的房梁砸了一下，受了伤，由老伴设法把她搬到屋顶，已经趴了九天九夜了。她脸色苍白，痛苦地呻吟着。他俩急忙爬上屋顶，拿出金针，为大娘止痛，可是试了各种穴位，效果不大。大娘还是疼痛难忍，不能翻身。他俩又顶着烈日，回医疗队取止痛针剂，往返走了6里路。同志们，这不是普通的6里路。地震过后，原有的道路都被倒塌的房屋堵塞了。要走，就只能在断墙碎瓦中高一脚低一脚地跨来跨去，爬上爬下，每前进一步都要花很大气力，不小心还会摔跤。小陆和小徐好不容易取来杜冷丁止痛剂，为大娘注射。病痛减轻了，小陆、小徐又帮助大娘翻身，仔细地检查伤情，发现在大娘腹股部有道8厘米长、 3厘米深的伤口，已经感染化脓，必须马上动手术。小陆、小徐两人顾不得腹中饥饿，汗流浃背，再次回到医疗队拿了手术器械，和外科医生一起赶到现场，为大娘作了次期缝合手术。就这样，他们没喝一口水，没吃一口饭，一天之内就往返三次为大娘治病。大娘紧紧拉住他俩的手，禁不住热泪盈眶，连声说："你们真是毛主席派来的好医生，社会主义时代的好青年。"

由于伤病员高度集中，原来带去的药品、敷料，在短短的时间内就用光了。大量的伤员还在源源而来，有不少还需要立即抢救的重危病人。比如原有些截瘫病人排不了小便就有尿中毒的危险；骨折病人没有夹板不能固定，没有止血药给抢救造成了很大困难；伤员没有药换就会感染，等等。怎么办？困难纵有九十九，难不倒革命人民一双手。大家千方百计就地取材。市六医院的医疗队通过调查研究，得知驻地附近原来有一家医药公司。于是他们就分头寻找，发现医药公司的仓库全部倒塌，药物被埋在一尺多厚的水泥板下。医疗队员顾不上烈日暴晒，尘土飞扬，又扒又挖，手指抠出了血、身上擦破了都全然不顾，终于在水泥板下挖出了一个勉强可让一个人进出的小洞。这时候，余震还在不断发生，进洞非常危险，随时都有可能被埋在水泥板下。团员小王、小杨想到伤员急需用药物，临危不惧，紧贴着地面钻进洞口。留守在外边的同志为了战友的安全，严密地注意观察震情，隔一会就喊一声，和洞里随时保持联系，等取到药物爬出洞口，浑身都是泥灰，只露出一双眼睛了。就这样，同志们冒着生命危险，挖出了一包包、一瓶瓶的药物，这些药物的来历多么不平凡，可以说是凝聚着上海医疗队员对唐山人民深厚的无产阶级感情。我们还有许多医疗队员冒着酷暑，步行十多里路，到市郊采集血见愁、蒲公英等止血、消炎的中草药，给伤员治病用。大家还把塑料皮电线中的铜丝抽掉，剪成一段段来代替导尿管；用布条、木板、树枝、铅丝加工成夹板、固定圈、牵引架；还把不锈钢片用锯子、锉刀，一下一下锉成骨折固定用的骨钉，为不少伤员作了股骨骨折的复位。同志们高兴地称这些器材是"抗震"医疗器械厂生产的"抗震牌"产品。

药物是可贵的，但是无产阶级的革命精神更加可贵。广大医务人员在抢救过程中，想病人所想，急病人所急，掏尽红心为人民，千方百计救伤员。……有的医疗队员高烧发到39℃，同志们让他喝水，他却说："我不能喝，这一口水还能洗几个伤口呢。"不少医疗队员拉肚子，甚至拉脓拉血，但为了把药品让给灾区人民，大家都拒绝用药治疗，为了预防治疗肠道传染病，有的队员提出为革命吃大蒜头。有的口腔黏膜破裂，每咬一口大蒜，就痛得难受，但大家还是每顿坚持吃蒜头。有些重危病人需要输血，医疗队员抢着伸出自己的手臂，二十多天里，先后有七名上海医疗队员为抢救伤员输了血。新华医院一位"七二一"工大的学员为了抢救一名心脏停止跳动的病人，硬是用嘴一口一口地把病人气管里的胆汁、胃液吸了出来。这充分表达了上海医疗队员对灾区人民的深厚无产阶级感情。难怪唐山人民热情赞扬医疗队员"个个都像田春苗"。

在抢送抢救伤员的紧张战斗中，我们上海医疗队还为灾区人民接生了 37 个婴儿。这在旧中国、资本主义社会是无法想象的。可是，今天在我们无产阶级专政的社会主义国家里，在毛主席、党中央领导下却成了事实。一次，有个从倒塌的房屋下被抢救出来的纺织女工要临产了，产妇受了伤，原来又有肝炎。贫血，体质虚弱，是个难产，产妇和婴儿都很危险。铁路中心医院医疗队的同志赶到现场，立即进行抢救。产妇的家属认为婴儿保不住了，只求能保住产妇。医疗队的同志想：大人是阶级姐妹，婴儿是革命的后代，大人、小孩都得保住。他们在没有接生器械的情况下，跪在又闷又热、直不起腰的席棚里紧张奋战，整整六个小时，大胆采用剖腹产的办法，顺利地取出了胎儿，保证了母子的安全。产妇一家连声称赞医疗队员是我们灾区人民的贴心人。上海医疗队接生的婴儿，经过精心的护理和照料，都很健康。这些婴儿有的起名震生，因为是刚好在一次大的余震发生的时候出生的；有的叫胜震，就是一定要战胜地震；也有的叫海唐，是表示上海人民、唐山人民团结战斗的深厚的阶级感情的；还有的叫抗震，即这个小孩能扛得住 7 级地震而茁壮成长。每一个名字都表达了唐山人民“天崩地裂何所惧，立志重建新唐山”的豪迈气概。……

三、 艰苦奋斗心欢畅，共产主义放光芒

伟大领袖毛主席说：“我们要提倡艰苦奋斗，艰苦奋斗是我们的政治本色”；“无产阶级的革命精神就是由这里头出来的”。的确，抗震救灾的这段艰苦生活磨炼了人们的意志，也造就了具有共产主义理想的一代新人。

地震所造成的破坏是很严重的，有些困难是很难想象的。就拿水来说吧，我们到达唐山的时候，正是最炎热的夏季，白天温度高达三十七八摄氏度。顶着炎热的太阳，连续抢救伤员的战斗，使每个人都大量地出汗。特别是搞卫生防疫的同志，他们穿着像电影里大家看到的原子防护衣那样的隔离衣，清扫消毒一天下来，裤筒里都能倒出一碗汗水来。对于医疗队员来说水是多么宝贵啊。但由于自来水被地震破坏了，自来水管被地震震裂了，在市区根本找不到一滴自来水。由于缺水，许多同志渴得嘴唇裂开，喉咙简直要冒烟；由于缺水，一个平时能吃半斤饭的小伙子，想要咽下一小块压缩饼干也很困难。但是大家还是把带去的仅有的几壶水毫不犹豫地倒给伤病员洗伤口、解渴。驻扎在路南区红星街道的医疗队，为了把水留给伤病员，很多同志四五天都没刷牙、洗脸，身上的“老垢”一层层。尽管如此，伤员用水还是很缺乏。医疗队的团员青年决定自己去找水，当同志们外出发现一条一尺宽、六七尺深的地裂缝中，渗透出一些漂着油花的污水时，那股高兴劲儿无法形容。当时余震频繁，大地不断地抖动着，裂缝中不时掉进石块瓦片，团员青年冒着生命危险，争着钻进地裂缝，用茶缸一点一点舀水。有的队员还从几里路外的游泳池、废水池、工厂下水道去取水饮用。由于这些水来之不易，大家都十分珍惜。除了喝一点外，留下一小盆水就供给全队十几个人轮流洗脸、洗手，洗完后还舍不得倒掉，沉淀一下再用来洗脚。最后实在不能用了，就在水里加一些敌敌畏，用来喷洒地面，消灭苍蝇。

由于解放军的大力支持，医疗队用水情况有了改善。儿童医院帐篷外放着一口水缸，解放军的送水车每天送来水。有时，邻近的群众也从水缸里舀着用。有的同志说：我们这里的水大多是给伤员用的，不能让其他人用掉，主张把水缸搬进帐篷。到底是搬进来，还是搬出去，引起了一场争论。大多数同志认为：灾区人民的困难就是我们的困难。我们是为支援灾区而来的，为什么不多做一些有利于灾区人民的事呢？经过讨论，大家一致决定：不但水缸仍旧放在外面，而且还增设茶水供应站，把水煮开，供附近群众食用。他们自己呢？省吃、俭用，精打细算，仍像过去那样注意节约，保证伤员们对水的需要。

在灾区盐也是很宝贵的，当时一个医疗队只能发到半斤盐，大家都舍不得吃。不吃盐怎能有力气？一些医疗队员在干部的“命令”下，才像放味精那样，在自己的水壶里放上几粒盐，而把大量的盐留下来给伤病员和灾区群众。灾区群众感动地说：这真是友谊水、风格盐哪，滴滴甘水情谊深，颗颗盐粒力无穷。

我们的医疗队员宁肯自己千辛万苦，也要把党的温暖、阶级的深情送到唐山人民的心中。我们有个医疗小分队收到从北京运来的糖水橘子，大家想这下可以改善生活了。晚上，结束了一天紧张的战斗以后，大家围坐在帐篷内，打开了罐头。但是他们马上想起了睡在帐篷隔壁的伤员们，这些阶级兄弟姐妹负了伤、流了血，身体弱，比我们更需要补充营养和水分，这些罐头是从北京毛主席的身边运来的，一点一滴都凝集着伟大领袖毛主席、党中央对灾区人民的深切关怀，一定要把罐头让给伤员吃，想到这里，同志们捧起这些罐头，把它们送给了重伤员，并亲手喂伤员一口口吃了下去。伤员们知道这个情况后，激动得流了泪，高呼毛主席万岁！共产党万岁！第一批到达唐山的邮电医院医疗小分队，顿顿吃干粮。大家说：我们吃压缩饼干不是为了活命，而是为革命。不少人面孔浮肿，全身乏力，连着几天解不下大便。小陈等四名团员青年在郊区采集中草药时，偶然发现地上长着野米苋，就一把把摘下来，准备带回来做菜给同志们吃。一位大嫂上前告诉他们：这只能当饲料，你们采了干啥？当大嫂知道他们要当蔬菜吃时，感动得急忙抱来一只大南瓜送给他们。小陈他们怎么也不肯收。在大嫂再三坚持下，只得先拿了回去。灾区人民这样关心我们，我们更要关心灾区人民。大家商量决定：南瓜要煮成汤，野米苋也不能丢。他们把一碗碗热腾腾、香喷喷的南瓜汤送到每个伤员手中，自己却捧着一碗野米苋边嚼边咽。尽管喉咙里被刺得很不舒服，但心里也像喝到南瓜汤一样，甜滋滋的。

在赴唐山抗震救灾的短短一个多月中，医疗队员还以解放军战士为榜样，牢记“三大纪律，八项注意”，爱护灾区的一草一木。第二结核病防治总院的医疗队驻地在果园，周围都是苹果、生梨、核桃，香气扑鼻。有一夜刮大风，第二天早上，队员们外出时，拾到被风刮落的两只鲜嫩的苹果，怎么处理呢？有的同志提出把苹果送给身体不好的队员吃。可是大家说，辽西战役时，解放军战士能自觉地不吃人民的苹果，认为不吃是很高尚的，而吃了是很卑鄙的。我们也是毛泽东思想哺育出来的革命战士，决不能吃人民的苹果。这两只苹果你传他，他给你，谁也不肯收，最后还是送到重伤员的床前。伤员们捧着苹果，望着医疗队员干裂的嘴唇，布满血丝的眼睛，感动得说不话来。有的医疗队从废墟堆里找出一箱巧克力，他们眼不红，嘴不馋，忍着饥饿，毫不犹豫地上交了。有的同志捡到了150多元人民币，通过组织千方百计找到了失主。有的医疗队在唐山机场转运伤员，突然下起倾盆大雨，他们旁边就堆着一捆塑料布，但同志们谁也不去撕一片来遮身，却用自己的身体护住药品器材。“人是要有一点精神的。”医疗队的这些自觉行动，不是都闪耀着共产主义思想的光芒吗！

在艰苦的环境里，医疗队员以高度的革命乐观主义精神，信心满怀地去战胜困难，夺取抗震救灾的胜利，大家说：苦不苦，比比长征二万五；累不累，想想革命老前辈。胸怀共产主义大目标，再苦再累也心甘。8月7日深夜的一场暴雨把许多医疗队的帐篷都冲塌了，大家冒雨抢救药物器械，浑身淋得湿透，冷得发抖，但是没有一个人叫苦。同志们风趣地说：“我们白天斗烈日，雨夜‘战洪图’，住的是帆布篷，睡的是‘弹簧床’（指余震），每天晚上当‘团长’（冷得蜷缩睡），带上背包随时上战场。”有的医疗队在战地开了赛诗会。他们献诗说：“野战医疗队，含笑斗自然，地震震不倒，暴雨无所畏，要问力量哪里来？红太阳光辉暖心怀。”你一首，我一首，有的一个晚上就写了二十多首诗。这些诗充分表达了我们上海医疗队员誓与灾区人民团结战斗，战胜地震灾害的决心和信心……

我们上海医疗队在毛主席革命路线指引下，在当地党委的一元化领导下，在灾区军民的教育支持下，基本上完成了抢救伤员的任务。现在有1400多名医疗队员已经回到上海，还有600多名队员留在唐山市和玉田、丰润县继续为灾区人民服务。我们在唐山地区23天的时间是短暂的，如果要说医疗队抢救了唐山的一些伤员，倒不如说是唐山人民教育了我们。我们要把参加这场难忘的战斗所受到的教育，作为强大的政治动力，激励自己在革命的道路上继续奋勇前进。……要学习英雄唐山人民的大无畏革命精神，学习人民解放军“不一怕苦，二不怕死”的高尚品质，抓革命，促生产，促工作，促战备！……夺取卫生革命的更大胜利！夺取社会主义革命和社会主义建设的更大胜利！

上海赴唐山抗震救灾医疗队工作总结

地震发生当天，上海市委立即从各级医疗卫生部门抽调了880人组成56个医疗小分队，迅速赶赴灾区。8月5日，又派出第二批医疗队1100人。上海医疗队被分配在唐山市的路南、路北区，唐山机场以及丰南、丰润、遵化、迁西等县，开展抢救、治疗、转运伤员和卫生防疫工作。之后，根据河北省抗震救灾指挥部的要求，又在唐山市的东矿、缸窑和丰润、玉田县，分别开设了四个临时医院。医疗队在中央慰问电的鼓舞下，在河北省抗震救灾指挥部和当地党委领导下，在广大工人、贫下中农、人民解放军的先进思想、模范行动的教育下，向灾区人民学习，与灾区军民团结战斗，从7月30日到9月24日，据医疗队和四个临时医院的不完全统计，共救治伤病员242873人次（其中住院病人3268人次），做大小手术1576例，接生新生儿195名。还带教培训赤脚医生347名，协助灾区恢复合作医疗站89所。总结这次抗震救灾医疗救护工作，我们有以下几点体会:

一、 以阶级斗争为纲，狠抓政治思想工作

……这次唐山地区发生强烈地震后，大家纷纷争着报名，要求到抗震救灾第一线去抢救阶级兄弟。火车上，全体医疗队员学习了中央慰问电，学习了《纪念白求恩》《为人民服务》等毛主席著作，纷纷写了决心书、请战书。在杨村和唐山机场上，我们又两次作了战前动员。要求全体医疗队员发扬一不怕苦、二不怕死精神，克服一切困难，以深厚的无产阶级感情，全力抢救伤员。许多医疗队员以旺盛的斗志豪迈地说:“临战前夕表决心，毛主席挥手我前进，抗震救灾当尖兵，赤胆红心为人民。”……尽管环境艰苦，工作繁忙，但是广大医疗队员仍然以高昂的革命斗志，为灾区人民服务。在一个暴雨倾盆的深夜，有些医疗队的帐篷被雨水冲垮了，队员们浑身衣服都湿透，他们一夜未睡，第二天照样继续工作。龙华医院医疗队同志们围坐在雨水中开起了雨夜赛诗会，有的说:帐外暴雨倾盆，帐内热气腾腾。医卫战士心向党，满怀豪情战地震。要问力量哪里来，红太阳光辉指航程。有的说:唐山人民真英勇，山摇地动志不穷，一方有难八方援，重建家园展新容。你一首，我一首，写了二十多首，充分反映了医疗队员们革命的乐观主义精神。

二、 搞好抗震救灾医疗救护工作，必须充分发挥党组织坚强的战斗堡垒作用

……我们医疗队在这次抗震救灾工作中取得一些成绩，很重要一个原因就是医疗队各级党组织在斗争中发挥了战斗堡垒作用，广大共产党员、工宣队员、共青团员始终站在斗争第一线，在抢救治疗灾区伤病员工作中起了骨干作用和先锋模范作用。各个医疗小分队都设了临时党支部或党小组，配备了坚强的领导班子和政治骨干。上海医疗队101个小分队中，带队的领导干部有区卫生局负责人、医院党组织的正副书记和正副革委会主任、解放军医院院长以上干部77名，工宣队员67名；在2113名医疗队员中，共产党员有679名，占31.6%；共青团员有539名，占25.4%；党团员占总人数的57%，进而形成了一支强有力的骨干队伍，保证了各队能在艰苦的情况下，独立作战。长宁区两个医疗小分队派往丰南老铺公社后，因交通不便，与大队部失去了联系，面对伤员众多、抢救任务繁重的情况，党支部独立作战，鼓舞大家排除困难去争取胜利，他们依靠老铺工委的领导，依靠当地赤脚医生和盐场医院团结合作，终于圆满地完成了抢救伤病员的任务。

由于“支部建在连上”，各队党支部及时抓住队内的思想苗子，做深入细致的政治思想工作，共产党员起先锋模范作用，使医疗队始终保持着旺盛的斗志，做到拉得出、开得动、打得响。派到唐山市路南区的上海建工局职工医院医疗队，刚到现场时，面对成堆的瓦砾，个别队员说了一句：“这种地方怎么住呀？”指导员孙立中抓住苗子，马上召开全体党员会议统一思想，并带领全队认真学习了毛主席关于“一不怕苦、二不怕死”的教导。通过思想动员，大家发扬艰苦奋斗作风，一齐动手清理砖瓦，在马路边上迅速搭起帐篷，开展抢救工作。短短15天内，他们召开了党团组织生活、学习批判会十二次，由于抓紧政治思想工作，这个队在抢救任务特别繁重，生活条件极其艰苦，严重缺水、缺药的情况下，开头几天每天要抢救治疗伤员1300至1500名，医疗队员们每天连续工作18个小时以上，全队在15天内抢救治疗了伤病员10700多人次。灾区人民热情赞扬他们是“毛主席派来的好医生，咱们的贴心人”。

许多党团员在抗震救灾抢救治疗伤病员工作中发挥了先锋模范和带头作用。闸北区中心医院医疗队在抢救一位严重胃出血病人时，共产党员刘文龙手举汽灯站在帐篷外的大雨中，把草帽盖在灯上，一直坚持到手术结束。病人需要输血，党员医生赵秋曼马上伸出胳膊说：“白求恩大夫不远万里来到中国，为八路军伤员输血。这里同样是战场，我是共产党员，抽我的血。”在党员的带动下，队员们都纷纷要求献血，最后，小赵和另一位外科主刀医生叶铸人为病人献了血，使病人转危为安。儿童医院医疗队员共青团员小徐，在巡回医疗中，发现一位老大娘受伤后不能翻身，疼痛难忍。为了给大娘解除痛苦，他和另一位医疗队员一天中先后三次返回六里路外的医疗点里取药品器械，为大娘做了创口缝合手术，没有喝一口水，吃一口饭。大娘热泪盈眶连声说：“你们真是毛主席教导的社会主义时代的好青年。”在党团员先锋模范作用的有力带动下，各医疗队中涌现出不少先进人物、先进思想、先进事迹。有的队在饮水非常缺少的情况下，把解放军送来的水全部留给伤员和灾区人民。有的队员用口对口为伤员吸出堵在气管内的胃液、胆汁。许多队员自己生病不肯用药，把药留给伤员，带病坚持工作……整个医疗队内出现了一派学英雄、见行动的热气腾腾景象。

许多工宣队员也在抗震救灾斗争中发挥了政治作用，他们带着深厚的无产阶级感情，抢救伤员走在先，认真做好政治思想工作，带领医疗队员积极开展抢救治疗伤病员工作。传染病总院党总支书记、工宣队员侯龙生带领医疗队到达唐山市区后，主动把点设在灾情最严重、伤员最集中、地点最偏僻的地方。他说："我们离马路远了，但离灾区人民近了，离毛主席的革命路线更近了。"……无论是运送伤员、巡回医疗，还是清理环境，打扫现场，他总是夜以继日，冲在最前面。过度的疲劳使侯师傅持续三天高烧到39℃，但他坚持将药品留给灾区伤员，自己仍然抢着挑水送药，用自己的模范行动带领医疗队员在极其艰苦的条件下顽强战斗。第一医学院工宣队员曹树林，经常挤出时间照顾伤员，为伤员扎针治疗，用手把便秘伤员的大便一点点挖出来，伤病员们深受感动。

三、 紧紧依靠当地党组织，依靠人民解放军，依靠当地广大干部、群众，搞好抗震救灾医疗救护工作

……医疗队进入灾区，居住、饮食都存在严重困难，是解放军为我们找了设点的地方，为我们撑起帐篷，送来粮食、蔬菜。进入市区的医疗小分队，由于断水，不能为病人冲洗伤口，无法开展工作，解放军及时派来送水车，天气转凉后，解放军又为我们有些医疗队送来了衣服。

医疗队是在当地党委领导下、解放军的大力支持下和当地群众的帮助下，克服一个又一个困难，才使医疗救护工作得以开展的。如市□□医院小分队，进入唐山市路南区后，在当地组织和群众帮助下，清理瓦砾，腾出空地，搭上帐篷，搬来桌椅，为开展工作创造条件。没有水，群众借给他们水桶，带着他们从几里路外去挑水，又借给他们水缸，把解放军送来的水蓄起来，保证了冲洗伤口所需的大量用水。当病人大量涌来，药品供应不上，在解放军的带领下，从倒塌的仓库里挖出了不少药品、敷料，及时解决了抢救治疗的急需。在解放军的集体帮助下，设立了临时病床，收治病人。解放军还主动派人为医疗队承担了后勤、保卫、运输工作。

其他各医疗小分队开展抢救治疗伤员工作，同样都得到了当地党委、解放军和人民群众的大力支持。

四、 搞好抗震救灾医疗救护工作

……各医疗队到达唐山后，发扬连续作战的作风，不怕疲劳，分秒必争，立即投入紧张的抢救伤员战斗。30日下午，邮电医院医疗队第一个到达唐山机场，一下飞机就收治了80多名重伤员。18个医疗小分队30日当晚就连夜赶到伤员集中的丰润县和迁西的陡河水库工地。有的队15个人，一天就看1500多号伤病员。许多医疗队员，连续干了几天，很少合一下眼睛。海员医院有位外科医生，从上海出发时就有低热，以后紧张的抢救工作过度的劳累，加速了病情的发展。但他考虑到灾区人民的需要，仍然以顽强的毅力和饱满的热情为抢救阶级兄弟而战斗。直至8月20日，抢救工作基本结束，他发高烧达39.6℃，才被同志们发现。经检查患了胸膜炎，已经出现胸腔积液，在队长和全队同志们的再三动员下，才由其他同志护送回上海治疗。有的队员在唐山接到父亲病故的电报，但坚决向组织上表示，决不因为个人的事情，影响抢救阶级兄弟的大事。许多医疗队白天紧张地抢救伤员，晚上还坚持开展巡回医疗，送医上门，为伤重和行走不便的病人进行治疗。

由于伤员集中，原来每队带去可以用一个星期的药品、敷料，在很短时间内就用光了。大量伤员还在源源而来，有不少是需要立即抢救的重危伤员。面临这种情况，医疗队员们按照毛主席的教导，自力更生，因陋就简，千方百计就地取材，把塑料皮电线中的铜丝抽掉，剪成一段段来代替导尿管，大家称它为“抗震”牌导尿管；用布条、木板、树枝、铅丝自己动手加工成夹板、固定圈、牵引架，使很大一部分伤员得到了紧急处理。有的队把自己吃的盐和水省下来，配成盐水，给伤员清洗伤口。二医医疗队员，自己动手用竹篓和塑料布做成开刀洗手用的土自来水，把灾区人民献出的不锈钢片，用锯子、锉刀，一下一下锉成骨折固定用的骨钉，为不少伤员股骨骨折复位。队员们深有体会地说：“毛主席教导记心头，自力更生样样有，困难纵有九十九，难不倒一颗红心两只手。”

许多医疗队员还以贯彻“预防为主”方针，走中西医结合道路的实际行动……大家在抢救治疗伤病员的同时，和灾区人民一起建造简易厕所，搞好水、粪管理，积极宣传普及卫生知识，发动群众大搞爱国卫生运动。许多队员顶烈日、冒酷暑，背着喷雾器在断墙残垣堆里喷洒消毒药水，并挨门挨户为86100多名灾区人民进行了预防接种。有位伤员腰部受了外伤引起肾脏出血，病情比较危险，队员们就顶着炎热的太阳，往返十多里路，到市郊采集血见愁、蒲公英等止血、消炎的草药，为这位伤员进行治疗，在很短的时间内就控制了病情。一〇九部队医院的医疗队员用腕踝针，治疗了大批伤员，收到良好效果。大家还组织灾区的群众和小朋友同我们一起去采集马齿苋等草药煎成预防汤，送到灾区人民手里，预防和治疗肠道传染病。大家说：困难是石头，决心是榔头，榔头敲石头，困难就低头。困难逼我们，逼出了一条路。我们战备医疗队就要从实战出发，因地制宜，就地取材，解决困难。这看起来好像是小事，但意义重大，体现了自力更生精神和中西医结合的医学发展方向，贯彻了预防为主和备战、备荒为人民的方针。

五、 在医药物资上，后方及时支援前方，是搞好抗震救灾医疗救护工作的重要环节

我们医疗队到达唐山后，上海市委对医疗队工作非常关心和支持，在上海抗震救灾指挥部的领导下，卫生局和各有关部门都成立了抗震救灾办公室。上海市委在全力支援灾区需要的同时，还根据我们医疗队汇报的情况和要求，连续派出十几架次专机，为我们医疗队专门赶运了大批帐篷、水桶、药品、敷料、器械、食品、被服等物资，使我们及时得到了医药、物资的支持。在河北省抗震救灾指挥部要求上海筹建四个临时医院的意见决定后，上海市抗震救灾指挥部又两次用专车为我们赶运了大批医药、器材及各类物资103吨，装备了四个临时医院，确保了医疗工作的顺利开展。上海的各行各业对我们医疗队工作也给予了大力支援，上海民兵指挥部迅速从全市各个民兵组织中调集帐篷赶运唐山；商业部门星夜赶装医疗队所需的食品及生活用品；医药部门连续赶运灾区急需的各类医药物资和大批敷料；交通运输部门及时解决各种交通工具，保证物资及时运送。

通过这次抗震救灾医疗救护的斗争实践，我们经受了锻炼，做了些工作，取得了些成绩，但也暴露了不少问题。主要是：

1. 医疗队赶到唐山灾区现场不够及时。

由于待命时间过长，交通安排不及时等原因，我们从接到卫生部通知到赶到灾区现场，共花了77个小时，耽误了抢救治疗伤员的时间。28日上午9时50分，我们接到卫生部组织抗震救灾医疗队通知后，当日下午6时，就组织好了880人的56个医疗小分队整装待发。我们虽曾在下午3时、5时和晚上7时半、10时四次去电卫生部请战，听到“原地待命”的答复后，我们并没有及时向卫生部提出提早出发的建议，更没有主动派出先进医疗队奔赴灾区。29日凌晨3时45分，卫生部通知乘火车前往杨村转乘飞机去唐山。30日上午5时和10时，医疗队先后到了杨村，但在杨村机场等待了十多个小时，坐上飞机，直到30日晚8时才全部到达唐山机场。我们按省指挥部分配的任务，原定连夜赶赴各个灾区的，但除8个小分队连夜到达现场之外，由于等待交通工具，其他各队到第二天中午和下午3时才分别进入灾区现场。这样，我们医疗队赶到灾区现场，就耽误了40个小时。医疗队到现场后，许多干部、群众反映说：“你们早来一天，不知有多少人能救活！”事实确是这样，据了解，丰润县在28日、29日两天中，收治伤员高达一万多人，因得不到及时治疗，死亡了一千多人。这充分证明抗震救灾工作，时间就是生命，灾情就是敌情，必须分秒必争，决不允许耽误时间。

2. 我们卫生部门备战思想准备不足，组织和物质准备跟不上需要。

由于我们平战结合观念不强，同时缺乏经验。医疗队大队部总共只有30人，没有设立政工、业务、后勤等组，下面也没有设立中队部，56个小分队都直接由大队部领导，加上缺乏通讯联络工具，以致大队部不能及时全面掌握各医疗小分队情况，也不能把意见及时转达到各医疗小分队。在物质装备上，没有通讯设备、发电机、交通工具、帐篷、装备，随带的药品、器械品种也不全，不能适应抢救大批伤员的需要。在药品包装上，既重又易打碎，而且不能防潮，很不适应战备需要。此外，轻重伤的标记和伤情单我们也没有。在伤员转运过程中容易贻误对重伤员的及时抢救和治疗。

3. 我们主动向省指挥部及时反映情况、提出意见不够，医疗队潜力没有充分发挥。

这次上海医疗队医疗力量比较强，照理对伤员进行急救包扎和紧急手术以后，还可以在一定时期内对一部分重伤员进行收容治疗。但是我们没有及时向省指挥部提出建议，接到转运伤员通知我们就把重伤员转走了，因此，一部分重伤员没有进行必要的手术和有效治疗，许多医疗队出现了忙一阵、闲一阵的现象，医务人员潜力没有充分发挥。

根据唐山抗震救灾医疗救护工作的经验及教训，对今后工作提出如下建议：

卫生部门要加强战备观念，平战结合。为了防止社会帝国主义和帝国主义对我国发动突然袭击，为了适应突然发生自然灾害后医疗救护工作的需要，各级医疗卫生部门，必须树立长期的战备思想，从思想上、组织上、医疗救护技术训练上、医疗物资配备上，抓好平战结合的“四落实”。各级卫生部门的领导干部和广大医务人员，都要在思想上树立起长期备战的思想，随时准备参加战时和救灾医疗救护工作。在组织上，各级医疗卫生机构及生产大队赤脚医生和医学院校都要结合城市防空救护和民兵建设，分队编组，组织起一定数量的野战医疗小分队、野战手术队和野战医院，并配备好领导干部和党团员骨干，切实做到组织落实，随时做到“召之即来，来之能战”。每个野战医疗小分队的组织以 15 至 18 人较适宜，除重点配备外科、骨科医生外，同时配备儿科、妇产科医生及护理、药剂等人员。战时或救治需要时，担任第一线现场抢救治疗工作，三个野战医疗小分队加一个野战手术队，就可以组成一个临时野战医院。野战医院，既可担任手术转运站的任务，也可担任收容伤病员的任务作为临时医院使用，野战医院要配备防疫小组以加强防疫工作。每个野战小分队要设临时党支部，行政上设队长、指导员，三四个野战医疗小分队合在一起，成立手术转运站或野战医院，设临时党总支，行政上设站长、院长或领导小组。指挥机关可设野战医疗队大队部，大队部成立党委以加强党的一元化领导。在战时或灾区，野战医疗小分队、手术转运站、野战医院所需的后勤人员（包括炊事员、伤病员的照顾、后勤服务人员）到达灾区后，要由人民解放军和当地党组织就地组织群众，配合医疗队工作。战时，如有条件配备一套医疗小分队手术转运站、野战医院后勤人员外，也要依靠当地党委组织和发动一批群众力量参加后勤工作。在技术上要根据战时和灾区医疗救护工作的需要，进行训练，医务人员要做到一专多能，人人都会进行救护包扎、骨折固定、传染病预防、常见疾病治疗。各科医生都能做一般外科手术，还要进行一些“三防”知识的训练，思想上、组织上、技术上、医药器械物资配备上要适应战场和灾伤医疗救护工作的需要，医药的包装上要尽量适应野战医疗小分队、野战医院的需要，综合装箱配备，做到轻便、实用防潮，便于携带搬运，后方要随时了解第一线的需要，主动及时分批运送供应医药器材物资。每个野战医疗小分队都要相应装备一套适应灾区、战区的生活用品和食品。对于伤员伤情标志、伤情单、伤情登记表的格式，全国要有统一规定，各医疗小分队要配备小型报话机，以便保持通讯联络。

关于野战医疗小分队、手术队、野战医院的药品、器材、物资装备标准，建议卫生部会同有关部门召开专业会议进行研究，提出方案，报请国务院批准后，列入国家计划，进行投产配备。

医疗救护工作要加强统一领导、统一指挥，明确任务，使医疗救护工作更好地适应现场的需要。

此外，科研工作要及时跟上，要根据战备需要，列出课题（如：如何在短时间净化水，如何在简陋的条件下处理大面积烧伤等），组织力量，落实计划进行研究。……

上海市卫生局革委会10月23日电告

关于赴唐山抗震医院上海医疗队在唐住勤伙食补贴标准问题，市财政局行政事业财务组副组长马士龙同志10月23日电告：9月24日，市革会文教组、财贸组召集市财政局、卫生局、商业一局等单位会议，研究医疗队及抗震医院有关问题时，对医疗队住勤伙食补贴也作过研究，认为：还是按照上海市开支标准规定办理，即第一个月按每天5角发给，第二个月起，在机关食堂搭伙，减半发给（每天2角5分）。执行中有困难的，可给予补助，在单位职工福利费中开支。市财局党委意见，仍按这个精神办。

现医疗队去唐已经一个月了。拟即据此发文给有关单位。（附文稿）

请审核批发。

后勤组陆□□

1976年10月23日

上海市卫生局革委会关于赴唐山抗震医院医疗队执行住勤伙食补贴有困难另给补助的通知

党委孙福海同志和张新法同志一起来研究关于赴唐山抗震医院医疗队执行住勤伙食补贴有困难另给补助的具体掌握问题，区定，在补贴每天 2 角 5 分后，还有困难的，根据多困难多补助，少困难少补助原则，一般每月补助 3 元，困难大的补助每月 5 元，特殊困难组织上另行考虑。此意见向党委书记汇报同意后，作为口头答复时依据，不写进文。

陆□□、李维昌记录

1976 年 10 月 27 日下午

张新法同志 11 月 30 日上午告唐山何光明同志来电说唐山抗震医院医疗队伙食困难补助，根据局党委意见，三个医院都认为一般每月补助 3 元，唯独缸窑医院每〔月〕5 元，联络组要告知缸窑这样做错误，并要我们通知上海有关医院制止。向顾师傅汇报后，决定通知派赴缸窑的上海各医院：

"赴唐医疗队员在唐第二个月伙食补贴 7.5 元以外的困难补助，局党委意见，一般每月 3 元，困难大的 5 元。唐山 9 个医院讨论后，三个医院认为一般 3 元可以了，按此执行。只有缸窑医院要 5 元。这样不一致不好。我们意见，如缸窑医院通知你们每人补助 5 元，不要执行。还是按 3 元寄去，个别困难大要五元的，等以后来通知再发。"

请顾师傅阅后同意。

陆□□

1976 年 11 月 30 日

请示局党委领导，同意暂按以下意见办理：一般每月补助 3 元，困难大的每月补助 5 元。以上供各医院核定困难补助时作为内部掌握。请告知各抗震医院。此致

敬礼！

谢华□　顾□法

上海市卫生局革委会、后勤组关于医械物资结算的通知

各医院为抗震救灾带赴唐山的设备物资和开支费用等已统计报送我局。现为进一步向河北省结算，请各有关医院将带赴唐山的新购医械物资（包括库房未用过的物资），另列结算清单（表格附发，药品不要再填，表上供货单位及发票号码填写有困难的可不填），于11月25日前报局，一式二份。

此致

敬礼！

上海市卫生局革委会、后勤组

1976年11月15日

附：上海医疗队带赴唐山新购医械物资结算清单

编制单位：　　　　编制日期：　　　　共　页第　页

品名	供应单位	发票号码	数量	单价	金额

沪卫革（76）第84号

市卫生局革命委员会关于组织抗震救灾医疗队准备赴天津市宁河地区的情况报告

市委、市革委会：

11月15日晚上，天津市宁河地区发生强烈地震后，市革委会文教组值班同志于16日凌晨1时40分来电话，传达了市委领导苏振华、倪志福、彭冲同志关于做好抗震救灾医疗准备工作的指示。今天早晨，我们分别向卫生部、天津市卫生局、天津市宁河县卫生局询问了灾情，并主动请卫生部分配任务。据卫生部总值班王立忠同志说：天津市宁河地区昨晚确有6—7级的地震，伤亡不大，目前，暂不组织外省市医疗队去，如有上海任务，马上电话通知。天津市卫生局和宁河县卫生局同志说：地震约七级左右，有伤亡，但伤亡不

大，目前还有余震。天津市卫生局同志表示：现在可以自力更生、自己解决，对上海市的关心，表示感谢。

我局研究后，认为天津市宁河地区15日晚上发生的强烈地震，虽然伤亡不大，鉴于这个地方还有余震，发展趋势似有两种可能：有可能接着还会继续发生强烈地震，也有可能继续发生一些小的地震。根据今年10月下旬国务院关于做好防地震准备工作的指示精神，我们认为，思想上决不能麻痹，必须按照市委领导的指示，切实做好抗震救灾医疗的准备工作。为此，经中央工作组驻市革委会文教组陈锦华同志同意，我们于上午10时，召开了上海第一、二医学院，中医学院，十个区卫生组和纺织管理局及有关医院的负责同志会议，传达了市委领导苏振华、倪志福、彭冲同志关于做好抗震救灾医疗准备工作的指示，具体布置了抗震救灾医疗队的思想准备、组织准备和物资准备工作。市革委会文教组领导王乐三同志参加了会议，并作了讲话。

我们要求各区、各医学院、各有关部门和医院：

一、 思想上认真做好抗震救灾医疗工作的准备，动员干部和医务人员，做好抗震救灾医疗的各项准备工作，积极完成以华国锋主席为首的党中央和上海市委领导交给我们的任务，以实际行动揭发、声讨、批判王、张、江、姚“四人帮”反党集团和马、徐、王的反革命罪行。

二、 组织上设上海市抗震救灾医疗队大队部，下设中队和医疗小分队。要求先组织好7个抗震救灾医疗中队，27个小分队。具体分配是：上海第一、二医学院，卫生局局属单位，各组织一个抗震救灾医疗中队（每个中队下设三个医疗小分队，一个手术医疗小分队，每队15人左右），中医学院和十个区各组织一个医疗小分队。纺织管理局系统的三个医院组织三个医疗小分队。此外，卫生局还组织一个防疫小分队。以上共组织23个医疗小分队，3个手术小分队，1个防疫小分队。加上卫生局组织的大队部干部和七个中队部的干部共500人左右。大队部拟设大队长、政委，成立临时党委；中队部设中队长、教导员，成立临时党总支；医疗小分队和手术小分队设队长、指导员，成立临时党支部或党小组。

三、 医药物资准备。各医疗小分队、手术小分队和防疫小分队配备好必要的医疗器械和随带一周左右的抢救伤员的药品、敷料及一部分内科常用治疗药品。我们拟请市革委会财贸组为每个医疗小分队和手术小分队、防疫小分队分别配备好后续的药品、敷料器械，如医疗队一出发，随后即组织供应，及时支援抗震救灾第一线的需要。我们还要求各队配备好医疗队员必需的生活用品。

以上思想动员和组织工作要求各单位于今天下午6时以前准备就绪，如接到任务随时可以出发。

如果卫生部下达任务要上海派出抗震救灾医疗队，以下一些物资需请有关部门协助解决：

1. 大队部和每个中队部均需配备一辆吉普车，作为交通联络工具，共需8辆吉普车，请市革委会工交组协助解决。

2. 需要军用棉帐篷36顶。

3. 需要509人份的五天的干粮。

4. 上海的医务人员多数没有棉大衣和棉帽子，因此需要请市财贸组协助解决棉大衣和棉帽子各509件（借给队员用）。

以上报告，如有不当，请批示。

上海市卫生局革命委员会
1976年11月16日下午

抄报：市革委会文教组、财贸组、工交组、地区组

附：上海市卫生局革命委员会发文

<table>
<tr><td rowspan="2">签发：何
1976年11月16日15:30</td><td>核稿：□□11月16日</td><td>会稿：□□□11月16日</td></tr>
<tr><td colspan="2">主办单位和经手人：胡艳珍　王乐三　11月16日</td></tr>
<tr><td colspan="2">事由：关于组织抗震救灾医疗队准备赴天津市宁河地区的情况报告</td><td>附件：</td></tr>
<tr><td colspan="3">发送机关：市委、市革委会
抄报：市革委会文教组、财贸组、工交组、地区组</td></tr>
<tr><td colspan="3">打字：姚1976年11月16日　　核对：王树仁　王秋华</td></tr>
<tr><td colspan="3">发文：沪卫革（76）字第84号　　1976年11月16日封发</td></tr>
<tr><td colspan="3">打印50份
请即打字印发。发市委、各组办按规定办。另专发一份给苏振华同志。专发一份给中央工作组驻文教组陈锦华同志。发一份给□□市委传阅。　何</td></tr>
</table>

沪卫革后（76）第 40 号

上海市卫生局革命委员会关于支援唐山灾区的药品、医械等物资经费结算问题的请示报告

市革委会文教组:

从上海支援去唐山医疗队和抗震医院的药品、医疗器械等物资及经费，截至 10 月底共计 175.7 万元。对于这项物资经费的结算问题，根据财政部有关文件规定和市委今年 9 月 10 日对我局筹建援唐抗震医院有关问题的请示报告的指示精神，现提出如下意见:

一、 药品、医药材料费 66.3 万元，及铁路运输费 3.8 万元，合计 70.1 万元全部向河北省结算。

二、 医疗器械、救护车、发电机、被服等设备物资，分两部分: 一部分是新购未使用过的计 64.7 万元，全部向河北省结算。另一部分是从各医院正在使用中的设备抽出来的计 27.4 万元，不宜向河北省结算，暂仍作为上海在唐山四个抗震医院的财产，将来上海医疗队撤回时，可作为无价调拨，支援灾区。

三、 上海医疗队员使用的御寒棉大衣、棉帽、食用干粮、差旅费等计 4.9 万元，以及四个抗震医院在筹办期间由上海拨去医院经费 8 万元，拟由我市开支，不向河北省结算。

四、 不向河北省结算的由我局及各医院开支的救灾经费以及各医院支援抽调的医疗器械、被服及设备等，所需补充的经费，我们除挖掘潜力解决一部分外，不足部分需请市财政局酌情补拨专款，并请商业部门协助供应有关医疗器械和物资，补充抽出较多医疗器械和物资〔用于支援唐山灾区〕的本市有关医院。

以上报告，当否，请指示。

上海市卫生局革命委员会

1976 年 11 月 24 日

抄报: 市革委会财贸组

抄送: 市财政局、市商业一局

上海市卫生局革委会办公室　　　　1976 年 11 月 24 日印发（共印 15 份）

上海第一医学院医疗科研组致上海市卫生局革委会关于同意增派八名队员赴玉田抗震医院的请示函

上海市卫生局革委会:

我院赴河北省玉田抗震医院党总支根据当地医疗任务的实际情况（目前已经收治120名左右病员；平均每天手术5—6例，从本月15日开始当地县委同意开放门诊，每天门诊病人逐渐增多，现在医疗队又担负着43名工农兵学员的教学任务），所以提出要求增派一名内科医师，一名眼科医师，四名内科护士，二名后勤炊事人员，共八名队员。

经我院党委讨论决定，同意增派以上八名队员赴玉田抗震医院参加工作。现将已落实的5名队员名单报上，请市卫生局批准，并请按规定给予补助布券、棉絮券及借棉大衣和棉帽。

现将五名即将出发的增派队员名单报上。

中山医院：周晚霞（内科护士）　顾兰芳（内科护士）

五官科医院：朱复润（眼科医师）

妇产科医院：张秀亭（护士）

院本部：陈庆旺（炊事员）

除周晚霞因小孩生急病暂缓几天出发外，其余四名队员定于12月6日出发，又因当地建造灶炉的需要，我院2名帮助建造灶炉的工人也将随同出发。所以请市卫生局帮助，设法购买12月6日赴玉田县火车票六张。

又因当地唐山地区转来中山医院治疗的病员目前已恢复健康，中山医院的意见是该病员可以同以上队员一起返回，所以请求市卫生局帮助给予购买从上海到唐山的火车票一张。

以上意见请市卫生局批准为盼。

上海第一医学院医疗科技组
1976年11月29日

沪卫革后（76）第 43 号

上海市卫生局革命委员会关于赴唐山医疗队队员应交粮票结算办法的通知

各有关医疗单位：

今年 9 月份我局在有关会议上，对本市赴唐山医疗队队员在唐山期间应交本人粮票的事，曾作过规定，现通知如下：

一、 赴唐山期间，吃饭（包括吃压缩饼干）未付粮票的同志，应按照本人定量和实际天数折算交付粮票（在火车上吃饭，可不付粮票）。

二、 未派出医疗队而领取压缩饼干和派出医疗队后，压缩饼干有余的单位，在自行处理本单位多余的压缩饼干时，按每斤折收粮票八两计算。

迄至目前为止，还有不少单位尚未将应收的粮票上交，希各单位按照上述规定，抓紧在 12 月 31 日前收齐上交所在地区粮管所，并将上交粮票数填报我局后勤组（附表样），交粮收据存各单位备查。处理多余压缩饼干的款项，作应缴预算收入，由各单位直接填缴款单交开户银行作上交财政处理。

特此通知，请按照办理。

上海市卫生局革命委员会

1976 年 12 月 17 日

抄报：市粮食局、市粮食供应公司、各区（县）粮食局、石化厂粮油站

附：

医院赴唐山医疗队队员上交粮票数

年　　月　　日

项目	上交粮票数	上交粮管所名称	粮票收据号码
医疗队队员数			
压缩饼干			

沪卫革后（77）第25号

上海市卫生局革命委员会关于本市第二批赴唐山抗震医院医疗队队员御寒装备困难补助和住勤伙食补贴等问题的通知

各有关单位：

本市第二批赴唐山抗震医院的医疗队即将出发，现对队员御寒装备困难补助和住勤伙食补贴等问题通知如下：

唐山地区入冬气候比较寒冷，抗震医院又都是临时棚屋须有御寒装备，除棉大衣、棉帽由派出单位统一借给，用毕归还外，其余由队员自行装备。有些同志反映经济上有困难，对于准备御寒装备经济确有困难的同志，可由派出单位根据其困难程度，酌情给予补助，幅度掌握在十五元至二十元，在职工福利费中开支。对不困难的同志不予补助。

关于队员在唐山的住勤伙食补贴，应按本市出差补贴开支标准办理。即：第一个月按每天每人五角发给，第二个月起在机关食堂搭伙，减半发给，每天每人二角五分。此项补贴由派出单位随同本人工资寄去。

对于队员在唐山期间生活确有困难的，由派出单位根据唐山具体情况和本人家庭经济情况按照职工生活困难补助办法酌情给予临时补助，不要每人每月给予定额补助。

希望各有关单位切实做好深入细致的政治思想工作，坚持无产阶级政治挂帅，发扬艰苦奋斗的革命精神，做到全心全意为人民服务，努力为灾区人民作出贡献，同时又要关心群众生活，在可能条件下努力办好集体食堂。并加强抗震医院与派出单位之间以及各派出单位之间的联系，共同做好工作。

上海市卫生局革命委员会

1977年6月9日

抄报：市革委会文教组、财贸组

抄送：市财政局，上海第一、第二及中医学院，河北省唐山地区，唐山市、丰润县、玉田县卫生局

上海市卫生局革委会办公室　　1971年6月9日印发〔共印70份〕

沪卫革后（77）第 38 号

上海市卫生局革命委员会转发上海市财政局“关于本市赴唐山支援灾区工作人员的出差补助费，一律按本市规定标准执行的通知”

赴唐山医疗队各派出单位，唐山市第一、第二及玉田县、丰润县抗震医院，上海赴唐山医疗队联络组：

现将上海市财政局（77）沪财革行 25 号“关于本市赴唐山支援灾区工作人员的出差补助费，一律按本市规定标准执行的通知”转发给你们。希按照执行。

上海市卫生局革命委员会

1977 年 8 月 2 日

上海市卫生局革委会办公室　　　　1977 年 8 月 2 日印发 〔共印 50 份〕

沪卫革后（77）第 40 号

上海市卫生局革命委员会关于赴唐山抗震医院医疗队不得随意增发生活补助的通知

各有关单位：

关于我市第二批赴唐山抗震医院医疗队的出差补贴问题，我局曾于 6 月 9 日发出沪卫革后（77）第 25 号通知，规定按本市开支标准办理。 8 月 2 日，我局又转发市财政局沪财革行第 25 号通知，该通知指出：赴唐山支援灾区工作人员的出差补助费都应按照本市开支标准执行（即第一个月每人每天五角，第二个月起减半发给），不要随意提高补贴标准和增发其他补助费，以免造成新的矛盾。并要求各有关单位认真执行。

近据有的单位反映并经调查，有少数医院对医疗队除发给开支标准规定的出差补贴费外，还每人每季发给十元生活补助费，个别医院则每人每月发给三元六角生活补助费。这种做法不符合有关规定，应即纠正。对于已发的上述“生活补助费”，希做好思想工作，在下个月扣回。今后希各有关单位认真按照有关文件规定办理。

上海市卫生局革命委员会
1977年8月15日

沪卫革医防(78)第1号

上海市卫生局革命委员会关于赴唐山医疗队力量安排和部署问题的请示报告

市教卫办公室:

唐山、丰南一带发生强烈地震后，在伟大领袖和导师毛主席、党中央的号令下，我市曾先后派出抗震救灾医疗队赴唐山地区抢救伤员，并在河北省抗震救灾指挥部的统一指挥下筹建和主办了唐山市第一、第二抗震医院和玉田、丰润县抗震医院。目前仍有580多个医疗队员在四所抗震医院工作，和唐山同志并肩战斗。

去年12月中旬，我驻唐山地区抗震医院联络组向河北省卫生局汇报几所抗震医院的工作情况，并听取河北省对我医疗队工作的意见。河北省卫生局长傅大为和张崇远副局长说:“省委考虑，明年春天三四月份医疗队的大部分队员可以回上海，留一部分技术骨干力量分别参加当地医院工作。以后留多少人，留哪些人，省卫生局再同唐山地委、市委商量后提出方案。我局讨论后认为不一定留很多人，主要留一些医务技术骨干。在技术上进行指导并帮助培训带教医务人员。”唐山地区的四所抗震医院当时是由上海以医疗队办院的形式临时建立起来的，医院工作一直以上海为主。几所抗震医院都与当地医院毗邻。现在，唐山地区的抗震救灾工作已经正常化，唐山地、市的医疗机构逐步恢复，四所抗震医院的医疗任务较之抗震救灾初期也减少了很多，平均每天门急诊总数仅800多人次，下降了百分之四十。唐山地、市医务人员在震灾中虽有损失，但力量仍较强，基本上能承担日常的医疗业务工作。这次河北省表示改变医疗队办院的形式，过渡到以当地为主，并于1978年三四月份过渡完毕，我们认为，对于发挥当地医疗机构和医务人员的积极性，加强抗震医院的建设，减少病人转诊会诊，避免往返重复，是有好处的。上海赴唐医疗队人员减少后，还可抽出一部分医务力量另组赴淮南、皖北医疗队，支援两地的煤矿基地的医疗卫生工作。为此，对赴唐山医疗队的力量安排提出以下意见:

(一) 赴唐山医疗队的抗震救灾任务，随着唐山地区抗震救灾工作的正常化，已经胜利完成。上海在四个抗震医院工作的第四批医疗队队员，除留下少数技术骨干协助唐山地、市医院进行技术指导、培训带教医务人员外，其他队员拟于1978年三四月间撤回上海。

（二）关于留少数医疗技术骨干的问题，我们拟和河北省卫生局具体协商。初步设想，拟提出从第四批医疗队中留下二个医疗小分队，一队在唐山市区医院工作，另一队在丰润县医院工作，到1978年6月26日前后轮换。每个小分队设队长、指导员各一人，内、外、妇、儿科医生各二至三人。眼科、耳鼻喉科、麻醉科医生各一人，加上其他医技人员，共约15人。两队共30人左右。唐山地区两个医疗小分队今后统由二医负责派遣（卫生局直属单位和一医改为分别负责支援淮南、皖北煤矿医院医疗队的任务）。唐山改派医疗小分队后，派驻唐联络组撤销，改为赴唐医疗队大队部，统一领导两个医疗小分队。

以上意见如原则同意，请告知。以使转告驻唐山联络组向河北省卫生局提出，建议市教卫办召开一次会议。请一医、二医、中医学院、纺管局、南市区、虹口区和卢湾区的有关领导同志一起研究，统一思想，统一部署。

上海市卫生局革命委员会

1978年1月3日

上海市卫生局革委会办公室　　　　1978年1月3日印发

沪革教卫（78）第12号

上海市革委会教育卫生办公室关于撤回赴唐山医疗队问题的请示报告

市委、市革委会：

现将市卫生局《关于赴唐山医疗队力量安排和部署问题的请示报告》送上。

经研究，根据唐山地区医疗机构恢复工作基本上趋于正常的情况，以及河北省委已经考虑上海医疗队撤回上海的意见，我们原则同意市卫生局的报告。在1978年5月前除留医疗队少数技术骨干参加当地医院工作外，其余撤回上海。拟请市卫生局派负责同志赴河北省委具体协商。

以上意见当否，请审批。

市教育卫生办公室

1978年1月14日

1978年1月14日印发（共印30份）

沪卫革（78）第5号

上海市卫生局革命委员会关于统筹安排承办医院和派遣医疗队任务的请示报告

市教育卫生办公室：

根据市委的指示和交办的任务：

一、今年年底前要为宝山钢铁基地建成一个五百张左右病床的医院和一个卫生防疫站；要以医疗队形式支援淮南、淮北煤矿各办一个二百张病床的职工医院；本市要着手准备筹建一个一千张病床的现代化医院。

二、河北省卫生局根据省委意见提出，上海在唐山地区办的四个抗震医院，今年4月份可以移交给唐山地委、唐山市委自己办理，上海在唐山地区办抗震医院的医疗队届时可以撤回，但要求上海继续派出一部分医疗业务骨干支援唐山地区医院的工作。我们拟与河北省卫生局协商，在今后一定时期内上海继续派出一支三四十人业务技术较强的医疗队去唐山，一年轮换一次。

三、市传染病分院原定搬迁去贵州都匀地区，后因科目不全，1975年经贵州、上海双方商定改派医疗队协助办一个地区医院，此项任务需继续承担。

根据以上各项任务，全市需有一个统筹安排，经我局讨论提出如下建议：

一、上海第一医学院承担支援唐山地区医疗队任务；负责承办现代化医院，该医院即作为一医的附属教学医院。

二、上海第二医学院负责包建宝山钢铁基地医院，该医院既为宝山钢铁基地职工和周围居民服务，同时又是二医的附属教学医院；承担支援淮北煤矿职工医院医疗队任务。

三、我局负责包建宝山钢铁基地的卫生防疫站；承担支援淮南煤矿职工医院医疗队和贵州都匀地区医院医疗队任务。

以上意见如认为可行，拟请市教卫办召开一医、二医和我局负责人会议布置贯彻。

上海市卫生局革命委员会

1978 年 1 月 20 日

上海市卫生局革委会办公室　　　　1978 年 1 月 20 日印发（共印 8 份）

沪卫革医防（78）第 9 号

上海市卫生局革命委员会关于召开今年赴外省医疗队轮换问题座谈会的通知

各医学院、各区卫生局、国际妇保及局属各单位：

为认真贯彻执行华主席抓纲治国的战略决策，深入揭批“四人帮”反革命修正主义路线，坚定不移地“把医疗卫生工作的重点放到农村去”，认真落实周总理提出的卫生工作“一农村、二工矿、三城市”的指示，进一步开展城乡卫生革命，做好今年赴外省医疗队的轮换工作，现定于 2 月中下旬分别召开座谈会，请你单位分管这方面工作的同志认真准备，准时出席：

一、 会议时间：

（一） 局属各医院于 2 月 20 日（星期一）下午 1 时，在我局 219 会议室举行；

（二） 局属有关防治站、所于 2 月 20 日（星期一）上午 8 时半，在我局 219 会议室举行；

（三） 各区卫生局座谈会于 2 月 22 日（星期三）上午 8 时半，在我局 219 会议室举行；

（四） 各医学院座谈会日期、时间、地点另行约定。

二、 座谈内容：另附。

上海市卫生局革命委员会

1978 年 2 月 13 日

附:

1978年本市赴外省医疗队座谈提纲(供参考)

一、“四人帮”及其余党、亲信干扰破坏卫生革命，破坏医院、防治站所的正常秩序，反对为城市工人服务、反对“把医疗卫生工作的重点放到农村去”及在派医疗队方面的表现？产生哪些严重恶果？

二、 医院要认真贯彻毛主席“六二六”光辉指示和周总理提出的“一农村、二工矿、三城市”“以医院为中心指导地方和工矿的卫生预防工作”的指示，这几者的辩证关系如何处理？当前还存在哪些矛盾？今年对贯彻抓纲治院和派外省医疗队有何设想、建议？

三、 对今年医疗队的去向、布局、力量及任务应如何安排？目前哪些地区可以不去或少去？怎样改变过去战线长、设点多，骨干力量少的局面？缩短战线应采取哪些步骤和方针？

四、 你单位如何加强对医疗队的领导？怎样处理好与当地的关系？目前还存在哪些矛盾？如何解决？

沪卫革医防(78)第12号

上海市卫生局革命委员会关于调整派遣卫生工作队的请示报告

市革委会教卫处:

在英明领袖华主席抓纲治国战略决策指引下，1977年本市派出下乡下厂卫生工作队和出国医疗队共2637人，其中，去外省1217人，本市郊县农村962人，本市工厂387人，出国医疗队71人。今年，需组织医疗队支援淮南、淮北煤矿和唐山建设，包括宝山钢铁基地医院，赴西藏医疗队需增加人数，援外医疗队任务也要增加。遵照华主席在五届人大政府工作报告中关于“卫生工作要继续坚持把重点放到农村去的方针，办好县、社两级医院，巩固和发展农村合作医疗事业，提高赤脚医生医疗水平”的指示精神，根据市委和市革委会教卫办领导对派遣医疗队的意见，坚定不移地贯彻执行毛主席光辉的“六二六”指示，经我们同各医学院和区卫生局商量研究，并征求了有关兄弟省卫生部门的意见，对今年派遣医疗队提出如下方案:

重点确保援外医疗队，赴西藏医疗队，赴唐山医疗队，赴淮南、淮北煤矿医院医疗队，和包建宝山钢铁基地医院，同时做好原来决定内迁医院后来改派医疗队的云南、贵州的派遣工作。根据以上情况，今年下乡下厂医务人员拟组织1900余人。其中，外省578人，市郊960人，工厂380人，出国医疗队75人。具体安排为：

（一）卫生局局属单位赴唐山医疗队（共188人）不再续派，调整到淮南煤矿医院和贵州都匀州二院；

（二）第二医学院赴唐山医疗队（共94人）和安徽当涂县医疗队（共20人）不再续派，调整为包建宝山钢铁基地医院；

（三）黄浦区赴海丰农场医疗队（共62人）不再续派，调整到淮北煤矿医院，南市区、卢湾区赴唐山医疗队（共47人）不再续派，调整到海丰农场；

（四）中医学院赴唐山医疗队（共77人）不再续派，调整到安徽皖南地区；

（五）第一医学院赴唐山医疗队（共108人）继续派遣，人数减到60人；

（六）赴西藏医疗队除从第一医学院、第二医学院、中医学院和卫生局局属单位组织外，再从有关区医院选调少数医务人员参加。

以上意见当否，请批示。

上海市卫生局革命委员会

1978年3月21日

抄报：市农办

上海市卫生局革委会办公室　　1978年3月21日印发（共印12份）

附：

区属系统回沪医疗队员人数及单位欢迎人数表

单位	车次		欢迎人数	备注
	第一列车	第二列车		
黄　浦	34	56	40	25
静　安	32	52	35	23
普　陀	14	78	45	/
虹　口	31	25	30	第一列车虹中16，四院15
南　市	33		12	/
徐　汇	30		12	徐中15，工农15

（续表）

单位	车次		欢迎人数	备注
	第一列车	第二列车		
杨　浦	32		12	/
卢　湾	18		8	/
闸　北	15		7	/
长　宁		32	12	/
合　计	239	243	213	

医学院校警备区赴唐山医疗队回沪人数及单位欢迎人数表

单位	车次		欢迎人数	备注
	第一列车	第二列车		
中　医	51	35	40	85
一　医		4	2	90
二　医		6	2	121
二军大		49	40	75
警备区		106	30	/
合　计	51	200	114	

企业医院赴唐山医疗队回沪人数及单位欢迎人数表

单位	车次		欢迎人数	备注
	第一列车	第二列车		
海　员	15	26	20	
邮　电	15		5	
铁　中	15		5	
上　电	15		5	
建　工	15		5	
公　用	15		5	
纺　一	15		5	
纺　二	16		5	
纺　三	17		10	其中纺织局 5 人

（续表）

单位	车次		欢迎人数	备注
	第一列车	第二列车		
港务局		11	5	
长　航		25	10	
合　计	138	62	80	

局属单位赴唐山医疗队回沪人数及单位欢迎人数表

单位	车次		欢迎人数	备注
	第一列车	第二列车		
市　六	10	32	25	
华　东	15	14	15	
二　结	15		5	
肿　瘤	15		5	
一　结	16		5	
市　一	30		15	
儿　童	15		5	
妇　一	8		8	
传　总	7		3	
虹　桥	5		2	
后方古田	41		20	
后方瑞金	48		20	
后方长江	42		20	
后卫组	9		20	
遵　义	15		5	
胸　科	15		5	
国　际	10		4	
精　总		38	10	
六二六		4	2	
精　分		17	7	
局机关	5	6	30	
合　计	321	120	171	

上海市赴唐山抗震救灾医疗队回沪及暂留唐山人数表

单位	回沪人数			暂留唐山人数	备注
	合计	第一列车	第二列车		
区属系统	482	239	243	73	
医学院校、军队系统	251	51	200	355	一医 94 人、二医 127 人是第一批去的，除少数因病或有困难的先回来外，其余暂留唐山
企业医院	200	138	62		
局属系统	447	321	126	222	
总计	1380	749	631	650	

上海市医学院校、军队系统赴唐山医疗队回沪及留唐山人数表

单位	回沪人数			暂留唐山人数	备注
	合计	第一列车	第二列车		
中医学院	86	51	35	65	
一　医	4		4	90	
二　医	6		6	121	
二军大	49		49	75	
警备区	106		106	4	
总　计	251	51	200	355	

上海市区属系统赴唐山抗震救灾医疗队回沪及暂留唐山人数表

单位	回沪人数			暂留唐山人数	备注
	合计	第一列车	第二列车		
黄浦区	90	34	56	25	
静安区	84	32	52	23	
普陀区	92	14	78		
虹口区	56	31	25	25	
南市区	33	33			
徐汇区	30	30			
杨浦区	32	32			
卢湾区	18	18			

（续表）

单位	回沪人数			暂留唐山人数	备注
	合计	第一列车	第二列车		
闸北区	15	15			
长宁区	32		32		
总　计	482	239	243	73	

上海市卫生局属系统赴唐山医疗队回沪及暂留人数表

单位	回沪人数			暂留唐山人数	备注
	合计	第一列车	第二列车		
市　六	42	10	32	40	
华　东	29	15	14		
二　结	15	15			
肿　瘤	15	15			
一结总	16	16		10	
市　一	30	30		53	
儿　童	15	15		12	
妇　一	14	8		12	
传　总	7	7			
虹　桥	5	5			
后方古田	41	41			
后方瑞金	48	48			
后方长江	42	42			
后卫组	9	9			
遵　义	15	15		4	
胸　科	15	15			
国　际	10	10		15	
精　总	38		38		
六二六	4		4	6	
精　分	26		17		
局机关	11	5	6	10	
市　站				10	

（续表）

单位	回沪人数			暂留唐山人数	备注
	合计	第一列车	第二列车		
职　防			1	9	
乳管所				1	
医救大队			1	9	
寄研所				15	
传　分				20	
总　计	447	321	113	262	

注：原总表回沪人员 447 人，因精分人数没有 26 人，实数 17 人。

上海市企业医院赴唐山抗震救灾医疗队回沪及留唐山人数表

单位	回沪人数			暂留唐山人数	备注
	合计	第一列车	第二列车		
海员医院	41	15	26		
邮电医院	15	15			
铁路中心医院	15	15			
上电医院	15	15			
建工医院	15	15			
公用事业医院	15	15			
纺一医院	15	15			
纺二医院	16	16			
纺三医院	17	17			
港务局职工医院	11		11		
长航医院	25		25		
总　计	200	138	62		

卫生列车救护队组成成员情况

总人数	40 人	
性别	男	23
	女	17

（续表）

总人数	40 人	
政治情况	党	15
	团	22
	群众	3
职务情况	工宣队	/
	干部	2
	医生	4（外科 2　内科 2）
	药剂	1
	学员	32

上海第一医学院参加抗震救灾卫生列车队名单

姓名	性别	年龄	政治情况	科别	原职务	现职务	备注
黄克俭	男	54	工宣队	五官科医院	党总支副书记	指导员、队长	
徐兹雄	男	46	党	华山外科	医师	副队长	
孙寅宛	女	26	党	华山内科	医师	队员	
郭　嘉	女	23	团	华山	同学	敷科	
仇乃梅	女	22	团	华山	同学	敷科	
周天基	男	24	团	华山	同学	护理	
曾日古	男	23	党	华山	同学	护理	
赵金娟	女	22	党	华山	同学	护理	
张知德	女	24	党	华山	同学	护理	
盛伟忠	男	22	党	华山	同学	护理	
王培萱	女	22	团	华山	同学	护理	
吴淦桐	男	24	党	留学生班	同学	护理	
杜惠娣	女	25	团	留学生小组	同学	护理	
李汉忠	男	24	团	留学生小组	同学	护理	
王有良	男	25	团	留学生小组	同学	护理	
刘胜利	男	22	党	留学生小组	同学	护理	

（续表）

姓名	性别	年龄	政治情况	科别	原职务	现职务	备注
孟承伟	男	50	群	中山	外科医生	副队长	
浦寿月	女	48	群	中山	内科医生	队员	
阮宏年	男	24	团	中山	药房	队员	
陈右箴	男	24	团	中山	药学系学员	队员	
韩少燕	男	22	党		班党支书	副指导员	
张雨珍	女	35		中山办公室	“七二一”大学学生	队员	
林慧卿	女	25	党	医 76 届 1 班	学员	队员	
秦再平	男	26	团	76 届 1 班	学员	队员	
马文斌	男	25	团	76 届 2 班	学员	队员	
吴金国	男	24	党	76 届 2 班	学员	队员	
王立伟	女	25	团	76 届 2 班	学员	队员	
李歌丰	男	26	团	76 届 3 班	学员	队员	
陈永玉	男	26	党	76 届 3 班	学员	队员	
赵慧芬	女	24	团	76 届 3 班	学员	队员	
潘德贵	男	25	团	76 届 3 班	学员	队员	
孙凤艳	女	25	团	76 届 3 班	学员	队员	
叶增熙	男	26	党	76 届 3 班	学员	队员	
周巧玲	女	25	团	76 届 3 班	学员	队员	
林芳名	男	26	党	76 届 3 班	学员	队员	
周剑英	男	25	团	76 届 1 班	学员	队员	
刘静波	女	25	团	76 届 1 班	学员	队员	
董　伟	男	25	团	76 届 4 班	学员	队员	
孙静华	女	24	团	76 届 1 班	学员	队员	
姚淑仙	女	25	团	76 届 4 班	学员	队员	

“四个临时医院”专题

沪革电（76）第96号　特急

上海市革命委员会致中央抗震救灾指挥部电报

中央抗震救灾指挥部：

为了就地抢救唐山灾区的伤病人员，我们已派出九百多人的医疗队去唐山工作，并组织了一批预备队伍待命出发。8月2日晚，获悉河北省抗震救灾指挥部建议，要上海负责在唐山地区的丰润、玉田、遵化、迁西建立四个抗震救灾临时医院，就地收治伤员。我们当即召开了紧急会议，对河北省领导同志的建议表示坚决支持。现决定于今天下午先派35人乘飞机去唐山地区，联系筹建临时医院的工作。临时医院的第一批医务人员1500人，随带医疗设备、器械、药物和临时医院各项设备，将于明天（4日）乘专列赴唐山丰润；第二批医务人员1500人，将于后天（5日）出发。

特此报告。请指示。

上海市革命委员会

1976年8月3日

抄：卫生部、河北省抗震救灾指挥部

对卫生局关于建立抗震救灾临时医院的报告的意见

我们一起对报告作了研究，拟原则上同意报告所提意见。

对医院所需物资装备，建议按野战医院的要求进行配备。有的数量应该压缩，有的应该分批带去，以免造成浪费。如：

一、帐篷，需要1200顶，可先带200顶去，以后按实际需要再增加。

二、救护车，不要带了。

三、被床装备，应大量压缩，工作人员的生活用品原则上自带。如被单、枕套、病衣、病裤都要三万，就太多了，可先带三分之一，有的尽可能从医院现有设备中抽调。

病人及病房用具原则上亦可先带三分之一，以后视情况再增加。

四、 药品，建议先带半个月的用量，以后根据实际需要，逐步调运。

上述意见已告卫生局、财贸组掌握。

办公室

1976 年 8 月 3 日

此件复印送金传德等同志、财贸组、文教组、卫生局。

小王

1976 年 8 月 22 日

中一同志已阅。

沪卫革（76）第 68 号

市卫生局革命委员会关于建立抗震救灾临时医院的情况报告

市抗震救灾指挥部:

根据市委决定在灾区建立四所临时医院的指示精神，文教组召集我们和医学院、驻沪三军卫生部门的同志进行了讨论研究，现将有关问题报告如下:

一、 医院的组成单位（详见附表）

根据各单位医疗力量和业务挂钩关系，拟作如下安排:

1. 玉田临时医院由第一医学院、驻沪空军，青浦、金山、上海县，长宁、徐汇区，纺二医院、石化医院、远洋医院等单位组成。

2. 丰润临时医院由第二医学院、驻沪海军，松江、南汇、嘉定县，卢湾、南市、杨浦区，江南厂、沪东厂职工医院组成。

3. 迁西临时医院由中医学院、二军大，宝山、奉贤县，黄浦、闸北、虹口、普陀区，海员、港务、纺一、长航医院和国际妇保医院组成。

4. 遵化临时医院由警备区、川沙县、静安区及卫生局所属单位组成。

为了便于集中领导，当好唐山地区抗震救灾指挥部医疗药品器械组的参谋，拟建立卫生组，由四个临时医院的领导干部和第一批医疗队大队部的人员联合组成，建议由何秋澄同志任组长。

二、 医院的编制、设置

按每个医院收治3000名伤病员计算，第一批先配备700人左右的医务人员。根据便于集中分散、灵活作战的原则，医院设大队、中队、小队。医院建立临时党委，设院长、副院长、政委、副政委。大队建立党总支，设大队长、副大队长、政委、副政委；中队建立党支部，设中队长、副中队长、教导员、副教导员；小队建立党小组，设小队长、副小队长、指导员。每个小队有25人，其中医生7名、护士5名、卫生技术人员3名、卫生辅助人员5名、学生5人，为一个病区开展工作。

三、 医院的物资装备

每个中队平均收治350名伤病员，加上医务人员，相当于师一级战备医院的规模。因此，物资装备以中队为单位，除按小队设立病房外，中队建立手术室、X光室、化验室、药房、中心供应室、食堂等附属部门。本着一物多用、因地制宜、因陋就简、艰苦奋斗的精神进行装备（详见附表）。

四、 物资的供给和运输

鉴于物资装备的运输任务比较繁重，拟在上海、唐山地区的机场、车站设立物资转运站，由财贸组、卫生局、商业局抽调干部组成。如果当地运输困难，拟给四所临时医院配备必要的运输汽车。

五、 为了尽快建成临时医院收治伤病员，决定在8月3日上午9时召开会议进行紧急动员，学习毛主席、党中央给灾区人民的慰问电，学习《人民日报》《红旗》杂志的有关社论、短评，传达市委抗震救灾指挥部的指示精神，明确任务，然后按系统逐级动员，以实际行动为灾区人民服务，促进卫生革命。下午1时由局革会常委桑隆成同志陪同四个临时医院先遣队（每院6人）乘飞机出发打前站。8月4日起临时医院医务人员分三批出发，每批约1000人。市革委会文教组领导成员王乐三、一医党委书记王永贤、中医学院党委书记刘涌波等同志一并前往，待安排落实后返沪。

以上报告，如有不当，请指示。

（此件市委批准后，送河北省抗震救灾指挥部）

上海市卫生局革命委员会

1976年8月3日

抄报：市革委会办公室、文教组、财贸组、工交组、地区组、郊区组

上海市卫生局革委会办公室　　　　1976 年 8 月 3 日印发（共印 50 份）

附：玉田临时医院

第一大队

第一中队：一医 3 个小队；

第二中队：青浦 3 个小队；

第三中队：长宁 3 个小队

第二大队

第四中队：一医 3 个小队；

第五中队：金山 2 个小队，石化厂 1 个小队；

第六中队：徐汇 3 个小队

第三大队

第七中队：一医 2 个小队、纺二 1 个小队；

第八中队：上海 2 个小队，徐汇 1 个小队；

第九中队：空军 2 个小队，远洋公司医院 1 个小队

领导班子

政委	王玉□	空军
副政委	俞茂华	华山医院党委书记
院长	姚笃卿	一医教革组组长
副院长	应书笙	（空军）
副院长	赵古军	（一医医疗系总支书记）

丰润临时医院

第一大队

第一中队：二医 2 个小队，沪东船厂医院 1 个小队；

第二中队：卢湾 2 个小队，江南船厂医院 1 个小队；

第三中队：松江 3 个小队

第二大队

第四中队：二医 3 个小队；

第五中队：嘉定 3 个小队；

第六中队：南市 3 个小队；

第七中队：二医 2 个小队，杨浦 1 个小队

第三大队

第八中队：杨浦 3 个小队；

第九中队：海军 1 个小队、南汇 2 个小队

领导班子

政委	石云龙	二医党委副书记
副政委	方苗京	411 医院
院长	马林	411 医院

迁西临时医院

第一大队

第一中队：中医学院 2 个小队，海员医院 1 个小队；

第二中队：黄浦 3 个小队；

第三中队：闸北 3 个小队

第二大队

第四中队：中医学院 1 个小队，奉贤 2 个小队；

第五中队：普陀 3 个小队；

第六中队：宝山 3 个小队

第三大队

第七中队：二军大 2 个小队，国际妇保与港务局医院合 1 个小队；

第八中队：二军大 2 个小队，长航职工医院 1 个小队；

第九中队：虹口 2 个小队，纺一医院 1 个小队

领导班子

政委	张鑫元	中医学院
副政委	李双喜	二军大政治部副主任
院长	蔡兆红	长海医院副院长
副院长	李占文	中医学院

遵化临时医院

第一大队

第一中队：警备区 2 个小队，一结总院与寄研所合 1 个小队

第二中队：川沙 3 个小分队

第三中队：静安 3 个小分队

第二大队

第四中队：后方古田医院 2 个小队，传分与市六医大班 1 个小队

第五中队：后方长江医院 2 个小队，精分与市六医大班 1 个小队

第六中队：后方瑞金医院 1 个小队，遵义医院与市六医大班 1 个小队

第三大队

第七中队：市一 2 个小队，精总与妇一 1 个小队

第八中队：市六 1 个小队，精总 1 个小队、二结总与结防所 1 个小队

第九中队：警备区 2 个小队，华东与儿童医院 1 个小队

领导班子

政委	冯连科	一院党委书记
副政委	郑守泳	警备区 109 医院政治处副主任
院长	林镇祥	精总总支副书记
副院长	张维明	警备区 698 医院院长
副院长	顾友灿	精分总支副书记

工作人员：石文德，警备区 109 医院政治处副主任

毛春芳，李明珠

品名	数量	说　明
一、 帐篷	1200 顶	按每顶 30 m^2，住病员 15 人，计 800 顶。工作人员住 188 顶，36 个手术室 72 顶，4 个医院的药房、化验、中心供应、库房、放射 40 顶，36 个炊事房 36 顶，办公及机动 64 顶
担架	108 副	每一小队 1 副
二、 运输车辆		
救护车	12 辆	每医院 3 辆
自行车	51 辆	每中队 1 辆，另加大队部、院部 15 辆

（续表）

品名	数量	说　　明
三、 被床装备		
草席	18000 条	病人用 12000 条，备用 2000 条；工作人员 3000 条，备用 1000 条
棉毯	22500 条	病人用 18000 条，工作人员 4500 条（每人 1.5 条）
被单	30000 条	病人用 24000 条，备用 6000 条
枕芯	14000 只	病人用 12000 只，备用 2000 只
枕套	30000 只	病人用 24000 只，备用 6000 只
病衣	30000 件	病人用 24000 件，备用 6000 件
病裤	30000 条	病人用 24000 条，备用 6000 条
布匹	10000 公尺	手术、消毒、小儿等其他需用
四、 病人及病房用具		病人用 12000 只，备用 2000 只
搪瓷口杯	14000 只	病人用 12000 只，备用 2000 只
大搪瓷饭碗	18000 只	工作人员 3000 只，备用 1000 只
小搪瓷饭碗	18000 只	病人用 12000 只，备用 2000 只
竹筷	20000 双	工作人员 3000 只，备用 1000 只
面盆	4000 只	按照每一帐篷配备 3 只，加备用
保暖桶	600 只	按照每两个帐篷合 1 只
搪瓷便盆	3000 只	按照每一帐篷 2 只，加备用
搪瓷小便壶	3000 只	按照每一帐篷 2 只，加备用
军用水壶	500 只	工作人员用
木小板凳	3000 只	工作人员用
五、 照明设备及用品		
小型发电机	40 台	包括电线、开关、插扑、灯泡等
马灯	1500 只	每一个帐篷 1 只，共 1200 只，备用 300 只
蜡烛	20000 封	每封 6 支
电筒	3000 个	工作人员每人 1 个
电池	10000 节	每个电筒 3 节
六、 炊事用具		
大铁锅	150 只	按一个中队一个食堂（包括病员、工作人员 400 余人），以 36 个食堂计算
大铝板桶	200 只	
大铝面盆	200 只	
砧板	200 块	
切菜刀	200 把	
炒菜勺	400 把	
水勺	200 把	
提水铅桶	500 只	
大淘箩	300 只	
24/26 公分钢精锅	300 只	
蒸笼	36 套	

（续表）

品名	数量	说　明
七、 文具用品		
圆珠笔（连笔芯）	4000 支	主要记病史医嘱
练习簿	10000 本	
白报纸	10 令	
蓝墨水	（小号）2000 瓶	
钢板	30 块	
铁笔	60 支	
油印机	15 台	
毛笔	200 支	
大号墨汁	100 瓶	
钢夹	1000 只	
大头针	200 盒	
八、 消耗用品		
火柴	1500 封	
蚊香	4000 盒	
肥皂	45000 块	
皂粉	1000 公斤	
草纸	30000 刀	
石碱	1000 公斤	
洗衣木盆	200 只	
洗衣刷	1000 只	
塑料布	5000 公尺	
毛巾	30000 条	
牙膏	12000 支	
牙刷	12000 支	
药皂	5000 块	
卫生纸	10000 包	
草帽	3000 顶	

品名	规格	数量
九、 放射科用品		
30 mA X 光机	移动式	1
铅屏风		1
铅手套		1
铅围裙		1
洗片架	5 × 7	4
洗片架	8 × 10	4
洗片架	10 × 12	2

（续表）

品名	规格	数量
洗片架	11 × 14	2
洗片架	12 × 15	2
洗片架	14 × 17	2
X 光洗片桶		2
观片灯		2
X 光铅护目镜		1
X 光显影粉		5
X 光定影粉		5
X 光胶片	5 × 7	2
X 光胶片	8 × 10	2
X 光胶片	10 × 12	2
X 光胶片	11 × 14	2
X 光胶片	12 × 15	2
X 光胶片	14 × 17	1
增感纸	5 × 7	2
增感纸	8 × 10	1
增感纸	10 × 12	1
增感纸	11 × 14	1
增感纸	12 × 15	1
增感纸	14 × 17	1
暗盒	5 × 7	2
暗盒	8 × 10	1
暗盒	10 × 12	1
暗盒	11 × 14	1
暗盒	12 × 15	1
暗盒	14 × 17	1
定时钟		1
胸厚尺		1
切片刀（裁纸刀）	14 × 17	1
胸像架		1

品名及规格型号	计量单位	总数量
十、 手术室装备		
甲种手术器械包	套	1
骨科手术器械包	套	1
卧式高压消毒器 80×90 煤油式	台	1
脚踏吸引器	台	1
多用麻醉机	台	1
电针仪	台	1
无影灯（四孔、五孔）	架	1
手术照明灯	架	1
器械台	台	1
氧气瓶	只	2
高频电刀 626－5	台	1
麻醉咽喉镜	架	1
泡手筒	只	1
泡手筒架	只	1
麻醉口罩	只	2
气管插管	只	2
轻便手术床	只	1
采血器	只	2
电动石膏锯	把	1
双关节咬骨钳	把	1
脊背咬骨钳	把	1
骨膜剥离器	把	2
接骨钉锤	把	4
接骨钉	只	2000
骨科不锈钢丝	卷	500

品名	规格	数量
十一、 化验室装备		
显微镜	上光厂 1500 倍	2
离心机	电动 800 型	1
离心机	手摇	1
电冰箱	100 立升	1
分析天平	万分之一	1
光电比色计	581 - G 型	1
范氏 CO_2 测定器		2

品名	数量	说明
十二、 药品		1. 以上是 100 人次一个疗程的估计需要量，现在以 12000 人次计算 2. 经初步研究需备三个月量，应增加 10 倍 3. 例如青霉素 100 人次估计需要 1000 瓶，现以 12000 人次计算需 12 万支，准备三个月量，应增加 10 倍，为 120 万支
1. 硼酸粉	150 克	
2. 呋喃西林	15 克	
3. 龙胆紫	100 克	
4. 普鲁卡因粉	100 克	
5. 滑石粉	200 克	
6. 新洁尔灭酊	2500 毫升	
7. A. P. C 片 04	100 片	
8. 苏打片	100 片	
9. 磺胺噻唑片	50 片	
10. S. M. D	100 片	
11. 双氢克尿噻	10 片	
12. 注射用水 5 cc	60 支	
13. 盐酸肾上腺素 0. 1%	50 支	
14. 正肾上腺素针 0. 1%	50 支	
15. 安纳加 0. 25%	50 支	
16. 氯普马秦针 25 mg	20 支	
17. 麻黄素针 3%	20 支	
18. 葡萄糖氯化钠 5% 500 cc	30 瓶	
19. 葡萄糖针 10% 500 cc	30 瓶	

（续表）

品名	数量	说明
20. K_3 针	100 支	
21. P. M. B. A 针 5 cc	20 支	
22. 乳酸钠针 11.2% 20 cc	50 支	
23. 来沙尔	1000 克	
24. 钠石灰 500 克	5 瓶	
25. 枸橼酸钠	50 克	
26. 四环素片 250 mg	200 片	
27. 葡萄糖针 50% 20 cc	10 支	
28. 尼可刹米针 2.5% 1.5 cc	50 支	
29. 右旋糖酐 500 cc	10 瓶	
30. 普鲁卡因针 2 cc	100 支	
31. 液体石蜡	100 克	
32. 碘酊	500 克	
33. 凡士林（白）	2000 克	
34. 合霉素片	200 片	
35. 青霉素 20 万	1000 瓶	
36. 链霉素 100 万	100 瓶	
37. 阿托平针 0.05% 1cc	100 支	
38. 杜冷丁针 1%	100 支	
39. 吗啡针	40 支	
40. 可待因片	50 片	
41. 洛贝林针	40 支	
42. 麻醉乙醚	15 瓶	
43. 土霉素	200 片	
44. SN 粉 5 克	20 包	
45. 安乃近片	50 片	
46. 安乃近针	50 支	
47. 止血粉 8 号	100 包	
48. 止血粉 12 号	100 包	
49. 红汞	40 克	

（续表）

品名	数量	说明
50. 利眠宁片	50 片	
51. T. A. T1500 单位	70 支	
52. 去痛片	50 片	
53. 痢特灵片	100 片	
54. P. S. T 片	100 片	
55. V－C 0. 1	100 片	
56. B_6	100 片	
57. 胃舒平	100 片	
58. 磷酸氯喹	50 片	
59. 安眠酮	50 片	
60. 葡萄糖酸钙针	20 支	
61. 咳必清片	100 片	
62. 利血平 0. 25 毫克	100 片	
63. 卡那霉素针	1000 支	
64. 庆大霉素针	1000 支	
65. V－C 5 cc	100 支	
66. 氯化可的松针 20 cc	20 支	
67. 胰岛素针 40 μ	10 支	
68. 阿拉明	20 支	
69. 异丙肾上腺素	20 支	
70. 心得宁	50 片	
71. 长效硝酸甘油片	50 片	
72. 氟哌啶醇	50 片	
73. 肝泰乐片	100 片	
74. 辅酶 A 针	50 支	
75. A. T. P	50 支	
76. 细胞色素 C	10 支	
77. S. T 油膏 14 克	100 支	
78. 四环素油膏 4 克	100 支	
79. 金霉素眼膏 2 克	100 支	

（续表）

品名	数量	说明
80. 开塞露（大人）	50 支	
81. 氯霉素眼药水	100 支	
82. 食母生片	100 片	
83. 碳酸氢钠针 250 cc	50 瓶	
84. 健肝片	100 片	
85. 复降片	100 片	
86. 小儿退热片	50 片	
87. 清凉油	100 盒	
88. 人丹 80	100 包	
89. 十滴水	100 瓶	
90. 普鲁苯辛片	100 片	
91. 复 B 片	100 片	
92. B_1 针 100 mg	100 支	
93. B_{12} 针 100 mg	100 支	
94. 急救包	5 只	
95. 纱布 500 克	5 包	
96. 棉花 500 克	10 包	
97. 绷带	100 卷	
98. 石膏纱布	0. 2 匹	
99. 一绷带	30 卷	
100. 胶布（大）	2 筒	
101. 石膏粉	20 斤	
102. 伯奎片	100 片	
103. 多巴胺针	20 支	
104. 四环素针	100 支	
105. 红霉素针	50 支	
106. 鼻眼净水	30 支	
107. 蓝油羟	50 盒	
十三、 病员及工作人员用蚊帐 1500 顶		

抗震救灾医疗队先遣队名单

单　位	姓　名	性别	年龄	党团员	原单位职务
丰　润					
二　医	石云龙	男	45	党	党委副书记
二　医	甘光利	男	54	党	教育革命组组长
二　医	王雪峰	男	57	党	后勤组副组长
二　医	黄　飞	男	47	党	医疗系二部主任
二　医	陆君德	男	31	党	武保干部
411 医院	马　林	男		党	党委常委
迁　西					
二军大	和喜恒	男	50	党	医教主任
中　医	鲁孟贤	男	31	党	党委常委
中　医	王俊杰	男	59	党	后勤组长
龙　华	高庆栋	男	37	党	后勤组组长
曙　光	陆传书	男	50		后勤组副组长
曙　光	林水淼	男	35	党	医务组长
玉　田					
空军 86761 部队	夏绍举	男	37	党	科长
一　医	姚　卿	男	42	党	党委常委
一　医	杜列民	男	45	党	
一　医	张金根	男	44	党	团部办公室
一　医	蔡成机	男	44		医生
一　医	费兴宝	男	33	党	儿科副连长（工）
遵　化					
警备区	张维朋	男	46	党	一〇九医院院长
卫生局	孙礼基	男		党	医疗组干部
卫生局	沈岳荣	男	25	党	后勤组干部
精　总	林镇祥	男		党	总支副书记、革委会主任
精　总	王桂兴	男	34	党	总支委员、组织组组长
精　分	顾友灿	男	53	党	总支副书记
卫生局	桑隆成	男			局革委党委

迁西临时医院院部名单

派出单位	姓　名	性别	政治情况	原单位职务	医疗队职务
中医学院	潘鑫元	男	党	中医学院党委副书记	政　委
长海医院	蔡兆江	男	党	长海医院院领导	院　长
中医学院	李占文	男	党	中医学院党委常委	副院长
二军大	李双喜	男	党	二军大政治部副主任	副政委
二军大	沈龙宝	男	党	二军大	工作人员
二军大	杨　平	男	党	二军大	工作人员
二军大	陈跃富	男	党	二军大	工作人员
二军大	孟章石	男	党	二军大	工作人员
二军大	张仙林	男	党	二军大	工作人员
二军大	王进祥	男	党	二军大	工作人员
中医学院	余小明	男	党	中医学院	工作人员
中医学院	戚兆建	男	党	中医学院	工作人员
中医学院	张令铮	男	党	中医学院	工作人员
中医学院	陈国发	男	党	中医学院	工作人员
中医学院	王俊杰	男	党	中医学院	工作人员
中医学院	徐玉英	女	党	中医学院	工作人员
中医学院	王石明	男	党	中医学院	工作人员
中医学院	方惠盛	男	团	中医学院	工作人员

迁西临时医院各队人员名单

第一大队第一中队第一小队

派出单位	姓　名	性别	政治面貌	原单位职务	医疗队职务
曙光医院	羌　萍	男	党	内科支书	队长
曙光医院	项立敏	男	党	外科支书	副队长
曙光医院	顾惠芳	女	党	内科医生	指导员
曙光医院	单思清	男		外科医生	队员
曙光医院	刘伟林	男		外科支书	队员
曙光医院	于志升	男		内科医生	队员
曙光医院	潘维明	男		内科医生	队员
曙光医院	吴金良	男	党	伤科医生	队员

（续表）

派出单位	姓　名	性别	政治面貌	原单位职务	医疗队职务
曙光医院	董加玲	女		护士长	队员
曙光医院	黄　群	女	团	护士长	队员
曙光医院	盛明怡	女	团	护士	队员
曙光医院	乐爱莉	女	团	护士	队员
曙光医院	徐梅芳	女	团	药剂	队员
曙光医院	王培华	女	团	放射	队员
曙光医院	杨　红	女		化验	队员
曙光医院	李仁庆	男		电工	队员
曙光医院	缪永强	男		工人	队员
曙光医院	杨玉珍	女		炊事员	队员
曙光医院	王兰芬	女		炊事员	
曙光医院	陈世莲	男	团	炊事员	队员
曙光医院	郭　忻	女	党	内科医生	队员
曙光医院	黎　健	女	党	77 届学生	队员
曙光医院	李惠芬	女	党	76 届学生	队员
曙光医院	戚根宝	男	党	76 届学生	队员
曙光医院	黄松新	男	团	76 届学生	队员
中医学院	陈光德	男	团	炊事员	队员
中医学院	杨巧凤	女		炊事员	队员
中医学院	陈国贤	女		炊事员	炊事员
中医学院	张万利	男		总务组	
中医学院	徐成雍	男		总务组	

第一大队第一中队第二小队

派出单位	姓　名	性别	政治面貌	原单位职务	医疗队职务
曙光医院	郑平东	男	党	内科医生	队长
曙光医院	上官步云	男	党	外科医生	副队长
曙光医院	蒋琴芳	女	党	团支书	指导员

（续表）

派出单位	姓　名	性别	政治面貌	原单位职务	医疗队职务
曙光医院	邵青福	男	团	护士	队员
曙光医院	陈月娥	女		内科护士	队员
曙光医院	孟　秋	女		化验	队员
曙光医院	陈茂利	男	党	卫生辅助	队员
曙光医院	余丽兰	女	党	工宣队	副指导员
曙光医院	朱牲梁	女		学生	队员
曙光医院	邢建华	女		学生	队员
曙光医院	钱忠良	男	党	学生	队员
曙光医院	硕双林	男		内科医生	队员
曙光医院	李天雄	男	党	学生	队员
岳阳医院	宗志国	男	团	内科医生	副队长
岳阳医院	刘兰清	男		伤骨科医生	队员
岳阳医院	葛培基	男		伤骨科医生	队员
岳阳医院	金　伟	男		伤骨科医生	队员
岳阳医院	唐明望	男		推拿	队员
岳阳医院	柴忠胜	男		药剂	队员
岳阳医院	凌　康	女		放射	队员
岳阳医院	朱家香	男	团	食堂	队员
岳阳医院	朱金鸣	男		食堂	队员
岳阳医院	张敬宪	男	团	食堂	队员
岳阳医院	范金娣	女	团	护士	队员
岳阳医院	张培华	女	团	护士	队员
中医学院	翁志芳	女		炊事员	队员
中医学院	束长英	女		炊事员	队员
中医学院	陈志萍	女		炊事员	队员

第一大队第一中队第三小队

派出单位	姓　名	性别	政治面貌	原单位职务	医疗队职务
海员医院	董世友	男	党	业务组组长	指导员
海员医院	张大华	女	党	内科医生	队长
海员医院	包健勇	男	党	放射科医生	副队长
海员医院	姜关龙	男	党	工宣队	队员
海员医院	张建欣	男		外科医生	队员
海员医院	李定芳	男		外科医生	队员
海员医院	沈玉成	男	团	外科医生	队员
海员医院	艾光焕	女	团	麻醉师	队员
海员医院	薛倪华	女	团	外科护士	队员
海员医院	严维娜	女	党	内科护士长	队员
海员医院	赵云珍	女	团	药房	队员
海员医院	杨振华	女	团	放射科	队员
海员医院	郑磊磊	女		内科医生	队员
海员医院	宗四珍	女	团	内科护士	队员
海员医院	赵乐平	女		外科医生	队员
海员医院	寿根马	男	团	后勤	队员
海员医院	赵根兴	男	党	伤科医生	队员
海员医院	盛大成	男	党	内科医生	队员
海员医院	张正明	男	团	化验	队员
海员医院	陈玉梅	女		五官科医生	队员
海员医院	王恩玮	女	党	内科医生	队员
海员医院	阮月军	男	团	内科医生	队员
海员医院	刘忠良	男	党	后勤食堂	队员
海员医院	朱锦路	男	团	内科医生	队员
海员医院	王宝文	男	团	内科医生	队员

第一大队第二中队

派出单位	姓　名	性别	政治面貌	原单位职务	医疗队职务
黄浦区					
教卫组	傅济灿	男	党		中队长、党支部书记
街道医院	陈素娟	女	党		教导员

（续表）

派出单位	姓　名	性别	政治面貌	原单位职务	医疗队职务
中心医院	奚慰祖	男	党		副教导员
中心医院	钱鸿祥	男	党		副中队长
中心医院	王海涛	男	党		副中队长

第一大队第二中队第一小队

派出单位	姓　名	性别	政治面貌	原单位职务	医疗队职务
区教卫组	沈金火	男	党		指导员
中心医院	钱鸿祥	男	党	工宣队	副指导员
浦东中心	王海涛	男	党	总支委员、业务组负责人	队长
浦东中心	刘毓秀	男		外科医生	副队长
浦东中心	李顺福	男	党	外科医生	队员
浦东中心	蒋伟民	男	团	内科医生	队员
浦东中心	杨瑞华	女		外科麻醉	队员
黄浦中心	杨自正	男		普外科	队员
黄浦中心	李玉花	女		外科护士、针灸	队员
黄浦中心	李铁言	男		内科医生	队员
黄浦中心	王秋华	男	党	内科医生	队员
黄浦中心	殷宝庆	男	团	放射技士	队员
传染病医院	叶尚金	男		西内科	队员
传染病医院	丁爱银	女	党	内科护士	队员
传染病医院	严　桦	男		化验	队员
第四门诊部	吴美珍	女		药房	队员
公费门诊部	杨利娣	女		外科	队员
第三门诊部	胡为民	女		护士	队员
浦东中心	陈丽珍	女		护士长	队员
浦东中心	陈　克	男	党	后勤	队员
浦东中心	金九令	男	党	后勤	队员
浦东中心	庄林根	男	党	工宣队	队员
区卫校	张瑞芳	女	党	护士	队员
区卫校	邹惠芬	女	团	护士	队员
区卫校	杜阿升	男	团	医士	队员
先锋饮食店	徐祥生	男	党	医士	队员

第一大队第二中队第二小队

派出单位	姓　名	性别	政治面貌	原单位职务	医疗队职务
红光医院	史宝兴	男		工宣队	队长
红光医院	俞　静	女	党	妇科	副指导员
红光医院	杨安泰	男		内科	副队长
红光医院	冯是华	女	党	内儿科	队员
红光医院	吴仲威	男		外科	队员
红光医院	石鉴玉	男		伤科	队员
红光医院	章梅芬	女	团	五官科	队员
红光医院	陆道平	男		眼科	队员
红光医院	姜玉荷	女		麻醉	队员
红光医院	翁维明	男	团	化验	队员
红光医院	毛光贤	男	党	药房	队员
红光医院	陈纪英	女		护士	队员
红光医院	邬企英	女	团	护士	队员
红光医院	郑东萍	女	团	护士	队员
红光医院	倪榴芳	女	团	护士	队员
红光医院	李文考	男	党	护士	队员
红光医院	干红斌	男	党	护士	队员
红光医院	徐志飞	男	党	护士	队员
红光医院	须伯申	男		外科医生	队员
红光医院	方煦春	男	党	党支部副书记	队员
红光医院	姚苗珍	女		内科	队员
扬州饭店	施德龙	男	团	后　勤	队员
黄浦卫校	陈卫雯	女	团	医士	队员
黄浦卫校	孙行敏	男	团	医士	队员
黄浦卫校	袁国良	男	团	医士	队员
黄防站	吴碧云	女	团	护士	队员
黄防站	杨怀松	女		化验	队员

第一大队第二中队第三小队

派出单位	姓　名	性别	政治面貌	原单位职务	医疗队职务
黄浦区					
街道医院	奚慰祖	男	党		副教导员 队指导员
东昌医院	吕长安	男		外科	队长
	郭廉明	女		护理	副队长
	孙树滋	男		外科	队员
张家浜街道医院	蒋立人	男		伤科	队员
张家浜街道医院	任　虹	男	团	内科	队员
张家浜街道医院	陆法游	男		内科	队员
张家浜街道医院	谢　弢	男		内科	队员
张家浜街道医院	谷爱萍	女	党	内儿科	队员
张家浜街道医院	陈开棨	男		五官科	队员
张家浜街道医院	王伟侠	男		药剂	队员
张家浜街道医院	朱振华	女		麻醉	队员
人民饭店	李展国	男			
	姚美珍	女		化验	队员
	黄秀珍	女	团	护理	队员
	乔建华	女	团	护理	队员
	蒋阿毛	男	党	后勤	副指导员
	俞苏苏	女	团	外科护士	队员
	刘鸣业	男		后勤	队员
	张明涛	男		后勤	队员
	何伟国	女	党	伤科	队员
卫校	倪国尖	男	团	医主任	队员
卫校	陈志洁	男	团	医主任	队员
卫校	曹青青	女	团	医主任	队员
卫校	严国琴	女	团	医主任	队员

第二大队第四中队第一小队

派出单位	姓　名	性别	政治面貌	原单位职务	医疗队职务
龙华医院	韦恩庆	男	党		政委
龙华医院	陈汉平	男	党	针灸	大队长
龙华医院	戴钟秀	女	党	业务组	
龙华医院	李祥云	男	党	妇科医生	
龙华医院	华英兰	女		内科医生	
龙华医院	邱佳信	男		内科医生	
龙华医院	刘爱珍	女		护士	
龙华医院	苏培敏	女		护士	
龙华医院	史文英	女		儿科医生	
龙华医院	曹中平	男		西药员	
龙华医院	程子成	男		针灸医生	
龙华医院	张耀忠	男	团	放射	
龙华医院	舒兴才	男	团	伤科医生	
龙华医院	葛蓉业	女		护士	
龙华医院	熊鸿德	男		伤科医生	
龙华医院	姚楚芳	女	团		
龙华医院	童　谣	女	党		副指导员
龙华医院	周　端	男	党		
中医学院	胡梅娣	女	党		
中医学院	王连宽	男		炊事员	
龙华医院	周德明	男	团		
龙华医院	蔡信尧	男		炊事员	
龙华医院	张玉琴	女		护士	
龙华医院	许月仙	女		护士	
龙华医院	李志道	男		化验员	
龙华医院	王毓兴	男	党		
龙华医院	曹忠良	男	党		
龙华医院	梁晓顺	男		炊事员	
龙华医院	顾国民	男		电工	
龙华医院	曹金枢	男		外科医生	

（续表）

派出单位	姓　名	性别	政治面貌	原单位职务	医疗队职务
中医学院	姜敏华	女		炊事员	
中医学院	冯　琭	女	团	炊事员	
中医学院	杨莲珠	女	团	总务	
中医学院	陆元元	男	团	电工	

第二大队第五中队队部（普陀区）

派出单位	姓　名	性别	政治面貌	原单位职务	医疗队职务
区革会	杨春辛	男	党	卫生组副组长	教导员
街道医院	梅　毅	男	党	总支副书记、外科医生	中队长
区革会	林宏图	男	党	卫生组工宣队	副中队长

第二大队第五中队第一小队（普陀区）

派出单位	姓　名	性别	政治面貌	原单位职务	医疗队职务
中心医院	王伟光	男	党	后勤	指导员
中心医院	汪璇华	女	党	外科护士	副指导员
中心医院	凌爱琴	女	党	护士	队长
中心医院	邵　燕	女	团	内科医生	副队长
中心医院	陈铭玉	男		外骨科医生	
中心医院	李钦康	男		外科医生	
中心医院	胡雅芬	女		麻醉医生	
中心医院	王士杰	男		内科医生	
中心医院	章连珠	女	团	妇产科医生	
中心医院	胡桂英	女	党	儿科医生	
中心医院	林　萍	女	党	眼科医生	
中心医院	黄春熙	男		药剂	
中心医院	殷观美	女		化验	
中心医院	郑慰祖	男		X光医生	
中心医院	崔鸿元	男	党	炊事员	
中心医院	何　健	男		后勤	

（续表）

派出单位	姓　名	性别	政治面貌	原单位职务	医疗队职务
中心医院	许国庆	男		炊事员	
中心医院	李彩凤	女	团	外科护士	
中心医院	吕正华	女	团	内科医士	
中心医院	吴国英	女	团	内科医士	
中心医院	周　青	女	党	内科医士	
中心医院	沈　敏	女	团	内科医士	
中心医院	凌炳国	男	党	内科医士	
中心医院	万昌明	男	团	电工	
防疫站	李克俭	男	党	医士	

第二大队第五中队第二小队（普陀区）

派出单位	姓　名	性别	政治面貌	原单位职务	医疗队职务
利群医院	朱阿林	男	党	工宣队	指导员
利群医院	梁震纲	男	党	内科医生	队长
利群医院	孔迪生	男		革委会委员、外科医生	副队长
利群医院	张秀英	女	团	中医师	
利群医院	阙秀英	女	团	药剂生	
利群医院	史战燕	女	党	内科医生	
利群医院	董伟民	女	党	外科医生	
利群医院	黄慧珍	女	团	外科医生	
利群医院	邬飞扬	男		化验士	
利群医院	吴凤霞	女		手术麻醉护士	
利群医院	陈同新	男	党	外科医生	
利群医院	王月华	女	团	外科护士	
利群医院	郑　俭	男	团	内科医士	
利群医院	张丽梅	女	团	内科护士	
利群医院	李红英	女	团	五官医生	
利群医院	吴曹俊	男	团	司机	
利群医院	殷国秀	女	党	护士	
利群医院	袁伟君	男	团	X光技士	

（续表）

派出单位	姓　名	性别	政治面貌	原单位职务	医疗队职务
利群医院	刘　英	女	团	记账	
利群医院	王印华	女		炊事员	
利群医院	马金凤	女		炊事员	
利群医院	侯玲妹	女		炊事员	
利群医院	胡小玲	女	团	X 光技士	
利群医院	胡完凤	女		护士	
防疫站	席义方	男		防疫医士	

第二大队第五中队第三小队（普陀区）

派出单位	姓　名	性别	政治面貌	原单位职务	医疗队职务
总　支	项善棠	男	党	总支	指导员
沙　洪	龚亦修	男	党	工宣队	副指导员
林家港	王文海	男	党	内科医生	队长
妇　婴	夏取林	女	党	护士	副队长
妇　婴	郑孝瑾	女	团	手术护士	
妇　婴	尹桂英	女	党	化验	
妇　婴	肖庆凤	女	团	药房	
妇　婴	朱洁超	女	团	护士	
中　心	冯明玉	男		外科医生	
中　心	曹盛福	男	团	麻醉护士	
防疫站	韦永康	男		防疫医士	
东　新	孙重光	男		内科医生	
沙　洪	许万殊	男		伤科医生	
朱家湾	唐锦章	男		内科医生	
宜　川	钱菊妹	女	党	护士	
宜　川	马春芳	女	党	内科医生	
胶　州	林美茵	女		外科护士	
普　陀	白　鸽	女	党	伤科	
普　陀	苏顺和	男		伤科	
宜　川	郑秋荪	男		药房	

（续表）

派出单位	姓　名	性别	政治面貌	原单位职务	医疗队职务
桃　浦	崔志顺	男		后勤	
曹　杨	胡慧芳	女		后勤	
总　支	余成娣	女	党	化验	
林家港	刘阿洪	男		后勤	
中　山	张静清	女		外科护士	

第三大队第七中队第一小队

派出单位	姓　名	性别	政治面貌	原单位职务	医疗队职务
二军大	和喜恒	男	党	医教处主任	队长
二军大	韩凤康	男	党	副教导员	指导员
二军大	杨瑞和	男	党	骨科军医	副队长
二军大	董世昌	男	党	政治干事	副政指
二军大	华积德	男	党	外科军医	队员
二军大	赵桂英	女	党	助理员	
二军大	包曼华	女	党	麻醉军医	
二军大	刘本俶	男	党	内科军医	
二军大	吴春泽	男	党	军队卫生教员	
二军大	江德胜	男	党	五官科军医	
二军大	耿素芳	女	党	司药	
二军大	章　韵	女	党	放射科军医	
二军大	韩凤玉	男	党	外科护士	
二军大	王全珍	女		护士	
二军大	黄国珍	女		护士	
二军大	陆世萍	女	团	护士	
二军大	蔡爱军	女	党	毕业学员	
二军大	刘达根	男	党	毕业学员	
二军大	惠　萍	女	党	毕业学员	
二军大	马　政	男	党	毕业学员	
二军大	任有志	男	党	毕业学员	
二军大	魏一好	男	党		事务长
二军大	黄树茂	男	团		炊事员

（续表）

派出单位	姓　名	性别	政治面貌	原单位职务	医疗队职务
二军大	胡文尉	男	团		炊事员
二军大	刘杏森	男	团		炊事员
二军大	傅跃清	男			炊事员

第三大队第七中队第二小队

派出单位	姓　名	性别	政治面貌	原单位职务	医疗队职务
二军大	张宏策	女	党	门诊部副主任	队长
二军大	周恩仁	男	党	政指	政指
二军大	王东元	男	党	内科军医	副队长
二军大	冯　宇	女	党	政治干事	副政指
二军大	周正端	男		外科军医	队员
二军大	张明莉	女	党	外科军医	
二军大	赵孟尧	男	党	脑外科军医	
二军大	张亚成	男	党	护士	
二军大	周炳胜	男	党	内科军医	
二军大	秦一中	男		传染科军医	
二军大	魏月华	女	党	五官科军医	
二军大	吴月琴	女	党	检验员	
二军大	许士科	男	党	护士	
二军大	李莎莎	女		护士	
二军大	彭美丽	女		护士	
二军大	张曼娜	女	党	妇产科护士	
二军大	李宪福	男	党	毕业学员	
二军大	周　琦	女	党	毕业学员	
二军大	孙玉兰	男	党	毕业学员	
二军大	梁雨田	男	党	毕业学员	
二军大	苏　忠	男	党	毕业学员	
二军大	杨二宝	男	党	毕业学员	上士
二军大	左二元	男	团	毕业学员	炊事员
二军大	周三厚	男	党	毕业学员	
二军大	朱学文	男	团	毕业学员	

第三大队第七中队第三小队

派出单位	姓　名	性别	政治面貌	原单位职务	医疗队职务
海港医院	刘明□	男	党	门诊部负责人	指导员
海港医院	刘庆华	男	党	内科医生	副队长
海港医院	陈达民	男		内科医生	队员
海港医院	赵庶忠	男		外科医生	
海港医院	胡浩林	男	党	外科医生	
海港医院	魏　春	女	团	手术护士	
海港医院	马永平	女	党	化验	
海港医院	赵淑玲	女		护士	
海港医院	富宁兰	女		护士	
海港医院	朱新健	男	团	放射技术员	
海港医院	刘忠根	男	党	工人	
国际妇保	孙菊芳	女	党	妇产科医生	队长
国际妇保	蔡兰娣	女	党	助产士	
国际妇保	过正英	女		助产士	
国际妇保	邵延令	男		妇产科医生	
国际妇保	侯育余	男		药剂	
国际妇保	马梅英	女	团	助产士	
国际妇保	殷荷金	女		助产士	
国际妇保	钱宝龙	男	党	政宣组负责人	
国际妇保	陈隆才	男		营养组负责人	
国际妇保	徐正仪	女		麻醉护士	
国际妇保	干露琴	女	团	助产班学员	
国际妇保	黄桂英	女	团	助产班学员	
国际妇保	苗冬英	女	团	助产班学员	
国际妇保	陈必兰	女	团	助产班学员	
国际妇保	陆文娟	女	团	助产班学员	

第三大队第八中队第一小队

派出单位	姓　名	性别	政治面貌	原单位职务	医疗队职务
二军大	陈长策	男	党	外科军医	队长
二军大	刘　颜	女	党	护士	副队长
二军大	王国庆	女	党	保密员	政指
二军大	张恩纪	男	党	干事	副政指
二军大	赵定麟	男		外科军医	队员
二军大	张鸿琪	男	党	外科军医	
二军大	张贤康	男		内科军医	
二军大	肖振月	女		护士	
二军大	赵玉芬	女	团	调剂员	
二军大	李家乐	男		护士	
二军大	李　萍	女	党	护士	
二军大	赵军武	女	团	护士长	
二军大	吴　杰	女		化验员	
二军大	王中发	男	党	放射科军医	
二军大	荣卫民	女	团	护士	
二军大	李兴生	女	党	内科军医	
二军大	陈琴珍	女	党	技术员	
二军大	冯文杰	男		耳鼻喉科军医	
二军大	张佐云	女	党	毕业学员	
二军大	黄峰军	男	党	毕业学员	
二军大	李光禄	男	党	毕业学员	
二军大	郭淑琴	男	党	毕业学员	
二军大	李素芝	男	党	毕业学员	
二军大	王安乐	男		军医	
二军大	稽龙成	男	团	护士	
二军大	梁志华	男	党		管理员
二军大	金海江	男	党		炊事员
二军大	周付才	男	团		
二军大	张朝玉	男	党		
二军大	杨民生	男	团		

第三大队第八中队第二小队

派出单位	姓　名	性别	政治面貌	原单位职务	医疗队职务
二军大	徐学俊	男	党	外科军医	队长
二军大	陈炳元	男	党	干事	政指
二军大	黄婉莹	女	党	护士	副政指
二军大	郑绍先	男		外科军医	队员
二军大	张本立	男		内科军医	
二军大	胡力平	女	党	小儿科军医	
二军大	朱　莉	女	团	眼科军医	
二军大	王秀君	女	党	护士	
二军大	孙晓丽	女	团	护士	
二军大	韩九如	女	党	妇产科军医	
二军大	魏莉华	女	团	护士	
二军大	汤荣发	男	党	外科军医	
二军大	冯　龙	男	党	护士	
二军大	李成永	男		技术员	
二军大	王安文	男	党	司药	
二军大	韩世欧	男	党	技术员	
二军大	侯辉光	男		神经科军医	
二军大	李志军	女	党	毕业学员	
二军大	周本奎	男	党	毕业学员	
二军大	柴德锋	女	党	毕业学员	
二军大	张邱年	男	党	毕业学员	
二军大	姬尚义	男	党	毕业学员	
二军大	罗援波	女	党	军医	
二军大	吴源源	女	党	军医	
二军大	左学林	男	党		事务长
二军大	徐勇清	男	党		上士
二军大	邢聚成	男	团		炊事员
二军大	曹茂生	男	团		
二军大	曹清贤	男	团		

第三大队第八中队第三小队

派出单位	姓　名	性别	政治面貌	原单位职务	医疗队职务
长江航运医院	孙雪珍	女	党	党支部副书记	指导员
长江航运医院	杨耀华	男	党	党支部委员	副指导员
长江航运医院	张惠禄	女		内科医生	队长
长江航运医院	蒋惠麒	男		外科医生	副队长
长江航运医院	童丽娟	女		内科医生	队员
长江航运医院	李桂枝	女	团	内科医生	队员
长江航运医院	俞兴祥	男	团	内科医生	队员
长江航运医院	欧阳均	女		外科医生	队员
长江航运医院	沈　萍	女	团	外科医生	队员
长江航运医院	熊国栋	男		麻醉	队员
长江航运医院	杨期莺	女	团	手术护士	队员
长江航运医院	陆　铭	女	团	手术护士	队员
长江航运医院	费晓云	女	团	护士	队员
长江航运医院	钟淑萍	女	团	护士	队员
长江航运医院	蔡蒙恩	女		护士	队员
长江航运医院	王菊妹	女	团	护士	队员
长江航运医院	金祥菊	女	团	护士	队员
长江航运医院	侯英士	男		药房	队员
长江航运医院	陈丽琴	女	团	化验	队员
长江航运医院	迢珠美	女	团	供应	队员
长江航运医院	史安余	男	党	后勤	队员
长江航运医院	杨顺发	男	党	后勤	队员
长江航运医院	李金豹	男	团	后勤	队员
长江航运医院	马伟良	男	团	后勤	队员
长江航运医院	王永德	男	团	后勤	队员

第三大队第九中队第一小队（虹口区）

派出单位	姓　名	性别	政治面貌	原单位职务	医疗队职务
虹中心	万声发	男	党	总支委员	指导员
区教卫组	张宝忠	男	党	军宣队	队长

（续表）

派出单位	姓　名	性别	政治面貌	原单位职务	医疗队职务
虹中心	刘章妹	女	党	护士	副队长
唐山地段医院	张明良	男		中医	副队长
虹中心	高　浦	男		外科医生	
虹中心	陈　翔	男	党	外科医生	
乍浦路地段医院	夏立战	男		外科医生	
虹中心	王长春	男		内科医生	
虹中心	赵　青	女	党	妇产科医生	
新港地段医院	虞　蒙	男		内科医生	
虹中心	范存屏	女		麻醉护士	
虹中心	姚秀英	女		手术护士	
虹中心	袁光辉	男		药剂	
虹中心	张曾雅	女		化验	
虹中心	张慕亮	男		X 光	
虹中心	唐　瑶	女		护士	
海门地段医院	倪雅萍	女		护士	
长治地段医院	丁秀娟	女		护士	
虹中心	闵雅丽	女	团	护士	
区防疫站	伍　平	男	团	公卫医士	
横浜地段医院	李　元	男		后勤	
虹中心	孟仔强	男	团	炊事员	
虹中心	陈青跃	男		财务	
虹中学院医训班	诸月荷	女	团	医训班	
虹中学院医训班	李月妹	女	团	医训班	

第三大队第九中队第二小队（虹口区）

派出单位	姓　名	性别	政治面貌	原单位职务	医疗队职务
四　院	赵松林	男	党	总支副书记	指导员
虹一院	陆振华	男	党	工宣队	副政指
虹一院	张可范	女	党	外科医生	队长
四　院	刘世杰	男	党	药剂	副队长

（续表）

派出单位	姓　名	性别	政治面貌	原单位职务	医疗队职务
虹一院	池云龙	男		内科医生	副队长
虹镇地段医院	魏新有	男		外科医生	
虹一院	何　平	男		外科医生	
长春地段医院	薛孔亮	男		内科医生	
吴淞地段医院	吴仁德	男		内科医生	
四　院	姚　杰	男		耳鼻喉科医生	
虹一院	吴瑞安	男		中伤科医生	
虹一院	尤蕰英	女	团	手术护士	
虹一院	陈锁林	男		麻醉护士	
虹一院	费镕镛	男		药剂	
虹一院	严斐声	男		化验	
虹一院	吕文英	女	团	护士	
虹一院	陈信华	女		护士	
虹一院	徐素琴	女		护士	
横浜地段医院	张子茵	女		护士	
虹镇地段医院	管德恒	男		后勤电工	
区防疫站	王镇南	男	党	后勤总务	
区防疫站	颜传钧	男		后勤总务	
四　院	徐求福	男		后勤炊事员	
四院医训班	梁建友	男	团	医训班	
四院医训班	李　霞	女	团	医训班	

遵化临时医院院部名单

派出单位	姓　名	性别	政治面貌	原单位职务	医疗队职务
一院	冯连科	男	党	一院党委书记	政委
698 医院	郑守泳	男	党	698 医院副政委	副政委
精总	林镇祥	男	党	精总总支副书记	院长
109 医院	张维明	男	党	109 医院院长	副院长
精分	顾友灿	男	党	精分总支副书记	副院长
109 医院	石文德	男	党	109 政治处副主任	工作人员
市卫生局	毛春芳	女	党	局团委常委	工作人员
市卫生局	李明珠	女	党	局组织组干部	工作人员

遵化临时医院各队人员名单
第一大队第一中队第一小队

派出单位	姓　名	性别	政治情况	原单位职务	医疗队职务
警备区	戴荣林	男	党	外科所长	小队长
警备区	刘中模	男	党	内科主治医生	副队长
警备区	顾喜英	男	党	政治处干事	政指
警备区	倪庆尔	男	党	外科主治军医	军医
警备区	王云芳	男	党	外科医助	军医
警备区	王德仁	男	团	外科军医	军医
警备区	黄连生	男	党	传染医助	军医
警备区	赵国民	男	党	医助	其他医生
警备区	吕惠英	女	党	医助	其他医生
警备区	叶建兰	女	团	护士	手术护士
警备区	潘守付	男	党	技术员	放射技术员
警备区	姜小玲	女	党	护士	麻醉护士
警备区	汤爱逊	女	党	司药	司药
警备区	张学勤	男	党	化验军医	化验军医
警备区	周群燕	女	团	护士	护士
警备区	李　新	女	团	护士	护士
警备区	陈国宁	女	团	护士	护士
警备区	李　萍	女	团	护士	护士
警备区	胡江英	女	党	护士	护士
警备区	周兰凤	女	党	护士长	护士长
警备区	贾宝石	男	党	卫生员	卫生员
警备区	胡德民	男	团	卫生员	卫生员
警备区	宁瑞国	男	团	卫生员	卫生员
警备区	冯时英	男	团	炊事员	炊事员
警备区	赵金林	男		供应室护士	供应室护士
警备区	丁作俊	男	党	管理员	管理员

第一大队第一中队第二小队

派出单位	姓　名	性别	政治情况	原单位职务	医疗队职务
警备区	孙干清	男	党	二师医院所长	小队长
警备区	崔志杨	男	党	一师医院副所长	副队长
警备区	陈志银	男	党	一师医院宣传股长	政指
警备区	张志新	男	党	一师医院军医	军医
警备区	张成先	男	党	一师医院军医	军医
警备区	高建华	男	党	二师医院军医	军医
警备区	张健民	男	党	一师医院军医	军医
警备区	马　列	男	党	警备师医院军医	军医
警备区	刘宝如	男	党	一师医院军医	军医
警备区	丁文明	男	党	警备师医院军医	军医
警备区	严林兴	男	党	警备师卫生员	手术护士
警备区	周德福	男	党	一师卫生员	麻醉
警备区	唐家全	男	党	六九八医院药房	调剂
警备区	钟从余	男	党	一师医院化验员	化验
警备区	李文府	男	党	一师医院护士	护士
警备区	耿淑男	男	党	警备师医院护士	护士
警备区	傅晏英	女	党	警备师医院护士	护士
警备区	欧阳雪	女	党	二师医院护士	护士
警备区	于　敏	女	党	二师医院卫生排长	护士
警备区	刘昌彬	男	团	一师医院卫生员	卫生员
警备区	初成宝	男	团	二师医院战士	卫生员
警备区	赵旭功	男	团	警备师医院卫生员	卫生员
警备区	秦健忠	男	团	一师医院战士	卫生员
警备区	韦秀文	男	党	警备师医院炊事班长	炊事员
警备区	郭道海	男	党	二师医院卫生员	供应室卫生员
警备区	庄正才	男	党	六九八医院管理员	管理员

注：陈志银同志为第一中队指导员兼第二小队指导员。

第一大队第一中队第三小队

派出单位	姓　名	性别	政治情况	原单位职务	医疗队职务
一结总	俞炳荣	男	党	党总支副书记	指导员
一结总	陈　迪	男	党	外科医生	队长
一结总	丁加安	男		外科医生	
一结总	张美菊	女		外科医生	
一结总	邹学超	男		麻醉医生	
一结总	李德仁	男		内科医生	
一结总	陆　美	女	党	护士	
一结总	胡燕君	女	团	药剂士	
一结总	徐金珍	女	团	护士	
一结总	陈金娣	女		护士	
寄研所	陈名刚	男	党	医生	
寄研所	陈义生	男		技术员	
寄研所	张云富	男		辅助	
寄研所	翁柏森	男	党	革委会委员	
寄研所	高志强	男		化验	
寄研所	翁劲奋	女		护士	
寄研所	郑　香	女	团	技术员	
寄研所	朱道韫	女		医生	
寄研所	全庆云	女	团	护士	
寄研所	汪宪花	女		护士	
寄研所	葛建军	男		技术员	
寄研所	丁文彬	男		医生	
寄研所	叶明珠	女		护士	
寄研所	朱立新	男	团	食堂	
寄研所	许永湘	男		化验	

第一大队第三中队第一小队

派出单位	姓　名	性别	政治情况	原单位职务	医疗队职务
静安医院	张金林	男	党	支部书记	指导员
静安医院	蔡瑞明	男	党	支委、内科医生	小队长

（续表）

派出单位	姓　名	性别	政治情况	原单位职务	医疗队职务
静安区中心医院	毛振廷	男		外科医生	
南西地段医院	彭国良	男		外科医生	
康定地段医院	徐怀荣	男	党	内科医生	
静安医院	郭于峰	男	党	药剂	
静安医院	何乐乐	女		化验	
万航地段医院	胡志豪	男	团	药剂	
余姚地段医院	徐中南	男		伤科医生	
静安区牙防所	周　坚	女		护士	
静安医院	李　刚	男	团	护理	
静安医院	孔庆堂	男		工人	
静安医院	徐勤奋	女		工人	
医化所	徐宗根	男		检验员	
静安区防疫站	杨奇恒	男		消毒员	
区疗养所	章佩华	女		炊事员	
区中心医院	龚亚琴	女	党	护士	副指导员
区中心医院	袁　鑫	男		骨科医生	副队长
区卫校	徐基正	男		学生	
区卫校	赵　敏	男		学生	
区卫校	邵康为	男	团	学生	
区中心医院	李　琴	女		麻醉	
区中心医院	葛文芳	男		手术护士	
区中心医院	姚德明	男	团	护士	
区精防站	杨美英	女	团	卫生员	

备注：张金林系中队支部书记兼教导员；龚亚琴系中队支部委员。

第一大队第三中队第二小队

派出单位	姓　名	性别	政治面貌	原单位职务	医疗队职务
区地段医院总支	苗海超	男	党	总支副书记	指导员
威海地段医院	汪玉陵	女	党	革委会委员、中医医生	小队长
区中心医院	王庚源	男		内科医生	小队长

（续表）

派出单位	姓　名	性别	政治面貌	原单位职务	医疗队职务
静安医院	陈经纶	男	团	外科医士	
静安医院	周梅芳	女	团	内科医士	
静安医院	章剑萍	女		护士	
区精防站	潘年慈	女	团	医士	
区防疫站	翁瑞君	女		防疫员	
余姚地段医院	诸顺良	女		医士	
万航地段医院	卜祥令	女		外科医生	
江宁地段医院	费志杰	女		伤科医生	
区结防所	夏长洪	女		化验	
区中心医院	汪宝娣	女		药剂	
区中心医院	周宝珠	女		麻醉	
区中心医院	沈芳兰	女		手术护士	
区中心医院	许丹娘	女	团	内科护士	
区结防所	蒋淑贞	女		护士	
区精防站	马建平	男	团	公务员	
区卫校	朱国芬	女	团	教师	
区卫校	周静芝	女		学生	
区卫校	张葆华	男	团	学生	
江宁地段医院	瞿林祥	男	党	支部副书记	副指导员
静安医院	刘宝铨	男		外科医生	
延西地段医院	黄梅珍	女		内科医生	
区中心医院	杨林清	男		炊事员	

备注：苗海超系中队支部副书记；瞿林洋系副中队长。

第一大队第三中队第三小队

派出单位	姓　名	性别	政治面貌	原单位职务	医疗队职务
地段医院 “七二一”大学	刘汝明	男	党	工宣队员	副指导员
原中心医院	沈扣玲	女	党	区革会卫生组、护士	兼副指导员
静安医院	严庆惠	男		内科医生	队长

（续表）

派出单位	姓　名	性别	政治面貌	原单位职务	医疗队职务
区中心医院	童新华	男		外科医生	副队长
静安医院	杨启华	女	团	外科医生	
静安医院	俞筱芬	女	团	护士	
万航地段医院	许美玲	女		妇外科	
张家宅地段医院	杨家华	男		药剂	
余姚地段医院	赵元甲	男		内儿科医生	
区中心医院	刘桂香	女	团	内科医生	
区中心医院	印其祥	男	团	麻醉	
区医化所	陆宗基	男		化验	
区结防所	丁静芬	女		护士	
区精防所	周忠英	女		护士	
区中心医院	梁　俊	女		手术护士	
区防疫站	魏澄敏	女		防疫员	
区精防站	黄熙成	男	党	支部副书记	指导员
区卫校	项著再	男	团	教师	
区卫校	徐永皓	男	团	学生	
区卫校	诸慧铭	女	团	学生	
区中心医院	戴宝成	男	团	革委会常委	
区中心医院	何德轩	男	党	后勤支部副书记	
区中心医院	孙永珍	女	团	护士	
区中心医院	蔡诗刚	男	团	勤杂	
区中心医院	胥志华	男	团	炊事员	

备注：黄熙成系中队长、支部委员。

第二大队第四中队第一、二小队

派出单位	姓　名	性别	政治情况	原单位职务	医疗队职务
古田医院	李绍白	男	党	党总支副书记	工宣队指导员
古田医院	薛春大	男		脑外医生	队长
古田医院	梁素英	女	党	外科护士	副队长
古田医院	蒋惠人	男		外科医生	

（续表）

派出单位	姓　名	性别	政治情况	原单位职务	医疗队职务
古田医院	姚德鸿	男		外科医生	
古田医院	梁素娥	女	团	手术护士	
古田医院	谢冠群	男		内科医生	
古田医院	汤君彦	男		五官科医生	
古田医院	杭燕南	男		麻醉医生	
古田医院	王年英	女	党	二医工农兵学员	
古田医院	刘炳华	男	团	二医工农兵学员	
古田医院	胡佩强	男	团	二医工农兵学员	
古田医院	陈正法	男	团	化验	
古田医院	钱元忠	男	党	内科	指导员
古田医院	王根荣	男		二医	
古田医院	沈卫峰	男		内科	队长
古田医院	顾月明	男		口腔	副队长
古田医院	汤希伟	男		妇科	
古田医院	杨桂森	男		外科（儿）	
古田医院	刘青兰	女	团	七二一	
古田医院	靳淑玲	女		七二一	
古田医院	王敏勤	女		七二一	
古田医院	丁自国	男	团	七二一	
古田医院	陈士英	女		护士	
古田医院	方爱妹	女	团	二医	
古田医院	吴树伦	男	团	二医	
古田医院	苏　红	女	团	二医	
古田医院	朱凤英	女	团	七二一	
古田医院	张海滨	男	团	儿科	
古田医院	周培松	男	团	炊事员	
古田医院	顾忠良	男	团	炊事员	
古田医院	王国兴	男		木工	
古田医院	仇金虎	男	团		
古田医院	陈正康	男	党	政宣	副指导员

（续表）

派出单位	姓　名	性别	政治情况	原单位职务	医疗队职务
古田医院	杨卫中	男	团	二医	
古田医院	沈琴华	女	党	二医	
古田医院	王亚新	男	团	二医	
古田医院	赵庆芳	女	团	二医	
古田医院	王云威	男	团	二医	

第二大队第四中队第三小队

派出单位	姓　名	性别	政治情况	原单位职务	医疗队职务
传分	潘志云	女	党	内科医生	政指
传分	顾松鹤	男	党	医生	队长
传分	金祥富	男	党	医生	副队长
传分	蔡冰良	男	团	化验	
传分	沈梅芬	女		护士	
传分	王　俊	女	团	护士	
传分	王　英	女	团	护士	
传分	史月琴	女	团	护士	
传分	张仁利	女	团	护士	
传分	包丽娟	女	团	护士	
传分	丁龙珍	女		护士	
传分	马文霞	女		护士	
传分	许生和	男	党	工宣队	
传分	李传芳	男	党	支部副书记	
传分	曹念蕊	女		护士	
传分	竺丽如	女	党	业务组组长	
传分	洪志浩	男		药剂	
传分	丁先知	男	党	电工、驾驶员	
传分	陈如奎	男	党	工宣队	
传分	徐海戎	男		工宣队	
六院	徐幼龙	男	党		
六院	唐伟珠	女	党		

（续表）

派出单位	姓　名	性别	政治情况	原单位职务	医疗队职务
六院	张加平	男	团		
六院	鲍美淑	女		手术麻醉护士	
六院	周文申	女		外科医生	

第二大队第五中队第一、二小队

派出单位	姓　名	性别	政治面貌	原单位职务	医疗队职务
长江医院	周仲鹤	男	党	党总支副书记	指导员
长江医院	金伟珠	女	党	党总支委员 团总支书记	副指导员
长江医院	孙祖耀	男	党	工宣队	副指导员
长江医院	季志雄	男		脑外医生	队长
长江医院	王　森	男		内科医生	副队长
长江医院	姚仲本	女		妇产科医生	
长江医院	李　萍	女	团	眼科医士	
长江医院	王树仁	男		麻醉医生	
长江医院	刘玉娥	女	团	手术护士	
长江医院	张乐仁	女		内科护士	
长江医院	叶尧松	男		放射科医生	
长江医院	秦邦彦	男		化验	
长江医院	王　励	男		口腔技士	
长江医院	侯明钟	男		骨科医生	
长江医院	周爱菁	女	团	口腔医士	
长江医院	董汛仙	女	党	业务支部副书记 外科护士	
长江医院	钱美新	女	党	工宣队	
长江医院	印海贞	女	党	外科护士	
长江医院	王兴祥	男	党	木工	
长江医院	吴承俊	男	党	实习医生	
长江医院	李乐春	男	党	实习医生	
长江医院	王静安	女	党	实习医生	

（续表）

派出单位	姓　名	性别	政治面貌	原单位职务	医疗队职务
长江医院	金孝良	男	团	X 光技术员	
长江医院	徐伯玉	女	团	护士	
长江医院	董玉美	女	团	护士	
长江医院	陈丽勤	女	团	护士	
长江医院	高小芬	女	团	护士	
长江医院	王　玲	女	团	护士	
长江医院	王吟秋	女	团	护士	
长江医院	周　柱	男		内科医生	
长江医院	徐素娟	女		外科护士	
长江医院	薛翠兰	女		外科护士	
长江医院	刘翠娥	女		妇产科医生	
长江医院	王步兰	女		外科护士	
长江医院	吴琴懿	女	团	实习医生	
长江医院	沈思文	女	团	实习医生	
长江医院	张世萍	女	团	财务	
长江医院	陈建业	男		食堂炊事员	
长江医院	林万强	男		总务	
长江医院	耿新平	男		电工	
长江医院	钱宏宪	男		总务	
长江医院	陈彩林	女	团	公务	

第二大队第五中队第三小队

派出单位	姓　名	性别	政治情况	原单位职务	医疗队职务
精　分	张长明	男		业务组副组长	副队长
精　分	刘君贯	男	团	工勤人员	
精　分	姚光达	男	团	工勤人员	
精　分	孙宝贤	男	党	工勤人员	
精　分	沈侠明	男		工勤人员	
精　分	朱顺舆	男	团	工勤人员	
精　分	陆桃英	女		工勤人员	

（续表）

派出单位	姓　名	性别	政治情况	原单位职务	医疗队职务
精　分	吴桂英	女	党	工勤人员	
精　分	顾友灿	男	党	总支副书记	政指
精　分	郑锡基	男		业务组	队长
精　分	何仪敖	男	党	工宣队	副队长
精　分	王宣根	男	党	医生	
精　分	沈毓敏	男	党	医生	
精　分	张炳泉	男	团	医生	
精　分	罗建龙	男	党	医生	
精　分	腾月丽	女	团	护士	
精　分	王金和	男	团	化验	
精　分	沈丽卿	女		药剂	
精　分	姚　刚	男	团	医大班	
精　分	康为民	男	团	医大班	
六院医大班	杨振浩	男	党	骨科	副队长
六院医大班	陈小听	男	团	X 光技术员	
六院医大班	乔　勇	男	团	内科	
精　分	刁镇海	男	团	医士	
六　院	程　敏	女	团	麻醉	
六　院	徐鲁华	女	党	手术护士	
六　院	姜佩珠	女	党	外科医生	

第二大队第六中队第一、二小队

派出单位	姓　名	性别	政治面貌	原单位职务	医疗队职务
后卫组	蒋　征	男	党	卫生组副组长	领　队
后卫组	钱洪根	男	党	工宣队指导员	领　队
后卫组	苏雯娟	女	团	政工干部	
后卫组	马华刚	男	团	医士	
后卫组	殷金仙	女	团	医士	
后卫组	曹建明	男	党	政工干部	
后卫组	肖建秀	女	团	工人	

（续表）

派出单位	姓　名	性别	政治面貌	原单位职务	医疗队职务
精　分	王政平	男		工人	
精　分	陈建华	男		工人	
瑞金医院	沈德金	男	党	工宣队副指导员	副指导员
瑞金医院	张贵坊	男	党	党总支副书记	指导员
瑞金医院	徐惠平	男	党	武保干部	副指导员
瑞金医院	吴之城	男		内科医生	队长
瑞金医院	谢建欣	女	党	手术护士	副队长
瑞金医院	李兆平	男		外科医生	
瑞金医院	杜良乞	男		骨科医生	
瑞金医院	庄志祥	男	团	外科医士	
瑞金医院	王龙根	男		药剂师	
瑞金医院	刘　德	男		口腔医生	
瑞金医院	奚国莲	女	党	麻醉医生	
瑞金医院	任仪荣	男	团	内科医士	
瑞金医院	宓文娟	女	党	内科护士	
瑞金医院	邹　群	男	党	放射科医生	
瑞金医院	王仁芝	男		化验	
瑞金医院	王　瑾	女		儿科医生	
瑞金医院	史燕敏	女	团	外科护士	
瑞金医院	徐慧敏	女	党	组织干事	
瑞金医院	陆佩华	女	团	业务组干事	
瑞金医院	曹礼宝	男	团	工人	
瑞金医院	盛琴珍	女	党	二医学员	
瑞金医院	陈德芳	女	团	二医学员	
瑞金医院	李娜亚	女	团	二医学员	
瑞金医院	杨　文	男	团	二医学员	
瑞金医院	程成杰	男	团	二医学员	

第三大队第六中队第三小队

派出单位	姓　名	性别	政治情况	原单位职务	医疗队职务
六院	周松青	男	党	内科	队长
遵义	李伏田	男	党	外科医生	副队长
遵义	韩必忠	男	党	支部副书记	政指
六院	龚前进	男	党	外科医士	
六院	张支倍	男	团	药房	
六院	余国英	女	团	手术室护士	
六院	唐彩虹	女	团	儿科医生	
六院	蒋长雄	男	团	化验士	
遵义	周道海	男		外科医士	
遵义	贾文生	男		内科医士	
遵义	王戴明	男		外科医士	
遵义	于雁君	女		药房士	
遵义	汤全贵	男		化验士	
遵义	唐贵宝	女		手术室护士	
遵义	张慰慈	女		手术室护士	
遵义	汪　萍	女	党	革委会委员	副队长
遵义	吴振才	男	党	食堂管理员	
遵义	陆轶敏	女	团	医士、团副书记	
遵义	林志祥	男		后勤	
遵义	胥传瑜	女		护士	
遵义	姜红明	女		后勤	
六院	高以和	男	党	护士	
六院	徐良芳	男	团		
六院	周永昌	男	党	外科主任	
六院	黄君城	男	党		

第三大队第七中队第一小队

派出单位	姓　名	性别	政治面貌	原单位职务	医疗队职务
市一医院	潘　铨	男		普外医生	小队长
市一医院	陈有罗	男	党	工宣队员	政指

（续表）

派出单位	姓　名	性别	政治面貌	原单位职务	医疗队职务
市一医院	郑秀春	女		内科医生	副队长
市一医院	邱学勤	男	党	外科医生	副队长
市一医院	凌桂明	男		泌尿外科	
市一医院	赵丽华	女	党	内科医生	
市一医院	沈　林	男		儿科医生	
市一医院	黄修令	男		五官科医生	
市一医院	孙廷慰	女		妇产科医生	
市一医院	王莲珍	女		麻醉	
市一医院	严福妹	女	团	洗手护士	
市一医院	孙文媛	女		药剂师	
市一医院	滕美萍	女	团	化验士	
市一医院	严才楼	男		口腔科医生	
市一医院	薛安珍	女		护士	
市一医院	郁慧群	女		护士	
市一医院	徐俊和	女		护士	
市一医院	陆贤伟	男		后勤技工	
市一医院	方成明	男		炊事员	
市一医院	宋建华	男		公务员	
市一医院	马润涛	男		放射科医生	
市一医院	董仲良	男	团	骨科医生	
市一医院	杨金富	男	团	外科医生	
市一医院	张慧芬	女	团	内科医生	
市一医院	司福林	男	团	外科医生	
市一医院	张兰英	女	团	外科医生	
市一医院	沈洪才	男	党	内科医生	
市一医院	汪炎雄	男	党	政宣组副组长	副政指
市一医院	徐国辉	男	团	针麻	
市一医院	张克有	男		工宣队员	副小队长

第三大队第七中队第二小队

派出单位	姓　名	性别	政治面貌	原单位职务	医疗队职务
市一医院	梁瑞君	女	党	内科医生	队长
市一医院	叶善龙	男	党	外科医生	副指导
市一医院	林发雄	男		骨科医生	
市一医院	施士德	男	党	神经外科医生	
市一医院	窦子武	男		眼科医生	
市一医院	郭金土	男	团	总务	
市一医院	高志兴	男	团	麻醉士	
市一医院	庄　萍	女	团	药剂士	
市一医院	陈薇薇	女	团	检验士	
市一医院	沈佩芳	女	团	外科护士	
市一医院	罗凤萍	女	团	护士	
市一医院	何联珠	女	党	护士	
市一医院	季培珠	女	团	内科医生	
市一医院	钱效成	男		炊事员	
市一医院	王菊玲	女		小儿科医生	
市一医院	徐惠玲	女	团	妇产科医生	
市一医院	陆达康	男	党	外科医生	
市一医院	丁琪琲	女	团	洗手护士	
市六二六	曹家骏	男	党	革委会主任	指导员
市六二六	周成名	男		革委会委员	副队长
市六二六	夏以琳	女		中医医生	
市六二六	郑祝新	女	团	中医医生	
市六二六	杨根林	男		药剂士	
市六二六	杨希亮	男		工人医生	
市六二六	韩运通	男		工人医生	
市六二六	汤建国	男	团	后勤	
市六二六	朱云生	男		后勤	
市六二六	陈家荣	男		医生	
市六二六	唐孝均	男	党	业务组组长	副队长
市六二六	赵恒才	男	党	工宣队员	副政指

第三大队第七中队第三小队

派出单位	姓　名	性别	政治面貌	原单位职务	医疗队职务
第一妇婴保健院	吴玉珍	女	党	院革委会委员	大队长
第一妇婴保健院	黄秀贞	女	党	妇产科医生	副大队长
第一妇婴保健院	张景荣	女		助产士“七二一”大学学员	
第一妇婴保健院	袁和喜	女		妇产科医师	
第一妇婴保健院	张建芬	女	团	助产士	
第一妇婴保健院	秦　红	女		助产士	
第一妇婴保健院	单日娥	女		护士兼麻醉	
第一妇婴保健院	郑湘风	女		药剂士	
第一妇婴保健院	金效珍	女		助产士	
第一妇婴保健院	陈伟衍	女		助产士	
第一妇婴保健院	张诚彦	男		炊事员	
第一妇婴保健院	张小明	男		勤杂人员	
精　总	张佩华	女	团	护士	
精　总	郑德昌	男		医生	
精　总	黄鸿芬	女	团	护士	
精　总	翟光亚	男		医生	
精　总	吴育林	男		医生	
精　总	许建平	男	团	护士	
精　总	荣敏敏	女	团	化验	
精　总	邬松泉	男	党	二委办公室	
精　总	王炜群	男	团	电工	
精　总	顾文琴	女	团	食堂	
精　总	章惠明	男	团	学生	
精　总	李长青	男	团	医生	
精　总	黄璧琨	男	党	学生	

第三大队第八中队第一小队

派出单位	姓　名	性别	政治情况	原单位职务	医疗队职务
六　院	焦安桢	男	党	党委委员、支部书记	领队
六　院	嵇大正	男	党	工宣队	

（续表）

派出单位	姓　名	性别	政治情况	原单位职务	医疗队职务
六　院	蒋燕群	女	党	教师	
六　院	陆明菊	女	党	护士	
六　院	任建英	女		内科医生	
六　院	王桂英	女	党	骨科医生	
六　院	冯昌宁	男		外科医生	
六　院	高韵玉	女		麻醉护士	
六　院	过仲珍	女		儿科医生	
六　院	董　社	男	团	医士	
六　院	张忠润	男	团	医士	
六　院	何一平	男	团	X 光技士	
六　院	陆惠芳	女	团	外科护士	
六　院	丁晓云	女		妇产科医生	
六　院	符德胜	男	团	药剂士	
六　院	宋玉英	女	党	眼科医生	
六　院	虞宝兴	男	党	技工	
六　院	罗海民	男	团	木工	
六　院	陆逸培	男		炉工	
六　院	曹瑞熊	男	党		
六　院	王蔚恺	男		炊事员	
六　院	丁美娟	女	党	护士	
六　院	朱爱琴	女	团	护士	
六　院	王　炜	男	党	医生	
六　院	陆扑莺	女	党	护士	

第三大队第八中队第二小队

派出单位	姓　名	性别	政治面貌	原单位职务	医疗队职务
市精总	张明国	男		医生	队长
市精总	顾牛范	男		医生	副队长
市精总	郑连胜	男	党	行政	指导员
市精总	张明岛	男		医生	副指导员

（续表）

派出单位	姓　名	性别	政治面貌	原单位职务	医疗队职务
市精总	俞家祥	男		医生	
市精总	朱卫兵	男		医生	
市精总	唐慧琴	女	团	医生	
市精总	楼慧琴	女		医生	
市精总	李永新	男	团	护士	
市精总	包金良	男		护士	
市精总	陈招娣	女	团	护士	
市精总	冯国鄞	男		护士	
市精总	张根荣	男	团	药剂	
市精总	朱华英	女	团	护士	
市精总	胡美琴	女		化验	
市精总	陈红卫	女	团	护士	
市精总	闵春生	男	团	护士	
市精总	龚　青	女	团	护士	
市精总	缪姣云	女	团	药剂	
市精总	张美娟	女		勤杂	
市精总	陆文英	女		勤杂	
市精总	王征宇	男	团	护士	
市精总	龚长桥	女	团	护士	
市精总	毛长林	男	党	勤杂	
市精总	刘鹤鸣	男		护士	

第三大队第八中队第三小队

派出单位	姓　名	性别	政治情况	原单位职务	医疗队职务
二结总	盛美英	女	党	总支委员、支部书记	政指
二结总	蔡梅春	男	党	工宣队	副政指
二结总	赵佩云	女		外科医生	队长
二结总	刘美郎	女		内科医生	
二结总	汪均陶	男		医师	
二结总	丁保全	男	党	医士	

（续表）

派出单位	姓　名	性别	政治情况	原单位职务	医疗队职务
二结总	张定昌	男	团	护士	
二结总	唐晓平	男	团	护士	
二结总	李厚猷	男		外科医生	
二结总	金永珍	女	党	护士	
二结总	刘苏敏	女	团	护士	
二结总	杨士卿	女	团	护士	
二结总	吴茂明	男	团	药剂	
二结总	顾耀芳	女		化验	
二结总	沈红菊	女		护士	
二结总	是雅琴	女		厨事员	
二结总	蔡富娣	女	党	护士	
二结总	冯运生	男	团	行政	
二结总	朱振昌	男		驾驶员	
二结总	余阿金	女	团	护士	
结防所	谈林康	男	党	医士	副队长
结防所	刘仁华	女	团	护士	
结防所	周梅珍	女		护士	
结防所	周爱娣	女		护士	
结防所	吴文法	男		电工	

第三大队第九中队第一小队

派出单位	姓　名	性别	政治情况	原单位职务	医疗队职务
警备区	姚一方	男	党	内二科主任	小队长
警备区	韩丕孚	男	党	外科主任	副队长
警备区	章兴娣	女	党	门诊部副政教	政指
警备区	顾维益	男	党	骨科主治军医	军医
警备区	罗忠国	男	党	外科医助	军医
警备区	张杏梅	女	党	外科医助	军医
警备区	张金元	男	党	内科军医	军医
警备区	曹家祥	男	党	小儿科医助	军医

（续表）

派出单位	姓　名	性别	政治情况	原单位职务	医疗队职务
警备区	夏斯炯	男	党	口腔科主治军医	军医
警备区	朱树芳	女	党	妇产科军医	军医
警备区	石庭恩	男	党	放射科军医	X光
警备区	徐德标	男	党	化验科化验员	化验
警备区	金翠英	女	党	药房副主任	药房
警备区	王幼勤	女	党	外科护士长	护士长
警备区	唐维青	女	党	门诊部护士长	护士
警备区	王　娟	女	团	内科护士	护士
警备区	金融萍	女	党	五官科护士	护士
警备区	黄小庆	女	党	妇产科护士	护士
警备区	陈立理	女	团	手术室护士	护士
警备区	魏心敏	女	党	供应室护士	护士
警备区	李益怀	男	党	手术室医助	麻醉
警备区	鞠新华	男	党	医务图书保管员	
警备区	赵兰凤	女	团	内二科卫生员	
警备区	贺　进	男	团	小儿科卫生员	
警备区	李延高	男	党	战士灶事务长	
警备区	陈继来	男	团	大伙房炊事员	

注：姚一方中队副队长兼小队长。

第三大队第九中队第二小队

派出单位	姓　名	性别	政治面貌	原单位职务	医疗队职务
警备区	于维伦	男	党	主任	小队长
警备区	陈友志	男	党	主任	副队长
警备区	开顺心	男	党	政委	政指
警备区	刘训龙	男	党	外科主治军医	
警备区	史继祥	男	党	外科医助	
警备区	林重庆	男	党	内科军医	
警备区	顾林勋	男	党	医助	
警备区	张婉芬	女	党	麻醉医助	

（续表）

派出单位	姓　名	性别	政治面貌	原单位职务	医疗队职务
警备区	高英敏	女	党	内科护士长	
警备区	白　洁	女	党	传染科护士	
警备区	崔援利	女	党	传染科护士	
警备区	朱建英	女	党	传染科护士	
警备区	孟昭华	女	团	外科护士	
警备区	孟素华	女	团	内科护士	
警备区	夏庆春	女	团	手术护士	
警备区	卞成才	男	党	司药	
警备区	李纳霞	女	团	化验员	
警备区	李　军	女	团	护士	
警备区	时本章	男	党	技术员	
警备区	刘兆云	男	团	卫生员	
警备区	王吉都	女	团	护士	
警备区	孙以军	男	党	卫生员	
警备区	沈方利	男	团	卫生员	
警备区	孙祝林	男	党	小伙房管理员	
警备区	曹圣玉	男	党	炊事员	

注：开顺心同志第九中队教导员兼政指。

第三大队第九中队第三小队

派出单位	姓　名	性别	政治情况	原单位职务	医疗队职务
市华东医院	阮盛祥	男	党	耳鼻喉医师	政治指导员
市华东医院	吴邦杰	男	党	外科医师	副队长
市华东医院	陈御清	女	党	政宣组（儿科护士）	
市华东医院	龚钝荪	男		内科副主任	
市华东医院	黄维民	男		内科医师	
市华东医院	陈桂芳	女		麻醉护士	
市华东医院	郭春芳	女	团	手术室护士	
市华东医院	黄雅芳	女	团	助产士	
市华东医院	盛学素	女	团	护士	

（续表）

派出单位	姓　名	性别	政治情况	原单位职务	医疗队职务
市儿童医院	仇志军	男		检验士	
市华东医院	罗伟峰	男	团	药剂士	
市华东医院	胡麟勇	男		工人	
市华东医院	方正海	男	团	工人	
市儿童医院	周坤祥	男	党	外科医生	队长
市儿童医院	苏兰英	女	党	内科医生	
市儿童医院	韦四娣	女	团	外科护士	
市儿童医院	王长生	男	团	X 光室	
市儿童医院	严幼华	男	团	外科医士	
市儿童医院	吴介秀	女	团	内科护士	
市儿童医院	陈奇芳	女		教师	
市儿童医院	孙鸿喜	男	团	医士	
市儿童医院	周霞娣	女	团	医士	
市儿童医院	曹学海	男	团	医士	
市儿童医院	朱季华	女	团	医士	
市儿童医院	张贵荣	男	团	医士	

唐山市缸窑医院党、政领导班子名单

一、 临时党总支

书记兼院长：王荣庆

副书记：李杏财

委员：周纪纬　赵丽华　冯丽娟　周永昌　陈少东

二、 科室支部

内　科：党支部书记：孙加兴　副书记：陈祥珍

外　科：党支部书记：张赓扬　副书记：潘　铨

行　政：党支部书记：许国胜　副书记：吴玉珍

三、 组室负责人

政工组组长：陈少东

业务组组长：冯丽娟　副组长：许国胜

后勤组组长：陈世宗

唐山市缸窑医院人员分类表

派出单位	总人数	政治情况		性别		职务分类									
		党	团	男	女	二委	工宣队	行政	医生	护士	放射	检验	药剂	其他	工勤
合计	195	31	58	50	119	5	5	13	44	63	5	6	10	2	16
一院	60	12	19	17	37	2	1	7	17	20	1	1	2		3
六院	51	9	18	16	29	1	2	3	13	16	1	1	2	1	5
传总	21	4	4	3	15	1			2	8	1	1	2		3
胸科	18	2	8	6	9		1	1	2	5	1	1	1	1	2
一结分	12	2	3	3	6				4	4	1	1	1		1
妇一	18	2	4	1	14	1		2	4	7			1		
儿童	14	4	1	3	8		1		4	3		1	1		1
眼皮所	1		1		1				1						
救护大队	1			1											1

唐山市缸窑医院人员分类统计和名单

部　门	姓　名	性别	政治情况	派出单位	原单位职务
院部	王荣庆	男	党员	市一	党委常委、革委会副主任
院部	李杏才	男	党员	市六	党委委员、后勤组长　工宣队
院部	周纪纬	女	党员	传总	总支委员、革委会副主任

姓　名	性别	政治情况	派出单位	原单位职务
陈少东	男	党	市一	工宣队
杨宝林	男	党	市六	组织组
吴月珍	女	党	妇一	革委会委员
冯莉娟	女	党	市六	业务组副组长
许国胜	男	党	胸科	工宣队
王耀卿	女		市一	外科护士
陈世宗	男		市一	办公室副主任　革委会委员
杨　璇	女	党	市一	病史
俞　芳	女	团	市一	财务
王荣生	男	团	胸科	财务
郭金土	男	团	市一	总务，在唐山
石喜山	男	团	市六	采购
盛　勤	女	团	市一	挂号
黄耀东	男		妇一	总务
姚　瑛	女	团	妇一	挂号
陆贤伟	男	团	市一	总务采购（团支委）
周玉川	男		传总	司机
田克勤	男	团	市六	司机
郭德才	男		市六	水电工
吴本宁	男	团	胸科	木工
朱永良	男		儿童	司炉
冯世杰	男		胸科	炊事员
魏育才	男		一结分	炊事员
朱爱珍	女		传总	炊事员
孙桂芳	女	团	市六	炊事员

（续表）

姓　名	性别	政治情况	派出单位	原单位职务
徐宝林	男		市六	炊事员
方亚萍	女	团	传总	公务员
李耀鸣	男		市一	公务员
卢佩云	男	团	市一	公务员（手术室）
卞秀魁	男		市一	门诊办公室
周明信	男		救护大队	司机
马润涛	男		一院	放射科医生
杨康麟	男		传总	放射科技师
任岳勇	男		一结分	放射科技术员
李仲萍	女	团	市六	放射科技术员
王　韵	女		市六	同位素技士
陆巧兰	女		胸科	放射科技士
曹芝如	女		市六	检验组负责人
胡奇儒	男	党	儿童	生化负责人
邵令照	女	党	一院	检验师
肖文龙	女		胸科	检验
袁旭华	女	团	市六	检验
江夏芳	女	团	一结分	检验
邵　伟	男	党	传总	检验
尹允文	女	党	传总	药房主任
徐福南	女		妇一	药剂士
凌娟珍	女		市六	药剂士
蒋振福	男	团	市六	药剂士
邵逸华	女		传总	药剂士
金美芳	女	团	一结分	药剂士
陈小弟	男	团	胸科	药剂士
胡栋梁	男		儿童	药剂士
吴雪珍	女	团	市一	药剂士
姚根娣	女		市一	药剂士
孙加兴	男	党	儿童	工宣队

（续表）

姓　名	性别	政治情况	派出单位	原单位职务
何国钧	男	党	一结分	肺科主任
冯郁文	女	党	传总	主治医生
刘忠豫	男		一院	主治医生
陈汉章	女		传总	内科医生
梁瑞君	女	党	一院	内科医生
张静宜	女		一院	内科医生
赵丽华	女	党	一院	内科医生
俞美玉	女	党	儿童	内科医生
孙　惠	女		儿童	内科医生
张玉雯	女	团	市六	内科医生
蒋西华	女		市六	内科医生
林玉琴	女	团	市六	内科医生
刘　琳	女	团	市六	内科医生
葛炎芳	女	团	一院	儿科医生
陈兰珍	女		儿童	医　士
石新华	女		胸科	心内科医生
张亚声	男	团	一院	中　医
杨海欧	男	团	一院	中　医
金明渊	男		市六	中　医
张慧萍	女	团	妇一	中　医
李敏勤	女	党	一结分	副护士长
张震贤	女		儿童	副护士长
吕敏琪	女		传总	副护士长
吴彩霞	女		传总	副护士长
张鸿仙	女		一结分	内科护士
王国妹	女		一结分	内科护士
林申加	女	团	一结分	内科护士
张建华	女		传总	内科护士
吕立芬	女		传总	内科护士
陈伟颖	女		传总	内科护士

（续表）

姓　名	性别	政治情况	派出单位	原单位职务
顾惠琪	女	团	传总	内科护士
王美华	女	团	传总	内科护士
顾占敏	女	团	传总	内科护士
戴妙珍	女		市六	内科护士
钱宪莉	女	团	儿童	内科护士
陈祥珍	女	党	市一	内科护士
周容华	女	团	市一	内科护士
黄宛珍	女	团	市一	内科护士
章思明	女		市一	内科护士
罗风萍	女		市一	内科护士
方玉儿	女		市一	内科护士
周月英	女		市一	内科护士
蒋光华	女		市一	内科护士
许志英	女		市一	内科护士
陆新娣	女		市一	内科护士
魏松霞	女	团	胸科	心电技士
唐彩虹	女		市六	儿内科护士　提高班
徐惠珍	女		市六	内科护士　提高班
方　正	女	党	市一	儿科护士长
张赓扬	男	党	市一	外科支部副书记　工宣队
潘　铨	男	党	市一	外科副主任
葛贤锡	男	党	市六	五官科副主任
周永昌	男	党	市六	泌尿科副主任
冯延民	男		市一	神外医生
周惠秋	女		市一	外科医生
陈世福	男	团	市一	外科医生
陆庆英	女	团	市一	外科医生
徐佑璋	男	党	市六	外科医生
朱培纳	女		市六	外科医生
董　社	男	团	市六	外科医士

（续表）

姓　名	性别	政治情况	派出单位	原单位职务
徐新根	男	党	胸科	胸外医生
唐仁忠	男		市六	骨科医生
姜佩珠	女	党	市六	骨科医生
张秋菊	女	党	市一	五官科医生
周金英	女	党	市一	口腔科医生
俞明华	男	党	市六	口腔技士
陈剑平	女	党	儿童	外科医生
龚琴舫	女		妇一	妇产医生
袁和喜	女		妇一	妇产医生
冯桃莉	女		妇一	妇产医生
林仲杰	男		市六	妇产医生
屈桂莲	女		市一	麻醉医生
吴迺川	男		市一	眼科医生
沈　怡	女	团	胸科	副护士长
朱西秀	女		市一	手术室护士
赵风英	女		市六	手术室护士
徐秀华	女		儿童	手术室护士
顾小琳	女	团	市六	外科护士
金彩娟	女	团	胸科	外科护士
王以礼	女		市一	外科护士（中供）
顾维琴	女	党	市一	外科护士
屠红喜	女	团	市一	外科护士
郁佩青	女	团	市一	外科护士
黄金娟	女	团	胸科	护士
蔡佩芳	女	团	胸科	护士
谢蓓丽	女	团	市六	护士门急
朱莉萍	女	团	市六	护士门急
施妙善	女		市六	护士门急
周建华	女		市六	护士门急
戴　文	女	团	市六	护士门急

（续表）

姓　名	性别	政治情况	派出单位	原单位职务
朱仁芳	女	团	市六	骨科护士
陆云芳	女		市一	助产士
胡萼英	女	党	妇一	助产士
生夏珍	女	团	市六	助产士
陈燕萍	女		妇一	助产士
朱跃林	女	团	妇一	助产士
华馥仙	女		妇一	助产士
马丽琴	女		妇一	助产士
张建芬	女	团	妇一	助产士
刘深智	女	妇一	助产士	
孙春兰	女		市六	妇产护士
卢惠平	女	团	市六	五官护士
章华凤	女	团	市一	五官护士
张爱琴	女	团	市一	眼科护士
刘军婷	女	团	市一	麻　护
陈真仪	女		市六	麻　护
施麟玮	女		胸科	麻　护
洪长顺	男	团	市一	麻　护（电子）
蔡红云	女		市一	针麻护士
谭美丽	女	团	眼皮所	皮肤科医生

增赴唐山缸窑人民医院名单

护士：叶传定，女，40 岁　出身：职员　本人成分：职员　籍贯：上海　政治情况：群众。

化验：于永静，女，23 岁　出身：工人　本人成分：学生　籍贯：山东　政治情况：团员。

炊事员：何琛琛，女，28 岁　出身：职员　本人成分：学生　籍贯：上海　政治情况：群众。

第一结核病分院组织组

1976 年 11 月 15 日

上海赴唐山缸窑医院医疗队名单

第　队（批）　　省　　专区　　县　　公社（农场）　　1976 年 11 月 15 日

姓名	性别	年龄	原单位职务	技术特长	政治情况	医疗队职务	出发日期	家庭住址	备注
顾蕊芬	女	26	副护士长	外科护士	团				
许翠琴	女	21	护士	内科护士	团				
徐展远	男	21	医士	外科医生	团				
单位：上海市儿童医院								填表人：鲍杏秀	

上海赴河北省唐山缸窑县医院公社（农场）第　批医疗队名单

派出单位	姓名	性别	年龄	政治情况	原单位职务	医疗队职务	家庭住址（电话）	备注
市一医院	郭玉梅	女	31	群众	内科护士	护士		
	洪银妹	女	21	群众	护士	护士		
	庄文燕	女	22	团	内科护士	护士		
	周荣芳	女	22	团	外科护士	护士		
	蒋桂英	女	48	群众	化验士	化验士		
	周曙辉	男	22	团	技工间	技工员		

填表人：

注：1. 原单位职务主要填写医生、护士等技术职务，如兼任党、政工作的；请在备注栏填明。

2. 请将赴市郊卫生工作队员和外省医疗队员的详细通讯地址写清楚。

3. 赴外省医疗队兼管函授教育的队员，请在备注中写明。

4. 请各单位按时把表填好送市卫生局医疗预防组。

唐山市第二抗震医院党、政领导班子名单

一、 临时党总支

书　记：鲁孟贤

副书记：毕谦溢

副书记：邵长惠

二、 组室负责人

政工组长：刘德华

业务组长：钱　娴

后勤组长：亦一轩

唐山市第二抗震医院人员分类统计和名单

姓　名	性别	年龄	党团	派出单位	原职务
邵长惠	男	47	党	国际妇保	工宣队参与支部领导
庄留琪	女	44		国际妇保	妇产科主治医生
俞丽萍	女	23	党	国际妇保	妇产科主治医生
王玉屏	女	33		国际妇保	妇产科主治医生
丁美芳	女	22	团	国际妇保	“七二一”大学
张国珍	女	45	党	国际妇保	助产士长
朱　勤	女	29		国际妇保	助产士
祁秀华	女	21	团	国际妇保	助产士
姚慧玉	女	21		国际妇保	助产士
陆国婵	女	22		国际妇保	助产士
周惠文	女	21	团	国际妇保	助产士
鲁孟贤	男	31	党	中医学院	党委委员
陈国发	男	49	党	中医学院	业务组干部
梁　联	女	26	党	中医学院	业务组干部
杨德煊	男	23	党	中医学院	组织组
沈龙根	男	23		中医学院	后勤
陈水萍	男	20		中医学院	食堂
毛慧中	女	40	党	中医学院	财务组

（续表）

姓　名	性别	年龄	党团	派出单位	原职务
张润生	男	23		中医学院	驾驶员
李巧珍	女	21		中医学院	食堂
曹根喜	男	25	团	中医学院	招生组
刘兰影	女	20		中医学院	食堂
江海涛	男		党	中医学院	炊事班长
朱福昌	男	47	党	龙华医院	工人
唐明扣	男	36	党	龙华医院	推拿医生
洪加禾	男	37	党	龙华医院	内科医师
徐长生	男	56	群	龙华医院	外科医师
郭天玲	女	38	群	龙华医院	内科医师
亦一轩	男	64	党	龙华医院	后勤总务负责
李静君	女	21	团	龙华医院	出纳
阚天秀	女	40	群	龙华医院	内科医师
余洁澄	女	22	团	龙华医院	化验员
陈兴元	男	32	团	龙华医院	伤科医师
许　群	女	22	团	龙华医院	中药员
曹中平	男	21	群	龙华医院	西药员
杨慧君	女	21	群	龙华医院	护士（针麻）
郑萍萍	女	21	群	龙华医院	护士（手术室）
沈妙凤	女	22	群	龙华医院	护士
黄冬萍	女	21	团	龙华医院	护士
邹月娟	女	22	团	龙华医院	护士
金上钰	女	22	团	龙华医院	护士
穆道明	女	42	群	龙华医院	护士
陈卓君	女	22	群	龙华医院	护士
何梅芳	女	22	群	龙华医院	护士
王宗英	女	22	群	龙华医院	护士
万育华	女	39	群	龙华医院	护士提高班毕业
瞿秀华	女	53	群	龙华医院	儿科医师

（续表）

姓　名	性别	年龄	党团	派出单位	原职务
张静吉	男	21	群	龙华医院	外科医生
张淑莲	女	40	群	龙华医院	针灸医师
赵银珍	女	22	群	龙华医院	食堂
苍玉卿	男	25		龙华医院	化验
王桂生	男	23		龙华医院	总务
张逸生	男	21		龙华医院	总务
钱　娴	女		党	曙光医院	业务人员
钟念文	女	47	党	曙光医院	内科医生
庄美玲	女	41	群	曙光医院	护士提高班毕业
夏德颐	男	38	群	曙光医院	内科医师
江国雄	男	42	群	曙光医院	外科医生
朱庭芳	男	21	群	曙光医院	外科医士
周国林	男		团	曙光医院	伤骨科医生
朱炜敏	男	26	团	曙光医院	眼科医生
刘福官	男	27	群	曙光医院	五官科医生
吴志清	男		群	曙光医院	内科医生
董春娣	女	32	群	曙光医院	麻醉士
王志源	男	35	群	曙光医院	儿科医生
陈宗妹	女	22	群	曙光医院	手术室护士
赵蕴胄	男	51	群	曙光医院	药剂师
马光炎	男	49	群	曙光医院	检验
王玉英	女	29	群	曙光医院	检验
徐　建	男	38	群	曙光医院	放射科医生
张桂芳	女	25	团	曙光医院	心电图
刘惠英	女	43	党	曙光医院	护士组长
孙小朝	女	23	团	曙光医院	护士
俞锦明	女	23	团	曙光医院	护士
郭红宝	女	24	群	曙光医院	护士
袁于琴	女	21	群	曙光医院	护士

（续表）

姓　名	性别	年龄	党团	派出单位	原职务
周桂华	女	23	团	曙光医院	护士
朱凤仙	女	26	团	曙光医院	护士
岑文玖	女	21	团	曙光医院	护士
徐惠忠	男	21	群	曙光医院	保管员
蔡一兰	女	23	群	曙光医院	炊事员
余志丁	男			曙光医院	内科
郭　盼	男			曙光医院	伤骨科
陈英龙	男			曙光医院	电工
汪其昌	男	23	党	岳阳医院	伤科医生
徐立强	男	22	团	岳阳医院	外科医生
徐持平	男	25	群	岳阳医院	针灸科医生
赵文伟	男	36	群	岳阳医院	推拿科医生
朱振屏	女	22	群	岳阳医院	放射科技术员
李兆基	男	21	群	岳阳医院	外科医生
张云珍	女	22	团	岳阳医院	药剂员
吴保贞	女	21	群	岳阳医院	痔科护士
张银风	女	21	群	岳阳医院	护士
黄可琴	女	21	群	岳阳医院	手术室护士
陈莲丽	女	20	群	岳阳医院	护士
尤庆芳	女	19	团	岳阳医院	后勤
唐国章	男	30	党	岳阳医院	内科医生
曹根喜	男	25		岳阳医院	教辅员
吴景怡	女	22	团	国际妇保	工人“七二一”大学学员
周富妹	女	22	团	国际妇保	工人“七二一”大学学员
庄德玲	女	22	团	国际妇保	教师
火星培	女	23	群	国际妇保	助产士“七二一”大学学员
谢素云	女	32	群	国际妇保	助产士　中西结合医生

唐山丰润抗震医院党、政领导班子名单

一、 临时党总支

书　记：李春郊

副书记：张永芳

委　员：陈德堃　顾文广　陈铭生　唐金凤　郑　红　季　云

二、 组室负责人

政工组长：陈铭生

业务组长：季　云

后勤组长：唐远明

唐山丰润抗震医院人员分类统计及名单

姓　名	性别	年龄	党团	派出单位	原职务
顾文广	男		党	瑞金	工宣队
季　云	男		党	瑞金	工宣队
张伟成	男	22	群	瑞金	司机
沈　毛	男	48	党	瑞金	炊事员
汪关煜	男	36	群	瑞金	内科医生
顾学范	男	23	党	瑞金	儿内医生
罗振辉	男	36	群	瑞金	传染科医生
高博铎	男	45	党	瑞金	皮肤科医生
沈卓州	男	37	群	瑞金	普外医生
张沪生	男	42	群	瑞金	骨科医生
孙玉玲	女	44	党	瑞金	骨科医生
吴启芳	女	42	群	瑞金	妇产科医生
沈凤妹	女	36	群	瑞金	内科护士
许鸿芳	女	40	群	瑞金	传染科护士
吴彩琴	女	25	团	瑞金	外科护士
林翠琴	女	37	党	瑞金	骨科护士
王秀贞	女	25	团	瑞金	手术室护士

（续表）

姓　名	性别	年龄	党团	派出单位	原职务
杨福明	男	40		瑞金	骨科医生
陈鸿鑫	男			瑞金	住院处
冯凤琴	女	36	群	瑞金	麻醉护士
曹素珍	女	25	团	瑞金	药剂
陈伟珍	女	22	团	瑞金	化验
胡瑞青	女	31	团	瑞金	供应护士
邵凡涯	女	37	党	瑞金	眼科医生
陈铭生	男	36	党	三院	政宣组干部
黄定九	男	44	群	瑞金	内科医生
徐　涛	男	32	党	瑞金	神内医生
王馨桂	男	29	团	瑞金	工宣队
兰廷芸	女	44	党	瑞金	麻醉护士
张玉英	女	46	群	瑞金	内科护士
张志坚	女	24	团	瑞金	内科护士
盛莲英	女	24	群	瑞金	麻醉护士
朱晓平	女	24	群	瑞金	手术护士
谢鸿星	女	24	群	瑞金	儿科护士
冯春娣	女	25	团	瑞金	护士（心电图）
陈小龙	男	25	团	瑞金	化验员
谈文英	女	46	群	瑞金	药剂
黄之训	男	24	团	瑞金	药剂
邵铭武	男	55	群	瑞金	财务
邹焕生	男	45	群	瑞金	公务员
张风禄	女	23	群	瑞金	供应护士
冯卓荣	男		群	瑞金	胸外医生
姚建国	男		群	瑞金	泌外医生
郑　红	女	26	党	瑞金	学生指导员
张德玮	女	50	党	瑞金	妇产科医生
周爱卿	男	40	党	新华	儿内副主任
张云芳	女	26	党	新华	妇产科护士

（续表）

姓　名	性别	年龄	党团	派出单位	原职务
高言珏	女	41	党	新华	内科医生
单根发	男	27	党	新华	外科医生
康金凤	女	30	党	新华	儿内医生
刘锦纷	男	27	党	新华	儿科医生
盛玲玲	女	49	群	新华	麻醉医生
王雪娟	女	26	团	新华	内科护士
沈菊芬	女	26	团	新华	儿内护士
胡仕华	女	26	团	新华	儿外护士
蒋惠芬	女	30	党	新华	麻醉护士
徐爱娣	女	25	团	新华	外科护士
俞金珠	女	31	群	新华	手术护士
钱芝兰	女	36	群	新华	供应护士
李申恩	男	58	群	新华	放射医生
段子光	男	26	团	新华	放射技术员
刘远章	男	40	群	新华	五官医生
姚松华	男	27	团	新华	药房
孟慧娟	女	26	党	新华	化验
丁银根	男	30	群	新华	政宣干事
纪怀庆	男	50	群	新华	炊事员
陈德堃	男	38	党	九院	政宣组
宁　维	女	24	党	九院	卫校支部书记
应秀娣	女	24	党	九院	内科医生
郭一钦	女	41	群	九院	中医
王云芳	女	42	群	九院	针灸
潘家琛	男		党	九院	口腔医生
徐云华	女	32	群	九院	麻醉护士
刘　黎	女	27	团	九院	手术护士
章志霞	女	22	团	九院	外科护士
曹伟娟	女	21	团	九院	外科护士
贺福珍	女	24	团	九院	外科护士

（续表）

姓　名	性别	年龄	党团	派出单位	原职务
沈洁明	女	26	团	九院	内科护士
吴玉萍	女	23	团	九院	内科护士
夏建国	男	22	团	九院	化验
王小萍	女	22	团	九院	化验士
张国昌	男	22	团	九院	X 技士
陈国耀	男	31	群	九院	药剂士
唐远明	男	47	党	九院	后勤
康巧云	女	22	团	九院	炊事员
陈爱丽	女	19	群	九院	公务员
周松波	男	53	群	院本部	后勤供应组
虞信培	男	43	群	院本部	财务
俞仁琪	男	49	群	院本部	炊事班长
高红强	男	22	团	院本部	化验
金　玲	女	29	群	院本部	仓库保管
李美蓉	女	22	群	院本部	总务
钟乃华	女	22	群	院本部	后勤
严连翰	男	22	群	院本部	司机
王立人	男	33	群	院本部	水电工
徐丽藏	女		党	院本部	卫生学教师
沈小梅	女	44	党	院本部	业务组
李春郊	男		党	院本部	政宣组
刘立民	男	44	党	院本部	教革组
俞前春	男		党	院本部	教师
徐建中	男			二医	教师
杨心田	男		党	二医	政治教师
吴凤安			党	二医	77 届工农兵学员
张国荣			团	二医	77 届工农兵学员
胡银宝			党	二医	77 届工农兵学员
王秀兰			党	二医	77 届工农兵学员
许其贞			团	二医	77 届工农兵学员

（续表）

姓　名	性别	年龄	党团	派出单位	原职务
李　锋			团	二医	77 届工农兵学员
毛国保			团	二医	77 届工农兵学员
方曾龙			团	二医	77 届工农兵学员
殷菊英			团	二医	77 届工农兵学员
叶　果			团	二医	77 届工农兵学员
赵培敏			党	二医	77 届工农兵学员
梁松林			党	二医	77 届工农兵学员
祝寅初			团	二医	77 届工农兵学员
徐中裕			团	二医	77 届工农兵学员
黄耀岐			党	二医	77 届工农兵学员
韩立敏			团	二医	77 届工农兵学员
李建军			团	二医	77 届工农兵学员
王莲元			党	二医	77 届工农兵学员
孙黎居			团	二医	77 届工农兵学员
杨　锋			党	二医	77 届工农兵学员
顾中浩			党	二医	77 届工农兵学员
祁怀山			团	二医	77 届工农兵学员
张建刚			团	二医	77 届工农兵学员
朱侠君			团	二医	77 届工农兵学员
苏　彧			党	二医	77 届工农兵学员
秦尔平			团	二医	77 届工农兵学员
王菊凤			团	二医	77 届工农兵学员
秦瑞娣			团	二医	77 届工农兵学员
吴福娣			党	二医	77 届工农兵学员
郭明光			党	二医	77 届工农兵学员
徐浩清			团	二医	77 届工农兵学员
赵劲秋			党	二医	77 届工农兵学员
孙士杰			团	二医	77 届工农兵学员
陈小妹			党	二医	77 届工农兵学员
唐　力			党	二医	77 届工农兵学员

（续表）

姓　名	性别	年龄	党团	派出单位	原职务
江柳莉			团	二医	77 届工农兵学员
王玉桂			团	二医	77 届工农兵学员
陶如奇			团	二医	77 届工农兵学员
殷伟民			党	二医	77 届工农兵学员
宋维山			团	二医	77 届工农兵学员
唐万春			团	二医	77 届工农兵学员
钱文祺			团	二医	77 届工农兵学员
叶　纹			团	二医	77 届工农兵学员
张纪蔚			团	二医	77 届工农兵学员
张志芳			党	二医	77 届工农兵学员
韩丽君			党	二医	77 届工农兵学员
谢琴鸣			团	二医	77 届工农兵学员
张秋瑾			团	二医	77 届工农兵学员
周丹宜			党	二医	77 届工农兵学员
周树新			党	二医	77 届工农兵学员
冯开明			团	二医	77 届工农兵学员
徐旧纲			党	二医	77 届工农兵学员
张丽银			团	二医	77 届工农兵学员
陈雅根			团	二医	77 届工农兵学员
胡琪伟			团	二医	77 届工农兵学员
李佩娟			团	二医	77 届工农兵学员
红　霞			团	二医	77 届工农兵学员
吴美云			党	二医	77 届工农兵学员
顾兴邦			团	二医	77 届工农兵学员
邬爱珍			团	二医	77 届工农兵学员
杜吉雄				二医	77 届工农兵学员
岳　兼			团	二医	77 届工农兵学员
赵　毅			团	二医	77 届工农兵学员
程建胜			党	二医	77 届工农兵学员

（续表）

姓　名	性别	年龄	党团	派出单位	原职务
顾　坚	男	40	党	虹中院	内科医生
钱爱民	女	23	团	虹中院	护士
屠立民	男	49	群	虹中院	外科医生
蒋银珠	女	24	群	虹中院	外科医生
陈薇薇	女	23	团	虹中院	护士
尤其芬	女	25	党	虹中院	护士
许　琴	女	25	党	虹中院	护士
陈季萍	女	23	团	虹中院	护士
朱惠娥	女	24	团	虹中院	护士
陆明芳	女	25	团	虹中院	护士
叶君曼	女	21	团	虹中院	护士
叶琴梅	女	38	群	吴淞地段医院	内科医生
李冠君	女	48	群	吴淞地段医院	护士
李国源	男	47	群	乍浦地段医院	内科医生
陈晓茵	女	23	群	乍浦地段医院	护士

唐山玉田抗震医院党、政领导班子名单

一、 临时党总支

书记兼院长：葛公俊

副书记：张金根

总支委员兼副院长：许关荣

二、 组室负责人

政工组长：胡玉华

业务组长：吴文娟

后勤组长：毛锦城

唐山玉田抗震医院人员分类统计和名单

姓　名	性别	年龄	党团	派出单位	原职务
葛公俊	男	47	党	院本部	院组织组
张金根	男	45	党	院本部	工宣队
许关荣	男		党	中山医院	工宣队
吴文娟	女	26	党	儿科医院	总支副书记
毛锦城	男	40	党	五官科医院	后勤组组长
胡玉华	女	26	党	华山医院	团委书记
周伟良	男	25	党	院本部	司机
王佩敏	女	27	党	院本部	应届大学毕业生
张勇英	女	25	团	院本部	应届大学毕业生
周小玲	女	28	党	院本部	应届大学毕业生
顾关兴	男	47		院本部	技工
王建民	男	22	团	中山医院	司机
马一敏	女	20	团	院本部	会计
王亚平	男	22	团	华山医院	会计
潘　露	女	22	团	中山医院	会计
戚才根	男	49	党	院本部	炊事员
俞晓君	女	21		院本部	水电工
路富民	男	20		院本部	木工
冯昌华	男	20	团	院本部	技术员
马慎瑾	男	43	党	中山医院	骨科医生
任长裕	男	51		中山医院	胸外科医生
刘成璋	男	40		中山医院	普外科医生
仇德惠	男	37	党	中山医院	普外科医务人员
吴　芬	女	22	团	中山医院	护士
陈　善	女	46	群	中山医院	护士
丛树萍	女	22	群	中山医院	护士
邵民德	女	24	群	中山医院	护士
沈衍元	女	47	群	中山医院	医生
韩宗瑛	女	40	党	中山医院	眼科医生
胡佩佩	女	36		中山医院	护士

（续表）

姓　名	性别	年龄	党团	派出单位	原职务
舒士蓝	女	37		中山医院	助产士
钮善福	男	40	党	中山医院	医生
李任时	男	23	团	中山医院	医生
杨翠云	女	25	团	中山医院	护士
沈秀芳	女	25	团	中山医院	护士
徐贵珍	女	26	团	中山医院	护士
沙雅珍	女	21		中山医院	护士
孙路得	女	31	群	中山医院	技术员
孙瑞霞	女	22	团	中山医院	技术员
阮宏年	男	21	团	中山医院	技术员
陈基娟	女	22	团	中山医院	技术员
周文英	女	46	群	中山医院	护士
杨一峰	男	42	党	华山医院	医生
周建国	男	35		华山医院	医生
刘世杰	男	40		华山医院	医生
宋建达	男	37		华山医院	医生
杨函铭	男	37		华山医院	医生
刘富贵	男	47		华山医院	护士
吕海燕	女	21	团	华山医院	护士
龚美玲	男	24	团	华山医院	护士
张　适	男	22	团	华山医院	护士
石国星	男	47		华山医院	护士
施亚萍	女	24	团	华山医院	护士
梁荣娣	女	23	团	华山医院	护士
陆　耿	女	23	团	华山医院	护士
李明华	男	26	党	华山医院	医生
徐兆麟	男	24	团	华山医院	技术员
方　勇	男	21	团	华山医院	技术员
钮心任	女	23		华山医院	技术员
李美鑫	女	25		华山医院	护士

（续表）

姓　名	性别	年龄	党团	派出单位	原职务
徐小凤	女	25		华山医院	护士
何婉婷	女	29		华山医院	护士
徐宪芳	女	23		华山医院	护士
王亚平	女	22	团	华山医院	技术员
孙荟琴	女	50	党	儿科	医生
周以明	女	31		儿科	医生
曹玉明	女	22		儿科	技士
龚静华	女	25	团	儿科	护士
佘红英	女	22	团	儿科	护士
施　奕	女	25	团	儿科	护士
张慧君	女	25	团	儿科	护士
林建民	女	33		儿科	护士
龚凤贤	女	25	团	儿科	护士
张孝通	男			眼耳鼻喉科医院	口腔耳鼻喉科医生
张雅英	女		团	眼耳鼻喉科医院	护士
蔡荣华	女			眼耳鼻喉科医院	护士
王绪蓝	女			眼耳鼻喉科医院	护士
卢华曾	女			眼耳鼻喉科医院	护士
周淑英	女			眼耳鼻喉科医院	
周耀全	男		团	眼耳鼻喉科医院	药剂员
卢尔林	男			眼耳鼻喉科医院	X光技术员
郁士浩	男	38		妇产科医院	医师
沈林华	女	26	团	妇产科医院	医师
宋士英	女	43		妇产科医院	护士
陈　岚	女	25	团	妇产科医院	护士
林锦水	女	26	团	妇产科医院	护士
任蓉娣	女	22	团	妇产科医院	护士
王培娣	女	21	团	妇产科医院	护士
张荣芳	女	25	党	妇产科医院	麻醉护士
陈仙度	女	28	党	黄浦中心医院	内科医生

（续表）

姓　名	性别	年龄	党团	派出单位	原职务
庄悦祥	男	38	党	浦东中心医院	内科医生
张银妹	女	28	党	区传染病医院	外科护士
黄伟民	男	28	党	黄浦中心	外科医生
刘洪晓	女	21	党	长沙街道医院	护士化验
郭利华	女	27	党	黄中心医院	中医
侯林毅	女	22	团	黄中心医院	放射医士
秦　臻	女	23	党	浦东中心医院	检验士
蒋倩文	女	23	团	浦东中心医院	药剂士
张梅英	女	32		浦东中心医院	外科护士
孟　敏	男	23	团	红光医院	内科医生
赵　玲	女	22	群	红光医院	眼科医生
吕志芳	女	23	团	公费门诊部	护士
张建国	男	23	团	卫生学校	医生
吕兆新	女	23	党	张家浜医院	推拿伤科
张秀芳	女	24	团	红光医院	外科医生

唐山缸窑临时医院党、政领导班子名单

一、　党总支

总支书记兼院长：王荣庆

总支副书记：李杏财（工宣队）

副院长兼总支委员：周纪纬

委员：赵丽华　冯丽娟　周永昌　陈少东（工宣队）

二、　科室支部

内科：党支部书记：孙加兴（工宣队）　副书记：陈祥珍

内科：党支部书记：张赓扬（工宣队）　副书记：潘　铨

行政：党支部书记：许国胜（工宣队）　副书记：吴玉珍

三、 组室负责人

政工组组长：陈少东（工宣队）

业务组组长：冯丽娟　副组长：许国胜（工宣队）

后勤组组长：陈世宗

外科领导小组组长：周永昌　副组长：潘　铨

内科领导小组组长：何国钧　副组长：梁瑞珺

上海市卫生局革命委员会转发市革委会文教组《接中央抗震救灾指挥部通知》

局属各单位：

现将市革委会文教组发来的《接中央抗震救灾指挥部通知》印发给你们，请按通知的精神办理，并对有关同志做深入细致的政治思想工作。

上海市卫生局革命委员会

1976年8月7日

附：《文教组〈接中央抗震救灾指挥部通知〉》

沪卫革（76）第69号

上海市卫生局革命委员会关于上海赴唐山抗震救灾医疗队轮换问题的请示报告

市抗震救灾指挥部：

根据市抗震救灾指挥部的指示精神，我们同医疗队大队部进行了联系，王乐三、何秋澄同志和大队部根据上海市和唐山地区抗震救灾指挥部的精神，同各医学院、有关区和部队的领队同志商量，提出了初步方案，现将我们研究的初步意见报告如下：

根据省抗震救灾指挥部要上海负责玉田、丰润、东矿区、唐山市区四个医院，每院设300张病床的意见，拟作如下分工：玉田医院由一医第一批医疗队（95人）和普陀区第二批医疗队（25人）负责；丰润医院由二医第一批医疗队（127人）和黄浦区第二批医疗队（50人）负责；东矿区医院由中医学院第二批医疗队（75人）、静安区第二批医疗队（50人）、国际妇保院第二批医疗队（15人）和第二军医大学第二批医疗队（50人）负责；唐山市区医院由局属一院、六院、儿童、第一结核病院、第一妇婴保健院第二批医疗队（134人）和虹口区第二批医疗队（50人）负责。按照这个方案除一医、二医第一批医疗队暂不调回外，其余第一批医疗队和第二批没有承担四个医院任务的医疗队（约1400人左右），根据当地的具体情况在半个月左右逐步撤回。这样留在灾区的医疗队共621人，除一医、二医第一批医疗队短期内需作一次调整轮换外，其他医疗队拟半年左右交叉分批轮换。

另据卫生部在现场指挥部的朱潮同志（卫生部科教局负责人）说可能只要上海负责东矿区医院和唐山市区医院，如按这个方案安排，我们的意见是：东矿区医院由一医、中医学院负责，唐山市区医院由二医、局属有关单位负责。每院各200人左右。其他医疗队在半个月左右全部撤回。

以上意见当否，请指示。

上海市卫生局革命委员会

1976年8月9日

抄报：市革委会文教组、地区组、工交组、财贸组

上海市卫生局革委会办公室　　　　1976年8月9日印发（共印30份）

关于第一批医疗队调防、休整、总结及筹建四个临时医院的方案

一、 指导思想

以阶级斗争为纲，联系抗震救灾斗争的实际……贯彻毛主席“备战、备荒、为人民”的伟大战略方针。落实省抗震救灾指挥部关于要上海筹建四个临时医院和继续完成第一批医疗队在唐山机场、市区和丰南、丰润县等各个点上的任务，以利于唐山地区抓革命、促生产，重建家园。为此，拟对第一、第二批医疗队作以下调整。

二、 调防方案

（一） 筹建四个临时医院：

（1） 暂以上海第一医学院医疗队为主负责玉田县临时医院。

由第一批驻丰南县的一医医疗队80人和驻迁西县六五〇部队医院的中山医院医疗队15人，加第二批驻迁西县的黄浦区医疗队75人组成，共计170人。

（2） 暂以上海第二医学院医疗队为主负责丰润县临时医院。

由第一批驻丰润县的二医医疗队112人和唐山机场新华医疗队15人加第二批驻迁西县

的长航医院医疗队 25 人组成，共计 152 人。

（3） 暂以上海中医学院、第二军医大学为主负责唐山东矿区林西临时医院。

由第二批驻迁西县的中医学院 75 人，第二军医大学 100 人及国际妇婴保健院、港务局医院 25 人组成，共 200 人。

（4） 暂由市卫生局局属系统各医院负责唐山市缸窑临时医院，由市一医院为主负责组织。

由第二批医疗队驻遵化县的市一人民医院 50 人，一结总院、寄研所 25 人，儿童医院 12 人，传染病分院、六院医大班 25 人，第一妇婴保健院 10 人，精神病分院、六院医大班 25 人，加上第二批驻迁西县的虹口区医疗队 50 人组成，共计 197 人。

筹建临时医院所需的药品、器械、设备物资，由各临时医院造出预算，报医疗队大队部，集中分别报请上海市委、市革委会和河北省抗震救灾指挥部分配解决。

（二） 组织第二批医疗队与第一批医疗队调防。

（1） 8 月 13 日：第一批驻唐山市路南区的建工医院 15 人，儿童医院 15 人，传总、妇一 15 人，市西医院 15 人，撤至灯光球场休整、总结，由第二批驻遵化县的后方古田、瑞金医院四个队 100 人接替。第一批驻灯光球场的新华医院 15 人，调丰润回二医。

（2） 8 月 14 日：第一批驻唐山市路南区的市六医院 32 人、徐汇区 30 人、铁路中心 16 人、上电医院 15 人，撤至灯光球场休整、总结，由第二批驻遵化县的后方长江医院两个队 50 人，遵义医院、六院医大班一个队 25 人，市六医院 25 人，华东医院 25 人接替。

（3） 8 月 15 日：第一批驻丰南县的第一医学院五个队 80 人，撤至玉田县建立临时医院，由第二批驻遵化县的警备区医疗队 100 人接替；第一批驻丰南县老铺地区的长宁区两个队 31 人，撤至灯光球场，由第二批驻迁西县的海员医院 25 人接替。

（4） 8 月 15 日：第一批驻迁西县六五〇部队医院的中山医疗队 15 人，撤至玉田县临时医院回一医；肿瘤医院 15 人、南市区 7 人，加上驻陡河水库的南市区 23 人，全部撤回至灯光球场。

（5） 第一批驻唐山市路北区的纺一、纺二、纺三医院，公用、虹口、闸北、黄浦、浦东、二结总、卢湾、华东医院十一个队 170 人，和驻灯光球场，八大处的市一、胸科、普陀、一结总、中医学院、海员、邮电，杨浦、静安十六个队 194 人，分别在原地一边工作、一边进行总结。在适当时机，由第二批驻迁西县的普陀区三个队 75 人，接替路北区任务；由第二批驻遵化县的静安区三个队和精总 33 人，接替灯光球场、八大处。

三、 调防时注意事项

（一） 调防工作必须以阶级斗争为纲，认真学习毛主席一系列重要指示……坚决遵守

“三大纪律、八项注意”，做到想灾区人民所想，急灾区人民所急，一切言行都要符合灾区人民的需要，全心全意为灾区人民服务。

（二）撤出的各医疗队，要和接替医疗队认真做好交接工作，办好移交手续。为接替的队与街道三结合领导小组搞好挂钩关系；详细介绍所在点的工作范围、工作任务；药品、帐篷、食粮原则上留给接替医疗队，各撤出队随带短期使用的必要药品、敷料及五天粮、菜到指定地点休整、总结；没有医疗队接替单独撤出的医疗队，所有配备的药品、敷料物资全部带回。凡是借灾区居民的物品，一律归还，损坏东西要赔偿，如接替的医疗队开展工作需要必须继续借用的，办好继续借用手续，以后由接替队归还。

（三）接替医疗队进点后，要认真贯彻卫生部（76）卫防字第488号“关于加强抢治伤员和灾区卫生防疫工作的紧急通知”文件精神。继续做好伤员转运工作，千方百计克服困难，减少伤员残废和死亡。要认真贯彻预防为主的方针，一手抓治，一手抓防。在积极抢治伤员的同时，大力加强卫生防疫工作。要在地方各级党组织的统一领导下，广泛、深入地发动群众，大搞爱国卫生运动。迅速深埋尸体，清除垃圾、污物和蚊蝇孳生场所，消灭蚊蝇，尽快改变灾区的环境卫生状况。要教育群众，不吃生冷和腐败变质食物，搞好饮水消毒，加强粪便管理。要抓好疫情报告，落实各项卫生预防措施，切实防止疫病发生。一旦发生疫情，要立即报告大队部，并采取有效措施，迅速扑灭。对灾区现有的传染病，如痢疾、肠炎、乙脑等要加紧防治，勿使蔓延。要把受震灾破坏的卫生组织迅速恢复起来。认真协助灾区卫生部门，尽快重建合作医疗，培养赤脚医生，建立健全基层卫生组织。

四、 第一批医疗队休整、总结计划

（一）要求：

认真学习毛主席一系列重要指示、中央慰问电、《人民日报》、《红旗》杂志的社论、短评及有关文章，以阶级斗争为纲……总结抗震救灾救护工作中的经验和教训，表扬好人好事，发扬先进思想，加强思想政治工作，鼓舞斗志，随时待命，必要时要准备迎接新的任务。

（二）时间：五天。

（1）学习、批判两天

学习文件：1. 毛主席……一系列重要指示；

2. 毛主席著作：《纪念白求恩》《为人民服务》《愚公移山》；

3. 中央慰问电；

4. 《红旗》杂志文章《英雄人民，不可战胜》；

5. 《人民日报》社论：《人定胜天》等；

6.《河北日报》:《震灾何所惧，人民定胜天》。

在学习基础上组织班组批判会。联系抗震救灾斗争，在伟大领袖毛主席、党中央的亲切关怀下，在全国人民的大力支援下，灾区人民、广大干部和中国人民解放军，英勇奋战，团结战斗，奋发图强，自力更生，以排除万难、恢复生产、重建家园、战胜自然灾害的大无畏英雄气概和顽强的革命精神，……提高贯彻执行毛主席革命路线自觉性，努力搞好抗震救灾和各项卫生预防、医疗工作。

（2）总结交流经验，表扬好人好事三天

以阶级斗争为纲，联系抗灾救灾医疗救护工作的实际，……认真做好个人小结，开展群众性表扬好人好事，从思想上、组织上、医疗业务上认真总结这次抗震救灾救护工作中的经验和教训，提出今后医疗队人员组织、物资配备，开展救护医疗工作的方案建议，保持思想上不松，组织上不散，业务上有充分准备。

（三）休整形式:

原则上以小队为单位，分散进行。一医、二医、中医学院等各单位派出几个小分队的单位，如条件许可，可在小队总结基础上，相对集中交流。如有条件，大队部在适当时间召开队领导干部会议进行交流、总结。

五、 临时医院药品、器械配备方案另附。(见附表)

上海赴唐山地区抗震救灾医疗队大队部

1976 年 8 月 12 日

唐山市区、东矿区、丰润、玉田县
每个临时医院需要的医疗器械、设备、用品

一、 外科手术室用品和医疗器械、设备

项目	数量	项目	数量
手术衣	40 件	肋骨器械	1 套
洗手衣	40 套	胶水	10 听
开刀巾	210 块	刀片	22、10、11、15 各两盒

（续表）

项目	数量	项目	数量
大洞巾	10 块	手套	7½寸 20 副 7 寸 150 副 6½寸 100 副
大包布	30 块	吸引头	10 根
口罩	100 只	刀柄	大小各 10 把（3、4 号）
帽子	50 只	刀剪	各号 20 把 胆囊细长剪刀 4 把，22 公分 3 把 一般剪线剪刀 10 把直的，3 把弯的
外科病人手术衣裤	200 套		
电灼器	2 台	V 剥离器	1 套
植皮刀片	10 把	V 切塑料管	直径 2 毫米 50 公尺
药碗	130 只		
胃夹	2 把	腰子盘	10 只
胆石钳	2 套	油交罐	大小号各 15 只
产钳	1 套	有盖方盒	20 只
人流电吸	1 套	镊子	有齿 50 把 无齿 100 把 长镊 20 把 海绵钳 25 把
羊肠线	各种号码		
子宫 A 钳	2 把	小直角拉钩	6 把
胸腔自动拉钩	1 套	各种引流管丁字、苗状、气囊导尿管瓶	
口帽	各 80 只	烧水吊子	5 只
浸手筒	4 只	托盘（大、中、小）	10 只
白跑鞋	35 双 5 双 36 码 7 双 37 码 2 双 35 码 2 双 41 码 10 双 40 码 4 双 39 码	醚架	4 只
贮槽	20 只（大中各 10 只）		

（续表）

项目	数量	项目	数量
理发工具	4 套保安刀片	刀架	1 只
大毛巾	10 块	胃肠减压器	10 套
小毛巾	100 块	尿道扩张器（金属）	1 套
无影灯	2 台（立式）	金属导尿管	1 套
插灯	10 只	灌肠桶	3 只
接线板	5 只	肛管（粗、细）	各 15 根
5 节手电	4 只	简易万能手术床	4 台
铅桶	10 只	小手术简易手术床	2 台
脚踏有盖污物桶	13 只（包括病房换药室）	弯蚊钳	20 把
		长开来	22－24 cm 4 把
大面盆	6 只	中弯血管钳	40 把
手术用面盆	10 只	肠钳	4 把
扇形台	4 只	巾钳	20 把
麻醉桌	4 只	安全别针	2 盒
手术床上小单	12 块	多头带	20 根
1000 cc 量杯	7 只	有齿血管钳（可克）	12 把
缝针线各号	（无损伤缝针 1、0、4 号）	密克斯脱钳（直角钳）	5 把
胃管	20 根	扁桃体止血钳	10 把
三腔管	2 根	玻璃接管 T 形 TT 节管	各 50
洗手毛刷	70 把	阑尾钳（爪形）	10 把
长柄毛刷	5 把	18 cm 开来	10 把
擦洗板	5 块	立式电炉	4 只
坐式电炉	4 只	鼠凿钳（爱利斯）	10 把
骨蜡			
明胶海绵			
剖胸包	2 只		
开颅包	1 只		
大型立式消毒锅	1 台		

（续表）

项目	数量	项目	数量
各种针筒包布	各 200 块		
洗涤用中长手套	10 副		

二、伤骨科医疗器械

<table>
<tr><th colspan="2">项目</th><th>数量</th><th>项目</th><th>数量</th></tr>
<tr><td colspan="2">小夹板（各部位）</td><td>100 人次</td><td>骨蜡</td><td>20 瓶</td></tr>
<tr><td rowspan="2">牵引支架</td><td>勃朗氏</td><td>10 只</td><td>碘仿</td><td>1 瓶</td></tr>
<tr><td>托马氏（附件）（包括上下肢）</td><td>10 只</td><td>扎带</td><td>20 只</td></tr>
<tr><td colspan="2">牵引弓</td><td>10 只</td><td>钻头</td><td>10 只</td></tr>
<tr><td colspan="2">钢板</td><td>8 孔、6 孔、4 孔各三副</td><td></td><td></td></tr>
<tr><td colspan="2" rowspan="6">螺丝灯</td><td rowspan="6">各种尺寸各 10—20 只</td><td>螺丝钉钢皮尺</td><td>1 把</td></tr>
<tr><td>线锯（包括把柄）</td><td>2 把</td></tr>
<tr><td>骨凿各种尺寸</td><td>1 套</td></tr>
<tr><td>橡皮驱血带</td><td>4 卷</td></tr>
<tr><td>石膏电锯</td><td>2 只</td></tr>
<tr><td>纸棉</td><td>100 包</td></tr>
<tr><td colspan="2">骨骼固定器</td><td>2 把</td><td></td><td></td></tr>
<tr><td colspan="2">司氏钉</td><td>长、短各 10 根</td><td></td><td></td></tr>
<tr><td colspan="2">克氏钢针</td><td>粗、中、细各 10 根</td><td></td><td></td></tr>
<tr><td colspan="2">钢丝</td><td>粗、细各一卷</td><td></td><td></td></tr>
</table>

三、 泌尿外科需补充的医疗器械

项目	数量
金属导尿探杆	一套（So□□□）
尖头导尿管、开花导尿管、福囊氏导尿管（30 cc、5 cc）	各 30 根（每种导尿管各种型号各择数根）
肾蒂钳	3 把

（续表）

项目	数量
长金齿东海	3 把
膀胱拉钩	1 把
小油柄 S 型拉钩	2 把，眼睑拉钩　2 把
眼科小缝针若干	（圆针、Δ针各 2 包） 1－0　3－0　　5－0 铬制肠线若干各 × 10 支
冲洗针筒	2 副
广州中山医学院《泌尿外科手术学》	一本

四、 妇产科需补充的医疗器械

项目	数量	项目	数量
刮宫器械	1 套	小鼓式取皮机	1 只
新生儿插管	1 套	刀片	20 把
阴道拉钩	2 把	取皮胶水（马头牌胶水）	4 听
药物		口腔科骨膜分离器	2 把

五、五官科医疗器械

项目	数量	项目	数量
刮器	2 把		
结扎钢丝（粗、细）	各一卷	小骨锉	1 把
结扎平头钳	1 把	小骨凿	1 把
钢丝剪刀	1 把	扁桃体挤切刀	2 套
宽松紧带	10 公尺	鼻中膈纠正器	1 把
圆规钢尺	各 2 把	鼻息肉圈套器	1 套
牙挺	2 只	钢丝	5 卷
根光挺	2 套	扁桃体圈套	2 只
电额灯	1 套	钢丝	10 卷
扁桃体刀	20 把	直角压舌板、腔钳、鼻镜	各 3 把

（续表）

<table>
<tr><th colspan="2">项目</th><th>数量</th><th>项目</th><th>数量</th></tr>
<tr><td colspan="2">鼻息肉钳</td><td>2 把</td><td>牙本质刮器</td><td>1 对</td></tr>
<tr><td colspan="2">扁桃体剥离器</td><td>2 把</td><td></td><td></td></tr>
<tr><td colspan="2">开脸器</td><td>3 只</td><td>囊外镊子</td><td>2 把</td></tr>
<tr><td colspan="2">眼睑拉钩</td><td>4 只</td><td>囊膜镊子</td><td>2 把</td></tr>
<tr><td rowspan="2">眼科剪刀</td><td>弯头</td><td>3 把</td><td>斜视拉钩</td><td>4 只</td></tr>
<tr><td>直头</td><td>3 把（外科 10 把）</td><td>小蚊式持针器</td><td>4 把</td></tr>
<tr><td rowspan="2">眼科镊子</td><td>有齿</td><td>3 把</td><td>18 号钢丝</td><td>1 卷</td></tr>
<tr><td>无齿</td><td>3 把</td><td>散粒肿手术器械</td><td>1 套</td></tr>
<tr><td colspan="2">眼科用小圆针</td><td>30 包</td><td>睑板器（金属板）</td><td>2 只</td></tr>
<tr><td colspan="2">小△针</td><td>30 包</td><td>泪道探针</td><td>5—10 只</td></tr>
<tr><td colspan="2">角膜缝针</td><td>10 只</td><td>泪道扩张器</td><td>3 只</td></tr>
<tr><td rowspan="2">丝线</td><td>7“○”</td><td>2 只</td><td>泪道冲浇针头</td><td>10 只</td></tr>
<tr><td>5“○”</td><td>2 只</td><td>搪瓷有盖方盒</td><td>2 只</td></tr>
<tr><td colspan="2">角膜镊子</td><td>2 把</td><td>虹膜复位器</td><td>3 只</td></tr>
<tr><td colspan="2">角膜剪刀</td><td>2 把</td><td>白内障二氧化碳</td><td>1 套</td></tr>
<tr><td colspan="2">虹膜镊子</td><td>2 把</td><td>冷冻手术器</td><td>1 套</td></tr>
<tr><td colspan="2">晶体匙</td><td>3 只</td><td></td><td></td></tr>
<tr><td colspan="2">虹膜剪刀</td><td>2 把</td><td></td><td></td></tr>
</table>

六、 麻醉设备

项目	数量	项目	数量
空气麻醉机	1	脚踏吸引器	6（已有）
电动呼吸机（上海 Sc 型）	1	电动吸引器	1
麻醉咽喉镜	6（已有）	气管插管（大、中、小）	各 2 套
氧气筒	4	气管插管套平中号	30 只
电针麻醉仪	5（已有）	硬膜外针头	6（已有）
		腰麻针头	6（已有）

（续表）

项目	数量	项目	数量
针灸针	10 包（已有 6 包）	喷雾器	2（已有）
导尿管（10—12 号）	80	乙醚面罩	大 2　小 2
通气道	4（已有 2）	盐水架	4
输液皮条	20（已有）	血压表	4（已有）
气管插管接头	2 盒（已有）	听诊器	4（已有）
输血针头	30 只	硬膜外导管	30 根（已有 20 根）

七、 外科病房需要的器械设备

<table>
<tr><th colspan="2">项目</th><th>数量</th><th>项目</th><th>数量</th></tr>
<tr><td colspan="2">口表</td><td>40 只</td><td>输液皮条</td><td>50 副</td></tr>
<tr><td colspan="2">肛表</td><td>10 只</td><td>输血皮条</td><td>30 副</td></tr>
<tr><td colspan="2">海绵钳</td><td>10 把</td><td>夹子</td><td>20 个</td></tr>
<tr><td colspan="2">长镊子</td><td>10 把</td><td>小便壶、便盆</td><td>各 30 个</td></tr>
<tr><td colspan="2">有盖搪瓷盒</td><td>10 只</td><td>消毒口表塑料盒</td><td>3 个</td></tr>
<tr><td colspan="2">敷料桶</td><td>10 只</td><td>面盆</td><td>10 只</td></tr>
<tr><td rowspan="6">针筒</td><td>50 cc</td><td>6 副</td><td>气管切开包</td><td>2 包</td></tr>
<tr><td>20 cc</td><td>20 副</td><td>血压计</td><td>3 个</td></tr>
<tr><td>10 cc</td><td>20 副</td><td>手套</td><td>7½寸 10 副
7 寸 10 副</td></tr>
<tr><td>5 cc</td><td>60 副</td><td>听筒</td><td>3 副</td></tr>
<tr><td>2 cc</td><td>60 副</td><td></td><td></td></tr>
<tr><td>皮试注射器</td><td>5 副</td><td></td><td></td></tr>
<tr><td rowspan="5">针头</td><td>6½</td><td>200 个</td><td>气垫</td><td>6 个</td></tr>
<tr><td>7 号</td><td>200 个</td><td>胸穿包</td><td>2 包</td></tr>
<tr><td>8 号</td><td>200 个</td><td>腰穿包</td><td>2 包</td></tr>
<tr><td>9 号</td><td>50 个</td><td>骨穿包</td><td>2 包</td></tr>
<tr><td>12 号</td><td>50 个</td><td>痰杯</td><td>300 只</td></tr>
</table>

八、 内科病房（包括肠道传染病房）需要的器械设备

项目		数量	项目		数量
针筒	50 cc	6 副	干针筒	5 cc	60 副
	10 cc	6 副		5 cc	5 副
	1 cc	6 副		10 cc	5 副
	2 cc	40 副			
针头	6½号	200 只	胸穿包		2 包
	7 号	50 只	腰穿包		2 包
	9 号	40 只	骨穿包		2 包
	18 号	20 只	静脉切开		2 包
口表		60 只	导管		3 包
消毒口表塑料盒		3 只	气管切开		2 包
镊子		15 把	手套		7½寸 5 副 7 寸 5 副
弯盘		15 只	过氧乙酸		20 公斤
棉花听		2 只	铅笔		12 支
纱布听		2 只	红蓝铅笔		12 支
盐水皮条		50 副	调节器		20 只
便盆		30 只	止血带		1 斤
便壶		男 30 只	血皮条		2 副
血管钳		10 把	剪刀		3 把
砂轮		20 只	95％酒精		10 公斤
刀片		10 把	搪瓷方盘		3 只
氧气筒		3 只	搪瓷方盒		大号 3 只 小号 3 只
氧气皮条		50 根	饭盒		大号 3 只
灌肠筒		3 只	气垫		6 只
肛管		15 根	病历纸 处方		各种检查单
血压计		3 只	病历夹		
听诊器		3 只	有盖搪瓷桶		6 只
面盆		10 只	毛巾		9 块
塑料桶		4 只			

九、 化验室需要的设备和试剂

项目	数量	项目	数量
离心机	800 型　2 只	冰箱	8 型　2 只
恒温箱	1 只	1/万　分析天平	1 只
比色计	581　2 只	试管	小号　5000 只
卫生部同意由北京调给			
试剂瓶	1000 ml　20 只	计算尺	1 把
	500 ml　（白 20 只　棕 10 只）	橡皮滴头	100 只
	300 ml　20 只		
	100 ml　20 只（棕 10 只）		
吸管	10 ml　30 支	洗耳球	25 ml　10 只
	5 ml　50 支	输血瓶	50 只
	1 ml　150 支		
	0. 5 ml　100 支		
	0. 25 ml　100 支		
	0. 1 ml　30 支		
检验书	《临床实用检验学（上医化）》七元三角一本福州军区一本		
量筒	2000 ml　2 只	蜡笔	20 支
定量烧瓶	100 ml　5 只	洗瓶刷	大　20 把
	50 ml　3 只	铁丝筐	5 只
	500 ml　20 只	酒精喷灯	1 只
	1000 ml　2 只	玻璃管	20 斤
三角烧瓶	500 ml　2 只	盐酸	5 斤
	3000 ml　2 只	pH 试纸（广泛）	5 本
	500 ml　20 只	无水乙醇	10 斤
	1000 ml　10 只	丙酮酸标准	100 ml
试管架	60 孔　5 只	氯化钡标准	1 瓶
	30 孔　10 只	10％氢氧化钠	2000 ml
马麦	1 只	丙氨酸	2 瓶

（续表）

项目	数量	项目	数量
血沉架	2只	2-酮戊二酸	2 g
血沉管	20支		
二乙酰一酸	20 g	复红	20克
三氯化铁	20 g	琼脂条	2000克
磷用苯胺	2瓶	味精	50克
兔脑粉	5 g	中国蓝	（试药1套）
硫脲	500 g	敏感试验纸盒（已做好）	各一小瓶
钾标准液		印度墨汁	1瓶
尿素氮标准液		漏斗	大、中　各2只
血糖标准	葡萄糖粉　500克		
H·O·A·B菌液	2套	蛋白胨	500克
妊娠胶乳	5套	牛肉膏	500克
显微镜	2台	蔗糖	20克
测定血型和输血设备	2套	乳糖	20克
培养平皿	100只	接种棒	5支
痢疾诊断血清	1套	接种针	10根
S　S粉	1000克	美蓝	20克
普通琼脂粉	2000克	革兰氏染色	1套

十、 药房需要器械、设备

托盘天平：二公斤量一只，1000克一只，100克一只

烧杯：1000 cc　　二只，三角烧瓶二只

量杯：1000 cc二只，玻璃量杯：50 cc一只，100 cc二只

500 cc二只　　　1000 cc一只

抽滤瓶二只，玻璃棒30公分长二根，20公分长二根

电炉二只，消毒锅用的煤油灯一只

漏斗二只，滤纸　大　一盒

小型蒸馏水装置或离子交换装置一套

十一、 诊断需要的器械设备

项目	数量
50 毫安或 30 毫安 X 光机	1 台
手提式 X 光机	1 台
心电图机	2 台
X 光读片灯	2 只
放射科摄片洗片定影烘片设备	1 套

沪卫委（76）第 38 号

上海市卫生局革命委员会关于本市赴唐山抗震救灾医疗队下一步工作安排的请示报告

市革委会文教组：

唐山、丰南一带发生强烈地震后，在市委的直接领导下，本市已派出两批共 2030 人的抗震救灾医疗队，奔赴灾区开展医疗救护工作。当前，唐山地区的伤员已转往外省，抢救伤员的任务基本完成。河北省抗震救灾指挥部提出要求上海在玉田、丰润县、唐山市缸窑、东矿区迁西搞四个临时医院，除参加搞临时医院的人员外，其他医疗队在 8 月 18 日至 23 日陆续撤出灾区。经我们讨论研究提出如下意见：

一、 拟暂留下五至六百人的医疗队，继续在唐山灾区完成抗震救灾任务，医治伤病员。在做法上有三个方案：

1. 协助河北省在唐山市缸窑、东矿区迁西搞二个抗震救灾临时医院。鉴于玉田、丰润两个县医院损失较轻，各级医疗机构也较健全，重伤员已大部分转外省，可以不再办临时医院，建议由两个县医院扩大收容，医疗队充实技术力量，协助收治危重伤病员。医疗队分别由市卫生局、一医、二医、中医学院定期派人轮换。

2. 根据河北省多次要求，考虑到四个临时医院的简易房屋已基本建成，同意协助河北省搞四个抗震救灾临时医院。具体安排是：玉田暂由第一医学院医疗队和黄浦区第二批医疗队负责，以后由第一医学院定期派人轮换；丰润暂由第二医学院医疗队和长航医院医疗队负责，以后由第二医学院定期派人轮换；缸窑暂由市卫生局所属单位第二批医疗队和虹口区第二批医疗队负责，以后由市卫生局所属单位定期派人轮换；迁西暂由中医学院第二批医疗队和第二军医大学、国际妇婴保健院、港务局医院医疗队负责，以后由中医学院、第二军医大学定期派人轮换。

3. 留下的医疗队统一由河北省抗震救灾指挥部安排分配到医疗点、地方医院或临时医院工作，由上海有关单位定期派人轮换。

二、 临时医院或医疗队的药品、医疗器械、被服和一般用品的配备，应贯彻勤俭办院、因陋就简、因地制宜的原则，鉴于灾区的实际情况，当前除病床、粮食、副食品、燃料、必要办公用品和勤工人员由当地提供安排外，药品暂由市医药公司按每院300张床、二个月用量（品种、数量见附表，已扣除运去唐山的）配备，根据轻重缓急分批发运；医疗器械、病人被服原则上暂由派出医疗队的单位负责解决，短缺部分请商业部门配齐，医院调出的器械、物资特别是战备物资应予必要的补充更新；其他一般用品根据实际需要请有关部门协助解决（见附表）。上述药品、医疗器械和一般用品所需的费用建议在市抗震救灾的经费中列支。

今后临时医院或医疗队所需的物资（包括药品、医疗器械），待当地供应渠道恢复后，拟请河北省列入供应计划，统筹解决。

三、 为了加强医疗队的自身建设，抓好政治思想工作，拟保留医疗队大队部，建议由市革委会文教组、市卫生局、一医、二医、中医学院抽调干部组成，在当地党委一元化领导下开展工作。

四、 已运往唐山的医疗队物资有四十吨，由于任务改变，有些物资多出的数量较大，如蚊帐6千顶，按河北省委关于医疗队撤出时救灾物资包括药品一律留下的通知精神，应如何处理？

以上报告是否有当，请指示。

中共上海市卫生局委员会
1976年8月16日

抄报：市革委会地区组、工交组、财贸组

上海市卫生局党委办公室　　　1976年8月16日印发（共印45份）

沪卫革（76）第72号

上海市卫生局革命委员会关于上海在唐山地区办四个临时医院有关问题的请示报告

市革委会文教组：

一、8月24月，王乐三、何秋澄同志就上海在唐山地区办临时医院问题，向河北省革委会副主任王桂华同志作了请示。王桂华同志说，关于办临时医院问题，河北省委几次向中央电报提出要求帮助建立六个临时医院，总的要求是：临时医院从领导班子、医护人员、药品、医疗器械、医院装备都要分别请上海和北京、总后帮助解决。临时医院任务是：在城市没有恢复之前，接收伤病员。究竟办多少时间，省委没有明确提。国务院已表示同意省委的意见。

四个医院的领导关系：双重领导。主要上海市委管；地方党委管政治学习、重大政治活动，医疗卫生工作的任务由地方统一安排。临时医院还是上海单独办，地方派一两个干部参加领导班子，互相学习，及时反映医院有些什么困难和问题，起联络作用。希望上海在办院过程中帮助培训一批医务人员，同意上海以医疗队形式办院，定期轮换，什么时候轮换，时间由上海定。轮换时，省指挥部可以协助解决交通问题。各院先调拨一部吉普车，救护车以后由河北省解决。关于临时医院经费问题如何解决，王桂华同志没有表态。

上述情况向市委领导作了汇报后，领导指示：关于办临时医院不要向河北省多提意见，讲若干条件，人员、经费、药品、器械、物资等，上海要继续支援解决，单独办也可以，全力支援唐山要贯彻始终。

二、8月31日下午，我们召开了一医、二医、中医学院和第二军医大学党委负责人会议。王乐三、何秋澄同志谈了河北省委对上海在唐山地区办四个临时医院的要求；传达了领导的指示；讨论了承办临时医院的单位、人员轮换、医疗器械设备和办院经费等问题。现将我们讨论的意见汇报如下：

（一）每个临时医院医护技术人员（包括工农兵学生）125人到130人，连同院领导干部、后勤管理和职工食堂的炊事人员共150人左右。各院都要适当配备工宣队和党团政治骨干。医院成立临时党总支，下设科室支部；行政上设院长、副院长。

（二）承办单位

玉田临时医院，由上海第一医学院负责承办，黄浦区配医生5人、护士10人。

丰润临时医院，由上海第二医学院承办，虹口区配医生5人、护士10人。

唐山市缸窑临时医院由卫生局承办，抽调局属单位医护人员组成。

唐山市东矿区临时医院，由上海中医学院和中国人民解放军第二军医大学共同负责承办，国际和平妇幼保健院配10名妇产科医护人员。

（三）关于医院的名称问题，河北省指挥部意见：临时医院的名称要包含是上海支援的，是临时的人民医院，可叫上海支唐玉田（丰润、缸窑、东矿区）临时人民医院。我们研究，不加“上海支唐”四个字为好，就叫玉田（丰润、缸窑、东矿区）临时人民医院。

（四）临时医院的人员以组织医疗队形式办院，一年轮换一次。鉴于目前在唐山地区办院的干部及医务人员，都是为了收治12000名伤员而紧急动员前去的，医务人员配备上外科、骨科医生过多，内科、小儿、妇产及其他各科医务人员少。这些人员去时缺乏长期办院的思想准备，医学院校为了安排教学，许多医务人员也需要重新调整。医学院准备在9月15日前重新动员和组织一批人前去轮换，卫生局前去的直属单位的医务人员也作些部分调整。

（五）关于临时医院的医疗器械、医院装备、物资、被服，拟分别由一医、二医、中医学院和卫生局在所属的医院中先行调用。调用后，上海医院因工作需要必须补充的，由卫生局汇总统一报请市革委会财贸组解决。某些医疗器械如50毫安的X光机等，上海医院没有的，请财贸组另行调拨。

（六）四个临时医院所需的药品，市医药公司已于8月30日运去两个月的药品用量。今后，各临时医院所需药品在没有纳入河北省唐山地区供应计划前，由卫生局统一开列药品预算，继续请市革委会财贸组批转市医药公司定期调拨。

（七）关于四个临时医院所需经费问题，在河北省没有表示列入唐山地区卫生事业经费预算之前，根据领导关于人员、经费、药品、器材、物资等上海要继续支援解决的指示精神，我们建议暂由上海支出，要求市财政局同意卫生局另立专门预算，在市财政经费中开支，专款专用。

（八）唐山地区冬天较冷，医务人员一年一换，相当一部分人需要添置一些棉衣、棉裤，因此，需要补助一些布券、棉花券。该地物价较贵，如粮食二角五分一斤，副食品价格也比上海高，因此，还要解决工作人员伙食差额补贴问题。关于工作人员的伙食差额补贴，布券、棉花券等补助标准，由我局另行提出意见，专题请示报告。

三、四个临时医院组成后，由于医院已由当地党委统一领导，因此，原来的上海抗震救灾医疗大队部组织形式已不需要。今后可设一联络组，设组长一人，联络员若干人，了解各院情况，定期召开临时医院负责人会议，交流情况，统一意见，分别将有关问题向河北省指挥部和上海市委请示汇报，并负责转运医药物资。联络组成员由卫生局派出，也是一年轮换一次。

以上报告是否有当，请批示。

上海市卫生局革命委员会

1976年9月2日

抄报：市革委会办公室、财贸组、工交组、综合计划组、地区组

沪卫革后（76）第34号

上海市卫生局革命委员会关于赴唐山临时医院医疗队员、工作人员布券、棉花券补助问题的请示报告

市革委会文教组：

根据唐山地区抗震救灾工作需要，我市将派出医疗队去唐山建立四个临时医院，人数600余人，一年轮换一次，由于唐山地区冬天较冷，去的同志要添置一些棉衣、棉裤，需要补助一些布券、棉花券。我们意见，拟每人补助布券六尺，棉花券一斤，请商业一局帮助解决。

以上意见当否，请示。

上海市卫生局革命委员会

1976年9月4日

抄报：市革委会财贸组

抄送：市商业一局

上海市卫生局革委会办公室　　　　1976年9月4日印发（共印15份）

上海市卫生局革命委员会会议通知

各派出赴唐医疗队单位，各区卫生组（局），上海第一、二、中医学院：

兹定于9月8日（星期三）下午2时，在汉口路223号333室召开会议，布置有关赴唐山医疗队物资清理统计及费用报销等工作。请各单位后勤负责人届时出席。

上海市卫生局革命委员会

1976年9月4日

沪革文教（76）第234号

文教组关于上海在唐山地区办四个临时医院有关问题的请示报告

市委、市革委会：

现将市卫生局《关于上海在唐山地区办四个临时医院有关问题的请示报告》送上。

经研究，我们原则上同意报告中所提的意见，其中三个临时医院分别由上海第一医学院、第二医学院、中医学院为主承办负责的，建议各医学院抽调1名同志参加联络组工作，便于联系和处理问题。

当否，请批示。

市革委会文教组

1976年9月4日

市革委会文教组办事组　　1976年9月4日印发（共印35份）

中共上海市委办公室/上海市革委会办公室

文教组抄告单

机密　沪委办抄字（76）第381号

来文单位：市革委会文教组

来文日期：9月4日

编号：沪革文教234号

文件名称：《关于上海在唐山地区办四个临时医院有关问题的请示报告》

市革委会领导同志意见：

原则上同意报告的意见。

上海市革委会办公室

9月10日

（附市革委会文教组的报告）

分送：市革委会文教组（无附件）、财贸组、工交组、综合计划组、地区组，市卫生局、财政局、商业一局革委会，上海第一医学院、第二医学院、上海中医学院革委会，第二军医大学（共印14份）

沪委办（76）收文（办）1160号

1976年9月11日发出

沪卫革医（76）第104号

上海市卫生局革命委员会关于唐山地区四个临时医院需要解决的几个问题的请示报告

市革委会文教组：

上海在唐山地区四个临时医院600多名医务人员轮换和联络组人员组织问题已筹备就

绪，拟定于9月25日出发赴唐。现将四个临时医院需要解决的三个问题请示报告如下：

一、 交通车辆问题：这次轮换的医务人员有600多人，所带行李和医疗器械、医院设备、物资较多（约50多吨），需要直达唐山的专门列车；专列到唐山车站后需停留24小时，以便把上一批派到唐山地区工作的500多名医务人员带回上海。为此，需请上海铁路局协助安排专门列车。

二、 过冬保暖问题：河北省抗震指挥部意见，唐山地区气候较冷，10月中旬就要下雪，冬天气温在摄氏零下二十度上下，四个临时医院的病房和宿舍都是芦席搭的棚，急需解决过冬保暖问题。经上海医疗队大队部和省指挥部研究，最好装锅炉，需要一吨锅炉四个和相应的水汀片及管道。住院病人每人需要一件棉大衣和增添一个棉垫，加上每院50人份机动备用的，共需棉大衣和棉垫各1400件。工作人员每人要由公家借给他们棉帽、棉大衣各一件。此外，工作人员到唐山地区工作，自己要添置棉裤、棉胶鞋。建议公家给每个工作人员补助20元。以上所需的锅炉、水汀片和管道以及棉大衣、棉垫、棉帽、棉胶鞋，请财贸组批转有关部门调拨、供应。

三、 临时医院器械设备问题：河北省革委会副主任王桂华和省卫生局局长意见，四个临时医院的50毫安X光机由河北省配，要求上海为每个临时医院配备200毫安X光机一台、心电图机一台，并为一个医院配备一套病理科的人员和设备，如果上海能配200毫安的X光机， X光室的房屋由河北省负责基建。各医院还提出要求供应制造蒸馏水的设备一套，经我们研究，认为确有必要。以上所需器械设备，请财贸组设法调拨、供应。

以上意见当否，请批示。

上海市卫生局革命委员会

1976年9月18日

抄报：市革委会办公室、财贸组、工交组、综合计划统计组

抄送：市商业一局、财政局、上海铁路局

上海市卫生局革委会办公室　　　　1976年9月18日印发（共印25份）

沪卫革医（76）第105号

市卫生局革命委员会关于唐山地区四所临时医院的名称、经费问题和我们意见的请示报告

市革委会文教组：

一、关于唐山地区四所临时医院的名称，上海医疗队大队部将上海的意见告河北省抗震救灾指挥部后，他们说要研究一下。9月16日、18日，我局先后接到上海医疗队大队部的两次电话说：省指挥部已决定将上海负责的缸窑、东矿区、玉田、丰润四所临时医院分别定名为“唐山市第一抗震医院”“唐山市第二抗震医院”“玉田抗震医院”“丰润抗震医院”。省革委会副主任王桂华同志一再说：叫不叫临时医院，反正都是临时性的，都叫抗震医院。用“抗震”也说明是临时医院。请上海放心，不会把你们留下来的，四个医院图章已由省刻了。我们意见：河北省抗震救灾指挥部既已一再表示不用“临时医院”名称，并已正式为这四个医院刻了院章，如我们一定要用“临时医院”名称，可能会影响两地关系，因此拟同意省指挥部的意见。为同医院的名称相适应，我们拟将临时医院联络组定名为“上海驻唐山地区抗震医院联络组”。

二、关于四个医院经费问题。9月15日、16日两天，王桂华同志和省卫生局局长去几所医院了解情况时，有的医院没有和我医疗队大队部商量，就直接向省指挥部提问了医院经费怎样解决的问题。王桂华同志后来对大队部同志说：你们派了人，带了药品器械，我们不好再向你们要经费，经费一定由省里给，暂时先由所在县、唐山市开支，由省开列户头；将来经费怎么办，以后再进一步考虑。

关于这四所医院经费问题，领导曾有指示由上海解决。我局在9月2日给文教组的报告中建议在河北省没有表示列入唐山地区卫生事业经费预算之前，暂由上海支出，由市财政局同意卫生局另立专门预算，在市财政经费中开支，专款专用。市革委会领导同志于9月10日批示：原则上同意报告的意见。我们认为，王桂华同志所以表示医院经费暂先由所在县和唐山市开支，这是我们医院同志向他们提出后才这样答复的。根据领导关于不宜向河北省讲若干条件，人员、经费、药品器械物资等，上海要继续支援解决的指示和市革委会领导同志的批示精神，四所医院的经费似仍应暂由上海开支为宜，如河北省一定不要上海开支，就同意河北省开支。

以上意见妥否，请批示。

上海市卫生局革命委员会

1976年9月20日

抄报：市革委会办公室、财贸组、工交组、综合计划组、地区组

抄送：市商业一局、财政局

上海市卫生局革命委员会　　　　1976年9月20日印发（共印25份）

沪革文教（76）第259号

文教组关于唐山地区四个临时医院尚需解决的几个问题的请示报告

市委、市革委会：

接到市委办公室（76）381号抄告单以后，市卫生局又分别发了沪卫革医（76）第104、105号文，具体提出了有关唐山地区四个临时医院的几个问题。现将这两个报告送上。

我们会同财贸组、卫生局进一步做了研究，对尚需解决的几个问题，拟提出如下意见。

一、关于医院名称。河北省革委会负责同志一再表示："都叫抗震医院，用'抗震'医院也说明是临时医院，四个医院的图章已由省刻了。"拟同意河北省的意见。

二、开办医院所需经费。在河北省没有安排之前，暂由上海支出，由财政局拨专款专用。如河北省表示省里可以支付，我们认为也可以。

三、赴唐山医院工作人员补助费问题。卫生局报告中提"建议公家给每个工作人员补助20元"感到不妥。因为这个规定涉及面较大，矛盾较多。拟由所在单位根据生活困难同志的实际情况，给予适当补助。

四、医疗器械、物资问题。X光机，根据河北省提出的要求和上海的可能，待医院具备安装、使用条件后再考虑给四个医院各配备200毫安X光机一台。

五、保暖设备。从唐山地区冬季较寒冷和芦席棚建筑的情况看，各医院装备一个小型锅炉以御寒是需要的。拟请有关部门协助解决1吨锅炉四个以及配套的水汀片和管道。

以上意见当否，请审批。

市革委会文教组

1976年10月4日

市革委会文教组办事组　　　　　1976年10月4日印（共印35份）

赴唐了解临时医院的经费、药品、器械情况汇报

根据上级指示，9月24日，我们随赴唐医疗队去唐山了解有关上海在唐山援建四个临时医院的经费、药品、器械、物资的供应及管理工作情况。和我们同去的有：市革委会综合计划组的鲍存仁、吴意新同志；市商业一局医药公司的施祖尧、朱秋林同志；市财政局的王陞桐、顾濂溪同志。

9月25日凌晨我们到达唐山，上午休息了一下，下午去唐山车站欢送轮换返沪的医疗队，晚上与联络组商量安排工作日程；从26日下午开始，我们去东矿区、丰润、玉田、缸窑四个医院进行了走访、调查、了解；28日晚集中向联络组汇报；29日上午向河北省抗震救灾指挥部辞行，下午到北京。30日，我们分别到卫生部、财政部有关司局、北京市医药公司汇报，联系工作。10月2日乘火车返沪。

这次赴唐工作，得到了河北省抗震救灾指挥部、卫生组等有关部门的大力支持。在唐期间，耳闻目睹唐山军民抗震救灾的英雄事迹，使我们受到了很大的教育。

现将在唐山几天所了解到的一些情况作如下汇报：

一、 医院经费问题

我们到了唐山，关于经费问题，听马景和、张新法同志说，河北省革命委员会副主任王桂华同志说过："上海支援了人员、药品、器械，经费无论如何不能再让上海负担了。"（大意如此。但对药品、器械的经费由哪里出没有明确）

后来，我们又走访了省指挥部卫生组尹以宽同志（指挥部卫生组核心之一，省卫生局计财处负责人），询问有些开支标准等问题，并谈了市领导关于积极支援、贯彻始终的指示精神，未谈医院经费由哪里出的问题，他谈了几点意见：

1. 涉及医疗队个人待遇，还是按上海的规定。意思是，当地规定可能有些低于上海，不要影响了上海原来的待遇，例如保健津贴、夜点费等。冬令烤火则由单位统一解决。

2. 医院的行政事务管理今后由当地来办，人员陆续配备。

3. 目前医院免费医疗，今后如收费（可能在11月份），收费工作则由当地派人来收，收费标准照当地，收入也归当地。

4. 各医院的经费省卫生局已通过市、县拨了一部分，实报实销，准备发文，医院经费按需要编预算列入卫生事业计划。以后经费由市、县卫生局管。

5. 大批药品器械运来后，以后零星器械补充及药品可逐步由当地供应。

我们到各医院了解，前阶段经费都靠上海带去，每院 2000 元开支，现在基本上用完了。这次去唐，缸窑医院又从局里领去 1000 元，丰润医院从二医领去 5000 元。另外，我局又汇去 2 万元（每院 5000 元）。至于当地拨款，东矿说当地告诉他们拨给 1.2 万元，因公章未刻，银行户头未开，尚未领到。缸窑：当地告知先拨 1 万元，不够时可用到 1.5 万元，公章已领，即可用款。玉田医院当地未告知具体拨款数字，但有些购置和费用已由县卫生局开支。丰润医院，县里已分配过冬设施经费 4 万元，经常费则由县医院代编了烤火用煤、棉布和办公费的预算，尚未有钱拨下。东矿、缸窑、丰润三处当地也已告知医院，今后如实行收费，有关工作均由当地派人来办理。

目前医院经费上海和当地都有拨款，问题不大。但长期下去，总得有个明确。现在了解到河北省的态度，我们对经费问题提出如下初步意见：

1. 在未办医院前医疗队去唐带去的物资和费用，根据财政部文件精神，可向当地结算，在中央救灾专款中报销。但有些开支，如医疗队员带去的压缩饼干、食品，差旅费等，似宜由我市负担（要求市财政局拨款），不向当地结算。

2. 为开办医院而运去的各种设备物资，以及在医院实行免费医疗期间消耗的药品材料（包括新采购及各医院带去的）都由我市负担，作为对唐山灾区的支援。

3. 在医院实行收费，收入归当地后，我市负担医疗队的人员工资、困难补助、住勤补助、保健津贴等个人待遇。如再运去药品、器材，则向当地结算，其他各项日常业务、办公等开支都由当地解决。考虑到当地拨款较紧，尤其是玉田、丰润二个由县管的医院，今后医院如有困难，是否上海可临时给一些补助。

4. 若干涉及个人的开支，如保健津贴、各医院目前都未发，夜点费及医生开刀点心只供应一点泡饭或压缩饼干，会诊客饭、借用外单位司机客饭等开支都不明确，影响正常工作。是否可以保健津贴暂照上海原标准由上海随工资发；夜点费按每次 0.20 元发（上海、河北标准相同）；医生开刀点心暂按上海每人每次 0.20 元—0.25 元开支（最好供实物）；会诊及借用司机客饭据说当地无明确规定，是否暂按上海每餐 0.35 元范围内掌握。其他一些公用开支均可按当地办理。

以上拟征求我市财政局意见，并请示市委。

二、 关于医疗收费

唐山形势发展很快，免费医疗的情况不会持续很久，听说 11 月份起可能开始收费。

收费标准按当地规定。

现将河北省财政局、卫生局 1974 年 11 月制订的医疗收费标准摘录一部分，供领导参考：

项目	省、地、市综合医院专科医院	县（包括市辖区）医院	注　明
挂号费初诊	0.15	0.10	县以上包括门诊手册或病历工本费
复诊	0.10	0.05	
急诊	0.20	0.10	
正规病床	0.60	0.40	包括被服、水电灯油费。县以上医院免收注射、输液费，县以下照收
简易病床	0.40	0.20	包括水电灯油费、被服自理
一般 X 光透视	0.40		
手术费最高费用	20.00		
输血费	37.50		300 cc

另外，目前医院免费医疗，但当地规定，需要输血的病人，输血费要自理，而且要付现款。因此，有的医院只好对付不起钱的病人不予输血。我们认为，根据“救死扶伤，实行革命的人道主义”的精神，对一时付不起钱的危重抢救病人，需输血的，其费用可先由医院垫付，作为医疗欠费处理。这一点，我们已向联络组汇报过。

三、 关于医疗队、联络组住勤伙食补贴问题

1. 四个医院的伙食情况

目前四个医院除玉田尚在伤员转运站搭伙外，其他三个医院都是自己办食堂，但不实行食堂制，每月所花伙食费用按吃饭人数平均分摊，他们开支的具体情况是：

东矿医院：8 月 22 日前在其他单位搭伙每人每天付伙食费 0.50—0.60 元。8 月 23 日开始自己办食堂，一个多月来基本吃蔬菜，食堂管理人员抓得比较紧，每人每天平均伙食费为 0.47 元。

丰润医院：过去在县医院搭伙每人每天伙食费一般在 0.80—1.00 元，有时在 1.00 元以上，现在自己办食堂，每人每天菜金 0.30 元，饭票每斤 0.25 元，平均伙食费每人每天 0.60—0.70 元左右。

缸窑医院：自己办食堂，由于蔬菜供应比较紧，有时蔬菜供应不上，就只供应饭，不供应菜，但每人每天伙食费也为 0.40—0.50 元。

玉田医院：在伤员转运站搭伙，每人每天伙食费 0.40 元，米饭每斤 0.25 元，馒头每斤 0.20 元，菜金每……

1976 年 10 月

沪卫革（76）第 38 号

上海市卫生局革命委员会关于上海赴唐山抗震医院医疗队住勤伙食补贴等开支问题的通知

唐山市第一、二抗震医院，丰润县、玉田县抗震医院，各上海派出单位，上海驻唐山地区抗震医院联络组：

我市赴唐山抗震医院医疗队在河北省各级党委领导下，发扬艰苦奋斗精神，与当地人民同甘苦，共战斗，做了一定工作，为关心群众生活，现将有关住勤伙食补贴等问题通知如下：

一、 关于医疗队在唐山住勤伙食补贴，经市有关部门研究，按照我市出差补贴开支标准规定办理。即：第一个月按每天每人 0.50 元发给，第二个月起，在机关食堂搭伙减半发给，每天每人 0.25 元。执行中有困难的，可酌情给予补助，在职工福利费中开支，此项补贴和补助，由抗震医院通知派出单位随同本人工资寄去。第二军医大学派去的医疗队，按部队有关规定办理。

二、 关于上海医疗队在抗震医院从事放射科及传染病科工作，其保健津贴暂按上海市有关规定办理，由抗震医院通知、派出单位开支，随本人工资寄去。

三、 关于夜点费。手术室人员因手术误餐，点心费及请外单位会诊等业务客饭费，原则上都按当地有关规定办理。如果当地无具体规定，可参照上海市医院有关规定办理，在抗震医院经费中开支。

上海市卫生局革命委员会

1976 年 10 月 27 日

抄报：市革委会文教组、财贸组

抄送：市财政局、上海第一、第二及中医学院，河北省唐山地区唐山市、丰润县、玉田县卫生局

上海市卫生局革委会办公室　　　　1976 年 10 月 28 日印发（共印 120 份）

沪卫革（76）第 39 号

上海市卫生局革命委员会关于唐山地区四个临时医院需要病员被服的请示报告

市革委会文教组：

唐山地区四个临时医院需要被服装备等问题，我局曾在 9 月 2 日以沪卫革医（76）第 104 号请示报告，经市革会领导同志 9 月 10 日批示："原则上同意报告的意见"。现病员所需被服，我局已分别从一医、二医、中医学院和卫生局所属医院调用 1400 套（每套计大单被 2 条、被套 1 只、棉花胎 1 条、枕套 1 只、枕芯 1 只）分两批运往唐山。有关医院还随带了部分手术衣、开刀巾、大中包布等被服配备。

由于各医疗单位被服存量原先比较紧张，现天气转冷，周转感到困难，均上报要求补充。经研究，根据有关医院被服周转实际情况，除手术衣、开刀布、包布等布匹拟由医院自行调剂外，1400 套被服用布（包括棉花胎 1400 条、枕芯 1400 只）拟请市革会财贸组批转商业部门供应。

以上报告有当是否，请批示。

上海市卫生局革命委员会

1976 年 10 月 29 日

抄报：市革会办公室、财贸组

第七节　上海市财政局革命委员会

（76）沪财革行第 19 号

财政局革命委员会关于唐山灾区来沪伤病等人员费用处理意见的请示

市革命委员会办公室：

对唐山灾区来沪伤病等人员发生的费用问题，经与市卫生局、商业一局、民政局共同研究，提出如下处理意见：

一、唐山灾区统一转来本市的伤病员个人衣服等生活日用品，由病员所在医院统一向商业一局的供应点领取、发放，其费用由商业一局凭医院收据向市民政局结报。

二、伤病员住院医疗期间的住院费、医药费、伙食费（暂定每人每天一元，其中伙食八角，水果、营养等两角）、零花费（暂定每人每月五元），由所在医院负责专项记账，经市卫生局审核后向市民政局结报。

三、灾区个别自行来沪投亲靠友等人员，生活确有困难者，由所在区县的民政部门按每人每天四角范围内发给伙食费；粮票建议由所在区县粮食部门按本市居民定量标准发给；个人衣服等日用品按具体困难情况，由所在区县的民政部门统一向商业一局指定的供应点领取、发放，其费用由区县财政的社会救济费中解决。

四、市民政局因救灾而增加的费用，由我局统一追加市民政局“自然灾害救济事业费”预算。

以上意见如无不当，请批转有关部门执行。

上海市财政局革命委员会

1976 年 8 月 4 日

抄报：市革委会财贸组、文教组、工交组、地区组
抄送：市商业一局、卫生局、民政局革委会

（76）沪财革企 84 号

市财政局革命委员会转发《关于支援地震灾区物资财务结算办法的规定》的通知

各区、县、局革命委员会：

经市革命委员会同意，现将财政部《关于支援地震灾区物资财务结算办法的规定》转发给你们，请转告有关单位贯彻执行。

上海市财政局革命委员会
1976 年 9 月 18 日

抄报：市革委会工交、财贸、地区、文教、科技、郊区、综合计划统计组
抄送：各区、县财政局，市财政各直属单位革委会

（76）沪财革企 88 号

市财政局革命委员会关于转发河北省革委会有关支援地震灾区物资财务结算问题的通知

各区、县、局革命委员会：

财政部《关于支援地震灾区物资财务结算办法的规定》，我局于 9 月 18 日以（76）沪财革企 84 号文转发，为了有利于对支援地震灾区物资按业务分工对口办理结算，河北省革命委员会于 9 月 11 日以冀革（1976）55 号文向各省、市、自治区革委会发了函。现根据市

革命委员会财贸组意见，将此函转发给你们，请结合财政部文件一起贯彻执行。

上海市财政局革命委员会

1976 年 9 月 30 日

抄报：市革委会工交组、财贸组、地区组、文教组、科技组、郊区组、综合计划统计组

抄送：各区、县财政局，市财政局各直属单位

附：

冀革（1976)55 号

河北省革命委员会致各省、市、自治区革命委员会，国务院有关部、委，中国人民解放军总后勤部函

各省、市、自治区革命委员会，国务院有关部、委，中国人民解放军总后勤部：

我省唐山、丰南发生强烈地震后，伟大领袖毛主席、党中央对灾区人民极为关怀。全国各地和中国人民解放军把灾区人民的困难，当作自己的困难，需要什么，支援什么，迅速派来了大批医疗队和抢险救灾队伍，收治了我省灾区伤员，及时运来了大批救灾物资，对这种深厚的无产阶级感情和崇高的共产主义风格，我们要认真学习，并表示深切的感谢和崇高的敬意。

关于支援地震灾区物资的财务结算问题，根据财政部（76）财企字 139 号文件，我省确定由省革委会各主管局（或公司）按业务分工对口办理结算。中国人民解放军支援灾区的物资和运费，请各省军区或军以上单位汇总，向我省财政局结算。铁路、交通部门为灾区服务出动的火车、汽车运输的运费（例如运送伤员、运送水和唐山抗震救灾指挥部直接指挥的运输车辆），向我省交通局结算。现将财政部（76）财企字 139 号文件和我省有关单位的银行账号附上，请转所属单位与我省结算。

河北省革命委员会

1976 年 9 月 11 日

附：

财政局　开户银行：人民银行河北省分行

　　　　账　　号：8201

商业局　开户银行：人民银行石家庄市支行长安办事处

　　　　账　　号：61713

（1）百货公司　开户银行：人民银行石家庄市支行和平路办事处

　　　　　　　账　　号：61820

（2）五金公司　开户银行：人民银行石家庄市支行和平路办事处

　　　　　　　账　　号：61816

（3）医药公司　开户银行：人民银行石家庄市支行和平路办事处

　　　　　　　账　　号：61815

（4）燃料公司　开户银行：人民银行石家庄市支行长安办事处

　　　　　　　账　　号：61711

（5）食品公司　开户银行：人民银行石家庄市支行和平路办事处

　　　　　　　账　　号：61823

邮电局　开户银行：人民银行石家庄市支行长安办事处

　　　　账　　号：54708

交通局　开户银行：人民银行石家庄市支行桥西办事处

　　　　账　　号：890752

粮食局　开户银行：人民银行石家庄市支行长安办事处

　　　　账　　号：62701

物资局　开户银行：人民银行石家庄市支行桥西办事处

　　　　账　　号：890832

机电公司　开户银行：人民银行石家庄市支行桥西办事处

　　　　　账　　号：45010

卫生局　开户银行：人民银行石家庄市支行桥西办事处

　　　　账　　号：88051

农机管理局

（1）农机公司　开户银行：人民银行石家庄市支行长安办事处

　　　　　　　账　　号：685006

（2）农排公司　开户银行：人民银行石家庄市支行长安办事处

账　　号：897293

民政局　开户银行：人民银行石家庄市支行中山路分理处

账　　号：8911240

供销社　开户银行：人民银行石家庄市支行长安办事处

账　　号：67707

冶金工业局　开户银行：人民银行石家庄市支行长安办事处

账　　号：32703

电子工业局　开户银行：人民银行石家庄市支行中山路分理处

账　　号：881111

轻工业局　开户银行：人民银行石家庄市支行中山路分理处

账　　号：8911214

第二轻工业局　开户银行：人民银行石家庄市支行桥西办事处

账　　号：480032

煤炭局　开户银行：人民银行石家庄市支行桥西办事处

账　　号：52002

机械工业局　开户银行：人民银行石家庄市支行中山路分理处

账　　号：891192

电力局　开户银行：人民银行石家庄市支行和平路办事处

账　　号：34803

建筑工程局　开户银行：建设银行石家庄市支行中山路办事处

账　　号：17030

化工局　开户银行：人民银行石家庄市支行桥西办事处

账　　号：890627

广播事业局　开户银行：人民银行石家庄市支行长安办事处

账　　号：88735

水利局　开户银行：人民银行石家庄市支行长安办事处

账　　号：88776

对外贸易局　开户银行：中国银行石家庄分行

账　　号：63009

地质局　开户银行：人民银行石家庄市支行桥西办事处

账　　号：88064

农林局　开户银行：人民银行石家庄市支行长安办事处
账　　号：897190

(76) 沪财革行34号

市财政局革命委员会致市卫生局革命委员会关于纠正本市有些单位赴唐山支援灾区的工作人员普遍增发生活补助费的函

上海市卫生局革命委员会：

据反映，本市卫生系统各医院赴唐山灾区工作的医务人员，除按规定发给出差补助费外，又在福利费中发给每人每月三元的生活补助费；冶金系统也有类似情况，这种任意扩大开支范围，增发补助费的做法，是不符合财务制度和福利费开支规定的，而且已经影响到其他单位，造成不良后果。我们认为：赴唐山灾区支援各项恢复工作的人员，应坚持无产阶级政治挂帅，发扬艰苦奋斗的革命精神，和灾区人民同甘共苦，所需补助，应按照国家出差补助费的规定办理，即：每人每天发给出差补助费五角，如在职工食堂吃饭连续计算超过一个月的，其超过天数按出差补助费减半发给。不宜另外再在福利费中普遍发给生活补助费，所有已经发给的单位，应做思想工作。从1977年1月1日起纠正停发。至于个别工作人员，因家庭经济生活确实困难的，可在原单位经群众评议，领导批准，按照职工生活困难补助办法，酌情给予临时或定期困难补助。请即转知所属有关单位按照办理。

上海市财政局革命委员会
1976年12月23日

抄报：市革委会财贸组、文教组、工交组
抄送：各有关主管局、一医、二医、中医学院、各区财政局、区革委会教卫组

（77）沪财革行25号

关于本市赴唐山支援灾区工作人员的出差补助费，一律按本市规定标准执行的通知

市各有关主管局革命委员会：

关于本市各单位赴唐山支援灾区工作的人员，除按差旅费规定标准发给出差补助费外，有的还以各种名义增发补助费，这是违反财务制度的。我局曾函请有关部门，在做好思想工作的基础上，予以纠正，以免互相影响。现据了解，市冶金局已通知所属单位自六月一日起按本市规定的标准执行，市卫生局也决定在调换赴唐山支援工作人员时按规定标准执行。市建工局亦作了统一执行的安排。为了严格执行统一的财务制度，我们重新通知，本市对派赴唐山支援灾区的工作人员，凡没有按照本市出差补助费标准执行的，应一律从今年七月一日起执行。各单位不要随意提高补助标准和增发其他补助费，以免造成新的矛盾。

以上请即转告所属有关单位按照执行为盼。

上海市财政局革命委员会

1977年6月22日

第八节　上海市第一商业局革命委员会

第一商业局刘耀华同志来电记录

值班日期：1976年7月29日23:00

内容：

商业一局刘耀华同志来电反映：

北京市商业局直接打电话给上海商业一局要求支持1000块篷盖油布、2万把布伞、2.5万件塑料雨衣。

经了解，上海这些物资是有的，建议能否一起请示一下任副部长定。

以上情况当即请示任副部长，意见是：

这件事北京商业局曾与我们谈起过的，因为这些是三类物资，不属部管，还是请你们两家自己定吧！

我认为他这样答复不大妥当，就在电话中坚持凡是救灾物资的调拨，还是要他统一考虑，否则不好办。最后他表示待明天碰到北京商业局同志再商量一下答复。

上述情况即向中一等同志汇报，指示："给北京财办负责同志郭献瑞同志去电话问一下，如财办知道此事，物资又急需的，我们立即随车发运到北京。"把这个情况向康办汇报。

经同北京市财办联系后，于23时15分接到郭献瑞同志来电话，意见：1. 他不知道有此事；2. 北京灾情不重，还是留给唐山等地用，总之目前没有什么困难；3. 请转告中一等同志深表感谢，有困难再找你们。

并告商业一局不发了，已向中一等同志汇报。

记录人：王至顺

沪一商委（76）第71号

市第一商业局委员会关于唐山灾区来沪人员在沪期间生活用品供应意见的紧急请示报告

市委办公室：

按照抗震救灾斗争的需要，对于唐山灾区来沪人员在沪期间生活用品的供应问题，我们提出的设想，报告如下：

一、 预计三种情况

1. 有组织地转移来沪治疗的伤员；

2. 因公长住或临时来沪工作人员；

3. 灾情发生后，个别来沪而在沪又没有亲友的人员，其中包括原来家住唐山的或外地赴唐山的。

二、 建议接待分工

属第一种情况的，统一由接收伤员的医院出具证明，由商业部门负责供应。

属第二种情况的，分别由有关业务单位负责解决。

属第三种情况的，建议由民政部门设立接待点，解决食宿问题；有关生活用品由民政部门出具证明，商业部门负责供应。

三、 供应标准

1. 凡住医院治疗的伤员，每人供应牙膏、牙刷各一支，香皂、肥皂各一块，面盆一只，毛巾两条，手帕两块，内衣（包括汗衫或背心、短裤）两套；如能起床活动而又没有外衣的，每人供应一套，鞋子一双，袜子两双。所需水瓶由医院集中公用。

2. 凡住在民政部门所设接待点的，草席、面盆、水瓶、被褥、卫生纸等物品，由民政部门统一购置，集中公用，商业部门负责供应；个人生活用品原则上每人供应牙膏、牙刷各一支，香皂、肥皂各一块，毛巾一至两条；如果没有替换内衣的供应汗衫或背心、短裤各一件；如果没有外衣的，供应一套；如果没有鞋、袜的，可以供应一双鞋、一至两双袜子。

四、 费用和票券支出

1. 关于费用问题，一种办法是，由商业部门供应的物资，由供应单位分别向卫生部门和民政部门结算，最后由这两个部门向财政部门报销。另一种办法是，由商业部门的供应单位，凭卫生部门和民政部门的证明，汇总后直接向财政部门报销。我们倾向于第一种办法。

2. 关于票券问题，凡需凭票券供应的内外衣，由供应单位凭证明上报主管单位注销。

五、 商业一局系统经营的商品，由市百十店建立专职工作班子，主动与各有关医疗单位和民政部门所设立的接待点取得联系，上门服务，做好供应。

以上报告，当否，请批示。

中共上海市第一商业局委员会

1976年8月2日

抄报：市革委会财贸组

中共上海市第一商业局委员会办公室　1976年8月2日印发（本件共印28份）

市委办公室8月3日下午5时15分电话通知

市委领导同志意见：

原则上同意报告意见，转告各有关部门。

孙

沪一商革（76）第209号

市第一商业局革命委员会关于唐山灾区来沪人员在沪期间生活用品和票券问题的处理意见

市卫生局、市民政局、市财政局、市商业二局、市粮食局、各区革委会财贸组、各县商业局、市纺织品公司、市百货公司、市百十店、市土产杂品公司：

唐山灾区来沪人员在沪期间生活用品和票券问题的处理意见，我们已上报市委办公室和市革委会财贸组，经市委领导批示同意，现转发给你们。

附件：如文[①]。

上海市第一商业局革委会

1976年8月4日

抄报：市革委会财贸组、工交组、文教组、地区组

上海市第一商业局革委会办公室　　　　1976年8月4日印发（共印40份）

市第一商业局革命委员会关于解决唐山灾区来沪人员所需布票问题的意见

我们陆续发现灾区有人来沪投亲靠友，要求帮助解决布票实际困难。经市革委会财贸组领导同意，按以下口径掌握：

一、来上海投亲靠友的，要申报临时户口。如需要调换布票的，凭临时户口证明，在市区的到市纺织品公司调换，在郊县的到所在县商业局调换，每人掌握在十尺以内。

二、已经住进上海旅馆的，凭住旅馆介绍信和旅馆住宿证到市纺织品公司或县商业局调换布票，每人掌握在十尺以内。

三、来沪人员由于遭受灾害，没有外衣，缺少替换内衣，又没有带当地布票的，可到临近区、县民政部门，由区、县民政部门出具证明，到指定商店购买，没有外衣的，按人供应一套；没有替换内衣的，按人供应汗衫或背心一件、短裤一条，不收布票。市区由市百十店供应。各县由县商业局指定商店供应。

上述意见，供内部掌握，不普遍布置。

上海市第一商业局革命委员会

1976年8月4日

---

① 即《市第一商业局委员会关于唐山灾区来沪人员在沪期间生活用品供应意见的紧急请示报告》。

续中一同志对商业一局关于救灾药品供给问题提出的意见

续中一同志对商业一局关于救灾药品的供给问题提出意见经整理如下：

一、 救灾药品，还是要从严掌握，留有余地，因为灾情还在发展。

二、 河北省、北京市、天津市是直接受灾区。所需药品，按国务院救灾办公室指示，或按康办，组办领导的意见处理。

三、 伤员转移地区是辽宁、吉林、山东、江苏、安徽、河南、湖南等7省，其他不属于这个范围。他们所需的药物，要先由省财办考虑，自己是否能解决，先在计划内发货。要我们支持的，则按超计划处理。

四、 关于目前因为集中力量抗震救灾，对其他省市的正常合同停一停是临时性的，就全年来说，还要力争履行合同。

1976年8月5日10时

第一商业局安排落实总后卫生部需求的来电

来电时间：1976年8月5日18:50

来电单位：一局

姓名：陶仁良

内容摘要：

总后卫生部派人去医药站要导尿管55000条，但库存只有53300条。现请总后同志前来研究后统一考虑。

接电话人：奚

领导意见：

一、 说明情况，请他们向中央“抗救”指挥部报告一下，请他们谅解。

二、 如“中抗指”同意，我们可能只有一万条，因为上海医疗队已发给，后“中抗指”已调查说明。

沪一商革（76）第210号

市第一商业局革命委员会关于唐山灾区来沪人员在沪期间生活用品和票券问题处理意见的补充通知

市卫生局、市民政局、市商业二局、市粮食局、各区革委会财贸组、各县商业局、市纺织品公司、市百货公司、市百十店、市土产杂品公司：

唐山灾区来沪人员在沪期间生活用品和票券问题的处理意见，我们已经转发，只供你们内部掌握，不向下抄发，不普遍布置。

上海市第一商业局革命委员会

1976年8月5日

抄报：市革委会财贸组、工交组、文教组、地区组、郊区组

上海市第一商业局革命委员会办公室　　1976年8月5日印发（共印40份）

沪一商革（76）第219号

市第一商业局革命委员会关于建议第二批增产抗震救灾物资的报告

市革委会财贸组：

在伟大领袖毛主席的亲切关怀和党中央慰问电的巨大鼓舞下，在唐山地区和北京、天津市人民团结一心抗震救灾的动人事迹鼓舞下，我局所属站、司发动和依靠广大干部和群众，全力以赴，积极投入抗震救灾的斗争。为了配合工业部门尽快地把抗震救灾物资的生产搞上去，更好地支援灾区人民，除已于本月6日上报你组建议第一批增产（或紧急安排）抗震救灾物资外，现医药等站根据抗震救灾形势发展的需要，继续发动群众，编制并上报了第二批抗震救灾物资增产建议清单，经我局审查同意，随文上报，请审核。

附件：如文。

上海市第一商业局革命委员会

1976 年 8 月 12 日

上海市第一商业局革命委员会办公室　　1976 年 8 月 12 日印发（共印 11 份）

附：

抗震救灾物资增产建议表

生产工业局：化工局　　　　第二批　　　　1976 年 8 月 10 日

品名	规格	单位	数量	生产厂	收购单位	备注
回苏林针	8 mg 2 mg	万支	200	制药一厂	医药站	
抗敌素针	50 万 U	万支	5	制药三厂	医药站	
先锋霉素	♯10. 5 g	万支	5	制药三厂	医药站	
P12 针	0. 5 g	万支	100	制药三厂	医药站	
注射用水	5 mL	万支	200	制药七、十厂	医药站	
氨茶碱针	0. 25 mg 10 mL	万支	50	制药七厂	医药站	
对羧基卡胺针	100 mg 10 mL	万支	200	制药七厂	医药站	
苯巴比妥针	0. 1	万支	100	制药八厂	医药站	
枸橼酸钠针	400 mg	万支	60	制药八厂	医药站	
尿酸钠针	10 × 25 mg	万支	100	制药八厂	医药站	
硫苯妥钠针	0. 5 g	万支	20	制药八厂	医药站	
地塞米松磷酸钠针	5 mg 1 mg	万支	100	制药九厂	医药站	
维生素 B_1	100 mg	万支	200	制药十厂	医药站	
硫酸阿托品	1 mg	万支	100	制药十厂	医药站	
维生素 C 针	500 mg 5 mL	万支	300	制药十厂	医药站	
多巴胺针		万支	100	制药十厂	医药站	
氯化筒箭毒碱针	10 mg	万支	5	制药十厂	医药站	

（续表）

品名	规格	单位	数量	生产厂	收购单位	备注
尼可刹米针	25% 1.5 mL	万支	100	制药十厂	医药站	
地塞米松片	0.75 mg	万片	200	制药七厂	医药站	
新抗凝片	4 mg	万片	200	制药七厂	医药站	
溴卡胺片	100 mg	万片	300	制药七厂	医药站	
合霉素片	0.25 g	万片	5000	制药七厂	医药站	
复方磺胺甲氧吡嗪片	（TMP+SMPZ）	万片	1000	制药廿一厂	医药站	
复方氯喘片		万片	1000	制药廿一厂	医药站	
癸酰乙醛片	30 mg	万片	1000	黄河药厂	医药站	
克霉唑片	0.25 g	万片	100	黄河药厂	医药站	
维生素 B_6 片	10 mg	万片	10000	黄河药厂	医药站	
氯酯醒片	0.1 g	万片	500	黄河药厂	医药站	
卡那霉素眼药水		万支	300	制药七厂	医药站	
斑马眼药水	5 mL	万支	300	制药七厂	医药站	
醋酸可的松眼药液	5 mL	万瓶	100	制药九厂	医药站	
醋酸可的松眼药膏	2 g	万支	200	制药九厂	医药站	
消炎膏	14 g	万支	100	制药九厂	医药站	
十滴水	100 mL	万瓶	5	中华药厂	医药站	第一批建议增产5 mL200 万瓶
十滴水	500 mL	万瓶	2	中华药厂	医药站	
清凉油	3 g	万盒	500	中华药厂	医药站	轻工业局日化三厂亦产
氧化锌	（药用）	吨	30	京华化工厂	医药站	农业局赵屯化工厂也打算生产
利多卡因针 2%	5 mL	万支	30	制药十三厂	医药站	
普鲁卡因针 2%	2 mL	万支	200	制药十三厂	医药站	
氯化琥珀胆碱（司可林）	100 mg	万支	5	制药十三厂	医药站	
V-羟基丁酸钠针	2.5 g 100 mg	万支	50	制药十三厂	医药站	
盐酸溴己胺针	4 mg 2 mL	万支	50	制药十三厂	医药站	

（续表）

品名	规格	单位	数量	生产厂	收购单位	备注
泛影葡胺 60％	20 mL	万支	10	南昌药厂	医药站	
胆影葡胺 50％	20 mL	万支	2	南昌药厂	医药站	
碘化油针		万支	4	南昌药厂	医药站	
血管舒缓素	10 U	万支	50	生物药厂	医药站	
糜蛋白酶	5 mg	万支	100	生物药厂	医药站	
痰易净	1 g	支	5000	生物药厂	医药站	
大输液	塑料袋	万袋	50	长征药厂	医药站	
其中：葡萄糖氯化钠	塑料袋	万袋	30	长征药厂	医药站	
复方氯化钠	塑料袋	万袋	5	长征药厂	医药站	
葡萄糖等渗	塑料袋	万袋	15	长征药厂	医药站	
输血皮管	4 × 6	万米	20	上乳厂	医药站	
输血皮管	5 × 7	万米	10	上乳厂	医药站	
输血皮管	6 × 9	万米	10	上乳厂	医药站	
橡皮手套	6½″	万副	15	上乳厂	医药站	
橡皮手套	7″	万副	15	上乳厂	医药站	
气管导管套囊	大	支	10000	上乳厂	医药站	
气管导管套囊	中	支	15000	上乳厂	医药站	
气管导管套囊	小	支	5000	上乳厂	医药站	
橡皮气垫		只	5000	制品五厂	医药站	
十二指肠管皮头	＃12	支	5000	制品五厂	医药站	
十二指肠管皮头	＃14	支	5000	制品五厂	医药站	
十二指肠管皮头	＃16	支	5000	制品五厂	医药站	
三腔双囊管皮头	＃14	支	1000	制品五厂	医药站	
三腔双囊管皮头	＃16	支	1000	制品五厂	医药站	
简易呼吸器橡皮零件		套	2000	制品五厂	医药站	

生产工业局：仪表局　　第二批　　1976 年 8 月 10 日

品名	规格	单位	数量	生产厂	收购单位	备注
体温计口腔		万支	20	医表厂	医药站	
体温计肛门		万支	4	医表厂	医药站	
人用注射器	5 mL	万支	20	上注厂	医药站	
人用注射器	100 mL	万支	5	上注厂	医药站	
人用注射针头	＃5½	万盒	10	上针一厂	医药站	
人用注射针头	＃6	万盒	20	上针一厂	医药站	
人用注射针头	＃6½	万盒	30	上针一厂	医药站	
人用注射针头	＃7	万盒	15	上针一厂	医药站	
人用注射针头	尼龙＃9	万盒	3	上针一厂	医药站	
小儿头皮针	＃7	万包	5	上针一厂	医药站	
小儿头皮针	＃6	万包	3	上针一厂	医药站	
小儿头皮针	＃5½	万包	2	上针一厂	医药站	
输血针头	＃12	万盒	4	上针一厂	医药站	
金属三路开关		只	10000	上针一厂	医药站	
血压表		具	8000	医设厂	医药站	
喉头喷雾器		万具	2	医设厂	医药站	
脚踏吸引器		只	1000	医设厂	医药站	
手提高压消毒器		具	500	医二厂	医药站	
贮槽	23 cm	具	5000	医二厂	医药站	
卧式高压消毒器（电）		具	50	医二厂	医药站	
卧式高压消毒器（煤）		具	100	医二厂	医药站	
氧气吸入器	（无零件）	具	2000	医器厂	医药站	
麻醉机	大型	台	200	医四厂	医药站	
X 光洗片架	5 × 7	张	500	医五厂	医药站	
X 光洗片架	8 × 10	张	500	医五厂	医药站	
X 光洗片架	10 × 12	张	500	医五厂	医药站	
X 光洗片架	11 × 14	张	500	医五厂	医药站	
X 光洗片架	12 × 15	张	500	医五厂	医药站	

（续表）

品名	规格	单位	数量	生产厂	收购单位	备注
X 光洗片架	14 × 17	张	300	医五厂	医药站	
X 光暗盒	5 × 7	块	500	医五厂	医药站	
X 光暗盒	8 × 10	块	700	医五厂	医药站	
X 光暗盒	10 × 12	块	500	医五厂	医药站	
X 光暗盒	11 × 14	块	500	医五厂	医药站	
X 光暗盒	12 × 15	块	500	医五厂	医药站	
X 光暗盒	14 × 17	块	500	医五厂	医药站	
无影灯	九孔	具	200	医五厂	医药站	
保温箱	隔水式 50 × 40	具	500	医七厂	医药站	
X 光软片干燥箱		具	200	医七厂	医药站	
大高频电刀		只	200	医八厂	医药站	
电烧灼器		只	500	医八厂	医药站	
血球计算室		套	1000	医光厂	医药站	
血球计算板		块	2000	医光厂	医药站	
医用胶布	13 × 1000	万筒	5	卫生材料厂	医药站	
医用胶布	26 × 500	万筒	5	卫生材料厂	医药站	
普通镊子	无钩 12. 5 cm	万把	5	手五厂	医药站	
风动开颅器		套	100	手六厂	医药站	
风动骨钻		套	100	手六厂	医药站	
电动离心机		具	1000	手十厂	医药站	
毛巾钳		把	20000	上手厂	医药站	
组织钳	14 cm	把	20000	上手厂	医药站	
综合手术床		具	200	上械厂	医药站	
乙种手术器械刀包		具	300	手六厂	医药站	
椎板咬骨钳	大号	具	500	手六厂	医药站	
椎板咬骨钳	中号	具	500	手六厂	医药站	
椎板咬骨钳	小号	具	500	手六厂	医药站	
人用注射器	50 mL	万具	15	上注厂	医药站	

（续表）

品名	规格	单位	数量	生产厂	收购单位	备注
止血钳　直蚊	12.5 cm	把	50000	上手厂	医药站	
止血钳　弯蚊	12.5 cm	把	100000	上手厂	医药站	
止血钳　直全齿	14 cm	把	100000	上手厂	医药站	
手术剪　直尖	14 cm	把	100000	手二厂	医药站	
手术剪　直尖	16 cm	把	100000	手二厂	医药站	

生产工业局：轻工业局　　　　第二批　　　　1976 年 8 月 10 日

品名	规格	单位	数量	生产厂	收购单位	备注
X 光胶片	5 × 7　50 片装	盒	4000	感光厂	医药站	
X 光胶片	8 × 10　25 片装	盒	12000	感光厂	医药站	
X 光胶片	10 × 12　25 片装	盒	4000	感光厂	医药站	
X 光胶片	12 × 15　25 片装	盒	12000	感光厂	医药站	
X 光胶片	11 × 14　25 片装	盒	10000	感光厂	医药站	
X 光胶片	14 × 17　25 片装	盒	4000	感光厂	医药站	
西式大便斗		只	40000	搪瓷五厂	医药站	
男用小便壶		只	25000	搪瓷五厂	医药站	
女用小便壶		只	5000	搪瓷五厂	医药站	
脓盆	大号	只	20000	搪瓷五厂	医药站	
脓盆	中号	只	20000	搪瓷五厂	医药站	
脓盆	小号	只	30000	搪瓷五厂	医药站	
有盖方盘	9 英寸	只	30000	搪瓷五厂	医药站	
换药碗	16 cm	只	40000	搪瓷五厂	医药站	

生产工业局：纺织工业局　　　　第二批　　　　1976 年 8 月 10 日

品名	规格	单位	数量	生产厂	收购单位	备注
双氧水	500 mL	万瓶	10	东风化工厂	医药站	

生产工业局：机电一局　　第二批　　1976 年 8 月 10 日

品名	规格	单位	数量	生产厂	收购单位	备注
血库冰箱		具	100	上冰厂	医药站	

生产工业局：农业局　　第二批　　1976 年 8 月 10 日

品名	规格	单位	数量	生产厂	收购单位	备注
SN 结晶	10 × 50	万盒	20	五四农场药厂	医药站	
缝合丝线（黑色）	♯1	万米	6	黄山茶林场	医药站	
缝合丝线（黑色）	♯4	万米	6	黄山茶林场	医药站	
缝合丝线（黑色）	♯7	万米	6	黄山茶林场	医药站	
缝合丝线（黑色）	♯0	万米	2	黄山茶林场	医药站	

生产工业局：粮食局　　第二批　　1976 年 8 月 10 日

品名	规格	单位	数量	生产厂	收购单位	备注
无水羊毛脂		吨	30	油脂三厂	医药站	
谷维素片		万片	10000	油脂二厂	医药站	

生产主管单位：商业一局　　第二批　　1976 年 8 月 10 日

品名	规格	单位	数量	生产厂	收购单位	备注
X 光显影粉		加仑	20000	工农兵照相材料商店	医药站	
X 光定影粉		加仑	20000	工农兵照相材料商店	医药站	X 光显影粉

生产主管单位：　　第二批　　1976 年 8 月 10 日

品名	规格	单位	数量	生产厂	收购单位	备注
THAM 针	20 mL	支	1000	奉贤制药厂	医药站	生产主管单位市卫生局
止血药	8 号	万包	30	86783 部队	医药站	
止血药	12 号	万瓶	20	86783 部队	医药站	

生产工业局：化工局　　　　　　　　第二批　　　　　　　　1976 年 8 月

品名	规格	单位	数量	金额（万元）	生产厂	收购单位	备注
亚铁氰化钾	化一分	500 公分	6000	3. 36	上试一厂	化剂站	尿常规检验用
酒石酸钾钠	化一分	500 公分	10000	9. 6	上试一厂	化剂站	药品生产及检验用
1，2 丙二醇	化一分	500 毫升	10000	10. 46	上试一厂	化剂站	药品生产
苯甲醇	化一分	500 毫升	15000	12. 56	上试一厂	化剂站	药品生产，其中增产 5000
山梨醇	化	25 公分	2000	0. 56	上试二厂	化剂站	生化培养
L 树胶醛糖	生化	10 公分	1000	0. 60	上试二厂	化剂站	生化培养
巴比妥钠	生化	25 公分	20000	4	上试三厂	化剂站	测肝功能
2，4 二硝基苯肼	化一分	25 公分	10000	3. 78	上试三厂	化剂站	测肝功能
二乙酰一肟	化一分	10 公分	3000	0. 81	上试三厂	化剂站	肾功能测定，其中增产 2000
油红 O	染色素	10 公分	4000	0. 80	上试三厂	化剂站	急救烫伤，要求增产
偏重亚硫酸钠	化一分	500 公分	20000	9	上试四厂	化剂站	药品生产，其中增产 4000
重亚硫酸钠	化一分	500 公分	20000	10	上试四厂	化剂站	药品生产，其中增产 6000
氮化钠	化一分	500 公分	60000	8. 1	上试四厂	化剂站	药品生产及尿常规检验，其中增产 10000
三氧化二锑	化一分	500 公分	10000	15	上试四厂	化剂站	药品生产
碳酸氢钠	化一分	500 公分	20000	9. 6	虹光化工厂	化剂站	药品生产
活性炭	化	公斤	15000	9. 9	上活厂	化剂站	药品生产
无水亚硫酸钠	化一分	500 克	60000	13. 80	东海化工厂	化剂站	药品生产
肝素钠	生化	克	4000	6. 00	生物药厂	化剂站	生化检验抗凝剂
吐温-80		500 克	10000	10. 00	十八药厂	化剂站	中西药品生产
三羟甲基氨基甲烷	生化	100 克	2000	3. 48	化工学校	化剂站	生化检验

生产工业局：化工局　　　　第二批　　　　1976 年 8 月 12 日

品名	规格	单位	数量	金额（元）	生产厂	收购单位	备注
1992 砂芯漏斗	500 ml - 4	只	200	3600	上海锅炉厂	上海化剂站	
1992 砂芯漏斗	500 ml - 6	只	200	4000	上海锅炉厂	上海化剂站	

生产工业局：轻工局　　　　第二批　　　　1976 年 8 月 12 日

品名	规格	单位	数量	金额（元）	生产厂	收购单位	备注
1612 量杯	50 mL	只	3000	3240	上海玻璃仪器一厂	上海化剂站	
1621 量瓶	100 mL	只	3000	3920	上海玻璃仪器一厂	上海化剂站	
1631 刻度吸管	0. 5 mL	支	2000	1800	上海玻璃仪器一厂	上海化剂站	
1631 刻度吸管	1 mL	只	2000	1800	上海玻璃仪器一厂	上海化剂站	
1721 血液气体测定器		套	50	7000	上海玻璃仪器一厂	上海化剂站	
1442 刻度血清瓶	1 万 mL	只	200	2800	上海玻璃仪器二厂	上海化剂站	
1504 标准漏斗	75 mL	只	2000	1920	上海玻璃仪器二厂	上海化剂站	
631 刻度吸管	10 mL	支	2000	2000	上海玻璃仪器二厂	上海化剂站	

生产工业局：商业二局　　　　第一批　　　　1976 年 8 月

品名	规格	单位	数量	金额（万元）	生产厂	收购单位	备注
荆芥蛋白胨	生化	250 克	1 万瓶	7. 45	□□公司□□二厂	化剂站	生化培养

生产工业局：农业局　　　　第二批　　　　1976 年 8 月

品名	规格	单位	数量	金额（万元）	生产厂	收购单位	备注
牛肉膏	生化	500 克	10000	12. 50	牛奶公司综合加工厂	化剂站	生化培养

生产工业局：水产局　　　　第二批　　　　1976 年 8 月

品名	规格	单位	数量	金额（万元）	生产厂	收购单位	备注
蛋白胨	生化	500 克	15000	12. 53	鱼品加工厂	化剂站	生化培养及药品生产
胶蛋白胨	生化	500 克	3000	2. 55	鱼品加工厂	化剂站	生化培养及药品生产

生产工业局：卫生局　　　　第二批　　　　1976年8月

品名	规格	单位	数量	金额（万元）	生产厂	收购单位	备注
S. S. 琼脂	生化	250克	20000	73.60	市六医院检验组	化剂站	生化培养
营养琼脂	生化	250克	10000	14.80	市六医院检验组	化剂站	生化培养
伊红美蓝琼脂	生化	250克	3000	4.20	市六医院检验组	化剂站	生化培养
克氏双糖琼脂	生化	250克	3000	2.86	市六医院检验组	化剂站	生化培养
麦康盖琼脂	生化	250克	3000	7.24	市六医院检验组	化剂站	生化培养

生产工业局：劳改局　　　　第二批　　　　1976年8月12日

品名	规格	单位	数量	金额（万元）	生产厂	收购单位	备注
1177培养皿	90 mm	套	10万	8.4	劳动玻璃厂	上海化剂站	

生产工业局：金山县　　　　1976年8月

品名	规格	单位	数量	金额（万元）	生产厂	收购单位	备注
无砷锌粒	化学纯 分析纯	500克	1万瓶	5.68	兴塔公社化工厂	化剂站	急救测砷

生产工业局：普陀区教卫组　　　　1976年8月

品名	规格	单位	数量	金额（万元）	生产厂	收购单位	备注
丙酮酸钠	化学纯	25克	2080	0.71	曹杨二中	化剂站	测肝功能

沪一商革（76）第222号

市第一商业局革命委员会关于抗震救灾药品、器械供应问题的请示报告

市革委会财贸组：

按照1976年8月11日中央抗震救灾指挥部办公室和8月8日市抗震救灾领导小组关于

抗震救灾药品、器械供应的指示精神，结合我局医药站、市医药公司、市药材公司的实际情况，经我们研究，同意我局抗震救灾小组提出的《关于抗震救灾药品、器械供应的几点意见》，现报请审核。

附件：如文。

上海市第一商业局革命委员会

1976年8月13日

抄报：市委办公室

上海市第一商业局革命委员会办公室　　1976年8月13日印发（共印12份）

附：第一商业局革命委员会关于抗震救灾药品、器械供应的几点意见

按照1976年8月11日中央抗震救灾指挥部办公室和8月8日市抗震救灾领导小组关于抗震救灾药品、器械供应的指示精神，结合我局医药站、市医药公司、市药材公司的实际情况，提出如下几点贯彻意见：

一、 抗震救灾药品、器械品种分类

根据抗震救灾的需要，共排出药品、器械266个品种规格，具体分成三类。

第一类，严格控制，基本上只供应灾区。有伤员的省、市、区的要货，只能在计划合同额度内适当照顾。对非灾区、对没有伤员的省份，计划合同暂时推迟执行，属这类的有98个品种规格，具体品种是：

药品（37个）：

1. 洛贝林针；2. 毛花强心丙针；3. 利尿酸钠针；4. 安替舒通片；5. 人体纤维蛋白原；6. 人血白蛋白针；7. 胎血白蛋白针；8. 人血丙种球蛋白针；9. 冻干血浆；10. 冻干血浆稀释液；11. 肝素钠针；12. 新凝灵针；13. 卡那霉素针50万U；14. 卡那霉素针100万U；15. 庆大霉素针；16. 红霉素针；17. 氨苄青霉素针；18. 羧苄青霉素针；19. 先锋霉素针1号；20. 制霉菌素片；21. 低分子右旋糖酐含糖4万U；22. 低分子右旋糖酐含糖2万U；23. 氢化可的松针100 mg；24. 地塞米松针；25. 能量合剂；26. 乳酸钠针；27. 来沙尔；28. 麻醉乙醚100 mL；29. 麻醉乙醚150 mL；30. 小苏打针；31. T. A. T；32. 痢特灵片；33. 清水龙片；34. 明胶海绵9×1；35. 明胶海绵20；36. 石膏纱布；37. 石膏绷带。

中成药（7个）：

1. 云南白药；2. 广西跌打丸；3. 醒脑静注射液；4. 中麻二号注射液；5. 中麻二号催醒注射液；6. 汉肌松注射液；7. 苏合香丸。

中药材（3 个）：

1. 元胡；2. 乳香；3. 没药。

器械（51 个）：

1. 普通镊子无钩 12.5 cm； 2. 普通镊子有钩 12.5 cm； 3. 普通镊子无钩 20 cm； 4. 持针钳粗针 14 cm； 5. 甲种手术器械刀包；6. 乙种手术器械刀包；7. 丙种手术器械刀包；8. 脑外科手术器械刀包；9. 胸外科手术器械刀包；10. 缝合线黑色＃7；11. 缝合线白色＃4；12. 体温计口腔；13. 体温计肛门；14. 血压表；15. 血压计；16. X 光胶片 5 × 7″；17. X 光胶片 8 × 10″；18. X 光胶片 10 × 12″；19. X 光胶片 11 × 14″；20. X 光胶片 12 × 15″；21. X 光胶片 14 × 17″；22. 切片机；23. 简易呼吸器；24. 氧气吸入器；25. 玻璃注射器 20 mL； 26. 玻璃注射器 50 mL； 27. 玻璃注射器 100 mL；28. 注射针头＃6；29. 注射针头＃6½；30. 注射针头＃7；31. 小儿头皮针＃5；32. 小儿头皮针＃7；33. 盐水注射器；34. 输血针；35. 金属三通；36. 输血输液乳胶管 4 × 6；37. 输血输液乳胶管 5 × 7；38. 输血输液乳胶管 6 × 9；39. 导尿管＃8；40. 导尿管＃10；41. 导尿管＃12；42. 导尿管＃14；43. 导尿管＃16；44. 导尿管＃18；45. 医用乳胶手套 6½″；46. 医用乳胶手套 7″；47. 医用乳胶手套 7½″；48. 橡皮气垫； 49. 输氧管； 50. 植皮刀； 51. 石膏粉。

第二类，掌握供应。首先供应灾区，对有伤员的省份给予较多的照顾，对非灾区、没有伤员的省份在计划合同额度内掌握供应。这类有 132 个品种规格：

药品（51 个）：

1. 水解蛋白针；2. 尼可刹米针；3. 甘露醇针；4. 安络血针 10 mg； 5. 安络血针 5 mg； 6. 普鲁卡因青霉素针；7. 双氢链霉素针；8. 氯霉素针 250 mg； 9. 氯霉素针 125 mg；10. 氢化可的松针 10 mg； 11. 胰岛素针；12. A. T. P 针；13. 辅酶 A 针；14. 氯酯醒针；15. 盐酸氯丙嗪针 25 mg； 16. 盐酸氯丙嗪针 50 mg； 17. 增血压素针；18. P12 针；19. VK_3 针；20. 葡萄糖针 50 × 20 mL； 21. 葡萄糖针 5 × 20 mL； 22. 葡萄糖酸钙针；23. 氯化钾针；24. 复方氨基比林针；25. 安钠咖针 0.25 g； 26. 安钠咖针 0.5 g； 27. 四环素片；28. 氯霉素片；29. A. P. C 片；30. 去痛片；31. 复方氨基比林片；32. VK_4 片；33. 食母生片；34. T. M. P 片；35 红霉素片；36. VC 片；37. VB_1 片；38. 盐酸吗啉胍片；39. 克感敏片；40. 新洁尔灭液 5%；41. 双氧水液；42. 磺胺结晶；43. 新洁尔灭 500 g； 44. 硫酸异丙基肾上腺素针；45. VC 针；46. 新洁尔灭酊；47. 药用钠石灰；48. 葡萄糖水 10%；49. 漂粉精片；50. 纱布；51. 绷带。

中成药（7个）：

1. 伤湿止痛膏；2. 羚羊感冒片；3. 牛黄清心片；4. 银黄注射液；5. 三七伤药片；6. 抗炎灵片；7. 藿香正气片。

器械（74个）：

1. 手术剪16 cm直尖；2. 手术剪14 cm直尖圆；3. 止血钳14 cm；4. 止血钳16 cm；5. 普通镊20 cm有钩；6. 腹部手术器械刀包；7. 手术刀柄；8. 手术刀片#11；9. 手术刀片#20；10. 手术刀片#21；11. 缝合线黑色#1；12. 缝合线黑色#4；13. 缝合线白色#1；14. 缝合针5×17；15. 缝合针7×17；16. 缝合针4×14；17. 缝合针8×20；18. 缝合针8×24；19. 气管切开套管；20. 医用橡皮胶布26×500；21. 医用橡皮胶布13×1000；22. 心电图机；23. 血球计算室；24. 高压消毒器；25. 煮沸消毒器32 cm；26. 煮沸消毒器42 cm；27. 蒸馏水器用电2万mL；28. 离子交换纯水器；29. 电烧灼器；30. 高倍显微镜；31. 电动离心机；32. 水温箱；33. 保温箱65×50；34. 载玻片；35. 铅手套；36. 铅围裙；37. X光暗盒5×7；38. X光暗盒8×10；39. X光暗盒10×12；40. X光暗盒12×15；41. 增感纸5×7；42. 增感纸8×10；43. 增感纸10×12；44. 增感纸12×15；45. X光机30mA；46. 显影粉；47. 定影粉；48. 综合手术床；49. 无影灯九头 50. 无影灯四头；51. 电动吸引器；52. 玻璃注射器2 mL；53. 玻璃注射器5 mL；54. 注射针头#8；55. 注射针头#5；56. 硬脊膜穿刺针；57. 硬脊膜麻醉导管；58. 十二指肠管#10；59. 十二指肠管#12；60. 十二指肠管#14；61. 十二指肠管#16；62. 十二指肠管#18；63. 双囊三腔胃导管#14；64. 双囊三腔胃导管#16；65. 双囊三腔胃导管#18；66. 膀胱镜；67. 托马氏架；68. 史氏牵引架；69. 史氏针；70. 盐水接管；71. 墨菲氏滴管；72. 罗丝止水头；73. 勃朗氏架；74. 五孔无影灯。

第三类，首先保证灾区和有伤员的省份的需要，对非灾区一般按计划合同执行。有的品种规格在保证灾区供应的情况下，也可以补充计划合同。这类有36个品种规格：

药品（10个）：

1. 乙酰谷酰胺针0.1；2. 乙酰谷酰胺针0.25；3. 糖等渗；4. 糖盐水；5. P.S.T片；6. S.G片；7. S.M.D片；8. 石炭酸；9. 棉花；10. 口罩。

中成药（12个）：

1. 银翘解毒片；2. 伤科七味片；3. 感冒退热冲剂；4. 午时茶；5. 开胸顺气丸；6. 牛黄解毒片；7. 半夏露；8. 橘红吞剂；9. 清热消炎片；10. 解毒消炎丸；11. 创灼膏；12. 伤痛宁片。

器械（14个）：

1. 手术剪 16 cm 直梅氏；2. 持针钳 18 cm 粗针；3. 持针钳 18 cm 细针；4. 手术刀柄＃4；5. 开口器；6. 舌钳；7. 麻醉咽喉镜；8. 听诊器；9. 心电图纸；10. 煮沸消毒器 25 cm；11. 冰袋；12. 手术反光灯；13. 克氏针；14. 三叶导引针。

二、 审批权限

1. 属第一类品种，都必须提出建议逐级上报，送市领导部门审批。

2. 属第二类品种，在计划合同额度内的，由各站、司根据品种分类原则掌握供应；超过计划合同额度的，各站、司要提出建议上报审批。

3. 属第三类品种，根据品种分类原则，由各站、司自行处理。

以上三种类型的物资发运后，各站、司都要填《抗震救灾物资发运清单》及时报局。

4. 日常急救和上海市直接供应的江、浙毗邻的六个县，数量零星的由各站、司自行处理。援外合同照常执行。日常急救和执行援外合同动用第一类的品种。事后要填《日常急救和援外发运汇总表》报局备案。直供六个县因接受伤员需要的物资，发运后一并填入《抗震救灾物资发运清单》报局。

上海市第一商业局革命委员会救灾小组

1976 年 8 月 12 日

沪一商革（76）第 226 号

市第一商业局革命委员会关于紧急申请装置北京—上海联线的函

上海市市内电话局革命委员会：

我局系统八个采购供应站和十二个市公司，担负着全国商品调拨供应和本市市场供应任务，有关调拨供应、计划物价、储存运输等业务的问题，同北京商业部和有关部联系密切，经常需要电话联系，唐山地区发生强烈地震以后，唐山、北京、天津等灾区，以及接受灾区伤员治疗任务的一些省市，需要支援救灾物资，对于救灾物资的发运，时间紧，任务急，北京商业部接受中央抗震救灾指挥部委托，同我们电话联系较多，我们同北京商业部和有关部以及北京市商业部门的电话联系也较过去增多，为了更好地支援灾区人民的抗震救灾斗争，迅速及时地做好救灾物资的发运工作，同时考虑到我局平时同北京有关部门联系多的情况，特向你局申请装置北京—上海联线，请予支持解决。

上海市第一商业局革命委员会

1976 年 8 月 14 日

上海市第一商业局革命委员会办公室　　1976 年 8 月 14 日印发（共印 4 份）

沪一商革（76）第 236 号

市第一商业局革命委员会关于建议第三批增产抗震救灾物资报告

市革委会财贸组：

在市委领导下，……工业部门的广大干部和群众全力以赴，为受灾地区提前生产了一批救灾商品，有力地支援了抗震救灾工作。为了使受灾地区早日恢复生产，重建家园，我局所属交电站和市百货公司在发动群众分析排队的基础上，编报了第三批抗震救灾增产建议数，计 31 只品种规格，647 万元，现随文上报，如同意，请转送工交组审批下达落实生产。

附件：抗震救灾物资增产建议表

上海市第一商业局革命委员会

1976 年 8 月 25 日

上海市第一商业局革命委员会办公室　　1976 年 8 月 25 日印发（共印 13 份）

附：

抗震救灾物资增产建议表

填报单位：手工业局　　1976 年 8 月 23 日

品名	规格	单位	数量	生产厂	收购单位	备注
涂塑料纱手套		万副	60	群利服装社	市百劳防商店	
防毒口罩		万只	7	工业防护厂	手工业	

生产工业局：仪表　　第二批　　1976 年 8 月

品名	规格	单位	数量	金额（万元）	生产厂	收购单位	备注
电子管扩大机		台	1000	136.0	上无十八厂	交电站	
	50W	台	200	8.0	上无十八厂	交电站	
	150W	台	300	24.0	上无十八厂	交电站	
	250W	台	350	58.0	上无卅二厂	交电站	
	550W	台	150	46.0	上无卅二厂	交电站	
录音机		台	1500	78.0	上录厂	交电站	
	LY3×1	台	500	45	上录厂	交电站	
	L601	台	1000	33.0	上录厂	交电站	
				214.0			

生产工业局：仪表　　第二批　　1976 年 8 月

品名	规格	单位	数量	金额（万元）	生产厂	收购单位	备注
电度表	三相四线	万只	1	51.0	上海仪表厂	交电站	

生产工业局：机电二局　　第二批　　1976 年 8 月

品名	规格	单位	数量	金额（万元）	生产厂	收购单位	备注
扩大机		台	300	107.0			
	550W	台	200	62.0	新华	交电站	
	800W	台	100	45.0	新华	交电站	

生产工业局：化学工业局　　第二批　　1976 年 8 月

品名	规格	单位	数量	金额（万元）	生产厂	收购单位	备注
录音磁带合计	折合	180 米/卷	50000	35.0	革新塑料厂	上海交电站	
其中	1000 米	盘	500				
	850 米	盘	900				
	500 米	盘	1000				
	360 米	盘	15000				
	180 米	盘	10000				

生产工业局：农业局　　第二批　　1976 年 8 月

品名	规格	单位	数量	金额（万元）	生产厂	收购单位	备注
黑胶布		万卷	20	14.0	东风农场	交电站	要求解决用布 9 万米

生产工业局：手工业局　　第二批　　1976 年 8 月

品名	规格	单位	数量	金额（万元）	生产厂	收购单位	备注
投光灯	300W 有铜	只	300	3.0	光辉厂	交电站	增产胶木电料 130 万只
	500W 有铜	只	700	7.0	光辉厂	交电站	要求解决胶木粉 850 吨
双用插座		万只	20	4.0	精益厂	交电站	
拉线开关		万只	40	16.0	自力厂	交电站	
插口灯座		万只	10	4.0	松江厂	交电站	县工业局
插口灯座		万只	10	4.0	灯原厂	交电站	县工业局
平灯座		万只	10	4.0	崇明厂	交电站	县工业局
拉线开关		万只	15	6.0	灯原厂	交电站	县工业局
吊线盒		万只	5	3.0	星火厂	交电站	县工业局
平开关		万只	20	8.0	崇明厂	交电站	县工业局
				59.0			

生产工业局：手工业局　　第二批　　1976 年 8 月

品名	规格	单位	数量	金额（万元）	生产厂	收购单位	备注
铁壳开关	小规格	万只	2.5	15.0	长江厂	交电站	要求解决原料
铁壳开关	3×10A	万只	0.5	3.0	长城厂	交电站	要求解决原料
胶盘开关	小规格	万只	20	80.0	长城厂	交电站	要求解决原料
				98.0			

生产工业局：纺织局　　第二批　　1976 年 8 月

品名	规格	单位	数量	金额（万元）	生产厂	收购单位	备注
拉线开关		万只	15	6.0	三纺机厂	交电站	要求解决胶木粉 4.5 吨
				6.0			

沪一商革（76）第251号

市第一商业局革命委员会关于唐山灾区继续留沪人员秋冬令服装供应问题的请示报告

市革委会财贸组：

我局1976年8月2日《关于唐山灾区来沪人员在沪期间生活用品供应意见的紧急请示报告》经市委批准同意执行以来，灾区来沪人员普遍反映满意，他们感谢毛主席，感谢党中央的极大关怀，感谢上海市委和上海人民的关心照顾。目前，这些在沪人员中，有的因伤势未愈仍需继续留沪治疗，有的来沪投靠亲友，因老、幼、病、残或其他原因暂时不能回去，现天气逐渐转冷，据了解仍需继续留沪的人员中，有的在御寒服装和生活用品等方面将会发生一些新的困难。为了安排好灾区来的人员的生活，经与市民政局共同研究，提出对唐山灾区继续留沪人员秋冬令服装和生活用品的初步补助意见，报告如下：

一、 供应范围和对象：唐山、丰南受灾地区来沪治伤人员和投靠亲友目前因老、幼、病、残或其他原因暂不马上回去的人员。

二、 供应原则：首先依靠在沪亲友帮助解决，确实解决不了的，根据各人不同的困难情况，缺啥补啥，妥善帮助解决。

三、 供应标准：

1. 服装：从9月份起对确有困难亲友又无法解决的，可供应外衣一套（指中山装、两用衫裤）、棉毛衫裤一套。从11月份起可供应球衫一件、棉袄一件、球裤或棉裤一条。

对要求回去的人员，考虑到北方天气较冷，从10月份起可按以上标准提前供应。

2. 鞋子：对原来没有供应过鞋子或只供应过凉鞋的，现穿鞋确有困难者，从9月份起可供应跑鞋一双，原来已供应过布鞋或跑鞋的，不再考虑，从11月份起对老年和儿童可供应棉鞋一双。

3. 留沪人员中还有其他特殊困难的（如棉被）均报市民政局研究和商业部门商量后作个别处理。

四、 供应手续和费用、票券结算等仍按我局上次报告规定办理。

以上报告，当否，请速示。

上海市第一商业局革委会

1976年9月8日

抄送：市民政局、市财政局、市卫生局、市百十店

上海市第一商业局革命委员会办公室　　　　　　　1976 年 9 月 8 日印发（共印 16 份）

沪一商革（76）第 84 号

市第一商业局委员会报送我局抗震救灾工作小结

市革委会财贸组：

根据市财贸组指示精神，我局抗震救灾小组对一个多月来的工作进行了小结，经我们讨论同意，现报请审核。这个小组，任务完成后已撤销，有关抗震救灾工作并入职能部门，继续抓紧抓好。

附件：如文。

中共上海市第一商业局委员会

1976 年 10 月 5 日

抄送：各站、司、店党委

中共上海市第一商业局委员会办公室　　　　　　　1976 年 10 月 5 日印发（共印 50 份）

附：市第一商业局抗震救灾工作小结

7 月 28 日，唐山、丰南一带发生强烈地震，波及天津市和北京市。伟大领袖毛主席和党中央极为关怀，当天就发出了慰问电，并迅速派出了慰问团，号召灾区人民认真学习毛主席的一系列重要指示……团结起来，向严重的自然灾害进行斗争。市委除立即打电报向灾区人民慰问外，要求全市人民认真学习中共中央慰问电、中央报刊等有关重要文章，学习灾区人民人定胜天的革命精神……全力以赴，支援灾区人民抗震救灾斗争。7 月底，按照中央和市委的统一部署，我局系统自上而下建立了抗震救灾工作机构。在党的一元化领导下，依靠广大群众，争分夺秒，连续作战，同灾区人民一起，为夺取抗震救灾斗争的胜利做出了努力。

（一）

中央慰问电指出：唐山、丰南一带发生强烈地震，并波及天津市、北京市，使人民的

生命财产遭受很大损失，尤其是唐山市遭到的破坏和损失极其严重。一个多月来，通过抗震救灾物资的发运工作，我们感到，这次地震造成的破坏和损失是严重的。……由于灾情严重，发运物资涉及的品种比以往任何一次多，中西药品、医疗器械品种、规格共556种，建筑材料、消防器材、劳防用品、照明器材、电信器材、男女服装、化学试剂、日用百货、针剂片剂等，共115种。由于灾区伤病员转移外省治疗，物资站点比以往任何一次多，分布在河北省、天津市、北京市、安徽、山东、河南、湖北、陕西、山西、辽宁，吉林等十多个省市，共84个到货站（港）。由于这次抗震救灾工作持续时间长，发运物资连续不断，批次比以往的任何一次多，共达442批，物资3100多吨，金额1400多万元。由于这次支援唐山地区抗震救灾的同时，又要准备不少地区发出地震预报的需要，因而不但要做好救灾物资的发运工作，还要配合和支持工业部门对一部分商品提前生产或增加生产，对救灾需要的主要品种，专门储备。一个多月来，为增加资源，仅药品、器械，工商已经衔接提前生产或增加生产的有165种，约计金额3500多万元；为适应灾情可能发展的需要。除中西药品和医疗器械外，仅在百货站、针织站、五金站、交电站、市百货公司、市五交公司等六个单位，就专门储备了86个品种，共11000多吨物资。

（二）

在党的一元化领导下，我局系统广大群众和干部，以中央慰问电为战斗号令，……推动了抗震救灾工作的开展。综合大家的体会，主要有以下几点：

第一，执行毛主席革命路线，坚持党的一元化领导，才能统一步调，全力以赴。

在抗震救灾斗争中，党中央建立指挥部，市委不但建立了指挥机构，而且领导同志非常关心直接指挥抗震救灾工作，这对我们局系统广大干部是一个很大的教育和促进。一个多月来，各站、司和基层单位党组织都把抗震救灾工作摆上重要议事日程，加强党的一元化领导的思想比较明确。各级党组织负责坚守岗位，24小时轮流值班；深入第一线，发运物资时，在仓库、码头参加劳动，就地指挥；在支持工业部门增产救灾物资时，带领职工到工厂参加劳动，战高温，翻三班，和工人实行“三同”；听取汇报，研究情况，解决问题，对抗震救灾工作实行面对面的领导。医药站党委在市委于7月28日作出紧急部署以后，两小时内就准备好一批急救用的药品、器械，当晚指定药品科革命领导小组负责人随飞机押运，29日清晨抵达唐山市。当时余震还在发生，当地接货、发货人员不足，他不怕危险，不顾疲劳，主动留在机场，帮助理货、发货，较好地完成了第一批救灾物资的发运任务。储运公司党委、革委会负责同志，在突击发运救灾物资时，亲临现场，一面参加劳动，一面同基层单位干部一起，从进仓出仓、市内短驳到专用线装车发运等各个环节，都做出了合理安排和调度，做到了发运物资迅速、安全、准确。百货站党委同工业部门一起，挑出需要增产的抗震救灾物资13种，先后由两位负责同志，带领职工96人次，到工厂参加劳动，坚持三班作业，依靠工人群众，已经实现了12个品种的增产指标。

按照中央和市委指示精神，为了适应抗震救灾的需要，局和各站、司都建立起专门工作班子，把各方面的力量组织起来，形成了一支能够统盘掌握生产、收购、储存、运输情况和比较熟悉物资供应的政策规定、供应渠道以及具体手续的专门队伍，在抗震救灾工作中基本上做到了上通下达及时，调度安排合理，完成任务迅速。局和站、司这样的工作班子一共由138人组成，在党委统一领导下，具有请示汇报快，战斗力强，不怕疲劳，连续作战好的特点，这样的工作机构基本上是适应抗震救灾斗争需要的。

各级党组织在抗震救灾工作中，从全局着眼，统筹兼顾，……例如，唐山地区饮水需要净化消毒，中央抗震救灾指挥部要求上海突击生产净水龙片，这种药品上海已有近二十年没有生产。但在市委统一领导下，工交组、财贸组立即组织各有关单位研究讨论，从生产设备、化工原料、成品包装到收购发运，在各个环节上落实具体措施，克服许多困难，及时完成了任务，先后四批，总计供应了3亿1600万片。这种把无产阶级政治、把灾区人民需要放在第一位，而不是强调客观条件、斤斤计较经济账的事例还有许多。当我们了解到唐山地震后，需要一种治疗脑震荡后遗症效果较好的加麦氨酪酸片，本市也有好几年没有生产，在财贸组安排下，立即组织生产2000万片，所需要的原料仅酒精就达30余吨，由于地方党委的一元化领导，及时得到了解决。有些物资生产确实一时不能大幅度增产，上海市场供应又非常紧张，由于加强了党的一元化领导，贯彻了灾区困难我们帮的精神。市委按照唐山灾区的需要，下达给我们的物资发运任务，各单位都做到了随要随发，同时又根据市委指示精神，对灾区重建家园，恢复生产，安排生活可能用得到的物资，也考虑在先，准备在前，做了必要的安排。例如，地震发生后不久，我们就考虑到随着天气转冷，灾区很可能提出需要热水瓶、棉毯等这类生活用品。以热水瓶来说，虽然本市今年以来供应比较紧张，我们还是挤出了15万只储存起来，特别是其中的10万只竹壳水瓶，更是从去年年底以来供应一直处于时断时续情况下做的。9月初，唐山地区果然提出了需要，我们就及时按数发运了10万只，其中竹壳水瓶7.2万只。在党的一元化领导下，我们在积极支援唐山的同时，对发出临震预报地区的需要，也从精神上、物资上做了准备。市委向我们传达了苏北地区发出地震预报的情况，要求我们要有“宁可千日不震，不可一日不防”的准备。按照这个精神，我们了解到苏北地区根据江苏省委部署，重点防范洪泽湖等堤坝决口，就从人力、物力上做了适当安排。当江苏省向我们提出要求支援照明器具时，我们一面向财贸组领导请示汇报，同时由于事前已经做了适当准备，领导同意后，于24小时内，就通过航运、铁路和组织局系统的卡车运输，把75000只汽灯、桅灯，发到了扬州、南通、连云港、徐州、无锡等七个地区。……

第二、 执行毛主席革命路线，坚持社会主义方向，才能密切协作，全力以赴。

……在这次抗震救灾工作中，大家认识到，只有按照毛主席革命路线，为着支援灾区人民重建社会主义的新唐山这个目标，发扬共产主义协作精神，才能战胜自然灾害。我局系统各单位之间，分担的具体任务虽有不同，但大家不分分内分外，不受经营范围限制，在一个共同目标下相互支援，密切配合。医药站、司，百货站、司，纺织品站、司，五金交电站、司等单位，以至市公司和零售店之间，在资源调度上都本着一盘棋的精神，作了积极准备和全面安排，适应了灾区需要。7 月 30 日，接到发运 10 万套男女服装的任务，服装公司从批发部到零售店都动员了起来，上下配合，把分散在各区的资源集中起来；为了在几个小时内发出去，市百公司劳防商店也承担了这项任务，同服装公司协同作战，共同派出押运人员，把这批服装及时送到了灾区。市百一店在完成对赴唐山医疗队生活用品供应工作中，得到了百货站、司，五交公司，市纺公司，土产公司等许多兄弟单位的支持。市医药公司在 8 月 3 日晚上突击发运一批物资时，附近的市百公司针织批同志见他们工作繁忙，时间已经很晚，就主动准备了点心送去。市百一店听到他们有一种药品需要大口冰瓶储藏，就主动联系百货站，百货站同志就立即送到了医药公司。市第三人民医院听说冰瓶储藏药品，还缺少冰块，就主动给了支援。丰收拖拉机厂有一批支援唐山的拖拉机，急需平常紧缺的齿轮油、1 号柴油机油等油料 20 多吨，石油煤炭公司了解后，主动联系，及时帮助解决了问题。五交公司各批发部在有关工厂生产支援灾区需要的物资时，主动了解他们的需要，先后为益民食品四厂、第八制药厂和医疗器械厂等单位解决了一批工具和配件。药材公司为了增产灾区需要的中成药，从采购到供应，从车队到药厂，拧成一股绳，互相帮助，互相支援，出现了许多好人好事。中药一厂团员、青年组成战斗队，连续作战，眼睛熬红了，相互鼓励，团结战斗。团员小黄为了把抗炎灵等药品产量跃上去，主动做了中班连夜班，每天连续工作 16 小时以上……局系统有些发运任务少或者没有接到发运任务的单位，如土产公司、纺织站和美术公司等，都主动了解其他单位的需要，从人力、车辆等方面积极支持。

为了支援灾区人民抗震救灾斗争，工商之间密切配合，都把生产更多的物资作为共同的任务。工厂积极承担了许多商品提前生产和增加生产的任务，不少站、司的同志深入工厂，主动配合，帮助解决原料、材料、辅料以至包装用品、劳动力不足等困难。有些药品器械，由于种种原因，在较长的一段时间里，本市生产、供应数量是不足的，灾区提出的需要，不仅数量多，而且时间紧，例如十滴水、来苏尔、导尿管、输氧管等，医药站、司的同志发挥主观能动作用，在上级领导部门和有关单位的支持下，都在很短的时间内，同工厂一起实现了增产任务。8 月 1 日，接到增产 80 吨来苏尔的任务，这相当于医药站半年的收购量，但要求只能用 40 天左右的时间搞出来，遇到的困难不少；采购员同志会同工厂四处联系，先后落实了甲酚、棉清油等生产原料和 20 万只瓶子、1 万只纸箱等包装材料，解决了冷却锅等急需的生产设备，把原来最快需要两个月才能实现的生产数量缩短到 40 天完成。废旧物资公司的同志在帮助工厂解决增产十滴水所需要的玻璃瓶时，市、区配合，夜以继日，从回收利用的玻璃瓶中，专门挑出 7 mL 抗菌素瓶，打破以往只分档不加工的常规，进行撬口、洗涤、加工，主动运送给药厂；这批任务在 8 月 2 日下达，要求在 26 日前调给工厂 200 万只，经过市公司、区公司、各回收商店广大群众和干部的共同努力，用一个星期的时间就供应了近 100 万只，提前和超额完成了供应任务。各站、司为了配合工厂按期和提前实现救灾物资的生产任务，还组织职工到工厂顶班劳动，同生产工人一起战高温，夺高产。据不完全统计，整个 8 月份，各单位到工厂劳动的达 300 人次；这些同志中，许多人做了一班接一班，每天在厂劳动时间达到 12 小时至 16 小时。百货站参加搪瓷六厂生产劳动的 16 个同志，和工人同志一起提出“天大热，人大干，……月内增产 15 万（即增产 15 万件搪瓷制品）”，经过共同奋战，提前实现了增产指标。一个多月来，广大工人群众响应党中央号召，用实际行动表现出的灾区困难我们帮，灾区损失我们补的共产主义风格，对我们教育很大。他们不仅在原来生产的基础上，提前生产和增加生产了一大批抗震救灾物资，而且还生产了不少特殊规格和特殊用途的急需产品。8 月 13 日，天津市发来电报，为排除高大建筑和高大烟筒因地震造成的险情，急需 120 克和 30 克的气球一批，要求火速发运。上海乳胶厂于 15 日开始试产这种特殊规格的产品，克服不少困难，在 17 日就发出了第一批符合要求的 120 克气球。

在生产特殊规格和特殊用途的产品过程中，“一方有困难，八方来支援”的共产主义风格得到了更加充分的发扬。本市接受生产一批帐篷的任务，规格同原来生产过的不一样，要求很高，从原料到加工，从接收到储运，涉及纺织、化工、冶金、物资、手工业和商业等系统的 60 多个单位。为了完成这批任务，各有关单位组织了三个大的协作组，经常沟通情况，及时研究问题，现场讨论改进措施。许多同志说：“一盘棋大家走，龙江水到处流，各行各业齐奋战，支援重建新唐山。”我局系统纺织站、司，五交公司，土产公司和储运公司等单位都为完成帐篷生产任务做了努力。

……

第三，执行毛主席革命路线，坚定相信和依靠群众，才能团结一致，全力以赴。

唐山地震发生后，抗震救灾工作一开始，市委就立即号召广大群众和干部，认真学习中央慰问电和报刊社论、短评。通过学习，大家……表现出高度的政治觉悟和极大的革命积极性。……市百一店担负了我局系统所有经营商品对赴唐山医疗队的供应任务，品种较多，数量零星，要货又急。商店各商品部都把灾区人民的困难当作自己的困难，储运部门的口号是要人有人，要车有车。20多个青年包括8个女青年接到任务就投入战斗，有时连续干到第二天清晨，白天继续坚持正常工作。市百十店承担了灾区伤员在沪治疗和灾区来沪群众生活必需品的供应任务，他们工作细致，态度热情，主动积极，在有关部门的配合下，做好了供应工作。当来自灾区的一个8岁女孩需要短裤时，这种尺码在市场上很少供应，商店没有现货，早晚服务部的同志立即自己动手赶制出来，一小时内就送到这个孩子手里。还有一个来自灾区的老大娘是小脚，需要鞋子，但商店没有这种规格，他们就到其他零售店去买，一次又一次地送给这位老大娘试穿，直到穿着合适为止。这位老大娘热泪盈眶，也使在沪灾区群众深为感动。我局系统广大群众都把为灾区人民做一点工作看作是光荣的事情，是自己应该做的事情，大家争着为支援灾区人民恢复生产，重建家园，运送物资出力。为了把物资及时运出去，各单位做到了人等任务、车等运输，接到任务，能以最快的速度把队伍拉出来，把物资运出去。全局系统每天有一千几百人、几十辆卡车坚持昼夜值班。最紧张的几天里，值班人数达到3200人以上。驾驶员人不离车辆，做好一切准备，随时能够开得动。即使是发运任务不多的单位，也保持了常备不懈，化剂站发运化学试剂，针织站发运棉毯，石油站支援灾区需要的石油流量表，都及时完成了任务。一个多月来，参加发运物资装卸和仓间翻桩理货义务劳动的达到3万人次之多，合15000多个工作日。储运公司许多仓库的同志，为了让增产的救灾物资能够及时进仓，他们晚上加班，翻桩并垛，挖掘仓容潜力，在三天时间里，挤出了4000多平方米，可以储存近7000吨物资。

灾区人民"泰山压顶不弯腰，抗震重将山河造"的革命精神，更加激发了广大群众和干部的斗志。在抗震救灾工作中，大家鼓足干劲，争分夺秒，忘我劳动，一丝不苟。一个多月来，通过铁路、飞机、航运，先后发出400多批物资，每批不论数量大小，品种多少，时间多紧，基本上没有出现过延误运输部门所规定的时间。各单位接到任务后，不论白天、黑夜，各个工种、各个环节之间都是同时行动，不等单子开好，仓储部门就已经做好了出货的准备，运输车辆也及时赶到了现场。许多同志说，我们抓紧一分钟，也就早一分钟把毛主席的温暖送给灾区人民。正是在这种思想指导下，大家不仅争分夺秒抓速度，而且认真负责，仔细核对，做到品种规格不错，发出数量准确，商品包装完好。为了使物资安全到达灾区，仅7个站、司就组织了一支139人的押运队伍。一个多月来，11个站、司共计派出121人次押运救灾物资，这些同志发扬"一不怕苦，二不怕死"的革命精神，都胜利地完成了任务。市医药公司愚园路批发部党员老梁和团员小李，押运药品去唐山，在火车上同商品蹲在一起五天五夜。由于路途遇寒，老梁回到上海的当天深夜就发烧，体温高达 41℃，送医院抢救时，他在昏迷状态中还说：“小李，快找指挥部。”当他清醒过来，对去探望的同志说：“我这点毛病算不了什么，同唐山人民大无畏的革命精神相比，差距还很大。”五金站在 8 月初派出四个同志押运一批圆钉、铁丝至河北丰润县，在途八天八夜，他们不仅不顾疲劳、不怕艰苦，而且保持革命警惕性，遇到坏人盗窃物资时，不顾个人安危，坚决展开斗争。押运员老马在夜晚火车行进时，还注意观察列车周围情况。有一次，当他发现后面的车厢，有几个黑影窜上来时，他就毫不犹豫地拿起原先准备好的石块，掷了过去，坏人见有保持警惕的押运人员也就溜走了。

广大群众在抗震救灾工作中表现出来的不计时间报酬、不怕艰难险阻的革命精神，对各级干部教育很深。许多同志说：这既不是靠行政命令强迫出来的，也不是靠物质刺激引诱出来的，而是广大群众忠于毛主席革命路线的实际行动……。交电站在 9 月 11 日发运一批支援唐山的电视机时，组织了九名熟悉性能、具有检修技术的同志，由电讯科支部书记带队，满怀以实际行动沉痛悼念伟大领袖毛主席的决心，既当押运员，又当修理工，而且还带了一批备用零件。到达唐山后，为了使灾区人民早日实现通过电视瞻仰毛主席遗容的迫切心愿，在当地党组织的领导下，〔他们〕立即开始复测和校验运送去的 300 多台电视机，使得每一台都能收看，同时又帮助唐山五金交电站把被地震砸坏的 180 台电视机，抢修好了 119 台，还对其他地区支援唐山的电视机进行了复测和检修。在紧张战斗的时刻，他们牢记毛主席生前的伟大教导和对灾区人民无微不至的关怀，把无限悲痛化为巨大力量，夜以继日，一丝不苟，快测快修，争分夺秒。电视机发放到公社、厂矿、部队以后，他们又巡回调查访问，介绍使用知识，满足了唐山灾区人民通过电视瞻仰毛主席遗容的迫切愿望。广大工农兵群众更深切地体会到，尝过黄连苦，方知蜜糖甜，受过严冬寒，倍觉太阳暖。他们说：天大地大不如毛主席的恩情大，河深海深不如共产党的恩情深。灾区人民更加怀念毛主席的深厚无产阶级感情，进一步激励了参加这项工作的九位同志继承毛主席遗志，决心在工作中坚持毛主席革命路线，发扬为人民服务一丝不苟、拼命干革命的彻底革命精神。实践对我们是一次锻炼和考验，锻炼了我们的战斗能力，考验了我们的路线觉悟，再一次证明了“群众是真正的英雄”这个马克思主义的真理。

……

（三）

抗震救灾工作机构，是一个应急的组织。为了在更大规模上支援灾区恢复生产和重建工作，中央抗震救灾指挥部已经决定，撤销这一临时机构，把这方面的任务归并到各有关部门。

抗震救灾的专门工作机构虽然撤销，但支援灾区人民恢复生产，重建家园，仍然是一项重要任务，各单位都要认真加以落实，在思想上要继续贯彻全力以赴的精神，在工作上要继续按照迅速、安全、准确的要求抓紧，在物资上要继续瞻前顾后，适当安排，一些必要的手续制度在一个时期内也要继续坚持。

一个多月来的抗震救灾工作，是一次战备实战演习，这对于今后做好物资供应和战备工作，提供了许多好的经验。在物资储存方面，对于一些急救或抢险用的重要品种，要改变存放地点过于集中的现象。在商品包装方面，有些要从战备和救灾实际需要出发，进一步研究改进，逐步做到盒种小、分量轻、携带方便，又能防雨、防水、不怕热、不易破损，在商品库存结构上，也要注意平战结合，丰歉兼顾。

上海市第一商业局抗震救灾小组

1976 年 9 月 30 日

沪一商革（77）第 239 号

市第一商业局革命委员会转发《关于市地震办公室所需少量物资器材等列入供应渠道的通知》的通知

市五交、百货、纺织、服装、土杂、医药、药材、废旧、石煤公司、化剂站：

现将上海市革委会综合计划统计组沪革综计（77）第 222 号《关于市地震办公室所需少量物资器材等列入供应渠道的通知》转发给你们，请按通知要求，做好供应。

上海市第一商业局革命委员会

1977 年 7 月 20 日

上海市第一商业局革命委员会办公室　　1977 年 7 月 20 日印发（共印 12 份）

第九节 上海市第二商业局革命委员会

上海市第二商业局关于支援灾区物资的情况汇报

唐山、丰南地区地震和波及到北京、天津的消息传来后，我局系统广大干部和群众无不感到焦急万分，纷纷要求前往支援。大家怀着深厚的无产阶级感情激动地说：保卫毛主席、保卫党中央，救援灾区阶级兄弟，这是我们应尽的责任，坚决做到要人有人，要物有物，赴汤蹈火无所畏惧，洒尽热血心甘情愿。

为了更好地完成救灾任务，7 月 28 日下午，市财贸组会议一结束，局党委立即召开了公司党委书记和局组室负责人会议。30 日上午又召开了公司党委书记会议，反复进行了动员和部署。目前局和公司都成立了由党委主要负责人参加的救灾领导小组。局、公司和有关基层单位都做到 24 小时有人、有车值班。由于各级党组织高度重视，组织措施落实，群众也发动得较充分，所以五天来（8 月 2 日止）共发运了压缩饼干 129880 公斤，一般饼干 217150 公斤，苹果 10265 公斤，面包 1115 公斤，糖水大头菜 7994 公斤，榨菜 378 公斤，酱菜 528 公斤，还有塑料薄膜 150 吨，在突击抢运中涌现出不少动人的好人好事。这里把主要情况汇报如下：

一声战斗号令下　四面八方齐参战

7 月 28 日下午 4 时，食品一店接到了为赴灾区医疗队准备干粮的任务后，党总支立即进行了动员，一声战斗令下，四面八方齐参战，从商场到管理部门，广大干部和群众积极响应，共有 100 多人参加突击。公司党委书记宋庭钟同志带了六七十名机关干部前来参战了，第二党支部委员施耀祖同志现脱产在商校学习，听到消息赶来助战；原已调往市财贸五七干校，回店探望大家的吴国耀同志，听到任务后主动留下战斗；特别值得一提的是，南京路上好八连的三位同志，这天他们是来帮助青年组办学习班的，听到救灾任务，坚决表示这是我们共同的战斗任务，一定要参加，而且还打电话通知所属的四班，又叫来了四位同志。晚上9时，食品一店包装间还是灯火通明，大家包的包，装的装，干得热火朝天，水果柜的邱友康同志负责打开压缩饼干的听子，两手有四处被划破了皮，鲜血直淌，但他轻伤不下火线，坚持战斗到结束。由于大家干劲冲天，不到一小时就包装了890包，4450斤，第二天又包装了450包。

人民的委托　光荣的任务

30日下午，救灾物资需要押运人员的任务传到蔬菜公司后，公司党委立即对正在举办团训班的同志作了动员。广大团干部群情激昂，争先恐后地报名，向党委表决心。他们坚决表示：这是光荣艰巨的任务。是受上海一千万人民的委托，体现了毛主席对人民的关心，一定要发扬“一不怕苦，二不怕死”的精神，不管发生什么情况，人在物资在，车厢就是战斗岗位，坚决完成任务。他们下午2时开始动员，4时就赶到了机场，保卫组的侯耀明接到任务后，立即移交了工作，连家里电话都没有打通，就出发了。有不少同志穿着上班时的工作服，戴了草帽就上阵了。党委书记老夏不仅自己作动员，还亲自送行，并在去机场的途中，召开了座谈会，勉励他们不要辜负上海人民的委托、党的期望，保质保量地完成任务。

烟糖公司十一位整装待发的押运人员在座谈会上更是激动异常，共产党员章丽周同志说：在这关键时刻，我们共产党员就要挺身而出，勇往直前，哪怕牺牲自己的生命，也都在所不惜！党员沈信章同志说：毛主席、党中央非常关心灾区人民，我们更要以热血和生命去救援阶级兄弟，我是在和平时期入党的，决心到战斗中经受锻炼，我要以黑龙江的七位小英雄为榜样，听从党的召唤，接受党的考验！党员谢卫强同志说：援救受灾人民，这是一场政治任务，作为一个曾在北京、天津、唐山一带生活战斗过五年的复员军人，我将不惜自己的一切，前往救灾，用实际行动帮助受灾人民重建家园，不完成任务绝不回上海。

争分夺秒抢时间　支援灾区情更紧

救灾如救火，电报是命令。7月30日晚6时半，北京来急电，要求在31日发运一百吨塑料薄膜。接到电报后，农资公司从党总支领导到组织人员，从机关大楼到车站码头，到处进行了紧张的战斗，业务二组的周凯同志家里刚把饭菜放上桌子准备吃饭。一听到消息，二话没说，放下碗筷就走。战斗到凌晨回家刚睡下，因财贸组要关于塑料薄膜强度的资料，他立即起床去有关部门查阅。农资公司驻区联络员钟惠忠，下午参加公司组织的横渡浦江活动刚回家，饭也没来得及吃，接到通知立即赶到港区，战斗了一个通宵。第二天又照常工作，储运组的曹福全同志，听到要支援灾区，连工作服也顾不上换就奔赴现场。

结束时，雪白的的确凉已墨黑墨黑的了，他毫无怨言，乐哈哈地说：为了支援灾区，再大的损失也情愿。下乡组的黄国柱同志，今年56岁，他也赶到现场，为了抢时间，急于穿过铁路，给开始倒车的大车擦了一下，他毫不在乎，立即投入战斗。就这样，在市运输公司，铁路局杨浦站和港务局上港十区的大力支持下，于31日凌晨4时半。发运了150吨塑料薄膜，提前超额完成了任务。

禽蛋三厂齐动员　突击抢装五十万

禽蛋三厂广大干部和群众对于支援灾区的任务十分关心。该厂党支部书记陶福宝曾在30日两次电话向公司党委要求任务。那天下午5时当他们接到要装好50万只松花蛋待运任务后，党支部立即召开了党员、骨干会议，次日又召开车间群众会议进行动员。由于政治思想领先，广大职工群情激昂，不少同志还带病坚持战斗。如患气喘病的郑琛，已经50多岁了，也参加了战斗；照蛋车间，冷藏车间和组室工作人员安排好工作后，抽调了60多人也前来助战；区副食品公司来车间学习堆桩的两位同志也主动参加了战斗，由于大家努力奋战，预计晚上10时才能完成的任务，在晚上7时就完成了，而且按平时标准计算，这天的工作〔量〕相当于平时三天的工作量。

一只苹果一颗心　翻桩挑选见深情

8月1日中午12时02分，果品公司水果批发部接到了通知，要求在下午2时以前把2吨苹果运到机场，当时正在午休的职工听到消息一致表示：一只苹果一颗心，情愿放弃休息，出大力、流大汗，也要把最大最好的苹果迅速送到灾区阶级弟兄手里。他们说干就干，在半小时内就从300多件苹果中翻桩挑选了70件，提早运到机场。晚上6点，该部中山西路批发站接到了要发运6吨苹果的任务，他们怀着同样的阶级感情，花了整整一个半小时，从1800件苹果中翻桩挑选了210件。当运输缺少搬运工时，该站58岁的共产党员周新初同志，抢挑重担，带领了五位同志，从晚上9时开始到11时，连续两次进行装卸。第二天早晨，接到机场电话，为保证飞行安全，要求把草绳全部换下，周新初同志说，为保证抗灾任务胜利完成，一切无条件服从。于是他拿了麻绳和铅丝，带了四位同志立即奔赴机场。

救灾任务还刚开始，还有许多事要做，我们局党委决心向灾区人民的英雄气概学习，继续加强领导。进一步从思想上和组织上加强落实，进一步加强货源的组织调运，以最大的努力支援灾区人民。

附：我局系统有关救灾物资的库存和可调运数的表格一份。

根据市委意见和财贸组要求，经与各公司研究，现将情况汇报如下：

各种商品库存和可调商品

品种	单位	库存数量	可调数量	备　　注
咸雪菜	吨	11000	1000	存虹桥、沪太路
酱菜	吨		100	存江湾、新泾
脱水菜	吨	140	50	存江桥、二厂
糖水苹果	箱	43000	3000	存淡水、北瞿
生梨	箱	17500	2000	存淡水、北瞿
各种鱼罐头	箱	51000	5000	存淡水、北瞿
麦乳精	箱	15000	1000	存淡水、北瞿
奶粉	吨		6.8	存乳品二厂
肉松	斤		14000	存熟肉东风
榨菜	箱	180	180	存仓库
榨菜	坛	9000	9000	上港三区
粉丝	担	14900		原料比较困难，如需动用请领导定
辣椒酱	箱	250	250	如需要，可增产，每天产 3 万瓶
豆瓣酱	箱	250	250	但需酱 1.5 万斤，生油 325 斤（系每天数）
再制蛋	万只	100	50	
饼干调出不再上报。				

上海市第二商业局

1976 年 8 月 3 日

市第二商业局革命委员会致财贸组关于压缩饼干停止生产、调运后处理问题的电话

来电时间：1976 年 8 月 8 日 10:30

来电单位：上海市第二商业局

姓名：屠振全等三人

内容摘要：

关于压缩饼干停止生产、调运后处理问题，当面请示。

压缩饼干到目前止，成品 33.6 吨，半制品 36 吨，机场 8 吨，共 77.6 吨。（8 月 9 日下午 7 时二局蒋锡麟来电更正为 73.36 吨）

这个食品有效期为两至三个星期，过长会变质。

价格问题过去市场价：精装零价 0.72 元，出厂价 0.614 元。

简装零价 0.58 元，出厂价 0.494 元。

这次支援灾区质量有所提高，每百斤加 2%奶粉、1.5 斤油、1 斤盐。大致零价在 0.70 元。如何处理？

经陈佩珍、霍经纶、徐廷芳等同志汇报并一起商议，确定：

1. 北京、天津是否需要，由市烟糖公司联系，需要可发运。

2. 如果市场供应，价格酌定后汇报。

接电话人：范□□

□□批示：同意给天津 70 吨，见后页。

益民食品四厂关于压缩饼干生产及保质情况：

一、 该厂于 8 月 8 日上午 9 时接到通知停止生产，但由于投料及在制品关系，到 8 日夜班才结束生产。

此次生产的救灾压缩饼干：出厂价 0.53 元/市斤，零售价 0.64 元/市斤。

总生产量为 370.54 吨，到 9 日止，厂里库存尚有 15.79 吨（烟糖公司尚未提去）。

二、 关于保质情况

原配方中油脂，采用椰子油，后改进配方，（增加油脂及盐）因椰子油无货源，改用精炼菜油。

由于油脂、气候、包装等问题，影响保质期。过去压缩饼干中有万分之二的抗氧化剂，用马口铁听，抽气灌氮气，密封包装，其保质期可达二年以上。

目前的压缩饼干，只放万分之一的抗氧化剂，包装极为简单，饼干只用羊皮纸包，装入衬柏油纸的黄版纸箱。据该厂反映，该产品如在气温 25°左右，仓库干燥条件下，则可保质二到三个月。

奚柏仑

1976 年 8 月 9 日下午

第二商业局转天津“救指”关于压缩饼干调配的来电往来

来电时间：1976年8月17日14:35

来电单位：二局

姓名：蒋士林

内容摘要：

关于发天津71吨压缩饼干，天津“救指”来电问，此饼干属救灾物资还是属业务调拨？请示一下财贸组。救灾物资的这笔费用由上海财政承担，还是统一报中财部付，还是向对方收费？看来，应由上海地方财政开支。拟请财政局提出意见，报市委。

请市领导批示。□□

……

接电话人：张胜鑫

领导意见：

这类问题应区别情况，如北京、天津及其他非直接灾区，指挥及业务系统都正常，应按系统、按规定结算，唐山情况不同，特别是开始，应由中央“抗救指”结算转账，如何具体处理。请财政局做些了解，再向中央“抗救〔指〕”提出建议。总之，不能都由上海包下来。天津饼干应正常结算。

来电时间：1976年8月18日14:28

来电单位：二局

姓名：朱金山

内容摘要：

前次发天津71吨压缩饼干，天津十分欢迎。二局党委打算再生产100吨压缩饼干作战备用。经同轻工业局、食品工业公司联系，他们也很支持，打算安排在8月底、9月初生产（目前正在生产500吨军工任务）。要求请财贸组：

1. 同工交组打个招呼，解决10.5吨马口铁；

2. 和粮食局打个招呼，支持100吨压缩饼干的面粉和食油。

（注：天马山调仓有一冷库， 300吨仓位空着，普通库已满）

原来战备库存7千斤（3.5吨）， 1703元一吨，701规格代号，可放2—3年。

接电话人：张胜鑫

领导意见：

原则上拟同意搞些库存，100吨太多了。马口铁工交组说□□玉能解决。老黄已告朱金山同志研究意见。

王至顺

1976年8月18日

朱金山来电：马口铁由轻工业局申请解决，现压缩饼干无库存。

范

8月20日

沪二商委（76）第54号

市第二商业局委员会关于地震灾区来沪人员在沪期间食品供应和住宿旅馆收费的意见

市革委会财贸组：

为了更好地开展抗震救灾的斗争，对于地震灾区来沪人员在沪期间的食品供应和住宿旅馆收费问题，我们提出如下意见：

一、 关于食品供应问题

凡地震灾区来沪投亲靠友的人员，经所在地区里委会证明，可按上海市区居民标准（去郊县的则按郊县标准），先供应一个月猪肉，一周岁以下的婴儿，每月供应奶粉一斤。

奶粉由上海市第一食品商店供应，猪肉票证均由所在地区原发证单位发放。

二、 关于住宿旅馆收费问题

凡是地震灾区来沪住宿旅馆的，均要收费。收费可按三种情况处理，属于收容性质的

（投亲无着），由民政局统一支付（由民政局介绍或旅馆同民政局联系）；属于来沪投亲，而亲友家住宿不下需要住到旅社的应按自费处理；属于地震前公出来沪（现因所带旅差费用完，而与原单位又无法联系，暂可取记账形式，待以后结算，有的还可根据需要适当借支路费）。

如去唐山探亲或出差，现要返回原地途经上海的，亦应按上述原则处理。

以上报告，当否，请批示。

中共上海市第二商业局委员会

1976 年 8 月 11 日

中共上海市第二商业局委员会办公室印发　　　　1976 年 8 月 12 日

第十节 上海铁路局革命委员会

情况简报第19期

全局广大职工紧急行动，积极支援灾区人民抗震救灾

7月28日，唐山、丰南一带发生强烈地震……7月29日下午，路局党委召开紧急电话会议，由各分局、办事处和主要站段党委领导同志参加。会上，要求各级党委立即行动起来，急灾区人民所急，想灾区人民所想，把做好抗震救灾物资的运输工作，作为当前一项重要政治任务来完成。做到要人有人，要车有车，全力以赴。

为了做好抗震救灾物资的运输工作，路局和各分局、办事处都成立了专门领导班子，日夜值班，负责抗震救灾物资的运输工作。各分局、车站对发往灾区的救灾物资，必须保证优先装车。机务段要加强机车检修工作，供应足够的质量良好的机车，保证做到要人有人，要车有车，一声令下，立即出动。车辆段和列车段，要抢修备用客车和待修货车，准备好乘务人员和餐料，做到随时能加开临时列车、水电段对战备发电车，要做好随时出动的准备。工电部门要对线路、桥梁、通信信号设备进行全面检查，保证不间断使用。要加强编组站的工作，尧化门要主动承担困难，保证不间断接发列车。为了保证上海用煤，要求蚌埠、南京、上海分局完成排空计划，突运山东、安徽、江苏到上海的煤炭。

29、30日两天，全局已开出救灾专列三列（上海二列，南京一列）。抢运救灾物资20车，路局中心医院也紧急行动，组织了一个由16人组成的医疗小分队，已于29日赶往灾区投入抢救工作。

目前，全局广大职工干部正在认真学习毛主席的一系列重要指示，……决心把运输工作进一步促上去，积极抢运抗震救灾物资，全力支援灾区人民的抗震救灾斗争。

上海铁路局革命委员会

1976年7月30日

情况简报第 20 期

全力支援抗震救灾斗争

连日来，全局广大职工、干部紧急行动，……全力支援灾区人民的抗震救灾斗争。在 7 月 29 日以来的四天中，全局已开出救灾专列三列，抢运救灾物资 160 车。

7 月 30 日和 8 月 1 日市委两次关于抗震救灾会议以后，路局党委都立即召开常委会研究贯彻措施，并向处、室和直属单位负责同志进行了传达和动员，要求各级党组织进一步加强领导，发动群众，做到人人皆知，把支援灾区人民的抗震救灾，作为一项重大的政治任务来对待；要以临战的姿态，从思想上、组织上、行动上做好支援灾区物资和突运到达上海和华东电网的煤、油运输工作，……

为了进一步做好抗震救灾的运输工作，连日来，蚌埠、南京、杭州分局都召开紧急会议，进行动员和部署，上海分局领导同志深入基层，检查抢运救灾物资的情况。各有关站段根据布置的任务，都全力以赴做好各项抢运的准备工作。上海列车段加强对乘务人员的政治思想工作，并组织一个备班组，随时待令出发。上海机务段准备了两台内燃机车，做到要车有车，要人有人。上海、杭州车辆段各组织了一列备用客车，于今天 16 时以后开赴灾区，抢救伤员，上海、杭州铁路医院紧急动员，立即派出随车医疗队 21 人。

在抢运救灾物资的战斗中，各车站发扬团结协作的共产主义精神，随到随装，随要随装。7 月 29 日 21 时 30 分，杨浦站接到要装三辆食品去灾区的通知，立即准备好车辆，边进货边装车，仅用一个半小时就全部装完。南京站 8 月 1 日晚上受理一批发往灾区的急救药品，有 400 件之多，但在兄弟单位的大力协助下，仅用 10 分钟时间就装上 46 次行李车。8 月 1 日早晨，北京局来急电要我局支援石渣 100 车，抢救破坏的线路……

……

上海铁路局革命委员会

1976 年 8 月 2 日

上铁分革（76）第 135 号

上海铁路分局革命委员会关于请示支援受灾地区增加临客需炊事员的报告

上海市劳动局革命委员会：

最近河北省唐山、丰南一带发生强烈地震。我分局根据上级指示精神，紧急动员起来，全力以赴支援受灾地区。做好医务人员和伤员的输送工作……

前几日，我们已开出两趟临客，现正组织第三趟列车，再加当前正值高温季节，劳动力比较紧张，特别是餐车炊事员无法解决，为把当前抗震救灾这项政治任务出色完成，要求紧急支援我分局炊事员 20 名，时间为一个月。

当否，请批示。

上海铁路分局革命委员会

1976 年 8 月 3 日

抄报：工交组，路局革委会

抄送：生产组（客运、人事）

情况简报第 21 期

贯彻国家计委关于加强卸车和排空通知的情况

国家计委 8 月 2 日关于加强铁路卸车和排送空车的通知发出以后，省、市委都非常重视，进一步加强了对铁路工作的领导，全局运输工作较前进步。8 月 3 日和 4 日卸车，已提高到 4592 辆和 4394 辆，分别比 7 月 31 日增加 528 辆和 330 辆；符离集口排空已达到 662 辆和 658 辆，分别比 7 月 31 日增加 213 辆和 209 辆。

8 月 3 日上海市委召开了有关部门会议，要求在抢运抗震救灾物资的同时，认真抓好卸车出货和排空工作，……8 月 4 日上午，上海分局召开电话会议，号召广大党团员、群众动员起来，……大力抓好卸车和排空，支援灾区，确保上海和华东电网煤、油的运输。会上还部署了卸车和排空任务，要求每天卸车 1000 辆，常州口排空 500 辆，上海地区出货 5000 吨，无锡 7000 吨，苏州 5000 吨。会后，杨浦、真如等主要货运站立即召开会议，向干部和群众传达市委领导同志指示和国家计委电报精神，动员群众，投入战斗。上南、新龙华站积极同卸车单位协作，做好上南每天卸两列煤炭，新龙华每天卸一列煤炭的准备工作。上海团市委还成立了青年突击队，自 8 月 5 日起，每天有 500 人参加卸车，支援铁路。

……

在运输组织工作上，路局也采取了措施，机车动力要求蚌埠机务段供应津浦线 35 台，南京、南翔机务段供应沪宁线各 19 台……

上海铁路局革命委员会

1976 年 8 月 5 日

情况简报第 22 期

抗震救灾多贡献

唐山、丰南地震发生后，我局担负着抢运救灾物资、抢运伤员以及确保上海和华东地区煤、油运输的繁重任务……广大职工豪迈地表示："困难再大，没有我们抗震救灾的决心大，气温再高，没有我们抗震救灾的热情高。"从 7 月 29 日至 8 月 11 日的 14 天中，全局已抢运救灾物资：货运 863 车，客运 14400 件，267 吨；开出医务人员专列和抢运伤员空专列 27 个列车，运送医务人员 2870 人；接入伤员列车 17 列，安全运抵伤员 7791 人。全局有 22 名医务人员参加省、市组织的抢救医疗队，77 名医务人员在列车上抢救和照料伤员，270 多名客运乘务人员日夜战斗在列车上，坚持为伤员服务。

为了突运山东、安徽到上海和华东的煤、油，我局 8 月上旬平均每天向济南局排出空敞车 625 辆，比 7 月同期日均增加 199 辆；对淮南、淮北两矿煤炭，做到产多少，运多少，不积压。

……

在由我局客车编开的 6 列抢救伤员的列车上，就有 12 名干部同列车乘务员并肩奋战，日夜为伤员服务。

……

7月30日，上海站接到要立即装运475件急救药品去灾区的通知，而46次停站时间只有22分钟，困难确实不小，但在各方面的配合下，大家争分夺秒，按时完成了任务。全局各采石场工人当知道京山线通车需要大量石料时，他们不顾疲劳，连续作战，连夜运去了318辆石渣，有力地支援了京山铁路的早日开通。广大工人满怀深情地说：我们不仅抢运的是救灾物资，而是寄去我局职工对灾区人民的深厚无产阶级情谊；我们不仅抢运的是伤员，而且表达我局职工同灾区人民心连着心；我们不仅是争分夺秒，抓革命，促生产，而是向灾区人民宣誓我们一定要把灾区遭受的损失夺回来的坚强决心。

上海市委领导同志每天检查铁路的工作，并亲自到车站参加装卸劳动。……上海团市委组织了青年突击队，到车站参加装卸车，东海舰队的指战员也到车站抢运救灾物资。前来支援的同志把到铁路参加突击装卸车的劳动，作为向灾区人民学习、支援抗震救灾斗争的实际行动。

为了进一步做好今后的工作，路局党委于8月11日下午召开全局电话会议，要求各单位在前一阶段取得成绩的基础上，……发扬连续作战的革命精神，继续抓紧做好抗震救灾物资和抢运伤员的运输工作；要狠抓卸车，保证北口排空，确保……

上海铁路局革命委员会

1976年8月12日

情况简报第23期

以实际行动支援抗震救灾斗争
——全局广大职工奋力突运到达上海和华东的煤炭

唐山、丰南地震发生后，为了弥补开滦煤矿遭受震灾所造成的损失，保证上海和华东的燃料供应，更有力地支援灾区人民的抗震救灾斗争，全局广大职工、干部，在抢运救灾物资、抢运灾区伤员的同时，奋力突运淮北、淮南到达上海的煤炭，千方百计增加向济南局排空数量，以便有更多的车辆装运发往上海的煤炭。从8月4日至16日的13天中，淮北煤矿已装上海煤炭88348吨，比月计划多运了41522吨，淮南煤矿已装25886吨，比月计划多运了6386吨；经符离集口排给济南局的空敞车日均完成664辆，比7月份日均多排218

辆，相当于每天可装 11000 吨煤炭的空车。

……

上海铁路局革命委员会

1976 年 8 月 17 日

上铁分革（76）第 147 号

上海铁路分局革命委员会关于使用抗震救灾支援工的报告

市劳动局革委会：

当 7 月 28 日河北省唐山、丰南一带发生了强烈地震后，我分局根据上级的指示精神，立即动员起来，全力以赴，支援灾区人民抗震救灾斗争，广大铁路职工和全市各条战线的支援大军一起，……发扬地大震，人大干，急灾区人民所急，想灾区人民所想，顶骄阳、战高温，做到要啥运啥，有多少运多少，以实际行动支援灾区人民……为继续做好抗震救灾工作，为保证华东、上海工农业生产和人民生活用煤的运输，要求将目前支援铁路抗震救灾的 480 名支援工使用至 10 月底。具体分配如下：

一、 上东站使用交管站 100 名（川沙县张桥公社交管站）

二、 上南站使用交管站 150 名（上海县联合运输指挥部）

三、 真如站使用交管站 100 名（宝山县大场公社）

四、 杨浦站使用交管站 100 名（川沙县张桥公社）

五、 上海列车段闸北区街道支援工 100 名，市饮食服务公司炊事员 30 名。

上海铁路分局革命委员会

1976 年 8 月 24 日

送：路局革委会人事处、运输处，分局革委会生产组（人事、客运、装卸）

（76）上铁革运字第417号

上海铁路局革命委员会公布1976年9月份运输、技术、机车运用计划和运输方案

9月份运输工作重点

……

重点要求：

一、 全力以赴抓好抗震救灾的运输工作。我们要学习唐山人民“地大震，人大干”“泰山压顶不弯腰”的革命精神，想灾区人民所想，急灾区人民所急，全力以赴做好抗震救灾的运输工作。凡是抗震救灾物资，各站要随到随装，优先挂运，以最快的速度，最好的质量，把抗震救灾，恢复生产急需的物资，迅速运往灾区。

……

上海铁路局革命委员会

1976年8月31日

情况简报第25期

路局党委召开电话会议贯彻中央十三号文件，回顾前一段革命、生产形势，安排下一步工作

9月1日下午，路局党委召开由各分局、办事处、各直属单位领导同志参加的电话会议。会议根据中央十三号文件精神和全国计划工作座谈会精神，检查回顾了前一阶段全局革命、生产形势，安排了下一步主要是9月份的工作。

……抗震救灾工作取得了很大成绩。广大职工、干部坚决响应毛主席、党中央的战斗号召，想灾区人民所想，急灾区人民所急，做到了“要车有车，要人有人，要物有物”。一个多月以来，全局运送了抗震救灾物资2300余车，开出医务人员专列四列，抢救伤病员空专列六列，接运伤病员列车三十二列，安全运送伤病员13000余人。在抗震救灾中，涌现了许多抢挑重担，公而忘私，团结战斗的先进事迹和模范人物。……

……7月28日唐山、丰南地区发生地震以后，我们积极投入了抗震救灾抢运工作，保证了救灾物资煤、油、矿石、农机等重点物资的运输，保证了干线畅通。特别为了保证上海、华东的燃料供应，各单位发扬了全局观念和共产主义风格，狠抓卸车出货和排车，北口8月份比7月份日均多排230辆，有力地保证了山东、山西和徐州煤炭的装车、基本建设，狠抓了重点工程，沪宁复线已提前拉通。目前正在积极配套扫尾，其他各个方面，也都做了很多工作，取得了不少成绩。……

上海铁路局革命委员会

1976年9月3日

（76）上铁革运字第454号

上海铁路局革命委员会公布1976年10月份运输、技术、机车运用计划和运输方案

10月份运输工作重点：

……

重点要求：

……

三、 保证重点物资的运输。对抗震救灾物资要优先保证，随到随运，重点掌握，快速挂运。煤、油、粮食、钢铁和保市场供应的重点物资要坚决保证，力争超装。

……

上海铁路局革命委员会

1976年9月30日

（76）上铁革运字第480号

上海铁路局革命委员会公布1976年11月份运输、技术、机车运用计划和运输方案

11月份运输工作重点：

……

二、 确保重点物资的运输。煤炭是重中之重，要继续做好突运大同煤的工作，同时，运好两淮和新河煤。对支农、石油、钢铁、冶炼、疏港、木材等重点物资和防震、救灾、鲜活物资要优先装运。

……

上海铁路局革命委员会

1976年10月31日

第十一节　上海市冶金工业局革命委员会

冶革（76）第271号

市冶金工业局革命委员会关于抗震救灾，支援唐山钢铁公司修复第一炼钢厂、中型轧钢厂的情况报告

市革会工交组：

一、 情况

8月3日，市工交组通知我局要支援唐山钢铁公司修复630中型轧钢厂的抗震救灾任务。4日，冶金部通知派人去部具体落实。

经局党委研究后，立即派局机动组组长张金生、安装大队党委副书记朱陶法、上钢三厂革委会常委奚林兴、冶金设计院工程科长陈同章等四位同志，于6日中午到达冶金部，当晚9时抵唐山，7日由冶金部陈绍昆部长带队到达现场观察，下午4时陈部长在现场召开会议，听取唐钢李书记、曹副主任汇报抗震救灾情况和恢复生产的初步意见。

根据唐钢遭受地震损坏的具体情况，冶金部提出要求，由有关省市和重点钢铁企业分工修复包建，迅速恢复唐钢生产，并明确要求第一炼钢厂在本月底前出钢，三个月全部恢复生产。

修复包建任务的具体分工如下：

上海冶金局负责：1. 第一炼钢厂。2. 中型轧钢厂。

鞍钢负责：1. 小型轧钢厂。2. 公司机修厂和动力部门。

首钢负责：1. 第二炼钢厂。2. 氧气站。

本钢负责：张庄铁矿。

包钢负责：总图运输。

宣化负责：高炉。

太钢负责：耐火材料厂。

武钢负责：第三炼钢厂。

马钢负责：小型厂线材车间。

吉林局负责：铁合金厂。

冶金部上述恢复唐钢生产的部署，已向中央慰问团汇报，中央领导同志表示赞同，并指出月底出钢，不仅是经济问题，而且有重大的政治意义。

二、 任务

经现场初步观察，第一炼钢厂、中型轧钢厂地震损坏情况如下：

1. 第一炼钢厂

化铁炉部分：40 吨化铁炉三座，其中：二座化铁炉，铁水冻结，一座基础有轻微开裂，卷扬机房全部倒塌。

转炉部分：三跨主要厂房未倒，但其中主厂房 45 根水泥柱子，牛腿下面不同程度开裂（其中有 21 根开裂长达一公尺左右）。

四座六吨氧气侧吹转炉中有三座钢水冻结。转炉基础由于受高温影响，部分疏松，需要加固。

铸钢部分：15 吨行车大梁变形，主副厂房全部轨道 900 米需要校正。

供电部分：变电所三台 1000 kVA 变压器及高低压开关全部损坏。

机修车间：厂房部分损坏，砸坏五台小车床。

化验室：全部损坏。

2. 中型轧钢厂：主要厂房三间未倒，主厂房东西二侧各三间墙头倒塌，屋顶需全部检查。

加料厂房：烟囱倒塌，压塌三间厂房。

主电机室：厂房倒塌一半，2800 kW 高压电机受损。

车间变电所：全部倒塌，电气设备全部砸坏。

机修车间：全部倒塌，砸坏了部分机床。

上述，第一炼钢厂、中型轧钢厂的修复和恢复生产的任务分工：

02 部队负责：排险、土建、抢修、安装。

上海冶金局负责：设备、备件的补缺，技术力量的支援，其中包括设备方面的鉴定、调试和生产操作上的骨干，协助开炉、开轧。

冶金部马明同志意见：当前支援的技术力量，考虑到生活供应问题，要少而精，中型轧钢厂不超过三个人，第一炼钢厂由上海定。

今后开炉、开轧的技术力量需多少人员，到时再定。

三、 工作安排

我局承担的修复和恢复生产任务，工作量很大，特别是要求第一炼钢厂在本月底前出钢，时间很紧，任务非常艰巨。根据上述任务，经我们研究，并即召开上钢一厂、二厂、三厂、五厂党委副书记会议，作了专门讨论决定：

1. 修复和恢复生产任务的分工：

第一炼钢厂由上钢一厂、五厂负责。

中型轧钢厂以上钢三厂为主，上钢二厂协助。

2. 由局、上钢一厂、二厂、三厂、五厂等组成九人现场工作组，即赴现场开展工作。

3. 对刚从唐山带回的第一批需要补缺设备清单：

机床、行车等 11 台，开关、变压器、减速机等 129 台，线缆 12.4 公里，化验设备一套，金属材料、钢丝绳、轻轨 15 吨等。

马上组织力量，核对库存，局内有的，即作发运准备工作。局没有的，即上报，请工交组给予调拨。

我们对上述承担的任务，仅是现场观察到的初步情况，有关更详细的情况，待现场工作组深入了解后，再行上报。

以上报告，当否，请批示。

1976 年 8 月 10 日

冶革（76）第 317 号

市冶金工业局革命委员会转发财政部《关于支援地震灾区物资财务结算办法的规定》

局属各单位革委会：

接上海市财政局革委会（76）沪财革企 84 号通知，发来财政部（76）财企字第 139 号《关于支援地震灾区物资财务结算办法的规定》，现转发给你们，请按照办理。

我局有关单位已发出支援唐山地区物资的财务结算，可根据局机动组通知，按照下列银行账号办理结算手续。

河北省冶金工业局

开户银行：河北省石家庄市长安办事处，账号 32703。

附件：《关于支援地震灾区物资财务结算办法的规定》

1976 年 9 月 29 日

冶革（76）第 366 号

市冶金工业局革命委员会关于支援唐山钢铁公司全面恢复生产有关几个问题的通知

上钢一、二、三、五厂，机修总厂，二机修厂革委会：

根据冶金部在唐钢召开的关于支援唐钢技术力量会议的精神和冶金部（76）冶财字第 1388 号文的通知，为了尽快地支援唐山钢铁公司（以下简称“唐钢”）全面恢复生产，经我们与各有关单位研究商讨，现对有关几个问题，作如下通知：

一、 我局承担支援唐钢一、二炼钢、中型轧钢厂共 233 人，现由上钢一厂承担 78 人；二厂 27 人；三厂 58 人；五厂 37 人；机修总厂 21 人；二机修厂 12 人（具体工种详见附表 1）。这些人员，根据冶金部的要求，应选派政治思想好，能够起骨干带头作用，有实践经验、技术熟练、身体健康的同志参加。

二、 鉴于唐钢受灾比较严重，各方面条件比较差，经商定由我们支援单位自行搭建简易宿舍和食堂，解决食宿问题。所需建房材料和设备，除已发运唐钢外，对有关急需的材料设备（详见附件 2）请各承担单位，尽快落实，从速发运，以利工程进行。至于材料、设备等费用，待部明确后再行结算。

三、 由于自行解决食宿问题，因此尚需配备食堂、炊事、管理人员、宿舍的警卫人员以及自建小型医务室的医务人员等，具体承担单位请见附表 3。

四、 有关生产福利待遇问题：

1. 根据群众普遍反映，自行备带棉被有困难，为此请各单位尽可能设法予以租借解决。

2. 鉴于唐山地区比较寒冷，凡支援人员由各单位借给棉衣一件、棉裤一条、布棉帽一顶、棉鞋一双。原来已领有棉衣的应予交还。

3. 目前唐山灾区，物资供应比较紧张，生活水平较高，个人支出较大，考虑到尽量不要增加职工同志负担这一特殊情况，对支援人员参照出差补贴标准给予补贴。

五、 根据冶金部通知，支援单位必须选派得力干部带队，成立临时党支部，带队负责同志可参照受援单位党委的精神，请上钢一厂配备一位总支书记级的干部担任党支部书记。同时请一、二、三、五厂、机修总厂、二机修厂在上述233名支援人员中配备一名不脱产的车间党总支或党支部委员，负责带队，并参加临时党支部工作。

六、 根据冶金部要求对口支援、一包到底的精神，我们这一支援任务拟暂定为一年时间，在此期间希望支援单位的同志努力抓紧将唐钢的新进人员在技术上对口培训好，及早地使他们能够独立操作，对少数难度比较大的技术工种，确需要延长时，则可到时再行议定。各支援单位对支援人员每到半年可进行交替轮换。

为了保证完成这一支援任务，请各支援单位……认真做好职工的思想动员工作（具体出发时间另行通知），争取为唐钢尽快地全面恢复生产贡献我们应尽的责任。

1976年11月11日

抄报：冶金工业部

抄送：唐山钢铁公司革委会

附：

表1　支援唐钢人员任务分配表

被支援部门	支援单位 工种	支援总数	一厂	二厂	三厂	五厂	机修	二机修
一炼钢	钳工	24	6		6	6	6	
	汽修	2			1	1		
	车工	17	4		4	4	5	
	电工	21	6		6	6	3	
	铆焊工	25	7		7	7	4	
	起重工	4	2		1	1		
	管子工	6	2		2	2		
	氧枪工	4	2			2		
	车床修理	5	1		1	1	2	

（续表）

被支援部门		工种 \ 支援单位	支援总数	一厂	二厂	三厂	五厂	机修	二机修
		划线钳工	3	1			1	1	
		设备检验	1				1		
		仪表工	5	2		1	2		
		小计	117	33		29	34	21	
二炼钢		空压机工	4	4					
		水泵工	7	3		2	2		
		汽化除尘	3	3					
		污水处理	3	3					
		浇铸工	2	2					
		砌钢包、陶塞杆、指导	1	1					
		浇钢技术员	1	1					
		小计	21	17		2	2		
中型轧钢	加热炉方面	汽化冷却	3	1	1	1			
		油泵	3	1	1	1			
		烧火	3	1	1	1			
	轧钢方面	操作工	6	2	2	2			
		导卫	6	2	2	2			
		调整	4	1	2	1			
	检修方面	钳工	18	4	4	4			6
		汽、电焊	10	3	4	3			
		仪表工	2						2
		车床修理	5	1	1	1			2
		车轧辊	6	2	2	2			
		电工	11	3	3	3			2
		备晶	12	4	4	4			
		机械技术员	1			1			
		电气技术员	1	1					
		小计	91	26	27	26			12

（续表）

被支援部门		工种＼支援单位	支援总数	一厂	二厂	三厂	五厂	机修	二机修
	唐钢医院	内科医生	1	1					
		外科医生	1	1					
		口腔科医生	1			1			
		妇科医生	1				1		
		总计	233	78	27	58	37	21	12

表 2　支援唐钢材料设备情况表

材料设备名称	数量	支援单位及承担数量			备注
		一厂	三厂	五厂	
拌浆机	一台		1		
电焊机	三台	1	1	1	
电石筒	一只			1	
纤维板	690 张	230	230	230	
钢窗（包括玻璃）	50 樘		25	25	
45＃角钢	五吨			5	
手推车	六部	6			
二吨卡车（或四吨）	一部		1		包括配备驾驶员二名
四吨卡车	一部			1	同上
暖气弯管	51 套	17	17	17	
一吨快装锅炉	一台			1	
木材	15 m^3	5	5	5	
2 寸无缝钢管	500 公尺	500			
木床或铁床	数量由各厂按支援人数配备				

表 3　支援唐钢食堂、宿舍等人员配备表

部门	工种	人数	承担单位和人数					备注
			一厂	二厂	三厂	五厂	机修	
食堂	炊事员	11	3	1	3	3	1	
食堂	管理员	1	1					

（续表）

部门	工种	人数	承担单位和人数					备注
			一厂	二厂	三厂	五厂	机修	
食堂	采购员	1			1			
食堂	会计	1				1		
锅炉房	砌炉工	4	1	1	1		1	
宿舍	警卫员	4	1	1	1	1		
医务室	医生	1				1		
总计		23	6	3	6	6	2	

沪三钢革（76）字第　号

浦（5）字第234号　1976年11月13日封发

关于支援唐山钢铁公司全面恢复生产有关问题的通知

……局革会根据冶金部的决定，下达了我厂支援唐钢光荣而艰巨的任务。为此，我们一定要……认真、深入、细致地做好职工的思想政治动员工作，争取为唐钢尽快地全面恢复生产担负起我们应尽的责任。

一、 根据冶金部在唐钢召开的关于支援唐钢技术力量会议的精神和上海市冶金局冶革（76）字第366号文通知的规定，支援技术力量的原则是对口支援，长期打算，定期轮换，负责到底。具体要求是：支援的人员要选派政治思想好、能起骨干带头作用、有实践经验、技术熟练、身体健康的同志参加。关于支援的时间暂定一年。为此，对支援人员的定期轮换问题，一般可在半年左右进行交替轮换。如遇特殊情况，可由支援与受援单位双方商定。

二、 支援的任务。按冶金局的布置，我厂承担支援职工67人，其中，一炼钢29人，二炼钢2人，中型轧钢26人，后勤系统10人（具体工种和分配意见详见附表）。各车间选派的人员名单，请于11月20日报厂劳安组核定后再行动员。

三、鉴于唐钢受灾严重，各方面条件较差，经与唐钢商定，支援人员由支援单位自行搭建简易宿舍和食堂，以解决食宿问题。关于所需建房材料和设备除已发运唐钢外，尚有急需的材料和设备计有300安培电焊机一台，纤维板230张，钢窗及玻璃25樘，17间宿舍的暖气管（包括出图纸）、拌浆机一台、四吨载重汽车一辆、木材5 m^3 等物资，均应在1976年11月15日之前发运，以利工程进行。另外，请行政组制作单人铁床67只。所需角钢材料由局解决。至于材料、设备等费用问题，待冶金部明确后再行结算。

四、由于要支援单位自行解决先去唐钢建造宿舍的人员和以后支援职工的食宿问题，为此，请行政组急需配备炊事员和伙食采购员各一人。同时，请供运车间配两名汽车驾驶员，均要求在11月15日（最迟16日）出发去唐钢工作（属临时出差性质，待宿舍建造完毕即回厂）。另外，再请行政组筹办米800斤、素食油20斤、酱油100斤、酱菜50斤，另加姜茶1000包，均于11月15日或16日随我厂汽车同时发运去唐钢，以解决先去人员的伙食困难问题。

五、关于生活福利待遇问题。

1. 根据群众普遍反映，支援人员自行备带棉被有困难，为此，请行政组设法筹办给予每人借用棉被三条，并统一发运去唐钢。（发运时间另定）

2. 鉴于唐山地区天气很冷，为此，凡支援的人员每人可借给棉衣一件、棉被一条、布棉帽一顶、棉鞋一双（原已领的棉衣应予归还）。货源请劳安组抓紧与市劳防公司落实，并请供运车间五金库房及时采购，然后由有关车间（组室）安全员统一办理领发手续。

3. 鉴于唐山灾区物资供应紧张、生活水平较高、个人生活支出较大，为此，考虑到尽量不增加职工负担这一特殊情况，经上级研究决定，对支援人员可参照出差补贴标准，给予每人每天伙食补贴费五角。

六、遵照冶金部要求对口支援、一包到底的精神，我们支援人员一定要努力抓紧将唐钢新进人员在技术上对口培训好，及早地使他们能独立操作，不辜负以华国锋主席为首的党中央对我们做好抗震救灾工作的期望，完成这一光荣而艰巨的任务。

上钢三厂革命委员会

1976年11月12日

附：

上钢三厂关于支援唐钢人员数分配表

工种	人数	去向单位	支援车间											备注
			平炉	二转	铸钢	轧一	轧三	一薄	中板	供运	机电	行政	卫生	
合计	67		3	8	3	9	13	1	1	3	20	4	2	
（1）第一炼钢厂小计	31		3	7	3			1		1	16			
钳工	6	第一炼钢厂	1	2							3			
车工	4	第一炼钢厂		1	1						2			
电工	6	第一炼钢厂	1	1	1						3			
铆焊	7	第一炼钢厂	1	2	1						3			
管工	2	第一炼钢厂						1			1			
车床修理	1	第一炼钢厂									1			
汽车修理	1	第一炼钢厂								1				
仪表	1	第一炼钢厂		1										
起重	1	第一炼钢厂									1			
水泵	2	第二炼钢厂									2			
（2）中型轧钢厂小计	26					9	12		1		4			
油泵	1	中型轧钢厂					1							
烧火	1	中型轧钢厂				1								
加热炉、汽化冷却	1	中型轧钢厂									1			
轧钢	2	中型轧钢厂				1	1							
导卫	2	中型轧钢厂				1	1							
轧钢调整	1	中型轧钢厂					1							
备品装置	4	中型轧钢厂				2	2							
钳工	4	中型轧钢厂				2	2							
铆焊	3	中型轧钢厂					1		1		1			
车床修理	1	中型轧钢厂									1			
车辊	2	中型轧钢厂				1	1							
电工	3	中型轧钢厂				1	1				1			

（续表）

工种	人数	去向单位	支援车间											备注
			平炉	二转	铸钢	轧一	轧三	一薄	中板	供运	机电	行政	卫生	
机械技术员	1	中型轧钢厂					1							
（3）后勤系统小计	10			1			1			2		4	2	
锅炉工	1											1		
炊事员	3			1			1					1		
炊事采购员	1											1		
宿舍管理	1											1		
汽车驾驶	2									2				
医生	2												2	口腔、内科医生各一人

支唐五人小组汇报工作、思想

胡书记及党委其他领导：

你们好！

自从我们支唐人员在唐钢公司领导的关心下，回沪过了春节，2 月 24 日重返唐山已有一个半月了，也是我们整个支唐三分之二的时间过去了。在这些日子里，我们在唐钢党组织的领导下，在冶金局和厂党委等各方面的亲切关怀下，尤其是厂里召开工业学大庆的誓师大会，更增强了我们支唐工作的信心和决心。特别是我们所支援的第一炼钢厂被命名为河北省大庆式企业，鼓舞和激励着我厂每个支唐同志。很多同志说：与其说我们来支援一炼钢厂，不如说我们是向一炼钢同志来学习，一定要虚心地向一炼钢同志学习，把他们学大庆的经验学到手，带回上海。

现将最近一段时间的工作向厂党委领导作如下汇报：

……

在唐钢一炼钢厂党委的领导下，和上海局和各厂领导的关心下， 我们临时支部讨论决定，我们对支唐三个月来进行了总结。总结的方法是我们采用了内部和外部相结合，下面和上面相结合。内部就是我们自己坐下来回顾总结；外部就是我们走出去，请唐钢的领导和师傅给我们提意见，帮助我们一起总结。通过总结，我们又表扬了一批抓革命、促生产取得成绩的好人好事，总结会开得很成功。同志们相互勉励，共找差距，开成了一个〔既是〕团结的会，又是一个继续表决心的誓师会。同志们说：通过总结，我们干有方向，学有榜样了。

这段时间来，戴启明、周忠诚、郑均如、李承禧、曹林林、叶国恩等同志，继续发扬刚来时的革命干劲，不断创造新的成绩，作出了新贡献，如：

李承禧同志，她工作积极认真负责，来了抢救病人，更是细心备至，在她的精心治疗中挽救了不少病人；在业务上经常提些合理化建议，并与医院同志一起想方设法来实现，曾多次受到了医院领导的表扬；且时时在住地主动关心周围同志，看望关心病员，主动帮助他人缝补衣服，是个关心同志的热心人。

3月26日中午，唐钢医院内科门诊，分秒必争地在抢救一位有机磷中毒的女病人，患者已深度昏迷，呼吸、心跳都已停止了，死亡已威胁着病人的生命。医院领导、内科主任都亲临现场指挥抢救，这时叶国恩同志更是全神贯注，汗流满面。突然患者呼吸道涌出大量分泌物，如不及时清除，影响抢救效果。用吸痰器，还未运到，用注射器吸太慢了！怎么办？大家都心急火燎，这时叶大夫不顾一切，伏下身子，用口紧紧吮吸病人的嘴，一口一口用力吸痰，谁换他也不肯让，一直坚持到接上吸痰器。

当人们了解到〔他〕是由千里迢迢的上海来到唐山抗震救灾的大夫时，大家都感动地说：我们又看到了“活着的白求恩”啊！

事后，医院表扬了叶大夫，要大家学习他这种救死扶伤的可贵精神。

曹师傅关心同志像关心自己一样，看到有的同志用水有困难，他就主动给同志烧水，并亲自送去。有个同志手受伤了，衣服很脏，就热心地帮助洗衣服等。几个月来，曹师傅为大家办好事正是一件又一件。曹林林同志学习雷锋的助人为乐的精神，得到了大家的赞扬。

最近一炼钢厂机动科、技术科党支部在庆功发奖大会上表扬这一季度表现突出的……11个同志。我们利用黑板报宣传阵地，把这些好人好事，积极宣传，激励着我们46名同志团结战斗，胜利前进。

我们除了正常进行党团组织生活、进行学习外，还经常开展党团的民主生活会，与不良思想倾向开展批评与自我批评，增强了党、团员的团结。有一次共青团员茅某某将唐钢的一副旧窗架私自送人，针对这件事，进行个别帮、团小组帮，为了肃清影响，还召开了我们厂支唐职工会议，在大组会上进行帮助教育。同志们说，这个会开得很好，不但帮助、教育了他，还在我们思想上敲响了警钟，提高了觉悟。

我们还召开了两次争取入党的积极分子座谈会，对他们提出了要求和希望。这些积极分子说：这是我们党组织对他们在政治思想上的关心，纷纷表示一定要团结在党组织的周围，努力工作，刻苦学习，创造成绩，用实际行动来积极争取早日加入伟大、光荣、正确的中国共产党。

我们又召开了被评为1976年工业学大庆厂级先进个人的座谈会。在会上，他们回顾了1976年虽然做了些工作，而组织上和同志们却给予这么大的荣誉，□□□□□□□□□□□□□与党组织所要求的差距还很大。今后一定继续努力，戒骄戒躁，团结同志，共同进步，为支唐工作和完成今年的全部钢铁计划而贡献自己的一份力量。他们写了一首诗：

支唐四月贡甚微，抓纲治国学大庆，

评为先进更觉愧，革命还要加拼命，

屈指一算时过半，戒骄戒躁永破满，

再擂战鼓多贡献，胜利完成支唐任。

为了表彰先进、鼓励后进，我们还在黑板报上出了特刊，让先进苗子发扬光大，到处开花、结果。

支唐工作已过去了三分之二的时间，我们还存在不少的问题，在工作中还存在不少的缺点和错误，还有个别党员没有起到先锋模范作用，这主要是由于我们没做好思想工作，没有发挥核心人员的作用。我们坚信有上级党组织的领导和关怀，只要依靠广大党员、团员和积极分子，依靠他们的大多数，我们的工作一定能搞好，一定会取得良好的成绩向党和人民作汇报。

现在我们的生活条件已有很大改善，在大家的努力下，自来水已接到了宿舍，不用再□□□□□□□□□□□□□□□□□，但已解决了很大的问题。食堂□□□□□伙食在不断地改善，我们的生活越过越好，这是唐钢领导关心的结果，是上海冶金局和各厂领导关心的结果。

……

以上汇报如有不妥，请党委领导，给予批评指正。

致

革命的敬礼！

支唐五人小组

1977年4月

沪筑销革字（77）第047号

建工局供销处革委会关于唐山复建工程急需毛竹的报告

上海市革委会基建组：

在华主席和党中央亲切关怀下，在上海市委直接领导下，唐山复建工程进展较快，第一期工程开滦电厂和机修厂合计51879 m^2 上半年完成，二期工程62169 m^2 三季度完成（少量年内完成）。面对这样大干快上的形势，为使复建工程顺利进行，更好地完成中央交给我市的援建任务，目前急需毛竹2.5万支。请领导给予支持解决。

上海市建工局供销处革委会

1977年4月19日

抄送：市商业一局、市土产杂品公司、市竹柴炭批发部、局施工组、处统配站、计划业务组

冶革（77）第125号

市冶金工业局革命委员会关于第二批支援唐山钢铁公司全面恢复生产有关几个问题的通知

上钢一、二、三、五厂，机修总厂，二机修厂革委会，驻唐临时党支部：

根据冶金部的布置和唐山钢铁公司的意见，要求我局第二批支唐人员136名。经与有关单位商定，对有关几个问题作如下通知。

一、第二批支援唐钢公司第一炼钢厂、第二炼钢厂、中型轧钢厂和职工医院计117名，加上后勤、门卫、食堂、锅炉等共计为136人，由上钢一厂承担39名，二厂5名，三厂32名，五厂34名，机修总厂15名，二机修厂9名（具体工种详见附表）。根据冶金部的要求，支唐人员应选派政治思想好，能够起骨干带头作用，有实践经验，技术熟练，身体健康的中老年工人同志参加。

二、为了便于领导，有利于抓革命、促生产，决定一炼钢和中型轧钢厂分别成立临时

党支部，由所在厂党委领导。一炼钢支部由上钢一厂、五厂各配备一位科（组）长或车间总支书记一级的干部担任正副书记（脱产），机修总厂配备一名不脱产支部委员组成；中型轧钢厂支部由上钢三厂配备一位科（组）长或车间总支书记级的干部担任支部书记（脱产）、二厂、二机修厂各配备一名不脱产的支部委员组成。

同时，为了便于工作，加强联系，我局在唐钢设立支唐工作组，由局派一人和一、三、五厂担任脱产正副支部书记的同志以及食堂管理员等五人组成，负责有关支唐生产业务方面的事情及生活管理等工作。

三、 上述支援任务，请各单位认真做好职工的政治思想动员工作，初步拟定于5月底、6月初出发赴唐（具体时间另行通知），支援人员中的党团员均应转党团的临时组织关系。

四、 根据唐山当前供应情况，第二批支唐人员，一律转临时油粮关系6个月（从1977年6月1日到11月底止）。

五、 在支唐临时党支部的领导下，认真做好第一批支唐人员的小结鉴定工作，并在小结的基础上评比出支唐先进生产〔工作者〕。在评比过程中，确定的先进生产〔工作〕者要同其原单位领导取得联系和同意，支部还应做好工作总结。同时，在人员返沪前，由局会同各有关单位的负责同志一起赴唐会同支部召开总结评比大会，宣布先进生产〔工作〕者名单并发奖状，第一批支唐人员初步决定从6月初开始分期分批返回上海。

六、 为了堵塞漏洞，防止国家财物的散失，支唐临时支部应认真抓紧做好清理移交工作。生产工具、生活用具必须清点造册，遗失的应由保管者写明情况，以备查考。食堂的主、副食品库存必须与账目核对相符，发现问题，必须发动群众，及时查清，以利移交工作的顺利进行。

七、 第二批的支唐职工有关生活补贴等方面问题，仍按照第一批的支唐人员规定发给，但（包括第一批人员）凡是支唐人员返沪期间在家休息的，一律不得发给伙食补贴，如在本市确属因公出差的，则可按照市内出差伙食补贴规定标准发给。

八、 为了搞好支唐人员的生活工作，决定由上钢三厂负责提供二吨汽车一辆，并配备驾驶员两名，为支唐职工食堂服务。由支唐工作组统一负责管理。

为了保证支唐任务的完成，请各支援单位……认真做好职工的思想动员工作，争取为唐钢尽快地全面恢复生产、为抓纲治国作出应有的贡献。

上海市冶金工业局革命委员会

1977年5月4日

附:

上海市冶金工业局支援唐钢人员任务分配表

被支援部门	支援单位 工种	总数	各单位承担人数						备注
			一厂	二厂	三厂	五厂	机修	二机修	
一炼钢	钳工	20	10			10			
	铆焊工	20	10			10			其中电焊工 12 名
	热工仪表	2	1			1			
	电工	12	5			5	2		
	车工	10					10		
	车床修理	2					2		
	划线工	2					2		
	带队	2	1			1			即一炼钢的正副支书
	小计	70	27			27	16		
二炼钢	汽化除尘	6	6						
中型轧钢	钳工	7		2				5	
	铆焊	2			2				
	电焊	2			2				
	电工	5		2	3				
	热工仪表	2			2				
	车辊	3		1	3				
	车床修理	4							
	技术员	2			2				电气、机床技术员各一
	备品	3			3				
	导卫	3			3				
	调整工	3			3				
	带队	1			1				即中型的支部书记
	小计	37		5	23			9	
职工医院	内科医生	2	1			1			
	外科医生	1			1				

（续表）

被支援部门	支援单位 / 工种	总数	各单位承担人数						备注
			一厂	二厂	三厂	五厂	机修	二机修	
职工医院	口腔医生	1			1				
	小计	4	1		2	1			
驻唐工作组	炊事员	6	2		2	2			
	门卫	4	1		1	2			
	锅炉工	4	1		1	1	1		
	会计	1				1			
	采购员	1			1				
	管理员	1	1						
	驾驶员	2			2				三厂并提供二吨汽车一辆
	小计	19	5		7	6	1		
	总计	136	39	5	32	34	17	9	

冶革（77）第157号

市冶金工业局革命委员会关于第二批支唐工作的通知

上钢一、三、五厂革委会：

英明领袖华主席最近又亲临唐山视察，对抗震救灾，加快恢复生产作了极其重要的指示。冶金工业部劳资司领导王国培同志也到唐钢公司对九大钢厂支唐的工作，进行了检查和部署，并与唐钢公司研究决定，再次压缩支唐的人员。对于第二批支援唐钢公司恢复生产的问题，局革会曾于今年5月4日以冶革（77）第125号文作了具体布置。现根据压缩的人数，作适当调整。原支援唐钢中型轧钢厂37人，现由唐钢自力更生，内部挖潜，平衡解决。原支援第一炼钢厂的人数，由70人压缩为60人，支援第二炼钢厂的人数仍为6人。支援医生由原定4人改为3人，后勤服务人员也有了减少，现将调整意见通知如下，请按此执行。

一、 为了集中力量，便于领导，经局研究决定，第二批支唐人员共计84名，改由上钢一、三、五厂分别承担。上钢二厂、机修总厂、二机修厂不再承担支援任务。

二、 为了加强领导，搞好支唐工作，请上钢一、三、五厂各配备一位科（组）长或车间主任级的干部，再请上钢一厂配一位党员食堂管理干部，局劳安组派一名党员干部共五人组成临时党支部，在唐钢第一炼钢厂党委的领导下，做好支唐人员的政治思想和生活管理工作。

三、 当前唐山供应情况已基本好转，根据国家对外出人员油粮供应的规定，第二批支唐人员，一律转临时油粮关系6个月（6月15日至12月15日止）。请上钢一、三、五厂加强对支援人员的政治思想工作，认真做好动员，于6月15日前出发赴唐（具体时间另行通知）。

四、 第二批支唐人员有关生活补贴等问题，仍按照第一批支唐人员的规定办理。但第一批支唐人员春节返沪期间的出差补贴费应予扣还，如返沪期间，确属因公出差的，可按市内出差伙食补贴标准发给。个别单位还自行决定每人另发二十元困难补助的做法是不对的，也应如数扣还，如个别职工生活确有困难，符合补助条件的例外。

五、 为了搞好支唐人员的生活工作，请上钢三厂负责提供两吨汽车一辆，并配备两名驾驶员，为支唐职工食堂服务，由临时党支部统一负责管理使用。

六、 第一批支唐人员返沪时，上钢二厂、机修总厂、二机修厂，除宿舍内的床、桌、凳留下办好交接手续暂借给唐钢使用外，对生产工具、生活用品等应全部运回原单位。上钢一、三、五厂原宿舍除第二批支唐人员需用外，空房内的床、桌、凳应同样处理。对生产工具、生活用品除第二批支唐人员需用外，亦应运回原单位。如有些生产工具，唐钢要求留下的应办好移交手续，按价结算。

七、 为了堵塞漏洞，防止国家财物的流失，第一批支唐临时党支部应认真负责，抓紧做好清理移交工作，生产工具、生活用品都必须清点造册，遗失的应由保管使用者写明情况，以备查考。

食堂的主、副食品库存必须与账目核对相符，发现问题应发动群众，及时查清，以利于移交工作的顺利进行。

为了保证支唐任务的完成，请各支援单位认真做好支唐人员的思想动员工作，为唐钢全面恢复生产作出应有的贡献，以实际行动贯彻落实华主席抓纲治国的各项战斗任务。

1977年5月23日

抄报：冶金工业部

抄送：冶金工业部劳资司、唐山钢铁公司革委会、上钢二厂、机修总厂、二机修厂革委会、上海支唐临时党支部

附：

第二批支唐人员分配表

支援单位	支援单位 / 工种	总数	各单位承担人数			备注
			一厂	三厂	五厂	
一炼钢厂	车床划线工	2	1	1		
	车床修理工	1			1	
	铆焊工	7	2	2	3	
	电焊工	11	3	4	4	
	电工	10	3	4	3	
	车工	10	3	3	4	
	钳工	16	6	4	6	
	仪表工	1			1	
	氧枪修理工	2	1		1	
小计		60	19	18	23	
二炼钢厂	汽化除尘	6	6			
职工医院	内科	2	1		1	
	口腔或外科	1		1		
职工食堂	炊事员	6	2	2	2	
	会计	1			1	
	采购员	1		1		
	管理员	1	1			
	驾驶员	2		2		
	锅炉工	4	1	1	2	
小计		16	4	6	5	

冶革（78）第020号

市冶金工业局革命委员会关于支唐工作的情况汇报

冶金工业部：

在英明领袖华主席抓纲治国战略决策指引下，根据冶金工业部的布置，我局由上钢一、二、三、五厂，二机修、机修总厂共抽246名工人和干部，先后二批组成了支唐队伍（其中党员56名，团员61名），并成立了临时党支部。从1976年12月中旬到1977年11月中旬，在唐钢公司和一炼钢厂党委的领导下，与唐钢工人、干部一起投入抗震救灾、恢复生产的战斗。

一年来，我局支唐职工和唐钢工人一起通过深揭猛批“四人帮”的反革命罪行，受到了一次极为深刻的路线教育，因此在和唐钢工人阶级一起恢复钢铁生产的战斗中，作出了一定的贡献。据不完全统计，一年来，共完成了化铁炉、转炉、连铸大中修20余次，行车大中修30台，制作60吨电平车二台，修理好车床七台，车床的备件备品加工量提高了一倍以上，修复了各种减速箱52只，新装了各种类型减速箱31只，修复了大小电机300余台，大修了80千瓦大电机七台，13.5直流发电机一台，同时还革新了一台电工自动裁带机和一台小型机械拉磨顶压机，改革了200吨机械压力机，自行设计自行制作了一台300吨油泵压力机，改革了模具钻床12套，在一定程度上解决了多年来机械加工中的老大难问题。特别是在油管会战中，铆焊工同志担负了双层管的焊接任务，要求高，技术性强，工作环境比较艰苦。由于这些同志发扬了“一不怕苦，二不怕死”的革命精神，从而及时赶在寒流之前，提前三天完成了会战任务，保证了氧气炉的正常开炉，此外，还为唐山市育红学校（即孤儿院）制作了一台烘烛机，为该校自力更生、勤工俭学创造了一定条件。

一年来，广大支唐职工始终保持一股旺盛的革命干劲，力量的源泉来自于英明领袖华主席的亲切关怀，亲临视察，使大家在伟大的抗震救灾斗争中，人人受到深刻的教育，个个提高了三大革命斗争的觉悟。通过总结评比，有106名同志被评为先进生产〔工作〕者，占总人数的43.1%，好多同志受到了表扬。

根据冶金部劳动工资司和唐钢关于我局一、三、五厂支唐职工可于11月20日左右结束返沪的决定，我们于11月13日组织一、三、五厂有关部门（财务、后勤、劳动工资各一人）的同志共十人去唐钢现场办理结束事宜，经过双方商定：

一、 凡是我局所属单位在支唐期间建造的单身宿舍和自办食堂用的锅炉、冰箱等固定资产，按照财务制度办理无价调拨手续。

二、 凡是我局所属单位在支唐期间备用的日常生活用具，如铁床、办公桌等均作有价调拨给唐钢。

三、 以我局支唐队名义所印用饭菜票，即代价券、代粮券，经我局一、三、五厂各派代表一人清点后当场全部烧毁（详见附件，此附件另一、三、五厂各执一份）。

四、 关于支唐队自办食堂可能有亏损问题，经局与一、三、五厂共同商定，待财务、管理员、采购员等将账目结清后，其亏损部分，应查明原因，核实金额后由一、三、五厂共同负担报损。

在唐钢公司和一炼钢党委的关心支持下，上述结束事宜，已于11月22日顺利完成，所有支唐职工已于11月23日离唐返沪。目前这批同志返回原单位后，带来了唐山人民抗震救灾顽强战斗的革命精神，积极投入生产，为完成和超额完成今年的国家计划而努力奋斗。

上海市冶金局革命委员会

1978年1月20日

抄报：上海市革委会工交办、冶金部劳资司

抄送：上海市劳动局、上钢一、二、三、五厂，二机修、机修总厂

第十二节　上海市建筑工程局革命委员会

上海市建工医院抗震救灾医疗小分队汇报提纲

7月28日，唐山、丰南一带发生强烈地震后……我们职工医院赴唐山医疗小分队15位同志受全局八万职工和全市人民的委托，于7月29日奔赴唐山，和唐山军民一起度过了15个艰苦奋斗的日日夜夜，亲眼目睹了唐山人民抗震救灾的英雄业绩，也使我们在战斗中经受了锻炼和考验。……下面分两大部分向领导和同志们汇报：

第一部分：在毛主席、党中央的亲切关怀下，唐山军民在抗震救灾中的英雄事迹。

在灾区，我们亲眼看到、亲身体会到党和毛主席对灾区人民的亲切关怀……中央慰问团副团长陈永贵副总理30日就已到唐山了，比我们上海医疗队到得还要早。我们到达唐山机场时，陈永贵副总理已在进行工作，中央首长的帐篷就设在机场。这时，有的同志叫了起来："那不是陈永贵副总理吗？"声音被陈副总理听到了，他马上向我们走过来，同上海医疗队的同志握手，并要大队部向全体上海医疗队员转达中央慰问团的问候，希望医疗队全体同志以深厚的无产阶级感情，努力抢救治疗伤员。同志们听了之后心情非常激动，大家说，中央慰问团就在我们身边，我们一定要克服一切困难，千方百计抢救治疗每一个伤员，把毛主席、党中央的亲切关怀送到灾区人民的心坎里。……我们在机场看到，各地运来的物资堆积如山。飞机平均每两分钟起飞一次，紧张时每26秒钟就起飞一次。7月28日至8月1日5天内，飞机总架次1044次，最多一天有300架次。解放军派出了十几万指战员来到唐山抢险救灾，其中包括由20多个医院组成的医疗队。……上海市委对灾区人民全力支持，市委领导说：唐山的灾情就是我们的灾情，唐山的困难就是我们的困难。在派出第一批医疗队880人之后，8月5日又派去了第二批医疗队1100多人，还派出专机空运大批医药物资支援唐山抗震救灾。

……唐山第一医院党委书记整个左上肢由于严重骨折，完全不能动弹，在我们巡诊时发现了这个情况，劝他转院医疗，他坚决不肯。他说："我不能离开自己的工作岗位，我要在这里指挥战斗。”

……我们职工医院小分队帐篷的对面就是唐山百货大楼，地震那天，这幢楼房被震塌了。在值班的女青年干部党支部书记被压在里面，当她被从倒塌的房子里救出来后，她没有离开现场，因为她想到在严重自然灾害的情况下……房子虽然塌了，但是里面还有人民群众的财产。因此她毫不顾及伤痛，站在外面守卫。当时她还穿着短裤，只要一伸手就可以从房子里找到衣服或毯子，并可以找到吃的东西，但她没有动用一点公共财物，一直坚持到亲人解放军赶来。

……

抗震救灾中大量的事实证明了唐山人民是英雄的人民，直到现在，虽然我们已回到上海，但唐山人民在严重灾害面前所表现出来的高贵品质、革命精神，仍然深深地印在我们心上。我们15位同志每人都能讲出许多事例，都有很多感受。大家共同的感受就是，唐山的人民是坚强的，是经得起任何艰难困苦考验的。面对强烈地震造成的严重后果，我们没有看到有人哭泣，不但成年人这样，就是儿童也和大人们一样坚强。我们小分队的汪雪舫就亲身遇到过这样一件事：有一天，小汪看门诊时，来了两个孩子，大的是小姑娘，大约十一二岁，小的是男孩，大约七八岁，只听男孩说："姐姐你不要哭，哭也是疼，不哭也是疼。”于是，小汪马上去问那个小姑娘是怎么回事，小姑娘伸出右腿，只见腿上有一道约四公分长的伤口，小汪对她讲这个伤口要缝上，小姑娘问缝伤口会不会疼，小汪还没有来得及回答，那个男孩就讲："大夫你给她缝吧，缝上了才能好。”“姐姐，不要怕疼。”小汪进行伤口缝合时，两个小孩互相鼓励，十分坚强。这时队里的一位老医生走过来，随便问了一句："怎么没有大人陪你们来？”他们说："爸爸、妈妈、大哥哥、大姐姐都被压死了。”他们回答得很自然，而我们的同志听了却很难过。伤口缝好后，我们送给他们一些饼干和两只苹果。经过一阵推让以后，他们收下了，并对我们说："谢谢上海大夫。”我们说，不要谢我们，是党中央、毛主席教我们这样做的，要感谢党！感谢毛主席！说到这里，两个孩子放声大哭起来了。这时的情景也使我们激动得热泪夺眶而出。他们还是孩子，伤痛在身上可以不哭，失去了亲人可以不哭，提到毛主席、共产党的恩情，他们却放声大哭，这充分体现了唐山儿童的高度的思想境界。看到唐山人民有这么好的后代，我们都非常高兴。

……

……7月31日下午，我们进入唐山市区不久，就随同两名解放军去抢救一个压在钢筋混凝土建筑物下的阶级兄弟。当我们赶到现场时，只见一位浑身衣服早被汗水湿透了的解放军，在两堵非常危险的夹弄中清除破碎的砼块，在他的正上方，一根砼梁已摇摇欲坠，只要一发生余震，不是夹弄倒塌，就是那根梁坠落。在此地操作非常危险，因为已明确知道下面有一位阶级兄弟还活着，解放军早就下了决心，哪怕自己再危险，也要将里面的人救出来。由于在烈日高温下连续工作，那位解放军中暑昏倒了，我们马上对他进行了抢救。从其他解放军的谈话中，我们知道他是连长。我们找来了半壶水，正想喂他喝下去，他醒了，二话没说就站了起来，不但不喝一口水，而且脱了上装，赤着膊，推开其他人，又去干起来了，比刚才干得还要猛。在其他解放军同志的共同努力下，终于将压在下面已经四天的一位阶级兄弟救出来了。这时那位连长却想起来要那半壶水，亲自一口一口喂给被救的人吃，被救的同志激动得只是嘴唇颤抖，说不出一句话来，等了长久才说：解放军救了我的生命，我一定把这第二次生命全部献给人民。

解放军同志这种高尚的革命精神永远是我们学习的榜样。8 月 3 日下午，气温高得使人喘不过气来，解放军防化连战士们为了防止瘟疫，保障人民身体健康，顶着酷暑，身穿橡皮衣，进行空气消毒。由于在高温下连续十几个小时的工作，他们当中好几个人中暑昏倒了。其中有三位战士当即送到我们医疗队驻地。大家看到送来的是亲人解放军，心情格外焦急。当把他们的橡皮衣脱下来的时候，衣服里的汗水可以用碗盛。……大家只有一个心愿，一定尽快使亲人早脱险。三位战士中，有一位年纪最轻的送来时，不仅处于昏迷状态，而且四肢不停地抽筋。经过抢救，这位小战士醒过来了，第一句话就是我没有完成任务，我不能睡在这里，想爬起来就跑，因为严重脱水，他已经无力站起来了。我们决定马上给他输葡萄糖盐水，但他坚决拒绝，针头插进去，又被他拔出来，虽然这时他身体十分虚弱，可是要给他输液，三四个人都按不住他，他坚持这些药应该用到灾区人民身上，给他喝水，他就把头扭过去，说要让给灾区人民喝；给他苹果，他更是不吃。部队首长来看他时，他含着热泪，还是那一句话："我没有完成任务，我对不起灾区人民。"……8 月 7 日晚上，突然下了一场暴雨，暴雨之大在上海是非常少见的，很快我们的帐篷就漏水了。在这种情况下，如何修补帐篷，我们毫无办法。正当我们束手无策、无从下手的时候，帐篷却不漏水了，而外面的雨一点也没有小下来，这是怎么一回事呢？我们向帐篷外面一看，一切都明白了，原来是亲人解放军把自己的雨衣脱下来盖在我们的帐篷上了，他们却站在暴风雨中，任凭风吹雨淋。看到这种情况，顿时一股暖流从胸中升起，真是军民鱼水一家人，人民和子弟兵心连心。

……

……解放军对我们医疗队也是关怀备至。我们好多个医疗点上吃的水、大米、蔬菜，都是解放军供应的，天气冷了还借衣服给我们穿。我们医疗队开展工作，得到了解放军大力的支持和帮助。……

第二部分：向英雄的唐山军民学习，发扬一不怕苦，二不怕死的革命精神，千方百计救护伤员。

7月28日，唐山、丰南发生地震以后，……上海当天就组织了880名医务人员，分成56个医疗小分队，于7月29日清晨分乘两列火车出发，我们职工医院乘坐的是早上7时20分的火车，第二天（30日）上午5点多钟到达天津杨村机场，露宿一天，第二天再乘飞机到唐山。在列车上我们全体队员认真学习了党中央、毛主席给灾区人民的慰问电，讨论了市委和局党委对我们提出的希望和要求。大家心情非常激动，同志们说：临战前夕表决心，毛主席挥手我前进，抗震救灾当尖兵，誓献丹心为人民。我们15位同志一致要求大队部分配我们到最艰苦的地方去战斗，在列车上我们向大队部递交了决心书。

根据大队部的安排，我们被分配到灾情最重、居民密集的唐山市中心路南区开展救护工作，艰苦而又紧张的战斗就此开始了。在唐山的15天中，我们建工医院小分队……克服了医疗条件、生活条件上的重重困难，救护了伤病员10777人次（不包括巡回在内），其中抢救重危病人184人，延期伤口一次清创缝合352人，处理骨折病人256人，针灸推拿390人，采集中草药50余斤，用草药治疗200余人，为小山街道宋大街居委会培养了5名卫生员，帮助他们建立了卫生网。

……

我们来到市区，一下车，正在考虑如何在遍地都是瓦砾的人行道上搭帐篷时，受伤的群众含着激动的泪水像潮水一样向我们涌来，人群中响起了“毛主席万岁！毛主席派的上海大夫来了”的欢呼声。面对这种情况，我们十分为难，搭帐篷吧，无从着手；看病吧，帐篷还没有搭，怎么办？这时，我们看到许多伤员饱含着期待的目光，心情十分激动，大家表示，踏上唐山的土地就是战斗的开始，早一分钟开始救护，就能早一分钟解除伤员的痛苦，于是我们小分队立即兵分二路：一部分同志动手清除瓦砾搭建帐篷，一部分同志立即在露天开始了救护工作。在烈日下，我们救护了一个又一个的伤员。可是到了下午6时左右，新的困难出现了，一位正在帮助伤员清洗伤口的同志叫了起来：“队长，消毒药水没有了。”大家一听带来的消毒药水已用完，心里都十分焦急。这时前来要求治疗的伤员越来越多，不解决这个问题，救护工作就要受到严重影响。这时几位外科医生和护士马上提出用食盐自制生理盐水代替消毒药水，这个建议得到大家的赞同。但是我们从机场带来的冷水只有半锅，大家从早晨到现在都没喝过一口水，晚上吃压缩饼干就要靠这点水，这时的半锅水一下子变得特别珍贵了，但是同志们都表示，应该让这点水为救护伤员服务。当时有几个队员刚把杯子送到嘴边，想喝口水润润喉咙，一听到要用水做生理盐水，马上放下杯子，将水倒进了锅里。大家坚定〔地〕说：“这点水我们不喝，为了抢救阶级兄弟姐妹，别说不喝水、不吃饭，就是豁出性命我们也干！”就这样，我们制成了生理盐水继续抢救伤员，一直战斗到深夜12点，这一天我们一口气救护了1500多名伤员。……

……随着大量伤员不断涌来，我们带去的一些药品器材在很短的时间内用光了，怎么办？同志们说："困难像石头，决心是榔头，榔头敲石头，困难就低头……"比如许多骨折病人需要夹板固定，带去的用完了，我们就地取材自己动手解决，用布条、木板、树枝、马粪纸、铅丝加工做成土夹板。最为困难〔的〕是我们带去的止血和消肿药用完了，这些又是抢救外伤病员时必不可少的药，为了保证抢救工作顺利进行，早日帮助唐山人民解除痛苦，骨科余志祥医生，遵照毛主席关于"中国医学是一个伟大的宝库，应当努力发掘，加以提高"的教导，提出用草药止血消肿。小分队立即支持了老余的建议，决定由老余马上出发去采集。余志祥同志像接到战斗命令一样地很快就离开了驻地……特地到附近的工人住宅区，想找个向导带带路。唐山居民知道老余的来意，非常积极热情地派出一位女青年和一位红小兵，还借给了一辆自行车，一路上都比较顺利，但就在市郊交界的地方，有一座桥被地震震坏了，老余不会游泳，从断桥上跳过去又非常危险，怎么办呢？……带路的那位女青年……又带着老余绕了好几里路，到了郊区，找到了血见愁、蓟草、葎草等止血消肿的草药，三个人一起动手，很快就拔了一大捆。带回驻地已是晚上8点多钟了，老余顾不得歇一歇脚，就把这些草药一把一把发到伤员手里，一个一个地教伤员们怎样敷、怎样用。第二天再去巡诊时，那些敷用草药的伤员，病痛有显著的减轻。〔他们〕就是靠这几种草药，使一个腰部受伤出血不止的小姑娘，脱离了危险。余志祥同志先后六次带领唐山青年和向阳院的小朋友采集草药，在治疗伤病员中发挥了特殊的作用。譬如，在我们巡诊过程中，发现腹泻病人越来越多，而我们带去的痢特灵、合霉素等治疗腹泻的药快用完了，这时我们就把采集来的马齿苋等中草药，送到腹泻病人的手中，教他们服用的方法。可是过了一天，腹泻的病人不但没有好转，而且增加了新的病员，这是怎么一回事呢？是草药不灵吗？经过了解，原来是大部分病员并没有服用这些草药，因为他们缺水、缺煎药的盛器，也没有煎药的时间。了解到这个情况……我们决心学习亲人解放军，抗震救灾见行动。于是，小分队决定，中草药要煎好送去。大家还拿出解放军送来的几斤红糖，全部用于煎草药、治病员。我们还定了一个规矩：工作再忙，煎草药不能忘；水再少，煎药用的水不能少。由于送医送药上门，方便了病员，在短短的几天中基本上治好了所有的80多名腹泻病人。为此唐山人民专门送来了感谢信，有的还写了诗，感谢信上说：治好我们病的不仅是一碗草药，更是上海大夫的一片心意；我们喝的不是中草药，而是喝的"红心汤"。

我们医疗队的队员们……千方百计克服药品器械的困难，保证抢救工作顺利进行。麻醉药用完了，就用针麻；棉花球用光了，就用纱布、纸头代替；西药缺少草药代。实践教育了我们，有了全心全意为灾区人民服务的思想，就能产生克服一切困难的智慧和力量。在这方面外科医生石其昌提出在救护中进行二期清创缝合手术，并取得成功的事实，有力地证明了这一点。

按照医疗常规，外伤必须没有感染，而且伤口没有超过24小时，才能做缝合手术。但是，我们到唐山时，病人的伤口都已有了70多小时，许多伤口已经感染、化脓，按常规是不能进行缝合的。这时石其昌同志提出，如果不做缝合手术，病人伤口难以愈合，即使好了也会留下很大的伤疤，这样不仅伤员将经受较长时间的伤痛，有的还会引起反复感染，影响伤员健康……。石其昌同志建议打破常规，对外伤病人进行延期伤口一次清创缝合。石医生的建议得到全体队员的支持，大家表示唐山人民的痛苦就是我们的痛苦……只要我们细心处理伤口，缝合手术一定能取得成功。经过大家群策群力，确定了手术方案并在抢救中实施。8月4日，一位唐山搪瓷厂的老工人李金柱来到医疗队，他的左肩背部，在地震时受伤，伤口达20多公分长，3—4公分深，伤口已经化脓腐烂。面对这样大而且已经发臭的伤口，我们没有退缩，采用针麻，用手术刀刮除了腐烂部分。用生理盐水冲洗消毒，保证伤口不会感染，然后进行了缝合手术，总共缝了20多针，手术进行得很顺利。三天后，我们替他检查了伤口，发现情况很好，伤口分泌很正常，8月14日，即手术后〔第〕十天，我们给李金柱师傅拆线，伤口已经痊愈，我们问他感觉怎么样，他说："大夫，我已经上班好几天了，感谢你们这么快帮助我治好伤，我们一定要用最短的时间建设社会主义的新唐山，到那时我一定写信告诉你们！"在唐山的15天中，我们采用延期伤口一次清创缝合手术，治疗了352名伤员，98%迅速痊愈，只有五个病例发生感染，经过药物处理，也痊愈了。

我们在唐山进行抢救伤员的过程中，许多医疗队员做到了想病人所想，急病人所急，痛病人所痛……。譬如，由于地震时房屋坍塌，许多病人是被砸伤、压伤的，常常不是腰椎移位，就是软组织扭伤、踝关节脱臼，病员数量很大。这时只学过三个月推拿和针灸技术的工人医生王祥家同志，毅然主动投入抢救战斗。有一次，来了一位脊椎骨错位的病人……一点不能动弹，领导马上把他抬到我们小分队。王祥家同志……主动承担了帮这位工人进行脊椎整位手术，按理要二位医生配合才能进行，但为了让其他医生多抢救病人，他一个人一面用腿顶住伤员的腿，一面侧着身子进行整位推拿。这种推拿要用很大力气，一个医生这样推，用力稍一不当，自己反会被扭伤。……那位工人是别人抬着来的，回去时就能自己走路了，这件事很快就在唐山市郊传开了。不少伤员从三四十里外的郊区赶到我们小分队，请老王给他们治疗。在短短的几天里，王祥家同志和小分队的队员们一起，运用推拿和针灸技术治好了380多个腰椎骨移位的病人。

还有一次，一位老人，由于腰臀部挫伤，四五天不能大便，肚子胀得难受，情况十分严重，但我们小分队当时既没有药物灌肠，又没有通大便的药。内科吴之畏医生为了帮助病人解除痛苦，毫不犹豫地用手帮病人挖大便，吴医生跪在地上整整15分钟才帮病人挖出了大便，解除了病痛。在唐山的战斗过程中，我们医疗队员想到的是病人，只要能使病人脱险，早日解除痛苦，我们再苦再累也情愿。当时，由于每天要工作15小时以上，白天酷热，夜晚又很凉，医疗队里不少同志都拉肚子，其中蔡文海、金敏华、陈天祥、张秀玉等同志，虽然拉肚子很厉害，但他们不肯吃药，仍然坚持〔在〕战斗岗位。又如为了使重危病人能住下来进行观察治疗，我们腾出自己睡的地方，拿出自己的席子、毯子给病人盖，把领导送来的食物送给病员吃；遇到重病员，丛华等同志轮流用调羹一口一口地喂他们吃，有时病人呕吐正好都吐在我们医生的身上，但他们毫无怨言，擦掉身上的脏物，继续喂病人。为了抢救病人，在雷雨交加的深夜，我们坚持出诊。有一次出诊时遇到一位心脏病病人，药箱里已没有这种药了，吴医生就把自己服用的仅有的一些心脏病药让给了病员。在门诊非常繁重的日子里，为了抢救更多的伤员，我们还抽出力量到两三里路外的宋大街居委会进行巡回救护，那里有360户，徐迪、张秀玉、石其昌等同志挨家挨户一家一家访问，救护了100多名病人。在这样紧张的抢救战斗中，我们想到要使伤员在我们离开唐山后也能得到治疗和护理，主动帮宋大街居委会培养了五名卫生员，建立了卫生防治网。在唐山战斗的十五天，是紧张的十五天，艰苦的十五天，更是同天斗同地斗同一切困难斗的十五天。我们十五个同志都怀着这样的信念：胸中有了党，浑身有劲头，困难就低头，重建唐山有奔头，亲人遇险十指连心，为抢救亲人掏尽红心，能救亲人再苦再累也甘心！

地震所造成的严重破坏，不仅给我们医疗队员在工作上带来很多的困难，而且在生活上也带来很大困难。有些困难，对于我们长期生活在城市的同志来说，是很难想象的，特别是水的困难最大。我们到达唐山的时候，正是最炎热的夏季，白天温度高达三十七八度，要是在上海，每天一定要喝很多水，还要洗澡。可是在唐山，由于自来水厂被地震破坏了，自来水管被地震震裂了，因此在市区内根本找不到一滴自来水。顶着炎热的太阳，连续抢救伤员的紧张战斗，使每个医疗队员都大量地出汗。在这种情况下，大家是多么需要水呀。有一天，我们医疗队只剩下一壶水了，当时大家渴得要命，这壶水就是给一个人喝也不够。指导员把这壶水送给队员润润嘴，每个队员接到这壶水，一个一个向下轮流传了一圈。可是大家想到的是伤员更需要水，谁也不肯喝一口，最后这一壶水还是挂在帐篷中间，准备留给伤员用，而这时大家的嘴唇都干裂出一道道的口子。压缩饼干我们平时吃得很香，但在那个严重缺水的时候，同志们实在没有办法吞咽下去。一个平时能吃五两饭的小伙子，这时吃一小块压缩饼干，也要作出极大的努力。为了保持体力，继续作战，在指导员的政治动员下，大家都努力强迫自己，吃一点压缩饼干。在从7月31日到8月3日的四天中，我们除了吃过两顿粥外，其余十顿全是吃的压缩饼干，这时水对我们来说，真像甘露一样珍贵。过去，我们只是从电影上、故事里，看到和听到像上甘岭那样的缺水情况；而这一次，我们自己真正体会到缺水的滋味了，大家对水的感情也不同了，用水时算了又算。有一次，化验员何关福同志，跑了几里路，在一个工厂的废水池里找到了一点水，拎回来以后，经过沉淀消毒，烧了一点开水，每个人都喝了一点水。还有一部分水烧开了留给伤病员喝。最后留下一小盆水，大家轮流把毛巾蘸蘸湿，擦了一下脸，用过的这盆水我们还舍不得倒掉，把它沉淀一下，用来洗脚。所谓洗脚实际上也只是把脚蘸蘸湿擦一下，这时水已像黑泥汤了，但还要物尽其用，在水里放点敌敌畏，喷洒在周围地面上，作环境消毒、灭蝇〔用〕。记得有一天小汪和小徐两个青年外出巡诊，路上看到一个小女孩，手里拿了一个菜瓜，小汪对小徐说：平时看到这种瓜，一点无啥啥，现在看到，我嘴巴里真有点酸汪汪的。小徐和小汪开玩笑说：要是这个小女孩对你说，阿姨，这个瓜送给你吃，你恐怕真会收下来。两人都不约而同地笑了起来。这虽然是两个医疗队员在开玩笑，但是却反映当时大家对水是多么需要，多么渴望。就在这时，亲人解放军给我们送来了大米、油、蔬菜和西瓜，唐山市委送来了罐头，上海市委也空运来了苹果，我们小分队分到了60斤，真是一下子富裕起来了。大家感到这是党中央、毛主席和各级党组织对我们的关怀，我们要更好地投入抗震救灾的战斗。……晚上，结束了一天的紧张的战斗以后，大家围坐在帐篷内，打开罐头，拿起苹果，开始吃起来。但是很快同志们就不吃了，平时感到甜脆的苹果现在竟吃不出个滋味，可口的食品也引不起食欲。大家想到了睡在隔壁的伤员们，想到这些阶级兄弟姐妹负了伤，流了血，身体弱，比我们更需要补充营养和水分，这些苹果、罐头等食品……一定要送给伤员们吃。小分队还专门开了党小组会议，讨论了这样几个问题：现在灾区人民生活怎么样？怎样使这些食品发挥最大的作用？大家越谈越有劲，一直讨论到深夜，最后作出决定：党小组支持队员们的倡议，把这些苹果、罐头让给唐山人民，让给伤病员，让给最辛苦的人民子弟兵吃。伤员们收到我们送去的苹果、罐头，激动得热泪滚滚，连声高呼：“毛主席万岁！”“共产党万岁！”有位失去亲人的老大娘，当我们把礼物送到她家里时，老大娘久久说不出话来，过了一会，她才用手擦干了眼泪，说：“社会主义好啊！要是在旧社会，像我这样的人不要说有病，就是没病也要活活饿死呀！”事实更进一步教育了我们，我们少吃几个苹果是光荣的，是应该的，转送给伤病员的不只是几只苹果，而是把毛主席的关怀、党的温暖传给唐山人民，把上海人民的阶级深情转达给唐山人民。

……

8 月 15 日我们接到了胜利返回的通知。当我们离开唐山前，刘子厚等河北省委领导同志，亲自接见了我们医疗队各分队的负责人。

……在强烈地震过去不久，街头就出现了“天崩地裂何所惧，泰山压顶不弯腰”“地大震，人大干，你震你的，我干我的”“你来一次地震，咱来一场革命”等气壮山河的醒目的大幅标语，他们还响亮地提出“别看我们受了灾，大庆红花照样开”“争取早日恢复生产，把地震的损失夺回来”。他们这样说，也是这样干的。自行车厂在震后第七天首先恢复生产。接着英雄的开滦马家沟矿广大职工争分夺秒，奋发图强，在强烈地震后第五天，展开了恢复生产的大会战。接着，唐山铁路也通车了，电厂开始供电，8 月 3 日我们附近的路灯也亮了，水也通过救火水带源源流向市区，邮电、通讯和有线广播已经恢复。到我们离开前，已有 20 个厂恢复了生产，商业网点已恢复营业，在街上可以吃到阳春面，可以理发。《唐山劳动日报》在 8 月 4 日就复刊了，学生开始进抗震学校学习，向阳院恢复了活动，医院开始收治病人。现在你踏进唐山市区，就可以看到在马路两旁和一些空旷的场地上已搭起了一幢〔幢〕准备过冬的简易住房。上班的人骑着自行车、坐着公共汽车来来往往，抗震救灾，抓革命、促生产，重建家园、建设新唐山，一派生气勃勃、繁忙战斗的景象。

……

上海市建筑工程局职工医院赴唐山医疗小分队

1976 年 8 月

建一简报第 30 期

支援灾区立新功　教育革命显成果——水电队“七二一”电工班用教育革命的实际成果支援灾区人民

……

唐山、丰南一带发生强烈地震以后，为了支援灾区人民，市委下达给轻工局 5 天内生产十万只 1. 5 米宽、2. 5 米长的塑料袋任务。当时，全市能生产这种 1. 5 米门幅塑料膜的机器只有两台，要完成这一艰巨任务，必须在最短时间内再安装两台。31 日晚 9 点多钟，轻工局和金山塑料厂党委负责同志亲自带队，到水电队紧急求援。

水电队党支部领导听了兄弟单位的介绍，二话没说，坚决表示:“支援救灾是我们的共同任务，你们的困难就是我们的困难，这个任务我们包下了。”

任务接下了，交给哪个班去完成？支部一研究，马上想到“七二一”电工班。可是这个班马上就要转移上海工地了，他们会不会有什么想法呢？支部书记老袁准备第二天一早再到“七二一”电工班去动员，可是第二天天还没亮，支部办公室门前就拥满了一群生气勃勃的年轻人，他们就是“七二一”电工班的工人学员。原来这个班过去一直在塑料厂工地结合典型工程开门办学，昨天夜里，他们见到塑料厂的同志找上门来，知道又有紧急任务了，所以一大早就来向支部请战。他们向支部表示：灾情就是命令。唐山人民英勇抗震的事迹就是最好的动员，请领导上在这场支援救灾的斗争中考验我们吧！面对这些急灾区人民所急、想灾区人民所想的朝气蓬勃的战士，支部领导觉得没有多余的顾虑和迟疑，立即带领“七二一”电工班赶到了现场。

到了现场一看，待安装的塑料挤膜机有的还装在箱子里，有的连辅机和电器控制设备都没有，更困难的是要安装这些机器，连一张图纸都没有。可是这些困难都没有难倒“七二一”电工班的学员，他们发扬灾区人民“泰山压顶不弯腰”的大无畏精神，战胜了一个个困难：没有图纸，他们在老师傅的指导下和塑料厂的老师傅一起，边摸索、边画草图、边安装，缺少设备，他们就把 90 cm 挤膜机上的辅机和电器控制设备改制一下，临时代替。中午，他们从塑料厂赶了两三里路回队，用最快的速度吃完饭，顾不上休息，又冒着烈日赶回现场战斗。晚上下班了，他们还不愿离开机器。他们只有一个想法，早一分钟安装好机器，就能早一分钟将生产出来的塑料薄膜支援灾区人民抗震救灾。在安装挤膜机的紧张战斗中，他们谁也没有闲过一分钟，也顾不上说一句多余的话，汗水湿透了衣服，他们顾不上擦一擦，腰酸腿软了，他们咬咬牙坚持着。一直到晚上 9 点多，两台生产支援灾区人民救灾斗争塑料膜的机组终于胜利安装成了，这时，“七二一”电工班的同志已经连续奋战了 16 个小时。队领导和轻工局、塑料厂的党委领导和工人同志看到他们连续奋战了一天多，劝他们赶快回去休息，可是这 11 位同志说什么也不愿离开现场，他们说：“我们要对党、对灾区人民负责，机器还没有运转，我们绝不离开。”说着，他们又和塑料厂的工人、技术人员一起，投入了机器调试战斗。一直到晚上 11 点多，两台挤膜机都正常运转了，他们才放心地离开现场。他们这种革命精神和雷厉风行的战斗作风，深受轻工局、塑料厂党委负责同志和工人师傅的赞扬。

这两台 1.5 m 门幅的塑料挤膜机是采用最先进的逻辑电路控制的。按过去的做法，即使有十几个三四级的电工老师傅，也要学习一个阶段，花一个星期左右才能安装两台，可是这次水电队“七二一”电工班的 11 位同志，除了正副班长是 1965 年进单位的老工人以外，都是进单位不久的艺徒。为什么能在一天时间内完成七天的任务？这和他们平时坚持结合典型工程开门办学是分不开的。……

上海市建一公司革委会办公室编

1976 年 8 月 22 日

建工局革委会办公室会议通知

经局党委研究决定于 1976 年 8 月 31 日上午 8 时整，在劳动剧场（地址：福州路 701 号）召开干部大会，请局职工医院赴唐山医疗小分队作“学习唐山人民英勇抗震救灾”的报告，请下列对象准时出席。

出席对象：

（1） 局党委、局革委会委员；

（2） 公司（厂）党委、直属党总支成员、革委会、工会、团委负责人；

（3） 局、公司（厂）机关干部代表；

（4） 独立基层党支部、革委会、工会、团支部负责人、各分支部负责人和部分职工代表。

建工局革委会办公室

1976 年 8 月 28 日

附：大会程序

一、 学习毛主席语录。

1. 阶级斗争是纲，其余都是目。

2. 我们应当相信群众，我们应当相信党，这 〔是〕 两条根本的原理。

3. 什么工作都要搞群众运动，没有群众运动是不行的。

4. 没有什么困难可以阻碍人的前进的。只要奋斗，加以坚持，困难就赶跑了。

5. 抓革命，促生产，促工作，促战备。

6. 下定决心，不怕牺牲，排除万难，去争取胜利。

二、 唱《东方红》。

三、 局职工医院赴唐山医疗小分队队长宓秀英同志作报告。

四、 有关单位表决心。

1. 凿井公司党总支副书记郑雨海发言。

2. 材二公司油毡厂支部副书记丁炳和代表石棉瓦厂、机修厂、油毡厂联合发言。

3. 五公司党委副书记董福金发言。

4. 二公司革委会副主任韩云沛发言。

5. 砼公司革委会副主任杨士宽发言。

6. 供销处党委副书记许永康发言。

7. 一公司党委副书记岑冬生发言。

8. 七公司党委副书记金宗潜发言。

五、 局党委董桂莲讲话。

六、 散会。

1976 年 8 月 31 日

第五公司发言稿

领导和同志们:

刚才听了赴唐山抗震救灾的建工医疗小分队同志的介绍，受到深刻的教育和极大的鼓舞。最近我们公司党委认真学习毛主席圈阅的中央十三号文件，回顾了今年以来的工作，……党的基本路线深入人心，新工艺不断发展，有力地推动我公司各项工作。今年 1—8 月份，完成竣工面积 185232 m^2，其中新工艺 106600 m^2，完成工作量 2163 万元，比去年同期分别增长了 12%至 51%。形势一派大好，但是，要完成今年全年的任务，由于当前有些原材料比较紧张，在我们有的同志中存在着程度不同的无能为力的右倾畏难情绪。因此，我们决心抓紧今后四个月的时间，……抓革命、促生产，厉行增产节约，努力完成今年的计划，用实际行动学习唐山人民的英雄事迹，支援灾区人民的抗震救灾斗争。具体措施是:

一、 不断端正思想路线。当前，钢筋等原材料比较紧张是个实际问题，但不是一个解决不了的问题。前一阶段，我们高层建筑缺 16 厘米钢筋十二吨，影响了工程进度，经与有关建设单位协商后，暂借了二十吨钢筋，解决了问题。斗争实际使我们认识到，关键在于我们头脑的畏难情绪，学习灾区人民“山崩地裂何所惧，泰山压顶不弯腰”的英雄气概，克服无能为力的右倾畏难情绪，在思想上要振奋精神，在行动上做到千方百计，用清仓、挖潜、调剂等办法坚持找米下锅来解决材料不足的困难。

二、 在年内对广大党员、干部和群众进行共产主义大目标教育。在教育中，认真学习党章总纲，学习革命导师论共产主义方面的语录，……全心全意依靠工人阶级办好社会主义企业，用共产主义思想从事工作，全面完成今年后四个月的任务。

三、 集中力量确保重点。对今年后四个月的项目，分别轻重缓急，认真安排落实，对已确定的人民的住房和七〇八工程等重点，坚持集中力量，做到突击一批，扫尾一批，抓好竣工配套。

四、 继续发动群众，大搞技术革新和工艺改革，向技术革新要设备、要材料、要劳动力，积极推广“一模三板”等新工艺，使新工艺施工面积占全年后四个月计划的70%以上。坚持在年内完成四幢一模三板的十五层高层建筑。

我们的行动口号是：……学唐山，见行动，奋战今年后四个月。对局党委交给我公司的任务坚决完成。同时，要求局党委把支援建设新唐山的任务交给我们，坚决做到党指向哪里，就奔向哪里，只要局党委一声令下，我们做到一分钟不脱，团结起来，争取更大的胜利。

上海市建五公司党委

1976年8月30日

上海油毡厂等公司联合发言稿

（发言人　丁炳和）

各位领导、各位同志：

我代表材二公司上海油毡厂、上海石棉水泥制品厂、公司机修厂等三个单位向大会表示决心。

我们怀着无比激动的心情，听了局职工医院赴唐山医疗小分队极其感人、生动的报告，这给了我们极大的鼓舞、巨大的动力。在毛主席、党中央的亲切关怀下，在灾区各级党组织的坚强领导下，唐山、丰南一带人民以“泰山压顶不弯腰，天崩地裂无所惧”的英雄气概，在短短时间里，在亲人解放军和各路援灾大军的配合下，创造了无数个奇迹，……我们决心同全公司、全局各兄弟单位和广大职工一起，以英雄的唐山人民为榜样，用实际行动，誓做唐山人民的坚强后盾。

当我们接到局党委下达的增产30万卷油毡和最大限度增产石棉瓦以及迅速解决水泥球磨机加工的抗震救灾任务后，全体职工群情激昂，立即行动，我们深感这是中央抗震救灾指挥部和局党委给我们的光荣任务，也是对我们的又一次考验。我们的战斗口号是：广大共产党员、共青团员、革命职工："积极行动起来，以阶级斗争为纲、投入抗震救灾斗争！""救灾如救火，灾区人民的需要，就是我们的战斗任务。"

大家以无产阶级革命乐观主义精神笑迎困难。"困难再大，也没有灾区人民遇到的困难大，任务越重越光荣，越是艰险越向前！"

为了争分夺秒多增产，不少职工苦干、巧干、拼命干，有的24小时连续干；有的带病坚持干，心往一处想，劲往一处使，急唐山人民之所急，想唐山人民之所想。"唐山损失我们补，唐山困难我们顶"，坚持以自力更生、奋发图强的革命精神，为支援灾区作出贡献。

地动山摇，更能锻炼我们的革命意志。困难面前，更显出英雄本色，……我们决心响应党中央的号召，抗震救灾，认真贯彻国家计划会议和中央十三号文件指示精神，……大战苦战今年后四个月，坚决完成和超额完成抗震救灾战斗任务，做到"灾区人民要多少，我们就给多少，只能提前，不能推迟；只能超额，不能减少"。我们决心同唐山人民同甘共苦，并肩战斗，为建设一个更加美好的社会主义新唐山而努力奋斗！

材料工业二公司
上海油毡厂
上海石棉水泥制品厂
材二公司机修厂联合发言
1976年8月30日

第七公司请战书

局党委领导、同志们：

局职工医院医疗小分队的汇报介绍扣人心弦，豪情激荡，展示了"上海唐山手携手，抗震救灾同战斗，英雄人民英雄歌，英雄唐山在前头"的灿烂图景。

唐山人民面临严重的震灾考验，在伟大领袖毛主席、党中央的亲切关怀下，临危不惧，以坚韧不拔的革命毅力和无坚不摧的钢铁意志，排除万难，英勇战斗。在短短的时间里，创造了许多奇迹，谱写了一曲“泰山压顶不弯腰，天崩地裂何所惧”的动人战歌，取得了抗震救灾的重大胜利。灾区人民不愧是英雄的人民，不愧是特别能战斗的人民。……

“一方有困难，全国来支援。”目前，一场支援灾区建设的战斗已经打响，我们是基本建设的先锋队伍，应该在这场战斗中作出自己应有的贡献。我们听说，上海已有包建任务，为此，在今天的大会上，我代表七公司党委向局党委请战：坚决要求去唐山，誓与灾区人民同作战，为早日恢复和发展唐山的生产，重建更加美好的社会主义新唐山作出贡献。我们的态度是：千斤重担我们敢挑，条件再差我们不怕，天大困难我们敢斗。……1. 坚决要求上战场。唐山虽离上海远，坚决请战志如铁。……2. 两副担子一齐挑。上海的任务，我们不差一个平方米，不少一元工作量，争分夺秒抢时间，千方百计夺高产，集中兵力，腾出力量，做好支援唐山的工作。3. 整装待发去唐山。8 月 27 日下午，公司党委开会进行了认真的讨论，规划了生产部署，组织了支援力量，上级命令一声下，我们立即奔向前，快速优质，保质保量按时或提前完成支援唐山建设任务，为灾区兄弟分担子，把灾区损失补回来。

……我们恳请局党委下达战斗任务并在战斗中考验我们。

1976 年 8 月 31 日

第一公司发言稿

局党委、同志们：

听了职工医院赴唐山抗震救灾医疗小分队的报告，深受教育，他们同灾区人民一起艰苦奋斗，表现了上海工人阶级大无畏的英雄本色。唐山、丰南一带地震灾区的军民在伟大领袖毛主席、党中央的亲切关怀下，在全国人民的大力支援下，泰山压顶不弯腰，灾难临头无所惧。他们遵照毛主席“这个军队具有一往无前的精神，它要压倒一切敌人，而绝不被敌人所屈服”的教导，发扬人定胜天的革命精神，斗志昂扬，信心百倍，与全国各地支援灾区的军民一起迅速组织起来，抢救人民的生命财产，千方百计地安排好群众生活，积极地恢复生产和交通运输，向严重的自然灾害展开坚韧不拔的斗争，已经取得了显著的成果。8 月 7 日铁路通车，8 月 25 日炼出了第一炉抗震争气钢，现在抗震救灾、重建家园的战斗，正在加快步伐。

为了支援灾区人民更快地重建家园、建设一个新唐山，我们市建一公司广大工人、干部，向局党委请战，到唐山去，到最艰苦的地方去，为取得抗震救灾的新胜利作出我们的贡献。

（1）我们要向唐山英雄的军民学习……

（2）我们要急灾区人民所急，想灾区人民所想，唐山灾区搞施工是艰苦的，我们要不怕一切困难，发扬“一不怕苦，二不怕死”的革命精神，努力完成党交给我们的任何艰难的施工任务。

（3）我们要为毛主席争气，为中国人民争光，在新建唐山过程中，要发扬战金山工程时的革命精神，贯彻集中力量打歼灭战的方针，对工程项目要严格做到“高质量、高水平、高速度”，打出一个新的水平来。

（4）我们要从思想上、物质上、力量上做好一切准备，明天我们就派出同志同有关单位一起赴唐山了解，同时从人员组织上、材料设备上、施工机械、生活用具等各方面做好充分准备，只要上级一声令下，我们就立即出发，要成为一支抗震救灾中拉得出、打得响的特别能战斗的队伍。为毛主席争气，为上海工人阶级争光。

（5）我们要以支援唐山为动力，全面发动群众进一步调动广大工人、干部的社会主义积极性，不仅要不折不扣完成支援唐山的战斗任务，而且要争分夺秒抢时间，努力做好各方面的工作，努力完成承担的施工任务，努力完成和超额完成上海生产任务。

总之，我们决心以职工医院小分队为榜样，做好一切准备，随时准备出发，为建设新唐山作出我们的贡献。

市建一公司

1976 年 8 月 31 日

第二公司发言稿

同志们：

我们听了职工医院赴唐山医疗小分队的报告，受到了一次生动的思想政治路线教育，职工医院医疗小分队的同志和英雄的唐山人民一起，战天斗地，救死扶伤，山崩地裂何所惧，泰山压顶不弯腰，他们团结战斗，连续作战，取得了优异成绩，得到了党和人民的高度赞扬。

我们二公司的广大职工和干部，学习了灾区人民和小分队同志的革命精神和共产主义风格，精神振奋，斗志昂扬，积极行动，纷纷请战，决心向光荣的医疗小分队同志学习，奔赴抗震救灾第一线去，与英雄的唐山人民并肩战斗。我们党委、革委会学习了中央十三号文件和唐山人民的英雄事迹，经过认真讨论，一致认为，支援灾区人民抗震救灾政治意义深远。我们义不容辞，灾区的损失我们要补，灾区的困难我们要帮，这是考验我们干部、锻炼我们队伍的极好机会，电厂工程我们干过，山区的建设我们搞过，三结合体制可以自己设计、自己施工，特别是我们广大职工和干部高昂的革命精神，因此我们一定能胜任上级党委交给我们的战斗任务。因此，我代表公司党委、公司革委会和全体职工，向局党委坚决请战，到抗震救灾第一线去，为建设一个更加美好的社会主义新唐山而贡献我们的力量。

……

与此同时，根据中央十三号文件精神，一面积极做好抗震救灾的准备，一面对今后几个月的工作，要进一步认真分析，落实措施，作出部署，加强领导，促其实现。在我们前进道路上，尽管困难很多，但我们决心学习唐山人民地大震、人大干，一不怕苦，二不怕死的革命精神，深入地开展工业学大庆的群众运动，继续贯彻集中兵力打歼灭战的方针，保重点，保竣工，促投产，用更大的干劲，增加生产，厉行节约，……支援灾区人民的抗震救灾斗争，夺取社会主义革命和建设的更大胜利。

市建二公司　韩云沛

1976 年 8 月 31 日

认真学习，为抗震救灾出把力
——上海市凿井工程公司发言稿

局领导、同志们:

刚才听了职工医院抗震救灾医疗小分队同志的报告，我们深受教育和启发，我们决心以医疗小分队同志们为榜样，争取为抗震救灾更好地出大力、流大汗。

现在，我向局领导和同志们汇报一下，我们是怎样完成抗震救灾50台潜水泵任务的。

8月16日晚，市工交组向我们直接下达了支援唐山开滦煤矿排水抢险大口径潜水泵50台任务，要求8月底保质保量完成。按正常生产，需要一个月，时间紧，任务重，怎么办？我们首先召开两级党组织的主要干部会议，统一思想，统一行动，大家感到市工交组交给我们的这项艰巨光荣任务是对我们各级党组织的考验，“灾情就是命令，时间就是胜利”，有条件要上，没有条件创造条件也要上，大家表示要以临战姿态，以最快速度拿下50台潜水泵。干部思想统一了，群众怎么办？我们就召开全公司抗震救灾动员誓师大会，“群众是真正的英雄”，广大群众以高昂的革命斗志，争先恐后向党组织表示决心，他们说：“一方受灾，八方支援，一声令下，全体动员，体现了社会主义制度的无比优越性，多支援灾区人民一台泵，就向灾区人民多送一份党的温暖；多造一台泵，就多送一份上海一千万人民的心愿；多造一台泵，就多送一份抢时间、争速度、打击帝修反的炮弹。”直接担负生产潜水泵任务的深井机械一厂广大职工感到，支援灾区人民重建家园，这是我们盼望已久的心愿，市工交组下达的战斗任务是市委对我们的信任，是上海一千万人民对我们的委托，是灾区人民对我们的殷切期望，他们响亮提出：“以灾区英雄的人民为榜样，学英雄，见行动，时间紧我们敢于抢，任务重我们敢于挑，情愿瘦掉几斤肉，哪怕汗水流成河，为了保住开滦矿，誓死拿下50台。”……他们说到做到，生产毛坯的先行班组不少同志为了替金加工铺平道路，他们发扬了不怕疲劳，连续作战的精神，奋战几昼夜不离开战斗岗位，及时供应了毛坯件；金加工的生产队组为了抢时间，做到两班人马开三班，息人不息机器，日夜奋战，终于为装配争得了速度；装配系统的职工群众为了早日把产品送到开滦，发扬了革命加拼命，拼命干革命的大无畏革命精神，早班连中班，中班连夜班，出现了你追我赶的生动局面。

生产第一线上去了，后勤服务单位亦同样跑在前面，负责落料的三门路仓库小队头顶倾盆大雨在深井机械二厂筹建组同志们的配合下，提前完成了落料任务。公司食堂和服务小组的职工同志，除了千方百计克服人手少，开三班，保证使生产第一线饮食满意外，还组织了青年突击队，为一厂开拓油漆泵管的场地，有力地支援了一厂的生产。公司医务室两个医生、三个医务人员坚持开三班，并做到每日四次深入班组送医送药到个人，保证了生产第一线职工的身体健康。

在完成50台潜水泵抗震救灾任务中，全公司上下发扬了“一盘棋大家走，龙江水全厂流”的共产主义风格。凿井队虽然没有直接任务，但他们看到一厂金加工有困难，就由领导干部带头组织修理小队支援一厂的战斗，运输队虽然人手少，但他们除了在十多天当中担负了一千多吨运输任务外，还从100多名职工中抽出20人支援一厂。

在这场战斗中，两级领导和绝大多数机关干部、基层工作人员都做到生产几班倒，班班有领导，哪里困难往哪里跑，既当指挥员，又当战斗员，同工人同志一样日夜不停地战斗在第一线，确实做到了工人流多少汗，干部也流多少汗，起到了带头作用，真正同工人划了等号。

在这场战斗中，广大干部和职工群众发扬两不怕精神，涌现了许多不怕苦，不怕死，不讲条件好坏，不讲报酬，不讲工种界限，不讲分内分外，不分前方后方，不讲时间长短，轻伤不下火线，重伤坚持战斗，不怕疲劳，连续作战，可歌可泣的动人事迹。正如毛主席教导的那样："没有什么困难可以阻碍人民前进，只要奋斗，加以坚持，困难就赶跑了。"

经过十多天的艰苦奋战，在局党委的亲切关怀下，在华建厂，安机厂，门窗公司机修厂、钢窗厂、建工厂，材一公司吴泾砖瓦厂等兄弟单位的大力支持下，我们终于在8月30日提前一天胜利完成了任务，实现了为抗震救灾出把力的誓言。

首批任务完成了，我们并不满足，我们已充分做好了思想准备，积极迎接第二批、第三批任务。同时在今天的大会上，我代表凿井公司全体职工向局党委保证，凡是抗震救灾任务，我们坚决完成，只提前不拖后，争取为抗震救灾作出更大的贡献。

上海市凿井工程公司

1976年8月31日

附：

赴唐山医疗队回沪作报告情况

单位	听报告人数	报告班	单位	听报告人数	报告班
建五公司	1000人	张秀玉三人	局干校		
松江医疗队		吴之畏三人	机电二局	700人	宓秀英
友谊商店	250人	陈天祥三人	科技所	800人	陈天祥
燃料公司	1000人	张秀玉三人	六公司	3000人	陈天祥
上海水泥厂		宓秀英	金山砼厂	600人	张秀玉
供销处运输队	1000人	张秀玉	门窗公司	3000人	张秀玉
长征公社	1000人	吴之畏	邯郸小学	500人	陈天祥
52中学	1000人	陈天祥	金山水泥厂	700人	吴之畏
七公司	750人	张秀玉	瑞金路小学	500人	宓秀英

（续表）

单位	听报告人数	报告班	单位	听报告人数	报告班
少云中学	2000 人	吴之畏	设计党委		宓、孙立中
盛桥公社		宓秀英	砼工厂	800 人	张秀玉
八公司	700 人	张秀玉	安装通风队	400 人	张秀玉
安机厂	1600 人	陈天祥	二公司		孙立中、宓
802 队	700 人	吴之畏	工农小学	200 人	陈天祥
财贸干校	800 人	陈天祥	工交五七干校	800 人	宓秀英
四公司	1000 人	张秀玉	9 月 9 日以后未去□□		

1976 年 9 月 1 日—9 月 8 日

上海市建筑工程局革命委员会致市工交组报告

市工交组:

为支援开滦煤矿复建，9 月 3 日在市工交组的统一组织下，我局派出了由局、一公司、七公司等单位共 10 个同志组成的小分队与机电设计院、电力设计院、杨树浦发电厂的同志一起到唐山，对两个厂的损坏情况进行了调查；参加了三结合的设计，并对队伍开赴唐山施工的有关情况与开滦矿务局和两个厂进行了初步的协商。现将基本情况，我们的初步打算及存在的一些问题报告如下:

一、 基本情况

1. 任务要求：根据国家计委和建委的通知和开滦煤矿明年年底达到震前生产水平的计划，煤炭部、河北省建委和开滦矿务局的领导同志都要求和希望两个厂在半年时间内基本做到恢复生产，明年年底达到震前生产水平。

本着这个精神，我们对两个厂震前的建筑进行了了解，共计建筑面积为 159000 平方米（包括工房、宿舍 49620 平方米），其中机械制修厂 121000 平方米（包括矿山大修车间的续建项目 8606 平方米），电厂 38000 平方米，地震以后所有建筑都有不同程度的损坏。为确保半年内二个厂基本恢复生产，经过与开滦矿务局和厂党委协商，第一期工程为 53009 平方米，其中机械制修厂 39264 平方米，电厂 13745 平方米。

第二期工程的项目还没有最后定，据煤炭部意见，按原有建筑恢复。

2. 设计：机械制修厂和电厂的设计分别由上海机电设计院和华东电力设计院承担。第一期工程经过三结合的协商，基本原则是损坏的按原有建筑修复加固；倒塌的工程进行原地重建。我们打算对其中工业厂房一般采用预制混凝土柱子，钢屋架，加筋石棉瓦屋面，围护结构根据不同部位和要求采用砖和石棉瓦。

3. 材料：第一期工程的施工材料，在设计预算没出来时，经估算，需：钢材 2725 吨，其中钢筋 1095 吨，钢窗料 200 吨，型钢 1430 吨；水泥 4200 吨，木材 2800 立方米，黄砂 13000 吨，石子 16000 吨，砖 222 万块。

黄砂、石子、砖等地方材料，经与开滦矿务局、厂党委协商，由当地负责落实资源，运输问题要上海帮助解决。钢材、木材、水泥三大材料的正常供应渠道，应按设计预算报国家计委批准后再供应。煤炭部领导提出，在三大材料没有分配下来之前，请包建省、市先垫。

二、 初步打算

1. 施工组织：抗震救灾，恢复开滦的任务在政治上和经济上都有重大的意义，市委将这个光荣的任务交给我局承担，对我们是很大的鼓舞，为胜利完成这一光荣任务，承担任务的各公司都在认真地做好政治动员工作及思想工作。为加强在现场的领导，我们准备在现场组织一个工作组。

2. 施工单位：根据第一期工程的任务情况，我们决定由一公司承担机械制修厂、七公司承担电厂的任务，水、电、暖气、动力的安装任务由安装公司承担（电厂由杨树浦发电厂负责）。据初步估计，第一期工程需 2000 人左右（第二期工程高峰时估计需 3000 人）。

3. 临时设施：根据目前开滦矿务局对上海队伍生活基地的安排，估计 10 月初施工队伍搭建临时设施的条件可以基本具备，我们当前抓紧做好人力、物力的准备工作，10 月初开始陆续派出 50 ~ 150 人的队伍开赴唐山，搭建临时设施。若材料及时，也准备同时施工。

临时设施的结构，我们本着早上、快上，又不给灾区增加困难的精神，发动群众，增产挖潜来解决，但屋架所需的 200 吨钢材请市里帮助解决。

三、 存在问题

1. 材料问题：目前虽然派出队伍搭建临时设施的条件基本具备，然而要马上派出大部队进行施工，仍然感到条件没有完全具备。主要是钢材、木材、水泥三大材料没有落实。因今年以来，三材特别是钢材和水泥的供应一直比较紧张，我局已多次发动群众进行挖潜查库，但仍然存在严重缺口，目前不少工程已被迫停工。因而，第一期工程所需三材的垫料问题，请市里统一安排，以便能尽快组织力量进行施工。

2. 设备问题：施工中所需的机械设备，原则上由我局各施工单位自带，所要增添的设备由局通过调度尽可能地解决。但由于这次包建中，有排险、清理废墟和施工同时进行的特殊情况，短时间内起吊、装卸、运输的矛盾比较集中，加上起吊、装卸设备及运输车辆我局原来就有一些缺口（上海地方材料大部托给运输公司运输），因而请市里帮助解决部分16吨汽车吊，1立方米以上的斗铲和运输车辆等设备。（具体计划另报）

3. 组织领导问题：虽然我局在唐山地区设立了工作组，但施工中必然会碰到物资供应、机电设备、设计等各种问题，而我局无法解决，更涉及与兄弟省市对口联系等问题，因此要求由市里统一组织现场指挥组或现场有专人联系。

上海市建筑工程局革命委员会

1976年9月15日

建一简报第34期

化悲痛为力量，确保金山，为抢建新唐山而战斗

……我们衷心爱戴的伟大领袖毛主席不幸逝世的噩耗，如同晴天霹雳，在我公司广大工人、干部心中引起了万分的悲痛……

105队、水电队等单位在吊唁毛主席的同时，结合学习中央十三号文件，他们说：“中央十三号文件是我们见到的毛主席亲自圈定的最后一个文件，毛主席在病中坚持工作，亲切关怀着唐山人民的抗震救灾斗争，现在唐山人民英勇抗震救灾取得了很大成绩，将重建更加美好新唐山的时候，毛主席却不幸逝世了，我们一定要实现毛主席遗言，坚决以高速度、高质量、高水平完成支援抢建新唐山的任务。”他们层层发动群众，工人们挥着热泪，手捧决心书，向党支部请战，向毛主席宣誓，要求首批去唐山。105队等党支部亦向公司党委送来了请战书，大家表示：要以搞好抢建新唐山的实际行动来悼念毛主席。

104队……承担的安机厂结构车间施工任务，原计划三季度完成，但前一时期，由于客观原因，挖土等跟不上，眼看要脱计划，他们学习了《告人民书》后，化悲痛为力量，在党支部的带领下，大家在施工现场召开了誓师动员大会，他们现正大鼓干劲、大搞会战，决心短期内攻克地坪等施工项目，抓紧在建工程扫尾竣工，全力以赴支援唐山。

……许多单位不仅口头、书面向党委宣誓、请战，而且正着手做好一切支援唐山的物

质准备。机施站青年突击队的同志们表示要将青年突击队的战旗插到唐山去……为了支援唐山，马达车间等班组正在抢建电焊机等机械设备。仓栈职工也积极地在抢修脚手架、井架、临时屋架，做好一切物质材料供应的准备工作。……机修班的工人对每一部吊车、挖土机都进行了精心细致的维修、保养，工人们……整装待发，做好支援唐山的工作。

……

上海市建一公司革委会办公室编

1976 年 9 月 17 日

沪筑革（76）第 316 号

上海市建筑工程局革命委员会关于支援唐山工程建设职工所需生活用品供应问题的报告

市工交组、财贸组：

为了支援唐山抗震救灾，市委决定我局承担唐山开滦煤矿机械制造修理厂、唐山电厂工程建设的光荣任务。根据施工要求，第一期工程需要施工队伍共 3307 人（市建一公司 1600 人、市建七公司 850 人、砼公司 300 人、基础公司 60 人、供销处 60 人、安装公司 150 人、机施公司 200 人、华建厂 80 人、局工作组 7 人），先头部队已于 10 月 5 日出发，其余陆续到达。职工所需的卷烟、肥皂、食糖（包括食堂用食糖）、牙膏、草纸等日常生活日用品，当地无法供应解决；由于工程开工后，往来人员较多，尚需解决 120 个铺位的床用物资，为此，请一并批转商业部门组织供应，以利抓革命、促生产，特此报告。

上海市建筑工程局革委会

1976 年 10 月 5 日

抄送：市商业二局、市商业一局、中百公司、局办公室、劳动组、市建一公司、七公司、基础公司、供销处、安装公司、机施公司、华建厂

沪革工交（7）第　号

工交组关于支援唐山开滦煤矿机械制修厂、电厂修建工程的请示报告

市委、市革委会：

请光煊、俨若、葛恒同志审阅。

拟稿人：邹国良　1976 年 10 月 8 日印　份

报请□□、傅德同志审批。

鲁纪华　范崇星

1976 年 10 月 8 日

市委、市革委会：

按照市委领导同志关于全力以赴，支援唐山开滦煤矿恢复生产的指示精神，以及国家计委、国家建委明确的任务，经与煤炭部、河北省建委、开滦煤矿党委商定，我市支援修建开滦煤矿的机械制修厂和电厂，第一期修建工程为 51879 平方米，要力争在半年内完成。第二期工程还有约 10 万平方米，待开滦矿务局报国家计委、国家建委批准后再定。现在第一期修建工程的设计方案已经煤炭部、河北省建委审查同意，上海机电设计院、华东电力设计院已组织设计人员在现场进行施工设计，建工局党委已作了紧急部署，准备抽调 2000 人的施工队伍去唐山，先遣队已于本月 5 日出发，如果材料供应能有保证，后续队伍将于本月中下旬开赴唐山。

关于工程所需的材料设备问题，第一期工程需钢材 2725 吨，木材 2800 立方米，水泥 4200 吨，根据中央抗震救灾指挥部意见，在国家未拨之前，拟先由上海垫借。机电、仪器、设备共需 2711 台（件），拟先核对库存支援，不足的安排生产解决。

关于运输设备及施工机具问题，在排险、清理废墟和修建施工中，运输量很大，仅清理废墟就有 3 万余吨，除请建工局挖掘潜力解决一部分外，拟再拨给各种车辆 25 辆。

施工队伍进入北方施工，必需的劳动保护用品和生活用品拟请劳动局归口，商业部门支持解决。

关于工程现场的组织领导，拟由建工局、机电设计院、华东电力设计院、杨树浦发电厂的带队同志组成领导小组，由建工局召集，负责工程的现场组织协调和配合联系工作，各单位派出人员的党的工作、政治思想工作，仍由各单位党委领导具体安排。在工程施工

过程中要尊重当地党委的一元化领导，经常汇报情况，听取意见。

以上报告当否，请批示。

市革委会工交组

1976年10月7日

沪础革（76）字第62号

上海市基础工程公司革命委员会转发“关于支援地震灾区物资财务结算办法的规定”的通知

各队、厂革委会：

现将财政部1976年8月29日（76）财企字第139号文“关于支援地震灾区物资财务结算办法的规定”转发给你们。请贯彻执行。

上海市基础工程公司革命委员会

1976年10月18日

抄送：公司机料组、总务组、财务组、生计组、劳资组

沪筑革（76）第225号

上海市建筑工程局革命委员会关于在唐山地区建设的职工防寒问题请示报告

市革委会工交组：

遵照上海市委、市革委会指示，为支援唐山地区抗震救灾，我局一批施工队伍去唐山地区参加建筑安装任务。

目前，施工队伍已经落实，先遣部队已经出发，大量的准备工作仍在积极进行。

由于唐山地区属严寒地区，那里的冬季气候要比上海寒冷得多，职工的防寒问题是急待解决的。根据原中央劳动部和上海市的劳防用品规定，凡去三北（东北、华北、西北）地区的工作人员，可以发给防寒服的精神，上海市劳防用品商店，历来对我局的凿井公司工程队，基础公司的水下作业，市建六公司在徐州，都发过棉衣、裤的实际情况，经我们研究认为，那里气候寒冷，为有利于施工作业，可以对从事露天作业的工人借用一条棉裤，对干部和管理人员，借用一件棉大衣，回上海收回。

当否，请批示。

上海市建筑工程局革命委员会

1976年10月19日

抄送：市劳动局、市商业一局、局革会、劳动组、施工组

建一简报第42期

建一公司革委会简讯

来自唐山的喜讯

在举国欢呼党中央两项英明决定，隆重庆祝华国锋同志任中共中央主席、中央军委主席，庆祝粉碎“四人帮”篡党夺权阴谋的伟大胜利的大喜日子里，我们又收到了来自唐山的喜讯：我公司首批支援唐山建设的同志，在党中央两项决议鼓舞下，把对毛主席的无限深情，化作冲天的革命干劲，长途跋涉，历经艰辛，于10月9日顺利到达目的地，并以最快的速度，搭建起40间生活料房，为唐山第一期修复工程早日上马打开了局面。

千里行军情更迫

首批赴唐山小分队38人于10月5日上午分乘15辆卡车，踏上奔赴唐山的征程。……小分队的同志吃在车上、生活在车上，体力大量消耗。途中除了吃到三两稀饭，全是干粮和杂粮充饥，行军是艰苦的。……每天吃烙饼、杂粮不习惯，大家风趣地说，这种烙饼、杂粮在上海吃不到，多吃一点啊！互相鼓舞斗志。他们说，唐山人民天崩地裂都不怕，我们这点困难算得了啥。为了尽早赶到唐山，驾驶员顾宝祥、徐银根、沈绍文、陈太明、戚

士良等同志，每天早上 4 点多钟就起床做出车准备，一直到下午 5 点到达宿营地连续工作 12 小时左右，表现了不怕苦、不怕难的临战姿态。

经过小分队 38 位同志的团结努力，他们终于于 10 月 9 日晚 8 时 30 分胜利到达目的地——唐山开滦煤矿机械制修厂。历时五昼夜，途经上海、江苏、山东、河北，行程 1504 公里。

倍知斗中乐无穷

由 105、107、机械队、汽车队和公司工作组组成的小分队，急唐山人民所急，一到工地，放下行装，马上投入战斗。公司工作组的 8 位同志克服了 5 天行车的极度疲劳，第二天没吃早饭就开始卸车，一天就卸完了 57 吨物资，摆完了十间料房的基础，树起了屋架，当天就住进料房。他们还和 105、107 队的同志一起只用了 10 天时间就高速度地搭建了 40 间料房。在极其困难的条件下，为唐山第一期修复工程快速上马打开了局面。

在抢建生活点的战斗中，小分队的同志，无论是干部、群众，〔还是〕泥工、木工，大家都有着一个共同的想法：我们是来支援毛主席生前十分关心的唐山灾区人民的，只有大干快干拼命干，高速度、高质量地完成任务的义务，没有讲半点条件的任何理由。必须抓紧时间，抢建生活点，更好地做好大部队施工准备工作。大家不分工种，不计时间、报酬。工程的需要，就是任务。哪里缺人，自觉顶上去。一个心眼扑在工作上。107 队电工黄祥祥，一到工地，不但立即解决了照明问题，还和其他同志一起拉屋架，铺石棉瓦，样样工作抢着干。105 队管金根是竹工，但他划灰线、拉屋架、摆桁条、铺屋面、拦围墙，什么地方都见得到他。公司工作组的张林跃、杨根林、姚富生等同志，为人表率，样样工作冲在前。……

……还在他们抢建生活点的紧张时刻，大量的材料设备又随之而到，一场抢卸快运的硬仗又等待着他们。机械队、汽车队、公司工作组立即组成了一支 20 人的卸货队，挑起了这个重担。……龚文全同志连续十天拉肚子，坚持带病战斗，钱培、程□欢天天如此，发扬了拼命干的精神。公司领导老施，那样大的年纪，每天参加劳动，带头卸车、搬运，对小分队的同志鼓舞很大。机械队孙宝宝、俞康生，认真做好机械的维修、操作，保证发挥机械化的优越性。在全体同志一致努力下，到 10 月 20 日止，小分队在抢建 40 间料房的同时，又卸完了 1000 多吨各种材料、设备、物资。

……

他们说：

党中央号令鼓舞咱，心里有座新唐山。

誓同地震对着干，天大困难等闲看。

……

他们和全国人民一起，尽情欢呼中央的两项重要决定，欢呼华国锋同志任中共中央主席、中央军委主席，欢呼粉碎“四人帮”的伟大胜利。他们说，毛主席逝世以后，我们在电视里一遍又一遍地瞻仰毛主席的遗容，来唐山前，我们是多么希望能途经北京，亲眼看看毛主席的遗容。现在党中央作出了两个重要决定，让全国人民世世代代能够瞻仰毛主席遗容，继承毛主席遗志，真是代表了我们全国人民的心愿，以华主席为首的党中央和全国人民心连心。上海……是有着光荣革命斗争传统的城市，我们一定要一切行动听从以华主席为首的党中央的指挥，……坚决同“四人帮”斗争到底。他们决心迅速掀起一个学习马列著作和毛主席著作的新高潮，提高识别真假马列主义的能力，坚持三要三不要，加强队伍内部的团结，加强和当地人民的团结，鼓起更大的干劲，争取有利气候，大干快上，努力提前完成第一期工程的修建任务。

上海市建一公司革委会办公室编

1976 年 11 月 2 日

沪筑革（76）第 347 号

上海市建筑工程局革命委员会驻唐山工作组启用公章通知

局驻唐山工作组，局属各公司、厂、院、校、所：

为了支援唐山抗震救灾，市委决定我局承担唐山开滦煤矿机械制造修理厂、唐山电厂工程建设的光荣任务。根据工作需要，局党委决定成立上海市建筑工程局革命委员会驻唐山工作组，即日起开始工作，启用公章。

特此通知。

（印章附下）

上海市建筑工程局革命委员会

1976 年 11 月 12 日

上海市建工局驻唐山工作组关于解决唐山工程急需毛竹的报告

在华国锋主席为首的党中央的英明领导下，全局支唐职工以批判“四人帮”反党集团为动力，乘全国煤矿采掘队“十面红旗”揭发批判“四人帮”反党罪行广播大会的东风，在严寒季节中，克服了种种困难，基本完成了施工准备工作，进入了全面的排险施工阶段。根据工程排险、施工同时进行，脚手搭拆频繁，特别是电厂场地狭小，厂房紧连厂房，而且标高不一，内墙也需粉刷的特点，脚手架的需要量很大。目前各公司提出的及加上已从上海调剂来的，共需毛竹 25000 支（不包括安装公司），本着能搭建钢脚手的工程采用钢脚手外，根据工程进度，周转使用毛竹的精神，尚需毛竹 12000 支（其中一公司 4000 支、七公司 6000 支，砼制品公司 1000 支，安装公司准备 1000 支，一、七公司发来的包括在内，已发给砼公司的扣除），特此申请。

如妥，请转报工交组。

此致

建工局革委会

上海市建工局驻唐山工作组

1976 年 11 月 17 日

抄送：供销处统配站、供销处现场工作组

筑销革字（76）第 117 号

建工局供销处革委会要求解决唐山开滦煤矿复建工程有关物资分配问题的报告

市革会工交组：

我局承担唐山开滦煤矿复建工程，在各级党委的领导和关怀下，施工队伍都已陆续进场。有关物资供应渠道按照领导要求，钢材已由上海垫料安排分配，木材、水泥和砖瓦砂石等地方材料也由唐山开滦煤矿安排分配。当前急需解决的有关施工的毛竹、化工材料、电焊条、油料、建筑五金、建材（石棉瓦、玻璃、油毛毡等）二、三类物资，分配和采购尚未明确，影响正常施工。我们认为：有关二、三类物资的分配和采购渠道，唐山当地很难解决，是否按市内基建任务的分配和采购渠道，通知市有关专业公司，在上海统筹解决。请领导尽速批示。

上海市建工局供销处革委会

1976 年 11 月 24 日

抄送：局施工组、市建一、七公司、机施、基础公司、华建厂、处计划业务组、统配站

沪筑革（76）第 372 号

上海市建筑工程局革命委员会关于支援唐山开滦煤矿工程职工住勤费开支问题的请示报告

市革命委员会工交组：

最近据支援唐山开滦煤矿工程施工的有关单位反映，由于唐山地区的粮食和副食品价格都比上海高，上海赴唐山医疗小分队有另行增发补贴的问题……。经了解，市卫生局革命委员会为此曾向市革会有关部门作了请示报告。今年 9 月 24 日市财贸组、文教组联合召集商业一局、卫生局、财政局等单位开会，讨论了上述问题，认为工作人员伙食差额补贴，应按市有关规定办理，不宜变动，个别有困难的，通过困难补助渠道解决，市卫生局革委会根据上述精神以沪卫革后（76）第 38 号文发了《关于上海赴唐山抗震医院医疗队住勤伙食补贴等开支问题的通知》，通知规定：“关于医疗队在唐山住勤伙食补贴，经市有关部门研究，按照我市出差补贴开支标准办理。即：第一个月按每天每人五角发给，第二个月起，在职工食堂搭伙减半发给，每天每人二角五分。执行中有困难的可酌情给予补助，在职工福利费中开支。……”

我局赴唐山施工的职工住勤费补贴，可根据上述精神，参照执行，即住勤费补贴标准，按规定不得增加，个别确有困难的，可酌情给予补助，在职工福利费中开支。上述规

定如无不当，我局则予以执行。

上海市建筑工程局革命委员会

1976 年 12 月 13 日

抄送：市建设银行、局唐山工作组、财务组

建一简报第 52 期

建一公司革委会简讯

一、 在支唐工程中努力建设一支特别能战斗的队伍

在举国上下热烈欢庆华国锋同志任中共中央主席、中央军委主席，热烈欢呼以华主席为首的党中央一举粉碎“四人帮”反党集团伟大胜利的大好形势下，105 队党支部继唐山工地“狠批四人帮，支唐工程猛向上”誓师大会以后，结合支唐工程实际，积极带领广大支唐职工狠批“四人帮”篡党夺权、破坏抗震救灾的滔天罪行，掀起了一个想开滦机厂所想、急开滦机厂所急，迅速恢复生产能力的抓革命、促生产新高潮，在抗震救灾第一线不断提高职工队伍的政治素质和技术素质。

……

二、 抓紧党内思想建设，充分发挥共产党员的先锋模范作用

105 队支部自唐山工程开始以来，就比较重视抓党内思想建设，发挥党员的先锋模范作用。特别是公司工作组召开了全体党员大会以后，这项工作抓得更紧了，他们围绕“共产党员在支唐工程中应该如何发挥带头作用”的问题，多次组织党员学习毛主席关于“党组织应是无产阶级先进分子所组成，应能领导无产阶级和革命群众对于阶级敌人进行战斗的朝气蓬勃的先锋队组织”的教导和新党章，许多党员同志认真回顾和汇报了来唐前后的思想，表了自己的战斗决心，并积极开展了批评和自我批评，使党内出现了生动活泼的政治局面。许多党员都表示：要克服各种私心杂念，一心扑到支唐工程上，能挑千斤担，不挑九百九，绝不辜负党对自己的长期教育，充分发挥共产党员的先锋模范作用。一个原来不愿担任施工块负责工作的党员，通过自我批评，表示要纠正那种不敢负责、不挑重担的错误思想，要依靠群众，深入现场，认真负责地做好工作，得到了同志们的好评。又如党员

管琴根等同志，来唐后一直以党员的高标准严格要求自己，以苦为乐，不畏艰难，不分工种，带头苦干，带领全班同志一起大干，真正起到了一个共产党员的先锋模范作用。

三、 经常教育职工学习唐山人民抗震救灾的英勇事迹

自到唐山以后，105 队支部一直十分重视用唐山人民抗震救灾的英雄事迹对职工进行宣传教育。每一批同志到唐山，支部都要介绍唐山灾情，宣传唐山人民的英勇事迹和先到同志艰苦奋斗、自力更生的革命精神，参观机厂现场或参观唐山市灾情，使这些同志了解情况，鼓舞斗志。许多同志看了灾情，听了事迹介绍，深受鼓舞，激发了无产阶级感情和对党负责、对国家负责、对机厂负责的革命责任感，在修复工程中，自觉把好质量关。如木工二班在配制柱头加固模板时，发现按图施工不能修复柱头中的暗伤，就主动拆除了已经配好的模板，重新配模，保证了质量。

现在，105 队出现了“三多”，即：出主意的人多，主动要求代工种的多，敢于克服困难、创造条件上的班组多。全队上下呈现出一个热气腾腾，大干社会主义的生动局面，职工队伍的精神面貌大振，决心在党委的领导下，在支唐工程中狠抓职工队伍的思想建设，向 107 队学习，争做大庆式单位，为建设成一支“特别能战斗”的队伍而努力奋斗。

上海市建一公司革委会办公室编
1976 年 12 月 14 日

机施简报

深批“生产自然上去论”，
掀起“抓革命、促生产”新高潮

12 月 3 日机施唐山临时支部召开了干部群众大会，交流了批判“四人帮”和抓革命、促生产的经验。会上集中揭露批判了“四人帮”“革命搞好了，生产就自然而然地上去了”的谬论。……

机施援唐建设的干部和群众……深深体会到，要掌握生产规律，解决实际问题，完成各项任务，都必须要花气力。譬如金工车间遭到强烈地震破坏，要排险拆墙，但在这个车间边上有一个 900 m² 的露天场，堆积着近 500 吨小仅数公斤、大至近 10 吨的各种设备、铸件。倘若让厂里清理，半个月也完成不了，怎么办？同志们批判了“四人帮”的“革命搞

好了，生产自然上去论”，豪迈地提出自己清理、自己排险的战斗要求，经过千百倍的努力，只花了四天时间就完成了任务。同志们发扬“一不怕苦，二不怕死”的革命精神，在东倒西歪的屋上排险，在余震不断的严寒中施工。厂里有一个绕线车间，墙头裂缝，屋顶移位，大梁悬挂，这个排险任务十分危险，又不是我们计划任务。但102小队的同志们惦念着毛主席生前对唐山灾区人民的关怀，毫不犹豫地抢下了这件“分外”。共产党员周在存，分队副王大伟同志总是带头冲锋在前。要拆断大梁首先要割断钢筋，王大伟同志不顾个人安危，骑在大梁上，自己割钢筋，钢筋刚被割断，突然回绳绷断，大梁旋荡，而王大伟同志临危不惧，随着大梁的旋荡也头朝下、脚朝上地荡了起来。此时，周在存同志也站在可能倒坍的屋顶下，鼓励小王同志“不要怕，不要怕”，“抓牢，抓牢！”他们就这样沉着应战，胜利地完成任务，同志们说让“四人帮”试试看，抓生产能不花力气吗！104小队要拆除铸工车间的一座被震坏的山墙，这座墙上面是高压线支架，下面是木材烘房，兄弟单位考虑到我们的安全，主动提出“拉倒”山墙的建议。这样干，的确既省力又安全，但是这样“拉倒”，烘房要被压坍，通往铸工车间的电缆线可能被压断。他们胸怀全局，想的是要国家少受损失，自己多尽责任，就大胆地提出了升千斤、把山墙吊下来的方案。小队长戴阿根与于达华二同志，同起重工、电焊工、司机一起商量，采取先吃山墙两头，减轻山墙重量，最后吊下了山墙，既完成了排险任务，又保存了烘房和电缆，使建设单位的同志非常感动，随即高呼“我们胜利了”。

……

（根据唐山工作组第3期简报摘编）

机施公司革委会办公室编

1976年12月14日

沪革工交（76）第326号

关于建工局、华东电管局承担唐山、开滦矿机修厂电厂复建工程有关建材等物资由本市供应的通知

市物资局、商业一局、建工局、华东电管局革委会：

为支援抗震救灾，市委、市革委会决定，由上海建工局、华东电管局承担唐山、开滦

煤矿机械制造厂和电厂的复建工程。有关建材、建筑五金、化工材料、毛竹、油料以及二、三类机电产品等物资的供应，经研究，仍按原渠道，由建工局所属有关单位专项提出申请，希予大力支持。

市革委会工交组

1976年12月15日

抄送：建材公司、化轻公司、机电设备公司、五金交电公司、土产公司、建筑五金批发部、石油站革委会

市革委会工交组秘书组　　　　1976年12月15日印（共印16份）

沪筑销革字（76）第135号

建工局供销处革委会关于唐山开滦煤矿复建工程有关运输问题的报告

上海市建工局革委会：

为了支援唐山开滦煤矿二厂复建工程，有关物资供应渠道，按上级领导指示，钢材由上海垫料安排，木材、水泥和砖瓦砂石等地方材料由唐山开滦煤矿二厂解决。有关施工用的毛竹、化轻材料、电焊条、燃料、建筑五金、建材等二、三类分配物资，我处也打了专题报告，市革会工交组正在研究解决。当前急需解决的是唐山当地有关水泥、砖瓦砂石等材料的运输问题，按照局领导布置，唐山复建工程的材料运输由我处解决，现经我们在唐山多次调查研究：

一、 唐山开滦煤矿二厂复建工程，第一期工程建筑面积计51879平方米，第二期工程计22352平方米，新建工程计12528平方米，合计建筑面积86759平方米。估计约需水泥6650吨，黄砂19760吨，石子32800吨，统一砖370万块（计9000吨），合计68210吨。施工队伍大批进场后，高峰时每月平均需用建材10000吨以上，这些材料运输要确保才能保证正常施工，否则要按时完成施工任务是空话了。

二、 唐山当地的材料资源分布比较散。黄砂的产地也有好几处，最远的一处约60公里，最近的一处也有20多公里。砖的生产厂离施工的地方平均运距将近80公里，石料的平

均运距也要20公里左右。总之材料运输距离远，点多分散。原来厂方设想当地可利用火车能解决大部分的运输，但因开滦煤矿在抢修复建，煤一时生产得少，火车车皮调走，火车运输也无法解决。只好依靠当地组织少量马车和厂方少数汽车解决一部分外，其余的运输任务都要上海解决。经我们计算，需用4吨汽车50辆才能承担这一运输任务。

三、我处汽车队虽然有各种车辆100多辆，其中装运散装水泥专用车就有40多辆，有20多辆车子陈旧，属淘汰货，长期停驶，还有的车辆中多数不适应唐山当地的运输，只能在上海作短途运输用。但为了确保唐山工程的材料运输，在现有的车辆中挑选能适应唐山的当地运输的汽车，最多只有20辆，现在正在整修陆续赴唐，但尚缺60%左右的运输力量。我们的意见：为了确保唐山工程的顺利进行，希局领导向市有关领导反映汇报，另行安排市有关运输部门到唐山承担运输任务。

特此报告，请领导尽速批示。

上海市建工局供销处革委会

1976年12月21日

抄送：局、处唐山工作组、处计划、供应、生产组

沪筑革（76）第388号

建筑工程局革命委员会转发市工交组关于唐山复建工程有关物资由本市供应通知

市建一公司、市建七公司、砼公司、安装公司、门窗公司、基础公司、机施公司、华建厂、供销处：

今将沪革工交（76）第326号文《关于建工局、华东电管局承担唐山开滦矿机修厂、电厂复建工程有关建材等物资由本市供应的通知》转发给你们，希根据文的精神，分别向各有关供应部门联系，使唐山复建工程顺利进行。

上海市建筑工程局革委会

1976年12月22日

抄送：工业组、设备组、施工组、驻唐山工作组

沪筑销革字（76）第137号

建工局供销处革命委员会要求解决去唐山车队、人员生活生产用锅炉的报告

上海市机电设备供应公司：

为支援唐山抗震救灾、恢复生产，更好地支援国家的社会主义建设，把“四人帮”造成的损失夺回来，为了响应中央抓革命、促生产，以最快的速度建设新唐山，我局承担了唐山部分工程，而我处负责我局的唐山任务的全部工程材料供应，而且还承担这些材料的运输任务（长距离运输到工地），因此我处要去一支供应运输队伍，车辆50部（先去20部）。目前人员和车辆已陆续前往唐山现场，已投入紧张建造简易生活设施和争取货源，进行备料，为明年大干快上创造条件。

由于我处设在唐山的供应、运输据点，距离施工队伍较远，不能共同使用工程队的锅炉。他们的锅炉除用于生活取暖外，而且也有一大批车辆及机械需要用水和用气，同时为工程需要还需用热水搅拌砼及蒸汽养护。根据上述情况，实难以共同使用。

目前，我处先遣人员在唐山，已进入紧张筹建生活生产用房的筹建阶段，急切地需要装一台锅炉，以满足人员车辆大批来唐后使用水、气和取暖需要，故恳切要求你公司给予解决一台0.2—0.4立方米锅炉（最好是0.2）。（此要求已与业务部杨长春同志联系过，考虑在1月份为我处解决一台。）这样就能即时跟上工程供应运输需要，更好地为开滦煤矿多出煤，出好煤，为社会主义作出更大的贡献。

上海市建工局供销处革委会

1976年12月27日

抄报：建工局设备组

抄送：处机电公司业务组、处生产组

沪筑革（77）第 020 号

建筑工程局革命委员会唐山复建工程要求解决运输的请示报告

市革会工交组：

我局承担的唐山开滦煤矿的电厂与机修厂复建工程，根据目前现场情况，第一期建筑面积 51829 平方公尺，第二期建筑面积 22352 平方公尺，新建工程建筑面积 12528 平方公尺，总建筑面积有 86759 平方公尺，需水泥 6650 吨，砂 19766 吨，石子 32800 吨，砖 370 万块等物资的运输量达 7 万余吨。对砂石产地，水泥、砖、瓦等生产厂运往施工地点远达 60 公里运输问题没有解决。要灾区解决上述物资的运输确有困难，我们为支援唐山，已抽调载重量 1—15 吨位的大小汽车 100 余辆，还不能适应复建工程施工需要。为此，请领导给予支持，在市内组织 200 余吨位的运输力量，解决场外运输问题，支持唐山，使复建工程顺利进行，满足施工需要。特此请示。

上海市建筑工程局革委会

1977 年 1 月 28 日

抄送：局供销处、驻唐山工作组、施工组

建一简报第 5 期

支唐工人无冬天——记战斗在唐山工地我公司广大职工学大庆大干社会主义事例

……在党中央发出五一节前召开学大庆会议通知推动下，我公司战斗在唐山工地的职工，学大庆，批“四害”，抗严寒、顶风雪、战艰难，支唐建设克服施工中的重重困难正在胜利地进行。

……

……支唐 107 队、105 队工人同志……发扬大庆工人“有条件要上，没条件创造条件也要上”的革命精神，群策群力，集思广益，在实践中摸索施工防冻措施。为抢时间，工人们自觉提前上班烧水加温，烘热变速箱，疏通水泵管……早上早做准备，晚上义务劳动。金工车间基础参加义务劳动有98人次，105队团干部小周等一周中参加五次之多。为保证机械正常运行，机修组徐顺康同志日夜守候在空压机旁，在机械漏油、空压机房起火的危险时刻，他毅然拿起木板，用双手扑灭火苗，虽手指烧伤，仍不离战场。为保证施工用水，陈欠宝等同志不仅提前上班疏通管道，而当水管爆裂时，不顾头淋身湿浑身结冰，奋力抢修。为确保工程质量，支部领导、管理人员同工人群众共同商讨，共同摸索经验，采取了“材料设备加温预热，热水搅拌，掺合早强抗冻剂，及时保暖养护”的防冻有效措施，保证了寒冬施工保质保量地进行。

由于开滦机厂受地震重灾，废墟成堆，险情多，不仅又脏又乱，而且寒冬施工，手脚麻木，就更显得艰难与危险。……105队砼班和木工一班的工人同志冒着凛冽寒风，攀上八排脚手，拆屋面，敲砖墙，在柱头错位，墙身倾斜，随时有生命危险的时候，他们以大庆工人“宁可少活二十年，也要拿下大油田”的革命英雄气概奋勇作业。有的同志干脆脱下棉衣钻入桁车梁底，用风镐打、用锤敲，碎石灰尘，飞溅双眼，击痛脸面，撕破衣服，这些全然不顾。现在已清理废墟三分之二以上。

天气虽然是寒冷的，可工人们在工地上开展的劳动竞赛却是热火朝天。老厂新建，开挖地基，碰到很大困难，1.7米深基础，满是大石块、混凝土、风化石及冻土。工人们苦战一天只去了一层薄薄的“皮”。为攻难关，共产党员、共青团员纷纷向党支部请战。一个星期的战斗，不管是大雪纷飞的夜晚，还是滴水成冰的黄昏，天天晚上工地上灯火通明，你追我赶，各方参战。炊事员张汝开，高龄老工人周林根等同志主动代工种，参加义务劳动。工地上运泥土，搬石块，清废渣，车来人往。107队黄来富木工二班在铸工车间加固近一百米的墙面，在没有行车的情况之下，艰苦制作柱头抱箍，在竹工班和技革班的协助下，提前两天完成任务后又制作南山墙54米过梁的模板。他们团结战斗，三天任务两天干，项项任务提前完成，工地上工序环环紧扣，今年1月份胜利打响了第一仗，实现了“开门红”。

支唐工人无冬天。现在他们正在再接再厉，为支援唐山建设大干快上，全国工业学大庆会议即将召开，他们决心以只争朝夕的革命精神，再创新胜利，向大会献礼！

上海市建一公司革委会办公室编
1977年2月11日

沪筑销革字（77）第025号

建工局供销处革委会关于支援唐山砖的运输问题的报告

上海铁路分局：

唐山地区发生强烈地震灾害后，根据市委指示，我局承担了开滦煤矿机械制修厂、发电厂两个厂的恢复修建任务。在我局党委的统一布置下，市建一、七公司及有关单位已于去年10月份起陆续开赴唐山参加抢建。

关于材料供应问题，除从上海调去钢材及其他二类物资外，木材水泥及砂、石材料，根据就地就近取材供应的原则，资源也基本落实，因而基本保证了前阶段施工需要。但砖的供应问题，由于强烈地震影响，估计在5月份以前附近地区砖的资源无法解决。

英明领袖华主席非常关心开滦煤矿生产恢复问题，并于1月18日亲自接见开滦矿代表。我局驻唐山工作组负责同志也受到接见。华主席详细地听取了汇报并作了重要指示。

我局赴唐山参加修建任务的全体职工，坚决响应华主席号召，决心大干快上，早日完成两厂修建任务，为早出煤、多出煤作出贡献，但砖的供应必须落实。为此我们意见：拟于3月下旬到5月底两个月左右时间内，从我局属江苏省昆山县红卫砖瓦厂暂调统一机红砖400万—500万块，由窑厂水运中转到昆山火车中心站，装车发运到古冶车站，以补当前供应急需。除已与生产厂、昆山县运输指挥部、昆山县装卸站、昆山中心站联系接洽外，拟请你局大力支持。同意安排运输计划为盼。

上海市建工局供销处革委会

1977年3月4日

抄报：市革会基建组、上海铁路局、市建工局革委会

抄送：昆山火车中心站、昆山县运输指挥部、昆山县装卸站、处购运站

沪筑革（77）第054号

建筑工程局革命委员会关于唐山开滦机修厂、电厂复建工程有关建材、化工、水电材料申请的紧急报告

市物资局、机电一局、商业一局：

在华主席和党中央亲切关怀下和上海市委直接领导下，唐山复建工程进展较快。第一期工程开滦电厂和机修厂合计51879 m^2，因施工急需，上海已发运唐山一批建材（油毡、玻璃、石棉瓦等），二期工程二厂合计49169 m^2。根据施工实际情况，一期上半年要求竣工，二期部分已开工。为使复修工程顺利进行，更快更好完成中央交给我市的援建任务，目前急需大量的建材、化工、水电等材料，但材料渠道至今还未疏通。今年我局承担市内任务中建材缺口较大，要确保唐山供应确有很大困难，根据市工交组1976年326号文件精神，再一次提出申请报告，请给予支持。

（具体材料规格见附页）

上海市建筑工程局革命委员会

1977年3月21日

抄报：市革会基建组、综合计划组

抄送：市建材公司，化轻公司、机配站、电工站、建筑五金批发部，供销处、唐山工作组，局施工组

附：

所需材料规格表

建材

品种	规格	单位	数量
加筋石棉瓦	745 × 1800 × 7	张	45700
石棉脊瓦		公尺	2700
玻璃	3 m/m	标箱	3216
油毛毡	350克	卷	5200

（续表）

品种	规格	单位	数量
沥青	♯10	吨	111
	♯55	吨	129
白瓷砖	6″	块	50000
红地砖		块	900

化工

品种	单位	数量
防锈漆	吨	30
调合漆　中黄	吨	2
调合漆　中绿	吨	5
调合漆　白	吨	15
清漆	吨	2
氧化铬绿	吨	2
虫胶片	吨	1
骨胶	吨	1

机配

品种	规格	单位	数量
丝口闸阀	4″Z1SF10	只	200
丝口截止阀	$\frac{3}{4}$″J11F16	只	2000
丝口截止阀	$1\frac{1}{4}$″J11F16	只	400
法兰闸阀	4″Z4SF10	只	500
法兰截止阀	4″J41F16	只	400
法兰截止阀	5″J41F16	只	100
丝口止回阀	$\frac{3}{4}$″H11F16	只	200
丝口止回阀	1″H11F16	只	200
丝口止回阀	$1\frac{1}{4}$″H11F16	只	100

（续表）

品种	规格	单位	数量
丝口止回阀	$\frac{1}{2}''$H14F16	只	400
丝口止回阀	$\frac{3}{4}''$H14F16	只	200
丝口止回阀	1″H14F16	只	200
丝口止回阀	$1\frac{1}{4}''$H14F16	只	100
丝口止回阀	$1\frac{1}{2}''$H14F16	只	100
丝口止回阀	2″H14F16	只	100
丝口止回阀	$2\frac{1}{2}''$H14F16	只	50
丝口止回阀	2″H44F10	只	50
丝口止回阀	3″H44F10	只	200
丝口止回阀	4″H44F10	只	500
减压阀	$\frac{3}{4}''$y43H - 16	只	20
减压阀	1″y43H - 16	只	20
减压阀	$1\frac{1}{4}''$y43H - 16	只	20
减压阀	$1\frac{1}{2}''$y43H - 16	只	20
减压阀	2″y43H - 16	只	20
减压阀	$2\frac{1}{2}''$y43H - 16	只	20
减压阀	3″y43H - 16	只	20
减压阀	4″y43H - 16	只	20
丝口旋塞	$\frac{3}{4}''$lBn - 10	只	200
丝口旋塞	2″lBn - 10	只	100
疏水器	$\frac{3}{4}''$S19H - 16	只	100
疏水器	1″S19H - 16	只	100

（续表）

品种	规格	单位	数量
疏水器	$1\frac{1}{4}''$S19H－16	只	50
	合计	只	6610
电焊条	50 吨	只	

建批

品种	规格	单位	数量
白弯	$3''$	只	200
白弯	$4''$	只	500
白异径弯	$\frac{1}{2}''\times\frac{3}{4}''$	只	3000
白三通	$4''$	只	200
白外接头	$2\frac{1}{2}''$	只	2000
白内接头	$3''$	只	500
白内接头	$4''$	只	200
□内外螺母	$3''\times\frac{1}{2}''$	只	100
□内外螺母	$3''\times\frac{3}{4}''$	只	100
□内外螺母	$2\frac{1}{2}''\times1\frac{1}{4}''$	只	100
□内外螺母	$1\frac{1}{4}''\times1''$	只	4000
□内外螺母	$4''\times2\frac{1}{2}''$	只	200
□内外螺母	$4''\times3''$	只	200
白活接头	$2\frac{1}{2}''$	只	100
白异径外接头	$1''\times\frac{1}{2}''$	只	200
白异径外接头	$1\frac{1}{4}''\times\frac{3}{4}''$	只	200
白异径外接头	$1\frac{1}{2}''\times1\frac{1}{4}''$	只	500

（续表）

品种	规格	单位	数量
白异径外接头	$2\frac{1}{2}'' \times 1\frac{1}{2}''$	只	200
白异径外接头	$2\frac{1}{2}'' \times 2''$	只	100
白锁紧螺母	$\frac{1}{2}''$	只	2000
黑活接头	$\frac{1}{2}''$	只	3000
	合计	只	17600

电工

品种	规格	单位	数量
橡铜线	1. 5 m/m	公里	10
橡铜线	2. 5	公里	10
橡铜线	4	公里	10
橡铜线	6	公里	10
橡铜线	10	公里	10
橡铜线	16	公里	10
橡铜线	25	公里	10
橡铜线	35	公里	10
橡铜线	50	公里	10
橡铜线	70	公里	5
橡铜线	95	公里	3
橡铜线	120	公里	3
橡铜线	150	公里	1
橡套软线	3 × 110/01193	公里	4
橡套软线	4 × 1 m/m	公里	4
橡套软线	3 × 2 + 1 + 1	公里	5
橡套软线	4 × 175/01193	公里	3
电焊软线	50 m/m	公里	3
	合计	公里	121

建一简报第 12 期

大干苦干拼命干，确保机厂早投产——记唐山工地召开“大学大批促大干，千军万马战机厂”誓师大会

4 月 1 日，公司唐山工作组在唐山工地召开了“大学大批促大干，千军万马战机厂”誓师大会。机厂党委领导、局工作组领导和来唐检查工作的公司党委书记老孙参加了大会，到会同志……决心在帮助机厂恢复生产的战斗中甩开膀子大干一场，苦战半年夺胜利，抢建机厂创奇迹。

唐山工程是我们英明领袖华主席十分重视关心的一个工程，迅速恢复开滦煤矿、机厂的生产，早出煤、多出煤、出好煤是当前贯彻“抓纲治国”方针，把国民经济搞上去，实现四个现代化的一个重要环节，唐山工程快与慢、好与差直接关系到国民经济发展的步伐，具有重大的政治意义和经济意义，大家决心为打好唐山一仗而战斗。工作组老施在会上总结了前一阶段的工作成绩，并对下一阶段工作作了布置，他说：全体赴唐职工在上级组织的领导下……整个工地红旗如林，工地面貌日日新，出现了一个抢时间、争速度、打会战、争上游、创奇迹的大好局面，涌现了许多动人事迹和先进思想、先进风格。经过大家的努力，大大加快了金工、托儿所、浴室的施工进度，3 月份工作量超额完成了 50%，打响了春节以后第一炮。根据上级领导的指示和形势的要求，工作组还向大会提出了下一阶段工作要求：6 月底前全部完成第一期工程，在国庆前基本完成第二期工程，打好三个会战，苦战六个月，拿下九万平方米，创造奇迹迎国庆。……

105 队党支部表示，在千军万马战机厂的大会战中做到：一、高举毛主席的伟大旗帜，组织群众学习好《毛泽东选集》第五卷，学习中央 10 号文件，大打深揭猛批“四人帮”的人民战争，不获全胜绝不收兵。二、树雄心、立壮志，艰苦奋斗拼命干。发扬 3 月份大干革命精神，大战 4 月夺高产，完成工作量 45 万，密切配合机施公司吊装，在 6 月份完成第一期工程。以优异成绩迎接七一党的生日的来临。三、加强领导班子思想革命化，坚持三要三不要原则，积极参加集体生产劳动，领导班子全年劳动不少于 150 天，联系群众，关心群众。在唐山工程中，把支部建设成为一个过得硬的战斗指挥部。四、依靠群众，狠下功夫。搞好劳动竞赛，抓好企业管理。加强纪律教育，建立以岗位责任制为中心的各项规章制度。

103 队、104 队的代表在会上表示，要跟上大好形势，尽快创造施工条件，投入恢复开滦机厂生产的战斗，决心在国庆前完成第二期工程。

机械队、汽车队、机施站等后方单位在会上纷纷表示：在唐山工程中，认真学习中央

10号文件，深入揭批“四人帮”，大力开展工业学大庆运动，开展社会主义劳动竞赛，做好后勤兵。抓好机械、汽车、设备的维修保养，做到拉得出、打得响、打得胜，确保前方施工需要，为唐山工程作出新贡献。

在誓师大会上，机厂党委和局工作组领导分别讲了话，对于我们一公司在3月份所取得的成绩表示祝贺，并要求我们再接再厉，努力奋斗，夺取更大胜利，为迅速恢复开滦机厂生产而多作贡献。

最后，公司党委书记在讲话中指出：……为了更好地完成机厂的修复任务，决定增派一、二、六队的部分施工力量前来参战，形成一个全公司的大会战，开展社会主义劳动竞赛，夺取更大胜利，同时决定，我公司的上半年给奖大会在唐山开，这是对全体赴唐职工最大的鼓舞和鞭策，大家决心拿出优异成绩，开好给奖大会，迎接党的十一大和五届人大的召开。

上海市建一公司革委会办公室编

1977年4月6日

沪筑销委字（77）第016号

建工局供销处党委关于唐山工作组建立临时党支部和行政领导小组的决定

唐山工作组：

在深揭猛批“四人帮”、实现华主席提出的抓纲治国的战略决策的大好形势下，为了加强党的领导，经研究决定：1. 建立唐山工作组临时党支部，由邵海龙、徐国兴、虞大源等三同志组成，并由邵海龙同志为支部书记；2. 建立唐山工作组行政领导小组，由邵海龙、徐国兴、虞大源、顾国兴、张新发等五同志组成，并由邵海龙同志为组长，徐国兴、顾国兴两同志为副组长。

中共上海市建工局供销处委员会

1977年5月10日

抄报：局组织组、局唐山工作组

抄送：汽车队党总支、处三线组、处组织组

建工简报第 49 期

建工局革委会简讯

抗震救灾，大战唐山，夺取一期工程胜利

在英明领袖华主席和以华主席为首的党中央的领导和亲切关怀下，我局艰苦奋战在唐山抗震救灾第一线的广大职工，深入揭批“四人帮”，学习大庆人革命加拼命的精神。半年来，夺取了援建开滦机厂和电厂两个工程的胜利。到 6 月底，两个厂土建工程共开工 103983 平方米，占我局支唐工程总面积的 92.8%，竣工 49680 平方米，占 44.4%，完成工作量 873.03 万元，清理废墟 99000 吨，原定 6 月底完成的开滦机厂一期工程 38613 平方米的七个项目，提前十天竣工。此外，还提前完成了二期工程的三个项目。

坚持无产阶级政治挂帅，大鼓革命干劲

……在春节前的施工准备阶段，充分发动群众，揭批“四人帮”破坏唐山抗震救灾的罪恶阴谋，大讲毛主席、华主席和党中央对唐山灾区人民的关怀和开滦煤矿在整个国民经济中的重要地位。再是组织参观唐山受灾的严重情况，了解修复工程的迫切性和重要性，还请了开滦抗震救灾英雄作报告，学习唐山人民临危不惧、战天斗地的革命精神……。3 月初到 4 月中，支唐各单位又进一步掀起学习贯彻华主席“千方百计加快恢复开滦生产”重要指示的新高潮，普遍进行了“三个怎么办”的群众性大讨论，即“华主席这样关怀开滦，我们怎么办？”“学大庆，赶开滦，我们怎么办？”“井下生产上去了，我们地面建筑怎么办？”……4 月中旬又开展了读《五卷》、学大庆、比贡献、赛干劲的新热潮。……105 队在开挖开滦机厂金工车间的基础土方时，正值寒冬腊月，气温在零下二十度左右，冻土层厚达 60 多公分。这个队的全体共产党员、共青团员……连续七个晚上义务劳动。他们在工地周围燃起一堆堆篝火融化冻土，开凿冻土的钢钎被打断了，手上的皮磨破了，内衣被汗水湿透，而外衣却结成冰花。但他们却说：“冻土再硬，没有我们的骨头硬；困难再大，没有我们的决心大。咬紧牙关，甩开膀子，就是啃也要把它啃下来！”就是靠着这种硬骨头精神胜利完成了任务，赢得了时间。……

开展社会主义劳动竞赛，集中力量打歼灭战

……社会主义劳动竞赛，大大加快了工程进度。如一公司承担的开滦机制厂地面建筑修复任务，面积大，时间紧，困难多，任务重。这个工程共有25个项目90000平方米建筑面积，占二个厂总面积的80%以上，公司工作组根据气候和施工条件，发动群众制定了打四个歼灭战的作战方案，从人力安排、材料运输、设备进场等都全力为打好这四个歼灭战服务，在短时间内集中力量攻下了金工、铸工、锅炉房这几个关系机厂生产的重要项目，使机厂基本上恢复了震前生产的能力。七公司为了保证电厂在今年“七·二八”前恢复震前的发电能力，集中力量先上与发电有关的项目。在一些关键部位和工序上，还组织各种突击性会战，一公司在组织金工车间屋面13000多平方米的石棉瓦铺设的会战中，集中了六个工程队有关工种的人力，分块进行劳动竞赛，只用半天时间就铺设了13000多张石棉瓦，安装了52000多颗螺丝，比原定计划提前了一天半。702队丁正宫班在参加电厂三万五开关室挖土会战中，一个班分成两个小组搞竞赛，计划每班挖土38方，实际班班超额，最多的达90方。在战斗中，广大职工不计时间，不计报酬，拼命大干。有的老师傅早晨4点半就来到工地，中午边干边吃馒头，一直干到晚上八九点钟。整个工地会战连着会战，竞赛接着竞赛，大大焕发了工人、干部的社会主义积极性。

前方施工拼命大干，后方千方百计大上

这次来唐山的各后方单位，千方百计保现场、保前方，为保证前方施工出了大力，流了大汗。砼公司唐山预制场设备简陋，场地狭小，人手紧张，条件很差。他们为了确保土建上去，积极创造条件，冬季施工没有蒸养设备，就自己动手，搭起两个土灶加温材料，生起两只火炉养护构件，场地狭小，他们就找缝插针，在屋檐下搞一点，在马路边干一点……。1至5月共生产砼构件3144.3立方米，超过计划22.3%，加工钢筋1241吨，超过计划18.2%，完成的产值也超过计划23.8%，基本上满足了土建需要。供销处运输队的职工到唐山后没有好好休息过一个星期天，春节也坚持在唐山大干。上半年完成运输量五万多吨，组织供应了钢材6128吨，木材8237立方米，水泥6866吨，石子30075吨，黄砂22549吨，砖560万块。

坚持质量第一，严格工程质量

我局支援唐山建设的广大职工由于亲眼目睹地震对建筑物的严重破坏，危及千千万万人民的生命和国家财产，更加深切地感到“百年大计，质量第一”的极端重要性。各单位要用多种形式反复宣传大庆人“经得起子孙万代检查”的严细精神，经常进行质量大检查，不符合质量要求的，坚决推倒重来。如一公司在组织铺设金工车间石棉瓦会战时，发现有一跨屋面的石棉瓦铺得有些歪斜，承担这个任务的101队青年木工班自觉从严，利用中午休息时间返工重来，使铺设的石棉瓦既耐用又美观。再如103队粉刷一班班长方桂福和共产党员张宝根、杨惠忠三位工人同志，担心白天刚粉刷好的柱头被当夜的狂风暴雨冲坏，三人于半夜2点钟冒雨摸黑到工地，把被大雨冲毛的柱头重新粉刷一遍，一直干到凌晨5点多钟。由于上上下下都严格〔要求〕工程质量，机厂的九个已竣工项目，经验收，工程质量优良率在95％以上，得到了厂方的热情称赞。

干部深入现场，带头大干苦干

……这次各单位支援唐山建设的各级干部学习大庆经验，坚持“三个面向”，始终和工人滚在一起，干在一处，哪里最艰苦，哪里最困难，干部就在哪里出现。七公司驻唐指挥组施工组负责人张国琪同志，日日夜夜干在工地上，被工人誉为“勤勤恳恳的老黄牛”。一公司工作组组长施少康同志年过半百，但不论刮风下雨，都坚持在现场指挥生产、参加劳动，被大家评为“十几年如一日，坚持三个面向，五到现场的标兵”。107队全体管理干部春节后赴唐连续劳动十二天，4月份干部劳动平均在半个月以上。105队称赞党支部领导“参加劳动多，深入现场多，同工人商量多”。5月中旬，机厂屋面排险时牺牲了一名同志，104队党支部书记在事故发生的第二天，带头爬上屋面继续排险，为全队职工做出了很好的榜样。……

建工局革委会办公室编

1977年7月20日

（共印130份）

（77）沪粮革业供字第173号

（77）沪筑革第211号

上海市建筑工程局革命委员会、市粮食局革命委员会关于市建工局参加唐山建设人员用粮情况的汇报

市革委会基建组，市革委会财贸组：

根据市革委会财贸组领导同志对“市建工局参加唐山建设人员用粮有困难，要派人前去了解一下、商量解决”的指示，我们派人到唐山市进行了了解，听取了各方面的意见，问题基本解决，现将情况汇报如下：

我们派人于6月29日赴唐山市了解。上海市参加唐山建设共4150人左右，其中：市建工局五个公司约4000人左右，电管局150多人。我们分别召开了三个座谈会，反映的主要问题是，从去年10月至今年6月底止的夜餐粮均未解决，共用去粮食13000多斤。按当地规定，职工夜班生产是没有夜餐粮的。

我们根据商业部（76） 62号文件《关于跨省支援唐山建设的职工粮食供应问题的通知》"由于劳动强度增大，劳动时间延长或工种变动需要补助粮食的，在本通知下达后，统一由唐山市按当地规定解决，各地不要再行补助"的精神与唐山市粮食局协商，要求解决夜餐粮食问题，他们表示同意支持，对过去用掉的粮食作一次性补助，今后发生的适当解决。

唐山市粮食局的意见，已向市革委会唐山工作组和市建工局工作组领导汇报，他们表示同意。特此汇报。

上海市建筑工程局革委会

上海市粮食局革委会

1977年7月25日

市粮食局革委会办公室　　1977年7月25日印发（共印21份）

建一简报第45期

104队职工多快好省地抢建唐山开滦机厂铆焊车间

在热烈庆祝党的十一大胜利召开的锣鼓声中，唐山工地又传来了胜利的捷报，许多工程项目提前圆满完成。104队抢建唐山开滦机厂铆焊车间就是突出的一例。

铆焊车间连同生活楼总施工面积7140 m^2，自今年4月6日开工以来，104队工人、干部发扬了革命加拼命的精神，争分夺秒搞抢建，一个季度就完成了该车间基础、结构等任务，在7·28地震一周年时，新建车间开始投产，8月底已高标准全面竣工。铆焊车间前后施工期总共4个半月，比原计划提前2个月，比常规施工缩短工期一半，全部工程质量达到优良。……

唐山抗震救灾前线施工条件差，铆焊车间破土动工后，挖土机还未及时运来，面对3640 m^2 的挖土任务，是等还是闯？104队工人、干部的回答是：没有条件，自己创造条件上。于是，第一批来唐的40位工人、干部团结战斗，挑起了挖土重担，他们提出“奋战二个月，攻下基础构件关”的战斗口号，采取小小组包干的方法，互相展开劳动竞赛，工人们干劲十足，规定8小时工作，但许多同志是“六进六出”（早上6时出工，晚上6时收工）。基础土方石灰多， A轴线南面有钢渣，工人们硬是用洋镐翻土，手上磨出血泡，都全然不顾。4月27日下午3时，发生较大余震，大地抖动，基础冒土，可工人们没有一个被吓住，他们以“你冒一寸土，我挖你一尺深”的大无畏精神，坚持大干，计划每人一天挖土五方，工人们个个超额完成，最高达十方多，超计划一倍。整个工程分四根轴线进行施工，基础构件、挖土、制作木模、扎钢筋、捣砼，各道工序流水作业，各工种上下工序互相竞赛，一环紧扣一环，结果施工31天就完成基础构件任务。

104队工人、干部抢速度，争时间，又自觉从严，认真把好质量关。确保构件质量，对整个工程建设来说是个关键问题，因为预制构件的质量直接影响整个车间抗震效力。在这一战役中，工人们更是精心施工，精心操作。施工管理部门也认真把关，坚持做到了质量要求讲在施工操作前，上一工序复合检查做在下一工序施工前，发现问题及时处理，将苗头消灭在事故发生前。如柱头木模的制作，最初发现三根柱头木模稍有弯曲，工人们坚持做到高标准严要求，以一丝不苟的认真态度进行修整，直到已确保质量优良时才浇制砼。他们还采取自检互检方法来保证质量。砌墙时搞劳动竞赛，两个泥抄班不仅比工效，而且比质量，互相评分检查。扎铁班在扎柱头钢筋时，十个人分三档开展小小组竞赛，坚持每个小小组之间开展质量检查。由于工人、技术人员共同努力，从严要求，所以项项工序施工一气呵成，无复工现象。基础挖土尺寸符合设计要求，118只基础和130根预制柱头模板几何尺寸正确，预埋部件留位无遗漏，砼内实外光，无缝，无麻面；砖墙砂浆饱满，墙面平整垂直，地坪无起砂，无开裂，平整光滑，质量达到全优。

铆焊车间会战中，四队领导干部改变作风，深入现场，面向现场，而且十分注意调动各个管理部门的积极性，使他们各尽其责，人人出智慧献力量。计划部门善于抓关键、抓矛盾，他们根据天气，外界条件等合理组织施工，积极为工人生产服务，他们说：工作要有预见性，又要〔有〕科学性，安排计划要打一、备二、看三四。他们运用毛主席哲学思想正确处理少数人准备与多数人打仗的关系，如回填土有一人多深，在做地坪前，他们就提早落实土方来源，使废墟得到清除，废物利用；吊装前，将外加工构件早进场拼装，又创造了条件，使吊装提前进场，做到了想施工生产千方百计。材料部门积极联系，大挖增产节约潜力，将旧木板自己配制20套模板，在铆焊车间翻用9次，最后有的木板做成走道板，做到了物尽其用。安全部门为确保安全生产，在工地上树安全标语牌，广播“六大纪律”，巡回检查工地，积极采取防范措施，使整个工程施工中无伤亡事故。

铆焊车间会战，全体领导和管理人员同工人一起出大力、流大汗。在钉屋面板、铺石棉瓦的战斗中，木工少，泥工主动代，管理人员也顶下了一个班，当时天天有余震，机厂预报室内不能工作。可铆焊车间会战正打得热火朝天，虽然又是下暴雨，施工时眼睛都睁不开，管理人员就与工人同战斗同甘苦，使他们进一步学到了工人忘我工作的优良品质。例如：砼二班陈为楼同志手被拉破缝了三针，他没休息一天，一只手受伤，用另一只手坚持工作。公司“七二一”大学第一期毕业生陈品高回班劳动，当电石筒有爆炸危险时，他奋不顾身抢救。……

铆焊车间施工进度一快再快，打出了施工新水平，得到机厂和上级领导的赞扬。目前104队工人、干部正在以只争朝夕的革命精神，抓紧唐山机厂其他项目的扫尾施工，决心发扬成绩，夺取新的胜利，迎接新的战斗。

上海市建一公司革委会办公室编

1977年9月1日

建一简报第46期

103队在唐山抗震救灾战斗中的精神

103队在唐山抗震救灾战斗中坚持工程质量高标准

103队……承担的唐山开滦机厂液压工具车间、矿山基地大修生活楼，电镀工锻污水处理站等9个工程项目，不仅提前完成，而且没有发生一件质量事故，砖墙等工程质量优良率均在90%以上。他们坚持质量高标准的做法和体会主要是：

……

精心施工，一丝不苟

103队工人、干部在唐山抗震救灾施工中认真贯彻毛主席关于“精心设计、精心施工”的教导，学习大庆人“要经得起子孙万代的检查”的自觉从严态度，做到确保工程质量一丝不苟。在施工操作时，他们坚持实行工程质量检验制，做到道道工序有人把关，对工程质量极端负责。液压工具车间有80根柱头，有预埋铁10多吨，总计3200块，初次操作差错了一块，工人们没有马虎放过，而是一丝不苟反复校对，找到问题，及时补上，消灭了差错。各工种工人精心施工，创造了不少确保质量的好措施、好方法。砼工人实行了头子操作定人定位，泥抄班砌墙实行包干、挂牌竞赛，这样不仅方便于验收，而且有利于加强每个操作工人的责任感。今年5月15日深夜狂风暴雨袭击，粉刷一班共产党员张宝根、杨慧忠和班长方桂福同志为防止白天粉好的柱头被暴雨冲坏，三人不谋而合，出于对工程质量极端负责态度，冒雨赶到工地，修复了被雨冲去的粉面，并采取了保护措施，保证了工程质量。虽然他们一夜没休息，但他们心里都很高兴，被同志们誉作“半夜粉柱头”的小故事在工地上流传。

实行技术考核，苦练操作基本功

三队领导经分析发现青年工人由于前一时期“四人帮”的毒害，放松了技术学习，许多人操作水平低，为提高工程质量，必须及时解决这问题，因此他们和技术部门研究，加强了对青年工人的技术考核、培养工作。今年以来共组织了四次对满师艺徒、农场上调青年分泥、木二大工种实行技术考核，既考政治，又考业务水平、考理论知识，考实际操作。过去一些青年对技术不热心，也不知自己的技术水平如何，通过技术考核找到了差距……有的青年泥工说：泥工满师起码要求是能独立操作混水清，而我们过去只知混日子，过去的损失现在要补回来。他们白天在现场虚心拜工人为师，晚上认真参加夜校或自学技术。青年木工原技校毕业生潘国铭虽已满师，但过去从未装过门窗，这次考核第一档门窗装得差，他以诚恳的态度请教老同志，并在自己操作实际中细心摸索，这次共装16扇窗，一档装得比一档好。1974年进单位的木工艺徒费慧生以“别人做过的东西，自己看一看，摸一摸，问一问，不懂的东西要问清楚、弄懂”的虚心学习态度，刻苦学技术，现在已能独立操作门窗及小五金等安装，操作熟练，得到技术部门和工人同志的好评。

上海市建一公司革委会办公室编
1977年9月2日

第十三节　上海市医药工业公司革命委员会

沪药革计字（76）第026号

上海市医药工业公司革命委员会关于紧急安排抗震救灾药品生产的通知

各有关厂革委会：

河北省唐山、丰南一带发生强烈地震后，根据上海医药采购供应站和上海市医药公司提出急需安排支援灾区人民药品一批，总计针剂33个品种（规格）3800万支，片剂11个品种5.66亿片（附表），经各厂发动群众，在各兄弟单位支持配合下，基本上已全部落实，希各厂进一步发动群众以阶级斗争为纲，做好这批药品的生产，以实际行动支援灾区人民抗震救灾斗争。对已落实原材料的品种要尽量抓紧生产，提前交货，尚未落实的品种要求立即组织力量，争取原材料，迅速落实投入生产，尽最快速度拿出成品。有关原料药希各生产厂优先确保供应，保证制剂厂生产需要，我们要认真贯彻市委指示精神，……抓革命，促生产，……学习灾区人民团结战斗、英雄抗震的革命精神，把我们的工作做得更好，以实际行动支援灾区人民，在抗震救灾的斗争中作出我们应有的贡献。

1976年8月3日

抄报：上海市革委会工交组、上海市化工局

抄送：上海医药采购供应站

上海市医药公司

附：

关于安排救灾药品生产情况

厂名	品名	单位	医药站需要数	安排落实数	备注
一厂	新凝灵 0.2 g	万支	50—150	90	止
	VK3 针 4 mg	万支	300	300	止
	庆大霉素 4 万 μ	万支	200	200	抗
四厂	氯唑青霉素 0.5 g	万瓶	30	30	抗
	乳糖酸红霉素 25 万 μ	万瓶	200	200	抗
	羧基苄青霉素 0.5 g	万瓶	20	—	原料生产已结束
七厂	凝血酸针	万支	5	—	缺氯丁二烯原料（青岛生产）
	溴苄胺针	万支	10	10	
	安络血针	万支	200	200	
	氢化可的松针 25 mg	万支	50	50	
	氢化可的松针 100 mg	万支	20	20	
	安钠咖针	万支	100	100	
	氯化钾针	万支	50	50	
	乳酸钠	万支	10	10	
	安乃近 25%	万支	500	500	
	葡萄糖 50%	万支	200	200	
八厂	氯酯醒针 250 mg	万支	10	10	
十三厂	氯霉素针	万支	1000	1000	原料只能生产 30 万支
	安定针	万支	50	30	
	西地兰针	万支	50	50	
十厂	氯丙嗪针 25 mg	万支	100	100	非那根原料药
	氯丙嗪针 50 mg	万支	100	100	
	复方氯丙嗪针	万支	100	—	

（续表）

厂名	品名	单位	医药站需要数	安排落实数	备注
	异丙基肾上腺素针	万支	100	100	
	洛贝林针	万支	100	100	
生物	水解蛋白针 500 cc	万支	5	5	
	胰岛素	万支	5	5	
	辅酶 A	万支	200	200	
	能量合剂	万支	20	20	
	肝素针	万支	5	5	
长征	低分子右旋糖酐	万瓶	3	3	
	甘露醇	万瓶	5	5	
	小苏打针	万瓶	2	2	
	10%葡萄糖塑料袋	万袋	6	6	
	针剂合计	万支	3806	3701	
七厂	四环素片 0. 25	万片	5000	5000	
	制霉菌素片 50 万 μ	万片	100	100	
	氯霉素片 0. 25	万片	5000	5000	
廿一厂	安体舒通片 0. 02	万片	1500	200	
黄河	APC 片	万片	3000	3000	
	去痛片	万片	10000	10000	
	VC	万片	10000	10000	
黄河	TMP	万片	2000	2000	
	吗林胍	万片	5000	5000	
	VB_1	万片	10000	10000	
	克感敏	万片	5000	5000	

（续表）

厂名	品名	单位	医药站需要数	安排落实数	备注
十七厂	新洁尔灭 500 g	瓶	10000	10000	需解决二甲胺 6 吨
中华	明胶海绵 9 × 11	包	3000	900	暂定 1 万公升规格待落实包装材料
	明胶海绵 2 × 6	盒	10000	2000	
	十滴水	公升		1	
六厂	哈拉松	吨	10	10	
片剂合计		万片	56600	55300	

沪药革字（76）*第* 028 *号*

上海市医药工业公司革命委员会下达第二批抗震救灾药品生产的通知

各有关厂革委会：

自唐山、丰南一带发生强烈地震后，第一批救灾药品在广大职工努力下，在各兄弟单位支援下，已基本完成。现根据当前救灾需要，要求再安排第二批救灾药品共 48 个品种，针剂 2285. 5 万支、片剂 48400 万片，希各厂依靠群众，发扬连续作战精神，把第二批救灾药品迅速组织投产，保质、保量、尽最快速度完成，以实际行动支援灾区人民，在抗震救灾的斗争中作出我们应有的贡献。

1976 年 8 月 14 日

抄报：上海市革委会工交组　上海市化学工业局

抄送：上海医药采购供应站　上海市医药公司

附:

第二批救灾药品安排情况

厂名	品名	单位	要货数	安排落实数	备注
一厂	回苏林针 8 mg2 cc	万支	200	200	十九厂供原料 20 公斤
三厂	抗敌素针 50 万 μ	万支	5	5	抗敌素
	先锋霉素 0.5 g	万支	5	5	抗菌素
	青霉素 P_{120} 0.5 g	万支	100	100	抗菌素
七厂	注射用水 5 cc	万支	200	200	其
	氨茶碱针 0.25　10 cc	万支	50	50	其止喘
	对羧基苄胺针 100 mg PAMBA	万支	200	200	市公司供对二甲基 3 吨 十五厂供原料 250 公斤，成品交市公司收购
八厂	苯巴比妥针 0.1	万支	100	100	其、镇静
	枸橼酸钠针 400 mg	万支	60	60	抗凝血
	利尿酸针 25 mg	万支	100	4	原料生产设备未落实　利尿
	硫苯妥钠针 0.5	万支	20		外地原料未落实
九厂	地塞米松针 5 mg	万支	100	100	原料剑麻皂素争取落实中。其他急救
十厂	VB_1 针 100 mg	万支	200	200	维生素□□
	VC 针 500 mg	万支	300	300	维生素□□
	多巴胺针	万支	100	100	强心
	氯化管箭毒碱针　短	万支	5	5	站供原料　□　开刀　肌肉□□
	尼可刹米针 25%	万支	100	100	强心
	硫酸阿托品针 1 mg	万支	100	100	□□
十三厂	利多卡因针 2%	万支	30	30	□□麻
	普鲁卡因针 2%　中	万支	200	200	□□麻
	司可林 100 mg	万支	5	5	□□　开刀
	γ—羟基丁酸钠针 2.5 g	万支	50	—	东北供应 γ -丁内脂原料不落实
	盐酸溴己胺针 4 mg	万支	50	—	东北供应 γ -丁内脂原料不落实
长征	葡萄糖氯化钠	万袋	30	30	输液

（续表）

厂名	品名	单位	要货数	安排落实数	备注
	复方氯化钠	万袋	5	5	输液
	葡萄糖等渗	万袋	15	15	输液
南昌	泛影葡胺 60% 20 ml	万支	10	10	准海供应泛影酸 1090 kg
	胆影葡胺 50% 20 ml	万支	2	2	准海供应胆影酸 172 kg
	碘化油针	万支	4	4	准海供应葡甲胺 350 kg 准海碘化油 600 kg
生物	血管舒缓素 10 μ	万支	50	50	□□
	糜蛋白酶 5 mg	万支	100	100	□□
	硫酸鱼精蛋白针 50 mg	万支	5	5	□□
	痰易净 1 g	万支	0. 5	0. 5	□□
合计：针剂 30 个品种				2285. 5 万支	
七厂	地塞米松片 0. 75 mg	万片	200	200	原料剑麻皂素争取落实中
	新抗凝片 4 mg	万片	200	200	“七二一”大学供原料 8 kg
	溴苄胺片 100 mg	万片	300	300	二厂供应原料 300 kg
	合霉素 0. 25	万片	5000	5000	六厂供应原料 12. 5 吨
廿一厂	复方磺胺甲氧吡嗪片	万片	1000	600	二厂供原料 1500 kg
	复方氯喘片	万片	1000	1000	十七厂供必嗽平 100 kg 供邻氯喘息定 50 kg 克敏嗪 250 kg
	哈拉宗片	万片	15000	15000	
黄河	癸酰乙醛片 30 mg	万片	1000	1000	六厂供原料 300 kg
	克霉唑片 0. 25	万片	100	100	二厂供原料 250 kg
	VB_6 片 10 mg	万片	10000	10000	八厂供原料 1 吨
	氯酯醒片 0. 1 g	万片	500	—	高温季节原料生产不稳定
	哈拉宗片	万片	15000	15000	
	合计：片剂 10 个品种			48450	
成药部分					
七厂	卡那霉素眼药水	万支	300	未定	眼药水瓶不落实，要求解决塑料聚乙酰 12 吨
	斑马眼药水	万支	300	未定	

（续表）

厂名	品名	单位	要货数	安排落实数	备注
九厂	可的松眼药水 5 cc	万支	100	未定	质量保存期一年，生产数请站再研究
	可的松眼药胶 2 g	万支	200	200	
	消炎胶 14 g	万支	100	100	
延安	十滴水 100 ml	万支	5	5	
	十滴水 500 ml	万支	2	2	
中华	清凉油 3 g	万盒	300	300	

沪药革计字（76）第 031 号

上海市医药工业公司革命委员会关于上报抗震救灾增产制剂药品的报告

上海市抗震救灾指挥部、石化部产品分配组、上海市化工局：

自唐山、丰南一带发生强烈地震后，在各级党委重视下，在市抗震救灾指挥部指示下，我公司根据抗震救灾需要已先后紧急安排生产两批抗震救灾药品，经各厂发动群众，在各兄弟单位支持配合下，正在努力生产中。现接中央抗震救灾指挥部“关于增产的原料药就地加工成品药”的电话通知和根据抗震救灾的需要，经安排可增产一批制剂，针剂 58 个品种 11565. 5 万支，片剂 16 个品种 59700 万片，成药 9 个品种交上海医药采购供应站（市公司），收购待调（附表 1），共需耗用上海自产部管医药原料 69. 9 吨，解热药配套需非那昔丁 8 吨（附表 2），请部支持给以增拨，特此上报，请审阅。

1976 年 8 月 28 日

抄报：市革委工交组、石化部医药局

抄送：上海市医药采购供应站、上海市医药公司

各有关厂

表 1　抗震救灾增产制剂计划

厂名	品名	单位	下半年计划	抗震救灾增产数	备注
一、 针剂					
一厂	庆大霉素 4 万 μ	万支	1000	900	
	维生素 K_3　4 mg	万支	1000	1000	
	回苏灵针 8 mg	万支	—	200	
三厂	抗敌素针 50 万 μ	万支	—	5	
	青霉素 P120. 5 g	万支	500	100	
四厂	红霉素针 25 万 μ	万支	550	200	
七厂	安钠咖 0. 5 g	万支	75	100	
	氨茶碱 0. 25　10 cc	万支	100	50	
	葡萄糖 50％	万支	300	100	
	氢化可的松 25 mg5 cc	万支	—	50	
	氢化可的松 100 mg20 cc	万支	20	20	
	乳酸钠针 11. 2％	万支	20	10	
	注射用水 5 cc	万支	800	200	
	对羧基苯胺针	万支	—	200	
	溴苄胺针	万支	—	10	
	安乃近针 25％ 1 cc	万支	—	1400	
	安乃近针 25％ 2 cc	万支	—	1400	
八厂	四环素针 25 万 μ	万支	2000	500	
	四环素针 50 万 μ	万支	860	500	
	苯巴比妥针 100 mg	万支	450	100	
	枸橼酸针 400 mg	万支	50	60	
	氯酯醒针 250 mg	万支	7	10	
	利尿酸钠针	万支	—	4	
	氯霉素琥珀酸钠针 500 mg	万支	10	5	
九厂	地塞米松针	万支	—	100	
十厂	异丙基肾上腺素针	万支	200	100	
	洛贝林针 3 mg	万支	—	280	
	多巴胺针	万支	—	100	

（续表）

厂名	品名	单位	下半年计划	抗震救灾增产数	备注
	尼可杀米针 1.5 cc	万支	—	100	
	氯丙嗪针 25 mg	万支	200	100	
	氯丙嗪针 50 mg	万支	200	100	
	维生素 B_1 针 10 mg	万支	400	200	
	阿托品针 1 mg	万支	180	100	
	维生素 C 500 mg	万支	1200	300	
	氯化筘毒针 10 mg	万支	—	5	
十三厂	卡那霉素针 50 万 μ	万支	250	400	
	葡萄糖 50%	万支	600	100	
	利多卡因针 2% 5 cc	万支	—	30	
	普罗卡因针 2% 2 cc	万支	—	200	
	司可林针 100 mg	万支	—	5	
	氯霉素针 250 mg	万支	2340	2000	
	安定 10 mg	万支	150	50	
生物	鱼精蛋白针 50 mg	万支	20	5	
	水解蛋白针 500 ml	万支	26.5	5	
	能量合剂	万支	—	20	
	肝素钠针 12500 μ	万支	16	5	
	糜旦白酶针 5 mg	万支	170	50	
	痰易净	万支	—	0.5	
长征	糖盐水塑料袋	万袋	—	30	
	复方氯化钠袋	万袋	—	5	
	5%糖水袋	万袋	—	15	
	低小分子右旋糖酐	万瓶	20	3	
	甘露醇针 240 cc	万袋	20	5	
	小苏打针	万瓶	—	2	
	10%葡萄糖塑料袋	万袋	—	10	
南昌	泛影葡胺针 60%	万支	3	10	
	胆影葡胺针 50%	万支	2	2	
	碘化油 40% 10 cc	万支	4	4	

（续表）

厂名	品名	单位	下半年计划	抗震救灾增产数	备注
针剂合计		（万支、瓶）		11565.5	
二、片剂					
七厂	四环素片25万 μ	万片	11000	2000	
	氯霉素片0.25	万片	8600	2000	
	合霉素片0.25	万片	12000	5000	
	新抗凝片	万片	—	200	
	地塞米松片	万片	—	200	
	溴苄胺片	万片	—	300	
黄河	维生素C片0.1	万片	42000	10000	
	氯酯醒片	万片	—	500	
	TMP片	万片	3000	2000	
	APC片	万片	15000	3000	
	克感敏片	万片	5000	2000	
	克霉唑片	万片	—	100	
	癸酰乙醛片	万片	—	1000	
	哈拉宗片	万片	—	15000	
廿一	复方磺胺甲氧吡嗪片	万片	200	400	
	复方氯喘片	万片	—	1000	
	哈拉宗片	万片		15000	
片剂合计		万片		59700	
三、成药					
十七厂	新洁尔灭500克	万瓶	2	1	
中华	十滴水5 cc	万瓶	—	200	
	明胶海绵9×11	包	—	900	
	明胶海绵2×6	盒	—	2000	
	清凉油3 g	万盒	—	300	
延安	十滴水100 cc	万瓶	—	5	
	十滴水500 cc	万瓶	—	2	
九厂	醋酸可的松眼胶2克	万支	150	200	
	消炎胶14克	万支	50	100	

表 2　增产抗震救灾药品需用部管医药原料数

品名	单位	增加需要数
四环素	吨	10
氯霉素	吨	11
合氯素	吨	12. 5
VC	吨	12
安乃近	吨	13
阿司匹林	吨	7
咖啡因	吨	2
VB_1	吨	0. 25
氨基比林	吨	2
氨茶碱	吨	0. 15
非那昔丁	吨	8
合计	吨	77. 9

（76）沪医革综字第 333 号

上海市医药公司革命委员会为请解决市卫生局采购唐山地区救灾药械的货款的报告

上海市第一商业局：

唐山、丰南地震发生后，为了抗震救灾医疗救护的需要，上海市卫生局向我公司采购了几批药品器械。从 8 月 2 日至 9 月 28 日先后开单共 596784. 96 元，上级规定向市卫生局结算货款。这些药械已全部交货给市卫生局，由该局发运唐山地区。但货款经向市卫生局屡次催收，未见承付。特此汇报，并请向有关部门联系解决货款结算问题。

再有，今后市卫生局向我公司采购唐山地区所需的药械的货款如何结算，请指示。

1976 年 11 月 12 日

抄报：上海市革委会财贸组、上海市卫生局

抄送：上海市财政局第四分局

已向唐山去结算。

□□

1976 年 11 月 15 日

中共上海市委党史研究室
上海市档案局（馆） 编

上海
1976.7.28
救援
唐山大地震
档案史料卷 下

金大陆 主编

上海文化出版社

第十四节　上海市虹口区革命委员会

情况简报第 72 期

广大医务人员坚决响应党中央号召
迅速组织医疗队赶赴地震灾区

当第四人民医院、区中心医院、区一院和区防疫站等四个单位，昨天下午 3 时多听到要组织医疗队赴唐山、丰南一带地震灾区的任务后，立即紧急动员。……两个多小时内，就组成了三个医疗队，今晨已有两个医疗队共 31 人（其中党、团员占 80%）奔赴灾区。

在这次紧急动员中，一呼百应。这些单位党组织、革委会、工宣队领导成员都积极带头报名。中心医院在党总支动员后二十分钟内，各科就把参加医疗队名单报齐。第四医院有部分医务人员多次跑到党总支办公室，再三要求组织批准。区一院工宣队长陆振华说："现在抗灾任务紧急，工宣队员应当走在斗争的前列。"区中心医院妇产科负责人、女共产党员商岭梅已 57 岁了，爱人在外地，家中无人照顾，她说："灾区人民需要我，共产党员就要迎着困难上。"四院外科医生、共青团员仇养杏表示：我决心要像杨子荣那样，越是艰险越向前，要在斗争中经受考验，争取火线入党。区一院中医（伤科）吴瑞安，已 50 多岁了，医疗队没有中医名额，但他坚决要去，说：人总要有点精神，有了革命精神，什么困难都能克服。区防疫站防疫组的两个组长，共产党员黄兰芬、齐玉珍说："救灾如救火。"她俩都及时向医疗队报到。四院内科女医生陈静芳，两个孩子发高热，爱人又患肝炎，昨天请假在家照料三个病人，当她得知急需她去救灾时，只用了三刻钟就安排好家务，整理好行装赶到医院。区一院药剂员费铭镛，33 岁，正在准备结婚，他表示个人的事是小事，救灾要紧，坚决要求奔赴灾区第一线。

医疗队出发前，向党组织递交了决心书。……留院的广大医务人员表示时刻准备响应党的号召，并且要把留下的工作承担起来……大战 7、8、9 三月的高峰，和医疗队在不同的地点，共同为病员服务，以实际行动支持抗震救灾……。中心医院外科负责人、共产党员周文清因患冠心病没被批准，昨晚他为病人开刀到凌晨3时，白天继续工作。该院内科医生吴晔原来管一个病区，现在主动承担两个病区的工作。四院外科医生许士民、吴金娣、刘宝计三人昨天值了一夜急诊班，今天继续看门诊。区一院外科六个医生中，这次抽出两个，另两个经常病假的医生主动到院顶班。这些医院的药房、后勤部门的工作人员，为了做好药物、器械等物资准备工作，许多同志主动留下来连夜突击工作。到处呈现了热气腾腾、朝气蓬勃的动人景象。

现在全区各医院继续把组织医疗队的工作，作为一次生动的思想政治路线教育来抓，进一步发动广大医务人员，从思想到物质上做好准备，随时接受任务，待命出发。

（本期增发：区属单位党组织）

中共虹口区委办公室编印

1976年7月29日

情况简报第73期

灾区人民的困难就是我们的困难

——对唐山、丰南一带发生地震的一些反映

这几天，大家对唐山、丰南一带发生强烈地震十分关切，许多单位组织了干部、群众学习讨论党中央给灾区人民的慰问电，不少同志体会很深。乍浦街道北仁智里装订生产组组长黄四和说：如果在旧社会发生地震，反动派是死人不管的，灾区人民无家可归，只好流浪讨饭。这次地震遭到的破坏和损失虽然极其严重，但当天党中央就发了慰问电，组织了慰问团、医疗队，运送大批救灾物资，支援灾区人民，这是毛主席对灾区人民最大的关怀，真是新旧社会两重天。还有不少单位的同志表示：灾区人民的困难就是我们的困难，要发扬一方受灾、八方支援的共产主义精神。区运输公司总支领导表示：我们已经做了准备，要车有车，要人有人，只要一声令下，就去支援。海门街道一些里弄干部表示：我们要提高革命警惕，绝不信谣、传谣，严防阶级敌人的破坏活动。

不少单位以抓革命、促生产的实际行动支援灾区人民。区服装鞋帽公司广大职工连日来日夜赶班，加工整理灾区人民急需的服装3万多件。这两天，他们组织力量，24小时值班，待命装运，支援灾区人民。区手工业局正兴金属制品厂，29日接到国家地震局下达的

试制地震倾斜仪任务后，局党委和厂党支部当天做了研究，表示要克服试制中一切困难，组织力量，抓紧完成任务，以实际行动支援灾区人民。长春街道永丰、黄渡生产组接到急需赶制服装、塑料袋支援灾区的任务后，他们坚决表示，来多少，做多少，日夜加班干，保证完成任务……。

议论中暴露的一些想法：

1. 担心。区手工业局有的干部说：唐山地区是产煤区，地震后采煤有困难了，看来上海下半年工业生产又要受煤的影响了。区服装公司有的职工说：北京、天津受灾，轻工业生产受到影响，上海压力更大了，轻工业品要紧张了。

2. 责怪。区服装二中心有的干部说：这次发生强烈地震前为什么没有预报，这是严重问题，负责搞预报的人要撤职查办。

3. 着急。有子女和亲戚在唐山、北京、天津等灾区的一些干部和群众，心里十分焦急，想急于了解当地的灾情。

4. 猜测。有些群众在议论现在地震比较多，这可能与地下核试验有关系。有的说，这与开采石油也有关系。还有的说，唐山地区发生强烈地震，这与挖煤太多，使地壳薄了有关系。

发现一些谣传：

1. 区服务公司有的干部说：听里弄里有的人在传，上海1980年要发生海啸。

2. 欧阳街道欧三里委干部说：听别人说，日本有四条船停在天津，预测到天津要发生地震，就把船开走了，不久就发生了地震。日本人说，中国人吹牛，讲预测先进，所以不对中国人说。

中共虹口区委办公室编

1976年7月31日

会议名称：区委常委会议（一）

开会时间、地点：1976年7月28日下午（317室）

主持人：李鸣岐

记录人：田启才

出席人：曲力等13人

会议内容：

1. 略

2. 略

3. 传达市一办召开关于北京、天津发生强烈地震的紧急会议精神

4. 略

传达市一办召开关于北京、天津发生强烈地震的紧急会议精神

张显崇：今天紧急会议一办召开的，北京、天津发生强烈地震，中央卫生部要求上海派八百多人医疗队。震中在北京以东，天津到唐山之间比较严重，震级 7—8 级，天津到山海关铁路断了。 7 列列车火车翻掉，今天早上 3 点 45 分一次大的， 7 点多钟一次大的，小震有三、四次。南京、蚌埠都有感觉。现在中央没正式通知，情况正在收集。中央领导同志都安全。市委、市领导开会，要求带五天干粮，医务人员自带药品。上海医院、旅馆要有准备。上海公安、民兵要注意，防止造谣，不要信谣。这次地震伤害人比较多。上海第一批队 56 个队，每队 15 人，预备队 20 个队，300 人。我们区第一批队一个，两个预备队。今天晚上 9 点钟以前报名单，待命出发。中心医院一个队，四院一个队，区一院一个预备队。

李鸣岐：要动员一下，作为战备来对待，要政治挂帅，医院救护车等要准备好，车辆要准备好，我们机关车子也准备好，需要开就要开。作为□□□□□□□实际行动。

会议名称：组务会议（一）

时间：1976 年 8 月 2 日中午

出席人：张金根等 9 人

主持人：张金根

传达关于保定路小学作为灾区来病人临时住所等的通知

保定路小〔学〕抽出用作收容灾区来的病人，市四医院以洪湖中学为收容治疗站，到有关医院了解医务人员、设备、药物之落实措施和思想情况，对于已派出的医务人员的

家属应去访问，将情况收集和协助解决。

医院床位要落实，病员相对集中，医务人员应热情治疗。凡是灾区来的人要热情接待。对财贸系统提出意见，区内已明确洪湖中学、保定路小学为收容点。目前，上海火车是运医物、用品，运来病伤员，成衣10万套、衬衣20万套。医院接到任务应积极支持完成，还要注意阶级动向，已发现有人冒充解放军前来领取药物的骗人手段。

会议名称：区委常委会议（二）

开会时间、地点：1976年8月2日下午（317室）

主持人：胡要芬

记录人：田启才

出席人：胡要芬等11人

会议内容：

传达市科技组召开关于地震方面问题的会议精神

李鸣岐：科技组召开地区、郊县、市有关局的会议，根据市领导指示，市委催开会，要很快开展上海地震群测群防工作。地震办公室同志讲，这次唐山地震7.5级，主震7.28级，除此外，以后又发生7.1级余震，6—6.9级10次，5—5.9级65次，4—4.9级309次。这次地震特点：余震强度大，次数多。现在地震趋势逐渐减弱和缓和，但发生6级以下可能有，大于5级的都在30号以前，4—4.9级有130多次是在30号以前的。今天早晨1时在宝坻县发生4.4级地震。北到哈尔滨，西到山西□山，南到黄河以北、山东南部地区发现喷沙，安徽北部部分地区也有感觉。大家关心这次是否有预报。这次地震中长期预报是有的（两年内有地震，去年年底，今年年初已预报，北京、天津、唐山、山海关等地今年有强烈地震）。关键是如何做好临近预报，这个没做好。地震前发现□北预报，地势异常，地下水氡气增加，平常4点几。地流发生很大变化。小震也有不像营口那样，这次唐山与辽南不同，辽南前震比较多，约几百次，达4.1—4.8级，这次小震很小，不明显。一般不超过2级，次数很少，人不觉得，所以容易产生麻痹思想。从我们来讲，有异常情况要警惕，上海地区地震工作从1973年开始。区县投测报点50个，大多数在学校有30个。市委领导讲，将来放在学校的不少，要一夜三班报。现在有50个综合测报点。从唐山以后，上海测报点有异常现象。上海历史上曾经发生过，从1621—1974年曾发生5级以上七次，4—4.5

级五次，发生小震比较多，1621 年平望发生 5 级一次，1624 年莘庄 5 级一次，1971 年长江口发生过四点多一次，1975 年内上海到附近小震次数比往年增加 5 倍，1976 年小震相对减少。据辽南 1975 年地震，那里历史上最大一次地震是 4 级，去年 7.3 级，我们可以有大震准备。这次唐山地震前，我们测报点发生异常，西郊公园动物有异常，大象不进屋，水里氡气含量增加，河马下水不肯出来，企鹅在水上乱跳乱叫。还有地倾斜，从 7 月 30 号开始，从东北向西南倾向，群测点 56 个，地□电有的升高，有的下降。水位有的上升，有的下降。是唐山影响还是上海本身关系，还要研究。山东感觉比江苏重，异常现象比较大。经过与各省联系分析，苏南比苏北重，估计苏南有地震，现还不能肯定，要提高警惕。这是地震办公室同志讲的情况。

科技组同志：现在上海地震测报，天文台内有个研究室，上海成立了地震办公室，由市科技组组织。我们与各区县联系不够，主要是我们责任。准备在曹杨新村那里成立一个地震网，现在上海 50 个点，根据情况分析大概还不够，市领导指示我们要认真抓好这一工作。我们预备点有问题，市委领导同志讲点放在学校不妥，放在居民点，长期报。市委要我们起草报告发各区县，我们正在起草，地震知识，加强领导。建议各区县建立地震领导小组，由区委一个同志分管，要有同志具体抓。各区县要建立测报点，经常报情况。

最后杨西光同志强调一下。要……按照中央电报精神、社论精神，搞好抗震救灾工作。我们不要麻痹，从目前情况看，上海还不会发生地震，各区县要成立地震领导小组。有的讲由防汛防台领导小组搞，最后大家同意这个意见。区委常委分管这个工作。50 个群防群测点，20 个没动，30 个在学校，现在放假，实际停了，现在要工作起来。今年大的工程建筑要考虑防震因素。上海地质情况，要分析提供情况。上海将来发生地震，水怎么供应也要考虑。

地区组关键同志也讲一下。要求地震工作重视起来，学校测报点不能中断，每天要测报，各医院伤病员来时，有困难要做工作，有困难的要解决，接待要热情，没证明的要收下来，各区要接待好，有困难与有关局再联系。

大家议论一下，我们有个防汛领导小组，是否由这个组抓。如果同意还要找他们开个会明确一下。办公室要抓他们测报情况。

经讨论：同意由原防汛领导小组兼地震领导小组。胡要芬同志挂帅。

李鸣岐：名单定了向市地区组报一下。明天下午开个会（领导小组人员会议）。8 月份我去劳动一月，家里由小胡抓，大家分工的大家负责搞好。如有特殊问题找小胡。8 月中旬要开交流会，大家抓一下，政宣组具体抓一下，与各口已经讲了。

会议名称：组务会议（二）

时间：1976 年 8 月 2 日晚 19：00

出席人：朱蕙芳等 9 人

主持人：朱蕙芳

研究抗震救灾工作

今天先研究一下抗震救灾工作，在市委关怀领导下， 876 人 56 队。路南有 360 位，丰南县 113 人（一医、长宁区）、丰润县 111 人（二医），唐山机场、伤员转运站，已开展工作，表现好，主要是缺水，气候反常，要发扬艰苦奋斗，为灾区服务。当地需要又派去 60 名后勤同志，从一医、二医抽出人员，在周六已出发。

一、 关于抗震救灾预备队问题

第二批 501 人 31 队，第 3 批 451 人。市与当地指挥部联系，有人回来反映，要发挥现有的各队作用。国务院、中央卫生部，“就地待命出发”，统一安排，望一抓三促。未出发的可以回家，医院领导、带队，要了解他们的地址和出入情况，接到命令后两小时之内即要集中起来，包括区里亦要掌握他们的地址。第 3 批医疗队要掌握通讯录，要了解下落。已去的医疗队，有的已不适应，回来后都要热情接待，缺额日后单位补上。如□要求，按原工作要求补上（即缺啥补啥），洪明贵同志插话，要一不怕苦，二不怕死，对有些同志身体弱，不能坚持工作，要电原单位解决，要身体好，要政治好，不要去了影响和增加当地负担。

二、 接受灾区转来的伤员、病员问题

来一个治好一个，服务好一个。昨晚已来 28 名，市一 18，瑞金 10，因都是骨折病人。灾区来的是飞机转来一批二十余名，应有零星从火车上来，要热情接待，接待后要通过各种途径弄清是否是地震伤员。接受以后，治疗、生活，要全力以赴，热情接待，不能耽误病情，要填表、记账。对病员应边洗边治疗。生活水平每天每人一元生活费（包括水果，要使病人吃好吃得下，根据病人特点供应伙食，（在市未明确以前），关于穿、用，每人两套睡衣（汗衫短裤），女另加两条月经带、两条毛巾、一把牙刷、一支牙膏、一个面盆，两条手帕，一只木梳，一块香皂，一块肥皂，茶杯一只，铝餐盒一只，草纸一刀，女另加卫生纸一刀，凉鞋一双，袜两双，□□一只，这包括零星来的灾区病伤员。要弄清确实是唐山地区受灾病伤员，热水瓶一人一只，病房要有政治空气，供应画报，报纸，协助写信，付邮票，对物资要加强管理，注意阶级斗争动向，每病人先发五元零用金，填表手续，挖潜力，腾出办公室作病房。

……

三、 在灾区的医疗队要人要物资问题

抗灾要人要物资原则由指挥部统一安排，由市革委统一解决，特殊情况急需解决救灾救急事，立即向市上报。

蔡宝泉□□介绍，留50个床位，组织抢救班子，有民兵参加组织，有级别、分类、担架、治疗、外科综合，病员特点：骨折多，重伤员，搬运易撞伤，精神挫伤重，要搞好清洁卫生工作，衣服交集中洗换管理，核定病号要区别，治疗、化验集中在病房，医务人员留在医院，担架应编号，分工编队上车，接待组要负责接待公众来访和死者处理，要成立一个单独抢救小组，食品供应应加强管理，防范漏洞。

这件事是培养医务人员阶级感情，树立更好地为工农服务。

出院前要报市卫生局，不能随便出院，病员要给予治好，防止伤亡，尽量挽救，市、局都已成立办公室，市卫生局由沈余负责。

会议名称：区委常委会议（三）

开会时间、地点：1976年8月20日下午（317室）

主持人：胡要芬

记录人：田启才

出席人：胡要芬等8人

会议内容：1. 传达市地区组关于地震方面会议精神

2. 略

传达市地区组关于地震方面会议精神

胡要芬：上午骆万祥同志去市二办开会，有些精神还要讲一讲。

骆万祥：上午二办开会，关键同志传达关于地震方面问题，说各区现在抓了这方面工作，南市井水上升一两米，有的有时溢出来，虹口区浦西公寓有好几个黄鼠狼咬着尾巴跑，都有些迹象。市领导讲话要传达到群众。昨天市委开了一天会议，晚上又开了组办会议，我们工作充分准备。最近江苏启东、海门对地震方面反映较多，井水溢出，老鼠搬家，捕鱼不多。安庆、舟山也有反映。我们工作充分准备，要做到内紧外松，特别是各级领导班子，要注意，对自然界东西是可以认识的，但是也是无限的。各单位要加强值班，地震时可能有暴雨，上海沿江一带特别要注意。据国际地震有关资料，地震时可能还会发生大火、雷电等，我们一定要做好充分准备。上海如发生地震，煤气管断了，会发生大火，电、水断了怎么办？特别在最近几个月时间里要应注意。地震有的可以看到反映，有的看不到的。崇明最近有的地方在冒烟，说明地球内部发生变化。如地震，房子一倒就无法办公。昨天上海一天，外地来上海8000多人，来的人我们要动员他们回去，上海人多，不宜容纳更多的人。因为上海是个大城市，要做耐心细致的思想工作。另外上海是个大城市，不可能发出地震预报。对外地同志做思想工作，要他们回去坚守岗位，要向唐山地区人民学习，树立人定胜天的革命精神，像他们那样地大震人大干，抗震救灾夺丰收。北京、天津几乎没有人外出，坚守岗位。市委领导与江苏省委联系过，他们没有布置过要疏散人口。对来的人，既要动员他们回去，又要热情。上海要注意与外地的关系，特别与江苏、浙江的关系，上海要外地支援的，我们要谦虚谨慎，不要受坏人的煽动破坏。万一出什么事情，各级领导要防止敌人趁火打劫，进行抢窃，如果发生情况，人员不要随便走动，容易被坏人钻空子。……

我们区连市防单位一共有17个点（群众预测预报点），真正开展工作的只有和平公园。今天晚上开个领导小组会议，准备讨论一下，进一步把几个点搞上去。

胡要芬：讨论一下，我们区里根据这些情况，需要做些什么工作。

王克龙：要加强思想教育，同时要加强值班，基层单位要加强民兵值班力量，如发生地震，联络等工作怎么搞。

史瑞林：思想方向、社会动向要抓一抓。

陆锡清：群测群报点要抓好，社会动向要抓，值班要加强，万一出了事情怎么办。

孙福星：各级领导要把这件事当件事认真对待，从思想上重视起来，思想上重视不重视不一样，要做到内紧外松；第二要加强值班，从力量上要落实，民兵、民警要加强巡逻，发生事情时，队伍要拉得出；要及时了解掌握情况，阶级斗争动向，外地来的人以及带来一些什么影响等动向。外地有些人到上海亲戚家里来，吃、住怎么办？第三，要充分发挥地震群测群报工作的作用，对本区危房地区要作调查研究，有应急措施。

史瑞林：根据市里精神，做到内紧外松，各口可否找基层头头来议论议论，从思想上有所准备。从江苏有地震对上海影响方面来议，要做些什么。这几天要加强值班，每天要检查值班情况。思想方向、阶级斗争动向要及时掌握，对各口、基层要提出要求他们能及时掌握这种情况向上反映。地震预测预报情况要能及时汇报。将值班、通讯联络、巡逻（民兵、民警）等工作做好，发生情况就好多了。从现在〔起〕，平时就要加强抓好。想得到的几件事先抓一抓，从防汛防台角度加强一些。

向叔保：对地震工作这一段时期要重视，抓一抓，各级党组织要从思想上重视起来，这也是一个斗争，对我们也是一个严峻考验，万一出了事情，要进行抗震救灾工作。通讯联络网要组织落实好。与上与下要保证通讯，要加强值班。万一地震来了，震级又比较大，一方面人出来要有组织地搞，出来后怎么办，要有物质基础准备；另一方面组织力量也要组织落实好，在本月以内要严阵以待。地震预测预报工作要做好，要做到有备无患。

史瑞林：最近每个部门要有人进行值班，小部门可以联合起来。

胡要芬：要加强领导，各组办要了解和掌握这方面情况，区委每天要有常委值班，有条件的口要有人值班。对干部与群众要加强思想教育。〔抓好〕阶级斗争动向、社会动向，防止抢购冲击市场。值班联络，通讯工具。要各口对区属单位在本月内值班名单要报上来。汽车司机要值班。防汛防台材料要准备好。机动力量要与民兵联系组织落实好，马路积土要清理，阴沟要疏通。房地局要负责对危房的抢修。去唐山医疗队第一批人最近要回来了，要组织欢迎。地震群测群报点，这几天要每天报情况，要搞两个街道，没搞起来的要马上搞起来。如果地震发生，怎么疏散，地方、街道要内部考虑，疏散地区要告诉我们。这个情况由老向在街道书记会议上强调一下。

张显崇：今天上午市里开关于组织医疗队方面的工作，提出要各区把医疗队组织起来，每队有15人，车子要准备好，一有任务就出发，对医疗器械照明设备等都要准备好，带队干部要得力，下午开会已布置下去了。

……

会议名称：区委常委会议（四）

开会时间、地点：1976年8月23日上午（317室）

主持人：胡要芬

记录人：田启才

出席人：胡要芬等8人

会议内容：

关于组织欢迎第一批去唐山医务人员回来的问题

学习中央13号文件《关于唐山、丰南一带抗震救灾的通报》。

胡要芬：昨天晚上7时二办开了会说：市领导一天打了三只电话，要大家不要人为紧张，但是要提高警惕，江苏假如发生地震对上海有影响，但影响不大，可能有的地方有震感，要十个区适当注意，没有什么大的影响，震感对危险房屋有影响，对危险房屋要采取必要措施。危险房屋究竟有哪些，先巡逻一下，来得及今天做，来不及明天（指今天）早晨做。危改房屋数字、措施，南市区汇报了一下，他们采取：一是与学校联系，把危险房屋人家转移到学校去住；二是街道公共空房住；三是或到新工房中去住。

最后关键同志又说，各个区重视一下。市领导说，上海不是有地震，而是有影响有震感，特别对危险房屋工作要做。但各区有多有少。但不要以为少就麻痹大意。各区要把情况摸清，做深做细。有的可加强巡逻值班，有的居民自己组织起来值班，这是好的，从地区解决危房困难，要与中小学挂钩。对工作要配合，对下做好工作，要支持；要做好亲帮亲，邻帮邻；有的组织到新工房中去。总之措施要落实，从思想上紧一些，工作细一些。从预测情况来说，扬州、海安一带有地震。如在黄海摇沙发生地震，震级要高一些。但工作要做在前面。现在扬州等一带来上海的人比较多，一是要热情接待；二是要动员回去，如带来的江苏粮票可调换，一次只好调五斤。要注意阶级斗争动向，防止谣传。我们回来就开了各口会议，要弄清本区危房情况，要做好落实工作，要做好宣传工作。这是与地区讲的，与房地局也讲了，要求对危房要抢修。学校要传达到班子，做好准备。其他要求传达到区属单位领导。

昨天杨浦有几个小流氓敲面盆，人家当作地震，有的从楼上向下跳。这个情况向市委领导汇报后，指示说，要弄清情况，……

孙福星：是否找各组室头头来一起开个会学习一下。

王克龙：是开各组室头头会议还是开区属单位头头或街道负责人会议？

史瑞林：开各组室负责人会议，把市里会议精神讲一下，再组织学习一下中央 13 号文件，然后把这个精神讲下去。

向叔保：现在防震，工作做到什么程度，下面不大清楚，既要从思想上不紧张，又要把防震工作作为一项重要工作做好。我们基本群众不能听从小流氓的指挥，从市、区到街道、里弄，有什么情况及时通〔知〕下去，他们心里有数，就好办了。我们要保证国家国民经济完成，首先要做好地区工作。

陆锡清：13 号文件，区委常委要很好学习，我们回顾一下今年以来的各方面工作怎么样，要检查一下，还有今年后四个月怎么搞。贯彻 13 号文件精神，可以向区属单位负责人传达一下，对当前怎么做好防震工作及做好各方面工作都有好处，大家思想明确了，工作就好做了。对于防震工作，从领导来说，要做到思想落实、组织落实、措施落实。

胡要芬：文件□□迅速传达到区属单位，每单位来一个负责人。要求根据文件中提到的五个方面，今年着重报一下，检查一下工作，并强调一下对今年后四个月工作怎么做好。在当前防震工作，根据市领导最近讲的一些精神讲一下。时间上安排一下，要快一点。最快明天下午讲下去，后天上午组织一次讨论。

孙福星：明天上午也可开。

王克龙：今天下午 4 点半行不行?

胡要芬：今天下午区革会常委会有几个事情要讨论一下，定于下午 4 时在区革会大礼堂讨论，由各口自己组织讨论。

李嘉龙：教卫组提出要组织一个欢迎队伍，欢迎第一批去唐山的医务人员回来。组织欢迎队伍 3500 人，红卫兵 1500 人，街道居民 1000 人，医务人员 500 人。组织夹道欢迎。机关门口组织腰鼓队、锣鼓队，领导接见。召开大会，三个代表发言，有关医院代表发言，领导讲话，最后文艺演出，除本身准备外，再请政宣组配合组织一点节目。

史瑞林：讲话主要请他们回来的人多讲，其他代表少一点。

经讨论：同意教卫组意见，以区□□开，具体准备工作等由教卫组去组织。

来信

张宝忠关于抗震救灾出发后的情况汇报（一）

区委、区革会，教卫组，区委领导，教卫组□□领导：

现将我们出发后的情况汇报如下（火车共走了 31 个小时）。

一、 列车安全到达丰润县车站，再坐汽车到迁西，准备 6 日一早就从丰润出发。

二、 这里有伤员 7000 多人，重伤多，轻伤少，骨折多，一般伤少。现汽车和火车都在向外省送伤员，伤员中有老有小。车站是相当挤。

三、 我们与第一批医疗队可能在一起，初步了解金勇他们也在调动新的地点。如果联系上我马上写信来。

四、 我们虹口区医疗队全体同志情绪良好，遵守纪律。在车上我们组织学习了伟大领袖毛主席的慰问电和《人民日报》社论，在讨论中，大家一致表示向灾区人民学习，学习他们战天斗地的革命精神，以灾区人民为榜样，努力为灾区人民服务。在火车上我们成立了党小组、团小组，召开了组织生活会。

五、 近几天有小震，据了解不会再有 5 级以上的地震了，但要求当地居民和我们都住在外面。

因我们上海的火车要马上开回去，请列车员同志把信带回来。是8月5日深夜11点钟在外面用手电筒照着写的，时间来不及了，等几天再详细写信回来向区委、教卫组汇报。

再见！

张宝忠

1976年8月5日晚11：00

丰润车站

来信

唐山市路北区、开滦煤炭科学研究所上海医疗队金勇同志关于在唐山灾区学习工作思想情况的汇报

全体核心领导：

你们好！

时间过得很快，一转眼已有十几天了，30日在杨村机场去一便信，不知收到没有。因时间紧迫来不及全面汇报，而事实也不可能这样做，另外因时间仓促也来不及向你们告别，也没有和家里讲过，只讲我要去北京，别的什么也没有说。走得太仓促，东西都没有带，连镜子、牙刷、牙膏都问李鸣岐同志借的，钱临时向胡伟杰同志暂支的，总的讲出发前来不及做准备工作。这次我来事先也没有向你们汇报过。本来卫生局也没有明确讲过要卫生组的带队，大概在28日8时左右来电称，要有卫生组同志带队，后来没有办法请示了李鸣岐同志。反正我8月份、9月份劳动，当时李鸣岐同志表示，各家先报上去再讲，假使晚上走就我去，如果第二天走再研究，就这样我就报上去了。这天为了准备随时随地出发，就睡在机关待命，并在10点多钟去卫生局开了个紧急会议。会后回家一次就打了下招呼，就急急忙忙地回机关了。出发前大致过程就是这样。现在汇报一下，出发后到现在的思想学习工作和唐山情况：

29日早晨5时30分，鸣岐同志接到市卫生局急电称，全体医疗队在6时15分前急赴北站，接到紧急命令后我马上通知两个队赴北站。因时间急就这样我也走了，并由李鸣岐同志亲自送到北站，而且对两个队的全体医务人员作了指示，大家很受鼓舞。后来，文教组

负责人贺汝义、王乐三同志召开了领导会议，作为出发前的紧急动员，并传达了市委指示精神。因时间关系，在6时40分离开了上海，上海医疗队专门开了一列专车直开灾区，并于30日中午11时30分到了杨村机场（这是军用机场）。在下午7时乘大型运输机把我们运到唐山机场，只用了二十几分钟。因任务还没有具体落实，当夜在机场待命，结果露宿了一夜。第二天明确了各医疗队的任务，我们和其他十几个单位，被分到唐山市路南区（这里要介绍一下唐山市概况：唐山市包括郊县人口是一百万，共分2个区，铁路以南称路南区，铁路以北的称路北区，这里工业发达，有名闻世界的唐山开滦煤矿，大都是优质煤，承担大量出口任务，其他如水泥、钢铁等重轻工业也很发达，农业也很出色。总的来讲，这里的工农业生产占全国国民经济很大的比重）。因路南区这次受灾最重，是个居民集居区，因此伤亡人数特别多。这次唐山市受灾，据唐山公安局一负责人告诉我有一半以上。待我们从机场进入市区时，一股死人腐败味迎面扑来，不少同志都恶心，在我们看来房子大约有95%以上都平了，没有倒的也是千疮百孔，没有一幢完整的房子。像这样的重灾，在世界上是罕见的。但是毛主席、党中央十分关心灾区人民，发来了慰问电。华国锋同志专程来灾区代表毛主席、党中央向英雄的灾区人民和人民解放军表示亲切的慰问。这对他们来说是个极大的鼓舞，是对自力更生、重建家园有力的促进，现在为了鼓励灾区人民克服困难重建家园，全国各地的慰问信、电及救灾物资源源不断，到现在为止，估计光飞机已开了几千架次，现在火车也通了。目前，唐山地区汽车有3万多辆，交通非常拥挤。特别使人感动的是，到目前为止，我们所看到和碰〔到〕的唐山人民没一个哭的，这和上海死一个人形成鲜明对照。我们队交谈时，我们问他们家属损失情况，有的是一家死掉一半，有的只剩一个，但更有一定数量的全家都压死了，这对我们是一次很大的教育。他们死了亲人，不掉一滴泪。有的更感人，自己爬出来或被人救出来带伤去抢救他人，不顾自己的安危，有的因此而献出了生命。这样的事例说不完，很受教育。现在唐山市人民在人民解放军的大力支持下，积极投入抗震救灾工作，他们被组织起来，学习毛主席、党中央慰问电……他们组织起来为重建家园而努力奋斗。有的单位，如钢铁厂，提出响亮的口号，要在三个月内出钢；唐山市有个药厂，在三天前已生产出第一批药品，不少单位都在相互联系、找人，组织起来尽快地重新投入生产，他们纷纷提出地大震人大干的气壮山河的口号，现在唐山市是一幅军民团结战斗的场面，非常动人。

从以上情况来看，灾区人民的生活条件是可想而知的。我们到后的第一件事就是没有水，因地震，什么都被破坏了，特别是水、电、粮，而最主要的是水和粮。粮上海每人发了五斤压缩饼干，水是自带，怎能满足（我而且没有带）？天很热，这是个不小的困难，但是这样硬是过了3—4天。到目前为止，这两个关总算克服了。市领导很关心全体医疗队，听说医疗队没有水喝就发给我们每人一斤苹果，但是同志们都表示要送给伤病员吃，大家表现得不错。另外大家都睡在水泥地或泥地里，因空气和环境受到严重污染，因此有不少同志得了菌痢，但大家还是不下火线，有的还要下行政命令才肯休息。这样的事例不少，特别是四院同志这方面情况更多。因他们在路南区，这地方帐篷前后左右都是死人。这样的大伏天，蛇又多，吃水困难，因此病号比中心多，这一点中心情况比四院好。因他们在路北区，环境比四院好。死人味他们闻不到，因此病号就少了一点。但总的任务还是非常艰巨。这里外伤病人很多，而目前则增加了菌〔痢〕病人，都是拉脓血的□程度，而这一分队的药物大大跟不上，我们向大队部不知反映了多少次，却还没有解决，现在为□□□有解决。现在路北区，一共有 11 个医疗队联合组成了一个野战医院，但只留观而不收治病人，大量的人往外转，到目前为止全市已有 10 万左右病人转出去了。我们任务是：一，门诊；二，巡回；三，转送。原来我们这些单位都是到路南医院，但后来由于开车和带路的人都不是本地人，结果在车上转来转去转了一个上午，还没有找到路南区，后来□□三十八军带我们到路北定□，成了现在这样的形式，而且把我们的两个队也一分为二，我当时乘在中心的车上，因此也带到路北，这样和四院脱钩了 4 天。因房子塌了，路也陷了，问本地人不知道，而且现在开展工作的人都是外地来的，连民警都是外地来的，实行军管，点分散无法找。后来大队部决定路北建立了 5 人领导小组，代表大队部开展工作，因工作关系走不了，工作乱而多。最近来了一辆救护车，工作情况有所好转和方便，但大队部已明确告诉我们，要我们做好过冬的思想准备，这一点各队同志反映也很好。我们两个队思想情况还稳定的，至少表面是这样，情况不错。现在情况，学习上有困难，到现在为止报纸看不到，广播听不到，今天〔总〕算等到了一份第八期《红旗》社论，这个问题我们提过不知多少次了，但还没有解决。另外一个实际问题，因大家走的时候都比较仓促，因此衣服都没有带，有的已坏了，而且这里的天气很反常，白天热，一到夜里在帐篷里，一个人 3—4〔条〕毯子还觉得冷，现在指挥部每人给了两条，另外其他方面也给了一点，晚上总算可以过去。7 号夜里下了一夜暴雨，结果 11 个队只有少数队没有进水（因地势高），其他队包括我队都是一夜未睡，帐篷里可以游泳，第二天来个“重建家园”。生活上确实很艰苦，压缩饼干加大头菜，到现在为止没有吃过有油的东西，晚上发了番茄和茄子，没有油就这样烧汤吃，比开始算有了进步，但衣着还没法解决。

另外据有关部门预告，在 11 日至 15 日之间，唐山地区有一次 7 级以上的大地震。有的同志思想上有点紧张，现在正在做工作。自到唐山到今天为止平均每天地震有 5—6 次， 5—6 级以上共发生了五六起，确实很厉害，有些同志也有点紧张，但总的来说情况不错，工作很主动，搞巡回的同志就在废墟堆里爬来爬去为灾民看病。生活上艰苦也很炼意志，每周三次学习都是坚持的，党员活动比其他同志多一些，工作也多做一点。就在当天晚上就组织党员巡回，结果到午夜2时才回，我也参加了，主要向他们表示慰问。另外告诉他们医疗队为他们看病来了，他们都很激动，有的高呼毛主席万岁，有的说你们早来几天就好了，有的人就不会死了，我们很受教育。大家通过学习，通过巡回和门诊，更进一步调动他们的工作热情，明确这不是一般的看病发药，而是把毛主席、党中央对灾区人民的关怀，送到他们的心里。……对灾区人民重建家园工作作出一份贡献。工作情况暂汇报到此。另外有件事请卫生组□□同志给代办一下，我岳父，药已经没有了，请他们在我右下抽斗里拿张病卡去四院配一点，是否每隔一个月给办一次，我一个小的孩子是否请代劳，也请他们代办一下，看来药也没有了。另外，还要麻烦一次，因我家属具体情况不知道，我这里有张便条请哪一位代送一下，并告诉她我在这里很好。但工作很多平时就不写信了。因信发不出去，很麻烦，大致情况就汇报到这里。目前上海工作肯定很忙的，还要支援灾区。组里人少，事多，这始终是个□□，不知你近来身体如何，其他几位同志身体如何？另外向卫生组全体同志问好，向全体医疗队同志问好。老张最近身体好吗？

请代向几位书记问好，要向他们汇报一下情况。

卫生组的工作我临走时，鸣岐同志问我是否指定一位同志暂时负责一下，我说请□□同志主持一下，鸣岐同志说可以，我说是否请老□回来时征求下你们意见，现在我不知道，但不管怎么你们是会安排的。这一点我十分放心。离开时间不多，但信一写就很多，而且增加你们负担，因时间很宝贵。这次我们室不知又派多少医疗队赴唐山。……

就到此搁笔，余容后告。

此致

敬礼！

唐山市路北区、开滦煤〔炭科学〕研究所上海医疗队

金勇

1976年8月9日

来信

张宝忠关于抗震救灾出发后的情况汇报（二）

区委领导：

你们好！

教卫组领导及全体同志们，我在丰润车站写的一封信不知收到没有？

今天的来信是在接收新的任务前写的，怕到新的地方就没有那么方便了，因此急忙写信来汇报：

一、 我们4日中午满载上海市委、市革会、虹口区委和上海市一千万人民的心意，到灾区来为人民服务，一路上只停靠南京、徐州、济南、德州、天津西站、北京丰台军用车站，通新修建的战备铁路到丰润车站，5日晚10时30分坐汽车到达迁西县、冀汀水库（汾河支流）工地收治伤、病员，住在用布搭起的棚子里，50个人共住了40几个平方米，男女各住一半。第二天我们分头到2个总接收站，即迁西县民工团和卢龙县民工团，但绝大多数重伤员分别转到九个省市去了，还有部分重伤员（骨折、败血病、破伤风）和轻伤员，是我们收治的，伤员中最大的有70几岁了，最小只有13天的小伤员（父母都压死了），这些伤员通过我们治疗，建立了深厚的感情：我们工作做的是精心治疗，细心护理，宣传毛泽东思想和革命路线，给病人洗头、□□、读报，演一些小节目。我们口号是：既是医疗队，又是工作队和宣传队，两个队的队员决心很〔大〕，工作积极主动。

我们两个队政治空气很浓，情绪很高，积极要求接收更多的任务，到更艰苦的地方去为灾区人民服务。我把大家的要求及时向大队部汇报。市文教组王乐三同志已到河北省抗震救灾指挥部汇报和要求新的任务。

二、 灾区的情况是：唐山市的房子全部倒掉了。唐山市共有130万人口，死伤三分之二。……就拿迁西县来说，全县30%的房子倒掉，50%的房子部分倒掉，死400多人，伤6000多人。唐山市党、政、军领导机关只剩下唐山地委书记一人（在外蹲点），唐山市委三个人（一人外出开会，两人在外蹲点）。他们几个人的家也全都压在下面，但是他们不先去救自己的亲人，而是带领全地区、全唐山市活着的人去救老百姓。在救出的人当中，有的只是一个老人，有的只是一个小孩。全家都活着的很少，全家一起死的可不少。凡是被救出来〔的〕人没有一个哭的，而他们的口号是“地球大震，我们大干，你震你的，我干我的”。驻在唐山市部队损失就更大了，一个军部、一个师部和唐山市警备区，活着出来的就更少了。

三、 我们今天接到新的任务，即到地震最严重的地方□□，换出第一批医疗队，息整，准备再战。医院领导给我们虹口区最艰巨的任务，那里吃、住、喝水都有问题，通过学习和动员，大家信心百倍，纷纷表示决心，不辜负上海市委、市〔革〕委会、虹口区和上海市一千万人民的嘱托，下定决心，〔以〕不怕死的革命精神去完成党和人民交给我们的任务，这也〔是〕党对我们的考验。

我们自来灾区后每天都有地震，最多是9日这天，从早上6时10分到下午4时就震了5次，大概都在3—4级之间。听上面领导讲可能还有一次大地震。50位同志都表示：像灾区人民提出的口号一样，你震你的，我干我的，保质保量完成任务，即使是死了也是值得的，是比泰山还重的。请区委领导和教卫组领导放心。

本来有很多话向领导汇报，因〔时〕间关系来不及更详细地写，我们还要准备今晚出发，准备行装。等回来再详细汇报。第一批的同志我们到现在还没有联系上，问领导，四院在唐山市路南区，整个上海来的第一批，也是最苦的一个地方，到现在每人每天只有一壶水。中心一队还不知在哪里。情况汇报到此。

祝

领导和同志们好！

张宝忠

1976年8月9日5时18分

会议名称：组务会议（三）

时间：1976年8月13日下午

出席人：张金根等9人

主持人：张金根

关于筹集预备队要求和医务人员在门诊业务方面的先进表现及业务情况等的研究

张金根：一、先宣读金勇同志自唐山地区的来信内容；二、筹集预备队要求和医务人员在门诊业务方面的先进表现及业务情况；三、组内体制的研究。

……

陈邦彦：各医院在抗震救灾中的好人好事，总的感觉好人好事多，精神面貌喜人。……区一医院自第一批出发后一直留在医院待命，坚守工作岗位，党支部亦抓紧做思想工作，在会上表扬好人好事，对将去和留下的医务人员有很大鼓舞。……陆振华积极参加医疗队态度明朗；李长勤之子听到其父去唐山□从家里赶来送行；张可范不顾其爱人生病在家而报名参加医疗队工作；吴瑞安是中医，也积极报名，什么困难都可克服；化验员费铭镛年已 30 余岁即将结婚，亦积极报名参加，原定 8 月 1 日结婚；外勤工勤员陈福林为支援医疗队，外出抢购配合医疗队筹建设备，一天往返二十余次，不辞辛劳，为灾区人民所急所想；区一医院医务人员除参加医疗队，对主动留下的医务人员提出工作，需要随叫随到，留下工作我们顶，司机听到医务人员要集中的通知后，即开车逐家逐户地将医疗队接到医院来，先进事迹……

市四，陈静芳不顾爱人有病、家里□有两个小孩而积极参加医疗队工作，儿科医生□□家属同意本人去医疗队。赵松林态度坚决，家属长期半休在家，原家务均由赵松林承担。还有许多医务人员要求组织批准他们去抗震救灾工作，麻醉师一人顶两人工作，内科□□医生坚持日夜不停工作。

汤玮瑛：关于再抽出预备医务人员，外科、内科都比较缺，要求能在□□□调整充实。

翁□华：□□□□□主动打电话给中心医院，讲准备支援医务人员，中心医院老刘已婉言谢绝，自己克服解决。这种风格要在会议上发扬。

……

情况简报第 75 期

虹口区简讯

以唐山煤矿工人为榜样，广泛开展节约用煤活动，把灾区损失补回来

区煤炭公司节煤小组，在中共中央给地震灾区人民慰问电的巨大鼓舞下，认真学习《人民日报》8 月 2 日、11 日两篇社论……广泛宣传开滦煤矿工人抗震救灾的英雄事迹，依靠党组织，依靠群众，节约用煤，千方百计把灾区的损失补回来，以实际行动支援灾区人民……。

热情宣传唐山煤矿工人的英雄事迹

开滦煤矿万名井下工人英勇斗争，马家沟矿三号井恢复生产，创奇迹的振奋人心的消息传来后，公司节煤小组的同志深受感动，他们坚决表示，要以唐山煤矿工人为榜样……。他们不顾酷暑的炎热，分别下工厂、里弄和饮食单位搞宣传活动。有的同志身体不好，但他说：和唐山的受灾群众相比，这点困难算得了什么！连日来他们日夜赶制了 20

块、30 余幅节煤、节电图片，到街道里弄轮流展出，深受居民欢迎。搞文艺宣传的同志，学英雄，唱英雄，抓紧编排了《一只煤球》《节煤快板》等热情赞扬马家沟矿三号井工人英雄事迹和节约用煤的文艺节目，利用业余时间，深入乍浦街道彭泽、武海等四条里弄的向阳院，在纳凉晚会上宣传演出，居民对通俗易懂、生动活泼的宣传非常欢迎，安庆东里弄一千多个居民听了节煤宣传，不少人表示要学英雄，广节煤，以改进煤炉、节约用煤的实际行动支援灾区人民。

用汗水换煤，把灾区的损失补回来

公司节煤小组的同志还深入到用煤较多的区服务公司第三洗衣场等单位宣传节约用煤，在场党支部的领导下，发动群众广泛开展节约用煤活动。场党支部及时召开了群众大会，讲形势、摆任务、提措施，组织群众学习《人民日报》两篇社论……环绕“如何以节约用煤的实际行动支援灾区人民”这个问题进行讨论，大家纷纷表示：向太阳要煤，用汗水换煤，把灾区的损失补回来。场两委班子领导深入班组与群众“三同”，和群众一起研究节约用煤，与群众一起晒衣服，哪里艰苦就战斗在哪里。晒衣组的同志说：在太阳下晒衣服汗是多流了一点，但灾区人民比我们更艰苦，我们要天大热、人大干，向太阳要煤。他们不用烘筒、不用烫车，冒着摄氏四十多度高温，在烈日下晒衣服。市儿童医院一万多块尿布原来是烘干的，这几天他们利用太阳热，一块块把它晒干。搞节约代用的同志，千方百计找代用品，以木屑代煤，大家提出：有多少木屑车多少，什么时候有，什么时候车，没有汽车用三轮车，每天车五六十包木屑，可代替一吨煤。今年第二季度用煤 240 吨，多用了 40 吨，现在他们决心奋战两个月，争取三季度比二季度少用 100 吨煤，还要节约水、电、汽油等，以实际行动支援灾区人民。

广找门路，千方百计节约用煤

这个公司节煤小组的同志想灾区人民所想，誓为节煤多贡献，他们深入长治街道来安里弄、饮食八中心蹲点，一方面向居民宣传节约用煤；另一方面依靠群众广找门路，节约代用。到饮食八中心去的两个同志与饮食职工……一起拣煤，试烧三煤，总结推广以渣代煤的先进经验。他们在中心店党支部的领导下，召开群众座谈会，8 月 10 日还召开了“节约用煤，以实际行动支援灾区人民”誓师大会，六个单位在大会上表了决心，豪迈地提出：要急灾区人民所急，大搞以渣代煤，分担灾区人民的负担。这几天，全中心店打了一场节约用煤的人民战争。新虹饮食店职工 7 月底以来，坚持每天到煤气厂运三煤，发动群众拣三煤，到目前为止，拣了五吨多，节约原煤一吨多。洪东、临潼两个分销处，积极地在大饼炉和油条炉试烧三煤，初步获得成功，打破了油条炉不能用三煤的老框框。两只炉子代用三煤后，每月可节省煤球 300 多斤，如果在全中心店推广潜力更大。

公司节煤小组的同志，决心……依靠群众，更广泛开展节约用煤活动，以抓革命、促生产的实际行动，更有力地支援灾区人民。

（摘编自区煤炭公司革委会汇报）

（本期增发：区属单位革委会）

中共虹口区委办公室编

1976 年 8 月 16 日

虹口区中心医院赴唐山医疗小分队医疗器械清单

手提高压消毒器 1 只；拉舌钳 5 把；显微镜（德制，连附件）1 架；张口器 2 把；显微镜（日本手提式，连附件）1 架；金属压舌板 2 块；血色素比色计 2 只；骨科钢丝钳 3 把；血球计算板 2 块；阑尾肠夹钳 2 把；血压表（表式）4 只；有钩血管钳 2 把；手摇离心机 2 只；塞舌丝钳 2 把；麻醉咽喉镜 2 套；骨科手摇钻 1 只；6805 电麻仪 1 只；鹰嘴双关咬骨钳 2 把；701 电麻仪 2 只；单关咬骨钳 2 把；鼻镜 2 只；骨膜剥离器 1 只；五官科镊 2 把；骨入 6 把；耳镜 2 只；螺丝钉钳 1 把；听诊器 4 副；银夹钳 1 把；直血管钳 24 把；搪瓷方盒 12 只；弯血管钳 78 把；搪瓷弯盆 40 只；咬式血管钳 24 把；各式拉钩 13 把；爱力司钳 22 把；空气麻醉机 1 架；毛巾钳 6 把；半紧闭接头 2 只；持针钳 33 把；大贮槽 4 只；海绵钳 13 把；骨骼牵引器 12 只；长镊 3 把；圈状镊 1 把；短镊 77 把；直剪刀“手术”3 把；弯剪刀“手术”12 把；手术刀柄 10 把

注：以上仅医疗器械部分，其余带去物资如被服、制服、日用品、医疗材料均未列入。

上海市虹口区中心医院革命委员会

1976 年 8 月 16 日

虹口区第一医院赴唐山医疗队所带器械

救护背包 12 只；燕尾器械包 1 只；手术剪刀 5 把；手术包 2 只；血管钳 5 把；开腹包 2 只；血压机 2 台；腰麻包 1 只；有齿镊子 2 把；硬麻包 1 只；有盖搪瓷缸 2 只；有齿镊子 10 把；无齿镊子 10 把；长镊子 1 把；方盒 2 只；圆筒 2 只；针筒各式：1 cc 2；50 cc 8；5 cc 30；10 cc 1；20 cc 15；手套 10 副；弯盘 5 套；绷带 60 大包

虹口区第一医院革命委员会后勤组

上海市第四人民医院唐山医疗小分队医疗器械清册

手术室用：

海绵钳 10 把；气管扩张器 1 把；5 寸直血管钳 29 把；引流钳 2 把；5 寸弯血管钳 39 把；皮肤拉钩 4 把；短爱力斯钳 27 把；小直角拉钩 2 把；蚊式钳 20 把；金属吸引器头 2 根；7 寸弯血管钳 12 把；靠克 3 把；持针钳 14 把；密氏钳 1 把；手巾钳 19 把；钢精饭盒 3 只；短有齿镊 11 把；药碗 8 只；短无齿镊 3 把；弯盘 3 只；双头钩 2 把；碟子 3 只；吸引器 1 把；针筒 10 cc 1 副；通针 1 根；复管 2 根；吸引器皮条 1 根；手套（橡皮）40 副；探针 1 根；长胸腔血管钳 4 把；针盒 3 只；腹撑 1 把；元包拉钩 1 把；三叶肠钳 1 把；弯直肠钳 4 把；胃钳 2 把；刀柄 7 把；解剖剪刀 7 把；剪线剪刀 1 把；纱布筒 1 只；5 cc 针筒 5 副；静脉钩 1 只

手术室眼科器械：刀柄 2 把；钢笔电筒 1 只；持针钳 2 把；眼压机 1 只；小弯剪刀 2 把；扦眼镜 1 只；小直剪刀 2 把；有齿镊子 2 把；无齿镊子 2 把；固定镊子 2 把；开睑器 3 把；洗眼用橡皮球 2 只；虹膜回复器 1 把；虹膜剪刀 2 把；虹膜镊子 2 把；眼球摘出剪刀 1 把；眼钩 2 只；斜视钩 2 把；眼睑圆拉钩 2 把；角巩膜缝针 4 包

五官科器械：枪状钳 5 把；鼻镜 5 把；电耳镜 1 只；眼垫板 1 块

手术室骨科器械：

内固定针 10 根；截肢锯子 1 把；骨科用钢板大、中、小各 2 副（共 6 副）；骨牵引架 4 只；榔头 1 只；骨牵引针 2 根

战地救护器械：

塑料帐篷1套；消毒高压锅1只；消毒用炉子1只；氧气袋2只；塑料救护袋6只；药碗6只；钢精面盆2只；止血带、三角巾不计数

第四人民医院业务组

1976年8月16日

抗震救灾炼红心，救死扶伤为人民
——虹口区中心医院首批赴唐山医疗工作小结

唐山、丰南一带发生强烈地震后，我们……受上海一千万人民的委托，满怀对灾区人民的深情厚谊来到唐山，和灾区人民一起投入了紧张的抗震救灾战斗。近一个月来，我们亲眼看到了毛主席、党中央对灾区人民的巨大关怀，看到全国人民对灾区的大力支援，看到了唐山人民在严重的自然灾害面前所表现的天塌地陷何所惧、泰山压顶不弯腰的英雄气概和自力更生、奋发图强、恢复生产、重建家园的生动事迹，看到人民子弟兵发扬“一不怕苦，二不怕死”和“特别能战斗”的精神，在抗震救灾中所建树的丰功伟绩……

……20多天来我们为3440人次伤病员作了治疗，其中门诊873人次，巡回医疗2567人次，为27名伤员作了小手术，为54名骨折病人上了石膏，救治了8名重伤员和垂危病人，做了2例人流手术，为一产妇接了生，三天内采集了500余斤中草药防病治病，培训了5名赤脚医生。基本上完成了党和人民交给我们的抗震救灾治疗抢救工作，为灾区人民作出了我们应有的贡献。

一、 英雄的唐山人民是我们的好老师，抗震救灾是改造世界观的好战场

……

二、 发扬特别能战斗的精神，把党和毛主席的关怀送到灾区人民的心坎上

发生强烈地震的消息传来后，在党总支领导下迅速成立医疗小分队。当时任务、去向、如何装备都不十分清楚，上级仅仅指出了药品、器材以随身能带为原则，围绕这条原则，大家认为这条原则有很大的伸缩性。如果想到毛主席、党中央的殷切期望，想到灾区人民在急切地盼望我们，想到上海一千万人民的重托，我们就会浑身充满力量，即使千斤重担也能挑得起，如果怕苦怕累，哪怕一个小小的背包也会感到沉重。在准备药品器材时，15个人围在一起，药品敷料器械物资一件件地讨论，包裹打了又打，东西太多就把生活用面

盆、锅子、碗勺、蚊帐、席子、被服等一一删去，而石膏、高压消毒锅虽然笨重，同志们也舍不得丢，15 个人除个人生活用品外，整整带了 24 件重达 1000 多斤的物资器材。

在奔驰的列车上……同志们个个心情十分急切，〔心〕早就飞到了灾区。党小组召开了扩大会议，学习了毛主席有关教导和中央慰问电，认真讨论了市委领导同志的讲话，纷纷向党表示了决心：……以革命的战斗激情，坚决完成党交给我们的光荣任务。面对这么多、这么重的东西怎么带，大家积极想办法，不怕疲劳，在列车上进行了搬运演习，没有绳子就把生活用的被套拿出来代用，没有扛棒就沿途向老乡购买扁担，向车站的同志要来长竹，硬是一刀刀、一段段砍作扛棒，一路上下火车上飞机，卸〔下〕汽车又搬到目的地，个个衣服被汗水浸湿了几遍，肩上都磨出了血印子。沈建人同志感冒发热仍坚持和小秦抬起重达 200 多斤的石膏桶和全队的压缩饼干就走。范薇薇同志在搬运中跌倒了爬起来再抬。出发前仍在病假的何汉文同志也和小青年一样担子拣重的挑，包裹拣大的扛。女青年孙梅英、张秀珠同志挑起 100 多斤的担子吭都不吭一声。57 岁的老医生商玲梅同志也不甘落后，身上叮叮当当挂满了水壶、背包，手上还要拎上几件。身体发胖的刘际美同志虽然抬得气喘吁吁也不肯休息。大家全力以赴，终于将带的物资全部无损地带到灾区，发挥了重要作用。

到唐山宿营点搭好帐篷，理好药品，准备好急救包已经深夜 11 点多了。三天三夜的征途战斗，同志们都没有吃好饭、睡好觉，十分疲乏。是躺下休息，还是立即为灾区人民服务，这是一个严峻的考验。党小组立即开了会，大家一致表示灾区人民正等着我们，在困难的时候，共产党员就要挺身而出，个个抢着要求连续作战。在区卫生组负责人金师傅的带领下，组织了 4 名共产党员进行了来灾区后第一次巡回医疗，为 50 余名阶级兄弟作了治疗，直至凌晨 2 点多钟。队长韩士章急着为伤病员治疗，头部被窝棚上的木头戳破，鲜血顺着前额往下淌，同志们要为他包扎，他说“治疗伤病员要紧”。于是韩医生一边给病人治疗，同志们一边为韩医生包扎，病人和在场的群众都深受感动地说：“多亏毛主席的好领导，给我们派来了好医生。”

……在抗震救灾最紧张的日日夜夜里，人人都起早摸黑，没有一个人想到要休息一会儿。白天同志们冒着酷暑，顶烈日，走远路，不怕臭，不怕脏，不怕累，不怕饥和渴，冒着不断余震的危险，爬废墟、走瓦砾、钻窝棚，席地为伤病员治疗。中午回来，蹲在摄氏 40 多度的帐篷里整理药包，匆匆吃了点饭，又出去巡回。为了更快、更多地为阶级兄弟服务，夜里在土制的煤油灯下叠纱布，做棉球，分装药品。为了灾区人民，同志们乐于找苦吃，不仅到居民集中的地方去巡回，更到交通困难的小巷、农村去巡回，每次出去都很晚回来。有一天六个同志为 610 多位阶级兄弟进行了治疗。灾区供水困难，为了保证病人吃药，巡回的同志随身带了水壶，边发药边送水，把党和毛主席的温暖送到每个人的心坎上。

外出巡回〔的〕同志们不仅为灾区人民治病，还争取为灾区人民做好事。地震使当地供水较困难，孙小俭同志爬残屋，走断壁，一摇一晃从二里外帮助群众拎来了用水。为了培养一支撤不走的医疗队，我们为赤脚医生上卫生课，在巡回医疗的实践中手把手地带教。几天里这些赤脚医生基本上掌握了外伤换药、肌肉注射、一般常用药物的应用和常见疾病的处理。并且为他们配备了小药箱，在人民体育场的一个居民点里办起了治疗组，受到了群众的赞扬。肠道传染病发病极高，黄艺芬同志深入点里，抽查摸底，一次就召集了七八十个小朋友开座谈会讲卫生课，天天挨家挨户进行水缸消毒，还四处张贴标语、宣传画，把卫生知识教给群众。

在紧张的工作间隙里，在巡回医疗途中，采集中草药，边采边向群众宣传中草药的作用、用途，还组织群众采集。同志们把采来的草药洗干净，送到窝棚里，为防止肠道传染病的蔓延起了重要作用。对一些腰背损伤、挤压后神经麻痹等多种疾病，采用针灸治疗，都取得了良好的疗效。

……为了减少伤病员的危险，同志们宁肯自己多担风险，在这战斗的日日夜夜里，我们收治了几位胃穿孔、急性阑尾炎、卵巢囊肿扭转和消化道出血的病人。同志们想：在震灾中，这些同志受过伤，经受了痛苦。在目前伤病员多，环境条件差，除非不得已必须作急救手术外，应该尽可能通过中西医结合的办法避免他们再受创伤的痛苦。但是有些病人，开刀比不开一刀来得干脆。不开刀，又要治好，有时也不容易，怎么办？只要我们有一颗全心全意为灾区人民服务的红心，再大的困难也能克服。重病人，我们群策群力，发挥全队同志的智慧，组织多科医生会诊，保守治疗。风险大，同志们勤观察，悉心护理，终于使一个个病人转危为安，又避免了手术。

……8月3日晚，当十个兄弟队奉命准备转移，唯独留下我们一个队担当留守任务，几十名病人一下子涌到我们治疗帐篷前，紧接着66军某团救出了一个在废墟里压了147小时的十岁男孩，要求我们派人协助抢救。面对繁重的任务，同志们精神抖擞，干劲倍增，想的是为灾区人民多作贡献。到部队去抢救小男孩的王名同志表示：“抢救就是命令，就是战斗，哪怕七天七夜不睡觉，我们也一定要把革命的后代救过来。”留下的同志准备通宵达旦，决心不放弃治疗一个伤病员，宁肯自己不休息，也不能增加阶级兄弟的痛苦。第二天清晨，不顾一夜紧张战斗的劳累，又去大队部想方设法取来了干血浆、人体白蛋白等急需药品，送到了部队。在和解放军同志的共同努力下，小孩得救了，孩子的父亲禁不住热泪滚滚，拉着我们的手说：“多亏解放军同志和毛主席派来的上海医疗队，我永远不会忘记党和毛主席海一般深的恩情。”

三、 时刻想着灾区人民，艰苦生活无所惧

地震带来了断水、断电、交通中断，物资供应暂时发生了困难。大家想到的是灾区人民的“它来一次地震，咱来一次革命”的豪迈气概，想到革命前辈艰苦创业的榜样，提出了和灾区人民实行三个一样的口号（吃、穿、住一样），坚决以和工农划等号的实际行动，战胜严重的自然灾害。艰苦的环境磨练了我们的革命意志，提高了战胜困难的信心，〔让我们〕自始至终保持革命的乐观主义精神和旺盛的革命斗志。

在天津杨村机场跑道边，从上午到傍晚，头顶烈日，坐在草地上，皮肤晒得发烫、发红，汗水湿透了衣服。第一天在唐山机场露宿，睡在水泥跑道上，夜里露水打湿了衣裳，盖的被套像从水里浸过一样，没有一个同志叫过苦。

在唐山的头十几天里，没有油，没有菜，盐的供应也不多，大家也没有被困难吓倒，同志们说：“想想红军爬雪山，过草地，比比灾区人民艰苦奋斗的精神，我们又算得了什么。”青年同志说：“我们从小生活在城市，没有体会过艰苦生活，我们要向革命前辈学习，这是对我们一次最实际、最生动的考验和锻炼。”

清早起来，孙梅英、张秀珠等同志挖来了野菜、马齿苋，同志们高兴地说：“野菜是个宝，既能当菜，又能防病，真是一举两得。”负责后勤的同志，千方百计改善伙食，做面、烙饼，用野菜做馅包饺子。同志们吃得有说有笑，一致赞扬炊事员同志是“巧妇能为无米之炊”。

我们住的是泥地帐篷，一天晚上下大雨，帐篷周围的沟里，积水只差几公分就要淹进帐篷里了。同志们连夜奋战，筑堤挖沟，终于保住了帐篷内没有进水。大家风趣地说：“我们这儿算是灾区中的小灾区，闹了地震又闹水灾，可是什么灾也难不倒我们革命人。”又一次体会到了与天斗其乐无穷。

在队里，同志们发扬团结友爱：衣服脏了，李萍娟、应惠芳、孙梅英、张秀珠、刘际美等几位女同志抢着洗；水桶里水不多了，大家争着挑；吃完了饭，碗筷一起洗。听说五斤压缩饼干要吃上十天，队里实行定量供应，每人每顿只吃二两半，女同志还省下一块，留给更需要的同志吃。用水紧张，大家忍着干渴，一杯水七八个同志喝，即使咽压缩饼干时，也只喝几小口，把水壶又递给了别人。

在灾区，同志们和灾区人民结下了深厚的无产阶级感情，晚上留观病人没有带盖被，值班的同志把自己用的毯子给病人盖。有一次收治了一个消化道出血病人，血色素较低，何汉文同志当即表示：“我是O型血，必要时先让我来献血。”重点病人，同志们几次三番到病人住的窝棚里去探视。上级发给的食品、水果，大家舍不得吃，将西瓜、苹果、罐头送给了伤病员，把奶粉留给了孩子。一次，当我们把奶粉送到果园公社一个婴儿家去的时

候，附近的老大爷、老大娘感动地说：“医疗队同志真好，没有党和毛主席领导，我们早就饿死了，哪还会顾得到孩子啊！”当他们知道我们是上海医疗队的时候，周围的群众跷着拇指说：“你们上海医疗队带劲。”

……

上海市虹口区中心医院、防疫站首批赴唐山抗震救灾医疗队

1976年8月18日

赴灾区医疗队工作小结

1976年7月28日，唐山、丰南一带发生了强烈地震后……由市四、区一等七个单位组成抗震救灾医疗队，在当天晚上成立待命。根据上级安排，第二批上海医疗队8月4日上午出发。出发前，在车站受到中共上海市委领导同志的亲切接见。领导和医疗队员一一握手，鼓励医疗队要很好地为灾区人民服务。我们第二批上海医疗队带着上海一千万人民的嘱托和关怀，奔赴唐、丰地区为抗震救灾工作服务。

十多天来……灾区人民大无畏的革命精神，深深地感染着我们每一个医疗队员，激励着我们前去战斗，下面汇报医疗队奔赴灾区开展抗震救灾工作的初步体会：

一、 急灾区人民所急，想灾区人民所想

7月28日唐、丰一带发生强烈地震后，根据上级布置组成抗震救灾医疗队，各单位在动员报名时出现争先恐后的激动人心的场面，许多医务人员向党组织表决心，争取参加第一批医疗队。以区一为集中待命的各单位医务人员要求在当晚9时整报到。有的队员7时15分接到通知，8时30分就赶到；区一小费同志已33岁，积极报名参加医疗队，推迟婚期，受到同志们的热烈赞扬；广大医疗队员纷纷表示：“灾区人民的痛苦就是我们的痛苦”，在整装待命过程中，每天数次向区卫生组请战，充分体现出“急灾区人民所急，想灾区人民所想”。为了更好地为灾区人民服务，多治疗好一些伤病员，大家尽量带足药品，生活用品尽量少带，思想上做好吃不上饭、喝不上水、睡不上觉的准备，多为灾区人民着想。

二、 向灾区人民学习，更好地为灾区人民服务

……我们医疗队到丰润车站，转乘汽车到迁西县大黑汀水库工地，这里是抗震救灾的临时医疗点，工地上到处是临时住宿的帐篷，里面住着从唐山、丰南地区转来的伤病员。

我们和伤病员接触中，看到唐、丰人民的英雄气概及伤病员脸上流露出重建家园的坚强脸容。在大黑汀水库工地的几天中，灾区人民给我们医疗人员留下了深刻的印象。唐、丰人民豪迈地提出："天塌地陷何所惧、泰山压顶不弯腰"，"你震你的，我干我的，自力更生，重建家园。"……由于工作需要，我们转到河东寨水库工地临时医疗点。……一例三处严重骨折的外伤病人，全身三处骨折伴尺骨小头脱位，伤口生蛆，持续发烧不退。这样的垂危病人是接下来治疗，还是转出去？……转出去我们可以不担风险，但对病人不利，不转送又怕感染引起败血症。医疗队召开会议，群策群力，展开了思想交锋，"不斗争就不能进步"。我们战胜了怕负责任的懦夫懒汉思想，要以实际行动向灾区人民学习。同时，卢龙县民工团的领导和群众给予大力支持，他们及时送来了茶水和棉被，使大家吃得好，睡得舒服，保证了医疗工作顺利开展。为了保证伤病员和医疗队安全，民工团的民兵同志日夜巡逻在我们住宿处、值班处的周围，看到这些情景，我们增强了治疗病人疾病的信心，经过反复讨论，提出治疗方案，以控制感染为主，采用中西结合治疗，经过日夜的悉心护理、换药，病人的感染初步被控制，没有发生褥疮。我们在回顾这段战斗历程中，体味很深。在条件差、设备简陋的情况下能挽回病人的生命，主要是发挥人的主观因素，也是灾区人民对我们的教育、鼓舞。

医疗队在医治伤病员的同时，又抽出人力到山区巡回医疗……在巡回时还访问贫下中农，接受再教育。河东寨大队党支部书记看到我们到山区来，他热情地对医疗队同志说："……今天，上海医疗队又来为山区人民服务，这是毛主席革命路线的伟大胜利！"在山区，我们看到贫下中农为革命而种田的高贵品质，使我们又上了一堂生动的再教育课。同志们在巡回中热情为贫下中农防病治病，发扬了一根针、一把草的作用，把党的温暖送到灾区人民的心坎上。

三、 坚持"三同"，不断改造世界观

到了灾区后，医疗队组织全体同志认真学习毛主席、党中央给灾区人民的慰问信和《人民日报》社论，……组织大家写文章、写诗，早上进行军训，提高队员的体质。……灾区的生活是比较艰苦的，除了做好医疗工作外，生活上的"三同"是对每个队员的一次严峻考验；在上海吃细粮，用的是自来水，睡的是棕绷床，到了灾区……吃的是粗粮，用水要用水桶挑，睡在野外的帐篷里，有的同志风趣地说："我们是头顶着天，下踏泥地。"在这样的艰苦环境里是能锻炼人。有些同志由于水土不服而腹泻，同志之间发扬团结互助，送水送饭，扶着生病的同志去大小便。不少同志做到轻伤不下火线，坚持采中草药和外出巡回医疗。……有些队员把自己吃的、用的东西让给伤病员，为伤病员分担困难。

吴瑞安同志是医疗队里年龄最大一位老医生，当他知道病人有严重感染时，不怕疲劳，上山采集中草药，煎好后晚上亲自送给病人服下，病人和家属很受感动。共产党员王镇南同志积极搞好后勤供应工作，同志们热情称他“好管家”。

我们在医疗点里又经受了一场地震的考验……十多天来余震有二十多次，起先大家对地震的情况不大了解，在卢龙县民工团的同志介绍后，提高了对地震的认识，从怕到不怕进行转化，特别是灾区人民对地震的正确态度，给了我们很大的启发。由于思想有了准备，在8日、15日两次较大的余震中，我们每个同志坚守岗位，没有出现惊慌失措的现象。只要了解地震规律，地震是没有什么可怕的，有的队员写了诗歌表达我们大家的心情:“救死扶伤干革命，八级地震脚下踩。”

……

四、 从灾区带什么回上海?!

在抗震救灾的伟大斗争中，我们医疗队和灾区人民一起战斗，结下了深厚的无产阶级感情……如果说我们到灾区做了一些工作，这主要是毛主席、党中央对灾区人民的亲切关怀，我们受上海市委和一千万人民的委托，做了一些应该做的工作，比起兄弟省市的医疗队还差得很远。但是，河北省委、革委会和各级领导给了我们很大的鼓励，省委印发了慰问信，送来了感谢信和苹果、锦旗，这些是对我们医疗队的鞭策，为了表达我们医疗队的一点心意，我们将上级领导送来的苹果转送给灾区伤病员吃。

由于革命工作的需要，医疗队有一部分同志需要留下来继续战斗，一部分撤回上海，为了解决留和走的思想问题，医疗队及时转达上级指示精神，召开全体队员会议。在会上同志们表示，留者安心，走者愉快，服从革命需要，都是为了一个共同的目标——为人民服务。回上海的同志表示，要把灾区人民地大震、人大干的战天斗地的革命精神带回上海，向领导和同志们汇报。

上海医疗队虹口区第一队

1976年8月19日

（区一、市四、虹镇、吴淞、防疫站、长春、横浜，以上七个单位组成。）

情况简报第 77 期

贯彻市委关于防震问题的情况反映

今日上午，市革会地区组传达了市领导关于地震问题的讲话后，我区立即向正在召开会议的基层党支部书记以上干部作了传达，并布置了群测群防的要求。下午大多数单位传达到干部，晚上已基本上传达到群众。不少单位对防震问题下午就作了专门研究，如财政局党委采取几条措施：加强防震的思想教育，学习唐山人民英勇抗震救灾的革命精神……专门召开民兵和有关业务人员会议，保护好库房、账册的安全。注意阶级斗争新动向。新光仪器厂党支部传达后，很多工人表示，相信有党和毛主席的关心，对地震是有防无患，我们要……防阶级敌人的破坏，要加强组织纪律性，坚守岗位，抓革命促生产，以实际行动防震抗震。正兴铁制品厂两委班子领导成员讨论中说：我们平时领导全厂革命和生产，地震发生时就是抗震指挥部，首先是关心职工群众，做好充分的思想准备，甚至不惜牺牲自己的生命。

职工和居民的一些思想：

1. 无所谓。饮食公司有的干部说：市领导讲话只讲要提高警惕，没讲具体措施，可能上海是地震有震感地区问题不大。京沪饭店青工黄 × × 说：上海不会发生地震，如果发生，也不是我一个人问题，急也无用的。

2. 着急。新港街道爱国里弄干部退休工人张妈妈说：我听了心里很乱，东有地震、西有地震，弄得人心慌慌。北京饭店有的职工讲：北京地震解除了，现在地震移到扬州了，会不会移到上海？如果上海发生地震不得了，都是高楼大厦，躲也没处躲。

3. 担心。唐山街道三八里弄支书听说江苏要发生地震，马上打电话问大屯煤矿驻沪办事处，询问他儿子是否安全。有子女在海丰农场的知识青年家长听到海丰也在地震预报地区，感到十分担心，不知哪能好。有的理发职工说：扬州发生地震问题不大，如果水库出问题整个地区就完蛋了。

4. 不满。住太平桥路 16 弄 28 号的大屯煤矿职工周 × ×，最近来沪，当里弄干部接到煤矿革委会来信要求配合动员回矿后，主动上门做周工作，周却说：8 月 18 日要地震，11 日还要叫我做夜班，领导把我们工人生命不当一回事，对工人生命不负责任。我是为逃命到上海来的，我是怕死的，我是要活的，活也是为了革命。

江苏扬州等地来沪人员的反映：

有些单位对江苏来沪投亲的人员初步作了统计：虹镇街道有 43 户，60 人；新港街道有 39 人；嘉兴街道有 17 户，53 人；饮食公司 26 个职工，出来家属 75 人；服务公司出来家属

145 人。贯中路 39 号居民翟 × ×，19 日从高邮来了 16 个亲戚；广中理发店职工周 × ×，扬州来了 12 个亲戚。有些职工反映，人来多了，粮票、布票、住宿都有困难，怎么办？

据来沪人员反映：江都地区没动员大家到外地去，但老的、小的要到外地去也不反对。扬州来的反映，到银行取款的人很多，食品也买不到。大屯来沪的反映，大屯也要发生地震，四千工人走掉了三千。

市场动向：

据烟糖公司反映：北川日夜商店从下午开始出现排队购买饼干的情况，最多的一人买五斤。挺进中心店所属各门市部今天一天售出压缩饼干两百斤，相当于平时四五天的销售量。另外蜡烛和火柴的销量比平时上升。石油煤炭公司反映：今日买煤油的数量增多。百货公司反映，买电池也出现排队现象。

一些谣传：

1. 虹镇街道通海里弄干部听居民中议论：两个八月半，人要死一半。长春街道在传：闰八月，杀人不用刀。

2. 饮食五中心会计在议论时说：毛主席在周总理病危时说，这棵大树不能倒，现在这棵大树倒了，到处都是地震，天灾人祸多多了。

区委常委会今天下午专门作了研究，晚上召开了防震领导小组和地震预报点负责人会议，作了具体部署。区委强调要认真贯彻市委关于地震指示，以阶级斗争为纲……各级党委要重视，克服麻痹思想和侥幸心理，加强宣传教育，落实组织措施，抓好阶级斗争和市场动向，做好群众性群测群防工作。同时，对领导□□、通讯联络器材的准备，机动力量，沿江堤岸、危险房屋的抢修、□□积土、医疗救护、治安保卫等，对有关部门提出了具体要求，明确组织专门力量，由领导带队分别下去检查督促。

虹口区委办公室编印

1976 年 8 月 20 日

情况简报第 78 期

群众报告的几起动物、植物、水位反常情况

据区地震办公室汇报，市委关于防震问题的精神传达到基层后，两天来，群众反映了

以下几起动物、植物和水位反常的情况：

一、 动物

1. 和平公园饲养员反映：公园的两只雌狗熊，过去偶然有相打情况，但近五天来，一碰到就相打，昨天上午在喂食时碰到又相打。

2. 乍浦街道蟠龙街8号在7月29、30日白天发现有10只左右黄鼠狼。8月15日白天在北仁智里武昌大楼又发现六七只黄鼠狼出来跑。

3. 区电影放映队负责人王××反映：他家（住广中新村41号12室2楼）在金鱼缸内养了两只龙虾，8月18日晚上11点半突然要跳出来，并发出吱吱的叫声，过去没发现过这种情况。

二、 植物

天潼路318弄118号居民蒋××家种有一盆竹子，半个月来开了花，今天上午去看，还有12朵白色的花。

三、 水井

1. 周家嘴路320号门口水井，深2.6米，过去，居民上午打水后很快就用到底，要到次日早晨才升满。最近两三天来，一直用，水位一直不下降。今日早上派同志去观察，一直在用水，只浅了0.2米；同时，水温增高，原来很凉，最近几天水温像自来水一样了。

2. 商邱路404号门口水井，平时水面有油花，居民不用此水。近两星期来，油花不见了，水色发黑。

3. 武进路569弄3号边两只水井，昨天发现水像肥皂水一样有白沫。今天再去查看，白沫消失了。

以上均已组织力量继续分析、观察。

中共虹口区委办公室编印

1976年8月21日

收文处理单

收文：虹革　请字第186号　1976年8月21日

来文单位：教卫组

来文字号：　字　号

拟办：请胡阅批

（据教卫组讲给区委同志□□□□□□）

批示：□□□□□□□□□

处理情况和结果：经区委常委会8月23日上午会议讨论，原则同意，由区革会出面召开欢迎大会，由教卫组会同有关部门组织筹办。大会发言人中，主要是第一批医疗队同志讲，卫生单位少讲。告教卫组。

□□□

1976年8月23日

附：

关于召开第一批赴唐山抗震救灾医疗队胜利归来欢迎大会请示报告

区委：

根据市卫生局传达市委指示，我市第一批赴唐山抗震救灾医疗队将于8月23日左右回沪，要热烈欢迎，并召开全市卫生系统大会，以资祝贺。根据以上精神，我们对第一批医疗队回沪的欢迎工作，具体打算如下：

指导思想：……热烈欢迎第一批医疗队胜利归来，总结交流经验，发扬先进，鼓舞干劲，歌颂毛主席革命卫生路线的伟大胜利。……

一、 医疗队回沪时的欢迎仪式

1. 火车站内的欢迎仪式由市卫生局负责安排；

2. 自车站经武进路到区革委会门口组织3000人夹道欢迎（红卫兵1500人，街道居民1000人，医务人员500人），欢迎队伍请有关组室负责落实；

3. 区革委会门口组织青少年腰鼓队和锣鼓队，请有关部门负责落实；

4. 区委领导同志接见；

5. 医疗队成员由各有关医院派汽车负责接送。

二、 召开区卫生系统欢迎大会

（一） 会议程序

1. 第一批医疗队代表三至五人发言，介绍灾区工作中的好人好事；

2. 各有关医院代表发言：市四医院干部发言，中心医院工宣队代表发言，区一医院医务人员代表发言，新港地段医院医务人员代表发言；

3. 区委领导讲话。

（二） 文艺演出

1. 医院系统自行组织演出，突出反映医务人员在灾区抢救伤员的好人好事；

2. 文艺节目请区政宣组协助解决。

（三） 出席范围（出席人数 1000 人）

1. 区革会各组室负责人；

2. 卫生系统医院各级党组织、革委会、工宣队成员，科、组、室负责干部，医务人员代表；

3. 区属单位革委会负责人；

4. 街道、里弄分管卫生工作负责人及里弄医生代表；

5. 市属工厂保健站负责人及工人医生代表。

（四） 会场地点：解放剧场

（五） 召开时间：第一批医疗队回沪后第四、第五天

以上意见是否妥当，请批示。

教育卫生组

1976 年 8 月 21 日

情况简报第 79 期

虹镇、新港地区在防震中出现的一些问题

昨晚和今晨，虹镇、新港两个街道发现有些人制造混乱，叫喊发生地震，接连有成百上千居民被惊动后涌向街头；有些居民看到一些迹象，误认为已临震，也跑出室外，结果造成了 22 人受伤。

虹镇街道先后发生了三起：

第一起是昨晚 12 时多，在四个地段涌有一千多人：陶家湾路、临平路有三四百人，育才路、安丘路有四五百人，太平里弄内有三四百人，通州路、海拉尔路有二三百人。这些人主要是看到里弄干部在连夜一个个通知居民块要有人值班，看到通知住在最危险房屋内的居民要搬迁，特别是陶家湾居民看到住在危险房屋内瘫痪在床的老太太，被用担架抬到

虹一民办小学去，因此，议论纷纷，思想紧张，许多人跑到屋外了。区地震办公室、区地区组、街道党委闻讯后赶到现场，进行宣传教育，到1时左右，人逐渐散了，未发生挫伤。据了解，里弄是听了街道传达区地区组电话通知后执行任务的，区地区组是参加昨晚区委召开会议后下达通知的，现在看来，主要是在要求、时间的掌握和理解上有一些出入。

第二起是今日凌晨1时半，住天宝支路34弄6号的金山石油化工总厂青工杨××，骑着自行车在天宝路高叫“发生地震了！大家趁早逃！”这样惊动了附近居民，太平里弄又有100多人跑出屋外。2时20分，住太平桥路39弄4号的延风中学学生张××在太平桥路上高叫“地震了！地震了！”他边叫边看边笑。临平里弄又涌出了100多人，有的捧着台钟，有的抱了小孩，有的从二楼跳下来涌上街头。据了解，太平里弄受伤的5人，临平里弄受伤的有7人。杨、张两人均已留置审查。

第三起是今日凌晨3时50分，有五个小青年在飞虹路132弄口高喊“地震了！地震了！大家快逃呀！”住在弄内92号的朱××、朱××姐弟二人睡梦中被吵醒，头顶被子也跑到弄内跟着高叫“地震了！地震了！”育才里弄一下子有100多人涌上街头，有六人受伤。对五个青年正在追查。

第二、三起事件中，共有18个居民受伤，据医院诊治，都是扭伤、跌伤、挫伤等轻伤，其中受伤较重的是解放中学学生董××脚背骨裂。

事件发生后，街道党委专门作了研究，及时召开了支部书记会议，要求加强对广大群众的宣传教育，密切注意阶级斗争新动向，进一步做好防震工作。

新港街道发生一起：今晨3时40分左右新港街道爱国里委沙虹路62弄四号工房，一些居民听到狗叫，又看到对面虹镇街道育才里委已有成百人跑到沙泾路上，他们误以为要发生地震了，也急忙往外跑，一下子附近五幢工房的居民也闻声跑出来了，聚集了七八百人。这个里弄的支部书记及干部迅速出来做群众工作，要大家不要轻信叫喊，动员大家进屋，一刻钟后才平息下来。

但是有些居民在跑出房屋时，有的慌张地从楼上跳下来，有的从楼梯上跌下来，以致造成四人受伤，1977届学生张××从三楼跳下来，掉了一只牙齿，嘴上缝了七针；陈××，28岁，在浦东405厂工作，从二楼跳下来，掉了一只牙齿，嘴上缝了十针；吴××，二十七八岁，背了母亲下来，二人一起跌下来，当时母跌倒休克，经救脱险，跌掉一只牙齿，脸上缝了两针，吴脸上缝了六针。

另外据反映，在3时15分，有一辆黄鱼车从沙虹路过来，一面跑，一面叫“地震了！地震了！”在3点40分到3点45分有十多个青年，一面跑，一面叫：“快敲锣，地动了，房子也转了。”目前街道已组织力量进行追查。并对群众进一步进行宣传教育，加强值班等，提高革命警惕，做好防震工作。

中共虹口区委办公室编印

1976年8月23日

虹口区中心医院赴唐山地区第二批医疗队小结

……短短的半个多月我们和灾区人民心连心、肩并肩地共同战斗，重建家园。在抗震救灾的战场上，我们不分昼夜地收治、转运、护理伤病员，深入当地农村治病问苦，送医送药上门，我们上海医疗队与唐山地区人民结下了深厚的无产阶级感情。……

一、 中国人民不愧是伟大的人民、英雄的人民……

……在工厂、在学校、在居民的席棚里、在广大的唐山地区农村，到处都传来“下定决心，不怕牺牲，排除万难，去争取胜利”的口号声。……

我们一下火车看到到处是团结战斗、抗震救灾的生动景象，马路打扫得干干净净。居民委员会的同志们正在给受灾群众分发粮食蔬菜。许多住户（家）升起缕缕炊烟。简易住房里的人们，衣着整齐，有的正在看书、看报，有的正听广播。医疗队的同志们正在巡诊，给受伤的群众看病，医药用品、建筑材料、生活用品，应有尽有。……

……

我队第二批抗震救灾医疗队是由虹中、乍浦、唐山、长治、海河、新港、横浜等七个单位25人组成，其中党员6人，团员8人；男同志11人，女同志14人；年龄最大的55岁，年龄最小的21岁。……25位同志就是一个整体，一支抗震救灾的医疗队，于8月4日上午受一千万上海人民的重托，带着一千万上海人民的深情厚谊，来到了抗震救灾的第一线——唐山地区迁西县，三个星期来，医疗队及时抢救收治，转运伤病员700名……夜以继日地奋战在抗震救灾的第一线。

在治疗伤员的同时，我们还组织了医疗队访贫问苦，下乡巡回医疗，送医送药上门，治疗了贫下中农病员70余人次，对于病情较重的病人，除作适当的治疗外，还向赤脚医生交流了一些治疗方法。在治疗过程中，以针灸为主，及时治疗了一些胃痛、腰痛、气喘、肋痛、肋神经疼痛等症。……在巡回医疗期间，我们对沙林子大队进行了社会调查。该队有 275 户，1300 余人，有赤脚医生 3 人，合作医疗比较巩固，群众健康也有保障。通过调查，使我们进一步看到了赤脚医生在农村的巨大作用和无限的生命力。……

……

从江南水乡来到河北山区，无论是气候还是吃住，都起了很大的变化，住的是窝棚，吃的是包谷、高粱，但这些都没有动摇同志们抗震救灾的信心，没有一个同志叫苦，也没有一个同志倒掉一口高粱粥，扔掉一个玉米窝头，自始至终保持着旺盛的斗志，阶级感情比海深。

……

医疗队年纪最大的唐山地段医院医生张明亮，为了使伤员早日恢复健康，重返战斗岗位，为病人推拿、针灸，带领其他同志上山采草药，并主动关心其他队员，宿舍的卫生工作抢着干，他的行动深深地感动了我们全体队员，是我们学习的好榜样。

年轻的外科医生陈翔，处处不忘自己是共产党员，艰巨任务冲在前，主动地冒雨护送伤员，浑身上下被雨水淋湿了，冻得直打颤，可他也毫无怨言，以实际行动接受党和人民的考验。

共青团员小闵等为了使伤病员早日恢复健康……拿出了自己的驱蚊剂，给伤员涂上；大雨从芦席渗进了病房，她们又把自己的塑料布给病员挡住雨水。为了搞好病房的清洁，减少传染病，队里不少同志都主动打扫病房，给伤病员拆洗被子，缝补衣服，许多伤病员都含着热泪，激动地说："你们真是毛主席派来的好医生啊！"

在医疗队中主动破除"医、护、公"的资产阶级等级观念。参加食堂工作的小孟发高烧，外科医生高浦□□□□□等及小李、小赵等在收治、转运病员工作时，主动地轮流去伙房顶替他的工作，并指导做好了食堂工作，防止肠道传染病的发生。小孟夜里输液，需要人护理，内科医生王长春主动劝护理人员休息，自己值夜班料理；医生查房后勤人员一起参加，等等。这些闪耀着共产主义思想光辉的行动，填平了几千年遗留下来的医生与勤工人员的鸿沟。……

在同志们精心治疗和护理下，许多的伤员伤口都愈合了，有的重伤员转走了。……我们就组织上山采药，在几天中我们爬山涉水，采集 20 多品种的中草药，有丹参、防风、黄芩、柴胡、桔梗等，并把鸭跖草单味煮汤给患腮腺炎的小病员喝，用马齿苋汤预防痢疾，收到了较好的效果。

我队的同志之所以能这样做，这与全体队干部、党团员的努力是分不开的，总结这次抗震救灾的工作，我们的体会是：

一、 加强队伍的思想建设，抓紧政治学习，提高阶级斗争、路线斗争觉悟。……

二、 充分发挥了党团员的骨干作用。

……

上海虹口区中心医院第二批抗震救灾医疗队

1976年8月23日

张宝忠关于请二医回沪的同志帮忙取衣服的来信

金根及全组同志们:

你们好!

前几天写给区委和教卫组的汇报信不知收到没有?全组同志们都好吗?你们近来工作很忙的吧?金勇和第一批的两个队不知回沪没有?我自来灾区，千方百计找第一批来灾区的同志，听说第一批来的四院和中心的同志吃了不少苦头，有许多人患了痢疾病，如果他们回沪了，请代第二批医疗队的全体同志向他们问好，同时我们有决心向第一批同志学习。关于第二批的同志也有不少人患痢疾病，最重是区一医院吴瑞安、中心小孟和刘章妹，要采取紧急的措施，□□痢疾都已痊愈。关于继续在灾区工作的名单，上一封信已□□就不再了。

今天来信主要是第二医学院的同志回沪取衣服，因此我写信给二医的同志带回来，想麻烦区里通知留灾区工作同志的所在单位，到六位同志家里取棉毛衫、裤和毛衣或卫生衣，最好每人还能解决一件大衣。现在我们住在草棚里，每人四条毯子，夜里还□□□□，吃的大锅饭，主要是窝窝头、高粱米、面粉，细粮30%、粗粮70%，但同志们都吃□□□□。我们这里的工作管理等安排好了，再写信来汇报。我们昨天搬来了后方，在丰润县人民医院旁边的草棚里。回信地址是:河北省丰润县上海医疗队抗震医院，虹口分队。

革命敬礼!

张宝忠

1976年8月23日

情况简报第 80 期

区属单位党组织负责人学习中央十三号文件的情况

区委常委在 23 日上午学习了中央〔1976〕13 号《关于唐山、丰南一带抗震救灾的通报》，下午召开了区属单位党组织负责人会议，传达了中央文件，今日上午组织了讨论。要求各单位干部首先要认真学习中央通报，坚决贯彻执行中央号召，回顾本单位今年以来的工作情况，提出今后四个月打算，并且及时将文件精神传达到群众。

区属单位党组织负责人在讨论中普遍反映：中央十三号文件非常及时，非常重要。唐山人民抗震救灾的革命精神，〔让他们〕深受教育，深受鼓舞。

一、 提高了对文件重要性的认识

如五十二中学党支部书记夏如良说："开始听了文件的传达，感到没啥新内容。原来想听听唐山地震严重到啥程度，但文件上没有。通过学习，感到非常重要。对严重程度，中央慰问电中已讲了，没必要再讲。抗震救灾中创造的很多奇迹是很了不起的，内容非常丰富。中央又发出了战斗号召，这个文件是非常重要的。"

二、 进一步明确了当前的战斗任务

最近一段时间以来，有些单位着重在抓防震，通过文件学习，进一步明确主要精力仍应放在学习上。

如财政局党委副书记施永祥认为，作为领导，一要摆正位置，把认真学习放在首位；二要抓住要害……；三要做好结合，目前学、批内容很多……。这三点，我们领导干部的思想一定要统一。

……

三、 增强了学习灾区人民革命精神和共产主义风格的自觉性

……

各单位表示，回去后要发动干部、群众认真学好中央十三号文件，落实行动。

几个问题：

1. 部分街道党委书记反映，当前工作多，来不及贯彻。他们说，市经验交流会刚开好，组工经验交流会还没有贯彻下去，又要抓防震工作，整天忙开会……计划会议又将传达了，实在做不下来，这样下去怎么办?

2. 服务公司党委副书记许久康反映，地震预报区到上海来的人日益增多，服务行业从扬州等地来的职工家属、亲友已有 371 人，现在忙于安排。虽在动员，但效果不大。有的反映粮食问题哪能办？房修三队艺徒翟××家里，从苏北来了30多个亲友，他们带来300多元钱，但粮票没有，粮食发生很大困难。

3. 有的同志建议市里，对地震发生最好有统一的信号，便于指挥。

中共虹口区委办公室编印

1976年8月24日

虹口区革命委员会办公室会议通知

区革会定于本月28日（星期六）下午1时半，在乍浦路341号解放剧场，召开热烈欢迎赴唐山抗震救灾医疗队胜利归来大会，请按下列范围凭入场券准时出席。

出席人员：

一、 区委、区革会委员、区革会各组室负责人一人；

二、 区属卫生单位及所属组室负责人、医务人员代表；

三、 区属单位革委会负责人一人；

四、 里弄分管卫生工作负责人一人；

五、 部分市属工厂保健站负责人一人。

虹口区革委会办公室

1976年8月25日

附：

热烈欢迎赴唐山抗震救灾医疗队胜利归来大会文娱节目单

（1976年8月28日）

7	男女声小组唱	我们前进在毛主席革命路线上	区一院
3	女声表演唱	抗震颂歌	中心院
9	叙事诗	英雄的人民不可战胜	四院
11	二胡独奏	江河水	中心院
1	舞蹈	我爱北京天安门	少年宫

（续表）

2	锣鼓打唱	……	文化馆
4	舞蹈	给它尝尝铁拳头	少年宫
5	三句半	抗震救灾	文化馆
6	女声独唱	我们同灾区人民心连心	工人文化宫
		社会主义新生事物好	
		春苗出土迎朝阳	
	弹唱	雨里巡逻	文化馆
	歌舞表演	小画笔	少年宫
10	小演唱	越说心里越爱说	文化馆
12	小提琴独奏		少年宫
	舞蹈	金色种子	工人文化宫
	独脚戏	针锋相对	工人文化宫
8	舞蹈	我们是小尖兵	少年宫
	男声小组唱	人定胜天	文化馆
		唐山工人英雄汉	
	舞蹈	幸福光	工人文化宫

情况简报第 81 期

乍浦街道党委认真开展防震抗震的宣传教育工作

乍浦街道党委以阶级斗争为纲……按照市委关于防震抗震工作的指示精神，认真开展防震抗震的宣传教育工作，提高了广大干部、群众……防震抗震，战胜自然灾害的信心和决心。

他们主要抓了以下几点：

一、 组织干部、群众认真学习唐山人民的革命精神和共产主义风格

最近，街道党委正在举办党员、干部学习班，进行共产主义大目标教育。唐山、丰南一带发生强烈地震后，他们就结合组织学习灾区人民抗震救灾的英雄事迹……把大目标教育同学习灾区人民的革命精神结合起来。同时，在居民读报组里也学习讨论。通过学习，大家表示要认真学习灾区人民的革命精神和共产主义风格，许多同志说："唐山人民在严重的自然灾害面前，没有被困难所吓倒，特别是共产党员、革命干部临危不惧，奋不顾身，带领群众抗震救灾，发扬了'一不怕苦，二不怕死'的革命精神，这是我们学习的榜样。"东德兴里委党支部的同志表示："如果发生危急情况，我们共产党员就要舍己为人，冲锋在前，与天斗，与地斗，与阶级敌人斗，在抗震斗争中发挥党支部的战斗堡垒作用。"江西北里委党支部书记戚敏贞说："灾区共产党员和革命干部坚定沉着，无私无畏，表现了共产党员顶天立地的革命精神。我是共产党员，如果发生地震，一定要坚守工作岗位，站在斗争第一线，组织和带领群众，做好防震抗震工作。"

灾区人民同自然灾害斗，同阶级敌人斗，同资本主义斗的革命精神，大大教育了生产集体事业的同志。……桃源纸盒组的群众和干部，个个自觉参加义务劳动，发扬天大热，人大干的革命精神，在短短半个月时间内，完成了33万8千只纸盒的任务，比7月份增产10%，保证了支灾医用纸盒的需要。

二、 宣传地震知识，进行回忆对比教育

唐山发生大地震，江苏又发布了临震预报，在部分居民中出现一些迷信思想和紧张心理。街道党委针对这种情况，组织了近万人观看《地震》电影。各里弄还利用居民学习和向阳院活动时间，宣传地震知识，使大家懂得了地震是怎么一回事和怎样进行防震抗震，消除了恐惧心理，增强了战胜自然灾害的斗志。武海里委的居民说："看了《地震》电影后，认识到只要我们思想重视，积极做好预防，地震也并不可怕。"南天潼里委有些老年居民原来还有迷信思想，通过学习讨论，认识到：地震是一种自然现象……他们还说："市委及时把上海有震感的情况告诉了我们，使我们思想上有了准备，这充分体现了党和毛主席对我们劳动人民深切的关怀。回想在旧社会，如果面临这种情况，国民党反动派自己逃也来不及，或者趁机捞横财，根本不顾劳动人民的死活，真是两种社会两重天。"

认识提高了，行动也积极了。有些家长就主动写信给在海丰农场、崇明农场的子女，教育他们如果发生了地震，要在党的领导下，投入抗震斗争，坚守岗位，坚持抓革命，促生产。彭泽里委会共产党员茹娟素有两个在崇明新海农场工作的子女，正在上海休假，她听了传达后，就立即动员子女返回农场抓革命，促生产。

三、 提高革命警惕，搞好群测群防

街道党委还进行提高革命警惕性的教育，防止阶级敌人造谣破坏活动。……街道和各里弄党支部都加强了巡逻值班，建立了昼夜值班制度。支部书记和党员都积极带头，有的尽管体弱多病，也主动轮流巡逻值班。如南天潼里委共产党员、81岁的退休老工人邬汝怀，第一个向里委报名，要求参加值夜班。他说："我退休已二十年，对里弄情况熟悉，如

一旦发生什么情况，联系起来方便。我虽然年纪大了，但我是一个共产党员，一定要在防震抗震工作中作出贡献。”河南北里弄的红卫兵纷纷向里委党支部请战，他们说：“我们年纪轻，脚头快，精力充沛，如果发现有坏人捣乱破坏，就坚决和他们斗。”好多里弄还加强了……监督改造。

现在，街道防办和13个里委会都建立了观察点，发动和依靠群众，对本里弄土井落实了管理措施，每日观察水位升降和变化情况。如河南北里委有20口土井，他们发动了由退休工人和红卫兵80人组成的防震预测小组，每口井用红漆编好号，定人、定时观察土井水位、水温、水质的变化情况。

全街道里弄赤脚医生纷纷表示，要站在防震抗震第一线，积极培训好里弄医疗救护人员，一旦发生地震，立即投入抢救伤员的斗争。幼托工作人员为了全托儿童的安全，增加了夜间值班人员。

为了居民的生命安全，各里弄党支部对住危险房屋的居民，挨家挨户作了思想动员工作，用亲帮亲，邻帮邻，或者借住附近小学校舍的办法，落实了预防措施。

中共虹口区委办公室编印
（摘自乍浦街道党委汇报）
1976年8月28日

严峻的考验、难忘的战斗
——上海市第四人民医院小分队救灾小结

7月28日下午4点半，我院接到了市卫生局组织赴京津震区抗震救灾医疗队的任务。顿时，全院沸腾。同志们争先恐后，报名请战，积极要求，奔赴战场，很多同志十分激动地向党表决心，为了抢救灾区人民，愿献出自己的一切，一份份红色的决心书挂满了食堂。有的同志又一再跑到党总支请战，坚决要求赴灾区抢救阶级兄弟。小儿科钱医生年过半百，家里三个人生病，但她一声不响，积极报名。内科陈医生，两个孩子发高热，爱人患肝炎，她请了假在家照顾病人。当她得知急需她去救灾时，只用了三刻钟安排了家务，急忙赶到医院。共青团员仇养杏决心在斗争中接受组织的考验，争取火线入党。有的同志连家也来不及去，生活用品也来不及带，迅速组织好医疗队。……征途中……广播里传来了毛主席和党中央的慰问电。……党支部立即召开党团员会，全体队员会，学习了慰问电和市委的慰问信，展开了热烈的讨论，……为赴灾区在艰难困苦的环境中战斗打下了良好的思想基础。大家再一次向大队部表决心：地震就是命令，灾区就是目标，党的需要就是我们的第一志愿，让党和同志们看我们的行动吧！途中，队里两位同志在南京火车站因公买物，按火车司机所说的时间赶回月台时，列车已经徐徐开走了，但两位同志怀着一定要到灾区参加战斗的坚定信心，不怕疲劳，鼓足勇气，两天只吃一顿饭，克服了种种困难，在杨村机场赶上了大队。

……

认真接受再教育，刻苦改造世界观

经过了两天两夜的长途行军，我们来到唐山市灾情最严重的路南区小山街道。人一下车，周围就围上了一层层的人群，一个个焦急的面孔悲喜交集，一双双眼睛饱含着泪水，人群中不时响起感谢毛主席、感谢党的口号声。他们纷纷传诵着："毛主席给咱派来了医疗队啦！"伤员也被扶着，撑着拐棍，在等待着我们给他们诊治。然而，两天两夜的长途行军中，由于缺水、缺粮、饮食不充分，大家的体力消耗是很大的，周围新挖出的尸体臭味顺风阵阵吹来，头顶上烈日在无情而炎热地暴晒……面对这种现象，党支部立即展开了党员大会，号召大家以解放军为榜样……以灾区人民的需要作为我们的奋斗目标。

……

大家一致决定：以解放军为榜样，想灾区人民所想，急灾区人民所急，对重病员立即出诊，轻伤员马上开始门诊。帐篷也要及时搭好。十个人组成两个小组出诊了，三个人也摆开了门诊。剩下的同志立即撑帐篷，任务是艰巨的……口干了，咽几口唾沫，饿了吃块压缩饼干，呕吐了悄悄地擦掉。战斗中，夏祥庭医生不顾年老有病，积极带头。他的裤子上的汗水湿了又干，干了又湿，上面铺着一层盐霜。共青团员小仇因劳累，汗出得多，水吃得少而晕倒了，但他醒过来，又马上干上了。大家表示，要坚决响应党支部的号召，以解放军为榜样，将党和毛主席的温暖送到灾区人民的心坎上。经过三个多小时的努力，帐篷在废墟上搭成了。大家看到病人安详地躺在里面时，都深深地体会到，我们虽然闯过了第一关，思想上有了初步的收获，但今后……还要再经历长期的、艰巨的，有时甚至是艰苦的磨炼。

由于工作的需要，我们又从小山街道指挥所旁搬到了更加艰苦的地方——永红地道桥附近，这里灾情严重，损失大，伤员多，同时解放军还未来得及开进来，原驻地的解放军热情支援我们，帮我们搭好了帐篷。而我们搭帐篷的地方，上午尸体搬运时滴下的血水还未扫尽。个别的同志因不适应这样的环境，恶心得呕吐了，咽不下饭，喝不下水，加之缺水，器械消毒没法进行。在这种情况下，党支部分头进行了动员，提出了要和灾区人民同甘苦、共患难："为灾区人民服务就是我们最大的幸福，越是艰苦的生活越能磨炼人的意志。……"同时灾区人民与自然灾害作斗争而忘我的革命精神也教育了大家。里弄干部高大娘一家伤亡了6口人，但她强忍着失去亲人的痛苦，日夜奔波，组织居民抗震救灾；……很多脱险的同志将毛主席塑像恭恭敬敬地摆在最显眼的地方，擦得干干净净，〔因为〕是毛主席在领导大家抗震救灾……。唐山人民豪迈地宣称："地大震，人大干，泰山压顶不弯腰；它来一次地震，咱来一次革命。"……看到这种情景，大家深深地体会到：我们这些来自大城市、大医院的医务人员，要从思想上和灾区人民打成一片，与他们划等号，是多么地需要刻苦地改造世界观啊！

水，这在上海是想也不去想的问题，而在这里却成了我们面前重要的拦路虎。按我们现存的水，生活上用了，消毒就成了问题。大家想到我们的职责是解决病员的痛苦，自己生活上艰苦点算什么，水少就先作消毒用。为了节约用水，同志们在一天门诊后洗手时，就把较干净的手放在上面，较脏的手放在下面，这样一碗水就可以同时洗四五个人。为了不占用消毒用水，李根琦、陈亦芝宁愿自己跑四十分钟去洗土豆……

可有时水多了，也会给我们增加不少的麻烦。8月7日晚上大雨倾盆，积水四溢。大家惊醒时，发现都睡在水里。但同志们毫无怨言，立即操起面盆、水桶将积水排出去。这时，对面的平顶帐篷也倒了半边。原来是大家不愿将帐篷顶上的积水泼到隔壁群众家里去，帐篷是因积水过多而倒的。这时，大家想到明早病人就要来候诊，平顶帐篷又是重病人的观室，绝不能让病人吃亏。在这种思想支配下，大家放下了面盆、勺子到对面去冒雨重搭帐篷。当帐篷搭成后，天已亮了。病人陆续地来了，尽管大家忙了一夜，但看到重病人得到了诊治，心情还是愉快的。

……

把党和毛主席的温暖送到灾区人民的心坎上

我们肩负着上海一千万人民的委托。……短短的十几天里，和灾区人民结下了深情厚谊。

我们地处灾情严重、居民稠密的永红桥头，每天从晨星闪烁到月亮高升，病人不断，一干就是十几个钟头。门诊看病，尘土飞扬，打针换药，一直弯腰，一天下来好几个同志腿都肿了，但大家没有被困难所吓倒，始终保持旺盛的革命斗志。……在震后几天的紧张时刻，供应是比较紧张的，可是解放军却把自己的蔬菜让给了我们，并语重心长地对我们说："你们医生生活得好些，就是灾区人民最大的幸福啊。"……

8月1日，一辆吉普车在我们帐篷停下来，车上坐着一位怀孕三个月的孕妇。我们队里的陈寿采、陈亦芝急忙跳上车，仔细地检查，断定孕妇就要小产了。由于疼痛，产妇一阵阵呻吟，在车座上一次次翻滚。面对阶级姐妹的痛苦，怎么办？经过研究，决定护送孕妇到医院手术。大家都争着要去，最后决定由钱、齐两位医生去护送。在车上，她俩一面轻轻地按摩病人的下腹部，安慰病人，一面准备消毒巾，准备万一途中小产，就在车上手术。烈日当空，汗流满面，吉普车里，弯腰屈背，……她们坚持着按摩病人，直到送上手术台。

地震后第六天，一位老大爷被解放军从震坍下的屋子里扒出来。当时老人浑身上下污泥，一片漆黑，双眼被脏的分泌物粘成一条线，呼吸微弱，心跳缓慢，神志模糊。钱、陈二位医生马上冲上去，大家积极配合，很快地找到了干瘪的静脉输了液，并毫不犹豫地用仅有的一点水给病人擦去了眼睛的分泌物和全身的污泥，帮他穿上衣服，盖上了新毯子，及时地给他吃了食物，最后，老人稳当地站起来，走上了救护车。

一天半夜，有一位同志急急忙忙跑到帐篷里，告诉我们，他家里有危重病人。进修杨医生听到一骨碌地爬起来，与钱、陈二位医生背上出诊包，来到病人家中。病员是菌痢虚脱，急需补液，可皮条用完了，三位医生就在病员家中生火消毒、输液，杨医生又通宵达旦地守护了一夜。第二天只擦把脸，又神采奕奕地工作了。

……

战斗中，好几个同志发了高烧，冯芝贤、陈亦芝、周燕英等同志发烧到 39℃多，但他们不吭一声，坚持工作……。小周同志说，“我虽然生了点病，可抢救的是灾区人民的生命，在这样的时刻，我怎么能休息呢？”……

齐医生在出诊时，裤子扯破了。同志们发现后都劝她回去换条裤子，但齐医生想：“裤子破了算什么，为灾区人民服务要紧。”她顾不上回去换裤子就昂首自若地继续出诊。陈静芬医生在刚到的第一天，为了大家的安全和门诊的需要，主动守夜，白天照常上班。……

我们贯彻了毛主席“预防为主”的方针，预防接种 1550 人，选拔 42 名负责人担任卫生员工作，为了消毒和灭蚊蝇，大家发了 1000 斤漂白粉，6 箱 D. D. V，2 箱来沙尔，并动员大家用六六粉熏了两个晚上，挖了七只厕所，使消毒环境、肠道传染病、蚊蝇密度都得到了改善。

同志们把对灾区人民的深厚的阶级感情，都化到了实际行动上去。巡逻出诊的同志不仅带上药品，还把干粮、水果送到灾区人民的手中。门诊的同志不仅看病、发药，还准备了病员吃药的开水。白天我们睡的帐篷给病员留观，夜晚同志们出诊随叫随到，毫无怨言。

……

在治疗中，很多伤病员激动得热泪盈眶，费大娘说：“我的亲人伤亡了，我没有流一滴眼泪，可看到毛主席、党中央这么关怀我们，送医送药上门，心里非常感动。……”

在抗震救灾中，我们和唐山人民建立了深厚的无产阶级感情。一次，我队三位女同志找不到地方上厕所，一位大娘知道了，毫不犹豫脱下外套，拦成了一个人为的厕所。……

同志们团结战斗，和唐山人民一起度过了难忘的十五天，在告别时，大家难舍难分。无论是白发苍苍的大娘，还是“呀呀”学语的小孩，都沉浸在一片友谊欢乐的情景中。乡亲们一再叮嘱：“你们再来呀，再来呀，替我们向上海一千万人民致以亲切的问候。”我们治疗过的解放军战士也赶来送行，向我们致以战斗的敬礼。……

我们虽然完成了第一阶段的任务，即将撤离唐山，但我们的心永远和唐山人民在一起。我们坚信：在党中央、毛主席的领导下，一个崭新的唐山市必将巍然屹立在冀东平原上。

让我们团结起来，争取更大的胜利！

上海市第四人民医院医疗小分队

1976年8月30日

张宝忠致金根同志及全组同志们的来信

金根同志及全组同志们：

你们好！

今天上午你打电话来调我回去，说是我爱人叫我回去，这个问题谈谈我的看法：唐山地区的地震灾害确实很严重，死的人也不少，有的全家都死光了，在这样的情况下，唐山市的广大干部和群众，约50万人都住在马路上，条件这样差，但他们始终斗志很高，不哭不掉泪，不向困难低头，这种精神值得我学习。再说中央首长和上海市领导对灾区更是关心，并亲自到灾区慰问，深入到工矿、企业和群众打成一片，对灾区人民鼓舞更大。当前全国各地都把支援灾区当成重要任务来对待。而我们□□25人中都在看着我的行动，我能和同志们一起来，就能一起和同志们回去，否则群众的思想工作就更难做，这个看法是我的，也是队委一起讨论的结果。

关于我爱人的要求，我可写信到部队里，我想部队也会到我家里做工作。因时间来不及了，市卫生局明天有人回上海，临时汇报。

并请给教卫组领导汇报。

代领导问好！

全组同志们好！

张宝忠

1976年8月31日

教卫组与顾坚等同志关于补贴事宜的信件往来与批复

来信

区教卫组负责同志：

我们是虹口区赴唐山、丰润的医疗队，于上月下旬来到灾区后，在当地和这里医院党组织一元化领导下，学习、工作和生活安排，各方面都比较顺利。同志们的精神面貌和革命干劲都比较好，有些同志的工作得到这里领导的好评。两个地段医院中的四位同志都表现得较好。乍浦的李国源分在传染科病房工作，乐意去工作，学习认真，业务上能虚心向熟练的同志学习，工作上踏实肯干，科里对他的工作都很满意。吴淞的李冠金同志与虹中屠医生，在一深夜急诊送来两个烫伤病员时，他们服务态度好，工作上一丝不苟，他们二人为了伤病员还把带来的塑料布都拿出来给病员用，院有关领导事后很赞扬他们二人。吴淞的叶医生分在普外科病房，工作也很好。乍浦的陈晓茵在休息时积极参加义务劳动和病房搬家等劳动。全队的同志以英雄的唐山人民为榜样，向灾区人民学习，为灾区人民服务，努力作出更多的贡献。

我们来后在这里的学习和工作，都服从这里党的一元化领导，在党组织领导下开展各项工作。但还有一事反映给你们，请领导帮助解决一下。我们15人是与二医系统的同志在一起，二医系统（院东部及四个附属医院）来唐山的同志，临走前，每人都有补贴费发给，每人20元，半年者为15元，已有困难补助过的同志亦发15元，我在这里问过他们总带队的同志，他说“是这样的，这里卫生局有这个意思的”。而且在临走前由各医院的组织组进行一次家庭访问，在访问时将这钱交给其本人，先遣队的同志由组织上带来交给本人的。经了解，我队的同志，未有这项补助，只有个别同志属生活困难而补助。虹中的同志曾向虹中院领导反映过此事，答复说“只有生活困难补助，没有这项每人补助”。因此，现将此事反映给你们，望作妥善解决为盼。

致礼！

顾坚
1976年10月15日晚

经与市卫生局郁翠芳和金海英同志联系，同意给予补助，参照第二医学院掌握情况执行。

胡伟杰
1976年10月21日

回信

顾坚同志及全体医务同志：

你们好！

首先让我们热烈欢呼庆祝华国锋同志任中共中央主席、中央军委主席，庆祝粉碎“四人帮”篡党夺权阴谋的伟大胜利。上海人民和全国人民一样沉浸在万分欢乐的气氛中，上海自20日起从东海之滨到淀山湖畔，从长江口到金山湾，群众纷纷走上街头，高举红旗，抬着伟大的领袖和导师的画像，浩浩荡荡地参加游行。特别是24日那天，更像盛大的节日一样，在外滩、南京路、淮海路、延安路以及各个街道，都是张灯结彩，许多高大建筑物上悬挂着长达数十米的巨幅标语，各区、各县还分别组织群众参加市、区集会，收听北京天安门广场大会的实况广播，会后我们还组织游行。目前各单位都在认真学习中央十六号文件、吴德同志的讲话和有关社论。

另外告诉你们一个好消息，中央已任命苏振华、倪志福、彭冲三位同志为上海市委第一、二、三书记和市革委会正、副主任负责领导上海工作。

来信知医疗队同志在当地医院党组织一元化领导下和二医系统同志一起工作，由于同志们虚心学习，认真工作，获得周围同志的好评消息，我们非常高兴，希望你们再接再厉，继续为灾区人民作出贡献。……希望你们能牢记毛主席“毫不利己，专门利人”的教导，以白求恩大夫为榜样，树立救死扶伤的革命精神，在工作中应广泛发动群众，依靠群众，积极开展防病治病工作，结合当地情况积极培养新生力量，把执行毛主席的革命卫生路线落实在行动上，把毛泽东思想和党的温暖送到群众的心坎上，使我们这支医疗队，既是工作队，也是宣传队。

来信提到关于你们医务人员临行前的补贴费事，经与市卫生局有关部门联系后，他们同意可以参照二医系统医院的方法执行，我们已转告你们的医院，关于具体补贴数由你们备函直接告诉本单位，由他们给予解决。

此复　致以

革命敬礼！

全组同志向你们全体同志问好！

虹口区革委会教卫组

1976年10月29日

会议名称：区革会常委会议

开会时间、地点：1977年3月1日下午（317室）

主持人：曲力

记录人：田启才

出席人：曲力等20人

会议内容：

传达市工交组召开关于抗震工作会议精神

曲力：今天的内容比较多，先把防震问题汇报一下。

骆万祥：2月26日下午市工交组召〔开〕各区县局分管抗震工作同志会议，由市工交组召开的，谈了三个内容：一是传达全国抗震工作会议精神；二是上海地震工作；三是下一步贯彻意见，由市工交组左□□同志传达的。市抗震工作会议到会160人。28日召开各省市同志座谈，谷牧副总理接见，作了指示。唐山地震8级，比三大战役损失还大，比美国在日本投的原子弹〔造成的〕损失还大。听了华主席指示，揭批了“四人帮”罪行，发了“四十系列”资料，看了有关地震方面电影，对今后抗震工作提出了措施。1976年7月28日唐山发生地震后，中央立即派出慰问团去慰问，“四人帮”却讲“没了一个唐山没什么”，破坏地震工作。唐山人民说，“四人帮”是吃人帮、害人帮。李玉林同志说，唐山人民天天骂、天天批“四人帮”。唐山发生地震，李玉林同志马上赶到中央汇报，中央政治局同志马上开会研究，而江青、姚文元却进行破坏。李玉林同志说华主席既像毛主席又像周总理，同人民心心相连。“四人帮”是害人帮，是蛀虫，河北省委去关心唐山，“四人帮”却说，要唯生产力论，姚文元还写了一首黑诗，□□地震。唐山大震前有预报的，国家地办在7月26日汇报了情况，“四人帮”进行了破坏。唐山现在恢复很快，会上汇报材料很好。

国家地办设立了预兆、基建、预防，由国家建委管。会上读了一份简报，唐山地震经验教训。华主席对地震工作也有指示。北京、天津、唐山还在震。在苏、鲁、皖、扬州以东到黄海还有大震。目前有强震预报的有17个省，只有江西、贵州没有。会上大家建议建委是否把抗震工作管起来，建议把京、津、唐地震指挥部改为全国抗震指挥部，要求城建房地部门有专人负责这个工作。有个砖厂事先作了加固，震时减少了影响。关于加固经费应由专款专用。北京、天津、甘肃、云南、四川、江苏、山东、安徽、内蒙古等11个省〔区市〕仍有强震发生。北京现在建筑任务，首先是毛主席纪念堂，其次就是搞好抗震加固工作。国家建委分管抗震工作。

第三传达了贯彻意见，首先加强领导，城建、房地部门要抓好这个工作。区县局要有人管，要有专门班子，向市委专门写了个报告。城建、房地、施工、规划部门要办训练班。哪些地方适合造什么房子应规划好。从唐山情况看，一大二高的建筑物损失大。对几年内对危险房屋如何加固等工作，市委要有全面规划，区县局也要规划，老的维修，要害单位、工业部门也要搞好规划。

另外讲了上海地震情况。解放以来，在上海周围5级地震发生27次，全球本世纪以来7级发生1376次，我国1976年〔地震活动〕也非常活跃，〔是〕1943年〔以来〕最活跃一年。我们国家平均一年半要发生一次大地震，1976年华北地区地震强度都超历史纪录的，估计三五年内发生八级以上大的地震。上海周围地震情况：如苏北、华北、山东地震会波及上海，现在特点是由西向东，由北向南，由高山向平原，苏鲁皖可能要发生一次大地震，会波及上海、江苏、山东、安徽、扬州以东到黄海，为1977年地震区。浙江以北有5—6级地震。1924年，上海发生过5级地震，1975年以来上海地区地震频繁。在未来几年内上述地方如发生地震，上海可能达5级左右。建议根据唐山经验教训，我们工作还跟不上，现在北京像打仗一样做好准备工作，对地震烈度要重新研究。如发生地震，要保证电、水畅通。从措施来讲，对现有建筑物要加固，如商店、旅馆等，大城市对易燃易爆物品要采取措施，对新建筑物要检查，公用设施抗震工作要跟上去。今冬明春，在苏皖鲁可能要发生大的地震。

下一步贯彻意见要求向党委汇报。在领导干部中要重视这一工作，是保卫上海一千万人民生命财产问题，是保卫社会主义工业城市大问题，是对子孙后代负责的大问题。保密数字对下不一定讲，精神要传达。要加强班子建设，上海成立了抗震办公室，区县局也要建立办公室，已有2—3个人抓这工作，市6—7人，要求基层单位有人抓。要求抓好抗震工作规划，在3月份先拿出初步打算，上半年拿出规划打算。房地局对危房怎么加固，新建房屋有什么措施等，要注意保证质量。要求把贯彻会议情况向市里反映。会议精神简单汇报一下。

朱传禄：市地办在1月10日开了一个会，传达了广西南宁全国地震工作会议华主席指示，商量了苏、皖、浙、豫等地震情况。会上由市地办传达了华主席指示。大家要求印发，市里讲口头传达一下。1976年7月29号华主席指示说，这一次唐山地震较大，没报出来，心里难过，现在对地震系统同志来说，地震中心也那么难。总的感到你们不要灰溜溜的，好像说话声音也小一点。中央政治局同志希望你们鼓起劲来，总结经验，认真把工作搞好，希望你们继续努力，在保卫党中央、毛主席，保卫京、津、唐、张地区广大人民安全作出贡献，把情况说得准一点，做出成绩来。同志们不要泄气，产生消极情绪就不好了。临震前预报方法很多。京、津、唐、张、渤地区，你们做了中期预报，临震未能报出来，同志们有点压力，分析得不准，我们没有责备你们，我希望你们除继续努力中短期预报以外，希望在临震预报上作出贡献。我们是社会主义国家，是可以做好的，希望你们地震局直属队、所，河北队，北京队，天津队，共同努力，把这块地方临震预报搞好。观测仪要落实，我们要攻克难关。现在总结一下经验。临震预报更需要，要突破，继续采取措施，在临震预报上好好总结一下。还有一个群众路线，专群结合，土洋结合，不要忽视啊。有些厂所使用仪器不比你们差，中国用毛泽东思想武装起来力量大得很，临震前没测到前震，但还是有其他前兆现象的。群众可以搞很多，有专业队伍，还要有群众路线，台、站，也应该联系一些，把知识教给群众。在大震前井水变化是很明显的，总结经验，突破临震预报，五级以上24小时前报出来，还是这个条件，临震预报要千方百计搞搞好，要求你们24小时前报出5级以上地震预报。

1976年8月17日接见国家地震局同志时指示：我国地震工作应该出点理论，什么问题上没有认识清楚，唐山震级是高的，烈度也是高的，可以从有感范围来研究地震波传播。这些地震为什么传得这么远。文县、平武感觉厉害，山震动得厉害，西安也晃得厉害，地下冒烟；因地下摩擦放出来是可能的，放出什么要进行科学研究，在研究预报中不断总结经验加以指导。发生这几个地震以后，应该有所发明，有所创造，有所前进。唐山地震，你们要做好总结，这里经验很丰富，有个别现场，抓住好好研究。有些地震工作人员没有经历过地震，对余震要好好研究。为什么老在这块上不动，得研究出个道理来，把地震成因从实践中研究清楚。华主席讲，地震预报工作太年轻，还没有形成规律和制度，究竟如何预报法，没形成制度。各省预报由各省报，北京的由国家地震局报，地震局你们会商大一点的，临震预报得由各省掌握，县里的你们也不要限制，我们完全包下来发布地震预报也不行，各县乱报也不行，通过实践形成一套制度，唐山预震由他们去发，各县自己发，要使小范围可以总结经验。气象预报，各县都有，我国地震一下普及到那种程度也不行。

周总理在1966年指示：保卫大城市、大水库、铁路干线、电力枢纽。“四人帮”一二十年没传达。

在去年，对华东地区地震工作也作了汇报，在1977年六省一市地震工作会议上对苏鲁皖豫仍列入危险区。会议上学习批判，讨论了1977年地震工作；进行了小结，通过纪要。分析了1977年危险区，7级以上大地震危险区从郯城到鲁江，郯城到宿迁，泗洪到五河到嘉山。5—6级中强震危险区：安庆怀县到颍上；江苏扬州以东到南黄海一带；山东临沂到新沂，铜县到□山、菏泽到东明；河南豫北地区。存在5—6级地震背景地区：六省一市，湖北麻城到黄冈一带，丹江口水库区，浙北地区。对上面危险地区看法，在上海周围就这些地区，安徽嘉山离上海近，如发生7级，上海烈度6度，古老房屋、结构差房子就会遭到损失。从上海地质条件看，是淤积成的，发生5—6度损失更大一些。从上海工作看，长期认为不防地区，发生地震的损失就更大一些。所以我们不能麻痹、掉以轻心。上海被“四人帮”破坏，地震工作比兄弟区落后十年。又分析了这些地区存在地震，为什么存在7级大震背景。第一从地区条件，大华北地区目前处于地震活跃区，我们在世界上是第四期活跃区，从1966年邢台地震以来，现在处于高潮阶段；第二从能量释放，应力积聚，同第三活跃区；第四期能量还没放出来，就要震；第三从济南发展到第四活跃期的华北。从地质情况分析情况是这样。水质测量，以南京□水层有高度变化，从1974年8月至1977年，地壳上升10公分。根据南京分析，也是异常，同地震有关，认为在南京200公里孕育着大震。但上升不等于地震，而地震一定会上升。第三海平面变化，认为在长江口一带存在5—6级地震背景，测量了吴淞口和高桥水位，吴淞口1968年至1976年上升17公分。高桥1968年至1975年上升14公分，1972年至1975年吴淞口上升12公分。高桥上升14公分。水平面上升同营口等地地震相比，超过它。第四从地磁分析，北京大学搞了流动电子测量，从山东到南京测量九个点，地磁有异常，有的升高十几个伽马，从1975年8月至1976年8月一年里从郯城电磁增加31个伽马，徐州增加19.5个伽马，渤海增加29个伽马。上海佘山电磁台测量一下，垂直度也超过每年规律，从历史看佘山发现这个情况，出现过地震。1974年4月22日溧阳5.5级地震，1976年兴化出现4级左右地震。从仪器测量，宏观观察也有异常。建议要抓好宣传工作，预防工作，了解知识，对房屋调查，危房加固，要有测报手段，把情况汇总起来。

曲：意见准备的也讲一下。

朱传禄：我们地区已建六个点，一是和平公园，土地电、植物电、动物观察；二是欧阳街道，土地电、植、动物观测。虹口机修也搞了植物电；长话局搞水位观测（青浦）。东升印刷厂、继光中学搞电应力、水位等，井已打好。正在建立点：房地技校搞土地、植物电、电温；三是第七制药厂，搞水化学，同台浦街道合起来搞；广中街道搞土地电，清管站也搞土地电。工业设备安装公司不太重视。我们打算搞十个单位。是否在吴淞路605号搞地磁、地升测报。以后建立定期汇报制度。地震办放在什么地方没定，组织没定，抗震房屋普查问题，是否请房地局一起参加。区里搞应力、水位、地温、地升、地磁等测报手段，看看行不行。建议能不能有定期会议制度，汇报情况，领导小组会议固定下来，便于把工作抓起来。除此以外，希望把测报点搞起来。

汪信孚：第一希望区委及时听取汇报、支持。第二组织要落实，至少要有两个人抓。第三要有落脚点，下面测报点要及时汇报情况，要把情况汇报记下来，用图标出来。吴淞路605号院子里是否搞个测报点。最好有间房子，既是办公又是测报点。第四加强对群众宣传，打算最近放个电影，是内部的。市地办意见可放到基层支部书记以上范围，进行宣传，普陀搞个展览会，我们准备借来搞一搞。同时也希望区委在适当的会议上强调一下。

骆万祥：过去对地震工作没引起足够重视，现在一定要引起足够重视，把唐山经验教训作为我们搞好地震工作的经验。区里是否以工交组为主把这一工作抓起来，地震办、抗震办一起配合起来抓。抗震以房地为主。人员则是各搞两个人，现在有一个人是向清管站借来。从长远看，不大适宜。今天会议是否定一定，组织上落实好。办公室，是否抓紧落实一下，请办公室同教卫组一起研究定下来。宣传问题，要大搞群众运动，原来搞的测报点继续搞好。关于电影放映问题，可以放映。

曲：今天先汇报一下，提出问题原则定一定，人员两个人，工交组同组织组商量定哪两个人，工交组或建设组还要有一个负责同志抓，商量后，具体以后定。哪个部门抓，是否由工交组负责抓。第二关于汇报制度，领导小组会议，□□几天汇报一次问题不大，多少间开会。办公地点再由办公室商量一下。抗震、预报的是否放在一起（汪：两个人是搞预报的）。测报点不定（放在吴淞路605号院内的测报点）。具体由工交组领导，暂时两个放在一起（指抗震、预测预报）。

张显崇：工作要抓起来，两个部门放在一起。要发挥具体部门作用，有什么事，卫生部门还要派医疗队，将来要有一个步骤。办公地点，我看房地部门弄一间房子。放电影，时间同办公室敲一下，定下来就可放了。

曲：今天主要先汇报一下，具体不研究，以后再定。办公地点房地局大力支持。今天都不定。这是关系到人民生命财产大事，各方面都要重视，骆万祥分工工交抓起来，具体问题骆万祥同志同有关部门商量后再拿来讨论。大家支持把这一工作做好。

……

赴河北省丰润县抗震医院虹口区医疗小分队总结汇报
（1976年9月—1977年6月）

在英明领袖华主席的领导下，在粉碎“四人帮”抓纲治国的大好形势下，我们全体赴河北丰润抗震医院虹口医疗小分队……对九个月的工作、学习、磨炼、考验作一个回顾总结，不妥之处，请领导和同志们批评指正。

一、 将深入揭批“四人帮”的斗争进行到底

1. 坚决拥护中共中央两项英明决议。

……

2. 坚决响应党中央的号召，掀起学习毛主席著作的新高潮。

……

到丰润后第二周，我们小分队建立了通读毛选四卷制度。……全队重新整顿建立了学习制度，每周晚除院部统一安排外，其余晚上6时15分至7时均为通读时间。同志们的学习态度比以前更认真了。有的同志下班晚了，端着饭碗就参加了学习；有的同志带病坚持学习，有的同志争着朗读毛选。断电了，大家靠自然光线或打手电照样学习。……学习促动工作，学习增添力量。

二、 以英雄的唐山人民为光辉榜样，努力搞好抗震救灾工作

1. ……

9个月的丰润战斗，我们亲眼目睹也亲耳聆听了一场气壮山河的抗震救灾的伟大斗争。我们参观了丰润潘家峪阶级教育展览会，参观了遵化县穷棒子人民公社。我们听了开滦煤矿唐山矿李玉林同志的生动教育报告，我们听了丰润七里营老贫农孙大爷的动人事迹介绍……从他们身上，我们看到了用毛泽东思想武装起来的英雄灾区人民，在严重的自然灾害面前，在尖锐复杂的阶级斗争和路线斗争中，“泰山压顶不弯腰”的革命硬骨头气概。英雄的唐山工人阶级说得好：“地震吓不倒英雄汉，社会主义照样干，尽管我们受了灾，大庆红花照样开。”英雄的唐山贫下中农说得好：“人还在，地还在，受灾更要学大寨。”……广大灾区群众的吃、穿、住、医得到了妥善安排。农业生产恢复进展很快。开滦煤矿七个生产矿已复产出煤，唐山钢铁公司的炼钢厂和轧钢厂已全部修复并陆续复产。唐山电厂的发电能力已达到震前水平，全区县的市辖区以上所属受灾企业已有96%恢复生产，交通、邮电、财贸、文教、卫生等各方面工作已基本恢复正常……自力更生、奋发图强、艰苦奋斗、争分夺秒把“四人帮”的破坏、地震灾害所造成的损失夺回来，唐山已取得了举世瞩目的伟大胜利。

……

2. 这里是锤炼意志、改造思想的好课堂。

……

我们虹口医疗小分队，三分之二是青年人。大部分同志出远门、离亲人到北方还是第一次。经过九个月的学习、锻炼，大家都有一个共同的体会：向英雄的唐山人民学习，灾区是锤炼意志、改造思想的好课堂。

刚到丰润，展现在我们眼前的只有一排排简陋的芦席房，病房里除了床板，就是床脚、病员，职工用水只有一个水龙头，断水断电经常发生。余震继续在袭扰大地，吃的菜除了白菜还是白菜，同志们有时也免不了想上海、想家，但是大家更想自己临行前的坚强决心和院领导们的期望、勉励，在抗震医院党总支的领导下，广大医疗队员向英雄的唐山人民学习，向第一批、第二批赴唐山医疗队学习，以大庆人、大寨人为光辉榜样，“有条件要上，没有条件创造条件也要上”。各病区自力更生，人人动手制作桌、椅、治疗台、小药柜等，就这样以抗震牌命名的“抗震牌”病历卡、“抗震牌”小药盘、“抗震牌”日历……在集体的智慧努力下，一个个〔造〕出来了。在县委和当地群众的大力帮助下，〔经过〕一个多月的基本建设，简陋的芦席房变成了简易的过冬房，一个个水龙头接好了，我们的抗震医院开始比以前健全了。全院广大职工在英雄的唐山人民教育鼓舞下，克服了一个又一个困难：断水了，同志们步行几里地上敬老院拎来一桶又一桶水；断电了，同志们就用煤油灯、手电筒代替照明，坚持工作。地震发生了，同志们首先想到的是病人，没有值班任务的也主动跑到病房安慰病人。下大雨了，由于没有通畅的下水道，病房成了水塘，同志们不顾天冷水脏，站在水中排水、挖排水沟，手术室不幸失火了，同志们不惧危险，有的爬上房顶，有的拿着脸盆、水桶，纷纷投入救火行列。刮大风了，男同志们不顾风大、天冷、夜黑，爬上房顶，仔细检查加固。为了节约灾区的物资，病房里用过的纱布、棉球，同志们不怕脏臭，自己动手一块块洗净后装进口袋，送到供应室消毒。

同志们深有体会地说：比起繁华优越的大上海，这里的工作、学习、生活各方面条件是差得多，但是正因为艰苦，我们才坚决报名到灾区来，回想一下灾区领导、灾区人民克服暂时困难，尽最大努力从政治上、工作上、生活上对上海医疗队的亲切关怀、大力帮助，想想陈锡联副总理亲临唐山缸窑第一抗震医院，代表华主席党中央转达对上海医疗队的亲切问候，巨大鼓舞，想想我们的英明领袖华主席在日理万机中亲自接见唐山抗震救灾先进个人、先进集体代表和各省市支援抗震救灾的特邀代表，并作了重要讲话，更使我们为自己所做的工作还跟不上党中央的希望、唐山人民的需要而感到惭愧。同志们说：我们所做的一切，所想的一切，是考验我们真向灾区人民学习、假向灾区人民学习的试金石。

3. 把党的温暖送到灾区人民的心坎上。

……

吴淞地段医院的叶琴梅同志到丰润不久，母亲因胃溃疡住院动了手术，不幸地，手术确诊是：胃癌晚期已广泛转移。年过七十身患重病的母亲何尝不想见见独生孩子的面，叶医生又何尝不思念身患重病、生命垂危的老母亲呢！但是她更想身边的病人，抗震救灾任务，她说，母亲病重，领导在，同志们在，亲属在就等于我在，并写信劝阻家人不要给领导增加困难。一直到5月中旬，单位领导发来了电报，她才不得不依依不舍地离开了病人……。

中心医院的顾坚同志在内科病房工作，为了病人的需要，他不仅做医生工作，也做护士工作，热心、细心、勤勤恳恳地治疗每一个病人。身体有病了，仍然顶值夜班，坚持工作，在因病不得已整休后，仍然带病看望病人，给工农兵学员上课，关心队里的工作，发挥了一个共产党员的先锋模范作用。

中心医院的屠立民同志，克服家中具体困难，来到丰润。虽年老体差，但并不示弱，普外科只有他一个高年资医生，他主动挑起主要责任担子，耐心带教青年医生和工农兵学员，不管是白天黑夜，只要是病人的需要，病房里、手术台上、外院会诊，同志们都能看到他在一丝不苟、任劳任怨、踏踏实实地工作着，和二医同志一起成功地手术，抢救了一些病人，受到了同志们的好评。

钱爱民同志在短时期内很快掌握了心电图、超声波工作，在工作中认真负责，努力学习，任劳任怨，无论在吃饭，还是在休息，只要病员需要……认真仔细给病员检查着。在工作中，不断摸索临床经验，进步很快，在配合治疗病员中起到了一定的作用。为了病员做超声波服务需要，搞了鸡蛋，煎好后给病员吃，同时看到病员有实际困难、误了吃饭时间，主动买了馒头给病员吃。看到病员晚上无处住宿，主动解决住宿问题……这一切，都深深博得了病员和同志们的好评。

乍浦地段医院的李国源医生，在传染科工作。他克服了传染科病种多而复杂、自己临床经验又少等困难（原来他在单位任肺科门诊医生），虚心向二医的医生学习，努力学习祖国医药学，和同志们一起运用一根针、一把草，成功地治愈了好几例急性肝炎病人。这种花钱少、疗效高、治愈快的医疗思想、医疗技术，深受病员同志们的欢迎。在下厂下乡巡回医疗中，为了方便病人，李医生自己背着小型放射机器步行数里到工厂、农村，全心全意为病人服务。

……

4. 自觉遵守组织纪律，加强团结，互相帮助，并肩前进。

我们虹口医疗小分队来自中心、乍浦、吴淞三个医院。整个抗震医院来自二医系统的瑞金、新华、三院、九院和虹口。因此，加强大小团结，加强组织纪律是搞好抗震医院工作的不可缺少的环节。九个月来，同志们为着一个共同的革命目标——重建新唐山，为唐山人民服务，抱着虚心向二医系统的同志们学政治学业务的决心，战斗在内科、外科、手术室、妇科、五官科病房。大家学习、工作、生活朝夕相处在一起，不仅向二医系统学到了很多好思想、好技术，自己内部也看到了很多好品质、好风格。我们的生活委员陈薇薇主管全队生活杂事，一丝不苟，不厌其烦，认真负责做好每一件小事。有一次在收拾饭菜票时，搞错了五斤粮票，她不声不响地拿出了自己的粮票垫上。我们的队长——顾坚，经常放弃自己的休息时间，关心队员的思想和生活问题，并利用零碎木料替宿舍做小椅子、小水勺等，解决了许多队里的实际问题。同志之间开展谈心活动，过民主生活，集体的事情大家主动抢着做，宿舍里一人有病，人人关心。这里的生活条件是比较艰苦，但是同志们自觉地不买自由市场东西，不搞聚餐，青年们还积极开展体育锻炼，做广播体操，进行球类活动，显示了团结、紧张、严肃、活泼的政治局面。

三、 谦虚、谨慎、再接再厉，将卫生革命进行到底！

……在抗震医院党总支的领导下，在二医系统同志们的帮助下，我们虽然在工作、学习各方面取得了一定的成绩，但也存在着不足之处。在抓紧学习方面，还不能做到持之以恒，曾放松过一段时期的通读制度；在遵守组织纪律方面，有个别同志没有很好地执行院部规定，还存在淡化纪律；在服务质量方面，有个别同志的工作责任性还不够强，出了一些差错；在加强队内、队外、院内、院外团结方面，我们的民主生活、批评和自我批评也开展得不够。通过总结回顾，同志们决心：努力学习、努力工作，谦虚、谨慎、再接再厉，坚持站好最后一班岗。……

赴丰润抗震医院虹口区医疗小分队
丰润抗震医院
1977 年 5 月 20 日

第十五节　上海市静安区革命委员会

静安医院抗震救灾情况汇报

（1976年7月29日—9月25日）

7月28日党支部传达了市委、市革会和市卫生局关于河北省唐山地区发生强烈地震，要求各级医院迅速组织医疗队为灾区人民服务〔的通知〕。全院同志得悉这一消息后，上下内外，纷纷表示决心，在不到两小时，区卫生组安排我院六名医务人员即组织好。不少同志到支部办公室表决心，坚决要求批准，因名额有限，做了不少说服工作始离去。被批准的六位同志，立即安排了院内工作，安排了一下家务，整理了简单行装，于下午6时到院集中待命。护士杨建蓉夜班后在家休息，当通知她时，她即意识到有重要紧急任务，奔跑到院，满身大汗；内科医生俞崇庭家有年迈母亲患癌症，爱人因病在家休息，他安排了一下家务，立即出发；应莉萍体质较弱也毅然前去。当组织上关切地问六位同志有什么困难吗，大家立即表示没有什么困难，个人事〔是〕小事，再大的困难，也可以克服。抢救灾区阶级兄弟是大事，请组织放心吧。六位同志于7月28日比预定时间提前去中心医院集中，待命出发，并于7月29日晨北上灾区。

送走第一批医疗队后，根据市有关部门安排，立即组织第二批，全院同志纷纷主动请战、表决心，群情振奋，内科、外科、急诊、病房、门诊、行政后勤、炊事房都行动起来，抗震救灾的政治热情和革命干劲，继续高涨。团员周梅芳体质差，家里母亲有病，但她坚决报名，当她得知被批准时，高兴得跳起来，向党组织表决心：请党组织放心，我一定好好为灾区人民服务。党员蔡瑞明爱人住院，父亲患脉管炎，一条腿已被锯掉，弟弟已去唐，但他安排好家务，奔赴灾区。团员俞筱芬，父亲中风长期卧床，妹妹患骨髓炎，与母亲商量好，坚决前去。

……

一批、二批医疗队，抗震救灾的革命精神，也鼓舞了留院的同志，大家说，我们留院也是为了革命需要，留下的工作由我们担当起来，也是用实际行动支援抗震救灾，好人好事不断涌现，他们是：

后勤部门在抗震救灾中起到了支援第一线作用，许多同志表现突出。他们在物资供应上，任务急、时间紧、要求高、工作量又大的情况下，在短时间内，日干夜干、苦干加巧干，克服困难，准备物资。司机小黄为运送物资有几个不眠之夜；仓库负责人金财生心脏病发作，上午在急诊室吊葡萄糖，下午又投入战斗；后勤部门集中力量做好了物资供应工作。

外科：抽走了一定的力量，从病房、急诊、手术室、门诊，他们群策群力，通盘考虑，使工作照常进行。外科门诊和妇科门诊，有三个女同志，表示外妇科门诊由她们担当起来，她们的做法是打通仗，改变了分科过细，计划生育、人流照常做，还表示轻伤不下火线，坚持工作。黄世璐骑自行车，不慎摔伤，但她没有请病假，仍坚持工作；妇科张美庸患高血压，但她仍坚持工作，表示轻伤不下火线；在手术室，青年苏基琰自医疗队走后，一直一个人值班，手术室的后勤人员两人，他一个人顶下来已三周，每天住在院内，他说我根本不考虑休息，支援灾区人民重要，苏基琰在这次抗震救灾中表现突出。

内科担子也不小，他们抽调人员多，但他们积极安排好门急诊、病房工作。内科同志表示当前时值夏令时间，特别是要做好抢救病人的准备工作。科负责人老袁，年过半百，带头值义务班。内科医生史国光主动请战，还做好工人医生的培训工作。内科医生于兆芬半天工作，得悉抗震救灾，脚虽有点肿，全天上班了。武□宝放弃探亲。张福娥全天病假，不休息，全天上班。护士长沈虹，发扬连续作战的精神，日班连夜班。所有这些都表明内科同志在抗震救灾中都行动起来了。

理疗科同志，人手少（仅有三人），支持灾〔区〕人民决心大，他们说我们人虽少，灾区需要我们立即出发，并用实际行动支持灾区人民，他们安排了四点工作。

第一，做到理疗天天开放，为工农兵服务。

第二，脑血瘤电图开放。

第三，抽出力量支援其他科室，到药房间包药片装药水。

第四，艰苦奋斗，自力更生，轻伤不下火线，坚持工作。

还有供应室张德聪，表示退休后思想不退休，继续来院做义务班；黄曼丽半天病假现在全天上班了。许多科室都决心很大……

上海静安医院

1976 年 8 月 11 日

上海市静安区抗震救灾医疗队工作总结

（初稿）

7 月 28 日河北省唐山、丰南一带发生强烈地震，并波及天津市、北京市。……当天在上海市委的直接领导下组织了首批抗震救灾医疗队，共 800 余人，于 29 日清晨奔赴唐山灾区第一线。我们静安区医疗队共 32 人，由区卫生组 1 人，静安区中心医院 19 人，静安医院 6 人，静安区康定、万航、威海、南西医院 5 人和静安区医化所 1 人组成。我们从 7 月 30 日至 8 月 21 日在唐山地区参加了抗震救灾斗争，亲自耳闻目睹了灾区党政军民战天斗地、人定胜天的英雄事迹，激起了对灾区人民极其深厚的无产阶级感情，激励着我们去战胜各种困难，努力为灾区人民服务。现将我们主要的收获和体会小结如下：

一、 政治思想的收获

……7 月 28 日，我们在上海听到了唐山地区发生严重地震的消息后，大家纷纷向党组织表示决心，要求迅速奔赴灾区，有的同志患有慢性病，有的爱人或父母有病或刚动手术，有的还未向家人告别，在短短的 2 小时内，一支抗震医疗队就组成了。当天夜间，留在医院待命，准备抢救药品和器械，晚上谁也没有睡好，在 29 日清晨接到出发的命令，雄赳赳、气昂昂踏上征途。在火车上，我们听到了中共中央向灾区人民发出的慰问电，和市领导给我们医疗队指示。在火车上组织大家学习，纷纷表示决心，发扬一不怕苦、二不怕死〔的精神〕，为灾区人民贡献出一切力量，即使牺牲生命，也在所不惜……

我们一踏上唐山灾区的土地后，就被唐山广大军民战天斗地的动人情景所激励、所鼓舞……

我们在党小组的领导下，一到唐山灾区，自始至终，坚持无产阶级政治挂帅。……不管工作多忙、生活多么艰苦，坚持定期的政治学习……我们在唐山战斗了 5—6 天以后，由于大部分重病员转出，轻伤员已得到及时的处理，工作量减少，因此在少部分队员中出现松劲的情绪，队委结合到市内参观灾区，把这个问题先放在党团组织生活上加以讨论……让我们认识到医疗队受毛主席、党中央的委托，受上海一千万人民的委托，一定要把上海市人民的深情厚谊带给灾区人民。在初战告捷之时，决不能有任何松劲的情绪。大家说：我们不能坐等伤病员上门，要主动找工作做。大家纷纷献策，有的同志说，病员中患肠道传染病相应增多，就应该主动做好预防、开展卫生宣教、搞环境卫生，消灭四害。我们就每天抽出一定的力量，负责预防工作。在我们驻地附近原有北京部队、海军某部，山东省济宁市、济南市、枣庄市等几个医疗队，以后陆续撤离。我们就向大队部建议，把他们的任务全部接过来，并且在离我们较远的交通要道处，增设了一个医疗点，这样，我们的医疗任务虽然增加了很多，但是我们从内心感到热呼呼的。

……我们从病人中，了解到在附近的一些公社内，地震后合作医疗受到影响，因此，我们在工宣队屠师傅的带领下，分别到附近公社的7个大队，进行巡回医疗，帮助恢复合作医疗，培训赤脚医生。我们每次到公社巡回，要在大热的太阳下来回往返二三十里路，中午自带干粮，有的同志走得脚磨出了泡，有的同志发烧、腹泻也坚持下去，巡回不叫一声苦，不少贫下中农知道我们远途去为他们诊病，感动得流下了激动的眼泪……

二、 工作的体会：克服困难，因陋就简，自力更生，全心全意为灾区人民服务

我们……在7月31日到8月16日短短的17天内共诊治伤病员2767人次（其中门诊和留察病人1400人次，灾民点巡回和出诊669人次，到郊区人民公社巡回619人次），骨折或石膏固定60人次，手术15人次，重大抢救6人次，接生1人次，到兄弟队协助抢救危重病人2人，帮助7个大队恢复合作医疗和培训赤脚医生。

1. 走遍每个帐篷，精心治疗护理，把党的温暖带给灾区人民。

我们定居在“八大处”后，除了设点门诊和临时病房外，我们走遍了附近所有的灾居帐篷，到每个帐篷宣传党中央的慰问电……把市委由飞机上运来的苹果，送给灾民。每日到居民点巡回，在烈日下弯着腰进入矮小的帐篷内，跪在地上为伤病员细心检查，洗伤口、换药、包扎，精心治疗。骨科医生赵龙海让病员的伤腿搁在自己的大腿上，顶在腹部，为伤员检查，作石膏固定。青年护士沈小英多次走上病人躺的大车上，在尼龙布下面，冒着闷热，为截瘫病人揩清大小便，作导尿术，护理病人比亲人还亲。由于附近几个医疗队，夜间都没有值班，所以，我们坚持24小时值班，病人随到随看。附近几个公社的农民，夜间重病员大多送到我们驻地，我们把省下的压缩饼干，送给留察的病员和家属。为了把病人安全送上飞机，俞崇庭医生在烈日下从上午8时等到下午7时半才回归。

2. 因陋就简，抢救病人。

8月13日夜间10时45分队员们已经在帐篷里入睡，突然拖拉机运来了一位丰润县的58岁贫农老大爷，腹部贯穿伤，面色苍白，痛苦万分。部分小肠掉出腹外，几处肠子穿孔，情况非常严重，外科医生产生了两种思想剧烈地斗争着，一是收容下来，立刻施行手术，但这里条件很差，要担很大的风险；二是转运出去，已是深夜，没有交通工具，这样会加重感染和休克。〔我们〕想起了伟大领袖毛主席的教导：“救死扶伤，实行革命的人道主义”；想起了白求恩同志毫不利己、专门利人的精神，鼓舞了我们。我们决定就地抢救，不管会遇到多大困难，我们决心迎着困难上，哪怕手术危险大，我们愿为阶级兄弟担风险。……大家迅速奔向手术室，不分内外科、中西医，大家纷纷向队委请求任务，内科医生迅速从大队部领来了干血浆，麻醉师和手术护士紧张而又迅速地做着准备工作，三位外科医生和一位手术护士就在塑料帐篷内，桌子当手术台，用自己做的简单塑料围裙做手术大衣，安全地为病员施行了肠切除吻合术。老大爷脱险了，病员和家属一遍又一遍地感谢毛主席党中央的关怀，感谢毛主席派来的医疗队。

8 月 7 号在我们邻居篷内来了一位中年足月妊娠的妇女，一阵阵的子宫收缩很紧，要临产分娩了，我队没有产科医生，只有一位青年护士，曾经在产科工作过。阶级友爱激励着她，她毫不犹豫承担下来，为产妇认真仔细地作了检查，并请兄弟队产科医生会诊。没有产房就在芦苇席棚里铺上消毒塑料布，在一位麻醉师的协作下，大胆细心为产妇接生，产后母子平安，妈妈看看白白胖胖的娃娃在微笑。一位肺科男医生为母子想得周到，立刻主动到抗震指挥部领来了罐头肉、奶粉和小娃娃的线毯，使母子共同享受着社会主义的温暖。产妇激动得热泪盈眶，为孩子取了个有意义的名字——李重建，它表示着英雄的唐山人民，在毛主席党中央的关怀下，在全国人民的支援下，在重灾面前顶天立地，恢复生产，重建家园，建设一个社会主义的新唐山的决心。

内儿科医生因地制宜在设备简陋的条件下抢救了五例中毒性菌痢。有一例 7 岁患儿高热，腋下体温 40.6℃，脱水酸中毒，病情危急。孩子妈妈焦急不安……想叫她爱人回来，孩子的爸爸是空军某部政委，正在为抗震救灾工作日夜奋战。儿科医生知道了，亲切地安慰着家属，决心尽最大的努力，一定能把孩子抢救过来，经过精心治疗和耐心护理，孩子转危为安。

3. 银针推拿显威力，中西医结合就是好。

由于我队紧急奔赴灾区，携带器械药品有限，我们在老中医佟佩云的带领下，应用针灸推拿、拔火罐，疗效显著，受到病员的普遍欢迎。我们在农村巡回期间，共针灸 200 多人次。有一位老大娘腰背部负伤，二下肢无力行走以及肩关节活动限制，针刺后立刻能站立起来行走，肩关节活动增加。为了普及针灸和推拿知识，由老中医结合实际进行讲课，使全队都能掌握，充分发挥小小银针的威力，促进了西医学中医，走中西医结合的道路。

4. 因地制宜，自力更生，制造简易医疗器械。

8 月 1 日早上来了一位左胸肋骨折伴气胸呼吸困难〔的病员〕，不能平卧。我们没有带气胸针，附近兄弟队也没有带。队员们急病员所急，利用塑料盐水袋管子连上粗针头成功地为病员施行了胸腔穿刺，解除了病员痛苦。由于骨折病员很多，我队所带的石膏绷带渐渐用完了，队员们看到病员转移时痛苦万分，而且增加了组织损伤，队员们看在眼里，痛在心里，在费庆铨医师的带领下，就利用作燃料用的破木板、竹片，用切菜刀制成了许多各种形式的夹板，提供门诊应用。

5. 打主动仗，积极预防传染病。

在门诊及巡回工作中，发现胃肠道传染病例有所增加，我们便主动去了解周围环境卫生，帐篷分布情况，饮食情况，水源消毒情况，掌握了肠道传染病在驻地一带传播的规律。组织全体同志，学习毛主席关于……“预防为主”的教导。……我们一方面在巡回时，边治疗、边实践，把防病知识教给群众，宣传不要随地大小便，注意饮食卫生，同时在居民集中点，挖了几只厕所，把附近的粪便、垃圾堆集中起来埋掉，从部队防疫处借来喷雾器，喷敌敌畏杀虫剂。有的同志放弃了夜班的休息，挖厕所，埋大便……

三、 生活上的锻炼：……艰苦环境炼红心

来到抗震第一线，亲眼目睹英雄唐山军民的顽强战斗意志，革命乐观主义精神……我们决心以英雄为榜样……磨练我们的意志，改造我们的世界观。

1. 生活越艰苦，斗志更加旺。我们从上海出发，情绪高涨，精神饱满。当乘坐一天火车，到达天津杨村机场……我们在骄阳下，足足等了一天，火辣辣的阳光，把皮肤晒得通红，汗水直淌，饮水供应发生困难，同志们又热、又干、又饿，但同志们精神更为旺盛，唯一〔一〕个念头就是要尽快赶到现场抢救病员。一直等到下午 7 时余才走上飞机，到达唐山机场已是 8 时多，天色已黑，下机后不辨东西南北，我们遵命在飞机跑道上露宿，只用一条塑料布垫一下，就在坚硬的水泥地上睡下。早上醒来一看，盖的棉毯已被露水浸湿，但大家却美美地睡了一宿，吸了新鲜空气，去迎接新的战斗。

自从上海出发后，已经有五天连续吃压缩饼干了，开始第一、二天觉得味道不错，吃得很香，但每天吃压缩饼干，也没有其他食物，水又缺，口又干，同志们的食量逐渐减少了。但是大家想到面前的战斗，以上甘岭的英雄们相互鼓励。“为革命而吃压缩饼干”，吃了才能有力气，吃了才能更好战斗。我们在到唐山的一个星期后，才吃到第一次大米饭，吃的菜十分可口，这是管生活的同志采来的野菜（野米苋），大家吃得津津有味，认为是在唐山吃到的最好的菜。

我们在唐山的二十几天内，一直住在帐篷内，泥地上，中午帐篷内闷热异常，夜间又冷又湿，一下暴雨，雨水就要灌进，但大家从不叫苦。有的同志说“天是房，地是床，野菜饼干来充饥，革命意志更加旺”。

2. 团结互助，亲如家人。我们来自 8 个单位的 32 位同志，在共同的革命目标下，心往一处想，劲往一处使，团结得像一个人，同志关系亲密，体现了革命大家庭的温暖。有的男同志，体力消耗大，食量多，女同志主动省下压缩饼干，支援他们。女同志经常为男同志洗衣，补衣，主动管好队内的药品、器材、生活资料。男同志主动做重活、脏活：搬运，装卸，搭帐篷，砌煤炉。一天半夜下暴雨，眼看女同志的帐篷内要进水了，值夜班的蒋德义同志，在深夜奋战两个多小时，开沟，排水，保证了女同志的睡眠，自己淋得全身湿透。有人生病，大家就为他烧病号饭，使他早日恢复健康。

我们过的是有组织有纪律的生活，有固定的作息时间，每天早上出操，锻炼身体。周末大唱革命歌曲，用响亮的歌声歌颂……歌颂社会主义新生事物……。

3. 打破等级界限。在我们这里分不清谁是医生、护士或工务员，也看不到医道尊严、分工过细的资产阶级医疗作风。只要工作需要，什么都可干。……外科医生也治腹泻肠炎。我们队内没有一个后勤人员，大家轮流做炊事员，烧饭、拾柴、洗碗，样样都做。外科主任、儿科医生等高年医生做搬运工，从飞机上卸下救灾物资，把病人一个个抬上飞机。内科主任带动大家挖厕所，埋粪便，搞环境卫生。化验、药房同志，不仅做好分内事，也做了大量分外事，管理药品、器材，采办蔬菜，转送病人，什么事都争着干。一次手术下来，医生护士一起动手洗敷料、洗器械，打破了医生动嘴，护士动腿的资产阶级框框。

4. 军民心连心，阶级情谊深。我们到驻地后，一再得到附近解放军部队的支援，体现了军民鱼水情。解放军同志知道我们连续吃了几天的压缩饼干，就把他们仅有的一袋小米，支援给我们半袋，让我们熬些小米粥。我们把市委慰劳我们的苹果，分送一部〔分〕给战士们，他们坚决不收，反而给我们送来了土豆。我们紧握着战士们的手，高呼：向中国人民解放军学习、致敬！伟大的领袖毛主席万岁！我们临走前，某部炊事班同志，为我们做了烙饼、馒头，保证我们路上的供应。当河北省抗震指挥部生活组的同志知道我们吃野菜时，一再叮嘱我们不可服用，因野菜上喷有农药，并通知大队部保证我们的蔬菜供应。当抢救病人需要血浆等时，指挥部药品组同志立即供应了我们。当我们临别之际，对解放军给我们无私的支援，河北省人民给予我们的支持，永远不能忘记。

"红军〔之〕所以艰难奋战而不溃散，支部建在连上，是一个重要原因。"我们在火车上就建立了临时党小组，成立了有党小组长参加的队委班子，这个领导班子以阶级斗争为纲，突出无产阶级政治，……推动各项工作的开展。队委成员以身作则，身教重于言教。在斗争过程中，形成了一支以党团员为核心的骨干队伍。

四、 经验和教训

这次赴唐山的抗震救灾是一次名副其实的实战行动，对我们这支队伍是一个考验。我们虽然完成了市委交给我们的任务，但回顾起来，还有不少经验可吸取。

1. 根据这次唐山抗震的经验，抢救伤病员，大致可分成：（1）战前动员准备；（2）紧急抢救阶段（1—5天）；（3）继续抢救阶段（6—14天）；（4）扫尾总结阶段。在战前准备〔时〕，待命时间不宜过长，路途中不宜过于疲劳，以致投入战斗中出现减员现象。在紧急抢救阶段，应把每个队的医务人员分成：（1）现场包扎抢救；（2）设点：抗休克、手术、石膏固定；（3）转运伤员到后方医院。这次工作中，开始分工不很明确，在实践中还要摸索。

2. 预防工作应同时跟上，包括：饮水消毒、环境卫生、消灭四害等，临战前都准备不足。

3. 医疗队员应经常作身体素质的训练，改进体质，适应战备要求。每个队应配备3—4名后勤联络人员。

4. 医疗急救包，应把帆包布改为内有硬衬的人造革包，配备的药品、敷料等，要适当重新调整。

5. 先头部队轻装出发后，后勤工作，包括药品、器械、生活用品等应有计划地及时陆续供应。

上海市赴唐山医疗队静安区医疗队

1976年8月21日

热烈欢迎静安区赴唐山医疗队胜利归来报告会程序

一、 学习毛主席语录。

1. “思想上政治上的路线正确与否是决定一切的。”

2. “我们的党是一个伟大的党、光荣的党、正确的党。”

3. “只有社会主义才能够救中国。”

4. ……

5. ……

6. “我赞成这样的口号，叫做‘一不怕苦、二不怕死’。”

二、 大会开始，奏《东方红》，区委副书记武蕴华同志主持会议并讲话。

三、 静安区赴唐山抗震救灾医疗队汇报。

1. 主讲：“地震无所惧，人民定胜天”，中心医院冯其林同志。

2. 插讲：“宁可自己担风险，不让伤员留危险”，静安医院费庆铨同志。

“白衣战士学红雨，深夜冒雨救亲人”，威海地段医院汪玉陵同志。

“保证安全转送伤员，全力抢救重危病人”，中心医院龚亚琴同志。

“迎着困难上，顶着风雨闯”，万航地段医院章国良同志。

四、 区委副书记马文根同志讲话。

五、 唱《国际歌》，大会结束。

同志们:

在7月28日凌晨3时42分唐山、丰南一带发生强烈地震后，党中央、毛主席对灾区人民极为关怀，发了慰问电，同时派出了以华国锋总理为总团长的中央慰问团亲临灾区亲切慰问。根据中央的号召，在市委的正确领导下，我区广大革命医务人员和干部立即紧急行动起来，于7月29日、8月4日迅速组织两批医疗队共107名医务人员，受上海一千万人民的委托，带着党中央、毛主席对灾区人民的深切关怀。分两批出发奔赴唐山、遵化二地进行抗震救灾。经过二十几天的艰苦奋斗、英勇抢险，在党中央、毛主席的亲切关怀下，在灾区人民顽强抗震下，在全国人民的大力支援下，唐山等地的抗震救灾已经取得很大胜利。在这样的大好形势下，8月23日，我区赴唐山医疗队除留25名同志继续在灾区服务外，82名医疗队同志已满载灾区人民对上海人民的深情厚谊胜利返沪。现在让我们向已经胜利归来的全体医疗队同志表示热烈的欢迎。

医疗队的同志在灾区人民“山崩地裂无所惧，泰山压顶不弯腰”的英雄气概鼓舞下，发扬了“救死扶伤，实行革命人道主义”的精神，不怕疲劳，不怕牺牲，全力以赴抗震救灾，为抗震救灾作出了贡献。同时他们在灾区亲眼目睹和感受了英雄的灾区人民，中国人民解放军在抗震救灾中涌现的许多可歌可泣的事迹。

今天我们请他们作抗震救灾的事迹报告。今天报告的有五位同志。现在请医疗队的代表，中心医院的冯其林同志先讲。

1976年8月23日

赴唐山医疗队队长、指导员汇报座谈会暨欢迎会

出席对象：区委书记，马、武二书记，卫生组全体，医疗队正副指导员、队长，中心高绣梅

徐美玉：1. 在党中央、毛主席领导下，对唐山人民的关怀，身受感受谈一下：

（1） 医疗队同志们的干劲，如何战斗的？特别是好人好事。

（2） 学习班是否要办？

2. 各单位邀请医疗队讲用，我们既是医疗队，又是宣传队。

冯其林：第一批共是 2 个队，一队 16 人，中心 19 人，静安 6 人，其他是站所，引导到达八大处，在 12 天抗震救灾中，感受是：

（1） 我们人民是伟大人民，领袖是伟大领袖，四个伟大。

（2） 体会社会主义优越性，一方受灾，八方支援，大量事实证明这一点，两种社会两重天。

（3） ……

（4） 医务人员只有坚持这点，才能更好为人民服务。

我们做的：

（1） 走遍每个帐篷，全心全意为人民服务，把党中央、毛主席关怀送给灾区人民（把苹果给他们吃）。我们基本上做到了大队部要求，既是医疗队，又是宣传队战斗队。

（2） 因地制宜，开展中西医结合工作。发挥一根针、一把草作用，通过快治疗，使伤病员得到很快恢复。

（3） 贯彻毛主席十大方针。原有厕所都坏了，人又较集中，大小便到处有，我们就把大小便全处理掉，给灾区人民挖粪坑，还采取预防措施。

（4） 增加赤脚医生，进行巡回医疗，送医送药上门。

7 月 31 日至 8 月 18 日治伤病员：2769 人；巡回：669 人；治骨折病人（包括包扎等）：60 人；手术：19 人；接生：1 人。

在唐山战斗日子里，涌现好多好人好事，如董君佩和应医生，抢救了中毒性休克病人，董医生为了病人安全，第二天一早接送。

同志们说，抢救就是命令。手术准备共只有半小时，手术衣用塑料，葡萄糖架用绳子代。社员们纷纷赶到医疗队部，热泪盈眶，感谢毛主席，感谢共产党。芦席棚里接生，伤病员的产妇已被压伤，已要临产，同志们发扬敢干精神，把婴儿接出来，起名叫“李重建”。万航地段，章国良同志给产妇送来奶粉、毯子；沈小英精心护理，在嗅血嗅气，有时跪在伤病员身边为她导尿。外科殷祖泽医生替病人挖大便；费医生动脑筋用树木当夹板；姚医生积极搞预防工作，处理大小便，带大家挖洞处理，注意防病，深受八大处伤病员们的称赞。队员们在生活方面，始终坚持团结友爱，吃一周压缩饼干，有的同志不舍得，自动避开，有的同志不能吃，但坚持吃，认为是为干革命而吃。

第二批同志出发汇报，共 75 名队员，分三个小队（25 人一小队）。地方是唐山地区边沿，遵化县。目前留下一个队（25 人）。

共看了 2757 名，一个公社共有 51 个大队。在 20 天中都跑遍，共做了大小手术 22 次，上石膏 10 个。

（1）保证伤病员安全转移：对每个伤病员在输送中的病情都给注意护理治疗。（2）送温暖，跑遍整公社。（3）一起参加劳动，重建家园。（4）搞防病，差不多都有菌痢，当地有，医疗队员也有，达 80%。

体会：（1）毛主席的温暖送到灾区人民心坎上，只有社会主义才能救中国，以新旧社会对比，轻灾区支援重灾区，医疗队员一切行动都以送温暖为标准。灾区人民对我们说："上海医疗队不单会看病，而且会找病根。"公社二千多人非常感激医疗队，临走时，长程送行。

（2）灾区人民确实是英雄的人民。受伤病员非常坚强，没看到痛哭，有的甚至一家人只剩一人，但也坚强坚持工作。有个赵姓医生，他家在唐山的消息，全都忘记，并接收了 600 多名伤病员。

（3）是接受再教育的机会，对医疗队员思想教育很深刻。如余姚小青年，自己发高烧 39℃，菌痢，但还坚持要巡回医疗。当考虑留队时，都相互争抢，如中心小□说：如果留别的队，我也坚持要留。又如张家宅地段医院小杨 10 月 1 日要结婚，也坚持表示延期，留下来再为灾区人民工作。碰到有一小姑娘全身褥疮，脓血，将近败血症，同志们抢着输血，如中心的孙荣珍，地段工人献血。袁鑫为一个开放性骨折〔病人〕进行一次很细心的手术！

（4）发扬连续作战精神。跑遍全公社，哪怕是再累。参观东陵也放在最后一天，水果很多，没一个队员上街买，最后临走时一定送了 2 筐，公社党委对我们评价很高。如董新华到一处，就先关心病号有多少；袁鑫，姚德明一到就上了 2 个石膏，并受大队部的表扬。

最后，也认为第二批情况多变，有时觉得插不上手，批判了纯技术观点，群策群防工作。

当时有一个卫生院一下子接收 600 多个伤病员，是把全公社赤脚医生的力量，体会赤脚医生是备战的无穷作用。

杨龙妹：这次抗震救灾大家都准备一不怕苦、二不怕死，有多大困难也能顶。

苗师傅：（1）体会只有社会主义才能救中国，从这次救灾中体会最深。

（2）体会贫下中农是我们老师，他们对党对毛主席无限热爱，当我们一到，他们都非常激动、感谢，激励我们医疗队以一不怕苦、〔二〕不怕死的革命精神来对待救灾抢救工作，他们的坚强意志给我们教育很大，当他们家里遭难，但非常坚强，充满了重建家园的信心。

（3）他们那里干部、党委与群众划等号，搞“三同”。哪里有困难、灾情重，哪里就有党的领导和干部的带头。每天搞到半夜三更，白天又参加日间劳动，自己是个基层干部，和他们对比，实在觉得干劲不如他们，差距很大。我们去抢救一次病人就受到一次深刻的教育。

（4）新生事物的威力的体现，如赤脚医生，用简陋条件、土办法在当地解决毛病，治疗也采取中草药。很多办法我们也不会用，如用土办法碘酒 20 ml 再加水服用，治疗菌痢，瞿林祥也用过，又如背部脓肿用蒲公英蛤蟆挤浆敷贴，效果非常好。合作医疗也发挥了很大作用，节约办医，这次余姚徐仲南伤科医生为一伤病员脊椎脱臼，经按摩一推，整好。一家感动含泪来感谢，一起高呼“毛主席万岁”。

杜师傅：体会 (1)这次出发始终保持战斗姿态，在待命中发现飞机运载物资一下来，大家毫无犹豫，一起拥上去积极参加搬运，二位外科医生都赤膊上阵抢搬物资。(2)领导同志都带头学、批、干，不论是重活、脏活，都带领群众一起干。

意见：大队部对下面学习、工作、生活毫无关心，我们都是在小队党的领导下，独立作战，我们经常召开队委会，研究分析，当机立断。

小冯：工人阶级，发挥了主力军作用。(1)抗震救灾处理。(2)抢救工作。(3)防病治疗工作。

杜师傅是内内外外一把手，分内分外样样干，自己创造挖土灶，又在有紧急需要开车送首长回去。几个医生也一样，拿听筒是医生，拿筒针是护士，赤了膊就是装卸员，余仲庭饿着肚子送病人。暴雨之夜，与天斗，防疫站，医化所蒋德义整夜与天斗，守在出水口不让大水涌进帐篷，非常感动。医疗队写了七个小故事。

姚医生：自己体会，这次是受上海一千万人民的委托，随医疗队出发并作了一些工作，首先是归功于党的领导，和上海人民的支持。下去看了，灾情是很严重，但在一周后就恢复生产。铁路很快通车。(1)是党中央毛主席领导，慰问团、华国锋同志亲临现场进行慰问关怀。(2)解放军连长、卫生连，无私抢救，举不胜举。(3)唐山工人阶级斗天战地的刚强气概。(4)一方灾难，八方支援，全国全力支援，生活用品，药物，从多地运来。这些都促使我们医务人员世界观的改造，受到深刻思想教育。感到共产主义大发扬。

在短短一个月中，成立党支部，一元化领导，大家劲往一处使。要打主动仗，搞巡回医疗，预防工作。大家轮流劳动烧饭，冲破框框。成立宣传干事，发扬好人好事，生活完全军事化。

汪玉陵：这次得到批准，第二批去遵化，体会很深。除了自己深受思想教育外，还认为中队教导员张金林处处以身作则，苗师傅以工人阶级〔标准〕要求自己。经常教育大家多做防病宣传工作。为了抢救一个病员，瞿林祥同志□吊了三天葡萄糖，第四天跑了70里路去抢救病人。小队里曾经〔有人〕去名胜地游了一趟，认为是不对的。

徐美玉：……这次医疗队是最好的联系实际。同志们都有很多的话要讲，好人好事大发扬。大干的坚强毅力，战斗的团结。回来怎么办？（1）……巩固、发挥这个大好形势。（2）回来要向广大人民宣传。是医疗队，又是工作队，又是宣传队，要善于做群众工作。

问题：（1）回来后办学习班问题。根据市领导□□□□，如何进一步总结、交流经验。

（2）回来宣传问题，宣传社会主义，共产主义精神，全区卫生单位考虑双汇报。

各医疗单位自己汇报。

武蕴华：……这次抗灾取得胜利与你们这个小集体发挥的作用分不开的。领导骨干带头，就有说服力。这次战斗要好好总结、学习一下，使卫生工作如何促进革命化，改造世界观，接受新的战斗。今天我和老马是代表区委向你们表示欢迎。

老马：这次唐山、丰南发生严重灾情，通过我们医疗队的艰苦努力，做了大量的工作，胜利归来，这个胜利与你们的战斗是分不开的……

最后，希望各级党总支要大抓这次医疗队的革命精神，大大地发扬，教育群众。

老纪：静安区赴唐山救灾医疗队，河北省赠送锦旗，代转送静安区区委。

1976年8月25日下午

会议名称：赴唐山抗震救灾医疗队向区委汇报

出席人：马文根、武蕴华、周忠介、苗海超、费清铨、龚亚琴、杨龙妹、冯其林、屠兆丰、汪玉陵、王庚元、张金林、蔡瑞明、瞿林祥、姚光弼、徐美玉、张根富、章国良、陈金珠

主持：徐美玉　记录：周德英

开会地点：区革会 436 室

开会日期：1976 年 8 月 25 日 15:00

静安区抗震救灾医疗队向区委领导汇报会

徐美玉：在党中央领导下，我们上海派出了医疗队。前天晚上我们医疗队回来了。我们很欢迎。市委要掀起向唐山人民学习〔的热潮〕，以革命精神抓革命，促生产。

让我代表卫生组对医疗队的同志回来表示欢迎。今天两位书记也参加。今天开个座谈会，也是欢迎会。先把同志们所见所闻谈出来。我们的军队是伟大的军队，我们的人民是伟大的人民，我们的领袖是伟大的领袖。

医疗队回来是否要办学习班？大家可以议议。全区各条战线都很关心医疗队是否回来了。

冯其林：我们第一批医疗队共 32 人，中心医院 19 人，静安 6 个人，医化 1 人，地段医院 5 个人。

我们 31 日到了唐山机场，在 20 多天抗灾中，体会：一、我们的人民、军队、党、领袖是伟大的。无数的事实都说明了这四个伟大。二、更深体会到社会主义制度优越性，是个革命大家庭。两种社会两重天。三、……。四、医务人员只有更好地贯彻毛主席革命卫生路线，才能更好地为人民服务。

我们开展的工作：1. 走遍了每个帐篷。我们收到了上海市委送去的一篓苹果，进行讨论，把这苹果送给了伤病员。使这些伤病员热泪滚滚。做到了大队部提出的，不仅是个医疗队，而且是宣传队、工作队。2. 因地制宜，开展中西医结合〔治疗〕。通过针灸推拿治疗，使许多伤员及时得救。3. 开展了防病治病工作。贯彻了四大方针，对于有些疾病，我们做了调查研究。4. 开展调查研究，培养赤脚医生。我们治 2767 人，到居民点巡回 667 人，郊区接生 1 个人，协助抢救。帮助 7 个大队恢复合作医疗。

涌现了不少好人好事。如费医生、董医生抢救了中毒性休克的病人，使病人转危为安。还护送重危病人。这次重病人夜里 10 点半送来，外科、内科、护士，大家都来了。半个小时不到都到了手术室。有些器具没有就用其他来代替。这重病人的公社里有几十个社员来，要求我们把医生的名字告诉他们。我们讲是上海的医务人员，他们很感动。

我们医疗队中只有一个妇产护士，有个压伤的产妇要临产了，一没医生，二无设备，我们这个护士同志敢于挑重担，接生了。这孩子大家起了个名字叫李重建。原来这个孩子的母亲心情很沉重，看到上海同志这样对待她，生活有了信心。还有的同志为产妇准备吃的、用的，使产妇更为感动。

有个同志沈小英（中心医院团总支副书记），病人讲你比我亲闺女还要亲（帮助病人导尿，不怕脏、臭）。姚光弼亲自去挖坑，埋粪便。姚医生带头预防为主，做好工作。

有的同志爬到窝棚里给大家看病。我们走〔时〕有些同志来送我们，给我们告别。

生活上也是锻炼，因为吃水很困难，一个多星期吃压缩饼干，吃不下去，树立为革命要多吃〔的信念〕。有的胃口大，五斤饼干要吃十天，不够吃，他们互相支援，有的同志就自己跑跑开，或去做其他事情。

下边汇报唐山人民战天斗地〔的〕事情：

一、一方有难八方支援，全国各地如何团结一致的。

张金林：我们4日出发的，中心医院21人，地段14人，东所13人，卫校13人，共75人，组成三个小队，原来要我们帮助建立医院。

遵化县马兰峪公社，这是轻灾区，但这在当地是有史以来最大的灾害。现在还有25个人留着，与一医一起，搞临时医院。

我们看了2340个病号。管四个公社，这四个公社都是清朝皇帝的墓地。有51个大队，我们都跑遍了51个大队。一定要把温暖送到灾区人民的心坎里。我们大小手术做15人次，〔上〕石膏22只，访问灾户361户。

我们主要工作是保证伤病员安全运送。对每个运送伤员要做好安全工作。有两个伤病员比较严重，后来脱险。

第二个工作，就是送温暖。

三、我们帮助他们重建家园。

四、开展预防工作。我们队员80%多生了菌痢。我们用当地治疗菌痢的土方进行治疗。

……

有的灾民讲：你们不仅给我们治病，还给我们找到病根。我们巡回去的地方，往往有一两千个灾民欢送我们。天暗了，他们还是送我们。

第二点，我们真正体会到灾区人民是英雄的人民……

第三点，为唐山人民服务的过程，也是我们接受再教育的过程。我们许多同志生菌痢，高烧40℃，还是照常去巡回医疗。……

到底留哪一个队？还是大家争着留。留下来的张家宅地段医院杨家华，36岁了，他讲继续推迟婚期。

有的同志脚踢伤了，还是瞒着大家（防疫站翁瑞俊）工作，挑水等都是他。

有些重病号很危险，有两个同志献了血。中心医院各献 50 cc。

龚亚琴同志把自己的衣服送给灾民。我们每做一次手术都讲，凡是灾区抢过来一个伤员，就不准他死亡。

第四点体会，就是要发扬连续作战的精神。我们队长指导员压力很大，公社党委书记要求我们去看看名胜古迹，还有许多水果，我们没有一个同志去买的。也没有什么人去看名胜古迹。

回来还送给我们许多苹果，我们不收。公社党委讲，你们去问问贫下中农是否同意?

当地生产很紧张，县里叫来一辆汽车来送我们。他们讲没有看到其他医疗队与贫下中农关系这样密切。

许多同志讲发扬连续作战思想，这是搞好工作的前提。大队部再三表扬我们区医疗队，我们医疗队的行李都是每个同志自己拿的。

我们要适应各种变化。开始要搞后方医院，后来要送伤病员，变了如何办？我们就做到保证伤病员安全送出，后来是半个月送出，又后来立即要送出。我们就巡回医疗，做到要把主席的温暖送到灾区人民手里。……

……

张金林：有个同志脱臼，从 28 日到 12 日始终不能起床。徐仲南医生帮助他推拿。这个病人全家都激动得哭了，大家没有话好讲，只讲一句：毛主席万岁！徐医生讲，自己体会到这句话的分量。

……

冯其林：工人阶级是抗震救灾的主力军。我们第三阶段是给贫下中农送温暖，送医送药。每次屠师傅总是跑在前头。屠师傅〔在〕许多方面开动脑筋，解决了燃料问题。两个队，屠师傅都是好管家。不管是分内分外，屠师傅都要抓。有个部队副师长来开会，司机因为生病了，昏过去，屠师傅马上自己去开。

有些医生既做医生，赤膊像装卸工，拿了针筒像护士，拿了听筒是医生，带了饭单是炊事员。

静安医院一个医生早上 7 点多钟，送病人〔到晚上〕六七点钟才回来，一丝不苟。

有次我们接受任务，要 15 个人去，结果去 18 人，只要求男同志去，后来女同志也去了。许多同志都是自己赶去的。……我们写了十多个小故事。空军部队拿了一袋小米，分送了半袋给我们，我们很感动。后来我们把上海送的苹果送给部队，部队不肯收。……

姚光弼：……药品是飞机送来，要啥有啥，刚去时席子、帐子没有，后来马上送来了。如果我们有一点成绩，归功于党和毛主席的领导，归功于上海一千万人民的支持。

灾区灾情严重，但是五天到十天就恢复了正常。许多铁路、桥恢复。三个部队起了很大作用。……

……

我们去32个人，看不到医生、护士〔的区别〕。烧饭三个人一轮，……也看不到医道尊严，中西医合作……。生活越是艰苦，越能锻炼人。有的青年同志，这个要吃，这个不要吃，下去以后样样能吃。越是锻炼，越是能干。

我们生活是军事化的。工宣队屠兆丰师傅，卫生组老季他们处处以身作则，看文艺节目都是他们值班。有的老医生去了人变年青了。

……

徐美玉：今天我们是向区委领导汇报。大家谈了体会、讲了决心，我们大家胜利地完成了任务。昨天晚上市革会大礼堂开会对我们医疗队欢迎。这次机会很好，大家很受教育。……

这一次对我们〔来说是〕很好的战备演习。政治上很好的接受再教育。……

办学习班问题，市里给我们任务两条，就是总结一下好人好事。另外战争演习，这方面如何总结？……回来以后如何办？是革命一时，还是革命一世？

……

马文根：学习班还是总结一下，政治上是很大收获。……

武蕴华：今天这个会很受教育。……

这次整个战斗中，突出了政治思想工作。任务很艰巨，生活很艰苦。你们过的20多天生活，就是战争生活……同志们就是经受了考验。这一次也是战备演习，大家不顾疲劳，就是抢救人。所以队长就感到好做了，个人的得失都置之度外了。

……回来以后要更好地发扬革命精神，像在唐山一样，投入新的战斗，祝同志们取得新的胜利！

马文根同志：同志们回来两天了，也没有好好休息，这些精神很可嘉，要好好向你们学习。……

……

同志们回来后，可以再坐下来学习一下，总结一下，从思想感情上提高。

这次党员、团员、干部发挥了先锋模范作用，工宣队发挥了工人阶级领导作用，而医务人员发挥了为人民服务的可贵精神，所以可很好总结一下。

……同志们在光荣历史上也写上了光荣的一页。回来需继续发挥既是医疗队，又是宣传队，又是工作队作用。区委作了决定，回来要向全区人民进行宣传、汇报。最后向你们学习，你们□□完成了任务。

……

中共上海市静安区委员会
1976 年 8 月 25 日下午

白衣战士学红雨，深夜冒雨救亲人

各位领导、同志们：

……

8 月 19 日那天，我们所驻扎的地区，连续两天大雨、地震警报连续不断，19 日深夜当同志们刚入睡不久，即被大队广播室关于地震警报的广播声所喊醒。大雨不停地下着，电闪雷鸣，帐篷里不时地漏着雨，同志们都坐了起来，整装待命，直到天亮。第二天又继续步行了 20 多里路，进行巡回医疗，直到下午才回到宿营地，当同志们刚一放下药箱，便有一位贫农社员急匆匆地冒着大雨来到我们帐篷焦急地说明来意，有一位 70 多岁的贫农老大爷病情严重，要求我们前去急救，同志们听到后都十分关切，纷纷都争着要去参加抢救，一致认为时间就是生命，早赶到一分钟，就使病员早一分钟脱离危险。我队指导员、工宣队苗师傅立即带着青年医生小堵同志冒着大雨，不顾道路泥泞难走，连奔带跑了十多里路。赶到了病人床前，当时病人已处于昏迷状态，小堵同志不顾汗水雨水已浸透了衣服，立即钻进了矮小的窝棚，对病人进行了全面的检查，发现病人持续高热 40℃，脉搏增快，呼吸急促，有严重缺氧，病人家属和大队赤脚医生都很紧张，当他们看到我们上海医生这样迅速地赶来，心情异常激动，他们对指导员苗师傅说，你们来我们什么都放心，我们全家看到你们心里就更加踏实了！……由于当时只有小堵一位医生，病人又是一个 70 多岁的老人，虽然小堵已做了一些必要的处理，但三个多小时过去，病情仍未减轻，为了慎重对待，避免发生意外，指导员又立即通知我和刘宝铨医生一起进行抢救会诊，商量治疗措施。这时已经天黑，大雨倾盆，道路泥泞不堪，走路一步一滑，又走了十多里路，的确感到十分疲劳。但是接到苗师傅的通知，知道病人情况危急，心里十分焦急，立刻和静安医院刘医生准备出发……同时又立即向中队领导进行了汇报，请增派内科医生，随带必要的抢救药物，赶来和我们一同抢救，在内科医生没有到来以前，在指导员苗师傅的带领下，我和刘医生、小堵医生一起又为病人进行了抢救，这时已经是深夜 11 点多了，大雨一直下个不停，我们身上又冷又湿，但我们四个同志，完全不顾这些，只有一个信念，就是要想尽办法使病人脱险。我们一面安慰病员家属，一面双腿跪在窝棚里，用 75％酒精为病人擦穴降温，不顾病人由于在床上的大小便和呕吐物所散发出的阵阵气味，耐心地为病人作降温处理，由 40℃，逐步下降到 38℃—37℃，病员神志开始有所清醒，我们才离开病员床头。当我们紧张工作到深夜 12 点钟时，我们驻扎在营房公社的副指导员老瞿同志这几天正发高热，又是菌痢，这天刚起床又跑了 50 多里路，天黑刚回到宿营地，右关节异常疼痛，他真想休息。正当这时，他接到中队领导的通知，要他迅速带领内科医生和必要的药物去新成公社王道洞协助抢救病员，当老瞿同志接到通知……不顾自己一天的疲劳和双脚的不听使唤，立即与内科王医生，以及小马同志一起冒着大雨又跑了 20 多里路赶来了，他们连衣服也没有脱，就急忙地看望病人进行检查，并将带来的药品及时用上，终于使病人转危为安。

贫下中农看到我们医疗队同志这样热情地不顾疲劳连续作战为他们服务，感动得热泪盈眶，激动地说，你们真是毛主席派来的好医生……。到了次日凌晨 1 时左右，病人的病情开始稳定，病人要求服中药，我们又开了几帖中药。我们告别了病人家属，冒着越下越大的倾盆大雨，踏着泥泞的道路赶回宿营地……我们回到帐篷后，已是凌晨 3 点多钟，但我队所有的同志都没有睡觉，在焦急地等待着我们，关心着病人的安危，当同志们听到病人已经安全脱险，大家的心情才平静下来。

静安区赴唐山遵化抗震救灾医疗队
一大队三中队二小队
汪玉陵
1976 年 8 月 29 日

保证安全转送伤员，全力抢救重危病人

……

我们在唐山地区西北角，长城边沿半山区的马兰峪治疗点里，收治了 90 余名从唐山市送来的伤员，8 月 7 日接到县革会电话会议通知：在毛主席党中央对灾区人民亲切关怀下，为了更好地使伤员得到良好的治疗条件，以减轻灾区负担，集中精力重建家园，决定将伤员分批在短暂时期里转送至全国各省市自治区治疗。

通知下达后，医疗队员同当地卫生人员一起，为了保证伤员安全运送，对伤员一一细致检查，以防沿途不测。就在这一个个伤员睡上担架、送上汽车、转送时却还有几个伤员伤情严重，难于立即转送。其中一个叫贾仲仙 17 岁的伤员特别严重，是患腰部损伤和会阴

部裂伤合并深部感染，背部也有大面积的创伤，持续数天高热，达 40 度不退，因脓毒感染，导致并发败血症，以致病情严重，危在旦夕，如转送外省途中必然生命垂危。

怎么办？医疗队员们毫不犹豫地决定〔将她〕留下治疗，要想尽办法，在极短时间里，控制病情，保证安全转送。立即组成专门治疗组、特别护理组，进行反复的病情研究，精心的基础护理。周坚、杨美英、龚亚琴等几位同志，不怕脏、不怕累地替病员洗脸、梳头、揩身，定时翻身。伤员的背部创伤脓迹污染了衣服，为了使伤口不遭到污衣的感染，需要更换清洗，可是伤员只有身穿的一件，小龚立即把自己的衬衫送给病员穿。精心的护理，薄薄的衬衣，暖和了贾仲仙的心坎，使她激动得热泪盈眶，紧握小龚的手说："好姐姐，好姐姐，我的两个姐姐被震死了。你们就是我的亲姐姐。我的病什么时候好，我年纪还小，我要为唐山重建家园，为社会主义建设贡献自己的力量，报答毛主席和党的恩情。"

贾仲仙的病情每一起伏，都紧紧扣住了医疗队员的心。医疗组的同志也像护理组一样，日夜守候在病员的身旁……往往深夜归来还不放心，三三两两地再去探望。为了使高热退下去，不仅使用了大量抗菌素，童新华、许美玲等同志还冒风险给她在会阴部进行扩创引流。隔天热度似有下降至 38 度，大家都满为她高兴。可是第二天不仅热度回升，而且出现间断性地发冷发抖。"为什么？引流创口蛮好。"医疗队员脑海里装满了"为什么"，急需立即作出回答，这不是一般回答。这是对贾仲仙生命能不能抢救的回答。高度的政治责任感，驱使医疗队员再一次进行反复检查。是不是得了"疟疾"？在这露天的帐篷里，不能排除，而且症状还有相似之处。"立即化验找疟原虫"，〔队员们〕异口同声提出。一只普通检验标本，在医院原不足为奇的，可是此时此刻把医疗队员心情全部汇集在这一小小的玻璃片旁，等待化验员陆宗基同志回答，有的医疗队员默默地希望找到明确解答进行治疗。"未找到疟原虫"，听到的报告，又使医疗队员煞费苦心，究竟为什么？体温又回升到 40 度，病员的精神逐渐萎靡，面色苍白，人发冷汗，病情又趋严重；又出现严重贫血，血色素不到 6 克。体质太弱了，需要给她全身支持力量，以抵抗严重感染引起败血症，需要立即输血，"血"，病员多么需要它呀，可是，在这半山区的灾区，从哪儿提供血源呢？现在的血是阶级兄妹的生命呀！医疗队员们不顾自己的疲劳，个个伸出手臂齐声"输我的""输我的""我是 B 型""我身体好""我年纪轻"，相互争献。孙永珍、杨启华两同志被指名同意献血，她们立即挽起肩膀，鲜红的鲜血从医疗队员的身上流向阶级兄妹的手臂，流向她的全身，这不是普通的输血，这是上海人民倾注在英雄的唐山人民共同战斗、战胜灾害、血肉凝结在一起的阶级情谊之血。周围伤员眼见此情此景，都热泪含眶，贾仲仙的母亲受伤睡在床旁，久久说不出话来，最后她说："上海医疗队，不远千里来治病，还把自己的鲜血给我孩子。"分院李院长说："医疗队为抢救病人献出可贵的鲜血，不简单呀。这是阶级情谊血。”……

鲜血倾注在贾仲仙身上，增强了她抗感染的力量，经过精心护理，细致治疗，病情逐渐控制，趋向稳定，终于使她控制了感染，退去了高热，脱离了危险，当她最后一批被抬上转送卡车挥手送别时，我们医疗队员的心仍旧同她紧紧地连结在一起，久久难于平静。

我们的医疗队员，没有辜负上海市一千万人民委托，做到了“毛主席关怀我关怀”的深厚阶级感情，实现了“抢出一个，救活一个，不死一个”的庄严誓言。

静安区赴唐山地区驻马兰峪医疗队

1976年8月29日

迎着困难上，顶着风雨闯

……7月29日当我们一踏上抗震救灾的征途，新的考验一个一个接踵而来，生活问题也是其中之一。没有水喝怎么办？没有饭吃怎么办？没有地方睡怎么办？没有后勤人员怎么办？我们的回答是迎着困难上，顶着风雨闯。没有水喝宁可自己干着嗓，龙江风格再发扬。没有饭吃压缩饼干当干粮，还要节约一点粮。没有地方睡，天当被来地作床，露天野宿睡得香。没有后勤人员，打破分工老框框，个个都把炊事员来当。

根据指挥部的意见，我们的工作就在机场八大处。据周围的灾民告诉我们，我们将要住下的地方昨天还是堆放尸体的场所，但是附近灾民集中，伤员多、任务重，这里的人民需要医疗队，我们就坚决住下来，搭帐篷了。为了让指挥部的汽车可以多运送一些伤员，我们坚决不占用汽车运输，每顶200多斤重的六只大帐篷一顶一顶往返地扛，有的同志肩肿了，有的同志皮磨破了，在炎热的太阳下来回的奔跑使我们头发昏、眼发花，但大家没有叫一声苦……。一天晚上，暴雨倾盆，持续七个多小时，雨水涌进了帐篷，尽管雨水浸透了许多同志的毯子，但是大家想到的却是决不能让药品受损。负责药品管理的同志，光着脚，淋着雨冲到放药品的帐篷，把药品垫高盖好，有的同志坚持两个小时在大雨中挖沟排水，暴雨大没有我们的抗震救灾的决心大，狂风急，没有我们抢救伤员的心情急。

……在灾区，水确是很珍贵的。我们29日上火车过济南车站以后，水就不足了，到了目的地，水壶里只剩下很少的水，再加上那几天特别热，豆大的汗珠直往下掉，口唇裂开了，咽喉像冒烟，在此时如果有江水，我们一定会把江水喝个完。有些同志24小时没有小便……我们医疗队的同志到处找水源，好容易来回三里多路找到了水源，用脸盆端了一些水。塑料面盆，放在桌上样子很好看，但盛水以后，端在手里〔是〕软的，脸盆就变形了，地上又滑，高一脚，低一脚，我们的同志硬是在三里路途中双手端水姿势不变……。但碰到兄弟医疗队也需要水，我们把自己不多的水又支援了工农兵医院的同志。市委领导知道我们没有水喝，用飞机运了四吨苹果给医疗队……。当我们想解放军战士比我们更辛苦……在队委的建议下，全体医疗队员一致同意，把大队部给我们半筐苹果再分三份，一份给解放军，一份给灾区人民，还有一份留给自己，但是我们自己一份也没有全部吃，当时我们想到的是灾区的人民和伤员，已临缺水的困难……宁可自己少吃一点，也要把上海人民对灾区人民的深情厚意送到灾区人民的心坎里。当我们把苹果送到伤员帐篷里，告诉他们上海市委、上海人民为我们送来了苹果的时候，大家热泪盈眶，激动地说："这是社会主义大家庭给我们送来的温暖。"

粮食在当地也很珍贵……。解放军知道我们有困难，把仅有的一袋小米分给我们一半，我们第一次吃小米粥时，觉得比吃什么都香……盐、菜就更困难了，大量地出汗，汗水湿透的衣服，太阳一晒就有一层白花花的盐霜……没有菜，负责炊事工作的几个同志发现路边有野菜，就挖了许多野菜，尽管野菜的味道有些辛辣，但是吃着自己挖来的野菜只觉得又香又可口。……

……我们医疗队没有后勤人员……不管是主任还是一般医生，护士还是医技人员，大家轮流做炊事员。我们在野外垒起灶，拾来柴，没有米，大头菜汤当……。我们 32 个队员心往一起想，劲往一处使……充满了革命乐观主义精神。

我们在困难的时候没有忘记和灾区人民同甘苦，就是在生活好转的时候，我们医疗队也没有忘记艰苦奋斗。一次我们到省指挥部领粮，大队部同志通知我们，省指挥部来了一批奶粉，要我们去领。我们领东西的同志感到我们是上海一千万人民派来的医疗队，这里需要的是艰苦奋斗，而不是享受。有多少重伤员需要奶粉，这奶粉我们不能领，我们的同志就是这样把灾区人民的疾苦放在自己的心坎上。……

赴唐山抗震救灾医疗队的任务胜利完成了。回顾战斗历程，大家深有体会地说，艰苦的环境锻炼和考验了我们，与其说我们为灾区人民服务，还不如说灾区人民为我们上了一堂生动、深刻的政治思想路线方面的教育。……

静安区第一批赴唐山抗震救灾医疗队

章国良

1976 年 8 月 30 日

宁可自己担风险，不让伤员留危险
——记抢救贫农老大爷的战斗

8月13日夜间10点半，全体队员已在帐篷里入睡了，隆隆的拖拉机，朝着我队的驻地急驰而来，它送来了一位丰润县任各庄大队贫农老大爷，老人面色苍白，额上冒着豆大汗珠，右腿和左右下腹部各有伤口一处，一部分小肠已掉在腹壁外面，用一只大瓷盆和粗布围巾包扎着，病情非常严重……

一阵急促的、走向手术帐篷的脚步声，警醒了全体队员，不分内外科，不分中西医，大家骨碌一声都爬了起来，抢救就是命令，时间就是生命……大家纷纷向队委请求任务。在黑夜里，内科医生飞奔大队部，领来了干血浆，化验员……跑步前进到兄弟队去借来了脚踏吸引器，年老的同志们，迅速生起了炉火，消毒器械，自己动手做手术时需用的生理盐水；麻醉师和器械护士，紧张而又迅速地做着准备工作。外科医生自己动手为伤员准备器械，群策群力，就地取材，办公桌成了临时手术台。台边钉个木棒便成了盐水架，短短半小时，完成了手术前准备，三位外科医生与青年护士，胸前挂着伙房值班同志做的简易塑料围裙，用消毒水擦一下，代替了手术衣。手术人员大胆细心，紧密配合，轻柔敏捷地操作着。小肠有两处断裂，蛔虫由破口向外窜。没有肠钳，没有有齿钳，就用其他东西代替，在又闷又热的塑料帐篷内，手术人员热得满头大汗，帐篷四壁热气凝成水滴，在余震不停的情况下，不到2小时，安全地施行了肠切除、肠吻合和清创术。老大爷脱险了。……

第二天清晨，公社党委书记和武装部负责同志，率领社员50多人特地远路赶来感谢，并再三询问参加手术同志的姓名，大家回答说，我们是毛主席派来的上海医疗队，与其说我们为灾区人民做了些工作，不如说英雄的唐山丰南人民教育了我们。在最后告别时，党委书记一遍又一遍高呼：毛主席万岁！毛主席万岁！

……

静安区第一批赴唐山医疗队

赴唐山地区抗震救灾医疗队
静安区一大队三中队一小队工作小结

7月28日，唐山丰南一带发生强烈地震后，我们一小队同志接到组织通知，光荣批准参加抗震救灾工作，大家心情久久不能平静，都感到这是党对我们信任和考验，更是我们医务人员义不容辞的职责。

8月3日夜，区委书记马文根给我们作重要讲话和指示，使我们进一步明确了参加抗震救灾工作的重要政治意义。8月1日上午市委领导又亲临车站和我们一一亲切握手送行，并勉励我们好好地为灾区人民服务和在抗震救灾工作中打个大胜仗，更激励了我们一定要遵照毛主席关于“全心全意为人民服务”的教导，一定要把毛主席党中央和上海千万人民对灾区人民的亲切关怀倾注在灾区人民的心坎上。

通过两天行程，我们于8月6日清晨2点半赶到目的地遵化县马兰峪二区，在各级党组织的关怀支持及大队领导指挥下，通过两周的紧张战斗，走遍了东陵公社和马兰峪公社28个大队，2个县直属单位，医治了地震伤员53名，为1182名贫下中农看了病，为78名贫下中农看了牙病，拔掉了114只牙，为7人施行了手术，并开展了群众性的爱国卫生运动，向赤脚医生学习，上山采集中草药，和卫生院医务人员一起整理倒塌的房屋，重建家园，我们小队同志和灾区人民〔在〕并肩抗震救灾的战斗中结下了深厚的无产阶级情谊。

……

今天，我们虽然离开了抗震救灾的第一线，但灾区人民战天斗地的英雄事迹，和抗震救灾的同志们用他们行动谱写的革命英雄主义的壮丽凯歌，将永远激励着我们和鼓舞我们不断前进。……

参加抗震救灾工作的几点体会：

1. 毛主席党中央的关怀温暖了灾区人民的心，我们医疗队的工作要事事处处体现党的关怀。

8月6日凌晨2时半我们到达马兰峪，一下车骨科袁医生和外科童医生、毛医生等同志就深入帐篷，逐床慰问伤员和进行检查，还及时地给几位骨折病员施行了石膏固定，防止了今后的功能障碍。伤员深受感动地说：“毛主席派来的上海医疗队不顾长途行程的疲劳，一下车就来看望和关怀我们。”伤员们都表示要早日恢复健康，投入抓革命，促生产，为重建唐山作出自己的贡献。

在马兰峪公社慰问伤员及巡回医疗中，外科医生查检了一位唐山防疫站工作的伤员，地震时损伤了腰及左髋、膝关节，一直不能起床活动。外科医生与伤科徐老医生进行研究，由徐医生检查后诊断为第五腰椎及左髋左膝移位，经徐医生先后进行了两次手法复位后，病者当即就能下地行走活动。那时，伤员全家都感动地流出了眼泪，并激动地说不出话来，最后全家不断高呼："毛主席万岁！共产党万岁！"

在东陵公社西沟大队进行巡回时，发现了一位因工伤致左股骨中段骨折的 20 岁男青年，三个多月前由马兰峪医院施行髓内针固定，因不慎跌跤后，髓内针折断及骨折端向外侧成角畸形和肢体短缩，严重地影响了患者今后的劳动和工作，病者为了能得到再次进行手术矫正，在 7 月中旬曾请一位知青把他的 X 线片带至唐山市第二医院会诊，不幸这位知青在这次地震中牺牲了。

我们当时向中队作了汇报，公社党委希望我们医疗队能设法给予手术矫正的意见，并请骨科袁医生会诊可行手术治疗，在各级领导支持下，由袁医生和马兰峪医院医生协作努力下，顺利地给病员施行髓内断针摘出，骨折端再次整复及钢板内固定，人字形石膏外固定，术后病员情况良好。

我们队的蔡、毛、彭等医生怀着对灾区人民的深厚阶级感情，工作认真负责，对伤病员做到细心检查与诊断，耐心治疗解释，伤病员都极为亲切地说："上海医疗队大夫，不但热情地给咱们查了病，还详细地给我们说了病的根子，使咱们懂得了如何去防止它。"这三位同志还打破了科室界线的老框框，发挥了一专多能的作用，不计较时间地遇到病人就主动地医疗，走到哪里就治到哪里，努力争取通过我们的医疗工作来体现党的关怀。

2. 发扬连续作战的工作作风和严明队〔伍〕的组织纪律，是完成政治任务的重要保证。

根据中央慰问团决定，为减轻灾区人民的负担和有利于灾区人民重建家园，决定将 1—2 个月内不能治愈的伤员转送到全国九个省进行医疗，为此我们小队决定分为 2 个小分队，分赴马兰峪公社及东陵公社，对分散在各大队的伤员进行慰问治疗，及对广大贫下中农进行巡回医疗。同志们一来到公社后……坚持早出晚归跋山涉水，一天走上 40—50 里山路，蔡、彭两位同志虽脚上磨起了好几个泡、磨去了皮都坚持锻炼，同志们说得好，脚上磨起了水泡，头脑里磨去了资产阶级思想的脓泡。赵敏、小李、小吴等同志，抱病工作，坚持轻伤不下火线，短期内跑遍了两个公社的 28 个大队，要把毛主席党中央对灾区人民的亲切关怀和温暖，尽快地送到每个伤员和贫下中农的心坎上，当我们两上偏远的山沟六合村，对伤员、军烈属、五保户和贫下中农进行亲切慰问并帮助他们打扫卫生、排水、除积水、灭蚊蛆，进行肠道传染病预防宣传活动，并给 250 位急慢性疾病病员（其中 92 例为肠炎菌痢患者）进行诊断及治疗，很多灾区人民都激动地流出了热泪，激情满怀地说："爹亲娘亲不如毛主席亲，毛主席老人家同我们心连心，是他老人家派来了远隔千里的好医生，派来了我们灾区人民的贴心人，真是河深海深不如阶级感情深。”当夜9点，全村三个大队的贫下中农和中小学生两千余人敲锣打鼓极为热情地给我们送行，公社党委李副书记和六合村的广大干部和贫下中农坚决地表示：地大震，人大干，自力更生，重建家园，一定要以抗震救灾的实际行动来报答毛主席、党中央的亲切关怀！沿途上我们大家一遍又一遍地高呼：伟大领袖毛主席万岁！……响彻了山沟。归途中同志们深切地表示：接受贫下中农再教育，坚持走与工农相结合的道路和努力改造世界观，是我们革命医务人员争取与工农划等号的必由之路。

同志们都能自觉遵守纪律及支部的决定，如东陵公社的小分队，公社党委曾多次提出，要同志们搞好医疗工作后，一起去参观陵园，同志们都婉言谢绝了。小队在下大队途中经常经过陵园，大家都能自觉遵守纪律，同志们感到，严明的组织纪律是我们完成战斗任务的重要保证，也是取得当地党和人民支持信任的实际行动。

3. 向灾区人民服务的同时，也是我们接受再教育的过程。

……在马兰峪医院〔有〕许多从唐山送来的伤员，他们之间轻伤员照顾重伤员，年长的爱护年幼的，亲如一家人，洋溢着灾区人民的共产主义风格和阶级友爱。……同志们表示：灾区人民是我们的阶级兄弟姐妹……他们的困难就是我们的困难，我们一定要千方百计地抢救和治疗……。

有一位腰骶骨损伤及会阴部裂伤合并深部感染，由唐山救出转送来的17岁女伤员，因脓毒感染并发败血症，以致病情严重，我们第三小队的同志一到马兰峪医院，就给她进行扩创引流，但由于病者的病期较长，以致体质极为衰弱，影响了抗病的能力，我们的同志为争取救治和减轻病员的病痛，都争着要给这位伤员献血，最后由三队的杨群华、孙永珍两位同志献血给这位伤员，使她的病体不断得到好转。我们队龚亚琴、周坚、杨美英三位同志负责进行基础护理的过程中，三位同志不怕脏、不怕累，精心地给这位伤员洗脸、梳头、剪发、揩身，当发现病员没有更换的衬衣，龚亚琴同志就把自己的衣服送给这位伤员，小龚等三位同志还坚持定时给她翻身换药。这位病员激动地流出了热泪，握着小龚的手说：“好姐姐，我的病什么时候好，我的年纪还小，我要为社会主义建设贡献自己的力量，病好了，我要回唐山重建家园，报答毛主席和党的恩情。”这位伤员经同志们的努力治疗和精心护理，病情显著好转，已能安全地转送外省继续治疗。

4. 关于执行像抗震救灾性质的应急性医疗队成员组成及物资、药物等问题的看法。

首先，执行应急任务的医务人员必须突出无产阶级政治，急伤员所急，想伤员所想，应以最快的速度，立即赶赴现场，投入抢救伤员的战斗。参加的人员，力求精干，一般以15人组成一个队为宜，内分两个手术组。

执行抢救任务，可分两个阶段：

第一阶段，选派骨外科医生为主，组成两个手术队，其中计骨外科医生四名，麻醉一名，器械护士两名，巡回一名，药房一名，石膏技术员一名，后勤人员两名，木工一名及负责政治工作的政工干部一名。

第二阶段（指24小时后）：则以选派内科和辅助部门医务人员为主。

医疗器械：除了必须的手术器械外，另须携带手提式高压消毒锅一只，火油打气筒一只，照明用汽油灯二只。

物资与药物：除了进行抢救伤员所需的物资外，帐篷、压缩饼干看来也是必备之物。药物只以急救所需者为宜，不宜一次多带，可分两次运去。

赴唐山地区抗震救灾医疗队
静安区一大队三中队二小队工作总结

我们上海医疗队响应毛主席、党中央的战斗号召，受上海一千万人民的委托，怀着为灾区人民服务，向灾区人民学习的心情，于8月5日来到唐山地区的遵化县受震地区，与灾区人民共同抗震救灾。由于唐山的大部分伤员已处理、转移，我们第二批医疗队就在当地待命，开展巡回医疗，同时帮助当地卫生院、赤脚医生，对一部分来自唐山的伤员继续进行治疗、护理。我们两小队全体同志接上级命令，奔赴营房公社，和新城公社一起开展巡回、慰问工作。营房公社共有12个生产大队，33个小队，6800多人，新城公社共有12个生产大队，48个小队，8100多人。每个大队配备有1—3名赤脚医生，在此次地震中均受到不同程度的影响和损失。医疗队到达驻地，一放下背包就去看望伤病员，亲切慰问并作了一些必要的处理，不久，这小部分伤员恢复健康，返回唐山。我们在公社党委、医疗队支部统一领导下，在卫生院和赤脚医生的大力支持下，经全队同志的努力，做了一些工作，特汇报如下：

一、 工作概况

1. 根据领导统一布置，我们小队本着抓重点的原则，以巡回受灾较严重的队为主，慰问了房屋倒塌严重、受伤卧床不起的烈军属五保户、老贫农。营房小组看望受灾户209户，看病达308人次，新城小组看病达880人次。

2. 在公社卫生院领导和组织下，我们开展了赤脚医生业务知识培训，进行了几次菌痢、乙脑、急腹症等讲座活动，向广大群众宣传饮水卫生、环境卫生、粪便管理的重要性，这有利于巩固农村合作医疗，支持社会主义新生事物，提高赤脚医生业务水平，对当前农村防病治病起到一定作用。

3. 按照“预防为主”的思想原则，开展了以除害灭病为中心的爱国卫生运动。8 月 13 日营房公社的许家峪大队有三例发热儿童，疑为乙脑，即转上级医疗机构作进一步检查，我们同时和当地卫生院一起研究，决定组织力量，发动群众，翻缸倒罐进行大规模的爱国卫生运动，在许家峪邻近两个大队同样采取措施，消灭大量蚊蝇滋生地，有效地控制了疾病的传播，以后一直未发现续发病人。

在各大队巡回医疗中，同志们互相配合，一边看病，一边宣传农村常见病多发病的预防知识，这说明医疗队在抗震救灾中同时起到了宣传队的作用。

4. 巡回医疗的过程也是我们虚心向赤脚医生学习、拜赤脚医生为师的过程，中国医药学是一个伟大的宝库，在巡回医疗中我们学到了不少用中草药治疗的方法。在赤脚医生带领下，到山区采集多种中草药，并广泛地发挥一根针、一把草的作用。我们向赤脚医生学到了一些民间秘方，利用针灸及时地解决了一些贫下中农的病痛，通过实践，我们体会到中西医结合的重要，也看到了赤脚医生在农村医疗阵地发挥的巨大作用，赤脚医生贵在“赤脚”，他们坚持参加生产劳动，坚持身背药箱深入贫下中农的各家各户，面临地震灾害对人民生命的威胁，他们不慌手脚，毫不畏惧，沉着应战，及时地对伤员进行适当处理，充分显示了赤脚医生这一新生事物的无比强大的生命力。

5. 在巡回医疗中我们还成功地抢救了两例中毒性菌痢患者。8 月 19 日上午，小分队在出诊时发现一位贫农老大爷出现暴发性菌痢症状，血压下降，脉搏微弱，呈休克状，病情危重，情况紧急。医疗队与赤脚医生当机立断，紧密配合，立即进行抢救，经过 11 小时的连续作战，病人终于脱离了危险期。8 月 20 日晚上，从新城公社五道洞大队传来消息，一位老贫农因腹泻、持续高烧而处于危急状态，时间就是生命，医疗队指导员、队长和队员一起冒着大雨摸黑直奔几里外的病人家里，经过数小时抢救，终于使病人转危为安。贫下中农激动地说：“毛主席的革命卫生路线是咱贫下中农的生命线、幸福线。”

二、 主要体会：

1. 使命是历史前进的火车头

……

2. 贫下中农是我们最好的老师

……

3. “只有社会主义才能救中国。”

……

三、 建议

1. 抗震救灾医疗队准备应充分：出发要迅速，应有一支常备医疗队，人员落实，组织固定，随时准备接受任务。

2. 小队人员不必太多，以7—8人为妥，应掌握三大技术、防疫知识，队中应有各专科医生。

3. 在救灾后阶段应大量准备预防急性传染病药物。

静安区一大队三中队二小队

1976年8月

第十六节　上海市闸北区革命委员会

会议名称：各组室负责人会议

主持人：刘龙江

时间：1976 年 8 月 2 日 18:30

地点：418 室

出席者：刘龙江等 12 人

会议内容：

传达市里有关部门“关于唐山、丰南一带强烈地震后抗灾支援工作”〔的精神〕

刘龙江：今天开个组室负责人会议，传达市里关于当前唐山、丰南一带地震有关会议精神。下面开始传达。

张家骏：7 月 30 号下午 2 点钟，市领导开各组办会议，开到 22 时 30 分，主要学习中共中央电报，主要是唐山抗灾的事件。市委先读报，后又读了河北省的回电。报纸上讲 7.5 级，内部比 7.5 级高。上海商业二局两个干部，乘飞机到机场，一个同志接待的，两天两夜没有吃饭，说你们不要去市里，说你们回去汇报，两个概念，市里基本瘫痪，领导机构瘫痪。九大医院找不到，地委书记也找不到，北京有波及，四合院房子倒塌。唐山市机关指挥坐在汽车里，人都坐在外面。除□□外，天津比北京波及更大。工厂基本停产，市领导指示，人家要什么我们就给，他们的灾难就是我们的灾难，我们已调去了 10 吨药。我们 30 号晚上医疗队进唐山。灾区的伤员都去青岛、潍坊等地方。部队开进三个军的人员去援救。上海灾区来的不要管、卡、□，问明情况，热情接待。

接着领导说，要注意阶级斗争新动向，要追查谣言。另外，去北京要控制，外调北京不能去，值班制度要加强。上海工作还是按市领导交流会上精神，继续贯彻。

另外，北京成立抗震救灾委员会。陈锡联同志任主任。另有一个谣言，实质开滦煤矿一万多人在地下工作都很安全。

……

顾爱凤：昨天上午10点钟，孙佳华同志开个会，到现场看了一下，主要是支援。唐山市基本瘫痪，60%~70%人都压在地下。现在调了两个军抢救，一个军抢修铁路。上海有两架飞机在日夜运输。上海成立抗震救灾委员会，办公地址在市财贸组。现河北省发了电报给各省市……。但是灾区人员路过上海，要热情接待。有个代表团来上海，我们还是按照老规矩，市委领导批评了。后发了新衣服，并住进了和平饭店。

对物资支援，由市财贸组负责。昨天有一架空军飞机，来上海要很多东西，我们打电话给中央指挥部，没有这个事，要提高警惕。昨天□□□挖出300多人，活的人飞机运出来了。现那里吃水很困难。我们医疗队同志一天吃两杯水，医疗设备还要准备。上海衣服21万套。我们上海带去的压缩饼干，不能用，没有水。上海现运苹果。上海医疗队分布如下：路南区，上海第一人民医院，长宁区100多人。第一医学院在丰南地区，其他都在市郊。现派出的四个军都是全套□。市领导指示，他们的灾情就是我们的灾情，要有积极态度。他们要什么给什么。另外：我们要抓……动态，造谣说挖防空洞挖出来□。唐山市委只有四个人出来，三个出差，一个跳窗。唐山市100万人口。市领导派同志乘飞机去灾区看了。上海设想各区让出一所中学，甚至要让出一所大学来。等以后发展情况再定。

胡扬宝：上海市科技组召开会议，会议由杨西光主持。杨说，今天会议是根据市领导指示召开的，要开展群测群防工作。

地震办公室徐光同志，谈了一下唐山的基本情况。唐山震中7.5级，这次国家、人民财产遭到很大损失。地震28号3点42分到8月2号。主震7.5级，发生一次7.1级余震。发生过6~6.9级余震10次，5~5.9级65次，4~4.9级309次。余震强度大，次数多。从地震趋势来看，地震是否扩散？根据中央地震局估计分析，余震已逐渐平息。7级以上可能没有，震级总体减弱。这次大的地震主要在30号以前，133次是30号以前的。震级越来越小，余震越来越少。外面传说北京还有地震，我们与北京联系，没有预报过。今天上午河北保定地区4级，其他没有。余震有感觉，北到哈尔滨，西到山西，南到河南、山东北部有感觉，山东北部发现〔地〕底下有喷沙。一般是地震中心有喷沙，可在北部也有感觉。地震破坏情况：唐山、北京、天津有伤亡，这次地震中、长期预报是有的，去年年底与今年年初，国家地震会议上谈了这个问题，关键是临地震预报没有做好。这次地震是否有预兆吗，唐山、北京、天津是有的。地磁有变化，水中氡气有现象。这次地震与营口有关系。营口在前震较多，7.3级地震前，有数百次，2.5级有感觉到。这次唐山市前震不明显。这次一般2级，2级以下地震平时也较多。因此，没有做好准备。

下面谈上海地区的情况。从 1973 年开始到现在，已有 2 年多，群测群防已有 50 多个点，不脱产人员 500 个，30 多个综合性测点，还有单点。唐山地震上海也有预兆。上海 1974 年以前的 300 年，5 级及大于 5 级地震 7 次，4 ~ 4.9 级 5 次，3 ~ 3.9 级 100 次，2 级以上 2 次。上海小震较多，1621 年□□5 次，莘庄 1 次。1961 年长江口 3 ~ 4 级 4 次，1971 年 4.7 级，1975 年统计小震增高， 5 次。今年小震平静的。根据□□□的历史上看，过去是小震多，后发展成 7.3 级，我们不能麻痹。西郊公园有一个井，水中氡高了，发现动物有变化，象不住房，河马不上水面，金鱼在水上乱跳。动物一是不吃东西，第二是乱跳精神反常。有 8 个区 8 个县，地区有反映，水上上升 20 公分，下降 60 公分。现在很难肯定，是上海本身的情况，还是唐山的影响。江苏也有影响。江苏是南面，安徽还有，很难肯定。

地震预报□□□说法不一。□大地震是太平洋沿岸。

我们向大家谈一下，不要向群众传达，要向群众做地震知识的宣传。我们这要做好小震预报工作。要由主要领导负责，每个区要成立防地震小组，要书记或革委会主任负责，这几天报市科技组。

另外，城建组对危险房屋要检查，对新建的房屋要研究防震。二办杨同志说，市领导口头已向关键同志讲了，来抓好。

对灾区同志要热情接待，各区没办法解决，可找市事务管理局。

陶滨来：今天市文教组开个会，我们去的同志在那里表现很好，那里 38 度以上，很热，没有水。他们不怕苦，坚持战斗。

关于第二批派 500 人，第三批 450 人，市救护大队去 5 批，第二批同志不能走。现预备队员，晚上可以回去，两小时内可以集中。

第一批伤员 28 个，坐飞机来的统一组织，坐火车来的还有，……来的要热情接待，但是要查清这些人的来历。伙食 1 元一天，衣服等日用品，现报市委批。物资要落实到个人保管。一个人 5 元零用钱，不能随便出院，要请示市卫生局批准。

支援物资要市卫生局统一批准才可以，特殊情况可以处理。第一人民医院接待 28 人，介绍了接待的情况，最后谈了下体会：1. 作为党的大事来抓；2. 组织措施；3. 组织医疗部分，做好后勤保障。文教组负责人说，有任务没任务都要重视，各方要支援，但是不能掏空家当。市里领导很重视，亲自抓。每天送一□水果给医疗队同志。

刘龙江：根据刚才听市里的会议精神，我们也要做好防震工作。另外，我们要根据市领导〔传达的〕精神，他们灾情就是我们灾情。财贸组要做好物资准备，医院要做好医疗准备。社会上要抓阶级动向。……

再一个，……市领导让杨西光开个会，我们不能麻痹大意，要作好思想准备，要做好群测工作。

会议名称：区委常委会

主持人：刘龙江

时间：1976年8月6日上午

地点：418室

出席者：刘龙江等14人

会议内容：

谈一下当前唐山地震后救灾情况

刘龙江：今天开个会。8月4日下午，二办召开一次会议，关键同志主持会议，办其他负责人参加。今天开个会，议论一下当前工作，还有一个唐山救灾，大家都关心，市领导派人去了□□，那里情况都知道吗？大家说，不知道。市领导派去的同志回来讲，死亡的数字很大，重伤多，活着人精神状态好。详细看不清。唐山基本没有了。留下来飞机场，附近一幢房子没有倒。市委机关在那里，医疗队设在那里。市区分路南路北，路南比路北严重。死亡数字较大。唐山市区80万人口，郊区35万人口，〔分别有〕五分之二和二分之一的人死亡。路南60%死亡，郊区35万人，15万人死亡。严重的伤员送到各个省市，送河北、河南、山东、安徽、辽宁、吉林、江苏，主要送七个省。一个省负责一万伤员，解决七万人。上海市〔提供的支援力量〕包四个医院，包括野战医院，这是国务院中央同意的。陈永贵、杨富珍提出的建议，防止流行病传染到上海。上海去的四个医院，除病床不带，其他上海包下来。讲了过程，市领导派人用一架飞机，带50个伤员。在途中，中央打电报给飞机，叫到南京下。南京市委很重视，召开会议，安排好医院。飞机停了2个小时。上海组办负责人在康平路礼堂等两个小时。伤亡人员多，主要面积大，挖不过来，前天还挖出活人（第六天）。开滦煤矿厂下面1万多人，没有都损失。下面1万多人上来，马上就起作用。日班3万人，如果3万人上来作用更大了。到处看到那里活着人。革命的精神非常好。党员团员干部都很好，出现先公后私，党员干部带头让群众上来。市委书记全家人都没有了，只留他一个人。

许家信市委书记还活着，是地委第二把手。市委第二书记已经死了。现在指挥的许家信同志，精神很好。矿区党委常委，全家15个人，死了14个人，留下他一个人。他开了车子到北京国务院，当时国务院五个副总理，正在研究处理，抱着他热泪盈眶，〔说他〕觉悟高。另外，民兵组织起来的作用很大，现在下面还有没有余震，还在喷黑烟黑水。唐山已经执行军管，指挥的人全都是解放军，公安民警都是解放军，站岗放哨都是解放军。水管理很紧。……从北京运来的水，军管很严肃，……疫情一天比一天严重。天津也有，北京也出现。我们医疗队也有少数拉肚子。尸体来不及处理。现在那里工作的人，都打预防针，伤员不敢上报。现那里正在一面抢救，一面抓紧生产，主要煤矿，国务院规定，一个矿包一个矿下来，北京派去6000人矿工，集中力量把煤矿恢复生产。上海市领导每次都说，那里需要什么就给什么。据说从北京把水接去，上海已把水管送去。上海加紧生产。急需什么，给什么；需要什么，快一点生产。后来又讲，上海去的九百人不算，都在城市里。这次重新组织野战医院，除病床不带，其他都是上海的。他们的任务就是我们的任务。给你们说一下，便于做工作。最后市委有通知，认真学习，……把各项工作做好，以实际行动支援灾区。……

会议名称：区委、区革委会常委会

主持人：刘龙江

时间：1976年8月25日8:00

地点：418室

出席者：刘龙江等13人

会议内容：

听取汇报中心医院医疗小分队赴唐山的工作情况

刘龙江：主要是听中心医院医疗小分队赴唐山抢救阶级兄弟的事迹，请他们介绍，表示欢迎。

孙永纲：中心医院赴唐山医疗队汇报一下工作情况，由于时间关系，没有做好准备，只能简单地作个汇报。

我们在区委的领导下，在短短的时间内组成一个15人的医疗队，两个小时准备好药品。区委书记和教卫组负责人都去看望。在晚上10点钟，队长去市卫生局开会，全市800人，准备五天的干粮。第二天，5~6点到北站火车站，在车站上市文教组负责人给指导员开个会，传达了市领导的一封信，把一千万上海人民的希望带过去。7月28日凌晨4时15

分写了这封信。我们路上走28个小时，在30号到杨村车站，靠近飞机场。大队部作了战前动员，〔要我们〕准备好没有水喝，五天干粮准备吃十天的时间。中午我们只吃了半块压缩饼干。我乘解放军的汽车到飞机场。到飞机场，晚上7点钟上飞机，7点一刻飞，三刻到唐山。从飞机中看到丰南一带房子基本上没有了，交通拥挤，一时还进不去。在飞机场草地上睡了一夜。第二天开个紧急会议，布置了任务。一部分在机场，一部分到市内，一部分到郊外。一个医疗队一部卡车。3点多钟早饭也没有吃。进去后，看到房子基本上没有，全倒了。成千上万的阶级兄弟被压伤压死。事后，民兵指挥部介绍说，解放军挖出27万，群众挖出的没有统计。全市□万□。唐山、丰南各共□万□，到处都是人民解放军，十几万人4个军的解放军，……每家人家门口都有解放军站岗。在这严重的灾情面前，唐山、丰南的人民的精神是很好，听不到哭声。

我们设在路北一个开滦煤矿研究所果园里。我们是上海医疗大队领导，……果园内虫较多，地洼底湿。我们搭个棚就住下，一部分同志在没有领导布置的情况下，就投入战斗。碰到最大的问题是，到目的地后，水、电没有了。我们好不容易弄到了煤研所边一个游泳池的一点水，来不及烧就喝了。还有一个吃饭问题，靠部队给15包面粉，15天我们就是吃面瘩疙。中午热，早晚冷，我们带了一条毯子。大队部向市委汇报，市委给我们送来蚊帐、毯子、榨菜。我们连夜讨论，不辜负一千万人民的期望，坏的我们吃，好的给伤员吃。

11个医疗队组织11个野战医疗队，帐篷搭在一起，作为门诊加野战医院，路南比我们困难，设在煤碴堆上。我们还有一部分同志巡逻医疗。我们背着药箱上门医疗，大部分〔病员〕是骨折。这些病员有部分是抢救时受伤的解放军同志，还有小孩，还有很远送来的伤员。当时我们医疗器材带得少。因当时不了解灾情，夹板就用木条，我们是24小时的医疗，伤员一送到我们这里，不能医疗和一个月医疗不好的，有解放军往东送到飞机场，到最后一天还有很多人来医疗，整个医疗队同志发扬了一不怕苦、二不怕死的革命精神，同唐山人民同吃同住，同战斗，向人民群众学习，向解放军学习。我们在灾区是25天时间，我们做到每天天天学，每天表扬好人好事。

学习解放军，一定要决不辜负上海人民的希望。我们一边抢救伤员，一边把中央慰问电带上，认真学习。之后，不管任何情况，每天学，大谈抗震救灾的情况、好人好事，过好组织生活，统一思想，广泛开展谈心活动，在那里党团员发挥骨干作用，向民兵学习，向解放军学习，我们请他们来作报告。唐山电机厂的民兵，在党委领导下，六天六夜没有休息，保卫市、地委机关。学习人民解放军，解放军作出光辉榜样。……部队从□□十几路开外强行军赶到灾区，行程40多里路，一个战士脱了鞋赶了40里路。这是一个爱民模范连，连续战斗76小时，没有一个叫苦的。天崩地裂□□不变。一个副指导员一家五人，四个人都死了，留下他一个人。听说自己队伍来，马上归队，要求请战。华总理接见了他，他表示地可震，人的意志不可摧。我们走出去，请老工人回忆对比，请他们作报告。到唐山供电局请一个老工人回忆对比，看到我们热泪盈眶，说解放前遭灾，我们不是被压死，也就是饿死。现在毛主席、党中央派出解放军、医疗队来，我们感谢党中央、毛主席。一个老模范被救出来后，第一句就是北京怎么样，人家告诉他，毛主席、党中央在指挥抗震救灾，他才放心。15个护变电所的英雄先进人物的事迹，使我们很受教育。……我们15个人，分工不分家，团结一条心。

汇报我们几件事，一部分人搭帐篷，一部分人外出巡逻医疗。我们第一接触的就是消防队75人，只有8个人没有伤，18人死亡，其他都受伤。我们到了三天才医疗。陆金德、李玲娣不管刮风下雨，每天去医疗。我们同志走时他们来看我们，说“你们是毛主席派来的好医生，是我们的贴心人”，要求我们以后再来看看他们亲手建设的新唐山。8月5号，民兵来帐篷时，说有个小孩发烧，要药，我们深夜去看望病人。这个小孩15岁，他叫周向东。一家七口人，六人牺牲，只有他一人留存。赵秀曼打退热针。第二天把他接来医疗，经过几天的治疗好转了。他一直在我们身边，边学习、边劳动，写了一封信给他伯伯，表示感谢党中央毛主席、亲人解放军，感谢我们闸北医疗队。

还有用手电筒做手术。唐山市报社报道我们的事迹。这是个老同志，1930年前就参加了革命，没有压死，决不让他病死。在一个帐篷里，在缺乏器材的情况下，我们研究了一个方案，向医疗大队和解放军首长汇报。他们同意我们这样做。在暴雨中就动了手术。动手术前指导员作了战前动员，作为政治任务来完成。在一个半小时内，切除三分之二的胃。在这个帐篷发挥了每个人的作用。共产党员小刘，在暴雨中坚持了一个半小时，在外面保护灯。在夜里又下暴雨，被子全都湿了。同志们都抢救药品、器材。在做手术时，我们〔用〕碘酒消毒。第二天，〔这个老同志〕出现肺感染，没有血色，要求输血。叶、赵给输400 mL血。我们每天有两人护理。每天给他吃米粥。《文汇报》记者来看我们时，带来一个鸡蛋，给输血同志吃，我们也没有吃，给病员吃。在我们回来前一小时他才出院，出院高呼“毛主席万岁！”我们回来时，解放军给搭好简单的棚，有水、有电，我们撤离唐山时，刘子厚接见我们小分队指导员，赠奖旗。我们闸北区也发了一面奖旗作为留念。我们区小分队和其他小分队一样，为人民作出贡献。我们做得还不够。北京要召开抗震救灾庆功大会。上海10名，经领导提名，群众讨论，给我区一名。叶□生同志出席。我们昨天下午又讨论了半天。这是简单地作一次汇报。

刘龙江：听了后很受教育，讲得很好。下面大家谈谈。

陶滨来：听了情况汇报，很受教育，派出大批解放军、医疗队抢救伤员。这是毛主席、党中央对灾区人民的关怀。昨天晚上，市委开欢迎会。市领导说，我们等你们几天了，欢迎你们回来，你们回来后，要向全市人民汇报。首先汇报的是党中央、毛主席如何关怀灾区人民。我们区也可以搞，在区委的领导下可以作些报告。

胡扬宝：听了报告，灾区人民、解放军、医疗队等同志发扬“二不怕”精神，战胜灾害，出现了许多英雄事迹。通过文章，革命人民的政治觉悟有了很大提高。共产主义风格大发扬，我们要以英雄人物为榜样，学习他们共产主义高贵品质，增强我们继续革命的思想。在整个救灾里我们医疗队同志，首先大学习、大批判，进行老工人回忆对比，首先政治挂帅，政治是统帅，是灵魂，在抗灾中作出贡献。

陶滨来：我们小分队同志在这次抗震救灾中作出了成绩，没有辜负市委、区委领导和上海一千万人民希望，出色地完成了任务。回来后也没有休息，认真总结经验。

魏炳奎：希望小分队同志好好总结一下，向全区人民传达，使人民也受到一次深刻的教育。

唐云仙：我们区医疗队同志光荣地完成了任务，受到上级的表扬，并出席一名代表到北京开庆功大会，希望医疗队同志继续认真地总结好经验，希望 15 个同志回来后，继续发扬先进思想，艰苦朴素的作风。

赵纪锁：来了晚一点，听了报告，很受教育，向唐山人民和医疗队伍同志学习。……

第十七节　上海中医学院革命委员会

岳阳医院情况简报

一、28日唐山地区地震后，广大职工对千百万阶级兄弟生命受到威胁的严重情况极为关怀，当第一批医疗队组织时，许多同志不顾个人困难，做到一切听从党召唤，把灾区的困难当作自己的困难，如：党总支委员、办事组负责人俞士芳，爱人长期病假，在家休息，在走前小孩子突然又跌骨折，虽同志们考虑到他有困难，要换下他，但他自己表示"我这点困难和灾区人民比起来算得了什么"，坚决奔赴了抗震救灾第一线；共青团员吴斌得到通知后，没有来得及和爸爸妈妈说一声情况，就立即到队伍报到。在得知要组织第二批医疗队的消息后，全院各部门150多人都贴出了请战书，要求到救灾第一线，在动员会上争先恐后地发言，表示自己的决心。伤科医生金炜听到那里缺少炊事员后，就主动报名去顶炊事员的工作；伤科陆品兰医生，在医院为第二批医疗队准备物资，10点钟才回家，当夜于12点之后，〔医院〕才决定她去，接到通知之后，〔她〕立即行动，早晨5点钟就来医院报到。

二、通过抗震救灾工作，激发了广大革命职工的积极性，掀起了抓革命、促生产的热潮。在抗震救灾中，病房抽掉人数较多（共12人），占病房人数的一半以上。但同志们表示：救灾工作要什么我们就给什么。"豁着命也要把工作顶过去。"几天来，正如他们表示的那样，排不过班来，他们就连续干。内科朱锡祺医生，因长期病休，这次他也主动来上半天班，帮助科室克服人力不足的困难。供应室药房的同志们为了做好接收病人的工作，他们都是星期日主动来医院加班。由于我院刚建立不久，仓库物资很不完备，采购员、司机都通宵留在医院，需要什么马上就去采购，有了工作争着去干。最近我们病房死了一个病人，后勤组负责人王惠东腰伤刚好，和秦延爵主动去扛尸体，有些青年看到这种情况就主动抢着去扛。就这样，在同志们一致努力下，保证了医疗队准时出发和日常工作的顺利完成。

三、抓住抗震救灾的先进事迹，进行共产主义思想教育。

几天来，我们通过小组学习，党、团活动，利用广播等方式宣传抗震救灾中的先进思想。几天来，我们除组织学习中央慰问电等文章外，还组织写唐山郊区和矿山机械厂党委的先进事迹，团支部专门组织团员，结合医疗队来信进行学习。通过学习，有不少同志联系思想，和先进人物的思想对比。有的同志说灾区的党员“先人后己”，“一心想着群众，一心想着人民的思想”。他们泰山压顶不弯腰的精神是值得我们大家学习的。

1976 年 8 月 14 日

上海中医学院赴唐山抗震医疗队总结

坚守战斗岗位，以实际行动支援抗震救灾斗争

唐山、丰南地区发生强烈地震的消息传来后在毛主席、党中央的亲切关怀下，在市委、院党委的直接领导下，广大医务人员、工宣队员、革命职工和干部立即行动起来，纷纷地贴出了请战书，坚决要求到抗震救灾的第一线。先后已有两批共 156 名医务人员赶赴灾区，留下的同志……发扬灾区人民“地大震，人大干”的革命精神，大家精神振奋、斗志昂扬。以抓革命、促生产的实际行动积极支援抗震救灾斗争，出现了许多动人的先进思想和先进事迹……

岳阳医院是新建办的医院，病区共 7 名医生、14 名护士（无公务员），有 4 名医生、8 名护士参加了抗震救灾医疗队，病区一下子抽掉了 12 人（占病房人数的 60%），只留下 3 名医生、6 名护士。他们表示“救灾工作要什么我们就给什么，豁着命也要把工作顶过去。”马振群医生身体不好，刚吊好盐水也顾不得休息就坚持上班；金新珍同志患病发热也不肯休息，仍然坚持工作；虞伟琪医生在人员缺少的情况下，一连做了三个夜班，次日仍照常工作；束桂珍、张惠频同志早班做了连夜班。可是，他们积极性都很高，纷纷表示要以实际行动支援抗震救灾工作。曙光医院后勤组的同志，他们在人手少、任务重的情况下，不怕疲劳，连续作战，积极地准备抗震救灾物资。院革会委员、后勤组负责人王国银同志坚守岗位，哪里需要就到哪里，他连续坚持两天两夜在院里准备抗震救灾医疗队的物资。在他的带领下，出色地完成了第一、二批医疗队所要的物资。司机同志也同样地坚守战斗岗位，随叫随到，做到既是司机又是搬运工，发挥了冲天的革命干劲。龙华医院的广大医务人员……在人手少、任务重的情况下，不计时间，积极做好门诊、病房工作。有的因病全休、半休的同志都主动前来医院参加战斗；有的上了早班连中班，上了中班连夜班。8 月上半月与 7 月下半月相比，请病假的人数下降了30%以上。他们豪迈地讲“人手少了，我们能顶下来；留在上海搞好防病治病工作，也是以实际行动支援灾区人民的抗震救灾斗争”。青年医生张静吉，他除了医生工作外，还担当公务员的工作，而且抽空去赴唐山医疗队同志的家访问；王敏君、陈文娟护士，她俩在人手少的情况下，中班做了又连夜班；顾伯华老中医身体不好半休，现在也全天上班了；后勤组方一轩虽年已64岁，但为了抗震救灾工作，不计时间，发扬连续作战精神，好几个晚上搞得很晚才回家。如第二批医疗队出发前夕，由于时间紧，也正是晚上8时多，十多包药包还未打好，草绳又没有，怎么办？方一轩开动脑筋，发动群众，克服了困难及时地完成了打包工作。全院广大干部和群众纷纷表示，要坚守战斗岗位，发扬不怕苦、不怕累和连续作战的革命精神，把医疗队同志留下的任务承担下来。

再大困难我们顶

曙光医院一病区外科病房共12名医生，有5名参加了医疗队，留下的医务人员在困难面前不低头，不怕担风险，敢于抢挑重担，7月28日至8月14日连续抢救了八个重症病人（中毒性阑尾穿孔休克1名、阑尾穿孔休克1名、消化道出血休克4名、胆道出血休克2名）。五病区一个病人大出血，血压下降，心跳180次/分。在这危难的时刻，他们……及时进行了手术抢救，使病人脱险。他们做到四个不分（不分包干；不分楼层；不分你我；不分值班、休息），一心想到的是病人的安全，使病人早日恢复健康，重返战斗岗位。三支书张光正医生患颈椎肥大住院（本院）治疗，但他仍坚持工作。每当有危重病人需要开刀抢救时，他总是亲临第一线，指挥工作。他还积极地做好医务人员的政治思想工作，使整个病区的面貌焕然一新。吴立德高年资医生按规定不值班的，现在也值班了；原来负责三楼治疗工作的，现在也并管二楼的治疗工作。他表示不分昼夜，随叫随到。手术室护士邓纪灿同志今年64岁了，但她发挥了党员的先锋模范作用，抢挑重担，不计时间，主动担任了三人留下的工作。她说：“支援灾区的同志走了，我们在后方也要坚守岗位，他们留下的工作我们要顶上去。”

医护团结齐奋战

曙光医院七病区是医护结合的试点病区，没有公务人员，这次他们一下子抽调了4位同志参加医疗队，整个病区工作由留下的7个护士和2个医生共同承担，他们鼓干劲、巧安排，上夜班的同志晚下班，上早班的同志早上班，轮到劳动班的同志把一天的清洁卫生半天做好，挤出时间帮助病区工作。他们除做好本病区的工作外，还在晚上6点至10点抽出一些同志支援急诊室。有的同志坚持轻伤不下火线，病假单往袋里一塞，坚持战斗。长期病休在家的于翰明同志知道抗震救灾消息后，连病都不去看，立即投入战斗。陈凤珍同志也坚持半天工作；杨少华高年资医生今年60多岁了，她说：“这次强烈地震发生后，在毛主席、党中央的亲切关怀领导下，在全国人民的支援下，〔唐山〕克服了自然灾害，取得了抗震救灾斗争的胜利，体现了社会主义的优越性，真是一方困难、百方支援。在旧社会，发生这样大的天灾，不知多少人饿死、冻死。”杨少华老中医以前她曾患胃病开刀，这次大便化验隐血（四天假），同志们劝她休息，她说：“我这个没有关系，吃吃药、打打针就好了。”仍坚持全天上班。整个病区呈现一派团结战斗的景象。

医疗科研组

1976 年 8 月 17 日

附

中医学院抗震救灾医疗队人数表

<table>
<tr><td rowspan="5">156 人（男 93 人
女 63 人　党 50
团 35　群 71）
伤、外、骨科医生：23
内科医生：15 }47
其他科医生：9
护士：24
卫辅：15
学生：19
干部：15
工宣队：5
后勤：31</td><td rowspan="4">第一批 46 人（男 25 人　女 21 人　党 11 人　团 12 人　群 23 人）</td><td>龙华——15 人</td><td>伤骨科：3
内科：3
其他科：1
护士：5
卫辅：2
工宣队：1</td></tr>
<tr><td>曙光——15 人</td><td>外伤科：3
内科：2
其他科医生：3
护士：2
卫生辅助：2
工农兵学员：2
工宣队：1</td></tr>
<tr><td>岳阳——15 人</td><td>伤骨科：5
内科：3
护士：4
卫辅：2
干部：1</td></tr>
<tr><td colspan="2">中医——1 人（干部）</td></tr>
<tr><td>第二批 105 人（男 63 人　女 42 人　党 37 人　团 23 人　群 45 人）</td><td>龙华——29 人</td><td>伤外科：4
内科：2
其他医生：4
护士：5
卫生辅助：2
工宣队：1
干部：1
学生：7
后勤：3</td></tr>
</table>

（续表）

		曙光——39 人	伤骨、外科医生：4 内科医生：4 护士：6 卫生辅助：7 工宣队：1 干部：3 学生：10 后勤：10
		岳阳——13 人	伤骨科医生：4 护士：2 内科医生：2 辅助科：2 食堂：2 干部：1
		中医——24 人	干部：7 工宣队：1 后勤人员：16
	后勤人员 5 人 （男 5 人）	岳阳：1 曙光：1 龙华：1 中医：2	

情况简报

驻迁西县医疗队救援情况简报

上海抗震救灾医疗队原迁西临时医院的部分人员，包括上海中医学院所属医院的三个小队，黄浦区三个小队、海员医院一个小队、海港医院和国际和平妇婴保健医院组成的一个小队，共八个小队，自 8 月 6 日来到迁西县已十余天了。8 月 14 日起又增加了普陀区二个小队。十余天来在迁西县委和上海医疗队指挥部的领导下，我们积极投入了抗震救灾工作。一部分小队接管了辽宁医疗队和县医院的共 137 名伤员的医疗任务。截至 8 月 16 日又陆续收治伤员 125 名，转院 23 名，伤势基本痊愈出院 141 名，现有伤员 98 名。我们协助迁西县医院因陋就简建立了一间临时手术室，进行了一次胸腰椎骨折减压固定手术，一次剖腹产手术。另一部分小队和本县医疗队一起分赴天河、东花院、南欢、新庄、兴城、西岗、尹庄、忍字口、二拨子、南刘古庄、太平寨等十余个公社，深入数十个大队水库工地，进行巡回慰问、普查（查房屋倒塌及伤亡情况）、医疗。自8月7日至11日五天内共巡回诊治伤病员948人次，其中伤379人次，病569人次。我们还发动队员采集中草药和参加劳动，计二次伤员病房的拆建工程，一次附近生产队玉米地的锄草。十余天来我们组织队员反复学习了中央给灾区人民的慰问电和《人民日报》社论《人定胜天》，不断教育队员向灾区人民学习。毛主席和党中央的号召，灾区人民以阶级斗争为纲，自力更生，奋发图强，战天斗地，重建家园的坚韧不拔的革命毅力和艰苦奋斗的革命精神，深深地教育了我们每一个队员，使我们经受了一次深刻的阶级斗争、路线斗争和社会主义教育。虽然目前任务有所改变，医疗队处于待命状态，但是广大医疗队员的精神面貌基本上仍保持刚到迁西时那种振奋而高昂的斗志，不论在为伤病员服务，还是在向灾区人民学习改造世界观，还是在搞好团结，共同战斗中，涌现了不少好人好事，主要表现在：

一、 全心全意为伤病员服务。绝大多数队员都能自觉地以白求恩同志为榜样，想伤员所想，急伤员所急，痛伤员所痛。国际妇保的同志为一骨盆骨裂伤员用针麻进行了剖腹产。产妇的爱人对针麻有怀疑，为了伤员的利益，她们反复对家属做了思想工作，终于成功地进行了针麻手术。对于这个产妇和其他两个孕产妇她们日夜轮流护理。当产妇无奶并需要补充营养时，国际妇保、海员医院和黄浦区东昌街道、龙门街道医院等医务人员纷纷拿出自己带来的奶粉、白糖。当一截瘫伤员手术后发生高热，黄浦中心、浦东中心、黄浦卫校、传染病院等的医务人员全力以赴，精心医护，终于使伤员转危为安。龙华医院的医务人员不怕脏不怕累，替伤员挖大便，洗衣服，理发擦身。不少队员带病参加巡回医疗。在巡回医疗过程中，访问了许多烈军属，诊治了许多伤员，还用针灸、推拿、草药治疗了许多农村常见病多发病，深受广大贫下中农欢迎。贫下中农拿出自己种的苹果、生梨、花生送给我们医疗队员，海港、国际妇保和红光医院的同志自己不吃，拿来转送给伤病员。在这种一心为伤病员的精神启发下，当河北省慰问多省市医疗队送来十篓苹果时，全体医疗队员一致要求转送给伤病员。苹果送到了伤病员手中，有的伤病员心情激动，不知说什么好。千言万语并为一句话，“毛主席万岁！”唐山马家沟矿的一位老工人表示：一定要争取早日返回矿山，为恢复生产出大力。唐山的一位干部和一位教师来信表扬我们一位队员时也说：“要学习医疗队员那样，对人民极端负责的态度来重建家园——我们的新唐山，做出自己的贡献。”灾区人民的表扬对我们是一个鞭策，使我们深受教育。

……海港医院的胡浩林同志在上海待命时，接到住在外地的父亲病危通知，他没有回去。最近接到他父亲病故的消息，仍然坚持不回去。他说灾区人民遭受这样严重损失，不少人顷刻之间丧失了全部亲人家属，但是他们化悲痛为力量，积极投入抗震救灾，重建家园的战斗。我父亲的后事，组织上已有安排，我完全可以在这里安心和灾区人民共同战斗，和灾区人民比较起来，差距还是很大的。他身体不好，但是在巡回医疗中跋山涉水，不辞辛苦，还处处帮助别的同志。龙华医院一位护士在上海做了两个夜班，立即上火车，经过两天两夜的旅途劳累，到了迁西，受到灾区人民的教育，愉快地接受了做第一个夜班的任务，毫无怨言。曙光医院和岳阳医院小队队员向灾区人民学习，积极参加劳动。自从我们来到迁西，县委对我们十分关心，在十分困难的情况下，为我们解决吃住用水问题，当知道我们衣被带得少，又马上借给了我们一批棉被。河北省委又为我们送来了苹果，队员们普遍反映我们做得太少了，灾区人民对我们的照顾受之有愧，我们只有更好地向灾区人民学习，更积极地投入即将来临的新的战斗，用为灾区人民服务的实际行动来回答对我们的关心。

二、 团结战斗，争取抗震救灾的胜利。我们这支队伍来自几十个单位，像黄浦、普陀区几个小队，一个小队里就有七八个单位，但是他们为了一个共同的目标，团结得很好。曙光医院的陈月娥同志不但关心曙光医院队员的健康，当龙华医院、岳阳医院和中医学院的队员生了病，她也主动送医送药。龙华医院自己成立一个小队，但他们和在同一病区工作的黄浦中心、浦东中心等组成的小队，团结搞得很好。工作中互相支持、互通有无。普陀区一个小队来接了龙华医院小队的班后，龙华医院小队在待命期间还主动帮助普陀区小队熟悉伤情，帮助值夜班，协助做好各项工作。当普陀区的同志需要制霉菌素，而龙华医院小队正好有这只药物，但已装箱打包，他们就动员了十几个人翻遍了四十几只捆好绳的箱子，找到了药物，及时提供给普陀区小队。

上述这些情况是我们医疗队的主流，但在个别队、个别队员身上还存在一些问题。第一是出现了纪律松弛现象，一些队员未经领导批准，私自搭车去唐山，经多次提出还继续发生。……第二是出现了怕艰苦、图享乐苗子。已经发现有个别队员上馆子、买罐头、买鸡蛋等等。第三是待命期间个别队员出现急躁情绪，埋怨领导考虑不周、安排不好。甚至出现了与其待命不如回去的思想，以上这些问题的出现主要是由于我们政治思想工作没有抓紧。最近我们再一次组织干部队员学习中央慰问电和《人民日报》社论，总结十余天来的收获，对上述个别的但是已经出现的问题进行讨论，初步统一了干部的思想，提高了队员的认识。此外，最近曾经一度医疗队内部肠道感染发病率激剧增高，最多时一天达 50 余人，经采取积极措施后，已经下降，现在尚有病人十余人。

上海中医学院
1976 年 8 月 17 日

第一、二批抗震救灾医疗队情况总结

把上海一千万人民的心愿带给灾区人民

唐山、丰南地区发生强烈地震消息传来后，在党中央、毛主席亲切关怀下，在市委直接领导下，我院广大医务人员、职工、工宣队员、干部都积极争着报名到抗震救灾第一线去战斗。他们响应党和毛主席的伟大号召，肩负着上海一千万人民的期望，奔赴了灾区，与灾区人民一起，团结互助，艰苦奋斗，在极其艰难困苦的条件下，夜以继日地坚持战斗，发扬了人定胜天的革命精神，为抗震救灾作出了可贵努力，得到了灾区人民好评。

医疗队概况

我院先后二批，共156名医护人员奔赴灾区。第一批46名，于7月29日出发，30日下午6时到达唐山机场，他们主要任务是在机场设立医疗站抢救治疗，转送重伤员到各省市。目前他们在抓以下三项工作：（1）抓紧整训……做阶段小结，表扬好人好事；（2）做好现场病员的防治工作，组织巡回医疗；（3）随时做好准备，奔赴新战场。

第二批110名，于8月4日出发，5日9时30分到丰润县。根据华国锋总理指示：凡一个月内的伤员不能治愈者，均送外地治疗，以便抓革命、促生产。因此原定成立四个3000病人的医院计划取消，因此到迁西后即分二个片，一个片由二军大带领十个队进驻河北省海河工程指挥部工程局所属单位及金矿。我们和兄弟单位八个队根据迁西县委抗震救灾指挥部医疗组的意见，由龙华医院和黄浦区中心医院等4个队接替调离迁西的辽宁医疗队。曙光医院和其他兄弟单位4个队由县委干部带领，分赴本县各公社巡回慰问普查（查房屋倒塌和伤亡情况）医疗。曙光一队到分散在县城的伤员进行调查慰问，曙光二队到离县城20里的南观公社进行慰问、治疗。

8日，医疗队接到新任务，我们和二军大等医疗队将转移到唐山东矿区建立一所300只床的临时医院。医院筹建组已出发，医院基建规划基本搞好，现除积极投入迁西县的抗震救灾工作，〔我们〕已严阵以待，只要指挥部一声令下，立即奔赴新的战斗岗位。

以革命大无畏精神，全心全意为灾区人民服务

……

在斗争中，广大共产党员、共青团员始终站在斗争第一线，哪里最艰苦，哪里最困难，他们就出现在哪里，充分发挥了党团先锋模范作用。医疗队一到救护点就立即成立了临时党团支部或党团小组……

第一批医疗队一到现场，亲身目睹人民生命财产遭受地震的重大损失以及党中央和全国人民对灾区人民的关怀和支援，深受教育，更加激发了他们救死扶伤、努力为灾区人民服务决心，几次向大队部表决心，要求调派到伤员最多、条件最艰苦的地方承担更繁重的救护任务。岳阳医院医疗队员到灾区后，向党表决心“明知征途有艰险，越是艰险越向前”，灾区人民需要我们，我们更需要为灾区人民服务，灾区人民的痛苦就是我们的痛苦，我们一定要急灾区人民所急、想灾区人民所想，全心全意为灾区人民服务。只要灾区人民的需要，我们毫不惋惜自己的一切，假若是灾区人民需要我们的血，愿献出我们生命的最后一滴血。他们是这样想的，也是这样做的。第一批医疗队一到机场，当听到待命时，就争分夺秒，积极抢救伤员，想方设法，因地制宜，采集中草药，把队员的饭盒集中起来，煎了药给病员服用，并做成中草药敷料，为伤病员服务。

第二批医疗队员……不顾家庭困难、身体不好，都积极奔赴到抗震救灾第一线，如龙华医院西药房，共青团员任洁，平时身体不好，心脏有三级杂音，半休，父亲最近又住院；医疗科研组王石明师傅的父亲最近患癌症刚开好刀；岳阳医院总支委员、办公室负责人俞士芳他爱人长期病假，小孩又突然骨折；又如岳阳医院伤科陆品兰同志，妇科开过大刀，她在医院第二批医疗队准备物资到晚上 10 点才回家，12 点刚接到去〔的〕通知，立即行动，第二天早晨 5 点就到医院报到。还有很多同志刚从贵州巡回医疗回来，又立即奔赴抗震救灾第一线。他们想的不是自己的困难，正如俞士芳同志讲的那样：“我这点困难和灾区人民相比算得了什么。”他们一到现场，就投入了战斗，他们为了早日把党和毛主席的温暖、上海一千万人民对灾区人民深切问候送到灾区人民心坎上，为早日解除灾区人民病痛，尽管天天有余震，仍长途跋涉，不怕辛苦，头顶烈日，携带干粮，到乡村、公社、大队挨家挨户巡回医疗。在巡回医疗中他们的口号和行动是“我们既是医疗队——为灾区人民防治疾病；又是宣传队——宣传伟大领袖毛主席和党中央对灾区人民关心，宣传毛主席革命路线和我们的社会制度，传达我们上海一千万人民对灾区人民的深情问候；还是建设队——和灾区人民共同重建家园。灾区人民深有感触地说：“在旧社会，遇上这样大的天灾，不是砸死就是冻死、饿死在街头，只有在我们的社会主义制度下，在党和毛主席亲切关怀下，在全国人民支援下，我们才获得第二次生命，我们身体恢复后，一定要加倍努力，重建家园，为社会主义建设贡献自己应有力量。”

在药源缺乏下，医疗队因陋就简，充分发挥一根针、一把草、一双手作用，为病人解除痛苦。生理盐水用食盐水代替，高压消毒就利用野外石头灶蒸，疮口消毒用草药捣烂外敷，同志们为了采集草药，手都被拉破，但他们不在乎，首先关心是灾区人民病痛。

……

医疗科研组

1976 年 8 月 17 日

情况简报

医疗科研组各附属医院抗震救灾准备工作

党委昨天上午召开了防震救灾紧急会议，各附属医院根据党委布置的精神，做了如下的准备：

龙华医院：

在党委召开了紧急会议后，总支于中午 12 时半召开了各支部书记会议，下午又召开了全体人员大会，传达了党委会议的精神。同志们情绪很高涨，积极报名请战，坚决要求到抗震救灾的第一线去，纷纷要求领导批准他们的要求。

他们已准备组织抗震领导小组，组长成德余，并准备扩大一些群众参加，从昨晚起总支负责同志开始值班，医疗队初步排了名单。药品器材正在积极地准备，贵重精密仪器正在排清单。

存在问题：（1）队长指导员排不出；（2）总支书记只一人（李），总支委员均兼支部书记，工作较困难；（3）车子有困难，要学院帮助解决。

曙光医院：

回去立即行动起来，晚上召开了全体人员大会，医疗队药品器材都准备好了。昨天晚上总支书记已值班，组织好了防震小组：董基康、吴悦影、王国银，贵重精密仪器今天下午在准备。医疗队指导员姚洁明，队长陆善林。

存在问题：（1）车子有困难，要学院帮助解决；（2）他们希望医疗队配一个电工，但派不出来，要求学院支援。

岳阳医院：

回去后及时作了研究，考虑派一个医疗队有困难，但是，如果上海有影响，还是一定有任务的。昨天已开始派 17 名医务人员在医院值班，15 名民兵还有汽车司机、电工值班，总支昨晚也已开始值班，贵重精密仪器已在准备清点，定人专门负责，内科帮助化验室，伤科帮助X光室，警报时医务人员随时拉出去。

昨晚给苏州开门办学打了电话，他们在江苏省委统一领导下已进行了动员，已与当地医务人员组成了医疗队，情况很好。

医疗科研组

1976年8月21日

岳阳医院医疗队赴唐山地区抗震救灾工作汇报

同志们:

我们岳阳医院医疗队带着上海市一千万人民的嘱托，于30日到达河北省唐山地区，进行抗震救灾医疗救治工作。……

唐山的灾情是严重的，但是正像河北省委书记刘子厚同志代表河北省四千万人民的豪言壮语所说的那样:“……我们有信心、有决心建设更加美好的新唐山，那时请同志们再来。”……

我们岳阳医院建院只有七个月的历史，这次单独派出抗震救灾医疗队，而且接受这样繁重的任务，还是第一次。这支医疗队也是一支平均年龄只有28.5岁的最年轻的医疗队。其中大专毕业有一定临床实践经验的医生只有两名（内科、骨科），部队下来的卫生人员两名，其余都是中专毕业的，最短的才〔工作〕两个月就参加这次战斗。这些同志，他们对于这样灾情重、伤员多、伤情重而广泛的医疗救治工作，不仅是缺乏经验，技术力量也是显得属薄弱。当然，困难是吓不倒我们的。我们认为，我们是辩证唯物主义者，既要看到我们的短处，但同时也要充分估计我们这支队伍的长处……。那种悲观的思想，无所作为的思想都是错误的。我们这支年轻的医疗队的特点是:……有较高的阶级觉悟。我们医院小有志气，队员年纪轻、有干劲、有能力，有接受新事物的政治敏锐性。这是基础，是根本。我们只要充分发挥政治挂帅、思想领先的作用，就能克服业务水平低、经验不足的困难……。因此我们来到灾区后，首先在不影响救治工作的前提下，分批组织同志们到灾情最严重的市区去学习、受教育，到郊区农村边巡回医疗，边接受再教育。……其次，我们为了很快适应大规模收治伤病员的任务，克服技术力量薄弱的短处，在实际工作中采取了传、帮、带。……

以老带青，以较有经验的带经验少的同志，以伤科的带其他医技人员，共同提高。我们是见缝插针。组织理论联系实际的小讲课，从而使我们这支年轻的医疗队逐步成长壮大。

我们这支年轻的医疗队……在短短的两个多星期的时间里……共收治1500多号伤病员，其中包括手术、上石膏、上夹板，以及内外科伤病员，在工作中无一例差错和事故，圆满地完成了上级党交给我们的光荣而艰巨的抗震救灾的医疗任务。

……

艰苦的任务，革命的征途

29日上午7时20分，列车满载着上海一千万人民对灾区人民的深切慰问，飞速前进。……

我们这支平均年龄仅28.5岁的年轻医疗队中，有很大部分是从没离开过南方的，青年的总数是70%以上。气候不习惯了，生活条件艰苦了，任务繁重了，这对大家来说都是一个新的考验。五天的压缩饼干要分成十天吃，压缩了再压缩，炎热的气候，汗水淋漓，而补充的水又少得可怜，吃水如油，连泥浆都成了主要的用水。夜晚尺把高的草毯作床，满天的星星作被盖。早晨的露珠滚在我们污垢的脸上，但大家都满不在乎，都暗暗地下着决心："只要是灾区人民的需要，我们毫不惋惜自己的一切；假如是灾区人民需要我的血，愿将输尽生命最后一滴血。"大家想的是如何为灾区人民多作贡献，如何为年轻的岳阳医院、年轻的医疗队谱写新的篇章，毫不考虑个人的得失。

当指导员老俞问大家："小鬼，辛苦吗？"大家异口同声地回答："比起灾区人民，比起当年二万五千里长征，再苦也是甜的。"这朴实的语言，表达了我们青年的决心，表达了医疗队员的决心。正如有些医疗队的同志所说："天当被盖、地作床，生水拌嚼压缩饼，烈日炎炎背重装，誓与人民同抗震。"

自力更生创大业，祖国医学树功勋

7月31日傍晚，我们到达了目的地，同志们干劲十足，顾不得旅途的疲劳、干渴和饥饿，发扬"连续作战"的精神，立刻投入了战斗。队领导决定，部分同志做生活上的准备，部分同志马上展开工作，巡回治疗所管辖范围的伤病员，直至夜幕降临。

面对着大批伤病员，我们所带的药品少，品种不全，怎么办呢？是知难而进，还是遇难而退？难道我们能对灾区人民说："没有药，不能治疗吗？"不！决不能！！我们有毛泽东思想武装，我们是毛主席、党中央派来的医疗队，我们决不能辜负上海一千万人民的期望……没有药，我们有一根针、一把草、一双手，我们要用祖国医药学为唐山人民服务。

在治疗中，我们发现很多伤员受压后出现臂丛神经损伤、桡神经和腓总神经瘫痪，给病员带来很大的痛苦，不利于伤员早日抓革命、促生产，队员们展开了分析、讨论，决定采用电针灸治疗。全队同志，不分医生、护士都参加了这项工作。当一根根闪耀着阶级情谊的银针扎进伤员的穴位、电麻仪的红灯不停地跳动时，我们的心情是多么的激动呀！一次，两次，三次，经过多次治疗，十余名病员有了不同程度的好转，有的已重返战斗岗位。此外，我们还对高热、胃痛、气喘病人进行针灸治疗，前后共计100余人次都取得了很好的效果。

有位大娘肾挫伤，肉眼血尿，经过一般处理后无明显好转。小吴、小周、小王同志就外出采集中草药。采药中他们的手被刺破了，还是继续干，毫无怨言，终于采来了一篓篓小蓟草，自己煎汁。当朱医生将一碗煎药送到大娘手里，大娘热泪盈眶，说："感谢毛主席派来的亲人。"服至数帖后，血尿终于控制了，病情迅速好转。

对于大片软组织挫伤病员，我们也采用中草药治疗，发挥一把草的作用。我们充分发动群众，采集大批葎草，自己捣烂制作成药，给病员外敷，收到良好效果。

人民解放军是工农子弟兵，在抗震救灾中夜以继日，连续作战，不少指战员腰扭伤了，还坚持工作。我们医疗队就用冯天有新医正骨疗法治疗，经过一两分钟手法，他们又生龙活虎地投入救灾了。

外伤的病人需要生理盐水洗清创口，没医用氯化钠，怎么办？用食盐代替，同志们已三天没有吃上一点盐了，这时候是多么需要盐呀！但是同志们没有吃一粒盐，而全部省下来制作生理盐水。同志们说："只要灾区人民需要，就是天大的困难也能克服。"

一颗红心为人民，阶级情谊深似海

只要有病人招呼，不管是疲劳不堪或何时何地，〔医疗队员〕都随叫随到。夜晚兄弟单位来了产妇，女同志抢着打手电，帮助照明，当天深夜2时又来了手术病人，男同志就帮着照明。只要是病人需要，就是我们的需要，就是命令。

每当远道赶来的病员需要补液，但又因路途较远返回有影响时，我们的同志就主动提出"送上门去"。一位被素不相识的阶级兄弟收容的女同志，因右下肢严重感染而引起菌血症，形成高烧40度伴有寒战，急需大量的抗菌素静脉滴注，但是路途又较远，往返六华里。此时小李、小徐就主动请战："我去，我去，抢救阶级兄弟要紧哪。"〔他们〕在中午的骄阳下，往返了多次。每天疮口换药时，一股难闻的臭味扑鼻而来，但他俩总是认真仔细清除腐肉，哪怕汗流浃背或头晕恶心，全然不顾。三天后病员脱险了，她拉着我们两位同志的手激动地说："是毛主席派来的亲人救了我，我要加倍地努力，投入重建家园的工作，以报答党和毛主席的恩情。"病情刚愈不久，她就坚决要求重返战斗岗位。这朴实的阶级感情打动着我们每个医疗战士的心弦！

又一天中午，烈日当空，一位满身伤痕的中年人怀抱着4岁的小女儿来到我们医疗站，患儿高热、衰弱、呻吟不止，整个腹部，两大腿深Ⅱ度烫伤，面积约10%，创面焦黑的痂皮下积满脓液。原来，7天前地震发生时，她被开水烫伤，因为父母同时受伤未能及时治疗，目前已有全身感染现象，如果处理不及时，随时可发生危险。有关医生共同讨论后，立即确定方案，进行治疗。我们仔细地逐步切除痂皮，每切除一块，痂皮下脓液散发出阵阵臭味。闷热的气候下，汗水浸透了内衣，但是英雄的唐山人民激励着我们，我们一心想着病人，尽量减少病人的痛苦，经过半小时耐心细致的手术，终于安全地切除了整个痂皮。下一步怎么办？在城市可采用暴露疗法，但是当前缺乏种种条件，我们决定采用包扎疗法，没有合适的无菌外用药物，我们就自己动手配制。在局部处理时同时进行全身治疗，其他队员纷纷送水、送干粮、送苹果给患儿和家属。经过一小时的战斗，患儿病情好转，治疗结束，病儿父亲感激万分，但我们感到这是我们应该做的事情。

在全队同志努力下，经过两周精心治疗，病儿渐渐恢复健康，创口肉芽新鲜，渐趋愈合，病儿不再是啼哭不止，而是常常含笑欢唱，歌唱“东方红，太阳升，中国出了个毛泽东……”当我们即将离开驻地时，她父亲激动地拉着我们的手说：“你们真是毛主席派来的好医生。……”

……

心往一处想，劲往一处使

我们组织大家到灾情严重的市区学习回来后，团员、青年纷纷表示要在平凡的工作岗位上做出不平凡的事迹，为灾区人民多作贡献，共青团员程小平是分工消毒器械的，此项工作既费事又琐碎，但程小平同志……踏踏实实地有条有理地利用一切工作及休息时间做好供应工作，因为消毒器械带得少而需要用量又大，程小平同志就放弃中午休息，在骄阳烈日下为消毒器械而汗流浃背，早晨她第一个起床，20多天来中午她从不休息，夜晚又是她最后一个睡觉，每天忙碌到晚，为保证第一线供应，同志们称她是“我们的好管家”，她还博得了当地驻军及兄弟单位的一致好评。最近，中共中央、国务院在北京召开庆功大会，表彰抗灾中的英雄模范人物，庆祝抗震救灾取得的伟大胜利，她又将代表我们岳阳医院中医系统参加庆功大会了。为此，我们大家都感到非常光荣。

又如一次，一位年方44岁的病人，因左下肢严重挫伤，步履不便，而结便四天，想便而又不能自行排出，在痛苦的呻吟中，内科朱医生在旁心如煎绞，怎么办？……他毅然伸出手指挖出了干结的大便，病人深深地舒口气……

为了更好地为人民服务，根据我们队青年的特点，开设了战地讲课，由施忠传医师、侯筱魁医师、朱锡坤医师分别讲了伤、外、内科的疾病，在掌握一定理论的基础上，大家边教边学……不分伤、外、内、药房、化验、护理，都认真地对待每一个病员、每种疾病。当重伤员车子刚一到，我们就抬的抬、换药的换药、打针的打针、导尿的导尿，有条不紊，从不因忙而马虎或者不耐烦。在1500多号的病员中，〔我们〕从没因消毒不严或误诊给病员带来不必要的痛苦，并对早期没来得及处理的病人，经治疗后给予及时的二期手术，这对三位年轻的外科医生来说，也是一个新的课题。消毒条件那么差，能行吗？但在他们认真的战前准备及尽可能的无菌条件下，很多病员在手术后很快恢复了健康。

队长施忠传医生处处以身作则，除了抓紧队员的思想革命化、及时做好队员的思想工作，还参加对伤病员的治疗工作，还对一位大便秘结的病人，用手指挖出硬便，为我们树立了榜样，并亲自带领医疗队，下农村巡回医疗。

在农村巡回中同志们还发扬不怕苦、不怕脏、认真接受再教育的精神，尽管烈日当空，骄阳似火，但同志们总是抢着干，送医送药，到达离驻地的农村治疗伤病员。身体好的同志让身体不好的同志在家里，年轻的让年老的留在家里。巡回中，同志们热情、和蔼地询问病情，认真、负责地处理病情，并宣传毛主席、党中央对灾区人民的深切关怀，同时，也倾听了当地贫下中农的回忆对比教育课，更激发我们青年对社会的无比热爱，对灾区人民的深厚感情。

团结战斗，共同前进

由于沿路的生水、食物及疲劳给同志们带来了影响，队员徐立强发热38℃以上，坚持工作，同志们多次劝他休息，他坚持不肯，直到剧烈的呕吐和腹泻后实在支持不住了，才补液休息。同志们送水送饭，互相关心。王群同志发烧40℃以上，经抗菌素退热针治疗均不见效，同志们不顾帐篷内的高温，为自己的同志忙开了：有给服药的，有采用物理降温的，周蓉同志运用针灸给予退热。队里领导同志经常来看望，对同志们健康非常关心。在同志们的精心护理下，终于使王群同志的身体很快恢复了健康，这充分体现了革命大家庭阶级兄弟之间互相爱护，互相关心，互相帮助。我们这15个人组成的战斗集体，团结得紧，拧成一股绳。

……朱锡坤同志是一位年资较高的内科医生，可是他既认真负责地做好医疗护理工作，而且还积极地搞好清洁和大家的伙食工作。每天他总是出去拾柴烧火、刷锅洗碗、洗菜煮饭。在缺乏供应的情况下，他因地制宜、想方设法把菜烧得可口些，使大家更精神充足地投入战斗。同志们风趣地夸奖朱医生说："巧媳妇难做无米之炊，我们朱医生大大地胜过了巧媳妇啊！"

唐山灾区人民，既是我们医务工作者服务的对象，更是我们接受再教育的好老师，唐山地区是我们改造世界观的好战场。虽则时间较短，但在我们每个医疗队员改造世界观的历程上都留下了不可磨灭的一页，三个星期使我们无论在政治思想上，还是业务技术上都有了很大的提高，使我〔们〕深深体会到：知识分子只有走与工农相结合的道路，才能在继续革命的大道上迈出坚定的步伐。

在毛主席革命医疗卫生路线的指引下，我们取得了一定的胜利。在当地解放军指战员、工人阶级、贫下中农的教育下，我们做了一些工作，但离党和毛主席的要求还相差很远，尤其是受到了市委领导同志及河北省领导同志的好评时，更感惭愧……

三个星期已结束了，但英雄的唐山人民的好思想，好风格，将永远激励我们前进，我们决心与在座的同志们一起，与上海一千万人民一起，仍然坚持不懈地做好抗震救灾的支前工作，做到组织不散、思想不松、物质上有准备，只要组织一声令下，打起背包就出发，为党的事业和人民的事业贡献我们的一切。

上海中医学院附属岳阳医院
赴唐山地区抗震救灾医疗队
1976年8月25日

上海支唐临时医院情况反映

我们上海医疗队响应毛主席、党中央抗震救灾的战斗号令，带着上海市委和上海一千万人民对灾区人民的亲切慰问，怀着对灾区人民深厚的无产阶级感情来到灾区，与灾区人民共同战斗。在迁西医疗点救死扶伤获得初步胜利后，根据上级指示，由我们中医学院、第二军医大学、国际和平妇幼保健院等三个医疗分队共165名同志，一起赴唐山东矿区建立一个300张床位的临时医院，参加建设新城镇的战斗。8月14日筹建，现已门诊，收治伤病员。

临时医院的六个半小队，除了一个小队于8月14日先期到达林西外，其他人员也分别于8月21、22日由迁西抵达林西，同志们怀着极大的革命热情，马上投入了紧张的整理和开设医院的工作。根据医疗队的力量和当地的需要，我们开设了内、外、伤、针灸、五官、妇产科等门诊和内科两个病房，外科两个病房，传染科和妇产科各一个病房。在东矿区委和上海医疗队指挥部的统一领导下，在全体医疗队员的努力下，经过短短的二天时间，于8月25日临时医院正式对外开放门诊和收治病人，配合门诊与病房工作的药房、化验、放射、供应室和手术室等辅助部门，均已正常开展工作，同时健全了党团组织，成立了院部各级组织，制定必要的学习、民主生活、休息制度以及会诊、交接班、医疗、查房、大手术请示报告和业务周会等制度，使临时医院的行政和业务工作逐步正常起来。

一、 因陋就简，自力更生

由于灾区条件差，一时建院必需的设备还跟不上，尽管如此，东矿区委还是千方百计地从多方面给予我们大力支持和帮助，这对我们每个医疗队员是极大的鼓舞。同志们以灾区人民为榜样，发扬了人定胜天的革命精神，群策群力，自力更生。同志们放下背包，就立即投入开沟、修路、排除积水的工作。没有办公用具，自己动手利用废料做了桌子、凳子、药橱、药盘等；没有常用的设备就坚持“土法上马”。同志们日夜奋战，仅在一天时间内就做好了接受病人的准备工作。同志们说：一颗红心两只手，自力更生样样有，抗大精神放光芒，抗震救灾为人民。这些东西式样虽不美观，但体现了艰苦奋斗的精神，体现了对灾区人民的深情厚意。

二、 急灾区人民所急，全心全意为灾区人民服务

随着情况的变化，我们医疗队的任务也有了改变，由抗震救灾抢救伤病员变为到东矿区建办临时医院、建设新唐山。这时有部分队员缺乏长期作战的思想准备。针对这些情况，支部及时利用组织生活，向灾区人民学习、为灾区人民服〔务〕专题讨论等形式抓紧思想教育。医疗队中涌现了大量公而忘私、急灾区人民所急的动人事迹。如国际和平妇幼保健院部延龄同志刚从黑龙江参加巡回医疗回来，就投入了抗震救灾的战斗。在一次抢救新生儿的战斗中，他和科室其他同志一道日夜护理，没有设备，他用口吸出新生儿口腔中的大量黏液和血腥分泌物，并口对口地进行人工呼吸，这种不怕苦、不怕累、全心全意为灾区人民服务的精神受到大家赞扬。龙华医院的姚楚芳同志为了加快社会主义新唐山的建设步伐贡献自己一份力量，毅然地推迟了婚期，主动要求留下来办院。许月仙同志在接到抗震救灾通知时，爱人刚巧回沪探亲，为了响应抗震救灾的号召，她让爱人在家照顾小孩，毫不犹豫地赴唐抗震救灾，这次又主动要求留下办院。还有的同志为了参加重建灾区新城镇的战斗，带病坚持工作。如二军大的王安文同志，肝脏不好，在上海时也经常病假休息，而且家庭也比较困难，但想到为灾区人民多作贡献，他就以忘我的革命精神留下与同志们一起战斗，并在人员少、工作量大的情况下不计时间、不怕劳累地紧张工作。最近通过学习中共中央十三号文件后，同志们意气风发，纷纷表示：我们办的是临时医院，但思想不能临时，决不能让阶级兄弟在地震中没伤亡而被疾病夺去生命。我们早一天把医院开出来，就能早一天解除灾区人民的疾苦，这充分反映了广大革命医务人员完全、彻底为人民服务的崇高思想。曙光医院一队作为先遣队到达时，临时医院房子刚刚落成，生活用水、吃菜等都非常困难。在这样的条件下，他们先工作，后安排生活，一方面积极为大部队做准备工作，另一方面又支起帐篷，办起了“临时门诊”。他们这种革命行动为以后的工作打下了基础。手术室的同志在人手少，而又缺乏器械、用品的情况下，千方百计克服困难，夜以继日地做准备工作，在抢救垂危病人战斗中需要氧气，二军大的同志不怕困难，深夜四处奔跑，想方设法解决。总之，同志们怀着对灾区人民深厚的无产阶级感情，做到工作中认真负责，技术上精益求精。截至29日，共接待各科门诊病人3568人次，最高一天达1000号左右，住院病人112人，他们这种崇高革命精神受到伤病员好评。

三、 团结战斗、互相学习、互相支持

……我们这支队伍虽然来自六个医院，但是为了抗震救灾结成了一个团结战斗的集体，大家打破了单位的界限，不分你我，工作抢着干。两个病区，由军队和地方分管，但工作上总是互相支持。二军大同志刚来时由于考虑不周，缺少体温表，地方的同志就及时送来。地方同志请二军大同志会诊，总是随叫随到。最近在救治一个急性胆囊炎病人时，军队和地方的同志一起讨论，根据病人患有心脏病的情况，进行了手术步骤的研究，手术中密切配合，保证了手术的顺利进行。为了灾区人民的健康，互相学习，全院呈现出一派团结战斗的景象，不断密切了军民关系，提高了战斗力。……

四、 当前我院政治工作的几点意见

1. ……

2. 宣传教育：

……抗震救灾是毛主席、党中央发出的伟大战斗号召，为了取得抗震救灾的胜利，必须继续学习中共中央给灾区人民的慰问电和中共中央十三号文件，不断提高对抗震救灾意义的认识和贯彻执行毛主席革命路线的自觉性，树立长期作战的思想。

学英雄，作贡献。以抗震救灾中的英雄人物为榜样，学习灾区人民抗震救灾的大无畏革命精神和英勇气概，发扬艰苦奋斗和一不怕苦、二不怕死的革命精神，不允许给灾区人民增加任何负担，把在工作和生活中遇到的问题都与改造世界观联系起来，自觉锻炼，在政治上严要求，工作上高水平，生活上低标准，因陋就简，医护结合，全心全意为人民服务。

积极开展文体活动，活跃生活，培养革命的乐观主义。做到天天有歌声，月月有晚会，采取多种形式歌颂在抗震救灾中涌现出来的英雄事迹，歌颂社会主义优越性，宣扬灾区人民战天斗地的革命精神和公而忘私的共产主义风格，大力表彰好人好事，鼓舞斗志。

3. “共产党员的先锋作用和模范作用是十分重要的。”在建院过程中，要根据不同阶段和全院同志的思想，始终必须狠抓党员的思想教育，加强组织生活，建立汇报制度，做深入细致的思想工作，积极开展谈心活动，自觉地开展批评与自我批评，使党员充分发挥模范带头作用。

4. “团结起来，争取更大的胜利。”我们院的同志虽然来自祖国的五湖四海，而且有地方又有军队，但是为了抗震救灾结成了战斗集体。因此，一定要搞好团结，互相学习，互相促进，共同战斗，做到不利于团结的话不讲，不利于团结的事不做，加强组织纪律性，服从命令听指挥。

5. 要求全院同志“千万不要忘记阶级斗争”，提高革命警惕，严防阶级敌人的破坏和捣乱，勇于同坏人坏事做斗争，狠狠打击一切反革命分子，做好治安保卫工作。

此情况反映上报东矿区党委，上海市抗震救灾指挥部。

上海支唐临时医院

1976 年 8 月 30 日

上中医委字（76）第 67 号

上海中医学院党委关于建立唐山市第二抗震医院临时党总支委员会的请示报告

上海市革命委员会文教组:

经市委批示，由我院及第二军医大学、国际和平妇幼保健院组建唐山市第二抗震医院，在中共唐山市东矿区委统一领导下进行工作。

为加强医院党的领导和思想建设，更好地为灾区人民服务，经我们会同二军大、国际妇幼等单位商议，初步议定由下列同志组成临时党总支委员会。

总支书记兼院长，鲁孟贤（中医学院党委常委）

总支副书记兼副院长，毕谦溢（第二军医大学附属长海医院党总支副书记）

总支副书记兼副院长，邵长惠（国际妇幼工宣队）

总支委员，刘德华（第二军医大学附属长海医院副教导员）

总支委员，朱福昌（中医学院附属龙华医院总支委员，龙华工宣队指导员）

总支委员，钱娴（中医学院附属曙光医院革委会委员）

另有一名李淑兰同志（原是唐山市第三人民医院副书记），我们建议担任临时总支副书记兼副院长。

以上当否，请领导批示。

中共上海中医学院委员会
1976 年 10 月 6 日

第二抗震医院业务组工作汇报

一、 基本情况

我们医院的全体同志肩负了毛主席、党中央和上海一千万人民的重托，赴唐山灾区参加抗震救灾。8 月 24 日，第一批先遣队进入东矿区筹建医院，到 9 月 25 日正式对外门诊收治病员，至今近 3 个月。由于在省、市、地区党委的领导下，在上海有关单位党委的关怀下，在三院同志和当地有关部门的大力协助下，全体同志以阶级斗争为纲，坚持党的基本路线，特别通过欢庆华国锋同志担任中央主席和军委主席、欢庆粉碎“四人帮”反党篡权阴谋的伟大胜利和揭发批判“四人帮”反革命的滔天罪行，更加激发了同志的革命干劲和革命精神，认真向灾区人民学习，发扬人定胜天的革命精神。三个月来已基本组建成一个具有 300 床位、222 名工作人员（医护 171、学员 50、行政政工、后勤 51，不包括地方工勤人员）初具规模的综合医院。9 月 25 日前的工作已总结过。9 月 25 日以来的工作情况现简要地汇报一下。

9 月 25 日至 11 月 20 日门诊、住院收治情况表：

项目 日期	门诊		住院				手术数	抢救重危病人数	妇产科		说明
	总人数	日平数	入院	出院	死亡	在院			人流	分娩	
9 月 25 日至 10 月 31 日	47200	1276	828	612	22	185	120		133	162	
11 月 1 日至 11 月 20 日	6464	323	338	312	13	211	69		70	95	11 月 1 日开始收起
合计	53664	1599	1166	924	35		189	181	203	257	

9 月 25 日以来门诊收治的情况，大致反映了以下几个特点：

（一） 患者多系常见病、多发病，偶也见震中受伤者，内外科病人的比例大致相等；内科疾患以慢支继感、哮喘、肺心〔为多〕；心血管系统疾患〔以〕上消化道疾患、中毒为多；外科以肠梗阻，胃、肠穿孔，胆道感染，工伤车祸为多；小儿科营养不良衰竭、小儿破伤风为多；妇产科临产较多；门诊病人中菌痢、伤寒、急性黄疸性肝炎也偶有一定数量。

（二） 重症病危患者、疑难患者多，住院病人中危重症患者约占50%以上。

（三） 妇产科工作量大，从9月25日至11月20日，人流203，分娩257，平均每日人流和分娩9人次，最多在12小时内，接生11名新生儿，抢救重危产妇32名，遇到疑难病例认真讲解。遇到特殊的体征，典型的体征，组织同学观察体会，手术操作把着手教。师生生活在一起，工作在一起，学习在一起，共同战斗，互相支持，共同提高，完全是一种新型的师生关系。在教学上，当然还存在一些问题，有待进一步研究解决。

（四） 几个月来，医院各科室已经建立了一些必要规章制度。

二、 几点体会

二个月来，我们医院的工作，能够取得较好的成绩，基本上完成了我们肩负的抗震救灾支援唐山人民的任务，除上级党的领导、兄弟单位和地方同志的支援、人民群众的支援外，就我们本身来说，有以下几点体会：

（一） 以阶级斗争为纲，充分发动群众，深入揭批“四人帮”，在斗争中组织将全体同志的马列毛主席著作的学习，不断提高同志们的三大觉悟，不断提高继续革命的自觉性，抗震救灾全心全意为灾区人民服务的自觉性，是促进我院各项工作发展的根本。

二个月来，我们组织了对伟大胜利的欢庆，对“四人帮”的声讨；组织了对“四人帮”反党篡权及革命罪行的初步揭发批判。运动在继续深入，认真传达学习了中央有关文件及主席一系列教导和报刊有关文章，通读毛主席著作的学习已逐步开展起来，以纲带目，促进了抗震救灾医院的各项工作。

组织了向唐山灾区人民学习的活动，学习唐山人民的革命英雄主义精神，学习开滦煤矿工人阶级特别能战斗的革命精神；向先进的兄弟单位学习，向第一批医疗队的同志学习，组织现场参观，报告会，学英雄，找差距，激发革命热情，转好思想弯子，牢固树立长期为唐山灾区人民全心全意服务的思想。

进行了忆苦思甜的革命传统的教育，翻身不忘共产党，幸福不忘毛主席，发扬革命传统，争取更大的光荣。

经过学习、教育，全院绝大多数同志继续革命的觉悟是高的，为唐山灾区人民全心全意服务的思想是牢固的，比如说：

全院各科室各方面的同志……平日遇到垂危病人都是全力以赴、夜以继日、同心协力地进行抢救，从 9 月 25 日至 11 月 20 日共抢救垂危患者达 90 名之多（11 月 13 日已 82 名），其中有破伤风（两例）气性坏疽、严重气管炎、颈部大动脉损伤、小肠梗阻行广泛性切除、胆道感染合并中毒性休克、绞窄性肠梗阻、肠扭转、肠伤寒穿孔、消化道大出血、胆汁性腹膜炎、胃穿孔合并弥漫性腹膜炎、腹部膀胱直肠尿道伤；两例胆道感染合并中毒性休克的患者，采用中西医结合非手术方法治疗；周围神经根炎（无自动呼吸，持续特护，完全靠人工呼吸达一个月之久，病人已基本痊愈，即将出院）；心肌梗死（一例合并胃穿孔）、 DDV 中毒（一例呼吸心跳停止数分钟），脑血管意外，肺心心衰（如一内抢救心力衰竭患者 18 例，其中有数例心衰Ⅲ患者）、小儿重症消化不良、溺水、难产等患者。

克服了人少事多、任务繁重，不少同志工作是夜以继日，如妇产科克服了困难，较好地完成了收治任务。有的同志夜班下来，又参加劳动，工作不分轻重，不分彼此，需要干什么就干什么。有一些同志带病坚持工作，如有的同志血压很高，一直坚持战斗。

后勤供应，物资药品器材的供应，虽然存在一些问题（主要是组织领导问题），但后勤和辅诊的同志做了大量工作，如炊事房同志，人员条件困难，常常无水无电，他们千方百计克服困难，努力搞好伙食，保证大家的生活。

由于同志们兢兢业业地做了大量工作，努力为灾区人民服务，获得了群众的好评，表扬信、感谢信、镜框送了不少。有的同志谦虚，送来后放了起来。如一例甲状腺巨大肿瘤的患者，多方诊治，没有解决问题，并合并了严重的心脏病。经来院手术治疗，恢复了健康。病人感动地说：医疗队搬掉了压在我脖子上十七年的一块大石头。又如全体伤骨科的病人，写表扬信，表扬伤骨科的同志，等等。

（二）……我们医院是由四个大单位、近十个小单位的同志组建起来，有军有民，有本地的同志，有外地的，为了一个支援唐山灾区人民的共同目标来到一起共同工作，建立在毛主席革命路线基础上的团结，搞好军民团结、内外团结，互相学习、互相支援、互相谅解、同心协力、共同战斗就十分重要。总的情况是好的，形势是好的，在一起共同工作的许多科室，团结战斗的气氛也是好的。工作互相支援，互相帮助，协同战斗。如最近凡有重伤重病抢救，都是协同作战，随叫随到；有重危病人、疑难患病，互相商讨会诊，有困难互相支援，如一内一外派出护士支援小儿科，支援二外；共同外出抢救食物中毒〔患者〕等。

和林西矿医院团结协作，搬迁援建期间，林西医院为我们创造了许多方便，主动支援，三院领导同志也是尽力帮助解决我们工作中的困难；我们也为林西医院承担一些任务，共同研究解决一些疑难病例症，等等。

又如有一天我们搬菜，天晚了，人手不够，中院、国际妇幼同志主动支援，共同搬运，这些都反映了我们团结协作的气氛。

（三）……当前我们在严重的灾区，执行抗震救灾任务……克服“三大作风”（大城市、大医院、大医生）和“等、要、靠”思想，急灾区人民所急，想灾区人民所想，有条件上，没有条件自己创造条件努力上，是我们始终要坚持和贯彻的。

在这方面，医院进行了自力更生、艰苦创业的教育……。同志们克服了重重困难、努力创造条件，搞好工作。如病区的设备没有就自己动手做，各个科室做桌凳、药架、病历架、靠背架、输液架等设备189件……。当收了烧伤病人、运用暴露疗法，室内温度低怎么办？他们就自己制作烘烤架子，装上灯泡，解决了这一困难，使病人及时得到了治疗。

……如五官科在条件十分困难的情况下，他改善环境，创造条件，门诊达7000人次。没有牙科医生，自己摸索着干，拔牙达513人次，90%使用了针麻。他们还用腕髁针治疗了不少病人。如18岁女孩头颅外伤后，右眼失明，已无光感，经腕髁针治疗，最后视力恢复到1.5，复查三次已巩固。针灸、推拿、伤骨科充分发挥了中医方法的特点，治疗了大量病人。

防治组的同志，采取中草药，自己动手制成煎剂，防治肝炎和老慢支取得一定疗效；他们和群众一起动手修建群防群治站，逐渐把三个街道的防治站建立了起来，受到群众的好评。

污物的处理、被服的清洗，一直没有很好地解决。辅诊的同志（手术、化验、供应）、妇产科的同志，担负了大量的清洗工作，基本保证了医疗工作的正常进行。特别一区外科的几位护士同志，克服了重重困难，把病区积压的60件被套、大单等清洗出来，在寒冷缺水的情况下，这种精神确实是可贵的。

供应室的同志，克服了经常搬迁、阴雨不断、没有炉子等困难，保证了全院料敷器械的消毒供应；药房同志努力组织药源，保证供应； X光科在设备没有装好、电源不稳定的情况下，充分发挥10毫安X光机的作用，担负了大量的工作，还主动争取林西医院的支援。

我们和地方工程队同志共同战斗，参加了扩建翻修病房的劳动，参加了大量过冬准备的劳动，克服困难，锻炼思想。

总之这些方面的好人好事很多，就不一一例举了。

三、 存在的问题

事物是一分为二的，在正确估量我们工作成绩的同时，必须看到当前存在的问题，要有足够的重视和严肃认真的对待。我们是革命的医务工作者，即使我们救治好一万个病员，抢救了一千名患者，这是我们的责任，是应该做到的；但〔若〕由于我们工作上的疏忽，给阶级兄弟伤病员造成任何不应有的损失，增加病员的丝毫痛苦，都是不应该的，绝不能被允许的。

（一）当前工作中存在的问题，表现在以下几个方面。严格地说根本原因、责任在我们领导，说明我们工作作风不够深入，管理不大胆，要求不严格，对一些倾向性的问题，抓得不够有力，缺乏用阶级斗争的观点分析和处理问题的能力，往往就事说事，抓不透，提不高，反映了我们领导阶级斗争、路线斗争觉悟和思想认识水平不高。还有一些是组织、人员、设备和后勤保证上存在的问题，也有待于我们认真地解决。

（二）主要问题：群众对我们反映并不好，有一位外地在唐山工作的领导同志对我们当面讲“门诊三长一短，有的医生工作作风生硬”。和我们一起工作的同志反映病员的意思说：“服务态度不好，上海医疗队臭了，技术上不去，服务态度很不好，不如上一批医疗队，那时大字报表扬信很多，现在不那么看到了。”有的病员和家属当面指责和批评医务人员等，这些当然不一定反映全貌，但应当引起我们的重视。

（1）首先看看我们在医疗作风上存在的问题。

粗枝大叶，有的甚至不负责任，有的因工作粗糙、检查马虎，延误诊断，造成死亡；有的抢救不及时、不够有力，造成死亡；有的死在门诊观察室；有的病人曾看过门诊，查不出疾病，把病人放回去，死在家中。在工作中出了问题，又缺乏严于责己的态度。

病史记录草率，检查马虎，多次发现重危患者，没测血压；有的只听病人主诉，就下药治疗。

有的对收治病员踢皮球，推来推去，病人送入病区拒绝收治。

有的嫌病人脏，缺乏深厚的无产阶级感情，不认真去给病人护理，听之任之。有的同志值班，巡视病人不多，坐在办公室讲“山海经”津津有味的。

有的同志对病人态度生硬，遇到问题缺乏耐心细致的解释，缺乏满腔热情、想病人所想、急病人所急，甚至还训斥病人和陪客，至于病区发生的差错缺点事故苗头，我们不一一举例了。

这些是不是资产阶级医疗思想作风？是不是城市医务卫生部门的流毒在我们一些同志的思想上作怪？

（2）病区的管理、发展也不平衡，有的好一点，有的差一点，共同的问题是：病区的政治空气不浓，有的还没有把病员和陪客组织起来学习和批判，关心当前的大事；陪客太多，有的病区陪客比病员还多，造成病区秩序乱，医生在查房，陪客在那光打牌；有的人随便可以住在病房内，不管大人小孩、男的女的，陪客多造成病员伙食的困难，病区卫生差，很不整洁，有的同志说像小菜场，有的说像旅馆。根据目前的条件，病区是可以管理好的，问题在于我们是否认真负责。

(3) 规章制度订立了一些，有的科室做得好，有的科室做得差，有的还没有建立必要的工作程序和规章制度，如□□讨论、疑难病例讨论，有的科室一直没有做；有的交接班马虎，缺乏认真交接手续和详细记录，往往造成工作中的漏洞。比如岗位责任制，分工负责，按级负责，担负什么工作，就要负起责任来。多数科室负责同志都是认真负责、兢兢业业地工作，但也有的分工在身，责任心不强，对自己所辖范围内的工作，抓得不紧，管得不严。

（4）是因陋就简、勤俭办院，还是大手大脚？是自力更生，有条件上，没有条件自己创造，还是“等靠要”？是珍惜爱护公物，还是铺张浪费？安排工作时，是首先考虑伤病员的利益，还是首先考虑自己？这是两种思想、两条道路的斗争，也是我们办院中的一个大问题。这些方面反映出来的问题也是存在的，比如用药方面，大手大脚……

……

主动争取地方党委和原单位党委的领导，及时反映情况，汇报工作，争取解决人员、设备、物质保障上存在的一些困难。

建立健全和坚持必要的规章制度，加强劳动纪律，如全院行政查房，开现场会议，对口检查，各种类型座谈会，组织纪律检查、服务态度服务质量的检查，等等。

关于政治学习，政工组另有总结和计划。

第二抗震医院

1976 年 11 月 22 日

中医系统全体队员回沪汇报提纲

同志们：

7 月 28 日，河北省唐山、丰南一带发生强烈地震，并波及天津、北京，使人民的生命财产遭受很大损失，尤其是唐山市遭到的破坏和损失极其严重。……

我们上海医疗队，响应伟大领袖毛主席和党中央的战斗号召……于 7 月 29 日、8 月 4 日分两批共 2000 多人来到了唐山、丰南地区。我们中医系统 162 名同志分别在唐山机场和迁西县城郊，和唐山、迁西县的广大共产党员、革命干部、工人、贫下中农、人民解放军一起，共同战斗。……

……

下面汇报一下我们的感受和体会。同志们，今天我们汇报的题目如下。

亲切的关怀，巨大的鼓舞

……

中央慰问团副团长陈永贵副总理，7 月 30 日下午接见了上海抗震救灾医疗大队的领导和部分队员。陈副团长对上海抗震救灾医疗队的及时赶到灾区表示满意，并对上海医疗队的全体同志表示慰问。这一喜讯传出后，激动着我们每个抗震救灾的医疗队员。大家为灾区人民服务，实行救死扶伤的激情更加高涨，纷纷请战，要求能分配到灾情最严重、伤员最多、条件最艰苦的地方去，承担最繁重的战斗任务。

7 月 31 日清晨，上海抗震救灾医疗大队部召开指导员、队长会议，同志们看到了中央慰问团的帐篷早就搭好了，陈永贵同志已紧张地进行工作，我们每个同志无比激动，大家深有感触地说："中央首长就在我们身边指挥我们战斗。我们还有什么困难不能克服呢！这充分说明中央首长永远和人民心连心。"

……

党中央理论刊物《红旗》杂志也派出代表，专程到唐山地区赠送今年第八期《红旗》杂志，并慰问灾区人民。河北省委在唐山机场成立了抗震救灾指挥部，省委书记刘子厚同志亲临第一线指挥战斗，28 日当天就组织了 1400 多辆汽车，从石家庄出发，昼夜赶运了 4000 多吨急需的救灾物资。……

全国 24 个省市以及解放军向唐山、丰南地区派出了两万多名医疗队员。辽宁省在地震发生的当天，就立即派出一批医疗队，他们到得最早，人数最多，有 3000 多人。……

在我们护送重伤员到外省市的时候，又亲眼看到一幅幅动人的情景，如：济南机场运送伤员的飞机刚一降落，早在机场等候的当地党政军负责人马上迎接上去，并对伤员一一进行慰问，担架队、救护车整齐地排着队，医务人员及时地给伤员进行了检查、抢救、分类，把他们担运上车，由医务人员护送到各有关医院。

我们在唐山机场，看到了全国各地运来堆积如山的物资，有各式各样的帐篷，大批塑料布、油毛毡、芦席、大米、面粉，有北京、上海运来的医药器材、衣、裤，石家庄、青岛、大连运来的饼干、食品，邯郸运来的铝锅，江西运来的饭碗，邢台运来的竹筷，长春第一汽车制造厂送来了数以百计的刚出厂的新卡车，并配了驾驶员，其他的还有马灯、蜡烛、蔬菜瓜果，等等，应有皆有，数不胜数。各种牌号的汽车、运水车、救护车，在机场日日夜夜地装卸奔忙。飞机每天有300多架次，卸下物资，又载上重伤员飞向各地。整个机场呈现着一派紧张战斗的革命景象。

……

当时河北省委还为上海医疗队送来了十筐苹果，我们一个也没有吃，全部转送给了伤病员。迁西县委第一书记，在地震后几小时就到唐山地区帮助工作，他几次带口信给在迁西的上海医疗队表示歉意，说不能来看我们。从各级党组织和领导同志对医疗队的关怀中也可以看到他们与灾区人民是如何心连心的。

……

在我们医疗队驻地机场上有一个解放军某部的卫生队，队长冯天泰家住在唐山，在地震中，有两个孩子死亡，爱人也受了伤。领导和战友们要他抽点时间回家探望一下。为了用更多的时间和精力带领全队战士抢救伤员，他始终不肯回家探望，坚守战斗岗位。他说："党的期望、人民的需要就是我的岗位。"后来，他爱人找到机场来，告诉孩子遇难的噩耗，他没有掉一滴眼泪，没有一丝离开机场回家看看小孩尸体的想法，相反，他还鼓励爱人，忍住悲痛，一起参加抗震救灾工作。……

……

有的坏家伙还幸灾乐祸地说"还是地震好，没有吃到的东西吃到了，没有看到的东西看到了"，有的制造反革命谣言，有的呼反革命口号，有的强奸受伤的女病员，有的盗窃国家和人民的财产。所有这些党内外的阶级敌人，都没有逃脱无产阶级专政的惩罚。在我们刚要离开唐山时，正在狠狠打击一批反革命分子。我们医疗队的同志们，在抢救伤病员的同时，也不忘阶级斗争这个纲，就在我们龙华、曙光、岳阳三个医疗队帐篷的旁边，我们队员发现几个行迹可疑的人混在病员之中。他们白天在家睡觉，晚上出去活动，大家生活都很困难，他们却用了一锅子油炸东西吃。我们立即把这些情况报告了当地解放军同志，结果查出是一个盗窃小集团。……

上海医疗队战斗在唐山

……

战斗在唐山的抗震救灾医疗队共有两万多人，来自好多个省市。其中上海医疗队有2000多人，我们中医学院医疗队共有162人，分两批奔赴抗震救灾第一线。我们医疗队分布在唐山机场八大处和迁西县两处，以后迁西县又根据河北省抗震救灾指挥部的统一安排，到开滦林西矿开设医院。

我们医疗队的任务是抢救、治疗、转运伤员，以及卫生防疫、培训赤脚医生、恢复合作医疗的工作。

在唐山、丰南一带遭到强烈地震后，同志们都把灾情当命令，迅速动员起来，许多医务人员克服了家庭中的种种困难踊跃报名，坚决要求到抗震救灾第一线去，为灾区人民服务。有的不顾爱人生病，把家里困难放在一边；有的爱人刚从外地回来探亲，仍坚决不要组织照顾；有的同志刚下班回家，尚未歇脚就接到通知，连爱人也没告别就立即赶到医院报到；有的同志在出发前连续上夜班，没有休息就乘车奔赴抗震救灾的第一线。工宣队王石明师傅隐瞒父亲肠癌病情严重，而再三坚决地要求去灾区，他说作为一个新党员应去经受考验，誓为共产主义奋斗终身。

我们中医学院第一批抗震救灾医疗队，在28日接通知后，不到两小时就整装待发，29日清晨踏上了奔赴唐山的专车，到了抗震救灾第一线。车上传达了市里有关领导的指示，要我们医疗队把党中央、毛主席和上海一千万人民的关怀和慰问带给灾区，要艰苦奋斗，努力为灾区人民服务。此时我们的心早就飞到了灾区前线。此时大家只有一个心愿：快！把党和毛主席的关怀送到灾区人民心坎上。快！时间就是生命。时间就是胜利。

我们专车开到了天津杨村机场，改乘飞机去唐山。上海医疗队大队部何秋澄等同志召开了队长指导员会议，这是一次战前动员会议，详细介绍了地震对唐山、丰南一带造成的严重破坏，以及暂时出现的断水、断电、断交通等严重情况。那时地震还在继续，随时都可能发生各种意外。但全体医疗队员明知征途有艰险，越是艰险越向前，纷纷向大队部请战，要求分配自己到最艰苦、最危险的地方去。我们的党员同志互相勉励，在这困难的环境里，要关心群众，以身作则，起到先锋模范作用。不少团员青年纷纷向指导员递交了入党申请书，要求党组织在火线上考验自己，争取早日成为一名无产阶级的先锋战士。

来到唐山的第一天，我们是在机场席地而睡，头上是满天星斗，席下是青草丛生，身边是机声隆隆，清晨的露水为我们洗尘。就这样开始了抗震救灾的战斗生活。

尽管旅途疲劳，生活艰苦，缺水露宿，白天太阳烤得大家浑身湿透，咽不下压缩饼干，但大家不想休息，心想着受伤的阶级兄弟。大家表示要发扬勇敢战斗、不怕牺牲、不怕疲劳和连续作战的作风，早救护一个阶级兄弟，就是对革命多一份贡献。

唐山人民是英雄的人民。来到唐山后，我们为唐山人民顽强战斗的革命精神和他们对党和毛主席的无限热爱而深受感动、深受教育。唐山人民给了我们巨大的力量。这里介绍一下我们医疗队见到的英雄司机的光辉事迹。他的名字叫张连义，不满30岁，在开滦煤矿工作。地震发生后，他受了重伤，左腿骨折，左脚压伤大量出血，但他被救出后，以惊人的毅力把一车车伤员送往100多里外的迁西县医院。断腿伤脚驾驶汽车100多里地，这要多么坚强的意志，要忍受多么巨大的痛苦。开滦煤矿的工人不愧是特别能战斗的工人阶级，只有毛泽东思想哺育的工人，才能创造这样的奇迹。由于出血当时给予结扎止血，但因止血时间过长，下肢坏死以后给予了截肢。当我们医疗队看到张连义同志时，他的左下肢已被截去一半，伤口暴露已腐烂，而且股骨颈骨折，没有接上，臀部背部都是褥疮，全身情况很不好，体温39℃，可以想象这样的病痛对张连义是多么大的折磨。我们医疗队的同志听县委同志介绍了他的英雄事迹受到很大教育，他以扣人心弦的奇迹鼓舞着每一个医疗队员，形成一股巨大的动力，要以英雄司机为榜样，全心全意为伤病员服务，一定要把张连义同志的伤治好。同志们热情地帮小张擦洗换药，截肢的创口已腐烂，黄绿色的脓连着肉挂下来，腥臭难闻，但同志们不管脏臭，认真细致地做好治疗。面对这样的伤痛，小张咬着牙，从来没有哼过一声，这就是唐山人民的革命精神。

我们见到一个截瘫的伤员，家属均死亡了，但同志们照顾得很好，真是阶级情谊比海深，同志们照顾亲又亲。我们在农村巡回时，见到一个三岁的孩子，家中五口人，三人均已死亡，父亲也因重伤转往外地治疗，现在照顾他的是隔邻的婶姨们。地震给每家每户都带来了困难，但阶级的情谊胜似娘亲。

我们在迁西县还看到一个贫农老大妈，她女儿正好在唐山开积代会遇了难，面对亲人的死亡，她没有流泪，当她听到毛主席和党中央的慰问电时，激动地流了泪，并把自己仅存的十元钱捐献出来，支援抗震救灾斗争。十元钱数字虽然不多，但包含的阶级感情却很深。像这样动人的事例，在唐山处处可闻、到处可见，给我们医疗队极大教育。大家感到我们一定要把毛主席对灾区人民的关怀，把一千万上海人民的心意带给灾区人民。为了能更多地为伤病员服务，我们主动地到公路旁找运输伤员的解放军联系，让他们把伤病员送到我们医疗队驻地来。大家感到能为唐山人民多做些工作是我们的本分，是我们最大的幸福。

来唐山后，医疗上遇到不少的困难，药物器材不足的矛盾很快就显现出来。截瘫病人排不了小便就有尿中毒危险，骨折病人没有夹板不能固定，没有止血药给抢救造成困难。面对困难，怎么办？唯一的办法是自力更生，向困难作斗争。没有弯盘盛器，我们就用碗代替，没有外用药水就自制生理盐水；没有导尿管就将补液塑管消毒备用，缺少药物就采集草药，用一根针、一双手为唐山人民服务。在治疗中，我们发现很多伤员受压后出现臂丛神经损伤、桡神经和腓总神经瘫痪，给伤病员带来很大的痛苦，不利于伤员早日抓革命、促生产，就采用电针治疗，当一根根闪耀着阶级情谊的银针扎进伤员的穴位，电麻仪的红灯不停地跳动时，我们的心情也无比激动，一次两次反复治疗后，不少病员的伤情都有了不同程度的好转。大家说困难逼我们，逼出了中西医结合的一条路，我们战备医疗队就要从实践出发，因地制宜，就地取材，解决困难，看起来好像是小事，但意义重大，体现了医学发展的方向。

在上海医院里，做一般外科手术是极平常的事，但是在唐山灾区就不是那样简单。

8月3日深夜，解放军给我们送来了一个腹痛的患者，经我们检查是胃十二指肠溃疡穿孔并有弥漫性腹膜炎，需争取时间进行紧急手术。此时同志们忘了一天的疲劳，纷纷起来积极准备手术，不分内科、外科，医生、护士，大家抢着做。有的生火，有的打水，准备器械、敷料和药品，热气腾腾地干开了。麻醉师丁医师从我们一踏上征途就得了荨麻疹，越发越厉害，奇痒难熬；关节炎疼痛又发作，走路也困难。此时丁医师把自己病痛丢到九霄云外，为病员认真地做了硬膜外麻醉。腹腔打开了，大量腹腔液、胃液涌了出来，没有吸引器，就用针筒接着导尿管一筒一筒地吸出来。在十二指肠部前壁有一个不小的穿孔，是跑腹穿孔，腹腔感染严重。因穿孔时间过久，决定做修补术，为了减少照明的盲区，有的同志高举手电进行照明，手疼手麻又算得了什么，一切为了病员着想。苍蝇、蚊子闻到血腥飞来，同志们派了“防空哨”，保障手术的安全进行，这样的手术在城市里是算不了什么的，但是在这样的环境里，却凝聚着多少同志的阶级友爱和深厚情谊啊！术后大家精心护理，观察病情，补液抗感染。经过两周的治疗，病员逐步恢复了健康。当病员回家时我们有一个医师陪同前往，向当地赤脚医师详细介绍了病情，交代了注意事项。病员激动地说：我这个病只有在新社会，在毛主席党中央派来的医疗队中才会得救，在旧社会我这个病——特别是在这样强烈地震造成的灾害面前——是不可能得救的。

晚上常常会送来一些重危病员，对于晚上来的病员，我们的同志从未推过一次，总是争先恐后，热情接待，积极治疗。

对于送来的危重病员，医疗队总是全力以赴认真抢救。一天中午，石家庄医疗队在转送一个截瘫病员的过程中，因天气炎热，病人突然昏迷了，送到我们医疗队的驻地。同志们给病员做了仔细检查。病员中暑，发烧41.5℃，血压70/40 Hg，严重脱水。同志们忙着给他补液、擦浴，准备导尿，给予药物治疗。经过两小时的紧张战斗，患者体温逐渐下降，血压逐步上升。经过大家精心治疗护理，终于转危为安，之后再转送外地治疗，博得了家属和石家庄医疗队的好评。

一天晚间，送来了一个〔患〕急性肾炎、高血压的14岁女孩，她的父亲是开滦煤矿的工人。当时患者血压高达150/120—130 Hg，神志不清。为了抢救英勇的唐山人民的好后代，同志们争先恐后地起床，积极治疗，通宵值班，观察。到清晨患者血压又见上升，并且出现了昏迷，抽搐，两眼斜视，两侧巴氏症（+）。当时我们考虑可能是高血压脑病引起的症状性癫痫，〔不知〕是否还有其他可能，病情显得很危急。当时各个队升压药带得不少，而降压药却都没有带。在连利血平都缺少的情况下，同志们一面沉着抢救，一面向河北省指挥部请求支援，领导同志专门为我们调来了一辆吉普车，让我们到地区医药站去看看有什么药。当时地区医药站经过抢救已扒出了不少药物，当他们听到是为了抢救需要，就把利血平以及仅有的几盒苯妥英钠给了我们。一院、静安中心医院等单位的同志也闻讯赶来帮助出主意。经过努力，病情终于稳定下来。后来因为即将撤离，我们把病孩转院治疗。那一天孩子的父亲拉着我们医疗队员的手，激动地说："我真舍不得孩子离开这里。你们真是毛主席派来的好大夫，我只有今后更好地工作，来报答党和毛主席对我们唐山人民和煤矿工人的关心。"

我们医疗队没有妇科医师，但接生了两个新生命，一个叫抗震，是男小孩；一个叫海唐，是女小孩。抗震，表示唐山人民战天斗地的革命精神；海唐，表示唐山和上海人民的战斗团结和革命情谊。

在毛泽东思想的哺育下，在唐山军民英勇抗灾的革命精神的鼓舞下，我们医疗队的好人好事层出不穷。岳阳医院的程小平同志，到唐山来之前在瑞金医院进修，听说要去唐山抗震救灾，她马上回院，主动请战，在出发时，她连母亲都没有来得及告诉。来唐山后，她负责器械消毒工作……。她经常放弃休息，在骄阳烈日下为器械消毒而汗流浃背。在队内她总是第一个起床，最后一个睡觉，为保证供应，每天从早忙到夜。同志们称她是"我们的好管家"。最近中共中央、国务院在北京召开庆功大会，庆祝抗震救灾斗争取得的伟大胜利，程小平同志光荣地出席了会议。

我们中医学院几个医疗队还坚持到机场外的农村巡回医疗，走赤脚医生道路，送医送药上门。大家在当地赤脚医生陪同下，挨家挨户进行访问，有病治疗，无病慰问，把毛主席的温暖送到贫下中农的心坎里。

到唐山后，地震还在不断发生，最大的一次达6.2级，地震所造成的严重破坏，给我们医疗队生活上也带来了不少困难。有些困难对于长期生活在城市的同志来说是很难想象的。我们到达唐山时，正是最炎热的夏季，白天最高温度有36℃，抢救伤员，大量流汗，多么需要水，但是，开始供应水是很困难的。平时吃得很香的压缩饼干，缺少水也实在难下咽。上海知道我们医疗队在缺水的情况下坚持战斗，专门派飞机在运送救灾物资的时候，为我们医疗队送来了一吨苹果。我们把这一吨苹果的大部分转交了灾区人民。当我们拿到这些苹果时，想到全市一千万人民对我们这样关心，激动的心情久久不能平息；想到我们有这样强大的后盾，都充满了战胜困难的必胜信心。队员们说：苦不苦，想想红军二万五；累不累，想想革命老前辈；为了解放全人类，再苦再累心也甘。

抗震救灾前线，也是我们知识分子改造世界观的极好场所。

8 月 7 日深夜，唐山地区暴雨倾盆。我们龙华的医疗队的帐篷内浸水没踝。同志们起来急忙收拾行军包，把药品机械等搬到高处，并探视了病员。到深夜 1 时多，帐外继续下大雨，我们深受唐山人民战天斗地、重建家园的大无畏革命气概的教育和鼓舞。这时，大家开了个赛诗会，用诗歌表达向唐山人民学习的体会，发扬革命乐观主义精神。大家站在水中赛诗，共献诗 28 首。后来《解放日报》发表了我们赛诗会的消息，并选登了好几首诗。我们都不是诗人，也从来没有写过诗，但火热的战斗生活，唐山人民抗震救灾的革命精神，给了我们极大的感染和教育，英勇人民战天斗地的革命气概是我们学习的榜样。

……

临别前，河北省委书记刘子厚同志及省委其他同志亲自接见了我们医疗队各队负责人，对我们的工作作了表彰和鼓励，还给我们颁发了锦旗。省委负责同志和唐山人民群众……敲锣打鼓，到车站送行。回来后市委和驻沪三军的领导又亲自到车站来迎接，即将出国访问的中国上海艺术团为我们作了专场慰问演出。所有这些将激励我们，在继续革命的道路上永远前进。……

……

目前上海赴唐山地区医疗队大部分都回来了，遵照河北省抗震救灾指挥部和上海市委的指示，上海医疗队还留下 600 多人，分别在唐山市区、唐山市东矿区、玉田县和丰润县等四个地方办抗震救灾临时医院，他们继续代表上海一千万人民，对灾区人民表达我们的关切慰问和阶级情谊，在当地党组织的领导下，和受灾地区军民一起，艰苦顽强地战斗着。

……

岳阳医院朱锡坤医生的先进事迹

我们医疗队的干部、医师、护士在唐山抗震救灾中……迎着困难上，工作抢着干……。如岳阳医院朱锡坤医生，是一位年资较高的内科医生，不仅认真做好内科病的诊断、治疗，不分白天黑夜出诊，并参加巡回医疗外，认真做好外、伤科和护理工作，积极参加换药、打针、导尿、送水、喂饭等工作，并主动参加伤员搬运、转运重伤员和医疗队药品器材的搬运工作，而且还积极搞好清洁和大家的伙食工作。每天他总是一有空就出去拾柴烧火、刷锅洗碗、洗菜煮饭。在缺乏供应的情况下，他因地制宜，想方设法把菜烧得可口些，使大家精神更充足地投入战斗。同志们风趣地夸奖朱医生说：“巧媳难做无米之炊，我们朱医生大大地胜过了巧媳妇啊！”

朱医生想灾区人民所想、急灾区人民所急，他说：“灾区人民的痛苦就是我们的痛苦，我们和唐山人民心连心哪。”有一次一位年方44岁的病人，因左下肢严重挫伤，步履不便而结便四天，想便而又不能自行排出。在痛苦的呻吟中，内科朱医生在旁心如绞煎，怎么办？此时他耳边响起了毛主席的谆谆教导：“我们所做的一切都是为人民服务的。”又仿佛看到了白求恩大夫不远万里来到中国，看到了李月华撑着虚弱的身体在抢救贫下中农，想到这浑身增添了力量，毅然伸出手指挖出了干结的大便，病人深深地舒口气。是什么力量使他不怕脏，是什么力量鼓舞着他？是主席的教导，是白求恩、李月华，是唐山人民的英雄气概、解放军的光辉榜样。

朱医生利用空余时间或者结合工作，向青年医护人员认真讲解内科疾病的诊断治疗的理论和经验，和同志们一起边干、边学，得到同志们的好评。

第十八节　上海第一医学院革命委员会

上海第一医学院赴抗震医疗队名单
（丰南县）

大队部

总领队：

徐存山　男　45　党委副书记　工宣队团长

大队部干部

高德明　男　48　医疗科研组负责人　中共党员

孔本瞿　男　41　政宣组副组长　中共党员

夏妙仁　男　组织组工宣队　中共党员

曹树林　男　保卫组工宣队　中共党员

小统计　总人数 95 人

党员	37	外科	12	化验	6
团员	22	骨科	6	手术护士	6
男	55	内科	//	药剂	6
女	40	儿外、妇产、耳鼻、喉皮肤各一名	4	麻醉	6
		医生总数	33	其他	36

上海第一医学院赴丰南县抗震医疗队第一队名单

姓名	性别	年龄	政治情况	科别	原职务	医疗队职务	备注
方梦日	男	48	党	机关		指导员	

（续表）

姓名	性别	年龄	政治情况	科别	原职务	医疗队职务	备注
钱肃凡	男	39	党	外科		队长	
刘成章	男	38		外科			
马慎瑾		44	党	骨科			
卜慧珍	女	43		麻醉			
顾赛花	女	26	团	外护			
张维贤	女	42		手术护士			
蒋波满	女	23	团	血库			
洪月英	女	26	党	化验			
吴绍庭	男	49		药房			
林志品	男	25	党	其他			
王金花	女	23	团	其他			
李相瑞	女	37	党	内科		副队长	
徐筱萍	女	26	团	内科			
严佩华	女	37		内科			

上海第一医学院赴丰南县抗震医疗队第二队人员名单

姓名	性别	年龄	政治情况	科别	原职务	医疗队职务	备注
潘全福	男	39	党员	干部		指导员	
缪中良	男	46		泌尿科	医生		
陈福真	男	37	党员	普外科	医生		
林增禄	男	38		骨科	医生		
黄雅芳	女	25	团员	麻醉科	技术员		
蒋丽华	女	39		手术室	护士		
聂竹梅	女	33	党员	外科	护士长	副队长	
李建敏	女	23	团员	血库	技术员		
孙路德	女	35		化验	技术员		
周红洲	男	22		药房	药剂员		
何连齐	男	27	团员		学员		

（续表）

姓名	性别	年龄	政治情况	科别	原职务	医疗队职务	备注
吴瑞勤	女	25	党员		学员		
陈世波	男	38	党员	内科	医生	队长	
戎卫海	男	38		内科	医生		
沈渭涓	女	26	团员	内科	护士		

上海第一医学院赴丰南县抗震医疗队第三队名单

姓名	性别	年龄	政治情况	科别	原职务	医疗队职务	备注
范安国	男	35	党员	工宣队		指导员	
任长裕	男	51		胸外科			
徐维刚	男	37		外科			
王文华	男	51	党员	骨科		队长	
张月娥	女	33		麻醉			
陆秀芳	女	25	团员	手术室	护士		
潘丽萍	女	33		外科	护士		
徐立言	男	23	团员	血库			
严国昌	男	27	团员	化验			
唐根龙	男	27	党员	药房	副队长		
许祖德	男	23	党员		学员		
金粉根	男	27	团员		学员		
陈其芬	女	45	党员	内科			
徐月英	女	43		内科	护士		
何礼贤	男	58		内科			

上海第一医学院赴丰南县抗震医疗队第四队名单

姓名	性别	年龄	政治情况	科别	原职务	医疗队职务	备注
吴树强	男	42		外科		队长	
陈剑华	男	24	党员	药剂			
徐梨花	女	30	党员	内科		指导员	
贾淑芳	女	38		骨科			

（续表）

姓名	性别	年龄	政治情况	科别	原职务	医疗队职务	备注
方　勇	男	19	团员	化验			
周雅芳	女	41		麻醉			
葛建元	女	22	团员	手术室	护士		
刘福瑛	女	30		内科			
董彩云	女	24	团员		护士		
徐兆麟	男	22	团员	放射			
李明华	男	26	党员		76 届学生		医科大学
袁梅芳	女	27	党员		76 届学生		医科大学
王锦棕	男	28	团员		76 届学生		医科大学
杨涵铭	男	38		神外科		副队长	
欧时余	男	38		妇产科			

上海第一医学院赴丰南县抗震医疗队第五队名单

华山负责人：朱锡琪　童志芳

姓名	性别	年龄	政治情况	科别	原职务	医疗队职务	备注
贺凤凤	女	40		内科	医生	副队长	
李树荣	男	44	党员	皮肤	医生	指导员	
王贞瑜	男	39		外科	医生		
沈江洲	男	43		药剂士			
王林根	女	24		化验士			
严惠昌	男	21	团员	针麻			
张　适	女	22	团员	手术室	护士		
桂学思	女	22	团员		护士		
童志芳	男		党员	工宣队	连长		
安淑芳	女	25	党员	76 届学生			
郭欢欢	男	23	团员	76 届学生			
姚　伟	男	25	党员	76 届学生			
黄瑞熙	男	45	党员	外科	医生	队长	
郑忆柳	女	44		骨科			
徐林根	男			耳科			

上海第一医学院赴丰南县抗震医疗队第六队名单

华山负责人：朱锡琪　童志芳

姓名	性别	年龄	政治情况	科别	原职务	医疗队职务	备注
张志玉	男	38		骨科		队长	
俞丽云	女	38	党员	神内科		指导员	
沈天真	女	37	党员	放射科		副队长	
黄佳温	男	37		外科			
糜振珏	男	43		内科			
陈惠良	男	36		药剂			
陈宏基	男	47		化验			
许志美	女	43		麻醉			
陈玉辉	女	33		手术室	护士		
朱锡琪	男	47	党员	外科	负责人		
康巧真	女	25	党员	76 届学生		医科大学	
杨　丹	女	21	党员	76 届学生		医科大学	
项富海	男	24	团员	76 届学生		医科大学	
王生满	男	24	党员	76 届学生		医科大学	
张善通	男	45	党员	儿科医院	医生		

卫生列车救护队组成成员情况

总人数		40 人
性别	男	23
	女	17
政治情况	党　员	15
	团　员	22
	群　众	3
职务情况	工宣队	1
	干　部	2
	医　生	4（外科 2　内科 2）
	药　剂	1
	学　员	32

中山医院第1、3队在丰南坚持巡回医疗的汇报

参加唐山丰南抗震救灾，使我们每个同志都受到深刻的教育。唐山人民以大无畏的革命精神，克服了难以想象的困难，取得了抗震救灾的伟大胜利。我们深深体会到，在共产党领导下，只要有了人，什么人间奇迹也可以造出来。大家都为灾区人民战天斗地的英雄气概所鼓舞。为我们国家有毛主席党中央的领导而感到幸福，为我们自己能有机会亲身参加这一场震惊世界的伟大抗震救灾斗争而感到无比自豪。

通过这次抗震救灾，我们深深体会到，医疗队到了地震灾区，到底怎样开展工作，……刚到灾区开始工作时，有二种不同的想法，一种思想认为，我们来自大城市大医院，医务人员多，技术力量强，手术器械也带了一些，应该集中起来，开一些才能发挥我们的特长，显出大医院的本色，体现大上海的水平。但是大多数同志认为，必要的刀是要开的，但集中开刀绝不是大方向，因为从地震中脱险的同志，都有大小不等的外伤，几乎每个家庭都有伤员，而且有大批骨折病人需要复位和固定，有大批感染伤口需要引流和换药，而且有不少病人都是不能行走的。健康的或轻伤的都忙于参加生产，重建家园，没有时间把伤员送出来看，在这种情况下，如果只是集中力量开刀，势必只照顾了少数病人，忽视了大多数病人。实际上，我们来到灾区的时候已经是震后第三天，根本也没有需要紧急手术的病人。医疗队到了灾区，并不等于已经深入到灾区农村，如果关在帐篷里，等待病人上门求治，满足于看多少门诊，收多少病人，开多少刀，即还是资产阶级的医疗作风，城市老爷的建队路线。必要的刀是要开的，但重点应当放在送医送药上门上面，坚持开展巡回医疗的大方向。把医药送到贫下中农的家家户户，才能使大多数的伤病员得到及时治疗，以最快的速度挽救劳动力，支援灾区的抓革命促生产。

……在丰南期间，我们每到一地除了轮流留一小部分人在驻地门诊和处理一些重危病员以外，大多数同志都参加了巡回小组，背起药包，挨家挨户去检查病人，治疗病员。有伤口的，及时给予清洗和换药，需注射抗菌素的就上门打针，有骨折的，就地用小夹板给予固定，需要导尿和气胸抽气的，也上门进行。以后，还把预防针送到贫下中农家里去打。为了支援农业生产，我们还抽出人力参加农业劳动，把药箱带到田头，和社员一起劳动，一边看病，深受贫下中农欢迎。为了灾区人民，我们宁愿自己多跑几里路，也不使贫下中农多走一步路。

通过在灾区的巡回医疗，我们深深体会到，在灾区条件下，坚持巡回医疗，坚持送医送药上门，有以下五大好处:

1. 有利于宣传毛主席、党中央和全国人民对灾区的关怀，加强群众抗震救灾斗争的决心。

我们身背药包，把医药送到贫下中农的窝棚内，在炕席上与贫下中农促膝谈心，广大贫下中农都十分关切地问我们："你们是从上海来的吧？""到这里来不习惯吧？"等等。我们就对他们说："这里发生地震以后，中央就通知上海组织医疗队奔赴灾区，我们只经过了二个多小时准备就完成了组织任务，日夜兼程赶到灾区，全国各地大量医务人员和救灾物资都送到了灾区。"广大贫下中农都从内心感激毛主席〔和〕党中央对灾区人民的关怀，他们结合自己被营救出来的亲身体会，都说，如果在解放前遇上这么大的地震，就是没有被压死的人也是活不下去的，不是饿死就是冻死，不是被强盗杀死就是生瘟疫而死。"现在不但生活有保障，还有那么多大夫来给看病，是毛主席〔和〕共产党给了我们第二次生命。"他们都说自己在1976年得到重生，现在还只有一岁。他们常常手捧毛主席像，含泪高呼毛主席万岁，共产党万岁。……决心以更大的干劲，投入抗震救灾、重建家园的斗争。

2. 有利于宣传预防疾病，消灭四害，提高大家战胜疾病的信心。

在送医送药上门的过程中，我们看到，由于人畜的伤亡，厕所的倒塌，住房和水井的破坏，造成了苍蝇的大量繁殖，不少人床头、灶头、食具上都叮满了苍蝇，这对于贫下中农的健康是一个很大的潜在威胁，不少人还患了痢疾。我们在巡回医疗中，就结合痢疾的发生宣传苍蝇的危害性，并且自己动手消灭苍蝇，换药下来的脏敷料，自己动手烧掉或埋掉，见到死禽死畜叫红小兵们去埋掉。广大贫下中农本来对于地震后的瘟疫也有所惊慌，经过宣传，劲头更大了，不少人立即动手消灭苍蝇，还改变了吃冷水的习惯。在我们离开丰南时，公共厕所已重建起来，牲口也关起来了，还多次喷过杀虫药。在打预防针时，不管大人小孩都争先恐后来打，个别妇女怕痛不肯打的，几个小孩前呼后拥地把她推来打。消灭四害，预防疾病，已成为广大群众的自觉行动。他们说，大地震以后常常有瘟疫流行，但在毛主席〔和〕共产党领导下，我们不但要战胜地震，还要预防瘟疫的发生。

3. 有利于学习贫下中农的高贵品质，接受贫下中农再教育，改造自己世界观。

我们原来想象，这么大的地震，损失这么严重，在灾区看到的大概是一片哭声，凄凉万分。事实正与此相反，在灾区，没有看到一张愁眉苦脸的面孔，也没有听到一句哭声。相反是一派热气腾腾的重建家园景象，大街上的大幅标语是：

"十二级台风刮不倒，七级地震震不垮。"

"地震何所惧，人民定胜天。"

"地大震，人大干，自力更生，重建家园。"

"天塌地裂何所惧，双手描绘新天地。"

……

这些铿锵有力的语言，是唐山、丰南人民面对地震灾害所发出来的战斗誓言，英勇的唐山、丰南人民面对地崩房塌，人畜伤亡，临危不惧，勇敢奋斗，谱写了一曲曲战天斗地的壮丽诗篇，多少贫下中农自己脱险后，忍住伤痛，把阶级兄弟一个又一个、一家又一家地抢救出来，又有多少贫下中农为了抢救别人牺牲了自己的生命。

董各庄公社（丰南县）董三村大队党支部书记刘金城同志，地震以后全家都压在房子下面，刘金城同志从乱砖碎瓦中爬出来，不顾一切，跑到街上组织抢救受难群众去了，而他自己的一家都在倒塌的房子底下呼救，他们大队仅用了三个钟头就把埋在房子下的群众扒清，而刘金城同志的三位亲人却失去了生命。

稻地工委书记李云汉，地震中爱人、儿子、岳母都遇难，他自己小腿骨折，虽然机关离家只有一里地，他连看都没去看一眼，而是拄着拐杖，组织干部群众，抢救社员，恢复生产。

小集公社北田庄大队赤脚医生黄俊岭，在地震灾害中，失去了母亲和爱人，仅剩下三个孩子，大的只有六岁，小的才四个月，在灾害面前，他想的不是自己的亲人，而是如何抢救受伤的群众，他一直坚守在自己的岗位上，给受伤的群众上药、打针，一刻也没有离开伤员。失去母亲的三个孩子，又哭又叫，群众劝他去看望一下孩子们，黄俊岭同志果断地表示，孩子有大伙看着，我抢救伤员要紧，仍然彻夜不眠地为伤病员治疗。

……

在唐山，在丰南，广大革命干部、贫下中农在抗震救灾中所表现出来的舍己为人的动人事迹是说也说不完的，这种情况我们在上海医院里是完全想象不到的。与他们相比，我们感到无比的惭愧，在这些大无畏的英雄面前，我们有什么理由不为贫下中农贡献自己的一切呢？

4. 有利于全面了解伤情，使绝大多数伤病员都得到及时治疗。

由于房屋倒塌，住处混乱，不但使病员的行动和运送发生困难，而且使寻找住家也发生了困难。有一次叫出诊，说一个社员受伤后瘫在床上已有好几天了，我们问他为什么不早送出来看，他说他们住的地方连好人走起来都困难，更不用说瘫痪的病人了。我们跟着他去，在倒塌的墙壁和屋顶上走了好久才到他家。病人是脊柱骨折伴截瘫和尿潴留，作了处理并及时转送出去。另一次巡回小组经过大街上一个公司的门口，被叫进去看病，发现里面不少病人都没看过，查出 7 个需要转院的病人，其中一个是晚期妊娠伴骨盆骨折的。还有一些同志，由于忙于生产，在受伤后也不去看，我们在巡回中发现他们行动有些异常，就主动给他们检查，查出了好几个骨折病人，还有些人家里小孩生病，大人又受了伤不能抱出来看，我们一上门，大人小孩都得到了治疗。

由于巡回医疗能使我们掌握发现和处理病人的主动权，因此就能使家家户户都得到检查，使病人都能得到及时处理，避免了遗憾。在我们离开丰南时，除了重伤员转出去以外，留下的伤口绝大部分已经愈合，出现了重建家园的热气腾腾景象，广大贫下中农反映说："你们上海医生真好，看到你们的态度，病也好了几分，你们真是毛主席教导出来的好大夫。"

5. 有利于灾区干部群众集中精力抓革命促生产，投入到农业生产与重建家园的战斗中去。

地震造成了人的伤亡，当时又值农忙季节，劳动力十分紧张，许多贫下中农，根本没有时间出来看病，他们带着伤口和骨折，奋不顾身地投入农业生产中去。我们在巡回中，带上药品和换药工具，一边参加劳动，一边给他们看病、换药，大大地节约了贫下中农的时间，支援了农业生产。

丰南县文化局有几个领导人，分别有下肢和骨盆骨折，按规定可以转到外地治疗。但是他们说："到外地治疗增加了国家负担，我们自己都能动，可以自己料理，留在这里还可以照顾一些工作。"我们就在文化局里给他们作了固定或上石膏，并且经常去看他们，伤情一天一天好转。他们都高兴地说，有上海医疗队同志这样给我们治病，比转到外地去还放心，我们一定要战胜病伤，为建设更新更美的新丰南贡献力量。

……

通过巡回医疗，我们与当地贫下中农间已建立了深厚的阶级友谊。我们每到一家，贫下中农都热烈地招呼我们坐坐、喝水，把刚煮好的面条、饺子拿来请我们吃。当听说我们将要离开时，好多人都哭了，我们也恋恋不舍地抓紧走前几分钟，为贫下中农多做一分工作。

在灾区坚持巡回医疗，并不是一帆风顺的，一天，市卫生局的一位干部来我们二个队视察，一开头就问："你们收了多少病人啦？""你们开了多少刀？"我们告诉他，病人都在家里，我们上门治疗，还没有找到要开刀的呢？他把头一摇，"啊，这不至于，你们力量没有用在点子上"。我们队指导员老方当场就顶他："要开刀的在我们没到以前已经死掉了，现在病人都躺在家里需要治疗，我们就是坚持去巡回医疗才能使他们个个得到医治。"

我们觉得，坚持巡回医疗，送医送药上门，工作虽然十分琐碎，而且增加了医疗队的负担，但是就在这些平凡工作里，体现了我们既是宣传毛泽东思想的宣传队，又是开展抗震救灾、支援灾区的工作队，又是防病治病、救死扶伤的医疗队，更重要的是，我们还是一支接受贫下中农再教育，改造自己世界观的学习队伍。

一医简报（第 44 期）

学习灾区人民革命精神
全力投入抗震救灾战斗

我院奔赴丰南县重灾区的五支医疗队的同志们，在灾区战斗的日日夜夜里，耳闻目睹灾区人民许多可歌可泣的英雄事迹，受到极其深刻的教育，决心以实际行动抗震救灾，夺取更大的胜利。

灾区人民是英雄汉

丰南县农机厂党支部副书记地震时正在离厂十多里的五七干校学习，他在当地参加抢救工作后立即赶回厂里组织战斗，把家庭安危置之度外。该厂一位老工人，震时正与自己儿子同班在车间劳动，震后，他不顾身负重伤和儿子的下落，摸黑用手挖、用肩顶，抢救了一个又一个阶级兄弟，后来才知道儿子不幸牺牲了。钳工班一位老工人震后从废墟里爬出来，奋力抢救阶级兄弟，直到自己精疲力尽，支持不住，才发现身上遍体是伤。有一位汽车司机，双侧股骨骨折，他爬着倒塌的房屋后，用衣服撕成布条，自己包扎伤口，连滚带爬，抢救出 29 位被压的群众，自己终因伤势过重、流血过多而英勇献身。灾区干部临危不惧，豪迈地说："只要我还有一口气，就要战斗下去，好让毛主席他老人家放心。"有位姑娘全家九口有八人伤亡，她止住悲痛，顽强战斗，排演文艺节目，向群众宣传。丰南县委副书记中一位新干部腰背部软组织广泛挤压伤，人站不直，腰弯不下，仍旧坚持战斗，医疗队巡回医疗时只有在群众的窝棚里才能找到他。医疗队员们都深有感慨地说：在这样坚强的党员干部和群众面前，天大的困难能战胜，更严峻的考验经得起，真不愧是顶天立地的英雄。从他们身上，对什么是无产阶级感情有了新的认识，对"共产党员"四个字的分量有了新的掂量。

灾区人民情谊深

医疗队一到，灾区人民都含着热泪欢迎"毛主席派来的亲人"，胥各庄镇八街大队在严重灾害情况下，有七十多户贫下中农给医疗队送来了苹果、西瓜、鸡、鸡蛋和兔子等珍贵物品，当他们看到医疗队员睡在潮湿泥地上，就一声不响把家中的毡毯、棉被送来。医疗队员们再三推辞，贫下中农发自肺腑地说："让医疗队受了凉，怎能对得起毛主席派来的亲人。"同志们听了激动得流下了热泪。大队党支部还通过有线广播说："医疗队员不收我们东西，我们就不去看病。"医疗队员回答说："你们不来看病，我们挨家挨户送医上门。"贫下中农遭受这么大的困难，医疗队怎能收得下呢，最后还是退了去。七街大队一位贫农女社员，捧了两热水瓶水给医疗队，在灾区，要找到两只定好的热水瓶是多么不容易，队员们十分感动，婉言谢绝，这位女社员热泪盈眶地说：“毛主席派来医疗队为我们治病，这两瓶水是贫下中农的一片心意啊！”队员们激动地收下了水，当晚，全队学习了毛主席的光辉著作《为人民服务》，每人都喝了饱含深情厚谊的水，大家说：“贫下中农送甜水，点点滴滴暖心怀，誓将关怀化行动，夺取救灾新胜利。”

誓与灾区人民同甘苦共战斗

……广大医疗队员以英雄为榜样，克服困难，抢挑重担。有的队员发烧到39度，有的队员连日腹泻，仍坚持工作。不管刮风下雨，每天挨家挨户送医送药到每户。有的队员连续工作四十五小时不休息。在医疗器械不足的情况下，他们不是单纯等上级供应，而是自力更生，土法上马，就地取材，自制小夹板、不锈钢针、镊子、棉花签、导尿管等。华山医院放射科技术员徐兆麟见截瘫病人大便困难，就用手指把粪块一块块掏出来。工宣队员事事走在前，迎着困难上，起早摸黑为队员烧水煮粥，有些搞后勤的同志，还偷偷地把别人衣服洗干净，到处充满了团结战斗的革命景象。许多队员坚决要与灾区人民同甘苦，共战斗，表示灾区人民需要我们留多久就留多久，党指向哪里就奔向哪里。医疗队员、华山医大76级工农兵学员李明华表示：“灾区人民重建家园多么需要一批有志气有抱负的无产阶级先锋战士和革命青年，自己向党表决心：毕业分配到灾区，抗震救灾建家园，革命重任抢着挑，乐把一生献人民。”

上海第一医学院党委办公室
1976年8月24日

情况简报（第9期）

全力抢救唐山地震一病员脱险

……我院广大医务人员……坚决响应党中央、市委的号召，积极投入唐山抗震救灾的斗争中去。一批批的医疗队奔赴了抗震救灾第一线。留在医院的同志，都主动承担起他们留下来的工作，两个人工作一个人顶，日夜在战斗岗位工作着。1976年8月21日凌晨1点30分接受一位从南通医学院附属医院转来的唐山地震受伤的急性肾功能衰竭病员李振海同志（据说是河北省唐山矿冶学院的干部）。当时病情危急，小便量经治疗仅恢复到每天最高量400毫升，全身浮肿并有腹水和胸水。在转院途中又突然发生消化道出血，病情更趋复杂。在我院党委的领导下，经过有关医务人员的大力抢救，在全院各科室的大力支持下，已于9月20日基本脱险，目前已能搀扶下床，锻炼行走。

该同志1976年7月28日在唐山受挤压伤，伤及左腿及臀部。8月6日转到南通医学院附院，诊断为挤压综合症，急性肾功能衰竭，高血钾症，病情危重。经上海市卫生局联系，由我院派医、护、工三人连同人工肾机器，于8月9日乘飞机抵南通抢救，病情一度稳定。由于南通地区要进行防震准备，工作人员与病员均撤至露天，人工肾无法进行。于是8月20日转来上海，转来时病员仍处于急性肾功能衰竭，高血钾，低蛋白血症，全身浮肿，肺部有感染，途中并突然发生上消化道出血，继发重度贫血，并因低蛋白血症，水潴留，有胸水及腹水，患者随时有发生肺水肿可能，病情十分严重。

病员来院前，党委已着手准备接受工作，病人一到院，听了南通护送医务人员汇报后，立即组织医务人员进行政治动员，大家讨论时联系到伟大领袖毛主席和党中央对唐山灾区人民极大的关怀，受到巨大鼓舞，感到非常激动，认识到这是一项政治任务。会上，并向南通市领导转达我们代表上海一千万人民的决心，要千方百计地在南通治疗的基础上尽最大努力抢救地震受伤的阶级兄弟，医护人员说，“我们虽然没有参加去唐山的医疗队，直接去支援灾区，但今天地震伤员送上门，我们一定要尽力为他们服务，要把毛主席和党中央对灾区人民的关怀和温暖，通过我们的工作送到受伤的阶级兄弟心坎上”。

李振海同志的抢救过程，并不是一帆风顺的。当转来我院10天后，经过人工肾透析，肾功能有一定恢复，病员再次发生上消化道出血，出血量最多时一日达2 200毫升，血红蛋白从12克%左右下降至6克%，非蛋白氮上升至140毫克%，尿量骤然减少，浮肿加重，呼吸急促，神志淡漠。党委领导同志一日数次深入现场，组织医护人员学习毛主席的思想，联系病情实践，用辨证观点对存在错综复杂的病情进行分析，抓主要矛盾。在党委及支部领导同志参加下，大家经过分析认为上消化道出血是当前主要矛盾，决定加强中西医结合治疗消化道出血，同时进行人工肾透析，经过两天两夜的抢救病情逐步好转。

为了抢救阶级兄弟，医护人员废卧忘食。病员因病情的变化，不定时地需进行人工透析。血液透析室的同志，日以继夜地工作，随时做好准备，经常加班，有时连自己小孩也顾不上去照料。年上70的泌尿科老医生，不辞辛苦，不论早晨、黑夜，或是顶着烈日，或是冒着大雨，一日数次来看望病员，外科、骨科医生对肢体的病变严密观察，细致地处理伤口。中医邹扬华医生，为了更好掌握病情变化进行中西医结合的治疗，主动要求参加值班，治疗过程中充分发挥了中医中药的作用。黄德铭、李志善两位医生同时还有协助其他病员的抢救任务，他们发扬连续作战的作风，夜班以后，经常白天继续工作。病员在病危阶段，全身浮肿，无力翻动，护理人员头上冒着汗珠费劲地帮助病人大小便，翻身擦背，擦洗皮肤，虽然病员全身浮肿，皮肤营养不好，非但没有生新的褥疮，原有受伤的伤面也较快地愈合。

在治疗中，医护人员与病员一起学习毛主席教导，共同学习唐山人民抗震救灾中表现的共产主义精神。鼓舞病员战胜疾病，病员认识到战胜疾病是革命任务，积极配合治疗。病员病危期间，身体虚弱，但治疗上要限制水分探入，病员忍着口渴，主动限制入水量。为了促使排痰，控制肺部感染，病员忍着身上的伤痛，在医护人员协助下勤翻身。在深切哀悼毛主席逝世期间的活动中，病员说："为了化悲痛为力量，我要下决心加强肢体锻炼，争取早日走上抓革命、促生产的工作岗位。"

在抢救过程中，我们得到南京军区总院的大力支援。当病员水潴留，浮肿明显，而利尿无效，有发生肺水肿可能，急需高效能透析膜时，南京军区总院连夜从南京给我们送来了透析膜，帮助缓解了病员的病情。在党委的统一领导下，全院各科室部门的大力支持和协助，药房、化验室及食堂的同志多次来病房征求意见，做到有求必应。

我们深刻体会到抢救李振海同志的胜利，是在毛主席光辉思想指导下，毛主席革命路线指引下取得的。在悲痛哀悼我们伟大领袖和导师毛主席的时刻，同志们决心化悲痛为力量，坚持以阶级斗争为纲，坚持党的基本路线，坚持无产阶级专政下的继续革命，……在党的一元化领导下，认真总结经验，发扬成绩，克服缺点，以饱满政治热情和顽强战斗精神，抓革命，促生产，把各项工作搞得更好。

上海第一医学院中山医院革委会办公室编

1976年10月6日

上海第一医学院中山医院物资清单

医疗器械类

领物部门　第一批　　　　　　　　　　　　1976年7月28日

编号	类别	品　　名	规格或牌号	单位	数量	单价	总价	备注
		海绵钳		把	6	6.90	41.40	
		直钳		把	3	5.0	15.00	

（续表）

编号	类别	品　　名	规格或牌号	单位	数量	单价	总价	备注
		中弯钳		把	18	5.70	102.60	
		小弯钳		把	18	5.7	90.00	
		蚊弯钳		把	12	5.00	60.00	
		鼠齿钳		把	12	5.85	106.20	
		长弯钳		把	6	6.05	36.30	
		组织钳		把	6	6.40	38.40	
		持针钳		把	6	5.50	33.00	
		腹腔拉钩		把	6	3.00	18.00	
		深腹腔拉钩	阔	把	3	3.18	9.54	
		兰尾拉钩		把	3	3.00	9.00	
		甲状腺拉钩		把	3	3.98	11.94	
		吸引器头		只	3	3.45	10.35	
		有齿镊		把	6	1.40	8.40	
		无齿镊		把	3	1.26	3.78	
		长无齿镊		把	3	1.85	5.55	
		皮条		副	3	2.00	6.00	
		蚊直钳		把	6	5.00	30.00	
		弯盆		只	3	1.00	3.00	
		药碗		只	3	0.46	1.38	
		碟子		只	3	0.81	2.43	
		组织剪		把	3	4.85	14.55	
		手中钳		把	18	3.04	65.52	
		扁桃体剪		把	3	4.14	12.42	
		大刀柄		把	3	3.00	9.00	
		小刀柄		把	3	3.00	9.00	
		针盒		只	3	3.00	9.00	
		手套		副	27	0.80	21.60	
		肠钳		把	6	6.90	41.40	

（续表）

编号	类别	品　　名	规格或牌号	单位	数量	单价	总价	备注
		盘子		只	3	3.77	11.31	
		张开器		只	3	44.5	133.50	
		咬骨钳		把	3	14.70	44.10	
		咬骨剪		把	3	20.00	60.00	
		骨衣撬		把	3	5.75	18.75	
		V形打入器		副	2	36.70	73.40	
		V形钉		只	3	3.64	10.02	
		狮分钳		把	3	25.00	75.00	
		双剪		把	1		20.00	
		鸭嘴钳		把	1		32.00	

抗震救灾物资结算表（附表）

第一批　　　　　　　　　　　　　　　　　　　　　　　　　　第　　页

	类别及品名	计算单位	数　　量			结算耗留用金额	
			发出	带回	耗留用	单价	金　额
医疗器械	肋骨拉拢器	把	3			44.50	133.50
	肺镊	把	3			9.78	29.34
	咬骨钳（双）	把	1			32.20	32.20
	咬骨剪（单）	把	1			14.70	14.70
	骨衣撬	把	3			5.75	17.25
	V形钉插出器	把	1			36.70	36.70

药品类

领物部门　第一批赴唐山抗震救灾　　　　　　　　　　　　1976年7月28日

编号	类　别	品　　名	规格或牌号	单位	数　量	单价	总　价	备注
		乙醇	70%	ml	5750		5.75	
		碘酊		ml	1500		12.75	
		红汞		ml	1500		9.75	
		地塞米松软膏		支	30	0.30	9.00元	

（续表）

编号	类　别	品　　名	规格或牌号	单位	数　量	单价	总　价	备注
		氯霉素眼药水		支	30	0.15	4.50	
		消炎止痛膏		袋	300	0.14	42.00	
		氨茶碱		片	60	0.007	0.42	
		葡萄糖酸钙	10%	支	60	0.13	2.80	
		葡萄糖	50%	支	20	0.14	2.80	
		血安平		支	30	0.10	3.00	
		氯化钠	10 ml	支	14	0.08	1.12	
		清凉油		盒	28	0.13	3.64	
		链霉素	0.5	支	300	0.13	39.00	
		速尿	20 mg	支	60	0.06	3.60	
		西地兰	0.4 mg	支	30	0.13	3.90	
		氯化钠	2 ml	支	100	0.03	3.00	
		注射用水	5 ml	支	150	0.055	8.25	
		氯霉素	0.25	片	3000	0.07	210.00	
		地塞米松	5 mg	支	40	0.092	3.68	
		苯肾上腺素	10 mg	支	250	0.08	20.00	
		新洁尔灭	500 ml	瓶	14	1.14	15.96	
		D.C.T.	25 mg	片	300	0.004	1.20	
		氯化钾	0.25	片	300	0.004	1.20	
		对羟基苄胺	0.1	支	30	0.13	3.90	
		新凝灵	0.2	支	300	0.06	18.00	
		多巴胺	20 mg	支	300	0.20	60.00	
		阿拉明		支	70	0.22	15.40	
		肾上腺素		支	150	0.055	7.50	
		可拉明		支	40	0.13	5.20	
		水青	40 万^{u}	瓶	150	0.14	21.00	
		氯霉素		支	300	0.11	57.00	
		土霉素		片	3000	0.035	105.00	

（续表）

编号	类　别	品　　名	规格或牌号	单位	数　量	单价	总　价	备注
		10%G. W	500 ml	瓶	9	1. 03	9. 27	
		右旋糖酐	500 ml	瓶	15	3. 25	49. 20	
		扑尔敏		片	200	0. 008	1. 60	
		A. P. C		片	3000	0. 01	30. 00	
		SMZ Co		片	1500	14. 5	217. 50	
		复方氨基匹林		支	300	0. 07	21. 00	
		阿托品		片	600	0. 04	24. 00	
		灭吐灵		支	30	0. 06	1. 80	
		利眠宁		片	100	0. 011	1. 10	
		解痛		片	600	0. 025	15. 00	
		喘啶		支	60	0. 006	3. 60	
		非乃更		支	60	0. 055	3. 30	
		阿托品		支	300	0. 04	1. 20	
		1%地卡因	5 ml	支	100	0. 10	10. 00	
		普罗卡因	150 mg	支	60	0. 07	4. 20	
		V—OH	2. 5 g	支	120	0. 57	68. 40	
		安定	10 g	支	30	0. 07	2. 10	
		氯胺酮		支	30	2. 39	71. 70	
		Scoline	100 mg	支	60	0. 43	25. 80	
		50%普鲁卡因	10 ml	支	50	0. 50	25. 00	
		杜冷丁	50 mg	支	90	0. 10	9. 00	
		芬太尼	0. 2 mg	支	50	0. 05	2. 50	
		氟哌啶醇	5 mg	支	60	0. 12	7. 20	
		吗啡	10 mg	支	30	0. 15	4. 50	
		阿托品	0. 5 g	支	30	0. 04	1. 20	
		东莨菪碱	0. 3 mg	支	60	0. 06	3. 60	

抗震救灾物资结算表（附表）

第一批 第　页

被服布类用品

类别及品名	计算单位	数　　量			结算耗留用金额	
		发出	带回	耗留用	单价	金　额
大被套	只	115			8.51	978.65
大单	条	230			4.80	1104.00
棉被	条	115			9.00	1035.00
枕芯	只	115			1.92	220.80
枕套	只	115			0.80	92.00
大包布	条	33			1.57	51.81
中包布	条	3			0.59	1.77
手术衣	件	9			3.50	31.50
小单	条	18			1.70	30.60
塑料布	条	3			2.22	6.66
洗手衣	件	12			1.90	22.80
洗手裤	件	12			1.75	21.00
口罩	只	12			0.12	1.44
帽子	只	12			0.36	4.32

医疗用品类

领物部门　第一批　　1976年7月28日

编号	类　别	品　　名	规格或牌号	单位	数　量	单价	总　价	备注
		输血器		副	6	2.50	15.00	
		补液器		副	15	2.00	37.50	
		空针	50 cc	副	9	2.65	25.65	
		空针	20 cc	副	15	1.50	27.00	
		空针	5 cc	副	30	0.80	54.00	
		空针	2 cc	副	15	0.58	13.20	
		针头		只	120	0.092	9.84	
		小饭盒		只	3	1.23	3.69	
		长针头		只	6	0.19	1.14	
		头皮针		只	30	0.20	6.00	

（续表）

编号	类　别	品　　名	规格或牌号	单位	数　量	单价	总　价	备注
		手套		副	6	0. 80	11. 80	
		绷带		卷	30	0. 30	9. 00	
		胶布		筒	3	4. 88	14. 64	
		大纱布		包	9	0. 80	7. 20	
		棉垫		包	0. 6	0. 10	0. 60	
		棉球		袋	3	0. 37	1. 11	
		小纱布		包	15	0. 40	6. 00	
		棉签		包	30	0. 05	1. 50	
		酒精罐		只	0. 3	1. 10	3. 30	
		锤子		把	2 + 1	10. 00	30. 00	
		脚爪		把	3	12. 10	36. 30	
		小咬骨钳		把	1		14. 70	
		小骨剪		把	1	20. 00	20. 00	
		捻撬		把	1		8. 05	
		史氏针		把	4	1. 15	4. 60	
		克氏针		把	3	0. 29	0. 87	
		螺丝针		根	10	0. 61	6. 10	
		血压表		只	3	18. 98	56. 94	
		手摇离心器		只	2	26. 00	52. 00	
		简易呼吸器		只	3	88. 6	265. 80	
		口表		只	15	0. 50	7. 50	
		肛表		只	6	0. 50	3. 00	
		电筒		只	6 + 6	1. 71	20. 52	
		电池		节	22	0. 35	7. 70	
		针灸		只	180	0. 04	0. 72	
		手套胶水		瓶	2	0. 63	1. 26	
		煤油炉		只	6	9. 80	58. 80	
		锅子 32 公分		只	6	11. 30	67. 80	

抗震救灾物资结算表（附表）

第一批　　　　第　　页

类别及品名	计算单位	数量			结算耗留用金额	
		发出	带回	耗留用	单价	金额
医疗用品						
毛巾	条	3			0.83	2.49
口表		55			0.50	27.50
肛表		16			0.50	8.00
皮内针头		20			0.092	1.48
空针 5 cc		100			0.80	80.00
空针 2 cc		100			0.58	58.00
金属气管切套管		2			26.30	52.60
马斐氏滴管		30			0.23	6.90
塑料盐水接头		30			0.25	7.50
透明输液皮管	公尺	40			0.65	26.00
局麻针头		8			0.184	1.50
手术缝针		210			0.08	16.80
黑色缝合丝线		40			1.04	41.60
手术刀片		100			0.09	920
羊肠线		7			5.00	35.00
橡皮手套		50			0.80	40.00
水银血压表		1				2.00
弹簧血压表		3			18.98	56.94

化验室药品类

冰醋酸	5 斤	钼酸铵	25 g
丙酮	2 斤	草酸铵	1 斤
琼脂（条）	1 斤	硫酸铵	1 斤
琼脂（粉）	1 斤	醋酸乙酯	1 斤
氨基丙酸（25 g）	5 瓶	邻苯二甲醛	10 克
无水乙醇	3 斤	戊醇（正）	1 斤
4 -安替比林（25 g）	2 瓶	戊醇（异）	1 斤

（续表）

苯胺	10 克	乳酸	1 斤
DL 天门冬酸	20 克	乳糖	1 斤
氯化钡	20 克	碳酸锂	1 斤
牛肉膏	1 斤	硫酸锂	1 斤
苯	1 斤	麦芽糖	1 斤
联苯胺（25 g）	5 瓶	水银	5 斤
苯甲酸	1 斤	硝酸汞	半斤
硼酸	1 斤	升汞	半斤
溴	1 瓶	甲醇	3 斤
碳酸钙	1 瓶	钼酸	1 斤
氯化钙	5 斤	硝酸	1 斤
硫酸锡	1 瓶	辛醇	1 斤
舒红	1 瓶	橄榄油	1 斤
氯仿	3 斤	草酸	1 斤
胆固醇	1 瓶	对二甲氨基苯甲醛	100 g
枸橼酸	1 斤	对氨基苯磺酸	1 瓶
硫酸钴	1 瓶	石脂	1 斤
火柿胶	1 瓶	石脂油	1 斤
肌酐	1 克	蛋白胨	1 瓶
硫酸铜	1 斤	过氯酸	1 斤
二乙酰乙肟	200 克	（苯）酚	1 斤
乙醇	10 斤	磷酸	1 斤
乙醚	3 斤	磷钼酸	1 斤
甲醛	1 斤	磷钨酸	1 斤
葡萄糖	1 斤	氯化钾	1 斤
甘油	1 斤	铁氰化钾	1 斤
西黄耆树胶	1 斤	低铁氰化钾	1 斤
盐酸	2 斤	氢氧化钾	1 斤
H_2O_2	2 斤	碘化钾	1 斤
碘	1 斤	草酸钾	1 斤
铜戊二酸	50 克	磷酸氢二钾	1 斤

（续表）

磷酸氢二钠	1 斤	粗硫酸	50 公斤
磷酸二氢钠	1 斤	重钴酸钾	10 斤
磷酸二氢二钠	1 斤	酒石酸	1 斤
酒石酸钾钠	1 斤	硫脲	1 瓶
丙钢酸钠	1 斤	甲苯	1 斤
碘基水杨酸	1 斤	二氯醋酸	1 斤
乙酸钠	1 斤	脲	1 斤
巴比妥	1 斤	凡士林	1 斤
巴比妥钠	1 斤	香柏油	1 斤
苯甲酸钠	1 斤	二甲苯	1 斤
碳酸氢钠	1 斤	硫酸锌	100 克
无水碳酸钠	1 斤	邻甲苯胺	1 克
氯化钠 GR	1 斤	二苯氨脲	10 克
氯化钠 CP	1 斤	氨基黑 10B	30 克
枸橼酸钠	1 斤	伊红	1 瓶
EDTA	1 瓶	美蓝	1 瓶
亚硝酸钠	1 斤	瑞氏染料	1 瓶
亚硝基铁氰化钠	100 克	陈酪氨酸	1 瓶
酚酞	1 瓶	2. 4 二硝基苯朋 25 g	2 瓶
草酸钠	1 斤	苦味酸	1 斤
甲基磷酸二钠（25 g）	4 瓶	硫酸钡	1 瓶
磷酸二钠	1 斤	NaOH	5 斤
无水硫酸钠	1 斤	酚红	1 瓶
无水亚硫酸钠	1 斤	麝香草酚	1 瓶
四苯硼钠	2 瓶	龙胆紫	1 瓶
硫代硫酸钠	1 瓶	妊娠试验	1 瓶
钨酸钠	1 斤	煌焦油蓝	1 瓶
可溶性淀粉	1 斤	天青 I	1 瓶
蔗糖	1 斤	品红（复红）	1 瓶
硫酸 AR	2 斤		

抗震救灾物资及费用结算汇总表

赴唐山第一批医疗队

类别	申请结算金额	核定金额	备注
物资类			
医疗器械	1566.73		附结算表 3 页
药品	1593.48		附结算表 6 页
被服装具	3602.35		附结算表 1 页
医用材料及消耗器材	1383.82		附结算表 4 页
合计	8146.38		

区　　审核　　制表

填报单位盖章：中山医院　　填报日期： 1976 年 9 月 16 日

注：

汇总表及结算附表一式二份（报局一份，单位留存一份）。

区和医学院所属单位多报一份送主管部门留存，区属街道医院由区主管部门汇总后报局

关于抗震救灾物资供应工作的小结

7 月 28 日河北省唐山、丰南一带发生强烈地震并波及到天津、北京，伟大领袖毛主席、党中央对灾区人民极为关怀。中共中央向灾区人民发出了慰问电，给灾区广大群众以极大的鼓舞。在毛主席的革命路线指引下，一方受灾，八方支援，全国各地迅速支援，灾区党政军民团结一致，英勇顽强地进行抗震救灾的斗争，发挥了人定胜天的大无畏革命精神，克服了自然灾害所造成的种种困难。

当地震消息传来上海后，我院广大群众都给以极大的关切，在市委、市革会的领导下，学校党委组织了首批医疗队 95 人于 7 月 29 日奔赴灾区。当时党委对后勤提出的任务是：物资上作好一切准备，交通运输随时待命。 7 月 31 日星期六晚下达市委指示，组织第二批医疗队。全院包括各附属医院和后勤各班组，纷纷行动起来，积极响应上级号召。我们设备组全体同志都是全力以赴，为抗震救灾医疗队配备各方面的物资。采购员王定生同志在 7 月 31 日晚上当得知急需采购雨衣、水壶等物品，他马上和驾驶员陈培德同志一起，

开了微型汽车在深夜十二时左右去中百一店采购急需物品，当他们回校时已经是深夜了。老王同志是一位年近六旬的老同志，他急灾区人民所急，想灾区人民所想，他表示如果急需任何物品，他准备随时赶出去采购。当我组全体同志听到有大批医疗队员前去支援灾区时，大家表示灾区人民的困难就是自己的困难，一定要以实际行动支援灾区人民。于是大家立即行动起来，采购同志分头进行采购物品，全组同志统一安排，分工合作，分别把大量的雨衣、水壶、手电筒和塑料布等运来。塑料布是整卷买回后，大家就动手剪裁分装，并做好各项准备工作。当上级通知医疗队员每人还要带半斤食盐时，立即请膳食组协助采购，大家一齐动手进行分装。在短短两个小时内，分装了三百食品袋的食盐，和其他物品如压缩饼干、酱菜等一起及时地发给了参加医疗队的同志。虽然第二批医疗队后来根据上级指示暂时不去唐山，我们感到这次组织动员工作和物资供应工作也是一次在紧急情况下的战备大演习。

当上级指示迅速组织赴江苏抗震医疗队时，我们立即动员全组同志投入战斗，积极准备好各类物资，以便迅速发给参加医疗队的同志，保证他们能处于紧急待命的状态，一旦号令下，就能立即奔赴灾区。

当党委号召组织医疗队支援唐山灾区人民，我们全组同志纷纷自动报名参加医疗队搞后勤工作。我院在玉田县筹建临时医院，后勤组有七位同志参加玉田县临时医院的后勤工作，我们组的冯昌华同志也光荣地被批准参加，这对小冯同志来讲是一个既光荣又艰巨的任务，也是一个受深刻的阶级教育和锻炼的极好机会。

通过这次抗震救灾发动工作，充分显示了毛主席革命路线的无比威力，反映了广大群众的高度共产主义觉悟，好人、好事、好思想大量涌现。我们组的同志能够做到召之即来，行动迅速，使物资供应工作能比较好地配合前线作战。这是坚持以阶级斗争为纲，树立战备观念，充分发挥集体力量的表现，只有依靠集体力量才能搞好各项工作。

通过这次战备大演习，我们感到物资供应工作在很多方面尚需进一步加强和改进。根据平战结合的要求，提出以下几点改进意见：

一、 加强战备思想教育，在后勤组支部领导下，成立专门机构，加强对战备物资的调度供应检查督促工作。

二、 对库存战备物资要有一定的储备量，并应严格保管，不得任意动用，平时如需动用，必须经有关领导批准。

三、 库存战备物资要有专人负责、定期检查，勿使霉烂变质，有些物品可采取轮换使用办法。

四、 关于战备物资的品种，请党委研究确定，以便制订目录，分别由有关部门贮存。

五、 为了加强战备，平战结合，建议汽车间准备一到二辆汽车，使能在紧急情况下随时待命使用。

以上是我们的初步建议，今后我们一定要以阶级斗争为纲，认真学习毛主席的一系列重要指示，学习“告全党全军全国各族人民书”、二报一刊社论和华国锋同志致的悼词，……树立高度的战备观念，……以实际行动来悼念伟大领袖和导师毛主席。在为无产阶级教育革命做好物质保证工作的同时，提高警惕，加强战备，为切实做好平战结合的物资供应工作而努力奋斗。

后勤供应设备组

1976. 10. 12

上海第一医学院参加抗震救灾卫生列车队名单

姓名	性别	年龄	政治情况	科别	原职务	现职务	备注
黄克俭	男	54	工宣队	五官科医院	党总支副书记	指导员、队长	
徐兹雄	男	46	党员	华山外科	医师	副队长	
孙寅宛	女	26	党员	华山内科	医师	队员	
郭　嘉	女	23	团员	华山	同学	敷科	
仇乃梅	女	22	团员	华山	同学	敷科	
周天基	男	24	团员	华山	同学	护理	
曾日古	男	23	党员	华山	同学	护理	
赵金娟	女	22	党员	华山	同学	护理	
张知德	女	24	党员	华山	同学	护理	
盛伟忠	男	22	党员	华山	同学	护理	
王培萱	女	22	团员	华山	同学	护理	
吴淦桐	男	24	党员	留学生班	同学	护理	
杜惠娣	女	25	团员	留学生班	同学	护理	
李汉忠	男	24	团员	留学生班	同学	护理	
王有良	男	25	团员	留学生班	同学	护理	
刘胜利	男	22	党员	留学生班	同学	护理	
孟承伟	男	50	群	中山	外科医生	副队长	

（续表）

姓名	性别	年龄	政治情况	科别	原职务	现职务	备注
浦寿月	女	48	群	中山	内科医生	队员	
阮宏年	男	24	团	中山	药房	队员	
陈右箴	男	24	团	中山	药学系学员	队员	
韩少燕	男	22	党		班党支书	副指导员	
张丽珍	女	35		中山办公室	7·21 大学学生	副指导员	
林慧卿	女	25	党	医 76 届 1 班	学员	副指导员	
秦再平	男	26	团	76 届 1 班	学员	副指导员	
马文斌	男	25	团	76 届 2 班	学员	副指导员	
吴金国	男	24	党	76 届 2 班	学员	副指导员	
王立伟	女	25	团	76 届 2 班	学员	副指导员	
李歌丰	男	26	团	76 届 3 班	学员	副指导员	
陈永玉	男	26	党	76 届 3 班	学员	副指导员	
赵薏芬	女	24	团	76 届 3 班	学员	副指导员	
潘德贵	男	25	团	76 届 3 班	学员	副指导员	
孙凤艳	女	25	团	76 届 3 班	学员	副指导员	
叶增熙	男	26	党	76 届 3 班	学员	副指导员	
周巧玲	女	25	团	76 届 3 班	学员	副指导员	
林芳名	男	26	党	76 届 3 班	学员	副指导员	
周剑英	男	25	团	76 届 1 班	学员	队员	
刘静波	女	25	团	76 届 1 班	学员	队员	
董　伟	男	25	团	76 届 4 班	学员	队员	
孙静华	女	24	团	76 届 1 班	学员	队员	
姚淑仙	女	25	团	76 届 4 班	学员	队员	

卫生列车医疗队抗震救灾物资结算表（附表）

类别及品名 药品	计算单位	数　量			结算耗留用金额	
		发　出	带　回	耗留用	单　价	金　额
清凉油	盒	60	59	1	0.13	0.13 元
呋喃西林粉	g	100	75	25		2.14 元

（续表）

类别及品名药品	计算单位	数量			结算耗留用金额	
		发出	带回	耗留用	单价	金额
Nacl	kg	3	2	1		2.44
P.P粉	g	1000	750	250		1.54
右旋糖酐	瓶	100	96	4		9.40
注射用水	支	600	550	50		2.75
5% GWS	瓶	1000	989	11		11.33
5% G.W.	瓶	800	785	15		15.45
0.9 N.S.	瓶	500	472	18		17.46
晕海宁	片	500	441	59		1.53
乙　醇	ml	20000	15000	5000		10.00
开塞露	只	40	38	2		0.48
来苏尔	ml	3000	2000	1000		4.36
过氧乙酸	ml	1000	/	1000		6.00
氯霉素眼药水	支	50	48	2		0.30
斑马眼药水	支	50	44	6		0.90
金霉素眼膏	支	100	89	11		0.88
碘甘油	ml	500	375	125		1.88
水　青	瓶（40万u）	100	76	24		4.32
普　青	瓶（80万u）	500	492	8		2.40
链霉素	支（0.5g）	1000	899	101		13.13
氯霉素针	支	1000	960	40		7.60
庆大霉素（4万u）	支	1000	973	27		5.40
复方氨林	支	400	395	5		0.33
阿托品	支	200	199	1		0.04
氟哌啶醇	支	200	190	10		1.20
氨茶碱	支	100	98	2		0.24
50% GW	支	400	388	12		1.68

（续表）

类别及品名 药品	计算单位	数　量			结算耗留用金额	
		发　出	带　回	耗留用	单　价	金　额
10%葡萄糖酸钙	支	50	48	2		0.22
速尿灵	支	100	100	/		/
四环素片	片	1000	/	1000		50 元
土霉素片	片	1000	621	379		13.27
氯霉素片	片	1000	511	499		29.94
痢特灵	片	1000	33	967		9.67
炭片	片	1000	743	259		1.29
SMD Co	片	500	183	317		15.74
A.P.C	片	1000	980	20		0.20
去痛	片	1000	389	611		12.21
安乃近	片	600	544	56		1.40
阿托品	片	1000	980	20		0.06
复降	片	1000	826	174		1.83
利眠宁	片	1000	402	598		6.58
安定	片	1000	990	10		0.11
非那更	片	1000	946	54		0.24
氨茶碱片	片	1000	761	239		1.67
胃舒平	片	1000	1000	/		/
Vit B_6	片	500	400	100		1.00
消炎痛	片	1000	880	120		0.96
咳必清	片	500	199	311		2.02
人丹	包	100	85	15		0.67
总计						1593.45

毛泽东思想指挥我们战斗
——上海华山医院赴唐山医疗队小结

我队在上海接受任务以后，全队同志一致表示，一定要在这次抗震救灾工作中，……以白求恩医生为榜样，以“完全、彻底”和多个“极端”为尺子，充分发挥“一不怕苦，二不怕死”的革命精神，同灾区人民紧密团结在一起，为战胜严重的地震灾害和重建家园贡献出自己最大的力量。

7 月 31 日下午我们到达丰南县胥各庄镇八街大队后，同志们已经是饥渴难忍，但是大家想到自己肩负的任务，时间就是生命，于是顾不上吃一颗粮，喝一口水，行李一放，立即投入了战斗。在大队党支部带领下，全队同志分别深入到八个生产队的每一个窝棚，一面传达党中央和毛主席对灾区人民的亲切关怀以及上海市一千万人民的亲切问候，一面了解伤情和治疗伤员，并对需要立即动手术的病人连夜做了手术。同志们不顾连续三天极度疲劳，一直工作到深夜一点多钟，有的同志为了抢救重危伤员这一夜没顾上合一下眼，第二天，迎着东方的曙光，又精神饱满地投入了新的一天战斗。在丰南战斗的二十个昼夜中，我队一共巡回和门诊治疗伤员 3 777 名，扩创换药 563 名，收住院伤病员 29 名，抢救重危伤病员 7 名，无一例死亡，进行大小手术 24 次，预防接种 1 000 人，参加重建家园劳动 152 人次，培训赤脚医生 3 名，小队卫生员 8 名，重建了一个合作医疗站。

参加这次抗震救灾斗争也是学习马列主义、毛泽东思想的大课堂，……我们始终以毛泽东思想作为我们的指导思想，党小组狠抓学习，每天早上坚持学习毛主席原著，尤其重点学习了《为人民服务》和《纪念白求恩》二文，树立了更好地全心全意为灾区人民服务思想，在此基础上我们全队同志，在党小组领导下，紧紧团结在一起，统一了思想，步调一致地开展了抗震救灾的各项工作。我们还坚持认真学习党中央给灾区人民的慰问电，学习《人民日报》《红旗》杂志的重要文章。为了更好地向灾区人民学习，自觉地改造世界观，我们还和贫下中农一起开了座谈会，介绍他们在抗震救灾中先进思想，先进事迹，……同时他们还用大量事实，生动地描述了新旧社会二重天，社会主义无比优越性和只有社会主义才能够救中国这一颠扑不破的真理，以及广大贫下中农在党支部领导下，以“泰山压顶不弯腰，天崩地裂何所惧”的无私无畏革命精神，人定胜天，自力更生，重建家园，战胜了一个又一个的困难，夺得了一个又一个的胜利。……这次座谈会对我们每一个队员都是一次极为深刻的路线斗争和阶级斗争教育。

……

一、 阶级情谊深如海，上海丰南心连心

八街大队的广大革命干部和革命群众，在严重自然灾害面前，发挥了人定胜天的大无畏革命精神，心红似火，斗志如钢，在党支部的坚强领导下，以阶级斗争为纲，一手抓救灾，一手抓生产，灾中学大寨，灾中不支灾，成为丰南县的一个先进单位，使我们受到了特别深刻的教育。八街大队贫下中农对医疗队无微不至的关怀和大力支持，充分显示出灾区人民和上海市人民之间深厚无产阶级感情。我们到达八街大队没几天，就有70多户贫下中农，在灾后，生活条件极端困难的情况下，给我们送来了苹果、西瓜、鸡、鸡蛋，兔子等珍贵的礼品。当他们看到我们还睡在潮湿的泥地上，就不声不响地把家中十分需要的毡毯和棉被送到了我们的住处。当我们再三进行婉言谢绝时，贫下中农含着热泪说，这是我们贫下中农的一片真心啊！我们再艰苦，也没有你们住得艰苦，如果医疗队员受了凉，我们怎么对得起毛主席派来的亲人。这一句句出自肺腑的心里话，使我们许多同志感到热呼呼的，也激动得掉下了泪来。大家坚定地表示，一定要同灾区人民共甘苦，誓与工农画等号。

当我们第一次收到县里送来的苹果时，同志们没舍得吃一个，而是洗得干干净净的，一个个的送到贫下中农伤员手中。当第二次收到上海市送来的一筐半苹果时，我们又一个不吃，代表上海市一千万人民的心意，全部转送给八街贫下中农。第三次收到镇党委送来慰问品时，我们同样不留一点，全部转交给了大队党支部。

八街大队党支部出于对医疗队的爱护，派专人为我们做饭，一日三餐，质量也比较好。同志们觉得，灾区人民受到这么大的损失，生活上暂时还存在着不少困难，我们绝对不能享受特殊待遇，因而多次要求改为二餐，党支部答应了我们的要求，但镇党委坚决不同意。同志们又再三要求降低伙食标准。……

二、 自力更生造器材，艰苦奋斗救伤员

在大量伤员面前，我们的医疗器材显得十分缺乏，同志们想起了毛主席“没有什么困难可以阻碍人的前进的，只要奋斗，加以坚持，困难就赶跑了”的教导，向群众请教，向赤脚医生学习，因陋就简，因地制宜，就地取材，土法上马，顺利地开展了工作。一天，从外大队送来了一位多发性肋骨骨折伴有反常呼吸和张力性气胸，同时继发有肺部感染和高血压症的生命垂危重伤员。我们首先加压包扎胸部，制止了反常呼吸，并及时地抽了气，这时急需做胸腔闭合引流，但我们身边没有这种设备，儿科医院张善通医生和内科实验室陈宏基同志一起，立即想出了主意，用盐水瓶代替了引流瓶，并在小瓶瓶塞上钻了二个孔，以化验用的引管代替吸气和排气管，用塑料输液皮条，代替引流条，及时地为伤员做了手术，经过三天三夜的抢救和精心护理，终于使这位伤员脱离了危险。到达八街大队的第二天，一位下肢外伤后有气性坏疽伤员来到我队，气性坏疽不断地向上蔓延，影响着阶级兄弟的生命，急需做一个截肢手术，没有手术衣，大家就赤膊上阵，没有骨锯，就学习白求恩医生，向木匠借来手锯，加上六把止血钳，顺利地进行了手术，抢救了阶级兄弟的生命。有几位伤员，需做耻骨上膀胱造瘘，没有合适的管子，大家就想法用听诊器上的塑料管代替开花导尿管。许多下肢骨折的伤员，需要做骨牵引治疗，我们手边没有斯氏针，看来问题不好解决，后来我们在大队党支部配合下，找来了不锈钢片，用锯子锯开，硬是一锉刀、一锉刀地锉成了符合标准的钢针，及时地为这些伤员进行了手术，还支援了其他兄弟队。

这样的例子还很多，同志们深有体会地说：自力更生威力无穷，困难就是能考验人和锻炼人，抗震救灾的实践，也是一次战备大演习。如果将来帝国主义和社会帝国主义胆敢侵略我们，我们这支队伍就能拉得出，顶得住，在任何艰难困苦的情况下，胜利完成救死扶伤的光荣任务。

三、 中西医结合显奇效，预防为主抓得早

我们在治疗过程中，遇到了大量软组织损伤的伤员，照常规应该采用贴伤膏药、内服伤药和理疗等方法来治疗，花时长，还得有一定设备条件，当时有些药物还暂时供应不上，设备一样也没有，大家就想到毛主席的教导“祖国医药学是一个伟大的宝库，应当努力发掘，加以提高”。更明确了，在抗震救灾中同样要坚定地走中西医结合的道路，大家就采用新针、拔火罐、中草药等来进行综合治疗，特别是充分运用了新医正骨疗法。我队的骨科医生虽然在上海时只听了一次课，但在治伤过程中，带头实践，很快地看出了苗头。有的伤员压伤了肩部上肢不能抬起，经过1—2分钟的手法整治，就能高举过头了，有的因腰伤，只能扶拐行走的，经过此法治疗后，就满面笑容的，丢掉了拐棍行走自如了。我们把这种方法及时地推广到全队同志，以及赤脚医生和小队卫生员，这种疗法，不花国家一分钱，只凭我们一双手，疗效显著，深受贫下中农欢迎，我们在丰南期间，用此法共治疗了200余例肩部软组损伤、腰伤、胸部挤压伤、肋骨骨折、关节扭伤等，绝大部分病例都取得了满意的效果。在这抗震救灾中，我们更进一步体会到毛主席提出走中西医结合道路的无比英明、正确。尤其在非常时期，更能发挥其无比威力。……

我们战斗一开始，就注意贯彻预防为主的方针，在“不让灾区人民灾后再受损失”的口号下，决不能让旧社会中那种“千村薜荔人遗矢，万户萧疏鬼唱歌”的悲惨情景在我们社会主义祖国土地上重演，要与帝修反的造谣污蔑进行针锋相对的斗争，我们就大张旗鼓地开展了各项预防工作。首先我们通过广播，宣传各种预防疾病的卫生知识和重大意义，切实搞好大粪管理，搞好大牲畜集中，在我队驻地，建立了示范性厕所，发动并参与了建立各生产队的公共厕所，挨家挨户地在饮水缸内放置漂白粉精，注射四联、五联预防针，并由我队陈剑华同志和赤脚医生一起，踏查了草药药源，采集了样品。如马齿苋、地丁草、葎草、梨头草等，而后发动红小兵、红卫兵采集，烧成大锅汤，我们每个队员首先服用，而后由俞丽芸同志带领，一个窝棚、一个窝棚地送到贫下中农手中，对于个别散发肠炎病例进行积极治疗，由于采取了以上各种措施在我们大队，这个大队以往曾经有一次肝炎、两次伤寒的流行，而这次在地震后的火热夏天，只有62例肠炎发生，取得了显著的效果。

四、 充分发挥主观能动性，多为灾区人民作贡献

正当我们在抗震救灾中顺利开展了新局面，准备大干之间，根据中央的英明决策，将大批重伤员转往外省市治疗，全队同志，通过学习，情绪稳定，毫不松劲，决心更加主动地找工作做，多为灾区人民作贡献，使医疗队真正成为执行政治任务的宣传队和工作队。

首先我们继续积极医治留下来的伤病员，为12名软组织裂伤的伤员做了二期缝合手术，并集中住院观察，绝大多数取得了满意的效果。加强巡回医疗，很多同志带病坚持工作，坚持送医、送药、送温暖到贫下中农，当时有些同志有腹泻，甚至把屎拉在裤裆里，还坚持巡回医疗。

第二，我队组织文艺宣传队，全队同志都积极参加，自编、自演各种文艺节目，宣传党中央和毛主席对灾区人民的亲切关怀，宣扬灾区人民的英雄事迹，鼓舞灾区人民的革命斗志，普及医疗卫生知识等。

第三，积极参加农业生产和重建家园的劳动，把汗同贫下中农流在一起。我们看到大田棉枝急需整枝，否则有减产的危险时，大家比什么都焦急，虽然对农活我们是外行，贫下中农手把手地教我们，大家一边努力干活，一边亲切谈心，真正打成了一片。当大田中发现了虫灾，我们积极地投入到治虫的人民战争中去，在没有任何防护用具情况下，用手抓六六六和滴滴涕粉，撒在庄稼上，这种劳动我们从来没有干过，也知道有机磷对人体的危害性，但大家想到灾区人民的那种战天斗地的英雄气概，在那种不怕牺牲、无私无畏的革命精神的教育和鼓舞下，自觉地改造世界观，与工农画等号的又一次锻炼。同志们头顶骄阳，在密不透风的青纱帐里，冒着呛人的粉末，战斗到最后，战斗结束后，全身都被农药所沾满了，虽然很疲劳，但是大家心中非常高兴，这是我们改造世界观的又一次锻炼，是为灾区人民做贡献的又一次实践。

同时我们还参加了建造简易住房工作，很多同志，如陈剑华及四位工农兵学员，赤着脚，干得满头大汗，贫下中农赞扬说，我们流多少汗，医疗队员身上也有多少汗，我们身上有多少泥，医疗队员身上也有多少泥，在这短短的十几天中，我队一共出动了152人次参加重建家园的劳动。

第四，为了留下一支永不撤走的医疗队，发展农村卫生战线上的社会主义新生事物，我们还举办了为期两周的小队卫生员培训班和赤脚医生专题讲座，很多同志都上了讲台，工农兵学员为培养赤脚医生，克服了种种困难，担任了绝大部分课程。有的同志，如陈玉辉同志，在上海时从来也没有担任过教育工作，这次为了支持社会主义新生事物，……也勇敢地走上了讲台，这次培训工作一直坚持到我们走的前一天晚上。

我们参加抗震救灾工作时间虽然很短暂，但是由于受到八街大队党支部和医学院抗震救灾医疗队党支部的正确领导，受到唐山地区英雄人民先进事迹的教育，受到当地贫下中农的热情关怀和支持，做了一些工作，但跟党和毛主席对我们要求，贫下中农的希望还有很大差距。在抗震救灾工作期间，听到了我们伟大领袖和导师毛主席逝世的消息，大家心中十分悲痛，我们是毛主席生前亲自派出的医疗队，我们所做的一切，所取得的一切成绩，都是毛泽东思想光辉指引下取得的，我们决不辜负毛主席他老人家对我们殷切期望，我们要化悲痛为力量，继承毛主席遗志，刻苦攻读马列和毛主席著作，紧密地团结在党中央周围，坚持三要，三不要，把毛主席开创的无产阶级革命事业进行到底。

我们决心在毛泽东思想指引下，以阶级斗争为纲，认真贯彻党的基本路线，批判修正主义，批判资本主义，……坚持无产阶级专政下，继续革命，搞好社会主义革命和社会主义建设，让我们社会主义红色江山，千秋万代，永不变色。

我们虽然暂时离开了灾区，但我们要继续唐山人民的共产主义思想，自觉刻苦地改造世界观，用无产阶级先进思想占领上层建筑，将卫生革命进行到底。

我们决心常备不懈，随时准备，只要祖国需要，东西南北中，一切听从党调动，我们要继续发扬成绩，克服缺点，继续努力作战，团结起来，争取更大胜利。

华山医院赴唐山抗震救灾第三医疗队

1976 年 10 月

毛泽东思想指引抗震救灾工作

7 月 28 日，唐山、丰南一带发生了强烈地震，灾情就是命令，时间就是生命，日夜兼程赶到灾区后，中央慰问团陈永贵等首长接见了我们，给了我们无限的力量，在余震不断、缺少设备的困难条件下我们日夜奋战忘我地抢救阶级兄弟。在战斗中，我们比较注意以阶级斗争为纲，发挥了党小组的战斗堡垒作用，搞好政治站队，做到把党中央毛主席的亲切关怀，送到灾区人民的心坎上。在近二个月的难忘战斗中，尤其是在丰南地区的廿几个日日夜夜，我们巡回诊治了几千人次的伤病员，开设病房，成功地抢救和收治了一些重危病人。初步培训了两名赤脚医生，帮助和恢复建造了大队合作医疗，参加了发展生产、重建家园的劳动，更重要的是灾区广大干部群众所表现的共产主义风格和人定胜天的英雄气概，给以我们深刻而难忘的教育，促进了我们世界观的改造。在抗震救灾工作中，取得了一定的成绩，我队有3名队员留在玉田继续工作，工农兵学员李明华同志还代表大家光荣地出席了在北京召开的抗震救灾英雄模范大会，下面分三个方面汇报：

一、 山摇地动何所惧，抗震救灾献红心

毛主席教导我们："思想上，政治上的路线正确与否是决定一切的。"带着党中央、毛主席对灾区人民的关怀，经过3天多的路程，我们于31日下午到达丰南胥各庄七街大队。一到大队，同志们放下背包，没顾得上喝一口水，便立即投入了抢救伤员的战斗，分成四组，踏着残墙断砖，深入窝棚，一家一户地调查伤情，问寒问暖，紧接着就是对全大队200名急需抢救、扩创换药等的伤员在短期内作了治疗，当晚一天送来一个昏迷几天的女孩，没有病房，我们就让病员睡在身边，昼夜抢救。在紧张而繁忙的抢救治疗中，上医工宣队曹师傅，虽然业务懂得不多，但他总是热情接待着陆续送来的伤病员，一边问病一边做政治宣传工作，宣读中央慰问电，给病人送茶端饭，关心体贴，这种身传言教，使我们队从一投入战斗起，同志们便牢记我们不仅是医疗队，而且是毛泽东思想宣传队，抗震救灾工作队，不仅治病，而且要把毛主席、党中央对灾区人民的关怀送到他们的心坎上，要把上海一千万人民的委托带给灾区人民，因此尽管当时吃不上饭，睡不好觉，同志们仍然意气风发，坚持战斗。来到七街的第二天凌晨，突然一个老乡来叫难产，连续战斗到很晚才睡的妇产科欧医生听到后，二话没说，披上外衣，提起产包，便跟着家属跑到几十里远去接生。迎着黎明的曙光，一个新的生命诞生了，医生和家属都幸福地笑了，贫下中农说感谢党中央，感谢毛主席，要是旧社会遇上这么大的灾难，不说生小孩，就是大人也活不了。因此决定孩子取名为"震生"。此后，我们的帐篷里，还有抗震也问世了。当时，环境是艰苦的，在离开上海的第4天中午，我们才吃上第一顿热饭，我们还把自己不多的粮食素菜送给比我们更艰苦的战斗队。工农兵学员小袁不分昼夜，只要病员需要，坚持送医送药上门，还把上级发给我们的饼干、水果送到贫下中农的手中。一个双目失明的贫下中农以"一个盲人的心声"为题，写信来感谢我们同志对他的关心，感谢毛主席派来的好医生如此周到地照顾他，大队支书为此事说，我们大队来不及考虑的事情你们医疗队也想到了。在大量的伤病员面前，缺少药物和器械的矛盾突出了。这时候，祖国的医药发挥了她的巨大威力，没有止痛膏，就用针灸，缺少药物，分工管药物的陈忠良同志便和同志们一起带领红小兵们去采草药煎成汤送到贫下中农口中。对于大量骨折病员，没有石膏，就发挥中医小夹板作用，病员自己送来木板、棉花、碎布，我们的同志动手制成，化验员小方成了一个熟练的木工，做了很多小夹板，使几十位骨折病员在短期内得到固定和处理。对于很多软组织损伤的病员，我们便用中医推拿、拔火罐、正骨疗法等治疗，收到了很好的效果。自始至终，同志们都感到祖国医药确实是个伟大的宝库，中西医结合，其威力无穷。在灾区，祖国医药同样表现出她强大的生命力。

二、 学毛选、受锻炼、找差距

在繁忙的战斗中，贫下中农表扬我们是白求恩式的医生。在赞扬声中，党小组和工宣队发现了对个别病员处理不够仔细的情况，对照贫下中农的表扬，及时组织全队学习毛主席光辉著作，《纪念白求恩》一文，对照毛主席的教导找思想上的差距，引导大家全心全意为人民服务……以政治统帅业务，只有在正确路线指引下，我们的革命热情，才能持久下去。对照白求恩同志的优秀品质，对于病人来是主动迎上去，还是等病人过来这一问题进行讨论，大家认识到，这一“迎”一“等”虽然一字之差，却是两种世界观、两种医疗作风的反映。通过学习，党小组还及时向全队提出几点具体要求，并坚持每天一小时学习毛主席著作，坚持自始至终深入坚持每个窝棚进行巡回医疗，直到大量伤员转出后，我们坚持每天仍然巡回预防接种防治结合，在巡回中学习灾区人民的英雄事迹，做到了贫下中农的需要就是我们的战斗任务，不论白天黑夜，随叫随到，不论吃饭休息随到随看。在服务中，在灾区人民的再教育下，队里涌现出不少好人好事，有的同志在窝棚里跪着为病人扎针，推拿，徐兆麟同志是放射科技术员，当他看到截瘫病人大便解不出，就毫不犹豫地用手帮病人把大便一块一块地掏出来。共同的战斗，使我们和贫下中农结下了深厚的阶级感情。一天下午，一位贫农女社员，手捧两个热水瓶，来到帐篷前，说是送水给我们队员喝，当时我们不理解她的心情，便说：水我们有，有冷水，也有热水。这位队员却激动地说，我送的是甜水，送的是贫下中农感谢毛主席派来的医生的一片心意。当时，我们听后，非常激动。这两壶水说明了贫下中农和我们心连心，当即我们收下了这两瓶水。结合这一生动事例，又一次组织队员学习《为人民服务》一文，对照贫下中农的关怀和深厚的无产阶级感情，用“完全”“彻底”两把尺子来找差距，以实际行动来报答贫下中农的关怀，同志们作了一首诗说“贫下中农送甜水，点点滴滴暖心怀，誓将关怀化行动，夺取抗震新胜利”，贴在水瓶上，以勉励同志们更好地为灾区人民服务。

在灾区，我们耳闻目睹的英雄事迹举不胜举，抓住同志们要求向贫下中农学习，向英雄的灾区人民学习的迫切心情，除在巡回中向他们学习，还邀请大队党支部以及火线入党的新党员给我们上课，介绍抗震救灾中的英雄气概。当地震发生后，许多干部和群众，首先抢救的是别人，是集体的财产，是如何组织起抗震救灾，不少人把生的希望让给别人，把死的危险留给自己，贫下中农说：只要还有一口气，就要战斗下去，要让毛主席他老人家放心。 有的贫下中农通过回忆对比说，在旧社会遭受这样的灾害，就是没有压死也要被饿死，人们不是逃荒要饭，便是被瘟疫流行而死。整个市区便成了一片荒无人烟的废墟。而如今，党中央、毛主席十分关怀我们，在短期内，人们的衣、食、住、医疗便得到安排。因此，不少生产队，在震后第3—7天便恢复了生产，有的蔬菜队，宁可自己不吃菜，却把一车车的蔬菜送往城，所有这一切，都使我们受到了一次生动的阶级教育，共产主义理想教育……灾区英雄人民的榜样，促进我们的世界观的改造。周雅芳同志说来灾区经受了生与死、苦与乐的考验，在余震不断，随时有残墙倒塌的情况下，我们仍然坚持挨门挨户进行巡回医疗。一次暴雨之夜，同志们梦睡中听到有大地震的警报，当时我们自己随时有危险，但同志们此时此刻想到的却是在再次大地震后如何抢救伤员，队领导立即到大队去请示任务，队员也立即背好药箱，身守卫在驻地，一旦地震就可以投入战斗。这时候，生与死的考验是严峻的，但我们的同志以实际行动作出的回答也是有力的。

三、 毛泽东思想永远指挥我们战斗

抗震救灾靠的是毛泽东思想。这一点，我们的体会是很深的。吴树强同志，在这次战斗中，始终注意以毛泽东思想统帅各项工作，党小组不仅注意发挥党员的先锋模范作用，而且还调动队里打过入党报告的积极分子的积极性，做到各项工作，思想领先。当我们接到要转战玉田办医院，并要作长期在灾区工作的准备时，队干部和党员在返回途中，便开会分析队内情况，立即召开了党、团员会议，统一思想，统一认识，统一行动，会上党、团员一致表示，党指向哪里，就战斗到哪里，灾区人民需要留多长时间，便在灾区工作多长时间。同时，对个别有困难的同志开展谈心，做思想工作，当晚我们召开了动员大会，会上十六位同志争先恐后地表示决心，大家一致认为，从上海出发时我们思想估计不够，到灾区后，受到灾区人民的再教育，我们都是党和人民培养出来的医务人员，哪里需要就战斗到哪里，不少同志发言时谈到个人、家庭的困难再大，与灾区人民的灾难比起来，就微不足道。工农兵学员小王，来到灾区后，全心全意为灾区人民服务，深受贫下中农的欢迎，尤其到玉田办院，领导分配到供应室，他们就要毕业，按理希望直接接触临床，但是他说，人民送我上大学，我上大学为人民，党和人民需要什么我就干什么，只要灾区人民需要，干什么都一样。会议收到良好的效果，并且集体写了决心书，后来打算开的转战动员会成了表决心大会，这次会议充分体现了政治建队也结出了丰硕的成果。以后的事实也充分证明了这一点，第一批留下的继续工作一年的四位同志中，我们队中便有三位，当这三位同志知道组织已满足了他们继续留灾区的要求后，都非常高兴，而队里贾淑芳医生，其爱人患肝炎，躯体欠好，她表示自己留灾区，当领导批准她爱人赴灾区后，她心情愉快，服从组织安排。工农兵学员李明华同志还向党表示，毕业后要求到唐山干革命。副队长杨涵铭虽然在决定他留与不留的问题上有变化，但始终情绪稳定，并做好家属的工作，愉快地再留一年。

参加抗震救灾工作，对于我们每个人都是一次锻炼和考验，队里好人好事不断涌现，负责后勤的小董小口除参加医疗工作外，更是做了大量默默无闻的平凡而不可缺少的工作，个别同志有病，不仅坚持留在灾区，而且还争着外出巡回，同志们还利用一切机会，多为灾区作一点贡献，直到临走的前二天，当得知没有人来接替我们工作时，我们的同志便连续奋战二天，为大队盖好合作医疗室。当时医疗队员成了泥水匠，陈惠良同志赤着脚，跳进泥滩，踩着稀泥。为了人民的需要，我们原来不会干的，现在学会了。为了更好地支持和扶植赤脚医生这一新生事物，直到我们临走的头天晚上，开好告别会后，同志们仍坚持为赤脚医生上课，以后，七街大队的党支部书记到玉田来看望我们说，赤脚医生在地震发生后发挥了很大的作用，现在你们走后，他们仍坚持每天挨家挨户地进行巡回医疗，在丰南，我们亲眼看到赤脚医生和合作医疗这一新生事物就是好，……广大农村有了赤脚医生合作医疗，健康工作就有保证。

我们在灾区时，传来了伟大领袖毛主席逝世的噩耗。我们感到无比的悲痛，回想毛主席的丰功伟绩，回想我们来到灾区后，每一项工作都是在毛泽东思想指引下顺利开展，每一项方针、政策都是毛主席亲自制定，毛主席最关心灾区人民，灾区人民也最热爱毛主席，在毛主席他老人家病重时，他仍然在指挥抗震救灾工作，并亲自圈阅和批发了他生前的最后一个文件——关于抗震救灾工作的汇报，灾区人民心向毛主席。地震发生后，李玉林同志首先想到的就是开车子到北京向毛主席老人家汇报灾情，不少人在地震重灾面前，在亲人殉难时没有掉过一滴泪，而当听到毛主席逝世时，都放声痛哭，毛主席啊，灾区人民想念您，抗震战士想念您！今天，我们怀着无比沉痛的心情，悼哀毛主席逝世，我们决心挥泪继承主席的遗志，化悲痛为力量，以更多的时间和精力学习毛主席的著作，继承毛主席的光辉思想，把毛主席所开创的革命事业进行到底！

现在，我们已经离开了唐山、丰南，回到上海，几天来大家学习讨论，……决心把学习唐山、丰南地区人民的英雄事迹带到今后的工作中去，决心化悲痛为力量，……使毛主席亲手开创的革命事业，千秋万代永远继续下去。

我们队做了一定工作，成绩是肯定的，但缺点错误是很多的，尤其是和兄弟队相比，要虚心向他们学习，认真总结，以利再战。

华山医疗队赴唐山丰南第一医疗队
1976.10.12

眼耳鼻喉科医院
关于抗震救灾工作情况的总结

（76）五官字53号

唐山、丰南一带发生了强烈地震，在短短的几小时内，全院同志在党总支领导下，想灾区人民所想，急灾区人民所急，踊跃报名，全院同志包括老弱病残的都报名奔赴灾区第一线，亲身参加抗震救灾的战斗。前后虽有12位同志（包括参加临时医院一年的医疗队）直接参加了抗震救灾第一线的工作，其余留在医院的同志努力学习，克服困难，在各个不同岗位上掀起了学习灾区人民的革命精神，以实际行动支援灾区的热潮。

党总支委员会在接受了参加抗震救灾任务后，自始至终坚持领导，当晚就召开了总支扩大会议，研究派出医疗队的计划。在整个过程中，总支把抗震救灾的过程成为宣扬好人好事，向灾区人民革命精神学习的过程。为了支援灾区人民夺取抗震救灾的胜利，多次召开了党总支会议及扩大会议，多次召开了党员群众的座谈会，组织群众学习党中央的慰问电，学习宣传医疗队及灾区人民的先进事迹，进行深入的组织发动工作。总支领导干部纷纷站在第一线，带头报名，表示了同灾区人民共同战斗的决心。工宣队指导员，总支副书记黄克俭虽然年纪过半百，但老当益壮，积极报名，积极争取参加医疗队。被批准后，积极工作，团结同志，克服困难，做了大量深入细致的思想工作。使列车医疗队圆满地完成了上级所交给的运送伤员的任务。此外，总支利用各种事例向全院职工进行共产主义大目标的理想教育。例：参加丰南县抗震救灾医疗队的徐林根同志来信介绍了灾区人民对上海医疗队的深厚感情，并把灾区人民因断水，毛主席、党中央关怀受灾人民用飞机送去的苹果转送给医疗队后，他舍不得吃，忍着饥渴，托人把灾区人民的心意带回了医院。党总支经过研究，抓住了这个有利时机，公布了这封来信，并在团员青年中专门召开了大会，进行了实例教育，激发了干劲，推动了工作。全院在学习中畅谈了新旧社会的对比，灾区人民的革命精神，表示了自己为支援灾区人民努力工作的决心，促进了医疗教学革命。

7月28日的当天，听了上级关于唐山地区发生强烈地震的消息后，从上到下掀起了抗震救灾，支援灾区的热潮。灾情就是战斗命令，工宣队全体同志正在参加上医团部举办的学习班，当晚全部回院，研究部署，待命出发。全院同志听到消息后，从白发苍苍的高龄医生到进院不久的年轻医护人员，从医技人员到后勤工人，从总支领导干部到科室工作人员都纷纷写出决心书，在各种会议上表示自己支援灾区，与灾区人民同呼吸共命运的决心。在每次党总支召开会议的过程中，很多同志打电话表示自己不怕困难，努力奋战在救灾第一线的决心。如耳鼻喉科年轻医生徐林根同志再三要求后被第一批批准踏上抗震救灾第一线的。从被批准到出发仅几个小时，他尽快准备好医疗器械、药品，携带了简单的行李离开了上海。在抗灾的过程中，他不怕困难，打破科别的界限，积极救治伤病员。并且来信一再要求在灾区再留一年，同灾区人民并肩战斗。如周勤劳、孙信中、范雪萍、欧阳正玉等同志尽管被批准而没有到达灾区，在等待出发的过程中，虽然反复变化，但是，并没有影响到工作和情绪，表达了以实际行动支援灾区的愿望。留下来的同志一致表示，坚决肩挑重担，完成支援灾区同志的工作。并决心改善服务态度，提高服务质量，以努力为工农兵服务的实际行动支援抗震救灾。二病房同志在抗震救灾中贴出了倡议书，表示在完成原有工作的情况下抽出力量，因住院病员多，突击一批等待多时，急需手术的亚急病人。战斗在后勤部门的同志，虽不能亲自参加抗震救灾医疗队的工作，也积极做好本职工作，要啥有啥，克服困难，完成任务，为灾区准备救灾物资。前后我院分两次共支援了六十套棉被。在整理过程中，因医院用量少而凑齐遇到很多困难。他们表示，只要灾区人民需要，天大的困难也要克服，没有新的用旧的，棉被、被单破的他们就组织力量突击进行缝补。由于团结一致，想灾区人民所想，急灾区人民所急，两次救灾物资都按时、按质圆满地完成了任务。在运送的过程中，总支领导成员邢锡桃同志亲自参加，同后勤于耀枢同志一起送达目的地回院已七点多钟了，但想到为灾区人民作出了自己的努力而增加了信心。

抗震救灾工作从开始到现在已有两个多月了。为了学习灾区人民“地大震，人大干”，“战天斗地，克服困难，重返家园”的豪情壮志和革命精神，于本月15日（星期五）召开全院职工大会，由参加抗震救灾工作第一线回院的黄克俭、徐林根两同志进行介绍，……把抗震救灾中所激发出来的革命干劲推动医疗卫生革命的深入开展。下星期三（21日）下午各科各部门进一步讨论制订第四季度工作打算，如何提高工作质量，改进服务态度……，深入贯彻毛主席的卫生革命路线。

上海第一医学院赴玉田县筹建抗震救灾临时医院先遣小队

1976年10月15日

关于在唐山地区玉田县筹建抗震救灾临时医院的报告

上海市抗震救灾医疗队大队部:

根据最近中央领导同志、河北省抗震救灾指挥部、上海市卫生局革委会，对关于建立抗震救灾临时医院的指示精神，按收治伤病员300名加上工作人员300名（医护工近200名，由当地解决勤什人员100名）约600名的规模建院，在玉田县委领导下，邢台地区大力支持下，筹建中本着一物多用、因地制宜、因陋就简、艰苦奋斗的精神将院址设立在玉田县师范学校内，房屋建筑要求能防火、防雨、防寒，结构上尽量简单、经济、实用，关于临时医院的部门设置、工作人员配备及所需要各种物资的初步规划（另附表见后），关于所需要各种物资设备项目，请领导根据当前抗震救灾医疗任务和今后医疗任务的需要，酌情分期分批拨给，妥否，请批复。

上海第一医学院赴玉田县筹建抗震救灾临时医院先遣小队

1976年8月10日

筹建玉田县抗震救灾临时医院的初步规划

（一） 领导机构:

院部设临时总支委员会，下设有三个组：政工组办公室、后勤组，和四个支部。

总支委员会有七人组成，书记一正三副，正职书记总抓，其中三个支部设三个专职支部书记、副书记业务干部兼，另一个支部（机关支部），由机关干部兼。

政工组:（组织、保卫、政宣） 5人（其中副书记兼组长）

办公室:（包括业务医疗） 5人（同上）

后勤组: 5人（同上）

共 19 人。

（二） 部门工作人员配备:

是根据灾区具体情况和工作人员应一专多能原则，来配备以下人数:

1. 各科医生人数:

外科 9 人，内科（包括小儿内科、传染病、皮肤科） 6 人，妇产科 3 人，眼科 2 人，耳鼻喉科 1 人，口腔科 1 人，麻醉科 2 人，放射科 2 人。

共 26 人。

2. 各科护士人数:

手术室 6 人，麻醉 3 人，眼科 2 人，耳鼻喉 2 人，助产士 3 人，妇科 2 人，中心供应室 5 人，内、外科 35 人。

共 58 人。

3. 技术人员:

化验 4 人，药房 6 人，心电图 2 人，超声波 2 人，放射科 2 人，石膏间 1 人。

共 17 人。

4. 技术工人及后勤业务干部:

水、电工 2 人，驾驶员 2 人，会计 4 人，库房 2 人，食堂管理员 2 人，司炉工 1 人，机械仪器维修 2 人。

共 15 人。

5. 77 届学员一个班 50 人。

以上总数共 185 人。

6. 其他勤什人员（包括炊事人员）约需 100 人，需就地备置。

（三） 物资设备:

1. 大件设备

大型立式高压消毒锅 2 只，电灼器 1 台，小型高压消毒锅 2 只（已领），冰箱 1 只，恒温箱 1 只，显微镜 2 只，麻醉机 2 只，手术吸引器 3 只，病房用小型电动吸引器 8 只，离心机 2 只，氧气钢筒 8 只，骨科石膏床 1 只，手术床简易型 3 只，万能手术床 1 只， X 线机 30 或 50 毫安 2 只（其中有一只可作床旁摄片用），心电图机 2 台，超声波机 1 台，广播器械一套，小发电机 1 台，救护车及运输用汽车各一辆，1 吨用锅炉 1 台，骨科牵引架 10 只，电钻 1 只，电动石膏割刀 1 只。

2. 器械设备

剖胸包 2 只，剖腹包 4 只，开颅包 1 只，骨科截肢及切开复位包各 1 只，产包 4 只，扩创包 10 只，眼、耳鼻喉科包各 1 只，气管切开包 5 只，心脏按摩包 3 只，静脉切开包 10 只，另再需适当配备以下器械：泌尿科（如金属导尿管、尿道金属探杆、胶质导管等），骨科（各种内固定所需钉、板、螺丝及牵引针），胸外科（技气管及食管镜），普外科（胃肠道内窥镜），妇产科（人流器械、妇科产科检查器械），五官科（检查和治疗器械），口腔科（检查和治疗器械）等。以及麻醉科气管插管及硬膜麻醉导管器械等。

3. 其他设备类

一套放射科摄片洗片定影烘片设备，一套化验室仪器设备（包括三大常规，生化、细菌室设备）。测定血型及输血设备。炊事用具二套每套供应 300 人，水电修理用具二套，自来水管若干量。医用各种粗细类型塑料管若干量（细多，粗少）。天平 100 克 2 只、500 克 1 只、1000 克 2 只，喷雾器 10 只。

搪瓷类：手术泡手桶 6 只，盛菜面盆 60 公分 10 只，普通面盆 40 只，灌肠筒 10 只，扁便桶 20 只，痰盂 100 只（或用大瓷钵代替），大保暖筒、冷水筒各 10 只，无盖圆筒柱型罐 10 只，有盖搪瓷茶缸 60 只，有盖扁长方盒 25 只，有盖桶 5 立升、 10 立升、 20 立升各 10 只。

钢精（铝）类：普通面盆 10 只，大小饭盒各 40 只，无盖方盘 20 只，辅料消毒筒 10 只，30 公分锅 10 只。胸腔抽气机 2 只，血压机 30 只，听诊器 30 副，电筒 30 只，立式弯颈插灯 10 只，小型立式无形灯 3 只，40 瓦日光灯 40 套，电灯泡 25 W、 40 W 各 100 只，100 W50 只，热水瓶 60 只，粗陶瓷消毒缸 16 只，白铁铅桶 60 只，担架 10 副，消防用具灭火机若干。塑料布 2 筒，弯盆、药碗、换药镊子，钳，各 300 只。换药手术剪刀 20 把，各种类型针头（输血、输液肌肉深射，皮内、头皮注射和抽气，腰穿长针头）若干。煤油气灯 4 只，消毒用煤油打气炉 2 只，病史纸及各种化验单、心电图纸、各种笔墨纸张文教用品若干，马灯 16 只，消毒洗手皂、软皂块洗衣粉若干。

玻璃类：输液滴管、滤血滴管各 300 只，喷雾器 100 只，测温口表 150 只、肛表 50 只，针筒 50 cc 40 副、20 cc 100 副、10 cc 200 副、5 cc 300 副、2 cc 300 副、1 cc 300 副。皮肤试验 1 cc O. T. 管 100 副，标本瓶 1000 cc 4 只、2000 cc 4 只。量杯 1000 cc、 500 cc 各 2 只，50 cc、 20 cc 各 20 只。三角烧瓶 500 cc、 1000 cc、 100 cc 各 10 只。大圆底烧瓶 2000 cc 20 只，小研钵 10 公分 10 只、20 公分 2 只、30 公分 2 只。引流瓶（胃肠减压胸腔引流用，并需附橡皮塞和接管）共 60 只。

橡皮类：

手术手套 $7\frac{1}{2}$ 吋 100 副、7 吋 100 副、$6\frac{1}{2}$ 吋 100 副。

洗涤用中长手套30副，拖鞋及跑鞋各50双。

成人及小儿用各型号导尿管：

普导尿管200根，前列腺导尿管30根，气囊导尿管50根，蕈状导尿管30根，胃管50根，肛管50根，双腔十二指指肠管及三腔气囊管各20副，吸痰用气管导管50根。鼻咽管、气管插管、有囊无囊若干。各种粗细引流管普通橡胶和乳胶管若干。

布类：

近300工作人员长袖短袖工作服各2件，帽子口罩各2只，均由原单位本人负责带来。

另再备用白色长短袖工作服各50套，帽子100只，口罩200只，手术洗手衣裤50套，手术消毒衣80件，外科病人手术衣裤300套，剖胸大单6，剖腹大单20，大洞巾10，大单50，中单1000只，手术巾300，小洞巾60，大包巾40，中包布40，小包布80，各种针筒包布300，医用纱布4大匹，医用棉花100包，棉门帘200块（1.5×2 m），棉垫、棉盖被各400条，被套500条，被单600条，橡皮被单50块，枕头300只，枕套350只，棉大衣100件，棉大衣套150件，小被单300单，白布3大匹。

木器：

各部门科室、病房、宿舍、台凳若干。

手术器械台10只。

各部门用大台（如手术室、药房、伙房、化验室、中心供应室、放射科用）若干。

大木架（药房、手术室、中心供应室用）若干。

病房用小药柜10只，药房用大药柜2只，手术、麻醉器械橱2只。

小木架化验部门用若干。

（四）药品：

应按300伤病员数量配备（包括消毒、治疗、麻醉药品）。适量石膏、绷带和石膏粉。

为减轻国家和灾区人民负担，我们建议以上部分物资（如病床、台、凳、椅、医疗仪器设备）可尽量利用清理出来的灾区医院的原有物资设备。

以上清单供领导参考，在品种项目和数量上可能有增减。

上海第一医学院赴玉田县筹建抗震救灾临时医院先遣小队
1976年8月10日

关于唐山玉田临时医院急需医疗器械和药品的报告

上海市卫生局革委会：

我院赴唐山玉田临时医院医疗队即将出发。我院在出发前已作了各方面的动员工作。其中在医疗器械准备方面，各附属医院都已充分发动群众挖潜力，将有关需要医疗器械支援玉田临时医院。

但是，根据当地需要，尚有以下急需医疗器械和药品无法解决，现特请市卫生局帮助解决。

以致

敬礼！

上海第一医学院医疗科研组

1976年9月7日

附急需医疗器械和药品表格壹份

上海第一医学院赴唐山玉田临时医院急需申请医疗器械表

品　名	单位	规格	请领数	品　名	单位	规格	请领数
立式无影灯	只		2	电动离心机	只	8孔	3
简易手术床	只		2	血压表	只	水银	8
电动吸引器	只		2	血压表	只	弹簧	4
脚踏吸引器	只		10	听诊器	只		10
心电图机	只		1	气管套管	套	大号	3
X光机	只	50 mA加增感屏	1	气管套管	套	小号	2
				胃钳	把		2
电冰箱	只		2	胆道扩张器	套		1
氧气钢瓶	只		10	宽直角拉钩	只	深	1
氧气表	只		10	宽直角拉钩	只	浅	1

（续表）

品　名	单位	规格	请领数	品　名	单位	规格	请领数
狭直角拉钩	只	深	1	持骨钳	把		2
狭直角拉钩	只	浅	1	单钩镊	把		10
胆道取石钳	把		3	双钩镊	把		10
胆道刮匙	只		3	卵圆镊	把		10
煤油喷灯	只	手提式高压锅消毒用	4	医用剪	把		10
				钢丝剪	把		2
铅围裙	件		1	肋外科张胸器	只	大	1
铅玻璃红色眼睛			2 副	肋骨张开器	只	中	1
581 型光电比色计	套		1	肋骨张开器	只	小	1
分析天平秤	架	$\frac{1}{万}$	1	肩胛骨拉钩	只		1
恒温水浴箱	只		2	短密克氏钳	只		2
恒温烘箱	只		1	肋骨拉拢器	只		2
电灼器	只	交频大电刀		静脉拉钩	只		6
氧气袋	只		10	骨衣撬	只		2
超声波	具		1	孔氏针打入器	只		1
心脏起搏器	只		1	孔氏针拢出器	只		1
乙状结肠镜	只		1	骨折固定夹	只	尺挠骨骨折用	2
手术室取暖柴油炉	只		4	史氏针	根	长、短两种	50
电麻仪				尖头拉钩	只		2
卧式高压消毒锅	只	用煤油	2	相氏拉钩	只		2
直接喉镜	只		3	钢　板	块	尺挠骨	10
间接喉镜	只		10	钢　板	块	股骨	10
直角钳	只		2	脊椎自动拉钩	只		1
长多齿镊	只		2	胃　管	条		20
心耳钳	把	大、中、小	各 1 把	十二指肠管	条		15
小心耳钳	把		2	三腔管	条		2
勃来洛克钳	把	各种长短规格	4	硅胶管	公尺	2 mm 内径	5
				量　筒	只	1000 ml	10
哈叭狗 Boudch	把	各种大小	4	量　筒	只	100 ml	5

（续表）

品　名	单位	规格	请领数	品　名	单位	规格	请领数
量　筒	只	10 ml	5	试剂瓶	只	1000 ml	20
容量瓶	只	1000 ml	3	试剂瓶	只	500 ml	20
容量瓶	只	500 ml	3	试剂瓶	只	250 ml	20
容量瓶	只	100 ml	5	蒸馏水瓶	只	1 万 ml	5
烧　杯	只	1000 ml	10	定时钟	只		2
烧　杯	只	500 ml	10	试管篓	只	铜丝	10
烧　杯	只	100 ml	10	本生喷灯	只		2

我院组织赴唐山玉田临时医院医疗队名单

上海市卫生局：

我院组织赴唐山玉田临时医院医疗队已组织完毕，现将情况汇报如下：

总人数：　150 名

其中：中山医院：　25 名

华山医院：　25 名

儿科医院：　10 名

五官科医院：　9 名

妇产科医院：　8 名

院本部：　12 名

医学系 76 届六班：　45 名

黄浦区：　16 名

合计：　150 名

上海第一医院医疗科研组

1976 年 9 月 17 日

上海第一医学院赴　　省（县）医疗队名单

第　　批　　　省　　　专区　　　县　　　公社　　　大队

医院名称	部门	姓　名	性别	年龄	政治情况	原单位职务	技术特长	医疗队职务	备注（电话）
院本部	组织部	葛公俊	男	47	党员	院组织组			
院本部	团部办公室	张金根	男	45	党员	工宣队			
华山医院	工宣队	许关荣	男		党员	工宣队			
儿科医院	总支	吴文娟	女	26	党员	总支副书记			
五官科医院	后勤	毛锦城	男	40	党员	后勤组组长			
华山医院	团委	胡玉华	女	26	党员	团委书记			
院本部	后勤	周伟良	男	25	党员	司机			
院本部		王佩敏	女	27	党员	应届大学毕业生			
院本部		张勇英	女	25	团员	应届大学毕业生			
院本部	后勤	周小玲	女	28	党员	应届大学毕业生			
院本部	后勤	顾关兴	男	47		技工			
中山医院	后勤	王建民	男	22	团员	司机			
院本部	后勤	马一敏	女	20	团员	会计			
华山医院	后勤	王亚平	男	22	团员	会计			
中山医院	后勤	潘　露	女	22	团员	会计			
院本部	后勤	戚才根	男	49	党员	炊事员			
院本部	后勤	俞晓君	女	21		水电工			
院本部	后勤	路富民	男	20		木工			
院本部	后勤	冯昌华	男	20	团员	技术员			
院本部	后勤	陈庆旺	男			炊事员			
中山医院	外科	马慎瑾	男	43	党员	骨科医生	骨科	外科负责	现在唐山
中山医院	外科	任长裕	男	51		胸外科医生	胸外科		现在唐山
中山医院	外科	刘咸璋	男	40		普外科医生	普外科		
中山医院	外科	仇德惠	男	37	党员	普外科医务人员	普外科		

（续表）

医院名称	部门	姓　名	性别	年龄	政治情况	原单位职务	技术特长	医疗队职务	备注（电话）
中山医院	外科	吴　芬	女	22	团员	护士	外科手术		
中山医院	外科	陈　善	女	46	群众	护士	外科护理		
中山医院	外科	丛树萍	女	22	群众	护士	手术室		
中山医院	外科	邵民德	女	24	群众	护士	针麻		
中山医院	外科	沈衍元	女	47	群众	医生	麻醉		
中山医院	外科	韩宗英	女	40	党员	眼科医生	眼科		
		胡佩佩	女	36		护士	妇产科		
		舒士蓝	女	37		助产士	妇产科		
	内科	钮善福	男	40	党员	医生	肺科	内科副组长	
		李任时	男	23	团员	医生	内科		
		杨翠云	女	25	团员	护士	内科		
		沈秀芳	女	25	团员	护士	内科		
		徐贵珍	女	26	团员	护士	内科		
		沙雅珍	女	21		护士	内科		
中山医院	检验科	孙路得	女	31	群众	技术员	检验		
	检验科	孙瑞霞	女	22	团员	技术员	检验		
	药剂科	阮宏年	男	21	团员	技术员	药剂		
	放　射	陈基娟	女	22	团员	技术员	放射		
	供应室	周文英	女	46	群众	护士	供应室		
	内　科	周晚霞	女			护士			补充
	内　科	顾兰芳				护士			补充
华山医院	内　科	杨一峰	男	42	党员	医生	内科	内科组长	
华山医院	内　科	周建国	男	35		医生	内科		
华山医院	外　科	刘世杰	男	40		医生	骨科		

（续表）

医院名称	部门	姓　名	性别	年龄	政治情况	原单位职务	技术特长	医疗队职务	备注（电话）
华山医院	外　科	宋建达	男	37		医生	普外		
华山医院	神　外	杨函铭	男	37		医生	神外		
华山医院	外　科	刘富贵	男	47		护士	外科		
华山医院	外　科	吕海燕	女	21	团员	护士	外科		
华山医院	外　科	龚美玲	女	24	团员	护士	麻醉		
华山医院	外　科	张　适	女	22	团员	护士	手术室		
华山医院	皮　肤	石国星	男	47		护士	护理		
华山医院	神经科	施亚萍	女	24	团员	护士	护理		
华山医院	神经科	梁荣娣	女	23	团员	护士	护理		
华山医院	医　技	陆　耿	女	23	团员	护士	供应		
华山医院	放射科	李明华	男	26	党员	医生	放射		
华山医院	放射科	徐兆麟	男	24	团员	技术员	放射		
华山医院	化　验	方　勇	男	21	团员	技术员	化验		
华山医院	药　房	钮心任	女	23		技术员	药剂		
华山医院	内　科	李美鑫	女	25		护士	护理		
华山医院	内　科	徐小凤	女	25		护士	护理		
华山医院	内　科	何婉婷	女	29		护士	护理		
华山医院	外　科	徐宪芳	女	23		护士	护理		
华山医院	化　验	王亚平	女	22	团员	技术员	化验		
	内　科	沈顺彪	男			内科医师	内科		
	内　科	陆瑞英	女			护士	副护士长		
儿科	内　科	孙荟琴	女	50	党员	医生			支部委员
	外　科	周以明	女	31		医生			
	外　科	曹玉明	女	22		技士	麻醉		
	外　科	龚静华	女	25	团员	护士			
	外　科	佘红英	女	22	团员	护士			

（续表）

医院名称	部门	姓　名	性别	年龄	政治情况	原单位职务	技术特长	医疗队职务	备注（电话）
	内　科	施　奕	女	25	团员	护士			
	内　科	张慧君	女	25	团员	护士			
	药　房	林建民	女	33		护士	药剂		
		龚凤贤	女	25	团员	护士			
	后　勤	周汝东	男			后勤			
眼耳鼻喉科医院	眼耳鼻转口腔科	张孝通	男			口腔耳鼻喉科医生			
	眼　科	张雅英	女		团员	护士			
	眼　科	蔡荣华	女			护士			
	耳鼻喉科	王绪蓝	女			护士			
	耳鼻喉科	卢华曾	女			护士			
	手术室	周淑英	女						
	药　房	周耀全	男		团员	团支部委员	药剂员		
	放射科	卢尔林	男			X 光技术员	X		
		朱复润	男		党员	眼科医师	眼科		
妇产科医院		郁士浩	男	38		医师			
		沈林华	女	26	团员	医师			
		宋士英	女	43		护士			
		陈　岚	女	25	团员	护士			
		林锦水	女	26	团员	护士			
		任蓉娣	女	22		护士			
		王培娣	女	21		护士			
		张荣芳	女	25	党员	麻醉护士			
		张秀亭	女			护士			
黄浦中心医院		陈仙度	女	28	党员	内科医生		（支书）	科支部书记
浦东中心医院		庄悦祥	男	38	党员	内科医生		（支委）	革委员

（续表）

医院名称	部门	姓　名	性别	年龄	政治情况	原单位职务	技术特长	医疗队职务	备注（电话）
区传染病医院		张银妹	女	28	党员	外科护士		（支委）	党支部委员
黄浦中心		黄伟民	男	28	党员	外科医生		（支委）	
长沙街道医院		刘洪晓	女	21	党员	护士化验			团支部书记
黄浦中心医院		郭利华	女	27	党员	中医			
黄浦中心医院		侯林毅	女	22	团员	放射医士			
浦东中心医院		秦　臻	女	23	党员	检验士			团总支委员
浦东中心医院		蒋倚文	女	23	团员	药剂士			
浦东中心医院		张梅英	女	32		外科护士		队员	
红光医院		孟　敏	男	23	团员	内科医生		队员	
红光医院		赵　玲	女	22	群众	眼科医生		队员	
公费门诊部		吕志芳	女	23	团员	护士		队员	
卫生学校		张建国	男	23	团员	医生		队员	
张家浜医院		吕兆新	男	23	党员	推拿伤科		队员	
红光医院		张秀芳	女	24	团员	外科医生		队员	团支部委员

医 77 届六班分组名单

（赴唐山班）

第一组：

刘玉清　女　　吴肇钢　男　　何玉兰　女

龙敦海　男　　王凤娟　女　　朱书珍　女

章婉琴　女　　林志品　男　　刘伟建　男

李梅英　女　　钱冬梅　女　　林银国　男

龚时雄　男　　朱海玲　女　　赵和平　男

第二组：

何荣娣　女　　王湘民　男　　潘思源　男

许祖德　男　　方国华　男　　吴瑞勤　女

郭振荣　男　　李安民　男　　王贵宝　男

武玉娥　女　　李凤仙　女　　斐金凤　女

霍纲娣　女　　王玉琴　女　　樊玉敏　女

第三组：

王伍绪　男　　李妙英　女　　翟　敏　女

朱兆富　男　　杨於万　男　　阚玉清　女

艾辛辛　女　　汪倩华　女　　朱亚敏　女

柯松几　女　　叶树青　女　　潘金荣　男

谭德炎　男　　汪民康　男

班级辅导员　沈亚萍　女　党员

玉田抗震医院现有编制及人员安排表

行政机关	党总支正副书记 3 名　办事组：　2 名　政工组：　4 名 医教组：　5 名　后勤组：14 名　其中{组长：　2 名；出纳：1 名}　会计 1 名　司机 2 名　被服 2 名　电工 1 名　食堂管理 3 名　库房 2 名
内科	三个病区、一个传染病区，共 165 张床位，共有医务人员 38 名。 其中：医师 18 名{普内 11 名　小儿内科 2 名、心内科 1 名；神内 1 名　中医 2 名、皮肤 1 名、} 护士：　20 名（包括 2 名护士长）
外科	三个病区，共 135 张床位，共有工务人员 48 名。 手术室 10 名{麻醉医师 1 名、麻醉护士 3 名；石膏 1 名、手术护士 2 名　助产 1 名　耳眼护士 2 名} 其中：医师 17 名{普外 4 名、儿外 1 名、骨科 2 名、五官科 2 名；胸外 1 名、泌尿 1 名、妇产科 2 名、眼科 2 名、伤科 1 名} 护士：　24 名（其中手术护士 5 名）
辅助部门	药剂 6 名　化验 6 名　放射 4 名（其中医师 2 名）　中心供应室 6 名 理疗 2 名　病理 2 名　病史资料统计 2 名　防保 2 名　接待门诊 4 名（护士）
合计	行政、政工、管理、技工人员共有 28 名 医师 38 名　护士 57 名　医技 21 名　其他 4 名

（续表）

<table>
<tr><td colspan="4">各附属医院派出人员情况及今年需轮换时调整意见</td></tr>
<tr><td rowspan="2">中山医院
共 28 名</td><td>医师 8 名</td><td>护士 13 名</td><td>技术员 4 名　其他 3 名</td></tr>
<tr><td>骨科 1 名　胸外科 1 名
普外 2 名　麻醉 1 名
眼科 1 名　肺科 1 名
普内 1 名</td><td>外科护士 2 名　针麻 1 名
手术护士 1 名　妇产科 2 名
内科 6 名　供应室 1 名</td><td>化验 2 名　药剂 1 名
放射 1 名
司机 1 名　会计 1 名
干部（工宣队） 1 名</td></tr>
<tr><td rowspan="2">华山医院
共 27 名</td><td>医师 6 名</td><td>护士 15 名</td><td>技术员 4 名　其他 2 名</td></tr>
<tr><td>普内科 2 名　骨科 1 名
普外科 1 名　神外 1 名
放射 1 名</td><td>外科护士 4 名　麻醉 1 名
手术护士 1 名　皮肤科 1 名
神经科护士 2 名　供应室 1 名　内科护士 5 名</td><td>放射技术员 1 名
化验员 2 名
药剂 1 名
干部 2 名（其中一名工宣队）</td></tr>
<tr><td rowspan="2">儿科医院
（共 11 名）</td><td>医师 3 名</td><td>护士 5 名</td><td>技术员 2 名　其他 2 名</td></tr>
<tr><td>儿内科 2 名　儿外科 1 名</td><td>儿内科护士 3 名
儿外科护士 2 名</td><td>麻醉技术员 1 名
药剂 1 名　后勤 1 名
干部 1 名</td></tr>
<tr><td rowspan="2">耳鼻喉科医院
（共 10 名）</td><td>医师 2 名</td><td>护士 5 名</td><td>技术员 2 名　干部 1 名</td></tr>
<tr><td>眼科 1 名　耳鼻喉科（口腔） 1 名</td><td>眼科护士 2 名
耳鼻喉科护士 2 名
手术护士 1 名</td><td>药剂员 1 名
放射技术员 1 名
干部 1 名</td></tr>
<tr><td rowspan="2">妇产科医院
（共 9 名）</td><td>医师 2 名</td><td>护士 7 名</td><td>技术员 1 名</td></tr>
<tr><td>妇产科医师 2 名</td><td>护士 6 名
麻醉护士 1 名</td><td>技术员 1 名　化验 1 名</td></tr>
<tr><td>院本部</td><td colspan="3">干部 1 名　工宣队 1 名　司机 1 名　技工 1 名　会计 1 名　炊事员 2 名　电工 1 名
后勤 1 名　木工 1 名　76 届毕业生 3 名</td></tr>
<tr><td>合计</td><td colspan="3">中山医院 28 名　华山医院 27 名　五官科医院 10 名　儿科医院 11 名
妇产科医院 9 名　院本部 13 名　总人数： 98 名（编者注：表格数字有涂改，个别统计数字相加有出入。）</td></tr>
</table>

玉田抗震医院负责人名单

党总支

书记：葛公俊　副书记：张金根　吴文娟

委员：毛锦城　胡玉华　许关荣　张荣芳　陈仙度　沈亚萍　马慎瑾
　　　刘玉清

院部

院长：葛公俊　　副院长：张金根　许关荣　毛锦城

政工组

组长：张金根　　副组长：胡玉华

成员：张荣芳　周小玲　王佩敏

医教组

组长：吴文娟　　副组长：许关荣

成员：沈亚萍　张勇英　杨一峰　刘咸璋　马慎瑾

后勤组

组长：毛锦城　　副组长：周伟良　顾关兴

团总支

书记：胡玉华　　副书记：翟敏

委员：陈　岚　李任时　刘洪晓　王建民　轩维存　徐兆麟　林振国

行政支部

书记：张金根

委员：周伟良　周小玲

内科

内科支部

书记：陈仙度

委员：钮善福　孙荟琴

革命领导小组

组长：陈仙度　　副组长：杨一峰

大病房

组长：杨一峰　　副组长：钮善福

护士长：杨翠云　季美鑫

传染病房

护士长：施　奕

各组室负责人

化验：孙路德　　药房：周跃全　林建民

供应室护士长：周文英　　麻醉组组长：张荣芳

外科

支部

书记：许关荣

委员：马慎瑾　黄伟明

革命领导小组

组长：马慎瑾　　副组长：刘世杰

大病房

组长：刘世杰

护士长：陈善　　副护士长：张银妹

小病房

组长：郁士浩　　副组长：韩宗英

护士长：宋士英（正）　张雅英（副）

手术室

护士长：张适

放射科负责人：李明华

玉田抗震临时医院政工组小结

临时医院党核心组在筹建医院过程中，始终坚持以阶级斗争为纲，坚持党的基本路线，认真学习，……紧紧依靠上级党委和地方党委的领导，充分发挥党支部战斗堡垒作用和工宣队师傅的政治领导作用，经常分析思想情况，发动党团员和积极分子做好政治思想工作，坚持以政治统帅业务，走政治建院的道路。现把各阶段主要情况回顾如下：

8 月 20—21 日，中山、华山、黄浦、静安各医疗队陆续会师玉田，在院党核心组的领导下，各队进行三天整休，系统地总结回顾了前阶段在丰南、迁西、遵化等地抗震救灾的战斗经历。大家深刻地认识到，我们无产阶级专政的社会主义制度，具有极大的优越性；用马列主义、毛泽东思想武装起来的……英雄人民是不可战胜的。抗震救灾斗争的实践，更使大家体会到我们的党是伟大的党，我们的军队是伟大的军队，我们的人民是伟大的人民，我们的国家是伟大的国家。队员们通过总结回顾，提高了阶级斗争、路线斗争和继续革命的觉悟，更加意气风发，斗志昂扬地投入筹建临时医院的战斗。

8月24日，党核心组召开党团员会议及全院大会，要求全院同志积极投入大学习、大批判，要以阶级斗争为纲，……因陋就简、因地制宜地勤俭办院，……努力做好筹建临时医院的各项工作，会上还明确了办院方针和指导思想（共七条）。会后党团员起模范带头作用，广大革命群众也积极行动起来，个个精神振奋，斗志昂扬，决心学习灾区人民的革命精神，胜利完成党交给我们的筹建和办好临时医院的战斗。大家表示一定要以白求恩同志为榜样，以两个极端精神，全心全意为灾区人民服务。如华山二队同志贴出了倡议书，坚决表示要和灾区人民同甘苦，共战斗，党和灾区人民需要我们留多久，就留多久，无论三年、五年甚至一辈子。其他单位也纷纷响应，贴出决心书，请战书。有的同志表示要用实际行动，争取加入伟大、光荣、正确的共产党。全院出现了一派热气腾腾的景象，经过短短两天的建院准备工作，于26日就开始收治病人了。

开始收治病人那天正值大雨滂沱，同志们抬扶着病人，冒雨将病人接送到病房，……各科领导在排班时采用了分工不分家的原则，医护协作，统筹值班。由于从抗震医疗队转为办临时医院，人员配备一时不能适应，护士较少，某些部门如供应室缺人，有的医生即做了护理工作，不少同志改行到供应室（如许祖德、王锦樑等工农兵学员），同志们表示，为了抗震救灾，叫做啥都行，总之要为灾区人民多作贡献。医疗队同志来自上海27个单位，但在抗震救灾，为灾区人民服务这个大目标下，大家团结一致，充分发扬了团结友爱的精神，如华山医院同志，一了解到静安医疗队同志所带的衣服少，下雨后天气较冷，就主动送去外套，使静安的同志很受感动。各医疗队在生活上都发扬了团结友爱的精神。

……

唐山、丰南地震的抗震救灾先进单位和模范人物代表会议在京隆重召开的消息发表后，院核心组即组织全院同志学习讨论。9月3日下午，召开全院大会，及时由参加会议的代表李明华同志对会议情况作初步传达，会后进行讨论。4日上午和5日下午，全院同志除值班人员外，都参加了县里的三级干部会，系统地听取了英模代表大会的精神的传达，及县委的报告和各有关方面的发言，在县三级干部会上方梦日同志代表医疗队也在会上发了言。

通过大会精神的传达和学习，使全院同志受到了深刻的教育和巨大的鼓舞。当同志们听到华总理代表毛主席、党中央、国务院、中央军委向支援灾区的全体同志致以最亲切的慰问时，个个无比激动，感到无尚光荣，无限幸福。在讨论中同志们回顾了抗震救灾的战斗经历，普遍感到灾区人民一件件、一桩桩可歌可颂的英雄事迹对我们是最深刻的教育，斗争的实践使我们受到了一次深刻的政治路线教育和共产主义思想教育，大家表示要以实际行动向灾区人民学习，努力办好临时医院，和灾区人民一齐夺取抗震救灾的新胜利。大家还感到，抗震救灾虽然取得了胜利，但摆在我们面前的任务仍然十分艰巨，为了彻底战胜严重的大的灾害，建设社会主义更美好的新唐山、新农村，还要作很大的努力。当同志们听到即将轮换时，许多同志如张适等坚决表示留下来，继续为灾区人民服务。有的也表示愿意接受组织的挑选，不管留不留，都要努力工作，为灾区人民多作贡献。李明华说："灾区人民的需要就是我的志愿，灾区人民需要我留多久就留多久，需要我留一辈子，就扎扎实实地为灾区人民服务一辈子。"

5日下午，院领导还组织中山、华山、静安、黄浦各医疗队及工宣队有关代表畅谈了对大会的体会。会上大家一致表示，决不辜负毛主席、党中央的殷切希望，……要与灾区人民团结战斗在一起，尽最大的努力，奋发图强，自力更生，发展生产，重建家园，积极办好临时医院，为建设新唐山，为灾区人民作出更大的贡献。

大会精神极大地激励了全院同志的战斗意志，院内群情激奋，到处是团结战斗的革命景象，许多同志会后更加努力工作，有的同志做了夜班不休息（如徐林根同志），有病坚持工作，工作需要就连续战斗。在短短的几天中，内外科连续抢救了数例重危病人。9月4日晚七时，对一位生产队干部进行了断手再植，外科同志一直奋战到凌晨三时多。全院医务人员全心全意为伤病员服务，受到了当地贫下中农的一致好评，他们表示感谢党和毛主席，决心以实际行动努力恢复生产，重建家园，许多贫下中农还赠送了锦旗。

……伟大领袖毛主席因病不幸逝世的消息传来，全院职工都为失去自己敬爱的领袖毛主席而无限悲恸。缅怀敬爱的领袖毛主席领导我党、我军、我国人民长期同党内外、国内外阶级敌人进行尖锐复杂斗争的峥嵘岁月，追思毛主席为中国革命和世界革命建立的丰功伟绩，大家泪如泉涌，激情满怀，毛主席呀毛主席，您永远活在我们心中！您的光辉思想永远照耀着我们前进的道路！

9日傍晚，院部立即打电报致上海市委，极其沉痛地悼念伟大领袖毛主席，决心化悲痛为力量，继承毛主席的遗志，紧密团结在党中央周围，坚持以阶级斗争为纲，坚持党的基本路线，努力学习，……夺取抗震救灾的新胜利，把毛主席开创的无产阶级革命事业进行到底。在院核心小组的领导下，全体医务人员多次认真学习、讨论中共中央、〔全国〕人大常委〔会〕、国务院、中央军委《告全党全军全国各族人民书》，中央两报一刊社论《毛主席永远活在我们心中》和华国锋同志在伟大领袖和导师毛主席追悼大会上的致悼词。大家回顾了我国新民主主义革命和社会主义革命的每个战斗历程，回忆了每个人的苦难家史和个人成长史，得出一个真理：没有毛主席，就没有新中国；没有毛主席的革命路线就没有我们今天的一切。大家噙着泪花，无限深情地说：伟大领袖毛主席是当代最伟大的马克思主义者，他老人家把毕生的精力全部贡献给了中国人民的解放事业和全世界被压迫民族、被压迫人民的解放事业，为中国革命和世界革命立下了不朽的功绩。毛主席一逝世，给我们带来了不可估量的损失，我们一定要化悲痛为力量，继承毛主席的遗志，进一步认真学习马列著作和毛主席著作，永远团结在党中央周围，战胜一切困难，……争取抗震救灾的新胜利，争取共产主义事业的更大胜利。

广大医务人员坚守岗位，坚定沉着，深感自己是毛主席最后派出的一支医疗队，而任务还没完成，主席却逝世了，他们表示一定要继续把党和毛主席对灾区人民的关怀，送到灾区人民的心坎上。他们加倍努力工作，全心全意地为灾区人民服务，决心以抗震救灾的优异成绩，向党中央汇报。外科二病区刚开放不久，就收了一批重伤员，不少同志为抢救病人，已连续战斗了几个日夜。9日晚，病区又接连送来二个急救病人，一个是肠穿孔造成弥漫性腹膜炎的九岁小儿，一个是原发性腹膜炎，并且有严重贫血和支气管哮喘的阶级姐妹。消息传出后，刚下班的钱肃凡赶来了，工宣队曹树林同志亲临现场指挥，鼓励同志们化悲痛为力量，坚决打好这一仗。设备差想方设法解决它，病情复杂齐心协力攻破它，经过连续十多个小时的战斗，手术成功了，病人脱险了。担任了手术的钱肃凡、张善通等医生，忘了一夜的疲劳，又投入了新的战斗。

10日下午，院核心小组传达了9日中央的两个电话通知和河北省委、唐山地委、玉田县委关于主席逝世和战备的指示，又一次组织大家学习和讨论。在讨论中，许多同志失声痛哭，抑制不住心底极大的悲伤，对敬爱的领袖寄予无限的哀思。广大医务人员纷纷向党支部表决心：挥泪继承主席志，誓将遗愿化宏图。中山和华山医疗队的同志，听了省委指示后，争先恐后报名参加战备医疗队，以实际行动悼念伟大领袖毛主席，当批准中山二队和华山二队承担战备医疗队时，二个医疗队接受光荣任务后，又马不停蹄地向前迈进，积极从思想上物质上作好准备，严阵以待，随时准备投入新的战斗。

黄浦、静安两个区的医疗队员，把对伟大领袖毛主席逝世的悲痛化作悼念毛主席的具体行动。……

一些工农兵学员也纷纷表示：一定牢记毛主席的长期教导，按照接班人的五项条件培养和锻炼自己，……毕业后，到党和人民最需要的地方去干一辈子革命，永远与工农画等号。

在沉痛悼念伟大领袖毛主席的日子里，全体共青团员、革命青年和年轻的党员，怀着对伟大领袖毛主席的无限尊敬和深切怀念，在团总支的带领下，又一次列队来到毛主席遗像前肃默志哀，庄严互誓。他们握紧右手，含着热泪向毛主席宣誓：我们一定继承您的遗志，刻苦学习马列主义毛泽东思想，在任何时候、任何情况下，坚信马列不动摇，虽然革命道路艰难曲折，但是，我们的前途无限光明，不管风吹浪打，胜似闲庭信步，共产主义事业必定会在全世界实现。他们决心永远牢记毛主席的一贯教导，接好革命的班，把毛主席开创的无产阶级革命事业进行到底。

“只要心脏还在跳动，就一定把党的温暖带到灾区人民的心中；只要鲜血还在流动，就要誓死捍卫毛主席的革命路线。”广大团员青年是这样说的，也是这样做的。宣誓后的第二天，东方刚露肚白，他们就在黄浦区倡议书的带动下向医院每个角落摆开了战场，大打一场“以除四害为中心的爱国卫生运动”。虽然晨曦寒冷，但是，革命青年心怀红太阳，思念毛主席，寒流脚下踩，顶天立地干。战斗结束后，战士们迎着朝阳，又继续投入了新的战斗。

在一个多月中，政工组在院核心组的领导下，始终坚持以阶级斗争为纲，坚持党的革命路线，紧紧依靠各医疗队党支部搞好政宣工作，主要做了以下几个方面工作：

一、 政工组经常碰头研究大学习、大批判情况，针对各阶段中心工作和思想情况提出学习打算。

二、 经常分析带普遍性的思想情况，如要求上北京问题、上海地震问题、轮换问题等，针对具体思想情况进行正面引导，取得较好的效果。

三、 在学习资料少的情况下，千方百计创造学习条件，如建立报栏、向有关单位借阅报纸，订阅报纸合理分配，向上海争取学习资料等。

四、 创办出版抗震战报已四期，组织一个通讯网。

五、 为了及时表扬好人好事，以黑板报形式共出 2 期，部分在抗震战报和学习批判栏内报道。

六、 组织各医疗队以支部为单位出版大批判专栏，共九期。

七、 推荐与代购反映灾区人民英雄事迹的书籍。

八、 请灾区老贫农忆苦思甜，介绍当地革命斗争史（华山）。

九、 组织以支部为单位学习讨论会……（黄浦 2 次、华山 1 次）。

十、 召开有关座谈会，如抗震英模大会后组织座谈会。

政工组

1976. 9. 22

玉田抗震临时医院医教组总结

7月28日，唐山、丰南地区发生了强烈地震，我们带着党中央、毛主席对灾区人民的关怀和上海一千万军民的委托，先后来到抗震救灾的第一线——丰南、遵化、迁西参加战斗。在这场抗震救灾的斗争中，英雄的唐山人民"七级地震压不垮，大庆红旗照样飘"的冲天干劲和"地大震人大干，灾年也要夺丰收"的英雄气概，深深教育了我们，鼓舞了我们，它激励着我们去战斗，去夺取抗震救灾的新胜利。由于斗争的需要，我们又转至玉田参加筹建临时医院的工作。临时医院是由八个医疗队组成，共有医务人员139名，其中包括内科医生15名，外科医生25名，各科医生25名，各科护士29名，技术员22名，大学生和中专生以及教师21名，其他技术人员2名。在全院医务人员的努力下，已于8月26日起收治病人。至今为止的一个月中，共收病人242名，治疗痊愈出院的146名，现继续医治的90名。由于我们在筹建医院的过程中，坚持了党的一元化领导，坚持了以阶级斗争为纲，坚持了党的基本路线，……所以在继续战斗中，取得了一些成绩，回顾一个月的战斗，有以下几点体会：

一、 向灾区人民学习，因地制宜，勤俭办院

在筹建医院中，首先碰到的就是条件差，设备少，怎么办？我们广大医务人员批判了贪大求详和"唯条件论"的错误思想，以灾区人民艰苦奋斗、自力更生、发展生产、重建家园的革命精神为榜样，在比较困难的情况下坚持了一根针、一把草、一双手的勤俭办院方针，打响了筹建医院的第一仗。为了早日为灾区人民服务，病房工作的同志们，群策群力，想方设法用硬纸板制成了美观实用的病历夹和治疗卡，用木板做药架和骨科用的牵引架，一双双灵巧的手飞快地织起了许多输液网袋和各种形状的沙袋，现在病房的一般常用设备基本齐全。传染科病毒隔离没有大水缸，便盆无法消毒，大家迎着困难上，积极想办法，挖了一个土坑，用塑料袋消毒液进行便盆消毒，避免了交叉感染问题。手术室同志也在短时间内，本着因陋就简、因地制宜的原则，搞起了两间简陋而整洁的手术室，用砖头和木板搭起了手术台。并自制了塑料围裙、袖套、手术敷料等。化验室在缺乏仪器和试剂的情况下，土法上马，没有化验台，就用床板和塑料袋搭起来，没有冲血片的水壶，就用葡萄糖塑料袋来代替（在自来水没安装前），没有试管夹就用铅丝做，没有电冰箱，就用深井水来保存标准的血清。大家在自力更生、勤俭节约的精神下，先后开展了三大常规、血小板、大便隐血，出凝血时间，蒸馏水试验，血型鉴定，交叉配血及人心细胞等15项化验项目。供应室同志刚来时是满地积水的临时席棚，但他们凭着一颗红心两只手、自力更生样样有的精神，用尽可能利用的器械配制了一些简易的导尿包、胸穿、股穿、骨□、静脉切开包以及其他辅助用品，还根据特殊需要制备了一些土器械以供急需。外科两病区的同志们，学习毛主席“中国医学是一个伟大的宝库，应努力发掘加以提高”的教导，他们在医物少的情况下，不依赖上海支援，抽出时间到山上去采来鬼针草、白头翁、丹参、生地等，制成汤剂，给病人服用后取得了良好的效果。这一桩桩、一件件看起来又土，又不显眼，但它却闪烁着自力更生、艰苦奋斗的革命光辉，凝结着每一个医务人员对灾区人民的无限深情，同时从筹建临时医院到收治病人的短短几天的实践，再一次雄辩地证明“群众是真正的英雄”。毛主席的革命路线只要被广大群众所掌握，就会产生改造社会、改造自然的强大力量，就能战胜一切艰难险阻，创造无数人间奇迹。

二、 医护结合，团结战斗……

我们医院虽然是由各个单位组成的，但革命的目标把我们连结在一起了。一个月的战斗，我们并肩作战，朝夕相处，有事同商量，重担争着挑，很快成为同一战壕里的战友。在我们这集体中，医务人员不分工，齐心协力共努力，都力争在平凡的工作岗位上多作贡献。供应室的工农兵学员许祖德同志，来到供应室工作后，从不考虑学不到专业，而是决心在艰苦的后勤工作中多作贡献。他一到供应室，就动手砌起了简易的消毒灶，点起了消毒的第一把火。工农兵学员安淑芳原在上海是学医学的，这次在医生多、护士少的情况下，分配她在外科三病区做护理工作，她没有考虑个人得失，而是想灾区人民所想，急灾区人民所急，挑起了护理工作的担子，她精心细致地干好每一项工作，得到了大家的一致好评。我院广大医生也……主动和护士一起搞好护理工作，许多医生自告奋勇地顶大夜班的护理工作，而且在工作中认真负责一丝不苟，对待病人像春天般的温暖，做到了百叫不厌，有空就主动和病人拉家常，把毛主席的关怀和党的温暖倾注在病人的心坎上。外科三病区余静医生，就是其中一个。她不但自觉地提出当护士工作，而且主动地干每一项工作。有一次，她的心脏病复发，同志们都劝她休息，但她为了使同志们多休息些，自己依然带病工作。如今各病区医护结合已蔚然成风。这个团结战斗的集体正在为灾区人民作出更大的贡献。

三、 以白求恩同志为榜样，全心全意为灾区人民服务

“把毛主席的关怀和党的温暖送到灾区人民的心坎上”，这是全院广大医务人员的心愿，在一个月中，大家正是以白求恩同志为榜样，抱着一颗抢救阶级兄弟的火热的心，在设备差、人员少的条件下，抢救了一个又一个的阶级兄弟，使他们转危为安，重返工作岗位。在这短短的战斗历程中，我们工宣队老师傅起了很大作用，每当有急救病人时，工宣队师傅就奔赴现场参战，鼓励大家战胜困难，夺取胜利。内科病区的工宣队陈师傅，经常深入病区做医务人员及病人的思想工作，关心同志们的健康和工作，哪里有抢救病人，她就出现在哪儿，领导和支持大家战斗，每当有困难时，她总是主动帮助解决，并及时汇报情况，领导大家一起战胜困难。榜样的力量是无穷的。在工宣队师傅的带动下，广大医务人员也焕发出革命的青春，为灾区人民作出了应有的贡献。内科病区的徐梨花、李铁音、姚伟医生，一天深夜当听到林南仓来急电要求派同志前往抢救重危病人时，他们感到电铃就是命令，时间就是生命，不顾一天的疲劳和深夜的寒冷，积极要求参战。在他们精心治疗下，奋战一夜终于把一位中毒性菌痢病人从死亡线上夺回了生命，病人家属含着热泪感谢地说："你们真是毛主席派来的好医生。"外科三病区的妇产科医生欧时余同志在婴儿气管因有羊水而窒息的情况下，没有吸管就毅然地嘴对嘴地把婴孩嘴里的羊水一口一口吸出来，婴孩得救了，又给灾区人民增添了新生。在场的同志和孩子的母亲都被欧医生的高尚风格感动。还有供应室的护士长陈丽珍同志，处处拣重担挑，她值完24小时班后，第二天总是干完最忙的一段时间去休息，每当一、三、五下午学习，她都主动留下来值班，发了高烧，烧退又投入战斗。同志们都热心地称她是一位"全心全意扑在供应室的好当家"。手术室的同志也不例外，他们连续几个晚上有急症手术，并且都是胸房穿孔修补、胆囊手术、肾大部切除等大手术，在设备差、条件差的情况下，要做这些手术是很困难的，但是值班的同志发扬不怕困难、连续作战的精神，通宵达旦克服了种种困难，多次胜利地完成了手术的配合工作。内科病区的贺凤凤、严佩华医师，想病人所想，急病人所急，以白求恩为榜样，为了病人的利益，献出了自己的鲜血。外科二病区是开放最晚的一个病区，因而收治病人较多，在刚开的第一个晚上，就来了一位急性胃穿孔的病人，以后每隔二天就有一夜的急症手术。第二次是一位外伤性肠穿孔和一位弥漫性腹膜炎的病人，第三次是急性梗阻胆囊炎，手术都在半夜以后进行，但大家都积极参战，有的同志前一夜刚做完夜班，就又赶来参加手术。一位颈椎骨损失的病人，卧床不能动弹，好多天没有解大便，肚子一直很难过，我们的李玉花同志就硬是用手一块一块地把大便挖出来，及时解除了病人的痛苦，现病人已痊愈出院。从收治病人到目前为止，我们还收了20位破伤风病人。在医务人员的抢救下无一死亡。这一切，不是可以单纯从业务上能总结出来的，而只是在毛泽东思想的哺育下，在灾区人民精神的鼓舞下，我们才克服了一个又一个的困难，夺取一次又一次的胜利。

四、 虚心拜当地医务人员和其他医疗队为老师，取长补短，共同搞好工作

建院一个月来，我们……经常走出去，向当地县人民医院的战友学习，向山西军区的医疗队学习，和他们一起会诊，一起做手术。尤其是我们来到这儿，对当地的常见病不了解，而且有些常见病的病态与上海不同，我们就虚心向当地医务人员学习，尽快地掌握了当地常见病、多发病的治疗方法，同时我们碰到有疑难不解的病情时就向医务人员请教，得到了他们的热情支持和帮助。例如我们在治疗两个狂犬病人时，一开始因从无接触过这病，因此认识不足，这时我们就虚心向有实践经验的当地同志学习请教，请了县医院、军区医疗队的同志们联合大会诊，对病情进行详细的分析，最后才确定是狂犬病。通过会诊，使大家对狂犬病有了进一步认识，对狂犬病的治疗订出了初步的方案，为今后治疗打下了良好的基础。

五、 热情支持社会主义新生事物，为灾区培养一批医疗战线的新兵

严重的自然灾害给唐山带来了极大的损失，唐山卫校也因此不能进行正常的教学活动。这时我们就在办好医院的同时，承担了代教和培养学生的工作。我们为了尽早地为灾区人民培养自己的医务人员，就从常见病、多发病出发，结合典型病例进行解剖，有时晚上还抽空给他们上课，同时，我们在与唐山卫校学生的共同战斗中，建立了新型的师生关系。在我们给他们进行小讲课，讲一些疾病的基本原理和病房工作经验时，我们是老师；而在采集中草药时，卫校的同学又认真地教我们认识中草药，这时他们又成了我们的老师。我们大家在互相学习、互相帮助中建立了战斗友谊，在培养灾区医疗队中促进了我们的卫生革命和教育革命。

六、 目前存在的一些问题

1. 在办院的一个月中，虽然也外出巡回医疗和出诊，但因医院在刚筹建中，许多工作要做，人员较少，所以开门办院机会较少，这在今后的办院中是值得注意的。

2. 在办院过程中，我们力求分了大内科、大外科，也搞了内外结合的六二六病区，但仍分工过细。这样不利于医务人员的一专多能，也不利于更好地为灾区人民服务。

办院一个月以来，我们在向灾区人民学习、向解放军学习的过程中，特别是在省、地、县委的亲自领导下，为灾区人民做了一些力所能及的事，但离灾区人民对我们的希望，离党和毛主席对我们要求还相差很大，我们决心在今后的工作中，更紧密地团结在党中央周围，努力向英雄的唐山人民学习，真正把毛主席的关怀和党的温暖带到灾区人民的心坎上，永远沿着六二六的光辉大道，把医疗卫生革命进行到底。

临时医院医教组

1976. 9. 22

玉田抗震临时医院后勤工作小结

我们黄浦、静安、一医等各医疗队遵照上海市卫生局抗震救灾大队部的部署，在玉田县设立临时医院，我们分别从丰南、迁西、遵化等县于 8 月 17 至 21 日来玉田县师范学校内集中，开始了紧张的筹备工作。我们在整个筹建工作中，坚持以阶级斗争为纲，……学习了唐山地区人民、解放军指战员在抗震救灾工作中的英雄事迹，在玉田县委的领导和县有关部门的支持下，在广大医务人员的积极努力下，经过短短几天紧张的筹备，于 8 月 26 日开始收治病人，并在当天就开始施行了手术。

一、 基本情况

整个后勤工作，由先遣组于 8 月初来玉田县开始筹建，大部队来到玉田县临时医院时，基建工作已基本完成，因此大部队来院后，吃、住、生活等各方面都已能得到妥善安排，为收治病人的准备工作得到了基本保证。

在筹备工作中，后勤工作、物资保障是很重要的一环。后勤工作，总是要走在前面，兵马未到，粮草先行。但最基本的还是要端正办院的方针和路线。在筹建一开始，……明确办院的指导思想。特别是我们在地震灾区办院，我们必须坚持因陋就简、因地制宜、自力更生、艰苦奋斗的方针，用革命精神和方法办好医院，反对贪大求洋和“唯条件论”。我们发挥了群众的智慧和力量，在尽可能不增加灾区人民负担的原则下，迅速将临时医院开办起来，一面开展工作，一面逐步完善。

前一段工作，着重筹集各种所需物资和设备，与县卫生局等有关部门联系落实，同时去上海卫生局大队部领取各种所需药品器材。这些物资，来自各个方面，有的账目、数量较清楚，有的则没有确切数字。因此后一段工作，着重进行了仓库的清理，固定资产清算，各部门立账造册，经过一段时间的工作，对临时医院的各类财产基本上有了底，有一本较完整的财产账。为进一步搞好临时医院的工作心中有了个底。

二、 依靠当地党组织的领导，有上海市委支持，是办好医院的一项根本保证

我们来到这里时，医院所需物资是很不完善的，几乎很大精力都从事各方联系所需物资设备的来源。但是，河北省、唐山地委和玉田县委都十分重视我们临时医院的筹建，邢台地区的建筑队工人同志们三四天时间就将四千多平方米的房屋建起来了。职工病员都有床板，医院内铺设了水管，运来了木头、砖头、油毡、塑料布，还从秦皇岛运来了铺板、床凳、柜子、台子等等。我们没有司机，又派来司机同志，为筹建临时医院提供了很多条件。他们（几级领导同志）在我们筹建医院中多次来关心筹建情况并给予慰问。 9 月 16 日，省委领导亲自来到我院慰问，并带来了心电图机。我们深深感到，开办临时医院，虽

然有上海市委的坚决支持，源源不断地将药品器材送来，但离开了当地党组织的领导是不行的。

三、 贯彻勤俭办院的方针，因陋就简，因地制宜，自力更生，艰苦奋斗

……办医院必须要有后勤工作的保障，也要具备一定的医药器材，以及一定的条件。但是，我们不能把上海办大医院的要求照搬来。只能因陋就简，因地制宜，发扬艰苦奋斗的精神。我后勤工作理所当然在不增加灾区人民负担的原则下，给予创造更多的条件，争取多一些的必要材料，多取得各方面的支援。但也只能逐步解决、逐步完善。例如我们积极和县委、邢台地区建工队联系，在他们支持下，为一些部门安上了水龙头，为病房争取了一部分塑料袋和塑料布，增加了一些铺板和床凳、药房的工作箱、柜子和台子等。然而我们还必须自己动手，群策群力。我们后勤同志，自己建造了简易太平间，供应室的同志，用芦席、木棒、铅丝自己搭起一个消毒棚，进一步改善了工作条件。在工作中，我们还注意了节约的原则。 8 月 28 日，抽五位同志去秦皇岛拉 50 铺板，1000 只铺凳，在只有两辆车的情况下，同志们发扬艰苦奋斗的精神，不顾途中疲劳，想方设法装了满满两卡车。原需三辆车的只用了两辆车，需三天的只用了两天，并为国家节约了三百元左右的运费，为建立临时医院，作出了贡献。不久，又有六位同志再次去秦皇岛搬家具。

四、 依靠群众办后勤

我们在筹建过程中，物资缺乏，设备缺少，条件十分困难的情况下，同志们学习了灾区人民和解放军的英雄事迹，同志们并没有对后勤工作提出苛刻的要求，而是自己动手，发扬了革命精神，他们豪迈地说：“有条件要上，没有条件要创造条件上。”各病区、各部门个个自己动手，自己抬砖、搭架，用铺作工作台，手术室、化验室、供应室、药房、放射科等也都是土法上马，用砖、凳、板自己动手，制成自己各种需要的设备。没有输尿管，就用皮线做，没有输液架，就自做铅丝挂钩，没有台子，自己动手钉，地面不平用煤碴、砖头自己填平，同志们不怕脏、不怕累，一致表示要用自己的双手来创造条件……现在，当我们走到每个病区和辅助部门，就可以看到医疗器械药品整齐地摆着，办公桌上整齐清洁的塑料布铺着，简易的住院病人登记表挂在墙上，这一切使人感到井井有序，简朴而又实用。这一切，单靠后勤的几个人是做不出来的，只有群众一起办后勤才能办好医院。

五、 存在的问题

1. 我们工作还不够主动，作风不深入，由于没有经验，因此不够做到心中有数，因此较被动。与县有关部门取得联系还不够主动，有些问题还没来得及落实，如粮油关系、副食品供应等。

2. 工作还抓不住重点，有时显得忙乱，分不清主次，工作缺乏计划性，满足于随时应付。

3. 工作虽有分工，但事情一来就不够明确，有时大家都管，有时没人管，因而也影响我们的工作。

临时医院后勤组

1976. 9. 22

玉田抗震临时医院上海医疗队、部门小结

供应室一月工作小结

应抗震救灾、重建家园的需要，我们从重灾区来到玉田县筹建临时医院已有一个月了，作为医院辅助部门的供应室，从病房收病人前一天起开始工作。通过一边筹建一边完成病房的各类器械和用料等的准备、清洁、供应工作，使供应室在最简陋的条件下以战备医院的要求满足了各科病房的医护需要，并在尽可能的条件下不断扩大供应范围。一个月的筹建过程，仅使供应室工作开了个头，但以救灾和战争环境的要求，更使一个医院的辅助部门如何创造条件，对大家都是一个很好的锻炼，从中又有不少体会，现仅粗略小结如下：

我们供应室的同志，是来自各个医院的护理人员、技术员、工农兵大学生和唐山卫校的四位同学——对供应室的业务都是外行。在我们刚接到任务时的供应室是一间满地积水的临〔时〕席棚。在上海医院供应室配备的卧式高压锅、烘箱、超声波清洗器等，在这里简直是不能想象。怎么办？是等有关方面给我们提供了必需的条件后工作吗？肯定不行。因灾区的需要，临时医院必须马上收病人。对一个医院来说，没有供应室的工作是无法展开医治工作的。我们是受了党中央、毛主席的委托，受上海一千万人民的委托来到抗震救灾第一线的。在灾区大家亲眼目睹在党中央、毛主席的关怀和统一指挥下，开展了这场史无前例的抗震救灾斗争，大家也深受了灾区人民用“天崩地裂无所惧，泰山压顶不弯腰”的革命气概，战胜一切困难的动人事迹和英雄人物的教育。全心全意为灾区人民服务是大家的共同心愿，决心有条件要干，没有条件创造条件干。在工宣队刘汝呵师傅和浦东中心

医院陆丽珍同志的带领下，因地制宜，用战备的要求，用大家从重灾区带来的旺盛革命斗志投入了这一场办院的战斗。

开始工作的困难确实不小，虽经大家努力架起最简易的工作台、填平了积水的洼坑。可医院是由各支简易的医疗队组成，收集了各队所带的医疗器械后，连针筒都只能满足 30 人的医治需要，输液皮条是在灾区用了再用品，还仅无几根，别的器械的缺乏就可想象了。在当时无处可添置的情况下要解决病人收治逐渐增多、供应量日渐加重的矛盾，唯一的办法是充分利用这些器械。从无到有的一切都是自己动手，工农兵学员许祖德等，考虑的不是供应室学不到专业，而决心要在平凡、艰苦的后勤工作中，坚决与传统观念决裂，做一个永远不忘为人民服务的大学生。说干就干，他很快扛来了砖，砌起了一个简易的消毒灶，点起了消毒的茅灶火。负责辅助部门的刘师傅坚持三同，与群众心连心工作中挑重担，每天供应室冲洗器械要用的十几桶水，就是大家从 200 公尺外的地方提来，大家也只有一个心愿，越是条件差，越要洗得干净，为了让每支针筒顶几支用，同一支针筒从消毒锅到病房，再从病房回收清洁、消毒再送病房，每天要走几个来回。为了缩小运转的周期，我们经常消毒好了送到病房，再到病房去收回可用的器械。为了让器械集中在供应室，发挥它们的更高使用率，我们坚持 24 小时值班。除此，我们对破损的针筒能拼的拼几个新的再用，损害不大的用胶布固定了再用。这样一来，供应室的工作量，相当于原医院供应室的许多倍。在烈日下，在轮流不停消毒的两个手提式的高压锅旁，大家都干得满头大汗，可只要病〔人〕需要，再多的东西也要高质量地消毒好，这其中包括手术室的急诊手术包和一部〔分〕器械及战备医疗队的用品。一到灾区就开始腹泻一直不愈的梁健不肯休息，仔细认真工作。由于大家认真负责的工作态度，我们的针筒、输液皮条等，虽没有上海医院要求器械要用生理盐水冲洗的条件，可我们不仅保证了病房近百名病人日常医治和抢救时的供应，而且未见因器械不洁所致的不良反应。

随着住院病人的不断增加，病种不断增多，对诊治的要求不断提高的需要，供应室的质和量必须要不断提高。通过大家深入病房，向病房同志学习好经验，向病房同志征求意见。在发现了输液皮条日久变质使用时所漏液的问题，我们不厌其烦用线扎紧每个松动的接头，消毒时用布包，包布缺乏大家就利用碎布自己缝制，就用三角巾代替。由于各方面的努力，我们增加了些器械和设备，根据病人病房的要求，我们尽可能地利用这些器械，配备了一些简易的导尿包、胸穿、腰穿、骨穿包、静脉切开包，以及其他辅助用品。除此，还根据需要制备了一些土器械，以供急需……。就这样，凭着只要病人需要什么，我们力求供应什么；凭着一颗红心，两只手，凭着领导关心和各科室的帮助，使供应室从无到有，从不像样到像点样，从什么都没有到什么都可想点办法，因陋就简，使供应室在不见病人的战线上为广大灾区人民服务。

在简易、艰苦的环境中创业，对来自上海大医院、在优越条件下工作惯了的同志是一个锻炼的过程。大医院的供应室工作给人的印象是最无技术的科室，工作简单舒适，工作往往是带有照顾性的，可这里没有明亮、舒适的工作环境，没有细微的分工，每个人既要洗针筒、皮条又要烧火消毒，病房重危病人一多是忙得不可开交，工作量既重又繁杂，短短的一个月中，同志们正是用不怕苦不怕累的精神来征服困难的。在工作中许多同志的工作精神是很感人的。护士长陆丽珍就是大家学习的好榜样，她正是一个全心挂在供应室的好当家，看她值了24小时班后第二天总要干过最忙的一段时间后才肯休息。每周一、三、五下午学习留一人值班时，她总是去帮忙，同志们有病她总去问寒问暖，劝别人多休息，可她在一次发高烧，被硬劝回去，因补液治疗后第二天，热未退尽又来上班，大家非常感动，都决心学习这种精神。我们的小徐，体质较弱，可他总是志气勃勃地干着一切工作。在有次受寒呕吐了几次仍照样上班，怎么劝都不回去。工农兵学员小许在回上海前一天放弃了休息，用准备行李的时间，冒着炎热，为别人今后工作方便与王锦梁两个人搭起了消毒灶的简易棚。王锦梁同志平时工作一贯埋头苦干，有一次手在消毒时烫伤还坚持工作。还有唐山卫校的同学们不计自己的业务学习，踏实工作、虚心好学……总之，大家都将向灾区人民学习，为灾区人民服务，对灾区人民的深情厚意，都融化在实际行动中，争取在平凡的工作上，为赢得抗震救灾新胜利而贡献力量。

在创办一个医院的过程中，一个月仅是一个起点。总结以往的工作、学习，大家感到党和人民的要求差距很大，要使我们的医院能成为一个不仅有300个床位，而且能开门办院巡回下乡的医卫战斗队，争取在灾区不断立新功，我们的供应室工作还得不断完善，不断提高。在办院的前段日子里，我们无限悲痛地获悉我们伟大领袖和导师毛主席和我们永别的噩耗，大家在沉痛悼念我们敬爱的毛主席时，都决心要化悲痛为力量，进一步认真刻苦地学习马列毛主席著作，永远团结在党中央的周围，战胜一切困难，争取抗震救灾的新胜利，将毛主席开创的无产阶级革命事业进行到底!

内科病房工作小结

7月28号唐山丰南地区发生强烈地震，我们受毛主席、党中央的派遣和上海一千万人民的委托参加抗震救灾战斗，在抗震救灾的战斗中，大家受到了很大的教育和锻炼，尤其是英雄的唐山人民，人定胜天的革命精神更激励我们前进。在丰南、迁西战斗了三周时间又转来玉田参加筹建玉田临时医院。自8月26日收治病人以来，三周时间内科一病区收治71例，抢救了22例垂危病人（急性心肌梗塞2例，冠心合并肺水肿2例，脑血管意外4例，严重贫血5例，系统性红斑性狼疮1例，中毒性菌痢1例，多发性神经根炎2例，化脓性脑膜炎合并颅内高压1例，金葡菌败血症1例，红骨性心内膜炎1例，狂犬病2例）其中死亡2例。除完成一部分“医内”工作以外，还担负一部分唐山卫校的教学工作，我们内科全体同志根据大队伍提出的办院方针，在医院党支部领导下，科工宣队、老师带领下取得了一些成绩，通过前一段的工作，我们有以下几点体会：

（1）贯彻因陋就简，因地制宜的革命精神办院

在筹建病房过程中，我们病房全体同志以英雄的灾区人民为榜样，学习他们艰苦奋斗、自力更生、发展生产、重建家园的革命精神，决心以实际行动为继续做好抗震救灾贡献力量。大家认为筹办临时医院，这是党中央、毛主席对灾区人民的支持。我们一定要早日开设病室，及时把党中央、毛主席对灾区人民的关怀，送到贫下中农的心坎上。因此，在较困难的条件下能做到因陋就简、因地制宜迅速上马，及时收治病人。简陋病房在护士长徐筱萍、徐月英、郭企英带领下，把病房抢救室布置得井井有条，群策群力，想方设法，用硬板纸做成病历夹、发药登记本、治疗卡等，没有工作台就用铺板，用砖垫再铺上塑料布。治疗工作中需要用的工具自己做，用橡皮膏做成量腹水的皮尺，利用纱布棉花做成垫圈防止褥疮的发生，盐水袋没有用腊油线编。总之一句话，我们用革命的精神与方法因陋就简办起了病房。

（2）团结就是力量，团结战斗共同搞好病房工作是很重要的环节

团结就是力量。我们虽来自不同的单位，为了一个共同的革命目标，发挥集体的智慧，团结战斗，抢救了许多重危病人。医生、护士、工农兵学员，团结一致，既分工又合作，只有革命工作需要，大家从不计较时间，争着干，有事大家协商。〔对〕新病人和重病人，为了对革命工作的负责，经常组织病例讨论，制定和修改治疗方案，保证了垂危病人的抢救，使好多垂危病人受到及时治疗，由危转安。在短短的战斗历程中，出现了许多好人好事。工宣队陈师傅经常深入病房，做医护人员及病员的思想工作，关心同志们的工作和健康。每当我们遇上抢救垂危病人的时候，陈师傅就领导和支持我们的工作，使大家感到工作有力量。当工作中发生困难的时候，她就积极主动协助解决，及时向上汇报情况，领导大家战胜了一切困难。在陈师傅工人阶级优秀品质带领下，激励我们大家努力战斗。

中山医院严佩华医生体质较差，但工作干劲很足，工作认真负责、一丝不苟，对病员有深厚的无产阶级感情。为了抢救伤病员，不顾自己病后体质差的虚弱，献血给阶级兄弟，她一心想的是灾区人民，为了搞清楚5—6位贫血病人的病因，想方设法，利用简陋的骨穿包，花了很大的劲看完了一张张骨髓片，不到一周的时间对贫血病员作了明确的诊断，并采取了有效的措施，使病情得到了一定的改善。她是我们大家学习的好榜样。我们科有老师傅的带领下，有这样的好同志在前，同志们更加团结战斗。

（3）急工农兵所急，想工农兵所想

通过前一段抗震救灾的战斗，大家接受了工农兵的再教育，提高了三大觉悟，与灾区人民建立了深厚的无产阶级感情，有为灾区人民服务的决心。内科收治的病员中，有急性心肌梗塞并心律紊乱、心源性休克、多发性神经根炎并发呼吸肌麻痹、各种原因严重的贫血（Hb<5 g）、高度脱水、胸腔积液等患者，病情危急、疑难，临时医院条件又是如此状况，怎么办？大家不是消极等待，而是一心想灾区人民，是怎样能尽快地使他们早日诊断，早日治疗，早日恢复健康重返工作岗位，参加重建家园的战斗中。没有胸穿、骨穿、腰穿包，我们大家就动脑筋改装简易包，操作过程中注意无菌操作。由于大家的努力合作，差不多新病员入院2—3天就可以做到明确诊断，得到应有的治疗，提高了病室的周转率。我们做了十余次穿刺操作，至今未发现继发感染和不良反应。在抢救重病人中，抱着对伤病员高度责任感，日夜坚守在病员身旁，抢救成功了数十例病人，在抢救病员过程中出现了许多好思想、好作风。如徐梨花、李铁言、姚伟医生。一天深夜从林南仓分院来急电，要求派同志前往抢救重危病员。当他们得知消息后，感到电铃就是命令，不顾一天的疲劳、深夜的寒冷和饥饿，积极要求参战，在他们精心治疗下，奋战一夜，终于把一位中毒性菌痢〔病人〕从死亡线上夺回了生命。病患家属含着眼泪激动地说，你们真是毛主席派来的好医生。

何礼贤医生在值班的时候遇上了一位中毒性菌痢〔病人〕，合并DIC出现呼吸衰竭的时刻，他发扬了明知〔山〕有虎，偏要虎山行的大无畏革命精神，进行了口对口的人工呼吸。

神内科医生俞丽云，参加工作以来，谦虚谨慎，工作认真负责，为革命敢担风险，日夜战斗在病房。贺凤凤医生身为内科病房筹备组领导人之一，他想病人所想，急病人所急，以白求恩同志为榜样，为了病人的利益献出自己的献血。陈世波医生负责业务组工作，已够繁忙的，但他经常深入内科病房，具体领导我们战斗，发现一度人手少时，就主动参加病危病人抢救值班。李相端医生负责带教工作，工作认真负责，耐心带教，除带教以外，经常关心病房工作。好思想、好作风，在内科很多，不一一例举。在治疗过程中，贯彻中西医结合，采用头针、汤药、加快病情的好转，总结工作时，大家讲到是“土设备办大事”。工作实践也使我们认识了人与人的辩证关系，适当的条件是需要的，但条件并不是主要的，决定工作胜负的是人，不是物。有了毛泽东思想武装起来的人，任何人间奇迹都可以创造出来的。

（4） 虚心向当地医务人员学习

科学的东西来不得半点虚假，只有认识了东西，我们才能掌握他、战胜他，疾病也是如此。我们曾收治了 2 例狂犬病，病员入院时病情凶险，高热、循环衰竭，〔出现〕 精神症状，第一例来院时，由于大家缺乏对狂犬病的认识，按中毒性休克处理未能成功。16 号我们又接收了一例，临床表现与前例相似。我们一致认为，要对病员负责，同时加深了对该病的认识，有利于抢救患者，要虚心向有实践经验的同志学习请教，建议组织大会诊。次日我们就请了县医院及军区医疗队同志大会诊，对病情进行了详细的分析。前后确诊为狂犬病。通过会诊使大家对狂犬病有进一步的认识，后由于病情凶险，未能得救。事后，我们又组织了死亡病例的讨论，从中吸取教训，订出了初步对狂犬病的治疗方案，有利于今后对该病的治疗及开展工作。

我们虽做了一些成绩，但还存在一定的问题，有待今后工作中改进!

药房工作小结

在全国各族人民沉痛哀悼我们伟大领袖和导师毛泽东主席的悲痛日子里，我们药房全体同志决心化悲痛为力量，认真学习中共中央、〔全国〕 人大常委会、国务院、中央军委《告全党全军全国各族人民书》，坚持学习毛主席的一系列重要指示，继承毛主席的遗志，以坚强的革命斗志，全心全意为灾区人民服务，夺取抗震救灾斗争的新胜利。

由于战斗的需要，我们医疗队从抗震救灾斗争的第一线，来到玉田县投入筹建临时医院的工作。医院是临时，但是在筹建的过程中，究竟以长期作战的思想来建医院，还是抱临时的观点，上几天班，这始终考验着我们每个医疗队员。来到这里，我们在临时医院党核心小组的正确领导下，通过学习，……三天学习班的工作总结，它使我们明确了思想，认识我们目前的建院工作，还是抗震救灾斗争的继续，是为了更好地为灾区人民服务，为了进一步把党中央毛主席对灾区人民的关怀和温暖送到每个灾区人民的心坎上，也是为了使我们更好地向灾区人民学习，改造我们的世界观，而进行筹建医院，投入工作的。工作方向任务的明确，从而大大鼓舞了我们每个同志决心为灾区人民多作贡献的革命意志，大家决心以刚下来时参加抗震救灾斗争的那股革命热情，参加新的战斗，来出色完成上级交给我们的战斗任务。

刚开始工作，摆在我们每个同志面前的困难是相当大的。药房一没有药架，二无配方台，三无调配器具……可说是一无所有，要白手起家。但是这些困难对我们全体同志说来，是无所畏惧的，大家认识到，它比起英雄的唐山人民重建家园的困难是微不足道，算不了什么。同志们只有一个信念，“要叫困难向我们低头”。我们决不向领导提困难、讲条件、伸手要物资，一定要遵照毛主席“自力更生，艰苦奋斗，奋发图强，勤俭建国”的教导，来克服、战胜一切困难而决不被困难所吓倒。在困难面前，我们科室七位同志就共同商量，群策群力，大家都想办法，出主意，决心有条件要干，没有条件也要创造条件干。药架没有，就自己动手，利用床板、药箱、旧塑料布搭，在不到三个多小时的时间，经过大家一番精心的努力，整排整排的药品都以 A、 B、 C 等英文字母顺序排列，十分整齐、清楚地安放在自己搭成的“台子”上，解决了藏药的一大困难。我们的老吴同志，年纪虽大，但人老心红，精神焕发，重物、脏物总是抢着干。药房的药品每次装运，他都积极主动投入，从不叫苦、叫累，有时装运药品在中午二时回来，他连午饭也不顾吃，顾不得擦掉身上的汗水又投入了紧张的卸货战斗。同志们常劝他休息一会，但他却说：“没有关系，这一点算不了什么，比比唐山灾区人民战天斗地的革命精神还差得远呢。”平时值班时，在我们的老吴心目中，始终想的是“要为灾区人民多作贡献”。他手里从不空闲，经常利用工作中的一点空隙时间，搞环境卫生，并又为药房设计制成了“药品失效期表”，醒目的“自制日历”，药品的“标记”，窗户的“搭网”等等，有力地促进了科室工作的正常开展。同志们对老吴的这种革命热情，都称他是“一位闲不住”的同志。药房配方台上的小药架没有，我们的小陈同志就自告奋勇地说：“我来做。”他不顾自己身上的疲劳，认真地赶制，材料没有，就自己寻找。有时，他甚至放弃了夜班休息的时间连续地干。不到两天的时间，一只小巧实用的药架，就给我们的小陈同志的双手制造了出来，小陈真像我们药房的小木工。工作虽平凡，但它却充分体现了我们勤俭建院的原则，为国家节约了每个铜板。由于工作的需要，药房的门，要重新调整，大家就立即发挥集体的智慧人人动手，想不到在半天的时间里，一扇崭新的门就被我们大伙一起装成了，大家都深有体会地说：“自己动手，丰衣足食。”总之，我们药房的每件工作的胜利，都是根据毛主席的“自力更生”的精神干出来的。

环境条件的差，但我们的服务质量、工作制度没有放松。我科的陈惠良同志，他对工作是非常认真负责的，虽然我们的药橱没有，但他还是想尽办法按照因地制宜、因陋就简的精神，把库房的工作搞得有条有理。他利用了一只旧木箱，把麻醉药品、剧毒药品管理了起来，做到收发有制度，不出任何差错。当得知我科没有一个同志被继续留下、工作的消息后，我们的全体同志对为灾区人民服务的思想不松懈，大家一心要为下批来院参加工作的同志多作方便。在临走的前几天，我们又想了办法，把门诊发药台上的药片瓶子进行了全面的整理，做到规格统一，样签清楚、整齐，在短短的时间里，就把六十多种药片瓶进行全部整理，有力地提高了工作效率，保证了服务质量，坚持做到站好最后一班岗。

在毛主席革命路线指引下，在灾区人民的精神鼓舞下，及同志们的共同努力下，我科的工作取得了一定的成绩，但离党的要求、灾区人民的希望还差一定的距离，比如由于缺少一些必需的器械，有许多工作还没跟上，在一定程度上影响了病区工作的开展，有待以后迅速弥补解决。通过这次的工作总结，我们决心再接再厉，力争在临走前把一些工作上的缺陷继续做好，以更新的成绩来出色完成领导交给我们的一切工作。

化验室小结

在……抗震救灾取得了伟大胜利的大好形势下，由于工作的需要，我们从唐山丰南灾区转战到了玉田县筹建临时医院。在院党的核心小组一元化的领导下，我们化验室全体同志……在灾区人民的教育和鼓舞下学习灾区人民的“七级地震压不垮，大庆红旗照样开”的冲天干劲，和“地大震人大干、灾年也要夺丰产”的英雄气概精神鼓舞下，在短短一天的准备工作中，……在缺乏仪器设备，缺乏试剂的情况下，同志们都积极行动起来，都愿为灾区人民多作贡献，纷纷表示我们应该要“有条件的上，没有条件也要创造条件上”，立即投入战斗。没有实验台，就用床板和塑料布搭起来；没有椅子就用砖头垒起来；没有冲血片的水壶，就用葡萄糖塑料袋来代替（在自来水未有安装好之前）；没有电冰箱，就用深井水来保存标准血清；没有试管夹就自己动手用铅丝做；没有酒精灯，就用药瓶和纱布来代替。大家以自力更生、因陋就简、因地制宜、土法上马、勤俭节约的精神，先后开展了三大常规、血小板、大便隐血、尿糖定性、出凝血时间、蒸馏水试验、蚁醛试验、血型鉴定、交叉配血及 LE 细胞等 15 项化验检查项目。从筹建临时医院到开始收治病人的斗争实践再一次证明，“群众是真正的英雄”，毛主席的革命路线被广大群众所掌握就会产生改造社会、改造自然的伟大力量，就能战胜任何艰难险阻，创造无数人间奇迹这个伟大真理。

我们化验室的 9 位同志，各来自上海 5 个不同的工作单位，有的工作性质也不完全一样，其中有年过半百的有丰富的工作经验的老姚同志，也有刚从学校毕业踏上了为人民服务新的战斗岗位的小严同志。过去在上海时我们彼此都不相识，也素不来往，但是由于工作需要把我们紧密地联系在一起，团结战斗在一起，很快地成为同一战壕里的战友。为了克服工作中“各吹各的号，各拉各的调”，我们统一了操作常规方法……，我们互相学习，向他们请教，得到他们的热情支持和帮助，使我们的工作很快很有效地开展起来。在短短的 26 天工作中，我们共完成大小便常规 273 人次，血常规 254 人次，配血 58 人次总共 585 人次（其中有较多的是有登记而不去统计），用血量共 3700 毫升。我们之所以完成上述工作是我们大家同心协力团结战斗的结果，其中较为突出的是中山的洪月英同志，在她值完日夜班 24 小时工作后，第二天下午她总是来到化验室帮助做清洗和输血工作。又例如静安的陆宗基同志工作也很主动，有一次有位工人来献血，因为他个子长得较高，坐在显微镜的木箱上无法抽血，陆同志就让那位献血的工人同志躺在他的身上，一直到献完血。那位献血的工人同志说，我从来没有像今天这样输血过，你们这样工作太辛苦了。（因我们没有建立血库，没有献血员睡的床和用具）其他像中山的小严、小孙和华山的小王、小方等同志，同他们两位一样工作也很好，对贫下中农服务态度也较好，也受到了贫下中农的好评。

另外，我们化验室的同志也经常去支援其他科室的工作，如供应室人员较少工作较忙，我们每天去领些棉花做棉花球和敷料，供应室的同志在繁忙的工作中也帮助我们消毒血库的采血用具，我们分工不分家，共同把工作做好。

我们虽然做了一些工作，取得了一些成绩，但是与其他兄弟科室相比，离开党和灾区人民对我们的要求还存在一定的差距，临时医院临时观点工作还做得不够完善，值此在深切悼念我们伟大领袖和导师毛主席与世长辞的时候，我们一定要化悲痛为力量，坚定不移地遵循和继承毛主席遗志，把伟大领袖和导师毛主席所开创的无产阶级革命事业进行到底。

手术室工作小结

我们手术室全体同志从抗震救灾的前线来到这里，在临时医院党核心组的领导下，……我们坚持因陋就简、因地制宜、自力更生和艰苦奋斗的精神，为灾区人民抢救和治疗更多的伤员。我们在仅仅几天内，搞起了两间简陋而整洁的手术室。用砖头和木板搭手术床，用铅丝做成了乙醚架，凡是手术时需要的常用药物、敷料和器材我们都一一备好。同志们发挥了主观能动性，群策群力，自己动手，土法上马，做泡手桶盖子，做消毒药碗盖子，做砂袋、网套、塑料围裙、袖套、手术敷料等等。我们又布置了消毒敷料室、器械准备室、值班室、手术室走廊。

在这两间简陋的手术室里，我们已为灾区人民做了下列手术：

普外科手术：疝修补、肠切除、胃大部切除、肝包膜破裂出血、剖腹探查术、先天性无肛手术、手外伤断指再植术、扩创、切开引流等小手术。

胸外科手术：胸壁结核根治术。

眼科手术：青光眼、白内障、倒睫外反。

五官科手术：乳突引流。

脑外科手术：硬膜外取血肿。

计：大手术 17 例，小手术 36 例，共计 53 例。

这里的条件是很差的，设备是简陋的，但由于我们在思想上明确了要更好地为灾区人民服务，所以在具体工作中抓好每一环节，严格消毒制度，加强无菌观念，因此以上手术到目前为止无发现有伤口感染现象，为今后手术室的工作打下良好基础。

在筹建手术室的工作过程中，在对待各种平症、急症手术的工作中，我们深深体会到：

1. 必须以阶级斗争为纲，坚持党的基本路线，坚持无产阶级政治挂帅。……

2. 党的领导是关键。凡是有急症手术、党核心组各科领导同志都亲临现场，加强领导指挥战斗，能做到发现后及时解决，使手术顺利进行。

3. 毛主席的革命路线深入人心，……经历了这场抗震救灾战斗洗礼的革命群众是能够克服并战胜一切困难的。我们学习灾区人民人定胜天的革命大无畏精神，贯彻于实际行动中去，团结战斗，心往一处想，劲往一处使，汗往一处流。有的同志有高血压，有的体质较差，有的病后尚未痊愈，但只要知道有急症抢救手术，都不顾自己身体的虚弱，不怕疲劳，积极投入战斗。有几天晚上急症手术通宵达旦，并且都是大手术，肠穿孔修补、胆囊手术、胃大部切除、手外伤等。在设备少条件差的灾区临时医院，而且在晚上开这些刀，手术室的工作是很大的，困难也较多。值班同志发扬不怕疲劳、连续作战的作风，克服种种困难，胜利地愉快地完成了手术的配合工作。

有一次附近发生火警，院党领导已组织部分同志去现场，我们手术室同志不约而同都闻声赶来，为抢救烧伤病人作好一切准备工作。抢救就是命令，因为我们都深深体会到时间就是生命，时间就是胜利。抢救生命是分秒必争的，我们要为抢救阶级兄弟的生命而作好一切准备。我们决心要把准备工作做在前，配合工作做在先，不要因为我们的工作而影响手术的进行。

在这里手术后的工作也是大量的，尤其在手术室还没有水源的情况下，清洗工作更是繁重。但同志们发扬了连续作战精神，抢挑重担，麻醉医生与我们分工不分家，大家都抢了做清洗敷料、器械、手套和手术室房间的清洁工作，呈现出一派团结战斗的景象。

4. 决定的因素是人，不是物：有条件要干，没有条件创造条件也要干。我们发挥每个同志的主观能动性，不是眼睛向上、手心向外，等待上海来设备等器材再手术，而是因陋就简、就地取材，发扬自力更生、艰苦创业的革命精神。手术室用的许多东西都是经过同志们的双手辛勤劳动，想办法干出来的。在为断指再植病人手术过程中缺少小血管夹，打破洋框框土法上马，用发夹代替小血管夹，使用效果良好。

麻醉医生在为抢救6个月婴儿肠瘘，伤口裂开作肠切除手术上麻醉时，在为肝破裂4岁小孩上麻醉时，当时设备条件极差，没有麻醉机，没有小儿喉镜片和小儿插管镜的情况下，敢于担风险，用手套代替呼吸囊。在麻醉过程中，遵照伟大领袖毛主席对工作极端负责任的教导，麻醉医生细致严密地观察病情，克服了困难，使病人安全渡过了手术关。

在这一段工作中，我们还存在不少问题。如手术室的取暖问题，布类敷料缺乏，手术器械不完全，对手术的开展带来了一定的困难，但我们相信在河北省委、上海市委的直接领导和关怀下，以上问题一定能在短期内逐步得到解决。

当前，八亿神州无限悲痛，五洲四海深切哀悼。我们最敬爱的伟大领袖和导师毛主席与世长辞了，战无不胜的毛泽东思想永放光芒，毛主席的逝世对我党、我军、我国各族人民，对国际无产阶级和各国革命人民，对国际共产主义运动，都是不可估量的损失，我们沉痛的心情是任何语言都无法形容的，最敬爱的伟大领袖毛主席永远活在我们心中。

我们一定要化悲痛为力量，我们一定要继承您的遗志，坚决执行您的革命路线，贯彻执行“6 · 26”指示，开展医药卫生革命，……把您开创的无产阶级革命事业进行到底！

传染病科总结

唐山、丰南一带发生强烈地震，我们传染科的全体同志，看到灾区人民在严重的自然灾害面前，坚持毛主席的革命路线，临危不惧，同自然灾害斗，同阶级敌人斗，同资本主义斗。尤其看到唐山人民那种“天塌地陷何所惧，泰山压顶不弯腰”的大无畏革命精神，使我们深受感动与教育。由于抗震救灾工作需要，我们来到玉田县开设临时医院，大家表示向唐山人民学习，全心全意地为灾区人民服务，并且力求为创办我们的临时医院而多做工作。

我们传染科设置了病房，开设了36张床位，其中设一间4张床位的抢救室。在现有的条件下，我们按照因地制宜、因陋就简、自力更生这样的方针，做到传染科的一般消毒隔离，没有大水缸，便盆无法消毒，大家没有向困难低头，而是积极想办法开动了脑筋。大家动手挖了一个土坑，用一个塑料袋，装消毒液进行便盆消毒，避免了交叉感染问题。

我们传染科共有工作人员 13 名，医生 3 名，2 名工农兵学员，4 名护理人员，4 名唐山卫校同学。至 8 月 26 日接收病人以来，我们共收了 39 例，主要菌痢、急性胃肠炎，其次乙脑、化脑、沙门氏菌感染、猩红热、百日咳、支气管肺炎等。在治疗的过程中，我们不因为化验条件差而放弃临床观察及治疗质量，对病人负责起见，我们每天交班前总是对新病人及重危病人进行重点讨论其诊断及治疗问题。我们共抢救 37 例重危病人（1 例菌痢，补液反应，4 例乙脑， 1 例化脑， 1 例菌痢中毒性休克），其中 2 例死亡（1 例乙脑和 1 例菌痢中毒性休克），我们对重危病人的抢救和死亡病例进行了讨论总结。……大部分医生均以实际行动向唐山人民学习，对病人抱着积极认真负责的态度，并能坚持较长时间抢救，不怕脏和累。然而大家也一致认为在抢救过程中出现一些忙乱现象，这样不利于抢救病人。需在今后注意及弥补的地方。

我们传染科也承担了一部分带教工作，包括 76 届、工农兵学员，及唐山卫校同学，76 届学员参加科室的单独值班。由陈医生、叶医生分别作为第二值班。我们感到这样做，在老医生的带教下，既放手大胆，又培养了他们的独立思考、独立工作的能力。唐山卫校在我科室学习，从常见病、多发病出发、结合典型病例进行带教，并且包括上课等。培养医卫战线的新兵。

在筹建创办临时医院的过程中，有大量工作做。我们大家都认为，传染科的正副组长均积极带头，以身作则，重担自己挑，关心病人，服务态度较好，不仅对病人那样，而且包括关心我们工作人员本身健康。

陈医生、叶医生很重视党的教育事业，积极备课，热情、不厌其烦地耐心指教，受到同学们的好评。

医护工是一个有机整体，不可分割，我们护理部在抢救中紧紧跟上，密切观察病人，认真执行医嘱，无一例医疗差错的发生，尤其是小沈、小俞两同志更是那样，关心病房，注意周围及病房的清洁卫生，工作一丝不苟，工作较突出。

传染科对前一时期进行总结，大家认为工作上还很不够，与兄弟科室相比还有一定差距，尤其是兄弟科室经常发扬龙江风格支援我们。这是感谢不尽，应该学习的。大家表示，将这种精神带回去，以实际行动向唐山人民学习，将各项工作做好。

外科二病房工作小结

我们外科二病区的同志，来到玉田临时医院后，开始时负责接诊室工作，以后开了病房同时兼管接诊室，在不到一个月的时间里，共诊治病员千余人，现将这一阶段的工作小结汇报如下。

一、 以阶级斗争为纲，坚持按6·26指示的方向办院

我们病区的同志，从丰南、迁西、遵化等地来到玉田参加临时医院工作，虽然离开重灾区远了一些，但是大家认为我们抗震救灾、为人民服务的决心不能变。为了更好地把毛主席、党中央的温暖送给灾区人民，必须坚持以阶级斗争为纲，……按照毛主席6·26指示的方针办院，使我们的工作适应灾区人民的需要，主要坚持以下几点。

（1） 坚持为大多数人服务的观点，把毛主席、党中央对灾区人民的关怀通过我们的工作体现出来。

在接诊室工作的时候，遇到的一个重要问题是：根据规定的建院方针，我们这里只开病房，不设门诊，可是接诊室每天都要遇上好几十个病人，有的是从县、公社各级医院转来的，有的是从大队直接介绍来的，也有的是自己“慕名”而来的，他们只是要求给查一查、看一看，碰到这种病人怎么办？不看，有不少人是从几十里以外特地赶来的。看吧，又会大大增加我们的负担，这是一个很大的矛盾。同志们重温了毛主席关于全心全意为人民服务的教导，联系到抗震救灾第一线的所见所闻，感到必须很好地解决这个问题。英雄的唐山人民在严重的地震灾害面前，泰山压顶不弯腰，战天斗地，表现了大无畏的英雄气概，他们的英雄事迹，给了我们巨大的鼓舞和鞭策。在他们面前，我们显得十分渺小，为灾区人民多尽一分力，把毛主席、党中央对灾区人民的关怀送到大多数同志身边，是我们应尽的义务。有条件住院的同志应当给予关心，没有条件住院的同志，也应当给予关心。思想认识统一了，大家行动也一致了。对于来看的病人，我们都热情地接待，有重病人来时，我们主动爬到车子上去询问和检查，重病人我们一起抬送到病房，轻病人仔细检查后给予配药，年纪大一些的我们把药送到他手里，远道来的同志还没吃饭的我们帮忙给他买吃的，遇到危重病人我们全力以赴。有一次，来电话说对面有车祸，我们派去一部分人到现场，其他同志全部守候在急诊室整整一个中午迎接病人，有少数需要特殊检查或复杂化验目前还没条件办到的，我们检查后也作了耐心的解释。以后在接诊室里又增添了病员的牌子，这样一间小小的接诊室就成了门诊室、急症室、住院处、问讯处，还要经常传达门口电话的询问……总之凡是第一线的工作都包了下来，每天要花很多时间在看病业务以外的工作上，有时喉咙都讲哑了。同志们不但没有怨言，反而十分愉快，因为想到我们多出一分力，灾区人民就可以多得到一分温暖。在不到一个月的时间里，我们收住院二百多人，同时门诊处理（包括扩创缝合和治愈）的病人有一千余例。

（2）坚持面向农村，开设综合病房，打破城市医院分工过细的框子。

接诊室工作后不久，医院交给我们开设病房的任务，同志们个个情绪高昂，在半天时间内就把病房布置好，迎接第一批病人的到来。

在开病房的时候，就遇到这样的问题：有些病人，一时诊断还不大清楚（例如肿瘤、肝肿大伴有结节、黄疸等），在内外科分开的情况下，可能会发生收病房的矛盾。这在城市医院内常常会遇到，到了灾区，也有可能会遇到，如果发生这种情况，就会给病人带来损失。大家重温了毛主席关于“你们分科那么细，打起仗来只会内科不会外科怎么办”的教导，认识到灾区农村，如果还是按照城市医院的那一套方法办，是不适应灾区人民需要的，势必会有一部分病人被转来转去，也会有一部分病人被认为没有条件住院，不但延误了病情，而且会产生科室之间的矛盾，不符合抗震救灾的精神。在抗震救灾前线的帐篷里，有谁提示过分一分哪一部分是内科的、哪一部分是外科的，还不是共同劳动，日夜奋战去抢救了一个又一个的伤病员吗？在贫下中农的窝棚里，不管是内科还是外科，也不管是医生、护士、化验员，不都是怀着一颗抢救阶级兄弟的火热的心亲切地治疗了一个又一个的病人吗？在这灾区的临时医院里，开设一些综合性病房不但是灾区人民的需要，也是我们医务人员的需要。大家决心以实际行动贯彻毛主席的革命卫生路线，……使病房适应农村的需要。我们小组的内科戎卫海、李铁言、张瑞芳同志以及后来的姜为民医师都积极参加了病房的筹建和管理工作。我们把一些内科、外科一时分不开的病员接收了下来，查房的时候，是内科病就由内科医生多讲一些，是外科病就由外科医生多讲一些，诊断不明时大家一起讨论，既有利于病人的治疗，也有利于我们自己的提高，使一些疑难病例也能得到及时的治疗。一位患肝肿大伴有结节和高度腹水的老太太，是肝癌还是肝硬化一时搞不清，我们收入病房后给予保肝、利尿等治疗，使病情得到了缓解。还有一些既有外科病又有内科病的病员，也由于大家共同的努力，很快得到了恢复。

（3）坚持中西医结合，开展一根针一把草，使医院适应灾区农村的需要。

收了病人以后，又遇到这样一个问题：不少病按照上海的方法治疗，要用大量的抗菌素和贵重的药品。这样一方面增加了医院的负担，一方面也加重了灾区人民的负担。在这样临时医院内，要不要坚持中西医结合，要不要开展一根针、一把草、一双手的简单有效的疗法，是关系到临时医院贯彻什么路线，走什么道路的问题。毛主席教导我们：“中国医药学是一个伟大的宝库，应当努力发掘，加以提高。”这里虽然有上海后方的支援药品，但是在这里更应当开展一根针、一把草的治疗，只有这样才能适应灾区农村的特点，才能巩固合作医疗，也只有这样才能发掘和提高祖国的医学遗产。我们周围有取之不尽的天然药源，大家抽出时间，爬上陡峭的山坡，虽然跌了不知多少跤，扎破了不知多少口，但却采来了病人所需要的草药。大家自晒自制，一碗一碗送到病员身边，取得了良好的疗效。软组织外伤到目前为止，西药还没有什么特别的效果，但我们开展了中医正骨疗法，只用一双手，常常使病人获得立竿见影的效果。至今不但在我们病房内应用，还治疗了不少其他病房和门诊的病人，取得了比西药好得多的效果。针刺麻醉是新生事物，也在我们病房开了花，深受广大病员的欢迎。最近病员同志听说我们要换了，都十分恋恋不舍。他们都说这是毛主席革命路线的胜利。我们就是这样运用一根针、一把草、一双手，使一个一个病员恢复了健康。

二、 遵照毛主席的教导，团结一致，相互学习，为灾区人民贡献自己的力量

我们病区的工作人员，由来自黄浦、静安两区的医疗队和来自华山、中山以及唐山卫校共十来个单位的人员组成，虽然我们大都互不相识，但是很快在共同的目标下团结起来了，打破了医护的界限。在接诊室时，大家共同看病人，处理伤病员。在病房里，大家一起上班，一起查房，然后一起做治疗。一阶段重病人较多，一天单单静脉补液就有十二个，而上班的护士只有二、三个，由于大家一起干，很短时间内就完成了。在接二连三来重病人比较多、手术多的时候，在护士长的带领下，几位护士同志轮着做夜班，他们几乎包了全部大夜班，并且还常常把原来医生做的夜班也抢了过去。华山医大的工农兵学员和唐山卫校的几位同学则更是哪里需要就到哪里去，病房上班，参加手术、打扫卫生，样样都干。

在医疗队员和唐山卫校同学之间，既是师生关系，又是同事关系，但是在很多场合，分不开到底谁是老师谁是学生。因为卫校同学有些课没上过，我们抽了晚上时间给他们小讲课，讲解一些疾病的基本知识和病房工作的结合，这时候我们是老师。但是在采草药的时候，卫校同学认真教我们采草药，这时候他们又是我们的老师，我们大家就在相互帮助中建立了战斗友谊。

就我们医疗队内部来说，虽然由十来个单位组成，但是我们谁也没有觉得存在什么界限，大家都相互尊重。查房的时候，哪一位同志对这病比较熟悉，就由谁来查。在手术的时候，总是尽量多商量，以求取得最好的手术方案。对于一些比较疑难的病例，病房经常开展讨论，集思广益，使病人得到比较合理的处理。至今，在我们病区住过的严重破伤风、胃穿孔、创伤性肠穿孔、肠伤寒穿孔、阻性胆管炎、烫伤等比较复杂的病例，都得到顺利的恢复，这是我们大家集体智慧的结晶和大家共同努力的结果。

三、 全心全意为人民服务，改造自己世界观

来到灾区抗震救灾，对我们每一个知识分子来说，是一个改造世界观的极好机会。大家都把病人的需要，看成是自己应当做的工作，同时抓紧每一个机会抢挑重担，锻炼自己。

我们这里的小儿科、耳鼻喉科医生是这临时医院独一无二的医生，同时他们的业务远远超过了本组的范围，只要别的地方叫一声，就立即到场。张善通医生不但看儿外科，而且也担负了儿内科的诊疗任务，天天忙个不停。有一次，他上了夜班，第二天，另一病房来了一位肠套叠穿孔的病孩，他顾不上休息，积极参加了手术和术后处理。徐林根医生一次到唐山去会诊，由于病情比较复杂，一直护送病人到天津，戎卫海医生还在我们组的时候，别处有心脏病人要会诊的总是积极认真地去完成。

接诊室工作琐碎而紧张，在我们开了病房以后，为了免除几个病区的轮流的麻烦，大家提议继续由我们担负接诊室工作，这样我们每天就要排二套，除了病房夜班以外，还要排接诊室的夜班，人力比较紧张。可是大家觉得，在灾区工作，紧张一些，对我们改造世界观有利。我们组的石镒玉、李铁言、姜为民等医师主动承担起白天接诊室的工作，他们遇到病人总是耐心检查，应住院的收进来，不能住院的给予适当处理，实在无法处理的也给予耐心解释，使病人都能满意地离开。大家夸奖说："你们上海医生的服务态度特别好，真是毛主席派来的好医生。"石镒玉医生原来是搞中医伤科的，对于有些内外科疾病不太熟悉，但是他从不畏难，照样使病人得到满意的处理。

在外科范围，我们病房开得最晚，同时收治的急症病人较多，在刚开的第一晚就来了一位急性胃穿孔，以后每隔二天就有一夜的急症手术。第二次是一位外伤性肠穿孔和一位弥漫性腹膜炎的病人。第三次是急性梗阻性胆管炎。三夜的手术都在半夜以后。大家都积极参加，有的同志前一夜刚做过夜〔班〕也参加了手术。从病人准备到手术结束未收拾好，已经是天亮了。身体虽然疲劳，心里却十分愉快。此外，我们还早诊做了右半结肠切除、腓骨肿瘤切除、上颌窦根治等手术，尽管做这些手术时，蚊子、苍蝇、灯蛾乱咬乱叮，但由于大家仔细操作，加上术后认真护理，没有产生并发症。那位胃大部切除的病人9天就出院。肠穿孔和腹膜炎的病人，一周以后就出院了。胆囊切除总胆药引流的病人，不久也可提前出院了。

外科病人手术虽然是重要一环，但是护理工作的关系都十分重大。一位颈椎损伤的病人躺在床上不能动，好多天没解大便，肚子一直难过，李玉花同志就用手一块块地把大便挖出来，顿时症状就消失，现在病人已经出院了。一位破伤风的病人入院时不能张口，频频抽搐、口唇青紫，随时有窒息的危险，家属要把他领回去等死。徐林根、马慎瑾医生当机立断给他作了气管切开，以后又进行了积极的治疗，为了使病人能更好地维持营养，决定

给他插胃管、鼻饲，但由于病人严重抽搐和不合作，从上午一直抽到下午才把胃管插进去，但到晚上又被他拔掉了，我们再把它插了进去，前后整整一天时间才把这根胃管固定下来，灌营养品。为了防止褥疮，聂竹梅、张瑞芳等同志多次教他家属擦身、翻身，目前病情已基本稳定，胃管和气管套管都已拔掉，病人已能下床。他们十分高兴，感谢毛主席和党中央给了他第二次生命。

由于病房工作紧张，大家经常不分昼夜也不分上下班，病房工作抢着干。孙永珍同志经常从早到晚，勤勤恳恳地在病房内东奔西忙。张瑞芳同志上了夜班有时白天还来病房工作，护士长聂竹梅为了照顾其他同志，常常接连上夜班，白天还经常来病房。李建敏同志发了高烧，也立即来上班，童新华医生发冷发烧生了几天病，但是看到病房人力紧张，稍有好转就来上班。杨自正同志患了感冒还坚持上班。张善通、张志玉、徐林根等医生一有空总是在病房里检查病人、书写病史、打针、讲课，以病房为家。他们上了夜班，第二日总要回到病房来看病人，一直到重病人平稳了才放心。

工农兵学员袁桂芳，工作更积极主动，每次夜里手术，她都积极参加。有一次她上小夜班，一位黄疸待查的病人突然寒战高热，经检查发现胆囊肿大，压痛明显，测量血压偏低，立即找病房医生商量，决定立即手术。这时小袁已下班了，看到病人要手术，人手较少，主动要求参加。大家劝她好好休息，不要累坏了身体，她说没关系，我本来身体好，和大家一起战斗到天亮，第二天稍微休息一下又来病房了。

为了贯彻执行毛主席的革命路线，走中西医结合的道路，张志玉医生在病房内外推广了中医正骨疗法，不用任何药物，使一些软组织损伤的病人就得到比西医好得多的效果。不管是门诊病员还是别的病房的病员，他都孜孜不倦地一次一次为他们作正骨，深受病员欢迎。为了推广针麻，徐林根医生坚持在上颌窦根治和鼻息肉摘除术时采用针麻，加上轻巧的手术操作，获得了良好的效果。

由于大家都有一颗为人民服务的热情红心，同时尽管人力少一些，兼管二个地方，夜班多一些，但是由于大家抢着挑重担，虽然累，但是心里却十分高兴，因为这是我们以实际行动为抗震救灾贡献一分力量，同时也在这些实际工作中，考验和锻炼自己，使自己的世界观得到改造。

玉田县临时医院上海医疗队留稿

要认真总结经验
——玉田抗震临时医院上海医疗队外科三病区一月工作情况总结

继丰南、遵化、迁西的战斗，我们又转战玉田办临时医院。转眼，我们来玉田已一月，在这一月中，经过向灾区人民学习，为灾区人民服务，我们的思想都有了一定的提高，工作上也取得了一定的成绩。虽然我们作了一些工作，但与其他兄弟科室和病区相比，相差还很远，通过这次总结，有待于我们在今后的工作中，巩固成绩，纠正缺点，更好地为人民服务，现在把我们一个月来的工作情况，向领导和同志们作一简单的汇报。

我们外科三病区，共有工作人员14名，来自8个医院。原先，我们大家互不相识，但是，为了同一目标而战斗的革命纽带，把我们紧紧地连接在一起，使我们能在短短的一月中，在为人民服务的基础上，团结一致，互相学习，共同战斗。

在这以前，我们外三病区，在医院党的核心小组的统一领导下，开始了积极筹建病房的工作。在筹建病房的过程中，我病区全体同志，以每干一件事，都为病人着想，每做一件事，考虑到病人的方便为前提，决定改建我们病房的地基。原来，我们的病房由于地势低，下雨，屋里就积水，而且，天好后，里面的泥地还非常潮湿。同志们想到，如果在这样的病房收住病人，不仅对病人的身体健康有害，而且，对我们的工作也不利。就这样，全病区的同志，发扬了积极苦干的革命精神，利用了几天的时间，排尽了房内的积水，垫高了屋里的地基，挖通了病房前后的排水渠道，使病房改变了以往一下雨就进水的状况。我们病房前有一条路，一下雨，路面很滑，行走不便，而且这条路也是我病房病人的必经之路，如果这条路不重新修建，对病人来说，有许多不便。同志们想到这些，又发扬了连续作战的革命精神，在路面上，铺上煤渣、石块，使之在下雨天，也不妨碍病人行走。经过紧张的劳动，同志们虽然都很累，但是，大家的心情却是非常高兴的。因为，我们以实际行动学习了灾区人民战天斗地的精神。……我们还打破了等、靠、要的思想，在病房没有设备情况下，同志们在灾区人民“自力更生，重建家园”的精神鼓舞下，以因陋就简、因地制宜的办院方针为原则，大家群策群力，积极开动脑筋，为我病区的开设创造了很好的条件。例如：在开设病房时，什么设备、器械一无所有，同志们在这样的情况下，自己动手，用床板搭成桌子，用硬纸板做成病历牌、治疗本，用木板做成药架以及骨科用的牵引架等等。为病房增添了一些必不可少的、非常实用的“设备”。现在，我们病房一般常用的设备基本齐全。

8月28日，我们外三病房，在自己创造的现有条件下，开始接收病人。接收病人后的第一天夜晚，中山医院的黄淑花同志抢挑重担，上了第一次夜班，使我们的工作有了充分时间的安排。我们碰到的第一个问题就是工作人员的安排问题。由于人员配备不足，我们病房的特点是医生多，护士少，而护理班是三班制，护士不够，怎么办？这时，我们的俞静同志和其他几位医生，自告奋勇地提出：护士不够，我们来干护理工作，俞静医生还说，只要为了工作，为了病人，干哪一行都行，根据当时工作的需要，俞静医生参加了我们的护理工作，使我们的工作很正常地开展起来。俞医生不仅在这个问题上是这样对待的，而且，在平时的工作中，也是认真负责的。对待病人非常热情，百叫不厌，有时空下来，还和病人一起拉家常，从中了解一些思想情况，做些工作，身体不好，还坚持参加工作。一次她的心脏病发作，同志们劝她不要上班，但她却说："我不上班，其他同志就要顶下去，这样，同志们的身体也吃不消，还是我上吧。"就这样，她为使同志们多休息，带病坚持工作，俞静同志这样的工作作风，是值得我们很好学习的。

在医护方面，我们大家合作得很好，分工不分家，讨论病历时，大家一起参加，医嘱下来，医生护士一起执行。病房的许美玲医生，在这方面做得较好，换药、打针、洗药碗等，她样样都干，我们的其他医生也是这样。这充分体现了我们病区医护一条龙的好风气。在全体同志们的一致努力、共同战斗下，到目前为止，我们已收治病人40余名，治愈13名，其中重危病人7名。

我病房在抢救重危病人的过程中，发扬了大协作的精神，上下一股劲，密切配合。在这里值得一提的是林增禄医生，抢救一位断手病人时，抢挑重担，工作了一个通宵，第二天不休息，送病人到廊坊进一步治疗。

缪中良医生，在治疗一位患尿道狭窄、尿潴留的小孩过程中，积极果敢，抢取时间，为病人及时地作了手术，减少了病人许多的痛苦。

在这里，还值得一提的是我们的妇产科医生欧时余同志。一次，我病房收了一位临产妇女，在欧医生的接生下，母亲很好，婴儿因气管里有羊水而窒息。当时，因为我们的设备、条件有限、没有吸管，不能把婴儿的羊水吸出，怎么办？欧医生想，如果不及时把婴儿嘴里的羊水吸出，婴儿很可能因窒息而死亡。不能让婴儿死亡，欧医生毅然用自己的嘴把婴儿嘴里的羊水吸了出来，婴儿得救了。在场的同志们都为欧医生这种高尚的风格所感动，孩子的母亲也为此很感动。欧医生的这种为抢救病人，不顾自己一切的高尚品质，是值得我们好好学习的，用欧医生自己的话来说，这是他应该做的事。

还有我们的工农兵学员安淑芳，原在上海医院时，实习干医生工作，这次到这里来工作积极主动、认真负责。安排她干护理工作，小安很乐意地干了，而且工作非常仔细，对待病人认真负责，工作做得很好。

在这里唐山卫校同志，对待病人认真负责，对工作埋头苦干的精神是值得我们学习的。

以上这些事情，在我们病区内还有许多，有的同志不在班上，主动到病房关心病人，为病人做好事。还有些同志，主动抢挑重担，同志间互相关心，互相帮助，工作配合得很好。

上面简单汇报了一下我们一个月的工作情况，虽然我们取得了一些成绩，但距离党的要求还相差得很远，而且，工作中还有许多做得不够的地方。例：前一阶段我们在回收旧纱布方面还做得不够，每次换药下来的纱布都随手丢掉，虽然现在已克服了，但今后一定在工作中多加注意。

9月9日，伟大领袖毛主席逝世的消息传来，同志们都沉浸在无比的悲痛之中。在悼念毛主席的日子里，我们想到毛主席叫警卫战士把丢掉的火柴盒拾起来，买些散装的火柴继续用，联想我们工作中大手大脚的作风，心里非常惭愧。今后，我们一定要化悲痛为力量，继承毛主席的遗志，把工作做得更好。

上海第一医学院华山医院
玉田临时医院医疗器械清单

（1）被服类：　6种　540件　金额：3649.55

（2）隔离病区物：　22种　232件　金额：521.80

（3）放射科物品：　33种　68件　金额：1746.89

合计：5918.24

本清单共5页　一式伍份

上海第一医学院华山医院革命委员会

1976.9.22

玉田临时医院被服类

品号	品名	单位	数量	单价	金额	备注
05101	棉花胎	条	65	6.69	434.85	
05119	被　套	条	65	6.80	442.00	

（续表）

品号	品名	单位	数量	单价	金额	备注
05118	被　单	条	180	4. 50	810. 00	
05201	棉大衣	件	100	16. 00	1608. 00	
98015	枕　芯	只	65	4. 81	312. 65	
98007	枕　套	只	65	0. 77	50. 05	
						合计　3649. 55

玉田临时医院隔离病区医疗器材

品号	品名	单位	数量	单价	金额	备注
03805	手提高压消毒锅	只	1	184. 00	184. 00	
08503	铝桶	只	2	48. 80	97. 60	
76012	塑料面盆	只	6	3. 39	20. 34	
76001	铅桶	只	3	5. 03	15. 09	
75025	钢精锅 32 公分	只	1	11. 30	11. 30	
75010	钢精锅 22 公分	只	1	4. 67	4. 67	
98017	塑料袖套	副	10	0. 68	6. 80	
98017	塑料袖套（裤套）	副	10	1. 70	17. 00	
98021	塑料饭单	只	10	1. 00	10. 00	
94018	搪瓷便盆	只	6	5. 40	32. 40	
98010	大毛巾	条	2	2. 84	5. 68	
35003	防护手套	副	2	3. 12	6. 26	
33002	肥皂	块	40	0. 19	7. 60	
33003	皂粉	包	5	0. 24	1. 20	
38002	小方毛巾	条	20	0. 15	3. 00	
	塑料布	块	8	2. 86	22. 88	
14032	橡皮手套	副	5	0. 80	4. 00	
	六六六粉	市斤	50		11. 00	
05305	隔离长袖衣	件	10	3. 50	35. 00	
05209	隔离裤	条	10	2. 00	20. 00	

（续表）

品号	品名	单位	数量	单价	金额	备注
38011	帽子	顶	10	0.40	4.00	
38012	口罩	只	20	0.20	2.00	
						合计　521.80

验收：杨一峯

玉田临时医院放射科器材

品号	品名	单位	数量	单价	金额	备注
02234	显影筒	只	1		39.50	
	电插板	块	2	7.37	14.74	
	灯头插座	只	2	1.36	2.72	
	电位器	只	1		9.00	
	硅堆	只	2		18.00	
02242	暗盒	只	1		56.00	12×15
02243	暗盒	只	1		70.00	14×17
15012	胶片	盒	2	79.80	159.60	14×17
02251	洗片架	只	2	9.90	19.80	14×17
15030	静电油墨粉	听	1		29.56	
75033	饮食杯	只	5	2.09	10.45	
94017	消毒杯	只	2	2.53	5.06	
94011	灌膀筒	只	1		2.90	
14020	肛管	支	2	0.53	1.06	
98021	多头带	只	1		0.96	
03101	血压表	只	1		28.80	
35004	起子	把	2	0.41	0.82	
02211	干片机	架	1		730.00	
	硒板	块	4	40.00	160.00	
	干片暗盒	只	2	120.00	240.00	
91009	血管钳	把	2	5.70	11.40	

（续表）

品号	品名	单位	数量	单价	金额	备注
79040	夹头钳	把	1		1. 46	
79060	钢丝钳	把	1		3. 04	
02254	铅手套	副	1		9. 80	
96072	铜调羹	支	5	0. 89	4. 45	
74043	钢皮卷尺	只	1		1. 68	
31001	铅笔	支	10	0. 14	1. 40	
31002	原子笔	支	4	0. 14	0. 56	
75030	有色眼镜	副	2	2. 68	5. 36	
02253	铅围裙	只	1	67. 00		
	铜板纸	包	2	20. 00	40. 00	
33022	鸡毛帚	只	1		0. 77	
	漆刷	只	1		1. 00	
						合计 1746. 89

玉田临时医院医疗器械清单

设备： 7 种　15 件　金额 472. 65 元

医疗低值及材料： 91 种　4427 件　金额 1847. 54 元

合计 2320. 19 元

附设：

1. 本清单共 5 页　一式伍份

2. 放射科隔离区医疗器材清单另开

另附已带到唐山玉田临时医院医疗器械清单

上海第一医学院华山医院革命委员会

1976. 9. 14

玉田临时医院医疗器械清单

品号	品名	单位	数量	单价	金额	备注
02152	电动离心机	架	1	213	213. 00	
03101	血压表（柱）	架	4	28. 80	115. 20	
03101	血压表（表）	只	2	17. 30	34. 60	
02137	血球计数仪	块	5	3. 45	17. 25	
02120	天平称	架	1	19. 00	19. 00	200 克
02120	天平称	架	1	28. 80	28. 80	500 克
08716	台称	台	1	44. 80	44. 80	
96037	气管套管（大）	只	2	9. 20	18. 40	
96037	气管套管（小）	只	1	7. 60	7. 60	
97047	量筒	只	5	4. 00	20. 00	1000 c. c
97043	容量瓶	只	1	2. 40	2. 40	1000 c. c
97037	烧杯	只	5	2. 03	10. 15	1000 c. c
97036	烧杯	只	5	1. 25	6. 25	500 c. c
97057	试剂瓶	只	5	1. 00	5. 00	1000 c. c
97056	试剂瓶	只	10	0. 69	6. 90	500 c. c
94017	搪瓷消毒盒	只	25	2. 53	63. 25	
94002	搪瓷有盖罐	只	25	1. 10	27. 50	
94023	洗手筒	只	2	8. 74	17. 48	
93011	空针	副	25	0. 73	18. 25	1 c. c
93001	空针	副	200	0. 63	82. 00	2 c. c
93002	空针	副	200	0. 80	160. 00	5 c. c
93004	空针	副	25	1. 50	37. 50	20 c. c
93003	空针	副	100	0. 74	74. 00	10 c. c
93013	口表	支	100	0. 50	50. 00	
96234	电麻仪	套	1	42. 00	42. 00	
96217	氧气面罩	只	3	10. 45	31. 35	
92002	刀柄	把	10	3. 00	30. 00	
92008	手术剪刀（直）	把	3	4. 50	13. 50	

（续表）

品号	品名	单位	数量	单价	金额	备注
92009	手术剪刀（弯）	把	2	5. 20	10. 40	
92036	神经拉钩	把	2	1. 76	3. 52	
92041	神经钩	把	2	1. 76	3. 52	
98013	中橡皮单	条	10	3. 50	35. 00	
94016	搪瓷方盘	只	10	6. 24	62. 40	
94016	搪瓷方盘	只	10	3. 64	36. 40	
94011	灌肠筒	只	2	3. 00	6. 00	
94010	药杯	只	30	0. 22	6. 60	
94019	有盖提桶	只	5	8. 20	41. 00	
97009	搪瓷量杯	只	2	1. 50	3. 00	1000 c. c
97008	搪瓷量杯	只	5	1. 10	5. 50	500 c. c
97029	玻璃漏斗（大）	只	2	3. 10	6. 20	
76004	搪瓷小面盆	只	5	1. 60	8. 00	
97015	酒精喷灯	只	2	14. 30	28. 60	
16008	针头$_{4\frac{1}{2}}$	只	100	0. 092	9. 20	
16007	针头$_{5\#}$	只	50	0. 092	4. 60	
16005	针头$_{6\#}$	只	300	0. 092	27. 60	
16004	针头$_{6\frac{1}{2}\#}$	只	300	0. 092	27. 60	
16003	针头$_{7\#}$	只	500	0. 092	46. 00	
16002	针头$_{8\#}$	只	250	0. 092	23. 00	
16001	针头$_{9\#}$	只	50	0. 092	4. 60	
13028	血色素胶管	支	50	0. 4	20. 00	
13028	量筒 100 c. c	只	3	1. 19	3. 57	
13026	量筒 10 c. c	只	2	0. 79	1. 58	
13043	容量瓶 100 c. c	只	3	1. 30	3. 90	
13018	烧杯 100 c. c	只	5	0. 42	2. 10	
13046	试剂瓶 250	只	10	0. 35	3. 50	

（续表）

品号	品名	单位	数量	单价	金额	备注
13066	血球计盖片	只	50	0.02	1.00	
	砂轮	盒	3	0.46	1.38	
19005	牛角匙	把	10	0.12	1.20	
19016	铜丝	盒	5	4.90	24.50	
16010	头皮针	只	50	0.46	23.00	
16016	缝合针$_{6\times14}$	包	20	0.80	16.00	
16016	缝合针$_{5\times12}$	包	20	0.80	16.00	
16016	缝合针$_{5\times14}$	包	3	0.80	2.40	
16016	缝合针$_{4\times10}$	包	10	0.80	8.00	
16016	缝合针$_{4\times14}$	包	10	0.80	8.00	
16016	缝合针$_{3\times14}$	包	20	0.80	16.00	
19009	缝合线$_{3\text{ "0"}}$	合	20	0.75	15.00	
19009	缝合线$_{\text{"0"}}$	合	30	0.50	15.00	
19009	缝合线$_{\text{"7"}}$	合	30	0.87	26.10	
19010	羊肠线$_{4\text{ "0"}}$	合	100	0.50	50.00	
19010	羊肠线$_{2\text{ "0"}}$	合	20	0.50	10.00	
19010	羊肠线$_{\text{"0"}}$	合	20	0.50	10.00	
14011	橡皮管 6m/m	支	30	1.10	33.00	
14032	橡皮手套	副	120	0.80	96.00	
16014	输血针头	只	50	0.15	7.50	
13051	台金氏空针	副	5	1.15	5.75	
16032	探针　有槽	支	2	0.86	1.72	
16032	探针　无槽	支	2	0.33	0.66	
16026	克氏针	支	25	0.29	13.25	
14012	导尿管	支	30	0.52	15.60	
14007	12 指肠管	支	10	0.76	7.60	
14020	肛管	支	10	0.54	5.40	

（续表）

品号	品名	单位	数量	单价	金额	备注
14004	洗耳球	只	3	0. 41	1. 23	
13023	量杯 100 c. c	只	2	1. 15	2. 30	
13022	量杯 50 c. c	只	2	1. 08	2. 16	
13021	量杯 20 c. c	只	5	0. 85	4. 25	
13058	漏斗 4 公分	只	3	0. 33	0. 99	
13059	漏斗 9 公分	只	1	0. 62	0. 62	
13117	研钵	只	3	1. 05	3. 15	
19002	盐水夹　螺	只	100	0. 22	22. 00	
19002	盐水夹　弹	只	30	0. 15	4. 50	
14008	输血皮条 4 × 6	市尺	600	0. 22	132. 00	
14038	塑料管	公斤	3	9. 07	27. 21	
31023	胶水	瓶	5	0. 63	3. 15	
13075	y 形接管	支	200	0. 16	32. 00	
13073	接管	只	200	0. 07	14. 00	
13072	滴管	副	100	0. 12	11. 00	

上海第一医学院华山医院赴唐山医疗队医疗器械清单

物品	单位	数量	备注
心电图机	架	壹	712 型
血压表（水银柱）	只	壹	
血压表（表式）	只	壹	
口表	支	伍拾	
肛表	支	伍拾	
医用材料:			
橡皮手套	副	叁拾	“$6\frac{1}{2}$” × 10，“7” × 10，“$7\frac{1}{2}$” × 10
心电图记录纸	卷	拾	

此致

上医科研组

上海第一医学院华山医院革命委员会业务组

1976.9.4

本单共五份

上医后勤组
调拨玉田县临时医院物资清单

品名	计算单位	数量	单价	金额	备注
管子绞板	只	1		114.00	
管子台钳	只	1		48.90	
千斤顶	只	1		94.10	
套筒板手	套	1		48.00	
双头板手	件	1		21.30	
梅花板手	套	1		31.80	
油印机	架	1		21.93	
木工工具	套	1		43.96	共18件
办公用品文具纸张		一批		410.96	
氧气吸入器	只	3		414.00	
皮篮球	只	2		40.20	
皮排球	只	2		27.60	
羽毛球拍	副	3		29.76	
乒乓球拍	块	6		16.50	
泡沫化羽球	只	10		2.90	
乒乓球	只	10		2.20	

（续表）

品名	计算单位	数量	单价	金额	备注
轻便靴	双	1		8. 79	
五金材料、水暖零件		一批		413. 41	
锣鼓	套	1		61. 68	
脚踏三轮车	辆	1		375. 56	
鼓风机	台	1		159. 87	暂不带去
木笼格	套	1		-	
淘箩	只	6	7. 00	42. 00	
大面盆（铝）	只	7	6. 00	42. 00	
显微镜 MGF	台	2	1200	2400. 00	借用
广播器材 40 瓦	台	1		659. 74	借用
棉大衣	件	8	14. 00	112. 00	
电工工具	套	1		79. 60	18 件
双节铁橱	只	1		236. 00	
			合计	5819. 16	
			其中:		
			调拨物资	2759. 42	
			借用物资	3059. 74	

上海第一医学院革命委员会后勤组

1976. 9. 22

上海第一医学院支援唐山玉田临时医院被服类情况汇报

市卫生局后勤组:

我院根据市卫生局的要求，从各附属医院中抽调棉被、枕芯、枕套、被单共 350 套（其中大被单共 700 条）支援唐山玉田临时医院。

请市卫生局尽早设法补充解决为盼。

各附属医院支援玉田临时医院棉被服数量如下：

中山医院共 115 套（其中大被单 230 条）。

华山医院共 115 套（其中大被单 230 条）。

耳鼻喉科医院共 60 套（其中大被单 120 条）。

妇产科医院共 60 套（其中大被单 120 条）。

合计：共 350 套（大被单 700 条）。

棉大衣共 258 件：

中山医院 100 件

华山医院 100 件

妇产科医院 58 件

附上各附属医院支援唐山被服类清单四份。

上海第一医学院医疗科研组
1976 年 9 月 27 日

上海第一医学院中山医院

被服床单清单

玉田县医院上一医中山医疗队　　　　件数：　　　　重量：

<table>
<tr><th>类别</th><th>名称</th><th>规格</th><th>数量</th><th colspan="2">备注</th></tr>
<tr><td>布类</td><td>棉被</td><td>薄</td><td>65 条</td><td>第二批</td><td rowspan="5">共计
65 套</td></tr>
<tr><td>布类</td><td>被套</td><td>大</td><td>65 条</td><td>第二批</td></tr>
<tr><td>布类</td><td>大单</td><td></td><td>130 条</td><td>第二批</td></tr>
<tr><td></td><td>枕芯</td><td>薄绒</td><td>65</td><td>第二批</td></tr>
<tr><td>布类</td><td>枕套</td><td></td><td>65</td><td>第二批</td></tr>
<tr><td>布类</td><td>病员棉大衣</td><td></td><td>100 套</td><td colspan="2"></td></tr>
<tr><td>布类</td><td>大被单</td><td></td><td>50</td><td colspan="2">补第一批</td></tr>
</table>

（续表）

1976 年 8 月 13 日支援第一批被服清单				
类别	名称	规格	数量	备注
布类	棉被	薄	50	第一批
	被套	大	50	第一批
	枕芯	薄绒	50	第一批　共计50套
	枕套		50	第一批
	大被单		50	第一批

发出单位：上海第一医学院中山医院　主管人：张中石　经手人：

发出日期：　1976. 8

华山医院支援唐山棉被服类（115 套）

棉花胎　115 条
帐子　10 条
棉大衣　100 条
被单　230 条
被套　115 条
隔离长袖衣　10 条
隔离裤　10 条
小被单　18 条
开刀巾　18 条
大包布　12 条
中包布　2 条
长洞巾　3 条
手套袋　16 条
小包布　10 条
枕芯　115 条
枕套　115 条

帽子　　10 顶

眼耳鼻喉科医院支援唐山被服清单

名称	数量	平均用布	合计	金额
被单	60 条	11 尺	660 尺	240.00
被套	60 条	24 尺	1440 尺	540.00
枕套	60 只	2.4 尺	144 尺	48.90
枕芯	60 只	2.2 尺	132 尺	98.40
			2376 市尺布	
棉被	60 条	4 尺×6 尺×7 斤	420 斤棉花	485.40
			合计	1412.70

上海第一医学院眼耳鼻喉科医院革命委员会

1976.9.23

妇产科医院支援唐山被服清单

棉絮胎　　60 条

大被套　　60 条

大被单　　120 条

棉大衣芯　　58 件

枕套　　60 只

儿科医院赴唐山医疗队所带物品

蚊式钳　　12 把

手套（$6\frac{1}{2}$米）　　10 副

手套（7 寸）　　10 副

针（圆针、三角针、直针）	各 1 包
线“50”、“30”、 1 号、 4 号	各 2 盒，蚕肠线
导尿管（8 号）	10 根
导尿管（10 号）	10 根
肛管	10 根
台金氏空针	3 副
胃肠减压管	10 根
蕈状导管（大小）	各 5 根
T 管	10 根
电麻仪	一台
针灸针	50 根
眼罩	2 只
滴瓶	1 只
乙酰嗜嗪	2 盒
头皮针	30 根
脚皮针	30 根
腰穿针	2 只
胸腔穿刺针	2 只
肛表	20 根
小开放瓶（100 cc）	10 只（包布 5 块）
空气加压器	1 只
鼻饲管	5 条
橡皮奶头	20 只
加压呼吸面罩	2 只
剃刀	2 副
剃刀片	40 片

尚须添置下列物品

小儿咽喉镜（直、弯——小号及大号）

小儿气管导管一套

简易呼吸囊一只

麻醉用钢丝面罩（小号）一只

儿科医院

1976 年 9 月

上海第一医学院眼耳鼻喉科医院
赴唐山、玉田医疗队携带医疗器械清单

品名	数量	价格	品名	数量	价格
角膜放大镜	2 只	¥33.4×2	开睑器	4 只	¥3.00×4
视力表（远）	3 张		持针钳，大	1 把	¥5.50
近视力表	10 张		持针钳，小	3 把	¥5.10×4
钢笔电珠	20 只	¥1.60	小无齿镊	10 把	¥1.88×10
眼底镜灯泡	20 只	¥0.84×20	小有齿镊	10 把	¥1.88×10
刺囊刀	2 把	¥2.82×2	大刀柄	2 把	¥3.00×2
泪囊摘除撑开器	1 只	¥9.38	小刀柄	3 把	¥3.00×3
泪道探针	2 套	¥0.86×6	大刀片	30 片	¥2.76
泪道扩张器	1 只	¥0.59	小刀片，圆、尖	各 30 片	
虹膜剪刀	2 把	¥8.80×2	眼睑拉钩	6 把	¥2.16×6
虹膜铲	3 只	¥2.16×3	眼睑角板	3 把	¥1.22×3
眼球肌肉钩	4 只	¥2.16×4	角膜异物刀	3 把	¥2.61×3
晶体圈套器	1 只	¥2.80	大、中、小三角缝针	各 5 包	¥12.80 元
白内障囊内及囊外镊	各 2 把	¥3.50×4	中、小圆针	各 6 包	
晶体匙	1 只	¥1.88	角膜缝针	50 只	
霰粒肿刮匙	1 把	¥2.16	拔牙照明灯	1 只	¥13.30 元
甲状腺拉钩	2 把	¥3.50×2	气管异物钳	1 把	¥22 元
虹膜镊子	4 把	¥1.88×4	支气管镜（老式）	1 只	¥20 元
眼球摘除大弯剪刀	1 把	¥5.57	电耳镜	1 套	¥21.30 元
拔倒毛镊	2 把	¥2.58×2	弯喉异物钳	2 把	¥17.30×2

（续表）

品名	数量	价格	品名	数量	价格
耳息肉钳	1 把	¥20.70	扁桃体止血钳	3 把	¥5.70×3
扁桃体挤切刀	1 套	¥70 元	扁桃体圈套器	1 把	¥11.00
乳突咬骨钳	1 把	¥27.60	鼻息肉圈套器	2 把	¥9.20×2
前连合镜	1 把	¥23.00	耳鼻肉圈套器	1 把	¥8.47
食道镜，25 公分	1 把	¥20.00	乳突拉钩	1 把	¥10.40
电头灯	1 只	¥70.00	圆凿	3 把	¥3.00×3
瓜子钳	1 把	¥27.00	平凿	3 把	¥3.00×3
内腔镜异物钳	1 把	¥30.00	中隔剥离器	1 把	¥3.45
三角翘头声带息肉钳	1 把	¥31.05	锤子	1 把	¥3.00
圆平头声带息肉钳	1 把	¥31.05	扁桃体抓钳	1 把	¥7.41
气管镜 5×25	1 把	¥20.00	台维氏压舌板	2 把	¥11.00
窥鼻器	6 把	¥5.16×6	台维氏张口器	1 把	
耳镊	6 把	¥2.55×6	甲状腺拉钩	3 把	
鼻镊	6 把	¥3.10×6	食道镜柄	1 把	¥6.20
压舌板、金属	5 把	¥1.60×5	玻璃研钵	1 只	¥1.00
喷雾器	1 只	¥4.70	头镜	2 只	¥9.20×2
耵聍钩	1 把	¥1.15	喷雾器瓶	1 只	
闭气窥耳镜	1 套	¥15.00	喉镜	5 只	¥0.91×5
上颌窦穿刺针	2 支	¥1.15	听诊器	1 只	¥3.45
耳咽管导管	3 支	¥5.75×3	内反镊	1 把	¥5.57
气管筒，1，3，5	7 副	¥8.00×7	眼科直剪刀	2 把	¥3.73×2
扁桃体刀	1 把	¥3.50	眼科弯剪刀	2 把	¥3.73×2
扁桃体剥离器	1 把	¥2.65	眼科线头剪刀	2 把	¥4.14×2

医院暂无货需购买器械

品名	数量	价格	品名	数量	价格
眼底镜	4 只	¥24.20×4	眼压计	2 只	¥40.00×2
眼内异物电磁铁吸出器	1 架	¥200.00	多齿镊	2 把	¥3.26×2
			蚊式血管钳，直	20 把	¥5.00×30
电筒	5 只	¥1.80×5	蚊式血管钳，弯	10 把	

目前有困难无法买到的器械

品名	数量	价格	品名	数量	价格
裂隙灯	1 架		眼内异物 X 线		
视网膜电凝器	1 架		定位器	1 只	
骨膜剥离器	1 只		角膜镊	5 把	
角膜剪刀	2 把		视野计	1 架	
霰粒肿夹子	2 只				

赴唐山玉田医疗队药品清单　　1976 年 9 月 15 日

药名	数量	价格	药名	数量	价格
后马托品　1 克装	5 瓶	￥17.60 元	阿托品　1 克装	5 瓶	￥14.30 元
可的松眼水 50 支装	1 盒	￥15.00 元	匹罗卡品　1 克装	5 瓶	￥5.00 元
			新福林　25 克装	1 瓶	￥71.40 元
阿托品眼膏	30 支	￥5.07 元	双氯磺酰胺　100 片	2 瓶	￥3.48 元
匹罗卡品眼膏	20 支	￥2.26 元	普罗卡因肾上腺素 10 支装	10 盒	￥4.40 元
金霉素眼膏	100 支	￥8.00 元			
地卡因　5 克装	2 瓶	￥9.12 元	麻黄素粉　25 克	2 瓶	￥6.00 元
荧光素　1 克装	5 瓶	￥0.44 元	塑料瓶	2500 只	￥150.00 元
共计		￥212.07 元	贰佰拾贰元零柒分正		

唐山医疗队已带去的医疗器械及被单

品名	数量	价格	品名	数量	价格
直血管钳	2 把	￥5.75×2	听诊器	1 只	￥3.45
弯血管钳	2 把	￥5.70×2	窥耳器	2 只	￥5.16×2
角镊	2 把	￥2.55×2	换药剪	1 把	￥4.50
枪镊	2 把	￥3.10×2	甲状腺拉钩	2 把	￥5.18
压舌板（金属）	2 把	￥1.60×2	大被单	60 条	
扁桃体剥离器	1 把	￥2.65	大被套	60 条	
中隔剥离器	1 把	￥3.45	棉被	60 条	
喉镜	3 把	￥0.91×3	大枕套	60 只	
气管筒	3 只	￥8.00×3	大枕芯	60 只	
手术刀柄	1 把	￥3.00			
共计		￥96.68 元	玖拾陆元陆角捌分正		

妇产科医院支援唐山玉田临时医院物资清单

棉大衣芯	58 件	治疗碗	4 只	橡皮	1 块
大被套	60 条	弯血管钳	8 把	橡皮手套	50 副
大被单	120 条	直剪刀	4 把	玻璃接管	50 支
枕套	60 只	冲洗壶	1 只	腰椎穿刺针头	2 支
灌肠筒	1 只	塑料水桶	1 只	橡皮圈	1 包
胎头吸引器	2 只	棉被胎	60 条	纱布绷带	10 卷
产钳	2 把	电动吸引器	1 只	试纸	2 包
K 氏产钳	1 把	阴道扩张器	5 只	开花导尿管	2 支
骨盆测量器	1 副	肥皂	96 块	双腔导尿管	1 支
听诊器	2 副	工作手册	16 本	灯泡	2 只
血压表	2 只	硬面簿	3 本	剃刀片　双面	10 片
会阴剪刀	4 把	原子笔 705	8 支	剃刀柄	1 把
洗疮器（台金氏针筒）	1 副	蓝墨水 1 大瓶	32 瓶	手术刀片　#20	20 片
		电池　#1	36 节	手术刀柄	1 把
新生儿咽喉镜	1 套	橡皮单	5 条	黑缝线	2 盒
白跑鞋	4 双	橡皮管	1. 4 斤	浆糊	1 瓶
灌洗针筒	1 副	札线	1 团	气管导管	8 支
落地插灯	1 只	木听筒	4 只	气管导管套管	3 支
节育环取出勾	1 支	肛管	5 根	塑料饭单	2 条
电筒	8 只	橡皮膏	2 筒	产科气垫	1 只
背带水壶	4 只	硬结膜导管	10 支		

唐山抗震救灾后妇产科医院情况汇报

河北省唐山、丰南一带发生强烈地震后，我院在党总支的领导下，紧急动员起来。广大医务人员满怀深厚的无产阶级感情，以最快的速度从人力、物力等各方面大力支援灾区人民的抗震救灾斗争。广大干部、群众在支援灾区的同时……以灾区人民山崩地裂志不移的革命精神为榜样，鼓起更大的革命干劲，搞好本职工作，以实际行动来支援灾区人民，有力地推动了各项工作，使我院的政治气氛和广大干部、医务人员的精神面貌焕然一新。

党总支在获悉唐山、丰南一带地震的消息后，立即召开了紧急会议，克服种种困难，组成三批共 18 人的预备队，随时准备奔赴灾区。总支委员、革委会副主任，老干部刘付华同志，身患肾结核，长期半休，但老刘不顾疾病，抢挑重担，坚决要求带队到灾区救灾，并说自己有组织野战医院的经验，表示共产党员在关键时刻要身为表率，冲锋在前，不能光顾个人身体。

广大医务人员也闻风而动，在动员大会上纷纷登台，表示奔赴抗震救灾第一线的坚强决心，争先恐后地报名去唐山，决心书、请战书贴满了饭厅走廊，一些在外人员也纷纷打电话到医院，口头报名，表示决心。医生杨来春同志，刚从江西巡回医疗回沪，母亲又得病瘫痪在床，但杨来春同志不顾个人困难，坚决要求第一批去唐山抗灾。陈钧飞同志当组织批准了他去唐山的要求时，激动地说自己是搞化验的，到唐山后需要干啥就干啥，哪怕是抬病人，打针、换药、端尿、倒茶也是乐意的，并表示在抗震救灾中以实际行动加入党组织。王德芬同志孩子患有气管炎，她坚决地向组织表示，个人的事再大也是小事，唐山地震可是大事啊，并说家里一致支持她去唐山支援救灾。毛月琴同志身患严重类风湿关节炎，长期病休在家，得知唐山地震后立即赶到医院，表示自己虽然身患疾病，但还能动，自己不能去唐山第一线，也要在第二线、第三线为支援灾区出把力，坚决要求上班。青年王雪英，当知道自己坚决报名去唐山的要求被批准后，毅然剪掉了心爱的辫子。预备队的同志们在整戈待命的日子里，白天上班，晚上睡在医院里待命。就连星期天也急切地围候在电话机旁，等待着出发的命令，恨不能插翅飞到灾区，立即投入抢救灾区人民的战斗，真是干群团结如一人，救灾新事举不胜。

从各组室到各病房，从门诊医务人员到后勤工人，人人在为支援灾区出力，到处响彻着“灾区要什么，我们支援什么，再大的困难我们自己克服”的战斗口号。各部门纷纷表示“支援唐山需要多少人就支援多少人，就是一天干 24 小时也要完成自己部门的工作。”机关工作人员到各科室病房劳动，实行三周，医务人员加倍努力地工作，后勤工人在救灾工作的推动下，试制成功了土吊车。产科门诊在任务重、人手少的情况下，坚持开门办院，和地段一起，抓好孕产妇的管理工作。不分部门，不分你我，共产主义的龙江风格蔚然成风。

全院职工在抗震救灾中，继续深入学习毛主席的重要指示，同时认真学习了中共中央向灾区人民发出的慰问电和报刊上登载的救灾报道，大家对灾区来的消息极为关心。通过学习大家认识到敬爱的伟大领袖毛主席和党中央对灾区人民无微不至的关怀，充分体现了毛主席和党对我们劳动人民群众的关心、爱护，更加痛恨资本主义，热爱社会主义。在万恶的旧社会如果发生唐山这样的地震，劳动人民没有被砸死，也要饿死、冻死、病死，而在今天，一方受灾，全国支援，不仅保证伤病员的及时抢救医疗，而且保证了灾区人民的吃、喝、住、用，充分体现了社会主义制度的优越性，真是新旧社会二重天……。

通过学习毛主席指示、中央慰问信，以唐山受灾为例，进行新旧社会对比，使我院广大团员青年受到了深刻的思想和政治路线方面的教育。当一、二、三批救灾预备队的任务解除后，青年医疗人员向总支提出建议，他们讲：各行各业都在为支援唐山作贡献，要把唐山的损失补回来。现在各工厂企业都在战高温、夺高产，支援唐山，既然支援唐山能抽出我们这批人，现在任务解除了，我们可以支援工厂，参加学工劳动，表示坚决走同工农相结合的道路……党总支立即满腔热情地支持了这一革命建议，组成了 25 人的学工队到国毛四厂战高温，受到工人群众的好评……。

在抗震救灾工作中，广大群众将学习灾区人民的革命精神，化为支援灾区人民的实际行动，使我院的政治气氛和干、群中的精神面貌起了很大的变化，有力地推动了各项工作的开展，到处都呈现出一派莺歌燕舞的大好形势。

……抗震救灾是一次战时大演习，使我们学到了许多平时学不到的东西，为战时救护工作的组织提供了极其宝贵的经验。在抗震救灾中，以前一些没有解决的问题现在解决了，人员减少了，工作都搞得更好，充分显示了毛主席关于“思想上政治上的路线正确与否是决定一切的”指示是颠扑不破的伟大真理，充分说明了只要路线正确没有人可以有人，再大的困难也能战胜。我们一定要牢记这条历史的经验，以阶级斗争为纲，坚持党的基本路线，进一步深入地学习唐山人民的革命精神……立足本职，为支援唐山，重建新唐山，作出更大的贡献。

上海第一医学院妇产科医院
1976. 10. 12

上海第一医学院抗震救灾医疗队工作总结
（草　稿）

7 月 28 日，河北省唐山、丰南一带发生强烈地震后，在毛主席、党中央的战斗号令下，根据市委指示，我院先后组成了抗震救灾医疗队、列车医疗队奔赴唐山、丰南地震灾区，并派出人员筹建抗震临时医院。

两个月来，在毛主席、党中央对灾区人民的亲切关怀下，在河北省委和上海市委的领导下，广大医疗队员以阶级斗争为纲……学习唐山人民“泰山压顶不弯腰”的大无畏革命精神，战胜面临的各种困难，努力为灾区人民多作贡献。在抗震救灾过程中，传来了伟大领袖毛主席逝世的不幸消息，全体队员无比悲痛，大家含着热泪说：我们是毛主席生前派出的最后一批医疗队，一定要化悲痛为力量，继承毛主席的遗志，把毛主席对灾区人民的关怀送到每一个灾区人民的心坎上，为自力更生，重建家园，建设新唐山贡献我们最大的力量。

（一） 两月来抗震救灾工作概况

7 月 28 日下午，接到市委关于组织抗震救灾医疗队的紧急指示后，党委立即进行了紧急动员与部署，广大工宣队员、革命医务人员纷纷请战，积极报告参加，在短短五个小时内，组织起六个医疗队，共九十五人（中山、华山各三个队，并有儿科、妇产科、眼耳鼻喉科医院同志参加。其中党员 37 人，团员 22 人，工宣队员 5 人，军宣队员 1 人，干部 3 人，医护人员 70 人，工农兵学员 16 人），在党委副书记、工宣队团长徐存山同志带领下，于 7 月 29 日清晨离沪奔赴唐山、丰南地震灾区。

两个月的工作，共分二个阶段：

第一阶段，自 7 月 31 日至 8 月 19 日，主要是抢救治疗和转运伤员。

7 月 30 日，医疗队抵达唐山机场。按照上海医疗队大队部统一部署，中山二队留在机场作为大队部机动力量，以后调至迁西县与解放军 650 部队医院并肩战斗。其余五个队于 31 日抵达震中丰南县县城胥各庄镇，担负县直机关、工交企事业单位及胥各庄五个大队（共 10845 人，5344 名伤员）的医疗抢救任务。

自 7 月 31 日至 8 月 19 日止，我院六个队在丰南及迁西，共巡回和门诊治疗伤病员 18619 人次，收治住院伤病员 246 人，其中抢救重伤重病员 37 人，进行大小手术 88 例，还接生了 2 个新生命。从 8 月 5 日起，先后向外转运伤员 648 人。此外，大力开展了中西医结合的群众性卫生防疫工作，进行预防接种 8103 人次。还培训赤脚医生、卫生员 23 人，帮助恢复合作医疗站 4 个，并参加了重建家园劳动 303 人次。

在此同时，我院于 8 月　　日　　日，派出列车医疗队　　人（其中党员人，团员　　人。工宣队员　　人，干部　　人，医护人员　　人，工农兵学员　　人），担负从唐山转运伤员的列车医疗救护任务，先后转运至安徽铜陵和　　二批共　　名伤员。

第二阶段：自 8 月 20 日至 9 月 25 日，主要是筹建玉田临时医院。

根据河北省委和上海市委指示，我院负责筹建玉田临时医院（现定名玉田抗震医院），于8月　　派出先遣组5人（党员4人，其中工宣队2人，干部2人，医生1人）抵达河北玉田县，负责筹建工作。8月20日前后，黄浦区、静安区在迁西、遵化的两个队50人及我院在丰南、迁西的六个队95人先后转移至玉田，共同筹建临时医院，至9月25日移交给第二批医疗队胜利返沪。

在省地县委及上海市委领导和各方面大力支持下，广大医疗队员学习唐山人民革命精神，艰苦奋战，自力更生，勤俭建院，凭着一颗红心两只手，在玉田师范学校空旷的操场上，白手起家，建起了有4400平方米建筑面积、 6个病区300只床位的临时医院。在筹建的过程中，贯彻全心全意为灾区人民服务的精神，自8月26日起开始收治病员，至9月25日止，先后收治急难重症病员263人，其中抢救重危病人58人，施行大小手术56例，经治疗痊愈或好转出院195人，抢救无效死亡8人。此外，门诊接待治疗病员1000多人次，并担负唐山卫生学校25名工农兵学员的教学任务。经一个多月的艰苦奋战，初步完成了筹建任务，为第二批医疗队员来玉田办院打下了初步的基础。

（二） 学习唐山、丰南人民英雄精神，努力为灾区人民多作贡献

英雄的唐山、丰南人民和人民解放军，在抗震救灾的严峻斗争中表现出来的坚持社会主义方向的高度政治觉悟，一往无前、人定胜天的革命精神，一心为公、舍己救人的共产主义品德，临危不惧、顽强战斗的英雄气概，团结互助、同心协力的高尚风格，给我们全体医疗队员以极其深刻的、终生难忘的教育。广大医疗队员以英雄的唐山丰南人民为榜样，坚决贯彻毛主席的革命路线，……怀着深厚的无产阶级感情，发扬白求恩精神，救死扶伤，艰苦奋战，在抢救伤员和重建家园的斗争中做了不少工作，涌现了大量先进人物和先进事迹。通过抗震救灾的艰巨斗争，也提高了广大队员阶级斗争、路线斗争觉悟，锻炼了我们的队伍，为继承毛主席的遗志，进一步深入开展卫生革命、教育革命打下了良好的思想基础。

1. 学习唐山人民临危不惧、舍己救人的共产主义精神，全心全意抢救伤病员。

英雄的唐山人民在地动山摇、灾害骤发的严重时刻，他们不是想的个人和家庭的安危，而是首先想到毛主席、党中央，首先抢救阶级亲人。在丰南、迁西，我们每时每刻都听到看到无数这样的英雄事迹和英雄人物。广大医疗队员说，我们是毛主席派来的医疗队，而对这样的英雄人民，我们一定要尽我们最大努力，把受伤的阶级兄弟抢救过来，把毛主席、党中央的温暖和关怀，通过我们的双手送到灾区每一个伤员的心坎上。许多同志一到灾区，放下背包，来不及安排自己的生活、住宿，就立即投入抢救伤员的战斗；许多同志夜以继日，连续战斗，不怕疲劳，不顾自己生病，为抢救伤员英勇奋战。如郑忆柳同志（华山骨科医生）为了抢救伤病员，两天两夜中只睡了三、四个小时。徐筱萍（中山内科护士、团员）、张适（华山外科护士、团员）发烧40℃，热度稍退，就又带病投入战斗。

由于地震造成的破坏是在一瞬间形成的，丰南是震中，重灾区遭受的破坏和损失极其严重，因此伤员十分集中，我们每个队（15人）每天要治疗150~200个伤员，任务十分艰巨。到玉田以后，由于收治的病员都是县医院和分院转来的急难重症病员，工作量也十分大。但是我们不论在丰南、迁西还是玉田，设备条件、器械药品都远远不能适应抢救伤病员的战斗任务的需要。但是广大医疗队员在唐山人民英雄精神的教育鼓舞下，……怀着对灾区人民深厚的无产阶级感情，以一颗红心两只手，本着“哪怕只有百分之一的希望，也要用百分之百的力量去抢救”的精神，战胜了一个又一个的困难，把一个又一个的阶级亲人从死亡线上抢救了过来。

中山二队刚到迁西的那天晚上，来了二位因挤压综合症引起急性肾功能衰竭的伤员，气急，全身浮肿，神志不清，七天没有小便，高血钾，严重心律失常。面对随时都有心脏停搏危险的阶级兄弟，又缺乏像上海做人工肾透析的设备条件，同志们在党组织的领导和解放军的鼓舞〔下〕，大胆地进行了腹膜透析。没有硅橡胶的透析管，就用输液用的塑料管代替；没有透析液，就自己动手配制。为了防止并发感染，把伤员搬进了单独的帐篷，地上铺上芦席，顶上拉起白布，周围经常喷洒药水，各种操作更加严格按照无菌要求。抢救中，严密观察病情和加强护理十分重要，但我们一个队只有十五人，还有大量住院伤员需要治疗护理，人力十分紧张，解放军医院立即派出人员支援，并肩战斗，黄雅芳、沈渭娟、蒋丽华、聂竹梅等护士同志日以继夜地工作，值了夜班，稍为睡了一下，又起来连续战斗。化验员孙路德，不管白天黑夜，随时进行化验，做好“侦察”工作。医生护士紧密配合，一天十几次地为伤员翻身、擦身、铺床单、擦洗身上的大便。许多同志眼睛熬红了，眼皮熬肿了，有的因为过度劳累，关节痛、牙痛、腹泻、发高烧，但仍然抱病坚持战斗。经过两周艰巨的抢救，经过腹膜透析和中草药治疗，伤员终于解出了“珍贵”的小便，非蛋白氮从200^{+} mg下降到45 mg，脱离了危险，而且在没有大量抗菌素的条件下，基本避免了腹腔感染，在绝对卧床的情况下，没有发生褥疮。当医疗队转移时，两位伤员含着热泪感谢党和毛主席使他们获得第二次生命。

有一些伤员急需手术，但我们缺乏必要的设备、器械，大家发扬白求恩精神，千方百计克服困难，抢救阶级兄弟的生命。华山三队遇到一个下肢气性坏疽的伤员，不截肢要危及生命，要截肢没有骨锯，但大家学习白求恩大夫和他率领的八路军医疗队用木工锯子为伤员截肢的精神，向木匠借来了锯子，就靠了这一把木工锯和六把血管钳，顺利地为伤员截了肢。华山二队一天深夜来了一位急性阑尾炎的病员，许多同志紧张战斗了一天，刚刚睡下，听到要手术，立即起身。没有手术台，就把担架放在小板凳上代替；没有无影灯，就用四只手电筒照明；没有手术衣，就用包器械的包布围在身上，但这些包布白天刚蒸过，还没有干透，北方夜间又特别冷，湿漉漉的搭在身上冷得够呛，医生护士半跪半蹲地在担架上进行手术，一直战斗到天亮。第二天，许多同志来不及休息，又投入了新的战斗。

在玉田，虽然有了病房，有了手术室，但药品器械设备基本上仍是原来配备医疗队用的，远不如当地县医院和分院，甚至不如某些公社卫生院。但病员则是县医院和分院转来的急难重症，同志们说“我们的临时医院是地区医院的要求，公社医院的设备”。在这样任务重、要求高，但设备少、条件差的情况下，为了更好地为灾区人民服务，大家在当地医疗机构的大力支持下，克服一切困难，抢救了脑外伤、急性心肌梗塞、脑血管意外、乙脑、化脓性脑膜炎、中毒性菌痢、多发性神经根炎合并呼吸肌麻痹、败血症、破伤风等许多危急病人。我们抢救了　　例破伤风病人，都获得了成功，得到了当地医务人员和广大群众的好评。一天深夜，林南仓分院来急电要求派医生去抢救一位中毒性菌痢的病人，徐梨花（华山内科医生、党员）、李铁言（黄浦区医生）、姚伟（华山医大工农兵学员、党员）不顾一天的疲劳和深夜的寒冷，积极请战，赶赴25里路以外的林南仓，奋战一夜，把这位病人从死亡线上抢救回来，第二天，又将病人带回我们医院继续治疗。家属含着泪激动地说：“你们真是毛主席派来的好医生。”在设备简陋的条件下我们还进行了胃大部切除、胸壁结核根治、肝包膜破裂止血、硬膜外取血肿、断指再植、青光眼、白内障、乳突引流、肠切除等普外、胸外、神外、五官等各种手术。许多手术都是急症手术和大手术，但大家发扬不怕疲劳、连续作战的作风，经常夜以继日、通宵达旦地进行战斗。9月9日听到伟大领袖毛主席逝世噩耗的当夜，接连来了两个急救病人，一个是外伤性肠穿孔造成弥漫性腹膜炎的九岁小孩，一个是原发性腹膜炎并有严重贫血和支气管哮喘的阶级姐妹。工宣队曹树林师傅亲临现场，鼓励大家化悲痛为力量，继承毛主席遗志，一定要千方百计地把阶级亲人抢救过来，以实际行动悼念伟大领袖毛主席。外科钱肃凡（中山、党员）、儿科张善通（儿科、党员）、麻醉科周雅芳（华山）、手术室葛建元（华山、团员）、陈玉辉（华山）、工农兵学员袁桂芳（华山医大、党员）等同志连续奋战十多个小时，终于使两个重病员转危为安，在悼念毛主席的悲痛日子里，以实际行动把毛主席的关怀和温暖送到了灾区人民的心上。

在唐山人民英雄精神的鼓舞下，广大医疗队员发扬毫不利己、专门利人的精神，只要抢救伤病员需要，就毫不犹豫献出自己的一切。为了抢救一位　　　　　，内科医生严佩华（中山）、贺凤凤（华山）不顾自己体质虚弱，毅然把自己的鲜血输给了病人，献完血，也不休息，坚持战斗。一位中毒性菌痢的病人呼吸衰竭，内科医生何礼贤（中山）马上进行口对口呼吸；一位新生儿气管里有羊水发生窒息，妇产科医生欧时余（妇产科医院）马上用自己的嘴把婴儿嘴里的羊水一口一口吸出来；许多因地震压伤的截瘫伤员几天解不出大便十分难受，外科医生吴树强（华山）、刘咸璋（中山）、青年技术员徐兆麟（华山、团员）等许多同志用自己的手指把大便一块一块的抠出来；一位中暑病人口水和痰不断地从嘴角流出来，工农兵学员袁桂芬毫不犹豫掏出自己手绢给他擦干净。这一切，都凝集着医疗队员对灾区人民深厚的阶级感情，都体现了灾区人民对我们进行再教育的结果。但同志们却说“这是我应该做的”，“和唐山丰南的英雄人民相比，我还差得很远”。

2. 学习唐山人民自力更生、人定胜天的革命精神，千方百计，战胜困难。

英雄的唐山人民在强烈地震造成的严重困难面前，发扬了人定胜天的革命精神，自力更生，重建家园，丰南的贫下中农豪迈地喊出“建设大寨县决心不变，增产计划不变，对国家贡献不变”，“人还在，地还在，受灾还要学大寨”的口号，给我们以极大的鼓舞和战胜困难的决心。

我们刚到灾区时，困难是很大的。生活上的困难大家都不计较，最大的困难是药品、器械不足，直接影响到抢救伤员的工作。出发时，为了能以最快速度到达灾区，轻装了又轻装，按照每一个人背得了、跑得动的原则，最大限度地装备药品器械，但是由于地震造成的破坏是在很短一瞬间造成的，所以大批伤员一下子就集中到了我们面前。开始阶段，我们遇到的大量的是骨折和伤口感染的伤员，但我们不可能带大量的石膏与小夹板，原先以为可以用一个星期的药品、敷料，也一下子用完了，连换药的镊子、药碗也远远不够。还有不少截瘫伤员，尿潴留，便秘，但我们只有几根导尿管，通便的药和灌肠设备根本没有带，一些专科的手术器械更没有。大家十分着急，一方面积极向上级紧急求援，市委和大队部很关心我们，上海每天派飞机运来大量药品，大队部也经常派车子送来，但毕竟一下子满足不了那么多。在这种情况下，是光等上级给，还是自力更生创造条件上？这里面贯串着两条路线的斗争。大家在唐山人民自力更生的英雄精神鼓舞下，……认识到要取得抗震救灾的胜利，最根本的是靠路线，靠“一颗红心两只手”，“红心”，就是路线觉悟，就是无产阶级革命精神，就是共产主义精神，这是我们共产党人征服困难、战胜敌人、夺取革命胜利的无价之宝。必要的物质条件是要的，但只要有了正确的路线，有了自力更生的精神，我们就能创造出各种条件，征服一切困难。在这样的思想指导下，各个队充分发动群众，想办法，出主意，因地制宜，就地取材，千方百计，战胜了一个又一个的困难，创造了大批的土器械、土设备。导尿管不够，就把塑料电线的铜丝抽去，经过消毒处理代替。镊子不够，大家削竹子做竹镊子。药碗不够，拿出自己饭碗代替。消毒器材少，大家削竹子自己做蒸架。做骨牵引没有不锈钢钉子，贫下中农送来几根不锈钢条，用锯子锉刀自己制造。没有小夹板，大家自己动手找木料，借来锯子、刨子，既当医生，又做木匠，自制了大批小夹板。儿科医生张善通，抢救一位多发性肋骨骨折，伴有反常呼吸和张力性气胸的伤员，和内科实验室的陈宏基（华山），用盐水瓶代替引流瓶，用补液用的塑料管代替引流管，作了胸腔闭合引流，使伤员转危为安。许多同志还在当地组织配合下，冒着余震的危险，到卫生院、百货公司、供销社等倒塌的房屋底下，去扒出一些药品、器械，工宣队夏妙仁师傅不顾危险，在卫生院的废墟下扒出了一只高压蒸气锅，董瑞熙（华山、党员）自己动手修理，冒着可能爆炸的危险进行试烧，解决了当时大量器械、敷料需要消毒的困难。

在玉田办临时医院，同样面临很大的困难。在邢台地区大力支援下，三天时间盖起了22幢简易房屋，但其他设备还来不及解决。当大队人马转移到玉田时，只有空旷的房屋与几百副铺板，其他一无所有。用水要到二百米外去拎，一下雨室外几寸厚的泥浆，室内水流遍地。但大家发扬了唐山人民艰苦奋斗的精神，坚持自力更生，勤俭建院的原则，在县委和当地有关单位大力支援下，因陋就简，就地取材，逐步办起了医院。先遣组的工宣队张金根、费兴宝师傅和蔡成机（中山）等同志自己动手检修电灯，开挖水沟。在工宣队师傅带领下，广大队员千方百计，自己动手，用砖块和木板垒起了一只只手术床、工作台，用木板做药架和骨科牵引架，用硬纸板制成病历夹、发药登记簿，用铅丝做试管夹，弯成钩子代替盐水架，没有自来水，就用塑料袋装水代替水壶冲洗血片，隔离病区没有消毒缸，就挖土坑，用塑料袋装消毒液消毒便盆，供应室自己用砖头搭灶进行消毒，化验室用深井水代替冰箱保存标准血清。大家还尽量利用原有器械，最大限度发挥其作用，破损的针筒能拼的把两副拼成一副好的，损坏不太大的用胶布固定起来再用。为了让一支针筒发挥几支的作用，供应室的同志每天几次到病房回收，一天消毒几次。补液的皮条用久了变质，使用时易漏液，大家就不怕麻烦用线扎紧每个松动的接头，做到物尽其用。经过这样的努力，终于白手起家地建立起一个初具规模的医院，在这样的艰苦奋斗中，更锻炼了每个同志战胜困难的革命精神。许多同志说，这些事情看来虽然小，东西虽然土，但它闪烁着自力更生、艰苦奋斗的革命光辉，凝结着每一个医疗队员对灾区人民的无限深情。

3. 学习唐山人民坚持社会主义方向的政治觉悟，坚决贯彻毛主席的革命卫生路线。

英雄的唐山人民在严重自然灾害面前，……坚定不移地坚持社会主义的方向，使我们广大医疗队员深刻认识到思想上政治上的路线正确与否是决定一切的，要胜利完成党和毛主席交给我们的抗震救灾任务，一定要始终坚持毛主席的革命卫生路线。大家说，我们不仅是一个医疗队，而且是宣传队、工作队、学习队。

在丰南，我们一到驻地，立刻就有大批伤员送来治疗，每天门诊数量很大，我们队员人数少，有的队还要抽出人烧饭，在这样情况下，除了完成门诊、手术、抢救任务外，还要不要进行巡回医疗？广大医疗队员回答说，门诊任务一定要很好地完成，但我们决不能光是坐堂待诊，而要坚持毛主席6·26指示精神，送医送药送温暖，把毛主席、党中央的关怀和中央慰问电的精神送到灾区人民每一个窝棚里。华山几个队一到驻地，除留下几个人门诊接待伤员和支搭帐篷外，立即分头挨家挨户深入窝棚，进行慰问与巡回医疗。直到晚上七点多钟，才吃了这天的第一顿饭。中山一、三队始终坚持把巡回医疗作为贯彻毛主席革命卫生路线的实际行动，虽然任务连续变动，但始终把巡回医疗放在主要位置。许多队员不管烈日酷暑，不顾自己疲劳，坚持到大队的每一角落去巡回。在巡回医疗中，他们发现有的伤员伤重走不了，家中又无人陪送来我们医疗点诊治，更加体会到巡回医疗的必要性。在开展预防注射时，他们还带了煤油炉和注射器，深入窝棚，边宣传边注射，大大推进了防疫工作的开展。

在抗震救灾中，大家还坚持贯彻中西医结合的方针。有许多伤员软组织损伤，靠西药没有办法，张志玉（华山）积极推广新医正骨疗法，用手法进行推拿，有的病人来时肩不能抬、手不能举，经过正骨疗法，立即展露出笑容，手可以举过头顶。伤员说，中西医结合就是好，这种疗法既简单、又方便，来时痛，去时笑。许多医护人员和工农兵学员也在实践中学会了这个治疗方法。我们遇到的骨折病人很多，几位骨科医生都积极推广了中西医结合的小夹板治疗。有的伤员锁骨骨折，来时用扁担作固定，十分痛苦，骨科马慎瑾（中山）就采用中西医结合的双围法，用破布、棉花和绷带做成套圈给伤员固定，有的伤员来时痛得直叫唤，一采用双围法，马上不痛了。五官科医生徐林根（五官科医院、党员）、工农兵学员许祖德（医学系、党员）等许多同志，积极使用一根针、一把草为伤病员治疗。华山三队和中山一、三队还积极发动红卫兵、红小兵和当地群众采集草药，煎了大锅预防汤，挨家挨户送到窝棚，预防菌痢，取得了良好的效果。

在为灾区人民服务过程中，大家还不断批判资产阶级医疗作风，发扬对伤病员极端负责任的精神。李相端（中山、党员）、严佩华抢救一个患破伤风的病孩，给吊了100cc葡萄糖，但塑料袋装的葡萄糖都是500cc的，为了节约在灾区很宝贵的药物，打算补完100cc后再拿下来给其他病人用。但当她们护送另一位要转院的病员到转运点回来后，发现病孩已给其他同志转走了，她们怕用药过多出问题，饭也不吃，冒着中午烈日，一连追了几个地方，一直追到唐山火车站，在火车上找到这个病孩，及时向列车医务人员作了交代，方才放心回来。

（三）几点体会

在抗震救灾斗争中，我们为灾区人民做了一些工作，取得一些成绩，这是毛主席

〔和〕 党中央对灾区人民和对我们医疗队员关怀的结果，是河北省委、唐山地委，丰南、玉田县委和上海市委的正确领导和上海一千万人民大力支持的结果。这次抗震救灾，给我们思想上很深刻的教育，也是对我们一次很好的战备演习。在这次实战锻炼中，我们取得了一些收获，也暴露出我们工作中的一些弱点，这对我们今后深入开展卫生革命以及加强战备，建立一支平战结合的战备医疗队积累了很可贵的经验。

1. 必须始终坚持阶级斗争为纲……。

2. 要建立坚强有力的领导班子，发挥工宣队的政治作用，但层次不可太多，使领导及时掌握下面情况，有的放矢地实施领导。

3. 人员组织与药品器材配备要适应各种情况下的不同需要，要及时总结经验，制订一套基本要求。

1976 年 10 月 13 日

玉田抗震医院五个月的工作小结和今后工作的初步打算

1976 年 9 月 25 日，我们满怀深厚的无产阶级感情，带着毛主席、华主席和党中央对灾区人民的深切关怀、肩负着上海一千万军民的委托，从东海之滨来到燕山脚下创办抗震医院。在上级党委和玉田县委的正确领导下，在县卫生局的直接指导下，在各兄弟单位的大力协助下，在全院同志的集体努力下，一所因地制宜、因陋就简的抗震医院，以最快的速度，办起来了。

1976 年，是我党历史上……极不平凡的一年。在这一年里，我们伟大的领袖和导师毛主席、敬爱的周恩来总理和朱德委员长相继去世。我们党在唐山地区遭受历史上罕见的地震灾害，面临巨大困难的情况下，同王张江姚反党集团进行了一场历史性的大决战，以华主席为首的党中央，一举粉碎了“四人帮”，使我国避免了一次大倒退，大分裂。为了继承毛主席的遗志，响应华主席的号召，坚持以阶级斗争为纲，认真学习马列和毛主席著作，深揭狠批“四人帮”篡党夺权的滔天罪行，全院和班组召开批判会达 60 余次，举办大批判专栏 26 期，创办抗震战报 14 期。大学习大批判激发了同志们的干劲，在条件十分困难的情况下，发扬了“一颗红心两只手，自力更生样样有”的革命精神，想方设法，艰苦创业，新人新事层出不穷，勤俭办院蔚然成风。大家不畏艰难，一面建院，一面为灾区人民服务。在极短的时间内，不但开展了一般手术，而且还完成一些难度较高的手术。如脑瘤、喉癌、全子宫的切除，二尖瓣分离术，人工关节替代术、胰腺十二指肠断裂的抢救成功，气管异物的取出等等。另外，还抢救了大量危重病人，如破伤风、败血症、脑炎、中毒性休克等。不少眼病患者得到及时治疗，重见光明。五个月来，共收治伤病员 1310 人，施行手术 606 例，治愈出院 1119 人。三个月（从 11 月 25 日开始门诊）共计门诊病人 9938 人，巡回医疗 462 人次。

伟大领袖毛主席指出："要认真总结经验。"为了更好地为灾区人民服务，为"农业学大寨""工业学大庆"运动作出贡献，我们从下而上，从个人、科室到总支，进行五个月的学习，工作小结。通过这次小结，同志们反映：看到了成绩，找到了差距，增强了团结，激发了干劲。大家决心在大批修正主义、大批资本主义的斗争中，大干社会主义，更好地为灾区人民服务。

一、 认真学习马列和毛主席著作，不断提高阶级斗争、路线斗争和继续革命的觉悟。

1. 以大批判开路，不断提高对抗震救灾伟大意义的认识

……

我们这支队伍，党团员占百分之七十，大多是年青人，他们带领广大群众积极开展工作。化验室原来有六个同志，在一段时间内有几个同志病倒了，其余的同志发扬连续作战的精神，坚持工作。收款处只有两个工作人员，他们十二小时轮流顶着干，从来不叫一声苦。放射科都是年青的同志，在爱克司光机没有到达时，他们总是热心陪同病人到 25 里以外的林南仓分院去透视。当 200 毫安爱克司光机一到，他们就热火朝天地和老师傅一起干了起来。使爱克司光机在极短的时间内安装好，为灾区人民服务了。供应室的同志，在做好本职工作的同时，还为地震战备作了大量敷料。药房的同志，经常翻仓清库，主动调换快过期的药物，减少了不必要的损失。这就是同志们对抗震救灾工作的态度，也是同志们向英雄的唐山人民学习的实际行动，更是同志们射向"四人帮"的颗颗炮弹。

2. 以毛主席的光辉著作《论十大关系》为指针，正确处理各种矛盾

我们这个 200 多人的医院，由十多个单位组成，如何正确处理好一系列的关系呢？我们认真学习了毛主席的光辉著作《论十大关系》和《关于正确处理人民内部矛盾的问题》，切实地解决了一些问题，从而增强了团结。

我院的领导班子是由上海同志和当地领导干部组成的。在工作中我们互相尊重，互相配合，齐心协力，并肩战斗，有话当面说，遇事共商讨。当地领导同志反映县级机关干部的保健问题，我们根据实际情况，建立了特约保健门诊。院党总支副书记毕连贵同志，反映环境卫生不够好，总支立即发动群众开展爱国卫生突击运动，成立爱国卫生组织，制订

卫生制度。老毕同志还争挑医院的重担，全院职工的衣食住行，他关心照顾得无微不至；医疗、后勤工作碰到困难，他主动热心地帮助解决。这种深入群众、关心群众的工作作风，深受同志们的好评，大家称赞他是我们的“好当家”。

就是上海来的同志，也难免会发生摩擦和纠纷。个别领导同志因为在工作上有些不同的看法，彼此间产生了隔阂。事后，总支通过谈心和民主生活的方法，妥善解决了矛盾。药房的个别同志为了一点小事而争吵，总支和支部对他们进行耐心细致的思想工作，并且在一定的范围内进行批评和自我批评，使双方在抗震救灾的基础上团结了起来。

目前我们医院不分医护人员、后勤人员，不分上海的、当地的，不分干部群众，一起学习，一起工作，有事共同商量，重担抢着挑，形成了团结战斗的新局面。

3. 以华主席的重要讲话为指南，把立足点移到农业学大寨运动的轨道上

第二次全国农业学大寨会议的胜利召开和华主席在会议上的重要讲话像春风一样，吹进了每个抗震战士的心田。各行各业都在为普及大寨县作贡献，我们怎么办？党总支组织大家反复学习了华主席的重要讲话，陈永贵同志的报告和中央两报一刊元旦社论，举办干部、党员学习班，提高了干部、党员和群众对华主席提出的“全党动员，大办农业，为普及大寨县而奋斗”的认识，使我们医院的立足点移到了农业学大寨的轨道上。

同志们心往学大寨上想，劲往学大寨上使。大家群策群力，制定计划，学大寨出现了新气象：一支巡回医疗小分队活跃在农村的土地上，各科门诊迅速开设，医疗质量、床位周转率不断提高，一批又一批的痊愈病人重返战斗岗位。

二、 发扬革命加拼命的精神，努力为灾区人民多作贡献。

1. 向灾区人民学习，因地制宜，勤俭办院

刚来到玉田，我们面临的第一个问题就是如何在4400平方米的土地上，描绘抗震救灾最新最美的图画？英雄的唐山人民在极端困难的条件下创造一个又一个惊人的奇迹，鼓舞着我们，激励着我们，也鞭策着我们。我们学习了毛主席的“什么叫工作，工作就是斗争。哪些地方有困难、有问题，需要我们去解决。我们是为着解决困难去工作、去斗争的”教导，狠批了资产阶级的“唯条件论”，决心以灾区人民为榜样，坚持勤俭办院的方针，打响建院第一仗。

同志们本着办“什么事情都应当执行勤俭的原则”，多快好省地建设医院。临床科室的同志们，在伤病员多，医务人员少的情况下，利用点滴时间，自制病史夹、盐水架、脚踏自来水等简易物品。为了方便病人，他们还特制了许多便盆架、药盘架。化验室的同志，自力更生，挖了个“土库”，保证了代血药物的不变质和易燃物的安全。手术室的女同志，积极发挥了“半边天”的作用，制做了手术升降台等12项医疗器具。在创业中，全院共搬

运建房用砖 40 万 8000 多块，自制医疗用具 72 项。这一桩桩，一件件，闪耀着自力更生，艰苦奋斗的光辉，凝结着每个抗震战士对党对人民的无限深情。

2. 以白求恩同志为榜样，全心全意为灾区人民服务

白求恩同志毫不利己专门利人的精神和严格的科学态度，激励着广大白衣战士。向白求恩同志学习，已成为广大医务人员的心声。许多同志在白求恩精神的鼓舞下，从一开始，就发扬连续作战的精神，连着干了 36 个小时不下岗位，有的同志发烧四十度还坚持不肯休息。内科在一下就接受 50 多个急重病人，仅有五个护理人员的条件下，不分昼夜地工作着。外科的同志坚持随访制度，为灾区人民送医送药送温暖。临床科室的同志们坚持疑难、死亡病例的讨论，不断提高医疗质量。工农兵学员更是发挥生力军作用，不但主动参加护理工作，而且还到离医院 18 里地的燕山上采集中草药。大家急病人所急，想病人所想，及时抢救了许多重危病人。

例如：北京基建公司支唐司机王金颜同志，因大雾撞车，胰腺、十二指肠断裂，入院时病情急剧变化，生命垂危。在没有手术室、没有血源的困难下，全院上下一致，团结战斗，使病人安全脱离危险，重返战斗岗位。又如：一位 60 多岁的甲状腺瘤病人，原定第二天开刀，突然当天晚上发生病变以致窒息，经及时插管抢救，施行手术，取出七两多重的腺瘤。一次，公安局送来一位昏迷患者，满身蛆虫，内科护士不嫌脏、不怕累，积极地治疗精心地护理，昼夜为病人冲洗口腔、耳朵、鼻孔中爬出的蛆虫，给病人洗衣服。一天迁西县送来一个呼吸极端困难 60 多岁的病人，张晓通医生立即抢救，在气管切开的同时，进行活检，诊断为喉癌，最后全喉切除，当这位病人出院时，激动地紧紧握着张医生的手，伸出一个手指，表示自己新的生命要从一岁开始。

四个月来，广大医务人员打破各科室的界线，一盘棋大家走，龙江水全院流。全院拧成一股绳，齐心协力为人民。一位双目失明的患者经眼科医生检查，确诊是脑膜瘤压迫眼神经引起的病变。脑外科医生为了解除病人的痛苦，在医疗设备和药物缺乏的情况下，果断决定手术。放射科同志打破旧框框，大胆地在 50 毫安的爱克司光机上，为手术定了位。与此同时，化验室和药房的同志也在百忙中为患者迅速准备血源和药物。手术室的同志严格掌握无菌要求，对病人做到极端负责。一场抢救阶级兄弟生命的战斗，经全院同志的密切配合，取得了胜利，就这样，我们在十分困难的环境下，攻克了一个又一个难关，为灾区人民作出了应尽的贡献。

在做好本院工作的同时，我们还先后到县医院、分院及兄弟抗震医院会诊。一天，牙洪桥分院的一位产妇产后大出血，要我们急会诊。时间就是生命，郁医生立刻前往。只见病人血压迅速下降，脉搏微弱，奄奄一息，生命在垂危之中。郁医生马上采取紧急措施，

使病人转危为安。第二天，郁医生又专程骑车去看望了病人，病人已安然无恙。

3. 认真贯彻教育方针，努力培养新生力量

我们抗震医院不仅担负着医疗任务，而且还担负着较繁重的教学任务。除上一医 77 届一个班的同学外，还有唐山卫校 26 名应届毕业生和当地的进修医生 28 名。大家认识到培养医卫战线的新生力量，是我们义不容辞的责任。不论医生、护士、技术员，不论年资高和低，都毫无保留地把自己的知识传授给进修医生和同学，出现了人人带教的生动局面。没有挂图自己画，缺乏教具想办法，得到了北京、天津等兄弟医院的大力支持。带教老师利用业余时间认真备课。杨涵铭医生上神经课时，讲得既具体又生动。刚毕业不久的青年医生李任时，打破旧框框，主动承担教学任务，走上讲台，得到了同学们的好评。各科室还结合临床进行小讲课，同学们反映，这种理论联系实际的方法，学得活，记得牢，用得上。

同学们一面学习，一面参加医疗护理工作。在操作机会少的情况下，有的同学把自己分管的床位的手术，让给其他同学做。大家互帮互学共同前进。

三、 坚持勤俭办院的方针，积极做好后勤工作

我院后勤部门在四个月的工作中，遵照伟大领袖毛主席“节约是社会主义经济的基本原则之一”的教导，坚持勤俭办院的方针，紧密配合医疗工作，为党和人民的事业作出了一定的成绩。

为了让勤俭节约的原则得到普遍贯彻，他们充分发动群众，因陋就简地挖建了大菜窖。在安装锅炉的战斗中，群策群力，土法上马，利用小型的牵引架，把一只 1 吨锅炉从几十米外牵引到安装点。在创造医院的整个过程中，他们胸中装全局，心中想节约，把上级调拨的过冬取暖引火柴保存了起来，先买一些廉价的玉米芯作引火柴，为国家节约木材十立方米之多。

与此同时，他们还自己动手，办起了理发室；赶制了电视架、乒乓台；买来了足球等体育用品；还特地从上海带来许多热水瓶，满足群众的需要。他们克服一切困难，不断改善伙食。保健医生也积极开展预防疾病的工作，主动购买和采集中草药，熬成汤药送到同志们手里，预防肝炎和痢疾。为了做好防火保卫工作，我们还专门成立了一个消防委员会，经常进行防火宣传，每天夜间值勤巡防。由于同志们在思想上重视了防火工作，因而我们虽然发生过十几起火灾苗子，但都及时将火苗消灭在萌芽之中。

在创办医院，为灾区人民服务中，我们做了一些力所能及的工作。这完全是毛主席、华主席和党中央培养教育的结果，也是灾区人民“泰山压顶不弯腰”的革命精神鼓舞和鞭策的结果。我们深深感到，如果离开了毛主席的革命路线，离开了灾区人民的无私支援，我们

就成了无源之水、无本之木。我们的工作之所以开展得快，主要还是靠灾区人民的大力支援和全体同志的努力。

四、 工作中存在的问题

由于我们马列著作和毛主席著作学得不够好，在工作中还存在着不少缺点。学习方面：大会一般号召多，对班组学习抓得还不扎实，对党支部和团总支的工作具体指导少，虽然做了些政治思想工作，但还不够深入仔细，因此个别同志对抗震救灾观念有所淡薄。工作方面：我们总支深入群众不够，工作方法简单，使有些部门工作中的一些具体困难，不能得到及时解决，而挫伤了一些同志的积极性。

五、 今后的工作意见：

……

从灾区人民的需要出发，进一步做好医疗卫生工作

经过前一段时间的实践，我们看到，离党和灾区人民的要求还有相当大的差距，我们的工作还存在一定的薄弱环节。今后必须进一步做好我们的医疗卫生工作。

首先要尽快地提高医护质量，千方百计地创造条件，医治病人的痛苦，减少病人的死亡率。提高床位周转率。对疑难、重危、死亡病例的经常讨论与会诊，必须坚持下去；医护职工需进一步密切配合，全心全意为灾区人民服务。

要坚决贯彻“预防为主”的方针，切实搞好“以医院为中心扩大预防”，大力做好防病灭病工作，确保灾区人民的身体健康，使农业学大寨、工业学大庆运动顺利进行。不断创造条件，进一步做好传染病的隔离工作，以免交叉感染和传染病的流行。并且走出医院，到工厂、农村宣传卫生知识，帮助培训赤脚医生，使医院真正成为防病灭病的中心。

要坚持政治统帅业务，搞好医学教育工作，不但要完成上医工农兵学员和唐山卫校学生的教学工作，更重要的是留下一支永不撤走的医疗队。对各科进修医生要有计划地安排好他们的学习，不断提高他们的业务水平。

要进一步抓好抗震战备医疗队。目前，地震的威胁还依然存在，我们切不可麻痹大意。必须从思想上和物质上做好充分准备，做到召之即来，来之能战，战之能胜。

继续勤俭办院，搞好医院革命化

要进一步发动群众，提高勤俭办院的自觉性，节约一度电、一滴水、一张纸、一只棉花球，用到最需要的地方去，要继续自力更生，自己动手，增添经济实惠的医疗器具，后勤人员要在斗争中学会修理技术，为国家节约每一分钱。

要继续抓好勤俭持家，节约理财。广大职工都要爱惜医院的一切财产，人人都当小管理员。要做好仓库的管理工作，严防盗窃、失火，防止积压物资。财会人员要经常理财，经济合算，严格控制财政开支。减少不必要的浪费，食堂管理员也要精打细算，细水长流，防止出现亏损现象。在此基础上改善好生活，使同志们吃上热菜热饭。

回顾四个月的工作，我们在抗震大道上刚迈出一步；展望前程，我们信心倍增。在新的一年里，我们一定振奋革命精神，鼓足干劲，改进领导作风；克服缺点；在各级党委的领导下，下定决心，不怕牺牲。排除万难，去争取新的更大的胜利。

玉田抗震医院

上海第一医学院第二批赴玉田抗震医院医疗队名单

总负责：　高德明　朱惠如

中山医院——27 名

华山医院——40 名

儿科医院——13 名

五官科医院——13 名

妇产科医院——12 名

上海第一医学院革命委员会医疗科研组

1977 年 6 月 20 日

上海第一医学院赴河北省（县）医疗队名单

第二批赴河北省/市唐山专区玉田县　　　　　公社（农场）　　　　　医疗队名单

派出单位	部门	姓名	性别	年龄	政治情况	原单位职务	技术特长	医疗队职务
上医	医科组	高德明	男	48	党员	医科组副组长		总带队
上医后勤组		孙灿明	女	22	/			队员
上医后勤组		薛良中	男	25	/			队员
上医后勤组		曹鸿娣	女	21	/			队员
中山医院	外	朱银南	男	40	党员	医师	麻醉	队员
中山医院	外	张轶斌	男	42	/	医师	普外	队员
中山医院	外	周光华	男	25	团员	医师	普外	队员
中山医院	外	童赛雄	男	26	团员	医师	普外	队员
中山医院	外	凌琺琛	男	52	/	医师	胸外	队员
中山医院	外	朱秀娣	女	22	/	医士	手外	队员
中山医院	内	何礼贤	男	37	/	医师	肺科	队员
中山医院	内	吴德凤	女	27	党员	医师	内科	队员
中山医院	外	蒋思英	女	27	团员	护士	外科	队员
中山医院	外	郁　翠	女	26	团员	护士	外科	队员
中山医院	外	陈惠英	女	26	团员	护士	手术护士	队员
中山医院	外	王　蓓	女	24	团员	护士	针麻	队员
中山医院	外	万　山	女	24	/	护士	外科	队员
中山医院	外	朱慧君	女	33	团员	护士	超声波	队员
中山医院	外	张建军	女	26	团员	护士	胸外	队员
中山医院	内	张贤玲	女	26	团员	护士	内科	队员
中山医院	内	樊敏芝	女	26	团员	护士	内科	队员
中山医院	内	沈慧君	女	38	/	护士	内科	队员
中山医院	内	沈美芳	女	26	团员	护士	内科	队员
中山医院	后勤	张小宁	女	24	团员	护士	中心供应室	队员
中山医院	门放	蒋福珍	女	37	/	药剂员	药剂	队员
中山医院	门放	范行义	男	48	/	技术员	化验	队员

（续表）

派出单位	部门	姓名	性别	年龄	政治情况	原单位职务	技术特长	医疗队职务
中山医院	门放	康小凤	女	21	团员	技术员	化验	队员
中山医院	门放	沈继章	男	27	团员	技术员	放射	队员
中山医院	后勤	程玉燕	女	37	/	行政	会计	队员
中山医院	内	唐吟梅	女	24	/	护士	普内	队员
中山医院	组室	山尧贞	女	24	党员	行政	办事员	队员
华山医院	内	朱惠如	男	38	党员	医师 党委委员	哮喘	队员
华山医院	内	古瑞鸿	男	47	/	医师	心脏	队员
华山医院	内	刘永昌	男	38	/	医师	同位素	队员
华山医院	内	盛长发	男	31	/	医师	内科	队员
华山医院	内	许德盛	男	29	/	医师	中医	队员
华山医院	神内	吕传真	男	39	党员	医师 神经科支书	神内	队员
华山医院	神外	唐镇生	男	40	党员	医师	神外	队员
华山医院	皮	周茂恒	男	45	/	医师	皮肤	队员
华山医院	内	陈　怀	女	27	党员	护士	护理	队员
华山医院	内	龚雅琴	女	26	团员	护士	内护	队员
华山医院	内	吕宝月	女	22	/	护士	内护	队员
华山医院	内	陈　康	女	22	团员	中心试验室		队员
华山医院	针	陈伟华	女	23	/	中医针灸	针灸	队员
华山医院	外	孙晓春	女	21	团员	护士	外护	队员
华山医院	外	张法俭	女		团员	护士手术室	外护	队员
华山医院	手	吴月珍	女	22	团员	护士	手术室	队员
华山医院	外	张根娣	女	22	/	护士	外护	队员
华山医院		倪赞明			党员			
华山医院		马奕荣			/			
华山医院	神外	罗雅娟	女	22	/	护士	神外	队员
华山医院	外	缪燕明	女	21	/	护士	外科	队员
华山医院	外	钱元菁	女	23	/	护士	手术室	队员

（续表）

派出单位	部门	姓名	性别	年龄	政治情况	原单位职务	技术特长	医疗队职务
华山医院	外	严惠昌	男	22	团员	针麻		队员
华山医院	神	贾翠娣	女	21	/	护士	五官科	队员
华山医院	神	张瑞华	女	22	/	护士	五官科	队员
华山医院	神	王梅晴	女	22	团员	护士	神外科	队员
华山医院	外	茅惠琴	女	35	/	副护士长	外科	队员
华山医院	皮	郑阿宝	女	26	团员	护士	皮肤科	队员
华山医院	皮	祝禄川	女	22	/	护士	皮肤科	队员
华山医院	皮	曹啸宝	女	22	/	护士	供应室	队员
华山医院	化	王林根	女	25	/	化验士	化验	队员
华山医院	药	梁慧燕	女	23	团员	药剂士	药剂	队员
华山医院	放	钟国康	男	23	/	技术员	放射技	队员
华山医院	儿	唐伟为	女	22	团员	技术员	心电图	队员
华山医院	会	王宝娣	女	23	团员	会计科	会计	队员
华山医院	供	黄智娟	女	22	团员	供应室	工人	队员
华山医院	放	宣克昌	男	57	/	技术员	拍片诊断	队员
华山医院	神	江文秀	女	23	团员	护士	护理	队员
华山医院	内	张恩惠	女	25	/	护士	内科	队员
儿科医院	内	吴　实	男	42	/	医师	内科	队员
儿科医院	内	谢跃芳	女	23	团员	护士	内护	队员
儿科医院	内	鲁珊妹	女	23	团员	护士	内护	队员
儿科医院	外	钱岳英	女	36	党员	护士	外科	队员
儿科医院	外	施惠珍	女	23	团员	护士	外护	队员
儿科医院		王兰珍	女	23	团员	技术员	药剂	队员
儿科医院	内	金勤立	女	41	党员	医师	中医	队员
儿科医院	外	苏昌琪	男	35	/	医师	外科	队员
儿科医院		张学峰	男	27	团员	技术员	麻醉	队员
儿科医院	药	沈涤心	女	30	/	药剂员		队员
儿科医院	内	沈秀芳	女	26	团员	护士	内科	队员

（续表）

派出单位	部门	姓名	性别	年龄	政治情况	原单位职务	技术特长	医疗队职务
儿科医院		徐永红	女	23	团员	技术员	理疗	队员
儿科医院		陈如刚	男	22	团员	后勤	收款	队员
五官科医院		徐秀兰	女	44	党员	业务组干部		队员
五官科医院		田　熙	男	38	/	医师	耳鼻喉科	队员
五官科医院		邓奋刚	男	38	/	医师	眼科	队员
五官科医院		张秀芳	女	23	团员	护士	眼科护	队员
五官科医院		夏大萍	女	24	/	护士	眼科护	队员
五官科医院		凌国英	女	23	团员	护士	眼科护	队员
五官科医院		徐美娟	女	27	党员	副护士长	手术室	队员
五官科医院		梁来娣	女	23	团员	护士	手术室	队员
五官科医院		许佩华	女	25	团员	护士	耳鼻喉科	队员
五官科医院		张　欣	女	24	党员	护士	口腔科	队员
五官科医院		徐　瑗	女	48	/	药房负责人		队员
五官科医院		李　钦	男	42	/	放射科负责人		队员
五官科医院		方克远	男	25	团员	技术员	放射科	队员
妇产科医院	防保组	彭杏菊	女	37	党员	医师	妇产科	
妇产科医院		殷玲玲	女	41	/	护士	手术室	
妇产科医院		秦玲珍	女	23	/	护士	护理	
妇产科医院		谢美琴	女	23	/	护士	护理	
妇产科医院		陈　华	女	38	/	护士	护理	
妇产科医院		祝　琳	女	43	/	助产士长	助产	
妇产科医院		朱人烈	男	53	/	医师	妇产科	
妇产科医院		钱来娣	女	25	党员	医师	妇产科	
妇产科医院		虞贵红	女	24	团员	护士	护理	
妇产科医院		顾维珍	女	22	团员	护士	护理	
妇产科医院		陈钧飞	男	52	/	检验士	检验	队员
妇产科医院		黄雪英	女	22	/	中药剂士	中药	队员

上海第一医学院医疗科研组

玉田抗震医院总结

我们玉田抗震医院，是由上海第一医学院、附属医院、黄浦区有关医院150名同志，和当地60名同志共同组成。1976年9月23日，我们受上海一千万人民的委托，来到玉田创办抗震医院。在上级党委和玉田县委的正确领导和关怀下，我们冒着余震的危险，怀着对灾区人民深厚的无产阶级感情，在医疗设备简陋的条件下，发扬了敢想敢干、严肃认真的革命精神，战胜了一个又一个的困难，完成了党和人民交给的光荣任务。

一、……

二、灾区人民作榜样　艰苦奋斗办医院

我们带着毛主席〔和〕党中央对灾区人民的关怀，不顾途中的疲劳，一踏上抗震医院的土地，就投入了紧张的战斗。在短时间内，我们不但同首批医疗队完成了交接班，而且将上千件行李物资卸运完毕，发扬连续作战，第二天又接收了转来的一大批伤病员。

……当时的抗震医院，手术室只有十来套手术衣，器械奇缺不全；化验室只能做简单的三大常规；放射科仅有一架30毫安的爱克司光机，芦席房四面透光，没有暗室；病房除了床板以外一无所有。连日常工作、生活必需用的水电、桌椅都要向邻居玉师借用。冬季又将来到，简易房没有门窗和保暖设备。面临工作和生活上的各种困难，是知难而进，还是知难而退？我们及时组织大家学习灾区人民的英雄事迹。灾区人民以“地震吓不倒英雄汉，社会主义照样干，尽管我们受了灾，大庆红花照样开”的钢铁誓言和“人还在，地还在，受灾更要学大寨”的响亮口号，自力更生，艰苦奋斗，争分夺秒，工厂很快恢复生产，农业夺得丰收，特别是开滦煤矿的工人阶级，以最快的速度使生产恢复到震前水平的英雄业绩，使我们受到深刻的教育，增强了战胜困难的信心。大家批判了“等、靠、要”的懦夫懒汉思想，坚定地表示，一定要以灾区人民为榜样，有条件要上，没有条件创造条件也要上，用我们的双手，以最短时间，在11000多平方米的土地上描绘最新最美的图画。

手术室的同志，手术床上没有垫子、沙袋自己做，没有柜子自己动手改装，土洋结合做了许多手术室的必需品。尤其是在没有洗衣机的情况下，她们用自己的力量，完成了大量的手术衣、巾、敷料等洗涤工作，化验室同志想病人所想，急病人所急，在实践中摸索，以很短的时间，开展了肝功能、肾功能、电解质等20余项生化项目。易燃品没有封闭药柜，他们在地下挖了一个大坑，解决了易燃品的贮藏。放射科同志敢想敢干，群策群力，安装了50毫安的爱克司光机，用纸糊墙，用草遮光，建立暗房，开设了透视、拍片和各种造影检查项目。同志们自力更生、艰苦奋斗，利用业余时间，自制病史架、药柜、手术升降台、数片机等各种用具70多项。大家还不怕脏，不怕累，连续几天搬卸起火培用砖达50万块；为了留出空地造门诊，利用星期天把150吨煤搬了家。每当劳动哨子一吹，同志们就从四面八方涌来，出现了“领导干部干在前，青年胜似虎下山，妇女顶起半边天，老年赛过小青年，夜班出来不休息，当班同志一个顶着二个干”的动人场面。后勤同志，为了解决病人、职工用水和手术室的保暖问题，在寒风刺骨、地冻三尺的数九寒天，土法上马，深埋了水管、安装了锅炉。真是：主席思想光照全院，自力更生遍地开花。

在县有关单位的支持协助下，在同志们的共同努力下，现在，我们医院面貌焕然一新，各项工作正常开展。这一切，是同志们用汗水浇灌的结晶，它闪耀着自力更生、艰苦奋斗的光辉。就在这所白手起家的医院里，我们正亲手把毛主席、华主席和党中央的温暖送到灾区人民的心坎上。

三、 鼓干劲争上游　全心全意为人民

来到灾区，我们遵照毛主席“要保持革命战争时期的那么一股劲，那么一股革命热情，那么一种拼命精神，把革命工作做到底”和“全心全意地为人民服务”的教导，以极大的无产阶级革命热情，投入了抗震救灾、医疗卫生工作。

根据上级规定，我院的任务是收治急、难、重症病人和地震伤员，不设门诊，只有一个急诊室，病人需有县、区二级医院转诊证明才能看病，这样对工农兵病员带来极大不便。广大贫下中农和工人同志说：“过去我们想到上海去看病不容易，现在医院办到家门口，还要什么证明介绍信。”群众的反映，引起了我们的深思，要不要设门诊？经过讨论，同志们说，虽然我们医务人员编制少，但要打破条条框框，尽一切力量为灾区人民服务。征得上级同意，我们于11月下旬开设了门诊。为了解决人员少的困难，有的专科医生病房门诊一肩挑，有的一科带看几科病，护士同志帮助看门诊，大家团结战斗，解决了矛盾。

门诊同志坚持运用针灸、推拿和服中草药等中西医结合的治疗方法，受到了广大贫下中农的欢迎和称赞。如彩亭桥公社东五里屯大队贫下中农郭井龙，因高血压脑溢血而偏瘫。经过几次中西医结合治疗，很快恢复了健康，老人激动万分，特意花十多元钱买了一块镜匾，从十八里外亲自骑车送来。

在创业、医疗的双重任务中，我们还走出医院大门，深入工厂农村送医送药，不论刮风下雨，从不间断。上医工农兵学员和内科同志，为了治疗一个脑炎后遗症病人，他们主动上门扎针，坚持数月，收到了良好疗效。通过巡回医疗，加深了同贫下中农的感情。一天晚上，有几个同志在路上看到一位老大爷，行走不便，便立即上前询问，知道他从外县来看病，无人照顾，就把他扶到旅馆。第二天，内科特地派医生出诊，根据病情把老大爷接进医院住院治疗，老大爷没带生活用品，有的同志热情地把自己的毛巾、脸盆和热水瓶送到病人床边。老人感激地说："社会主义真是到处有亲人。"

来到灾区后，余震还不断发生，为了更好地做好防震工作，我们组织了二支抢救小分队，经常进行演习。10月15日晚十时许，突然发生了七级以上的大地震。大地颤动，房屋摇晃，灾情就是命令。在这一瞬间，同志们不顾个人安危，夺门而出，奔向各自工作岗位，做好接收和抢救伤病员的一切准备。凌晨三时，伤员陆续送来，大家立即投入了紧张的战斗。做到了召之即来，来之能战，战之能胜。许多同志不顾一宿的疲劳，第二天又精神饱满地投入了工作。

建院以来，同志们发扬了一盘棋大家走，龙江水全院流的革命精神，同心协力，成功地抢救了破伤风、败血症、脑炎、中毒性休克、羊水栓塞等危重病人。一次，送来一位由北京前往唐山抢险，不幸被车撞伤，出现休克并有内出血体症的危重病人，病情不容耽搁。在手术室拆修和缺乏血源的情况下，我们果断地作出了就地抢救的决定。一场紧张的抢救战斗开始了。打开腹腔，里面全是鲜血，血压急速下降，发现十二指肠、胰腺断裂，病人处于垂危之中。"急需输血！"消息一传开，同志们不约而同涌向化验室，纷纷伸出自己的手臂，争相献出自己的鲜血。充满阶级深情的鲜血一滴一滴地注入病人的血管，手术成功了，病人得救了。经过医护人员精心治疗护理，病人脱险了。北京基建部专程送来苹果、桔子、糖果和炼乳等大批慰问品。我们认为，抢救阶级兄弟是应尽的责任，"不吃是高尚的"，连夜就把这批慰问品转送给了伤病员。伤病员手捧友谊之果，激动地说："你们真是华主席派来的好医生。"

在创建医院和日常的医疗护理工作中，上医工农兵学员发挥了生力军作用。根据教学安排，他们于3月下旬返沪。在医疗任务不断加重、人员一下减少了三分之一的情况下，怎么办？我们首先在党内进行了动员，并召开了各种类型的座谈会，号召全院同志乘农业学大寨会议东风，鼓干劲、争上游，全心全意为人民，各科纷纷贴出了挑战书、应战书、决心书。全院掀起了一个比、学、赶、帮、超的新高潮。正当我们甩开膀子大干的时候，河北省召开了唐山、丰南地震抗震救灾双先会，我院党总支书记作为特邀代表参加了会议。会议期间幸福地见到了英明领袖华主席，亲耳聆听了华主席对抗震救灾的重要指示。喜讯传来，全院一片欢腾，同志们受到了极大的鼓舞，增添了无穷的力量和信心，大家表示：一定要以优异的成绩向华主席党中央汇报。

"外科要大干，我们是关键。"手术室同志在手术日益增多的情况下，腿跑肿了，腰累酸了，但从不叫一声苦。妇产科同志，在仅有的一位高年医生因事返沪的情况下，面对接踵而来的疑难危重病人，群策群力集智慧，团结战斗奏凯歌，打响了一个又一个漂亮仗。内科同志在门诊工作繁忙的情况下，查完病房后，主动支援门诊，缩短了病人的候诊时间。眼科同志经常废寝忘食，忘我工作，有一天大小手术竟达20多例，使许多眼病患者重见光明。特别值得一提的是耳鼻喉科的张孝通医生，他一贯任劳任怨，埋头苦干，从不计较时间，带病坚持工作，在科室同志的协作下，做了大小手术380多例，在抢救危重病人的过程中，认真负责，得到了病人家属和全院同志的好评。为了配合临床，药房的同志土法上马，自制各种制剂40余种。供应室的同志在经常停电断水的情况下，想方设法，一丝不苟地做好消毒供应工作，保证了第一线的需要。

在同志们共同努力下，我们不但开展了一般手术，而且还完成了脑外、胸外、人工关节、气道异物取出、全子宫切除等难度较高的手术。 3、4、5三个月共收治病人1489人，比前五个月增加32%。门诊病人23988人次，比前五个月增加1.4倍。施行手术1276人，比前五个月增加1.2倍。广大医务人员的积极性充分调动起来了，到处呈现出一派你追我赶，大干社会主义的动人景象。

四、 认真贯彻教育方针，努力培养新生力量

除了医疗工作外，我们还担负着培养新生力量和接收进修医生的任务（上医同学42名、唐山卫校26名，进修医生62名）。为了搞好教学工作，我们总支有专人分工负责，制订教学计划，经常召开教师学员座谈会，听取同学和进修医生意见，不断改进教学方法。为了培养一支撤不走的医疗队和医卫战线的新生力量，担任带教的同志，不论年资高低，不论有否带教经验，不论医生、护士、技术员都毫无保留地把自己的知识传授给他们，出现了人人带教的生动局面。没有挂图自己画，缺乏教具想办法，得到有关兄弟单位的大力支持，带教老师为了上好每堂课，经常放弃休息，备课到深夜。除了每周安排全院性的大课外，各科还经常结合临床典型病例进行小讲课，晚上还安排教学查房。这种理论联系实际的教学方法，同学们反映听得懂，记得牢，用得上。对进修医生我们大胆放手，用各种方法提高他们的业务水平。带教老师身教言教，忘我工作的精神，使同学和进修医生很受感动，他们说：“我们不仅学到了医疗技术，而且学到了老师的好思想好作风，我们一定要在今后的工作中全心全意为人民服务。”

※ ※ ※ ※

九个月来，由于玉田县委对我们从政治上生活上无微不至的关怀，各兄弟单位的大力支持，我们同当地干部和医务人员一起，团结战斗，携手前进，战胜了一个又一个困难，在抗震救灾斗争中作出了一些贡献。回顾战斗历程，我们的工作也不是一帆风顺的，而是在斗争中前进的。

当我们的工作有了成绩，生活得到很大改善时，有些同志由于放松了世界观的改造，对抗震救灾观念逐渐淡薄了，我们及时抓住这种思想苗子，在群众中开展“三忆三查”（忆下灾区时的劲头，查为人民服务的行动；忆新旧社会的对比，查艰苦朴素的作风；忆个人的成长史，查继续革命的斗志）的教育活动，使同志们找到了差距，增强了斗志，又继续前进了。

同志们的思想反复，给我们启示很大，使我们认识到必须把政治思想工作当作首要任务来抓。我们定期开展党、团课教育，利用民主生活和个别谈心等各种形式，表扬先进，树立正气，做耐心细致的思想工作，调动了一切积极因素。我院好人好事层出不穷，涌现了不少先进人物。经过评比，有 48 名同志被评为先进个人、 4 个科室为先进集体。同志们表示：坚决响应华主席“先进更先进，后进赶先进，革命加拼命，无往而不胜”的伟大号召，再接再厉，去攀登新的高峰。

在抓好政治思想工作的同时，我们还把关心群众生活列入议事日程。不但搞好环境卫生和伙食工作，而且还因地制宜地开展各种文体活动。极大地丰富了群众的业余生活，“造成一个又有集中又有民主，又有纪律又有自由，又有统一意志，又有个人心情舒畅、生动活泼那样一种政治局面。”

在九个月的战斗中，我们虽然做了一些工作，但离党和人民的要求还有相当大的差距，我们决心把灾区人民的好思想、好作风带回到新的工作中去，为实现华主席提出的抓纲治国的战略决策，作出更大的贡献。

玉田抗震医院
1977. 6

第三批赴河北玉田医疗队工作总结

抓纲举旗、作好抗震救灾工作

在纪念伟大导师、领袖毛主席的光辉“六·二六”指示发表十四周年的日子里，在以华主席为首的党中央一举粉碎了“四人帮”以及在抓纲治国战略决策得到全面贯彻执行的大好形势下，我们第二批赴玉田医疗队全体队员，满怀无产阶级感情，带着华主席〔和〕党中央对灾区人民的无限关怀和上海一千万人民的重托来到灾区，与灾区人民并肩战斗，为建设新唐山做出应有的贡献。八个月来，我们在地县委的领导下，认真学习十届三中全会决议，贯彻党的“十一”大路线，深入揭批“四人帮”，推动了医疗卫生、带教和后勤工作，为灾区人民服务，为农业学大寨、工业学大庆服务等方面取得了一些成绩，受到灾区人民的好评。

……

坚持党的基本路线，进行传统教育

来到玉田后，我们请第一批医疗队同志向第二批医疗队同志介绍唐山人民抗震救灾英雄事迹，听取了第一批医疗队艰苦奋斗克服各种困难，坚持勤俭办院的动人事迹，还邀请总支副书记毕连贵同志（县委贫协主任）和卫生局长康涵同志，向队员作“玉田革命斗争史”和“唐山人民在抗震救灾发扬地大震，人大干，地动山摇无所惧的革命精神”的报告，深深教育了每个队员，表示要继承革命先烈遗志，保持发扬革命传统，立足本职，做好医疗工作，多为灾区人民服务。

在进行传统教育的同时，先后组织四次参观学习。8月份组织参观《华主席和唐山人民心连心》摄影展览和唐山人民抗震救灾事迹，9月份参观全国农业学大寨先进大队——沙石峪，青石板上夺高产的动人事迹。

我们分批去北京参观《周总理生平事迹展览》。同志们在参观中，望着那一篇〔篇〕感人的事迹，缅怀周总理丰功伟绩，心潮起伏，热泪夺眶而出，深感总理的一生，是战斗的一生，全心全意为人民服务的一生，是光明磊落的一生。我们怀着深厚的无产阶级感情瞻仰了伟大领袖和导师毛主席遗容，缅怀毛主席丰功伟绩，重温毛主席的教导，亲身感受毛主席的教育和鼓舞，决心在英明领袖华主席为首的党中央领导下，继承毛主席遗志，把毛主席开创的无产阶级革命事业进行到底。同志们纷纷表示一定……不辜负华主席对我们的期望，把为灾区人民服务工作做好，改善服务态度，努力提高医疗护理质量，为灾区人民多做贡献。

……

认真执行毛主席的革命卫生路线，全心全意为灾区人民服务

为了把华主席的关怀落实送到灾区人民的心坎上，我们抗震医院全体同志，不管是上海医疗队的，或当地的干部、赤脚医生、后勤人员，还是各医院的进修医生，在各级党组织领导下，团结战斗，紧密配合，共同努力，全心全意为灾区人民服务，八个月来，完成了大量医疗任务，门诊就诊人数共37353人次，平均每天178人次，全院共收住院病人2658名，成功地抢救了100多名危重病人，挽回了阶级兄弟的生命，使他们回到了建设新唐山的行列。为1537名病人做了各种手术。还定期下乡下厂巡回医疗，深受工人、贫下中农欢迎。近二个多月来，虽然天气很冷，但刺骨的寒风阻挡不了同志们为工人、贫下中农服务。有的同志来回步行要二个小时，坚持下厂为工人防病治病。在完成这大量的医疗任务中，涌现了很多好人好事。有一天传染病房收治了一名患重症肝炎合并妊娠八个月的贫农女社员，全身浮肿、腹水、皮肤巩膜重度黄染，入院当天下午分娩一死婴。产后阴道流血不止，短短数小时内出血3000多毫升，后来又出现消化道出血，广泛的皮下出血，据临床和实验室各种检查表明患者并发严重的弥漫性血管内凝血，这是一种死亡率极高的并发症，治疗十分困难，生命垂危。为了挽救阶级姐妹的生命，各科室紧密结合，立即投入紧张战斗。内科、妇产科迅速商定抢救方案，外科医生协助静脉切开，化验室为病人采血、化验，有的同志虽然不值班，但半夜起床协助验血，做3P试验。药房的同志不顾天黑路远，火速骑自行车到各医院求援抢救药品，内科、妇产科的医务人员一刻不离，守护病人身旁，密切观察病情变化，及时处理。经过积极抢救，出血慢慢减少，当患者神志逐渐清醒，医护人员满怀阶级感情，将一杯红糖水送到她嘴边时，她禁不住热泪直流。一次次会诊讨论，一个个不眠之夜，精心的治疗护理，使患者先后度过大出血、休克、继发感染和肝肾功能衰竭等险关，迅速恢复健康。同志们都认为，多抢救一个阶级兄弟，就能多为建设新唐山贡献一份力量。严重的震灾没有夺去她的生命，我们就更应该把她从疾病的死亡线上挽救过来。去年夏天，内科病房为了抢救一批重型乙脑的患儿，在人少事多条件差的情况下，增加特别护理，有的同志连饭也拿到病房里吃，连续战斗一个多星期。外科病房的同志遵照邓副主席“少说空话，多做工作”的指示，做到急灾区人民所急，想灾区人民所想，把对灾区人民蒙受巨大损失之同情当作实际工作的动力，把热心为灾区人民服务作为自己最大的幸福。他们因地制宜，自力更生，积极创造条件。医院没有颅骨牵引架，就自己动手做四头带，为颈椎操作的病人牵引。一时因骨折病人多，石膏用量大，他们就自己炒石膏，护理部同志自己做腹带，他们就这样和手术室密切配合，开展了乳腺癌，直肠、结肠癌，巨脾切除等较大手术。胸外科在器械少的情况下，还开展了脓胸和风心二尖瓣狭窄等手术，根据544例手术病人的分析，其中有伤口感染仅3例。外科同志还成功地抢救了5例破伤风、外伤性肠破裂，并为一名在五年前被人断定不能手术的腹膜后巨大肿瘤的病人摘除了瘤子。在为灾区人民服务的日日夜夜里许多同志从不叫累，不叫苦，无论病人白天来还是夜里来，总是做到随叫随到。许多同志很少有休息日，星期天仍坚持查房，妇产科全体同志，学习唐山人民天塌地裂无所惧，泰山压顶不弯腰的英雄气概，他们认真学习马列和毛主席著作，……理论联系实际，先后制定了政治学习制度、岗位责任制、医疗护理规章制度等十六种规章制度，认真搞好病房管理，充分发挥每个同志的积极性。他们还建立了工休制度，坚持每周五给病人宣传计划生育卫生工作的伟大意义，人人做到宣传不离口，他们还经常主动给病人洗脸、梳头、洗脚、剪指甲、剪发。有一次来了一位会阴、肛门骑跨伤的小女孩，头上长了虱子，他们就为她洗头、剪头发，用百部治疗头虱。一天下午来了一位宫外孕的病人，听到救护车的声音时，他们立即拿血压表到车前测血压，发现病情危急，就把病人送到手术室，和手术室、麻醉科的同志投入抢救工作，有的做静脉切开，有的麻醉，有的做皮肤准备，忙而不乱，及时控制了内出血，挽回了阶级姐妹的生命。手术中患者腹腔内积血 2400 毫升，但因时间紧迫，血源紧张，麻醉科同志就采用自体输血 1200 毫升（即将病人腹腔的积血输给病人）又输了新鲜血 300 毫升，通过共同努力，病人转危为安，不久痊愈出院。出院时病人及其家属送了一份热情洋溢的感谢信，信中感激地说："是上海医疗队给了我第二次生命，我一定要用我的第二次生命为建设新唐山贡献自己毕生力量，感谢华主席派来的医疗队。让我们在不同的岗位上，为了一个共同的革命目标携手猛进吧！"五官科同志为了适应农村需要，减少病人痛苦，提高医疗质量，对白内障手术和泪囊鼻腔吻合术作了适当改进。门诊同志在完成大量门诊任务的同时，又积极贯彻"预防为主"的方针。去年夏天，他们和化验室内科、传染病房协作，进行卫生宣教。化验室克服了缺乏试剂、缺器材等困难，积极开展了血培养、大便培养、普通培养、 α－FP、血清蛋白电泳等，并对某些化验项目改进了方法。在原有基础上增加了不少新项目，如尿酸测定、 DIC 全套测定，为了方便有些远道病人，他们宁可自己工作麻烦些，尽可能提前出化验报告。为了配合临床对中药水燥的作用原理探讨，开展了凝血酶原时间测定。供应室的同志，在去年接班时经常发生停水、停电的情况下，积极想办法，没有水就到玉师借车拉水，解决用水问题。器械少，他们不辞辛苦，用煮沸方法来增加消毒次数，加快周转速度，以保障病房的需要。去年夏天，因住院病人多，补液量大，一时不少病人发生输液反应，于是他们对各个环节作了认真检查，修订成严格执行操作规程，不计较工作时间每天提前半小时上班，做到当天处理的皮条当天消毒，以后基本上杜绝了输液反应。在经常发生停电的情况下，放射科做到来电时抢着干，停电时又积极做准备工作。八个多月来共透视 3000 多人次，摄片 1300 多份。为了加强药品管理，药房的同志抓了药库的清理工作，将部分库存久及失效期近的药品及时加以处理，节约资金约 7684 元左右。他们还清点了各病房的积存药品，收回药品有 20 多种，重新使用，节约资金 600 元以上，并加强了公药管理制度。

搞好灾区卫生建设，培养一支撤不走的医疗队

严重的地震灾害，给唐山地区医疗卫生事业造成极大损失。医疗队支援灾区，除了防病治病还应积极培训当地医务力量，留下撤不走的医疗队，为灾区卫生事业的恢复和建设作好准备。八个多月来，我院先后共收进修医生 30 多名，煤矿医学院和唐山卫校同学 28 名，当地赤脚医生 20 多名，分别在全院各科室工作和学习。

为了搞好教学工作，各有关科室认真安排，努力带教，开展“官教兵”“兵教官”“兵教兵”的群众性练兵运动，安排业务专题讲座、病例讨论、教学查房等。大家都认真备课，编写讲稿，有的还深入进修医生宿舍，根据不同对象，结合专科特点讲解课程。皮肤科周医生以师傅带徒弟的方式，热情为当地培养专科医生，一些刚参加工作的年青医生，克服困难，积极承担讲课任务，心电图、超声波两〔位〕同志，订出进修计划，通过系统讲授、搜集典型病例、放幻灯等认真带教。手术室的同志，努力培养赤脚医生洗手，使他们掌握了阑尾切除术、疝修补术、甲状腺摘除术和胃大部切除术的配合工作，化验室的同志甚至手把手地进行带教，直至弄懂为止。我院不少同志经常利用晚上时间备课到深夜，有的放弃休息进行讲课。去年八月份妇产科的同志还协助县卫生局举办了一期妇产科学习班，今年元旦以来，我院又举办了二班英语学习班，不但培养了当地的医务人员，也提高了我们上海医疗队的外文水平。我院还先后去唐山、秦皇岛、石家庄等地进行学术交流，互相学习，共同提高。为了搞好新唐山的卫生事业建设，为留下一支撤不走的医疗队，大家决心认真带教，多贡献自己的一份力量。

坚持走中西医结合的道路，积极开展新技术和科学研究

医学科学的发展必须坚持走中西医结合的道路，为了实现四个现代化，必须积极开展新技术和科学研究。在华主席“抓纲治国”的战略决策感召下，麻醉科结合临床实践，开展科学研究，不断总结经验，提高医疗质量。他们对小儿和危重病人，应用全身静脉复合麻醉，避免吸入麻醉肺部的并发症，麻醉平顺，苏醒迅速，术后痛轻，刺激性少，安全可靠，不用电灼等， 目前已不用乙醚麻醉，有利于病人的术后恢复和护理，提高了医疗质量。他们还开展了局部静脉麻醉，前入路坐骨神经阻滞及废血回输。如有一位髌骨粉碎性骨折病人，年老体弱，全身情况很差，因考虑术中经受不起腰麻或硬膜外麻醉，而由外院转来，他们采用了前入路坐骨神经阻滞，及时成功地进行了切开复位术。八个多月来已做全身静脉复合麻醉 76 例，局部静脉麻醉 13 例，前入路坐骨神经阻滞 3 例，针麻 34 例，他们把科研和临床紧密结合起来，提高了医疗质量。内科积极开展电击除颤工作，先后成功地为十几位患者进行了电击复律治疗，一位房颤十八年的风心患者，经过电击治疗后，心脏功能显著改善。这一工作的开展得到唐山地区医务界的热情鼓励和支持，唐山地区原有除颤器 20 余台，但没有很好应用，为了推广这一新技术，在地区卫生局和各级领导的关怀和支持下，成立了协作组，举办了学习班。内科的同志不辞辛劳已先后在五个兄弟医院协作开展了这项工作，先后共电击除颤和获得了良好效果的有40余例。内科还开展了活血化瘀治疗缺血性中风，学习了当地的经验，并协作开展了水蛭治疗缺血性中风的临床和实验室观察，已看出了一些可喜的苗头。妇产科应用中西医结合治疗一位盆腔脓肿病人，收到了很好的疗效。外科中西医结合治疗胆道、阑尾、肠梗阻等患者，收到了一定疗效，受到贫下中农的好评。

坚持勤俭办院方针，努力搞好后勤工作

在医疗、教学、科研等项工作中所取得的成绩与后勤工作的大力支持和配合是分不开的，后勤系统的全体同志，坚持勤俭办院的方针，努力搞好后勤工作，大力支援第一线。他们分别战斗在运输、财务、仓库、食堂、卫生、发电、锅炉等十二个工作岗位，不讲条件，不计时间，任劳任怨，因陋就简，为革命努力工作。库房工作的同志，去年夏天接交班时工作认真细致，把库房中的六七百种物资每件进行清点，并登记入账，把棉大衣、棉被、毛毯等容易霉烂的东西都拿到太阳下晒，并妥善保存。为了保障医疗工作需要，经常东奔西忙，联系解决短缺物品。担任清洁卫生的同志，不怕脏、不怕臭、不怕苦、不怕累，积极搞好医院环境卫生。夏天还定期喷药，保障大家身体健康，为了厉行节约，他们还及时收存好盐水瓶、纸药箱，为国家节约了大量物资。为了搞好病人和工作人员伙食，采购员同志起早摸黑，不顾辛劳，东奔西走，积极采购，两个食堂的炊事员们在副食品等供应紧张的情况下，为了使同志们吃好，尽力做到饭菜多样化。他们平时工作任劳任怨，还经常倾听意见，改进工作，搞好食堂。入冬以来两个食堂的同志，不动用资金，不外出找工，自己动手挖了2个菜窖，贮存大量白菜，既解决了今冬明春的吃菜问题，又节约了伙食开支。发电的同志以“地震震不动英雄汉，社会主义照样办”的大无畏精神，积极创造条件，大力支援医疗工作。去年夏天，经常发生停电，后勤的同志坚守在工作岗位上，不分白天黑夜，紧张地战斗在发电机房。啥时用电啥时供应，一身油，一身汗，从不叫苦叫累。为了保证医院的供电，后勤的同志积极想办法，取得外单位的支援，大搞技术革新，连续战斗，在基本上不花钱的情况下，短期内成功地安装了一台柴油发电机，基本上解决了医院供电问题，保障了医疗工作和生活上的用电需要。总之后勤系统的全体同志为了办好抗震医院，做了大量的工作，保障了医疗、教学和科研等〔各〕项工作的顺利进行。

我们虽然取得了一些成绩，但在我们的工作中还存在不少薄弱环节，在揭批“四人帮”这个问题上，我们虽然研究，有计划、有布置，但没有抓紧，政治思想工作抓得还不够，未能形成一个好人好事人人夸，歪风邪气有人抵制、批评的风气。在医疗工作中，有的同志服务态度不好，对待病人和家属态度生硬，有的因责任心不强，工作粗枝大叶，增加了病人的痛苦。

抗震医院虽然撤销了，但通过八个多月的工作总结，以利在今后新的工作岗位上，能发扬成绩，克服缺点。大家决心更紧密地团结在以华主席为首的党中央周围，高举毛主席的伟大旗帜，坚决贯彻执行毛主席的革命卫生路线，为把我国建设成为四个现代化的社会主义强国而努力奋斗！

1978 年 3 月

上海第一医学院第三批赴河北唐山医疗队名单

派出单位	部门	姓名	性别	年龄	政治情况	原单位职务	技术特长	医疗队职务
一医华山医院	皮	李长恒	男	44	党员	皮肤科副主任	皮肤	指导员
一医华山医院	内	朱禧星	男	48		内科主治医生	内分泌	
一医华山医院	内	谈康英	女	26	团员	内科医生		副队长
一医华山医院	内	王受益	男	39		内科医生	心电图	队员
一医华山医院	外	庄清萍	男	40		普外科医生	手外	队员
一医华山医院	外	周良辅	男	37		脑外科医生	脑外	队员
一医华山医院	内	蒋雨平	男	37		神经内科医生	神内	队长
一医华山医院	口腔	王梦海	男	21		口腔科	技术员	队员
一医华山医院	妇产	邱杏菊	女	41		超声波护士	超声	队员
一医华山医院	药房	沈江渊	男	44		药剂	药剂	队员
一医华山医院	化	王晓明	女	44		检验员	化验	队员
一医华山医院	神	陈美云	女	46		神经科护士		队员
一医华山医院	内	孟宝娣	女	38		同位素室护士		队员
一医华山医院	内	薛玲娣	女	28		内科护士		队员
一医华山医院	急诊	孙玉娣	女	42		急诊护士		队员
一医华山医院		葛建元	女	24	团员	手术室护士		队员

（续表）

派出单位	部门	姓名	性别	年龄	政治情况	原单位职务	技术特长	医疗队职务
一医华山医院		孙建萍	女	24		手术室护士		队员
一医儿科医院	内	周苓怡	女	38		儿内科医生		队员
一医儿科医院		倪祖德	男	27	团员	技术员	病理	队员
一医儿科医院		张素兰	女	24		内科护士		队员
一医儿科医院	药	顾志静	女	22		技术员	药剂	队员
一医五官科医院	眼	范德彰	男	53		医　生	眼科	队员
一医五官科医院		常荣先	男	40		医　生	耳鼻喉	队员
一医五官科医院		高惠娟	女	27		护　士		队员
一医五官科医院		陈桂英	女	42		检验士	检验	队员
一医妇产科医院	妇	王德芬	女	36		妇产科医生	妇产	队员
一医妇产科医院	妇	陆惠芳	女	48		助产士		队员
一医妇产科医院	妇	包志明	男	22	团员	药剂员	药剂	队员
一医妇产科医院		陆世英	女	45		技术员	病理	队员

上海第一医学院第三批赴河北唐山昌黎医院医疗队名单　18 人　1978. 5. 27

派出单位	部门	姓名	性别	年龄	政治情况	原单位职务	技术特长	医疗队职务
中山医院		黄娟菊	女	48	党员	理疗科副主任	理疗	指导员
		洪应中	男	48		X 线医师（主治）	放射	队长
		严季乔	女	48		副护士长	妇产	副队长
		毛履炎	男	46		胸外医师	胸外	
		杨敏昭	女			医师	超声波	
		林慧珍					麻醉	
		张志风		28		护士	针麻	
		王佩芳	男	28		医师	中医	
		蔡红菊	女	37		副护士长	内科	
		程秀丽	女	36		护士	肺科	
		乐树明	女	24		护士	中医	
		徐芙英	女	42		护士	外科	

（续表）

派出单位	部门	姓名	性别	年龄	政治情况	原单位职务	技术特长	医疗队职务
		陈思瑜	女	25	团员	护士	外科	
		王利珍	女	27		技术员	职防	
		乔青华	女	36		技士	检验	
		戴佩芳	女	24		药剂士	药剂	
		贝升志	男	24	团员	技士	放射	
妇产科医院		张振钧	男	50		主治医师		
		叶小蓉	女	24	团员	护士		

上海第一医学院医疗科研组

上海第一医学院医疗队工作汇报

上海第一医学院医疗队 49 人来唐山。由华山医院、儿科医院、眼耳鼻喉科医院 25 人组成的医疗小组于 1978 年 6 月 1 日到达唐山市，驻于唐山工人医院工作。于到达的第三天请工人医院领导和党委介绍医院情况，介绍唐山抗震救灾的英雄事迹后，大家在唐山英雄人民抗灾的精神鼓舞下，即进入各自工作岗位，熟悉情况，开展工作，至今已三个多月。

在三个半月中，在工人医院党委的领导下开展了工作。全队同志坚决贯彻努力为唐山人民服务，向唐山医务人员学习和交流医疗护理的经验。在三个半月中取得了下列一些成绩：

一、 医疗方面

1. 建立和开设皮肤科、神经内科、神经外科、内分泌科、心内科、口腔矫形科，并且初步完善、初具规模。

唐山地区地震前后，虽有部分医护人员和单位从事皮肤科、神经内科、神经外科、内分泌科的工作，但均为分散、病员数量少，未完善成为单独部门，未开设完善专科门诊、专科病房。来此后，医院党委提出协助工人医院建立上述科室。队里医护技术人员一齐努力，结合工人医院的力量，建立了上述科室。

皮肤科从无到有，设立了门诊，每天上午门诊，至今门诊800余人次。建立了皮肤科专用药房，设法和制造了皮肤外用药物20余种。每天下午开始了门诊特殊治疗、活检、病理检查等诊疗工作。目前成为唐山市卫生局系统第一个有皮肤科的单位，深受病员的欢迎。

建立了有22张床位的以内分泌疾病为主的病房，收治了糖尿病、垂体病、甲状腺病等各种病员。为进一步满足广大病员的要求，准备于下周起（每周一）上午，开始内分泌内部门诊。

工人医院原有神经科19张床和每周一次25人次的门诊，主要以神内科为主。这次在原有基础上扩建科室。门诊改为神内、外科门诊，每周二上午一次，每次就诊为100人次。但仍不能满足广大病员的要求，出现半夜排队现象，准备下周起周五下午增加一次门诊。神内科病房中，现有病房的病床数已不够用，目前扩展到25~26张床，病种大增，重危抢救病员增多。目前因床位有限，而改为登记住院办法。神外科也开设专科病房有6~8张床，收治各种急诊或选择性手术等病种，开了脑瘤、脑血管畸形等手术，改变了工人医院外转天津手术的局面，且农村来的病员也增多。

唐山工人医院心内科原有基础和有一定水平，但尚不成为独立科室，附于内科之中，本次来门诊开设了，有了25张床位的以心内科为主的病房。为进一步满足广大病员要求，进行医疗和教学相结合，准备于1~2周后，有一下午开始心内科病内部门诊，开始心电图疑难病例读片会。

开设了口腔矫形门诊，并初具规模，目前门诊内以全口牙修复、局部活动修复、固定桥修复为主，也兼做其他一些项目，视病情而定。自8月中旬开始镶牙以来，工作量日益增多。

2. 眼科、五官科、儿科　工人医院原有此类专科，医疗队人员均参与科室工作，与工人医院的同志共同提高现有业务水平，扩大治疗病种范围。

眼科同志参加疑难病例门诊讨论，对眶内肿瘤等疑难病例提出其诊疗措施，开展了角膜溃疡专病治疗。自行配制各种眼药，建立角膜细菌、霉菌检查方法，对于病毒性、霉菌性、过敏性、蚕蚀性等各种角膜溃疡提出了更为特效的诊疗方法。并指导了虹膜边缘切除术、眶内容物挖出术、结膜瓣遮盖术、角膜穿孔伤缝合等手术。

五官科同志也参加每周一下午、周五上午的门诊疑难病例讨论会，协助科内开展了新手术，使工人医院五官科增加了新的手术方法。与医院同志一起参加数十次手术。

儿科同志也参加病房查房，参加疑难病例的讨论，解决疑难病例的诊疗工作。

其他各种同志也积极参与相关部门的工作。

3. 在唐山工人医院等开始创立和重新健全的新技术和科研项目：

① X线方面：大规模开展颈动脉造影、脑室造影共30次。

② 治疗和手术：具有70年代水平的动脉硬化性脑梗塞的手术“颈内—颈外血管吻合术”，经过动物实验后，已在工人医院成功开展，现已做3例尚有数例待手术。脑室心房引流术、脑外伤，脑瘤手术。脑血管畸形等手术。

五官科开展鼻侧切开术、全喉截除术、扁桃体挤切术、虹膜边缘切开、眶内异物挖出术、结膜瓣遮盖术等。

③ 化验：新开展血液无机磷定量，肌酸测定、肌酐测定、硫酸锌浊度试验、一分钟胆红素测定，乳酸脱氢酶测定。尿：肌酸测定、肌酐测定、 17羟皮质类固醇测定。协助解放军225医院开展单胺氧化酶测定。

④ 口腔科各种镶牙技术。皮肤科各种小操作。

⑤ 超声波室建立超声心动图。

⑥ 眼部照相摄影术。

⑦ 外研论文：与唐山工人医院共同总结论文4篇：

i） 地震伤引起的“眶尖综合症”随访观察。

ii） 三氮唑核苷治疗树枝状角膜炎。

iii） 割灼术治疗蚕蚀性角膜溃疡。

iv） 婴儿色素失禁症。

尚有其他论文总结中。

⑧ 颈静脉穿刺硅橡胶管保留输液。

院外会诊工作：医疗队来后，市内外院外会诊数量极多，远至山海关、遵化、丰润等地。卫生局为了保证我们在工人医院正常开展工作，故发了“关于邀请上海医疗队会诊”的文，通知市内各有关单位，并由工人医院医政科予以事务处理，适当调整。尽管如此，院外会诊共有35次，共50天。

二、 教学方面

据上级领导指示本次医疗队负教学任务，故除协助当地开展新技术以外，并分别在各专科病房对工人医院有关专业人员以及院外有关单位，有计划地开展教学活动。

1. 小讲课：系统地讲解各专科有关的专业知识。

每次讲课1.5小时—2小时，小讲课总次数为77次。

化验	护理部	神内	神外	眼科	五官科	儿科	皮肤	内分泌
7次	7次	7次	5次	15次	12次	9次	10次	5次

每次参加人数视各种情况不同，大部为20—30人。

2. 全市性学术讲座：共14次，题目分别为：

① 颈外、颈内血管吻合治疗缺血性脑血管病。

② 震颤麻痹症治疗的药物进展。

③ 常见眼病的诊断和治疗。

④ 糖尿病治疗中的若干问题和胰岛素耐药性糖尿病。

⑤ 脑脓疡。

⑥ 颅脑超声检查。

⑦ 角膜炎的诊断和治疗。

⑧ 临床听力检查。

⑨ 婴儿脑脓疡。

⑩ 霉菌性角膜炎。

⑪ 前庭生理、功能检查及临床意义。

⑫ 心力衰竭的病理生理。

⑬ 全口义齿修复原则及方法。

⑭ 局部活动义齿和固定义齿修复原则及方法。

上述课题的讲稿已与卫生局谈妥，准备印成专题汇编集。

3. 专业人员的培养。为了提高唐山市和工人医院的现有医疗水平，为了努力完成建设新唐山的工作，使我们医疗队今后离开唐山后，新建科室和新技术不至于付之东流，所以队内决定注重专业人员的培养，专业人员和队伍的培训是医疗水平提高的关键。目前用二种方法培养：一种是以工人医院新建科室为基础，对科室内的当地医护人员重点教学，使其能在相当时间内完成掌握本科室的必要技术和知识。至今在口腔科培养 3 名，神内科培养 4 名，神外科培养 2 名，皮肤科培养 3 名，内分泌科培养 2 名。其次医疗队员也分别从实践中与当地医务人员共同提高。

第二种方法，举办专科或专题的全市性学习班，在唐山卫生局要求下，举办皮肤科、神内科、眼科、内分泌科专题学习班，时间均为一月。目前皮肤科学习班届时开始。其余学习班下月后陆续开始。参加学习班人员共 30 人，皮肤科 12 人，眼科 8 人，内分泌科 6 人，神内科 6 人。不包括旁听在内。

今后工作打算：队内通过三个月的工作全面总结后，将继续巩固现有成绩，克服缺点向当地医护人员学习，共同提高医疗业务，共同为建设新唐山贡献力量。且在当地具备和创造一定条件的基础上，调动队内一切积极因素，以便开展更多的新技术、新内容，使唐山部分医疗技术赶上国内先进水平。

存在问题：本次医疗队主要在有一定医疗水平的唐山工人医院，且震后工人医院人员大量增加。这样使负有教学任务性质的医疗队中一些人员配备与实际需要不相符合。1. 工人医院病理科每天约4个左右病理，有一名病理医生，其本身工作量只半天，自切片到诊断均能完成。而本队有病理科技术员两名（儿科医院、五官科医院各1名）加入工作。4个切片三个人做，人浮于事。2. 手术室17名护士，每天2个左右手术。就工人医院本身而言，人员显得太多。队内又加入两名年资极低的护士，完全没有必要。近四个月未正式上过手术台。队员本身反映无事可做，来唐山“休养”。3. 工人医院护理人员大量增加病床数减少。目前病房护士数与病人之比为3∶1，超过上海。本次工人医院对护士的要求是希望建立供应室；建立标准病房，将上海病房管理情况介绍到唐山；能对低年护士培训。而队内无供应室护士；队内6名护士，其中3名年资低，难胜任此项工作。

由于上述现象存在，显得整个医疗队工作不紧张，会造成当地医院和工作人员对我们的一定看法。且由于“过剩”现象，少数人遵守劳动纪律方面松懈。此问题也向当地卫生局和省前指挥部文教组汇报过。今向上医汇报，我们认为这种现象不符合四个现代化的要求，可否将这部少数人员如病理、手术室等撤回，避免这种浪费人力、“窝工”现象，使医疗队更精悍。

上海第一医学院唐山医疗队
1978年9月25日

上海第一医学院赴唐山市医疗队情况汇报

我队由上海第一医学院附属华山医院、五官科医院和儿科医院等三个单位组成，共有队员25人，其中各科医生10人，护士和技术员15人，大多数为女同志。我们的情况扼要汇报如下：

1. 积极响应支援灾区的号召

我队绝大多数队员能积极响应组织上号召到唐山抗震救灾，有的还自觉报名，因此大家热情很高，干劲很足。当我们刚到唐山市的第三天，就开始参加各科室的业务活动，听取工人医院党委关于抗震救灾英雄事迹的报告，及时熟悉各部门的情况，努力向英雄的唐山人民学习，积极地参加各项工作，在唐山市卫生局和工人医院党委的领导下，打下了良好的基础。

2. 搞好团结，是搞好各项工作的保证

我队是由三个医院的成员所组成，又安排在工人医院里工作的，在四个单位人员的相处中，团结显得更为重要，我们从一开始就注意搞好各方面的团结，通过学习马列毛主席著作，中央文件和人民日报社论等文件，同志们进一步认识到为了更好地发扬抗震救灾的作用，更好地为祖国四个现代化作出贡献，我们就更需要团结一致，共同努力。因此无论我们在工作中、生活上，只要一个人有困难，大家都会来支援。这在我们队中已形成风气。例如：××队员发生椎间盘突出症，前后三次卧床不能动弹，虽然历时较久，但不少同志都能够精细护理，耐心照顾，每天都有不少的同志前来探望。类似的例子，不胜枚举。在工作中，有的同志为了全市性学术活动表格来不及划，其他同志就放弃休息时间帮助完成。在同志间互相关心，互相帮助，互相爱护的风气已形成主流，这是我队特点之一。

3. 把培养人材，当作我队的首要任务

我队人员虽然不多，各科医生更少，许多同志都有不同程度的各种疾病，如冠心〔病〕、高血压、肾炎、溃疡、胆囊炎等，但都不怕困难，努力作战，在七个月时间，举办了皮肤科、眼科、神经科、内分泌和心电图等五个学习班，共计学员 56 人。开班时间总计有 5 个多月之久，各科医生上、下午讲课、示教，晚上、星期日努力备课，虽然劳累，但同志们感到能为唐山市出一点力都是高兴的。我们多流一滴汗，唐山市病员就少受一点苦，因此我们心情都格外舒畅，即使疲劳，也是心甘情愿。因此各种学习班在市卫生局的支持和领导下都顺利地完成了。

4. 开展学术活动，互相学习，共同提高

我队大多数队员的资历虽然不高，工作经验也不十分丰富，但为了更好地和全唐山市医务界交流经验，我们参加了全市性学习讲座活动，其中有神外科、神内科、内分泌、眼科、五官科、小儿科、心内科、超声波、口腔科和皮肤科等十个课目，总计全市性讲座达 41 次，外出院外（包括出省）讲座 9 次，单为工人医院全院性讲座 16 次，各科科内小讲课共有 177 次。连同各种学习班上课，总数达数百次之多。在这样短的时间里，开展了这么多的学术活动和讲座，这在以前也是罕见的。

5. 积极开展各项新手术、新技术，更好地为唐山人民服务

我队虽然力量单薄，但能发挥大家的积极性：① 各尽所能，在不同的工作岗位上，发挥应有的作用。在五官科、神外科、普外科、眼科都开展了一批新的手术，其中包括颅内—颅外血管吻合术，全喉切除术，颈大块清除术，鼻侧切开，下颌骨截除自体肋骨移植术，脑肿瘤切除，乳房扩大根治术，右半结肠切除，颈静脉穿刺插管，脑血管造影，鼻部及颌面部整形术，耳源性小脑脓肿颈乳突腔穿刺术，脑室、心房引流术，扁桃体挤切术，虹膜边缘切开，眶内异物挖出术，脑血管畸形手术以及颈动脉造脉，脑室造影等 19 种新项目。

② 在口腔科开展了口腔矫形门诊，主要有全口义齿修复，局部活动义齿修复，固定义齿修复等项目，至今修复门诊数约 600 余人次，镶牙人数已达百余人。

③ 皮肤科在工人医院过去还是一个空白点，自从开展门诊以来，单计初诊人数已达 2100 余人，同时开展了活组织检查，艾灸寻常疣，钳除传染性软疣，刮疣，疤痕疙瘩内注射和真菌检查等项目。

④ 在工人医院有关科室的大力配合下，为了更好地提高医疗质量和开展科研工作，开设了神经科、内分泌和心血管等专科门诊。

⑤ 化验室方面：为了积极配合各临床科的需要，新开展了血清无机磷的测定，血液肌酸测定，血液肌酐测定，血清硫酸锌浊度试验，血清乳酸脱氢酶测定，血浆酮体定性试验，一分钟胆红质测定，尿液肌酸及肌酐测定，尿钙、尿磷测定，尿酮体定性，尿 17 羟皮质类固醇测定和内生肌酐清除率试验等 14 项，同时还校正了 GPT 等三项标准曲线和 TTT 等标准曲线。有力地支持了临床工作的开展。

⑥ 在制剂室方面，为了大力支持皮肤科工作的开展，克服了各种困难，制备了新糠糊、硫磺霜等 20 余种外用药品，促进了皮肤科医疗质量的提高。

⑦ 病理室的同志帮助开展了快速石蜡切片、冰冻切片、新生儿尸检， V. G 和结晶紫等特殊染色，并交流了 H. E. 染色的经验，提高了染色的质量。

⑧ 在护理方面，提供了各项护理常规、帮助提高无菌操作技术、脑外伤护理、气管切开护理等各项护理工作。

6. 参加各种业务工作，努力为人民服务

我队各科人员除了以上各项工作外，还积极参加各科的查房、门诊、抢救、会诊等医疗工作。我队住在医院内，无论白天黑夜，只要工作需要能做到随叫随到，在七个月时间里全队参加院外会诊共有 103 次，参加院外手术的有 4 次，在医疗工作中，得到了广大病员的好评，有的甚至从几十里外写了大红纸表扬信特意送来，这些都是对我队的鼓励和鞭策。

7. 为了更好地总结经验

我队与工人医院共同总结了论文共 6 篇，其中包括：

① 地震伤引起的“眶尖综合症”随访观察。

② 三氮唑核苷治疗树枝状角膜炎。

③ 割灼术治疗蚕蚀性角膜溃疡。

④ 色素失禁症。

⑤ 菸草酸缺乏症的心电图改变。

⑥ 麝香苏合丸治疗冠心病临床疗效观察。

8. 克服困难，坚持学习

我们远离上海，在业务提高方面遇到了不少的困难，地震后唐山图书极少，但同志们仍然坚持自学，利用业余时间学习业务，学习外文，除了自带书外，有的跑到煤医图书馆去借书，有的通过唐山图书馆向北京有关方面借书，为了学习英语，唐山市卫生局特地将唯一的一架电视机供我队学习用，为了赶上形势，为了四个现代化，我队同志自觉学习的风气正在进一步发扬。

9. 坚持斗争，就是胜利

队员中不少人有病，有的卧床不起，但仍然坚持学习，坚守岗位。有的同志虽然患了病，一边吃药打针，一边坚持讲课，像这样的事例，比比皆是。……全队同志克服了许许多多的困难，开展了医、教、研等各项工作，取得了不少的成绩。这些都是在英明领袖华主席的领导下，……在向四个现代化的进军中所取得。但是我队还做得不够，还要努力奋斗，为唐山人民做出更多的贡献。

10. 向唐山人民学习，向唐山人民致敬

我队来到唐山市后，受到了唐山市卫生局、工人医院党委和全体工作人员的热烈欢迎和无微不至的关怀，无论在吃、住、行和工作中，都为我队创造了有利的条件，在英雄的唐山人民和干部的崇高形象的教育下，使我队全体同志意气奋发，斗志昂扬。在八个月中，结下了战斗的友谊，英雄的唐山人民是我们学习的榜样，为祖国的繁荣昌盛，让我们永远地并肩战斗，为加速四个现代化作出更大的贡献吧！

1979. 1. 13 于唐山

第十九节　上海第二医学院革命委员会

二医简报第 78 期

上海第二医学院快字当头齐救灾

我院党委于 7 月 28 日下午得到市紧急会议精神以后，立即进行传达，部署医疗队赴地震地区参加抗灾斗争的工作，确定由党委常委刘远高同志带队，业务组副组长孙克武同志任副队长，共计 127 人，于今晨（29 日）7 时左右，乘火车奔赴受灾地区。这次抗灾斗争，时间紧，任务重，由于全党动员、各级领导带头，广大群众积极性充分调动起来，不仅出色地完成了市里交给我们的战斗任务，而且还进行了一次十分生动的、深刻的共产主义思想教育和战备动员。我们所属的各医院各个单位都涌现了不少感人肺腑的动人事迹……。有的同志说："首都受惊，我们坚决以鲜血和生命，保卫党中央，保卫毛主席。我们不去，谁去？"各级领导干部深受教育，深深体会到群众中蕴藏着无限的社会主义的积极性，有无穷无尽的力量。有的总支书记说，今天不是我们要动员多少人去的问题，而是要动员群众留下来，通宵达旦地做说服工作。

雷厉风行，召之即来

瑞金医院党委在 28 日下午紧急会议后，6 时立即把医疗队人员组织好，由于平时战备观念比较强，至 7 时全部设备物资（药物、器材、水壶、雨衣、毯子、电筒等）都已准备就绪，随时可以整装出发，真正达到了召之即来，突出一个"快"字。

第九人民医院总支副书记许雅芳同志汇报说："紧急会议精神传达时，大家非常激动，首先问中央首长好！4 点 30 分会议结束，5 点钟就人员落实，半小时不到就解决了问题。"

二医教工支部四名参加工作不久的工农兵毕业生，坚决争着要去。余前春等同志，整装待发，行李包放在床边，在宿舍里开着门睡觉，只要一声令下，马上可以下床出发，处于高度的战备状态。

瑞金医院化验员陈伟珍（女，团员）正好 28 日早班下班在家休息，下午 6 点钟通知她救灾。她人在家发热，达38℃以上，规定7时集中，当时党委办公室走廊里许多医务人员在那里请战，要求奔赴救灾地点，于是就换了别人。7点5分陈伟珍从家里赶到了医院，党委因考虑到她在发热，说服她回去休息，她坚决要求去灾区战斗。经党委领导劝说后回去了，晚上还再来医院要求去，态度十分恳切坚决。

一颗红心，保卫首都

新华医院党委副书记称慧英同志是个青年干部，昨天外出参加妇女干部会，回院听到有救灾任务，马上向党委要求抗灾，她激动地说："年轻人要经风雨，见世面，要走在前面。为了保卫北京、救护灾区阶级兄弟我一定要去。"她和衣通宵未睡，不肯回家，临到今晨去火车站，还是向上级党委请战，最后二医党委领导答应她列入预备队，她才满意。

新华卫校教员苏美莲（新党员），她爱人昨天刚从外地来沪探亲，但她得悉救灾任务后，态度十分坚决，再三要求参加救灾战斗，组织上不知道她爱人刚来沪，就批准了她的要求。临行前，她爱人一夜未睡，帮她整理行装，坚决支持她去参加抗灾斗争，群众称赞说："妇去夫帮一对红。"

瑞金医院1976届在松江开门办学的全体学员，今晨从广播中得悉有地震，清晨立即打了长途电话来院向党委请战，要求参加救灾战斗！

九院1977届工农兵学员汪伟民立志到西藏去做赤脚医生，这次坚决要求抗灾，写了决心书，未批准他去，他坚决要求说："我有一颗革命红心，目前虽还不能挑起医疗工作担子。但是我可以献血，给灾区的阶级兄弟！"

三院1976届工农兵学员奇玲（女）是蒙古族学员，坚决要去救灾。她说："我是北方人，环境熟悉，能适应艰苦生活，为了保卫北京，救护灾区阶级兄弟，我一定能完成党和人民交给的战斗任务。"结果去了。

1976届留下来的工农兵学员有30位同学自动组成两个预备队，整装待发，随时准备响应党的召唤，奔赴抗灾第一线。

各医院广大群众纷纷要求去参加抗灾斗争，据瑞金医院统计，仅到党委来请战的就有100多人，到支部的更是不计其数。科室人员在学习了主席的重要指示后，也纷纷要求去抗灾斗争第一线，提出了干部应该与工人划等号的行动口号。瑞金医院党委，一方面做好了两个预备队的全部准备工作，另一方面又积极引导留下的医护员工，要奋战高温，更好地完成当前医疗任务；同时，还对抗灾同志的家庭进行访问，做好家属工作。

上下左右，协同作战

这次抗灾斗争的特点是领导带头，坚守岗位，把全医院人员的积极性充分调动起来，广大群众同甘共苦，发扬共产主义大协作的精神。从二医党委到各医院党委总支和组室人员，都通宵达旦，坚持工作，有的守在电话机旁，有的深夜做思想工作，有的通宵采购物资，真是上下左右一条心，颗颗红心向北京。

例如，九院总支副书记许雅芳等同志写了决心书，坚决要求去抗灾，她说："决心以鲜血和生命去保卫首都，要人有人，要血有血，我是共产党员，我一定要去。"

新华医院后勤组副组长李玉梓肿瘤手术后半休，白天坚持工作，深夜亲自外出采购物资，他的精神感人至深。

新华医院组室人员、汽车司机都主动留下来通宵工作，随叫随到，全院热气腾腾，一派共产主义大协作的景象。

一曲共产主义的战歌

三院总支，今天清晨用卡车把30名白衣战士送往车站，奔赴抗灾第一线，不慎，有三名同志从车上摔下，受了伤，两名伤势较轻的同志，坚决表示：轻伤不下火线，又登上了北去列车；一位同志有轻度脑震荡，还坚决要去灾区，经在场医院领导劝留，不让上车。时间很紧，在北站的医院领导想到外科医生王永武，昨夜通宵留在党总支不走，坚决要求去灾区，马上从北站电话通知王永武立即出发，王永武得讯喜出望外，立即飞奔车站。他怀着焦急的心情，满身大汗，奔到车站，可惜迟了半分钟，眼看列车开动出站，真是分秒之差。就在王永武尚未到达、列车将要开动的紧急时刻，组织组张文玉同志（原是医务人员）是来送行的，他想，缺一个人会影响救灾，就毅然挺身而出，连工作服都来不及拿就跨上了北上列车。人们遥望着远去的列车，心潮澎湃。从三名受伤的战士到王永武飞奔到车站，以及张文玉当机立断跳上列车，这不是偶然的巧合……这是一曲共产主义的战歌！我们坚信：在这个英雄辈出的时代里，天大的困难，我们〔也〕能克服。

口腔系1976届工农兵学员王玲、伍同华，得悉抗灾任务后，几次找领导，坚决要求参加医疗队，但名额有限没有得到批准。王玲就拿出自己平时生活费中节省下来的20元钱，交给参加医疗队的同志，叮嘱一定要将这点心意带给灾区阶级弟兄。伍同华向党支部交来一丈布票、十元钱，要求党组织把这些布票和钱转到灾区去，向灾区的同志捎带上一份工农兵学员对阶级兄弟的深情。类似这样的事例，还在不断涌现出来。

……

上海第二医学院党委办公室

1976年7月30日

二医简报第 79 期

上海第二医学院积极投入抗震救灾的战斗

7 月 29 日，我院医疗队 142 人先后赴地震区参加战斗后，从 7 月 31 日开始准备接受灾区伤病员，到 8 月 3 日着手组织丰润临时医院。整个二医系统一派战斗气氛，千万人一个呼声：这是毛主席为首的党中央交给我们的光荣的重要政治任务，决心积极投入抗震救灾的战斗。8 月 3 日凌晨 1 时半在一办接受任务后，二医党委常委 3 时半进行讨论研究，早上向所属单位布置，当天组织起 235 人的第二批赴灾区的队伍。除由党委副书记石云龙同志率领先遣队先赴丰润外，全部队伍已经组织起来待命出发。在这短短几天中，又涌现了许多使人受教育、受鼓舞的先进事迹。

干部行动快决心大

在这段时间里，各单位，特别是四个附属医院的党委（总支）及其各组室的干部都是日夜值班时刻待命的，一旦接到任务立即抓紧工作，很快就能落实，工作效率之高是空前的。不论是第一批还是第二批队伍，都是在几个小时之内就基本落实。瑞金医院业务组党员、新干部朱庆芳从 7 月 29 日起一直通宵不睡，一心扑在抗震救灾工作上，使得有个同志在黑板上写上这句话：“请组内同志强迫朱庆芳休息。”新华团委副书记、工宣队员章祖伟生怕党委不批准，写了血书：“决心救灾志不移。”新华党委副书记称慧英、九院党总支副书记许雅芳更是多次连番向党组织坚决要求赴灾区，第一批未得批准，力争当预备队，再从预备队争上了第一批。二医组室干部争先恐后，要求奔赴灾区第一线，获准的如愿以偿，未定的纷纷找机关支部和党委负责同志要求去。《上海二医》编辑贺平连次写请战书，例举自己应赴灾区的五条理由，坚决要求去。教工支部 1975 届留校工农兵学员徐晓明干脆睡在学校，不获准不回家，要求党委给他这个机会在参加抗震救灾的斗争中考验自己。瑞金伤骨科收治十名灾区伤病员后……从医生到护士，从工农兵学员到党委委员，人人参战，为病人擦身、换衣、倒便盆，及时抢救。党委书记亲自到病房担任纠察，指挥作战，更重要的是把毛主席、党中央的温暖送给病员。70 多岁的病员陈玉川，流着眼泪高呼“毛主席万岁！”

医护人员请战急

三院脑外科医生罗其中，患肾性高血压，原来是全休，当他得知组织灾区医疗队后，一直坚持要去。该院党总支从多方面考虑后同意了他的要求，他很高兴，并表示决心不完成任务不回来。瑞金伤骨科医生张沪生，本来积极要求去西藏，救灾一开展坚决要求先去灾区，从上星期五起，天天不回家，做病房工作，便于待命行动。这次被批准第二批赴灾区后，他兴奋地说：一定要做好救护工作，把毛主席和党中央的温暖带给灾区同胞。新华检验科陶美华，本来准备要结婚，而她坚决要去灾区，组织上暂把她列入预备队，还在考虑是否要她去；她坚持抗震救灾是大事，个人结婚是小事，推迟结婚容易，动摇去灾区的决心难。三院医生黄国长坚决要求去丰润，可是组织上还未定下来，结果黄的爱人打电话给三院说：我已经把一切都给黄国长准备好了，请你们批准他去吧！九院口腔二病区……医护工学人员坚决要求把教学病房搬到救灾第一线……。口腔一病区同志得知后，尽管一病区在第一批也抽走不少力量，还表示支持二病区的革命要求，保证接过二病区的病员。在口腔支部范围，口外科抽走的医护人员最多，口内科决心加倍努力，顶起口外担不下的任务。眼科抽走多，矫形科就主动顶起眼科担不下的任务，从各方面尽一切力量为抗震救灾作出贡献的强烈愿望，促进了共产主义协作。

工农兵学员争上阵

抗震救灾斗争开展以来，工农兵学员到二医党委、各医院党组织和系部请战的纷至沓来，争前恐后地要求到灾区……。三院 1976 届甲班工农兵学员决心书写道：“泰山压顶不弯腰，灾难临头无所惧；抗震救灾炼红心，一片丹心献人民。请领导充分理解我们的心情，答应我们请战吧！”瑞金在皖南、松江、浙江等地的工农兵学员，纷纷来电话、电报请战。皖南来电说：救灾工作对我们工农兵学员是毕业前的一次考验，我们坚决地向党组织保证，背包早就打好，交通车辆也安排妥当，只要一声令下，马上可以报到奔赴抗震救灾的战斗阵地。……

上海病员情深风格高

三院接到准备接受灾区伤病员的通知后，打算腾出一部分病床。过去动员病员出院是一项不简单的工作，可是这次仅是向病员组长传达了接受灾区病员的工作，征求他们的意见，当这消息一传到病房，就有许多病员主动提出出院，很快就腾出了 120 张病床。一位工人病员说：我们要发扬上海工人阶级的光荣传统，为了抢救灾区的阶级兄弟，我这点病伤算什么，坚决立即出院。还有一位家住浦东的工人病员刚刚进行外科手术，伤口未愈要随时换药，但他说：我马上就出院，宁肯天天摆渡到市区来换药，也要让灾区伤病员住进来，这样我心甘情愿。

后勤当先行

……在抗震救灾斗争中，各单位的后勤，以至于各药房间，都成了兵马未动粮草先行的“先行官”。二医后勤组不仅及时备妥去灾区同志的物品，在发工资上也争取银行的支持，及时发给即将出发的同志，便于安排家庭生活。瑞金后勤支部副书记和同志们一起紧急筹备迎接灾区伤病员的工作，忙到深夜，次晨一早又抓紧工作。由于周密筹划，在两小时之内，就调集了60只床位和被服席子，配备了其他生活日用品。食堂为灾区病员烧好了绿豆粥，病员一到，营养室就去了解他们的口胃，发现这些病员吃不惯上海的自来水，就换水冲麦乳精。药房间在第一批出发时，一小时内就准备了2800人次的应用药物。老药剂师丁云芳本来全休，现在上全班，要为救灾作出贡献。药库工作人员邱振荪前几天发高烧，坚持战斗，领导要他休息，他说，救灾任务非常重要。他抱病工作，又为第二批出发的准备了7000人次的药物配剂，同志们劝他休息，他说：为了把毛主席的关怀带给灾区同胞，忙一点也应该。

上海第二医学院党委办公室

1976年8月4日

二医简报第80期

上海第二医学院喜收感谢信

我院第一批赴唐山地区的医疗队，于29日离沪，31日抵唐山地区丰润县。当天立即投入战斗抢救受伤的阶级兄妹，已经连续作战七天。我们医疗队的同志不辜负毛主席、党中央的殷切期望，不辜负上海市委和一千万人民的信任和委托，他们急灾区人民所急，战胜种种困难，千方百计地为灾区人民服务。特别是英雄的唐山人民的“天崩地裂何所惧，双手描绘新天地”的革命英雄主义和革命乐观主义精神，给医疗队很深刻的教育，鼓舞了医疗队为抢救阶级兄妹冲锋陷阵的决心。在短短的几天战斗中，涌现了不少动人的先进事迹。

能为灾区兄妹减轻一分苦，甘愿自己多背几十斤

7月骄阳似火烧，而急欲赶到丰润县病员集中点的医疗队员的心，比骄阳还热。他们自用的衣物很轻，但每个人都背了许多药品和医疗器械，重的100多斤，轻的也五六十斤。汗水如雨往下淌，衣服湿透很快就被太阳晒干，干了又湿，湿了再干，衬衫上结起一层厚厚的盐花。三院工农兵学员小全、小袁等，挑着100多斤的担子，精神抖擞地走在队伍前头，老同志直赞扬这几个走在斗争前列的青年共产党员。当然这不仅仅是他们几个，而是整个战斗的集体，即使体弱的女同志，也争着背重包。内科护士沈慰琴肩上背着重包，手里再提着一只包，尽管她吃力地脸都涨红，但一声不吭地坚持战斗。52岁的共产党员荣盘根是队里年纪最大的一个，背重包却不肯落后，大家劝他减少点，他还说：不要紧，再加一点。学员小袁乘飞机不适应，一下飞机〔就〕昏倒在地，当他稍清醒时，立即又挑起重担飞跑。

不怕疲劳连续作战，尽力早抢救、多抢救

瑞金、九院的同志们在车上就召开了讨论会表决心，保证到达病员集中点立即投入战斗。他们到了丰润县，放下背包，拿出药物器械就进了病区，迅速检查病情、明确诊断，接着就进行开刀手术。九院外科小组当天开刀到晚上2点多，第二天连续作战又开刀到12点多。困难时刻最能锻炼人，这个小组思想上准备充分，工作上敢破城市医院不适合灾区战地的条条框框，靠集体力量过细检查，明确诊断，讨论从实际出发的医疗措施，显收成效。三院只有张中权医生是骨科，他主动挑起救治骨科危重病员的重担，几天连续作战不下手术台。他还和其他同志一起自制器械，为一个腿多发性骨折的病人做牵引手术。新华的队员人人争做多面手，力争早救、多救危重病员。医生苏道亢、金熊之建议用补液塑料管自制成导尿管，解决了缺少导尿管的困难，解除了尿潴病员的痛苦。虞宝南等同志，用手给截瘫病员挖大便，"多面手"从多方面尽力抢救伤病员。

工宣队员起模范作用，医护人员千方百计为救灾出力

工宣队员处处起模范带头作用……。新华吴启茂老师傅，虽然身体不好，但抓紧时间做思想工作，而且挑水、搭棚样样干。在老师傅们的带动下，医护人员想尽各种办法，克服困难创造条件，搞好服务工作。地震受伤病员又遇连日大雨，不少伤口化脓感染，有的病员伤处生蛆，一般杀菌药用上无效。三院党员医生戴胜国、范关荣四处请教，得悉汽油能杀蛆，用后果然油到蛆除。九院学员刘家桦见许多骨科病员缺少夹板，就主动设法就地取材，制作了大捆大捆的夹板，基本上解决了夹板短缺的暂时困难。内科护士陈巧云拉肚子，还是照常坚持战斗。三院医生莫剑忠、周浩庚从上海出发时，一个伤了腿，一个伤了胸和髋，行动有困难。劝他们休息，他们说"轻伤不下火线"，一到灾区就和其他战友一样，立即参加抢救。周浩刚医生带着伤痛上手术台，连续抢救了不少危重病人，每次手术下来，都要按着伤口停一刻才缓过来。当同志们赞扬他们时，他们却说：比起灾区的重危病人，我们都是最健康的人。

抗震救灾斗争是战场，1976届学员在战斗中炼红心

1976届工农兵学员把参加抗震救灾斗争当作毕业前的一次战场考验。……瑞金1976届学员应秀娣，不仅积极参加病区医疗工作，而且见缝插针护理病员。有的女病员离家时没穿衣服，到病区的前几天已经满身血泥，伤处腐烂，小应就主动替她们端水擦洗。一个老年病员感动地说：你当医生的这样照顾我，真是比亲生女儿还要亲。新华1976届学员陈林海、陈小芬等，通过观察护理活动，向灾区人民学习，学习他们革命英雄主义和革命乐观主义精神，同时，也对病员宣传毛主席、党中央对灾区人民无微不至的关怀。陈小芬等给一个开滦煤矿职工家属洗烂、洗衣，细致料理。这个病员感动地高呼毛主席万岁！九院的解放军学员刘淑香、步兵红吃苦耐劳，一步一个脚印地干，从对病员做思想工作到打针发药，还抢时间给病人洗烂、洗衣服，样样都干。步兵红的舅舅就在唐山市工作，这次也受到极其严重的损失，可是小步不为这事吭一声，一心扑在救灾上，坚定为大多数人民服务。

一筐苹果无产阶级情谊深，人民感谢信鼓励我们为人民

市卫生局给医疗队运来一筐苹果。……经过大家讨论，认为恰巧接到指挥部通知，一部分病情较重的病员，要撤离灾区到城市医院去医疗。这充分体现了毛主席、党中央对灾区人民的深切关怀。如果我们把苹果送给病人，也是把毛主席、党中央的温暖送到灾区人民的心坎上。当我们到病房送苹果并同病区的病人告别时，整个病区突然响起一阵高呼毛主席万岁的口号声。许多病员手捧苹果，热泪盈眶，他们说：要在旧社会，遭这大灾就全完了，今天我们还能吃上千里外的上海苹果，我们怎样才能报答毛主席他老人家的恩情。

一封《感谢信》：

唐山地区地震消息传到北京，毛主席、党中央派来了上海医疗队，他们到灾区后发扬老八路艰苦奋斗的精神，他们是白求恩式的大夫，对伤者亲切关怀、无微不至的照顾，也是“完全”“彻底”认真工作的精神。他们不仅对病人关怀备至，而且他们早起晚睡，打扫环境卫生，宣讲卫生好处，宣读中央慰问电。上海医疗队的高尚风格，对伤者完全负责的态度，我从心里深受感动，以此表示我家属痊愈回到工作岗位，把自己的全部精力投入到火热的斗争中，以报答党和毛主席的恩情！向上海医疗队学习、致敬！

丰润县稻地公社教师王素荣

丰润县评剧团付庆才

1976年8月

人民的感谢信对我们是鼓励是鞭策，鼓励我们肯定成绩，找出差距，更好地为人民服务。

上海第二医学院党委办公室

1976年8月6日

二医简报第 81 期

快马加鞭未下鞍
——上海第二医学院抗震救灾续记

我院各附属医院继首批医疗队奔赴唐山地区抗震救灾第一线后，第二批医疗队 235 人正枕戈待命，候令出发。连日来，从院本部各科室到所有附属医院，广大工军宣队、工农兵学员、医务后勤人员及党政干部继续纷纷报名请战。新华医院工宣队员、团委副书记章祖伟同志向党委写下了“决心抗震救灾志不移”的血书，表达了全院同志誓作灾区阶级兄妹坚强后盾的迫切心愿，急灾区人民所急，想灾区人民所想，已经成为当前日常工作的巨大动力。

把地震造成的损失尽力夺回来

灾区人民面对特大自然灾害，“天崩地裂无所惧，敢教日月换新天”的革命乐观主义精神，大大激发了全院同志，出现了前方鼓舞后方、后方支援前方的生动局面。大家说，这次地震造成了极其严重的损失，这不仅是唐山等地区人民的损失，也是我们的损失，整个国家的损失，我们一定要把地震带来的损失夺回来。同志们说到做到，瑞金医院烧伤病房前几天一下子收治了 16 名病员，烧伤面积都在 60%—80%之间。这个病房医生护士中病员多，人手少，但他们在困难面前不低头，全身武装，整天开刀，汗流浃背，不以为苦。他们说，比比灾区阶级兄妹，比比在救灾第一线的医疗队，我们这点小困难算得了什么。伤骨科二楼病床从原来的 60 只增加到 98 只，而护士却只剩下四人，她们每天坚持工作。九院外科医生郭长根，上了早班连中班，上了中班连夜班，科里同志“赶也赶不走”。三院已经走了两批医疗队，人少担子重，又碰到高温季节，但他们一人顶二人用，半休的上全天班，全休的上半天班或轻工作，保证完成任务。外科医生姜广杰主动放弃休息到病房值班。这个科有 10 名全休同志，其中七人已上半天班；门急诊的 21 名半休同志，现在都上全天班，还发扬龙江风格，抽调护士支援手术室。九院口内同志主动提出去支援口外科，口外科主动提出去支援耳鼻喉科、眼科；眼科同志说：我们虽然人少，留下来的人情愿不休息，也要把工作做好。不少工农学员不声不响，到各科室顶班劳动，共产主义大协作的精神正在到处发扬光大。

每个人都在行动起来

唐山、丰南地震灾区人民抗震救灾，排除万难，重建家园的英雄事迹深深扣动了每一个人的心弦，使得每一个人都在寻找自己的差距。瑞金医院妇产科副主任吴一鹤医生过去怕挑重担，从来不看门诊，不下病房。这一次，妇产科几个高年资医生都报名参加了医疗队。吴一鹤医生主动关心病房，照顾难产孕妇，星期日也不休息，精神面貌焕然一新。第九医院的一位外科医生，过去报名参加巡回医疗队，总是被家属拖住了后腿，这次他要求参加抗震救灾医疗队，科内同志考虑到他家里的情况，劝他不要去了。谁知，这一次，他的家属不仅不拖后腿，反而主动打电话给院领导，要求批准她爱人到灾区去。瑞金医院财务科的一个工作人员，平时计较工作时间，爱发牢骚，这次也受到感动，思想斗争开了。她想，灾区人民把这么大的困难都踩在脚下，我和他们比比，实在差距太大。她主动提出要上“义务班”。

坚强的语言

前方后方互相鼓励，把抗震救灾工作同共产主义的大目标联系起来。三院冯志华同志最近从前方寄信给组室支部，她写道：“我向党表示决心，坚决完成党交给的光荣任务。万一发生什么意外，请组织上收下我口袋里的钱，作为我最后一次党费。”并且还赋了一首诗：

主席教导记心间，一生交给党安排。
笑洒满腔青春血，换得全球幸福来。

新华医院的张定国同志在来信中说：“我决心发扬‘一不怕苦、二不怕死’的革命精神，竭尽全力完成抢救任务；为了抢救国家财产，为了抢救灾区阶级兄弟姐妹，必要时，我愿献出自己的一切，直至生命。……”

目前，全院正在认真总结经验……做好门急诊战高温工作，搞好抗震救灾工作，夺取“二副重担一肩挑”的新胜利。

上海第二医学院党委办公室

1976年8月9日

工作汇报

党总支、工宣队：

我们两批医疗队的同志目前已结束了遵化县建明公社的医疗工作，胜利地来到了抗震救灾第一线——唐山市路南，与上海市第一批救灾医疗队调防，现将进唐山工作后的情况向领导作一个大概的汇报。

11日，我们医疗队接到指挥部赴唐山市调防的命令后，大家都兴奋极了，能到艰苦的环境中去锻炼一下，能直接为灾区人民服务，同志们的心情是多么激动。在出发前的动员会上，同志们争先恐后地抢着发言，一致表示：为了灾区人民，我们一切困难都能克服，大家是这样说的，也是这样做的。13日下午到达唐山，唐山市区遭受的破坏简直难以想象，全市建筑物全部震倒，人员死亡是很大的，整个唐山市成了一片废墟，这些，更激发了同志们的阶级感情，也坚定了战胜困难的信心。我们医疗队的所在地，共二只军用帐篷，除了要放很多药品、炊事用具外，还得住男、女23人，在8个平方左右的地方睡10个女同志，15个平方左右的地方睡15个男同志，大家你挨我、我挨你地挤着睡，连翻身的余地也没有。吃水、用水更成问题，水是每天由水车按规定时间沿路供应，一有水，水龙头前排满了人，由于我们人多，加上食堂烧饭、洗菜的用水，因此，目前，水是很紧张的，有时断水，大家就到离帐篷三四里远的地方接水。往往一天下来后，人非常脏，大家多想痛痛快快地洗一下，但是客观条件不允许我们这样做，大家千方百计节约用水，你洗下的洗脸水，我来洗脚，一盆水不知要洗多少人，洗衣服就更谈不上了。进唐山三天了，我们还没有一个人换过衣服，晚上还坚持在手电筒下学习、讨论、写体会，生活虽然十分艰苦，大家却没有一句怨言，大家以饱满的斗志、革命的乐观主义精神来战胜种种困难。同志们说得好：生活虽苦，但苦中有乐，能为灾区人民服务，为灾区人民重建家园贡献力量，这就是我们最大的快乐。同志们之所以能战胜各种困难，就是因为我们牢记出发前基地领导和医院领导的谆谆嘱咐，更没忘记市委领导同志的亲切握手、党的嘱咐、同志们的期望，给予我们很大的精神力量。每当想起这些，就增加了我们克服困难的勇气，激励我们排除万难去夺取胜利。在业务工作上，同样是很繁重的，我们医疗队的任务从原来挽救震伤病人为重点，转入到以预防肠道传染病为主，每天除有一组同志参加定点巡回医疗外，还得应付近五百人的内外科病人，每天从早上6点多开始，一直工作到晚上8点多才勉强结束，有的同志饭吃了一半，一看到病人来，马上放下饭碗为病人看病，工作虽忙，生活虽苦，但大家的精神面貌是很振奋的。

这次唐山所遭受的破坏是极其严重的，损失也是很大的，但是唐山的人民在党的领导下，挺起腰杆，奋起救灾，这次受灾，使他们更深切地体会到社会主义制度的优越性。他们把我们医疗队看作是毛主席派来的亲人，处处关心我们，给我们工地劳动的同志送水，使我们很受感动。我们来到唐山工作仅仅只有三天，还刚开始，具体工作多长时间上级没有明确指示，但是不管时间长短，我们满怀信心，决心向灾区人民学习，在艰苦的环境中刻苦磨炼，决不辜负领导和同志们的殷切期望，以优异的成绩向党、向领导和同志们汇报。

目前，我们全队四十八人除沈德金师傅患菌痢外（已好），其他同志身体均好，大家互相关心，互相爱护，团结得像一个人一样，满怀信心地去迎接更艰苦的工作，夺取更大的胜利。由于时间关系，暂时汇报到这里，今后的工作，我们将经常向领导汇报。

此致

敬礼！

（后方瑞金、古田医院）赴唐山医疗队全体同志

1976 年 8 月 15 日

二医简报第 82 期

防震工作简报

8 月 20 日上午，我院党委负责同志参加文教组防震会议后，回院立即召开干部会议传达，并研究了防震抗震救灾的措施，成立了防震领导小组，并建立了防震群测站，加强民兵巡逻群防，决定立即组织抗震救灾医疗队。下午各单位分别进行了紧急动员，将市委领导同志关于防震工作的指示迅速传达至每个职工、学员，每个住院病人、陪客。传达后，全体同志斗志昂扬，立即开始了防震工作的紧张战斗。

一

防震动员大会上，党委领导同志传达了市委领导指示，要求全体同志立即投入防震斗争，做到：

要以阶级斗争为纲……既不麻痹大意，又不惊慌失措……发扬人定胜天的革命精神。

要坚守岗位，坚持一抓三促，把发展社会主义新生事物，搞好各项工作与共产主义大目标结合起来。要百倍提高警惕，严防阶级敌人破坏捣乱，坚决打击敌人的破坏活动，要抓紧民兵群防工作。

全体干部、全体党员，要和广大群众在一起……要做到关心集体、关心群众，关心国家财产比关心个人为重，以身作则，身先群众，迎难而上，决不后退，在困难和危急情况下接受党和人民对我们的严峻考验。

动员大会后立即分部门进行讨论，党、团员又过了组织生活，对防震斗争作了深入的

研究。

防震任务传到了各个部门、各个角落，在斗争面前，全院沸腾起来了。

新华医院的医生、护士、工农兵学员、组室干部，听了动员后立即贴出了请战书、决心书，要求参加医疗队到第一线去战斗，鲜红的决心书，闪烁着共产主义思想。在这紧要关头，他们没有想到个人！

九院民兵战士再三主动请战，要求领导下命令、给任务，他们要求到阶级斗争第一线去战斗，在这紧要关头，他们没有想到个人！

新华医院党委书记王立本，患病在家，闻讯马上赶到医院，主持了抗震工作，并亲自深入科室逐个检查安全措施。三院的学生班主任，没有一个人回家，全部留在医院里待命。

九院口腔科同志，连夜奋战做了 36 只下颌骨骨托，供防震救护之用。瑞金医院妇产科章以平等两位同志，主动准备好本科的急救箱，并将急需药品分成小包，一有需要拿了就可出发。

新华医院医务人员深入病室，做好病员思想工作……并向病人宣布："哪里有病人，哪里就有我们医务人员，只要有我们医务人员在，就要保证病员安全。"各病区在党支部领导下订出应急疏散措施，将重病员床位搬至底楼或二楼，专人分工照顾，确定路线，一有情况保证先让重病员转移，使病员极为感动。

瑞金产科支部分析了病房中情况，将 11 个重病员及 11 个陪客马上组织起来，订出应急计划，使重危病人安心养病。在地震预报消息面前，整个病区，沉着坚强，毫无惊惶情绪。

广大医务人员向党表决心，要学习老八路优良传统救死扶伤，在任何危急情况下都要坚守岗位，保证伤病员安全。

瑞金医院听到地震预报时，正在大会传达组工会议精神，党员同志表示要结合组工会议精神，学习唐山人民共产主义思想和大无畏的革命精神，在战斗中起模范作用。

新华医院工宣队孙金荣、孟仁娣、连关福等一听到地震预报当晚马上主动留下值班，积极投入到防震斗争中去。

这次防震工作任务重，时间紧迫……有一张青年同志的决心书，说出了全院革命同志的心里话，他们写道："哪里艰苦应向哪里冲，哪里危险就向哪里奔，我们决心学习唐山人民天崩地塌何所惧、泰山压顶不弯腰的革命精神，不做温室里的花朵，要做搏击风雷的雄鹰。……继续革命打冲锋，天塌地裂我们顶，要为人民立新功。"

从院本部到各医院各科室，从上到下安排了防震值班，严阵以待，一有情况立即可以行动，真是"早已森严壁垒，更加众志成城"。以上的动人事迹充分说明用毛泽东思想武装起来的革命人民是不可战胜的。

二

党委传达和布置任务后，各医院及直属支部立即成立了防震领导小组，加强防震工作的领导。下午各医院开始组织医疗队，瑞金医院仅一个多小时，抗震救灾队从人员到药械，从行装到车辆都已齐备，三院、九院、新华医疗队也迅速集中待命。全院一个有100人的医疗队，加上100人的预备队都已落实，只等一声令下，立即可以出动。

教工支部医用理化教研组，负责群测站防，下午接到任务，刘炳荣、许松林、潘家谱、汤雪明等立即挥汗工作，奋战几小时，安装成激光束对房屋倾偏的测试装置；医用物理教学组安装了地磁及地电位测试装置，均已开始日夜观察。同位素教学组开始了对井水含氡量测定，院部及各医院都派了专人，开始对实验室喂养的动物（狗、大白鼠、兔子）和井水观察。

院政宣组同志连夜突击编写了《抗震防震知识》普及知识材料，印发各单位阅读，并放映《防地震》的科教电影，迅速将地震的知识普及到所有职工，对宣传工具、广播台加强了值班管理，并各设了两套流动广播车。

民兵立即加强了日夜值班巡逻，防止阶级敌人破坏，对于专政对象加强了管教。

做好防震和抗震救灾工作，后勤工作是很重要的环节。九院的总务科争分夺秒通宵战斗，备好了抗震物资。汽车司机徐安平、周兴明不顾连日来的工作疲劳，满头大汗地维修汽车，保证车辆可以随时出动。食堂同志冒着酷热，在烈日下刷洗水池，保证地震后的水源供给。瑞金医院准备了一架备用发电机，以便断电时应用。

瑞金、九院教工支部都加强了对贵重仪器的保护，九院放射科订了安全措施，X机的机器球管用棉毯垫好，以防震坏。

……

上海第二医学院党委办公室

1976年8月23日

上海第二医学院赴唐山地区医疗队汇报提纲

……1976年7月28日凌晨（3点42分），唐山、丰南一带发生了强烈地震（7.8级），并波及北京市、天津市，给唐山、丰南人民造成了极为严重的破坏和损失。……在地震发生后，上海市人民就在市委和市革委会的领导下，迅速派出了医疗队，运送了大批救灾物品。……我们根据自己看到、听到的部分事例，向同志们做以下汇报，特别要声明的是，我们所收集到的一小部分事例，大多是一个侧面，并不能全面地反映灾区人民的英勇战斗场面。只能供大家参考。

毛主席恩情比天高，党的关怀暖人心

……

8月1日、2日、3日，国务院副总理、中央慰问团副团长陈永贵带领中央慰问团唐山分团，分别到丰南、滦县、丰润进行慰问，看望灾区的群众，向灾区人民转达伟大领袖毛主席、党中央的亲切关怀。当时，我们医疗队正在丰润抢救伤员。8月3日上午10点多，陈副总理率领中央慰问团张才千、杨富珍等同志来到了伤员们的席棚里。他们挨个儿慰问伤员，问他们生活怎么样，亲切地告诉病员们："毛主席派我们来看望大家了。"伤员们面对毛主席派来的亲人，激动得热泪夺眶而出，他们不顾自己的伤痛，振臂高呼："毛主席万岁！""请毛主席放心！"开滦煤矿一位老工人还特地要了笔和纸张，用受伤的手写了一张决心书，请中央慰问团转给毛主席他老人家，表示要尽快战胜伤痛，投入抗震救灾斗争，决不辜负毛主席的期望。慰问团的汽车快要发动时，很多人仍然依依不舍地留在窗口，再三请慰问团向毛主席问好！请毛主席放心，我们一定努力恢复生产，战胜地震灾害，重建家园。

8月4日，华国锋总理又亲自到达唐山，到开滦煤矿、唐钢等厂矿，亲切慰问受灾群众，再次转达毛主席、党中央的极大关怀。人们一看到华国锋总理等中央首长，都像见到久别的亲人一样，纷纷涌上前去同他们握手。他们含着热泪说：在我们受灾最困难的时候，毛主席、党中央发来慰问电，派解放军和医疗队来抢救我们，送大批物资来支援我们，现在又派慰问团来看望我们，真是"毛主席恩情比天高，党的关怀暖人心"。

……

泰山压顶不弯腰，顶天立地抗震灾

……

胸有朝阳抗震灾，救死扶伤为人民

唐山、丰南一带发生强烈地震的消息传到上海，市委、市革委会和上海市人民十分关心，各单位踊跃报名，争先恐后。在地震的当天下午，就马上组成了第一批抗震救灾医疗队880人，迅速奔赴灾区。我们上海第二医学院首批127人，就是其中的一部分。7月29日一早，我们肩负着上海市一千万人民对灾区人民的深情厚谊，乘车离开上海，前往唐山。在飞奔的列车上，全体队员收听了党中央、毛主席给灾区人民的慰问电，人人心急如火，恨不得立即飞到唐山、丰南一带，参加战斗。许多单位的同志在列车上向党组织表示了决心。大家一遍又一遍地检查和整理所带的器械、药品，订计划措施，准备一到灾区就立即投入战斗。想到灾区人民的需要，大家尽量节省干粮和开水，尽管大队部领导再三嘱咐大家抓紧时间休息，但很多同志心里十分焦急，睡不着，吃不下。

7月30日凌晨，列车赶到了京津之间的杨村机场，在这里等待飞机去唐山。人民子弟兵指战员在十分艰苦的条件下，大力克服困难，支援灾区，支援医疗队，他们自己啃冷馒头，却把一桶又一桶的热开水送到我们面前。他们又要执行紧张的空运任务，又要加强战备，防止敌人突然袭击，又要用很大的力量接待医疗队。机场的解放军战士宁可自己缺水（四个水塔损坏三个），却把一车一车的清水送到医疗队让大家洗脸；他们一次又一次地代为大家寄信；他们考虑到灾区缺盐，又把自己吃的盐一包一包地送到医疗队员的手里……我们看到了人民子弟兵与人民群众同呼吸，共命运，更加使我们医疗队员感到肩负的重任，更增添我们战胜困难的信心。

30日下午，我们从杨村乘飞机赶到唐山。当天晚上，各医疗队按照大队部的指示，分别到了唐山市、丰南县、丰润县等地，我们二医8个医疗队，除新华二队留机场外，其余7个队连夜乘车，于31日早上五六点钟赶到了丰润县。

丰润县在唐山以北四十公里，与唐山、丰南紧邻，在整个唐山地区来讲，受灾较重，仅次于唐山、丰南。这里集中了一批从唐山等地转来的重伤员，这些病员，绝大多数是地震所造成的严重骨折、截瘫、颅脑外伤、内脏破裂等，其中有一些伤病员已出现了休克、严重感染、失血、脑水肿等并发症，处于半昏迷状态，情况十分紧急，这一批500多名重伤员，连同周围的分散病员，共有3000多名。可是我们医疗队总共不过二十来个外科、骨科医生，就是全队人人上阵，也是很紧张的。当时我们刚到灾区，药品、器械都跟不上，又缺水、缺电，加之频繁的余震，我们去后半月之中，就经历大小余震100多次，其中最大的六级左右。天气恶劣，常常有大雨和暴雨，给我们的工作增加了不少困难。……尽管队员们已经过长途旅行，三天三夜没有很好休息，已经十分疲劳；但大家一看到受灾的亲人们正处在伤痛之中，也就忘掉了疲劳，忘掉了饥饿、口渴和炎热，马上进入病房。伤员绝大多数是骨折或开放性伤口，伤势严重，有的伤口已在化脓、生蛆。然而我们的医务人员，不怕脏，不怕累，逐个地为病员进行检查、记录。像三院的张中权，新华的苏国礼、虞宝南，瑞金的沈才伟、杨庆铭，九院的邱蔚六等，任务最重。他们顾不上吃一口饭，喝一口水，擦一把汗，一会儿跪在地上检查，一会儿趴在地上包扎，累得汗流满面。他们迅速地用夹板、绷带为骨折病人进行固定、包扎，一丝不苟地用盐水为每个伤员冲洗伤口，换上新的敷料。同志们相互嘱咐，动作要轻，尽量使阶级兄弟少受点痛。我们的伤病员们，看着自己新包扎的伤口，看着医疗队员的红十字袖章，激动得热泪盈眶。他们关切地为医疗队员送来扇子，送来开水，送来苹果和馒头，再三要我们歇一歇，喝口水再干。他们说："上海医生，你们从千里之外刚到咱们这儿，还没喘口气儿，就为我们治病。我们一辈子也忘不了毛主席派来的好医生。但是你们不吃饭、不喝水，要累坏的，这怎么行呢？"他们宁可自己忍着剧烈的伤痛，却为我们医疗队着想，这是多么深厚的阶级感情！我们只有更加努力地工作。才能更好地转达上海人民对灾区人民的关心，才能不辜负灾区人民的关切和期望。正是在这种精神鼓舞下，我们绝大多数队员在抢救伤员的最紧张的三天三夜里，只睡了十多个小时，谁也不愿去睡，有的同志连续战斗了48小时。那时候，大家都把为伤员服务看做无上的光荣……

特别值得一提的是，我院这次参加抗震救灾的31名工农兵学员，在抢救伤员中发挥了重要的作用，受到了广大伤病员和医疗队员的热情赞扬。到丰润以后，他们和大家一样，不怕疲劳，连续作战。工农兵学员把受灾的人民视为自己的亲人，在担负治疗任务的同时，又做了大量护理工作，他们首先想到的不是自己的个人利益，而是灾区人民的需要。步兵红的舅舅在唐山，地震以后没有音讯，小步仍然加倍地努力工作，而不是去寻找亲属；新华陈林海生了菌痢，高热，腹泻，也不愿休息，坚持工作，他们首先想到的，不是单纯学业务，而是全力以赴解决伤病员的痛苦。有些伤病员伤势严重，不能自理生活，身上也比较脏，创面化脓感染，不利于伤口愈合。应秀娣同学每天早晨端来清水，拿来自己的毛巾，一个一个为伤病员擦洗干净。有个唐山矿的工人从房子底下扒出来时，受了重伤，头皮上有两条十几公分长的伤口化脓感染，大小便又不能自理，活动也十分困难。陈小芬同学和老师一起为这位伤员换好药，又端来水为她擦洗身体，擦大便，并为她洗净裤子，这位病员感动得连声呼喊："毛主席好！毛主席万岁！"8月7日晚上，突然下了暴雨，病人住的席棚漏雨了。医疗队帐篷大多进水了。王月华等同志不顾自己衣服裤子受潮，抽出自己铺的塑料布为病人遮雨，自己坐到天亮。同一天夜里，三院为一产妇接生，下雨时，杨玉娥等同志用自己的身体挡住漏下的雨水，使产妇顺利地分娩，生了小"胜震"。雨后一清早，郑如华、步兵红等同志又把热开水一碗一碗送到伤员嘴边，把自己备用的饼干一块一块送到伤员手里。不少病员感激地说："从没见过这样的好医生，真胜过自己的亲闺女、亲小子。"这就是我们的新型大学生，他们急病员之所急，想病员之所想，不愧是灾区人民的贴心人。

……

三院病房有一位开滦矿的老工人，他的亲人遇难，他没哭，自己受了重伤，也不哭，但他一听说开滦受损失，竟难过得流出了眼泪。中央慰问团来的那天，就是他向我要了一张纸、一支笔，忍着巨大的伤痛，坐在地上给毛主席写信，决心发扬开滦工人“特别能战斗”的革命传统，一定要夺回祖国的大煤田。瑞金病房有一位病员，大腿严重坏死，必须截肢。可是又不忍心告诉他，于是医生就问：“同志你的家属呢？”这位伤员说：“我爬出来的时候，只带了一卷毛主席画像，家属全没有了，有什么事，你们尽管讲吧，不必为难。我即使剩下一条腿，也要走在毛主席的革命路线上，跟毛主席干一辈子革命！”……我们的医务人员感动得流下了热泪。我们与他们相比，差距该有多大！我们作为革命的医务工作者，有什么理由不努力为他们服务呢？

在灾区人民一不怕苦、二不怕死的革命气概鼓舞下，我们的同志积极克服困难，治疗伤员。没有导尿管，用输液胶管代替，为几十例尿潴留病员导了尿；没有外用药，用汽油杀蛆，为不少病员解决了伤口灭蛆问题；没有夹板就地制作，减轻了病员的痛苦。在一间三十几平方米的简易手术室里，同时开展了四五台手术，在短短的一天半内就为 34 个伤员进行了较大手术，及时抢救了伤员的生命！三院有个外科医生周浩庚，在出发时胸部碰伤，到丰润以后疼痛很厉害，他不顾伤痛，坚持为病员进行手术，直到深夜。新华医院的同志们，没有无影灯就用手电照明，在极为简陋的情况下，进行了截肢、膀胱修补、后尿道会师术等较大的手术。最近，他们还成功地为一个出生只有五天的新生儿，进行了先天性肛门闭锁、尿道下裂、尿道直肠瘘的矫形手术。瑞金医院在总结经验的基础上，全力以赴，成功地抢救了一例因破伤风心跳、呼吸停止的危重病人。九院和三院联合作战，成功地抢救了一例颅脑挫裂伤，并伴有颅骨、上颌骨、下颌骨开放性骨折的民兵战士。这些伤员一醒过来，马上高呼：“毛主席万岁！感谢毛主席派来的好医生。”抗震救灾的实际需要，使同志们打破了城市医院的狭隘分工，每个同志既是外科，又是内科、皮肤科、五官科；既是医生，又是护士、服务员，更好地适应了灾区的情况。经过大家几天几夜的努力，几百名危重病员转危为安，并且根据中央的指示，将一批病员转到外地进一步治疗。到目前为止，已经治疗了 5000 多例病员，对 128 例就地进行了手术，并将 1100 多名转到外地。在第一批病员转院前夕，上海市委为了关心医疗队员的身体，给我们送来一批苹果。同志们经过讨论，一致认为，应当把苹果让给伤员吃。当我们拿着苹果，带着慰问信到病房慰问伤员，和伤员们告别时，我们的许多伤员激动得热泪盈眶，一遍一遍高呼“毛主席万岁！”他们依依不舍地拉住医疗队员的手，一定要同志们留下姓名。我们的同志说：“咱们是毛主席派来和你们共同战斗的。”他们不住地说：“感谢党中央、毛主席的关怀。”……

在这二十多天的抗震救灾斗争中，我院继第一批医疗队之后，又有 20 多名队员也先后赶到了丰润。他们当中除少部分同志负责筹建临时医院以外，大部分同志担负医疗队的后勤工作。他们虽然没有直接参加抢救伤员，但却勤勤恳恳，为医疗队的后勤供应做了大量工作。……在地震灾区交通运输、物资供应都比较紧张的条件下，后勤的同志们向灾区人民学习，任劳任怨，克服困难，为大家解决了不少问题。有的同志生了病，照样坚持工作。有的同志深入病房，了解病员的需要，及时为一部分病员解决了棉毯、被子、铺板等问题。受到了同志们的好评。

……

我们留在唐山地区的全体医疗队员，有决心和英雄的唐山人民一起，响应党中央的号召，发扬人定胜天的革命精神……抗震救灾，发展生产，重建家园，不辜负党和毛主席的期望，不辜负上海市一千万人民对我们的委托和信任！

上海第二医学院

1976 年 8 月 25 日

关于抗震救灾医疗队组织编制器材药品配备的建议

1976 年 7 月 28 日，唐山、丰南一带发生强烈地震，人民生命财产损失极其严重。在伟大领袖毛主席、党中央的亲切关怀和直接领导下，全国人民团结一致，抗震救灾取得了伟大的胜利。我们上海第二医学院及四所附属医院，组织了八个医疗小分队，奔赴唐山地区，参加抗灾斗争。在一个多月的时间内，我们抢救了一大批伤病员，开设了灾区临时医院，为唐山地区人民做了一些工作。实践告诉我们：现有的医疗队如要适应战地急救的需要，尚有不少方面需要加以改进。

我国是一个多地震的国家，类似的自然灾害以后还有可能发生，鉴于当前的国际形势，世界大战随时可能爆发，因此，我们必须遵照伟大领袖毛主席“备战、备荒、为人民”的教导，从思想上、组织上、物质上做好一切战斗准备，组织好抢险救灾备战医疗小分队，常备不懈，立足于打，对付随时可能发生的突然事变。为此，我们根据参加唐山地区救灾斗争的经验教训，对城市医院为抢险救灾和备战而组织的医疗小分队，提出如下的建议：

一、 医疗队的组成及器材装备

每支医疗小分队既是一个独立的战斗单位，又需要保持它的机动性。

1. 人员组成　总共 18 人：

政工干部 1 人、普外科医生 2 人、骨科医生 2 人、泌尿科医生 1 人、胸外科医生 1 人、脑外科医生 1 人、内科医生 1 人、麻醉师及手术护士 3 人、护士 4 人、化验（或兼后勤）1 人、药房（或兼后勤）1 人

说明:

（1） 地震后，房屋倒塌，外伤病人特别多，其中尤以大出血、肝脾等内脏破裂、胸部外伤、脑部外伤为最危险，可迅速危及伤员生命。如医疗队能当天赶到灾区，则需配备脑外、胸外科医生，如两三天后方能赶到灾区，则脑外、胸外科医生不一定需要，因为这一类伤员已基本牺牲。

（2） 综合性医院如无脑外、胸外、泌尿等专科医生，可增加普外科医生，其中有 1—2 名普外科医生应能处理颅脑外伤和胸部外伤，专科医院也应采取相应措施或采取混合编队、联合作战等方式派遣。

（3） 化验及药房同志工作量不大，或由一个人兼任，或由他们兼任后勤工作。

2. 各科器材配备:

（1） 一个野战手术队的装备:

普外科：剖腹探查手术包

持针器 3 把、腹腔自动拉钩 1 只、巾钳 8 把、腹腔深部拉钩 2 只、开夹 6 把、小拉钩 2 只、血管钳 18 把、双头拉钩 1 只、蚊式血管钳 4 把、有齿镊 2 把、肠钳 4 把、无齿镊 2 把（长镊 1 把）、海绵钳 1 把、压肠板 1 块、直角钳 2 把、药碗 2 只、阑尾钳 2 把、碟子 2 只、爱力司钳 4 把、吸引头 1 只、（长、短）可克 4 把、吸引皮管 1 根、脾蒂钳 1 把、剪刀 2 把、刀柄 1 把、缝针若干、缝线若干、纱布若干。

脑外科：急诊手术器械

直、弯血管钳各 10 把，导引钩 1 根，摇钻、钻头 1 套，线锯 1 根，脑膜剥离子 1 根，银座 1 只，脑压板 1 块，银夹 2 把，尖头镊 1 把，有齿镊 1 把，药碗 2 只，咬骨钳 1 把，小药杯 2 只，刮匙 1 把，橡皮筋 6 根，骨蜡 1 瓶，巾钳 4 把，海绵钳 1 把，剪刀 2 把，刀柄 2 把（大小各 1），缝针若干，缝线若干，纱布若干。

骨科器械:

绷带（宽）若干、板锯 1 把、纱带 4 卷、线锯 1 副、胶布（大）1 筒、鹅颈咬骨钳 1 把、石膏（制成品）若干、橡皮止血带 2 卷、夹板（长短）若干、骨膜剥离器 1 只、冰钳 1 只、凿刀 2 把、司氏钉克氏钉若干、锤子 1 把、摇钻 1 只、旋凿 1 把、钻头若干。

另需配备小手术器械包，作扩创用:

巾钳 4 把、刀柄 1 把、血管钳 8 把、碟子 2 只、蚊式钳 2 把、爱力司钳 1 把、持针器 1 把、剪刀 2 把、缝针若干、缝线若干、纱布若干。

麻醉科：

简易呼吸器 1 套、脚踏吸引器 1 只、咽喉镜 1 副、气管插管 1 套、 T 管及呼吸囊各 1 只、空气麻醉机 1 只、电麻仪 1 只、硬膜外针及导管 2 套、腰麻针 2 根、血压表（表式）1 只、听诊器 1 副、麻醉记录单 30 张、注射器 2 ml 5 副和 5 ml 5 副和 20 ml 2 副、5 节长电筒 2 只、导尿管 10 根、针灸针 50 根、明胶海绵若干、气管切开包 1 包、气管套管（连芯）5 套、氯胺酮 50 支、 γ -羟基丁酸钠 30 支、硫贲安钠 50 支、氯丙嗪 20 支、杜冷丁 50 支、2%利多卡因 150 mg 50 支、1%普鲁卡因 250 ml 2 瓶、普鲁卡因 150 mg 50 支、中麻Ⅱ号 2 ml 50 支、中麻Ⅱ号催醒剂 50 支、汉肌松 50 支、司可林 20 支、箭毒 10 支、咖啡因 20 支、可拉明 20 支、肾上腺素 30 支、异丙基肾上腺素 20 支、去甲肾上腺素 20 支、间羟胺 20 支、多巴胺 20 支、安络血 20 支、凝血酸 20 支、阿托品 50 支、地塞米松 5 mg 20 支、塑料手术巾若干、手术包、塑料袋附有输液器（5%葡萄糖 20 ml 50 支、5%葡萄糖 500 ml 50 瓶、5%葡萄糖盐水 50 瓶、右旋糖酐 50 瓶）。

敷料：

在紧急情况下，塑料开刀巾及塑料板单，用 1∶1000 新洁尔灭浸泡即可。

外用药：

新洁尔灭酊（消毒皮肤）、新洁尔灭（浸手、塑料开刀巾、器械等都可）。

另准备换药弯盘、无齿镊、纱布、药棉、胶布若干，导尿管 50 根。

（2） 内科，听诊器、血压计（表式）1 只、体温表若干。

（3） 护理部：

50 ml 注射器 2 副、输液皮条若干副、5 ml 注射器 20 副、盐水并绳套 10 只、注射针头若干、剪刀 1 把、药棉 1 卷、纱布若干、无齿镊 5 把、胶布 2 筒。

（4） 化验室：要求做三大常规，大便隐血、战地配血、输血。

显微镜 1 架、红血球稀释液 100 ml、血红蛋白吸管 1 支、枸橼酸钠（水剂）250 ml × 20、计数板 1 块、白血球及血红蛋白试剂 100 ml、载玻片 50 片、小型离心机 1 只、香柏油 1 小瓶、血色素比色计 1 套、蒸馏水 100 ml、橡皮吸头 5 只、磺柳酸 10% 50 ml、刺血针 10 支、班氏试剂 50 ml、塑料输血袋 20 袋、联苯胺试剂（配好）10 ml、抽血针筒 20 副、H_2O_2 50 ml、1 ml 刻度吸管 2 支、标准“A”“B”血清各 10 ml、2 ml 刻度吸管 2 支、瑞氏染料 50 ml、酒精棉球 1 小瓶、碘酒 50 ml、消毒棉球 1 小瓶、醋酮粉 20 g、血沉管 2 支、生理盐水 100 ml、康氏试管 50 支、95%酒精 100 ml、手电筒 1 只、火柴 1 盒。

（5） 急救药品

庆大霉素 4 万 μ × 500 支、维生素 K10 mg × 100 支、四环素片 0. 25 × 5000 片、速尿 2

ml × 20 支、氯霉素 0.25 × 500 片、西地兰 0.4 mg × 20 支、 S. M. ZCO 0.5 × 1000 片、25% GS20 ml × 50 支、 S. M. P 0.5 × 1000 片、10%葡萄糖酸钙 10 ml × 20 支、痢特灵 0.1 × 10000 片、20%甘露醇 250 ml × 1 箱、异丙肾上腺素 1 mg × 50 支、右旋糖酐 500 ml × 1 箱（24 袋）、阿拉明 10 mg × 50 支、5% $NaHCO_3$ 10 ml × 50 支、多巴胺 20 mg × 50 支、5% G. N. S. 500 ml × 1 箱（24 袋）、肾上腺素 1 mg × 20 支、肝素 1500 μ × 10 支、去甲肾上腺素 1 mg × 20 支、去痛片 5000 片、可拉明 2 ml × 50 支、鲁米诺 0.1 × 20 支、杜冷丁 50 mg × 50 支、安定 10 mg × 100 支、凝血酸 5 ml × 100 支、冬眠灵 25 mg × 20 支、氨茶碱 10 ml × 10 支、非那根 25 mg × 20 支、注射用水 5 ml × 100 支、复方氨基比林 2 ml × 40 支、 NaCl2 ml × 100 支、枸橼酸钠 10 支、阿托品 0.5 mg × 100 支、 T - AT1500 μ × 500 支、阿托品片 0.3 mg × 1000 片、10%G. S. 500 ml × 1 箱（24 袋）、安宁片 500 片、氯喹 0.25 × 500 片、地塞米松 2 ml × 50 支、伯胺喹啉 1000 片、 PP 粉 500 克、乙胺嘧啶 1000 片、利凡诺 25 克、10% KCl10 ml × 50 支、石蜡油 500 ml × 1 瓶、95%酒精（塑料桶）5 公斤、新洁尔灭 5 公斤、漂白粉精 1 公斤、 H_2O_2 500 ml × 5 瓶、1%匹罗卡品眼药水 10 cc × 10 支。

说明:

（1） 静脉滴注用的葡萄糖、葡萄糖盐水，甘露醇，右旋糖酐都应用塑料袋装的，且应该有输液器。

（2） 医疗队员用药，另外打包，酌情选择。

4. 后勤及医疗队生活用品:

队旗 1 面、电池若干、剪刀 2 把、干粮每人 5 斤、打气煤油炉 1 只、钢丝钳 1 把、酱菜每人 1 斤、塑料布每人 1 块、塑料桶装煤油 1 小桶、食盐 3 斤、救护袖章每人 1 只、高压消毒锅 1 只、火柴 1 封、钢精锅（大、中号）各 1 只、草帽每人 1 顶、打火机（连电石汽油）2 只、绳子若干、个人衣服及生活用品、电筒每人 1 只、挂灯 2 只、帆布水桶 1 只、塑料面盆 5 只、水壶每人 1 只、棉毯每人 1 条、塑料雨衣每人 1 件、工兵铁锹 1 把、菜刀 1 把、电工刀每人 1 把、扁担 5 根（可挑 120 斤左右）。

二、 第二种方案

以上列出的是一个医院小分队的编制、器材、药品配备，立足于远途抢救、交通不便的基础上，所有物品都应分开包装好，由医疗队员随身背着走，如果灾区与医疗队出发点不远，公路交通尚未断绝，则为了充分发挥医疗队的作用，开展更多的抢救项目，医疗小分队应配备有卡车。人员器材也相应增加。

1. 人员组成

增加妇产科医生 1 人、放射科医生 1 人、口腔科医生 1 人、五官科医生 1 人、眼科医生

1 人、传染病科医生 1 人、电工 1 人、汽车司机 1 人、炊事员 1 人。

2. 器材设备

（1）外科（包括骨科、脑外、胸外、泌尿、手术室）同第一种方案，增加石膏粉数箱。

（2）妇科：难产（包括剖腹产）器械、人流器械。

（3）放射科：小型 X 光机 1 架，包括个人防护、胶片 1 箱、洗印设备。

（4）药品敷料：加数倍携带，尤其是抗菌素和葡萄糖盐水要多带。

（5）增加口腔、五官、眼科的器材。

（6）后勤及生活用品：

小型柴油发电机 1 架、汽油灯 1 只、军用班帐篷 2 顶、挂灯 2 只、炊具 1 套、棉大衣 2 件（冬秋天每人 1 件）、酱菜及食盐若干、漂白粉 1 大桶、蚊帐每人 1 顶、喷雾器 2 只、草席每人 1 条、敌敌畏若干、担架 2 副、六六六粉若干、塑料油箱（贮水用）4 只、门诊病史续页纸若干、塑料面盆 10 只、小硬纸卡（转院用）若干、塑料铅桶 5 只、卧式中型高压消毒锅 1 只、铁丝（粗细）各 1 捆、打气煤油炉 2 只。

以上仅是我们讨论的一个初步方案，是否符合实战需要，请领导和同志们审阅。

上海第二医学院赴唐山地区抗震救灾医疗队
（丰润县临时医院）
1976 年 9 月 8 日

上海第二医学院赴唐山地区丰润县抗震救灾医疗队小结
(1976 年 7 月 29 日—9 月 25 日)

1976 年 7 月 28 日凌晨，唐山、丰南一带发生强烈地震……我们上海第二医学院首批医疗队（8 个医疗小分队，127 人）于 29 日清晨，肩负着上海市一千万人民对灾区人民的深情厚谊，前往唐山地区丰润县。此后又有 15 名队员于 8 月 1 日、8 月 3 日先后赶到灾区，总计 142 人（其中医生 44 人，护士 21 人，化验 8 人，药房 8 人，后勤 8 人，工、军宣队 7 人，行政 14 人，1976 届工农兵学员 31 人）。8 月下旬，虹口区医疗队 25 人，从迁西县来到丰润县和我们共同战斗，成立了临时医院。

两个月来，我们在灾区进行了一场规模空前、艰巨异常的抗震救灾斗争。在这场斗争中，我们经受了锻炼，受到了教育，也作出了一定的贡献。……特小结如下：

……

二、 抗震救灾必须加强政治思想工作，改造主观世界

……

周浩庚医生，在上海出发时不慎跌伤，领导要他留下。……他捂住腰部，坚持和同志们一起来到抗震救灾第一线。一到灾区，他连续作战，在手术台上抢救了不少重伤员。每次手术后，腰部疼痛，同志们劝他休息，他开朗地笑笑说："和灾区群众比，我是最健康的人。"工农兵学员陈林海患了菌痢，发了烧，不顾休息，坚持工作。

工农兵学员步兵红同志的舅舅，一家都在唐山市工作，地震后毫无信息，同志们劝她抽时间去探望一下，但她总是说："我是来抗震救灾的，不是来找舅舅的。"前阶段，她又收到家里来信，父亲不幸车祸，处于昏迷抢救期间。同志们十分关心她，她说："个人的家是个小家，灾区人民是个大家，我家里的事再大也是小事啊！"她表示要和同志们一起战斗到底。两个月来，她……全心全意为伤病员服务。她和同志们一道，土法上马，用竹竿制作了蒸汽吸入筒。

唐步云同志在抗震救灾的日子里，一连几天，饭顾不上吃，觉顾不上睡，与同志们一起连续作战在病房里。由于过度疲劳，他患了肠炎，每天腹泻十来次，人瘦了，体质弱了，但从不吭一声，在烈日下，坚持巡回医疗，轮着参加防治炭疽病工作，半夜出诊，第二天还继续上班。……

工农兵学员杨玉娥同志……有一次为一位伤员换药，伤员头上淌着豆大的汗珠，却没哼一声，还鼓励杨玉娥："只要能早日参加祖国建设，该怎么治就怎么治。"还有一位做了截肢手术的老工人说："小杨啊，别看我只有一只手，我还要为社会主义建设多作贡献……"每天坚持工作十几小时，人们称赞她是个不歇闲的年轻人。……她向党组织表示："从入党第一天起，就应该把自己的一切无条件地交给党，我是受阶级的委托上大学的，要把学到的知识全部交给党，毕业后，我愿意留在灾区和英雄的唐山人民一起建设新唐山。……"

……张中权是骨科医生，任务十分繁重，他不分昼夜地工作。……他和同志们一起，没有条件，创造条件；没有骨折牵引架，就地取材，自己动手。截瘫病人解大便有困难，他就用橡皮管代替肛管，用手作引导，插入肛门灌肠，还用湿毛巾一遍遍擦干净被大便沾污了的伤员身体。他还和同志们一起定期送医送药上门，为伤员服务，有时一次来回要步行四小时。在斗争中，张中权同志加强了对中国共产党的认识，蕴藏在心中多年的愿望憋不住了，他向党组织庄严表示，决心在抗震救灾斗争中经受考验，争取早日加入中国共产党，把自己的一切献给共产主义事业。

……

三、 发扬救死扶伤的革命精神，全心全意地为伤病员服务

在近两个月的抗震救灾中，我们共诊治了伤病员 7100 余名（其中住院治疗 1940 名，巡回医疗 5000 余名），抢救重危病人 420 人，还对 244 例较重伤病员就地施行了手术治疗（不包括一般的扩创、固定、缝合）。……

7 月 31 日晨，我们赶到丰润县时，这里聚集了三四千名伤病员。……同志们一到目的地，便立即投入战斗，把饥饿、疲劳、口渴、炎热全置之度外，冒着余震的危险，顶着大风暴雨，以毫不利己、专门利人的精神抢救伤员，拉开了抗震救灾的序幕。大家不怕脏，不怕累，认真负责，逐个地为伤病员进行检查、治疗。同志们顾不上喝一口水，擦一把汗，一会儿跪在地上检查，一会儿趴在地上用夹板、绷带为骨折病人进行固定、包扎。队员们一丝不苟地用热水为伤员冲洗伤口，换上新的敷料。在抢救伤员紧张的三天三夜里，大家只睡了十多个小时，有的同志连续战斗了 48 小时。同志们把为伤员服务看作无尚的光荣，大家宁愿抿紧干裂的嘴唇，把仅有的一口水、一只苹果和随身带着的食品递给伤员。有些伤员，伤势严重，不能自理生活，创面化脓感染。我们医疗队的许多同志，每天早晨端着清水，拿来自己的毛巾，一个一个地为伤病员擦洗干净。一个重伤员头上有两条十几公分长的伤口，化脓感染，活动困难，同志们为他擦大便，洗衣裤。一天晚上，暴雨倾盆而下，席棚病房漏雨，同志们不顾自己帐篷进水，衣被受潮，抽出自己铺的塑料布，为病人遮雨，自己却坐到天亮。

8 月 7 日，收治了一位临产的孕妇，同志们认识到，新生婴儿是唐山人民的新一代，他们在余震中诞生，将和新唐山一起成长，是今后重建新唐山的宝贵力量。同志们……因地制宜地搭起了简易的产房。陈德甫医生带领着几个工农兵学员，量血压，听胎心，观察宫缩。正当产妇分娩时，滂沱大雨，夜空电闪雷鸣，简陋产房里小雨不停，同志们用自己的身体挡住雨水，许多同志拿来塑料布为产妇搭起帐篷，唐山的新一代小“胜震”，在暴风雨中胜利诞生了。

一次，我们收治了一位患乙型脑炎的开滦煤矿老工人，病情危重，心跳呼吸全停，大家齐心协力……仅捏皮球就轮流捏了十九个小时，使病人转危为安。一次，在传染病房里，来了一位患菌痢的营养不良的病人，体质差，长期腹泻，面容憔悴，急需输血，但是小孩父亲的血型不对号。这时黄荣奎医生卷起袖管，坚定地说：“灾区人民需要什么，我们就给什么，我是 O 型血，抽我的。”50 cc 鲜红的血液，带着上海人民的深情厚谊，流进了孩子的脉管。不几天，孩子病情好转。为了使患孩能更好地恢复健康，胡仁明医生又将50 cc的鲜血输进孩子的体内。这点点滴滴，决不是普通的血液，这是阶级感情的暖流，包含着对党、对人民的无限忠诚。有一次，我们收了一位严重挤压伤病员，呼吸心跳停止。此时，工农兵学员石瑞金等四位同志，怀着对阶级兄弟的深厚感情，立即进行口对口人工呼吸，发现原来是大量分泌物堵塞气管，石瑞金同志马上用口从气管插管中吸取分泌物，开始，他感到阵阵恶心，但他极力克制自己，鼓励自己，不怕脏，不怕臭。他坚持到底，终于使气管通畅，使病人恢复了心跳呼吸。

一次，黄荣奎等四位同志，受组织委托，前往新军屯抢救一位患食物中毒的舍生忘死的共产党员。两天两夜的紧张战斗中，四位同志没睡上一眼，忘记了吃饭、洗脸，日夜守护在病人身旁。黄荣奎已经持续了半个月腰痛，但他忍着疼痛，坚持战斗，病人几次拉腥臭难闻的大便。江志英不怕臭、不怕累，一遍遍为他擦拭，洗褥单。他们对工作精益求精，对人民极端热忱。

……

工宣队董俊玉老师傅，工作积极、肯干，在他的带领下，我们后勤的工作人员始终任劳任怨、勤勤恳恳，做了大量的医疗队后勤供应工作，他们把搬搬运运、收收发发的平凡工作与抗震救灾任务紧密联系起来，感到既光荣，又艰巨。在灾区开展后勤工作，困难很大……他们常常深入病房，了解病员的需要，及时解决棉毯、被子、铺板等问题，受到同志们的好评。

……我们的工作受到灾区人民的称赞，我们医疗队员受到灾区人民的欢迎。唐山的工人阶级、贫下中农说："你们从上海不远千里来到灾区，带来党和毛主席的关怀，你们真胜过自己的亲闺女，亲小子。"

四、 抗震救灾必须始终贯彻毛主席的卫生工作四大方针

在积极治疗伤病员的同时，我们加强了预防为主的工作。……历史的经验告诉我们，每一次强烈地震后，往往会导致许多传染病发生。一些资本主义国家，在强烈地震后，传染病引起的死亡率，往往比地震时遇难的死亡率高。这条所谓"规律"在我们社会主义国家一定要叫它行不通，也是我们医务工作者的神圣职责。

为了防治肠道等疾病，两个月来我们采集了马齿苋、地锦草、益母草、泽兰、万年青等多种中草药，仅马齿苋一种就达800余斤，预防服药达2000人次，有效地控制了"菌痢"的发病率。徐建中等许多同志，常常顶着骄阳在河边、山坡采药、煎药、煮汤，送到伤病员嘴边和贫下中农家中。为了灭杀蝇蛆，搞好环境卫生，我们还经常大扫除，每天定时到厕所、病房和宿舍内外，喷洒药水，还做了纱网罩几十只，捕蝇笼五只。六病区发动群众，动员病员拍打苍蝇，做到一人一蝇拍，每间宿舍、每个病区前后都挖了一米多深的活物坑和活水坑。

临时医院成立以来，我们加强了巡回医疗的工作，把党的关怀送到工人、贫下中农身边，把预防为主的工作做到工厂、农村。二十天来，我们每天组织一部分同志到丰润县的皮革塑料厂、木器厂、轧钢厂和农机厂车间巡回医疗，和工人一起劳动，组织一部分同志到丰润县城内大队、北关大队、王庄子大队、张庄子大队，和赤脚医生一道巡回医疗，采集中草药，煮成药汤，并和社员们一起参加重建家园及农田劳动，修建厕所，打扫卫生，还到小学上卫生课，普及卫生常识，动员群众，讲究卫生。

当丰润县三个村庄发现了烈性传染病——炭疽病时，我们医疗队员在卫生条件差，稍不注意随时就有被传染的危险情况下，发扬了一不怕苦、二不怕死和越是艰险越向前的革命精神，置个人安危不顾，积极投入普查、预防接种和治疗抢救工作。王镇南等同志始终站在第一线，连续几次深入村庄，全心全意为灾区人民服务。

我们在治疗伤病员的时候，积极运用中西医结合的方法。一次我们收治了一位严重角膜穿孔伤、伴有前房积脓的孩子，俞守祥同志千方百计用多种方法配合治疗，他亲自给病孩烧猪肝汤，煎中草药，采用自血疗法，并对孩子做宣传教育工作。经过同志们精心护理，病情明显好转。

实践使我们深深认识到，在抗震救灾的过程中，在开展抢救伤员的战斗中，只有贯彻执行毛主席卫生工作四大方针，预防为主，才能有效地控制、消灭传染病、流行病……

五、发扬穷棒子精神，自力更生，因陋就简，土法上马，建设临时医院，搞好抗震救灾工作

在条件简陋、设备缺乏、药物一时供应不上的情况下，我们靠了“一颗红心两只手”，使许多原来办不到的事情很快办到了，把许多看来克服不了的困难迅速地克服了，一批批“抗震牌”产品在火线上诞生了。……

7 月 31 日，同志们在检查病人时发现几十例尿潴留的病人，这些病人由于脊髓或尿道损伤，已失去自觉排尿功能，三天没能小便，膀胱严重膨胀，不及时导尿会威胁生命安全。同志们心似火燎，他们想到输液用过的塑料管与导尿管直径差不多，质软，可以代用，便急病人所急，发扬因地制宜的创造精神，用一根塑料管试制了导尿管，经严格消毒后给病人试用，效果很好。同志们说，这种导尿管虽没有工厂做得那么正规，但是不用花一分钱，也是我们对灾区人民的贡献。

地震后骨折病人是大量的，为了尽快治疗这些伤病员，没有骨科牵引设备，同志们就用火砖、小木板、筷子、铁丝、柳树枝来代替，解决了不少困难，减轻了病人的痛苦。

我们医疗队刚到的几天，天气炎热，苍蝇成群，许多伤员的伤口创面上都出了一条条、一团团蠕动的蛆。一时缺乏药物，一条条捉，捉不干净，时间又紧……听解放军同志介绍在抗美援朝战争中曾经用汽油灭蛆的事，立即设法找来汽油，一滴一滴渗进伤员的伤口，不一会儿，蛆果然灭尽了。

我们原先有一间简易的手术室，谁能想象在这仅有30平方米的席棚里能同时开展五台手术呢？在初来一天半时间里，我们就在这间手术室里为34个伤员进行了较大手术，及时抢救了伤员的生命。同志们提出：只要病人还有百分之一的希望，我们就要用百分之一百的努力去战斗，没有无影灯，就用手电筒照明，在极为简陋的情况下进行了截肢、膀胱修补、后尿道会师术等较大的手术。我们为一个出生只有五天的新生儿进行了先天性肛门闭锁、尿道下裂、尿道直肠瘘的矫形手术，成功地抢救了一例因破伤风心跳、呼吸停止的危重病人，还成功地抢救了一例颅脑挫裂伤，并有颅骨、上颌骨、下颌骨开放性骨折的民兵战士。

工农兵学员盛意和用铁桶、面盆、纱布、橡皮管，自制了脚踩自动洗手筒，随后进行了普遍推广。

供应室的同志白手起家，没有条件创造条件，挖坑，挑砖，顶着酷阳烧火，及时为各病区和手术室提供了医用器械和用品，保证了治疗工作的顺利进行。

药房的同志们因陋就简，用小毛竹、小树棍、纸盒子、绳子、铁丝搭起了药柜、药架，把百余种药品安置得纹丝不乱，随要随取。

化验室的同志在一无设备、二无条件的情况下开展了三大常规、血沉、隐血、妊娠、输血、肝功能等十多种化验项目。没有血沉架，就在肥皂上打洞插上血沉管；没有水温箱就用面盆烧水，用体温表测定代替水温箱，没有比色计，就用标准管代替。

9月1日，我们自己动手，克服困难，办起了食堂，因地制宜垒起了烟囱，多次改进灶膛。50岁的徐求福和二十来岁的王志华、夏振威等同志，20多天来，天天早晨4点钟起床，一直忙到晚上七八点钟，克服了各种困难，又在全院同志的协助下，将伙食越办越好。

在近两个月的战斗中，我们也没有放松对工农兵学员的业务教学，实践就是学习，他们在治疗伤员、预防传染病的实践中，学到了许多为人民服务的本领，结合临床实践，开展了形式多样、生动活泼的教学活动。

一次，一病区收治了一位重型乙脑病人，病区的老师就及时组织了以同学为主体的病例讨论，从鉴别诊断到实验室检查，从治疗方案到预后的转归，都进行了讨论。对于创伤、多发性骨折等地震常见病，都以小讲课的形式进行了总结和讲解。我们还组织了几次讲座，如颅脑外伤、乙脑、胆道系统疾病、人工冬眠低温疗法等，通过一系列的教学活动，同学们都反映：这样的教学既能及时为病人解除痛苦，又能在实践中得到更好的提高……。

……

六、 存在问题和今后努力方向

在抗震救灾的战斗中，我们取得了一定的成绩。……然而事物总是一分为二的，只有不断找出差距，才能不断前进，由于……抓好政治思想不够，发展还不够平衡，大、洋、全的条件论，自私利己的狭隘思想，不利于团结的本位观念，纪律松散等，都不同程度地在少数人中存在……

同志们：

9月9日，下午4时，我们惊悉伟大领袖和导师毛主席逝世的消息。全体同志沉浸在万分悲痛之中，为了表达我们对伟大领袖和导师毛主席的无限崇敬和深切哀悼，院党的核心组作出“九·十一”决议，要求全院同志认真学习中共中央、〔全国〕人大常委会、国务院、中央军委《告全党全军全国各族人民书》，坚决响应党中央号召，化悲痛为力量……将毛主席开创的无产阶级革命事业进行到底。

目前，正面临着两批医疗队员轮换的时候，不少医疗队员向院党的核心小组、向原单位组织坚决表示，要求继续留在灾区，和灾区人民一起，团结奋战，悲痛化为回天力，双手重建新唐山，即将回沪的同志们正总结回顾近两个月来的战斗，把在抗震救灾战场上学到的先进思想，宝贵经验，带回上海，带回医院和学校……

丰润抗震医院简报

今天下午9时左右，我们收到了中央领导同志陈锡联到唐山第一抗震医院慰问的简报和上海市委领导同志的指示精神后，总支领导同志立即进行研究，作出部署，决定要尽快传达到群众，把党中央的关怀作为学习毛泽东思想，办好抗震医院和搞好医院改建工程义务劳动的最好动员。当晚6时半召开了全院大会，由总支领导同志李春郊作了传达和动员。……听了传达，同志们人人心情激动，个个争表决心，外科支部负责人，工宣队员顾文广同志说：“10月5日，陈锡联同志慰问上海医疗队，10月6日省委、地委、县委领导同志来我院，我们每个同志都深深感到党对我们的关怀，我一定要和外科医务人员一起，响应党中央的号召，继承毛主席的遗志，重读毛主席著作，重温毛主席教导，加倍努力，为抗震救灾作出新贡献。”工农兵学员殷伟民同志说：“听了传达，心中非常激动，我们……牢记抗震救灾首先是一场政治仗，要抢时间争速度，把各项工作做好。”外科医生姚建国同志说：“中央首长亲临抗震医院，这对我们是一个巨大的鼓舞……对我自己也是一个有力的鞭策。”化验室五个青年，在省委领导同志来院慰问到化验室时，他们刚好自己动手，敲敲打打在制作试剂架，当场受到省委领导同志的表扬，今天他们听到传达后，激动地表示一定要继续发扬革命精神，自力更生，土法上马，尽快创造条件，增设化验项目，满足临床需要。

讨论中，从年仅19岁的小青年到60多岁的老医生，从身强力壮的小伙子到患有慢性病的女同志，全院工农兵学员，后勤部的工人、医生、护士、组室干部纷纷报名，坚决要求参加今晚填土的义务劳动。外科七病区的同志们讨论一结束马上赶到现场，拔除棉花秆，拉开了义务劳动的战场。电工同志带了两位青年司机爬上爬下，迅速装接了电灯。后勤保证开水供应，送到了工地。炊事员不顾工作劳累，也挥锹上阵，患病的同志大家半劝半拉把她送回去了，不一会又偷偷地跑回来，干了起来。广大共产党员、工宣队员、共青团员、工农兵学员，重活干在前，艰苦抢在前，在填土过程中，需要把以前埋葬的三具尸体挖出来运埋到另一个地方。同志们自己动手，不怕脏，不怕累，不怕臭……灯光太暗，就打着手电筒，大家群策群力，拿了铁锹围着干，把尸体放到自制的担架上抬走，另搞深坑埋掉。广播台不停地播送着各个部门、各个小组的决心书，表扬着工地上出现的先进事例，报道着现场热气腾腾的劳动场面，鼓舞着大家的斗志。据不完全统计，除病房值班外，参加这次义务劳动的计有155个人，共挖土200立方左右，铺垫面积625平方米左右。和我们一起参加战斗的有丰润县建筑公司100名工人同志，大家学习工人阶级的革命干劲，整整干了三个小时，一直劳动到晚上11时，结束前，大家又和建筑公司的工人同志一起，在现场开了一个简短的现场会。我们站在已铺垫好的土地上，向唐山的工人阶级表示了向唐山人民学习、为争取改建工程的早日完工、为夺取抗震救灾的新胜利而努力作战的决心。

明日下午，全院将继续进行学习讨论。

丰润抗震医院

1976年10月7日深夜

决心书

10 月 5 日，中央和河北省委领导同志亲自到唐山第一抗震医院慰问上海医疗队。这对于我们战斗在抗震救灾第一线的上海医疗队全体共产党员、工宣队员、革命干部和革命的医务工作者，都是极大的鼓舞和鞭策，对于我们正在开展的抗震救灾工作，是一个有力的促进。

我们丰润抗震医院领导，得知这个消息的当天晚上，就向全院职工和工农兵学员进行了传达……。传达动员后，全院群情激奋，各支部、病区都立即进行了热烈的讨论。同志们纷纷表示，中央首长的亲切慰问，又一次体现了毛主席革命路线的无比英明，体现了社会主义制度的无比优越，体现了党中央和人民群众心连心。中央首长的慰问，是对我们上海医疗队的关怀和督促。我们全院全科室都制定了措施，坚决搞好抗震救灾工作，以实际行〔动〕回答党中央的关怀。同时，再次向党组织表示决心：

一、……我们决心积极响应党中央的号召，化悲痛为力量，继承毛主席的遗志，掀起学习毛泽东思想的高潮……

二、……在当地党组织的一元化领导下，加强领导班子的团结，加强同当地有关部门的团结，加强党内外和各个部门之间团结，依靠广大群众，团结一致搞好工作。

三、……坚定不移地贯彻毛主席的革命教育卫生路线，走与工农相结合的道路；坚持中西医结合，预防为主等方针；实行开门办院，开门办学，开门办科研；积极开展巡回医疗，热情支持合作医疗、赤脚医生等新生事物；并经常组织医务人员参加集体生产劳动，接受贫下中农再教育，不断改造世界观。……不断地改进服务态度，提高服务质量，更好地保障灾区人民的身体健康，为抗震救灾、重建唐山贡献力量，同时又要尽可能地减轻灾区的负担。在目前，我们全体医疗队员要全力以赴地投入医院的改建工程，争取按时完成任务，确保病员保暖过冬问题。

一个月来，尽管我们做了一些工作，但与党、与人民的要求相比，差距还是很大的。我院全体同志……决不辜负党中央及河北省委、唐山地委、丰润县委对我们的关怀和期望，不辜负上海市委和全市人民对我们的委托，以搞好抗震救灾的实际行动悼念敬爱的毛主席！

丰润抗震医院全体医疗队员

1976 年 10 月 8 日

调查汇报

……我国是一个多地震的国家。为了今后更好地适应抗震救灾工作，以争取主动，减少损失，遵照毛主席的教导，“要不断总结经验”。结合这次地震的特点和发生的时间，我们对地震发生后的病种和发病规律，作了初步的调查分析。现把我们调查整理的材料汇报如下，以供参考。

一、 震后伤员的分类和比例

7月28日凌晨3点42分，唐山、丰南一带强烈地震发生后，被砸、被压的伤亡病员量很多，发生时间又很集中。据当地直接参加抢救工作的丰润县人民医院一位领导同志反映：在28—30日三天三夜里，我们医疗队所在地——丰润县人民医院内外共收治了伤病员有10000余人，其中80%是唐山市转运来的，本县的仅占总数的20%。据28日、29日两天有死亡记录的140多人其死亡原因分析（不包括死者家属自行处理的数字），其大部分是颅脑损伤，肝、脾、肾的破裂。鉴于当时伤员高度集中，伤势严重，一时之间医务力量、药品器械跟不上，县人民医院和当时北京中医学院开门办学的部分师生仅有100多位医务人员，要应急处理一万多伤病员，困难很大。据了解，县医院有十几万片的止痛片、麻醉药品和抗菌素，不到两天两夜就全部用完。加上恶劣气候环境，一场暴雨接着烈日当空，酷热逼人，所以也有部分重伤员牺牲了。由于断水、断电等，许多伤病员的扩创都是用河水冲洗，甚至动手术时洗腹腔也用河水，因此感染和死亡率也比较高。至于伤员的病种分类，据我们调查分析，在一万多伤员中，各种骨折和挫裂伤的占70%—80%，其中50%是严重的（腰椎骨折造成截瘫病人占其中的10%左右，有尿潴留的占20%—30%）。

震后的第四天，7月31日凌晨4时，我们上海医疗队才赶到目的地。就8月2日这一天，从我们和县医院共同登记接收的1483名伤员情况分析来看，也基本符合上述情况，即颅脑外伤，肝、脾、肾破裂的伤员大多数都因来不及抢救而死亡。当时急需处理的是大量的各种骨折，以及严重的挫裂伤、截瘫伤员及泌尿系统损伤的伤员。

表：1483名伤员分类及比例

分类	人数	比例
四肢、骨盆、胸锁骨折	729	49%
严重挫裂伤	456	30.8%
截瘫	185	12.4%

（续表）

分类	人数	比例
颅脑外伤	78	5.2%
泌尿系统损伤	36	2.4%
肝脾破裂	6	0.4%

注：眼耳鼻科、口腔科的伤员已计入上述有关项目。

从7月31日至8月29日，我们医疗队共施行了各种手术188例（其中80%是在到灾区后的第一周内进行的），一般的扩创和缝合不统计在内。手术分类情况如下：

188人手术登记

骨折固定和复位90人、扩创63人、截肢13人、腹部9人、泌尿道7人、颅脑外科4人、妇产科2人。

二、 震后的发病基本规律

从8月3日开始，我们根据上级领导的指示，开始向外转送伤员。根据这一特点及有关方面提供的情况来看，震后第一天最危重、危急的是颅脑外伤及肝、脾、肾等内脏破裂。第二天开始面临的是大量的骨折病人，有严重的开放性骨折和多处骨折，以后伤口感染的急剧增多。在一个月的抗震救灾工作中，我们共收治了破伤风的伤病员20余例，发病最早的是震后第10天，最长的在28天左右，其中抢救无效死亡两例。震后一周，菌痢发病率开始增高。唐山市区和近郊几个县相比，发病时间一般相差三天。据驻唐山市区的上海建工、儿童医院等反映，震后七天菌痢病人急剧增多。到目前为止，我们还收治了14例乙脑病人，其中重症三例。

三、 经验和教训

救灾如救火，时间就是生命，时间就是胜利。凡是参加救灾工作的同志都有这一深刻的体会。根据这次地震的情况，我们认为以下几个问题需要研究和解决：

1. 28日凌晨3点42分地震，我们医疗队在28日〔晚上〕5点都已接到通知，晚上8点全部准备完毕，可我们直接参加战斗却是在震后第四天清早。很突出的问题就是怎样尽快缩短路途的时间。实际证明，如能早到一天或者半天，就有更多的阶级兄弟可能被抢救过来。

2. 器械、材料和药品。根据上述发病规律和伤员的比例分类，在不同的阶段必须解决相应的器械和药品（轻便而适用），例如气管切开、导尿管、针头、针筒、输液等。这次我们得到了一个深刻的教训，就是导尿管的需要量大大超过我们的自带量，供求发生极大矛盾。面临着大量的伤员，我们的输液工具也远远不能适应需要。

3. 人员的配备和编制。应根据估计到达目的地的时间、何种交通和路程长短来决定组成队员的专业和数量以及所带的器械、药品、物资等。例如：估计当天能到灾区的，则需配备脑外科和多配一些普外科医生，以后根据不同阶段则需配备骨科医生，适当配备泌尿科医生；如一周后，则内科传染病科医生要加强。对于医疗队员，则要求力争精干、一专多能。

4. 运输及后勤工作。第一批医疗队要力求解决一个应急问题，而后应该及时照顾到第二阶段的工作，用运输工具及时运送需要的物品，例如消毒药物、破伤风药物、消毒锅、生活用品等。从这次地震的情况来看，水电是一个重要问题，尽可能创造条件及时解决，这样更有利开展抢救工作。

上海第二医学院驻丰润县临时医院调查小组

1976 年 10 月

丰润抗震医院情况简报

在轮换前夕，为了进一步学好毛主席著作，深揭猛批“四人帮”和深入学习、坚决贯彻工业学大庆会议精神，坚持站好最后一班岗，进一步做好抗震救灾工作，同时做好轮换交接的各项准备工作，我们医院的具体做法是：

……

二、 认真贯彻工业学大庆会议精神，坚持站好最后一班岗，进一步做好抗震救灾工作

我们总支认为，越接近轮换，越要做好思想工作，越要把精力集中在搞好工作上，在轮换前要为抗震救灾多做好人好事，为灾区人民把好服务关，服务得更好一点，要为抗震救灾工作作出新的贡献。特别要注意提高医疗质量，改善服务态度和防止医疗事故，要抓紧对那些疑难病人的治疗和处理，尽量不给下批同志留“尾巴”，不给下批同志增加困难，要把困难留给自己，要多为下批同志工作着想，多为他们创造一些条件，把方便让给下批。

在做好工作的同时，要在 6 月 20 日前认真做好个人小结和工作总结，通过总结和小结肯定成绩，表扬先进，总结经验，吸取教训，找出差距，明确今后努力方向，以利再战。

三、 加强纪律教育，做好交接班的准备工作

对广大医疗队员进行一次“三大纪律，八项注意”的教育，在轮换前所有借外单位和公家的东西一定要还清，损坏东西要适情赔偿，一律不占用国家统购统销的物资及紧张物资，不接受病人及病人家属的馈赠，不开后门和不托病人及家属购买东西，同时积极做好轮换交接的各项准备工作，在18日前安排落实好第一批来的同志的吃、住问题，要求在25日前全面做好交接工作：交好情况环境安保、工作特点，交工作经验和教训，交好思想好作风好传统，交阶级斗争情况及保证工作中应注意的事项，交医疗教学和培训工作以及医、教、研工作中的特点和问题，交清钱和物，做好账账相符、物物相符、账物相符，交各项工作制度，交病情、诊断及治疗方案。

一面工作，一面交接，一面做好轮换的准备工作，要筹备好一万元的路费，初步联系好接送的车子，安排好吃、住以及转车、签票及托运行李等一系列问题，待具体时间确定后，再具体落实。

丰润抗震医院

1977年6月15日

附： **各医院医疗器械清单**

品名	（标准）基本数	已配备数				需补充数				需调整数			
		瑞金	三院	新华	九院	瑞金	三院	新华	九院	瑞金	三院	新华	九院
一、外科手术室器械、设备													
手术衣	（22）20件	6件	8件		8件								
洗手衣	（37）20套	14套	8套		15套								
开刀巾	（145）100块	（34）38块	50块		23块								
大洞巾	（3）10块		2块		1块								
大包布	（16）30块	2块	2块		12块								
口罩	（44）100只	20只	8只		16只								
帽子	（44）50只	20只	8只		16只								
病人手术衣裤	100套												

（续表）

品名	（标准）基本数	已配备数				需补充数				需调整数			
		瑞金	三院	新华	九院	瑞金	三院	新华	九院	瑞金	三院	新华	九院
电灼器	2 台					1 台							
植皮刀柄	（3）5 把	2 把			1 把								
胃夹	2 把												
胆石钳	1 套												
产钳	1 套												
人流电吸	1 套												
羊肠线各种号码													
子宫 A 钳	2 把												
胸腔自动拉钩	（1）1 套				1 套								
肋骨器械	1 套												
胶水	5 听					2 听	1 听	1 听	1 听				
刀片 22、10、11、15	各一盒					10 盒	11 盒	15 盒	22 盒				
手套 7 $\frac{1}{2}$ 寸	2 副					10 副	5 副	5 副	5 副				
手套 7 寸	（60）40 副	60 副				10 副	10 副	10 副	10 副				
手套 6 $\frac{1}{2}$ 寸	（20）80 副	20 副				20 副	20 副	20 副	20 副				
吸引头	（6）5 根	小 2 只			4 只								
刀柄大小（3、4 号）	（10）各 10 把		大 4 只、小 2 只		4 把								
刀剪（各号）	（17）13 把	2 把			15 把								
胆囊细长剪刀	2 把												
胆囊细长剪刀 22 公分	3 把												
剪线剪刀（直）	10 把												
剪线剪刀（弯）	3 把												
V 剥离器	1 套												

（续表）

品名	（标准）基本数	已配备数				需补充数				需调整数			
		瑞金	三院	新华	九院	瑞金	三院	新华	九院	瑞金	三院	新华	九院
V 切塑料管（直径 2 cm）	50 公尺												
药碗	（5）130 只	2 只			3 只钢□								
腰子盘	（14）25 只	4 只	10 只										
油膏罐（大、小号）	各 15 只												
有盖方盒（搪瓷）	（2）35 只	2 只											
镊子（长）	（10）20 把	2 把			8″2 把								
镊子有齿	（12）	短 12 把											
	（12）	12 把											
镊子（□齿）	（12）	短 2 把			小 10 把								
镊子（海绵钳）													
小直角拉钩	（14）6 把	10 只			4 把								
引流管（丁字）													
引流管（□状）													
气囊导尿管（福来）													
气囊导尿瓶													
大毛巾	10 块					5 块	5 块	5 块	5 块				
小毛巾	（25）50 块		20 条		5 条	10 块	10 块	10 块	10 块				
无影灯（立式）	2 台					1 只	1 只		2（大 1 小 1）				
插灯	5 只					1 只		1 只					
接线板	5 只					1 块	1 块	1 块	1 块				
5 节手电筒	4 只												

（续表）

品名	（标准）基本数	已配备数				需补充数				需调整数			
		瑞金	三院	新华	九院	瑞金	三院	新华	九院	瑞金	三院	新华	九院
铅桶	10 只					2 只	2 只	2 只	2 只				
脚踏有盖污物桶	13 只					1 只	1 只	1 只	1 只				
大面盆	3 只					1 只	1 只	1 只	1 只				
手术用面盆	5 只												
扇形台	2 只					1 只	1 只	1 只	1 只				
麻醉桌	2 只												
手术床上小单	（6）4 块	6 块				1 条	1 条	1 条	1 条				
肠钳	（18）4 把	4 把	8 把		6 把								
中钳	（38）20 把	12 把			26 把								
安全别针	2 盒	130 只											
多头带	20 根					5 根	5 根	5 根	5 根				
有齿血管钳（可克）	（24）12 把	4 把	12 把		8 把								
直角钳（密克斯脱）	（4）5 把	2 把			2 把								
扁桃体止血钳	3 把												
玻璃接管 T 形	50 只					30 只	20 只						
玻璃接管 Π 形	50 只					30 只	20 只						
阑尾钳（爪形）	（13）10 把	2 把	4 把		7 把								
18 cm 开夹	（51）10 把	4 把	28 把		19 把								
骨蜡	10 瓶												
明胶海绵													
剖胸包	2 只												
开颅包	2 只												
大型立式消毒锅	1 台								1 只				
各种针筒包布	（20）各 100 块	20 块											

（续表）

品名	（标准）基本数	已配备数				需补充数				需调整数			
		瑞金	三院	新华	九院	瑞金	三院	新华	九院	瑞金	三院	新华	九院
洗涤用中长手套	10 副					2 副	2 副	2 副	2 副				
鼠齿钳（爱利斯）	（39）10 把	12 把			27 把								
持针器	（33）	20 把			13 把								
缝针及线各号													
（损伤缝针 1、0、4 号）													
胃管	（10）20 根	10 根				10 根		10 根					
三腔管	2 根						2 根						
洗手刷	（8）50 把	8 只				25 把		25 把					
长柄刷	5 把						5 把						
擦洗板	5 块							2 块	3 块				
烧水吊子	（2）5 只				2 只	1 只	1 只	1 只	1 只				
托盆（大、中、小）	5 只												
醚架	2 只												
贮槽（大、中）	各 10 只					2 只	2 只	2 只	2 只				
尿道扩张器（金属）	1 套												
金属导尿管	1 套												
灌肠桶	6 只					10 根	10 根	10 根					
肛管（粗、细）	各 25 根												
简易万能手术床						1 套	1 套		1 套				
小手术简易手术床								1 套					
弯蚊钳	（42）20 把	16 把			26 把								
长开夹（22—24 cm）	（2）4 把	2 把											
中弯血管钳	（200）40 把	84 把	116 把										

（续表）

品名	（标准）基本数	已配备数				需补充数				需调整数			
		瑞金	三院	新华	九院	瑞金	三院	新华	九院	瑞金	三院	新华	九院
二、伤骨科器材													
小夹板（各部位）	（50）100人次	50块											
牵引支架勃朗氏	5只												
牵引支架托马氏	5只												
牵引弓	（4）10只	4只											
钢板 8孔 6孔 4孔	各3副												
螺丝钉（各种尺寸）	各10—20只												
骨骼固定器	（2）2把	2只											
司氏钉（长短）	各10根												
克氏钢针（粗中细）	各10根												
钢丝（粗细）	各1卷												
螺丝钉钢皮尺	1把												
线锯（连柄）	（2）2把				2把								
骨凿各种尺寸	（7）1套	4只	3把										
橡皮驱血带	4卷												
石膏电锯	2只												
纸棉	100包												
碘仿	1瓶												
扎带	20只												
钻头	5只												
摇钻	（6）	2只	2只		2把								
三、泌尿外科器材													
尖头导尿管（各型）	30根												

（续表）

品名	（标准）基本数	已配备数				需补充数				需调整数			
		瑞金	三院	新华	九院	瑞金	三院	新华	九院	瑞金	三院	新华	九院
开花导尿管（各型）	30 根												
福囊氏导尿管 30 mm、5 mm	各 30 根												
肾蒂钳	3 把												
长金齿口海	3 把												
膀胱拉钩	1 把												
小油柄 S 型拉钩	2 把												
眼睑拉钩	（4）6 把	4 只											
眼科小缝针（圆）	22 包												
眼科小缝针（△）	22 包												
1—0、3—0、5—0 铬制肠线	各 10 支												
冲洗针筒	2 副												
广州中山医学院《泌尿外科手术学》	1 本												
四、妇产科器材													
刮宫器械	1 套												
新生儿插管	1 套												
阴道拉钩	2 把												
五、五官科器材													
结扎钢丝（粗细）	各 1 卷												
结扎平头钳	1 把												
钢丝剪刀	1 把												
宽松紧带	10 公尺												

（续表）

品名	（标准）基本数	已配备数				需补充数				需调整数			
		瑞金	三院	新华	九院	瑞金	三院	新华	九院	瑞金	三院	新华	九院
圆规钢尺	各2把												
牙挺	2只												
根光挺	2套												
电额灯	1套												
口腔骨膜分离器	（1）2把				1把								
刮器	2把												
小骨锉	（1）1把				1把								
小骨凿	1把												
扁桃体挤切刀	2套												
鼻中膈纠正器	1把												
六、麻醉科器材													
麻醉咽喉镜	（6）6	大小各2套	2副		2副								
氧气皮袋	4												
电针麻仪	（4）5	2只	2套										
脚踏吸引器	（2）6				2只								
气管插管（大、中、小）	（24）各				24根								
气管插管套囊中号	20只												
硬膜外针头	（12）6	2只	10										
腰麻针头	6	2只											
针灸针	（32）10	24包	8包										
通气道	（2）4				2只								
输液皮条	（8）70	8副											
气管插管接头	2盒	2套	大6只，中、小各2										

（续表）

品名	（标准）基本数	已配备数				需补充数				需调整数			
		瑞金	三院	新华	九院	瑞金	三院	新华	九院	瑞金	三院	新华	九院
喷雾器	（2）2	2 只											
乙醚面罩（大、小）	（2）各 2		2 套										
血压表	（12）10 只	2 只	4 只		6 只								
听诊器	（22）10 只	14 只	4 副		4 只								
硬膜外导管	30 根												
搪瓷方盘	（5）	2 只			3 只								
弯接头（金属）	（22）	10 只	12 只										
鼻息肉圈套器	1 套												
鼻息肉圈套钢丝	5 卷												
扁桃体圈套	2 只												
扁桃体圈套钢丝	10 卷												
扁桃体刀	10 把												
鼻息肉钳	2 把												
扁桃体剥离器	1 把												
眼科剪刀弯头	（4）2 把				4 把								
眼科剪刀直头	2 把												
外科剪刀	10 把												
眼科镊子有齿	（4）3 把	4 把											
眼科镊子无齿	3 把												
角膜缝针	10 只												
角膜镊子	2 把												
角膜剪刀	2 把												
虹膜镊子	2 把												
虹膜剪刀	2 把												
晶体匙	3 只												
直角压舌板	2 把												

（续表）

品名	（标准）基本数	已配备数				需补充数				需调整数			
		瑞金	三院	新华	九院	瑞金	三院	新华	九院	瑞金	三院	新华	九院
抢钳	（1）2 把				1 把								
七、病房器材													
口表	（62）100 只	42 只	20 只										
肛表	10 只												
海绵钳	（9）25 把				9 把								
敷料桶	14 只												
输血皮条	32 副				3 斤 6 根								
盐水夹子	（6）50 只		6 只										
小便壶	40 只												
便盆	40 只												
消毒口表塑料盒	6												
面盆	（4）20 只		4 只										
砂轮	（20）20 只		20 只										
氧气皮条	（20）50 根		20 根										
塑料桶	4 只												
有盖搪瓷桶	6 只												
胸穿包	2 包												
腰穿包	2 包												
骨穿包	2 包												
静脉切开	2 包												
过氧乙酸	20 公斤												
止血带	（4）1 斤		4 根										
95%酒精	10 公斤												
搪瓷方盒	3 只												
饭盒（大号）	（4）3 只	2 只			2 只								
气垫	6 只												
针筒 50 cc	（8）12 副	8 副											
针筒 20 cc	（6）20 副	22 副			4 副								

（续表）

品名	（标准）基本数	已配备数 瑞金	已配备数 三院	已配备数 新华	已配备数 九院	需补充数 瑞金	需补充数 三院	需补充数 新华	需补充数 九院	需调整数 瑞金	需调整数 三院	需调整数 新华	需调整数 九院
针筒 10 cc	（16）30 副	16 副											
针筒 5 cc	（25）120 副	16 副			9 副								
针筒 2 cc	（22）100 副	20 副			2 副								
针筒 1 cc	12 副				1 副								
针头 $6\frac{1}{2}$号	400	130 只											
针头 7 号	250	130 只											
针头 8 号	200												
针头 9 号	90												
针头 12 号	50												
针头 18 号	20												
剪刀	（6）	6 把											
九、化验室需要的设备和试剂													
离心机 800 型（卫生部同意由北京调给）	2 只	大小各 1			2 只撞								
恒温箱（卫生部同意由北京调给）	1 只												
比色计 581（卫生部同意由北京调给）	2 只				2 只								
冰箱 8 型（卫生部同意由北京调给）	2 只												
1/2 分析天平（卫生部同意由北京调给）	1 只												
试管小号（卫生部同意由北京调给）	5000 只												
量筒 2000 ml	2 只												

（续表）

品名	（标准）基本数	已配备数				需补充数				需调整数			
		瑞金	三院	新华	九院	瑞金	三院	新华	九院	瑞金	三院	新华	九院
定量烧瓶 100 ml	5 只												
定量烧瓶 50 ml	3 只												
定量烧瓶 500 ml	20 只												
定量烧瓶 1000 ml	2 只												
三角烧瓶 500 ml	2 只												
三角烧瓶 3000 ml	2 只												
三角烧瓶 500 ml	20 只												
三角烧瓶 1000 ml	10 只												
试管架 60 孔	5 只												
试管架 30 孔	10 只												
码表	1 只												
血沉架	2 只												
无水乙醇	10 斤												
丙酮酸标准	100 ml												
氯化钡标准	1 瓶												
10%氢氧化钠（拿原料自配）	2000 ml												
丙氨酸	2 瓶												
2-酮戊二酸	2 g												
二乙酰一酸	20 g												
三氯化铁	10 g												
磷用苯胺	1 瓶												
兔脑粉	3 g												

（续表）

品名	（标准）基本数	已配备数				需补充数				需调整数			
		瑞金	三院	新华	九院	瑞金	三院	新华	九院	瑞金	三院	新华	九院
硫脲	250 g												
钾标准液													
尿素氮标准液													
血糖标准													
H. O. A. B 菌液	2 套												
妊娠胶乳	5 套												
显微镜（通用）	（3）2 台	1 台（微型）			大小各 1								
测定血型和输血设备	2 套												
培养平皿	50 只												
痢疾诊断血清	1 套												
SS 粉	1000 克												
血沉管	20 支												
试剂瓶 1000 ml	10 只												
试剂瓶 500 ml 白	10 只												
试剂瓶 500 ml 棕	5 只												
试剂瓶 300 ml	10 只												
试剂瓶 100 ml	10 只												
试剂瓶 100 ml 棕	5 只												
计算尺	1 把												
橡皮滴头	50 只												
洗耳球 25 ml	10 只												
输血瓶	50 只												
检验书:《临床实用检验学》（上医化）	一本（价: 7.36）												

（续表）

品名	（标准）基本数	已配备数				需补充数				需调整数			
		瑞金	三院	新华	九院	瑞金	三院	新华	九院	瑞金	三院	新华	九院
检验书：《临床实用检验学》福州军区	一本												
蜡笔	20 支												
洗瓶刷（大）	20 把												
铁丝筐	5 只												
酒精喷灯	1 只												
玻璃管	20 斤												
盐酸	5 斤												
pH 试纸（广泛）	5 本												
普通琼脂粉	1000 克												
蛋白胨	500 克												
牛肉膏	500 克												
蔗糖	20 克												
乳糖	20 克												
接种棒	3 支												
接种针	10 根												
美蓝	20 克												
革兰氏染色	1 套												
复红	20 克												
琼脂条	2000 克												
味精	50 克												
中国蓝	（试药一套）												
敏感试验纸盒已做好	各一小瓶												
印度墨汁	1 瓶												
漏斗大、中	各 2 只												
葡萄糖粉	500 克												
十、药房需要器械设备													

（续表）

品名	（标准）基本数	已配备数				需补充数				需调整数			
		瑞金	三院	新华	九院	瑞金	三院	新华	九院	瑞金	三院	新华	九院
托盘天平 100 克	1 只												
烧杯：1000 cc	2 只												
三角烧瓶	2 只												
量杯：1000 cc	2 只												
玻璃量杯：50 cc	1 只												
玻璃量杯 100 cc	2 只												
玻璃量杯 500 cc	2 只												
玻璃量杯 1000 cc	1 只												
抽滤瓶	2 只												
玻璃棒 30 公分长	2 根												
玻璃棒 20 公分长	2 根												
漏斗	2 只												
滤纸大	1 盒												
小型蒸馏水装置或离子交换装置	一套												
十一、诊断需要的器械设备													
50 毫安或 30 毫安 X 光机	1 台												
手提式 X 光机	1 台												
心电图机	2 台												
X 光读片灯	2 只												

（续表）

品名	（标准）基本数	已配备数				需补充数				需调整数			
		瑞金	三院	新华	九院	瑞金	三院	新华	九院	瑞金	三院	新华	九院
放射科摄片洗片定影烘片设备	一套												
电筒		6只											
行李袋		3只											
三角巾		40块											
四头巾		40块											
呼吸囊		2只			1只								
髋钳		2只											
老虎钳（开刀）		2只	2只		2只								
骨膜分离器		2把	4把		5把								
椎板打洞器		2只											
椎板咬骨钳		2把	2把		2把								
颚咬骨钳		2把	2把								2把		
神经剥离子		2只											
板锯		2只	1把		2把								
板头		2只											
大榔头（手术）		2只	2把		1把（小）								
小药梳			6只	50只	5只								
小碟子		2只	8只										
跑鞋		2双			3双								
计算板		2块			2块								
血红蛋白吸管		2支											
杀丁斯钳		4把											
持骨钳					1把								
压肠板					1块								
截肢刀					2把								

（续表）

品名	（标准）基本数	已配备数				需补充数				需调整数			
		瑞金	三院	新华	九院	瑞金	三院	新华	九院	瑞金	三院	新华	九院
有槽探针					1 只								
开颅器					1								
脑压板					1								
银夹钳、白					各一								
乳突张开器					1								
气管套管					18 只								
气管扩张器					1 只								
□子钳					2 把								
导尿管					20 根								
手提高压消毒锅					1 只								
半紧闭活板					1 副								
污物盒		1 只	1 只	1 只	1 只								
浸手筒连架		1 套	2 只筒										
腘 N 拉钩			4 只										
骨锉			1 只										
小血管吻合器			1 套										
大方盘（钢筋）			1 只										
全麻面圈			4 块										
锅子			6 只										
中橡皮单			9 条										
大橡皮单			2 条										
婴儿指量			6 根										
小拉钩					12 把								
咬骨剪					1 把								
杠美剥离子					1 只								
黏膜钳					1 把								
□海钳					5 把								
张口器					3 只								

（续表）

品名	（标准）基本数	已配备数				需补充数				需调整数			
		瑞金	三院	新华	九院	瑞金	三院	新华	九院	瑞金	三院	新华	九院
拔牙钳					4 把								
窥鼻器					1 把								
技工剪					1 把								
钢丝剪（手术用）					1 把								
鼻镜	2 把												
牙本质刮器	1 对				1 把								
囊外镊子	2 把												
囊膜镊子	2 把												
斜视拉钩	4 只												
小蚊式持针器	2 把												
18 号钢丝	1 卷												
散粒肿手术器械	1 套												
脸板器（金属板）	2 只												
泪道探针	5 只												
泪道扩张器	2 只												
泪道冲浇针头	5 只												
虹膜复位器	3 只												

第二十节　其他

“抗震救灾的需要，就是我们的战斗任务！”

唐山、丰南一带发生强烈地震后，在我公司系统引起强烈反响。……同志们说：“抗震救灾的需要，就是我们的战斗任务！”

最近，一制药厂接到二十一制药厂的一个电话，说他们厂要突击生产支援灾区人民用的净化消毒污水的药片，但是安装时机器碰坏了，不能正常生产，请求紧急支援。按照惯例，不是机器质量上的毛病，一制药厂是从不外出修理的。厂党支部立即开会，经过研究后一致认为：“抗震救灾的需要，就是我们的战斗任务！一定要派思想好、技术好的老师傅去帮助解决困难。”马上派出了钳床组党员大组长仇永祥同志等人奔赴二十一制药厂，以最快的速度帮助修复机器，直到开车运转投产。最近，该厂还专门成立了一个“制药机器抢救队”，只要制药厂需要，随叫随到，以配合药厂工人完成好救灾任务。他们说：“药厂工人为抗震救灾多造药，我们要为药厂多创造方便，支援药厂就是支援灾区人民！”在全厂群众积极要求下，该厂两委会重新安排了8月份生产，在原计划生产70台单冲的基础上，增产五台单冲；在原计划生产二千六百副冲模的基础上，增产700副单冲模；要使单冲月产值计划从22万提高到28万，比原计划增长27.3%。现在8月14号又发动群众，9月用义务劳动再增产20台19冲制药机支援灾区。

9号，人民机器厂接到关于突击支援唐山一台小高速印刷机的紧急任务后，厂党委立即召开各车间支部书记会议进行研究。会议还未开始，一金工七班陈景华等四位同志就向党委送来请战书，要求把这项光荣而艰巨的任务交给他们。厂党委抓住有利时机，充分发动群众，奋战五昼夜，在本月15号前突击完成2台，带动其余18台，为抗震救灾多作贡献，以出色完成8月份20台小高速印刷机战斗任务，并对三台卧式彩轮组织会战，抽调了20名科室干部下车间支援生产第一线。同时，保证完成支援唐山灾区的150台水泵铸件任务，在原计划30台压锻机的基础上，今年再增产20台。

东方造纸机械厂目前全厂各班组已贴出近50份决心书，表示“灾区损失我们补，要为革命多贡献”。中车组提出为支援灾区人民多节电，并订出节电具体措施；东钳组锯∅600旋翼筛浇毛口，两天就完成了20只。机修车间在不影响生产前提下自己抽出人力来解决车间搬迁任务，抽调了20多名职工组成一支起重、泥水、电工的“特种搬迁组”，并提出于9月15日提前半月完工。708车间外翼封毛件任务，原来安排在9月份完成，现在打算8月份拿下封毛件，提前一个月完成。厂里团员青年已组织了四次较大的义务突击战斗，共红套了1092长网纸机轻辊126根。一印机厂三车间一批20台一回转任务原计划8月底总装结束，9月份校车，在灾区人民“人定胜天”、抗震救灾革命精神鼓舞下，他们主动提出8月中旬完成总装，月底校车完毕装箱。印铸厂造型组同志提出要提前一周到十天完成本月生产任务，支援抗震救灾斗争。在党支部领导下，全厂干部群众从8日至10日连续三天组织了义务突击劳动，达454人次。这三天的产量相等于平时六天的产量。另外，为了支援灾区人民的抗震救灾斗争，食品机械厂准备赶制一批新的食品机械。为了配合好食品机械厂完成这一光荣任务，印铸厂决心在10天内坚决拿下50只滚筒，大力支援抗震救灾斗争。

饮料机械厂自7月26日空压机房发生火烧以来，以灾区人民为榜样积极投入抗震救灾战斗，全厂干部群众齐动员，一手抓革命、促生产，一手搞场地恢复，近二周时间里，有700多人次参加义务突击劳动，抢修设备，修造厂房。原来7月份计划25万，估计只能完成24万，经过努力奋战，实际完成25.2万。8月上旬，用二天一夜时间就抢修好二台柴油机和一台十立方的空压机，正常投入生产。仅8号下班后，除了中班职工维持正常生产外，参加义务突击为新场地浇空压机地座和龙门刨床底座的就有170多人，浇了140多包水泥混凝土基础。原来预计冲砂车间于8月15日全部恢复生产，现已提前四天，于11日夜班就恢复了正常生产。

轻机公司办公室
1976年8月16日

第一制药机械厂广大干部群众以实际行动支援灾区，增产再增产

在……抗震救灾的战斗中，上海第一制药机械厂广大干部群众以实际行动支援灾区人民，继8月份要增产五台单冲制片机和700副冲头后，工人们又提出要在9月份增产20台十九冲制片机，为抗震救灾，为使灾区人民早日恢复健康作出应有的贡献。目前，各项增产计划已在行动之中，其中8月份的增产计划已胜利在望。工人们激动地说：灾区的困难我们帮，灾区的损失我们补，以实际行动和灾区人民心心相印，息息相通。

7月28日，唐山、丰南强烈地震发生后，中央发了慰问电，《红旗》发了短评，《人民日报》也发了社论，这个厂的党支部立即组织全厂干部工人学习讨论。在讨论中，冲模小组的工人同志们提出，上海广大医务人员奔赴灾区抢救受伤群众，各制药厂也大干快上大幅度增产灾区急需的药品，我们制药机械工人怎么办？经过热烈的讨论，他们向厂党支部提出建议：要在8月份的计划内再增产五台单冲制片机和700副冲模，为上海赴灾区的医疗队，为各制药厂提供更多的机械设备，誓做灾区人民的强大后盾。冲模组的建议得到了全厂各组的热烈支持，全厂立即行动起来投入了支援灾区人民的战斗。不久，有关上级部门召开了会议，要求该厂再能增产一批十九冲制片机，支援各药厂。增产了能不能再增产？带着这个问题，党支部开会进行了研究，大家认为救灾就是命令，决定在10月份再增产20台十九冲制片机。谁知这个消息向群众宣布后，工人们意见很大，有的说，要增产就要抢时间争速度，党支部为什么把增计划放在10月？有的说，8月份能增产，为什么9月份不能增产。当党支部向大家解释，已安排了50台十九冲制片机，再增产20台有困难时，工人们都激动地说：在困难面前多想想灾区人民就没有克服不了的困难。在全厂召开的以实际行动支援灾区人民的誓师大会上，大车组组长的发言表达了全厂工人的心愿。他说：唐山要血我去抽，唐山要人我报名，唐山要物我们干，天大的困难由工人阶级来顶！群众的积极性给党支部很大的教育，于是，党支部重新决定20台的增产计划放在9月份完成。同时，又成立了以党支部副书记为首的抗震救灾领导小组，并规定以后不论上海药厂或外地药厂，凡属抗震救灾所需的配件，有的马上给，没有的当天投产，绝不拖后腿。

目前全厂职工已经行动起来。100多人报名参加义务突击队，每星期义务劳动三天，每次三小时。60多人报名参加自愿献血队，一旦唐山要血，立即就抽。金加工的工人同志发扬八小时内拼命干，八小时以外抢着干的精神不断创造新成绩。冲模组的同志看到全厂群众大干快上的劲头更是斗志昂扬，决心提前一星期完成700副冲模的增产任务。后勤采购部门的同志也纷纷为八、九月的增产计划而四处奔跑，积极做好后勤供应工作。全厂呈现一

片热气腾腾的景象。

轻机公司办公室
1976 年 8 月 18 日

沪机生字第 77—068 号

上海市机电设备供应公司/机械设备成套公司革命委员会生产资源组机电产品另行安排生产报批单

需要单位：唐山工程开滦机厂、电厂　（所属系统：　局　公司）

地址：衡山宾馆

电话：377050 × 15

联系人：陈建瑞

详见附表（同第 183 页《唐山开滦电厂、机厂排产清册，1977 年 7 月 15 日）

需要情况说明：

唐山工程需要的一批二、三类机电产品在核对库存后，尚有一批东西需排产解决。为此，请市综合计划组、工交组、机电一局支持解决。

审批意见：

报批负责人：程□
经办人：方□华
1977 年 7 月·18 日

上海市粮食局革命委员会关于灾区来的同志粮食问题解决措施的请示电话

来电时间：1976 年 8 月 3 日 15:10

来电单位：粮食局

姓名：陆惠良

内容摘要：

关于灾区来的同志，粮食问题解决措施：

一、 来沪投亲友的，一般由亲友解决，如确有困难的，由里弄证明后，去粮管所申请。

二、 住在本市的伤病员，由医院解决，以后由医院凭证明向粮管所申请。

三、 住在旅馆的同志，凭证明由旅馆借给，以后统一向粮管所申请。

四、 粮食标准参照市居民定量标准。

以上如同意，拟报市委批准。

接电话人：周志鹏

领导意见：

同意。

黄

8 月 3 日

（76）沪粮革业供字第 237 号

市粮食局革命委员会关于唐山灾区来沪人员供应食油问题的请示报告

市革委会财贸组：

唐山地区地震后，对来沪人员吃油问题，提出以下意见：

一、 有组织转移来沪治疗的伤员，按实际使用床位每床每月一斤，由医院提出申请，粮食部门核实补发。

二、 住宿在市民政局接待站和有餐厅旅馆的灾区人员，按借支的本市粮票的回笼数（参照回笼全国粮票30斤，补油半斤的标准），由旅馆申请，粮食部门核发。

三、 灾区来沪探亲靠友的人员，凡是借支粮票的，按本市居民标准每人每月供应食油半斤。

上述三项供应的食油，由各区、县粮食部门专项统计上报，由我局统一核销。

以上报告，当否，请批示。

上海市粮食局革委会

1976年8月14日

沪广委（76）第40号104

上海人民广播电台党委
关于请求提供广播车和人员支援
灾区人民抗震救灾斗争的报告

市委、市革委会:

在伟大领袖毛主席、党中央的亲切关怀下，唐山、丰南受灾地区人民发扬人定胜天的革命精神，展开了英勇顽强的抗震救灾斗争。我们电台全体同志学习了中共中央给地震灾区人民的慰问电和《红旗》杂志短评、《人民日报》社论，在全市各条战线同志想灾区人民所想、急灾区人民所急的共产主义精神鼓舞下，大家决心在市委领导下，认真学习，……坚守岗位，更加奋发努力地搞好广播电视宣传和安全播音工作，以建立一支能够经受阶级斗争、战争和自然灾害考验的广播队伍。为了使灾区人民能够更好、更及时地听到毛主席、党中央的声音，鼓舞斗志，发扬革命英雄主义精神，我们请求为唐山受灾地区提供一千瓦战备广播车（包括发电和播音、扩音设备，共汽车三辆）和必要人员，可作为唐山地区抗震救灾现场指挥部的宣传工具参加战斗；此外，如唐山广播电台的同志有伤亡，我们去补充，设备有损坏，我们尽力提供。总之我们要用实际行动支援灾区人民的抗震救灾斗争。只要市委一声令下，我们就立即行动，奔赴灾区！

特此报告。

中共上海人民广播电台委员会

1976 年 8 月 3 日

并报：市革委会文教组

抄送：各总支，支部、科组

1976 年 8 月 3 日发出（共印 100 份）

沪文革发（76）第 320 号

上海市文化局革命委员会关于组织文艺单位慰问唐山地区在沪伤病员的请求报告

市革委会文教组：

8 月 14 日《北京日报》第一版报导：唱革命样板戏，鼓抗震救灾斗志，文化部所属在京各样板戏剧团及直属剧团、市属剧团到医院、居民疏散点慰问演出。据此，我们拟组织上海京剧团和上海乐团代表上海文艺界于 8 月下旬去第一人民医院、瑞金医院对唐山地区在沪伤病员进行慰问，做小型文艺演出。此外，如有必要还可对上海派赴唐山地区支援唐山地区抗震救灾斗争返沪的医务人员及为支援唐山地区抗震救灾斗争赶制、抢运救灾物资的有关单位职工集中组织两三次专场慰问演出，并借此机会向英雄的唐山地区人民和我市支援唐山地区抗震救灾的先进单位学习。

以上报告当否，请批示。

上海市文化局革委会

1976 年 8 月 21 日

科发计字（76）第648号

中国科学院关于大力加强地震科学研究工作的通知

各有关省、市、自治区科委（局、组、办)转双重领导单位，各直属单位：

伟大领袖毛主席和党中央一向十分关心地震工作。唐山、丰南一带发生强烈地震以后，中央领导同志又对地震工作作了多次指示，号召大力加强地震科学研究，要求在二十四小时前做出地震预报。为了保卫毛主席，保卫党中央，保卫首都，保卫人民生命财产，各双重领导单位和直属单位接到本通知后，要立即发动群众讨论如何贯彻中央领导指示，如何为地震预测预报作出贡献。要把地震研究工作当做一项政治任务来抓，全心全意地、认真负责地把这项工作做好。要尽快确定研究项目，组织力量，开展工作，争取早日拿出成果。

开展地震研究，要以阶级斗争为纲，坚持无产阶级政治挂帅，大搞群众运动，要重视群众经验，也要重视少数人意见。……结合本学科，发挥本单位专长。坚持开门办科研，实行共产主义大协作，与群测群防队伍相结合，积极探索地震的预测预报。研究内容，包括各种预测预报方法、各种地震仪器研制和应用、数据处理自动化、动植物异常、地震成因等等，特别要注意抓紧地震前兆观测仪器的研制和分析方法的研究工作。

各单位确定的地震研究计划（现在进行的和准备进行的)，于9月10日前报院计划局(一式四份)。所需条件，本着自力更生精神，尽可能由本单位认真安排解决，如本单位、本地区解决不了的，报院研究解决。研究成果，随时报院，不要拖延。

在毛主席为首的党中央亲切关怀下，只要我们认真学习毛主席一系列重要指示，以阶级斗争为纲，坚持党的基本路线，……贯彻“在党的一元化领导下，以预防为主，专群结合，土洋结合，依靠广大群众，做好预测预防工作”的方针，认真总结成功和失败的经验，就一定会有所发现，有所发明，有所创造，有所前进。我们要树雄心立壮志，把我国的地震科学技术提高到一个新水平，为社会主义革命和建设作出更大贡献。

附：中国科学院地震科研计划表

1976年9月2日

抄送：院防震抗震指挥部、政治部、办公室、人事局、基建办、一、二、三、四、五局、科技办附：

中国科学院地震科研计划表

序号	项目名称	主要内容和指标	进度	承担单位	协作单位	所需必要条件	备注

1976年8月2日

斯洛肯夫人致宋庆龄慰问函（译文）

亲爱的宋夫人：

我们得悉中国东北地区遭受到破坏性的地震，使我们感到非常悲痛。

请接受此区区礼物，以便有助于重新建设。

我们高度敬慕全中国人民。去年我们看了一连串反映你们进步的电视节目，我们很激动。

我曾在幼儿园教过很多年书，我很喜爱中国幼儿园小朋友唱《亲爱的木工师傅》之歌的电视，我希望我可以得到这首歌!

你们对全国人民不论在多么远的农村的医疗卫生工作计划，使我们深为感动。

你忠诚的

阿尔娜·斯洛肯夫人

W. J. 斯洛肯

RT 7 14109 NW 43RD

凡库弗，华盛顿　98665

美国

宋庆龄给斯洛肯夫人回函

亲爱的斯洛肯夫人:

您8月2日的来信和附来的支票（美金十元)都收到了，衷心地感谢您对我国唐山地区遭受地震灾害的人民的真挚同情，对您在精神上和经济上支持我国受灾人民重建家园的良好意愿，我们更其感印于心，并且极为欣赏。

唐山地区遭受地震以后，我国伟大领袖毛主席、党中央对灾区人民马上就表现了极为关怀，不仅派遣了以华国锋总理为首的慰问团赴灾区慰问受灾人民，而且已经组织了各方面的力量进行抗震救灾工作。目前有全国各省派去的上万个医疗队到灾区进行救治。此外，全国正把大批的粮食、药物、建筑材料运往灾区，使受灾人民迅速恢复健康，恢复生产，重建家园，更好地进行社会主义革命和建设。我们欣慰地看到在毛主席、党中央的领导下，……开滦的煤矿工人，工程技术人员极其迅速地下矿井检查机器，整理作业场地，到8月7日已经恢复生产，唐山其他的许多工厂的工人也恢复了生产，唐山—丰南地区的人民公社社员们正在大田里从事秋田管理工作，以期得到良好的丰收。目前唐山市内交通早已恢复，广播电台照常工作，报纸照常出版，学校复学后，给学生上的第一课就是“抗震救灾，人定胜天”。这一切都说明了我国唐山地区的人民有充分的信心彻底战胜地震灾害，重建家园，同时更使我们坚信：人民，只有人民，才是创造世界历史的动力。

您对我国受灾人民的热情支援和亲切关怀，表现了中美人民之间友好意愿。我们珍惜这种人民之间友好感情，再一次感谢您。寄来的支票，我们就不收了。这一点希望你们谅解。

您希望得到的木匠之歌，我们将设法找到给您寄来。

亲切地问候您！

宋庆龄

给寄来一百元美金的玛莉、波美罗回信，大致相同。

沪革综计（77）第222号

市革委会综合计划统计组
关于市地震办公室所需少量物资器材等列入供应渠道的通知

市物资、仪表、机电一、商业一局革委会：

据市地震办公室报告，为了搞好我市群测群防地震工作，发挥各区、县地震办公室群测群报点和预报地震的作用，需要购置少量器材、仪器、材料和元件等，要求有关物资供应部门给予解决。我们意见，今后各区、县地震办公室所需物资、器材等，报经市地震办公室审核后，直接向物资、仪表、商业一局所属有关物资、器材、仪器仪表供应部门分别纳入计划，给予零星供应。

市革命委员会综合计划统计组

1977年7月8日

抄送：市革委会科技、工交组，市地震办公室、市金属材料、木材、化轻、机电设备、科学器材公司，仪器仪表供应站革委会

第二章

报 摘

第一节
《解放日报》摘要

带着一千万上海人民对灾区人民的深情厚谊
本市近四千名医务人员奔赴唐山抗震救灾

唐山、丰南一带发生强烈地震并波及天津、北京的消息传来后，上海全市人民十分关切。全市医疗卫生战线的广大医务人员、革命职工、工宣队员和革命干部，在伟大领袖毛主席对灾区人民的亲切关怀和党中央慰问电的巨大鼓舞下，在市委的直接领导下，在各有关部门的大力支持下，立即行动起来，组织抗震救灾医疗队。第一批近九百名医务人员组成的56个医疗队，已于7月29日带着上海一千万人民对灾区人民的关切心情，紧急奔赴救灾第一线。接着，又组织了三千名的医务人员，陆续赶赴灾区。大批药品、医疗器械等物资也分批运往灾区。这充分显示了上海广大医务人员和革命人民……他们急灾区人民所急，想灾区人民所想，满怀无产阶级深情，决心及时救治受伤的阶级兄妹，同灾区人民一起战胜自然灾害。

8月4日，大批医务人员乘坐专车前往灾区。中共上海市委、市革委会领导同志及有关部门的领导同志到车站送行。

……中共上海市委、市革委会在得到唐山、丰南一带发生强烈地震的消息后，于7月28日上午立即召开了市有关部门的紧急会议，部署全力支援灾区的事宜。当天，卫生系统就组织了近900人的医疗队，于29日奔赴灾区。接着，根据灾区的需要，市委、市革委会又决定组织医疗队去灾区建立四所抗震救灾临时医院。这个决定下达后，市有关部门连夜召开了有市卫生局、驻沪部队卫生部门、各医学院、区和县卫生部门、市属医疗单位的领导成员参加的紧急会议，进行了动员。在短短一天时间内，又组织了三千名左右的医务人员，陆续奔赴灾区。

上海各医疗单位以及驻沪部队接到建立临时医院的紧急任务后，都极为重视，闻风而动，立即动员。各级医疗机构的党组织都把这项工作看作是毛主席为首的党中央交给上海广大医务人员的一项光荣的政治任务，提出灾区人民的困难就是我们的困难，我们和灾区人民心连心。我们要……做到要人有人，要物有物，尽一切力量支援抗震救灾。各单位都把政治思想好和医疗技术水平较高的医务人员抽调到医疗队。部队的医务工作者，怀着人民子弟兵对灾区人民的热爱，踊跃报名，驻沪陆、海、空三军的医院和第二军医大学，紧急派出了 11 个小分队，三百多名医务人员。上海县委听到要去灾区建立临时医院的消息后，表示要像战争年代支援前线一样，全力以赴，并立即对所属医院进行了动员，在很短的时间内就组成了五十名医务人员的医疗队。上海第二医学院附属瑞金医院在组织三十多名医务人员参加第一批医疗队的基础上，又动员了 70 多名医务人员参加抗震救灾临时医院。全院医务人员同心协力，团结战斗，除了完成当前日常繁重的医疗任务外，各科室都发扬龙江风格，积极抽出人力支援抗震救灾第一线。门诊部最近工作量大，本来打算支援四名医务人员，经过群策群力的讨论，决定抽出六名参加支援救灾的战斗。该院承担建立一个临时医院的中心药房和中心供应室，任务急，工作量大，要求高，他们表示要克服一切困难，保证药物和医疗器械供应充足。上海市精神病防治院接到抗震救灾任务后，两小时内就组织好一支三十多人的医疗队，许多同志通宵达旦地准备药品器械。上海市第二人民医院的十名主要外科医生中，抽出了四人参加医疗队。他们说："支援灾区，这是我们义不容辞的责任，再大的困难也要克服。"各医院的后勤部门也紧急动员起来，在最短的时间内，拿出最好的医疗器械和物资，武装抗震医疗队。

广大医务人员急灾区人民所急，想灾区人民所想，积极响应党的号召，争先恐后地向党组织申请去灾区，为灾区人民贡献自己的力量。各医疗单位都贴出了许多决心书、请战书，广大医务人员向党表决心，坚决要求奔赴抗灾第一线。许多共产党员、共青团员表示，在关键时刻共产党员、共青团员应站在斗争前列，发挥先锋模范作用，用实际行动为灾区人民服务……虹口区中心医院在党总支动员后的二十分钟内，各科就把参加医疗队的名单报齐。徐汇区日晖医院四十多个医务人员刚从贵州医疗队轮换回沪，听到动员令，纷纷赶到医院请战，他们说："我们的行装、设备都是现成的，可以立即出发，请组织上批准吧！"邮电医院领导在全院职工大会上宣布了组织抗震救灾医疗队的消息后，许多医务人员纷纷上台抢话筒、表决心，要求参加医疗队。有位内科医生，爱人出差在外地，她把两个小孩托给邻居照管，自己毅然奔赴救灾前线。市第二人民医院崔医生，当他知道自己被批准参加医疗队时，连家也不回，立即准备医疗器械，打起背包，赶到区里报到，奔赴抗震救灾第一线。静安区中心医院护士小许，原来未被批准，她一连两夜背着背包，到预备队集中的地点去待命。她说："多一个人去灾区，就多一份力量。"她再次坚决报名，已被批准出发。上海中医学院附属龙华医院紧急动员会议还没有开，许多医务人员已打好了背包，带了行李，写了决心书，一定要求领导批准他们参加抗震救灾医疗队。各医学院的工农兵学员也竞相报名，坚决要求奔赴抗震救灾第一线，为阶级兄妹服务，为战胜自然灾害而奋斗。上海第二医学院蒙古族学员奇玲说："为了救护阶级兄弟，我一定能完成党和人民交给的战斗任务。"她已随医疗队出发。不少被批准参加医疗队的医务人员说：我们誓与灾区人民团结在一起，战斗在一起，胜利在一起，发扬无产阶级的革命精神……

许多医疗单位的领导成员，也带头参加医疗队。在第一批近九百人的医疗队中，院一级的领导干部就有二十三人。市革委会委员、华山医院总支书记俞茂华，刚从外地参加巡回医疗队回来，再三向领导请战，终于得到批准，踏上征途。第一人民医院党委副书记王道民，原来确定去五七干校，当他听到要组织医疗队去灾区的消息后，坚决要求先去救灾第一线，接受锻炼和考验。瑞金医院后勤组长曹恒正学习了党中央慰问电和《人民日报》社论、《红旗》杂志短评，受到很大鼓舞，一再向党委请战，一定要为灾区阶级弟兄出一把力。海员医院内科行政负责人、共产党员张大华想到灾区的阶级兄弟遭难，不顾自己父亲刚开过刀需要护理，含着热泪坚决要求领导批准他去参加抗震救灾工作。驻沪空军党委把一些参加抗美援朝立过功的干部，调去充实医疗队的领导班子。曾在抗美援朝的战场上担任救护工作的杨建萍同志，当他被批准去唐山时，他的爱人不幸被开水烫伤，他说："我的家属需要照顾，但灾区人民更需要我去照顾。我是共产党员，在这种时刻，我应该冲在前头去抗灾。"许多医务人员在决心书中，都一致表示要以阶级斗争为纲，……发扬一不怕苦，二不怕死的革命精神，克服一切困难，坚决完成上级所交给的抗震救灾任务。

目前，留在医院的广大医务人员表示时刻响应党的号召，随时投入抢救灾区阶级弟兄的战斗，并且要把留下的工作更好地承担起来，以阶级斗争为纲，大战夏令诊疗高峰，和医疗队的战友们在不同的地点，共同为病友服务，以实际行动支援抗震救灾……

1976 年 8 月 5 日

来自抗震救灾前线的消息

——记上海医疗队在唐山灾区进行救护工作的事迹

7 月 28 日凌晨，唐山、丰南一带发生了强烈的地震。一方有困难，八方来支援，上海人民和全国人民一样，同灾区人民心连心。经过迅速的动员，紧张的准备，由上海各医疗单位八百多名医务人员组成的五十六个医疗小分队，及时赶到了灾区。近一个星期来，他们同灾区人民一起，以旺盛的革命斗志投入了抗震救灾的战斗，在临时住宿的帐篷里，在马路边、井架旁，在简陋的手术台上，他们热情地为灾区人民治病，抢救了大批伤员，在当地群众和解放军战士中留下了很好的印象。

和灾区人民心连心

唐山市路南区红星街道是劳动人民居住比较集中的地方，这次地震造成的损失比较严重。上海第六人民医院的三十位医务人员带着深厚的无产阶级感情来到了这里。灾区群众拉着他们的手，激动地说："要是在解放前，我们即使不被震死，也会活活饿死的；如今一方有了困难，党和毛主席就马上派了亲人解放军和医务人员来抢救我们，这真是新旧社会两重天啊！"灾区群众崇高的革命精神，使六院的医务人员受到了极其深刻的教育。他们一放下行李，就马上投入抢救阶级兄弟的战斗。他们与群众一起，迅速清理了受灾现场，搭起了临时帐篷，马上为群众治起病来，单第一天，就抢救了二百多位病人。在人手很少的情况下，他们还抽出人力组成了四个医疗小组，深入到大街小巷巡回医疗，当地群众十分感动。这个医疗小分队离大队部比较远，生活条件十分艰苦，下来后，缺少水，天天吃压缩饼干，许多同志嘴唇都干裂了，但大家毫无怨言，充满了革命的乐观主义精神。同志们说："没有水，没有米，可以让我们过过上甘岭的生活。我们要向小冬子学习，'天当被，地作床，野菜野果当干粮'。"为了搞一点水，他们走了两小时去拎，为了弄到米和药，他们又依靠当地群众，自己动手，解决部分粮食、药品的急需，受到了群众的赞扬。

"抗震"

8 月 1 日清晨，一位从地震中脱险的孕妇就要临产了。上海胸科医院的几名医务人员得知消息后，立即将孕妇接到了临时搭起的帐篷里。经过医务人员的接生，一个小生命诞生了。就在小生命落地时，突然大地又出现了一次震动。面对这种情况，医务人员临危不惧，他们一面精心护理孕妇和婴儿，一面又以高度的革命乐观主义精神，给刚出世的孩子取了个名字叫"抗震"。为了使母子在严重的灾情面前生活得好些，他们想尽办法，弄来了奶粉和麦乳精，使刚刚落地的小生命就享受到了社会主义制度的无比优越性。孩子的母亲看见此情此景，流着热泪激动地说："感谢你们医生同志，是毛主席、共产党给了我们母子第二次生命，真是天大地大不如党的恩情大，河深海深不如阶级友爱深啊！"

"毛主席派来的好医生！"

唐山机场附近的帐篷里，上海医疗队在灾区的第一个手术正在进行。简陋的手术台，手电筒代替了弧形灯，但手术医生的态度却极其认真，两个多小时以后，手术成功了，病人脱离了危险。

这位医生是上海第一人民医院党委副书记王道民，1969 年，他曾带领本院的医疗队，前往云南地震灾区参加医疗工作，付出了辛勤的劳动。这次唐山、丰南一带发生强烈地震的消息传来后，老王在向院里各党支部作过组织医疗队的动员报告后，便抢先第一个报了名，他说："党的号召就是我的行动方向，参加救灾医疗是我们革命医务人员的重要职责，我坚决要求奔赴灾区第一线。"老王的愿望实现了，他作为上海派出的医疗队，第一批来到了唐山灾区。灾区艰苦的环境，没有难倒王道民，他身为院党委副书记，却和医务人员一样，日日夜夜抢救伤病员。睡眠少，眼睛熬红了；很少喝水，嘴唇干裂了，艰苦紧张的工作，使老王自己也得了病，同志们劝他回上海休息，但他坚决不肯。他不仅给病员治一般的病，而且还克服困难，在艰苦的条件下为伤员施行手术，千方百计解除病人的痛苦。灾区群众激动地说：老王真是毛主席派来的好医生！

把苹果让给伤病员

上海人民怀着对灾区人民深厚的无产阶级感情，派飞机给唐山灾区运来了一批苹果，同时，也顺便给战斗在灾区的上海医疗队捎了一点。这些苹果怎么处理？驻在唐山丰润县的上海第二医学院系统的医疗队，为此展开了一场热烈的讨论。同志们说，全市人民给我们送来苹果，这是对我们医务人员的关心，我们决不能辜负毛主席、党中央和上海人民对我们的期望，要把抗震救灾工作做得更好，苹果应该统统让给灾区人民吃。他们把苹果一个一个送到伤病员手里，转达全国人民和上海人民对灾区人民的亲切慰问。灾区人民收到苹果后，心情都很感动，一位煤矿工人写了一封信，要中央慰问团带给毛主席，他表示：自己伤好以后，一定要加倍地努力工作，来报答党中央的亲切关怀！

唐山、丰南一带强烈地震的消息传来以后，全市人民在市委的统一领导下，紧急动员起来，积极投入支援灾区抗震救灾的战斗。这是上海又一批医疗队出发奔赴地震灾区，帮助抢救伤员。

1976 年 8 月 5 日

战斗在唐山的上海医疗队员

本市第一批医疗队于 7 月 30 日深夜 12 时全部到达唐山机场后，医护人员不顾两天两夜没有休息带来的疲劳，立即投入战斗。在河北省抗震救灾指挥部的统一指挥下，他们分别奔赴唐山市的路南区、路北区和丰南县、陡河电站工地、迁西县、丰润县及机场附近的野战医院等十几个急救医疗点。五天来，他们发扬充沛的革命精神，与灾区人民同甘共苦，在极其艰难困苦的条件下，夜以继日地坚持战斗，抢救了大量伤员。建工局职工医院医疗队的十五个同志在三天时间内，就先后抢救了近三千人次的阶级兄弟，为抗震救灾工作作出了可贵的努力，得到了灾区人民的好评。

在伟大领袖毛主席、党中央对灾区人民亲切关怀的巨大鼓舞下，许多医疗队员发扬了不怕牺牲、不怕疲劳和连续作战的战斗作风，以大无畏的革命精神，克服一切艰难险阻，全心全意地为灾区人民服务。上海邮电医院医疗队的同志一下飞机，就在机场抢救了八十多名重伤员。唐山市路南区红星街道是全市被地震破坏最严重的地区之一，许多地方都已开裂或拱起。医疗队的同志一到现场，为了及时抢救伤员，不顾随时可能发生地震的危险，毅然在拱起的空地上搭起帐篷，设立临时急救站。奔赴路南、路北区和丰南县的华山医院、第一妇婴保健院、市传染病防治半路出家和儿童医院的医疗队员一到现场，就在瓦砾堆上搭起帐篷，设立了临时救护站，一直战斗到第二天凌晨。这时，许多医护人员已经三天三夜没有好好休息了。由于饮水供应极其困难，战斗在唐山市区的许多医疗队员接连两天喝不上一口水，咽不下压缩饼干；但他们毫无怨言，仍然斗志昂扬地战斗在抢救伤员的第一线。当医疗队大队部的领导同志带着生活用品去探望他们时，他们却说："我们缺的不是生活用品，目前最需要的是药品。请领导上不要考虑我们的生活问题。我们要与灾区人民同甘共苦，在艰苦的环境中磨练自己。"医疗队员不顾个人安危，首先想的是伤员的安全。 8 月 2 日清晨，肿瘤医院的医院队员在为一位产妇接生时，突然发生了余震，帐篷里汽灯剧烈摇晃，医疗队员陈朝玉立即用手抱住汽灯，唯恐汽灯掉下来砸到产妇和婴儿身上。许多医疗队员还在自己负责的区域内坚持巡回医疗，方便灾区群众。

许多医疗队员虽然过度疲劳，有的自己也患了病，却始终不肯休息。上海第二医学院附属医院第二医疗队有四个同志在旅途中中暑晕倒，可一到救护点上，他们顾不上休息就开始工作。上海第一妇婴保健院的陈玮英中暑后，心跳达一百二十多跳，可一下飞机，她立即抢着拿最重的药品器械。上海肿瘤医院医疗队长、外科医生刘守业患有输尿管结石，8 月 1 日深夜值班时，突然发生剧痛。正在这时，又送来了几个重伤员，他一听到这个消息，就叫其他同志帮他注射一支止痛剂，又投入了战斗，先后抢救了三个伤员，一直工作到 8 月 2 日上午 10 时。正当他准备吃完早饭休息时，又接到了转移到迁西县抢救伤员的命令，他毫不犹豫地打起背包，带领医疗队员奔赴新的战斗岗位。

在抗震救灾工作中，广大医疗队员还坚持因陋就简，千方百计地就地取材，制作一些医疗器械，并依靠当地群众，采集中草药治病。许多伤员感动得流下了热泪，说：医疗队为我们费了多少心！感谢毛主席，感谢共产党！

在抗震救灾的战斗中，本市医疗队的广大共产党员和共青团员充分发挥了先锋模范作用，始终战斗在最艰苦、最困难的岗位上。各医疗队一到救护点，就立即根据情况成立了临时党（团）支部或党（团）小组，并开始过组织生活。南市区队的党员坚持人人做政治思想工作。广大共产党员一致表示，我们一定要全心全意为灾区人民服务，夺取抗震救灾斗争的胜利。广大共青团员也纷纷向党组织表示，要在抗震救灾的火线上经受考验，争取早日加入伟大、光荣、正确的中国共产党。

1976 年 8 月 6 日

誓为灾区多贡献

——上海人民在支援灾区战斗中的几则小故事

“震情就是命令，时间就是生命！”

唐山、丰南一带发生强烈地震的消息传来，上海益民食品四厂的广大工人和干部迅速行动起来，投入抗震救灾的斗争。他们议震情，谈心情，一致认为：党中央的慰问电就是动员令，我们上海工人阶级与灾区人民心连心，一定要争时间，抢运和增产救灾物资，为抗震救灾作出贡献！

厂里接到了上级党委布置的第一个紧急任务，要求在当天下午五时前发运六万斤饼干到机场待命。六万斤饼干，需要装十六辆大卡车，按照平时的速度，半个小时装一辆，就需要八个小时，现在只剩下两个半小时，怎么办？党委向群众交底，群众响亮地回答：震情就是命令，时间就是生命！为了支援灾区人民，时间再紧，也要不折不扣按时完成。

一场突击抢运的战斗打响了。仓运组的同志立即精神振奋地投入战斗；动力车间的工人闻风而动，立即安排好工作，组成一支二十多人的突击队，迅速赶到现场；民兵战士卜金鸿在厂外执行任务回来，听说抢运救灾物资，二话没说，连工作衣也顾不上穿，就投入抢运行列。在不到三十分钟时间内，一支二百多人的抢运队伍已集中到仓库和装卸台前。大家搬的搬，车的车，装的装，一听听、一箱箱饼干，飞快地从库房装上卡车，运往机场。在广大干部、群众的共同战斗下，结果，提前一个多小时完成了发运任务。

紧接着，厂里又接到了上级党委的通知，要在第二天生产一万斤压缩干粮发运灾区。压缩干粮已有近一年没有生产了，全部机器需要整修，按常规需要一二个月才能投入生产，现在只允许有一个夜晚的整修时间，怎么办？面对困难，工人们豪迈地说：“困难再大，也没有我们支援灾区的决心大，我们要学习英雄的灾区人民泰山压顶不变腰的革命精神，按时完成这一新的战斗任务！”生产压缩干粮的巧克力车间的同志，立即紧急动员起来，调整劳动组织，安排新的班次，决定第二天早上就正式投产。检修小组的五位同志，已紧张劳动了一天，又继续投入突击整修。动力设备车间的同志组成了由钳工、电工、车工、冷气工十五人参加的突击队，在党支部书记带领下，连夜赶来支援。在检修冷风机的过程中，发现大马达的轴承不能使用了，要换一个，可是到仓库一查，没有备货，时间已到深夜，离开早班工人来厂开工只有几个小时了，怎么办？他们立即到商业部门去求援。上海机电供应站南京西路分站的值班同志一听说是为了抗震救灾工作的需要，立即从储备物资中提货支援。在生产过程中，由于粉料太热，新手又多，自动流水线的故障比平时多。已经连续奋战了一天一夜的突击队员们，又留下来和操作工人一起，边干边修。不少同志除了吃饭去食堂外，二十四小时都战斗在车间里。有人问他们做什么班，他们豪迈地说：“我们做的是抗震救灾班！”在全厂职工的共同努力下，到午后一点五十分钟，一万斤压缩干粮已源源运往机场。加上中班的产量，这一天他们共生产了二万三千二百斤压缩干粮，比上级要求的计划超产了百分之一百三十二。

上海益民食品四厂广大干部和工人，怀着深厚的无产阶级感情，抢时间、抓战机，争分夺秒多增产仪器，全力支援唐山等地抗灾斗争。

1976年8月6日

军民同心支援灾区

8月3日上午，上海市第一食品商店又接到上级交下的一项紧急任务：要为支援唐山等重灾区人民，再突击包装一万五千斤压缩饼干和七百五十斤大蒜头。尽管全店干部和职工为支援受灾的阶级兄弟，已经连续战斗了好几个日日夜夜，但是一听到上面又交下了新的任务，从领导到群众，从管理部门职工到第一线的营业员，大家都忘了劳累，仍然争先恐后地报名请战。

仓运部门的同志顾不得吃饭，在党支部的带领下，迅速赶到收货地点，将兄弟单位相帮运来的一万五千斤压缩饼干运进商店。管理部门的四十多位职工和商店的领导成员，午饭后也不休息，就投入了拆箱、包装、封袋和装箱的战斗。

外借工作和因病在家的同志以及公司的部分干部，闻讯赶来参加战斗，大家放弃饭后休息，装袋、拆箱、封口，搬的搬，运的运，个个精神抖擞，干劲冲天。仓运部门小马体弱多病，但是她学了人民日报社论后，浑身增添了无穷的力量，争搬每箱重达二十多斤的饼干箱，而且每次都搬四箱，成了一只“小老虎”。后勤组的老翁自动放弃病假，参加战斗，别人劝他干轻活，他偏挑重活干。他说：“灾区人民抗震救灾的英雄事迹，深深教育了我。只要生命不息，我就要像灾区英雄人民那样去战斗！”

群众斗志昂扬，干部更是身先士卒。店革委会委员小钱曾经连续五次胃出血，最近还在半休，但她为了给支援灾区人民出一分力，不顾病痛，坚持战斗。现在五十多岁、患有高血压症的第四党支部领导成员老林，从7月28日到现在，日夜战斗在商店里。

战斗结束后，突然又开来了一支生力军。原来，南京路上好八连的同志听到食品一店又接到了一批救灾任务，晚上六时半由连指导员和副连长率领三十多位战士前来参战，他们的一位上级领导、团副政委也参加了。店领导因为这批任务已经完成，要求他们回去。但好八连同志坚决不肯。他们说：“我们消息知道得太晚了，没能赶得上。但是你们白天忙于搞这批救灾的突击任务，其他工作可能脱下来，今晚就让我们把脱下来的工作给补上去吧！”结果，他们就帮助店里拌了一万多斤什锦糖，还包装了一些糖果，另外，又抽出一批同志帮助推车，搞发货工作。从政委到战士，个个累得汗流浃背，内衣外衣全部湿透，一直战斗到晚上十时多才结束。

1976年8月6日

工人的心意

……

长征制药厂是上海唯一生产多种葡萄糖输液的厂，各种“大输液”又是抢救灾区受伤的阶级兄弟的必需药品。7月31日，有关救灾部门要求长征厂增产一批葡萄糖盐水和低分子糖酐（可代血浆），这就要求汰瓶组每天准备四万多只输液瓶，这比平时要增加近一倍。王天英带头向党组织表示决心：宁可自己多流千滴汗，不让灾区人民多流一滴血！汰瓶组是全厂劳动最重的工种，王天英带头坚持战斗在瓶台上，不停地把二十多斤重的一捆捆瓶子搬起拆开。酷暑高温，汗流浃背，身上的工作衣湿了又干，干了再湿，她顾不上擦把脸；连续干上几小时，腰酸背疼，她不让别人替换一下。她说：现在灾区阶级弟兄在等我们的药啊！时间就是胜利，为抢救阶级弟兄豁出生命也心甘！

在王天英的带领下，全组同志齐心协力，分秒必争，共同奋战，使工效提高一倍，为大输液的按时发运争得了时间。

1976年8月6日

冒暑洗油轮　千里送淡水

31日清晨，停泊在浦东桂家村航修站码头的大庆四十号轮上，一片紧张的战斗景象，三百多人个个都是浑身油污，挥汗如雨，努力奋战……

原来，他们正在冲洗油轮的大舱，准备装进淡水，运往天津，支援唐山等地灾区人民的抗震救灾斗争。

要把原来装运成品油的船舱清洗得干干净净，改装淡水，必须经过好几道工序：先要在舱里敲铲铁锈，挖掉油泥，不能放过任何一个死角。在通常的情况下，要完成大庆四十号轮这样一艘有十五个大舱的万吨级油轮清洗任务，需要一个月的时间。现在正值酷暑，舱内温度高达摄氏四十度以上，要在很短的时间内完成洗舱工作，是一件十分艰苦的任务。但是，上海海运局油轮船队党委认为，党中央的慰问电就是战斗号令，救灾如救火，时间就是胜利。他们充分相信群众，依靠群众，30日下午立即发动群众投入洗舱战斗。许多船员连夜扎扫把，收集铅桶，做好清舱的准备工作。正停泊在航修站的大庆十号、三十三号、四十六号轮和航修站、船队机关的广大干部、群众，也一起参加了战斗。大家豪迈地说：“我们要想灾区人民所想，急灾区人民所急，千难万险勇向前，风口浪尖迎考验，困难再大，难不倒我们海员工人的一颗红心两只手。”航修站有八九位女同志，也和男同志一样下到大舱去，投入洗舱战斗，为支援灾区人民重建家园贡献自己的一份力量。六十二岁大庆四十六号轮水手长马国华，年老心红，不顾舱内空气闷，自己透不过气来，下到大舱难度较高的地方去战斗。在清洗船舱的战斗中，有的同志脸也肿了，眼睛也熬红了，但是他们表示，为了帮助灾区人民重建家园，再苦再累也心甘。

清洗大庆四十号油轮船舱这一仗，只花了两天时间就全部完成了，并顺利地装上了一万一千吨淡水。8月2日下午六时，大庆四十号轮胜利启程开往天津，把上海人民的深情厚谊带给灾区人民，支援抗震救灾斗争。

1976年8月6日

大力支援灾区人民

本市交运战线职工几天内向灾区突击抢运了一千二百吨物资

连日来，本市民航、铁路、海运、长航、港务、交通运输等局党委在市委的统一部署下，地震当天就分别召开了支援灾区人民抗震救灾的紧急会议。铁路分局连夜成立了专门小组，日夜值班，负责处理抢运工作。汽车运输公司调集了数十辆汽车，日夜待命。民航上海管理局紧急抽调专机，组成五个固定机组，昼夜空运。广大机务人员为确保飞行安全和救灾工作的顺利进行，通宵达旦地检修飞机。海运、港务、长航的船员和码头工人都忘我地投入救灾工作，坚持做到随叫随到，随到随装，随装随运。他们表示：灾区、上海是一家，一定要加强学习，全力以赴，抢运救灾急需的物资，把毛主席、党中央的亲切关怀和上海一千万军民的心意及时送到地震灾区的千家万户。自7月30日到8月2日，仅四天时间，民航、铁路就向地震灾区抢运了医药器械、食品、衣服、帐篷等物品一千二百余吨。

民航第五飞行大队纪人胜、吴玉林等机组，为了抢时间，争速度，夜以继日地连续作战，不断飞行，顾不得吃饭睡觉。运输服务大队的搬运工人和部分女服务员，连续战斗了两天两夜，仍然精神饱满，斗志昂扬，争分夺秒地把救灾物品装上飞机。海运局油轮船队广大船员，听到灾区人民需要淡水，都自动赶来清洗油舱。三百多人连夜奋战，大庆四十号轮的十五个大舱，在不到两天的时间里就冲洗得干干净净，提前两天装上一万余吨淡水驶往灾区。

昨天中午，正在抢运唐山、丰南地区抗震救灾物资的铁路南站装卸工人，一接到要突击装运三百吨油毛毡去天津的任务，顾不得满脸汗水，也不管已经下班，立即同前来支援的全市各条战线的团员、青年和路局领导，兵分五路投入了新的战斗。当时正是中午，烈日当空，车厢十分闷热，大家的衣裤都被汗水湿透，也全然不顾。许多工人、干部和青年都豪迈地说："天热没有我们抗震救灾的心热，使救灾物资早运出一分钟，就是为救灾前线多增加一分力量。"仅一个半小时，就将一万二千多件油毛毡全部装入车厢，保证了列车准点出发。

1976年8月8日

上海人民与灾区人民心连心

严　平

河北省唐山、丰南一带发生强烈地震后，本市广大人民立即响应伟大领袖毛主席、党中央的号召，……大力支援灾区人民抗震救灾的斗争。连日来，本市工交、卫生、财贸等各条战线广大干部和群众，学习灾区人民英勇抗震的大无畏革命精神，发扬不怕疲劳、连续作战的作风，昼夜突击为灾区人民生产和运送各种救灾物资。一支近四千人的医疗队迅速奔赴现场投入战斗。大家满怀无产阶级的感情表示：上海人民的心同灾区人民的心紧密地连在一起，灾区人民的困难就是我们的困难。为了支援灾区阶级兄弟，只要灾区人民需要，我们一定千方百计及时送到！

上海与唐山，虽然山水相隔，路途遥远，但是，毛主席的无产阶级革命路线，毛主席、党中央的英明领导，无产阶级专政的社会主义制度，使上海人民与灾区人民心心相连，患难相共。一方有难，八方支援，正体现了我国社会主义制度的无比优越性……当前，大力支援灾区人民抗震救灾，重建家园，这是上海人民义不容辞的责任。正如许多同志说的："伟大领袖毛主席、党中央对灾区人民极为关怀，我们要急毛主席、党中央所急，想灾区人民所想，下决心，排万难，以最快速度、最高质量完成救灾的任务，让毛主席、党中央放心，使灾区人民满意。"

在支援抗震救灾的工作中，可能会遇到这样那样的困难。可是，这些困难同灾区人民所遇到的困难相比，根本算不了什么。毛主席指出："没有什么困难可以阻碍人的前进的，只要奋斗，加以坚持，困难就赶跑了。"我们应该学习灾区人民"泰山压顶不弯腰，天崩地裂无所惧"的革命英雄主义精神，学习在这次抗震救灾中涌现出来的许许多多闪耀着共产主义思想光辉的先进事迹，尽最大努力，战胜一切困难，为灾区人民抗震救灾斗争作出更大贡献。

……

我们一定要进一步搞好学习和批判，以饱满的政治热情和顽强的战斗精神，投入到支援灾区人民抗震救灾工作中去。要发扬共产主义风格和无产阶级的阶级友爱精神，抢挑重担，不怕牺牲，团结战斗，共同夺取抗震救灾斗争的胜利！

1976 年 8 月 8 日

抢运急救药品

7 月 28 日早晨六点钟，上海医药采购供应站接到上级部门关于支援地震灾区的紧急通知，站党委感到这是一项重大政治任务，立即紧急动员，要求各部门领导亲临第一线，积极发动群众，作好充分的思想、组织、物资准备。各部门领导把情况传达到群众以后，广大职工争着报名参加，第一线、第二线、突击队、预备队的战斗人员很快就组织起来了；支援灾区的药品、医疗器械货单一批批地排了出来，随时准备发运。

晚上九点多钟，市商业一局通知，为唐山准备的第一批药品五百箱，共九点七吨，要尽快发货，交给机场空运。一声令下，夜班七十多个同志，马上投入紧张战斗，不到三个半小时，便把全部药品运送到机场。

连日来，上海医药采购供应站发往灾区的急救药品、医疗器械，已有近五十批，六千箱，一百一十吨。共产党员、仓库领导成员张焕林，奋战了七天七夜，白天坚持进出货劳动，夜里值班发货，每天只睡二三个小时。药品科供应组长范元德，是护送急救药品随第一架飞机往唐山的人员之一。那一天他已值了一个夜班，晚上又临时决定随机出发，他二话没说，马上跟机飞到了唐山。

1976 年 8 月 8 日

救灾简讯

突击生产铁丝　提前完成任务

上海铁丝厂接到生产二百吨十二号、十六号铁丝的救灾任务后，立即进行动员，并对原有的设备进行了突击抢修。干部、群众革命干劲倍增。拉丝工人为了多生产铁丝，不怕太阳晒，用双手把盘元丝滚进车间，使班产量超指标百分之二十三。原来二百吨任务要半个月才能完成，现在比原计划提前四五天就能完成任务。

十多个小时完成三天任务

8月5日中午，上海钢管厂接到了紧急任务，要求尽快地突击生产二百公斤无缝钢管。这种钢管是供上海医疗器械厂为抗震救灾赶制三百套骨科手术牵引架上急需用的管子，要求在三天内交货。按照过去正常的分班生产情况，生产周期至少要四十多天。为了支援灾区人民，工人们决心抓紧时间提前完成任务。

一场突击战斗打响了，工人老师傅打破了分班界限，各道工序协同作战。大家将原来生产其他规格的在制品拉掉，各道工序都为紧急任务大开“绿灯”。在广大干部、群众的共同努力下，只用了十多个小时，在当天晚上十点多钟就完成了任务。

为支援灾区试制新材料

上海钢铁研究所职工积极试制支援救灾用的医用缝针材料。这次，当他们听到抗震救灾急需医用缝针的消息后，立即投入试制战斗。按照原来的进度，需要六个“拉程”，每个“拉程”一星期，即需要六个星期的时间才能完成。他们发扬了苦干加巧干的革命精神，充分利用设备，工序交叉进行，只用了三天时间就完成了合同交货量。

以最快的速度支援灾区人民

上塑八厂为了支援抗震救灾的需要，积极试制吹塑薄膜。在试制前，这个厂的广大职工以极短的时间试验成功用九十厘米吹塑机第一次生产了零点二毫米厚、一米阔的吹塑薄膜。同志们说：我们就是要用最快的速度，最好的质量，为抗震救灾作出贡献。

1976年8月8日

一只面包一份心意

8月1日拂晓，一辆满载着新鲜面包的卡车疾驶在虹桥路上，准时赶到了虹桥机场。没多久，面包就装上了飞机，运往唐山。这批面包是本市继调运九十多万斤压缩干粮和普通饼干后，全力以赴支援灾区阶级兄弟的又一实际行动。

8月1日凌晨一点钟，市糖业烟酒公司救灾领导小组又一次接到通知：灾区需要面包，四点钟之前务必送到机场，运往唐山。为了救灾工作已经战斗了几天几夜的公司领导同志，立即组织人员筹备物资。不巧，本市生产能力最大的上海面包厂这天是厂休息，没有现货。怎么办？公司救灾小组临时召开了会议，决定同本系统的哈尔滨食品厂和上海食品厂联系。他们在电话里话还未讲完，对方就坚定而热情地回答：只要灾区人民需要，我们一定完成任务。希望公司马上派人来装货。

留守在公司昼夜值班的机关工作人员和驾驶员等近三十人，在公司救灾小组负责人带领下，迅速集合，登上卡车，直驶哈尔滨等食品厂。一场包装面包的战斗先后在哈尔滨食品厂和上海食品厂打响了。哈尔滨食品厂党支部书记听到灾区人民需要面包，立即动员在厂人员和住在厂附近的职工，会同公司去的同志一起包装。这些刚刚出炉的新鲜面包，还在烘焙的铁盘上，机关干部和工人们一起，干净利落地把一只只新鲜面包取下，在还有余热的铁盘旁劳动，忙得汗流浃背。大家把食品厂生产的各式甜咸面包都汇装起来，表达上海人民对灾区阶级兄弟的心意。经过半个小时的紧张战斗，五千只新鲜面包都装进了清洁的纸盒内，打包、装箱完毕，提前送到了机场。

1976年8月8日

本市化工系统干部和工人同灾区人民心连心，大力增产救灾药品

……唐山、丰南一带发生强烈地震的消息传来后，市医药工业公司党委就立即召开党委会进行研究，主动与医药采购部门联系，安排增产支援灾区的重点药物共四十七个品种，并召集有关二十三个药厂举行紧急会议，……抓好灾区急需药物的生产。长征制药厂是生产多种葡萄糖输液的厂，上级领导部门下达给该厂的急救药品生产的任务，比平常一个月的产量还要多。怎么办？工人同志说："改开三班制，人停机不停。"结果，右旋糖酐、小苏打、甘露醇的生产任务分别提前超额完成。第五制药厂在7月30日下午接到突击生产氨基比林的任务，全厂的工人和干部发扬了"一不怕苦、二不怕死"的革命精神，经过三天三夜的突击战斗，提前安装好设备，并立即投产。

……人民制药厂生产的甲醇钠原料，涉及全公司三十六只药品，本来计划最近要停炉检修。上药九厂听到这个消息，立即把自己厂的炉子支援给人民制药厂。上药七厂担负着一批安络血止血针剂的任务，原料有困难，南昌药厂的同志听到后，立即把库存的水杨酸

钠送到上药七厂。彭浦化工厂听到上药二厂、上药十六厂生产安乃近急需氯乙酸和双乙烯酮的化工原料，主动把任务接过来。玻璃一厂、四厂职工纷纷表示：要在抗震救灾斗争中当好配角，要什么瓶子，给什么瓶子，要多少，给多少。

1976 年 8 月 9 日

发扬革命精神 为抗震救灾多作贡献

——团市委组织广大团员、青年到车站抢运救灾物资

8 月 4 日下午，团市委召开紧急会议，组织团员、青年到本市各火车站参加救灾物资的突击发运工作。

在这次援灾突击战斗中，各单位参加劳动的实际人数都大大超过了计划中的名额。卢湾区、杨浦区团委接到任务后，在短短四个小时内，就把突击队组织起来。第二天，实际参加劳动的人数猛增一倍。不少单位的同志从白天一直干到深夜；有些单位的同志上了夜班还没有休息，就赶来参加战斗。盛夏的中午，骄阳似火，各火车站的抗震救灾突击战斗都如火如荼地开展着。大家表示，一定要发扬“天大热，人大干，出大力，流大汗”的革命精神，为抗震救灾多作贡献。无论是装重达几吨的机器大部件，还是扛又脏又重的大麻袋，同志们个个精神抖擞，干劲十足。这天下午，在南站有六辆车皮共三百吨油毡要突击装车送往灾区。徐汇区房地局团员、青年接到任务后，马上赶去参加战斗。天气闷热，车厢里面就像蒸笼一样。同志们肩扛油毡快速搬运着，只几个来回，浑身上下就被汗水湿透了。大家不顾酷热和劳累，越干越有劲，只有一个多小时，就把两千件油毡全部装上了车。仅 8 月 5 日这一天，这个车站就装卸了九百多吨物品。机电一局的团员、青年在真如火车站抢卸物资中，发扬了“一不怕苦，二不怕死”的革命精神，在火热的太阳底下整整干了一天，出色地完成了任务。

1976 年 8 月 9 日

商业人员鼓干劲

——上海五金采购供应站等强运抗震救灾物资的事迹

八月七日晚上九时许，市商业一局转达了准备发运抗震救灾用的元钉、镀锌铁丝共四百吨的紧急任务，上海五金采购供应站正在值班的三十多位同志立即行动起来，党委副书记华国庆当场召开站前动员会议。……不到半小时，就把四十二张单子开好，在一小时内把发货单送到了商业储运公司丹东路仓库和铁路储运部。同时，由应隆潜等四位同志组成了随车押运小组。……

这时，上海铁路分局也接到命令，迅速调配了九节车皮。上海市商业储运公司及所属铁路储运部和丹东路仓库，集中力量抢运抢装。前后不到八小时便完成任务。……

1976 年 8 月 10 日

同灾区人民心连心，为抗震救灾多贡献
本市财贸职工夜以继日运送救灾物资

本市财贸战线的干部和职工，热烈响应毛主席、党中央的号召，夜以继日地为灾区人民运送物资。从 7 月 28 日地震的当天起到昨日为止，本市财贸战线有关单位以最快的速度，已用飞机和火车发运了二千多吨救灾物资。

市革委会财贸组、市第一商业局、第二商业局等，以及各有关基层单位，普遍成立了抗震救灾工作班子。 7 月 28 日当天，市医药采购供应站接到发运急救药品和器械的通知后，党委领导带领一批干部和职工，立即投入战斗。他们分头从各个仓库提货装车，从中午开始到第二天凌晨，仅用十个钟头就通过专机和火车发往唐山、北京、天津五批药品和器械，首批药品于 29 日凌晨就运到唐山机场。市农业生产资料公司在 30 日晚上六时半接到北京急电，要求在 31 日发运一百吨塑料薄膜。这个公司从机关到基层，从仓库到车站，到处呈现出一派战斗景象。经过一个通宵战斗，到第二天凌晨四时半，运出了一百五十吨塑料薄膜，提前和超额完成了任务。

市医药站的水电、榆林、四中等仓库的职工，为了装车发运药品和医疗器械，连续战

斗了两天两夜。有个女司机开了一夜卡车，第二天领导要她回家休息，她坚持留在单位，她说："我睡在家里，有任务叫我不方便，人留在单位里，有情况马上可以参加战斗。"当上级下达调运救灾服装的通知后，本市服装行业职工在短短的十小时内，就完成了十万件服装的打包发运任务，及时送到灾区。市百货采购供应站有两位同志，深夜接到火车押运照明物资去灾区的任务，他们不怕艰难险阻，不讲任何条件，连夜出发。大家说，只要能够为灾区人民多出一份力，再苦再累心也甜。本市财贸战线在这次抗震救灾的工作中，还发扬了共产主义协作精神，一方有困难，多方来支援。百货站在发运一种特殊物资时，人力、车辆不足，纺织站、化剂站和市土产公司就主动组织人员，抽出车辆去支援。

1976 年 8 月 10 日

本市医药工业系统多造药，造好药，支援灾区人民

唐山、丰南一带发生强烈地震后，医药工业系统广大干部和职工深感责任重大。灾区需要的各类药品，时间急，数量多，质量高，特别是平时不生产或早已停产多年的急救药品，也必须在短时间内发运灾区。第五制药厂接到突击生产救灾药品的任务后，立即进行动员。党委成员和工人一起，奋战了三天三夜，把第一批"安乃近"突击生产出来，并提前一周完成"安基比林"设备安装任务，为"安基比林"及早投产争得了时间。第六制药厂接到迅速生产十吨"哈拉松"（食用水消毒药）的任务。这个产品已停产十多年，设备、原料缺乏。工人们说：困难再大，没有灾区人民的困难大，我们要急灾区人民所急，想灾区人民所想。厂党委立即组织人力赶制设备，当天，他们就设法从外地拉回了原料，一些对工艺比较熟悉的已经退休的老工人也自动来厂当顾问。全厂群策群力，很快把药品生产出来。第八制药厂生产一批脑震荡急救药"氯酯醒"，原来要三个月时间，干部和工人日夜奋战，全力以赴，三天就完成了任务。

1976 年 8 月 10 日

商业职工大力支援抗震救灾

快装抢运为亲人

市商业储运公司铁路储运部广大干部和群众，听到唐山地区发生地震后，斗志昂扬，发扬了连续作战的革命精神。7月29日深夜二点钟，装卸四班、七班的同志接到了突击装运任务后，立即投入紧张的战斗。虽然这一批物资数量较大，品种又较复杂，但由于大家争分夺秒，抢时间，争速度，忘我劳动，一直干到第二天上午七点钟，仅花了五个小时就装完了五只车皮的救灾物资，保证了及时发运。

干群齐心为救灾

抗震救灾以来，市医药公司延安东路批发部担负着繁重的急救药品的发运任务。经过八昼夜的激战，许多同志都已十分疲劳。8月5日傍晚，他们又接到了要为灾区抢运十五吨药品的艰巨任务。广大职工群情振奋，八天来的疲劳早被抛到九霄云外，纷纷主动请战，表示一定要为抗震救灾继续作出贡献。从干部到青年艺徒，人人争先恐后，抢挑重担，出现了一场干群齐参战，一心为救灾的生动场面。在大家的共同努力下，奋战半夜，完成了抢运任务，保证了次日凌晨飞机准时起飞。

1976年8月10日

战斗的八天八夜

——上海第六人民医院赴唐山医疗小分队给院党委的信

院党委:

我们奔赴唐山市抗震救灾医疗队的三十二位同志，在灾情最严重的唐山市路南区，与当地人民和解放军一起共同战斗，已经有八天了。

八天来，毛主席、党中央对灾区人民的亲切关怀，全国人民对灾区人民的大力支援，使我们每一位同志都受到极大的鼓舞和深刻的教育。大家学习灾区人民“泰山压顶不弯腰”的英雄气概，学习解放军与灾区人民患难与共的革命精神，在抗震救灾的战场上得到了锻炼，思想和政治觉悟有了很大提高。我们全队同志在八天连续作战的日子里，怀着深厚的无产阶级感情，为灾区人民服务。

我们进驻的唐山市路南区红星街道，是地震中心地带，我们就在那里建立了第一个医疗点。指导员老陈带领大家顶着骄阳，清理废墟，同志们赤手空拳搬走了路上的碎砖瓦砾，清理出二十平方米的空地，搭起了两个行军帐篷，马上开始了抢救工作。共产党员小杨，个子瘦小，体重只有八十余斤，但干起活来比大个子还多。共产党员老华，虽然年龄很大，却像小青年一样，日里工作，晚上安排全队同志的工作和生活，度过了一个个不眠之夜。许多同志表示：要在这场抗震救灾的战斗中，发扬“一不怕苦，二不怕死”的革命精神，即使为灾区人民献出生命，也无所畏惧。在党组织的带领下，在共产党员的先锋模范作用的影响下，全体共青团员和群众，都积极投入了抗震救灾的斗争。每天，同志们身上背着红药箱，怀里揣着上海人民送来的苹果，脚踏崎岖不平的瓦砾，巡回在街头巷尾，访病问伤，把毛主席、党中央对灾区人民的亲切关怀送到灾区人民心里。

八天来，同志们夜以继日地工作，大多数同志晚上只睡三四小时，连续几天的战斗，大家眼睛熬红了，眼皮都浮肿了，但没有一个叫苦、叫累。我们三十二位同志是一个革命的大家庭，不分干部群众，不分主任护士，都打成一片，都是抗震救灾的战斗员。平时不论什么事，如搬行李、挑水、搭帐篷、搞卫生等，大家都抢着干，打掉了城市老爷医院的作风，把立足点逐渐移到无产阶级的立场上来。

目前，在当地党组织和解放军的帮助下，我们选定了一块空地，就地取材，开始筹建野战医院。经过几天的奋战，已经初具规模，可以收治病员，可以进行手术。

我们决不辜负毛主席、党中央对我们革命医务人员的信赖，决不辜负上海一千万人民的委托，一定要克服种种困难，树立长期作战的思想，和灾区人民共同奋斗，为建设一个社会主义的新唐山贡献我们的一切！

上海第六人民医院赴唐山医疗小分队全体队员

1976 年 8 月 7 日

在唐山地区参加抗震救灾的上海医疗队员，抓紧救灾工作中的点滴间歇时间，认真学习，……

1976 年 8 月 10 日

抗震救灾献红心

——龙华医院赴唐山医疗队赛诗会诗选

8 月 7 日深夜，唐山地区暴雨倾盆，在机场附近八大处的上海龙华医院医疗队的帐篷内浸水没踝。队员们急忙收拾行军包，把药品、器械等搬移到高处。收拾完毕已是深夜一时多了。几天来，他们战斗在唐山灾区，深受灾区人民战天斗地、重建家园的大无畏革命气概的教育和鼓舞，一个同志提议，以诗歌来表达自己向唐山人民学习的体会，立刻得到了大家的响应。于是，帐外风狂雨猛，帐内诗声朗朗。十五名同志以高度的革命乐观主义精神，站在水中即兴赋诗，开起了赛诗会，共献诗二十八首。这些诗歌充分反映了上海医疗队员热爱毛主席、热爱党，和灾区人民同呼吸共命运的革命精神，表达了他们克服困难，抗震救灾，以艰苦为荣，以艰苦为乐的革命乐观主义精神。下面我们从中挑选了几首：

帐篷外暴雨倾盆，
帐篷内热气腾腾。
句句诗歌寄深情，
红心向着北京城。

抗震前线白衣兵，
夜雨漫帐志更振。
主席著作暖胸怀，
抗震救灾献红心。

唐山人民真英勇，
山摇地动何所惧。
自力更生创奇迹，
重建家园展新容。

野战医疗队，
活跃在唐山，
地震震不倒，

暴雨冲不垮。
全心全意为人民，
红太阳光辉暖心怀。

1976年8月10日

为灾区兄弟厂分担子，把灾区的损失补回来

——上海自行车厂掀起“抓革命，促生产”的热潮

唐山、丰南地区发生强烈地震的消息传到上海自行车厂，引起全厂广大干部和群众的极大关切。当天，党委组织大家学习党中央的慰问电，并提出“震区抗灾，全国支援，我们上海自行车厂怎么办”的问题，让大家讨论。大家表示要学习灾区人民“山崩地裂志不移”的革命精神，用抓革命、促生产的实际行动支援灾区人民的抗震救灾斗争，做到灾区损失我们补。

7月30日，是全月生产的关键时刻。为了替受灾的兄弟厂——唐山自行车厂分挑担子，党委提出要增加产值二十万元、多装整车六百辆的战斗目标。本来，最后两天要完成全月计划的百分之十三已经相当困难了，现在又提出了新的增产计划，这就难上加难。但是，全厂职工怀着对灾区人民深厚的无产阶级感情，在“唐山自行车厂的损失我们补，誓为灾区兄弟厂分担子”的口号激励下，大家进一步行动起来，奋战伏天夺高产，不仅胜利地夺下了超产计划，而且产品质量达到一类水平。

在七月份完成超产计划的基础上，从八月份开始，每月再比原计划增产自行车一万辆，即增产百分之十。这样从八到十二月五个月内，就可增产五万辆，以此来补上唐山自行车厂下半年的损失。目标明确后，全厂立即行动起来。班组工人发扬天大热、人大干的精神，争分夺秒投入战斗。干部纷纷深入第一线，由党委副书记带领的二十多位组室脱产干部，到班组和工人实行三同。油漆后身浸焊组由于设备不正常，影响了生产进度。为了把抢修设备所耽误的时间夺回来，他们轮班吃饭，做到停人不停机。

1976年8月16日

救灾要增产

——十二机床厂以抓革命促生产的实际行动支援灾区

上海十二机床厂党支部带领职工，用抓革命促生产的实际行动支援唐山地震灾区人民，使全厂出现了一派热气腾腾的景象。

唐山、丰南一带发生强烈地震的消息传到十二机床厂后，党支部立即组织职工学习灾区人民抗灾斗争的事迹和《人民日报》《红旗》杂志有关评论和报道，全厂开展了“灾区受损失，我们怎么办”的大讨论。广大职工纷纷表示：灾区损失我们补，一定要增加生产，支援灾区。

许多班组的同志联系灾区人民“地大震，人大干”的革命精神……许多老工人还进行新旧社会的回忆对比。工人们越谈对灾区人民越亲，越谈对社会主义祖国越爱，越谈抗震救灾的劲头越大。工人们提出要把第三季度的产值和产量都超额百分之七十五，双头数控机床要增产两台，产品车间实现装配不吃当月粮，8月份任务实现一增二超（比原计划增加百分之十，超七月份，超去年同期）。群众发动起来了，全厂形成支援灾区抗震救灾的高潮。厂党支部及时总结了群众在斗争中创造的先进经验，加以发扬。这个厂的表牌车间是全厂条件较差的一个车间，烘箱出炉时，温度高达二百度，室温也经常在四十度左右。党支部考虑到车间的困难，曾打算将车间八月份计划减少百分之十。工人们听到后硬是不同意，他们说：“同灾区人民比比，我们的困难算得了啥？不但不能减，还要再增产百分之十二！”为了完成增产救灾的任务，许多同志放弃病假来厂突击生产。厂党支部在全厂推广了这个车间的经验后，立即引起连锁反应，全厂掀起了比学赶帮的热潮。

1976年8月16日

白衣战士情谊深　急灾区人民所急

编辑同志：

在我们这个向阳院里，普遍传颂着这样一个故事。

自从7月28日我们唐山地区发生地震以来，由于饮水不卫生，我们这个向阳院里有些人得腹泻症。上海建工医疗队的余医生知道我们发病情况后，主动到我们这里来，给大家讲防治这种疾病的常识，亲自做饮水和粪便的消毒工作。由于所带药品不多，余医生就采用中西医结合的办法，用中草药治病。没有现成的中草药怎么办？他带着三名红小兵到田里去采，细心地教孩子们如何识别马齿苋和血见愁，以及这两种草药的功用。采了药，余医生又给大家煎好，一碗一碗地送到病人的嘴边。余医生这种阶级友爱和革命情谊，使我们十分感动。大家说：这哪里是普通的药啊，这是上海人民、全国人民支援灾区、关心灾区的一片心意啊！要不是毛主席、共产党的领导和优越的社会主义制度，哪里会有这么好的医生亲切地关心我们，细致地照顾我们！……

晚上，大家坐在一起议论，深为上海医务人员为灾区人民服务的精神所感动，孩子们激动地为这件事写了首儿歌：

毛泽东思想闪金光，
灾区人民全靠党。
阶级情谊深似海，
白衣战士为人民。

唐山市马家屯北后街16号向阳院

8月9日

7月28日下午，组织抗震救灾医疗队的消息传到了上海市徐汇区中心医院。医务人员奔走相告，纷纷报名。共产党员、骨科医生董宏谋一马当先，坚决要求上战场。领导和同志们对他说："你爱人参加赴西藏医疗队还没回来，你再去唐山抗震救灾，家中两个不满十岁的小孩无人照顾怎么行？再说医院工作也很忙。"劝他留下来。可是董宏谋态度十分坚决。他说："抗震救灾是大事，家庭困难是小事。我是一个共产党员，又是骨科医生，现在灾区人民需要我，我应该为灾区人民贡献自己的一份力量。"

他来到灾区后，事事处处急灾区人民所急，想灾区人民所想。有一天傍晚，董医生巡回医疗刚回到驻地，还没来得及喝口水，突然一位伤员的家属急忙跑来。原来他的母亲因地震受伤，造成髋关节脱位，卧床不能起动，要求上海医生去看看。董医生看到病员家属焦急的心情，不顾一天工作的劳累，毫不犹豫地说："我们马上去。"赶到病人那里，只见病人躺在席棚里，一动也不能动。经检查，确是右髋关节脱位。按常规，要在腰麻下才能进行复位。但病人痛苦的面容，促使董医生想到，在现在条件下进行腰麻，对病人要产生一定的危险，因此决定：宁可自己多花一点气力，也要少让病人受点痛苦。于是，他用连续牵引的手法，顺利地进行了髋关节复位。这时，病人紧紧拉着董医生的手，两眼流着激动的热泪，连声高呼："毛主席万岁！共产党万岁！"

董医生在巡回医疗的过程中，时时以白求恩大夫为榜样，对病人满腔热情。他对每个伤员都作细致认真的检查，凡是经过努力可能治疗的病人，他总是千方百计加以治疗。在文化街道沟东里委的一次巡回中，有一位住在瓦堆上席棚里的伤员，叫他一个六七岁的女儿跑来请上海医生到她家去为父亲看病。董医生立即想到，大概她父亲病情严重，于是马上爬上废砖瓦堆，来到了这位病人的身边。经检查，原来是颈椎脱位，四肢麻木，不能行动，需要进行复位。但在现有的条件下，复位有一定的危险性。原打算转院治疗，但病人不愿离开受重伤的爱人，要求就地复位。董医生想：我们应该考虑病人的现有实际情况，于是就冒着风险，大胆、细心地进行了复位。复位后，董医生耐心地在病人身边观察了半个小时，直到病人四肢恢复了活动才离开。此后，他又连续三天上门复诊。目前，这位病人已经痊愈，上班抓革命促生产去了。

1976 年 8 月 16 日

与唐山人民战斗在一起

——记战斗在灾区的上海医疗队

一

在唐山、丰南一带发生强烈地震后的第二天清晨，从上海开出了两列特别快车。车厢里第一批赴灾区抗震救灾的近九百名医疗队员，个个心情激昂，恨不得插翅飞向唐山，与灾区人民共同战斗。

地震消息一传到上海，全市医疗卫生战线的广大医务人员、革命职工、工宣队员和革命干部，个个心情焦急，求战心切。他们一遍又一遍地学习党中央的慰问电，一遍又一遍地学习毛主席……一系列重要指示和《纪念白求恩》《为人民服务》等光辉著作，决心为灾区人民多贡献自己的一份力量。

“我是骨科医生，灾区人民需要我，请党组织批准我吧！”

“我是工宣队员，抢救阶级兄弟是我义不容辞的责任……”

“我是个工农兵学员，党和人民培养了我，现在人民需要我，请批准我到抗震救灾的第一线去吧！”

……

决心书、请战书像雪片一样，纷纷飞向各级党组织领导同志的手里。在市委的直接领导下，在唐山、丰南一带发生地震的当天，就立即组成了一支近九百人的医疗队伍，第二天清晨，带着上海一千万人民的心愿，踏上征途，奔赴灾区。

“车轮滚滚气笛急，医疗队员心急切，肩负重任赴灾区，甘为人民洒热血。”这是黄浦区中心医院的医疗队员在征途中写的战斗诗篇，也是全体医疗队员的共同心愿。

在车厢里，卢湾区妇产科医院党支部书记、工宣队员胡凯军同志显得特别激动。老胡听到唐山、丰南一带发生强烈地震的消息以后，立即向领导提出了申请，要求到抗震救灾第一线去。上级领导考虑到他年龄比较大，又患有多种疾病，劝他留下来战斗，但他坚持要去。老胡恳切地说：“工宣队员应该站在斗争第一线，哪里需要就到哪里去，在紧急关头，更要挺身而出！”在老胡的一再要求下，领导终于同意了他的要求。他顾不上告诉家里，就踏上火车出发了。

灾区是战场，抗震是战斗。赴唐山灾区的上海医疗队的同志们，都像胡师傅那样，用深厚的无产阶级感情指挥着自己的行动。许多同志还没有打开巡回医疗的背包，就踏上了抗震救灾的征途；有些人还来不及换上衣服，就跨进了车厢。国际妇婴保健院医生裘乾金，爱人患萎缩性胃炎，正在住院治疗，家里还有一个六岁的小孩，老母亲也已经八十多岁了。要不要去？他想到了毛主席关于“全心全意地为人民服务”的教导，想到了白求恩大夫舍己救人的国际主义精神，……毅然报名参加了医疗队。

二

时间就是生命。在抗震救灾斗争中，分分秒秒都是宝贵的。为了夺回这分分秒秒，许多医疗队员不顾余震频繁，冒着生命危险，战斗在第一线；为了夺回这分分秒秒，许多医疗队员忘记了吃饭，忘记了休息，几天几夜连续战斗；为了夺回这分分秒秒，许多医疗队员以顽强的毅力克服病痛，带病坚持工作……

邮电医院医疗队的同志们，一下飞机，还没有打开背包，就立即投入了抢救伤员的战斗；华山医院、第一妇婴保健院、市传染病医院、儿童医院的医疗队，一到驻地就立即投入战斗，一直战斗到第二天凌晨。

8月2日下午，一辆卡车风驰电掣般地冲进路北区上海野战医疗队的驻地，解放军战士将一个被埋在瓦砖堆里达一百二十二个小时的开滦煤矿的老工人，送进了华东医院医疗队的帐篷。由于脱水和极度饥饿，这位老工人严重虚脱，生命垂危。一检查，伤员的静脉萎缩，无法输液。这时，其他医疗队员也闻讯赶来，怀着深厚的无产阶级感情，一起参加战斗。为了尽快抢救伤员，他们在队长、指导员的指挥下进行了紧张的战斗，有的为伤员仔细检查，有的跪在地上用热水为伤员擦洗，更好地暴露静脉，有的准备药品器械，……经过大家的共同努力，针头终于进入了静脉，随着葡萄糖和盐水的不断滴入，伤员睁开了眼睛，望着医疗队员，露出了感激的笑容。

在灾区战斗的日日夜夜里，这样的抢救每时每刻都在进行着。灾区的条件是简陋的，但是我们的医疗队员却在艰苦的条件下，充分发挥人的主观能动性，千方百计抢救阶级兄弟，涌现出许许多多动人的事迹。

上海铁路局中心医院的医疗队员周菊华、王玉梅，在为一个纺织女工接生时遇上了难产，在没有接生器械的情况下，她们在直不起腰的席棚里整整战斗了六个小时，大胆地采用切开会阴的方法，顺利地取出了胎儿，保证了母子的安全。

感人的事例在上海医疗队里都可以找出许多。夜已经很深了，但驻在唐山复兴路胜利路口的上海建筑工程局职工医院医疗小分队的帐篷里，还在开展一场热烈的讨论。为了更好地为灾区人民服务，他们决定了几条：开展巡回医疗，访病问伤，送医送药上门，把党和毛主席的温暖送到灾区每一个群众的心坎上；开展预防工作，动员群众大搞环境卫生。第二天清早，他们就抽出了三个同志开始巡回医疗，使一部分无法到医疗站诊治的重伤员得到了及时的治疗。

三

当唐山人民赞扬上海医疗队的革命精神时，上海医疗队的同志说：“如果要说医疗队抢救了唐山的一些伤员，倒不如说是唐山人民教育了我们。”这是一句出自肺腑的话。在唐山战斗的日日夜夜，有多少可歌可泣的动人事情，一直在激励着每个医疗队员。

驻在唐山市机场附近灯光球场的上海杨浦区中心医院外科主任吴传恩，这几天心情一直很激动。到唐山后，他亲眼看到唐山人民战天斗地的高昂革命精神，亲眼看到中国人民解放军在抗震救灾斗争中显示出来的英雄本色，使他受到了极其深刻的教育。老吴曾经抢救过唐山市一位老工人的孩子，这位老工人的爱人和另一个孩子都在地震中不幸遇难了。在这样大的灾难面前，这位老工人没有掉过眼泪，他掩埋好亲人的遗体，把孩子送到医疗队以后，第二天便急急忙忙赶回去了。老吴问他：“孩子还没好，怎么就走了？”他说：

“孩子在医疗队，医生可以照顾，现在国家遭受了这么大的损失，我得赶快回到厂里抓革命、促生产。”唐山人民崇高的革命精神，给了老吴很大的教育，激励着他更好地为灾区人民服务。吴医生今年已经五十五岁了，身体又不大好，下来以后人一疲劳，痔疮就常常脱出，疼痛难忍。但是他从不叫一声痛，日夜奋战，坚持抢救伤病员。同志们赞扬老吴。老吴说，这是唐山人民对我教育的结果。在这样英雄的人民面前，还有什么困难不能克服！

老吴的话说出了医疗队员的共同心声。在抗灾战斗的日子里，同志们每时每刻都感受到唐山人民的这种崇高思想，都有像老吴那样的深切体会。……上海电业职工医院医疗小分队，在抢救中遇到过一位唐山染料化工厂的工人。他在地震以后，和自己的爱人不顾家里房屋倒塌，立刻各奔工作单位，保护国家财产。他对医疗队的同志说：“我和我的爱人都是共产党员，我们都有责任抗震救灾，没有社会主义祖国，哪里还会有我们的家！”许多来治病的群众都再三要求上海医疗队的医生治得好些、快些，好让他们尽早投入恢复唐山建设的战斗。上海医疗队的同志们在灾区现场，以这些大量生动的事例，热情歌颂唐山人民大无畏的革命精神和高尚的共产主义风格，阶级斗争和路线斗争的觉悟有了进一步提高。

唐山抗震救灾的战场，处处都是上海医疗队接受再教育的最好课堂。丰南的贫下中农曾经向上海华山医院医疗小分队的同志们讲起过这样一件感人肺腑的事：二十八日凌晨地震以后，丰南县马新庄大队党支部书记夫妇两人被人抢救脱险，他们不顾自己两个孩子的安危，立即去抢救赤脚医生，结果赤脚医生和队里的大部分群众脱险了，但他们的两个孩子不幸遇难了。贫下中农难过地问党支部书记：“为什么不先抢救孩子？”他说：“救出孩子只是两个人，而救出赤脚医生，就能解救一大批阶级兄弟啊！”马新庄大队党支部书记的英雄事迹，激动得医疗队员们热泪盈眶。他们反复深思：贫下中农对赤脚医生和革命的医务人员这样寄予希望，而我们为他们做了些什么？活生生的事实，使他们深刻认识到，只有真正把立足点移到贫下中农一边来，才能成为贫下中农所期望的医务人员，才能对得起英雄的唐山人民。当他们得知丰南县的一些赤脚医生在地震时遭到伤亡，便立刻将大队的一部分人组织起来，在抢救伤员的同时抽出时间为当地培训赤脚医生，重新建立了卫生网。

1976 年 8 月 19 日

一心想着灾区人民

当唐山、丰南地区发生强烈地震的消息传来之后，市食品一店的共产党员林江振同志为了做好支援灾区抗灾斗争的工作，连日来，他吃在商店，住在商店，日夜战斗在商店，发挥了共产党员先锋模范作用，受到了群众的称赞。

7 月 28 日深夜，该店完成了为第一批奔赴唐山、丰南地区抗震救灾医疗队的食品包装任务，已是凌晨一点多了。“首战告捷”之后，第四党支部支部委员林江振同志刚刚睡下，公司又开来了一辆卡车，要商店支援两百只纸箱，准备装面包于凌晨四时空运到唐山。林江振同志听到这一消息，心想救灾要紧，他立即起床到仓库的每一角落里去寻找，终于凑满了两百只空纸箱，保证了空运面包的需要。空纸箱运走后，林江振又想：如果还需要纸箱怎么办呢？想到这里，老林继续在仓库里东寻西找，又找出了近百只空纸箱，这时已是凌晨三点半了。

8 月 3 日上午，上级党委通知下午有突击任务：午饭前后有几卡车压缩饼干到货，并要求在下午突击包装完毕，随时准备发往灾区。林江振同志接到到货通知后，连饭都没有来得及吃，就带领着二十几个工人师傅推着车子，向卡车奔去。商店领导知道他有高血压病，几次劝他休息，他总是说：“不要紧，我顶得住。”经过大家努力奋战，将饼干都卸进仓库。饭后，他又立即召开了各班组会议，带领党员和职工学习《人民日报》社论《英雄的人民不可战胜》和《红旗》杂志短评《人定胜天》，学习灾区人民地大震，人大干的革命精神。通过学习，他们发扬连续作战的作风，不到两个小时，便胜利完成了七吨半压缩饼干的包装任务。

（市食品一店供稿）

1976 年 8 月 21 日

还有我

——一个医务人员的话

张丛中

列车停一停呵：还有我！

同志等一等呵：还有我！
还有我！还有我！
——北去的列车！

队长呀莫摇手，说什么超过名额，
同志呀莫摇头，说什么年老体弱；
多少阶级兄弟等着去救护，
可别呀，浇灭我心上一团火！

一方有难，八方来支援，
看三山五岳去震区汇合；
我一遍遍读着党中央“慰问电”，
一夜没睡，多少话要说！……

我幼年学语第一句就是呼救，
——抢险走灯影，报警鸣铜锣；
一场地震，死的死了活的饿，
家家随着锣声破！

我儿时迈开第一步就踏洪水，
——屋顶走河蟹，浪里漂雀窝；
一笔地租，地主乘机来勒索，
卡住穷人的脖……

风呼呼，步急急，
队长呀，不知我性格？
想想昨日呵看看今天，
我能在家中安心地坐？！

……还有我！还有我！
列车停一停吧，停一停列车！

哈！队长你点头笑了，

快，车厢里捎上我心一颗！……

1976 年 8 月 22 日

盐

菡　子

……我真正尝到盐的美味，真正了解盐的作用，还是在这次为唐山抗震救灾的弟兄们制造压缩干粮时开始。

那是厂负责人刚把压缩干粮送到唐山回来那天，她给市里的负责同志作了汇报：据反映，很受欢迎的干粮里缺少一点北方同志喜食的咸味，还有一些其他的需要，也希望干粮里有点盐。于是就决定：除了在压缩饼干配方内增加油脂和咸味以外，每箱要加十包二两一袋的精盐，以作调味、消炎、杀菌之用。当晚，味精厂马上承担制盐的任务，第二天送来的盐，塑料袋的缝口还带着烙铁的余热；连夜赶印的说明单，墨迹还未干呢。这一夜有多少同志在忙呵！

我全神贯注地注视着车间里的“一条龙”和流水线的运行，双手捧着一包包的精盐，把它放进从流水线上运送过来的装着压缩饼干的纸箱里。我触摸到压缩饼干和精盐的温热，看着打包师傅那股热乎劲儿，想起工人们在听到唐山、丰南等地区地震后，只花了一天半时间就修好车间里制造压缩干粮用的“一条龙”和流水线的那股干劲，这些，都将随着明天的飞机，带到震区阶级兄弟的手里。在这每块压缩饼干、每粒精盐里，正包含着上海一千万人民的心，同时带去的，也是我们对震区人民的敬意。

……

1976 年 8 月 22 日

我们飞向唐山

——一位飞行员的日记

吴　边

7月28日

……

今晚，真是一个不平静的夜。我们实在按捺不住内心的焦灼，到大队值班室请战来了。里面正开着抗震救灾的紧急会议，铿锵有力的话语，句句都拨动着我们的心弦，不停走动着的电子钟，仿佛催促着我们迅速投入战斗。

不知道我们中的哪一位，早已推开门，于是一个个站到了大队首长的面前，抢着报名。

今天，对我来说还是一个激动人心的夜晚。直到现在，我还清清楚楚地记得大队首长紧紧地攥着我的手："党委决定由你们机组第一次飞唐山，紧急抢运救灾物资，有把握吗？"

"有。首长，放心吧，为了支援灾区人民，就是再大的困难也要飞。我们机组早准备好了，唐山机场的有关资料、数据也已经背得出了，跑道长……"我充满信心地回答。

"更重要的是，我们要记住毛主席、党中央的号召，以阶级斗争为纲，夺取抗震救灾的胜利。你们眼下的任务是睡觉！明天早晨三点半，有人会叫醒你们的。"首长亲切地说。

可是在这样的夜晚，谁也是难以入睡的。……是的，我们是带着毛主席、党中央的亲切关怀飞向长空的呀。此刻，跑道、山峰……我一遍又一遍地把唐山的有关地形背熟，心儿早已飞到了唐山。

戴在手上的夜光表面，莹白闪光的指针在不停地亮着、走着，一秒，一秒，都显得特别慢。走出屋外，看见大队值班室的灯还亮着。我悄悄地走到大队值班室的窗前，只见大队首长正伏在飞行图册前，用铅笔在上面不停地划着，算着，他又仿佛若有心事似地不时地望望墙上那只电子钟。我终于明白了，首长为了让我们安心入睡，自己亲自在守着时间啊！

我望着大队值班室的灯光，再看看机场四周，只见夜空繁星闪烁，灯火愈点愈密。指挥塔台上的灯亮了，运输服务大队的灯亮了，航修厂的灯也亮了。一辆辆满载救灾药品的长车亮着车灯，风吼般地驶进停机坪；长长的机翼边，照明灯亮得如同白昼，机场的装卸人员正在紧急装舱……我的心头一热，眼前仿佛看到中南海的明灯，黄浦江畔的灯火，燕山脚下地震灾区的火把，都像这里一样通明闪亮。

我暗暗下了决心：明天，不管电闪雷鸣，也要冲破重重叠峦迷嶂，胜利地飞向唐山！

7 月 29 日

凌晨，天空还染着一层青灰色。我们机组人员迅速来到了停机坪。

在不平静的一夜中，虽然我们惦念着唐山，未曾合过一眼，可大家毫无一丝倦意。当我们望见在夜雾中闪着银光的雄鹰时，精神更为振奋了。这是我们民航飞向唐山灾区的第一架飞机，首长和同志们也都来了。

我发出了简短的上机口令，同志们敏捷而又利索地步上了雄鹰。我们机组中最年轻的小同志——报务员，又背起了他心爱的草绿色水壶。

我们以最快的时速直向唐山飞去。整个机组人员配合紧密，忙而不乱。那个小报务员，头戴耳机，手提报话筒，不断与地面联系着。他忙得涨红了脸，喊干了嘴巴，可是他顾不上喝一口那只自备水壶里的水，又忙着喊话了。

突然，正当我们飞近唐山地区时，小报务员迅速地传达了地面指挥的指示：由于气候瞬息突变，为安全起见，考虑改航。

不！不能改航。眼前虽有困难，比起灾区人民所遇到的困难来说，算得了什么？此刻，唐山就在我们翼下，唐山人民正在与地震灾害顽强战斗啊！我们一定要以最快的速度安全降落，按时抵达！

在地面指挥的同意下，面对恶劣的天气，争取一次着落成功的战斗开始。同时做好复飞的准备。

银鹰飞入机场上空，开始穿云试降。在大家的配合下，我目视前方，紧握驾驶杆，沿着下滑线，冲破层层浓云，徐徐地下降高度，终于，我们在距离地面很近的低空穿出云层，平稳地降落在唐山机场的跑道上。

一次降落成功了！我们兴奋地打开了机舱，这时机场上的情景，更使我们深受感动。

一大批秩序井然的工人、解放军战士迅速奔到机舱口卸货，虽然刚遭受过巨大的地震灾害，但是他们个个热情高涨，斗志旺盛。在这钢浇铁铸般的人流中，我只感到喜悦、振奋和激动，是的，唐山人民是英雄的人民！

顺着人群看去，可以发现由于地震后缺水，人们的嘴唇都干裂了，我特别看到一位指挥员，他手握喇叭筒，嘴唇已干得裂出了血来，但还是那样顽强地喊着话，指挥着战斗。

一股热流涌进了我们的心头，我们毫不犹豫地提起飞机上的水箱，将一箱箱水，倒入英雄的灾区人民的水壶。我看到小报务员还拎着他那自备的水壶，给那位手握喇叭筒的指挥员递去。从起飞到现在，在紧张的长途飞行中，他还没有喝过一滴水，现在却连回程途中的水也不留一滴。我看着他倒提着水壶，脸带笑容，把水倒入了那位指挥员的水壶，末了，他又把水壶向下按了两下，让最后的一颗亮晶晶的水珠，也滴入英雄的灾区人民的水壶里。

7月30日

今天是唐山地区地震后的第四天。现在，当我写下今天的日记的时候，许多发生在前天、昨天的往事都涌现在眼前。

这都是些很难忘的动人情景。

记得前天中午，我们从唐山飞回机场，引擎刚息，不仅装卸分队的同志迅速开舱装货，候机室的女服务员组成的突击队也起来助战了。一位剪着短发，眼睛里闪着明亮光辉的女突击队员，为了争取时间，也弯着腰挤进了低矮而又闷热的货舱，和男同志一样，跪着装货，汗珠从她的额上不停地淌下来。这时，餐厅、小卖部等各部门的同志都抽空来支援了。大队干部劝她们回去休息，说："这里已经有突击队了。"可她们却响亮地回答："民航战士人人都是抗震救灾的突击队员！"还使我受到感动的是贴在机务中队前门的那份火红般的决心书，那是一个家在地震灾区的年青机械师写的，当他听到亲人在地震中牺牲、负伤的消息时，忍着悲痛，向党支部表示：

家受震灾不悲伤，毛主席关怀记心上！

抗震救灾决心大，誓把机场变战场。

这是一种多么崇高的精神境界！在这样的同志面前，还有什么困难不能征服呢？！

中午十二点，接到指挥部命令，要我们机组临时再增飞一次唐山，运送一批灾区迫切需要的塑料薄膜和器材。首长还告诉我们：这架"729"飞机，是机务中队的同志为了保证不断增加的突击抢运，提前抢修出来的。

盛暑，日头火辣辣的。我们立即整装出发了。银鹰"729"在阳光下熠熠闪光，庞大的机身巍然耸立在停机坪上。忽然，我发现一位脸晒得通红的小伙子伏在滚烫的机翼上，还在作最后的检查。

当我看清这小伙子不是别人，正是那位贴决心书的年青机械师时，我跑上前去，握着他的手，久久说不出话来。原来，这架"729"飞机就是他带着几个机械员，凭着一股顽强的革命精神，连续干了三天三夜，突击抢修出来的。

引擎发动了。我们的银鹰展翅起飞了。

蓝空映银鹰，白云伴我行。我们又看见长江了，又看见黄河了。

我开始要小报务员注意和唐山机场的联络。

“唐山，唐山，我是729。”报务员一面喊话，一面把接收器打开，霎时，喇叭筒里传来一片呼叫声：“唐山，我是北京，我请求降落。”

“唐山，我是新疆……”“唐山，我是广州……”

“唐山，我是空军，……”“我是海军……”

听，今天和昨天相比，抢运救灾物资的飞机又不知增加了多少倍，几乎每隔两分钟就有一架飞机要在唐山机场降落，有时甚至相隔才二十六秒钟呀。北京、新疆、广州、空军、海军……山山水水，凭借展翅的银鹰，架起了一座座团结战斗的桥梁，把全国人民的心紧紧地联接在一起了。……是的，这又是一次难忘的飞行。我当飞行员这么多年，这样的情景却还是第一次碰到啊！

终于，我们听到了地面指挥同意我机降落的指令。我高兴地喊了声：“降落！”

银鹰迅速地向唐山，向机场的跑道冲下去。……

8月2日

……

今天，是我们这个机组第三次飞抵唐山了。准备返航时，我们突然接到地震指挥部的命令：有一批重伤病员要我机迅速地空运到某地。卡车载满了重伤病员驶来了，但使我震惊的是，尽管他们的伤势都十分严重，但谁也没叫一声，哪怕极轻微的一点呻吟声。这是一种什么力量在支撑着他们，使他们忍受巨大的痛苦，战胜伤痛呢？！

一副副担架在我身旁掠过，一个个由医疗队同志搀扶的伤员在我面前走过。此时，机场的四周虽然那样喧闹，可是我却清清楚楚听到这些伤员用共同的声音在表达他们内心的激动：感谢毛主席！感谢党中央！看着，听着，我的双眼湿润了……

没一刻，机舱满了，但还有一些重伤病员没上机安置下来。正午的烈日灼热炙人，机舱内的高温蒸蒸逼人，很快我们调整了位子，挤出了场地，让重伤病员都上了飞机。

忽然，卡车又送来一位重伤的老太太，但此时机舱内再也挤不出地方了，怎么办？能让一个伤员留下来吗？不能！我们果断地作出了决定：拆服务舱！

全部伤员上机了，一位来自开滦煤矿的老工人用那粗壮的手紧紧地握着我的手：“感谢你们，感谢上海人民，感谢全国人民啊。告诉他们，我们已经下矿出煤了！有毛主席的领导，我们永远是‘特别能战斗’的队伍。”

飞机按时起飞了。唐山，就在我们翼下，这时，我才更清楚地看到了唐山！

……

我盼望着再一次飞来唐山！

1976 年 8 月 22 日

列车啊，快奔驰吧

上海冶金设计院　沈飚

告别脉搏急跳的南京路，
告别心潮汹涌的黄浦江，
挟雷电，劈狂风，顶暴雨，
穿平原，跨大河，越高冈，
加速疾转的车轮一路不息，
激情奔放的汽笛四处回响……

列车呵，奔驰吧，快飞向唐山！

你运载的千箱万箱药物食品，
是一千万上海人民突击抢装！
你运载的千件万件衣服帐篷，
是一千万上海人民连夜缝烫！
你运载的千吨万吨建筑材料，
是一千万上海人民手搬肩扛。
列车呵，奔驰吧，快飞向唐山！

看，车窗畔年轻的医疗队员，
早把医药箱紧背在肩上；
听，坐椅上年迈的领导干部，

正激昂地进行战前动员；
呵，车厢里多少支援抗震救灾的战士，
又一次把决心书交给党！

列车呵，奔驰吧，快飞向唐山！

上海与唐山心连心，手挽手，
我们与战友同战斗，共理想；

列车呵，奔驰吧，快飞向唐山！

把团结战斗的汽笛拉得更响，
让人定胜天的炉火燃得更旺，
满载慰问阶级兄弟的深情，
满载支援灾区人民的渴望，
投入党中央部署的救灾战斗，
沿着毛主席指引的胜利航向！

列车呵，奔驰吧，快飞向唐山！

1976 年 8 月 22 日

猛促生产支援灾区

市橡胶工业公司和所属各厂的广大工人、干部支援抗震救灾斗争。

……

这个公司所属许多厂在突击生产救灾物资的过程中，积极发动工人参加管理，生产任务完成得出色。上海乳胶厂胶管小组是专门生产输血胶管的，上半年他们就完成了全年生产计划。为了多快好省地完成今后输血胶管的生产任务，他们决定进行设备大改造。不巧，刚把旧设备拆除，传来了抗震救灾需要生产大批输血胶管的消息。他们响亮地提出，输血管早一天生产，就是多救一个阶级兄弟！他们苦战一周，完成了任务，输血管已提前投入生产。

上海力车胎厂、上海橡胶厂听说上海乳胶厂为使输血胶管能早日生产，需要电焊工，就连忙派了本厂的电焊工，带了电焊机前往支援。上海橡胶制品四厂听说新华医院赴唐山抗震救灾医疗队急需小型医用氧气袋，连夜动员，只用六个小时就制造出来，赶在医疗队出发前送到了医院。北京乳胶厂在地震发生后，一边抗震，一边生产，急需胶管模型，来电报向上海乳胶厂求援。上海乳胶厂发动群众不但连夜赶制了一百二十只模型，而且想到北京乳胶厂在地震后一定会碰到更多困难，我们应该主动帮助，于是厂革委会派出了仅有的一名胶管技术员和一位熟练工人，带了慰问信和模型，前去支援北京乳胶厂。……

1976 年 8 月 23 日

增产 X 光胶片　支援抗震救灾

“我为抗震救灾斗争贡献什么？”目前已成为上海感光胶片厂职工共同思考的问题和一致的行动。为了更好地完成增产 X 光胶片的任务，支援灾区抢救阶级兄弟，这个厂党委……把抗震救灾当作一项重要工作来抓，从路线高度极大地调动了工人群众的积极性。这个厂的三车间是 X 光胶片的主要生产车间，在增产 X 光片的过程中，全车间工人闻风而动，其他车间纷纷主动前来支援。七月底，正是完成当月生产计划的重要时刻，就在这个时候，他们接到了灾区急需一批小规格 X 光胶片的任务。包装间的工人坚决表示：灾区人民需要什么，我们就生产什么，我们多生产一盒 X 光胶片，就能多抢救一些阶级兄弟。他们保证在完成七月份生产计划的同时，把这批小规格的 X 光胶片赶出来。经过连续十二小时的奋战，他们终于赶制了二千盒小规格的 X 光胶片，并及时运往灾区。

1976 年 8 月 23 日

一定要把灾区损失补回来

——本市机床系统掀起支援抗震救灾热潮

……8 月 10 日，上海机床系统上海量具刃具厂接到了生产一百套灾区急需用的颅骨铣刀的任务，厂党委立即开会研究，召开紧急动员会，车间工人听后十分激动，一致表示要争分夺秒，保质保量地完成任务。这批颅骨铣刀技术要求高，时间紧，按照常规需要两个多月才能完成。工人们为了抢时间，两班顶三班，二十四小时连续开工。他们还连夜改革工夹模具，力争奋战二十天，在月底前完成这批救灾急需的医用刀具。四毫米钻夹头是接骨用的重要医疗手术工具，有关救灾部门要求上海机床附件一厂把原计划在第四季度生产的这种医用手术工具提前到九月底交货。这个厂党支部接到通知后，立即召开全厂大会进行紧急动员。没有不锈钢材料，全厂职工千方百计“找米下锅”，劳动力紧张，团员青年主动向厂部请战，把医用钻夹头附件的生产任务全部接了过去，利用工余时间开展共产主义义务劳动。

“灾区困难我们帮，灾区损失我们补。”上海锻压二厂党总支组织全厂干部和群众学习灾区人民“山崩地裂无所惧，泰山压顶不弯腰”的革命精神，广泛讨论“用什么实际行动支援灾区？”他们除了主动向灾区对口单位发信慰问外，决心把京、津两个锻压机床厂由于地震影响的产量补上去……抗震救灾需要大量的翻斗车、铲车、电瓶车等运输工具，增产这些运输工具需要大量的液压泵。上海液压件厂党支部决心发动全厂职工突击增产一千台液压泵，以弥补由于地震给京、津两地的液压件厂第三季度生产造成的损失。……

1976 年 8 月 23 日

任务再重也要顶下来

——记上海味精厂工人突击加工二十吨救灾精盐

8 月 3 日晚上，上海味精厂党总支接到一项紧急任务：四天之内突击加工二十万包精盐（每包一百克），共二十吨，支援灾区急需。当时，许多职工已经下班回家，加上原材料也要向外单位调运，时间紧，任务重，是等到第二天，还是连夜投入战斗？党总支认为：早一分钟加工好精盐发运到灾区，就给抗震救灾增添一分胜利的保证。于是，他们立即召开紧急会议，并作决定：一面组织车辆向协作单位调运原材料；一面分头去曹杨、天山等工人新村向职工报信。广大职工一听到厂里有支援救灾任务，正在纳凉的丢下了扇子，料理家务的放下了家务，大家只有一个共同的心愿，“救灾要紧！”飞快地奔向厂里。

静静的厂区沸腾了，一场支援抗震救灾的战斗打响了。中班的同志不顾疲劳，纷纷留下来请战，夜班工人一人顶二人活，抽出人力支援。“七二一”工大、技校的师生，以及外地在厂里实习的同志也积极参战，先后有近百人投入战斗，呈现一派人定胜天、团结战斗的气氛。许多同志冒着四十多度的高温，一刻不停地战斗在烘箱间、磨粉间，大家为了突击完成加工二十万包精盐的任务，心往一处想，急灾区所急。他们豪迈地说：“任务再重，我们也要顶下来。”疲乏了就洗把冷水面，手足麻了就站起来活动一下，不少体弱多病的老工人也忘记了病痛，坚持战斗。战斗一直持续到五日下午，有一百多人连续战斗二十四小时，终于提前两天超额完成了上级交给的任务。

1976 年 8 月 23 日

在唐山、丰南抗震救灾斗争取得很大胜利的形势下，本市赴灾区医疗队胜利返沪

市委、市革委会和驻沪三军领导同志到车站迎接

在唐山、丰南等地区的抗震救灾斗争取得很大胜利的形势下，本市赴灾区抗震救灾的医疗队，除留下部分队员继续为灾区人民服务外，大部分队员已于昨天胜利返沪。

昨晚，当满载医疗队员的列车徐徐进入上海车站时，车站上红旗飘扬，锣鼓喧天，掌声雷动。市委、市革委会以及驻沪三军的领导同志到车站迎接，并代表上海人民热烈欢迎从抗震救灾第一线胜利归来的医疗队员。

本市赴唐山灾区的广大医疗队员，在抗震救灾的战斗中，认真学习毛主席的一系列重要指示，和灾区人民一起，联系抗震救灾的实际，……进一步提高了阶级斗争和路线斗争觉悟，精神面貌发生了深刻的变化。他们满怀着深厚的无产阶级感情，克服种种困难，全心全意地抢救伤员，无论是在帐篷里、马路旁，还是在田头、村边，哪里有伤员，哪里就

有医疗队员战斗的身影。他们不怕牺牲，不怕疲劳，有的医疗队员几天几夜战斗在伤病员的身旁，有的医疗队员为了使伤员尽快地恢复健康，献出了自己的鲜血，有的医疗队员冒着强烈余震带来的危险，奋不顾身地救护伤员。他们这种公而忘私、舍己为人的革命精神受到了灾区人民的热情赞扬。

广大医疗队员在和灾区军民并肩战斗中，结下了深厚的无产阶级情谊。灾区人民“地大震，人大干，山崩地裂何所惧”的革命大无畏精神，使医疗队员受到了极其深刻的教育。医疗队员们深有体会地说：“如果说医疗队抢救了唐山的一些伤员，倒不如说是唐山人民教育了我们。”抗震救灾的战场处处是队员接受再教育的课堂，广大医疗队员认真向灾区人民学习，有力地促进了世界观的改造。

在胜利返沪的途中，医疗队员纷纷向党组织递交决心书，一致表示，我们人虽然离开了唐山，但唐山军民战天斗地的英雄事迹将永远激励着我们，鼓舞我们前进。……

医疗队员在离开唐山时，当地党、政、军领导同志和革命群众到车站热烈欢送。

上海人民热烈欢迎赴唐山抗震救灾医疗队胜利归来。

1976 年 8 月 24 日

多轧钢　轧好钢　少用煤　少用电

工人们决心以增产节约的实际行动来补回灾区的损失

上钢十厂五车间党支部发动群众狠抓革命，猛促生产，多轧钢，少用煤，少用电，七月份轧钢产量比去年同期增长百分之五点八，每吨钢的电耗、煤耗分别下降百分之五和百分之五点七，共节电二十多万度，节煤三百多吨，同时优质钢的合格率也从百分之六十五左右提高到百分之九十以上。

这个车间今年的生产特点是，任务重，劳动力比较紧张。在困难面前，……工人们苦干加巧干，搞出了增产节约效果显著的六个技术革新项目。在努力增产，大力节约的斗争中，车间党支部遵照毛主席关于“管理也是社教”的教导，带领干部深入车间和工人搞三同。干群一条心，使带钢的产量不断上升。从每小时十六吨，提高到二十吨以上，最高达到二十四吨，创造了班产一百五十八吨的新纪录。这样，用同样的煤和电，就轧出了更多的钢，为人民作出更多的贡献。

最近，当唐山地区遭受地震的消息传来以后，工人们表示，灾区遭受损失我们补，要以增产、节约的实际行动支援灾区人民抗震救灾的斗争。8月7日，这个车间接到一批抗震救灾的轧钢任务，大家立即动手做准备，第二天就完成了这批支援任务，同时还完成了当天的原定生产计划。

1976年8月25日

织袜八厂职工决心为抗震救灾多作贡献　增产再增产　节约再节约

唐山、丰南地区地震消息传来后，织造一班团小组九个团员青年，在三个老工人带动下，8月6日把铺盖搬到厂里，第二天早晨三点钟就起床，四点钟进入车间战斗。按计划，每人每天织纱袜三十五到三十六包，尼龙袜十七到十八包。这天他们平均每人织纱袜四十七到四十八包，尼龙袜二十五到二十六包，超过计划百分之三十以上。

在抗震救灾的战斗中，这个厂的干部和群众一起组成了四十多人的“抗震救灾跃进班”。他们利用厂休日进行突击战斗。许多老工人讲：上海和唐山虽然远隔千里，但我们和灾区人民心连心，唐山的损失，就是上海的损失，我们要以增产节约的实际行动来补。老工人金长囡像年轻人一样，厂休日主动到厂战斗，她一个人就织了尼龙袜二十八包，创造了日产新纪录。

几年来改炉节煤工作不断取得显著成绩的司炉小组，听到地震消息后，大家表示，灾区损失我们补，要节约更多的煤保证车间增产，以实际行动支援抗震救灾。整个司炉小组的同志，天大热，人大干，分内事拼命干，分外事抢着干，天天到基建现场收集废木屑，还派人去拾落江煤，搭在好煤里烧大炉。他们决心八月份不向国家领一斤煤炭。厂休日，他们还自己动手到各车间包扎管道，堵塞“跑、冒、滴、漏”汽的地方，为节约煤炭、支援灾区人民出大力、流大汗。

1976年8月25日

灾区损失我们补　节电节煤多增产

第十丝织厂干部群众学习灾区人民革命大无畏精神，天大热，人大干，增产节约取得成绩。

上海第十丝织厂广大干部和群众向灾区人民学习，……用节电节煤多增产的实际行动来支援灾区。八月份以来，这个厂平均日产量与历史上最高日产量相比，超过了百分之二点四三，每天节电百分之十，节煤百分之五。

唐山、丰南地区发生强烈地震后，力织车间第六小组首先向全厂提出倡议，要以……大战高温，增产节约的实际行动支援灾区人民。全厂职工热烈响应，纷纷贴出了响应书、决心书。广大干部、群众坚定地表示：要学习灾区人民“地大震、人大干”的革命精神，“不怕天热节煤电，大干快上多织绸”，“灾区损失我们补，争分夺秒作贡献”，做到合理部署生产，千方百计节煤节电，力争三季生产超二季。

现在，节电节煤多增产已成为这个厂职工的自觉行动。力织车间的工人在操作中加强巡回，做到少拆糙，节约原料多增产。力织二工场的同志为了节电，对每部织机的后机身的电灯做到随手关掉。大炉间的工人把供汽的每个阀门都重新作了检查，防止漏汽现象。他们还根据生产情况，做到合理供汽，操作中做到勤加煤，匀加煤，最近每天用煤量比原来节约百分之五。食堂职工更发扬勤俭节约的革命精神，在烧过的煤渣中一颗颗拣出还能烧的煤粒，每班拣出十多斤，继续使用。

1976 年 8 月 25 日

闸北发电厂工人向开滦工人学习夺取安全发电新胜利

本市闸北发电厂广大工人、干部，以开湾煤矿工人英雄抗震救灾的大无畏精神为榜样，……正在进行“一二五”工程会战。正当会战紧张进行的时候，厂里的一号油泵房突然出现有坍方危险，给全厂安全发电带来极大威胁。在上级党委直接关怀下，全厂职工学习唐山灾区人民英勇抗灾的革命精神，集中一切可能集中的机具，打一场油泵房抢险的人民战争。附近的人民解放军和贫下中农，也前来支援，电力建设公司、建工局、运输公司等单位闻讯也前来参战。经过一周奋战，已抛大石块一千五百余吨，排水坞河床已升高，险情大有好转。

广大运行第一线的同志也纷纷以保证安全、经济、多发电的实际行动支援灾区人民。为了争取多发电，他们抓紧时间分别清洗了五台发电机的空气冷却器。现在全厂职工……鼓足更大的干劲，采取更多的措施，夺取安全发电、省煤节电新成绩，支援灾区人民。

1976 年 9 月 3 日

杨浦区手工业局系统大力支援抗震救灾

连日来，杨浦区手工业局系统的广大群众和干部，……以实际行动支援灾区人民的抗震救灾斗争。……

向阳电器厂党支部接到上级要求他们在短期内生产两千台简易电风扇，支援灾区的通知后，立即召开誓师大会。工人们表示宁可瘦掉几斤肉，也要按时完成任务。……伟光五金厂在提前七天保质保量完成了包装手术床的塑料袋任务后，又完成包装各种医疗器械塑料袋一万五千五百二十只的任务，并超额完成了五百二十只。

1976 年 9 月 3 日

大力支援灾区恢复生产突击生产深井泵电机

人民电机厂职工……继第一批十七台深井泵电机以后，第二批一百二十六台深井泵电机又于上月三十日全部装配检验完毕，运往唐山、丰南等灾区。

这家厂生产的 10JQS 深井泵电机，是矿井抽水的必需设备。唐山等地区发生地震后，为了抢救矿井，急需使用这种电机。广大职工为了支援灾区人民，开展了一场赶制深井泵电机的会战。……各车间成立了突击队，抢时间，争速度。使第二批一百二十台任务在十几天时间内就提前超额完成。现在，全厂职工正在再接再厉，增产深井泵电机，为支援灾区人民恢复生产作出更大的贡献。

1976 年 9 月 3 日

五天突击抢修二十辆运煤车

上海市汽车运输公司修理厂的广大干部和群众，勇挑重担，敢打硬仗，在短短的五天时间内，突击大修了二十辆运煤汽车，用实际行动支援了抗震救灾斗争。

由于抗震救灾的需要，最近，上级给这个厂下达了一个任务：急需在一周内大修十九辆解放牌汽车，投入抢运煤炭的战斗。这是一场争时间、抢速度的战斗。……

当天晚上总装大组一马当先，组长带领七十多个同志挑重担，很快把十九辆车子分解开来，打响了突击抢修的第一炮。车身大组的铜工青年不怕苦，不怕累，一天敲出十五只“叶子板”，两天半修好二十一只解放牌驾驶室；接着又苦战两天，突击完成十只交通牌驾驶室。

1976 年 9 月 3 日

伟大军队“雷锋”多

——抗震救灾医疗队员的笔记

沪南医院　蔡亚美

7 月 31 日，我们一到唐山，就立即奔赴六五〇部队医院和解放军战士一起投入抢救工作，并肩战斗了十一天。每当紧张的工作完毕后，我激动的心情总是难以平静，无数解放军战士在抗震救灾战斗中一不怕苦，二不怕死，夜以继日，舍己救人的许多英雄事迹，总是深深地教育着我，激励着我。因此，在紧张战斗的空隙中，我记下了一些动人事迹，使这些事迹能永远激励自己前进。

（一）

昨天（注：8月3日）是震后的第六天。一清早，二病室收治了一位因抢救阶级兄弟而不幸受伤昏迷的解放军战士，他的右面颊部被水泥板砸了一个大裂口。护送他来的另一位解放军战士为我们叙述了这个同志负伤的经过：二十八日凌晨，唐山发生强烈地震以后，他们部队立即强行军冲进唐山，投入了紧张的抢救战斗。他们不怕余震的威胁，不断地用起重机吊，“千斤顶”顶，用手刨、挖，从倒塌的房屋下面救出了许多阶级兄弟。这位战士以钢铁般的坚强意志，连续战斗了五天五夜。昨天早晨，这位战士在抢救一位阶级兄弟时，余震又发生了，可这位战士为了抢时间抢救阶级兄弟，不顾余震阵阵，断墙摇晃，始终坚持战斗在摇摇欲坠的残墙边。这时，一块水泥板坍下来，砸伤了这位战士。但他刚从昏迷中醒来，首先惦念的是阶级兄弟有没有抢救出来。今天，我怀着激动的心情为这位英勇的战士进行治疗。由于伤口感染了，这个战士的整个面部肿胀得很厉害，并发了高烧。但是这位战士在换药过程中始终一声不吭。我一边换药，一边感动得泪水忍不住流了下来：真是一个满腔热忱为人民，英勇顽强战病魔的钢铁战士！只有中国人民解放军才有这样的硬骨头。

（二）

接上级领导指示，一部分重伤病员要转往外地治疗，使他们能更快地恢复健康。解放军同志闻讯后，立即在极短的时间内组织好车辆和陪送人员。全体解放军战士都出动，帮助伤病员装茶水，送干粮、水果。大家抬的抬，扶的扶，送伤员上汽车。汽车发动时，战士们和伤病员都依依不舍，真是阶级情谊深啊！

开车的时候，天气很热，所以伤病员都没有准备盖被，谁知到了火车站，因临时有变化，要到第二天早晨才有火车。北方的天气是早、晚冷，中午热，气温变化可达十度。夜渐渐来临了，这时军医小董看到伤病员什么都没有盖，他立即毫不犹豫把身上披的雨衣和穿的军装脱下来盖在伤病员身上。于是一件件雨衣，一件件军装都盖到了伤病员的身上。夜深了，气温急剧下降。这时，在漆黑的夜色中，只看见一队穿着背心的人民解放军在冷风里，冒着露水不断跑步，哆嗦的嘴唇冒着热气。跑累了，歇一会儿，感到冷了就再跑，就这样，他们一直在安全阀中坚持到天明。就在这一天一夜中，他们把自己水壶里的水都让伤员喝了，干粮也给了伤员，夜晚，却又饥又渴地在月台上跑到天明。伤病员看到这情景不由得激动万分。分别时，伤病员们都握着解放军的手，流下了热泪说：“天大地大不如党的恩情大，河深海深不如阶级友爱深，人民解放军对我们比亲人还亲哪！”第二天当我们知道了这一动人的事迹时，不禁被人民子弟兵热爱人民的深厚无产阶级感情而激动得热泪盈眶。

……

1976 年 9 月 3 日

拖拉机汽车工业公司职工发扬“全国一盘棋”风格 掀起支援抗震救灾的热潮

本市拖拉机汽车工业公司广大职工，学习灾区人民的革命精神，发扬“全国一盘棋”的共产主义风格，……以实际行动支援抗震救灾的热潮。

8 月 19 日上海丰收拖拉机厂接到了一批紧急支援灾区的拖拉机任务，厂党委立即把休息在家和留在厂里的职工集合起来，当天晚上，就抓紧调试出六十多台拖拉机。全厂职工奋战四十八小时，在兄弟单位的密切配合下，迅速准备好了三百台拖拉机。8 月 21 日下午，职工们敲锣打鼓，把三百台崭新的丰收 35 型拖拉机从厂里开往上海南站，运往唐山，支援抗震救灾。上海救护车厂在 7 月 30 日，接到了突击向灾区支援救护车二十三辆的任务，全厂干部和群众立即投入紧张的战斗。全厂上下不分工种、不计报酬，在烈日暴晒下，在火烫的水泥地上，调试车子，经过两天的努力，就完成了二十三辆救护车的装配和调试工作，于 8 月 5 日晚上，准时发往灾区。上海摩托车厂坚持……充分发挥党员的先锋模范作用，把支援抗震救灾的工作搞得热气腾腾，首批摩托车已经及时运往灾区。

1976 年 9 月 3 日

上海港工人、干部支援灾区多作贡献，胜利完成 8 月份生产任务

……

上海港各基层党组织还发动群众，认真学习党中央给灾区人民的慰问电和中央报刊有

关的社论和报道。许多工人说："我们同灾区人民心连心，一定要急灾区人民所急，战高温，夺高产，以抓革命促生产的实际行动全力支援灾区人民。"上港五区工人奋战十一小时，给大庆四十号轮装淡水一万吨，使该轮提早驶往灾区。白莲泾装卸站和上港六区的工人，得悉"长安""新都"两轮在沪卸空后要装运支援灾区的物资时，响亮地提出："我们一定要争分夺秒，提前卸空，早卸完一分钟，为灾区人民建设新唐山多赢得一分钟。"经过奋战，分别提前半天到一天完成了卸货任务。港务局团委还组织全港团员、青年五百多人，成立了十八支青年突击队，在上港三区工人的配合下，一连干了七个工班，胜利卸完了为灾区人民赶制药品用的六千五百吨纯碱，创造了卸碱的新纪录，为抗震救灾作出了贡献。

1976 年 9 月 4 日

努力增产厉行节约，学习唐山军民共产主义精神

本市各条战线纷纷举行报告会

连日来，本市各条战线纷纷举行报告会，请本市赴唐山抗震救灾医疗队员，宣讲唐山灾区军民以人定胜天的大无畏革命气概抗震救灾的英雄事迹。……

在宣讲中，他们用大量事实，热情歌颂伟大领袖毛主席、党中央对灾区人民无微不至的关怀，歌颂社会主义制度的无比优越，……介绍了唐山人民在严重的自然灾害面前，临危不惧，公而忘私，奋不顾身地抢救国家财产和阶级兄弟，以大无畏的革命气概，排除万难，迅速恢复生产的战斗风貌。还介绍了中国人民解放军和灾区人民群众心连心，军民共同战斗战震灾的情景。并汇报了自己向唐山军民学习的体会。他们的宣讲受到全市各条战线广大群众的热烈欢迎。

唐山军民的革命精神和先进事迹深深教育了上海广大军民。各条战线的同志纷纷表示要向英雄的唐山人民学习，向伟大的中国人民解放军学习，……在支援抗震救灾斗争中作出重大贡献的上海百万产业工人，在听了宣讲以后，进一步激励了斗志，响亮地提出："灾区的困难就是我们的困难，灾区的损失我们补。"纷纷投入增加生产、厉行节约的战斗。建工局的干部和群众听了宣讲报告后，纷纷要求到灾区参加重建唐山的战斗，并表示要抓紧今年最后四个月，完成和超额完成国家计划。文艺工作者表示要创作反映灾区人民与天斗、与地斗、与阶级敌人斗的革命精神和战斗风貌的文艺节目，使文艺更好地为工农兵服

务。教育、卫生等战线的广大群众，也决心以灾区人民为榜样，满腔热情地支持社会主义新生事物，把教育革命、卫生革命进行到底。

1976 年 9 月 6 日

定要救活英雄民警

8 月 6 日清晨，中国人民解放军上海第二军医大学医疗队刚到唐山灾区，就收到了一名患严重破伤风的生命垂危的伤员。他是丰南县的一名公安战士，强烈地震发生时，他脚上负了伤，但一被抢救出来，就立即投入了抗震救灾斗争，没日没夜地战斗，抢救出不少阶级兄弟。地震发生后的四五天里，他始终没有休息，直到病倒前的一刻，他还在战斗。医疗队员听了有关同志介绍，心情都十分激动，大家表示：一定要救活这个英雄民警，使他早日重返战斗岗位。在医疗队党支部的支持下，抢救组的同志们针对当时破伤风抗毒血清少的困难，提出了一个针刺、中草药和破伤风抗毒血清并用的治疗方案。许多同志立即动手采集草药。别的医疗队的同志闻讯以后，也将自己仅有的破伤风抗毒血清送到了二军大医疗队。

经过一天的抢救，老董的抽搐渐渐被控制住了。但是，第二天清晨，老董突然脸色青紫，嘴唇哆嗦。原来他的肺部并发严重感染，大量浓痰阻塞气管，产生了窒息现象。时间就是生命。医疗队员们立即毫不犹豫地切开老董的气管，吸出了浓痰。为了防止再度发生窒息现象，医疗队员们日夜守护在老董床旁，用脚踏简易吸引器或注射器为伤员吸痰，终于解除了危险。在那紧张抢救的日日夜夜里，同志们寸步不离病床，无微不至地进行护理。大家只有一个心愿，让英雄民警早日恢复健康。许多同志抢着给老董拆洗被褥、衣服，翻身、擦身。……经过十几个昼夜，董胜风终于脱险了。他从昏迷中苏醒过来时，高呼“毛主席万岁！”医疗队员也激动得振臂高呼：“毛主席万岁！”

在唐山的上海医疗队，积极投入抗震救灾战斗，在抢救伤员过程中，还满腔热情地支持革命新生事物，主动培训赤脚医生。

1976 年 9 月 6 日

当好抗震救灾“先行官”

上海铁路分局以灾区人民为榜样，战高温夺高产，取得好成绩

上海海运局油轮船队抓革命促生产创月度油运量历史最高纪录

上海铁路分局广大干部和群众，……战高温、夺高产，努力搞好铁路运输，以实际行动支援灾区人民的抗震救灾斗争。七月份以来，在上半年客货运量创造历史最高纪录的基础上，又创造了客货列车到发正点率达到百分之九十五以上的良好成绩。

七、八月份正值高温季节。为了支援灾区人民的抗震救灾斗争，这个分局担负了比平时更繁重的运输任务。……他们顶烈日，战高温，鼓足干劲，挖掘潜力，努力搞好铁路运输生产。上海东站广大装卸工人说：“灾区的困难就是我们的困难。” 8月5日，这个站一个班就卸了大米车三十一辆，比平时翻了一番。上海机务段、南翔机务段的乘务员们响亮地提出，天大热，人大干，宁掉几斤肉，不丢运行线，以实际行动支援灾区人民。他们战高温，干满点，你追我赶，力争上游。1355机车包乘组的同志主动向党委要求，“四班任务三班顶”，他们不怕疲劳，连续作战，从南翔到南京的尧化门，接连往返了三个来回。真如车站的职工大干、苦干加巧干，连续五天超额完成卸车任务，其中两天突破日卸车二百辆的大关。分局领导成员和机关干部都分期分批深入班组，跟班劳动，为了保证工农业生产和人民生活用煤的需要，在车辆十分紧张的情况下，八月份接连向北方排送了大量空车，超额完成排空任务百分之二十，保证了北煤南运的需要。

上海海运局油轮船队广大干部和船员以实际行动学习灾区人民的大无畏精神，战高温、斗恶浪，有力地促进了运输生产的发展。全队今年一至八月，油运生产直线上升，月月超额完成月度运输计划，八月份又创造月度油运量的历史最高纪录，比月度计划提高百分之三十三点三，与去年同期相比，增长百分之二十八。

……

七月底，为了保证上海、南京等炼油厂原油供应，在秦皇岛港的大庆二十九、四十七、五十、五十三号等轮的广大船员，发扬灾区人民困难面前不低头的革命精神，在余震不断的情况下强行靠泊，并克服余震对装油带来的危险，不分昼夜，突击抢运，使原油一船一船地抢运出来，既保证了秦皇岛港油罐区的安全，又支援了炼油厂生产。地震也局部影响了铁路运输，许多中小油轮的船员学习灾区人民的共产主义风格，急国家所急，想灾区人民所想，毅然担任了由火车疏散成品油的任务，有力地支援兄弟省市工农业生产和抗震救灾斗争的需要。

1976年9月6日

三天增产一百八十只大线圈

上海整流器厂一车间

8月19日，上海整流器厂党委主动向电器公司党委提出要求生产一百八十只电抗器中的绕线和浸漆任务。为了用实际行动支援灾区，他们表示要在8月25日前完成任务。

……

过去绕这种大线圈，一人一天最多绕三只，在会战第一天，绕线组创造了不少新纪录……浸漆间为了不拖生产后腿，全组同志出大力，流大汗，日夜苦干。工人们把绕好的线圈及时浸漆上烘箱，每天在摄氏一百度烘箱旁连续苦干，不下火线，出色地完成了浸漆任务。由于车间工人的苦干巧干，这一百八十只电抗器大线圈，只用了三天时间就完成了。

1976年9月6日

上海无线电十三厂突击完成两台TQ－15计算机

上海无线电十三厂广大干部和工人日夜奋战，用二十五天时间突击完成了上级下达的给国家地震局提供两台TQ－15计算机的紧急任务，为抗震斗争贡献了力量。

TQ－15计算机是一种用来计算地震数据的电子计算机。这个厂接到突击生产两台TQ－15计算机紧急任务后，厂党委立即向全厂干部群众进行了动员，并召开了“以阶级斗争为纲，抗震救灾誓师大会”。……突击TQ－15计算机的会战打响后，会战领导小组的成员坚持战斗在第一线，同广大工人群众一起为提前完成紧急任务努力奋战。经过全厂干部和群众奋战，只用了二十五天时间就突击完成了两台质量优秀的TQ－15计算机。

1976年9月6日

上海开关厂十五天增产三百台高压开关

8 月 14 日，上海开关厂接受了支援灾区的三百零二台高压开关的任务，要求在月底完成。要在完成当月生产任务的基础上，半个月内再增产三百零二台高压开关，任务确实十分艰巨。

全厂上下出现了“少睡觉，多流汗，要为救灾多贡献”的热气腾腾的生动局面。厂技术组为了抢时间搞设计，连续奋战了二十多个小时完成了全部设计任务。厂团委、厂民兵团组织了突击队，睡在厂里，日夜战斗，供应科落料工段的职工接受任务后连夜落料，在一个晚上干了过去一星期所干的活，单是从每个人手中搬运的铁板就有一百二十吨重。在全厂职工的努力下，比原计划提前二天就完成了增产三百零二台高压开关的任务。同时，也超额完成了八月份的产量、产值指标。

1976 年 9 月 6 日

救灾如救火　增产再增产

上海第一制药机械厂

上海第一制药机械厂的职工……决心以抓革命促生产的优异成绩支援灾区人民。八月份在完成月度生产计划的同时，增产了五台单冲压片机和七百副冲头。工人们又提出，在确保完成九月份五十台十九冲压片机生产计划前提下，再增产二十台十九冲压片机，为使灾区人民早日恢复健康作出贡献。于是，厂里立即成立了一个抗震救灾领导小组，规定：不论本市或外地药厂，凡属抗震救灾需要的配件，厂里有，马上给，没有的立即投产，决不拖后腿。

目前全厂职工已经行动起来，一百多人报名参加义务突击队。全厂呈现了一派热气腾腾的革命景象。

1976 年 9 月 6 日

老矿工的坚毅形象

8月6日下午，儿童医院赴唐山医疗队队员小陆向病房走去，准备对一个刚动完手术的老矿工进行护理，可一进病房，却发现老矿工不见了。人到哪儿去了呢？这时，另一个伤员递上了一张纸条，上面写着："感谢上海医疗队的精心治疗，可我一秒钟也躺不下去，我要为建设新唐山而战斗！"……

这个老矿工是开滦煤矿的工人，地震发生时，他被碎砖多次砸伤，左上臂也被划了一条六厘米长的裂口。对此，他全然不顾，带伤坚持在矿上工作。后来，医疗队员在巡回医疗中发现了他的伤口，才把他送到医疗队的驻地为他施行缝合手术。手术即将开始，徐医生准备为老矿工上麻药，想不到老工人一把抓住了徐医生的手，坚持不肯上麻药。他说："这点痛算得了什么！把药留给更需要的伤病员吧！"……

一天中午，医疗队员小徐在巡回医疗时，发现一位六十九岁的老大娘全身都被压伤，整整九天九夜都俯卧在床上，一直没翻过身。小徐考虑到，老大娘很可能发生褥疮。他看在眼里，急在心里，决心为大娘解除病痛。他冒着余震的危险，往返七里路，回队取来止痛药，赶到大娘家给她注射后，为老大娘翻了身。小徐在大娘的腹肌旁，发现了一个八厘米长、二厘米宽的伤口。马上缝合吧，没带手术器械，回队取吧，已累得眼冒金星，汗流浃背。这时，老矿工的形象浮现在小徐的眼前，"要以实际行动向'特别能战斗'的开滦煤矿工人学习。"小徐冒着酷暑，再次赶回驻地取来手术器械，第三次来到大娘家，迅速进行缝合手术。二十分钟过去了，伤口闭合了，大娘的脸上露出笑容，连声称赞："你们真是毛主席派来的好医生。"

1976年9月6日

学习英雄　为抗震救灾多贡献

上海医疗器械厂团委

前段时间，……传来了唐山、丰南地区发生强烈地震的消息。7月31日，厂党委召开动员大会后，广大团员、青年贴出了一张又一张的请战书、决心书，响亮地表示：我们医械工人多流汗，灾区人民就少流血。我们一定要不计时间，不计报酬，争时间，抢速度，为抗震救灾多作贡献。

技术组党支部把一百台手术床的零件加工任务全部交给青年突击队。三十八个突击队员摩拳擦掌，挥汗大干，三班并作两班做。有二十二个团员、青年连续二十四小时工作，疲倦了，就用冷水冲冲头。团员小江钻眼子，铁屑飞进了眼睛，肿痛得难受，医生给他两天病假，可他想到灾区人民“山崩地裂志不移，泰山压顶不弯腰”的英雄气概，忍着伤痛，坚持战斗。双脚残废的团员顾云明，为了赶造手术床，扔掉拐杖坐在地上干。一台手术床装完了，他就用双手撑地挪到另一台。别人劝他休息一会，他坚定地说：“时间就是生命，我们早一分钟造出手术床，就能多拯救一个灾区人民，就能减少一个残废病人。”……青年小王这次被分配到五车间造型，他白天参加翻砂，下班后回到本部门参加突击，投入抗震救灾战斗，决心争取早日参加共青团。……在厂党委的领导下，我们在 8 月 8 日就提前两天完成了加工一百台手术台的任务，及时给灾区医疗队提供了战斗武器。……

1976 年 9 月 7 日

燎原灯具厂职工，努力增加生产，补回灾区损失

……燎原灯具厂车间车工一组八月份计划生产五千套 B3C 防爆灯，为了支援开滦煤矿全面恢复生产，他们主动要求再增加一千套防爆灯。配件组和试制组工人大搞技术革新，分别试制成功六孔攻丝专用装置和具有国内先进水平的 6W 双管自移支架防爆灯，为我国采煤照明现代化闯出了一条新路子。

1976 年 9 月 9 日

乐为救灾挑重担

……

7 月 29 日傍晚，红江服装商店接到整理赶制大批服装支援灾区的紧急任务后，整个工

场立即行动起来，一些病假和休息在家的职工闻讯赶到商店。大家不顾一天工作的疲劳，不顾天热流汗，以高度的政治热情，最快的速度，连夜整理出各种服装六千六百十五件。31日上午，商店又接到赶运一千二百件服装的任务，并要求在当天上午十一时半以前运出。时间这么紧，任务这么重，但同志们说：“时间紧，体现了毛主席、党中央对灾区人民亲切关怀的迫切心情；任务重，体现了毛主席、党中央支援灾区人民的坚强决心。灾区人民的困难就是我们的困难，抗震救灾，我们义不容辞。”大家说干就干，在党支部的领导下，立即行动，整理服装，清册造单，包装成箱，及时把这批救灾服装运了出去。8月2日又接到在三天内赶制五百件服装支援灾区人民的任务，工场同志又以饱满的政治热情，争分夺秒地投入了战斗。许多同志清晨六点多钟就赶到工场，裁剪组同志精心裁剪，车工同志认真缝制。拷边任务比较繁重，但拷边工人们说：“想想灾区人民的英勇抗灾斗争，这点困难算得了什么！”后工段同志千方百计挤时间，抓紧做好准备工作，加快收发速度。经过努力，终于提前一天超额完成了赶制这批服装的任务。

1976年9月9日

支援灾区大家有份

唐山、丰南地区发生强烈地震以后，上海第十六五金商店接到来自工厂增加要货的电话多了。上海玻璃厂为增加生产抗菌素瓶子要重修锅炉，急需钢板网等商品供应；上海医用光学仪器厂因突击生产膀胱镜、血球计数室，急需供应近十种规格不同的锉刀……

这些商品，商店供应了一部分。还有一部分由于规格特殊或暂缺，一时供应有困难。怎么办？同志们说：我们虽不能到唐山去直接支援，但也要为灾区人民出力，千方百计做好商品供应工作，为生产救灾物资的工厂大开绿灯。他们在商店“工管组”的建议下，派出下厂服务员调查研究，了解生产需要，并在上海医院设备厂召开了抗震救灾厂厂物资调剂会。上海医院设备厂生产血压表，急需圆板牙五块，由于规格特殊，到处找不到。调剂会上提出要求后，上海合金轴瓦厂的同志发扬“龙江”风格，帮助解决，有力地支持了生产。自力塑料电器厂为灾区生产十五万只拉线开关，急需十三万件平元机螺丝。会上提出后，立即得到许多厂的支援。真是一厂求援，各厂相助，为了共同的目标，支援唐山灾区阶级兄弟。

1976年9月9日

我们与唐山人民心连心

——记上海有线电厂职工奋战传真机的事迹

……

8月13日，上海有线电厂接到了上级下达的一项紧急任务：要以最快的速度，拿出八台122型传真机，支援唐山人民抗震救灾斗争。

消息传开后，一张张决心书、请战书，像雪片一样飞向党支部、厂党委。广大职工坚决表示：要学习唐山人民“地动山摇何所惧、泰山压顶不弯腰”的革命英雄气概，誓为抗震救灾多作贡献。

传真车间广大职工为了让灾区人民迅速听到毛主席、党中央的声音，发扬了不怕疲劳、连续作战的革命精神。许多同志来不及回家安排，就夜以继日地干了起来；本来病休的同志也放弃病假；有的在局里刚刚开完会，就赶回厂里和大家一起挑灯夜战；被人们称为“不知疲倦”的总装组长徐永敏师傅，积极争挑重担，哪里任务最重，他就在哪里出现，连续奋战了五十多个小时，同志们拉他去休息，他说什么也不肯。他说：“支援抗震救灾的任务没完成，我睡不好。”患有严重的多次强阳性胃出血的调试组长顾剑峰，不顾家属有病需他照顾，也不顾自己的疾病，坚持战斗到底。生产中，大家边攻关，边调试，三天中连续攻下了十多个技术关。焊接组为了防止虚焊，工人们用无水酒精对焊线板不厌其烦地一块一块清洗，一块一块调试，对不可靠的零件坚决换，对不合理的线路坚决改。

当传真机车间的工人、技术人员为唐山地区突击赶制传真机的战斗打响后，其他车间、部门的群众也都行动起来了。他们把传真机车间遇到的困难，当作自己的困难。在各车间、部门负责人带领下，纷纷来到传真机车间，主动服务上门。在赶制八台122型传真机的战斗中，厂里的各级领导干部，始终和广大工人、技术人员战斗在一起，既当指挥员，又当战斗员，哪里有困难，就出现在哪里。在全厂职工共同奋战下，只花了三天时间，就提前完成了八台122型传真机生产任务。厂党委又特地派人乘飞机把传真机送往唐山，支援唐山人民的抗震救灾斗争。

1976年9月10日

沪南电表厂广大职工，积极赶制矿灯电表 支援灾区抗震救灾

……

8月中旬，这个厂接到唐山开滦煤矿恢复生产需要一批矿灯电表的紧急任务，并要求原定五十天交货的任务提前到二十天内交货。……大家提出了“灾区困难我们帮，灾区损失我们补，灾区精神我们学，灾区需要我们做”的战斗口号。……零部件一时供应不上，他们一方面与协作单位联系，另一方面清仓查库，挖掘潜力；外加工任务紧迫，厂里两位女同志连夜带了六十多公斤重的部件赶赴外地加工；设备工夹具不够，技术组和金工组的同志抢修赶制；人手紧张，各车间支援人力，团员、青年利用业余时间组织青年义务劳动突击队。在全厂职工的共同努力下，这个厂既超额完成了8月份的生产计划，又提前完成了赶制矿灯电表的任务。

1976年9月10日

第二节
《文汇报》摘要

抗震救灾立新功

8月4日清晨，在虹口区中心医院赴唐山抗震救灾医疗队的队伍中，有一个斗志昂扬的青年医生，显得格外激动，他就是在云南巡回医疗一年后刚回到上海的放射科负责人张慕亮同志。

张慕亮同志今年6月才从云南回来，感到胃痛乏力，吃不下饭。经拍片诊断是胃窦炎和胃溃疡，一直请病假，准备作系统治疗。7月28日，党中央给灾区人民的慰问电传来后，院党总支进行了抗震救灾的紧急动员，他再也坐不住了，急匆匆地找到了党总支负责同志，坚决要求批准他参加医疗队。他豪迈地说："我要做到南征刚回又北战，抗震救灾立新功。"由于放射科没有任务，他没有被批准。

第一批赴灾区医疗队出发后，张慕亮又多次来到党总支、党支部，坚决要求第二批去。……

8月3日下午，张慕亮正病假，在宿舍休息，但一听到总支同志从区里开会回来，说需要一名能独立诊断，又会修理X光机器的医生参加医疗队，他马上找到总支、支部负责同志，表示："我符合条件，应当让我去。"领导上问："你身体不好，吃得消吗？"他毫不犹豫地回答："灾区人民等着我们，我这点小病算得了什么！"领导经过研究，批准了张慕亮参加第二批赴灾区医疗队。

1976年8月5日

上海广大人民猛促生产，大力支援唐山等地抗震救灾斗争，决心在毛主席为首的党中央领导下，同灾区人民团结战斗，夺取更大胜利

据新华社上海1976年8月5日讯 ……唐山、丰南地区发生地震的消息传来以后，上钢五厂广大职工立即研究了以实际行动支援灾区人民、支援国家建设的措施。今年以来月月超额完成生产任务的一车间工人说，灾区人民的困难就是我们的困难，我们要……抢时间，争速度，多炼钢，炼好钢。一号电炉正在停炉大修，干部和工人一起日夜奋战，三次修改计划，力争提前完成大修任务，早日投产。工人们还把原来炼一般电炉钢的四号炉，突击改装成炼不锈钢，8月1日就炼出了六炉优质不锈钢。上海医疗器械厂的工人们为灾区赶制手术床。一台手术床有1200个零件，正常的生产周期至少要一个月，但是，工人们为了尽快满足灾区人民的需要，纷纷向厂党委请战，决心在十天之内完成一百台的任务。

全厂的工人们争先恐后地登台发言，表示坚决用抓革命、促生产的实际行动支援灾区。生产急救药品的上海长征制药厂的工人们豪迈地提出："……天气大热人大干，定叫天灾把头低！"支援灾区的第一批任务下达后，工人们怀着深厚的阶级感情主动加班，突击增产。检修工人把行李搬到厂里，睡在机器旁，保证机器正常运转。连日来，这个厂生产的盐水葡萄糖注射液以及代替血浆的右旋糖酐注射液等急救药品，产量分别猛增三成到五成。

上海江南造船厂的工人，正在为建造两条万吨轮而奋战。他们在灾区人民坚韧不拔、英勇抗灾的革命精神鼓舞下，意气风发，斗志昂扬，克服了时间紧、任务重、人手少、气温高的困难，在7月31日下午把"长青""长顺"两条万吨轮同时推下水，创造了抓革命、促生产的新成绩。8月2日，修船安装车间六工段青年前哨班的工人，又向全厂贴出了题为《灾区人民英勇抗灾，我们造船工人怎么办》的倡议书，表示……发扬"全国一盘棋"的共产主义精神，以高昂的战斗姿态，再接再厉，多造船，造好船，尽快地把地震造成的损失夺回来。

上海丰收拖拉机厂今年上半年拖拉机的产量、产值都比去年同期增长20%以上，7月份拖拉机产量又创造了历史上最高月产水平。灾区人民英勇抗震的革命精神，进一步鼓舞他们战高温，夺高产。进入8月份以来，全厂生产纪录不断涌现，技术革新蓬勃开展。工人们表示，一定要在今年实现千人厂万台机，为社会主义祖国多作贡献。

……全市工交、财贸、文教卫生和各物资供应单位，全力以赴调集、赶制和抢运急需的救灾物资。市商业一局和所属百货、医药等采购供应站与药材、服装、鞋帽、五金交电等公司的领导干部，深入仓库、车站、机场、码头，参加救灾物资的突击发运工作。全市

交通战线广大干部、职工斗志昂扬地投入运送救灾物资的战斗。大批医疗器械、食品、药物、服装、塑料薄膜等救灾物资，日夜不停地源源运往灾区。上海人民坚定地表示，有毛主席为首的党中央的英明领导，有毛主席革命路线的指引，全国人民团结一致，发扬自力更生、艰苦奋斗的革命精神，一定能够排除万难，战胜严重的自然灾害，在社会主义大道上胜利前进。

1976 年 8 月 6 日

唐山来信

上海第一批赴唐山抗震救灾医疗队到达灾区后，立即向本单位领导报告了他们同灾区人民一起，积极投入战斗的情形。这里选登的是几封来信的片断。

多为灾区人民作贡献

院党委、革委会各位领导同志：

我们全体二十多位同志，在火车上听到了毛主席、党中央对灾区人民的亲切关怀和慰问的消息，受到非常深刻的教育，为我们去战胜困难，更好地为灾区人民服务增添了力量。

到了灾区以后，我们亲眼看到灾区人民和人民解放军指战员以党中央慰问电为强大的政治动力，英勇奋战、不怕牺牲、排除万难，积极投入抗震救灾战斗的精神，给我们增添了搞好工作的信心和决心。全国各地源源不断地运来了各种抗震救灾物资，大力支援灾区。这一切，充分体现了社会主义制度的优越性。

根据指挥部的安排，我们与杨浦中心医院、国际和平保健院、吴淞医院等兄弟医院，负责一个医疗片，从搭帐篷开始，样样都自己干。目前，已初步建起了急诊室、简易手术室、药房、观察室等。因这里地处交通要道，每天来就诊的轻重伤员达三四百人。同时还要担负家庭病房的治疗工作，工作量是很大的。但同志们个个精神饱满，斗志昂扬，决心在这场抗震救灾的斗争中锻炼自己，改造自己，多为灾区人民作贡献。

这里的生活是比较艰苦的，但是在团结起来的革命人民面前，任何困难都是可以克服的。我们一定以艰苦为荣、吃苦为乐的精神，与灾区人民同甘共苦，共同战斗。

我们一定向英雄的唐山人民学习……

上海市第一人民医院赴唐山抗震救灾医疗队

发扬勇敢顽强的战斗精神

院党委：

我们医疗队29日上午乘列车出发，30日到达天津杨村站。然后改乘飞机前往唐山，大家恨不得长上翅膀，以最快速度赶到唐山灾区。

途中，我们受到了很深刻的教育。只见地面上到处是人和车辆，空中是飞机，大家怀着深厚的无产阶级感情，以最快的速度把水和粮食、药物等，运送到唐山。据介绍，灾区人民捧着毛主席、党中央和全国人民送来的食物，禁不住热泪滚滚，感谢毛主席、党中央对灾区人民的深切关怀，感谢全国各地人民的大力援助。我们听了极为感动，决心和灾区人民团结在一起，战胜自然灾害。

下午六时，我们终于进入了唐山，大家虽然一天没吃饭，有的同志在飞机上还呕吐，但仍然精神饱满地投入战斗。深夜十二时半，我们奉命到丰南县抢救伤员。经过夜行军，第二天五时半到达目的地。我们的帐篷就设在病员之中，这里就是病诊区。我队医护人员不怕苦，不怕累，不怕脏，给病人擦身，洗伤口，病人握着医护人员的手，感动得哭了。尽管我们碰到的困难是很大的，吃的是高粱粥，但没有一个人叫苦，大家都以旺盛的斗志，坚持二十四小时值班，顽强地战斗着。

瑞金医院赴唐山抗震救灾医疗队

1976年8月6日

抗震救灾当尖兵

连日来，上海第二医学院附属第三人民医院收到一封封赴唐山灾区医疗队的来信，现摘录如下：

院党总支：

……我们即将到达目的地了，大家的革命热情都很高，表示决不辜负上海一千万人民的委托，全心全意为灾区人民服务。严重的自然灾害吓不倒我们，胜利一定是属于我们的。

临战前夕表决心，抗震救灾当尖兵，

愿洒满腔革命血，誓将丹心献人民。

这就是我们全体同志的誓言。

……7月30日凌晨一时许，我们赶到救灾第一线后，不顾旅途的疲劳，立即不分昼夜地抢救伤病员。大家决心发扬一不怕苦、二不怕死的革命精神，夺取抗震救灾的完全胜利，这就是我们30位同志的决心，请党组织考验我们……

……这几天，天气酷热，但大家都争分夺秒地抢救伤病员，每天工作十二小时以上，真是天大热，人大干，同志们为伤病员服务的热情，比这大热的天还要热几倍。

我们都住在野外，在草棚里为抢救伤员进行手术，大家只有一个信念，为灾区人民贡献自己的一切。

战斗就是考验，我们决心在这次抗震救灾战斗中磨练自己，改造自己……

1976年8月6日

穿云破雾送深情

7月29日清晨5点整，民航上海管理局第五飞行大队一中队机长、共产党员印和生和他的战友们，跑步登上装满了支援唐山、丰南受灾地区医药食用物品的飞机，加足马力，冲破云雾，紧急起飞了。

这是满载着党和毛主席对唐山、丰南一带受灾人民的深切关怀，带着上海人民对灾区人民的深情厚谊，从虹桥机场起飞的第一架飞机，也是这天满载着急救物资将要在唐山机场降落的第一架飞机。

206号飞机全速前进，唐山机场很快就展现在眼前。领航员小闵，一边俯瞰着受灾的唐山地区，一边自言自语地说："到啦，再过十几分钟，急救物品就可以送到灾区人民的手中了。"正在这时，意外的情况出现了：转瞬间乌云把唐山机场遮盖住，云层很低，能见度很差。这给飞机着陆造成了很大的困难。面对这种情况，是继续前进，争取按时着陆，还是调头返航，等天气好转后再飞来？这是个既关连到灾区人民的生命安危，又关系到206号飞机飞行安全的重大问题，怎么办？

206 号机组的同志们没有被突然出现的困难吓退。他们心红胆壮不畏难，越是艰险越向前。机长印和生认为，只要充分发挥人的主观能动作用，在一定的条件下，困难是可以转化为顺利的。他一面紧握驾驶盘，一面默默地背诵着毛主席关于“下定决心，不怕牺牲，排除万难，去争取胜利”的教导，决心应急着陆，把急救物品安全及时地运送到受灾人民手中。他们经过认真的分析研究，立即在空中制定了新的着陆方案，并规定了应急着陆的安全措施。

全组在机长的指挥下，向恶劣天气展开了一场英勇的搏斗。他们个个精神抖擞，人人全神贯注。机长注视仪表，精心操纵飞机沿着下滑线，徐徐下降；领航员小闵一面进行精确的航行计算，一面严密监视着领航仪表的指示，及时地发出修正航向的口令；机械员老席一边注意搜索跑道，一边注意仪表反映和判断动力装置的工作情况；报务员小王及时与地面取得联系。就这样，经过全组同志的密切协作，团结战斗，终于使飞机在距地面四十五米的低空穿出云层，平稳地降落在唐山机场的跑道上。

“毛主席派来的飞机安全着陆了！”

“感谢毛主席、党中央的亲切关怀！”

“毛主席万岁！毛主席万万岁！”的口号声，此起彼落，响彻云霄。

上海工人誓作灾区人民的坚强后盾

万吨淡水心连心

河北省唐山、丰南一带发生强烈地震后，上海海运局油轮船队的广大干部和船员认真学习中共中央给地震灾区人民的慰问电，怀着深厚的无产阶级感情，承担了大庆四十号轮装运淡水支援灾区的任务。大庆四十号轮在获港修理了两个半月，前几天刚回到吴淞口外抛锚，原计划挂浮筒进行扫尾修理。船员们已有两个半月没有回家了。30 日晚上，海运局和船队党委在船上进行动员后，大庆四十号轮的干部和船员纷纷贴出决心书。他们坚决表示：海员工人和灾区人民心连心，灾区人民等着我们，阶级兄弟盼着我们，我们一定要用最快的速度把淡水送到灾区。

要把装运成品油的船改运淡水，就要洗舱。大庆四十号轮共有十五个大舱，舱里的温度达摄氏四十度以上，要在很短的时间内，在闷热的条件下完成洗舱，是一项十分艰巨的任务。

7月31日清晨，停泊在航修站的大庆四十号轮和前来参战的其他船队和船队机关职工共三百多人，展开了一场声势浩大、热火朝天的洗舱战斗。大家浑身油污，挥汗如雨，心往一处想，劲往一处使，汗往一处流；入夜，又加强力量，连续作战。

原来上级要求大庆四十号轮用三天时间完成洗舱任务。由于参加洗舱战斗的广大干部和船员大干苦干拼命干，提前一天多便移泊装水。大庆四十号轮在燃料站广大职工和消防队、上港五区、上海船厂等兄弟单位的大力支持下，顺利地装了一万一千吨淡水，于8月2日下午6时胜利启航，把上海人民的深情厚谊带给了灾区人民。

抢运饼干争朝夕

7月29日下午1点，上级党委给上海益民食品四厂下达了在四点钟前拿出6万斤饼干赶运机场，支援灾区人民的突击任务。

“抗震就是命令，时间就是生命！”那天上午，全厂干部、工人听了中共中央给地震灾区人民的慰问电，心情激动万分。厂党委紧急动员后，工人们立即行动起来。仓库成了战场。运输组、成品仓库和原料仓库早班、日班和中班的同志，病假和在外值勤刚回来的民兵同志，都集合起来了；动力车间一支由支部书记带领的突击队开到了仓库；各车间、部门、组室的工人、干部，都主动投入了突击行列。不到三十分钟的时间，一支由二百人组成的支援队伍，聚集到了仓库。

这是一场需要经得起繁忙而不紊乱考验的突击战。成品仓库的同志，采取了收、发不分家，做到了既快又不出错。负责运输工作的同志实行装卸不分工，平时不上卡车的“老弱病残”，也当起了装卸工。这样，只用了不到一个半小时，在下午四点钟前，16辆卡车、60834斤饼干按时送到了机场。

赶制帐篷快又好

7月28日晚上7时多，上海东湖塑料制品厂党支部副书记老王下班回家，刚端起饭碗，附近静安区中心医院有个同志找来了，说：“老王，有件急事找你商量。”

“什么事？”

“唐山、丰南一带发生地震，我们医疗小分队马上要赶到灾区抢救阶级兄弟，急需要塑料帐篷……”

没等那个同志说完，老王放下饭碗，一把抓住他的手，忙说：“行！为了抢救灾区的阶级兄弟，天大的困难，我们一起顶！”两人快步如飞地赶到医院。老王赶忙和厂里通了电话。

工人们早已下班了。住在厂里的共产党员小许一接到电话，赶紧去找住在厂附近的工人。听说是支援灾区的阶级兄弟，青年工人小宋顾不得吃饭，就往厂里奔；刚开好刀上班不久的小叶，忘记了伤口还在发炎，立即投入战斗；许多老工人都放下手里的家务赶来了。

7 点三刻，汽车载着制作帐篷的塑料薄膜急驰到厂。十多个工人早已摩拳擦掌，作好了一切准备工作。

本来，这家厂是专门生产塑料雨衣的，医疗小分队所需要的那种四米长、三点九米宽、二点六米高的大帐篷，从来没有生产过，但是，为了支援灾区，这点困难算得了啥！大家紧张而有秩序地战斗：放料的放料，裁剪的裁剪，熨烫的熨烫，还千方百计想办法，合理计算，原来只能做两只帐篷的原料，省下料又做了第三只帐篷。车间里闷热异常，但大家一丝不苟地工作，经过三个多小时的战斗，赶制了三顶医用大帐篷，支援了灾区。

管子虽小情谊长

上海橡胶制品五厂是生产医用橡胶制品的工厂。唐山、丰南一带发生强烈地震后，他们接受了生产一批导尿管、双束三腔管、十二支肠管、血压计球、简易呼吸气球的紧急任务。时间就是生命，党支部成员立即深入班组，和工人们一起学习中共中央给灾区人民的慰问电，一起投入支援抗震救灾的战斗。

生产一根导尿管要经过十三道工序，工艺复杂，而且要在四十度的高温下操作。面对困难，工人们说："我们的困难再大，也没有灾区人民的困难大。我们多生产一根导尿管，就能多抢救一个阶级弟兄。"这个小组原来做常日班，现改做二班制，产量增加一倍。其他车间也抽出了十几名工人支援导尿管小组。有的工人还带病坚持工作。一些退休工人主动回厂参战。退休工人黄静微听说要生产导尿管支援灾区人民，立即赶到厂里参战。她和大家一样提前上班。刘彩娥患有高血压病，但她为了早日把这些医疗用品送往灾区，每天都提前上班。广大干部和工人说，导尿管是"救命管"，管子虽小，但与灾区人民血肉相联，我们一定要抓紧时间多生产。

1976 年 8 月 7 日

父子同上阵

8 月 4 日，在开往唐山灾区的列车上，一位头发花白的医生正在同一位青年医生谈心，互相勉励，要在抗震救灾中作出成绩。他们是谁？那个年纪大的是静安区余姚地段医院伤科医生徐仲南，那个青年是他的儿子，市六医院的医生。徐医生的儿子在他父亲之前被批准参加救灾医疗队。当徐医生听说灾区急需伤科医生的消息时，心情无法平静。他想：救死扶伤，是我们革命医务人员的职责。灾区需要伤科医生，我就应该到那里去战斗。可是我和孩子都走了，家里就只有老爱人一个人，行不行？他把自己的想法和爱人、孩子说了，老爱人不但不阻挠他，还鼓励他和孩子一起去，多去一个医务人员，那里的伤病员就少受一分痛苦。于是，徐医生立即向单位报了名，要求和儿子一起到灾区去战斗。现在，他的愿望已经实现。

1976 年 8 月 7 日

上海铁路分局职工满怀深厚的无产阶级感情全力做好救灾物资运输工作

唐山、丰南一带发生强烈地震后，上海铁路分局广大职工把灾区人民的困难，看成是自己的困难，与灾区人民心连心。他们……以抓革命、促生产的实际行动支援灾区人民。松江中心站、南翔编组站等许多单位，积极组织职工认真学习中共中央给地震灾区人民的慰问电和《人民日报》《红旗》杂志有关社论、短评，学习灾区人民抗震救灾的大无畏革命精神，对广大职工进行一次“人定胜天”的思想教育。同志们豪迈地表示：灾区有困难，我们要争挑更重的担子；灾区的损失，我们要抓紧补回来。这几天，列车到达比较集中。他们在全市团员、青年的支援下，组织高产运输会战，千方百计卸好车，多卸车，保证了南车北调。上海东站装卸三班，8 月 5 日一个班装卸的大米，比平时增加一倍。真如站 8 月 2 日以来，卸车任务天天超额完成，8 月 3 日卸车二百二十一辆，创造了历史最高水平。

上海铁路分局广大职工满怀深厚的无产阶级感情，全力以赴，做好抗震救灾物资的运输工作。连日来，分局党委多次召开紧急电话会议，向各基层党组织讲形势，交任务，要求坚决保证去灾区的医务人员和救灾物资优先运送。党委领导同志深入现场，亲自指挥。7 月 29 日凌晨 4 时 30 分，上级领导要求这个分局当天八时前将八百多名医务人员送往灾区。任务下达后，这个分局的广大干部和工人豪迈地说：“时间紧，我们抢；任务重，我们挑；为了支援灾区人民，再大的困难我们也能克服。”分局领导同志和调度所同志一起，临时安排运行线，派机车，调车厢，组织乘务人员。经过三个小时的紧张战斗，两列满载医务人员的专车，分别于6时45分、7时20分，安全地从上海站始发。7月31日晚，上海站行李房接受了四百七十五件急救药品的装运任务。为了按时完成任务，他们决定将药品装上刚刚到达的46次旅客列车。但列车停留时间只有二十二分钟，在完成正常装卸作业的同时，再装这么多药品，困难确实不小。但工人们坚定地说：“救灾如救火，时间就是生命。”大家鼓足干劲，分秒必争，按时装好，保证列车准点开出。

1976年8月9日

地大震，人大干，战高温，夺高产
本市钢铁工人以抓革命促生产的实际行动支援抗灾斗争

……唐山、丰南地区发生强烈地震后，上海广大钢铁工人十分关心，许多单位……以抓革命、促生产的实际行动，支援灾区人民抗震救灾斗争的誓师大会。大家纷纷表示：灾区人民的困难就是我们的困难；灾区的损失，就是我们的损失。我们一定要……战高温，夺高产，把革命和生产搞得更好，补回自然灾害所造成的损失。

连日来，奋战在烈火熊熊炼钢炉前的上钢一厂第三转炉车间的工人同志，大战高温。为了支援灾区人民，上海医疗器械七厂急需一批不锈钢薄板，这种薄板从熔炼到轧制成材，需要一个半月的时间。上钢三厂的同志知道后，立即主动承担任务，第二薄板车间的同志抢时间、争速度，干群一条心，三班一股劲，奋战一昼夜，提前两个星期完成了轧制任务。上钢五厂广大工人急灾区人民所急，突击生产了一批医疗用的钢材。

为了支援灾区人民的抗震救灾，上海冶金系统的广大职工抢挑重担。灾区需要一批通讯用的钢丝，上钢二厂职工不讲条件，不怕困难，立即投入组织生产。上海异型钢管厂把灾区的订货全部提前安排生产，目前已有五批任务提前完成。战斗型钢厂、上耐一厂、上耐二厂、上海冶金第二机修厂等单位，也以抓革命促生产的实际行动，支援了灾区人民的抗震救灾斗争。

1976年8月9日

本市轻工业系统职工积极生产救灾物资
用实际行动支援灾区人民

……日前，已有大批饼干、压缩饼干、葡萄糖、塑料袋、桅灯、汽灯、电池、电筒、热水瓶等抗震救灾物资，源源不断地运抵灾区。

……上海益民食品四厂接受了要在短期内生产大量压缩饼干支援灾区的任务。在全厂职工的努力下，第一批生产任务及时完成。最近，这个厂根据灾区人民的需要，对压缩饼干的配方重新进行了调整，增加了一定比例的油脂和食用盐的含量。

“地震就是命令，时间就是生命。”7月30日下午3时，上海皮件十一厂接到生产塑料袋的任务，工人们闻讯后，纷纷赶到厂里，连夜干开了。大家立即改装放长了高频焊接机，原计划要在31日下午正式投产，可是在广大群众的努力下，当天晚上十时就投入了生产，31日上午已发运灾区一千多只塑料袋。上海酵母厂酵母车间正处在一年一度的大修期间。7月31日，该厂接到要求生产灾区所需的鲜酵母的任务。厂领导立即发动干部和工人进行突击，只花了一个小时，就把一吨鲜酵母和半吨干酵母送到了飞机场。

1976年8月9日

灾区损失我们补

……

“灾区损失我们补”，这句话体现了社会主义制度的优越性。工人们说，唐山人民的困难，就是我们的困难；唐山人民的损失，就是我们的损失。……“灾区损失我们补”，反映了工人阶级“人定胜天”的无穷力量。

1976年8月10日

商业职工寄深情

……

上海市第一商业局、第二商业局系统成立了29个救灾工作班子，各有关基层单位每天值班和突击运输人员有1200多人。7月28日，医药采购供应站接到发运急救药品和器械的通知后，站党委领导同志带领一批干部和群众，立即投入战斗，分头从各个仓库提货装车，从中午一直干到第二天凌晨，通过专机和火车把五批药品和器械发往灾区。市农资公司在7月30日晚接到急电，要求在31日发运一百吨塑料薄膜。该公司从机关到基层，到处是一片紧张的战斗场面。人们只有一个信念：快！快！迅速把急需物资送到阶级弟兄手中。经过通宵战斗，到次日凌晨，〔他们〕就胜利完成了任务。

……到8月5日，市医药公司延安东路批发部为了发运急救药品，已连续激战了八昼夜，傍晚，又接到要为灾区抢运15吨煤酚皂溶液的任务。……干部和群众争挑重担，谁也不肯下火线。……

1976年8月10日

全力以赴抢救阶级兄弟

院党委暨全体同志：

我们中山医院抗震救灾医疗队全体同志带着上海一千万人民对灾区人民的慰问和深情厚谊，于7月30日下午4时到达唐山。我们医疗队分三个小队，一队和三队被分到丰南县，二队留在唐山机场待命。根据丰南县委的安排，我们主要负责县城几个街道的医疗救护工作。

目前，我们除了巡回医疗和一般疾病处理外，还要开展手术和一些重大疾病的治疗，办成野战医院。我们尽量做到当地伤病员就地治疗，不转出，还接受其他医疗队转来的伤病员。这里灾情较重，医疗机构和医疗力量的恢复和重建，需待时日，所以我们全队同志都做好了长期作战的思想准备。

这次地震灾害虽然严重，但灾区人民以泰山压顶不弯腰的革命精神，团结战斗，积极恢复生产和交通运输，出现了无数可歌可泣的英雄事迹，谱写了一曲壮丽的共产主义凯歌。在这样严重的自然灾害面前，我们听到的不是哭声，而是“毛主席万岁！”“共产党万岁！”的欢呼声，是“组织起来，抗震救灾夺丰收”的口号声。贫下中农告诉我们，地震发生后，他们首先抢出的是毛主席的像。我们在巡回医疗时，看到很多人家把毛主席的像挂在帐篷前，他们衷心感激毛主席和党中央的亲切关怀。他们说，要是在解放前就只有病死饿死，或外出乞讨，而现在人心安定，精神饱满，生活有保障，全靠毛主席领导得好。

我们一到驻地，立即开展医疗工作，抢救阶级兄弟。由于随身带的药品和器材不足，工作上有很多不便，大家就自力更生，自制小夹板，节约每一点物资材料，为更多的伤员服务。急性尿潴留病人较多，而我们仅带了两根导尿管，同志们就开展针灸治疗，收到良好效果。大家都很疲劳，但不怕苦，不怕累，坚持战斗，从不叫一声苦。女同志除了和男同志一样开展医疗工作外，还主动关心大家的生活。全队同志团结战斗，精神状态很好，特别是学习了《人民日报》社论《英雄的人民不可战胜》，更受到一次共产主义思想教育。大家纷纷表示：灾区人民需要我们做什么，我们就做什么，需要我们留多长时间就留多长时间，不完成任务决不回上海。

上海第一医学院附属中山医院赴唐山、丰南抗震救灾医疗队
1976 年 8 月 11 日

把党的温暖送到灾区人民的心坎上

7 月 31 日凌晨，我们三十二名医疗队员，接到上级命令，立即从唐山机场赶到受灾现场。虽然两天两夜没有睡眠，但大家怀着对灾区人民的深厚情谊，顾不得休息、吃饭，不怕疲劳，立即投入战斗。同志们说：时间就是生命，震灾就是命令，哪里需要就到哪里战斗！我们只用了两个小时，就因陋就简地开设起门诊、病房、手术室。有的医疗队员冒着烈日炎热，在帐篷里抢救伤病员，送医送药到现场，为灾区伤病员服务。三天来，我们已诊治伤病员一千余名。有的伤病员经过抢救，转危为安，伤病员同志及家属激动得热泪盈眶地说：“感谢毛主席、党中央从上海派来的医疗队。”目前，我们根据抢救任务的需要，划分三个战斗队，设立三个抢救治疗点。三个战斗队的同志发扬人定胜天的革命精神，日夜奋战，废寝忘食，向严重的自然灾害作顽强的斗争，……把毛主席、党中央的温暖送到

灾区人民的心坎上。

……不少同志为了抢救病人，从早上一直到深夜，连续作战，把心贴在病人身上。共产党员蔡永泉同志说："山崩地裂何所惧，泰山压顶不弯腰。任何艰难险阻都吓不倒我们！"灾区工人阶级战天斗地的革命精神，更鼓舞了我们的斗志，我们虽然连续几天没有睡觉，但精神饱满，医疗队员把地震灾区当战场，哪里有病人，哪里就有医疗队员，不管环境多么艰险，天气多么炎热，仍然坚持为病员服务……

目前，唐山地区仍有余震，在严重的自然灾害面前，每个医疗队员都经受着严峻的考验。就在这样的关键时刻，我们立即召开队干部、党员骨干会议。会上，外科医生陈国柱同志首先响亮地说："只要灾区人民需要，哪怕山崩地裂，泰山压顶，我们都能挺得住。"

……

南市区赴唐山抗震救灾医疗队

1976年8月11日

全力抢救，转危为安

8月3日晚上8点半钟，驻在唐山市路北区的上海虹口区中心医院医疗队的医务人员正在忙碌地为伤员治疗。突然，有个解放军战士急急忙忙地闯进来，要求他们立即出诊去抢救伤员。原来，这天上午，解放军战士在煤矿医学院家属宿舍的废墟里找出了一个名叫白海明的十岁小男孩，被挖出来时，他已被压在瓦砾里六天六夜，心跳十分微弱，心率每分钟达一百六十多次，血压与脉搏都已测不到，生命垂危。解放军同志立即进行了就地抢救。但是由于医疗条件的限制，小海明随时有可能发生意外。

虹口区中心医院医疗队的指导员杨永年立即表示："尽最大努力抢救伤员，这是我们义不容辞的责任！"医疗队员闻讯后也纷纷请战。在短短的几分钟里，他们就根据可能发生的意外，迅速准备好急救药品和医疗器械，医疗队队长、外科医生韩士章率领四个同志，立即跳上汽车，向煤矿医学院飞驰而去。

……白海明的生命处于危急之中，经过初步抢救，他的心率仍达每分钟120多跳，体温经常波动，右肺呼吸音粗糙，血压很低，神情呆板。由于147个小时没有吃喝，白海明严重脱水，脑、心、肾也出现缺氧症状。医疗队一到，立即投入了抢救，并根据病人的情况，采取了一系列急救措施，一直忙到深夜十二点多钟。

第二天一清早，他们又赶到唐山机场，向上海医疗队大队部和河北省抗震救灾指挥部汇报情况，并迅速给病人送去了代血浆、人体白蛋白以及其他急救所需的药物和器械。下午，医疗队的儿科医生、内科医生等几个同志，又顾不上休息，用扁担挑着显微镜等医疗器械，冒着炎热，步行去解放军驻地，继续给病人诊断、化验和进行各种治疗。经过两天的抢救，白海明终于脱离了危险，得救了！这件事在灾区人民中流传着，激动着多少人的心！许多同志听到这个消息后，情不自禁地连声高呼："毛主席万岁！""共产党万岁！"

虹口区中心医院医疗队的同志之所以能发扬全心全意为人民服务的精神，协助解放军搞好抢救工作，这绝不是偶然的。……这次，他们一踏上赴灾区的火车，就在车上召开会议，进行战前动员，还在车厢里挑着扁担、扛起背包，作行军演习。7 月 31 日，他们一到唐山市路北区，就立即到附近灾区进行巡回医疗，直到深夜两点钟才回到住处。有个同志抢救病人心切，夜里出诊时不慎，一头撞在木桩上，鲜血直流，可他丝毫没有停顿，忍着痛，继续朝前赶路，直到给伤员看完病后，才给自己进行包扎。灾区的群众看到这个场面，不禁流下了激动的热泪。

1976 年 8 月 14 日

祖国处处是亲人

8 月 6 日深夜，忽见一个十七八岁的姑娘怀里抱着一个未满周岁的婴儿，手里拎着一个沉甸甸的包袱，急匆匆地来到上海市纺织局第二医院急诊室。

"我是从唐山来的，这个小孩是唐山抗震救灾指挥部托我带到上海来找亲人的。"医务人员听说小孩是从唐山灾区来的，大家都怀着深厚的无产阶级感情围了上去，争着把小孩接到怀里。

原来，这姑娘是杨浦区建设中学七六届学生，名叫张玉囡，这次放暑假，到唐山探望爸爸妈妈。唐山遭受地震后，张玉囡离唐山返沪。临上车时，唐山抗震救灾指挥部的同志托她把小孩带到上海寻找祖父、祖母。小张怀抱着婴儿，整整两天一夜没有休息。她一到家，饭顾不上吃，脸顾不上洗，放下行李，立即把小孩送到附近的纺织局第二医院看病。医务人员急灾区人民所急，想到孩子是革命的后代，一定要全力进行治疗，关心她，爱护她，以实际行动为抗震救灾贡献一份力量。外科医生立即对孩子头部伤痕进行了认真的检查，仔细的包扎；内科医生为孩子检查心肺后，又给她洗脸、擦身；护理人员忙着给孩子吃药、换洗，还想办法弄来牛奶和粥汤喂孩子；睡觉时，他们伴随在孩子身旁，哄她睡觉，时时注意孩子的动静，唯恐她从床上摔下来。

第二天一清早，孩子被转入儿科病房。因为孩子头部受伤，一般应属于外科收治。但小儿科病房的医务人员，怀着高度的革命责任感，把孩子抢抱在手里，留在小儿科病房，再次请外科医生检查了伤口，进行了换洗包扎；看到孩子的眼睛破了皮，又请五官科的医生来检查，滴上了眼药水和药膏；外科和五官科检查完毕后，内科又进行了认真的检查，直到没有发现什么问题时，大家才放下了心。护理人员按时给孩子进食，关心冷暖，照顾得无微不至。医院党总支书记、副书记等听说唐山来了一位小病人，纷纷来到病房看望她，并千叮万嘱医务人员一定要把她照顾好。

就在孩子送急诊室的当天深夜，医院值班同志和工宣队师傅为了寻找孩子的亲人，在一无详细单位名称、二无确切地址的情况下，根据唐山抗震救灾指挥部提供的一丝线索，经过多方探询，终于连夜与孩子祖父的单位取得了联系。

次日早晨，孩子的祖父、祖母赶到了医院。当他们看到孩子都弄得整整齐齐、干干净净时，激动得热泪盈眶，说："祖国处处是亲人，这全靠毛主席和共产党的好领导！"

1976 年 8 月 14 日

把上海人民的深情厚谊送到唐山

——来自赴唐山抗震救灾的上海医疗队的报告（一）

……

上海医疗队的同志一到目的地，刚刚放下行装，就投入了抢险战斗。此时此地，大家只有一个心愿：时间就是生命！多争取一分钟，多抢救一个阶级兄弟，就是多为社会主义革命和建设事业增添一份力量。

上海第二医学院附属第三人民医院外科医生周浩庚，从上海出发时，不慎从卡车上跌下，髋关节部位受了伤，但他仍然坚定地表示："轻伤不下火线！"愉快地和同志们一起登上了火车。到达目的地后，他全然不顾自己的伤痛，站立好多个小时，连续为重伤员进行手术，使受伤群众和医疗队的同志们都深受感动。

……有些队员主动把临行前家属塞在自己包里的糖拿出来，调糖水喂给重伤员、产妇和震后出生的婴儿喝。在困难面前，许多队员首先想到的是遭受震灾的群众。杨浦区吴淞医院的王国良医生，由于日夜抢救伤员，熬累受寒，到灾区不久便腹泻、发高烧。虽然整瓶整袋的药片就在他身边，可他一粒也不服，一声不响地坚持工作。同志们知道后，把药送到他手里，他却说："我们所带的药品是用来抢救灾区伤病员的，我少吃一片药，可以多减轻伤员的一份痛苦，就可以多转达上海人民的一片心意。"后来他的病势越来越重，领导和同志们都说：现在灾区人民需要你，你应该服药，早日恢复健康。要他连续服几天药片。但他仍然只服了一天的药，把其余的留下了。为了既省下药片又能早日康复，王国良医生改变了不吃大蒜的习惯，连日吃大蒜，很快治好了病，更加顽强地投入了抢险治伤的紧张战斗。

类似这种"把困难留给自己，把方便让给受灾群众"的事例，在整个医疗队里还可举出很多。8 月 7 日晚，一场暴雨袭来，许多医疗小分队的住地进了水。这时，医疗队员们首先照顾的是药物，首先想到的是伤员的棚屋不能漏水。上海第二医学院附属瑞金医院小分队的同志们，发现伤员住的棚屋漏水，就毫不迟疑地卷起自己帐篷内垫在地上防潮的塑料布，冒雨奔去，将一张伤员的床铺和衣物叠好。尽管自己全身湿透，帐篷进水，被子和个人用品受潮，暂时无处睡觉，但看到伤员能安然入睡，大家的心里都是乐滋滋的。

……由上海电业职工医院十五名医务人员组成的一支医疗小分队，初来唐山时的一天，由于震灾造成供水一时困难，全队只剩下一壶水了。这时，大家虽然都很渴，却不愿去喝一口，都想把水"留给别的同志用"。同志们高兴地把这种革命集体的生活称为"我们的军事共产主义"……

那是 8 月 7 日的晚上，一位因病从外地退休来家的老干部，因震灾后劳累，上消化道大量出血，生命垂危。病人送到了闸北区中心医院的医疗小分队，这个小分队指导员立即在全队进行政治动员，要把抢救这位伤员作为政治仗来打。在兄弟医疗小分队的支持配合下，在因陋就简制作的手术台上，这个小分队的同志团结战斗，成功地施行了胃部手术。次日，病人由于体质太弱，出现了险情。面对险情，医疗小分队立即召开紧急会议研究，一致认为必须为病人输血，但是身边缺少血浆，这个消息一传开，小分队里血型相符的同志个个争先报名。这个说："我是共产党员，我应该先为病人献血！"那个说："我的身体好，献血的任务应该先由我来承担！"共产党员、内科医生赵秋曼更是满怀深情地说："严重的震灾使灾区人民遭遇了很大的痛苦，我是共产党员，在党和人民需要的时候，我献出一点血算得了什么！请党考验我！"究竟让谁献血呢？党小组召开了会议，经讨论决定，由赵秋曼医生和为病人手术的主刀医生叶铸人献血。转眼之间，四百毫升的鲜血输进了阶级兄弟的血管里，病员顿时增添了活力。这鲜血，点点滴滴表达了医务人员对灾区人民的无限热爱；这鲜血，点点滴滴寄托着上海一千万人民对唐山人民的阶级深情！

……

1976 年 8 月 15 日

护运侧记

7 月 31 日下午，上级决定急救机增加一个航次，速运十吨压缩饼干去唐山灾区。我接到护运的命令，立即赶往机场。

为了按时起飞，机场呈现一片繁忙的景象。搬运工人一遍又一遍地检修升降机，地勤人员一遍又一遍地查看飞机机械，飞行员也赶来反复检查仪表。十点半钟，十吨压缩饼干如数送到。这时，益民食品四厂的工人、汽车驾驶员、地勤人员、调度员主动地组成一条传送带。虽然大家素不相识，分工不同，但火速支援灾区人民的共同心愿，把大家紧紧地联结在一起。当一包包饼干从我手中传过去时，我感到饼干中蕴藏着上海一千万人民的阶级深情。

深夜十一点钟，二四一〇号飞机劈开夜雾，按时起飞了。连日来，为了多装快运，该机每天要飞几个来回，飞行员一天只能睡五个小时。31 日傍晚，该机刚返航，机组同志歇了一阵，就又投入了战斗。

飞机在夜空中高速前进。突然，机身颠簸起来，而且越颠越剧烈，左前方不时闪现道道电光。显然，前方是雷电区。继续前进还是返航？前进，有危险；返航，灾区急等物资，怎么办？情况紧急，刻不容缓。机长请示了地面后，果断地作出决定：向灾区人民学习，救灾如救火，雷电阻挡不退却。大家决心以最快速度把救灾物品送到唐山人民手中。机长全神贯注地注视着前方，机组的同志紧张而又严肃地工作。十五分钟后，飞机安全地飞越了雷电区。事后，机长笑着告诉我，飞越雷电区时，飞机爬高到一万一千米以上。我想，一方有难，八方支援，再大的困难也能克服，再高的高峰也能攀登，这就是毛主席领导下的英雄人民的写照。

压缩饼干刚从机上卸下来，就见一辆卡车急驶而来，驾驶室里跳下一位工人，他右手裹着厚厚的纱布，跟守护的战士打个招呼后，就往车上搬运起来。我见他右手伤得不轻，请他歇一会儿，他瞪大眼睛说："歇？中央领导同志工作这么忙，还迅速赶来灾区指挥抗震战斗，全国人民争分夺秒地抢运救灾物资，我们唐山民兵，能慢慢来吗？！"这时，我注意到他胸前挂着一块崭新的牌子，上面写着"唐山民兵"四个字。我的眼睛湿润了。守护的解放军战士告诉我，这位民兵右手严重压伤，但从早上到中午，已经来回装运了四趟车。他既是驾驶员，又是搬运工。昨天因为劳累过度，晕了过去，刚刚苏醒，又一骨碌跳起来，投入了战斗。我深深感到，英雄的唐山人民是不可战胜的。

市商业二局　沈吉庆

1976 年 8 月 23 日

本市赴灾区医疗队胜利返沪

在唐山、丰南等地区的抗震救灾斗争取得很大胜利的形势下，本市赴灾区抗震救灾的医疗队，除留下部分队员继续为灾区人民服务外，大部分队员已于昨天胜利返沪。

昨晚，当满载医疗队员的列车徐徐进入上海车站时，车站上红旗飘扬，锣鼓喧天，掌声雷动。市委、市革委会以及驻沪三军的领导同志到车站迎接，并代表上海人民热烈欢迎从抗震救灾第一线胜利归来的医疗队员。

……

医疗队员在离开唐山时，当地党、政、军领导同志和革命群众到车站热烈欢送。

1976 年 8 月 24 日

市机电一局系统职工掀起支援灾区多作贡献的热潮

……

为了广泛发动群众，上海汽轮机厂编印了向灾区人民学习的宣讲材料，发到每个班组；召开了全厂党、团员大会，号召大家发挥先锋模范作用，从而激发广大群众和干部的革命积极性。人民电机厂生产的一种深井电机是矿井抽水的必需设备。由于加工工艺复杂，过去产量不能满足需要。现在，广大工人群众纷纷向党委请战，坚定地表示："救灾如救火，分秒不能等。"广大工人发扬了"全厂一盘棋"的共产主义风格，打破工种、车间界限，奋战十天，终于把原定第四季度生产的十七台深井电机超额一台提前制造出来，并于13日运往唐山。8月10日，上海量具刃具厂接到了一批灾区急需用的铣刀任务。厂党委立即召开紧急动员会议。工人们纷纷表示：决不辜负党的期望，一定要争分夺秒，保质保量地完成任务。这批铣刀技术要求高，时间紧，按照常规需要两个多月才能完成。工人们两班顶三班，二十四小时连续作战。他们苦干加巧干，连夜改革工夹模具，道道工序提前完成任务。

1976年8月24日

多装煤快运煤，积极支援灾区人民

……

由于受地震的影响，上海用煤暂需改道运输。为确保全市用煤，上级领导要这个分局承担一部分运煤的战斗任务。这个分局把运煤当作光荣任务，许多轮驳提出了"打破工种界限，缺员不误开航，两人工作一人顶，有多少任务就承运多少"的革命口号。甲1012驳上有位青年工人，因病躺在床上，领导劝他离船休息。他立即从床上跃起来说："灾区人民天崩地裂无所惧，泰山压顶不弯腰，我一点小病算得了什么！"他表示轻伤不下火线，要求坚守岗位，与大家共同战斗。

为加速轮驳周转率，缩短泊港时间，这个分局的广大船员工人做到向时间要运力，确保运煤任务的完成。长江709轮的船员工人打破以往跑完航次需停航检修的惯例，利用泊港和装水装油的空隙，进行突击抢修。他们做到船到港口人不回家，船到上海不进吴淞口，确保煤运畅通无阻。……

1976年8月24日

上钢一厂职工以实际行动支援抗震救灾

8月21日下午，三百台崭新的“丰收”牌拖拉机满载着上海工人阶级对灾区人民的战斗情谊，从上海丰收拖拉机厂开往上海南站，运往唐山，支援当地人民的抗震救灾斗争。

1976年8月24日

上海硫酸厂职工抢修设备，保证硫酸高产稳产

上海硫酸厂职工冒着高温，抢修设备，增产硫酸二甲酯，为抗震救灾斗争作出贡献。

该厂生产的硫酸二甲酯，是一些重要药品的主要原料之一，唐山、丰南一带发生强烈地震后，需要大量药品，要求这个厂增产硫酸二甲酯。但生产这个产品的转化器有故障，影响了硫酸的产量和质量。为了保证硫酸高产稳产，该厂工人和干部提出了对转化器热修的大胆措施。8月19日，气温高达摄氏三十五度以上，一支由厂党委、厂革委会负责同志带领，有“七二一”工人大学学员和干部组成的抢修队伍来到转化器旁。大家共同努力，终于把转化器所有的漏洞都堵上了；一个小时后，胜利地出了硫酸。经鉴定，转化率从82%上升到90%左右。

1976年8月28日

唐山上海隔千里，阶级兄弟心连心

——记上海开关厂快造开关支援地震灾区人民的事迹

……

8月16日，这个厂接到一批开关突击任务，在8月底之前生产二百台高压开关板和一

百台高压综合起动器，支援唐山人民发展生产，重建家园。制造这批开关，按照正常的生产周期，至少需要六十天时间，上级领导要求他们在十五天内完成，同时还要照常完成8月份的生产任务。

生产开关，支援灾区的消息在厂里传开后，全厂顿时沸腾起来了。“唐山上海隔千里，阶级兄弟心连心。”上海开关厂的工人个个摩拳擦掌，愿为抗震救灾多作贡献。在机床旁，在单人宿舍里，在食堂里，在学习批判会上，人人都在关心这三百台开关，个个都在谈论如何打好支援灾区人民抗震救灾这一仗。瞬时间，请战书像雪片一样向厂党委飞来，决心书贴满了全厂每个角落。工人、干部和技术人员纷纷向党组织表示：我们要学习唐山人民“泰山压顶不弯腰，山崩地裂志不移”的革命大无畏精神，灾区困难我们帮，灾区损失我们补，一定要以最快的速度，最短的时间，造出灾区人民急需的三百台开关。

任务一下达，技术部门为了把三百台开关图纸及时设计出来，九个技术人员打破设计老框框，放弃休息，争分夺秒，一鼓作气战斗到深夜，以五个小时的惊人速度完成了以往两个技术人员一个月的工作量。刚设计好图纸，供应科立即投入了紧张的战斗，他们为了把材料源源不断地送往前方生产车间，不使任一个车间等工待料，早班连中班，中班连夜班，落料工段剪刀车八个人大干一天一夜，完成了平常情况下一个星期的工作量。

为了及时完成生产任务，支援灾区人民，高压、配套两个主要产品车间的工人们，在厂休日放弃休息，来到厂里突击。

……

经过十五天奋战，上海开关厂已提前按质、按量地将三百台开关完成了，同时又超额完成了8月份的生产任务。运输工人连夜战斗，将三百台开关装成三十八节车皮，带着上海人民深厚的无产阶级感情，乘着时代的列车，送往唐山。

1976年9月3日

市凿井工程公司深井机械一厂职工，支援灾区打硬仗，突击制成潜水泵

上海市凿井工程公司深井机械一厂广大职工学习唐山、丰南人民的革命精神，仅用了十二天的时间，就完成了过去需要近一个月才能完成的五十台潜水泵的制造任务，为支援唐山人民的抗震救灾斗争作出了贡献。

深井机械一厂是一个四百多人的小厂。唐山、丰南一带发生强烈地震后，当地矿区地下水猛涨，上级有关部门要求他们在最短的时间里，生产出50台大口径深井潜水泵，支援唐山灾区排水抢险。广大职工在党支部的领导下，立即行动起来，从车间到班组层层召开动员会、誓师会……

在突击生产深井潜水泵的战斗中，大家发扬“一不怕苦、二不怕死”的革命精神，许多同志病假不休息，受伤坚持干，不计时间，不讲报酬，早班连中班，中班连夜班，连续作战。在全厂职工的努力下，终于使生产潜水泵的时间缩短再缩短。不久前，50台深井潜水泵已运往灾区，在抗震救灾斗争中发挥了作用。

1976年9月8日

同济结构理论研究所人员深入现场调查，研究建筑物抗震性取得成果

同济大学结构理论研究所结合生产实际，注重应用科学研究，在开展地震工程、抗爆工程研究中取得了一批重要成果。

这个研究所用了三年多的时间，深入唐山地震现场，并对天津、江苏省溧阳等地房屋、桥梁等建筑物的震害进行了调查分析。为了弄清地震波在地层中的传播规律，他们着手进行技术难度较高的“地震震源机制”的研究工作，已取得了一定的成果。为了阐明在地震作用下，建筑物与地基土共同作用的有关问题，他们研究了建筑物与地基土之间的滑移现象，取得了相应的计算数值，提出了建筑物的最佳埋深。同时，他们探索了建筑物中各个构件在地震作用下的破坏规律，先后计算了钢筋混凝土单层厂房、多层框架、高层建筑和砖砌混合结构等四种典型房屋的地震破坏反应，编制了一整套非线性反应计算程序，对居住建筑的有效抗震加固，提供了理论依据，已在某些工程中得到了应用。

三年来，这个研究所取得了一大批科研成果，其中四十三项科研成果获奖，还有一项获得国家发明奖。

1980年6月24日

第三章

书 摘

第一节
《瞬间与十年——唐山地震始末》摘要

（《唐山地震始末》编写组编写，地震出版社 1986 年版）

到一九七五年，唐山市工业总产值已达二十二亿四千多万元，占当时全国工业总产值的近百分之一。（第 7 页）

事实上，根据记载，唐山地区历史上就是一个地震比较活跃的地区，曾多次发生破坏性地震（指震级在 $4\frac{3}{4}$ 级以上的地震）。特别是进入二十世纪以后，先后发生了一九三四年十月二十七日抚宁 5 级地震、一九三五年一月十九日唐山 $4\frac{3}{4}$ 级地震、一九三六年二月十三日喜峰口 $4\frac{3}{4}$ 级地震、一九四五年九月二十三日滦县 $6\frac{1}{4}$ 级地震、一九七〇年五月二十五日丰南 4.8 级地震以及一九七四年五月七日昌黎海边 4.8 级双震等。（第 9 页）

回顾地震工作的历史，唐山、滦县一带一直是党和政府以及地震工作者十分关注的地区。一九六六年邢台地震发生后，周恩来总理亲临地震现场，向我国地震科学工作者提出了“希望在你们这一代解决地震预报问题”的号召，并提出了“保卫四大”（即保卫大城市、大水库、大交通枢纽和铁路干线）的要求。一九六七年三月河间地震后，周总理又作了“要密切注视京津地区的地震动向”的指示，并责成有关部门部署北京、天津、唐山、渤海的地震监测工作，并把该区列为全国最重要的重点监视区。一九六七年渤海 7.4 级地震后，我国地震部门在河北省组建了专业地震队伍，成立了河北省地震局，专门负责河北省的地震测报工作。后省局又在唐山地区建立了地区地震局。（第 9 页）

六、七月间，京津唐一带陆续出现了一些突出的异常，引起了大家的关注。一些群测点和台站主动上报震情，许多单位多次派人去现场调查情况，核实异常。六月中下旬，河北省地震局派出六人小组赴唐滦地区进行地震地质考察。北京地区出现的七大异常引起了北京市地震队等有关单位的密切注意，他们感到震情严重，多次紧急会商，并于七月二十七日上午十时，向国家地震局负责人汇报了震情。（第 11 页）

河北省地震局派出的六人考察小组全体成员、唐山地区地震局的部分同志、以及唐山地震办公室的一些工作人员，同样遭到这场厄运，不幸以身殉职。（第 11 页）

七月二十八日下午，由国家地震局统一安排和组织，在唐山机场成立了唐山地震工作队。在它的统一组织领导下，先后有二十多个单位、六百八十余人参加了唐山地震的现场考察和震情监视工作。（第 30 页）

唐山市可以说是一个不设防的城市，一旦发生强烈地震，其惨状就可想而知了。不幸的是，一场 7.8 级的强烈地震，偏偏落到了唐山市!（第 40 页）

震后的唐山市，民用建筑几乎全部毁坏。震前，唐山市城乡民用建筑约六十八万余间，近一千一百万平方米；地震中倒塌和严重破坏的约有六十五万余间，一千零五十余万平方米；城、乡建筑破坏率分别达百分之九十六和百分之九十一。（第 40 页）

唐山市震前有工业用房一千余万平方米，地震中倒塌或严重破坏的约占百分之七十八多。（第 43 页）

在路北区，唯有凤凰山顶的凉亭茕茕孑立，俯视着遍布全城的残垣断壁。（第 47 页）

然而，整座城市中听不见哭泣声。（第 48 页）

全市因地震造成了三千零四十三名鳏、寡、孤、独，两千二百名截瘫者，这成为灾后一个十分突出的社会问题。（第 50 页）

此外，外地来唐工作、学习、探亲访友的流动人口中，也有一万二千一百零三人遇难

死亡，其中外省人员约一千二百人。（第 50 页）

如处于极震区的文化北后街相邻的两个院，西院抢救及时，上午九时全部救出，死亡率仅占百分之二十；而东院直到下午才扒完，死亡率高达百分之八十。又如第二文化宫附近三户人家，住的都是相同结构的平房，全部倒塌，临街一户在早晨七点全部救出，全家七口除二人重伤外，无一死亡；后边一户三口，约在上午十时全部扒出，一人死亡；中间一户六口，震后尚听到呼救声，待下午扒出时，仅有一女孩幸存。（第 50 页）

据调查，第一天扒出来的人，救活率约为百分之八十左右（这同生者能呼喊，便于尽先抢救有关），第二天扒出来的救活率只有百分之三十至四十；越往后，救活率越低。（第 51 页）

仅地震当天，飞机场就集聚了五千余名重伤员急待转运治疗。（第 66 页）

就在人民遭受苦难的时候，不法行为也发生了。由于正常社会生活秩序的破坏，个别坏分子出来“趁火打劫”。他们哄抢国家财产，盗窃或抢夺人民的财物；见死不救，反从遇难者身上搜夺手表、钱粮等物；流氓活动也时有发生。他们为数不多，却横行无忌。（第 66 页）

七月二十八日清晨，中央即派直升飞机巡视了天津、唐山、丰南一带的灾情。上午十点左右，党中央政治局在获悉唐山地震的准确消息后，立即做出重大决策，全力支援灾区人民战胜震灾。（第 70 页）

党中央的慰问电用飞机在灾区上空广为散发。（第 71 页）

七月二十八日下午一时三十分，即强震发生后的十小时，河北省委主要负责人和北京军区负责人到达唐山。他们视察了部分受灾现场，然后，在唐山机场将了解到的灾情及需立即采取的救灾措施通知了当时正在北京的省委领导同志。电话要点是：看了唐山市区一角，灾情十分严重。楼房倒塌百分之八十至九十，平房全部完了。据说，有四十至五十万人被砸，现正调部队扒人。（第 73 页）

七月二十九日上午，在唐山机场召开了紧急会议，正式成立了河北省唐山抗震救灾前线指挥部（简称“省前指”）。（第 73 页）

上海市在短短几小时内，就从五十六所医院中抽调了八百七十多名医务人员，组成了五十多个医疗队。（第 77 页）

七月二十八日到三十日，仅唐山机场就飞进飞机八百七十四架次，运进救灾人员数千人，救灾物资几千吨。（第 77 页）

最早到达灾区的救灾部队是北京部队坦克某师。他们于七月二十八日十一时半由西北方向进入已经成为一片废墟的市区。接着其他部队也分别由西南、西、东北各个方向陆续开进灾区。（第 80 页）

由于对唐山灾情的严重性估计不足，行动匆忙，许多部队是徒手而来，有的也只带了简单的工具。在吊车没有赶到之前，部队主要凭着铁锹、铁镐、铁棍等工具进行扒挖，有的甚至是徒手而战。（第 80—81 页）

在这场特殊的战斗中，原则上是先救活人，后扒死者。但在抢救生命的过程中，大批死亡者的尸体被清理出来，因此，抢救生命和扒挖死者几乎是同时进行的。震后的几天，在马路边、空场地、废墟旁，几乎到处是尸体。当时正值盛暑，尸体开始腐烂发臭。……救灾部队的广大指战员不顾尸体已经腐烂发臭，手抱肩扛，昼夜突击，将尸体运出市区，妥善地进行了掩埋。在这过程中，有的同志连连呕吐，有的同志中毒晕倒，但仍然顽强坚持着。许多群众感动得流下了热泪。截止到八月二十八日，共掩埋尸体七万多具。（第 87 页）

就大部队而言，最早到达的也是在震后的八小时左右，这八小时之内，不知有多少被埋压者因受伤或窒息而死去。驻唐部队仅占救灾兵力的百分之二十，却抢救出被埋压的群众一万五千八百余人，占部队全部抢救人数的百分之九十六。这足以说明，时间是多么宝贵，“时间就是生命”啊！（第 87 页）

各个地方，各个系统，特别是震区附近的市、县都派出大批的车队和人员奔赴灾区。一时间，唐山市内简直挤得水泄不通。人员、车辆自然是救灾需要的，但是各处拥来一时

又调度不开，这不但无益，反而影响救灾工作顺利开展。（第 88 页）

在唐山市区临时采取了食物供给制。每人每天免费供应粮食九两，蔬菜三至四两；每人每月食油四两，猪肉半斤，食盐一斤，咸菜一斤，碱面一两，肥皂一块；每户煤油一斤，火柴半包；每个成年妇女卫生纸一包；每个居委会（村）半导体收音机一台。……从九月一日起，恢复了货币交换和正常的商品供应，供给制的生活也就随之而结束。（第 93 页）

到八月十五日止，各地邮汇到石家庄的款物已达四百七十宗，其中人民币（包括汇票和现款）三万四千多元，粮票一万九千多斤，还有布票、衣物等。这些汇款和邮件寄自祖国各地，遍及全国各个省、市、自治区。（第 99 页）

上海市革命路 7629 号署名信连民的人汇来一百元，附言中说：上海市没有这个街道，信连民也不是真姓名，请不必查找。

根据中央关于不搞群众捐献的指示精神，除了以河北省政府的名义通过有关省、市、自治区向捐献款物人表示感谢外，还将寄来的款物直接退给本人。对于未写真实姓名、地址的，将捐献的款物和感谢信一并寄给有关省、市、自治区，请他们协助查询转给本人。（第 99—100 页）

联合国秘书长瓦尔德海姆在慰问电中表示“联合国随时准备协助受灾居民克服这一天灾的影响的斗争。”（第 100 页）

据不完全统计，震后唐山地区和唐山市急待救治的伤员总数达七十万零三千六百余人，其中唐山市为三十六万一千三百余人；重伤员达十六万四千余人，其中唐山市为十万零三千九百余人。（第 101 页）

这些伤员的伤情严重而复杂，多数人同时兼有数种伤。据抢救时现场分析，骨折为数最多，占受伤人数的百分之五十以上；第二位的软骨组织损伤，包括周围神经损伤，约占百分之三十左右；第三位是挤压综合征。（第 102 页）

强震后，大量伤员遍布灾区城乡。大多数伤员的伤口混进了泥土和其他污物，得不到救治处理又暴露在烈日下、灰尘里、风雨中，在很短时间里便化脓、恶化，伤口感染和饥渴的折磨，使越来越多的伤员受到死亡的第二次威胁。（第 102 页）

在震后十四天中，他们指挥调度了十三个机种共二千四百多架次飞机的起降。最多的时候，一天就达三百五十多架次，平均四分钟就有一架飞机起降；最频繁时，两架飞机间隔只有二十六秒，创造了航行调度史上的奇迹。（第 116 页）

唐山地震后，自来水系统破坏严重。全市三十八座水源井泵房倒塌二十二座，严重震裂九座。变配电设备均遭严重损坏；配水厂二次加压泵房被震裂，其他建筑物（如化验室、加氯站、维修车间等）全部倒塌；供水管道破裂，普遍出现接口拔脱、错口等现象；街区公用水栓及水嘴多被震倒的建筑物覆盖或砸坏。新建的市郊水厂及白马山水厂已经完工的地面建筑全部倒塌，到厂的机电设备部分被砸坏。震后，整个城市自来水供水中断。（第 139 页）

国家物资局从上海空运了一万五千米水龙带和四十多吨钢管。全国各地的大力支援，为夺取抢修会战的胜利创造了条件。（第 140 页）

强烈地震使社会治安、保安系统遭受严重破坏。人员伤亡、建筑坍毁，指挥体制一时之间陷于瘫痪；机关、商店、工厂以至广大市民家庭由于房屋倒塌，公私财物失去了正常防范；绝大多数青壮年投入了紧张的抗震救灾活动；所有这些都给极少数不法分子以可乘之机。他们“趁灾打劫”，发“灾难财”，公开抢掠公私财产，哄抢工厂、商店的仓库，侵吞私人贵重物品，污辱妇女等等，使得震后一个短时期内社会秩序混乱，人民的生命财产受到严重威胁。迅速、严厉地制止犯罪活动，恢复正常的社会秩序，就成为保证抗震救灾顺利进行的一项重要任务。（第 149 页）

抓获了一批犯罪分子，对其中罪大恶极的罪犯依法判处了死刑。公判后，广大群众欢欣鼓舞，震慑了罪犯，使社会秩序日趋稳定。再次，发动群众开展对犯罪活动的揭发和检举。据唐山市不完全统计，群众揭发检举各类线索近万条；一些罪犯投案自首，并收缴了大批被哄抢的财物。在打击坏人破坏活动的同时，还广泛发动群众开展了公物归还活动，收到了大量的公共财物。（第 152 页）

唐山钢铁公司在地震中同样遭受到极其严重的破坏和损失。全公司职工一万八千二百余人，死亡一千七百八十余人，约占百分之十；重伤一千二百四十余人，占百分之七；职工家属约七万人，死亡八千六百多人，占百分之十二点三。全公司工业建筑严重损坏需要重建的占百分之十六；部分损坏需修缮的占百分之八十二；民用建筑基本上全部震毁。全公司原有机电设备五万多吨，有一万多吨受到不同程度的损坏，需要更换或修理。（第155—156页）

第一战役，八月八日开始至月底，以恢复第一炼钢厂为主，共完成四十八项修复任务；八月二十五日，炼出了第一炉钢。第二战役，九月份，以恢复中型轧钢厂、小型线材车间为主，包括辅助设施，共四十六项任务。第三战役，到十月底，以恢复第二炼钢厂、小型轧钢、两座高炉为主，共一百项任务。另两座一百米高炉、六百五十毫米开坯车间等破坏严重，到一九七七年上半年也陆续恢复。（第156页）

为支援灾区人民建房，许多兄弟省市运来了大批建房材料。截止到一九七六年十月统计，共运来杂木杆一千余万根，油毡九十多万卷，苇席一百三十八万件，草袋一百万条，苇子两千吨。

解放军是加快建房速度的主要力量。广大指战员为了赶在天冷以前让唐山人民住进新房，每天约投入六万多兵力。（第172页）

春节期间，许多群众纷纷来到部队做客。除夕夜晚，白海明一家就是在营房与解放军某部一营教导员郭来一起度过的。十岁的白海明，震后在倒塌的楼房里被埋压了一百四十七个小时，一营教导员郭来和战士们一起，冒着生命危险救出了他。过节了，海明的父亲白景儒带着他和小弟弟一起到一营看望指战员。小海明身穿绣有“鱼水情”三个字的上衣，一见郭来，就亲切地依在他的怀里。晚上，白景儒一家和郭来同志围坐在一起，亲如家人地吃着饺子。白景儒说：“老郭，你们给了我儿子第二次生命，我得好好感谢你们。”郭来回答：“应该感谢党。”（第181—182页）

震后的第三天，肠胃消化系统传染病如肠炎和痢疾发生了，并迅速蔓延开来。在震后的一周左右，即发病三四天后，达到了高峰。……在震后的半个月至一个月内，灾区百分之八十至九十的家庭中出现了肠炎、痢疾病人。震后半个月的时候，菌痢发病率高达百分之九点二至十四点七。肠炎与痢疾的总发病率达到百分之十四点四至三十六点一。这都大

大超过了往年同期水平。（第 183 页）

而造成死亡的直接原因，首先是瘟疫，其次是饥饿，最后才是地震本身。（第 184 页）

中央卫生部也于一九七六年八月九日向河北、天津、北京、上海、吉林、辽宁、山东、河南、江苏、安徽、湖北、山西、陕西等十三个省、市卫生局发出了《关于加强救治伤员和灾区卫生防疫工作的紧急通知》。（第 185 页）

八月五日前后，依照中央抗震救灾指挥部的指示，一千二百多人的卫生防疫队伍，从上海、辽宁、黑龙江、广东、江西、甘肃和宁夏等地，星夜赶往灾区。与此同时，五万多件防疫器械和四百多吨防疫药品，一百多万份疫苗，也从四面八方源源运来。一场有组织、有领导、规模巨大的防疫灭病活动在整个灾区展开了。（第 185 页）

据对路南区七个观察点的测算，每平方米苍蝇竟达三百多只，蚊子也空前地多。（第 185 页）

八月五日，国务院抗震救灾办公室下达命令：调飞机喷洒药物灭虫。八月九日、十六日、二十三日和九月五日，先后四次对唐山市区、郊区、东矿区和丰南县城进行药物喷洒。（第 186 页）

除飞机洒药外，还动用消洒车三十余台，各种型式的喷雾器一千九百多台，同时向居民发放手用小型喷雾器五万余个，进行户内外的药物喷洒，以杀灭蝇、蚊，共用药物数百吨之多。（第 187 页）

据对灾区七十二个饮用水源所作的理化和卫生细菌学污染指标，细菌总数最高超过国家饮水标准一万四千倍，其中大肠菌超过国家标准二百倍。（第 187 页）

为使人群产生免疫力，广泛开展了预防接种。八月份，国务院共调来伤寒三、四、五联菌苗八十万人份，乙脑菌苗二十万份，在唐山市区、丰南县等重灾地区进行接种。对已患肠炎、痢疾的病人，进行积极的治疗。设立治疗点，有条件的厂矿单位还设立了帐篷医院，收治重病者。（第 189 页）

到八月底，终于控制了肠炎和痢疾的流行。这时，城市患病率已下降到百分之三以下，农村下降到百分之五以下。（第 189 页）

按照省前指卫生组的要求，唐山市抗震救灾指挥部成立了清尸防疫办公室。中共唐山市委发出了做好这一工作的指示，印发了宣传提纲，并且层层召开会议，使广大干部、职工、市民群众了解清尸对于防疫灭病的重要意义及具体做法。在这同时，对需要清理的尸体情况进行了摸底。地震中大批人员遇难。地震后的数天之内，相当数量的尸体由亲属或邻居扒出后，用棉被包裹就近进行了掩埋。这部分尸体大多掩埋在居民区附近。就市区而言，废墟旁的空地、近郊的路旁，处处皆是；由于坑挖得浅，埋的土少，个别尸体经雨水冲刷而暴露出来。解放军到来之后，在抢救活人的同时，也扒出了大批尸体。这些尸体大部分埋葬在离市区边界五公里以外的地方，深度多在一米四以下。这次提出要清理尸体，主要是指前一部分，即唐山市居民自行掩埋的部分。据向居民了解和实地勘察，当时的情况大体是：掩埋在距离水源、自来水管道、主要居民区一百米以内的尸体，在三万具以上（实际数字超过了这一估计）。为了尽快完成清尸任务，决定采取成立专业队和发动群众相结合的办法。在市区组织起了两千多人的民兵清尸专业队，还组建了第二梯队、第三梯队。

清尸的具体办法是：凡是专业队清理出的尸体，如能辨别男女者，要男女分别集体埋葬。如果遇难者的亲属愿意自己移葬，可按指定时间，埋葬在指定的地点。清理出的尸体全部用特制的大塑料口袋装殓。无论是集体埋葬还是单独埋葬，都必须按规定的标准，坑深一米五、覆土一米以上。

十一月二十一日清尸工作正式开始。第一步首先清理了距离水源、自来水管和主要居民区一百米以内的尸体，全部迁出。第二步将离市区较近，集体埋葬在交通要道附近的尸体，用石灰消毒，埋上一米深的土，然后用拖拉机碾压两遍。第三步对压在高层建筑物下、仍未清理出的尸体作进一步清理，做到全部挖出。

为避免对灾区人民的感情造成新的损伤，清尸工作主要在夜间进行。

在清尸工作中，各防疫队、医疗队紧密配合，清尸到哪里，消毒到哪里。（第 191 页）

为了解决震亡职工遗属的生活问题，从一九七六年九月，即恢复工资发放后起，就区别情况，对遗属进行了抚恤或救济。凡是在工作岗位上执行任务时震亡，或在抢险救灾时牺牲的，以及在上述情况下负伤而在治疗期间死去者，均作为因公死亡对待。对其供养的直系亲属分为两种情况处理。遗属的收入加上应当发给的抚恤费达到或超过当地基本生活水准的，按月支付抚恤费；达不到基本生活水准的，按基本生活水平标准发给补助费。非因公死亡职工供养的直系亲属，其收入达到或超过当地基本生活水准者，一次发给救济费，达不到基本生活水准的按月发给基本生活费。享受以上待遇的遗属，幼年子女到十六周岁为止，老人则一直到故去。因地震中受伤而不能上班的职工和干部，在一九七七年十月一日以前工资照发，护理受伤职工的人员，如系在职者，工资也照发。这以后，震伤职工、干部确残（即确认为残废）后的工资，分别因公和非因公，按我国《劳动保险条例》和有关规定支付。

地震中因亲人遇难而遗下的孤寡老人，唐山地、市合计约有一千八百五十人，其中唐山市八百九十五人，唐山地区各县九百五十五人。他们同非地震造成的孤寡老人一起，生活在二百九十三个幸福院（或称敬老院）中，过着有保证的生活。一九八五年每人每月伙食不低于二十五元。每人每年置装费平均不少于八十元。

唐山地震中失去父母的孤儿共计四千二百零四人，其中，唐山市区二千六百五十二人，县区一千五百五十二人。这四千多孤儿年龄跨度很大，从吃奶的婴儿到读书的青年都有。如何使他（她）们得到抚育、教育，健康地成长起来，一直是为党、政府和群众团体所十分关心的问题。

震后很短时间里，在灾区，就由企业事业单位、街道和乡镇举办起育红院七十一所。河北省委指示，为了减轻灾区负担，又在石家庄和邢台两市建起育红学校两所，共接收了七百六十一名孤儿。（第 197 页）

在唐山灾区，地震造成截瘫患者共三千八百一十七人，其中，市区一千八百一十四人，各县两千零三人。（第 202 页）

一九七六年十一月一日，省前指发出“关于截瘫伤员疗养安置意见的通知”，提出对这些伤员“采取依靠集体、国家补助，分散管理的原则”。（第 203 页）

一九七六年十一月中，唐山市成立了幼老瘫安置管理办公室，并建立了截瘫疗养所十八个。开滦矿务局所属各矿的医院中设立了截瘫病房。东矿区、丰润、丰南、滦县、滦南、玉田、迁安、唐海等县，以及郊区的女织寨、越河、开平、郑庄子、付家屯和果园等乡都建立了截瘫疗养所。唐山市还建立了全市性的截瘫疗养院。（第 203 页）

因为缺乏统计资料，很难精确讲出地震中解体的核心家庭的数目，据估计总数约在一

万五千户左右，其中约七千多个妻子失去了丈夫，八千多个丈夫失去了妻子。（第 207 页）

随着时间的推移，社会的复苏，丧偶后所造成的感情上的真空和实际生活上的困难，迫使着人们去考虑如何重新组织家庭的问题。“日子总得过啊！”这是当时丧偶的人们常讲的一句话，也是亲友们常常用来安慰他们的话。解体的家庭就如破漏的房子一样，人们是难以生活下去的。重新组合家庭是丧偶的人们强烈的生存欲望的表现，是战胜巨大灾害的迫切需要。（第 207 页）

各单位的党、政、工、团等组织都十分关心解体家庭的重新组合问题，各方面的人对丧偶者重组家庭大都抱积极的支持态度。……如果说，在平时少数人对丧偶者的再娶或再嫁还持有保留态度的话，那么在震后的一段时间里，这种情况很少发生，很少有人对这种情况下的再婚持异议或反对态度。究其原因，重要的一条就是人们已不再用通常情况下常用的种种“信条”或观念来衡量和要求震后那特殊时期发生的事情。（第 208 页）

这种解体家庭的重组活动开始于一九七六年冬天，而到次年即一九七七年上半年达到高潮。入夏以后便又开始减少。秋后大部分丧偶者已经重新建立起自己的家庭。到一九七八年末，未再婚的丧偶者已经为数不多了。其中相当一部分由于种种考虑而不打算再婚，或不打算在孩子成年之前再婚。（第 208 页）

根据抽样调查，婚后的一段时间内，约有百分之二十的组合家庭内部关系处理得好，融洽、和睦，彼此体谅和关怀，没有发生过冲突。也有约百分之二十内部关系处理得不好，缺乏信任，感情不和，亲继子关系紧张，闹财产纠纷等。其中矛盾重重、冲突频频发生的，约占总数的百分之七八；一部分组合家庭又重新归于解体，双方办了离婚手续。另外的百分之六十即大部分组合家庭，存在着矛盾，偶尔也发生或大或小的冲突，然而一方或双方比较克制，家庭关系得以维护，并在这种维护中逐渐加深彼此的了解，感情得以巩固和发展。（第 209—210 页）

这是一场巨大的灾难，据不完全统计，造成的直接经济损失近三十亿元。（第 212 页）

一九七六年八月八日，由国家计委、国家建委和有关的中央各部组成的国务院唐山工作组抵达唐山灾区。根据国务院的指示，工作组的任务是：帮助恢复生产；调查研究；进行重建唐山的规划。二十多天以后，到八月底，便提出了唐山市重建规划的最早设想。八月中旬，唐山市恢复建设规划组成立，具体负责城市重建规划。八月三十日，在河北省建委主持下组成的勘测队伍开赴唐山，为重建唐山收集地质、水文等方面的数据和资料。（第 213 页）

关于如何重建唐山，曾有两种设想。一种设想：放弃唐山，易地建设。即把原来市内的工厂、企事业单位迁出唐山市区，划归原唐山地区各县，分别在各县进行建设。这种设想的依据主要是：唐山市市区地下有活动断裂带，还有引发大地震的危险。同时，这次震灾严重，就地重建的废墟清理以及搬运费工费时，易地重建则可以减少费用、节省时间，加快恢复建设的速度。而且，把原唐山市企业及事业单位分散到各县，还可以武装和发展各县经济。另外一种设想：立足唐山，就地建设。即保留市内原有的厂矿、企事业单位，清运废墟，统一规划，原地重建唐山。这种设想的依据主要是：唐山市系我国近代经济发展的产物，经过一百多年的发展已经形成一座为世界所知的重工业城市。以唐山市原址为基础重建，不仅可以减少征地、迁移的巨额投资，而且对保持唐山的历史特色以及促进唐山现代经济的发展，都具有重要意义。至于地质上的活动断裂带，主要位于原路南区地下，只要避开这个局部区域进行建设，一般不会受到大的影响和威胁。在经过反复酝酿、比较后，人们终于接受了后一种设想。（第 213—214 页）

就城市建设而言，它既不是地震前旧城市的原样恢复，也不是在平地、空地上建设一座新城市，而是在原来布局杂乱、又经地震破坏的地区进行建设，因此它必须对旧城市进行根本改造使之合理布局。重建的新唐山，必须既能比较充分、有效地利用所拥有的自然资源和人力、物力以及地理位置的优越条件，又必须能够使当地经济的各部门协调发展。（第 214 页）

总的目标要求达到：重建以后的唐山成为一座现代化的社会主义新城市，成为全国抗震和净化城市之一。（第 216 页）

第二节

《地震社会学研究》摘要

（邹其嘉、陈非比、王子平主编，地震出版社 1989 年版）

地震作为一种自然现象，要战胜它固然需要地震科学的努力；但地震作为一种灾害，却给人类社会带来十分广泛而深刻的影响。其影响所至，涉及经济、政治、文化、法律、道德、社会心理和社会组织等各个方面。（《地震社会学研究·序》）

这次研讨会于 1988 年 7 月 28 日至 8 月 1 日在河北省唐山市召开，是国内首次以“地震社会学”命题的学术讨论会。（《地震社会学研究·前言》）

“地震社会学”这一概念是 1977 年 1 月在日本东京举行的日美地震预报科学讨论会上首次提出使用的。……1979 年，国家地震局地球物理研究所成立了此项研究的筹备组，继而成立了地震社会学研究室。（第 2 页）

自 1979 年至今，中国的地震社会学研究主要涉及如下几方面的课题：（1）地震预报以及虚报、谣言和误传等的社会经济影响研究；（2）地震的防灾对策和救灾措施研究；（3）群测群防的社会实践效应和功能研究；（4）地震灾害的损失评估研究；（5）地震保险和立法的探索性研究；等等。（第 2 页）

“地震社会学”（Seismosociology）这一概念……包括以下两个层次：1. 广义地震社会学：研究地震和地震预报带来的有关社会、经济、法律、政治、社会心理、传播等社会诸方面的问题，从而提出相应对策。2. 狭义地震社会学：主要研究地震预报以及虚报、谣言、误传等带来的一系列社会问题，从而提出相应对策。（第 3 页）

由于历史上的某些原因，造成了我国地震社会学研究与社会科学，尤其是与社会学研究的脱节现象，正如美国社会学家特纳教授于1978年所说：“大量潜在的资料来源是中华人民共和国丰富的地震预报经验。但对这些经验还没有用社会科学的方法和角度加以研究。”也正是由于地震社会学还没有形成自己独特的理论和研究方法，因而迄今为止的地震社会学及其有关课题研究，有些仍属经验性的，即主要从现象本身出发，通过一些典型事例作出经验性总结，这就使已取得的成果带有一定的局限性。（第4页）

社会秩序……研究地震威胁和地震灾害造成社会秩序的混乱，能揭示一个社区在受到地震威胁和灾害侵袭后的内在运行过程的演变与适用过程，而利用结构分析的方法则能从宏观（社区的、组织的、群体的）和微观（个体的）这两端出发，有效地研究这一过程。（第5页）

地震灾害诱发的社会问题及其解决的意义和原则，这些问题包括：防疫灭病问题、社会治安问题、家庭离散与重新组合问题、孤老残废者的安抚问题，要害部门的保卫等。（第29页）

在美国，1963年在俄亥俄州立大学建立了灾害研究中心（DRC）。1984年该中心迁至特拉华大学，研究领域不断扩大，主要是研究各种自然灾害和技术性灾害。该中心对各种自然灾害以及各国的自然灾害都做了较多的调查和研究，在世界各地颇有影响。（第31页）

1977年1月在日本东京举行的日美双边地震预报讨论会上，首次提出了“地震的社会学”这一名词。1979年4月在法国巴黎召开的国际地震预报讨论会上，7个专题中有4个是有关地震社会学的专题。提交大会的80篇论文中，30余篇涉及和讨论了地震预报的社会经济影响问题。（第33—34页）

1988年5月在中国北京召开了地震对策国际讨论会。（第34页）

就我国而言，解放以来曾发生过7级以上地震11次，其中大部分发生在农村，只有唐山地震和海城地震是发生在人口和经济相对集中的城市或城市附近。而唐山地震造成的人口伤亡几乎占了这11次地震伤亡总数的90%，唐山地震造成的经济损失几乎占了这11次

地震总损失的70％。（第 36—37 页）

地震谣言、误传事件本身也是一种社会心理环境。人们处在这样的心理环境中，由于个体的认知结构、心理水平、文化素质等方面的差别，这类事件对于个体会产生不同的心理作用。但在一般情况下，较多人对于这类事件是缺少识别能力的。尤其是在众说纷纭“某时某地将要发生地震”的特定环境中，即使是具有较高心理素质和知识水平的人，由于受周围紧张气氛的影响和从众心理的趋使，也难以保持心理平衡。（第 69 页）

各个分子之间的情感比较接近，他们对出现的事件容易激起共同的紧张情绪。（第 71 页）

接受者并不假思索追究其根，以讹传讹。在传播过程中，传播者和受传者又经过循环往复的多次增补、联想、附会、修饰和放大，使原来的内容面目全非，从而形成地震谣言、误传事件。（第 71 页）

如 1986 年保定地区捉到一条大蟒，就传言为地震异常。实际上这条蟒是蛇展队丢失的展品。1982 年北京市街头抓到 3 只鳖，也谣传与地震有关，实际是饭店被雨水冲出的元鱼。（第 77 页）

1976 年四川省竟发生为躲避地震集体投水，41 人惨遭溺死的事件。（第 78 页）

特别是唐山大地震之后，各地谣言四起，仅 1980 年至 1982 年两年多时间里，全国就发生地震谣言事件达 18 起之多，牵涉到 14 个省市的 20 多个地区。（第 84 页）

唐山大地震后，唐山市区的直接经济损失为 28. 24 亿元；而距震中 100 公里的天津，市区的直接经济损失为 60. 86 亿元。仅从这一点就说明了同样强度地震对不同经济发展水平、不同经济结构和不同人口构成的城市的不同影响程度。（第 134 页）

在高烈度区，人们的心理受到严重的创伤。产生心理创伤的主要原因是：①饥饿；②失去亲人的悲痛；③死亡的威胁。唐山大地震以后，有 85％以上的人常常表现出如下的情绪：恐惧、痛苦、忧虑、烦躁、愤怒、生气，其中尤以前三种情绪类型居多。在这样的心理状态下，使得一些人在生活上放任自流，得过且过；有的人过分沉溺于往事的回忆之中，常常想到自己的不幸；甚至有极少数人，如果不是牵挂亲人的生死存亡，他们宁可自杀。

震后人们的心理变化，还突出表现为利他的行为。在唐山被调查的1534人中，参加过扒救被埋压的遇难人员的人占65.3%。许多人是自己发现有人需要救助，或者听到呼救声以后，主动去营救遇难者。在救助过程中，有将近90%的人对过去的冤家对头伸出了援救之手，其中有67%的人通过援救行动而改善了关系。唐山大地震以后互相帮助搭盖临建窝棚的人，主要是街坊邻居，其次是亲戚和军队。（第136页）

目睹有人拿别人的私物或公物时的态度

态　　度	占被调查人数的百分比（%）
很气愤，并设法阻止	34.6
很气愤，自己决不参加，但也不阻止	35.7
尽管不满，但也理解人家的苦衷	19.8
自己也不妨拿点，只限生活必需品	9.0
不拿白不拿，拿走了也没人管	0.9

对震后几天内犯罪行为的态度

态　　度	占被调查人数的百分比（%）
完全是犯罪者本人的品质问题	41.9
既有犯罪者本人的品质问题，也与地震造成的特殊情况有关	43.5
很难说清	11.9
完全是由于地震造成的	2.8

对震后当场惩办罪犯的态度

态　　度	占被调查人数的百分比（%）
罪有应得	66.6
用刑过重，应依法办事	9.2
情况复杂，应区别对待	23.0
不应受到惩办，批评教育就可以了	1.2

（第137页）

我国是多地震国家，70年代，全世界因地震死亡41.6万人，我国竟占63%，为26.2万人。发生在人口稠密地区的地震比发生在人口稀少地区的地震，造成危害更大。1955—

1976年，我国大陆上发生7级以上地震11次，其中9次在农村。如果说是这11次地震所造成的人员伤亡和经济损失均为100%，则：发生在百万人的唐山市的7.8级地震造成的人员伤亡占90%，发生在人口稠密的辽南平原上的7.3级地震造成的人员伤亡占0.8%；经济损失，前者占70%，后者占15%。（第163页）

在大城市中，人口稠密的街道在地震中遭受的损失尤其严重。唐山路南区建筑密度达70%，多数为平房，人口密度约15000人/km^2。唐山大震时，该区位于震中，烈度高达11度，大震造成该区人口死亡率达45%，丰南县城的地震烈度与唐山市区相同，人口伤亡则是10%。这些数字反映了对人口稠密的城市进行防震救灾对策研究的重要性。（第163—164页）

从唐山地震的经验来看，震时直接被砸死的为数不多，绝大多数人在废墟下待救。因此震后的自救互救是提高救活率的关键，而短时间内的自救互救对抢救压埋人员的生命更有重要的意义。……在震后最初的10小时内，得救的人数最多。（第178—179页）

而面对同一灾害，灾民在心理上有较大的认同感。这种认同感在一定程度上消除了灾民间相互的隔阂，这样，就使“灾民群体”的出现不仅必要而且成为可能。唐山地震后，几乎90%以上的城区居民都组成了各种形式的“灾民群体”。“灾民群体”类似一个大家庭，人们共同生活、居住，共同占有灾后极少的财产，平均分配食物。各成员平等互助、同甘共苦，个人利益和集体利益趋于一致，个人之间、个人与群体之间的矛盾暂时得以缓解。可以说，“灾民群体”集中地表现了围绕灾民生存而展开的群体的协作和个人间的互相帮助，是灾时道德观念的具体体现。（第194页）

从地震废墟中脱险出来的灾民来不及也不可能对眼前的处境和自己的行为做更多的思考，便立即开始了救人的行动。他们为什么首先要救人？从理论上他们自己讲不出更多的道理。但他们都认为，作为一个人，当自己从险境中解脱出来后，就应该尽自己的能力去救助正在险境中的其他人，尽管他们与自己可能并无关系。据不完全统计，唐山震后市区居民和当地驻军，及时地救出了80%以上被埋压的人，挽救了数以万计的生命。《瞬间与十年》一书曾形象地记述了唐山地震后救人的场面。这种情况在其他一些灾区也曾出现过。这种灾后与人为重，以救人为救灾之本的道德心理，就是“灾时人道主义”。（第195页）

唐山地震后，灾后为了生存，到商店扒挖食物、衣服应急，到工厂寻找工具、建筑材料，扒废墟，盖窝棚。这些举动并不违反灾时道德，在更高的意义上来说，是符合当时救人第一，生存第一的灾时道德规范的。（第 195 页）

灾时道德是一种时效道德，随着震灾的平息，它就逐渐地开始消亡。灾时道德现象的消亡，首先表现为“灾民群体”的解体。（第 196 页）

但是，在灾后极端困苦条件下出现的“灾民群体”本身是十分脆弱的。随着救灾工作的深入展开，它必然受到来自个人和社会两方面的冲击。从个人方面来说，随着震灾的平息，灾民心理上的孤独感和依赖感逐渐减弱，自信心开始恢复，独立心增强。更主要的是，灾民被埋压的财产被挖掘出来后，“灾民群体”无法容纳和支配这些原属于灾民个人的财物，而每一个寻回自己财物的灾民又不愿意别人过问和使用属于自己的财物。这时，“灾民群体”内部成员之间就开始离心离德，拥有个人财产的灾民对群体活动和安排越来越不热心，群体统一的要求越来越难以贯彻，群体的存在面临着严重的挑战。从社会方面来说，随着救灾工作的进行，被地震破坏了的社会组织很快得到了重建，恢复了自己的运行。这样，原来属于“灾民群体”的许多功能就必然地被社会正式组织所取代。在上述两方面的冲击下，“灾民群体”在很短一段时间内就从鼎盛期跌落下来。而当简易棚盖起来后，灾民以家庭为单位搬进了新居，“灾民群体”便完成了自己的历史使命，最后解体了。（第 196 页）

灾时道德现象消亡的另一个表现，是灾时道德规范的废除和常时道德规范的回复。（第 196 页）

随着震后的恢复建设，灾民的生活逐渐步入正常化，灾时道德规范与正常化了的社会生活越来越不适应。在灾时被正向升高了的道德规范，此时因为灾民个人财产的复得和个人利益的重新确认，越来越难以实行。……这样灾时道德规范就开始向常时道德规范转轨。（第 196—197 页）

当一次强余震发生时，我们从同一地点疏散的几十个人中明显地看到，同一家庭中的强者首先照顾家庭中的弱者；而家庭中的弱者也把求生的信息极快地传递给家庭中的强者。家人无需照顾的，人们便去救助与自己距离最近的弱者。同一单位工作的人们之间首先彼此照顾。可见，他救是以主体为中心，根据主体的视觉和听觉所能达到的范围，由近及远进行的。对于同时进入视觉和听觉的营救对象，营救程序通常是：先亲后疏，先近后远，先熟人后生人，先负重伤的后负轻伤的，先险情大的后险情小的。

在唐山地震后所进行的他救中，有的人因营救他人而耽误了营救自己的亲人。这不应看作是在对营救对象进行亲疏判断后有意舍亲救疏，以表现自己无私精神而采取的行为。第一，进行他救时，先进入主体视觉和听觉的营救对象先受到营救，一般来说并不受亲疏因素的影响。第二，营救行为发生后，在营救对象没有被救出前，即使传来亲人的呼救，行为取向也不会立即改变，只能使营救频率加快，以期缩短实现营救目标的时间。这大概是基于如下想法：首先，担心改变营救对象会使正在进行的营救变成无效行为；其次，营救者往往产生这样的错觉：由于他（她）发出的呼救时间晚，其所处险情和承受能力均强于前者。第三，当人们全神贯注地实现既定目标时，其他目标很难改变其行为取向。第四，在营救者无法判断哪个遇难者的处境更危险时，会产生判断均等意识，即认为同时呼救者的处境相同，后来呼救者的处境略好于前者。第五，听觉产生的误差也影响人们的判断和行为取向。第六，距家远者，在还不了解地震灾害的范围时，可能以为自己所处环境以外的情境较好，并不担心不在身边的家人。当了解了地震灾害的范围和程度后，可能产生下述三种心理中的一种：家人已经遇难了；家人不会遇难；两种可能性同时存在。前两种心理会使探望家人的行为迟缓。（第 199—200 页）

此外，对人们需求的合理性与不合理性应有明确界限，哪些属于最低的物质需要，哪些属于一般物质需要，哪些属于哄抢，等等，都应有比较明确的判定依据。（第 202 页）

唐山地震发生后，某些人表现出与过去截然相反的行为取向，使原有的人格状态发生了变化。过去表现为负人格的人，包括一些罪犯，以英勇救人的行为表现出正人格倾向；过去表现为正人格的一些人，突然变成了抢劫者，表现出负人格倾向。为什么会出现“正”“负”人格的颠倒呢？诺贝尔奖获得者、奥地利的康罗 · 洛伦兹认为：“每一个真爱的情况中有很高的攻击性潜伏者，通常为结所蒙蔽，一旦结破裂了，恐怖的现象，如恨就出现了。”可见，在人身上具有二重人格。当环境、条件、 文化、心理状态等制约着负人格，使其不能显露时，正人格便明显地表现出来。这并不等于负人格的消失，而是潜存者。如果正人格因素长期存在并有增加，正人格便呈现出稳定、发展的趋向，负人格则逐渐蜕化。如果负人格因环境等外在因素的抑制无法表现出来，一旦环境发生变化，使抑制的力减弱或丧失，负人格就要“破土而出”，于是“恶”变成了一些人的主导人格。（第 204 页）

唐山大地震所发生的一些农民进城盗抢和其他严重违反共同规范和社会道德准则的行为，说明物质贫困和政治压抑绝不可能造成稳固的理想王国。（第 205 页）

1976 年唐山大地震前，唐山市区以京山铁路为界划分为路南、路北二区，每个区辖若干办事处，办事处辖若干居委会，这样构成城市街道的保证监督和指挥系统。两区共有街道办事处 21 个，居民委员会 417 个。每个居委会的管辖范围大体在 300 户至 400 户居民之间，1200 至 1800 人左右。

唐山地震发生后，扎根于群众生活的居委会和办事处充分显示了灾变时的抢险救灾功能，体现出我国社会主义制度下基层群众组织的优越性和生命力。（第 207 页）

居委会着手了以下工作：

（1）迅速地统计出管境内人员伤亡、建筑物毁坏的情况，以及能源、水源的设备损害和可供程度，设法采取应急措施。

（2）把最大的注意力放在稳定群众心绪，建立起多种形式组合的自救组织上，着力安排和解决群众的吃、穿、住问题。

（3）维护境内居民的财产安全，尽最大努力组织起一支安全防范的保障力量，并赋予它一定的权威性。

（4）组织境内医卫人员对伤病人员施以可能的诊治；组织技术人员对电线、易燃易爆物品进行处理，检修可使用的机动车辆。

（5）着眼于预防次生灾害。注意维护环境卫生，搭建公厕、垃圾点，消灭蚊蝇；指定一定地点掩埋尸体，并做出可能的限定，如深埋、以塑料袋包裹、表层铺一层石灰等。

实践证明，唐山地震后，城区街道居民委员会所做的上述工作是及时和必要的。例如，唐山市路南区文北办事处街道党总支书记袁俊华在地震发生后迅即到办事处原址，组织和补充了所属 16 个居委会的干部，开展各项工作，很快摸清了辖区震灾情况的底数。并根据死亡人数多，房屋破坏严重等情况，采取了多种形式组合救灾的自救组织。（第 208 页）

有 1.5 万余人丧偶，造成了成千上万个美满家庭的残缺。（第 213 页）

据我们对唐山东矿区唐家庄、赵各庄两个街道办事处的 300 户重组家庭的统计，其中很和睦的有 19 户，和睦的 49 户，一般的 154 户，不和睦的 56 户，虽很不和睦但尚未解体的 22 户。（第 213 页）

1976—1987 年唐山市东矿区林西街道办事处有关震后重组及初婚的结婚、离婚情况统计表（节选）

	总计	
	重组	初婚
结婚数（对）	1022	13538
离婚数（对）	141	79
百分比（%）	13. 79	0. 58

（第 214 页）

据对唐山市路南区文化北后街办事处的问卷调查统计，在 107 户重组家庭中，重组时均无子女者 9 户，占总户数的 8. 41%；仅一方有子女者 60 户，占总户数的 56. 07%；双方均有子女的 38 户，占总户数的 35. 51%；后二者之和共 98 户，占总户数的 91. 58%。（第 215 页）

在唐山震后重组的许多家庭中，都带有邂逅婚姻的色彩。虽说震后丧偶者再婚，绝大多数是经人介绍而成，并非出自偶然相识，但它却有一个类似邂逅婚姻的特点，即完婚快速性。据我们今年对路南区文化北后街 107 户重组家庭的抽样调查统计，从认识到结婚的时间，只有 1 至 3 个月的 34 对，4 至 6 个月的 37 对，7 至 11 个月的 18 对，一年以上的 18 对。若将前两项加在一起，相识不到半年就结婚的共 71 对，占 107 户重组家庭的 66. 35%。（第 219 页）

唐山市东矿区就是通过大力发挥重组家庭成员和各种社会组织的双重作用，有效地促进了震后重组家庭的和睦与稳定。据统计，在全区 2500 多户重组家庭中，1987 年被评为五好家庭的 1469 户，被评为好继母的有 1060 人。由此可见采取正确对策的重要意义。（第 220 页）

据统计，唐山市区震前总户数为 292247 户，总人口为 1196882 人，震后锐减为 266529 户，1062428 人；净减 25718 户，134454 人；分别占户数的 8. 8%，总人口的 11. 2%。十分之一的人口，十分之一的家庭消失在大地震中！（第 225 页）

对唐山震后家庭破损情况的估计，破损家庭约占震后家庭总数的三分之一。（第 225 页）

据路南区文化北后街道办事处对该街道1976—1983年重组家庭发展情况的统计不难看出，1977、1978两年是重组家庭的高潮期，大约2/3的重组家庭是在这两年内组成的。（第227页）

社会舆论和社会政策的支持

一反传统的看不起再婚者的观念，震后唐山的社会舆论趋向于同情受害者，支持他们再婚。重组组183人中95%以上的人都不同程度地受到周围人的劝告，50%是由亲友帮助介绍的对象。被调查者中，30%的人认为社会舆论的支持是促使自己重组的重要原因之一。同时，当时的一些社会政策，如重组后一方无子女可再生一胎，农可转为非农，继子可以顶班等，均对重组家庭有很大的促进作用。（第229—230页）

离婚是重组家庭发展过程中的一个值得注意的问题。据路南区民政科统计，1977—1983年间该区结婚登记总数为15870对，其中普通结婚14381对，占90.6%；重组结婚1489对，占9.4%。而在此间办离婚手续的，总数为221对，其中普遍离婚66对占29.9%；重组离婚155对，占70.1%。重组婚姻在结婚总数中仅占9.4%，而在离婚总数中所占比例却高达70.1%，足见重组家庭离婚问题之严重程度。（第232页）

1976年7月28日大地震，在唐山市市区留下了2562名孤儿。（第235页）

4200多名儿童（其中市区占2600多名）成了孤儿。（第243页）

唐山地震后，很短时间里，在灾区就由企事业单位、街道和乡镇办起了育红院70多所。为减轻灾区负担，在石家庄、邢台两市分别建立了育红学校，共接收了760多名孤儿。（第244页）

据调查，重灾区路南区某派出所所管境的灾时犯罪比率比路北区某派出所管境高20%左右。即在灾情严重，灾民最基本的生存条件丧失程度相对严重的社区，灾时罪犯比率也相对较高。这表明灾时犯罪的发生与生存条件的改变直接有关。从个体犯罪情况看，大部分灾时犯罪的罪种为财产类犯罪，约占犯罪总数的80%以上。这也间接证明生存条件对犯罪行为的一般决定作用。（第249—250页）

灾民心理的异常状态，往往是发生越轨行为的动因之一。（第 250 页）

应激状态是发生犯罪行为的预备状态转移。在应激状态下，灾民行为的随意性增高，使之胆大妄为，置社会规范于不顾。他们认为死了这么多人，我偶然活下来了，吃点拿点是应该的。据笔者调查，在灾时的犯罪人中，90%以上与这种心理状态有关。（第 250 页）

但在一定情况下，人格特质可能发生某种变异。著名人格心理学家阿尔波特把这种现象归结为环境和心理对行为的突然作用。正如在常时状态下的罪犯在灾时也能够舍己救人一样，一些在常时并无犯罪行为的人，也会在灾时成为罪犯。（第 250—251 页）

由于地震的破坏，社会控制系统和大众传播渠道发生功能障碍，这种灾时的社会失控状态是发生犯罪行为的又一重要因素。在唐山震后，由于各方面的通力合作，对于已经发现的犯罪分子给予了严厉的打击。但是，仍有一定数量未被揭露。这些犯罪黑数的存在，正是利用了灾时社会失控这一条件，在笔者阅读过程中，既然在一个相当大的案卷范围里，没有发现一起暴力案件，这与灾区大量存在的抢夺物品时发生殴斗的事实有明显出入。而在当时尸体遍地，多数人受伤，社会制约手段薄弱的情况下，一般暴力犯罪很难引起人们的重视。即使诸如杀人一类重大暴力案件，也很难被人发现。因此，灾时社会控制功能的尽快恢复是制约灾时犯罪的主要途径。（第 251 页）

据有关资料记载，在唐山震后的一周时间里，发生各种越轨行为在万起以上。……且在犯罪的分布和结构方面呈现出灾时的特征。（第 251 页）

唐山地震后，约用一周时间恢复了基本的食品供应，重建了社会控制机构。调查发现，灾时罪犯的高峰，也发生在一周以内。

图 1 的曲线反映了灾时犯罪的时间分布状况。可以看出，首先，震后犯罪的高峰有一个短暂的形成过程，这个过程的形成，一是由于在震后一两天中，人们还处于震灾直接造成的自然威胁的状况下，许多人尚未救出，对灾情的认识不够明确，因而其他需求还处于次要地位；二是人们的生活必需品有一定储备；三是

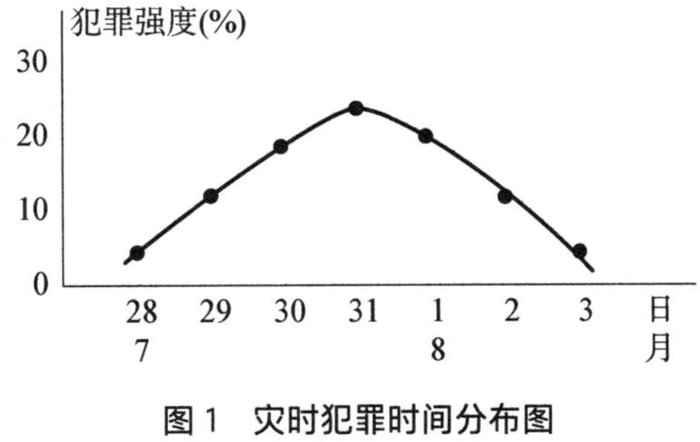

图 1　灾时犯罪时间分布图

犯罪强度指发案数所占百分比

对于能否无偿获得共有消费品，人们还抱着观望态度。由于社会舆论和某些人的行为起了暗示作用，所以，灾时犯罪很快进入高峰期。

其次，震后犯罪的高峰有一定的持续性。在高峰持续期，人们互相模仿，抢夺财物，一些人趁火打劫；共有消费品的数量巨大，人们不可能在一天内抢完拿净；社会控制系统的重建也需要一定的时间。

再次，随着社会救灾的实现和社会控制系统的职能恢复，灾时犯罪的高峰开始下降，并逐步趋向稳定。笔者调查的50个犯罪中，有47人的犯罪行为发生在震后的一周以内，其中有31人的犯罪行为发生于震后的犯罪高峰期。

灾时犯罪的类型分布。唐山震后的犯罪种类主要为财产犯罪和性犯罪两种类型。（第251—252页）

从笔者抽样统计看，财产犯罪占犯罪总数的75%；性犯罪约占20%。灾时犯罪的类型分布有一定规律，这一规律不仅表现为犯罪类型的数量分布，而且表现为两种基本犯罪类型的顺序分布。震后最初基本上是财产犯罪，而在犯罪高峰期之后开始发现性犯罪并且趋于严重化，如强奸、奸幼、流氓行为等。上述情况与人的需要层次有关。（第253页）

灾时犯罪的社区分布。重灾区的犯罪率高于轻灾社区；灾害社区犯罪高于非灾害社区；城市灾区的犯罪高于农村灾区。

灾时犯罪人的构成状况

项目	唐山震后犯罪人的年龄结构			
分类	16—18	19—24	20—35	35岁以上
所占比例	26%	32%	28%	14%

项目	唐山震后犯罪人的职业结构				
分类	工人	农民	知识分子	干部	无业
所占比例	42%	28%	2%	4%	24%

项目	唐山震后犯罪人的文化结构				
分类	文盲	小学	初中	高中（中专）	大学生（含大学生）
所占比例	4%	6%	56%	28%	6%

（第253页）

灾时犯罪就是指：与震灾直接有关，发生于灾害社区并且触犯刑事法律的侵害社会的行为。（第 254 页）

据美国 1980 年编制的《1900—1979 年重要地震图》统计，此间对人类造成灾害的 564 次地震，死亡人数为 120 万人。（第 264 页）

据有关资料统计，1966—1976 年间，我国发生 6 级以上的地震 90 余次，其中 7 级以上的地震 15 次，伤亡总数为 49.6 万人。1976 年 7 月 28 日河北省唐山地区发生大地震，震级 7.8 级，造成轻伤 54.4 万人，重伤 16.4 万人，死亡 24.2 万人。（第 265 页）

地震谣言和误传的产生是随机的，不易预测的。其传播与扩散的社会基础是社会感染，而其心理基础则是人们的恐震心理和从众心理。地震谣言和误传事件一般都会在不同程度上干扰或破坏正常的社会经济活动及生活秩序，甚至造成停工停产、人员外流、运输紧张、社会犯罪活动增加，以至引起其他次生灾害、人员伤亡和财产损失等。（第 292 页）

据有关方面统计，在 1976 年唐山地震中，烈度大于 10 度及部分 9 度地区内，女性死亡数约比男性死亡高 10%左右。

唐山地震中唐山及部分地区人员死亡统计

地区		地震烈度	死亡总数	女性死亡		男性死亡	
				人数	%	人数	%
唐山市	路南区	11	34153	18650	54.6	15503	45.4
	路北区	10	45980	24762	55.9	21218	46.1
	郊区	10	39049	22052	56.4	17042	43.6
	东矿区	9	16510	9001	54.5	7509	45.5
天津市	汉沽	9			59.0		41.0
	武清	7			61.0		39.0

（第 312 页）

被掩埋人员的发现与解脱。唐山大地震有 57 万余人被埋压在瓦砾堆中，据对其中 10789 例统计，半小时扒出 2377 人，幸存率 99.3%。以后逐日扒出的伤员人数和幸存率分别如下：第一日，5572 人，81%；第二日，1636 人，33.7%；第三日，384 人，36.7%；

第四日，359 人，10%；第五日，459 人，7.4%。可见及时发现与解脱遇险者是抢救工作最重要的一环。（第 319 页）

建立地震灾害伤急救医疗组织。唐山地震重伤 16.4 万余人，这样数量大、伤情重的伤员，需要大批训练有素的急救医疗队伍。（第 319 页）

第三节
《唐山地震的社会经济影响》摘要

（邹其嘉、苏驼、葛治洲等著，学术书刊出版社 1990 年版）

1975 年中国海城地震的成功预报，轰动全世界，对各国的地震学界是一个极大的鼓励和推动。加拿大、美国、日本等十几个国家相继派团来考察，大家不仅关心地震预报本身的科学依据，也非常关心群测群防在地震预报当中的作用。（第 1 页）

1976 年，美国加州南部地区出现了大面积地表隆起，很多科学家都不敢排除这是地震的前兆，特别是惠特科姆等人又提出了明确的地震预报，一时间搞得整个加州慌恐不安。此间，以洛杉矶加州大学社会学系的特纳教授为首，为地震预报和地震威胁引起的社会问题以及社会对地震预报的响应进行了较为系统的调查和研究，美国国家科学基金会对此类研究给予了积极支持。（第 1 页）

1977 年 1 月在日本东京举行的第五次日美双边地震预报讨论会上，第一次引入了“地震的社会学”这个概念。（第 1 页）

1979 年 4 月，联合国教科文组织在巴黎召开了国际地震预报讨论会。这次会议，根据 1977 年专家准备会议确定，把“地震预报的社会含义”列为会议的主要议题之一。在列入大会的 7 个专题的近 80 篇论文中，有 4 个专题 30 篇论文涉及和讨论了地震预报的社会经济影响问题。（第 1 页）

1979 年 8 月，国家地震局地球物理所开始筹备组建地震社会学研究室，并于 1980 年 9 月正式成立了地震社会学研究室，正式开始了我国的地震社会学研究。（第 2 页）

国家地震局组织南开大学社会学系等单位合作开展了唐山地震社会经济影响的综合调查。（第 3 页）

1986 年 8 月进行了上海地震谣言及其社会影响的调查。（第 3 页）

唐山市工业的主要特点是，重工业占据着重要的地位。1975 年，重工业企业为 205 个，占全部 394 个企业的一半以上，同年的工业总产值中，仅煤炭、冶金、电力、机械制造四个行业就占 65%以上。（第 4 页）

到 1975 年，唐山市工业总产值已达 22.4 亿元，占当时全国工业总产值的近 1%。（第 4 页）

唐山地区，在原来的全国地震区划图中定为地震基本烈度Ⅳ度区，所以市区各类建筑物均未考虑抗震设防。新中国建立以后历年修建的各类砖混结构楼房多为二至四层，高层建筑不多，最高为八层。（第 4 页）

国家地震局组织地球物理研究所、天津地震局与南开大学社会学系合作于 1987 年 5 月至 12 月进行了唐山地震社会经济影响的调查。（第 5 页）

随着防治地震灾害经验的增长和各种科学与技术的进步，人们越来越认识到这种灾害（包括继发性灾害）的形成过程和灾害的程度，是和人类生存环境、社会制度、经济发展水平、人们的价值观念、社会的组织化程度以及政府的效率密切相关的。（第 6 页）

与此同时，法律学、经济学等社会科学学科，也关心于地震问题的研究。（第 6 页）

变量Ⅴ（86）的频率分布（唐山市）

至脱险为止的被埋时间	频率	%
3～6 小时	463	87.2
7～12 小时	52	9.8

续 表

至脱险为止的被埋时间	频率	%
13～24 小时	13	2.4
2～3 天	3	0.6
总计	531	100

（第 40 页）

我们可以把被埋压的总数与调查对象的总数加以比较，不难发现被埋压的总数 531 占调查对象总数 1556 的约三分之一。（第 41 页）

从上表中可见，埋压 3～6 小时就可获救的人数占绝大多数，占获救的总埋压的 87.2%，而埋压 2～3 天才获救的人仅占 0.6%，这说明埋压后及时抢救对于减少震后伤亡是至关重要的，如果我们把第一行与第二行的百分数累计起来会得出一个惊人的结果。87.2+9.8%=97%，这意味着震后遭到埋压但在 12 小时内获救的人占获救被埋压总数的 97%，也就是说埋压时间多于 12 小时而获救的人仅占 3%。（第 41 页）

唐山震后是否接受防止火灾和瘟疫宣传调查表（%）

接受 / 地区	是	否
天津	52.3	47.7
唐山	81.3	18.7

（第 61 页）

公众对防止次生灾害宣传态度调查表（%）

态度 / 地区	非常关心并采取过措施	比较关心但未采取过措施	不太关心	根本不放在心里
天津	58.2	35.7	5.0	1.1
唐山	67.1	26.5	5.0	1.3

（第 61 页）

各种情绪反应的分布频率表（%）

类型 频率 地点	生气	愤怒	痛苦	恐惧	烦躁	忧虑	慌乱
唐山	7. 1	6. 6	35. 0	22. 0	6. 1	16. 7	6. 5
天津	4. 0	5. 3	11. 5	32. 5	10. 5	26. 5	9. 7
总体	5. 7	6. 0	24. 3	26. 8	8. 1	21. 2	8. 0

（第 63 页）

值得注意的是，在各种情绪中，天津和唐山的表现略有不同，唐山因不幸的程度较深，使痛苦情绪占主要地位；而天津恐惧的高，恐惧最普遍。

两市的楼房倒塌率（%）

地区 倒塌情况	全部倒塌	部分倒塌	未倒塌	N
天津	11. 6	35. 9	52. 5	N = 524
唐山	60. 0	23. 3	16. 7	N = 270

（第 64 页）

依据地震谣言的来源可分为两类：

（1）无意讹传：指地震谣言制造者没有特定的目的，是恐震心理所造成的高度关注性和高度感受性受到暗示刺激所产生的心理反应，在某种意义上讲是本能的、不自觉的。

有意捏造：指地震谣言制造者为了达到某种私欲，有意制造的有关地震发生的消息。（第 77 页）

唐山市地震谣言的主要内容：

……

（4）国家事先知道震情，怕引起混乱，故隐瞒了实情。

（5）（唐山）二中测出来了，市里怕影响生产，没让公布。

（6）到处都在抢银行和商店。

（7）震后没有人统治和管理，我们可以自行其是，想干什么就干什么。

（8）有人说震后发生了严重的传染病，伤亡比地震还厉害。

（9）外国专家事先测出来了，但我国不相信，没有发出预报。（第 78 页）

地震谣言的产生和传播导致群众行为（集群行为）的产生，其中包括群众性集体越轨行为的产生。……又如，在唐山市，地震后几天广泛流传着："到处都在抢银行、商店"，"震后没人统治和管理，可以自行其是，想怎么干就怎么干"。许多人听信了这种谣言并互相传播，有的参与了集体哄抢国家物资和日常生活用品，从而进一步加剧了地震所造成的社会经济损失。（第 78—79 页）

地震中的利他与越轨行为是指发生在震后一段时期内并与地震有某种联系的利他与越轨行为。（第 85 页）

地震时，您对发生的一系列事情感到害怕吗？（节选）

程度 地区	非常害怕	比较害怕	无所谓	不太害怕	一点不怕
唐山　N＝1552 100.0％	814 52.4％	463 29.8％	95 6.1％	109 7.0％	71 4.6％

（第 86 页）

在参加过救助的人当中，如有看见平时不喜欢的人或冤家对头您是怎么做的？

类别 地区	认为那是活该报应没有去救	有恻隐之心但终于没去救	去救了但依然反感或仇视该人	去救了不像以前反感或仇视该人了
唐山　N＝250 100％	13 5.2％	10 4.0％	54 21.6％	173 69.2％

从表中可以看出，去救的人数占 89.7％，说明人们具有普遍的利他主义精神和人道主义的同情心，并不因为对方是自己平时不喜欢或仇视的人而见死不救，更值得注意的是，有 67.3％的人救助他人以后，态度有了明显的改变，对人更富有宽容心和友好精神。（第 86 页）

越轨行为的表现与特点：

（1）在地震越轨（实际上这里指犯罪，为方便起见以下都用犯罪一词代替）类型中，智能的（诈骗等）、暴力的（殴打等）和破坏的（破坏公共财物等）以及财产（偷窃、哄抢等）和风俗越轨（流氓、强奸等）都有出现，主要的是后两种。例如，天津市震后一个月期间盗窃案占总数的三分之一弱，风俗犯占总数的三分之一强。

（2）在地震犯罪者中（限记录在案的）惯犯明显少于平时，而偶发犯则远远高于平时，以天津市为例，在震后一个月记录在案的犯罪成员中，敌对分子和惯犯中仅占全部人犯的9%。

在地震犯罪中青少年犯明显低于震前，成年犯比例则有很大提高。例如天津市震后一个月统计，青少年犯约占总数的56.8%，比往年同期青少年犯罪所占比例减少10%，成年犯占总数的43.2%，比过去上升15%。（第87页）

现有资料表明，地震灾害的严重程度与犯罪数之间存在着显著的相关关系：从发案时间看，震后几天发案急剧增加，随后逐日减少；从发案地区看，受灾愈重发案率上升幅度愈大，但是，地震本身并不能促使越轨与犯罪的上升。用简单的自然因素来解释复杂多变的社会现象显然是远远不够的，实际上，地震与犯罪之间还存在着许多“介入变量”，是通过这些起中介作用的变量，地震才施予犯罪以如此大的影响，其中既有生物需要、心理失调和认知错误，又有社会失范和社会失控等某些社会结构的变化。（第87页）

在震后几周内，您是否经常出现生气、愤怒、痛苦、烦躁不安、恐惧、忧虑、慌乱（节选）

程度 地区	经常	有时	很少
唐山　N=1449 100%	744 49.6%	572 38.2%	183 12.2%

（第88页）

程度 地区	生气	愤怒	痛苦	恐惧	烦躁	忧虑	慌乱
唐山　N=891 100%	63 7.1%	59 6.6%	312 35.0%	196 22.0%	54 6.1%	149 16.7%	50 6.5%

唐山回答“痛苦的”比例明显高于天津，而天津回答“恐惧和忧虑”的比例则明显高于唐山，之所以如此，是因为唐山震灾远比天津严重，其损失与人员伤亡均要超过天津，所以实际的痛苦就多，天津痛苦较少，恐惧和忧虑的多，担心将来的前景（不知还会怎么样）。（第89页）

不少唐山地震的经历者认为在遭受如此巨大的地震灾害期间，不必像平常那样严格按章办事或严格遵守各种规章制度。换言之，在某种性质上可以通权达变，例如唐山哄抢风潮中有人就说："国库冲不得，这可不像商店，冲粮库就像大狱，那是死罪。"意思就是说冲商店还是允许的。对"震后有些人曾拿过别人或公家的财物，如果您也曾看到或听到过，那么您当时是怎样想的"问题，回答"很气愤，自己绝不参加，但自己不去阻止"或"尽管不满，但也理解别人的苦衷"或"自己也不妨拿点儿，只限于生活必需品"或"不拿白不拿，拿走了别人也不会管"的就占 74.6%。因此地震后特殊情境下的认知错误是地震犯罪的原因之一。（第 90 页）

在唐山地震中，强烈地震夺去了唐山地区公安干警 369 人的生命，188 人受重伤，死亡和重伤的就占全部的 22.8%，震后一时之间各种组织陷于瘫痪，通信联络中断，指挥极端困难，市局机关原有干警 400 多人，由于伤亡严重，从倒塌房屋中出来的干警又忙于救人，地震当天陆续来机关报到的只有 20 多人，20 辆汽车，摩托车又全部砸坏，自行车也很难找到。另据唐山市小范围调查后推算，全市约有 86%的人员被埋压。（第 90—91 页）

也就是震后社会控制力量最薄弱的几天内发案最集中，据统计，全市震后 4 天内的犯罪量占全月发案总数的 90%以上。（第 91 页）

上述属于社会有机控制的失控，那么地震犯罪另一有利条件则是社会机械控制部分的失控，震情最严重的唐山市大部分物资仓库、银行、商店等地方因建筑物机械控制和人员伤亡而裸露在外，处于双重失控状态，这既给偷、盗、抢以可乘之机，又是偷、盗、抢的重要诱因。盗窃案件中借机行窃案的大幅度上升就说明了这一点犯罪分子有的窜入倒塌的房屋中肆意行窃，有的钻进居民临建窝棚"顺手牵羊"。（第 91 页）

抢劫，主要是哄抢在唐山犯罪中最为严重与突出。据唐山市商业局、粮食局等七个系统和单位统计，各种物资仓库、商业、粮食网点被哄抢损失折款达 8853 万元。唐山市抗震救灾指挥部发出的《第一号通令》，大意为：一、严禁抢劫，违者必须法办。二、所有哄抢物资立即送回，违者必究。三、从今起，执行任务的民兵不许随意开枪。该通令针对的就是哄抢。（第 91 页）

震后大多数哄抢案件都是起自于一二个人，然后许多人一哄而起发生的。（第 91 页）

一些参加过哄抢的人说，他们单独时从未考虑过要参加哄抢；当事件过去之后，他们对自己所做的一切也感到震惊。（第 91 页）

当一个群体中的大部分人采取一种态度时，就能对群体中的另一些人产生很大压力，迫使他们一起干，这在混乱时期就更为明显。

例如，唐山市某局政治处副主任公开对群众说："你们不抢，将来没粮吃没人管。"结果附近一粮店的 4 万斤粮食被抢劫一空。又如唐山市某公司的公安处消防队长在地震的当天上午手持短枪，两次煽动群众哄抢物资，致使国家损失达 6 万元。

对于煽动者来说，或许是基于掩盖自身的需要，他们会懂得群体能为个人提供保护，一群人会使个人丧失一定量的个性特征，使法律制裁的运用遇到困难，对于多数从众者来说，既有"法不责众"的惯例作为保护，也有"受蒙蔽者无罪"的遁词作逃避，自然会觉得参加哄抢比较安全。这样，煽动者和从众者都容易卷进越轨风潮。

综上所述，地震犯罪问题是极为复杂的社会现象。（第 92 页）

像人民银行唐山市分行的幸存职工当天全部到齐。（第 97 页）

统计资料表明，唐山地震后，唐山、天津二地区共有 71.7%的人得到过救济物资，尤其是唐山市，百分率达到 95.6%。说明唐山地震后，灾民得到救灾物资是普遍的。（第 103 页）

在震后头两天内，唐山有 24.9%的人得到救济物资，而天津有 35.6%的人得到救济物资。其原因除了交通导致救济物资运输困难外，接收和发放救济物资组织未能建立，也是一个重要原因。（第 103 页）

开始得到救济物资的时间调查表

地区＼时间	合计	当天	第二天	第三天	第四天或四天以后	记不清
总体	2126	7.8%	20.4%	17.6%	24.5%	29.7%
唐山	1512	6.6%	18.3%	20.9%	27.4%	26.8%
天津	669	10.5%	25.1%	10.3%	18.1%	36.0%

（第 103 页）

唐山与天津救济物资作用比较表（单位：　%）（节选）

作用大小 / 地区	作用很大	部分作用	没有作用	被调查人数
总体	42.7	41.7	15.6	2117
唐山	53.2	35.6	11.2	1456

（第 107 页）

震后初期居住场所调查结果表（单位：　%）（节选）

居所 / 地区	原住房	临时防震棚	帐篷	其他地方	说不清	样本数
总体	3.9	78.7	12.7	3.8	0.8	2969
唐山	2.2	77.4	14.5	4.8	1.1	1512

（第 108 页）

对于简易住房的搭建，在唐山，解放军、亲戚和单位是主要的力量；在天津则是亲戚和朋友。（第 109 页）

帮盖简易住房人员分布调查结果表

类别 / 地区	亲戚	朋友	邻里	同事	单位	解放军	居委会	其他	无人帮忙
总体	30.5	20.3	22.9	15.3	23.8	28.7	6.9	□	11.7
唐山	27.9	17.6	22.8	11.8	23.7	40.8	7.3	1.2	11.0
天津	36.4	26.4	23.2	23.2	23.8	1.6	6.1	2.9	13.4

（第 110 页）

对政府所作的鳏、寡、孤、独、残安置工作的评价调查结果表（节选）

评价 / 地区	很好	比较好	不太好	很不好	不清楚
总体	48.7	37.1	2.3	0.7	11.3
唐山	53.5	37.1	2.0	0.6	6.8

（第 112 页）

唐山地震前，唐山市区约有 70 万人口，据有关资料推算，唐山地震时市区有近 86%的人，即有60万人左右，被倒塌建筑物和构筑物的支架、房盖、楼板、乱砖碎石所埋压，仅有10%的居民（约7万人），没被倒塌体所埋压。在被埋压的人当中，约有22%的人，因被埋压较浅，伤势不重，经过自己的努力，很快就从废墟中挣脱出来。灾区人民的自救就是指在外地救援队伍尚未到达灾区之前，灾区未被埋压及被埋压后很快自己脱险的人，抢救被埋压人员的应急行动。

唐山地震后，幸免于难未被倒塌体埋压的人及虽被埋压很快自身脱险的人，都立即投入抢救被埋压遇难者的战斗，从废墟中营救出来的人，还带着伤，不顾疼痛，立刻又冲向废墟，扒救遇难伤员，灾区人民奋起自救赢得了时间，大大减少了伤亡。根据有关资料估算，唐山市区被埋压的人，通过灾区人民自救脱险的约有48万人，占被埋压人的80%以上。唐山地区各县依靠当地的力量，地震当天就基本上将埋压群众抢救出来。

据统计，驻唐部队参加抢救被埋压群众的兵力约占部队总救灾兵力的20%，但救出的群众占部队抢救人数的96%，充分体现了就近及时抢救作用。（第114页）

家庭自救是震后出现最早的自救形式，……救活率达99%以上。影响家庭自救效果的因素，主要有两个方面：一是幸免于难的人员素质及多少，青壮年越多，抢救越快；其次是居住的条件及被压埋的情况，居住在平房里的人容易被救，救活率也高。（第114页）

自发的岗位自救一般都是在震后一两个小时内进行的，由于对埋压环境条件、被埋压位置清楚，救活率高，可达90%以上。（第115页）

经过上述被自救脱险的人员，马上自动结合起来，两三人一伙，三五人一群，到邻居、邻院、邻幢房子及相邻单位抢救被埋压而未脱险的遇难者，如某工厂宿舍区，有92人自救脱险，及时开展了邻里自救，仅半天周期，救出2290多人，基本上救出整个宿舍区被埋压而活着的人。邻里自救一般都是在震后3～4小时内进行的，救活率也较高。（第115页）

街道居委会扎根于群众中，是城市最基层的组织，唐山地震前市区街道委员会417个，每个居委会的管辖范围在300～400户之间，1200～1800人，由于街道委员会管辖范围小，彼此情况清楚，在营救街道居民中有着重要的作用。例如双桥里居委会把脱险的居民组织起来，在短短时间内救出了30多名职工家属。（第115页）

驻唐山市郊的炮兵某团党委，震后15分钟就召开紧急会议，组织干部战士一千多人，先后在26个地方，抢救出989名群众，驻唐五八九团、五九一团在震后半小时，即组织部队去抢救驻地附近的群众，当天就抢救出1383人。（第116页）

在唐山地震中，唐山市共死亡135939人，占唐山市当时总人口106.2万的12.8%；重伤81630人，占当时总人口的7.02%；死亡和重伤比为1.24∶1；其中地处极震区的路南区死亡34089，死亡率为26.7%，死亡率之高，今古罕见。（第119页）

该地震造成唐山市全家死亡的有7218户，占当时总户数的2.97%；造成3043名鳏、寡、孤、独人员，2200名截瘫者，构成了震后十分突出的社会问题。此外，在这次地震中，外地到唐工作、学习、探亲访友的流动人员有12103人遇难死亡，其中外省市人员1200人，在当时人口流动量还不十分大的情况下，这一数字令人注目。

年龄	合计	7岁以下	8~15岁	16~25岁	26~40岁	41~55岁	56岁以上
人数	135919	20044	26950	22403	22197	22326	21999
占总数（%）	100	14.8	19.8	16.5	16.3	16.4	16.2

（第119—120页）

据伤亡人员分类统计说明，男性死亡61423人，女性死亡74496人，男女比率为0.82∶1，女性多于男性；在职业、社会身份中，职工、学生死亡的比率较突出；在年龄分布中，15岁以下的较多；在企业性质分类，集体所有制企业略高于全民所有制企业。（第120—121页）

唐山市建筑物破坏情况统计表（节选） 单位：平方米

建筑物分类	1975年底原有房屋数			倒塌及破坏不能使用的						可修复使用的					
	合计	国家	集体	合计	占原有%	国家	占原国家的%	集体	占原集体所有的%	合计	占原有%	国家	占原有的%	集体	占原集体的%
总计	10412273	9834776	577497	8163813	78.45	7628024	77.55	541789	93.82	2009420	19.30	1969920	20.03	39500	6.84

（第128页）

唐山市居民、社员房屋损失

住房分类	单位	原有	倒塌不能使用	可修复使用的
总计	m^2/间	10932272/683237	96% 96% 10501056/656316	431216/26951
一、城市居民住房	m^2/间	5448960/340560	99% 99% 541968/338723	29392/1837
二、农村居民住房	m^2/间	5483312/312707	93% 5081488/317593	411824/25114

（第 129 页）

唐山市供水设施破坏情况表（节选）

项目	单位	原有数	受灾合计	占原有%	震毁或严重破坏	占原有%	一般损坏	注
水厂	座	4	4	100	3	7.5	1	其中一个厂未投产

（第 132 页）

震区铁路中断行车时间统计表（节选）

线路	修复通车时间	中断行车时间（小时）
北京—山海关 单线 复线	1976 年 8 月 7 日 1976 年 8 月 10 日	235 312

（第 139 页）

铁路桥梁的破坏，仅京山线遭到不同程度损坏即达 47 座，占原有 87 座的 52%。震时在京山线运行的货车共 28 列，有 5 列脱轨或颠覆；旅客列车 7 列，有 2 列脱轨或颠覆。（第 140 页）

第四节
《在废墟上崛起》摘要

（唐山市政协文史资料委员会编著，中国文史出版社 2016 年版）

40 年前那场惨绝人寰的大地震，曾使唐山这座素有“北方瓷都”“中国近代工业摇篮”之称的重工业城市瞬间夷为墟土。……1990 年获得“联合国人居奖”，1996 年荣获“迪拜国际改善居住环境最佳范例奖”，2011 年荣膺“全国文明城市”称号。（《在废墟上崛起·序》）

街上，有人在奔跑，有人在呼喊，有人在东张西望。大家的眼里都充满了惊恐。由于地震来得突然，又是在夜里，大人们都穿着裤衩，有的还光着膀子。小孩们的身上几乎没有一块布条。这时，隔壁的一位婶子突然发现自己穿得太少，要回家里去找衣服，被她男人一把拽住，用一条被单子护住。对门的大伯用枕巾挡着下半身，大声喊道：管啥好看赖看，把命保住是真的！（第 29 页）

还有一种情况给我特别深的印象，那就是唐山人民没有眼泪，那些跑出来的人没有一个哭的，都是那么呆着。（第 33 页）

我所经过的路上很少有人走动，未听到哭声。工人体育馆附近居委会有十几个人忍着失去亲人的悲痛，围着一尊毛主席的石膏像正研究恢复党支部和抗震救灾的大计。新华路储蓄所的职工守护着金库。（第 41 页）

震前全市各类平房约 412.74 万间，其中市区 33.7 万间。在地震中震损 266.4 万间，占 64.5%。其中市区震损 31.02 万间，占 92%。市区和各县不同烈度区的平房震损情况是：

在十一度区几乎全部倒平，十度区震损率92.8%，九度区震损率87.68%，八度区震损率70.66%，七度区震损率42.34%，六度区震损率7.82%。多层砖房在这次地震中破坏极为严重。市区多层砖房大量倒塌，造成了大量人员伤亡。在市区大城山、凤凰山、贾家山一带，建于基岩及较薄的密实覆盖土层上的建筑物震害显著减轻，形成了高烈度区中的低烈度异常区。大城山区及大城山南坡区倒塌率分别为28%和23%。多层砖房绝大多数为砖混结构，毛石基础，砖墙承重，楼板为钢筋混凝土预制板。这类楼房整体性能差，楼板与墙之间没有构造连接，地震时有的整体塌落，有的下层先碎上层坠落，有的上层震毁压垮了下层。全部倒平的有：人民医院、工人医院、工农兵楼、支左楼、一一六队宿舍楼、空六军宿舍楼、开滦总医院的五层主楼等。（第62页）

唐山市工业建筑种类繁多，大多经过正规设计，但在地震中各大工厂厂房和烟囱、水塔之类的工业建筑物有70%~80%倒塌，或主体工程遭到严重破坏，厂区内井架歪斜、柱脚折断、圈梁离散、墙体倒塌、屋面坠落，各种电气、热力管道、机械设备被砸，破坏十分严重。（第63页）

唐山地震区的铁路有北京—山海关、通县—坨子头等干线，唐山—遵化、汉沽—南堡等支线及厂矿所属专用线，地震中均遭到严重破坏。部分地段路基下沉，钢轨扭弯变形，有的路基下沉达3米，纵向开裂2米。京山线（K121.5~K383.1）有桥梁126座，其中受震害47座，占37.3%。（第68—69页）

1976年唐山大地震，全公司（唐山钢铁公司）有1788名职工震亡，占职工总数9.78%，1241名职工重伤，占6.79%。震前固定资产（原值）2.43亿元，损失8305万元，占固定总资产的1/3。其中固定资产损失2334万元，流动资金和低值易耗品损失5971万元。震前设备708台，地震损坏114台，其中报废58台。遭到严重破坏的重要设备有39台（座）。通用设备被破坏和局部被破坏的673台（套）。各种送电线路、铁路、通风送水管道全部报废。原有建筑面积50.13万平方米，地震中倒塌49.38万平方米。33.58万平方米的生产建筑遭到不同程度的破坏，严重破坏5万平方米，占总面积的14.7%，部分损坏的28.13万平方米，占总面积的83%。其中生产厂房24.7万平方米被破坏，占全部生产厂房的85.8%。16.25万平方米的生活建筑（职工住房）变成一片废墟，占90.1%。生产全部中止。全公司原有机器设备5万多吨，有1万吨损坏。（第73页）

这个被称为“本世纪全球十大灾难之一”。（第 88 页）

7 月 28 日上午 10 时，北京军区副参谋长李民率领指挥机关乘飞机抵达唐山。12 时许，北京军区副司令员肖选进、副政委万海峰、政治部副主任郑希文和河北省委书记刘子厚、马力，省军区司令员马辉、煤炭部部长肖寒乘坐的飞机降落。（第 88—89 页）

在 20 世纪人类所蒙受的自然灾害中，只有日本关东大地震（1923 年）、孟加拉风暴潮灾（1970 年）、非洲大饥荒（1968—1973 年）等的惨况可与唐山地震相比。这次地震的震中在东经 118. 2 度，北纬 39. 6 度，正好位于唐山市市区，震源深度仅 16 公里。……在地震区铁路上行驶的 28 列火车，有 7 列脱轨颠覆。（第 89 页）

有一个流传很广的话，称唐山是“无泪的唐山”。（第 90 页）

1976 年 7 月 30 日，国务院决定把唐山伤员大转移，截至 8 月 25 日，共计有 159 列（次）火车、470 架（次）飞机，将 10 万多名伤员运往吉林、辽宁、山西、陕西、河南、湖北、江苏、安徽、山东、浙江、上海。（第 91 页）

包括北京军区、沈阳军区、空军、海军、铁道部、工程部、基建工程兵和各军兵种、大军区所属医院的 10 万名指战员参加了唐山抗震救灾。（第 91—92 页）

我们在组织指挥上出现一个重要的失误，没有让开进的部队携带大型施工机械，连锹、锤、钎、镐带得也很少。最初的 5 天里，战士们硬是靠双手和就地找到的简易工具扒碎石、掀楼板、扯钢筋。28 日下午，最先进入唐山的某营有 2/3 的战士指甲剥落，双手血肉模糊。在没有作业工具的情况下，他们把原有 3 层楼高的新华旅馆的废墟翻了个遍，救出了 70 多个幸存者。随着时间推移，废墟上幸存者越来越少，部队成立许多“潜听队”，每晚到废墟上屏息静听地下的动静。一有动静，立刻紧急出动，奋力挖掘。到 8 月 13 日，部队从废墟中共救出群众 12245 人。（第 93 页）

中央从全国调集了 21 个防疫队共 1300 人和军用防化车、喷药飞机、大批药品器械投入防疫工作。（第 93 页）

中央及时从北京、沈阳、济南3个军区调集了十几万人民解放军官兵，星夜急驰，于7月29日起陆续到达唐山。我们指挥部随时和各部队取得联系，按着部队的行军方向划定各部队进驻的责任区域，十几万兵力有条不紊地投入抢救遇险群众的斗争。（第97—98页）

随后，我们请中央、国务院支援的钢钎、铁锤、切割机械和起吊工具陆续运到，才加快了抢救人员的进度。经过将近一周的昼夜奋战，救出的人员难以计数，仅遇难者的遗体就清除十万多具，都是部队负责掩埋的。（第98页）

第一件事是全国各地和部队医务系统派出了大批的医疗队，有的地方分批轮换，一直坚持了两三个月。（第99页）

最先恢复生产的陶瓷工人，烧出了第一批写有“人定胜天”字样的盖杯，送到指挥部报喜，使我们感到莫大的欣慰。（第101页）

29日上午，第一批抗震救灾医疗队880人乘火车出发，于30日上午到达天津。由于铁路受到地震的破坏，医疗队员改乘军用飞机，从下午1时开始分批上飞机，到晚上10时30分陆续到达唐山机场。

30日下午3时30分，上海邮电医院医疗队最先到达唐山机场。队员不顾旅途疲劳，立即投入收治伤员的工作之中。待上海医疗队全部到达后，根据河北省抗震救灾指挥部的统一安排，上海医疗队分派地点如下：

（1）30日下午，上海南市区的2个队31人进入陡河水库发电站。

（2）31日凌晨3点多，第二医学院的7个队112人进入丰润县。

（3）31日上午，市四、市六、市传染病医院、妇婴保健院、徐汇区、建工、上电、铁路中心医院10个队151人和纺织一、二、三医院以及黄浦、卢湾、虹口、闸北区、华东医院、第二结核病院、公用事业职工医院11个队167人，分别进入唐山市的路南区3个街道和路北区部分地区。

（4）31日上午，第一医学院的5个队、长宁区的2个队共111人，分别进入丰南县城和丰南县的老铺地区。

（5）31日上午，杨浦、普陀区、第一结核病院和市一、新华、胸科、肿瘤、邮电医院6个队93人，分别负责机场附近的灯光球场和八大处的伤员抢救治疗以及飞机转运工作。

（6）8月2日，因迁西县接收了从唐山市区和陡河水库转去的1400多名伤员（其中重伤员400余名），医疗力量严重不足。为此，上海医疗队立即派出中山、肿瘤2个队赴迁西县支援。

8月5日，上海又增派了1100多人，其救援范围扩大到遵化、玉田两个县。在最初的这批医疗人员中，团员青年占到了总人数的一半以上，年龄最小的只有19岁，有的参加工作还不到一个月。在地震灾区，上海医疗队主要在唐山市路南、路北两个区以及丰南、丰润、迁西、遵化、玉田等县的城镇和部分公社内开展巡回医疗工作。（第134—135页）

从1976年7月30日到9月24日，上海医疗队人数达2005人，接待门诊22.1万人次。另据其他资料显示，从7月30日上海医疗队到达灾区到8月22日抢救任务基本完成，上海医疗队共治疗伤员181768人次，做大小手术781例，接生37名婴儿。到8月20日，运往唐山急救药品已达488吨，医疗器械96吨，漂白粉127吨。（第137页）

由于伤病员的后续治疗和恢复还需要更多的医疗投入，河北省抗震救灾指挥部通过省指挥部，希望上海帮助唐山建立抗震医院。为此，上海市相继派出第二批（1976年9月25日至1977年7月1日）和第三批医疗队（1977年7月1日至1978年2月20日），在河北省抗震救灾指挥部的统一指挥下，在丰润、玉田县和唐山市缸窑、东矿区迁西建立4个抗震医院，分别命名为丰润抗震医院、玉田抗震医院、唐山市第一抗震医院、唐山市第二抗震医院。根据上海市卫生局安排，丰润抗震医院由上海第二医院、虹口医院负责，玉田抗震医院由上海第一医院、黄浦区医院负责，唐山市第一抗震医院由卫生局系统医院负责，唐山市第二抗震医院由中医院、第二军医大学负责。抗震医院从1976年9月组建，到1978年2月主体撤回上海，历时一年半。（第137页）

1. 丰润抗震医院

（1）第二批医疗单位与人数：第二医学院，队长李春郊，指导员沈小梅，81人；瑞金医院，队长孙玉玲，指导员林翠珍，24人；第三人民医院，队长陈铭生，指导员郑红，21人；第九人民医院，队长陈德堃，指导员唐远明，20人；新华医院，队长周爱卿，21人；上海虹口吴淞地段医院，2人；上海虹口乍浦地段医院，2人；上海虹口中心地段医院，11人。总计8个医疗单位182人。

（2）第三批医疗单位与人数：第二医学院，队长朱济中，指导员路满臣，55人；瑞金医院，队长单友根，指导员田瑞芳，19人；第三人民医院，队长黄佩文，指导员金兰花，27人；第九人民医院，队长魏原樾，24人；新华医院，队长张顺昌，18人。总计5个医疗单位143人。

2. 玉田抗震医院

（1）第二批医疗单位与人数：上海第一医学院，队长葛公俊，56人；中山医院，队长马慎瑾，28人；华山医院，队长胡玉华，26人；儿科医院，队长吴文娟，10人；眼耳鼻喉科医院，队长毛锦城，9人；妇产科医院，队长郁士浩，9人；黄浦中心医院，5人；浦东中心医院，4人；黄浦区传染病医院，1人；红光医院，3人；黄浦区张家浜医院，1人；公费门诊部，1人；黄浦区卫生学院，1人。总计13个医疗单位154人。

（2）第三批医疗单位与人数：上海第一医学院，队长高德明，5人；中山医院，队长峣贞，27人；华山医院，队长朱慧如，39人；儿科医院，队长吴实，13人；眼耳鼻喉科医院，队长徐秀兰，13人；妇产科医院，队长彭杏菊，12人。总计6个医疗单位109人。

3. 唐山市第一抗震医院

（1）第二批医疗单位与人数：上海市第一人民医院，队长王荣庆，54人；第六人民医院，队长冯丽娟，45人；胸科医院，队长徐新根，15人；华东医院，队长梁伯仁，1人；上海市儿童医院，队长陈剑平，11人；第一妇婴保健院，队长吴月珍，15人；上海市传染病总院，队长尹允文，18人；第一结核病分院，队长何国钧，9人；上海眼、皮防治所，1人；上海医疗救护大队，1人；上海市卫生局，3人。总计11个医疗单位173人。

（2）第三批医疗单位与人数：第六人民医院，队长江光胜，64人；胸科医院，队长沈小军，22人；华东医院，队长顾美娣，14人；上海市儿童医院，队长王如意，20人；第一妇婴保健院，队长介坤，22人；上海市传染病总院，队长陈光铎，17人；上海市第一结核病医院，队长张美娟，2人；第一结核病分院，队长郭孟姑，12人；上海第二结核病医院，队长林秀婉，2人；上海精神病总院，队长黄宗玖，2人；上海眼、皮防治所，队长殷唯明，1人；上海医疗救护大队，队长王志成，1人；上海乳肉管理所，队长高岩，1人。总计13个单位180人。

4. 唐山市第二抗震医院

（1）第二批医疗单位与人数：上海中医学院，队长陈国发，12人；曙光医院，队长钱娴，31人；龙华医院，队长亦一轩，30人；岳阳医院，队长汪其昌，14人；第二军医大学，队长毕谦益，105人；国际和平妇幼保健院，队长庄留琪，16人；邮电医院，队长张公馥，15人；上海嘉定县人民医院，队长高炳兴，8人；上海嘉定县南翔医院，队长严学琪，5人；上海嘉定县安亭医院，队长郑秋生，4人；上海川沙县人民医院，队长盛炳然，5人；上海第七人民医院，队长顾姚良，5人；上海市洋泾医院，队长蔡志伟，5人。总计13

个医疗单位255人。

（2）第三批医疗单位与人数：上海中医学院，队长周吉燕，5人；曙光医院，队长胡振康，31人；龙华医院，队长姚培发，25人；岳阳医院，队长曹忠良，17人；上海纺织局第二医院，队长蔡志勇，24人；上海第二人民医院，队长孙明德，26人；上海南市区卫生防疫站，队长马树桢，4人；上海卢湾区中心医院，队长蒋福棠，12人；上海卢湾卫生防疫站，队长朱宝华，4人；上海虹口区中心医院，队长程祖龙，19人；国际和平妇幼保健院，队长蒯本娥，15人。总计11个医疗单位182人。

上述4个医院第二批援唐医疗人数总计达764人，第三批达614人。

在援建抗震医院时，上海继续提供医疗物资援助。到10月29日，上海调用1400套（每套计大单被2条、被套1只、棉花胎1条、枕套1只、枕芯1只）病员被服分两批运往唐山。此外，还有相关医院随带了部分手术衣、开刀巾、大中包布等被服配套。

从1976年9月到1978年2月，上海帮助唐山建设的4所医院充分发挥其职能，取得了很大的成绩。据统计，接待门诊67.5万余人次，接待住院治疗2万余人次，抢救危重病人1500余例，做各类手术1.5万余例。此外，还培训震区医务人员、赤脚医生近700余人次，派出小分队下乡服务2.4万余人次，为当地群众防疫注射5800余人次。（第137—140页）

唐山大地震时，有大量的伤员被转运到外地治疗。据有关资料显示，有12个省市接收了来自唐山的伤员，它们是：北京、上海、天津三市311人，辽宁19828人，吉林10223人，山东14034人，山西4773人，河南14329人，河北11682人，江苏3353人，安徽16457人，陕西9083人，共计104073人。（第141页）

地方11个省、市、自治区共派来医疗队138个；部队4个大军区、各军兵种、各救灾部队和当地驻军，共派医疗队125个，5400多人；卫生部、铁道学院和河北省直、各地医疗单位，共派出医疗队20个，近4000人；总计283个医疗队，近2万名医务人员。（第146页）

经国务院批准，从7月30日起，将重伤员转移外运治疗。由于灾区已成一片废墟，唐山及周边地区道路桥梁损毁严重，基本上无法通行。驻唐山空军机场克服重重困难，在震后15天时间里，先后起降飞机2885架次，将救援人员运到灾区，将大批重伤员转移到外省市，平均每4分钟起降一次，密度最大时，两架飞机间隔只有26秒，创造了惊人的奇迹，

被称颂为震不垮的空中运输线。（第146页）

从1976年10月开始，国务院恢复开滦生产会战领导小组决定，调进黑龙江、吉林、辽宁、陕西、上海五省市和中国人民解放军基建工程兵3万余人援建开滦。（第155页）

震后，唐山钢铁公司在抢救伤病职工、基本安排好职工生活的基础上，于1978年8月10日公司党委作出全面恢复生产的决定，公司和二级厂矿成立了恢复生产领导小组。（第156页）

在抢修化验室时，由于仪表设备破坏严重，上钢三厂用飞机运来机电设备和仪器。（第156页）

第二期工程时间紧、任务重。两个轧钢厂的4个轧钢车间厂房全部毁裂，设备破坏严重。上钢五厂、鞍山钢铁公司、马鞍山钢铁公司、二十二冶金建设公司、解放军京字110部队等单位分口承担抢修任务。中型轧钢厂主电室装有高低压开关柜、电磁站等电器系统，厂房大梁断裂，墙壁倾斜，屋面塌落，屋石板，屋架梁一半悬空。抢修这些设备一没图纸，二没资料，上钢五厂的同志就与中型轧钢厂职工一起，冒着房屋倒塌的危险，从塌落的屋面板下爬进去，摸清主电室和电气系统的情况，就地绘制一套完整的技术资料送回上海，在上钢五厂配置了整套设备运到唐钢。同时还支援了2套电器设备，40多台高低压开关，40多个冶金传动屏，上钢三厂支援1台复产急需的6150型车床和仅有的9吨多24千克/米轻轨，上钢一厂支援1.2万米6个规格的电缆线，上钢八厂支援1台500千瓦交流电机，上钢二厂将急需的8吨钢丝绳优先运到唐钢，上钢机修总厂支援5台1000千伏安变压器和1台CW61100大型车床。（第157页）

1977年9月5日，二轧钢车间简易恢复生产。（第158页）

中国自1990年开始申报联合国人居奖，唐山成为中国获得此奖的第一个城市。（第368页）

1990年10月6日，即世界人居日（每年10月第一个星期一），联合国副秘书长、人居中心执行主任阿考特·拉马昌德兰博士，对6个奖项逐一作了介绍。当讲到唐山时，他说：

“中国的唐山市政府也以其重建唐山市的大规模重建方案荣获一项人居奖。1976 年的地震曾使唐山沦为平地。这是如何科学而热忱地解决住房、基础设施和服务设施的杰出典范。”

这一年，我国共向联合国推荐了 9 个单位和个人参评，只有唐山获此殊荣。（第 369 页）

1990 年 11 月 13 日上午在北京新大都饭店，联合国向唐山颁发“人居荣誉奖”。（第 370 页）

1977 年 5 月 24 日，王怀海就是在大地震的特殊背景下出生在第六中学临时医院里，由上海市第一人民医院妇产科医生袁双喜接生。（第 413 页）

据唐山监狱老干部科雷科长回忆：“大地震发生后，1200 名唐山劳改队的服刑人员，从监舍里逃生出来，在高墙倒塌、电网失效、警卫缺失的情况下，竟无一人越狱逃跑。他们逃生出来后，便自发地到空场站好队，等候队长的命令。”（第 418 页）

在抗震救灾工作中，往往由一名队长带领 50 名犯人，去搭建防震简易房子，劳改服刑人员听从管教，无人滋事生非，更无一人趁机潜逃。（第 418 页）

附 录

上海救援唐山大地震纪事录

金大陆　张鼎

一九七六年七月二十八日

☆凌晨3时42分，唐山发生大地震。中共中央发出慰问电，要求广大人民群众和解放军战士，发扬艰苦奋斗的革命精神，以坚忍不拔的毅力，投入抗震救灾斗争，奋发图强，自力更生，发展生产，重建家园。（金大陆主编：《上海救援唐山大地震·口述实录卷》，上海文化出版社2016年版，第194页）

☆上海市委、市革委会向中共中央、国务院、河北省委、唐山市委、天津市委、北京市委发送急电，向灾区人民和战斗在抗震救灾第一线的人员致以亲切慰问，并表示上海方面一定全力以赴，做好抗震救灾工作。

［注1］（唐山市档案馆馆藏档案，0092－021－0010）急电表示：地震发生后，上海已紧急组织了840人的救护医疗队，分成56个分队，每分队为15人，分别配备有外科、内科、麻醉科医生、手术护士等，正紧急在各医院集中，随带干粮和药品，随时待命出发。此外，已发送1个专机的救灾药品，预计当晚飞抵唐山。各有关方面已备好医疗器械、药品、照明设备以及大量食品、生活用品等救灾物资，随时待命运往灾区。

［注2］（唐山市档案馆馆藏档案，0092－021－0006；1976年8月10日《文汇报》，第4版）市医药采购供应站接到发运急救药品和器械的通知后，站党委领导带领干部群众，分头从各个仓库提货装车，从中午干到第二天凌晨，通过专机和火车将5批药品和器械发往灾区。

［注3］（1976年8月6日，《文汇报》，第3版）晚，上海东湖塑料制品厂职工紧急加班3个小时，赶制出3顶医用帐篷，交付赴唐山医疗队，用于抗震救灾。

［注4］（魏宏运：《国史纪事本末（1949—1999）》第5卷，辽宁人民出版社2003年版，

第 601 页）上海市第一商业局在 3 个小时内准备好了 100 多种救灾物资。

☆下午，上海第一、第二等医学院和上海各市属、区属医院，传达市委一办关于京津唐发生强烈地震的紧急会议精神。根据卫生部要求上海派 800 人医疗队的决定，市委指示第一批派出 56 个医疗队，每队 15 人，预备队 20 个，自带 5 天干粮和药品。各大医院紧急行动，人员到位，装备就绪，待命出发。（虹口区档案馆馆藏档案，1－1－571－374；静安区档案馆馆藏档案，29－4－454；上海交通大学医学院档案馆馆藏档案）

☆服役于中国人民解放军第 38 军的上海籍官兵许笑非、夏淞生等，驻扎于葫芦岛的海军 23 训练基地的上海籍官兵夏龙才、吴泉元等，接到救援唐山的命令后，随部队赶赴唐山救灾。（金大陆主编：《上海救援唐山大地震・口述实录卷》，上海文化出版社 2016 年版，第 274 页、296 页）

［注］（魏宏运：《国史纪事本末（1949—1999）》第 5 卷，辽宁人民出版社 2003 年版，第 602 页）地震发生后，立即赶赴唐山参加救灾的部队有北京军区、沈阳军区、空军、海军、铁道工程兵等，共计十几万人。由于情况紧急，救灾部队开进唐山时，既没有调运大型挖掘机械，甚至连钎、锤、锹等工具也没有携带。结果，部队官兵用自己的双手，扒开废墟，救出被埋压的群众达 1 万多人。直到 8 月 1 日以后，救灾部队才陆续发出吊车、电锯、凿岩机、电焊切割机。最先投入救灾的某营，有三分之二的战士指甲剥落。

☆深夜，市卫生局革委会和上海第一医学院、第二医学院一行 20 余人，乘坐三叉戟飞机飞往唐山，主要任务是与当地指挥机构沟通，商定安排后续上海赴唐医疗救援人员的任务分工。（金大陆主编：《上海救援唐山大地震・口述实录卷》，上海文化出版社 2016 年版，第 144 页）

一九七六年七月二十九日

☆清晨，上海各大医学院和市属、区属医院的医疗队于上海北站集合，分乘两列火车北上。

［注］（金大陆主编：《上海救援唐山大地震・口述实录卷》，上海文化出版社 2016 年版）上海第二医学院所属瑞金医院、仁济医院、新华医院、第九人民医院各组建了 2 支医疗队，每个医疗队里有 2—3 名骨科或普外科医生，2 名内科医生，1 名麻醉科医生，1 名药剂师，1 名检验科医生，1 名护士，3 位干部（1 位指导员，正、副队长各 1 位，均为医务工作者）。二医系统第一批赴唐山抗震救灾共计 127 人。又，上海医学院附属岳阳医院第一批医疗队队员 46 人。据资料：上海吴淞医院在上级二军大长海医院的指导下，所带野外医疗的装备和器

械是最齐全的。地处闵行的工农医院医疗队是开着救护车、一路手摇着车铃开进北站的。

☆上午8时，海军上海基地组织医疗队，从上海大场机场出发，由海军运输机直接飞往唐山抗震救灾。飞机在天津杨村机场暂停，下午2时许到达唐山。

［注］（金大陆主编：《上海救援唐山大地震·口述实录卷》，上海文化出版社2016年版，第316页）海军上海基地组织了两支医疗队，一支以海军411医院为主，一支由海军吴淞门诊部、海军上海基地门诊部、海军大场机场卫生队等单位组成。

☆下午1时，上海益民食品四厂接受4时前将6万斤饼干赶运机场的任务。厂党委组织一支200人的队伍突击奋战，准时派出16辆卡车，将60834斤饼干送到机场。（1976年8月6日，《文汇报》，第3版）

☆下午，上海铁路局党委召开紧急电话会议，各分局、办事处和主要站段党委领导参加。会议要求各级党委立即行动起来，把运输抗震救灾物资的工作，作为当前一项重要的政治任务来完成。做到“要人有人，要车有车，全力以赴”。当晚，上海铁路局杨浦站接装3车食品去灾区的通知。该站边进货边装车，仅用一个半小时就完成任务。

［注］（上海铁路系统档案资料）7月29日、30日两天，上海铁路局已开出救灾专列3列（上海2列，南京1列），抢运救灾物资20车。

☆市商业一局革委会致电市革委会财贸组，反映北京市商业局革委会的要求：支持1000块蓬盖油布、2万把布伞、2.5万件塑料雨衣。（唐山市档案馆馆藏档案，0092－021－0010）

☆虹口区手工业局正兴金属制品厂接到国家地震局下达的试制地震倾斜仪任务后，局、厂领导当天研究，并组织力量，抓紧完成任务。（虹口区档案馆馆藏档案，1－2－362）

☆市医疗器械工业公司党委主动了解灾区的救援需要，并向12个有关基层厂下达增产20种医疗器械的计划，同时集中库存医疗器械，翌日空运往唐山灾区。（《解放日报》1976年8月9日，第3版）

一九七六年七月三十日

☆清晨，上海首批医疗队乘坐的列车到达京津之间的杨村机场。因前方交通阻断，上海医疗队冒着酷暑在杨村机场待命。下午至傍晚，上海医疗队乘各种型号的空军飞机飞往唐山，并在唐山机场露宿。（上海交通大学医学院档案馆馆藏档案）

☆下午，中央慰问团副团长陈永贵副总理接见上海抗震救灾医疗大队部的领导和部分队员。陈永贵对上海抗震救灾医疗队及时赶到灾区表示满意，并对上海医疗队全体人员表

示慰问。（上海中医药大学档案馆馆藏档案）

☆下午，市委主持召开各组办会议，学习中央电报及关于唐山抗灾的文件。表示：人家（唐山）要什么，我们就给什么，他们的灾难就是我们的灾难。（静安区档案馆馆藏档案，012－04－0645－013）

☆市革委会财贸组向各值班人员传达《关于支援地震灾区的物品原则》文件精神，要求值班人员认真接好每一个电话。

［注］（唐山市档案馆馆藏档案，0092－021－0010）接电话的具体要求如下：1. 河北、天津、北京等局、公司直接来电的先予接待，不得借任何缘故而推托；2. 上、下级来电话，要详细做好电话记录，及时报办领导阅审，及时加强请示汇报。

☆上海第五制药厂接到突击生产“氨基比林”的任务，全厂干部职工三天三夜加班工作，提前安装设备，并立即投产。（《解放日报》1976 年 8 月 9 日，第 3 版）

☆晚，停泊在航修站的上海海运局油轮船队“大庆 40 号”，接到运送淡水支援灾区的任务，海运局和船队党委紧急动员。“大庆 40 号”轮的干部和船员纷纷贴出决心书，表示一定要用最快的速度把淡水送到灾区。

［注］（1976 年 8 月 6 日，《文汇报》第 3 版）7 月 31 日清晨，“大庆 40 号”轮和前来参战的机关职工共 300 多人开展了洗舱工作。原定的 3 天完成洗舱任务，提前 1 天多移泊装水。

一九七六年七月三十一日

☆清晨，上海抗震救灾医疗大队部召开各医疗队指导员、队长会议。（上海中医药大学档案馆馆藏档案）

☆上午，上海各医疗队进入地震灾区。其中闵行工农医院、建工医院等在路南区；虹口中心医院等在路北区，第二医学院医疗队去丰润县，市第一人民医院、杨浦区中心医院等在机场，负责重伤员的中转处理等。各医疗队到达现场后，立即展开抢救伤员的工作。（金大陆主编：《上海救援唐山大地震·口述实录卷》，上海文化出版社 2016 年版）

☆国务院决定向上海等十一个省（市）转运唐山危重伤员。吴江山等服役于中国人民解放军空军第 13 师的上海籍官兵，随机组人员飞往唐山，承担转运伤员和运输救灾物资等任务。吴江山是空 13 师第一个飞往唐山救援机组的领航员。

［注］（金大陆主编：《上海救援唐山大地震·口述实录卷》，上海文化出版社 2016 年版，第 307 页）据吴江山回忆，7 月 31 日，他所在机组飞行 4 个架次，飞行时间共 4 小时 13 分钟。8 月 1 日，该机组又往返飞行 4 小时 59 分钟。8 月 2 日，飞机装载救灾物资飞抵唐山后，

又将伤员和失去亲人的孤儿运送至石家庄。在执行任务的 9 天中，吴江山机组连续飞行 8 天，共飞行了 21 架次，21 小时 15 分钟。

☆下午，上海注射器三厂提前完成了为灾区紧急生产的注射器，日产量比平时增加了两倍多。（1976 年 8 月 9 日，《解放日报》第 3 版）

☆上海急调飞机，将 12000 米水龙带运达灾区。（魏宏运：《国史纪事本末（1949—1999）》第 5 卷，辽宁人民出版社 2003 年版，第 604 页）

☆上海铁路局召开党委常委会，传达市委关于做好支援抗震救灾工作的精神。（上海铁路系统档案资料）

一九七六年八月一日

☆沈鑫森、戴忠德等服役于中国人民解放军铁道兵 11 师的上海籍官兵，随大部队出发赶往唐山，承担抢修铁路的任务。

［注］（金大陆主编：《上海救援唐山大地震·口述实录卷》，上海文化出版社 2016 年版，第 287 页）至 10 月 18 日（历时 79 天），该部队六千多官兵参加抢险，共完成抢修铁路干线、厂矿专用线，建造生产生活临时房屋等 20 项任务。

☆上海第二医学院又有 15 名队员赶到灾区，总计医疗队员 142 人（其中医生 44 人、护士 21 人、化验 8 人、药房 8 人、后勤 8 人、工军宣队 7 人、行政 14 人、1976 届工农兵学员 31 人等）。

［注］（上海交通大学医学院档案馆馆藏档案）在近两个月的抗震救灾中，上海第二医学院第一批医疗队共诊治了伤病员 7100 余名（其中住院治疗 1900 名，巡回医疗 5000 余名），抢救垂危病人 420 人，还对 244 名较重伤病员就地施行了手术治疗。

☆上海市胸科医院医疗队员陈群为 1 名孕妇接生，婴儿取名为“震生”。（金大陆主编：《上海救援唐山大地震·口述实录卷》，上海文化出版社 2016 年版，第 168 页）

☆市医药采购供应站接收增产 80 吨来沙尔的紧急任务。采购人员会同工厂四处联系，先后落实了甲酚、棉清油等生产原料和 20 万只瓶子、1 万只纸箱等包装材料，解决了冷却锅等急需的生产设备，加快了生产进度。（唐山市档案馆馆藏档案，0092－021－0006）

一九七六年八月二日

☆中央抗震救灾指挥部办公室致电市革委会，要求上海接收唐山灾区的伤病人员时，要注意登记伤病员的姓名和工作单位，如有死亡者，要拍照片，尸体火化后，骨灰装骨灰盒保存，以备家属查找。有批示：请市革委会文教组、卫生局革委会阅办。（上海市档案馆馆藏档案，A1－14－1101）

☆中央抗震救灾指挥部致电市革委会财贸组，要求上海安排有关单位向解放军总后勤部提供塑料袋装5％、10％葡萄糖输液各100袋，上海方面表示同意。（唐山市档案馆馆藏档案，0092－021－0010）

☆市革委会召开紧急会议，坚决支持河北省抗震救灾指挥部关于上海负责在唐山地区的丰润、玉田、遵化、迁西建立4个抗震救灾临时医院，就地收治伤员的建议。（唐山市档案馆馆藏档案，0092－021－0010）

☆得悉迁西县有唐山市区和陡河水库转去的1400多名伤员（其中重伤员400多名），医务力量严重不足，上海医疗队调遣中山医院、肿瘤医院两个队前去支援。（唐山市档案馆馆藏档案，0092－021－0007）

☆上海铁路车辆段组织一列备用客车，开赴灾区抢救伤员。（上海铁路系统档案资料）

☆下午，虹口区革委会卫生组召开组务会议，确定保定路小学为灾区病人接收点，市四院以洪湖中学为接受病人治疗站。晚，组务会议继续召开，就接受灾区转来的伤病员工作等问题进行深入研究，了解各医院医务人员、设备、物资的落实措施。（虹口区档案馆馆藏档案，20－1－93）

☆市第一商业局革委会向市委办公室呈送《关于唐山灾区来沪人员在沪期间生活用品供应意见的紧急请示报告》，对唐山来沪人员的生活用品供应问题提出设想。市委领导原则上同意报告意见，并要求转告各有关部门，要积极热情地做好接待工作和生活用品的供应工作。（上海市档案馆馆藏档案，B123－8－1532）

☆下午，虹口区委召开常委会议，传达市革委会科技组召开关于地震问题的会议精神。根据市革委会迅速开展上海地震群测群防工作，各区县成立地震领导小组的要求，虹口区委决定，由原防汛领导小组兼地震领导小组，做好区内防震抗震工作。晚，闸北区委召开常委扩大会议，传达市委有关地震问题的会议精神。（虹口区档案馆馆藏档案，1－1－580－11；静安区档案馆馆藏档案，012－04－0645－013）

☆上海铁道医学院铁医学习班全体人员写下要求赴唐山参加抗震救灾的《决心书》，转呈市革委会文教组，并表示目前已整装待命，只要组织一声令下，就立即奔赴灾区。市革委会文教组回复：支内是国家长期任务，抗灾已派了好几批了。（上海市档案馆馆藏档案，B244－3－1096）

☆下午6时，“大庆40号”轮在消防队、上港五区、上海船厂等单位的支持下，顺利装

注 1 万 1 千吨淡水，启航开往唐山。（1976 年 8 月 6 日，《文汇报》第 3 版）

一九七六年八月三日

☆上午 10 时许，国务院副总理陈永贵率领中央慰问团杨富珍、张才千等来到丰润慰问伤员，并表示“毛主席派我们来看望大家了”。（上海交通大学医学院档案馆馆藏档案）

☆中央抗震救灾指挥部向各省、市、自治区革委会发送电报，要求各地将所支援的救灾物资，一律用电报速报中央抗震救灾指挥部办公室，并由指挥部办公室统一安排发运，并要求在运输上优先给予保证。（唐山市档案馆馆藏档案，0092 - 021 - 0010）

☆市革委会向中央抗震救灾指挥部发送电报，就上海医疗队筹建临时医院，进行抢救伤员等事宜进行请示报告。下午，上海方面派 35 人乘飞机赴唐山，具体负责筹建临时医院的工作。（唐山市档案馆馆藏档案，0092 - 021 - 0010）

☆市革委会工交组下发通知，要求市冶金工业局承担支援唐山钢铁公司修复 630 中型轧钢厂的抗震救灾任务。（唐山市档案馆馆藏档案，0092 - 021 - 0001）

☆市委召开有关部门会议，要求在抢运抗震救灾物资的同时，认真抓好卸车出货和排空工作。（上海铁路系统档案资料）

☆上海铁路分局革委会向市劳动局革委会提交《关于请示支援受灾地区增加临客需炊事员的报告》。《报告》指出，当前正值高温季节，劳动力比较紧张，特别是餐车炊事员无法解决，要求紧急支援炊事员 20 名，时间为 1 个月。（上海铁路系统档案资料）

☆市粮食局革委会致电市革委会财贸组，关于唐山灾区来沪人员的粮食问题，拟提出了 4 点解决措施。市革委会财贸组领导表示同意。（唐山市档案馆馆藏档案，0092 - 021 - 0003）。

☆市医药工业公司革委会向各有关厂革委会下发《关于紧急安排抗震救灾药品生产的通知》，要求各厂积极做好“针剂 33 个品种（规格）3800 万支，片剂 11 个品种 5. 66 亿片”的生产工作。（唐山市档案馆馆藏档案，0092 - 021 - 0011）

☆驻唐解放军从废墟中挖出了埋压 147 小时的十岁男孩小明明（白海明），在上海虹口区中心医院医疗队的救治下，小明明恢复了健康。

［注］（金大陆主编：《上海救援唐山大地震・口述实录卷》，上海文化出版社 2016 年版，第 102 页）1977 年，白海明和父亲白景儒专程赶来上海，看望一年前参与救治的虹口区医疗队员们。白家父子还赠送了书写着“情深似海，恩重如山”的锦旗。

☆参与抗震救灾的解放军防化连的三位战士，因在高温下连续工作十多小时中暑昏

倒。市建工局职工医院赴唐山医疗队及时对他们进行了救治。（上海建工集团档案资料）

一九七六年八月四日

☆国务院总理华国锋到达唐山，并在开滦煤矿、唐钢等厂矿慰问受灾群众。（上海交通大学医学院档案馆馆藏档案）

☆中央抗震救灾指挥部向各省、市、自治区革委会下发关于《关于大力增产药品的紧急通知》，要求各地认真抓好医药生产，更有力地支援灾区人民的抗震救灾斗争。（唐山市档案馆馆藏档案，0092－021－0010）

☆中央抗震救灾指挥部向各省、市、自治区革委会，军委各总部、各军兵种、各大军区、各省军区、党中央各部门和国务院各部委发送电报，希望各地党委做好群众政治思想工作，说服群众不以个人名义捐献财物，不要到灾区去，也暂时不要回唐山探亲。（唐山市档案馆馆藏档案，0092－021－0010）

☆康办致电市革委会财贸组，针对灾后有人来沪投亲访友穿衣吃粮有困难的情况，要求根据市商业一局《关于唐山灾区来沪人员在沪期间生活用品供应意见的紧急请示报告》，凡是在上海的亲友有困难的，应酌情给予解决，态度要热情接待。（唐山市档案馆馆藏档案，0092－021－0003）

☆市第一商业局革委会向市卫生局、市民政局、市财政局、市商业二局、市粮食局，各区革委会财贸组，各县商业局，市纺织品公司、市百货公司、市百十店、市土产杂品公司等部门转发了经市委领导批示同意的《关于唐山灾区来沪人员在沪期间生活用品和票券问题的处理意见》，并针对灾区来沪投亲靠友人员布票有困难的情况，提出《关于解决唐山灾区来沪人员所需布票问题的意见》，供各部门内部掌握。（上海市档案馆馆藏档案，B123－8－1513）

☆经与市卫生局、商业一局、民政局共同研究，市财政局革委会向市革委会办公室上报《关于唐山灾区来沪伤病等人员费用的处理意见的请示》，针对唐山灾区来沪伤病等人员发生的费用问题提出相关处理意见。（唐山市档案馆馆藏档案，0092－021－0003）

☆上午，市委领导至车站，与一医、二医、中医、静安、虹口等新一批奔赴唐山的医疗队员握手送行，并勉励大家好好地为灾区人民服务。（唐山市档案馆馆藏档案，0092－021－0010；静安区档案馆馆藏档案，29－4－454；虹口区档案馆馆藏档案，20－2－212）

☆上海铁路分局召开电话会议，号召广大党团员、群众动员起来，为支援灾区，大力抓好卸车和排空任务，确保上海和华东电网煤、油的运输。

［注］（上海铁路系统档案资料）会议要求每天卸车1000辆，常州口排空600辆，上海地区出货5000吨，无锡7000吨，苏州5000吨。会后，杨浦、真如等主要货运站立即召开会议，向干部和群众传达指示精神。上南、新龙华站同卸车单位协作，做好上南每天卸两列煤炭、新龙华每天卸一列煤炭的准备工作。上海团市委成立了青年突击队，自8月5日起，每天有500青年参加卸车。

☆市建工局职工医院赴唐山医疗小分队，救治了地震受伤的唐山瓷厂老工人李金柱。经检查，该伤员左肩背部伤口达20多公分长，3~4公分深，且已经化脓腐烂。医疗队员对伤员施行了手术，10天后，李师傅伤口痊愈。（上海建工集团档案资料）

一九七六年八月五日

☆依照中央和国务院的指示，来自上海、辽宁、黑龙江、广东、江西、甘肃和宁夏等地的1200多人的防疫队伍陆续到达唐山。与此同时，5万多件防疫器械和400多吨防疫药品，100万人份的防疫菌苗，也从全国各地源源运到唐山。

［注］（高道生等：《凤凰从火中再生》，天津人民出版社1996年版，第203页）8月5日，国务院抗震救灾办公室下达命令，调飞机喷洒药物灭蝇蚊。8月9日、16日、23日和9月3日先后4次对唐山市区、郊区、东矿区和丰南县城等区域进行了药物喷洒，共出动飞机141架次，其中常规喷洒作业95次。喷洒面积2万5千亩，低容量喷洒作业46架次，喷洒面积39万9千亩，总喷药面积达42万4千亩，喷洒低毒有机磷杀虫药45吨。8月9日第一次以每亩2两的剂量喷洒后，根据路南区7个点的调查显示，喷药后半个小时，苍蝇密度比喷药前下降52%到95%。飞机喷洒药物灭蝇蚊取得了显著的效果。

☆市革委会向中央抗震救灾指挥部发送电报。电报指出，7月28日至8月2日的六天内，上海发往唐山、天津、北京等地的救灾物资有药品、医疗器材、食品、照明物资、工具器材等达1千多吨。（唐山市档案馆馆藏档案，0092-021-0010）

☆上海发往唐山等地救灾物资共计120.98吨，其中食品48.65吨，药品17.79吨。（唐山市档案馆馆藏档案，0092-021-0010）

一九七六年八月六日

☆市革委会向中共抗震救灾指挥部发送电报。电报指出，从7月28日至8月5日，邮电部、铁道部、交通部、卫生部等机构，从在上海的部属单位调运一批救灾物资，计各种设备181台，车辆13部，各种物资500多吨。另铁道部调运去道渣（小块石子）5000吨。（唐山市档案馆馆藏档案，0092－021－0010）

☆上海发往唐山等地救灾物资计药品28.23吨，医疗器械3.67吨，压缩饼干60吨，高音喇叭400只，救护车19辆。（唐山市档案馆馆藏档案，0092－021－0010）

☆市商业一局革委会将第一批增产（或紧急安排）的抗震救灾物资清单，上报至市革委会财贸组。（唐山市档案馆馆藏档案，0092－021－0006）

☆市冶金工业局革委会委派的局机动组组长张金生、安装大队党委副书记朱陶法、上钢三厂革委会常委奚林兴、冶金设计院工程负责人陈同章等组成考察组，到达冶金工业部，商议援助唐山钢铁厂事宜。当晚，由冶金工业部陈绍昆部长带队抵达唐山。翌日，考察组一行在唐钢现场，听取唐钢负责人汇报抗震救灾情况和恢复生产的初步意见。（唐山市档案馆馆藏档案，0092－021－0001）

☆《文汇报》刊登文章，介绍上海橡胶制品五厂工人紧急生产一批导尿管、双束三腔管、十二指肠管、血压计球、简易呼吸气球的事迹。文章称：该厂职工们纷纷表示，导尿管是"救命管"，与灾区人民血肉相连，一定要抓紧时间多生产。（1976年8月6日，《文汇报》第3版）

☆闸北区委召开常委会议，报告唐山震后救灾情况，并传达市委要求各级领导干部认真学习，把各项工作做好，以实际行动支援灾区。（静安区档案馆馆藏档案，012－04－0637－054）

一九七六年八月七日

☆中央抗震救灾指挥部致电市革委会财贸组，表示上海等地运送的大批熟食对灾区帮助很大，当下灾区粮食和炊具已基本解决，可以开火做饭，上海等地可停止向灾区调运饼干、熟食。（唐山市档案馆馆藏档案，0092－021－0005）

☆上海发往京、津、唐等救灾物资共计206.27吨，另给邮电部三轮摩托车50辆。（唐山市档案馆馆藏档案，0092－021－0010）

☆经铁道兵11师指战员们的努力抢修，京山铁路线提前恢复通车。（金大陆主编：《上海救援唐山大地震·口述实录卷》，上海文化出版社2016年版，第287页）

☆晚，唐山地区突降暴雨。上海赴唐医疗队的多个帐篷浸水没踝，有的还发生帐篷漏雨、帐篷倒塌等情况。医疗队员们首先把药品、机械等搬到高处，并探视了病员。下半夜无法入睡，龙华医院医疗队还举行赛诗会，献诗28首，《解放日报》选登数首。（上海中医

药大学档案馆馆藏档案；上海建工集团档案资料）

☆上海静安区医疗队收治一位临产孕妇，医护人员在芦苇席棚里铺上消毒塑料布接生。上海第二医学院医疗队则因地制宜搭起简陋产房，两位婴儿均平安降生。一个取名“重建”，一个取名“胜震”。（静安区档案馆馆藏档案，29－4－454；上海交通大学医学院档案馆馆藏档案）

☆上海闸北中心医院赴唐医疗队收治一名重症病人。经与附近兄弟医疗队联系会诊，确认如果转院，生命难保。该医疗队两名医护人员献血400CC，使患者顺利脱险。（河北省政协文史资料委员会编：《唐山抗震救灾纪实》，河北人民出版社2010年版）

一九七六年八月八日

☆上海发往唐山等地救灾物资共451.93吨，其中药品46.84吨，医疗器械2.73吨，建筑材料400吨。另有国家物资局从上海调往丰润救灾用的16吨吊车1辆，四机部调用收讯器25台。（唐山市档案馆馆藏档案，0092－021－0010）

☆市商业一局紧急向灾区调运圆钉、镀锌铁丝共400吨。上海五金采购供应站、商业储运公司丹东路仓库和铁路储运部，在一个半小时内完成全部手续和准备工作，并成立随车押运小组。上海铁路分局迅速调配9节车皮，并集中力量抢运抢装，8小时内就完成了任务。（1976年8月10日，《解放日报》第3版）

一九七六年八月九日

☆康办电告市革委会财贸组，转达市委对《关于唐山灾区来伤病等人员费用处理意见的请示》的批示意见：在中央没有统一规定以前，统一暂时按此规定掌握。（唐山市档案馆馆藏档案，0092－021－0003）

☆上海铁路局委员会召开常委会议，研究抗震救灾问题。（上海铁路系统档案资料）

☆上海发往辽宁、山东等抢救伤员的药品、医疗器械等共计2605公斤，电讯设备50台。（唐山市档案馆馆藏档案，0092－021－0010）

☆《文汇报》刊登文章，介绍市冶金系统广大职工全力以赴支援灾区的事迹。上海医疗器械七厂急需一批不锈钢薄板，上钢三厂第二薄板车间提前两个星期完成轧制任务；灾区需要一批通讯用的钢丝，上钢二厂立即组织生产；上海异型钢管厂等均提前安排生产灾区的订货。（1976年8月9日，《文汇报》第2版）

☆《解放日报》刊登文章，介绍市仪表电讯工业系统和市医药化工系统突击生产救灾物资和药品的事迹。

[注]（1976年8月9日，《解放日报》第3版）文章指出，上海手术器械六厂以最快的速度，连续完成4批救灾物品运往灾区；因灾区急需照明设备，上海电子管二厂召开紧急会议，增产了22万支日光灯；为了保证地震预报工作顺利进行，上海无线电十三厂提前完成两台每秒运算50万次的电子计算机生产任务。唐山地震后，市医药工业公司主动与医药采购部门联系，并召集有关23个药厂举行紧急会议，安排增产支援灾区的重点药物共47种，其中长征制药厂“改开三班制，人停机不停”，提前超额完成任务。

一九七六年八月十日

☆上海运往唐山等地救灾物资共计1552.34吨，其中药品22.93吨、医疗器械18.51吨、肥皂110吨、油毛毡1400吨，另有人工肾机器2台。（唐山市档案馆馆藏档案，0092－021－0010）

☆市冶金工业局革委会向市工交组呈送《关于抗震救灾，支援唐山钢铁公司修复第一炼钢厂、中型轧钢厂的情况报告》。《报告》指出，根据冶金工业部要求，市冶金工业局负责唐钢第一炼钢厂和中型轧钢厂的修复和恢复生产任务。有批示：对这两个厂，要全部包下来，采取积极负责的态度，全力以赴，坚决地、彻底地、无条件地完成任务。

[注]（唐山市档案馆馆藏档案，0092－021－0001）《报告》还说明了唐钢第一炼钢厂和中型轧钢厂的地震损坏情况，并召开支援工作专题会议决定：1. 修复和恢复生产任务的分工：唐山第一炼钢厂由上钢一厂、五厂负责。中型轧钢厂以上钢三厂为主，上钢二厂协助。2. 由市冶金工业局，上钢一厂、二厂、三厂、五厂等组成九人现场工作组，即赴唐山开展工作。3. 对刚从唐山带来的第一批需要补缺的设备清单，马上组织力量，核对库存，局内有的，即做好发运准备工作；局没有的，即上报，请市革委会工交组给予调拨。

☆《文汇报》刊登文章，介绍市商业一局、商业二局、市医药公司、市医药采购供应站等革委会支援灾区的事迹。文章指出，市商业一局、商业二局系统成立了29个救灾工作班子，各有关基层单位每天值班和突击运输人员有1200多人。（1976年8月10日，《文汇报》第4版）

☆《解放日报》刊登文章，介绍市医药系统多造药、造好药支援灾区的事迹。

[注]（1976年8月10日，《解放日报》第3版）文章指出，第五制药厂奋战三天三夜，突击生产第一批救灾药品“安乃近”，并提前一周完成“氨基比林”设备安装任务，为该药

及早投产争得时间；第六制药厂接到迅速生产10吨“哈拉松”（食用水消毒药）的任务，老工人自愿到厂里当顾问，想方设法找来原料；第八制药厂生产一批脑震荡急救药“氯脂醒”，三天内就完成任务。

一九七六年八月十一日

☆上海市委向河北省委、唐山市委、开滦煤矿党委及全体职工发送慰问电报，表示学习和发扬灾区人民的无产阶级革命精神和顽强战斗意志，坚决支持灾区抗震救灾、恢复生产的英勇斗争。（唐山市档案馆馆藏档案，0092－021－0004）

☆康办致电市革委会财贸组，关于天津要压缩饼干问题，有批示：天津要70吨，可以给70吨，不必少发，因不宜保存。（唐山市档案馆馆藏档案，0092－021－0005）

☆下午，上海铁路局党委召开全局电话会议，要求发扬连续作战的革命精神，继续抓紧做好抗震救灾物资和抢运伤员的运输工作。

［注］（上海铁路系统档案资料）据统计，7月29日至8月11日的十四天中，上海铁路局抢运救灾物资为货运863车，客运14400件，267吨；发出医务人员专列和抢运伤员空专列27车次，运送医务人员2870人；接入伤员列车17列，安全运抵伤员7791人。全局有22名医务人员参加抢救医疗队，77名医务人员在列车上抢救和照料伤员，270多名客运乘务人员日夜坚守在列车上，为伤病员服务。

一九七六年八月十二日

☆市商业一局革委会根据抗震救灾形势发展需要，编制第二批抗震救灾物资增产建议清单，上报至市革委会财贸组。（唐山市档案馆馆藏档案，0092－021－0006）

☆市商业一局革委会救灾小组提出《关于抗震救灾药品、器械供应的几点意见》，《意见》将所需列出的药品、器械266个品种和规格，具体划分出三类，并制定相应的审批权限。市商业一局革委会批复同意，并上报市革委会财贸组审核。（唐山市档案馆馆藏档案，0092－021－0006）

☆上海赴唐山地区抗震救灾医疗队大队部公布《关于第一批医疗队调防、休整、总结及筹建四个临时医院的方案》，同时研究落实河北省抗震救灾指挥部关于要求上海筹建4个临时医院的任务。

［注］（上海中医药大学档案馆馆藏档案）该《方案》提出筹建4个临时医院的任务分

工：暂以上海第一医学院医疗队为主，负责筹建玉田县临时医院；暂以上海第二医学院医疗队为主，负责筹建丰润县临时医院；暂以上海中医学院、第二军医大学为主，负责筹建唐山东矿区迁西临时医院；暂由市卫生局系统各医院（以市一医院为主），负责筹建唐山市缸窑临时医院。

一九七六年八月十三日

☆河北省委向市委转发开滦煤矿党委的感谢电报。开滦煤矿党委在该电报中说：上海市委发来的慰问电已向全矿职工转达，职工们深受鼓舞和教育，决心以早日恢复生产、重建矿山的实际行动，回报上海市委和上海人民的支持和关怀。（唐山市档案馆馆藏档案，0092－021－0004）

☆市革委会工交组、财贸组向市委、市革委会上报《关于安排救灾帐篷的情况汇报》。《汇报》指出，商业部接受中央抗震救灾指挥部的委托，要制作1万顶帐篷，请上海生产4千顶，因生产材料方面有所缺失，特此请示应如何处置。有批示：一面生产，一面催缺的材料，不要等。（唐山市档案馆馆藏档案，0092－021－0010）

☆中央抗震救灾指挥部致电市革委会财贸组，要求供应已用完的、缺失的药品。（唐山市档案馆馆藏档案，0092－021－0010）

☆上海有线电厂接到上级下达的紧急任务：以最快速度，拿出八台122型传真机。结果3天就提前完成任务。厂党委特地派人乘飞机将传真机送往唐山，支援抗震救灾。人民机电厂也提前将制造出来的深井电机运往唐山。（1976年9月10日，《文汇报》第3版）

☆天津市革委会发来电报，为排除高大建筑和高大烟筒因地震造成的险情，急需一批120克和30克的气球。上海乳胶厂接到任务后，即开始试产，于17日发出了第一批符合要求的120克气球。（唐山市档案馆馆藏档案，0092－021－0006）

☆第一批驻唐山路南区抢险救灾的建工医院15人、儿童医院15人、市西医院15人等，撤至唐山机场灯光球场进行休整、总结，由第二批驻遵化县的古田、瑞金医院4个队共100人接替。第一批驻灯光球场的新华医院15人被调回丰润（市第二医学院驻地）。（上海中医药大学档案馆馆藏档案）

☆深夜，静安区医疗队接治一位肠外露、弥漫性腹膜炎的急症患者。在简陋的条件下，医护人员同心协力，密切配合，完成抢救手术。清晨，该患者所属公社书记带领50多位农民，行走30里赶来驻地，向医疗队致谢。（静安区档案馆馆藏档案，29－4－454）

一九七六年八月十四日

☆中央抗震救灾指挥部致电市革委会财贸组，再次要求上海向解放军总后勤部医疗队提供一批预备用药。（唐山市档案馆馆藏档案，0092－021－0010）

☆中央抗震救灾指挥部向各省、市、自治区革委会发送电报。电报指出，因急救药品、器械供不应求，为保证救援，急救药品、器械除对接收伤员的辽宁、吉林、山东、安徽、江苏、河南、湖北、陕西、山西等省继续供应外，其他省、市、自治区推迟执行正常调拨合同，待情况转好后，再恢复正常供应。（唐山市档案馆馆藏档案，0092－021－0010）

☆市粮食局革委会向市革委会财贸组呈送《关于唐山灾区来沪人员供应食油问题的请示报告》。（唐山市档案馆馆藏档案，0092－021－0003）

☆第一批驻唐山路南区的市六医院32人、徐汇区中心医院30人、铁路中心医院15人、上电医院15人撤至灯光球场进行休整、总结，由第二批驻遵化县的后方长江医院2个队共50人，遵义医院、六院医大班1个队共25人，市六医院25人，华东医院25人接替。（上海中医药大学档案馆馆藏档案）

一九七六年八月十五日

☆市建工局职工医院等第一批赴唐山医疗队接到返沪通知，在离开唐山前，刘子厚等河北省委领导接见了上海医疗队各分队的负责人。（上海建工集团档案资料）

☆第一批驻丰南县的第一医学院5个队共80人，撤至玉田县建立临时医院，由第二批驻遵化县的警备区医疗队100人接替；第一批驻丰南县老铺地区的长宁区2个队共31人，撤至灯光球场，由第二批驻迁西县的海员医院25人接替。（上海中医药大学档案馆馆藏档案）

☆第一批驻迁西县六五〇部队医院的中山医疗队15人撤至玉田县临时医院；肿瘤医院15人、南市区7人，加上驻陡河水库的南市区23人，全部撤回至灯光球场。（上海中医药大学档案馆馆藏档案）

一九七六年八月十六日

☆第一机械工业部向市革委会发送电报，要求上海变压器厂生产变压器38台（1.26万千伏安），以满足开滦煤矿排水的需要，并说明有现货可先行调给；没有现货的，则想尽一

切办法紧急赶制。（唐山市档案馆馆藏档案，0092－021－0001）

☆上海开关厂接到8月底前生产200台高压开关板和100台高压综合起动器的突击任务，以支援唐山人民重建家园。经过努力，上海开关厂在完成此项紧急任务的同时，还正常完成了8月份的生产任务。（1976年9月3日，《文汇报》第1版）

一九七六年八月十八日

☆河北省委领导接见上海和其他省市医疗队，表扬上海医疗队“来得快、干得好”，还赠送了奖旗，旗上书“无私支援情谊深，龙江风格放光辉”。（金大陆主编：《上海救援唐山大地震·口述实录卷》，上海文化出版社2016年版，第170页）

一九七六年八月十九日

☆中央抗震救灾指挥部致电市革委会财贸组，传达该指挥部《关于增产的原料就地加工成品药的通知》，要求上海方面做好这方面的工作，并提出相关意见。（唐山市档案馆馆藏档案，0092－021－0011）

☆中央抗震救灾指挥部通告全国：要求各地严格控制去唐山的人员，特别是京（北京）山（山海关）线、通（通县）坨（坨子头）线开始办理客运后，尤应注意加以控制。（唐山市档案馆馆藏档案，0092－021－0010）

☆中央抗震救灾指挥部致电市革委会财贸组，要求将7月28日至8月19日，上海支援京津唐地区的药品、医疗器材，分地区、分品种的数量以及总吨位、件数，用表格，以机要交通寄送至指挥部，并自此后每5天以同样方式和内容报送一次。另外，要求分列计划内和计划外，上报对发往有接收伤病员任务的9个省的药品、医疗器材情况，不要填报对其他非灾区和未承担伤病员任务的省市的正常供应情况。市革委会财贸组表示同意。（唐山市档案馆馆藏档案，0092－021－0010）

☆市委召开各组办和有关部门负责人参加的紧急会议，对防震抗震工作作了研究和部署。

［注］（唐山市档案馆馆藏档案，0092－021－0004）会议要求各级党委加强群测群防工作，及时掌握地震的前兆和动向，并及时汇报。要求市地震办加强对资料的综合分析研究，及时提出分析意见。会议强调，防震抗震工作一定要依靠工农兵和劳动人民，各级领导要亲自参加值班，解放军、民警、民兵要加强值班和巡逻等。

☆上海硫酸厂生产抗震所需硫酸二甲酯的转换器发生故障，厂党委迅速组织力量抢修，一小时后硫酸转化率从82%上升至90%左右。（1976年8月28日，《文汇报》第1版）

一九七六年八月二十日

☆市委向中共中央、国务院报送《关于上海防震抗震工作的情况报告》。《报告》表示：经综合分析，8月下旬至9月初，江苏部分地区包括南黄海一带有可能发生地震，可能会波及到崇明、宝山一带。为此，市委召开了紧急会议，对做好防震抗震工作作了系统部署。（唐山市档案馆馆藏档案，0092－021－0004）

☆上午，上海第二医学院党委负责人参加市革委会文教组召开的防震会议，回院后立即召开干部会议传达，并研究了防震抗震救灾的措施，决定成立防震领导小组，建立了防震群测站，加强民兵巡逻群防，组织抗震救灾医疗队。下午，院各单位分别进行了紧急动员，将市防震工作的精神，迅速传达至每个职工、学员以及每个住院病人和陪客。（上海交通大学医学院档案馆馆藏档案）

☆下午，虹口区委召开常委会议，传达市革委会地区组关于防震工作的会议精神。区委领导表示，要从思想上重视防震工作，建立地震群测群报点，同时要加强值班，基层单位加强民兵力量，做到内紧外松。（虹口区档案馆馆藏档案，1－1－580－11）

☆晚，静安区医疗队为抢救一中毒性菌痢病人，冒雨摸黑行走4个小时，帮助病人转危为安。（静安区档案馆馆藏档案，29－4－454）

一九七六年八月中旬

☆国家基本建设委员会领导来到上海，要求上海方面派出一支城市规划队伍，帮助唐山做震后重建的规划工作。为此，上海城市建设局革委会派出由市城市规划设计院、市政工程设计院专业人员组成的队伍开赴唐山（13男2女）。（金大陆主编：《上海救援唐山大地震·口述实录卷》，上海文化出版社2016年版，第332页）

☆市工农医院医疗队撤到唐山机场休整待命。市卫生局革委会领导看望医疗队员。（金大陆主编：《上海救援唐山大地震·口述实录卷》，上海文化出版社2016年版，第61页）

☆唐山开滦煤矿为恢复生产，急需一批矿灯电表，上海沪南电表厂接到任务后，加班加点，提前20天内交货。（1976年9月10日，《解放日报》第3版）

一九七六年八月二十一日

☆国家计委向上海等十七个省、市、自治区计委、物资局转发卫生部《关于紧急增产抗震救灾急需医疗器械的报告》，要求上海等地积极做好包括卫生材料、医用橡胶制品、搪瓷制品、X光胶片等的增产工作。（唐山市档案馆馆藏档案，0092－021－0011）

☆市革委会工交组致电财贸组，要求食品四厂生产100吨压缩饼干，盐分要重一点，水分要少一点，以便保存。（唐山市档案馆馆藏档案，0092－021－0005）

☆商业部日用工业品局向上海篷帆软垫厂革委会发来便函，并寄送解放军总后勤部提供的单、棉帐篷图样和实物样品一顶，供加工救灾帐篷之用。（唐山市档案馆馆藏档案，0092－021－0010）

☆河北省大黑汀水库党委、指挥部致信上海医疗队全体人员，向医疗队在抢救伤员中做出的努力和贡献，致以诚挚的感谢。（金大陆主编：《上海救援唐山大地震·口述实录卷》，上海文化出版社2016年版，第89页）

☆北京军区战友文工团在唐山露天剧场慰问演出。上海医疗队被安排坐在最前排。演出后放映电影《雁鸣河畔》。（金大陆主编：《上海救援唐山大地震·口述实录卷》，上海文化出版社2016年版，第170页）

☆市文化局革委会向市革委会文教组呈送《关于组织文艺单位慰问唐山地区在沪伤病员的请示报告》。该《报告》称，拟组织上海京剧团和上海乐团，代表上海文艺界于8月下旬去第一人民医院、瑞金医院等，对唐山在沪伤病员进行小型文艺演出。

［注］（上海市档案馆馆藏档案，B172－3－225）该《报告》认为，如有必要，还可对上海支援唐山抗震救灾斗争返沪的医务人员，为支援唐山抗震救灾赶制、抢运救灾物资的有关单位职工，集中组织两三次专场慰问演出。

☆下午，300台“丰收”牌拖拉机从上海拖拉机厂开往上海南站，准备运往唐山，支援抗震救灾。（1976年8月24日，《文汇报》第3版）

☆上海铁路局委员会召开常委议，研究落实临震措施。（上海铁路系统档案资料）

☆静安区革委会卫生组向区委、区革委会呈送《关于欢迎抗震救灾医疗队的报告》。《报告》提出，在第一批赴唐医疗队返沪之际，抓紧做好欢迎医疗队胜利归来的相关工作。（静安区档案馆馆藏档案，29－4－454）《报告》主要内容如下：1. 由区委、区革会领导带队前往车站迎接，机关协助组织小型锣鼓队在机关大楼前迎候，并举行小型欢迎仪式。嗣后，由卫生组负责将每一队员送回家中。若医疗队于夜晚抵沪，则在车站迎接后，直接将队员送至家中。2. 医疗队返沪休息一天后，集中举办二天学习班，学习毛主席关于全心全意为人民服务的著作，结合抗震救灾的所见所闻，汇报思想，交流体会。3. 建议区委适时召开全区性的“热烈欢迎我区医疗队胜利归来”大会，由区医疗队代表汇报灾区人民的抗震救灾的事迹和医疗队的工作情况。拟定医疗队归来后，立即成立抗震救灾事迹报告组，收集资料，撰写提纲，组织人员宣讲等。

☆虹口区革委会教卫组向区委呈送《关于召开第一批赴唐山抗震救灾医疗队胜利归来欢迎大会请求报告》，并建议在解放剧场召开“热烈欢迎赴唐山抗震救灾医疗队胜利归来”大会。（虹口区档案馆馆藏档案，1－2－248－212）

一九七六年八月二十三日

☆上午，虹口区委召开常委会议，传达学习中央 13 号文件《关于唐山、丰南一带抗震救灾的通报》。区委领导要求对于抗震工作要做到组织落实、措施落实。会议还就欢迎第一批赴唐医疗队回沪的问题进行了讨论。

［注］（虹口区档案馆馆藏档案，1－1－580－11）会议初步意见：组织夹道欢迎队伍 3500 人，其中红卫兵 1500 人，街道居民 1000 人，医务人员 500 人。机关门口组织腰鼓队、锣鼓队及区领导接见。召开大会，三位代表发言，最后文艺演出。除本身准备外，再请政宣部配合组织一点节目。

☆晚，上海首批医疗队 1400 多名队员返回上海，市委领导和驻沪三军负责人亲临车站欢迎，并接见医疗队负责人。市委领导指示：让即将出国访问的中国上海艺术团，为归来的医疗队员做专场慰问演出。（上海中医药大学档案馆馆藏档案）

一九七六年八月二十四日

☆根据市委指示：办临时医院不要向河北省多提意见，讲若干条件、人员、经费、药品、器械、物资等，上海要继续支援解决，单独办也可以，全力支援唐山的精神要贯彻始终。市卫生局革委会向河北省革委会报告请示。（上海中医药大学档案馆馆藏档案）

☆上海铁路分局革委会向市劳动局革委会提交《关于使用抗震救灾支援工的报告》。《报告》指出，为继续做好抗震救灾工作，并保证华东、上海工农业生产和人民生活用煤的运输，要求将目前 480 名支援工使用至 10 月底。（上海铁路系统档案资料）

☆《文汇报》刊登文章，介绍长航上海分局广大职工提出了“打破工种界限，缺员不误开航，两人工作一人顶，有多少任务就承运多少”的口号，大大缩短泊港时间，提高运

转周期，为抗震救灾多装煤、快运煤的事迹。（《文汇报》1976年8月24日，第3版）

一九七六年八月二十五日

☆市商业一局革委会编制第二批抗震救灾物资增产建议数，计31个品种规格，647万元，并上报市革委会财贸组。（唐山市档案馆馆藏档案，0092－021－0006）

☆由上海市中医学院和第二军医大学负责筹建的唐山东矿区林西临时医院正式对外开放门诊。配合门诊与病房工作的药房、化验、放射、供应室和手术室等辅助部门，均已正常开展工作，同时健全了党团组织，成立了院部多级组织，制定会诊、交接班、医疗、查房、大手术请示报告和业务周会等制度。（上海中医药大学档案馆馆藏档案）

☆闸北区委召开常委会议，听取闸北区中心医院医疗小分队赴唐山抗震救灾工作情况的汇报。区委表示闸北医疗小分队在抗震救灾中取得了很好的成绩，希望医疗队员总结经验，向全区人民传达。（静安区档案馆馆藏档案，012－04－0640－054）

一九七六年八月二十八日

☆市医药工业公司革委会向市抗震救灾指挥部、石油部产品分配组、市化工局等呈送《关于上报抗震救灾增产制剂药品的报告》。该《报告》指出，根据抗震救灾的需要，在增产针剂58个品种11565.5万支、片剂16个品种59700万片、成药9个品种的过程中，共需耗用上海自产部管医药原料69.9吨，解热药配套需“非那昔丁”8吨，恳请予以增拨。（唐山市档案馆馆藏档案，0092－021－0011）

一九七六年八月三十日

☆市医药公司向上海援建唐山的四所临时医院，运去两个月用量的所需药品。（上海中医药大学档案馆馆藏档案）

一九七六年八月三十一日

☆下午，市卫生局革委会召开一医、二医、中医学院和第二军医大学党委负责人会议，传达河北省委对上海在唐山地区办四个临时医院的要求。会议讨论了承办临时医院的单位、人员轮换、医疗器械设备和办院经费等问题。（上海中医药大学档案馆馆藏档案）

［注］（金大陆主编：《上海救援唐山大地震·口述实录卷》，上海文化出版社 2016 年版，第 154 页）上海第二医学院委派井光利、黄飞等几位有经验的老干部，赴唐山指导筹建抗震医院。

☆上海铁路局革委会公布《九月份运输、技术、机车运用计划和运输方案》。《方案》指出：凡是抗震救灾物资，各站要随到随装，优先挂运，以最快的速度、最好的质量，把抗震救灾恢复生产急需的物资运往灾区。（上海铁路系统档案资料）

一九七六年八月底

☆上钢和鞍钢、马钢、第 22 冶金建筑公司及基建工程兵 110 部队等单位，联合唐钢承担了两个中型轧钢厂的四个轧钢车间的抢修任务。

［注］（高道生等主编：《凤凰从火中再生》，天津人民出版社 1996 年版，第 194 页）唐钢主配电室、电磁站等厂房的大梁断裂、封墙倾斜、屋面板塌落，车间的线路、设备被砸得零乱不堪。为了摸清情况，唐钢和上钢的技术人员一起，冒着屋顶塌落的危险，从悬空的屋面板下爬进去，就地绘制了一套较为完整的技术图纸，并及时送回上海，在上钢五厂配置了整套设备运回唐钢。与此同时，上钢三厂还支援了一台复产急需的 6150 型车床和 9 吨 24 千克/米的轻轨；上钢二厂将唐钢急需的 8 吨钢丝绳优先发运到唐山；上钢一厂将 6 种规格 12 千米长的电缆及时运抵唐钢。上钢各厂的大力支援，不仅解决了抢修中的困难，同时也为复产后的正常生产，打下了坚实的物质基础。

一九七六年九月一日

☆市交电站发运一批支援唐山的电视机。同时该站组织了九名熟悉性能、具有检修技术的人员，由电讯科支部书记带队，既当押运员，又当修理工，而且还带了一批备用零件赴唐山。（唐山市档案馆馆藏档案，0092－021－0006）

☆下午，上海铁路局党委召开有各分局、办事处、各直属单位参加的电话会议。会议检查回顾了前一阶段抗震救灾工作成绩，并对9月份的工作进行部署。

［注］（上海铁路系统档案资料）会议指出，1个多月以来，上海铁路局运送了抗震救灾物资2300余车，开出医务人员专列4列、抢救伤病员专列6列、接运伤病员列车32列，安全运送伤病员1万3千余人。

一九七六年九月二日

☆市卫生局革委会向市革委会文教组呈送《关于上海在唐山地区办四个临时医院有关问题的请示报告》，并就河北省革委会的表态、上海卫生系统会议汇总意见等情况进行请示。

［注］（上海中医药大学档案馆馆藏档案）《报告》指出，四个临时医院组成后，原来上海抗震救灾医疗大队部的组织形式已不需要。建议设一联络组，组长一人，联络员若干人，定期召开临时医院负责人会议，交流情况，统一意见，分别将有关问题向河北省指挥部和上海市委请示汇报，并负责转运医药物资。联络组成员由市卫生局革委会派出，一年轮换一次。

一九七六年九月四日

☆市革委会文教组向市委、市革委会呈送《关于上海在唐山地区办四个临时医院有关问题的请示报告》。《报告》指出，市革委会文教组原则上同意市卫生局《关于上海在唐山地区办四个临时医院有关问题的请示报告》中所提意见，其中三个临时医院应分别由上海第一医学院、第二医学院、中医学院为主承办负责，建议各医学院抽调一人参加联络组工作，便于联系和处理问题。（上海中医药大学档案馆馆藏档案）

☆《解放日报》刊登文章，介绍上海港广大职工全力支援灾区的事迹。如白莲泾装卸站和上港六区工人争分夺秒完成“长安”“新都”两轮的卸货任务；港务局团委组织团员、青年500多人，成立18支青年突击队，一连干了7个工班，卸完了为灾区赶制药品用的6500吨纯碱。（1976年9月4日，《解放日报》第4版）

一九七六年九月九日

☆下午4时，中央人民广播电台广播了毛主席逝世的消息，整个丰润临时医院哭声一片。来自上海的医疗队员聚集在化验室，做了200多朵小花，用碘酒染成黄色，在食堂里布

置灵堂，举行悼念活动。（金大陆主编：《上海救援唐山大地震·口述实录卷》，上海文化出版社 2016 年版，第 88 页）

☆《解放日报》刊登文章，介绍燎原灯具厂为支援开滦煤矿恢复生产，在完成 8 月份计划生产 5 千套 B3C 防爆灯的基础上，主动要求增加 1 千套防爆灯。配件组和试制组则大搞技术革新，试制成功六孔攻丝专用装置和具有国内领先水平的 6W 双管自移支架防爆灯。（1976 年 9 月 9 日，《解放日报》第 3 版）

一九七六年九月十日

☆根据中央抗震救灾指挥部通知调往辽宁生产救灾药品的情况，市外贸局致电市革委会财贸组，反映土产畜产进出口总公司要求分公司调运 15 吨天然樟脑的情况，上海方面表示“同意发运”。（唐山市档案馆馆藏档案，0092－021－0010）

一九七六年九月十一日

☆中央抗震救灾指挥部向各省、市、自治区革委会和国务院各部委下发《关于今后支援地震灾区恢复生产、重建家园问题的通知》，《通知》要求恢复生产、重建家园的工作由国家计委、国家建委和商业部组织国务院有关部商同各省、市、自治区办理。（唐山市档案馆馆藏档案，0092－021－0010）

一九七六年九月十八日

☆市卫生局革委会向市革委会文教组呈送《关于唐山地区四个临时医院需要解决的几个问题的请示报告》，有批示：请财贸部门、卫生部门共同研究一下，提出意见。

［注］（唐山市档案馆馆藏档案，0092－021－0002）《报告》就临时医院需要解决的三个问题提出建议。第一，交通车辆问题：建议专列到唐山车站后停留 24 小时，以便把上一批派到唐山地区工作的 500 多名医务人员带回上海。为此，需请上海铁路局安排专门列车。第二，过冬保暖问题：建议最好装锅炉，故需要 1 吨锅炉 4 个和相应的水汀片及管道。住院病人每人需要 1 件棉大衣和增添 1 个棉垫，加上每院 50 人份机动备用，共需棉大衣和棉垫各 1400 件。工作人员每人由公家借给棉帽、大衣各 1 件。此外，工作人员到唐山地区工作，因要添置棉裤、棉胶鞋，建议给每个工作人员补助 20 元。所需的锅炉、水汀片和管道以及

棉大衣、棉垫、棉帽、棉胶鞋等，请财贸组批转有关部门调拨供应。第三，临时医院器械设备问题：河北省革委会要求上海方面为每个临时医院配备200毫安X光机1台、心电图机1台，并为每个医院配备1套病理科的人员和设备，各医院还提出要求供应制造蒸馏水的设备1套。以上所需器械设备请财贸组设法调拨供应。

一九七六年九月二十四日

☆据不完全统计，自7月31日始（至9月24日），上海医疗队共救治伤病员242873人次（其中住院病人3268人次），做大小手术1576例，接生新生儿195名，带教培训赤脚医生347名，协助灾区恢复合作医疗站89所。（唐山市档案馆馆藏档案，0092－021－0007）

一九七六年九月二十六日

☆市卫生局革委会向市革委会文教组呈送《关于唐山地区四所临时医院的名称、经费问题和我们意见的请示报告》。该《报告》指出：第一，关于唐山地区四所临时医院的名称，建议同意河北省抗震救灾指挥部不用“临时医院”名称的意见，为同医院的名称相适应，拟将临时医院联络组定名为“上海驻唐山地区抗震医院联络组”；第二，关于四个医院经费问题，河北省革委会领导表态：经费一定由河北省负责，暂时先由所在县、唐山市开支，由省开列户头。另外，根据市革委会领导的批示精神，四所医院的经费仍应暂由上海开支为宜，如河北省一定不要上海开支，就同意河北省开支。（唐山市档案馆馆藏档案，0092－021－0002）

一九七六年九月三十日

☆上海铁路局革委会公布《十月份运输、技术、机车运用计划和运输方案》。《方案》指出：对抗震救灾物资要优先保证，随到随运，重点掌握，快速挂运。煤、油、粮食、钢铁和市场供应的重点物资要力争超装。（上海铁路系统档案资料）

☆在唐山丰润县工作两个月之久的上海第九人民医院抗震医疗队返回上海，并由九院第二批医疗队接班。（金大陆主编：《上海救援唐山大地震·口述实录卷》，上海文化出版社2016年版，第212页）

一九七六年十月一日

☆上海和工程兵的技术人员联手突击抢修唐钢650轧机的三联人字齿轮箱，使年产50万吨的中型轧钢厂在庆祝建国27周年的日子里，轧出了震后第一批优质钢材。（高道生等主编：《凤凰从火中再生》，天津人民出版社1996年版，第194页）

一九七六年十月四日

☆市革委会文教组向市委、市革委会呈送《关于唐山地区四个临时医院尚需解决的几个问题的请示报告》。该《报告》指出：第一，关于医院名称，拟同意河北省意见，都叫"抗震医院"；第二，开办医院所需经费，在河北省没有安排之前，暂由上海支出，由财政局拨专款专用，如河北省表示省里可以支付亦可；第三，赴唐山医院工作人员补助费问题，拟由所在单位根据生活困难人员的实际情况，给予适当补助；第四，医疗器械、物资问题，待医院具备安装使用条件后，再考虑给四个医院各配备200毫安X光机1台，并拟请有关部门协助解决1吨锅炉4个以及配套的水汀片和管道。（唐山市档案馆馆藏档案，0092－021－0002）

一九七六年十月五日

☆陈锡联来到唐山第一抗震医院，慰问上海医疗队员。（上海交通大学医学院档案馆馆藏档案）

☆上午，市建一公司首批赴唐山小分队38人，分乘15辆卡车奔赴唐山，参与开滦煤矿机修厂的抢修工作。

［注］（上海建工集团档案资料）小分队历时5昼夜，途经江苏、山东、河北，行程1504公里，于10月9日到达开滦煤矿机修厂。

☆承担开滦煤矿机修厂和发电厂复建工程的市建工局施工队出发。

［注］（上海建工集团档案资料）根据施工要求，开滦煤矿机修厂和发电厂复建第一期工程需要上海的施工队伍共3307人，包括市建一公司1600人、市建七公司850人、基础公司60人、供销处60人、安装公司150人、机施公司200人、华建厂80人、局工作组7人等。

☆市建工局革委会向市革委会工交组、财贸组上报《关于支援唐山工程建设职工所需生活用品供应问题的报告》。《报告》提出：因援建职工所需的卷烟、肥皂、食糖（包括食堂用食糖）、牙膏、草纸等日常生活用品当地无法供应解决；工程开工后，往来人员较多，尚需解决120个铺位的床用物资等，故恳请市革委会相关领导一并批转商业部门组织供应。（上海建工集团档案资料）

一九七六年十月六日

☆河北省委、唐山地委、丰润县委领导到丰润抗震医院慰问上海医疗队员。医疗队员表示要加倍努力，为抗震救灾作出新贡献。（上海交通大学医学院档案馆馆藏档案）

一九七六年十月七日

☆市革委会工交组向市委、市革委会呈送《关于支援唐山开滦煤矿机修厂、电厂修建工程的请示报告》。《报告》针对支援过程中工程所需材料问题、运输设备及施工机具问题、工程现场的组织领导等问题进行请示和说明。（唐山市档案馆馆藏档案，0092－021－0001）

☆晚上6时半，丰润抗震医院召开全院大会，总支领导李春郊做关于搞好医院改建工程义务劳动动员。会后，医务人员即投入义务劳动至晚11时。据不完全统计，除病房值班外，全院计有155个人参加义务劳动，共挖土200立方左右，铺垫面积625平方米左右。（上海交通大学医学院档案馆馆藏档案）

一九七六年十月十三日

☆冶金工业部在唐山召开“支援唐钢”会议，邀请上海市冶金局（上钢一、二、三、五厂）、首钢、鞍钢、包钢、武钢、太钢、马钢、宣钢、吉林铁合金厂等九个单位的负责人与会，经协商，确定了各单位支援唐钢的技术力量名额。其中，上海市冶金局支援一、二炼钢，中型厂计233人（其中医生4人）。（唐山市档案馆馆藏档案，0092－021－0001）

一九七六年十月十八日

☆市基础工程公司革委会向公司下属各队、厂革委会转发财政部1976年8月29日（76）财企字第139号文《关于支援地震灾区物资财务结算办法的规定》，并请他们贯彻执行。（上海建工集团档案资料）

一九七六年十月三十一日

☆上海铁路局革委会公布《十一月份运输、技术、机车运用计划和运输方案》。《方案》要求确保重点物资的运输，并强调煤炭是重中之重。对支农、石油、钢铁、冶炼、疏港、木材等重点物资和防震、救灾、鲜活物资要优先装运。（上海铁路系统档案资料）

一九七六年十一月三日

☆冶金工业部向上海市冶金局革委会及首钢、辽宁、吉林、内蒙、山西、河北、安徽、湖北省（区）冶金局等部门，下发《关于为唐钢全面恢复生产需支援技术力量的通知》。（唐山市档案馆馆藏档案，0092－021－0001）

一九七六年十一月十一日

☆市冶金工业局革委会向上钢一、二、三、五厂、机修总厂、二机修厂革委会下发《关于支援唐山钢铁公司全面恢复生产有关几个问题的通知》。《通知》就各厂在支援唐钢过程中遇到的一些问题进行说明。

［注］（唐山市档案馆馆藏档案，0092－021－0001）《通知》包含以下6项内容：一、市冶金工业局革委会承担支援唐钢一、二炼钢、中型轧钢厂共233人，现由上钢一厂选派78人；二厂27人；三厂58；五厂37人；机修总厂21人；二机修厂12人。应选派政治思想好，能够起骨干带头作用，有实践经验，技术熟练，身体健康的同志参加。二、经商定由支援单位自行搭建简易宿舍和食堂，解决食、宿问题所需建房材料和设备，除已发运唐钢外，对有关急需的材料设备请各承担单位，尽快落实，从速发运。三、由于自行解决食宿问题，因此尚需配备食堂、炊事、管理人员、宿舍的警卫人员以及自建小型医务室的医务人员等。四、有关生产福利待遇问题：1. 自行备带棉被有困难，此请各单位尽可能设法予以租借解决。2. 凡支援人员由各单位借给棉衣1件、棉裤1条，布棉帽1顶、棉鞋1双。原来已领有棉衣的应予交还。3. 对支援人员参照出差补贴标准给予补贴。五、支援单位必须选派得力干部带队，成立临时党支部，带队负责人可参加受援单位党委的精神，请上钢一厂配备1位总支书记级的干部担任党支部书记。同时请一、二、三、五厂、机修总厂、二机修厂在上述233名支援人员中，配备1名不脱产的车间党总支或党支部委员负责带队，并参加临时党支

部工作。六、支援任务拟暂定为1年时间，在此期间支援单位应努力抓紧将唐钢的新进人员在技术上对口培训好，及早地使他们能够独立操作，对少数难度比较大的技术工种，确需要延长时，则可到时再行议定。各支援单位对支援人员每到半年可进行交替轮换。

一九七六年十一月二十四日

☆市建工局供销处革委会向市革委会工交组上报《要求解决唐山开滦煤矿复建工程有关物资分配问题的报告》。《报告》指出，在市建工局承担的开滦煤矿复建工程推进过程中，急需解决的有关施工的毛竹、化工材料、电焊条、油料、建筑五金、建材（石棉瓦、玻璃、油毛毡）等二、三类物资，分配和采购尚未明确。为了不影响正常施工，建议按市内基建任务的分配和采购渠道，通知市有关专业公司在上海统筹解决。（唐山市档案馆馆藏档案，0092－021－0001）

一九七六年十一月

☆上海混凝土一厂接到援建唐山的任务，迅速组织一支20人的队伍先期赴唐山工作，并挂起“上海混凝土一厂唐山分厂”的牌子，主要任务是为开滦煤矿机修总厂、开滦煤矿电厂恢复生产服务。（上海建工集团档案资料）

一九七六年十二月三日

☆市机施公司唐山临时党支部召开干部群众大会，交流了批判“四人帮”和“抓革命、促生产”的经验。（上海建工集团档案资料）

一九七六年十二月八日

☆针对唐山方面要求上海再生产2500顶帐篷的任务，市革委会工交组、财贸组召集有关局、公司和部分工厂对此加以研究，并决定继续由上海篷帆软垫厂承担缝制和成套交货任务，于1977年3月底完成；有关提供所需原辅助料、包装材料等任务，也分别得以布置落实。（唐山市档案馆馆藏档案，0092－021－0010）

一九七六年十二月十四日

☆市化工局革委会向上海制药十九厂、大众制药厂、上海树脂厂等有关单位下发《关于安排抗震救灾篷帐用防霉剂等生产的通知》，要求各厂做好防霉剂生产工作，定于1977年1月份交货。（唐山市档案馆馆藏档案，0092-021-0005）

一九七六年十二月二十一日

☆为了支援唐山开滦煤矿二厂复建工程，市建工局供销处革委会向市建工局革委会呈送《关于唐山开滦煤矿复建工程有关运输问题的报告》。（上海建工集团档案资料）

一九七六年十二月十五日

☆市革委会工交组向市物资局、商业一局、建工局、华东电管局革委会下发《关于建工局、华东电管局承担唐山开滦煤矿机修厂和电厂复建工程有关建材等物资由本市供应的通知》。《通知》要求相关部门供应建材、建筑五金、化工材料、毛竹、油料以及二、三类机电产品等物资。（唐山市档案馆馆藏档案，0092-021-0001）

☆市冶金工业局革委会“支唐队”上钢三厂、五厂分队等，从上海北站乘火车出发，经天津转车至唐山。该“支唐队”将参与唐山钢铁公司第一、第二炼钢厂等机械设备的维修工作。（金大陆主编：《上海救援唐山大地震·口述实录卷》，上海文化出版社2016年版，第364页）

一九七六年十二月二十七日

☆市建工局供销处革委会向市机电设备供应公司报送《要求解决去唐山车队、人员生活生产用锅炉的报告》。《报告》称，本供销处相关赴唐人员已进入生活、生产用房的筹建阶段，为满足人员、车辆大批共居后使用水、气和取暖需要，恳请市机电设备供应公司给予解决1台0.2—0.4立方米锅炉（最好是0.2）。（上海建工集团档案资料）

一九七六年

☆由上海中医学院、第二军医大学和上海国际和平妇幼保健院等单位组成的上海医疗队 165 人，在不到一个月的时间里，为东矿区（今古冶区）治疗病人 28610 人次，住院治疗 460 人，包括开颅等大小手术 86 人，使许多重伤病员转危为安。（中共古冶区委党史研究室编：《辉煌三十年（1976—2006）》，内部资料，第 12 页）

☆上海工业建筑设计院在赵琛等一些老专家的带领下，在 20 多天的时间内，完成了大庆 3 号、4 号两个居民小区的扩建设计任务。（高道生等主编：《凤凰从火中再生》，天津人民出版社 1996 年版，第 215 页）

一九七七年一月十五日

☆根据国务院关于做好抗震救灾物资准备工作的通知，商业部抗震救灾办公室致电市革委会财贸组，要求上海再安排生产 2500 顶帐篷，同时要求上海代江苏加工印染整理帐篷布。（唐山市档案馆馆藏档案，0092 - 021 - 0010）

一九七七年一月十八日

☆华国锋接见开滦煤矿代表。市建工局驻唐山工作组负责人参加了接见会议。华国锋详细听取了汇报，并作重要指示。（上海建工集团档案资料）

一九七七年一月二十八日

☆市建工局革委会向市革委会工交组呈送《唐山复建工程要求解决运输的请示报告》。《报告》指出，为了满足开滦煤矿机修厂和发电厂复建工程的施工需要，请相关领导予以支持，在市内组织 200 余吨位的运输力量，以解决物资运输问题。（上海建工集团档案资料）

一九七七年一月二十九日

☆上海市援建开滦煤矿机修工、电厂工作组向市革委会基建组呈送《关于开滦煤矿电厂冷却塔石棉水泥淋水板事故的报告》。该《报告》对发生事故的过程进行了说明，分析了事故发生的原因，并表示要从中吸取教训，进一步加强对设计工作的领导，确保工程质量，善始善终搞好援建工作。（唐山市档案馆馆藏档案，0092－021－0001）

一九七七年二月十日

☆市冶金工业局支唐队返回上海，与家人相聚过春节。春节过后，市支唐队于2月24日再赴唐山。（金大陆主编：《上海救援唐山大地震·口述实录卷》，上海文化出版社2016年版，第364页）

一九七七年二月

☆上海混凝土一厂援建的开滦煤矿电厂、机修总厂工程，开始进入成型钢筋加工和混凝土构件生产阶段。（上海建工集团档案资料）

一九七七年三月一日

☆下午，虹口区委召开常委会议，传达市革委会工交组关于抗震工作会议精神。区委领导表示，要对地震工作予以充分重视，要把唐山地震教训作为本区抗震工作的经验，切实做好区域内的防震抗震工作。（虹口区档案馆馆藏档案，1－1－580－11）

一九七七年三月四日

☆市建工局供销处革委会向上海铁路分局呈送《关于支援唐山砖的运输问题的报告》。《报告》指出，为了解决开滦煤矿机修厂和发电厂复建过程中砖的短缺问题，市建工局供销处拟于3月下旬至5月底两个月左右的时间内，从市建工局属江苏省昆山县红卫砖瓦厂暂调统一机红砖400—500万块，由窑厂水运中转至昆山火车中心站，再装车发运至古冶车站，以补当前供应急需。除已与生产厂、昆山县运输指挥部、昆山县装卸站、昆山中心站联系接洽外，请上海铁路分局大力支持，同意安排该运输计划。（上海建工集团档案资料）

一九七七年三月二十一日

☆市建工局革委会向市物资局、机电一局、商业一局革委会提交《唐山开滦机修厂、电厂复建工程有关建材、化工、水电材料申请的紧急报告》。该《报告》称，唐山复建工程急需大量建材、化工、水电等材料，但材料渠道还未疏通，而建工局承担任务中建材缺口较大，为确保唐山复建工程的进行，请求相关部门予以支持。（唐山市档案馆馆藏档案，0092－021－0001）

一九七七年三月二十六日

☆上海冶金工业局支唐队的医生叶国恩在唐钢医院值班时，参与抢救有机磷中毒的女病人，并口对口吮吸患者呼吸道涌出的分泌物，直至接上吸痰器。（唐山市档案馆馆藏档案，0092－021－0001）

一九七七年三月

☆市建工局支唐各单位学习、贯彻华国锋主席“千方百计加快恢复开滦生产”重要指示，并开展了“三个怎么办”的群众性大讨论。

［注］（上海建工集团档案资料）“三个怎么办”，即“华主席关怀开滦，我们怎么办?”“学大庆，赶开滦，我们怎么办?”“井下生产上去了，我们地面建筑怎么办?”

一九七七年四月一日

☆市建一公司唐山工作组在工地上召开“大学大批促大干，千军万马战机厂”誓师大会。开滦煤矿机修厂党委和市建工局工作组领导发表讲话，对公司在3月份所取得的业绩表示祝贺，并决定增派1、2、6队的部分施工力量来唐参战，以形成全公司的大会战。大会要求全体职工再接再厉，为迅速恢复开滦煤矿机修厂的生产多作贡献。（上海建工集团档案资料）

一九七七年四月十九日

☆市建工局供销处革委会向市革委会基建组呈送《关于唐山复建工程急需毛竹的报告》。《报告》提出，唐山复建工程急需毛竹2.5万支，请领导给予支持解决。（唐山市档案馆馆藏档案，0092－021－0001）

一九七七年四月二十二日

☆市革委会基建组向有关各局革委会、设计院、机电设备供应公司、机械设备成套公司、建设银行革委会等部门下发《关于成立“上海市援建开滦煤矿机修厂、电厂工作组”的通知》，决定成立“上海市援建开滦煤矿机修厂、电厂工作组”，以便加强对援建现场工作的领导，并公布了该组的人员构成和领导任命。（唐山市档案馆馆藏档案，0092－021－0001）

一九七七年四月二十六日

☆下午，华国锋主席来到唐山钢铁公司视察。（金大陆主编：《上海救援唐山大地震·口述实录卷》，上海文化出版社2016年版，第365页）

一九七七年四月

☆上海混凝土一厂后续支援队伍170人左右到达唐山，参与援建开滦煤矿电厂、机修总厂的工作。（上海建工集团档案资料）

一九七七年五月四日

☆市冶金工业局革委会向上钢一、二、三、五厂，机修总厂，二机修厂革委会驻唐临时党支部下发《关于第二批支援唐山钢铁公司全面恢复生产有关几个问题的通知》，《通知》说明，根据冶金部的布置和唐山钢铁公司的意见，决定派出第二批136名支唐人员赴唐。（唐山市档案馆馆藏档案，0092－021－0001）

一九七七年五月十日

☆市建工局供销处委员会向唐山工作组下发了《关于唐山工作组建立临时党支部和行政领导小组的决定》，并任命了相关领导干部。（上海建工集团档案资料）

一九七七年五月十五日

☆深夜，为了防止开滦煤矿机修厂白天粉好的柱头被暴雨破坏，市建一公司唐山救援队 103 队方桂福等 3 人冒雨赶到工地，及时采取了保护措施，保证了工程质量。（上海建工集团档案资料）

一九七七年五月十六日

☆市机械施工公司支唐队员朱国富在开滦煤矿机修厂承担排险、拆除破损厂房过程中发生意外，牺牲在唐山救援第一线，去世时不满 20 岁。另有两名职工受重伤。（金大陆主编：《上海救援唐山大地震・口述实录卷》，上海文化出版社 2016 年版，第 346 页）

一九七七年五月二十三日

☆市冶金工业局革委会向上钢一、三、五厂革委会下发《关于第二批支唐工作的通知》。《通知》指出，因唐钢内部挖潜，故决定压缩支唐的人员数目，原支援第一炼钢厂的人数，由 70 人压缩为 60 人；支援第二炼钢厂的人数仍为 6 人。支援医生由原定的 4 人改为 3 人，后勤服务人员也有所减少。（唐山市档案馆馆藏档案，0092－021－0001）

一九七七年六月三日

☆市革委会基建组向民用建筑设计院、华东电力设计院革委会下发《关于修改开滦机修厂办公楼、开滦电厂职工休息室设计的通知》。《通知》指出，经市革委会基建组会同开滦煤矿机修厂、电厂、市建一公司、市建七公司有关领导和民用建筑设计院、华东电力设计院有关设计人员研究，同意按国家地震局规定地震烈度八度标准，对开滦机修厂办公楼和开滦电厂职工休息室的原设计进行修改。（唐山市档案馆馆藏档案，0092－021－0001）

一九七七年六月八日

☆上海成套公司产品组向市革委会基建组呈送《关于开滦煤矿机修厂、电厂二期工程将迅速上马的请示》。该《请示》指出，为了推动开滦煤矿机修厂、电厂的建设，急需一批设备。这些设备涉及第一机电、仪表、轻工、手工业等 4 个工业局、28 个工厂，恳请市革委会基建组下达有关部门立即布置生产。（唐山市档案馆馆藏档案，0092－021－0001）

一九七七年六月九日

☆市卫生局革委会向各有关单位下发《关于本市第二批赴唐山抗震医院医疗队队员御寒装备困难补助和住勤伙食补贴等问题的通知》。

［注］（虹口区档案馆馆藏档案，20－3－465）具体规定如下：除棉大衣、棉帽由派出单位统一借给，用毕归还外，其余由队员自行装备，对于准备御寒装备经济确有困难的人员，可由派出单位根据其困难程度，酌情给予补助，幅度掌握在 15 元至 20 元，在职工福利费中开支。关于队员在唐山的住勤伙食补贴，应按本市出差补贴开支标准办理，即第 1 个月按每天每人 5 角发给，第 2 个月起在机关食堂搭伙，减半发给，每天每人 2 角 5 分。对于队员在唐山期间生活确有困难的，由派出单位根据唐山具体情况和本人家庭经济情况，按照职工生活困难补助办法酌情给予临时补助。

一九七七年六月二十二日

☆市财政局革委会向市各有关主管局革委会发布《关于本市赴唐山支援灾区工作人员的出差补助费，一律按本市规定标准执行的通知》。《通知》说本市派赴唐山支援灾区的工作人员，凡没有按照本市出差补助费标准执行的，应一律从 1977 年 7 月 1 日起执行。同时，要求各单位不要随意提高补助标准和增发其他补助费，以免造成新的矛盾。（虹口区档案馆馆藏档案，20－3－465）

一九七七年七月八日

☆上海第二医学院第三批医疗队从上海出发，奔赴唐山丰润县进行救援。第三批医疗队由二医的四个附属医院（瑞金医院、仁济医院、新华医院、第九人民医院）和二医院本部后勤部门五部分组成，共计 85 人。

［注］（金大陆主编：《上海救援唐山大地震·口述实录卷》，上海文化出版社 2016 年版，第 212 页）第三批医疗队 7 月 9 日到达丰润，在历经 9 个月的救援之后，于 1978 年 3 月 18 日乘坐“周恩来号”返沪。

一九七七年七月十八日

☆市纺织品公司革委会向上海树脂厂革委会发送《关于抗震救灾帐篷所需 203 硅乳，请支持按成本结算的函》。该《函》指出，经请示市工交组、财贸组同意，请树脂厂大力支持，对 203 硅乳按成本价出厂，结算货款。（唐山市档案馆馆藏档案，0092－021－0005）

一九七七年七月二十日

☆市建工局革委会办公室编纂并印发了第 49 期《建工简报》，对市建工局支唐队半年以来的工作成绩进行了总结。

［注］（上海建工集团档案资料）据《简报》记载，截止到 1977 年 6 月底，市建工局支援开滦煤矿机修厂和发电厂的土建工程共 103983 平米，占市建工局支唐工程总面积的 92.8％；竣工 49680 平米，占 44.4％；完成工作量 873.03 万元，清理废墟 99000 吨，原定 6 月底完成的开滦机厂一期工程 38613 平米的 7 个项目，提前 10 天竣工。此外，还提前完成了二期工程的 3 个项目。

一九七七年七月二十五日

☆市建工局、市粮食局革委会向市革委会基建组、财贸组上报《关于市建工局参加唐山建设人员用粮情况的汇报》。《汇报》说明，根据市革委会财贸组领导对“市建工局参加唐山建设人员用粮有困难，要派人前去了解一下、商量解决”的指示，市建工局和市粮食局派人到唐山市听取各方意见，经与唐山市粮食局协商，已解决了支援唐山建设职工的夜餐粮食问题。（上海建工集团档案资料）

一九七七年八月二日

☆市卫生局革委会向赴唐山医疗队各派出单位（唐山市第一、第二及玉田县、丰润县抗震医院，上海赴唐山医疗队）联络组转发市财政局《关于本市赴唐山支援灾区工作人员的出差补助费，一律按本市规定标准执行的通知》，要求各相关单位遵照执行。（虹口区档案馆馆藏档案，20－3－465）

一九七七年八月十五日

☆市卫生局革委会向各有关单位下发《关于赴唐山抗震医院医疗队不得随意增发生活补助的通知》。《通知》指出，少数医院对医疗队除发给开支标准规定的出差补贴费外，还每人每季发给10元生活补助费，个别医院则每人每月发给3元6角生活补助费。上述做法不符合有关规定，应即纠正。对于已发的“生活补助费”在下个月扣回，并要求各有关单位认真按照文件规定办理。（虹口区档案馆馆藏档案，20－3－465）

一九七七年八月底

☆上海混凝土一厂援建开滦煤矿电厂、机修总厂工作结束，合计加工成型钢筋6000吨左右，生产混凝土构件为桁车梁、花篮梁等。近200名援建人员全部返沪。（上海建工集团档案资料）

一九七七年十一月十三日

☆市冶金工业局支唐队组织上钢一、三、五厂有关部门人员（财务、后勤、劳动工资各1人）去唐钢现场办理结束事宜，经过双方商定，达成四点共识。

［注］（唐山市档案馆馆藏档案，0092－021－0001）四点共识如下：一、凡是市冶金工业局革委会所属单位在支唐期间建造的单身宿舍和自办食堂用的锅炉、冰箱等固定资产，按照财务制度办理无价调拨手续。二、凡是市冶金工业局革委会所属单位在支唐期间备用的日常生活用具，如铁床、办公桌等均作有价调拨给唐钢。三、以市冶金工业局支唐队名义所印用饭菜票，即代价券、代粮券，经上钢一、三、五厂各派代表一人清点后当场全部烧毁。四、关于支唐队自办食堂可能有亏损问题，经市冶金工业局与上钢一、三、五厂共同商定，等财

务、管理员、采购员等将账目结清后，其亏损部分，应查明原因，核实金额后由上钢一、三、五厂共同负担报损。

一九七七年十一月二十三日

☆市冶金工业局革委会支唐队全体职工离唐返沪。（唐山市档案馆馆藏档案，0092-021-0001）

一九七八年一月二十日

☆市冶金工业局革委会向冶金工业部呈送《关于支唐工作的情况汇报》。《汇报》指出，一年来，市冶金工业局支唐队为恢复唐钢的生产，作出了一定贡献。

［注］（唐山市档案馆馆藏档案，0092-021-0001）据不完全统计，一年来，市冶金工业局支唐队共完成化铁炉、转炉、连铸大中修20余次，行车大中修30台，制作60吨电平车2台，修理好车床7台，车床的备件备品加工量提高了1倍以上，修复各种减速箱52只，新装各种类型减速箱31只，修复大小电机300余台，大修80千瓦大电机7台，13.5直流发电机7台，革新1台电工自动裁带机和1台小型机械拉磨顶压机，改革200吨机械压力机，自行设计自行制作1台300吨油泵压力机，改革模具钻床12套等。

一九八一年五月七日

☆《文汇报》刊登文章，介绍同济大学结构理论研究所花费三年多时间在研究建筑物抗震性上取得的优秀成果。文章指出，3年来，同济大学结构理论研究所研究人员深入唐山地震现场，并对天津、江苏溧阳等地房屋、桥梁等建筑物的震害进行调查分析，着手进行技术难度较高的“地震震源机制”研究工作，取得了一大批科研成果，有利于进一步弄清地震波在地层中的传播规律。（1981年5月7日，《文汇报》第2版）

唐山大地震部分研究书目

《唐山地震调查总结资料选编》，中国建筑工业出版社编，中国建筑工业出版社，1977 年

《唐山地震前兆》，地震出版社编组著，地震出版社，1977 年

《唐山、丰南地震煤矿地面建筑震害调查报告》，煤炭工业部规划设计院编，1977 年

《唐山丰南地震陡河电站震害与修复总结》，北京电力设计院编，1977 年

《唐山地震震害调查初步总结》，中国科学院工程力学研究所、河北省地震局抗震组、中国地震局工程力学研究所著，地震出版社，1978 年

《一九七六年唐山 7.8 级地震观测资料汇编》（地磁部分），唐山地震资料汇编组编，1980 年

《一九七六年唐山 7.8 级地震观测资料汇编》（地电部分），唐山地震资料汇编组编，1980 年

《一九七六年唐山 7.8 级地震观测资料汇编》（地形变部分），唐山地震资料汇编组编，1980 年

《建筑科学研究报告唐山强震区地震工程地质研究》，方鸿琪、王锺琦等著，中国建筑科学研究院，1981 年

《唐山地震奇事录》，王绍玉、马春勤编著，地震出版社，1981 年

《唐山地震考察与研究》，国家地震局科研处编著，地震出版社，1981 年

《一九七六年唐山 7.8 级地震观测资料汇编》（地应力部分），唐山地震资料汇编组编，1982 年

《一九七六年唐山地震》，国家地震局编辑组主编，地震出版社，1982 年

《唐山大地震天津市工程震害》，佟恩宠等执笔，天津科学技术出版社，1984 年

《一九七六年唐山地震震害图》，国家地震局地震研究所编，地震出版社，1985 年

《瞬间与十年——唐山地震始末》，《唐山地震始末》编组，地震出版社，1986 年

《唐山地震之谜》，邓禹仁著，地震出版社， 1986 年

《唐山地震 10 周年地震工程科学技术成果简介》，城乡建设环境保护部抗震办公室编，1986 年

《解放军文艺 1986. 3（唐山大地震 7. 28 劫难十周年祭）》，解放军文艺编辑部编，解放军文艺出版社，1986 年

《唐山大地震震害》，刘恢先主编，地震出版社，1986 年

《1976 年唐山大地震房屋建筑震害图片集》，中国建筑科学研究院编，中国学术出版社，1986 年

《唐山地震科技志》，唐山地震局编，1988 年

《废墟——女记者与大地震》，祁淑英著，中国文联出版公司，1988 年

《地震社会学研究》，邹其嘉、陈非比、王子平主编，地震出版社，1989 年

《唐山地震纪实》，唐锡托编著，刘劲、郭召明绘，地震出版社，1989 年

《地震社会学初探》，王子平著，地震出版社，1989 年

《唐山地震的社会经济影响》，邹其嘉、苏驼、葛治洲等著，学术书刊出版社，1990 年

《唐山地震奇事录》，王绍玉、马春勤著，地震出版社，1991 年

《唐山地震自救求生 100 例》，孙以湘等编著，地震出版社，1991 年

《唐山地震纪实——幸存者的自述》，陈永弟著，陕西人民出版社，1991 年

《唐山地震孕育模式研究》，梅世蓉等著，地震出版社，1992 年

《警徽在废墟上闪光 · 唐山大地震纪实》，曾文友著，警官教育出版社，1993 年

《无形的震灾唐山地震心理行为反应纪实》，王邵玉、马春勤编著，中国科学技术出版社，1993 年

《唐山大地震百人亲历记》，唐山市政协文史资料委员会编，社会科学文献出版社，1995 年

《唐山大地震后的开滦》，中共开滦党委党史办公室编，新华出版社，1996 年

《唐山大地震与警察》，曾文友著，天津人民出版社，1996 年

《地震文化与社会发展》，王子平、孙东富著，地震出版社，1996 年

《走向辉煌：纪念唐山大地震二十周年》，杨立元等主编，冶金工业出版社，1996 年

《邢台地震二十周年唐山地震十周年纪念专辑》，华北地震科学编辑委员会编，华北地震科学出版社，1996 年

《唐山地震灾区社会恢复和社会问题研究》，邹其嘉等主编，地震出版社，1997 年

《唐山地震研究》，郑联达著，北京理工大学出版社，1997 年
《劫后余生唐山地震历险记》，费建钧著，河北人民出版社，2000 年
《唐山抗震救灾决策纪实》，河北省地震局编，地震出版社，2000 年
《回忆唐山大地震》，陈永弟著，山西人民出版社，2001 年
《唐山地震亲历记》，陈祖豪编著，民族出版社，2001 年
《唐山地震研究（续集）》，郑联达著，北京理工大学出版社，2002 年
《唐山大地震震后救援与恢复重建》，于山、苏幼坡、刘天适、刘瑞兴著，中国科学技术出版社，2003 年
《唐山大地震与建筑抗震》，杨文忠著，西南交通大学出版社，2003 年
《断层相互作用与地震活动》，陈化然、徐锡伟、赵国敏著，科学出版社，2005 年
《悲壮的历程：唐山地震 30 年写给云年》，陈非比著，地震出版社，2006 年
《唐山大地震亲历记》，冯骥才、陈建功著，团结出版社，2006 年
《唐山警世录——七·二八大地震漏报始末》，张庆洲著，上海人民出版社，2006 年
《亲历与见证唐山大地震三十周年祭》，杨千里著，科华图书出版公司，2006 年
《1976 唐山大地震幸存者三十个故事》，成贵民著，当代中国出版社，2006 年
《我的 1976》，彭子诚、陈敬编，长江文艺出版社，2006 年
《四天四夜：唐山大地震之九死一生》，李润平编，对外经济贸易大学出版社，2006 年
《唐山大地震——经历者口述实录》，张军锋主编，中央文献出版社，2007 年
《亲历唐山大地震》，唐禹民著，中国摄影出版社，2007 年
《灾难性地震与方言变化：唐山个案研究》，谷小娟著，对外经济贸易大学出版社，2008 年
《唐山大地震》，钱钢著，解放军文艺出版社，2008 年
《中国唐山大地震》，郭安宁著，陕西科学技术出版社，2008 年
《空中生命线——唐山大地震空中救援亲历》，李升堂著，凤凰出版社，2010 年
《大地的震撼：揭秘中国地震预报》，马泰泉著，作家出版社，2011 年
《在废墟上崛起》，唐山市政协文史资料委员会编著，中国文史出版社，2016 年
《唐山涅槃》，张建平著，北京十月文艺出版社，2016 年
《唐山地震沉思录》，卞江著，中国社会出版社，2016 年
《上海救援唐山大地震（口述实录卷）》，金大陆主编，上海文化出版社，2016 年
《上海救援唐山大地震（上海交通大学医学院卷）》，范先群、陈国强主编，上海文化出版社，2017 年
《上海救援唐山大地震（上海中医药大学卷）》，何星海主编，上海文化出版社，2017 年
《唐山大地震》，钱钢著，当代中国出版社，2017 年

关于口述与档案互补互证的若干问题

——兼谈“上海救援唐山大地震研究”的史料汇编和建设（代后记）*

金大陆

上海社会科学院历史研究所

［摘要］口述与档案可互补互证，“口述卷”与“档案卷”相继出版，可借此回答口述史的性质如何界定，其功能和价值如何体现，如何看待口述史与档案史料的结合。尽管口述文本可独立构成，可丰富、弥补若干史实，历史学研究的定位仍是史料，且只有进入研究项目中，通过辨识、考订、引证，方才呈现价值，体现功能。时下社会学口述研究关注记忆的表达和情感的真实，“忠实度”不是突出的问题。此为口述研究的新突破，却在学理上应标注为“口述记忆研究”，而不应称为“口述史研究”。“共同经历型”口述史是新的发展方向，实践和理论均需要深入探讨。作为“共同经历型”项目的“上海救援唐山大地震”的“口述卷”，集中于医疗和工业，多来自前线的亲历、见闻的故事，细节鲜活，现场感强。披览“档案卷”则可见电报往来、会议记录、统计数据、总结报告，更有上海后方的工业增产、商业调配、交通运输等。故灾害史、救援史等关涉政治、经济、社会的重大课题，仅口述文本难以支撑整体研究，尚需要以档案为中心，并关注报刊和民间史料，形成“合围型”的资料群。

［关键词］社会学“口述记忆”研究；“共同经历型”口述史研究；上海救援唐山大地震；口述史料与档案史料；互补互证

近年，关于当代中国史的“口述史”研究沛然而兴，笔者以为这恰与人口统计的代际年岁相关，即新中国的同辈人，时下已“花甲”至“古稀”，他们仍健在的父母已至“耄耋”，他们的子女则多在“不惑”上下。故涉及新中国史的项目，凡通过口述来扩展史料群的，正处于“宜采集”或“需抢救”的时期中。例如笔者于2016年7月出版的《上海救援唐山大地震 · 口述史料卷》（注1），因距离该灾难近四十年后进入（甚或因年深月久的冷落，而发生质疑此采访是否骗局的尴尬），能够接受访谈的亲历者多为当年的小“医生”、小“技工”了（现在，可以为教授、主任、经理、工程师等），当年的“组织者”“领队人”多离世了或失忆了，以致许多决策和指挥的记忆，包括随专业贴近而取信的访谈丢失了。

一、 回应社会学口述（史）研究

时下，观览新中国口述史的研讨会、采编录及学术机构的建设，在上海有中共上海市委党史研究室、上海市文史馆、上海通志馆等开展了颇具规模的口述史研究（注2）；再放眼全国，可见两大支柱型学术机构的创建，证实了北京为新中国口述史研究的重镇（注3）。此间，值得提醒关注的是南京大学周晓虹教授主持的“社会学理论与中国研究”计划，所设定群体型的“新中国工业建设口述史”与“新中国人物群像口述史”两大项目，遵循孙立平、郭于华教授等开启于20世纪下半期中国农村口述资料搜集计划的路数，将“现代中国”的研究主题从革命推进到了建设（注4）。

南大团队开展的社会学口述（史)研究，在理论上承认“口述史研究中一直存在着个体经验是否具有信度的争议”（注5）。而从社会学的立场上看，口述史的客观性实际上是一种“社会实在性”，即指“口头叙事的客观性”（注6），所以，“口述的‘忠实度’并不是一个突出的问题”，其优势“在于呈现人类生存体验的深层特点”，即便“不可靠的记忆也提供了宝贵的理解过去和现在之间、记忆和个人身份之间、个人历史和集体历史之间关系的线索”（注7）。因为“口述记忆涉及的是人们主观的过去，它可能在历史事实层面是错误的，但它在情感上是真实的”（注8）。这种主观的心理印记“从另一个侧面反映了亲历者在社会表征和个体认同两个方面的交织作用下，是如何对个人生活史中的重要事件加以理解和记忆的”（注9）。恰如南大团队对贵州“三线”建设者们的“口述史调研”，以期从社会学的视角记录和挖掘那一段历史，并进一步去“认识和理解这一特殊群体的社会心理特征”（注10）。显然，社会学口述（史）的要旨与谱系，是立足于社会大背景，依凭现场采集“怎么说的”（氛围和情绪）、“说了什么”（内容）、“为什么这么说”（解读）、“所说的指向是什么”（含情感、倾向和价值判断等）的访谈，建构起一个“群体人与社会态”的分析系统，来回答“历史中的记忆”和“记忆中的历史”所提出的问题。

解析南大社会学口述团队的研究，如贵州“三线建设”、义乌“小商品市场”、“知青系列”“女兵系列”等，可见其间存有一组联环性的要点：其一公共议题，指与当代中国史相关的较为重要且典型的项目，以求一隅三反。其二群体，尽管采访中叙事的主体是个人，但此“个人”在形态上实为“群体中的个人”；在根底上则为同一命运共同体中的“个人”。其三普通人，由此构成了“自下而上”看社会、看历史的视角。其四集体记忆与社会认同，此为联环性要点的目的所指，周晓虹教授说：社会学口述何以可能？即“通过个体的口头叙事及由此建构的命运共同体的集体记忆”，实现“对一个时代及其上所承载的宏观社会结构及其变迁的理解”；至于何以可为？研究证实针对有关历史的口头叙事，能够“激活命运共同体及其成员的认同感，建构起值得叙事的一个时代的社会与文化记忆”（注 11）。据“新中国工业建设口述史”课题组成员的研究，当把握住“心理共振的生成机制和演变过程”，就能深刻理解当年老职工“对集体主义有一种厚重而复杂的记忆和情感”，以及如何继承“新中国社会主义建设过程中留下的精神遗产”（注 12）。

综上，社会学口述（史）强调“社会建构”的路径，其主旨之特征和优长“作为‘内容’的口述”（区别于历史学口述史“作为‘史料’的口述”），“是当事人在特定社会框架中看到、认知、感受、体验到的经验事实”，即立足于现在对过去的诠释（注 13）。就此，依循近年来南大团队“倡导—践行”的努力和成功，可为当代中国史研究开辟出一条以“集体记忆”为指归的新兴通道。

所以，一是为了区别于历史学的口述规范和定位；二是为了凸显社会学的口述特色和功能，社会学口述研究不应称为“口述史”研究，而应称为“口述记忆”研究。

二、“共同经历型”口述研究

2021 年，在中华口述历史研究会主办的“新时代中国马克思主义口述历史新趋向”研讨会上，与会者提出了口述历史与“历史人类学”“共同经历型”口述史采集（亦称“群体型”口述史）等思考，以及汶川大地震口述史、武汉抗疫口述史等灾患类选题。

这组思考和选题相当敏锐和准确，甚或可以说把握住了新中国“口述史”的前进方向，即“共同经历型”口述史遂将成为主流（含社会学“口述记忆”研究）。确实，传统的口述研究，以唐德刚的口述史写作为例，多聚焦于胡适、李宗仁、顾维钧等“历史中的个人”，以求解析某一时段中的历史事件或历史变故。当代中国史中也有《陈毅口述自传》《吴德口述：十年风雨纪事》《这个世界会好吗：梁漱溟晚年口述》等著述。同时，可发现近年来“共同经历型”口述史正蓬蓬然，如《中国知青口述史》（中国社会科学出版社 2004 年版）、《老北京人的口述历史》（中国社会科学出版社 2009 年版）、《改革开放口述史》（中国人民大学出版社 2014 年版）。笔者编撰的《上海救援唐山大地震·口述实录卷》（上海文化出版社 2016 年版）也忝列其中。

事实已昭示：“共同经历型”的口述项目将广泛涉及新中国史的命题。从命题的分类来看，大致有三个方向。第一，与当代中国某一时段的历史过程相关，可称之“线性的选题”，如抗美援朝出国作战、学习雷锋好榜样、向科学进军、票证时代、三线建设、知青上山下乡、青年志愿者行动等；第二，在当代中国产生了重大社会影响的历史事件，可称之

“点状的选题”，如迎接解放的日子、上海“2.6 大轰炸”、1977—1978 年高考、唐山大地震、上海甲肝流行、武汉抗疫等；第三，某些深受社会关注的行业的口述访谈，可称之“类的选题”，如已知的上海译制片厂演员的采访、六七十年代国家乒乓球队功勋运动员的采访、上海癌症俱乐部的采访等。在其实践的开展过程中，将会遇到许多现实和理论的问题，均值得深入探讨和总结。

“口述卷”属于“共同经历型”项目。那么，为何先立项并完成口述实录卷后，再追补“档案史料卷”呢？其目的正是求得口述与档案的互补互证，为该课题的整体研究提供包括报刊、影像史料在内的“合围性”史料群，并借此回答口述史的性质如何界定？其功能和价值如何体现？如何看待口述史与档案史料的结合？因为历史学的学科定位，决定了口述采集的文本不能违忤“求实”的定准。尽管对一个有故事的人物，或一个有影响的社会群体进行口述访谈，只要能与发生的历史形成勾联，且能捕捉历史的动态和痕迹，再经过符合规范的整理，就能形成一个可供发表的口述文本，但此文本在形态和性质上仍是史料。正如左玉河教授的进言：“目前国内出版的大量冠以‘口述史’的出版物，多是‘口述史料’作品，而非严格意义上的口述历史著作。”（注 14）

这对“共同经历型”的口述史项目尤其重要——群体性的访谈与跨越年代、脱离现场的记忆——怎能不产生客观性的差失和主观性的遮掩呢？尽管共同经历之间的口述可以比对，以校正某些具体的或细节的记忆失误。然而，若是因共同经历之间的身份差异、位序差异、遭遇差异、个性品质和价值判断差异，而产生较大的或史实或观念的分歧（如知青口述史中“无悔”与“有悔”的表述）怎么办呢？最为有效的办法就是携带口述史料回到档案史料中去，通过辨识和考订、修正和引证，去伪存真，由此及彼，方能在史料建设上全面提升学术品质和解读水准，以便在研究中得出更符合史实的结论。

同时，“共同经历型”的口述史项目，基本是群体性“自下而上”的视角，以至所谓“亲历、亲见、亲闻”，多是普通人的工作和生活，以及与单位与社会相关联的事务处理和人际交往。通过现场采访将群体的口述史料汇聚起来，确实可打开一页普通人的生存画卷，并可感悟到那个年代的环境、氛围和人情、世态。如果说这是“共同经历型”口述史的专长，那么，这些记忆的线索和故事，因不聚焦“共同经历”背后的起因、策划、政策及种种变故，又怎能全过程、全方位地挖掘和审视留存于那个时代的历史真相呢？最好的办法还是要启封记录那段历史的档案，从中寻觅“共同经历”的时代背景、社会运作和刻印人生轨迹的密码，为打通上下，联通左右，谱写出更符合史实的学术成果。

是以，“共同经历型”口述史能在“线状”“点状”和“类”的项目中，抓住种种尚未开垦而有价值的选题，并主动地进入档案中去，以求口述史料与档案史料的互补互证，当代中国史研究的进程将蔚为大观。

三、以“上海救援唐山大地震”的史料互证为例

救援唐山的紧急任务是抢救生命。

“口述卷”反映了上海医务界动员、奔赴、救护、医治等全过程，有许多动人的故事和精彩的片断，甚或还有许多见闻的实录，心迹的袒露和找水、废墟取药、帐篷手术、生活趣事等细节。（注 15）

如果说这些经历很有现场感，那么，档案卷中的数据和记录是不可或缺的。如上海第一批医疗队共 101 个小分队，2113 名医务人员。其中，共产党员 679 名，占 32.1%；共青团员 539 名，占 25.5%，党团员的比例为 57.6%。可见当时的政治意识和政治落实。

前十五天，全队抢救医治伤病员 10700 多人次。至当年 9 月中旬，上海医疗队共救治伤病员 242873 人次（其中住院病人 3268 人次），做大小手术 1576 例，接新生儿 195 名，带教赤脚医生 347 名，协助恢复合作医疗站 89 所。难能可贵的是，上海二医小分队对抗震救援进行了医学调研，提出震后第一天危重的是颅脑外伤及肝、脾、肾等内脏破裂，结合病例约占 38.8%；第二天面临大量的骨折病人（含开放性骨折和多处骨折），约占 49%；其中还有一定量的截瘫病人。此后是菌痢和伤口感染（破伤风）患者急剧增多。值得研究的经验和教训，首先是尽快缩短医疗队的在途时间，“早一天或者半天，就有更多的阶级兄弟可能被抢救过来”。其次是必须根据伤病员的发病规律和比例分类，合理编制和配备人员，紧急到达灾区的应是脑外科和普外科医生；接着是骨科、泌尿科医生；一周后，则增强内科、传染科的医生。同时，要解决相应的器械、药品携带和供给，唐山救援的深刻教训还有“导尿管的需要量大大超过我们的自带量”，“输液工具也远远不能适应需要”。最后是运输及后勤工作，第一批医疗队是应急，而后，要及时为第二阶段的工作，提供消毒、破伤风药物和生活用品。唐山救援的“水电是一个重要问题”。

此外，还有与经费结算相关的内容。根据财政部的文件规定：经 10 月底的统计，上海医疗队所用医药费 70 多万元（含运输）；医疗器械、救护车等 64 万多元（新购）需向河北省结算。上海各医院提供的设备 27 万多元作无价调拨；上海市下拨各医院的经费及上海医疗队的差旅费 5.7 万元，由本市开支。上海医疗队员在唐的住勤补贴，第一个月按每人每天 5 角发给；第二个月食堂搭伙后减半发给，粮票则按本人定量和实际天数交付等。

救援唐山的重要任务是重建“新唐山”。

“口述卷”的采访既有上海规划专家、设计专家对震后唐山的考察见闻，以及从专业角度对唐山布局的设想和各类方案的利弊分析；还有上海冶金局、建工局，派遣大批工程技术人员自带重型机械，为唐山钢铁厂和开滦煤矿机修厂、电厂恢复生产所作的贡献。其

间，可见专家们的眼光和智慧、工程技术人员的勤奋和辛劳。（注 16）

在此基础上，“档案卷”提供了更为充实和丰富的内容。唐钢的地震损坏是极其严重的，数座高炉钢水冻结，行车大梁变形，烟囱、厂房倒塌。上海各钢铁厂无条件地承接修建任务，选拔技术骨干，成立临时党支部，调运机床、行车等 11 台，变压器、减速机等 129 台，线缆 12. 4 公里，整套化验设备等开赴唐山。一年来，上海冶金局的“支唐”队伍，完成了化铁炉、转炉、连铸大中修 20 余次；行车大中修 30 台；修复减速箱 52 只、电机 300 余台；改革了 200 吨机械压力机，12 套模具钻床；还自行设计制造了一台 300 吨油泵压力机，确保唐钢恢复生产，提前完成了会战任务。

9 月初，上海建工局在接受半年内使开滦煤矿两厂恢复生产的任务后，即派出工程和设计人员前往唐山踏勘，经评估施工所需钢材 2725 吨（型钢 1430 吨、钢筋 1095 吨、钢窗料 200 吨），水泥 4200 吨，木材 2800 平方米，机电、仪器等设备近千台，据煤炭部意见：钢材、水泥、木材“请包建省市先垫”。为此，建工局设立“支唐”工作组，第一期工程派驻 2000 人，修建工程 5 万多平方米；第二期高峰时派驻 3000 人，修建工程约 10 万多平方米。因现场需排险、清理废墟等，起吊、装卸的矛盾十分突出，故申请市里解决 16 吨汽车吊、1 立方米以上的斗铲等，由此可见工业救援的实力和阵容。

施工展开后，二、三类物资如毛竹、电焊条、建筑五金、油毛毡、玻璃、燃料等急需到位，唐山处于困境之中，上海紧急通知市物资、商业、建材等局和化轻、机电、交电、石油站等专业公司，统筹调配和采购，全力支持。同时，由唐山落实数十万吨的黄沙、石子，数百万块的砖，也因产地距离工地数十公里，依靠当地的马车运输，杯水车薪，遥不可及。煤炭部再要求运输“上海帮助解决”。建工局向市工交组报告：为保证“支唐”工程顺利进行，本局“已抽调载重量 1—15 吨位的大小汽车 100 余辆，还不能适应复建工程施工需要”，故请求“组织 200 余吨位的运输力量”，可谓一波三折，竭尽全力。唐山方面“砖的资源无法解决”，待工在即，火烧火燎，建工局紧急请求上海铁路局，暂调所属砖厂 400—500 万块红砖，水运至昆山火车站，装车发运至唐山。正是在这种一呼而百应的工业救援中，上海为唐山的重建铺垫了一块坚实的基石。

因口述采访多为赴唐山救援的前线人员，其见闻、经历和感受构成了口述的文本。然而，后方的支援往往因多线条、多侧面、多片断、多时段，或存在于单位的表彰中；或留存在新闻的报道中。其实，后方的支援（包括北京、唐山与上海之间的电报、电话）牵动整个城市的生产、供应和运输，以保障前线的决胜。这只能从当时市革委会的工交组、财贸组、科技组及各工业局、商业局、财政局、铁路局、粮食局、医药公司等的档案卷宗中求得见证了。

据记载：7 月 28 日，唐山地震发生的当天上午，中共上海市委即召开紧急会议，部署工业、商业、交通各部门，集中全力为灾区赶制、调集、抢运救灾物资。医药部门率先调运抢救药品，29 日凌晨，第一架药品专机飞往唐山。刻不容缓之际，益民食品厂连夜加班生产压缩饼干 10 吨。此后，上海每天需供应 50 吨“咸的或梳打”饼干支援唐山；皮塑公司接受突击生产 20 万只大型塑料袋的任务，树脂原料不落实，当即作出垫用外贸材料的决定；弄堂小厂生产导尿管，一班顶两班、两班顶三班，使产量翻番；手工业局则增产 15 万只铁锅。31 日晚，市委成立市救灾指挥部，要求各组办及下属单位成立相应指挥机构，24 小时保持联络通畅。

8 月 4 日，中央抗震救灾指挥部发出“增产药品的紧急通知”，市医药工业公司要求各厂全力增产抗菌素、解热止痛、强心、利尿、止血、磺胺、激素、维生素等药品 115 种，其中针剂 10205 万支，片剂 93200 万片。医疗器械则有用于诊断、注射、穿刺、防疫的常用器械；用于手术、消毒、化验、透视的设备和用于骨折外伤专科手术器材及抢救器械等 85 种。同时，上海市献血小组在“每天库存数量保持 1200 余袋（每袋 200 毫升）左右”的情况下，紧急动员各工业局和商业局第一轮共 6000 人，为抢救灾区伤员献血。随着前线将危重伤员转移至皖、鲁、苏、鄂、豫、晋、陕、辽、吉等省，上海均按各地要求供应医药抢救物品。8 月中旬后，上海接中央抗震救灾指挥部指令，生产净水片 2000 瓶（每瓶 1000 片）“马上空运发唐山”。同时，要求上海增产高倍显微镜、恒温水箱各 400—500 台，水浴锅 700—800 台，铅手套 1 万套，铅围裙 5 千条等。

上海的工矿企业在大灾面前，众志成城，鼎力相助。上海的交通运输部门则开足马力，全力以赴。7 月 29 日下午，路局党委召开紧急电话会议，指出抗震救灾是政治任务，要求“不间断接发列车”，做到“要人有人，要车有车，一声令下，立即出动”。据上海市革委会致电中央抗震救灾指挥部的报告：7 月 28 日至 8 月 2 日，上海发往唐山、天津、北京的救灾物资达 1000 多吨。其中，药品 79. 91 吨，医疗器械 19. 77 吨，食品 308. 1 吨，照明物资（如电筒、电池、矿烛、桅灯） 172 吨，大量工业器材、电信设备（原钢、铁丝 50 吨，发电机及小型电台等），其他物资 485. 93 吨（如漂白粉 10 吨，大塑料袋 80. 03 吨，薄膜 100 吨，鲜酵母 1. 5 吨）等。8 月 3 日，上海市委传达国家计委“关于加强铁路卸车的通知”后，路局号召党团员及群众行动起来。东海舰队指战员和团市委青年突击队赶赴货场支援。当日即卸车 4592 辆。4 日，上海陆运唐山及其他接受唐山伤病员省区的物资 137. 35 吨，含压缩和普通饼干 73600 公斤、灯泡 10 万只，以及赴唐山临时医院的医务人员所带的西药、医疗器械 2 万公斤，矿烛等生活用品 3 万公斤，石碱 1 千公斤，酱菜 328 公斤等。随着唐山赈灾和救援态势的变化和需要，至 8 月 5—10 日的关键时期，在上海的部属单位，通过空运和陆运调运各种设备和物资的统计（见表）：

日期	总吨位	主要物资种类
5日	120.98	饼干48.2吨、水龙带1万米2.97吨、漂白粉40吨等
6日	91.9	饼干60吨，药品、医疗器械31.9吨，喇叭400只，救护车19辆
7日	206.27	除食品、药品、医疗器械外，塑料薄膜100吨、三轮摩托车50辆
8日	451.93	除药品、医疗器械外，元钉200吨、铁器200吨、照明设备1.56吨、收讯器25台、16吨吊车1辆
9—10日	1554.95	除药品、医疗器械外，肥皂110吨、油毛毡1400吨、电信设备50台、人工肾2台

附：7月28日至8月5日，在沪部属单位调运各种物资500多吨，如邮电部提供电话总机3台、电话机85台、电传机30部、卡车7辆、工程车3辆；四机部提供单路载波台30台、无线电话发射设备3套；铁道部提供发电机8台、越野车2辆、救护车4辆等。另：铁道部调运道渣（小块石子）5000吨。

确实，在国家遭遇巨大自然灾害的紧急状态中，上海的医疗救援、工程救援在前线；上海后方的工业增产、商业调配、交通运输以十分有效的动员、运作和贡献，体现了这座城市的品质、能量和风采。

四、两个结论

本文以所承担“上海救援唐山大地震”的课题，针对采集口述史料的重要与局限，来分辨口述史料与口述史的关系，来论证口述史料与档案史料互补互证的必要，再借此机缘回应社会学口述研究的特点和路径，作两个简短的结论。

其一，“上海救援唐山大地震”研究作为关涉非常时期、非常事态，关涉城市、社会与生命的课题，抢救性地进行口述访谈，不仅是研究的必要，更是研究者的责任。

然而，面对重大的综合性课题，口述访谈可以勾勒出史实的过程、场景以及富有质感的若干细节，比如第一批上海医疗队开赴前线时，因铁路阻断，只得在天津附近的杨村机场待命一整天，直到坐空军的往返小飞机才进入唐山，错失了抢救生命的最佳时间；驻葫芦岛（海军训练基地）、易县（陆军第38军）的解放军也遭遇路途堵塞，且没有机械工具，只得用双手、肩膀、脊背从废墟中抢救生命（其中的“上海兵”，是从上海郊区和安徽征招的上海知青）；上海的工业“支唐”队清理倒塌的断垣残壁十分危险，不幸发生工伤事故，等等。这些记忆的表述和记录，确实可为课题提供素材和内容，以扩展研究的视野和角度。

在此，需要追问的是：仅是口述文本能够支撑整个课题的研究吗？或者说，以口述文本为中心的研究能够完整地呈现课题的全貌和主旨吗？本文引证医疗救援的档案有队伍的构成分析，有救治灾民人数和伤病类型的统计，有经费的结算方式，有医务人员对灾害救援的学术思考，还有尚未例举的人员的撤离和换防，以及后期建四大临时医院的决策、建立和运作，等等。本文引证工业救援的档案有唐山钢铁厂和开滦煤矿机修厂、电厂受地震损害的严重状况；有工业救援所需大量物资的筹集和调运，有施工中的艰困和危难，有上海工人师傅的聪慧和技能的表现，还有尚未例举的上海与前线运输线的建立，等等。另有上海后方的紧急动员，与北京、唐山三地的电报、电话往来，上海各大工业局按照唐山救援需要增产的各类物资，上海送呈中央抗震救灾指挥部的事务报告和次次外运物资的清单，等等。

如果说，医疗救援和工业救援的档案史料，可以成为口述史内容的全面支撑和溯源的根据；那么，来自后方的档案史料，则为“上海救援唐山大地震”的课题，补上了不可或缺的板块（试想，若是没有档案史料披露的大量统计数据和各类物资的名录，整个救援唐山的研究，怎能为历史的开掘和后人吸取经验、教训提供借鉴呢！），从而确立课题的完整构成及其研究的价值。所以，面对灾害史、救援史此类公共性和综合性的课题，口述作为史料与档案的互补互证（具体的操作，有从口述采访到档案汇编可称之“求实”，从档案汇编到口述采访可称之“补实”的两条路径），应受到高度重视和确认。因为就历史学求真求实的特点，史料形成和分布的客观状态而言，单一性的史料书写，不可能达到研究的目的。即便以档案史料为基准的书写，也应该利用口述，关注报刊，寻觅民间史料，形成“立体型”的资料群。

据此，本课题的资料整理和建设，有上下两册的口述卷和上下两册的档案卷。瞩望“上海救援唐山大地震”的史料类编，为促进中国的灾害史、医疗救援史、工业救援史、社会救援史的研究，作出有意义的呈献。

其二，再看社会学口述研究的谱系，在强调“共同经历型”项目的生命实践、集体心理、记忆共同体、社会表征、社会记忆建构等特征的同时，指出“就口述史与传统史学所依赖的史籍、档案而言，普通的亲历者有意掩饰或歪曲个人生活史或生活事件的可能，不会大于统治者、权贵阶级及其代言人”，所以“通过口述获得的历史叙事，和详实的历史文献资料一样，同样具有社会科学研究的真实意义和学术价值”（注 17）。其实，以此类质疑反证“我们自然可以使用口述史料来研究以往的历史”显得多余和冒失。因为就历史学求“真”求“实”的定位而言，尽管与历史事件和历史变迁同时形成的档案，其客观性是相对实在的和稳定的，但口述是史料，需要得到验证，档案也是史料，更需要研究者的积累和慧眼，透辟其中复杂的背景，交错的关系和微妙的变化。正如历史学家定宜庄所说：“仔细地辨别口述材料的真伪，应该是整理者的责任。事实上，我们对待文献史料的态度，又何尝不是如此呢？如何鉴别口述史料的真伪，在原则上与史家对文献的辨伪、校勘是一样的。”（注 18）

所以，社会学口述记忆研究，偏重于“作为‘内容’的口述”；历史学口述史研究，偏重于“作为‘史料’的口述”。前者据此内容解释某一群体的共同命运、共同情感、共同认知；后者则通过考订史料，证实丰富史料群，以解释人物的遭际和世路，社会的变迁和世运。比照两者的目标、要诀和旨趣，完全不存在“真实”与“不真实”的辨析问题。恰是社会学口述记忆研究与历史学口述史研究作为两种不同的学术范式和追求，以不同的“理念”和“方法”读解历史和历史演变的问题。正是立足在这个角度，应再次肯定南京大学口述历史协会团队，为当代中国史研究开辟了一条新的进路。

愿社会学口述记忆研究与历史学口述史研究相互参照，共同进取。

注释：

注 1：此课题系中共上海市委党史研究室“上海支援全国，全国支援上海”系列研究之一，委托上海社会科学院历史研究所金大陆研究员（市委党史研究室特约研究员），率部分党史和史志部门的青年力量协同完成。本课题的口述卷于“唐山大地震”四十周年祭之时问世，由亲赴前线的医务救护人员、规划设计人员、工程技术人员，讲述非常年代、非常环境中的非常经历，尤其富有创意地开掘出了四组“上海兵”的动人事迹，京沪冀三地均有良好的反响。接续，中共上海市委党史研究室与上海市档案馆（局）合作，携手创编《上海救援唐山大地震·档案史料卷》。就此，引申出一个值得思考和讨论的学术问题：口述史的形态和性质如何界定？其功能和价值如何体现？如何看待口述史与档案史料的结合？

注 2：例如中共上海市委党史研究室主持多卷本的《口述上海》丛书（上海教育出版社、上海人民出版社）；上海文史馆为挖掘馆员的人文历史资源，成立口述历史研究中心，启动口述历史丛书编撰项目，目前已出版四辑二十余种（上海书店出版社）；上海通志馆设功能齐全的采访室，编创上海地情普及系列丛书·口述访谈系列，已与中国乒乓球学院合作，出版了《国球之“摇篮”——上海乒乓名将访谈录》（复旦大学出版社）；同济大学则有建筑史研究专业，《中国建筑口述史文库》应运出版（同济大学出版社），等等。

注 3：第一，是 2004 年由中国社会科学院近代史研究所、当代中国研究所发起成立的中华口述研究会，在首届学科建设会议上，宣称追求“有中国风格和中国气派的口述特色”，“具备与国际口述历史学界进行交流和对话的实力”。从此，中国口述史研究有了统一的学术机构，并连续举办“口述历史与共和国国史研究”、“本土经验与国际口述历史多元发展”等高端研讨会。第二，是 2012 年隶属于中国传媒大学的崔永元口述历史研究中心及口述历史博物馆签约挂牌，宣布向社会免费开放。就此，该中心连续举行“口述历史在中国”国际研讨会和研习营，邀请美国哥伦比亚大学口述历史专业教授巡回演讲。2020 年度设“疫情之下的口述记录”等专项课题。还有温州大学所设的口述历史研究所，出版了专业学术集刊《口述史研究》。

注 4：孟庆延：《口述史的社会学中国谱系：理论传统与本土经验》，《求索》2022 年第 1 期。

注 5、注 13：周海燕：《个体经验如何进入“大写的历史”》，《中央民族大学学报》2021 年第 6 期。

注 6、注 9：周晓虹：《口述史与生命历程：记忆与建构》，《南京社会科学》口述史专辑（上）。

注 7：辛逸、赵懿、董龙：《2020 年党史、国史研究主要进展》，《党史研究与教学》2021 年第 6 期。

注 8：刘亚秋：《口述史作为社区研究的方法》，《学术月刊》2021 年第 11 期。

注 10：胡洁，《“社会认同”多维呈现与社会建构——基于贵州三线建设者的口述史研究》（《宁夏社会科学》2022 年第 1 期载）：1964 年后，在“备战”的历史背景下，大批原先位于东部大城市的工厂与相关技术工人进入西部山区参加“三线建设”。2019 年 7 月，南京大学当代中国研究院在贵州省贵阳、遵义、六盘水、安顺、凯里、都匀六个城市开展口述史调研，此次调研共访谈个案 190 个，积累了约 360 个小时的访谈录音，并将其整理成 180 余万字的口述史料。

注 11、注 17：周晓虹：《口述史作为方法：何以可能与何以可为——以新中国工业建设口述史研究为例》，《社会科学研究》2021 年第 5 期。

注 12：陆远：《社会变迁与集体主义的精神遗产——以社会主义大厂为例》，《学习与探索》2022 年第 4 期。

注 14：左玉河：《中国口述历史研究中的若干重大理论问题》，澎湃新闻，2016 年 12 月 30 日。

注 15、注 16：金大陆主编，《上海救援唐山大地震·口述实录卷》，上海文化出版社 2016 年 7 月版。

注 18：定宜庄：《口述史料的独特价值与史料的整理鉴别》，《光明日报》，2017 年 1 月 16 日。